"十四五"时期国家重点出版物出版专项规划项目

浙江昆虫志

第十一卷

鳞 翅 目

蛾类（I）

李后魂　主编

科学出版社

北　京

内 容 简 介

本卷记载浙江小蛾类昆虫 14 总科 32 科 510 属 1306 种，包括 7 个新组合和 14 个中国新记录种。有关天目山的种类具体详见《天目山动物志》（第十卷），此卷不再重复描述和图示。对其余所涉及的阶元和物种进行了记述和编制了检索表，给出了成虫、雌雄外生殖器等特征图及详细的分布资料，并记载了有关种类的寄主。

本卷有助于全面了解浙江物种资源，可供昆虫爱好者、大专院校有关专业师生和从事农、林、牧、副、渔、环境保护与生物多样性保护等工作的人员参考使用。

图书在版编目（CIP）数据

浙江昆虫志. 第十一卷，鳞翅目. 蛾类. Ⅰ / 李后魂主编. — 北京：科学出版社，2024.12

"十四五"时期国家重点出版物出版专项规划项目

国家出版基金项目

ISBN 978-7-03-072426-7

Ⅰ. ①浙… Ⅱ. ①李… Ⅲ. ①昆虫志–浙江　②鳞翅目–昆虫志–浙江　③蛾–昆虫志–浙江　Ⅳ. ①Q968.225.5②Q969.420.8

中国版本图书馆 CIP 数据核字（2022）第 092883 号

责任编辑：李　悦　赵小林/责任校对：严　娜
责任印制：肖　兴/封面设计：北京蓝正合融广告有限公司

科学出版社 出版
北京东黄城根北街 16 号
邮政编码：100717
http://www.sciencep.com

北京中科印刷有限公司印刷
科学出版社发行　各地新华书店经销

*

2024 年 12 月第 一 版　开本：889×1194　1/16
2024 年 12 月第一次印刷　印张：58
字数：1 870 000
定价：838.00 元
（如有印装质量问题，我社负责调换）

《浙江昆虫志》领导小组

主　　　任　胡　侠（2018年12月起任）
　　　　　　林云举（2014年11月至2018年12月在任）
副 主 任　吴　鸿　杨幼平　王章明　陆献峰
委　　　员　（以姓氏笔画为序）
　　　　　　王　翔　叶晓林　江　波　吾中良　何志华
　　　　　　汪奎宏　周子贵　赵岳平　洪　流　章滨森
顾　　　问　尹文英（中国科学院院士）
　　　　　　印象初（中国科学院院士）
　　　　　　康　乐（中国科学院院士）
　　　　　　何俊华（浙江大学教授、博士生导师）
组 织 单 位　浙江省森林病虫害防治总站
　　　　　　浙江农林大学
　　　　　　浙江省林学会

《浙江昆虫志》编辑委员会

总 主 编　吴　鸿　杨星科　陈学新
副总主编　（以姓氏笔画为序）
　　　　　卜文俊　王　敏　任国栋　花保祯　杜予州　李后魂　李利珍
　　　　　杨　定　张雅林　韩红香　薛万琦　魏美才
执行总主编　（以姓氏笔画为序）
　　　　　王义平　洪　流　徐华潮　章滨森
编　　委　（以姓氏笔画为序）
　　　　　卜文俊　万　霞　王　星　王　敏　王义平　王吉锐　王青云
　　　　　王宗庆　王厚帅　王淑霞　王新华　牛耕耘　石福明　叶文晶
　　　　　田明义　白　明　白兴龙　冯纪年　朱桂寿　乔格侠　任　立
　　　　　任国栋　刘立伟　刘国卿　刘星月　齐　鑫　江世宏　池树友
　　　　　孙长海　花保祯　杜　晶　杜予州　杜喜翠　李　强　李后魂
　　　　　李利珍　李君健　李泽建　杨　定　杨星科　杨淑贞　肖　晖
　　　　　吴　鸿　吴　琼　余水生　余建平　余晓霞　余著成　张　琴
　　　　　张苏炯　张春田　张爱环　张润志　张雅林　张道川　陈　卓
　　　　　陈卫平　陈开超　陈学新　武春生　范骁凌　林　坚　林美英
　　　　　林晓龙　季必浩　金　沙　郑英茂　赵明水　郝　博　郝淑莲
　　　　　侯　鹏　俞叶飞　姜　楠　洪　流　姚　刚　贺位忠　秦　玫
　　　　　贾凤龙　钱海源　徐　骏　徐华潮　栾云霞　高大海　郭　瑞
　　　　　唐　璞　黄思遥　黄俊浩　戚慕杰　彩万志　梁红斌　韩红香
　　　　　韩辉林　程　瑞　程樟峰　鲁　专　路园园　薛大勇　薛万琦
　　　　　魏美才

《浙江昆虫志 第十一卷 鳞翅目 蛾类（I）》编写人员

主　编　李后魂

副主编　戚慕杰　张爱环　杜喜翠　郝淑莲

作者及参加编写单位（按研究类群排序）

小翅蛾总科

　　小翅蛾科

　　　　孙　浩（南开大学）

　　　　李后魂（喀什大学/南开大学）

长角蛾总科

　　长角蛾科

　　　　孙　浩（南开大学）

　　　　李后魂（喀什大学/南开大学）

蝙蝠蛾总科

　　蝙蝠蛾科

　　　　郝淑莲（天津自然博物馆）

谷蛾总科

　　袋　蛾　科

　　　　郝淑莲（天津自然博物馆）

　　谷　蛾　科

　　　　杨琳琳（河南省农业科学院）

　　异谷蛾科

　　　　杨琳琳（河南省农业科学院）

细蛾总科

　　细　蛾　科

　　　　白海艳（长治学院）

巢蛾总科

 巢　蛾　科
   李后魂（喀什大学/南开大学）

 冠翅蛾科
   李后魂（喀什大学/南开大学）

 银　蛾　科
   刘腾腾（山东师范大学）

 菜　蛾　科
   李后魂（喀什大学/南开大学）

 雕　蛾　科
   刘腾腾（山东师范大学）

麦蛾总科

 祝　蛾　科
   于　帅（聊城大学）

 织　蛾　科
   王淑霞（南开大学）

 列　蛾　科
   朱小菊　王淑霞（南开大学）

 木　蛾　科
   王淑霞（南开大学）

 鸠　蛾　科
   王淑霞（南开大学）

 宽　蛾　科
   朱小菊（南开大学）

 草　蛾　科
   朱小菊　王淑霞（南开大学）

展足蛾科
  李后魂（喀什大学/南开大学）
遮颜蛾科
  滕开建（山东师范大学）
尖　蛾　科
  张志伟（山西农业大学）
麦　蛾　科
 背麦蛾亚科
  李后魂（喀什大学/南开大学）
  杨美清（南开大学）
 喙麦蛾亚科
  李后魂（喀什大学/南开大学）
 拟麦蛾亚科
  李后魂（喀什大学/南开大学）
 纹麦蛾亚科
  李嘉恩（韩国国立济州大学）
 棕麦蛾亚科
  李后魂（喀什大学/南开大学）
 麦　蛾　亚　科
  李后魂（喀什大学/南开大学）
  郑美玲（南开大学）

羽蛾总科
羽　蛾　科
  郝淑莲（天津自然博物馆）

卷蛾总科
卷　蛾　科
 卷蛾亚科
  孙颖慧（德州学院）

小卷蛾亚科小卷蛾族
　　　　于海丽（西北大学）

小卷蛾亚科恩小卷蛾族
　　　　张爱环（北京农学院）

小卷蛾亚科花小卷蛾族
　　　　张爱环（北京农学院）

小卷蛾亚科小食心虫族
　　　　于海丽（西北大学）

木蠹蛾总科

木蠹蛾科
　　　　郝淑莲（天津自然博物馆）

斑蛾总科

刺　蛾　科
　　　　武春生（中国科学院动物研究所）

斑　蛾　科
　　　　韩红香　鲜春兰　薛大勇（中国科学院动物研究所）

透翅蛾总科

透翅蛾科
　　　　郝淑莲（天津自然博物馆）

网蛾总科

网　蛾　科
　　　　郝淑莲（天津自然博物馆）

螟蛾总科

螟　蛾　科

蜡螟亚科
　　　　戚慕杰（南开大学）

斑蟌亚科拟斑蟌族、隐斑蟌族、斑蟌族（斑蟌亚族）

  刘红霞（凯里学院）

斑蟌亚科斑蟌族（峰斑蟌亚族）

  任应党　杨琳琳（河南省农业科学院）

丛蟌亚科

  戚慕杰（南开大学）

  李后魂（喀什大学/南开大学）

蟌蛾亚科

  戚慕杰（南开大学）

草　蟌　科

 草蟌亚科

  戚慕杰　金英男（南开大学）

 水蟌亚科

  戚慕杰　左兴海（南开大学）

 苔蟌亚科

  戚慕杰（南开大学）

 禾蟌亚科

  戚慕杰（南开大学）

 野蟌亚科

  张丹丹（中山大学）

 斑野蟌亚科

  杜喜翠（西南大学）

《浙江昆虫志》序一

浙江省地处亚热带，气候宜人，集山水海洋之地利，生物资源极为丰富，已知的昆虫种类就有 1 万多种。浙江省昆虫资源的研究历来受到国内外关注，长期以来大批昆虫学分类工作者对浙江省进行了广泛的资源调查，积累了丰富的原始资料。因此，系统地研究这一地域的昆虫区系，其意义与价值不言而喻。吴鸿教授及其团队曾多次负责对浙江天目山等各重点生态地区的昆虫资源种类的详细调查，编撰了一些专著，这些广泛、系统而深入的调查为浙江省昆虫资源的调查与整合提供了翔实的基础信息。在此基础上，为了进一步摸清浙江省的昆虫种类、分布与为害情况，2016 年由浙江省林业有害生物防治检疫局（现浙江省森林病虫害防治总站）和浙江省林学会发起，委托浙江农林大学实施，先后邀请全国几十家科研院所，300 多位昆虫分类专家学者在浙江省内开展昆虫资源的野外补充调查与标本采集、鉴定，并且系统编写《浙江昆虫志》。

历时六年，在国内最优秀昆虫分类专家学者的共同努力下，《浙江昆虫志》即将按类群分卷出版面世，这是一套较为系统和完整的昆虫资源志书，包含了昆虫纲所有主要类群，更为可贵的是，《浙江昆虫志》参照《中国动物志》的编写规格，有较高的学术价值，同时该志对动物资源保护、持续利用、有害生物控制和濒危物种保护均具有现实意义，对浙江地区的生物多样性保护、研究及昆虫学事业的发展具有重要推动作用。

《浙江昆虫志》的问世，体现了项目主持者和组织者的勤奋敬业，彰显了我国昆虫学家的执着与追求、努力与奋进的优良品质，展示了最新的科研成果。《浙江昆虫志》的出版将为浙江省昆虫区系的深入研究奠定良好基础。浙江地区还有一些类群有待广大昆虫研究者继续努力工作，也希望越来越多的同仁能在国家和地方相关部门的支持下开展昆虫志的编写工作，这不但对生物多样性研究具有重大贡献，也将造福我们的子孙后代。

印象初
河北大学生命科学学院
中国科学院院士
2022 年 1 月 18 日

《浙江昆虫志》序二

浙江地处中国东南沿海，地形自西南向东北倾斜，大致可分为浙北平原、浙西中山丘陵、浙东丘陵、中部金衢盆地、浙南山地、东南沿海平原及海滨岛屿6个地形区。浙江复杂的生态环境成就了极高的生物多样性。关于浙江的生物资源、区系组成、分布格局等，植物和大型动物都有较为系统的研究，如20世纪80年代《浙江植物志》和《浙江动物志》陆续问世，但是无脊椎动物的研究却较为零散。90年代末至今，浙江省先后对天目山、百山祖、清凉峰等重点生态地区的昆虫资源种类进行了广泛、系统的科学考察和研究，先后出版《天目山昆虫》《华东百山祖昆虫》《浙江清凉峰昆虫》等专著。1983年、2003年和2015年，由浙江省林业厅部署，浙江省还进行过三次林业有害生物普查。但历史上，浙江省一直没有对全省范围的昆虫资源进行系统整理，也没有建立统一的物种信息系统。

2016年，浙江省林业有害生物防治检疫局（现浙江省森林病虫害防治总站）和浙江省林学会发起，委托浙江农林大学组织实施，联合中国科学院、南开大学、浙江大学、西北农林科技大学、中国农业大学、中南林业科技大学、河北大学、华南农业大学、扬州大学、浙江自然博物馆等单位共同合作，开始展开对浙江省昆虫资源的实质性调查和编纂工作。六年来，在全国三百多位专家学者的共同努力下，编纂工作顺利完成。《浙江昆虫志》参照《中国动物志》编写，系统、全面地介绍了不同阶元的鉴别特征，提供了各类群的检索表，并附形态特征图。全书各卷册分别由该领域知名专家编写，有力地保证了《浙江昆虫志》的质量和水平，使这套志书具有很高的科学价值和应用价值。

昆虫是自然界中最繁盛的动物类群，种类多、数量大、分布广、适应性强，与人们的生产生活关系复杂而密切，既有害虫也有大量有益昆虫，是生态系统中重要的组成部分。《浙江昆虫志》不仅有助于人们全面了解浙江省丰富的昆虫资源，还可供农、林、牧、畜、渔、生物学、环境保护和生物多样性保护等工作者参考使用，可为昆虫资源保护、持续利用和有害生物控制提供理论依据。该丛书的出版将对保护森林资源、促进森林健康和生态系统的保护起到重要作用，并且对浙江省设立"生态红线"和"物种红线"的研究与监测，以及创建"两美浙江"等具有重要意义。

《浙江昆虫志》必将以它丰富的科学资料和广泛的应用价值为我国的动物学文献宝库增添新的宝藏。

康 乐
中国科学院动物研究所
中国科学院院士
2022年1月30日

《浙江昆虫志》前言

生物多样性是人类赖以生存和发展的重要基础，是地球生命所需要的物质、能量和生存条件的根本保障。中国是生物多样性最为丰富的国家之一，也同样面临着生物多样性不断丧失的严峻问题。生物多样性的丧失，直接威胁到人类的食品、健康、环境和安全等。国家高度重视生物多样性的保护，下大力气改善生态环境，改变生物资源的利用方式，促进生物多样性研究的不断深入。

浙江区域是我国华东地区一道重要的生态屏障，和谐稳定的自然生态系统为长三角地区经济快速发展提供了有力保障。浙江省地处中国东南沿海长江三角洲南翼，东临东海，南接福建，西与江西、安徽相连，北与上海、江苏接壤，位于北纬27°02′～31°11′，东经118°01′～123°10′，陆地面积10.55万km²，森林面积608.12万hm²，森林覆盖率为61.17%（按省同口径计算，含一般灌木），森林生态系统多样性较好，森林植被类型、森林类型、乔木林龄组类型较丰富。湿地生态系统中湿地植物和植被、湿地野生动物均相当丰富。目前浙江省建有数量众多、类型丰富、功能多样的各级各类自然保护地。有1处国家公园体制试点区（钱江源国家公园）、311处省级及以上自然保护地，其中27处自然保护区、128处森林公园、59处风景名胜区、67处湿地公园、15处地质公园、15处海洋公园（海洋特别保护区），自然保护地总面积1.4万km²，占全省陆域的13.3%。

浙江素有"东南植物宝库"之称，是中国植物物种多样性最丰富的省份之一，有高等植物6100余种，在中国东南部植物区系中占有重要的地位；珍稀濒危植物众多，其中国家一级重点保护野生植物11种，国家二级重点保护野生植物104种；浙江特有种超过200种，如百山祖冷杉、普陀鹅耳枥、天目铁木等物种。陆生野生脊椎动物有790种，约占全国总数的27%，列入浙江省级以上重点保护野生动物373种，其中国家一级重点保护野生动物54种，国家二级重点保护野生动物138种，像中华凤头燕鸥、华南梅花鹿、黑麂等都是以浙江为主要分布区的珍稀濒危野生动物。

昆虫是现今陆生动物中最为繁盛的一个类群，约占动物界已知种类的3/4，是生物多样性的重要组成部分，在生态系统中占有独特而重要的地位，与人类具有密切而复杂的关系，为世界创造了巨大精神和物质财富，如家喻户晓的家蚕、蜜蜂和冬虫夏草等资源昆虫。

浙江集山水海洋之地利，地理位置优越，地形复杂多样，气候温和湿润，加之第四纪以来未受冰川的严重影响，森林覆盖率高，造就了丰富多样的生境类型，保存着大量珍稀生物物种，这种有利的自然条件给昆虫的生息繁衍提供了便利。昆虫种类复杂多样，资源极为丰富，珍稀物种荟萃。

浙江昆虫研究由来已久，早在北魏郦道元所著《水经注》中，就有浙江天目山的山川、霜木情况的记载。明代医药学家李时珍在编撰《本草纲目》时，曾到天目山实地考察采集，书中收有产于天目山的养生之药数百种，其中不乏有昆虫药。明代《西天目祖山志》生殖篇虫族中有山蚕、蚱蜢、蟪螂、蛱蝶、蜻蜓、蝉等昆虫的明确记载。由此可见，自古以来，浙江的昆虫就已引起人们的广泛关注。

20世纪40年代之前，法国人郑璧尔（Octave Piel，1876～1945）（曾任上海震旦博物馆馆长）曾分别赴浙江四明山和舟山进行昆虫标本的采集，于1916年、1926年、1929年、1935年、1936年及1937年又多次到浙江天目山和莫干山采集，其中，1935～1937年的采集规模大、类群广。他采集的标本数量大、影响深远，依据他所采标本就有相关24篇文章在学术期刊上发表，其中80种的模式标本产于天目山。

浙江是中国现代昆虫学研究的发源地之一。1924年浙江省昆虫局成立，曾多次派人赴浙江各地采集昆虫标本，国内昆虫学家也纷纷来浙采集，如胡经甫、祝汝佐、柳支英、程淦藩等，这些采集的昆虫标本现保存于中国科学院动物研究所、中国科学院上海昆虫博物馆（原中国科学院上海昆虫研究所）及浙江大学。据此有不少研究论文发表，其中包括大量新种。同时，浙江省昆虫局创办了《昆虫与植病》和《浙江省昆虫局年刊》等。《昆虫与植病》是我国第一份中文昆虫期刊，共出版100多期。

20世纪80年代末至今，浙江省开展了一系列昆虫分类区系研究，特别是1983年和2003年分别进行了林业有害生物普查，分别鉴定出林业昆虫1585种和2139种。陈其瑚主编的《浙江植物病虫志 昆虫篇》（第一集 1990年，第二集 1993年）共记述26目5106种（包括蜱螨目），并将浙江全省划分成6个昆虫地理区。1993年童雪松主编的《浙江蝶类志》记述鳞翅目蝶类11科340种。2001年方志刚主编的《浙江昆虫名录》收录六足类4纲30目447科9563种。2015年宋立主编的《浙江白蚁》记述白蚁4科17属62种。2019年李泽建等在《浙江天目山蝴蝶图鉴》中记述蝴蝶5科123属247种。2020年李泽建等在《百山祖国家公园蝴蝶图鉴 第Ⅰ卷》中记述蝴蝶5科140属283种。

中国科学院上海昆虫研究所尹文英院士曾于1987年主持国家自然科学基金重点项目"亚热带森林土壤动物区系及其在森林生态平衡中的作用"，在天目山采得昆虫纲标本3.7万余号，鉴定出12目123种，并于1992年编撰了《中国亚热带土壤动物》一书，该项目研究成果曾获中国科学院自然科学奖二等奖。

浙江大学（原浙江农业大学）何俊华和陈学新教授团队在我国著名寄生蜂分类学家祝汝佐教授（1900～1981）所奠定的文献资料与研究标本的坚实基础上，开展了农林业害虫寄生性天敌昆虫资源的深入系统分类研究，取得丰硕成果，撰写专著20余册，如《中国经济昆虫志 第五十一册 膜翅目 姬蜂科》《中国动物志 昆虫纲 第十八卷 膜翅目 茧蜂科（一）》《中国动物志 昆虫纲 第二十九卷 膜翅目 螯蜂科》《中国动物志 昆虫纲 第三十七卷 膜翅目 茧蜂科（二）》《中国动物志 昆虫纲 第五十六卷 膜翅目 细蜂总科（一）》等。2004年何俊华教授又联合相关专家编著了《浙江蜂类志》，共记录浙江蜂类59科631属1687种，其中模式产地在浙江的就有437种。

浙江农林大学（原浙江林学院）吴鸿教授团队先后对浙江各重点生态地区的昆虫资源进行了广泛、系统的科学考察和研究，联合全国有关科研院所的昆虫分类学家，吴鸿教授作为主编或者参编者先后编撰了《浙江古田山昆虫和大型真菌》《华东百山祖昆虫》《龙王山昆虫》《天目山昆虫》《浙江乌岩岭昆虫及其森林健康评价》《浙江凤阳山昆虫》《浙江清凉峰昆虫》《浙江九龙山昆虫》等图书，书中发表了众多的新属、新种、中国新记录科、新记录属和新记录种。2014～2020年吴鸿教授作为总主编之一还编撰了《天目山动物志》（共 11 卷），其中记述六足类动物 32 目 388 科 5000 余种。上述科学考察以及本次《浙江昆虫志》编撰项目为浙江当地和全国培养了一批昆虫分类学人才并积累了 100 万号昆虫标本。

通过上述大型有组织的昆虫科学考察，不仅查清了浙江省重要保护区内的昆虫种类资源，而且为全国积累了珍贵的昆虫标本。这些标本、专著及考察成果对于浙江省乃至全国昆虫类群的系统研究具有重要意义，不仅推动了浙江地区昆虫多样性的研究，也让更多的人认识到生物多样性的重要性。然而，前期科学考察的采集和研究的广度和深度都不能反映整个浙江地区的昆虫全貌。

昆虫多样性的保护、研究、管理和监测等许多工作都需要有翔实的物种信息作为基础。昆虫分类鉴定往往是一项逐渐接近真理（正确物种）的工作，有时甚至需要多次更正才能找到真正的归属。过去的一些观测仪器和研究手段的限制，导致部分属种鉴定有误，现代电子光学显微成像技术及 DNA 条形码分子鉴定技术极大推动了昆虫物种的更精准鉴定，此次《浙江昆虫志》对过去一些长期误鉴的属种和疑难属种进行了系统订正。

为了全面系统地了解浙江省昆虫种类的组成、发生情况、分布规律，为了益虫开发利用和有害昆虫的防控，以及为生物多样性研究和持续利用提供科学依据，2016 年 7 月"浙江省昆虫资源调查、信息管理与编撰"项目正式开始实施，该项目由浙江省林业有害生物防治检疫局（现浙江省森林病虫害防治总站）和浙江省林学会发起，委托浙江农林大学组织，联合全国相关昆虫分类专家合作。《浙江昆虫志》编委会组织全国 30 余家单位 300 余位昆虫分类学者共同编写，共分 17 卷：第一卷由杜予州教授主编，包含原尾纲、弹尾纲、双尾纲，以及昆虫纲的石蛃目、衣鱼目、蜉蝣目、蜻蜓目、襀翅目、等翅目、蜚蠊目、螳螂目、蛩蠊目、直翅目和革翅目；第二卷由花保祯教授主编，包括昆虫纲啮虫目、缨翅目、广翅目、蛇蛉目、脉翅目、长翅目和毛翅目；第三卷由张雅林教授主编，包含昆虫纲半翅目同翅亚目；第四卷由卜文俊和刘国卿教授主编，包含昆虫纲半翅目异翅亚目；第五卷由李利珍教授和白明研究员主编，包含昆虫纲鞘翅目原鞘亚目、藻食亚目、肉食亚目、牙甲总科、阎甲总科、隐翅虫总科、金龟总科、沼甲总科；第六卷由任国栋教授主编，包含昆虫纲鞘翅目花甲总科、吉丁甲总科、丸甲总科、叩甲总科、长蠹总科、郭公甲总科、扁甲总科、瓢甲总科、拟步甲总科；第七卷由杨星科和张润志研究员主编，包含昆虫纲鞘翅目叶甲总科和象甲总科；第八卷由吴鸿和杨定教授主编，包含昆虫纲双翅目长角亚目；第九卷由杨定和姚刚教授主编，包含昆虫纲双翅目短角亚目虻总科、水虻总科、食虫虻总科、舞虻总科、蚤蝇总科、蚜蝇总科、眼蝇总科、实蝇总科、小粪蝇总科、缟蝇总科、沼蝇总科、鸟蝇总科、水蝇总科、突眼蝇总科和禾蝇总科；第十卷由薛万琦和张春田教授主编，包含昆虫纲双翅目短角亚目蝇总科、狂蝇总科；第十一卷由李后魂教授主编，包含昆虫纲鳞翅目小蛾类；第十二卷由韩红香副研究员和姜楠博士主编，包含昆虫纲鳞翅目大蛾类；第十三卷由王敏和范骁凌教授主编，包含昆虫纲鳞翅目蝶类；第十四卷由魏美才教授主编，包含昆虫纲膜翅目"广腰亚目"；第十五卷由陈学新和王义平教授主编、第十六卷、第十七卷由陈学新和唐璞教授主编，这三卷内容为昆虫纲膜翅目细腰亚目[*]。17 卷共记述浙江省六足类 1 万余种，各卷所收录物种的截止时间为 2021 年 12 月。

---

* 因"膜翅目细腰亚目"物种丰富，本部分由原定 2 卷扩充为 3 卷出版。

《浙江昆虫志》各卷主编由昆虫各类群权威顶级分类专家担任，他们是各单位的学科带头人或国家杰出青年科学基金获得者、973计划首席专家和各专业学会的理事长和副理事长等，他们中有不少人都参与了《中国动物志》的编写工作，从而有力地保证了《浙江昆虫志》整套17卷学术内容的高水平和高质量，反映了我国昆虫分类学者对昆虫分类区系研究的最新成果。《浙江昆虫志》是迄今为止对浙江省昆虫种类资源最为完整的科学记载，体现了国际一流水平，17卷《浙江昆虫志》汇集了上万张图片，除黑白特征图外，还有大量成虫整体或局部特征彩色照片，这些图片精美、细致，能充分、直观地展示物种的分类形态鉴别特征。

浙江省林业局对《浙江昆虫志》的编撰出版一直给予关注，本项目在其领导与支持下获得浙江省财政厅的经费资助，并在科学考察过程中得到了浙江省各市、县（市、区）林业部门的大力支持和帮助，特别是浙江天目山国家级自然保护区管理局、浙江清凉峰国家级自然保护区管理局、宁波四明山国家森林公园、钱江源国家公园、浙江仙霞岭省级自然保护区管理局、浙江九龙山国家级自然保护区管理局、景宁望东垟高山湿地自然保护区管理局和舟山市自然资源和规划局也给予了大力协助。同时也感谢国家出版基金和科学出版社的资助与支持，保证了17卷《浙江昆虫志》的顺利出版。

中国科学院印象初院士和康乐院士欣然为本志作序。借此付梓之际，我们谨向以上单位和个人，以及在本项目执行过程中给予关怀、鼓励、支持、指导、帮助和做出贡献的同志表示衷心的感谢！

限于资料和编研时间等多方面因素，书中难免有不足之处，恳盼各位同行和专家及读者不吝赐教。

《浙江昆虫志》编辑委员会
2022年3月

《浙江昆虫志》编写说明

  本志收录的种类原则上是浙江省内各个自然保护区和舟山群岛野外采集获得的昆虫种类。昆虫纲的分类系统参考袁锋等 2006 年编著的《昆虫分类学》第二版。其中,广义的昆虫纲已提升为六足总纲 Hexapoda,分为原尾纲 Protura、弹尾纲 Collembola、双尾纲 Diplura 和昆虫纲 Insecta。目前,狭义的昆虫纲仅包含无翅亚纲的石蛃目 Microcoryphia 和衣鱼目 Zygentoma 以及有翅亚纲。本志采用六足总纲的分类系统。考虑到编写的系统性、完整性和连续性,各卷所包含类群如下:第一卷包含原尾纲、弹尾纲、双尾纲,以及昆虫纲的石蛃目、衣鱼目、蜉蝣目、蜻蜓目、襀翅目、等翅目、蜚蠊目、螳螂目、蛩蠊目、直翅目和革翅目;第二卷包含昆虫纲的啮虫目、缨翅目、广翅目、蛇蛉目、脉翅目、长翅目和毛翅目;第三卷包含昆虫纲的半翅目同翅亚目;第四卷包含昆虫纲的半翅目异翅亚目;第五卷、第六卷和第七卷包含昆虫纲的鞘翅目;第八卷、第九卷和第十卷包含昆虫纲的双翅目;第十一卷、第十二卷和第十三卷包含昆虫纲的鳞翅目;第十四卷、第十五卷、第十六卷和第十七卷包含昆虫纲的膜翅目。

  由于篇幅限制,本志所涉昆虫物种均仅提供原始引证,部分物种同时提供了最新的引证信息。为了物种鉴定的快速化和便捷化,所有包括 2 个以上分类阶元的目、科、亚科、属,以及物种均依据形态特征编写了对应的分类检索表。本志关于浙江省内分布情况的记录,除了之前有记录但是分布记录不详且本次调查未采到标本的种类外,所有种类都尽可能反映其详细的分布信息。限于篇幅,浙江省内的分布信息如下所列按地级市、市辖区、县级市、县、自治县为单位按顺序编写,如浙江(安吉、临安);由于四明山国家级自然保护区地跨多个市(县),因此,该地的分布信息保留为四明山。对于省外分布地则只写到省份、自治区、直辖市和特区等名称,参照《中国动物志》的编写规则,按顺序排列。对于国外分布地则只写到国家或地区名称,各个国家名称参照国际惯例按顺序排列,以逗号隔开。浙江省分布地名称和行政区划资料截至 2020 年,具体如下。

  湖州:吴兴、南浔、德清、长兴、安吉

  嘉兴:南湖、秀洲、嘉善、海盐、海宁、平湖、桐乡

  杭州:上城、下城、江干、拱墅、西湖、滨江、萧山、余杭、富阳、临安、桐庐、淳安、建德

  绍兴:越城、柯桥、上虞、新昌、诸暨、嵊州

  宁波:海曙、江北、北仑、镇海、鄞州、奉化、象山、宁海、余姚、慈溪

  舟山:定海、普陀、岱山、嵊泗

  金华:婺城、金东、武义、浦江、磐安、兰溪、义乌、东阳、永康

  台州:椒江、黄岩、路桥、三门、天台、仙居、温岭、临海、玉环

  衢州:柯城、衢江、常山、开化、龙游、江山

  丽水:莲都、青田、缙云、遂昌、松阳、云和、庆元、景宁、龙泉

  温州:鹿城、龙湾、瓯海、洞头、永嘉、平阳、苍南、文成、泰顺、瑞安、乐清

目 录

鳞翅目 Lepidoptera

第一章　小翅蛾总科 Micropterigoidea ··············6
一、小翅蛾科 Micropterigidae ··············6
　　1. 副小翅蛾属 *Paramartyria* Issiki, 1931 ··············6
　　2. 越小翅蛾属 *Vietomartyria* Hashimoto et Mey, 2000 ··············7

第二章　长角蛾总科 Adeloidea ··············8
二、长角蛾科 Adelidae ··············8
　　3. 网长角蛾属 *Nematopogon* Zeller, 1839 ··············8
　　4. 丽长角蛾属 *Nemophora* Hoffmannsegg, 1798 ··············9

第三章　蝙蝠蛾总科 Hepialoidea ··············12
三、蝙蝠蛾科 Hepialidae ··············12
　　5. 双栉蝠蛾属 *Bipectilus* Chu et Wang, 1985 ··············12
　　6. 蝠蛾属 *Endoclita* Felder, 1874 ··············13
　　7. 钩蝠蛾属 *Thitarodes* Viette, 1968 ··············16

第四章　谷蛾总科 Tineoidea ··············18
四、袋蛾科 Psychidae ··············18
　　8. 棘袋蛾属 *Acanthoecia* Joannis, 1929 ··············19
　　9. 皑袋蛾属 *Acanthopsyche* Heylaerts, 1881 ··············19
　　10. 脉袋蛾属 *Amatissa* Walker, 1862 ··············21
　　11. 玫袋蛾属 *Chalioides* Swinhoe, 1892 ··············21
　　12. 黛袋蛾属 *Dappula* Moore, [1883] ··············22
　　13. 旭袋蛾属 *Eosolenobia* Filipjev, 1925 ··············23
　　14. 博袋蛾属 *Eumeta* Walker, 1855 ··············23
　　15. 墨袋蛾属 *Mahasena* Moore, 1877 ··············26
　　16. 娇袋蛾属 *Proutia* Tutt, 1899 ··············26

五、谷蛾科 Tineidae ··············28
　（一）卷谷蛾亚科 Erechthiinae ··············28
　　17. 卷谷蛾属 *Erechthias* Meyrick, 1880 ··············28
　（二）簇谷蛾亚科 Hapsiferinae ··············29
　　18. 非簇谷蛾属 *Cimitra* Walker, 1864 ··············30
　　19. 毛簇谷蛾属 *Dasyses* Durrant, 1903 ··············31
　（三）辉谷蛾亚科 Hieroxestinae ··············31
　　20. 扁蛾属 *Opogona* Zeller, 1853 ··············31
　　21. 眉谷蛾属 *Wegneria* Diakonoff, 1951 ··············33
　（四）宇谷蛾亚科 Myrmecozelinae ··············34
　　22. 蜂宇谷蛾属 *Cephimallota* Bruand, 1849 ··············34
　　23. 褐斑宇谷蛾属 *Cephitinea* Zagulajev, 1964 ··············35
　　24. 殊宇谷蛾属 *Dinica* Gozmány, 1965 ··············36
　　25. 太宇谷蛾属 *Gerontha* Walker, 1864 ··············37

26. 线宇谷蛾属 *Moerarchis* Durrant, 1914···38
27. 连宇谷蛾属 *Rhodobates* Ragonot, 1895··39
（五）奇谷蛾亚科 Perissomasticinae···40
28. 褐谷蛾属 *Edosa* Walker, 1866··40
（六）萌谷蛾亚科 Scardiinae··45
29. 纵纹谷蛾属 *Amorophaga* Zagulajev, 1968··45
30. 斑谷蛾属 *Morophaga* Herrich-Schäffer, 1853···46
31. 似斑谷蛾属 *Morophagoides* Petersen, 1957··46
32. 绒谷蛾属 *Tinissa* Walker, 1864··47
（七）谷蛾亚科 Tineinae···48
33. 隐斑谷蛾属 *Crypsithyris* Meyrick, 1907···49
34. 白斑谷蛾属 *Monopis* Hübner, 1825···49
35. 巢谷蛾属 *Niditinea* Petersen, 1957··51
（八）亚科未指定类群 Unattributed to subfamily··52
36. 黑地谷蛾属 *Epactris* Meyrick, 1905··52
37. 双地谷蛾属 *Eudarcia* Clemens, 1860··53
38. 骨斑地谷蛾属 *Maculisclerotica* Xiao *et* Li, 2009···55
39. 角谷蛾属 *Thisizima* Walker, 1864··56
六、异谷蛾科 Dryadaulidae···58
40. 异谷蛾属 *Dryadaula* Meyrick, 1893··58

第五章　细蛾总科 Gracillarioidea··60
七、细蛾科 Gracillariidae···60
41. 尖细蛾属 *Acrocercops* Wallengren, 1881···60
42. 圆细蛾属 *Borboryctis* Kumata *et* Kuroko, 1988··62
43. 丽细蛾属 *Caloptilia* Hübner, 1825···63
44. 斑细蛾属 *Calybites* Hübner, 1822··71
45. 贝细蛾属 *Eteoryctis* Kumata *et* Kuroko, 1988···72
46. 突细蛾属 *Gibbovalva* Kumata *et* Kuroko, 1988··72
47. 细蛾属 *Gracillaria* Haworth, 1828···75
48. 毛冠细蛾属 *Liocrobyla* Meyrick, 1916··75
49. 皮细蛾属 *Spulerina* Vári, 1961···76
50. 叶潜蛾属 *Phyllocnistis* Zeller, 1848··79
51. 潜细蛾属 *Phyllonorycter* Hübner, 1822··79

第六章　巢蛾总科 Yponomeutoidea··81
八、巢蛾科 Yponomeutidae··81
52. 小白巢蛾属 *Thecobathra* Meyrick, 1922···81
53. 带巢蛾属 *Cedestis* Zeller, 1839··84
54. 金巢蛾属 *Lycophantis* Meyrick, 1914···84
55. 缘巢蛾属 *Orencostoma* Moriuti, 1971···86
56. 褐巢蛾属 *Metanomeuta* Meyrick, 1935···87
57. 异巢蛾属 *Teinoptila* Sauber, 1902··87
58. 长角巢蛾属 *Xyrosaris* Meyrick, 1907··88
59. 巢蛾属 *Yponomeuta* Latreille, 1796···88
九、冠翅蛾科 Ypsolophidae···92
60. 冠翅蛾属 *Ypsolopha* Latreille, 1796··92

十、银蛾科 Argyresthiidae ···93
　　61. 银蛾属 *Argyresthia* Hübner, [1825] ···93
十一、菜蛾科 Plutellidae ···97
　　62. 菜蛾属 *Plutella* Schrank, 1802 ···97
　　63. 光菜蛾属 *Leuroperna* Clarke, 1965 ··97
　　64. 雀菜蛾属 *Anthonympha* Moriuti, 1971 ··98
十二、雕蛾科 Glyphipterigidae ···100
　　65. 斑雕蛾属 *Acrolepiopsis* Gaedike, 1970 ··100
　　66. 雕蛾属 *Glyphipterix* Hübner, [1825] ···103

第七章　麦蛾总科 Gelechioidea ··106
十三、祝蛾科 Lecithoceridae ···106
　（一）瘤祝蛾亚科 Torodorinae ···106
　　67. 貂祝蛾属 *Athymoris* Meyrick, 1935 ···107
　　68. 三角祝蛾属 *Deltoplastis* Meyrick, 1925 ··108
　　69. 秃祝蛾属 *Halolaguna* Gozmány, 1978 ···109
　　70. 鳞带祝蛾属 *Lepidozonates* Park, 2013 ··111
　　71. 俪祝蛾属 *Philharmonia* Gozmány, 1978 ···112
　　72. 白斑祝蛾属 *Thubana* Walker, 1864 ··112
　　73. 瘤祝蛾属 *Torodora* Meyrick, 1894 ···113
　（二）祝蛾亚科 Lecithocerinae ···116
　　74. 东方祝蛾属 *Eurodachtha* Gozmány, 1978 ···117
　　75. 福利祝蛾属 *Frisilia* Walker, 1864 ··118
　　76. 素祝蛾属 *Homaloxestis* Meyrick, 1910 ···119
　　77. 银祝蛾属 *Issikiopteryx* Moriuti, 1973 ··121
　　78. 苍祝蛾属 *Kalocyrma* Wu, 1994 ··123
　　79. 祝蛾属 *Lecithocera* Herrich-Schäffer, 1853 ··123
　　80. 黄阔祝蛾属 *Lecitholaxa* Gozmány, 1978 ···131
　　81. 羽祝蛾属 *Nosphistica* Meyrick, 1911 ···131
　　82. 槐祝蛾属 *Sarisophora* Meyrick, 1904 ···134
　　83. 匙唇祝蛾属 *Spatulignatha* Gozmány, 1978 ···136
　　84. 共褶祝蛾属 *Synesarga* Gozmány, 1978 ···136
　　85. 喜祝蛾属 *Tegenocharis* Gozmány, 1973 ··137
　　86. 丛须祝蛾属 *Thamnopalpa* Gozmány, 1978 ··138
　　87. 彩祝蛾属 *Tisis* Walker, 1864 ···138
　　88. 兔尾祝蛾属 *Urolaguna* Wu, 1994 ··139
十四、织蛾科 Oecophoridae ··140
　　89. 卡织蛾属 *Casmara* Walker, 1863 ··140
　　90. 圆织蛾属 *Eonympha* Meyrick, 1906 ··142
　　91. 丽织蛾属 *Epicallima* Dyar, [1903] ···142
　　92. 绣织蛾属 *Erotis* Meyrick, 1910 ···143
　　93. 枯织蛾属 *Lasiochira* Meyrick, 1931 ··144
　　94. 潜织蛾属 *Locheutis* Meyrick, 1883 ···146
　　95. 仓织蛾属 *Martyringa* Busck, 1902 ··146
　　96. 平织蛾属 *Pedioxestis* Meyrick, 1932 ···147
　　97. 酪织蛾属 *Tyrolimnas* Meyrick, 1934 ···147

98. 锦织蛾属 *Promalactis* Meyrick, 1908 ·········· 147
十五、列蛾科 Autostichidae ·········· 179
　（一）列蛾亚科 Autostichinae ·········· 179
　　99. 列蛾属 *Autosticha* Meyrick, 1886 ·········· 179
　　100. 点列蛾属 *Punctulata* Wang, 2006 ·········· 187
　（二）带列蛾亚科 Periacminae ·········· 188
　　101. 伪带列蛾属 *Irepacma* Moriuti, Saito et Lewvanich, 1985 ·········· 188
　　102. 带列蛾属 *Periacma* Meyrick, 1894 ·········· 189
　　103. 斑列蛾属 *Ripeacma* Moriuti, Saito et Lewvanich, 1985 ·········· 192
　　104. 模列蛾属 *Meleonoma* Meyrick, 1914 ·········· 194
十六、木蛾科 Xyloryctidae ·········· 223
　　105. 隆木蛾属 *Aeolanthes* Meyrick, 1907 ·········· 223
　　106. 叉木蛾属 *Metathrinca* Meyrick, 1908 ·········· 224
十七、鸠蛾科 Peleopodidae ·········· 225
　（一）凹鸠蛾亚科 Acriinae ·········· 225
　　107. 凹鸠蛾属 *Acria* Stephens, 1834 ·········· 225
　（二）鸠蛾亚科 Peleopodinae ·········· 228
　　108. 恒鸠蛾属 *Letogenes* Meyrick, 1921 ·········· 228
　（三）木鸠蛾亚科 Oditinae ·········· 229
　　109. 木鸠蛾属 *Odites* Walsingham, 1891 ·········· 229
　　110. 根鸠蛾属 *Rhizosthenes* Meyrick, 1935 ·········· 230
　　111. 绢鸠蛾属 *Scythropiodes* Matsumura, 1931 ·········· 231
十八、宽蛾科 Depressariidae ·········· 235
　　112. 异宽蛾属 *Agonopterix* Hübner, [1825] ·········· 235
　　113. 佳宽蛾属 *Eutorna* Meyrick, 1889 ·········· 236
十九、草蛾科 Ethmiidae ·········· 238
　　114. 草蛾属 *Ethmia* Hübner, [1819] ·········· 238
二十、展足蛾科 Stathmopodidae ·········· 242
　（一）艳展足蛾亚科 Atkinsoniinae ·········· 242
　　115. 艳展足蛾属 *Atkinsonia* Stainton, 1859 ·········· 242
　（二）铜展足蛾亚科 Cuprininae ·········· 244
　　116. 淡展足蛾属 *Calicotis* Meyrick, 1889 ·········· 244
　（三）展足蛾亚科 Stathmopodinae ·········· 244
　　117. 黑展足蛾属 *Atrijuglans* Yang, 1977 ·········· 245
　　118. 点展足蛾属 *Hieromantis* Meyrick, 1897 ·········· 245
　　119. 展足蛾属 *Stathmopoda* Herrich-Schäffer, 1853 ·········· 247
二十一、遮颜蛾科 Blastobasidae ·········· 256
　（一）遮颜蛾亚科 Blastobasinae ·········· 256
　　120. 遮颜蛾属 *Blastobasis* Zeller, 1855 ·········· 256
　　121. 弯遮颜蛾属 *Hypatopa* Walsingham, 1907 ·········· 259
　　122. 后遮颜蛾属 *Lateantenna* Amsel, 1968 ·········· 260
　　123. 新遮颜蛾属 *Neoblastobasis* Kuznetzov et Sinev, 1985 ·········· 263
　（二）环遮颜蛾亚科 Holcocerinae ·········· 264
　　124. 隐遮颜蛾属 *Syncola* Meyrick, 1916 ·········· 264
　　125. 宽弧遮颜蛾属 *Tecmerium* Walsingham, 1907 ·········· 266

二十二、尖蛾科 Cosmopterigidae ·········· 268
126. 窗尖蛾属 *Scaeosopha* Meyrick, 1914 ·········· 268
127. 迈尖蛾属 *Macrobathra* Meyrick, 1886 ·········· 269
128. 簇尖蛾属 *Anatrachyntis* Meyrick, 1915 ·········· 272
129. 隐尖蛾属 *Ashibusa* Matsumura, 1931 ·········· 273
130. 尖蛾属 *Cosmopterix* Hübner, [1825] ·········· 274
131. 离尖蛾属 *Labdia* Walker, 1864 ·········· 278
132. 蒲尖蛾属 *Limnaecia* Stainton, 1851 ·········· 280
133. 菊尖蛾属 *Pyroderces* Herrich-Schäffer, 1853 ·········· 280

二十三、麦蛾科 Gelechiidae ·········· 282
（一）背麦蛾亚科 Anacampsinae ·········· 282
134. 冠麦蛾属 *Bagdadia* Amsel, 1949 ·········· 283
135. 凹麦蛾属 *Tituacia* Walker, 1864 ·········· 283
136. 林麦蛾属 *Empalactis* Meyrick, 1925 ·········· 284
137. 蛮麦蛾属 *Hypatima* Hübner, [1825] ·········· 286
138. 条麦蛾属 *Anarsia* Zeller, 1839 ·········· 288
139. 发麦蛾属 *Faristenia* Ponomarenko, 1991 ·········· 291
140. 拟蛮麦蛾属 *Encolapta* Meyrick, 1913 ·········· 293
141. 托麦蛾属 *Tornodoxa* Meyrick, 1921 ·········· 294
142. 背麦蛾属 *Anacampsis* Curtis, 1827 ·········· 295
143. 荚麦蛾属 *Mesophleps* Hübner, [1825] ·········· 296
144. 光麦蛾属 *Photodotis* Meyrick, 1911 ·········· 297
（二）喙麦蛾亚科 Anomologinae ·········· 297
145. 灯麦蛾属 *Argolamprotes* Benander, 1945 ·········· 298
146. 苔麦蛾属 *Bryotropha* Heinemann, 1870 ·········· 298
147. 彩麦蛾属 *Chrysoesthia* Hübner, [1825] ·········· 299
148. 尖翅麦蛾属 *Metzneria* Zeller, 1839 ·········· 299
149. 齿茎麦蛾属 *Xystophora* Wocke, [1876] ·········· 300
（三）拟麦蛾亚科 Apatetrinae ·········· 300
150. 铃麦蛾属 *Pectinophora* Busck, 1917 ·········· 300
151. 禾麦蛾属 *Sitotroga* Heinemann, 1870 ·········· 301
（四）纹麦蛾亚科 Thiotrichinae ·········· 301
152. 展肢麦蛾属 *Palumbina* Rondani, 1876 ·········· 302
153. 纹麦蛾属 *Thiotricha* Meyrick, 1886 ·········· 304
（五）棕麦蛾亚科 Dichomeridinae ·········· 306
154. 棕麦蛾属 *Dichomeris* Hübner, 1818 ·········· 306
155. 阳麦蛾属 *Helcystogramma* Zeller, 1877 ·········· 319
156. 月麦蛾属 *Aulidiotis* Meyrick, 1925 ·········· 322
（六）麦蛾亚科 Gelechiinae ·········· 323
157. 树麦蛾属 *Agnippe* Chambers, 1872 ·········· 323
158. 粗翅麦蛾属 *Psoricoptera* Stainton, 1854 ·········· 324
159. 窄翅麦蛾属 *Angustialata* Omelko, 1988 ·········· 326
160. 卡麦蛾属 *Carpatolechia* Căpuşe, 1964 ·········· 327
161. 离瓣麦蛾属 *Chorivalva* Omelko, 1988 ·········· 327
162. 拟黑麦蛾属 *Concubina* Omelko et Omelko, 2004 ·········· 329

163. 平麦蛾属 *Parachronistis* Meyrick, 1925 ················329
164. 腊麦蛾属 *Parastenolechia* Kanazawa, 1985 ················332
165. 伪黑麦蛾属 *Pseudotelphusa* Janse, 1958 ················335
166. 毛黑麦蛾属 *Pubitelphusa* Lee et Brown, 2013 ················336
167. 狭麦蛾属 *Stenolechia* Meyrick, 1894 ················337
168. 特麦蛾属 *Teleiodes* Sattler, 1960 ················341
169. 黑麦蛾属 *Telphusa* Chambers, 1872 ················343

第八章 羽蛾总科 Pterophoroidea ················345
二十四、羽蛾科 Pterophoridae ················345
170. 少脉羽蛾属 *Crombrugghia* Tutt, 1906 ················345
171. 副羽蛾属 *Deuterocopus* Zeller, 1852 ················347
172. 日羽蛾属 *Nippoptilia* Matsumura, 1931 ················348
173. 片羽蛾属 *Platyptilia* Hübner, [1825] ················349
174. 蝶羽蛾属 *Sphenarches* Meyrick, 1886 ················350
175. 狭羽蛾属 *Stenodacma* Amsel, 1959 ················352
176. 秀羽蛾属 *Stenoptilodes* Zimmerman, 1958 ················353
177. 异羽蛾属 *Emmelina* Tutt, 1905 ················354
178. 滑羽蛾属 *Hellinsia* Tutt, 1905 ················355
179. 冬羽蛾属 *Pselnophorus* Wallengren, 1881 ················357

第九章 卷蛾总科 Tortricoidea ················359
二十五、卷蛾科 Tortricidae ················359
（一）卷蛾亚科 Tortricinae ················359
180. 长翅卷蛾属 *Acleris* Hübner, [1825] 1816 ················359
181. 彩翅卷蛾属 *Spatalistis* Meyrick, 1907 ················361
182. 褐带卷蛾属 *Adoxophyes* Meyrick, 1881 ················363
183. 黄卷蛾属 *Archips* Hübner, [1822] ················363
184. 色卷蛾属 *Choristoneura* Lederer, 1859 ················365
185. 双斜卷蛾属 *Clepsis* Guenée, 1845 ················366
186. 华卷蛾属 *Egogepa* Razowski, 1977 ················367
187. 丛卷蛾属 *Gnorismoneura* Issiki et Stringer, 1932 ················367
188. 长卷蛾属 *Homona* Walker, 1863 ················368
189. 突卷蛾属 *Meridemis* Diakonoff, 1976 ················369
190. 圆卷蛾属 *Neocalyptis* Diakonoff, 1941 ················369
191. 褐卷蛾属 *Pandemis* Hübner, [1825] 1816 ················370
192. 侧板卷蛾属 *Minutargyrotoza* Yasuda et Razowski, 1991 ················371
193. 毛垫卷蛾属 *Synochoneura* Obraztsov, 1955 ················371
194. 双纹卷蛾属 *Aethes* Billberg, 1820 ················372
195. 单纹卷蛾属 *Eupoecilia* Stephens, 1829 ················373
196. 褐纹卷蛾属 *Phalonidia* Le Marchand, 1933 ················373
（二）小卷蛾亚科 Olethreutinae ················374
197. 斜纹小卷蛾属 *Apotomis* Hübner, [1825] 1816 ················376
198. 水小卷蛾属 *Aterpia* Guenée, 1845 ················377
199. 尖翅小卷蛾属 *Bactra* Stephens, 1834 ················378
200. 草小卷蛾属 *Celypha* Hübner, [1825] 1816 ················379
201. 狭翅小卷蛾属 *Dicephalarcha* Diakonoff, 1973 ················380

202. 白条小卷蛾属 *Dudua* Walker, 1864 ·········· 381
203. 黑小卷蛾属 *Endothenia* Stephens, 1852 ·········· 381
204. 圆点小卷蛾属 *Eudemis* Hübner, 1825 ·········· 384
205. 圆斑小卷蛾属 *Eudemopsis* Falkovitsh, 1962 ·········· 385
206. 桃小卷蛾属 *Gatesclarkeana* Diakonoff, 1966 ·········· 386
207. 广翅小卷蛾属 *Hedya* Hübner, [1825] 1816 ·········· 387
208. 偏小卷蛾属 *Hiroshiinoueana* Kawabe, 1978 ·········· 390
209. 花翅小卷蛾属 *Lobesia* Guenée, 1845 ·········· 391
210. 环小卷蛾属 *Neostatherotis* Oku, 1974 ·········· 393
211. 小卷蛾属 *Olethreutes* Hübner, 1822 ·········· 394
212. 毛颚小卷蛾属 *Ophiorrhabda* Diakonoff, 1966 ·········· 397
213. 纹小卷蛾属 *Phaecadophora* Walsingham, 1900 ·········· 398
214. 端小卷蛾属 *Phaecasiophora* Grote, 1873 ·········· 399
215. 脊小卷蛾属 *Proschistis* Meyrick, 1907 ·········· 402
216. 细小卷蛾属 *Psilacantha* Diakonoff, 1966 ·········· 402
217. 发小卷蛾属 *Pseudohedya* Falkovitsh, 1962 ·········· 403
218. 直茎小卷蛾属 *Rhopaltriplasia* Diakonoff, 1973 ·········· 403
219. 轮小卷蛾属 *Rudisociaria* Falkovitsh, 1962 ·········· 404
220. 月小卷蛾属 *Saliciphaga* Falkovitsh, 1962 ·········· 404
221. 复小卷蛾属 *Sisona* Snellen, 1902 ·········· 405
222. 尾小卷蛾属 *Sorolopha* Lower, 1901 ·········· 405
223. 镰翅小卷蛾属 *Ancylis* Hübner, [1825] 1816 ·········· 408
224. 尖顶小卷蛾属 *Kennelia* Rebel, 1901 ·········· 412
225. 楝小卷蛾属 *Loboschiza* Diakonoff, 1967 ·········· 412
226. 褐斑小卷蛾属 *Semnostola* Diakonoff, 1959 ·········· 413
227. 斜小卷蛾属 *Acroclita* Lederer, 1859 ·········· 415
228. 褐小卷蛾属 *Antichlidas* Meyrick, 1931 ·········· 415
229. 共小卷蛾属 *Coenobiodes* Kuznetzov, 1973 ·········· 416
230. 白斑小卷蛾属 *Epiblema* Hübner, [1825] 1816 ·········· 416
231. 叶小卷蛾属 *Epinotia* Hübner, [1825] 1816 ·········· 417
232. 花小卷蛾属 *Eucosma* Hübner, 1823 ·········· 418
233. 菲小卷蛾属 *Fibuloides* Kuznetzov, 1997 ·········· 420
234. 突小卷蛾属 *Gibberifera* Obraztsov, 1946 ·········· 421
235. 球果小卷蛾属 *Gravitarmata* Obraztsov, 1946 ·········· 422
236. 泽小卷蛾属 *Heleanna* Clarke, 1976 ·········· 422
237. 美斑小卷蛾属 *Hendecaneura* Walsingham, 1900 ·········· 423
238. 异花小卷蛾属 *Hetereucosma* Zhang et Li, 2006 ·········· 424
239. 瘦花小卷蛾属 *Lepteucosma* Diakonoff, 1971 ·········· 424
240. 黑脉小卷蛾属 *Melanodaedala* Horak, 2006 ·········· 426
241. 带小卷蛾属 *Metacosma* Kuznetzov, 1985 ·········· 426
242. 连小卷蛾属 *Nuntiella* Kuznetzov, 1971 ·········· 427
243. 实小卷蛾属 *Retinia* Guenée, 1845 ·········· 428
244. 筒小卷蛾属 *Rhopalovalva* Kuznetzov, 1964 ·········· 429
245. 黑痣小卷蛾属 *Rhopobota* Lederer, 1859 ·········· 429
246. 梢小卷蛾属 *Rhyacionia* Hübner, [1825] 1816 ·········· 432

247. 白小卷蛾属 *Spilonota* Stephens, 1834	433
248. 斜斑小卷蛾属 *Andrioplecta* Obraztsov, 1968	434
249. 异形小卷蛾属 *Cryptophlebia* Walsingham, 1899	435
250. 食小卷蛾属 *Cydia* Hübner, [1825] 1816	436
251. 微小卷蛾属 *Dichrorampha* Guenée, 1845	437
252. 小食心虫属 *Grapholita* Treitschke, 1829	437
253. 密小卷蛾属 *Lathronympha* Meyrick, 1926	440
254. 豆食心虫属 *Leguminivora* Obraztsov, 1960	441
255. 豆小卷蛾属 *Matsumuraeses* Issiki, 1957	441
256. 超小卷蛾属 *Pammene* Hübner, 1825	442
257. 曲小卷蛾属 *Strophedra* Herrich-Schäffer, 1853	444

第十章　木蠹蛾总科 Cossoidea ... 446
　二十六、木蠹蛾科 Cossidae ... 446

258. 木蠹蛾属 *Cossus* Fabricius, 1794	446
259. 线角木蠹蛾属 *Holcocerus* Staudinger, 1884	448
260. 斑蠹蛾属 *Xyleutes* Hübner, 1822	448
261. 豹蠹蛾属 *Zeuzera* Latreille, 1804	449

第十一章　斑蛾总科 Zygaenoidea ... 452
　二十七、刺蛾科 Limacodidae ... 452

262. 岐刺蛾属 *Austrapoda* Inoue, 1982	454
263. 背刺蛾属 *Belippa* Walker, 1865	454
264. 凯刺蛾属 *Caissa* Hering, 1931	455
265. 线刺蛾属 *Cania* Walker, 1855	456
266. 姹刺蛾属 *Chalcocelis* Hampson, [1893] 1892	457
267. 迷刺蛾属 *Chibiraga* Matsumura, 1931	458
268. 指刺蛾属 *Dactylorhynchides* Strand, 1920	459
269. 达刺蛾属 *Darna* Walker, 1862	460
270. 艳刺蛾属 *Demonarosa* Matsumura, 1931	461
271. 爱刺蛾属 *Epsteinius* Lin, Braby *et* Hsu, 2020	462
272. 汉刺蛾属 *Hampsonella* Dyar, 1898	462
273. 长须刺蛾属 *Hyphorma* Walker, 1865	463
274. 漪刺蛾属 *Iraga* Matsumura, 1927	464
275. 焰刺蛾属 *Iragoides* Hering, 1931	465
276. 铃刺蛾属 *Kitanola* Matsumura, 1925	466
277. 泥刺蛾属 *Limacolasia* Hering, 1931	467
278. 枯刺蛾属 *Mahanta* Moore, 1879	468
279. 奇刺蛾属 *Matsumurides* Hering, 1931	469
280. 纤刺蛾属 *Microleon* Butler, 1885	470
281. 银纹刺蛾属 *Miresa* Walker, 1855	470
282. 黄刺蛾属 *Monema* Walker, 1855	472
283. 眉刺蛾属 *Narosa* Walker, 1855	473
284. 娜刺蛾属 *Narosoideus* Matsumura, 1911	474
285. 新扁刺蛾属 *Neothosea* Okano *et* Pak, 1964	477
286. 斜纹刺蛾属 *Oxyplax* Hampson, [1893] 1892	478
287. 绿刺蛾属 *Parasa* Moore, [1860]	478

288. 奕刺蛾属 *Phlossa* Walker, 1858 ····· 483
289. 冠刺蛾属 *Phrixolepia* Butler, 1877 ····· 484
290. 伯刺蛾属 *Praesetora* Hering, 1931 ····· 485
291. 拟焰刺蛾属 *Pseudiragoides* Solovyev et Witt, 2009 ····· 486
292. 齿刺蛾属 *Rhamnosa* Fixsen, 1887 ····· 487
293. 球须刺蛾属 *Scopelodes* Westwood, 1841 ····· 489
294. 褐刺蛾属 *Setora* Walker, 1855 ····· 491
295. 条刺蛾属 *Striogyia* Holloway, 1986 ····· 492
296. 素刺蛾属 *Susica* Walker, 1855 ····· 493
297. 扁刺蛾属 *Thosea* Walker, 1855 ····· 494

二十八、斑蛾科 Zygaenidae ····· 496
  （一）锦斑蛾亚科 Chalcosiinae ····· 496
    298. 旭锦斑蛾属 *Campylotes* Westwood, 1840 ····· 496
    399. 柄脉锦斑蛾属 *Eterusia* Hope, 1841 ····· 498
    300. 新锦斑蛾属 *Neochalcosia* Yen et Yang, 1997 ····· 498
    301. 带锦斑蛾属 *Pidorus* Walker, 1854 ····· 499
    302. 伪带锦斑蛾属 *Pseudopidorus* Yen et Yang, 1997 ····· 500
    303. 眉锦斑蛾属 *Rhodopsona* Jordan, 1907 ····· 500
  （二）小斑蛾亚科 Procridinae ····· 501
    304. 纹竹斑蛾属 *Allobremeria* Alberti, 1954 ····· 501
    305. 细竹斑蛾属 *Balataea* Walker, 1865 ····· 502
    306. 布斑蛾属 *Bremeria* Alphéraky, 1892 ····· 503
    307. 金小斑蛾属 *Chrysartona* Swinhoe, 1892 ····· 505
    308. 灿斑蛾属 *Clelea* Walker, 1854 ····· 505
    309. 暮斑蛾属 *Funeralia* Alberti, 1954 ····· 505
    310. 竹斑蛾属 *Fuscartona* Efetov et Tarmann, 2012 ····· 506
    311. 硕斑蛾属 *Hysteroscene* Hering, 1925 ····· 507
    312. 叶斑蛾属 *Illiberis* Walker, 1854 ····· 508
    313. 杜鹃小斑蛾属 *Rhagades* Wallengren, 1863 ····· 511
  （三）斑蛾亚科 Zygaeninae ····· 512
    314. 长毛斑蛾属 *Pryeria* Moore, 1877 ····· 512

第十二章　透翅蛾总科 Sesioidea ····· 513
二十九、透翅蛾科 Sesiidae ····· 513
  315. 桑透翅蛾属 *Paradoxecia* Hampson, 1919 ····· 514
  316. 窗透翅蛾属 *Paranthrenopsis* Le Cerf, 1911 ····· 514
  317. 线透翅蛾属 *Tinthia* Walker, [1865] ····· 515
  318. 羽透翅蛾属 *Pennisetia* Dehne, 1850 ····· 515
  319. 细透翅蛾属 *Sphecodoptera* Hampson, [1893] ····· 516
  320. 灿透翅蛾属 *Glossosphecia* Hampson, 1919 ····· 516
  321. 长足透翅蛾属 *Macroscelesia* Hampson, 1919 ····· 517
  322. 毛足透翅蛾属 *Melittia* Hübner, [1819] ····· 517
  323. 诺透翅蛾属 *Nokona* Matsumura, 1931 ····· 518
  324. 准透翅蛾属 *Paranthrene* Hübner, [1819] ····· 519
  325. 台透翅蛾属 *Taikona* Arita et Gorbunov, 2001 ····· 521
  326. 帕透翅蛾属 *Paranthrenella* Strand, [1916] ····· 521

327. 兴透翅蛾属 *Synanthedon* Hübner, [1819] ································ 522

第十三章　网蛾总科 Thyridoidea ································ 524
三十、网蛾科 Thyrididae ································ 524
328. 拱肩网蛾属 *Camptochilus* Hampson, 1893 ································ 524
329. 后窗网蛾属 *Dysodia* Clemens, 1860 ································ 526
330. 蝉网蛾属 *Glanycus* Walker, 1855 ································ 526
331. 绢网蛾属 *Herdonia* Walker, 1859 ································ 527
332. 蜂形网蛾属 *Hyperthyris* Leech, 1889 ································ 527
333. 矮网蛾属 *Hypolamprus* Hampson, 1893 ································ 528
334. 黑线网蛾属 *Rhodoneura* Guenée, 1858 ································ 528
335. 斜线网蛾属 *Striglina* Guenée, 1877 ································ 532
336. 尖尾网蛾属 *Thyris* Laspeyres, 1803 ································ 535

第十四章　螟蛾总科 Pyraloidea ································ 537
三十一、螟蛾科 Pyralidae ································ 537
（一）蜡螟亚科 Galleriinae ································ 537
337. 小蜡螟属 *Achroia* Hübner, 1819 ································ 538
338. 织螟属 *Aphomia* Hübner, 1825 ································ 538
339. 谷螟属 *Lamoria* Walker, 1863 ································ 540
340. 实蜡螟属 *Mampava* Ragonot, 1888 ································ 541
341. 脐纹螟属 *Omphalocera* Lederer, 1863 ································ 542
（二）斑螟亚科 Phycitinae ································ 543
342. 片拟斑螟属 *Toshitamia* Sasaki, 2012 ································ 543
343. 隐斑螟属 *Cryptoblabes* Zeller, 1848 ································ 545
344. 长颚斑螟属 *Edulicodes* Roesler, 1972 ································ 545
345. 匙须斑螟属 *Spatulipalpia* Ragonot, 1893 ································ 546
346. 瘤角斑螟属 *Ammatucha* Turner, 1922 ································ 547
347. 紫斑螟属 *Calguia* Walker, 1863 ································ 550
348. 枥角斑螟属 *Ceroprepes* Zeller, 1867 ································ 551
349. 带斑螟属 *Coleothrix* Ragonot, 1888 ································ 553
350. 梢斑螟属 *Dioryctria* Zeller, 1846 ································ 553
351. 荚斑螟属 *Etiella* Zeller, 1839 ································ 558
352. 巢斑螟属 *Faveria* Walker, 1859 ································ 560
353. 锚斑螟属 *Indomyrlaea* Roesler et Küppers, 1979 ································ 561
354. 蝶斑螟属 *Morosaphycita* Horak, 1997 ································ 562
355. 云斑螟属 *Nephopterix* Hübner, 1825 ································ 563
356. 云翅斑螟属 *Oncocera* Stephens, 1829 ································ 567
357. 直鳞斑螟属 *Ortholepis* Ragonot, 1887 ································ 569
358. 瘿斑螟属 *Pempelia* Hübner, 1825 ································ 569
359. 斑螟属 *Phycita* Curtis, 1828 ································ 570
360. 腹刺斑螟属 *Sacculocornutia* Roesler, 1971 ································ 571
361. 阴翅斑螟属 *Sciota* Hulst, 1888 ································ 572
362. 峰斑螟属 *Acrobasis* Zeller, 1839 ································ 573
363. 拟峰斑螟属 *Anabasis* Heinrich, 1956 ································ 578
364. 蛀果斑螟属 *Assara* Walker, 1863 ································ 578
365. 金斑螟属 *Aurana* Walker, 1863 ································ 579

366. 果斑螟属 *Cadra* Walker, 1864 ······ 580
367. 帝斑螟属 *Didia* Ragonot, 1893 ······ 581
368. 叉斑螟属 *Dusungwua* Kemal, Kızıldağ *et* Koçak, 2020 ······ 582
369. 暗斑螟属 *Euzophera* Zeller, 1867 ······ 584
370. 雕斑螟属 *Glyptoteles* Zeller, 1848 ······ 585
371. 楝斑螟属 *Hypsipyla* Ragonot, 1888 ······ 585
372. 卡斑螟属 *Kaurava* Roesler *et* Küppers, 1981 ······ 586
373. 夜斑螟属 *Nyctegretis* Zeller, 1848 ······ 586
374. 骨斑螟属 *Patagoniodes* Roesler, 1969 ······ 587
375. 类斑螟属 *Phycitodes* Hampson, 1917 ······ 588
376. 谷斑螟属 *Plodia* Guenée, 1845 ······ 589
377. 伪峰斑螟属 *Pseudacrobasis* Roesler, 1975 ······ 590
378. 拟果斑螟属 *Pseudocadra* Roesler, 1965 ······ 592
379. 刺斑螟属 *Thiallela* Walker, 1863 ······ 593
380. 槌须斑螟属 *Trisides* Walker, 1863 ······ 594

（三）丛螟亚科 Epipaschiinae ······ 594
381. 毛丛螟属 *Coenodomus* Walsingham, 1888 ······ 595
382. 齿纹丛螟属 *Epilepia* Janse, 1931 ······ 598
383. 须丛螟属 *Jocara* Walker, 1863 ······ 598
384. 沟须丛螟属 *Lamida* Walker, 1859 ······ 599
385. 鳞丛螟属 *Lepidogma* Meyrick, 1890 ······ 601
386. 彩丛螟属 *Lista* Walker, 1859 ······ 601
387. 缀叶丛螟属 *Locastra* Walker, 1859 ······ 604
388. 白丛螟属 *Noctuides* Staudinger, 1892 ······ 604
389. 瘤丛螟属 *Orthaga* Walker, 1859 ······ 605
390. 异丛螟属 *Salma* Walker, 1863 ······ 610
391. 纹丛螟属 *Stericta* Lederer, 1863 ······ 613
392. 网丛螟属 *Teliphasa* Moore, 1888 ······ 616
393. 棘丛螟属 *Termioptycha* Meyrick, 1889 ······ 619

（四）螟蛾亚科 Pyralinae ······ 622
394. 缟螟属 *Aglossa* Latreille, 1796 ······ 623
395. 厚须螟属 *Arctioblepsis* Felder *et* Felder, 1862 ······ 624
396. 埃螟属 *Arippara* Walker, 1863 ······ 624
397. 条螟属 *Bostra* Walker, 1863 ······ 625
398. 歧角螟属 *Endotricha* Zeller, 1847 ······ 628
399. 富士螟属 *Fujimacia* Marumo, 1939 ······ 633
400. 巢螟属 *Hypsopygia* Hübner, 1825 ······ 634
401. 鹦螟属 *Loryma* Walker, 1859 ······ 640
402. 双点螟属 *Orybina* Snellen, 1895 ······ 640
403. 奇翅螟属 *Perisseretma* Warren, 1895 ······ 643
404. 长颚螟属 *Peucela* Ragonot, 1891 ······ 644
405. 螟蛾属 *Pyralis* Linnaeus, 1758 ······ 645
406. 景螟属 *Scenedra* Meyrick, 1884 ······ 648
407. 缨须螟属 *Stemmatophora* Guenée, 1854 ······ 649
408. 硕螟属 *Toccolosida* Walker, 1863 ······ 652

409. 长须短颚螟属 *Trebania* Ragonot, 1892 ········ 652
410. 弓缘残翅螟属 *Xenomilia* Warren, 1896 ········ 653
411. 甾瑟螟属 *Zitha* Walker, 1865 ········ 654

三十二、草螟科 Crambidae ········ 656
（一）草螟亚科 Crambinae ········ 656
412. 巢草螟属 *Ancylolomia* Hübner, 1825 ········ 657
413. 银纹狭翅草螟属 *Angustalius* Marion, 1954 ········ 658
414. 髓草螟属 *Calamotropha* Zeller, 1863 ········ 659
415. 目草螟属 *Catoptria* Hübner, 1825 ········ 663
416. 禾草螟属 *Chilo* Zincken, 1817 ········ 663
417. 金草螟属 *Chrysoteuchia* Hübner, 1825 ········ 666
418. 草螟属 *Crambus* Fabricius, 1798 ········ 669
419. 卡拉草螟属 *Culladia* Moore, 1866 ········ 674
420. 大草螟属 *Eschata* Walker, 1856 ········ 675
421. 黄草螟属 *Flavocrambus* Bleszynski, 1959 ········ 676
422. 洁草螟属 *Gargela* Walker, 1864 ········ 676
423. 微草螟属 *Glaucocharis* Meyrick, 1938 ········ 678
424. 阔翅草螟属 *Japonichilo* Okano, 1962 ········ 684
425. 带草螟属 *Metaeuchromius* Bleszynski, 1960 ········ 685
426. 双带草螟属 *Miyakea* Marumo, 1933 ········ 688
427. 并脉草螟属 *Neopediasia* Okano, 1962 ········ 688
428. 茎草螟属 *Pediasia* Hübner, 1825 ········ 689
429. 广草螟属 *Platytes* Guenée, 1845 ········ 690
430. 切翅草螟属 *Prionapteron* Bleszynski, 1965 ········ 691
431. 银草螟属 *Pseudargyria* Okano, 1962 ········ 692
432. 白草螟属 *Pseudocatharylla* Bleszynski, 1961 ········ 693
433. 细草螟属 *Roxita* Bleszynski, 1963 ········ 695
434. 黄纹草螟属 *Xanthocrambus* Bleszynski, 1955 ········ 698

（二）水螟亚科 Acentropinae ········ 699
435. 塘水螟属 *Elophila* Hübner, 1822 ········ 699
436. 斑水螟属 *Eoophyla* Swinhoe, 1900 ········ 704
437. 狭翅水螟属 *Eristena* Warren, 1896 ········ 705
438. 目水螟属 *Nymphicula* Snellen, 1880 ········ 706
439. 水螟属 *Nymphula* Schrank, 1802 ········ 708
440. 波水螟属 *Paracymoriza* Warren, 1890 ········ 709
441. 筒水螟属 *Parapoynx* Hübner, 1825 ········ 713

（三）苔螟亚科 Scopariinae ········ 716
442. 优苔螟属 *Eudonia* Billberg, 1820 ········ 717
443. 赫苔螟属 *Hoenia* Leraut, 1986 ········ 718
444. 小苔螟属 *Micraglossa* Warren, 1891 ········ 718
445. 苔螟属 *Scoparia* Haworth, 1811 ········ 721

（四）禾螟亚科 Schoenobiinae ········ 723
446. 双金纹禾螟属 *Archischoenobius* Speidel, 1984 ········ 724
447. 边螟属 *Catagela* Walker, 1863 ········ 725
448. 柄脉禾螟属 *Leechia* South, 1901 ········ 726

449. 白禾螟属 *Scirpophaga* Treitschke, 1832 ····· 726
（五）野螟亚科 Pyraustinae ····· 731
    450. 金野螟属 *Aurorobotys* Munroe et Mutuura, 1971 ····· 733
    451. 秆野螟属 *Ostrinia* Hübner, 1825 ····· 733
    452. 胭翅野螟属 *Carminibotys* Munroe et Mutuura, 1971 ····· 736
    453. 长距野螟属 *Hyalobathra* Meyrick, 1885 ····· 736
    454. 细突野螟属 *Ecpyrrhorrhoe* Hübner, 1825 ····· 737
    455. 尖须野螟属 *Pagyda* Walker, 1859 ····· 737
    456. 灯野螟属 *Lamprophaia* Caradja, 1925 ····· 740
    457. 野螟属 *Pyrausta* Schrank, 1802 ····· 741
    458. 安野螟属 *Emphylica* Turner, 1913 ····· 742
    459. 拟尖须野螟属 *Pseudopagyda* Slamka, 2013 ····· 743
    460. 双突野螟属 *Sitochroa* Hübner, 1825 ····· 744
    461. 棘趾野螟属 *Anania* Hübner, 1823 ····· 745
    462. 褶缘野螟属 *Paratalanta* Meyrick, 1890 ····· 748
    463. 叉环野螟属 *Eumorphobotys* Munroe et Mutuura, 1969 ····· 749
    464. 宽突野螟属 *Paranomis* Munroe et Mutuura, 1968 ····· 750
    465. 镰翅野螟属 *Circobotys* Butler, 1879 ····· 750
    466. 扇野螟属 *Nascia* Curtis, 1835 ····· 752
    467. 果蛀野螟属 *Thliptoceras* Warren, 1890 ····· 753
    468. 窗野螟属 *Torulisquama* Zhang et Li, 2010 ····· 755
    469. 云纹野螟属 *Nephelobotys* Munroe et Mutuura, 1970 ····· 756
    470. 东方野螟属 *Sinibotys* Munroe et Mutuura, 1969 ····· 757
    471. 淡黄野螟属 *Demobotys* Munroe et Mutuura, 1969 ····· 758
    472. 弯茎野螟属 *Crypsiptya* Meyrick, 1894 ····· 759
    473. 腹刺野螟属 *Anamalaia* Munroe et Mutuura, 1969 ····· 759
（六）斑野螟亚科 Spilomelinae ····· 760
    474. 角须野螟属 *Agrotera* Schrank, 1802 ····· 762
    475. 斑翅野螟属 *Bocchoris* Moore, 1885 ····· 764
    476. 缀叶野螟属 *Botyodes* Guenée, 1854 ····· 765
    477. 曲角野螟属 *Camptomastix* Warren, 1892 ····· 766
    478. 尖翅野螟属 *Ceratarcha* Swinhoe, 1894 ····· 767
    479. 曲脉斑野螟属 *Charitoprepes* Warren, 1896 ····· 767
    480. 纵卷叶野螟属 *Cnaphalocrocis* Lederer, 1863 ····· 768
    481. 多斑野螟属 *Conogethes* Meyrick, 1884 ····· 769
    482. 雅绢野螟属 *Cydalima* Lederer, 1863 ····· 769
    483. 绢野螟属 *Diaphania* Hübner, 1818 ····· 770
    484. 纹翅野螟属 *Diasemia* Hübner, 1825 ····· 771
    485. 缘野螟属 *Diplopseustis* Meyrick, 1884 ····· 773
    486. 展须野螟属 *Eurrhyparodes* Snellen, 1880 ····· 773
    487. 绢丝野螟属 *Glyphodes* Guenée, 1854 ····· 774
    488. 犁角野螟属 *Goniorhynchus* Hampson, 1896 ····· 777
    489. 褐环野螟属 *Haritalodes* Warren, 1890 ····· 779
    490. 切叶野螟属 *Herpetogramma* Lederer, 1863 ····· 779
    491. 蚀叶野螟属 *Lamprosema* Hübner, 1823 ····· 782

492. 豆荚野螟属 *Maruca* Walker, 1859	784
493. 伸喙野螟属 *Mecyna* Doubleday, [1849] 1850	785
494. 纹野螟属 *Metoeca* Warren, 1896	787
495. 条纹野螟属 *Mimetebulea* Munroe et Mutuura, 1968	788
496. 四斑野螟属 *Nagiella* Munroe, 1976	788
497. 须野螟属 *Nosophora* Lederer, 1863	790
498. 啮叶野螟属 *Omiodes* Guenée, 1854	791
499. 绢须野螟属 *Palpita* Hübner, [1808]	792
500. 阔斑野螟属 *Patania* Moore, 1888	794
501. 斑野螟属 *Polythlipta* Lederer, 1863	797
502. 羚野螟属 *Pseudebulea* Butler, 1881	798
503. 卷野螟属 *Pycnarmon* Lederer, 1863	798
504. 紫翅野螟属 *Rehimena* Walker, 1866	800
505. 青野螟属 *Spoladea* Guenée, 1854	801
506. 卷叶野螟属 *Syllepte* Hübner, 1823	802
507. 条纹斑野螟属 *Tabidia* Snellen, 1880	805
508. 栉野螟属 *Tylostega* Meyrick, 1894	805
509. 黑纹野螟属 *Tyspanodes* Warren, 1891	806
510. 缨突野螟属 *Udea* Guenée, 1845 [1844]	807

参考文献 ······ 808
英文摘要 ······ 856
中名索引 ······ 857
学名索引 ······ 875
跋 ······ 893

鳞翅目 Lepidoptera

鳞翅目是昆虫纲中的第二大目，因其成虫体表密布鳞片而得名并引人瞩目。世界已知约 20 万种，通称为蝶或蛾。个体小至大型，最小翅展仅 3 mm，最大翅展可达 300 mm。它们适应性极强，除南极洲外，所有大陆，包括干旱沙漠、潮湿沼泽、热带雨林等都有分布。

鳞翅目昆虫绝大多数为植食性，是农林害虫中种类最多的一个目。其仅少数种类的成虫对人类有危害，大多以幼虫为害。因幼虫取食植物叶片、果实、种子等植物组织，故对农、林、牧及粮食贮藏等造成重大危害，如仓储害虫印度谷斑螟 *Plodia interpunctella*，农业害虫小菜蛾 *Plutella xylostella*、棉铃虫 *Helicoverpa armigera*、多种小食心虫 *Grapholita* spp.和地老虎 *Agrotis* spp.，林业害虫松毛虫 *Dendrolimus* spp.等。鳞翅目对人类来说，具有重要的经济意义。虽然其对农林作物、粮食、药材、干果、动物皮毛等有危害，但是许多种类对人类有益，可直接被人类利用，如家蚕、柞蚕、天蚕是著名的产丝昆虫；冬虫夏草、茴香虫（金凤蝶幼虫）、化香夜蛾和米缟螟产的"虫茶"都是比较常见的药材或经济产品；多数蝶类和部分蛾类具有鲜艳的颜色和花纹，具有较高的艺术和观赏价值等。

鳞翅目成虫特有的虹吸式口器可吸食花蜜，故有传粉作用，如蝶类和蛾类是重要的传粉昆虫。在多种生态体系中，无论是昼行性的蝶类、蛾类或大量夜出性的蛾类都是重要的传粉者。截至 2018 年，有访花或传粉行为的蛾类涉及鳞翅目 15 个总科的 29 科（杨晓飞等，2018），在农林作物增产增量方面具有举足轻重的意义。

目前，我国已知蛾类近 2.5 万种，其中 2020 年新增鳞翅目物种 195 种（戚慕杰等，2021），在此基础上，2021 年又新增鳞翅目物种 215 种（古丽扎尔等，2022）。但我国仍有许多鳞翅目昆虫有待发现和描述，不少类群很少被研究，尤其是数量众多的小蛾类。即使已被描述的蛾类，因多数种类的生物学特性尚未得到研究，所以无法准确评判它们在生态系统中的作用。

形态特征：

头部骨化程度高，一般表面覆盖鳞片或鳞毛。复眼发达，呈卵形或圆形；通常夜间活动的种类复眼较大，白天活动的种类复眼较小；同种间，雄性复眼大于雌性复眼。单眼 1 对或无单眼，常被鳞片或毛所覆盖。触角长度和构造差异较大，有的触角很短，有的种类可数倍于体长，蝶类触角较细，末端膨大成棒状或球杆状，蛾类触角多为线状、栉齿状、羽毛状，且雌雄间也常有不同，有时可用于区分雌雄性别。触角柄节在有些类群中膨大，向后折叠可盖在复眼上形成眼罩，有些种类触角柄节外侧具有成排的特殊刚毛，称为栉。口器多为虹吸式，上颚消失，下颚退化，形成具吮吸功能的喙。喙由两个高度延伸的外颚叶组成，卷曲在头部下方。小翅蛾的中低等类群，为不发达的咀嚼式口器，其上颚叶发达，有咀嚼功能。下唇须通常 3 节，在凤蝶和尺蛾中常为 1 节，其长短、形状和鳞片附着情况多样。下颚须通常不发达。下唇须和下颚须的特征常作为分类的重要依据。

胸部由前、中、后胸三部分组成，前胸两侧有 1 对小侧突，称为领片，其形状差异大，有时具柄，有些种类缺失。中胸发达，结构复杂，以容纳足、翅及相关肌肉，中胸背板由窄带状前背片、中胸盾片和小盾片组成。前背片一般不明显，中胸盾片发达，小盾片呈菱形。中胸背板的前侧部各具 1 个特殊构造，称为翅基片。后胸相对较小，背板较退化，在某些大蛾类中，后胸盾片被后胸小盾片所覆盖。鳞翅目昆虫具两对翅，膜质，其上密被鳞片，少数种类雌成虫的翅退化或消失。前、后翅的连锁方式主要有翅轭型、翅缰型和翅抱型。

前足在某些种类中退化，失去行走功能，如蛱蝶科的雌雄虫和灰蝶的部分雄虫。有些种类的前足胫节内侧有 1 特化的叶状距，称为胫突，其内表面密生细刺，具有清洁触角的功能，因此又称净角器。中、后足胫节常具有 1 对或 2 对距，中足通常具 1 对端距，后足具 1 对端距和 1 对中距。有些雄虫（如夜蛾和尺蛾科中部分种类）后足胫节有 1 可扩张的毛丛，其具有分泌香气的功能。跗节通常 5 节，有时节数会减少。粉蝶科中，爪分 2 叉，灰蝶科雄虫爪 1 或 2 个，有时缺失。

腹部 10 节，第 1 腹节退化或消失，雄虫第 8、9 腹节的节间膜上有时有 1 对毛刷，可挥发性信息素，称为味刷。某些鳞翅目昆虫腹部具鼓膜听器，如螟蛾总科、尺蛾总科。第 9 和 10 节的一部分特化形成外生殖器。

雄性外生殖器的组成部分有：第 9 节背板包围虫体末端，形成背兜，第 9 腹板称为基腹弧，其前端伸入体内，称为囊形突；抱器瓣 1 对，接于基腹弧后方；第 10 背板后端具有 1 个突起，称为爪形突，其下方有 1 突起，称为颚形突；阳茎末端通常有 1 个可翻出的囊，称为阳茎端膜，其上有各种刺状、结节状骨化构造，称为角状器。

雌性外生殖器有 3 种类型，在轭翅亚目、有喙亚目的毛顶次亚目和冠顶次亚目中，常在第 9 和 10 腹板上有 1 个泄殖孔，供受精、产卵和排泄。在外孔亚目中，有两个单独的生殖孔，都在愈合的第 9-10 节上，并且以 1 沟相连。在双孔亚目中，有两个单独的生殖孔分别用于受精和产卵。雌性外生殖器的主要组成部分有：产卵器及前、后表皮突及交配囊，其中，交配囊由囊导管和囊体组成，囊导管后端为导管端片，囊导管上通常具有导精管的开口；囊体形状多变，有时分出另一个小囊，称为附囊。囊体内面上常着生 1 至多个形状各异的囊突。

幼期形态：

鳞翅目的卵大体分为两类：一类为卧式，卵圆形，即卵孔轴线与卵附着面平行，卵壳常有粗糙凹陷，少有纵脊；另一类为立式，纺锤形、圆球形或半球形，卵孔轴线与卵附着面垂直，此类型的卵饰纹较复杂，常有被纵脊分隔的室状构造。

幼虫称为蠋式，头发达；胸部 3 节，腹部 10 节；胸足 3 对；腹足 5 对，腹足末端有趾钩；气门 9 对，分别位于前胸及最初 8 个腹节上。侧单眼 6 个，位于触角基部略后方。触角 3 节。上颚发达，下颚由轴节和茎节组成，通常有 1 外颚叶，下颚须 2-3 节。头为下口式或前口式，后者多见于潜叶或蛀茎危害的种类，且口器常特化。

蛹分为两种类型，在轭翅亚目和有喙亚目的毛顶次亚目中为强颚离蛹，在其余亚目中为无颚被蛹，前者有分节的上颚，借此成虫羽化时可撕破茧或蛹室；后者上颚缺失或退化，在进化过程中附肢先粘连在一起，以后再粘贴于身体上。

生物学：

鳞翅目昆虫属于完全变态，完成一个生活史循环通常需要 1-2 个月，少数可长达 2-3 年。不同种类产卵量相差很大，少则数粒，多则上千粒。卵多产在寄主植物表面，有的产在枝条、树皮缝隙中，少数种类甚至可产在果实内。产卵后，雌虫常利用分泌物或鳞毛将卵覆盖住。

幼虫孵化多以颚咬破卵壳，幼虫龄期一般 5 龄。幼虫期是取食危害的主要时期，取食习性多样，大多数为植食性。其中有食叶危害的，如卷叶、缀叶、潜叶等，有取食植物的花、果实、种子、根、茎危害的，还有钻蛀树干危害的。有的类群取食枯枝落叶、仓储物及动物皮毛等，如祝蛾科、谷蛾科，以及螟蛾总科和麦蛾总科的部分种类。少数种类还有取食动物粪便、其他小型昆虫、真菌、蜂巢的，甚至有些种类还被报道可取食蜂巢中的塑料。

幼虫化蛹前，先寻找合适的场所，有的在土壤中化蛹，有的在树皮、树叶或枯枝落叶中化蛹。蛾类的蛹通常为褐色，常由茧包被；蝶蛹颜色多样，常有瘤突和刻纹，除眼蝶和绢蝶结茧外，其他通常无茧包被。有的蝶蛹（凤蝶、粉蝶等）由腹末的臀棘直立在叶片或枝条上，体中央缠绕 1 丝质腰带用于固定，称为缢蛹（或带蛹）；有的蝶蛹（蛱蝶、灰蝶）由腹部末端的棘刺把身体倒挂起来，称为悬蛹（或垂蛹）。

蛾类成虫多在傍晚或夜间活动，多数具有趋光性，尤其对紫外光趋性最强。蝶类多为白天活动，无趋光性。鳞翅目成虫一般不取食，部分种类需要取食成熟果实、汁液等，以补充营养。鳞翅目一些种类有远距离迁飞的习性。

分类学：

鳞翅目的分类系统很多，较早时期，人们较为熟悉的是将鳞翅目分为锤角亚目（球角亚目）Rhopalocera

和异角亚目 Heterocera 的系统，前者包含蝶类，后者则包括蛾类。也有根据虫体大小和翅脉等将鳞翅目分为小鳞翅类（小蛾类）Microlepidoptera 和大鳞翅类（大蛾类、蝶类）Macrolepidoptera 的分类系统，按这种分类方法，小蛾类包括轭翅亚目、无喙亚目、异蛾亚目、有喙亚目的毛顶次亚目、冠顶次亚目、新顶次亚目、外孔次亚目、异脉次亚目，以及双孔次亚目中的谷蛾总科、巢蛾总科、麦蛾总科、木蠹蛾总科、卷蛾总科、透翅蛾总科、斑蛾总科、螟蛾总科等。这种分类方法属于人为的分法，因为小蛾类不是一个单系群，但是这样的分法目前使用较方便。此后的分类学者又提出了一些系统，基本上都是对以上分类系统的修订或补充。鳞翅目中一些类群的分类地位与亲缘关系仍不明确，不同分类学者仍有不同意见。目前，采用较多的是将鳞翅目分为 4 亚目 6 次亚目的系统，其下又分为 40 多总科及 124 科。

鳞翅目成虫分总科检索表

1. 后翅 R 脉 3 或 4 分支；前翅轭叶几乎总是明显凸出 ··· 2
- 后翅 R 脉不分支；前翅轭叶不显著突出 ··· 11
2. 下颚外颚叶不发达，不形成喙；上颚大，头壳关节发达 ··· 3
- 下颚外颚叶形成喙，通常呈螺旋状卷曲，有时退化或缺失；上颚常十分退化，头壳关节不发达 ····· 5
3. M_4 脉存在；无单眼；胫距 1-4-4 式；体较大，似毛翅目成虫；前翅斑纹褐色，无金属光泽；分布于澳大利亚，西南太平洋
 ·· 颚蛾总科 **Agathiphagoidea**
- M_4 脉缺失；有单眼；胫距 0-0-4 式；体较小（翅展最大 16 mm，通常很小）；前翅常有金属光泽 ········ 4
4. 前翅 Sc 脉具叉；无翅痣，后翅轭叶不发达；世界广布 ····················· 小翅蛾总科 **Micropterigoidea**
- 前翅 Sc 脉简单；有翅痣，后翅轭叶发达；分布于南美温带 ············· 异蛾总科 **Heterobathmioidea**
5. 体中等到很大，粗壮，喙和下颚须极度退化 ··························· 蝙蝠蛾总科 **Hepialoidea**（部分）
- 体中等到很小，翅展不超过 27 mm，通常很小；喙和下颚须常很发达 ································ 6
6. 前翅 R_4 脉达外缘 ··· 7
- 前翅 R_4 脉达顶角或前缘 ··· 9
7. 前翅 R_3 脉达顶角后部，较大且翅宽（翅展至少 12 mm，通常大得多）··· 蝙蝠蛾总科 **Hepialoidea**（部分）
- 前翅 R_3 脉达顶角前部，较小且翅窄 ··· 8
8. 下颚须很发达，5 节，在 1/2 和 3/4 处明弯曲；分布于澳大利亚 ············· 冠蛾总科 **Lophocoronoidea**
- 下颚须很小，最多 3 节，平伸；分布于新西兰 ······················· 扇鳞蛾总科 **Mnesarchaeoidea**
9. 中足胫节有成对的端距；体较大（翅展 13–27 mm），翅明显宽；分布于东南亚和南美温带 ····· 蛉蛾总科 **Neopseustoidea**
- 中足胫节有不成对的距；体小（翅展最长 16 mm，通常很小），翅窄 ····································· 10
10. 有单眼，M_1 与 Rs 脉不共柄 ·· 毛顶蛾总科 **Eriocranioidea**
- 缺单眼，M_1 与 Rs 脉共柄 ·· 棘蛾总科 **Acanthopteroctetoidea**
11. 第 2 腹板无成对的前突；翅通常或多或少有微刺；雌性仅有单生殖孔 ································· 12
- 第 2 腹板有成对的前突；翅缺微刺；雌性生殖系统在第 8 节有交配孔，与产卵孔分离 ··············· 15
12. 触角柄节有眼罩；后足胫节有明显的刺 ·· 微蛾总科 **Nepticuloidea**
- 触角柄节无眼罩；后足胫节无刺 ··· 13
13. 喙具鳞片；下唇须第 2 节有侧毛鬃；抱器瓣有明显排成栉状的钝刺；产卵器适于穿刺，无感觉中脊
 ·· 长角蛾总科 **Adeloidea**
- 喙具鳞片或无鳞片；下唇须无侧毛鬃；抱器瓣无明显的钝刺；产卵器非刺状，具感觉中脊 ············ 14
14. 喙光裸；宽翅小蛾，翅展达 30 mm；分布于南美南部、澳大利亚和南非 ····· 镰蛾总科 **Palaephatoidea**
- 喙基部具鳞片；窄翅小蛾，翅展不到 12 mm；分布于全北区和热带 ········· 冠潜蛾总科 **Tischerioidea**
15. 喙具鳞片 ·· 16
- 喙光裸或缺失 ··· 18

16. 下唇须向后弯曲，端节可能超过头顶，通常渐尖；无毛隆；第 2 腹板为"谷蛾型"；无鼓膜器 ·· 麦蛾总科 Gelechioidea
- 下唇须平伸，鸟喙状或上举，有或无毛隆；第 2 腹板为"卷蛾型"；鼓膜器位于腹部基部或缺失 ············ 17
17. 下唇须上举；前翅近外缘有 CuP 脉；无鼓膜器 ··· 舞蛾总科 Choreutoidea
- 下唇须平伸，鸟喙状或上举；CuP 脉通常缺失；鼓膜器位于腹部基部 ······················· 螟蛾总科 Pyraloidea
18. 触角逐渐或突然呈棒状，端部有时呈钩状 ·· 19
- 触角丝状或逐渐变细，常有纤毛，或为栉齿状、羽毛状 ··· 21
19. 后翅有翅缰；单眼大；无毛隆 ·· 透翅蛾总科 Sesioidea（部分）
- 后翅一般无翅缰；单眼缺；有毛隆 ··· 20
20. 触角基部远离，近端部增粗；前翅所有脉均独立出自中室 ······················· 弄蝶总科 Hesperioidea
- 触角基部接近，端部增粗；前翅至少有一些脉共柄 ································· 凤蝶总科 Papilionoidea
21. 鼓膜器位于后胸或腹部基部腹面 ··· 22
- 无鼓膜器 ··· 26
22. 鼓膜器位于后胸，共鸣腔一般在腹部基部 ··· 夜蛾总科 Noctuoidea
- 鼓膜器位于腹部 ··· 23
23. 有毛隆 ··· 尺蛾总科 Geometroidea
- 无毛隆 ··· 24
24. 前翅宽，常呈钩状 ··· 钩蛾总科 Drepanoidea
- 前翅窄，非钩状 ··· 25
25. 前翅红棕色，具银色斑纹 ·· 木蠹蛾总科 Cossoidea（部分）
- 前翅灰色 ··· 谷蛾总科 Tineoidea（部分）
26. 翅深裂为 2 个或多个翅瓣 ··· 27
- 翅不分裂 ··· 28
27. 后翅分成 3 个翅瓣 ··· 羽蛾总科 Pterophoroidea（部分）
- 后翅分成 6–7 个翅瓣 ·· 翼蛾总科 Alucitoidea（部分）
28. 前翅 CuP 脉缺失 ··· 29
- 前翅 CuP 脉发达，至少在边缘存在 ··· 41
29. 第 7 腹节有与气门相连的袋状凹陷；体中型，前翅具银斑；分布于西古北区亚热带 ········· 欧蛾总科 Axioidea
- 第 7 腹节无袋状凹陷 ··· 30
30. 宽翅小蛾（翅展小于 20 mm），无明显单眼；头表被有顶端深凹的扇状鳞片；分布于澳大利亚和亚洲 ·· 丝蛾总科 Simaethistoidea
- 与上述不同 ··· 31
31. 头表被毛形鳞片，如果与叶状鳞片混合，则翅缰小或缺失；体粗壮，中等至大型 ··································· 32
- 头表被叶状鳞片，翅缰很发达，体小至中型 ··· 33
32. 复眼的小眼间有细毛。前翅棕褐色、棕色或略带黑色，常拟态枯叶 ············ 枯叶蛾总科 Lasiocampoidea
- 复眼的小眼间无细毛。前翅多鲜艳或色浅，顶角多呈钩状突出 ······················ 蚕蛾总科 Bombycoidea
33. 后翅 CuA 脉有栉；前翅常有竖鳞 ······································· 粪蛾总科 Copromorphoidea（部分）
- 后翅 CuA 脉无栉；前翅无竖鳞 ··· 34
34. 腹部有背刺；腹部第 2 节有 V 形骨片 ····································· 翼蛾总科 Alucitoidea（部分）
- 腹部无背刺；腹部第 2 节无 V 形骨片 ··· 35
35. 下唇须鸟喙状；雄性后足基节具端突，胫节有毛簇；前翅 2A 脉波状 ············ 驼蛾总科 Hyblaeoidea
- 下唇须非鸟喙状；雄性后足基节无端突；前翅 2A 脉不呈波状 ··· 36

36. 体粗壮，中等大小，翅窄，具警戒色·· 网蛾总科 Thyridoidea（部分）
- 外表不同上述··· 37
37. 翅较窄，前翅宽长比为 1∶4 或更小·· 38
- 翅较宽，前翅宽长比为 1∶3 或更大·· 39
38. 体小型，翅展小于 15 mm；翅完整；体和足不是很长·· 谢蛾总科 Schreckensteinioidea
- 体多大型；翅展常远超过 15 mm（翅完整时总是这样）；翅常裂开；体和足总是很长 ···································
  ·· 羽蛾总科 Pterophoroidea（部分）
39. 腹部第 1 背板有大的后气门从背脊向侧面延伸；体中型，常有模糊的网纹············ 网蛾总科 Thyridoidea（部分）
- 腹部第 1 背板没有这样的延伸物·· 40
40. 所有跗分节均有强刺；体色浅；分布于马达加斯加·· 瓦蛾总科 Whalleyanoidea
- 前足末端跗分节无强刺；体色多变；分布于马达加斯加和亚洲···································· 锚纹蛾总科 Callidulloidea
41. 第 2 腹板为"谷蛾型"；前侧角不凸出，表皮内突细长；通常为小而敏捷的种类，前翅无竖鳞···················· 42
- 第 2 腹板为"卷蛾型"；前侧角通常明显凸出，表皮内突基部宽，通常短，无延长的脊；体粗壮，小到大型；前翅有时
  有竖鳞··· 44
42. 雄性第 8 腹节有叶突；前翅 R$_4$ 脉常达外缘·· 巢蛾总科 Yponomeutoidea
- 雄性第 8 腹节无叶突；前翅 R$_4$ 脉常达前缘·· 43
43. 头部有粗糙鳞毛；下唇须通常平伸，第 2 节有侧鬃··· 谷蛾总科 Tineoidea（部分）
- 头部光滑；下唇须通常上举，无侧鬃·· 细蛾总科 Gracillarioidea
44. 前翅表面或沿后缘有竖鳞·· 45
- 前翅无竖鳞·· 46
45. 前翅沿后缘有竖鳞；翅窄，前、后缘几乎平行·· 邻绢蛾总科 Epermenioidea
- 前翅竖鳞不限于后缘；翅相对较窄，矩形··· 粪蛾总科 Copromorphoidea（部分）
46. 有毛隆；无单眼；前翅中室无 M 脉主干·· 伊蛾总科 Immoidea
- 有或无毛隆和单眼；前翅中室常有 M 脉主干·· 47
47. 额下部分有竖鳞；有单眼和毛隆，产卵瓣叶状·· 卷蛾总科 Tortricoidea
- 额下部分无竖鳞；很少同时有单眼和毛隆；产卵瓣不呈叶状··· 48
48. 中室内 M 脉发达，分叉·· 49
- 中室无 M 脉，或在中室内为不完整的分叉脉··· 50
49. 无毛隆；很少有单眼··· 木蠹蛾总科 Cossoidea（部分）
- 有毛隆和单眼·· 斑蛾总科 Zygaenoidea（部分）
50. 领片大，明显延伸·· 透翅蛾总科 Sesioidea（部分）
- 领片小，略延伸·· 51
51. 有单眼·· 斑蛾总科 Zygaenoidea（部分）
- 缺单眼·· 52
52. 前翅 CuP 脉完整且明显·· 斑蛾总科 Zygaenoidea（部分）
- 前翅 CuP 脉仅在边缘或在基部明显·· 53
53. 前翅有翅痣·· 尾蛾总科 Urodoidea
- 前翅无翅痣·· 罗蛾总科 Galacticoidea

第一章 小翅蛾总科 Micropterigoidea

一、小翅蛾科 Micropterigidae

主要特征：体小，翅展约为 10.0 mm。头部被粗糙鳞片，头顶及颜面覆盖粗糙的丝状长鳞片；单眼与复眼通过 1 无鳞片区域分开，具毛隆。触角念珠状至丝状；咀嚼式口器，上颚发达。下颚具短的下颚叶和无功能性的外颚叶。下颚须 5 节，休息时折叠。下唇须小，2 或 3 节。前翅和后翅脉相似，翅连锁为翅轭型；前翅 M 脉 3 条，A 脉分叉。前足胫节具发达的前胫突；前、中足胫节无刺，后足胫节在中部及端部具成对的刺。雌性外生殖器无前、后表皮突。产卵器不可移动。

分布：世界广布，主要分布于古北区和东洋区。世界已知 10 属 180 余种，中国记录 3 属 20 种，浙江分布 2 属 2 种。

1. 副小翅蛾属 *Paramartyria* Issiki, 1931

Paramartyria Issiki, 1931: 1002. Type species: *Paramartyria immaculatella* Issiki, 1931.

主要特征：触角与前翅等长，念珠状，每节具环毛。下颚须 5 节，第 3 节为第 2 节长度的 2 倍，第 4 节比第 3 节略长。下唇须 3 节。前翅 R_1 脉简单，Rs 脉分叉为 2 支；具次级中室；R_4 与 R_5 脉共柄，R_5 脉达顶角；1A 脉向上弯曲，在中部与 2A 脉相接，形成 1 圆环；后翅 R_1 与 Sc 脉在基部愈合。前足胫节具净角器，后足胫节具刺刷。

雄性外生殖器：背兜环状，末端略窄，顶端微凹；抱器瓣由侧面向端部伸长且变窄，抱器背端部有 1 对短刺状突起；基腹弧腹侧和前端膨大，在腹部末端形成 1 个环；颚形突突出，形成载肛突侧臂；阳茎中部具 1 膜质结构，端部后缘具生殖孔。

分布：东洋区。世界已知 10 余种，中国记录 6 种，浙江分布 1 种。

（1）浙江副小翅蛾 *Paramartyria chekiangella* Kaltenbach *et* Speidel, 1982

Paramartyria chekiangella Kaltenbach *et* Speidel, 1982: 32.

主要特征：翅展 7.5 mm。头部深黄色。触角棕色。前翅紫色，具金属光泽，散布金色鳞片；基半部具 1 条金色宽横带，在横带上散布有紫色鳞片；缘毛金色；后翅铜色，缘毛金黄色。

雄性外生殖器：背兜窄于基腹弧末端，外缘具小齿。抱器瓣为背兜长的 2 倍；抱器腹微弯；抱器背弯曲，基部与阳茎相连，形成 1 圆形薄片。颚形突基部与背兜等宽，基部形状不规则。阳茎骨化。

分布：浙江（杭州）、江西。

注：未见标本，译自 Kaltenbach 和 Speidel（1982）。

2. 越小翅蛾属 *Vietomartyria* Hashimoto *et* Mey, 2000

Vietomartyria Hashimoto *et* Mey, 2000: 37. Type species: *Paramartyria expeditionis* (Mey, 1997).

主要特征：头顶橙色。复眼中等大小，复眼间缝隙明显。下唇须2节。下颚须5节，5节长度之比为1：1：2.5：2.9：1.5。雄性触角与前翅近等长，雌性触角长约为前翅的3/4；梗节球状；鞭节念珠状，雄性鞭节数为55-61节，雌性鞭节数为42节；鞭小节除端部的2-3节外，每一节的两端都具长柄。前、后翅具径脉围成的中室；前翅R脉与Sc脉在同一位置分叉，或R脉在更靠近端部的位置分叉；R_4与R_5脉长共柄；后翅Sc_1脉的端部小或退化。前足胫节不具前胫突。

雄性外生殖器：第9腹节形成1个完整的环，腹侧向前膨大；抱器瓣大部分骨化；阳茎基部1/4处至腹内侧及中部至端部均有大量微小锯齿状突起，基部至生殖孔的两端散布非常狭小的骨片。

雌性外生殖器：第9腹节环状，腹侧微向前膨大；第10和11节具1对骨化程度较高的侧板；交配囊膜质，前端呈小球状，在生殖腔端前微凹；无囊突。

分布：主要分布于东洋区。世界已知6种，中国记录5种，浙江分布1种。

注：未见标本，译自Hashimoto和Mey（2000）。

（2）百山祖越小翅蛾 *Vietomartyria baishanzuna* (Yang, 1995)

Paramartyria baishanzuna Yang in Wu, 1995: 296.

Vietomartyria baishanzuna: Hirowatari et al., 2010: 216.

主要特征：雄性体长约3.0 mm，前翅长约4.0 mm。头部横宽。下颚须细长，4节。下唇须3节，较短，下垂。触角粗而长，念珠状，基部2节色淡且较大，鞭节只剩45节（末端残缺），较前翅稍短，鞭节各节间生环鳞毛。前翅Sc脉分2支，R_4、R_5脉共柄，Cu脉分为前后2支，Cu_1脉端部分为Cu_{1a}脉与Cu_{1b}脉，Cu_2脉简单，A脉2条，1A脉与2A脉端半部合为1条，翅轭明显；后翅Sc脉不分叉，R_1脉在翅近基部与Sc脉愈合，Rs脉分4支且与前翅相似，M脉分3支亦同前翅，Cu_1脉的分叉短而宽，Cu_2脉则与1A脉的大部分愈合，但2A脉末端仍与1A脉合并。

雄性外生殖器：背兜腹端侧视宽大，端部变尖，下弯；腹端背视横宽，末端弧状凹入。抱器瓣基半宽大于长，端部钩突则向内弯折。颚形突狭长而微露其下方。基腹弧极发达。

分布：浙江（丽水）。

注：未见标本，描述参考《华东百山祖昆虫》（吴鸿等，1995）。

第二章　长角蛾总科 Adeloidea

二、长角蛾科 Adelidae

主要特征：翅展 4.0–28.0 mm。头部圆形，下口式，幕骨强烈骨化；无内颚叶；上颚退化。下颚须细长，2–5 节，第 4 节最长；外颚叶长，略超过下颚须，端部有感觉器。下唇须 3 节，第 2 节最长，第 3 节最短。触角丝状，雄性极长，为前翅长的 1.2–4.0 倍，雌性触角的长度相对较短，为前翅长的 0.7–2.0 倍，鞭节 30–220 节。头顶一般具鳞毛簇，黄色、黄褐色或浅棕色。中胸背板颜色较深；翅连锁机制为翅缰型，雄性有 1 个翅缰，雌性有 3–4 个翅缰。足具前胫突。腹部具 2 对成排的瘤片。雄性外生殖器尾突 1 对；基腹弧长于抱器瓣；阳茎基环箭头形。雌性产卵器强烈骨化，末端尖；具泄殖腔。

分布：世界广布。世界已知 5 属 300 余种，其中古北区和东洋区共记录 240 多种，中国记录 3 属 90 多种，浙江分布 2 属 5 种。

3. 网长角蛾属 *Nematopogon* Zeller, 1839

Nematopogon Zeller, 1839: 185. Type species: *Nematopogon schwarziellus* Zeller, 1839.

主要特征：翅展 13.0–23.0 mm。头顶在中线附近略微膨大成突起。下颚须细长，4–5 节，第 4 节最长，具梳状鳞片。雄性触角长为前翅的 3.0 倍，雌性触角略短于雄性。雄性前翅较狭长，雌性更宽圆，前翅具模糊的网状图案，后缘有数个带黄色斑点或在臀角处具 1 个黄色斑点。

雄性外生殖器：背兜阔圆，边缘骨化强烈，中部膜质或骨化弱。爪形突盾形至近三角形。抱器瓣基部宽，端部窄；腹缘或近腹缘具梳齿。抱器背基突中突常封闭，两侧平行。基腹弧一般长于抱器瓣，基部较宽，端部具棒状突起。

雌性外生殖器：第 8 背板三角形，第 8 腹板近方形。后表皮突不短于前表皮突。外生殖腔较长，后端宽。交配囊膜质，无囊突。

分布：古北区、东洋区北部。世界已知 16 种，中国记录 3 种，浙江分布 1 种。

（3）白鞭网长角蛾 *Nematopogon chalcophyllis* (Meyrick, 1935)

Nemophora chalcophyllis Meyrick, 1935: 96.
Nematopogon chalcophyllis: Nielsen, 1985: 30.

主要特征：雄性翅展 21.0 mm。额白色。下唇须和喙黄白色；触角柄节浅黄色，两侧颜色略深，鞭节呈均一的白色。前翅浅黄棕色，网状图案不明显；臀角处具偏黄色的白斑；缘毛深棕色，臀角处白色；足棕灰色。

雌性翅展 20.0 mm，前翅相比于雄性更为宽大，棕色。其余特征与雄性相似。

雄性外生殖器：爪形突两端凹，长/宽<1；尾突圆形，背兜骨化程度较弱；抱器瓣近三角形，基部宽，末端尖，具 1 排无柄的栉齿；抱器背基突中部方形，侧突短、尖；基腹弧"Y"形，前端截断；阳茎细长，基部略膨大，具刺状和棒状的角状器。

雌性外生殖器：前、后表皮突等长。第 8 背板宽，长/宽约为 2.6，第 8 腹板后缘呈不规则的锯齿状。

外生殖腔近三角形，前端骨化弱。囊导管较窄，短于交配囊。

分布：浙江（杭州）；俄罗斯，韩国，日本。

注：未见标本，译自 Nielsen（1985）。

4. 丽长角蛾属 *Nemophora* Hoffmannsegg, 1798

Nemophora Hoffmannsegg, 1798: 499. Type species: *Phalaena* (*Tinea*) *degeerella* Linnaeus, 1758.

主要特征：触角极长，雄性触角长为前翅的 2.0–4.0 倍，雌性触角长为前翅的 0.8–1.5 倍；雄性触角鞭节前侧中部具朝向内侧的触角钉，尖，常延伸至第 10 节。下唇须较长。前翅具至少 1 条横带；后翅 Rs 和 M_1 脉共柄，M_1 和 M_2 脉分离。

雄性外生殖器：背兜拱形，抱器背基突强烈骨化，具中突，末端尖。

雌性外生殖器：外生殖腔骨化弱或膜质；囊导管及交配囊膜质；交配囊不具囊突。

分布：世界广布。世界已知 180 余种，中国记录 37 种，浙江分布 4 种。

分种检索表

1. 前翅基部至横带具灰棕色纵带及黑色细线 ·· 2
- 前翅基部至横带无纵带和细线 ··· 3
2. 抱器瓣腹缘基部 2/3 斜直；阳茎具 2 条骨化带 ·· 石丽长角蛾 *N. lapikella*
- 抱器瓣腹缘基部 2/3 波状；阳茎不具骨化带 ·· 大黄丽长角蛾 *N. amatella*
3. 前翅横带 1 条；前缘基部不具黑斑 ·· 白角丽长角蛾 *N. albiantennella*
- 前翅横带 2 条；前缘基部有 1 个矩形黑斑 ·· 牛头山丽长角蛾 *N. tyriochrysa*

（4）白角丽长角蛾 *Nemophora albiantennella* Issiki, 1930（图 2-1）

Nemophora albiantennella Issiki, 1930: 431.

主要特征：成虫（图 2-1A）雄性翅展 11.0–14.0 mm。头顶额黄色；喙棕色。下唇须长为复眼直径的 1.5–1.8 倍，黄棕色。触角长为前翅的 3.6–4.1 倍，柄节紫铜色，鞭节基部 1/6 黄棕色，端部 5/6 浅灰棕色。胸部背板金黄色，翅基片铜色。前翅底色铜黄色，具紫色光泽；基部 2/5 处与 3/5 处间有 1 条深棕色的宽横带，R_3 和 R_4 脉分离；缘毛棕色。后翅灰棕色，前缘与 Rs 脉间浅棕色。

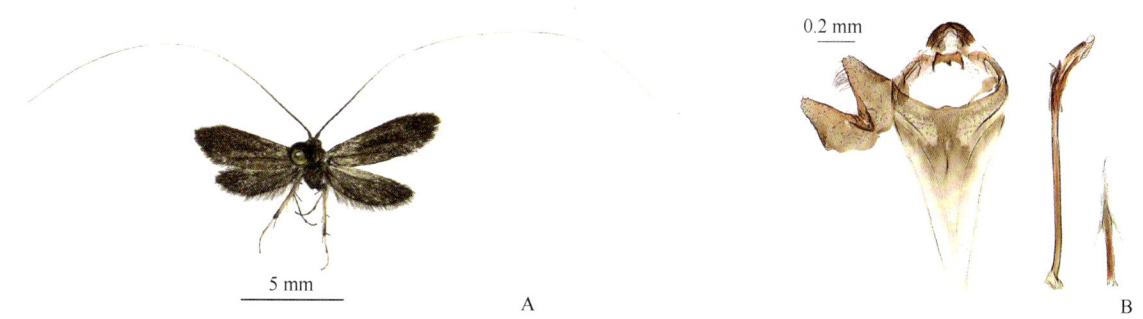

图 2-1 白角丽长角蛾 *Nemophora albiantennella* Issiki, 1930
A. 成虫；B. 雄性外生殖器

雄性外生殖器（图 2-1B）：爪形突拱形。抱器瓣基部 1/3 愈合，末端钝圆；背缘中部微凹，腹缘斜直，抱器腹达腹缘近中部；抱器背基突前端两侧呈三角形突出，中部呈三角形凹入，中突刺状，达背兜后端 2/5 处。基腹弧长为抱器瓣的 2.7 倍，前端宽圆。阳茎长为基腹弧的 1.2 倍，端部 1/6 弯向背侧，从端部 1/10

处至 1/3 处具 2 条骨化带。阳茎基环长为阳茎的 0.62 倍，侧臂长是箭头状头部的 0.23 倍。

分布：浙江（杭州）、河南、陕西、宁夏、湖南、贵州；日本。

（5）大黄丽长角蛾 *Nemophora amatella* (Staudinger, 1892)（图 2-2）

Adela amatella Staudinger, 1892c: 392.

Nemophora amatella: Kozlov, 2004: 117.

主要特征：成虫（图 2-2A）雄性翅展 21.0–28.0 mm。下唇须黄色，具黑色鳞毛。触角长为前翅的 3.0–3.4 倍，柄节蓝紫色，鞭节基部 1/6 深棕色，端部 5/6 灰棕色。前翅底色黄棕色；有 4 条灰棕色带和 3 条黑色细线；横带银灰色，具紫色光泽；银灰色横带间具 1 条黄色横带，边缘镶深棕色鳞片；翅端部 1/4 具 9 条辐射状的深棕色带，分别沿 R_2 至 CuA_2 脉延伸。后翅灰棕色，具铜色光泽，前缘与 Rs 脉间淡棕色。

图 2-2 大黄丽长角蛾 *Nemophora amatella* (Staudinger, 1892)
A. 成虫；B. 雄性外生殖器；C. 雌性外生殖器

雌性翅展 16.0–19.5 mm。触角长为前翅的 0.8–1.2 倍，基部 3/5 黑色，由鳞片加粗，端部 2/5 灰白色。其他特征与雄性相似。

雄性外生殖器（图 2-2B）：背兜无中脊。爪形突肾形。抱器瓣基部 1/3 愈合，末端阔圆，背缘近直，腹缘基部 2/3 波状，抱器腹达腹缘基部 1/5 处；抱器背基突前缘中部呈半圆形深凹，两侧呈近三角形突出，中突刺状，末端达背兜后端 2/5 处。基腹弧长为抱器瓣的 2.9 倍，前端阔圆。阳茎近直，与基腹弧等长，末端变窄，近末端具微刺。

雌性外生殖器（图 2-2C）：前、后表皮突近等长；前表皮突后端 2/5 与第 8 背板愈合，长为第 7 背板的 2.1 倍。第 8 背板前端中部呈三角形突出；第 7 背板后端窄圆。外生殖腔骨化弱。

分布：浙江（杭州）、辽宁、河北、青海、江苏、江西、广东、重庆、四川、贵州、西藏；俄罗斯，蒙古国，韩国，日本，欧洲。

（6）石丽长角蛾 *Nemophora lapikella* Kozlov, 1997（图 2-3）

Nemophora lapikella Kozlov, 1997: 40.

主要特征：成虫（图 2-3A）雄性翅展 22.5–24.0 mm。下唇须基节和第 2 节浅黄色，杂棕色鳞毛，第 3 节深棕色。触角长为前翅的 3.3–3.4 倍，柄节金黄色，鞭节基部 1/6 深棕色，端部 5/6 灰棕色。胸部背板金黄色，两侧浅黄色；翅基片铜黄色，端部紫色。前翅底色黄色，近基部 Sc 脉和中室前缘之间具 1 个黑色斑；后缘基部具 1 个黑色斑；有 3 条灰棕色带和 4 条黑色细线；横带银灰色，具金属光泽；银灰色横带间具浅黄色横带；翅端部 1/4 具 2 条黑色细线，分别沿 R_3 和 R_4 脉延伸；端部 1/3 具 5 条棕色带：第 1 条带最宽，在 R_5 和 M_1 脉之间，其他带等宽，分别沿 M_2 至 CuA_2 脉。后翅灰棕色，前缘与 Rs 脉之间淡棕色。

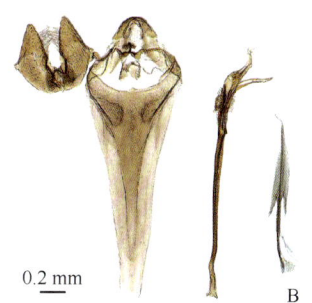

图 2-3　石丽长角蛾 *Nemophora lapikella* Kozlov, 1997
A. 成虫；B. 雄性外生殖器

雄性外生殖器（图 2-3B）：背兜具明显的中脊。抱器瓣基部 1/3 愈合，末端阔圆，背缘直，腹缘斜直；抱器腹达腹缘基部 1/4 处；抱器背基突前缘中部呈三角形凹入，两侧呈三角形突出，中突刺状，末端达背兜后端 2/5 处。阳茎长为基腹弧的 1.1 倍，端部 1/9 处至 1/3 处具 2 条骨化带。

分布：浙江（杭州）、山东、台湾；俄罗斯，韩国，日本。

（7）牛头山丽长角蛾 *Nemophora tyriochrysa* (Meyrick, 1935)（图 2-4）

Nemotois tyriochrysa Meyrick, 1935: 94.
Nemophora tyriochrysa: Ji et al., 2018: 900.

主要特征：成虫（图 2-4A）雄性翅展 17.5 mm。下唇须长为复眼直径的 0.95 倍，橙黄色，具黑色鳞毛。触角长为前翅的 3.3 倍；柄节背面紫铜色，腹面金黄色；鞭节基部 1/6 深紫褐色，端部 5/6 黄褐色。前翅底色橙红色，前缘基部具 1 个矩形黑斑；有 2 条横带，由前端至后端渐窄：内横带较明显，黄色，从前缘基部 2/5 处至后缘端部 1/3 处，边缘镶黑色鳞片，外横带深棕色，较模糊，从前缘端部 2/5 处至近臀角；缘毛深灰色。后翅棕色，前缘和 Rs 脉间浅灰色；缘毛灰棕色。前胫突深棕色，位于前足胫节中部，不达胫节末端。

雌性翅展 15.0 mm。触角长为前翅的 1.4 倍；鞭节基部 2/5 黑色，在基部 2/5 处具黑色毛簇，端部 3/5 铜黄色。其余特征与雄性相似。

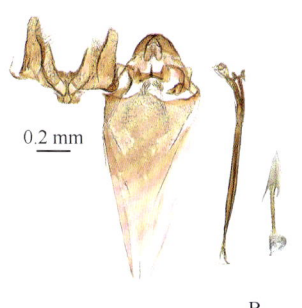

图 2-4　牛头山丽长角蛾 *Nemophora tyriochrysa* (Meyrick, 1935)
A. 成虫；B. 雄性外生殖器；C. 雌性外生殖器

雄性外生殖器（图 2-4B）：背兜不具中脊。爪形突三角形，前端中部呈半圆形凹入。抱器瓣基部 2/5 愈合，末端窄圆，后缘直，腹缘斜直，中部至端部 1/4 处平直；抱器背基突前端中部呈三角形微凹，两侧呈指状突出，中突刺状，达背兜后端 3/7 处。阳茎与基腹弧近等长，端部 1/4 处至近末端具微刺，近末端处具 2 个由微刺组成的突起。

雌性外生殖器（图 2-4C）：后表皮突略长于前表皮突；前表皮突后端 2/5 与第 8 背板愈合，长为第 7 背板的 2.1 倍。第 8 背板中部前端呈三角形突出；第 7 背板后端钝圆。外生殖腔膜质，在基部 2/5 处具 1 块骨片。

分布：浙江（宁波）、江苏、湖北；韩国。

第三章 蝙蝠蛾总科 Hepialoidea

三、蝙蝠蛾科 Hepialidae

主要特征：成虫体中至大型，翅展 10.0–250.0 mm。头较小，被粗糙鳞片；触角一般为线状，或雄性栉状；下唇须极短或 2–3 节；喙通常退化或缺失；下颚须微小，1–2 节。胸部发达，尤以前胸背板较大；前翅 R 脉分 5 支，R_2 与 R_3 脉共柄，M 脉基干完整，主干在中室内分叉；1A 脉多不达翅缘；前翅有翅轭，后翅缺翅缰。胸足短，前足有或无胫距，雄性后足胫节发达，常被丛状毛。

幼虫有 3 对胸足和 5 对腹足，腹足趾钩为多行环状，体被原生刚毛，背侧多疣突。蛀食植物茎干，有的生活于土中取食植物地下部分。有些属的幼虫被冬虫夏草菌 *Cordyceps sinensis* (Berk.)寄生后，头部长出菌座，成为"冬虫夏草"。

分布：主要分布于澳大利亚及欧亚大陆的高寒地带。世界已知 62 属 600 余种，中国记录 13 属 120 余种，浙江分布 3 属 8 种。

分属检索表

1. 触角双栉状 ·· 双栉蝙蛾属 *Bipectilus*
- 触角非双栉状 ··· 2
2. 前足胫节有胫距 ··· 钩蝙蛾属 *Thitarodes*
- 前足胫节无胫距 ··· 蝙蛾属 *Endoclita*

5. 双栉蝙蛾属 *Bipectilus* Chu *et* Wang, 1985

Bipectilus Chu *et* Wang, 1985: 131. Type species: *Bipectilus yunnanensis* Chu *et* Wang, 1985.

主要特征：触角约等于头胸之和，呈双栉形，各节端部略粗、呈棍棒状，触角干近圆形；下唇须明显，3 节；前足胫节内侧有胫距，跗节端有爪叶及爪垫；前翅 Cu_2 脉有时下弯与 1A 脉中部相连，R_3 脉自 R_2 脉的中部伸出，R_4 及 R_5 脉相交处远在中室顶角前方。

分布：东洋区。世界已知 9 种，中国记录 6 种，浙江分布 1 种。

（8）浙江双栉蝙蛾 *Bipectilus zhejiangensis* Wang, 2001

Bipectilus zhejiangensis Wang in Wang, Zheng & Chen, 2001: 348.

主要特征：雄性翅长 13–15 mm、体长 12–15 mm，雌性翅长 18–22 mm、体长 15–17 mm。体棕色，下唇须 3 节，第 2 节长于第 3 节的 1/2。触角棕褐色，26–28 节，双栉状。雄性胸部背板色稍深，肩板棕色披长毛；腹部有棕色节间环；前足胫节有胫距，长约为胫节一半。前翅棕色偏黄，披棕赭色鳞片组成的斑纹，前缘色稍浅，间有棕色斑；中室下方有浅色波浪形纹；近外缘在 R_4 脉下方至臀角间呈污黄色区，并在各脉纹上有椭圆形深色点，缘毛深浅相间；前翅反面的斑驳不明显，但中室部位有黑棕色纵条。后翅棕赭色，鳞片密集，但无明显斑纹；翅反面棕黄色。雌性体、翅色均偏黄，各斑驳亦浅，只模糊可见。雄性外生殖器高大于宽，抱器瓣条形，端部稍粗，向外侧相折，上有微毛；背兜长条状，骨化强；阳茎基环上方有向两侧伸展的匙形物，端部有毛；囊形突宽大；阳茎粗壮，弯柱形，端部稍尖。

分布：浙江（安吉、临安）。

寄主：刚竹 *Phyllostachys sulphurea* var. *viridis*。

注：未见标本，描述参考《中国动物志》（朱弘复等，2004）。

6. 蝠蛾属 *Endoclita* Felder, 1874

Endoclita Felder, 1874: pl. 81. Type species: *Endoclita similis* Felder, 1874.
Hypophassus Le Cerf, 1919: 470.
Nevina Tindale, 1941: 39.
Sahyadrassus Tindale, 1941: 26.
Procharagia Viette, 1949: 84.

主要特征：在蝙蝠蛾科中属于大型种类，翅长均在 30.0 mm 以上，最大翅长可达 60.0 mm；胸节发达，小盾片明显；翅膜厚，斑纹复杂，翅脉粗壮，前翅有翅轭。有些种类的前缘中部有疖状隆起，或中室有不同形状的白色斑；前翅 Sc 脉中部有 1 小分支。

分布：主要分布于东洋区。世界已知 60 余种，中国记录 24 种，浙江分布 5 种。

分种检索表

1. 前翅前缘具疖状隆起 ·· 2
- 前翅前缘无疖状隆起 ·· 3
2. 前翅黄褐色，前缘与 Sc 脉间有 4 个由黑色与棕黄色线纹组成的斑 ················· 疖蝠蛾 *E. nodus*
- 前翅灰黑色至墨绿色，前缘与脉间有 3 个浅色斑 ······························· 福建疖蝠蛾 *E. fujianodus*
3. 前翅极暗褐，前缘和中室基半部黄铜色，翅端具 1 黄铜色斑 ································· 金蝠蛾 *E. auratus*
- 前翅黄褐色至褐色，前缘常具多个褐色至黑色斑点 ·· 4
4. 前翅前缘有 4 个边缘不整齐的黑褐色斑；中室端有白色条纹或白色斑点 ················· 点蝠蛾 *E. sinensis*
- 前翅前缘有 6 个以上边缘不整齐的褐色肾形斑；中室端无白色条纹或白色斑点 ············· 柳蝠蛾 *E. excrescens*

（9）金蝠蛾 *Endoclita auratus* (Hampson, [1893] 1892)

Phassus auratus Hampson, [1893] 1892: 321.
Endoclita auratus: Nielsen, Robinson & Wagner, 2000: 851.

主要特征：翅展 42.0 mm，头和胸黑褐色，前翅极暗褐，前缘和中室基半部黄铜色，前缘有些黄斑；翅端具 1 黄铜色斑，外缘近中部有 1 不明显的黄斑，外横线斜而在 M_1 和 M_2 处具 1 黄白色点。后翅和腹部暗褐色，前者端部略带红褐色，后足胫节赭色。

分布：浙江（临安、泰顺）、福建、广西、云南；缅甸。

注：未见标本，描述参考 Nielsen 等（2000）和《福建昆虫志》（黄邦侃，2001）。

（10）柳蝠蛾 *Endoclita excrescens* (Butler, 1877)

Hepialus excrescens Butler, 1877: 482.

Hepialus aemulus Butler, 1877: 482.

Endoclita excrescens: Nielsen, Robinson & Wagner, 2000: 851.

主要特征：成虫翅长 30–36 mm，体长 32–36 mm。头小，赭棕色，头顶部位有成丛的褐色长毛；触角短，仅 3 mm，分 24 节，呈丝状；复眼大，深棕色；上颚及下颚须均退化；下唇须极短小，只有较光滑的锥形体；喙退化，只有很小的泡形突。胸部狭长，约占体长的 1/2，前、中、后胸分节明显；前胸前窄后宽，披密毛；中胸背板狭长，呈盾形；后胸背板呈两个果核状，小盾片近三角形，前尖后圆，披有成丛的黄褐色长毛。前翅狭长，长宽比例为 3∶1，正面黄褐色，翅轭长而尖；翅前缘有 6 个以上边缘不整齐的褐色肾形斑，有的两斑接近或相连，斑的外围镶黑色圈；亚缘脉后方的中室基部有小的浅色三角区，内带不甚明显，由褐色云形斑组成；中带宽而直，淡灰褐色，其前缘中部向外方斜伸至后缘中部，内方外侧有棕色小点；亚外缘带淡褐色，略窄于中带，自顶角内侧斜伸向后角内侧，下方略向外弯曲，内侧边缘有断续的棕色点，外侧不整齐，近似小波浪纹，横带内有隐约可见的黄褐色鱼鳞形纹；外缘带呈不规则的波浪纹，缘毛短、深褐色；前翅 Sc 脉中部有支脉，因而形成外缘稍隆起，R_2 与 R_3 脉共柄，分离间距长。后翅暗灰褐色，前缘有不规则的棕色斑，外缘黄褐色，后缘有密集的灰褐色长毛；后翅 R_1 脉柄与 R_2+R_3 脉柄相距较远。前、后翅反面与正面的颜色斑纹近相同，前翅前缘的斑点更清晰，但亚缘脉下方中室基部的浅灰色三角区不明显，亚外缘带内的隐约鱼鳞纹不见。后足稍短于中足，胫节膨大，外侧有长刷状香毛（雄）；跗节 5 节，第 1 节长，第 2、5 节长短相等，第 3、4 节之和与第 1 节相似。腹部粗、近圆筒形，雄性自第 3 节后逐渐变细，腹部末端的褐色长毛丛向下内方抱拢，遮盖住外生殖器的腹面。

雄性外生殖器：背兜长条状，顶端与颚形突连接并形成向上翘的尖钩，下端呈铲形，外缘有小齿，骨化也较强；颚形突下部变细，骨化亦强，呈弯曲的环形拱托在背兜下方；抱器瓣小，呈指形，向外上方伸出，基腹弧前窄后宽，比较薄，囊形突端部钝圆呈半月形。

分布：浙江（富阳）、黑龙江、吉林、辽宁、内蒙古、河北、山西、山东、河南、安徽；日本。

寄主：桃 *Amygdalus persica*、枇杷 *Eriobotrya japonica*、葡萄 *Vitis vinifera*、胡桃 *Juglans regia* 等。

注：未见标本，描述参考《中国动物志》（朱弘复等，2004）。

(11) 福建疖蝙蛾 Endoclita fujianodus (Chu et Wang, 1985)

Phassus fujianodus Chu et Wang, 1985: 299.

Endoclita fujianodus: Nielsen, Robinson & Wagner, 2000: 850.

主要特征：雄性翅长约 37.0 mm、体长约 36.0 mm。头小，黑褐色，头顶前方稍内陷；触角短，24 节，各节宽大于长；复眼黑色，约占头部的 2/3，其内侧上方的两触角间有退化的单眼 2 个。胸部狭长，披有墨绿色至灰黑色长毛，前胸背板前狭后宽、近盾形，背中线细；中胸背板窄长，小盾片果核状，披灰褐色长毛丛。前翅正面灰黑色至墨绿色，前缘与脉间有 3 个浅色斑，前缘中部有 1 疖状突起，疖突下方有深色斑，中室呈灰绿色三角区，三角区的基部有 1 个与 R 脉连接的半弧形浅色线纹，三角区的外上方有 1 银白色纵条，中室基部至前翅顶角有由多条烟黑色条纹组成的纵带，位于 R 脉下方与 M_1 脉间，顶角内下方有 1 个银白色蚪形纹；中带上宽下窄，浅灰色，较明显，内有不规则的褐色纹和 1 个灰褐色"Y"形纹，外侧各脉间有月牙形浅色纹及达外缘的褐色斑；Sc 脉在中部的疖突处有 1 分叉，Cu_2 脉中部有 1 横脉与 Cu_1 脉连接。后翅灰黑色，无明显斑纹，前缘端部有灰褐色斑，后缘有灰色较长毛。

雄性外生殖器：肛孔圆形；阳茎长筒形，阳茎侧突呈较强的骨化片，颜色亦深，抱器在阳茎两侧，下端与腹板相接；腹板窄条状，中间稍内陷；生殖附器向内上方伸出，上方宽大、呈扇形，下方呈狭条形。

分布：浙江（泰顺）、福建。

注：未见标本，描述参考《中国动物志》（朱弘复等，2004）。

（12）疖蝙蛾 *Endoclita nodus* (Chu *et* Wang, 1985)（图 3-1）

Phassus nodus Chu *et* Wang, 1985: 299.

Endoclita nodus: Nielsen, Robinson & Wagner, 2000: 851.

主要特征：成虫雄性翅长 29.0–32.0 mm、体长 31.0–33.0 mm，雌性翅长 47.0–49.0 mm、体长 45.0–48.0 mm。头小，赭棕色，布满深棕色丛状毛；触角短，丝状；复眼约占头部的 2/3，黑色上有棕色散斑；单眼在毛丛下呈深色小点；下唇须短，仅达复眼中部。胸部狭长，约占体长的 2/5，密被赭棕色长毛。前翅黄褐色，前缘与 Sc 脉间有 4 个由黑色与棕黄色线纹组成的斑，在 Sc 脉的端部有 1 疖状隆起，内有 1 深色椭圆形斑，中部具 1 不明显的黄褐色三角区；前翅 M_2 脉在中室处有 1 个小室，M_2 与 M_3 脉，M_3 与 CuA_1 脉间各有 1 条横脉；CuA_2 脉至翅后缘间具许多小褐斑；后翅灰褐色。雄性前足胫节和跗节宽扁，两侧具长毛；后足胫节膨大，具 1 束橙红色长毛束。腹部背面深棕色，第 1、2 节披长毛，其余各节较光滑；腹面黄褐色，有明显的连续黑色腹上线。

图 3-1　疖蝙蛾 *Endoclita nodus* (Chu *et* Wang, 1985)成虫

雄性外生殖器：长大于宽，钩形突呈两个分离的鸟嘴形钩，背兜板块状，向两侧隆起，内侧呈草鞋形构造，其内前缘有微齿，下方各有 1 骨化片构成的阳茎基环；抱器瓣肘形，下端各有 1 瘤状突，上有密集短毛，基腹弧窄条状；囊形突近三角形，端部弧圆。

分布：浙江（富阳、临安、奉化）、安徽、江西、湖南、海南、广西、贵州。

寄主：瓜木（八角枫）*Alangium platanifolium*、梾木 *Cornus macrophylla*、四照花 *C. kousa*、桄榔 *Arenga pinnata*、栗 *Castanea mollissima*、连香树 *Cercidiphyllum japonicum*、樟 *Cinnamomum camphora*、朝鲜木姜子 *Litsea coreana*、润楠 *Machilus nanmu*、柑橘 *Citrus reticulata*、吴茱萸 *Tetradium ruticarpum*、黄栌 *Cotinus coggygria*、侧柏 *Platycladus orientalis*、杉木 *Cunninghamia lanceolata*、荛花 *Daphne genkwa*、山杜英 *Elaeocarpus sylvestris*、银钟花 *Halesia macgregorii*、北枳椇 *Hovenia dulcis*、小叶女贞 *Ligustrum quihoui*、鹅掌楸 *Liriodendron chinense*、天目玉兰 *Yulania amoena*、玉兰 *Y. denudata*、黄兰 *Michelia champaca*、含笑花 *M. figo*、野梧桐 *Mallotus japonicus*、楝 *Melia azedarach*、香椿 *Toona sinensis*、马松子 *Melochia corchorifolia*、蓝果树 *Nyssa sinensis*、白花泡桐 *Paulownia fortunei*、糙苏 *Phlomis umbrosa*、灰毛牡荆 *Vitex canescens*、枫杨 *Pterocarya stenoptera*、杭州榆 *Ulmus changii*、黑榆 *U. davidiana*、榆树 *U. pumila*、瘿椒树 *Tapiscia sinensis*。

注：雄性外生殖器描述参考《中国动物志》（朱弘复等，2004）。

（13）点蝙蛾 *Endoclita sinensis* (Moore, 1877)

Phassus sinensis Moore, 1877a: 94.

Phassus signifer sinensis Moore: Seitz, 1912: 438.

Endoclita sinensis: Nielsen, Robinson & Wagner, 2000: 851.

主要特征：雄性翅长 30.0–32.0 mm、体长 30.0–32.0 mm，雌性翅长 38.0–40.0 mm、体长 39.0–44.0 mm。头小，棕褐色，头顶部位凹陷，后缘有内切状月牙形纹；触角短，丝状，21–24 节，各节长宽近等，两侧端各有1根微毛；复眼大，肾形，棕褐色；无单眼；下唇须3节，黄褐色，长度仅达触角下方。胸部狭长，约占身体总长的2/5，密披黄褐色长毛。前胸前狭后宽、近盾形，背中线明显；中胸背板窄长，前缘缝波浪状，后缘两侧呈楔状插入后胸；中胸小盾片倒心状，浅枯黄色。前翅正面暗褐色，前缘有4个边缘不整齐的黑褐色斑，翅面上至R脉下连Cu脉外至横脉间形成1个深褐色三角区，中室基部有1白色小点，小点外围有棕色棒形条纹，中室端有1银白色条纹，Cu脉下方至后缘，以及外带、亚外缘带由褐色不规则的椭圆形斑组成。后翅浅褐色，鳞片薄呈半透明。前、后翅反面黄褐色，前翅前缘的4个斑纹清晰可见，中室基部及端部的白色小点及白色条纹清晰。前足短，无胫距；中足各节均长于前足；后足明显短于前足及中足；3对足上均披有密集的黄褐色长毛。腹部宽大，圆筒形，无听器，雄性第5节后逐渐变细，有尾毛。

雄性外生殖器：背兜发达，顶端与颚形突相连并形成钩状，下端分成4个片形瓣，各瓣端部背侧骨化并有小齿；颚形突较宽，近乎于平行；抱器瓣短小，呈指形，布有微形毛，基腹弧呈狭带状，中部与横带片连接。阳茎基环周边光滑无特殊构造；囊形突发达，约占外生殖器之长的2/5。

分布：浙江（临安、淳安、余姚、奉化、象山、舟山、天台、龙泉、泰顺）、河北、山西、山东、河南、上海、湖北、江西、湖南、福建、台湾、广东、海南、广西、四川、云南；韩国，日本，印度。

寄主：合欢 *Albizia julibrissin*、三裂叶野葛 *Pueraria phaseoloides*、刺槐 *Robinia pseudoacacia*、槐 *Sophora japonica*、苎麻 *Boehmeria nivea*、喜树 *Camptotheca acuminata*、茅栗 *Castanea seguinii*、白栎 *Quercus fabri*、大青 *Clerodendrum cyrtophyllum*、海州常山 *Clerodendrum trichotomum*、日本柳杉 *Cryptomeria japonica*、杉木 *Cunninghamia lanceolata*、水杉 *Metasequoia glyptostroboides*、柿 *Diospyros kaki*、白蜡树 *Fraxinus chinensis*、算盘子 *Glochidion puberum*、胡桃 *Juglans regia*、白花泡桐 *Paulownia fortunei*、桃 *Amygdalus persica*、白梨 *Pyrus bretschneideri*、梨 *Pyrus×michauxii*、接骨木 *Sambucus williamsii*、木荷 *Schima superba*、香椿 *Toona sinensis*、榆树 *Ulmus pumila*、黄荆 *Vitex negundo*、葡萄 *Vitis vinifera*。

注：未见标本，描述参考《中国动物志》（朱弘复等，2004）。

7. 钩蝠蛾属 *Thitarodes* Viette, 1968

Thitarodes Viette, 1968: 128. Type species: *Hepialus armoricanus* Oberthür, 1909.

Forkalus Chu *et* Wang, 1985: 130.

Ahamus Zou *et* Zhang in Zou et al., 2010: 11.

Parahepialus Zou *et* Zhang in Zou et al., 2010: 115.

主要特征：前足胫节上有突起；雄性后足胫节宽大，有或无毛覆盖。

雄性外生殖器：肛片缺失；1对背部后区域突起存在或缺失；突起大，从背兜中分出，以膜相连；抱器瓣简单但形状多样，基部有1尖锐突起，阳茎基环长方形，阳茎不骨化。

分布：主要分布于东洋区。世界已知70余种，中国记录47种，浙江分布2种。

注：Zou等（2010）以蝠蛾雄性外生殖器抱器瓣的结构特征为主要依据，结合从GenBank下载的相关种类CytB基因片段构建的系统进化树，对中国当时的蝠蛾属*Hepialus*昆虫分类系统进行了修订，自此钩蝠蛾属*Thitarodes*正式记录于中国。

（14）德氏钩蝠蛾 *Thitarodes davidi* (Poujade, 1886)

Hepialus davidi Poujade, 1886: 92.

Phassus nankingi Daniel, 1940: 1024.

Thitarodes davidi: Zou, Liu & Zhang, 2010: 118.

主要特征：翅长约60.0 mm，体长约65.0 mm，是现有蝙蝠蛾科标本中最大体型种类。头小，披有杏黄色至黄褐色密集毛；复眼大，约占头的 1/3 强，赭黄色，有黑色散斑；触角 24 节，丝状，各节长大于宽；下唇须短。胸部狭长，约占体长的 1/3。前胸背板前狭后宽，布有密集赭黄色毛，背中缝不见；中胸颜色较浅、呈粉褐色，背中缝明显；后胸背板长条状，赭棕色。前翅正面黄褐色至杏黄色，前缘脉与 Sc 脉之间有 3 个杏黄色大圆斑，各斑中间有浅色肾形纹，外方 1 个圆斑的前方向外方突起成疖状，顶角内侧有 1 长三角形深褐色区，上至 R 脉下连 Cu_1 脉，外至横脉间呈杏黄色大三角区，外缘间有自顶角斜向后缘的杏黄色长斑，外缘各脉端稍外突、缘毛短污灰色。后翅正面黑色微黄，前缘脉与 Sc 脉间有不规则的杏黄色斑，各斑间呈棕褐色，翅面无显著斑纹，但翅脉可见呈黄褐色。前、后翅反面的颜色及斑纹与正面近似。腹部棕褐色，第 1、2 节背面色深、呈赭棕色，其他节的节间膜黄褐色。

雄性外生殖器：钩形突尖，向内下方弯曲成鸟嘴形；颚形突宽、呈弧圆形，背兜上窄下宽、呈阔叶片状，内侧边缘有密集的小齿，下端与阳茎基环相接近；基腹弧狭条状；阳茎基环上方有 2 块指突形骨化片，下方缺口与抱器瓣接连；抱器瓣上半窄，顶端呈指突形，下半宽大并向内侧弯曲；囊形突宽大于高，外侧中部稍向内陷，末端钝圆。

分布：浙江（杭州、宁波）、福建、广西、四川。

寄主：杉木 Cunninghamia lanceolata、合欢 Albizia julibrissin、木荷 Schima superba。

注：未见标本，描述参考《中国动物志》（朱弘复等，2004）。

（15）斜脉钩蝠蛾 *Thitarodes oblifurcus* (Chu *et* Wang, 1985)

Hepialus oblifurcus Chu *et* Wang, 1985: 123.

Thitarodes oblifurcus: Nielsen, Robinson & Wagner, 2000: 847.

主要特征：雄性翅长 15.0–17.0 mm，体长 15.0–18.0 mm。头部暗褐色，头顶有棕褐色毛簇；触角棕褐色，25 节，各节宽稍大于长，端节呈锥形，披黄色纤毛；下唇须短，第 2 节及第 3 节长短相等、呈念珠状，披有长毛簇。身体暗褐色，前胸背板上毛呈赭褐色有赭色光泽。前翅正面灰褐色，前缘与 Sc 脉间有不规则的黑斑 2 个，Sc 脉与 R 脉间成 1 条浅色纵带，中室外侧及下方的各脉间有由黑点组成的中线，M 脉与 Cu_1 脉间有 1 白斑，斑的周围有 4 个明显的黑斑，翅的基部与 Cu_1 脉的中部下方有白色纹；外线弯曲，由各脉间的深色斑点组成，缘毛黑白相间。后翅灰褐色，披较长鳞状毛，缘毛黄色。前翅及后翅反面灰蓝色，前翅上的斑纹呈赭褐色，隐约可见；缘毛黑白分明，比正面更显著。胸足赭褐色，前足胫节有胫距，中足长于前足及后足 2/5；后足腿节中部向外拱起，但不特化，外侧有长毛簇。

雄性外生殖器：钩形突呈坚齿状，背兜上宽下窄，内缘骨化强，边缘有小齿，末端尖但无钩；抱器瓣肘状，顶端钝圆，末端骨化强、形成向内上方弯曲的鸟嘴形钩；基腹弧宽，顶端内弯伸向抱器瓣下方；囊形突短而宽，末端中部内陷。

分布：浙江（临安）、青海。

寄主：冬虫夏草。

注：未见标本，描述参考《中国动物志》（朱弘复等，2004）。

第四章 谷蛾总科 Tineoidea

分科检索表

1. 雌雄异型；雄性有翅；雌性无翅或具极退化的短翅 ··· 袋蛾科 Psychidae
- 雌雄同型；翅发达 ·· 2
2. 成虫头部多被直立鳞毛，下唇须多具侧鬃 ·· 谷蛾科 Tineidae
- 成虫头部平滑，下唇须无侧鬃 ·· 异谷蛾科 Dryadaulidae

四、袋蛾科 Psychidae

主要特征：袋蛾又名蓑蛾、避债蛾等。体小至中型，雌雄异型。雄性触角双栉状，无喙，无单眼，下唇须退化。足短，后足胫节无中距，端距短小。前翅脉多变，中室内有中脉干且多分叉，A脉基部呈叉状，1A脉退化，2A脉和3A脉在基部分离，端半合并，或2A脉和3A脉仅中间有一段合并，两端分离；后翅有发达的翅缰，$Sc+R_1$脉与中室分离，3条臀脉分离；翅色多暗淡且单调，有的被鳞稀薄或部分透明。雌性往往特化成幼虫型，无翅，少数具极退化的短翅，触角短小而简单，口器退化，无足或有短足。

生物学：幼虫吐丝造成各种形状蓑囊，囊上黏附断枝、残叶、土粒等，幼虫栖息其中，行动时，将头、胸伸出，负囊移动。老熟幼虫将囊用丝囊悬挂在植物上，在囊内化蛹。雄性羽化后从囊下端飞出，雌性羽化后仍栖息在囊内，伸出头、胸等雄性飞来交尾并产卵在囊内。一年1代或2代，以老熟幼虫在袋囊内越冬。翌年春天一般不再活动取食，或稍微活动取食。为害油桐、油茶、茶、樟、杨、柳、榆、桑、槐、栎、乌桕、悬铃木、枫杨、木麻黄、扁柏及苹果、梨、桃等林木及果树。

分布：世界广布。世界已知72属800余种，中国记录33属50余种，浙江分布9属12种。

分属检索表

1. 前后翅M脉均分叉 ··· 旭袋蛾属 Eosolenobia
- 前后翅M脉不都分叉 ·· 2
2. 前翅M脉中室内分叉，具明显的透明斑 ·· 博袋蛾属 Eumeta
- 非上述特征 ·· 3
3. 前足胫节覆盖有长毛，无胫突或刺 ··· 玫袋蛾属 Chalioides
- 非上述特征 ·· 4
4. 前翅横脉上具深色条纹 ··· 脉袋蛾属 Amatissa
- 前翅横脉上不具深色条纹 ·· 5
5. 触角栉不具鳞片；翅鳞片锯齿状 ··· 娇袋蛾属 Proutia
- 非上述特征 ·· 6
6. 前后翅均密布黑色鳞片，无斑纹 ··· 皑袋蛾属 Acanthopsyche
- 非上述特征 ·· 7
7. 前翅中室和径脉处有黑色长斑2个，顶角较突出 ·· 黛袋蛾属 Dappula
- 非上述特征 ·· 8
8. 体翅灰黑色；前翅基部白色，前缘灰褐色，后翅灰白色 ·· 棘袋蛾属 Acanthoecia

- 体翅褐色；前后翅均为灰褐色 ·· 墨袋蛾属 *Mahasena*

8. 棘袋蛾属 *Acanthoecia* Joannis, 1929

Acanthoecia Joannis, 1929: 540. Type species: *Chalia larminati* Heylaerts, 1904.

主要特征：胫节前端具长刺；触角呈梳状，从中间至端部渐窄，1A+2A 与 CuA_2 共柄；后翅中室闭合，中部不分叉，M_1 后端缺。

分布：本属仅 1 种，中国记录 1 种，浙江分布 1 种。

注：描述参考 Joannis（1929）。

（16）蜡彩棘袋蛾 *Acanthoecia larminati* (Heylaerts, 1904)

Chalia larminati Heylaerts, 1904: 419.
Chalia larminati Heylaerts, 1906: 101.
Acanthoecia larminati: Joannis, 1929: 540.

别名：油桐蓑蛾、锥囊蓑蛾

主要特征：雄性体长 6.0–8.0 mm，翅展 18.0–20.0 mm。头、胸部灰黑色，腹部银灰色；前翅基部白色，前缘灰褐色，其余黑褐色；后翅白色，前缘灰褐色。雌性蛆状，体长 13.0–20.0 mm，宽 2.0–3.0 mm，黄白色，长筒形。蓑囊尖圆锥形或长铁钉形，灰褐色至灰黑色，质地坚韧；末端尖，有 3–5 条纵裂；囊外无碎叶或枝梗。

幼虫体长 16.0–25.0 mm，宽 2.0–3.0 mm；头和各胸、腹节毛片及第 8–10 腹节背面均呈灰黑色，其余黄白色。雄蛹长 9.0–10.0 mm，宽 2.0 mm；头、胸部和腹部背面均为黑褐色，各腹节节间及腹面灰褐色；腹部第 4–8 节背面前缘和第 6、7 节后缘各有小刺 1 列。雌蛹长 15.0–23.0 mm，宽 2.5–3.0 mm；圆筒形，全体光滑；头、胸部及腹末背面均黑褐色，其余黄褐色。

分布：浙江（临安）、福建、广东、海南、广西、云南；越南。

寄主：油桐 *Vernicia fordii*、桑 *Morus alba*、茶 *Camellia sinensis*、栗 *Castanea mollissima*。

注：未见标本，描述参考《中国蛾类图鉴 I》（中国科学院动物研究所，1981）和《中国茶树害虫及其无公害治理》（张汉鹄等，2004）。

9. 皑袋蛾属 *Acanthopsyche* Heylaerts, 1881

Acanthopsyche Heylaerts, 1881: 66. Type species: *Phalaena* (*Bombyx*) *atra* Linnaeus, 1767 = *Psyche opacella* Herrich-Schäffer, 1846.
Psychoglene Felder *et* Rogenhofer, 1874: pl. 83.
Hemilipia Hampson, 1897c: 285.

主要特征：小至中型，体细长。触角长度为前翅长度的 1/3；喙、下唇须、下颚须退化。前翅三角形，密布黑色鳞片，无斑纹，共有翅脉 12 条；Sc 脉与 R_1 脉分离，或部分重合，在一些种中，R_3 脉与 R_4 脉共柄；M_2 与 M_3 脉共出一点或短距离共柄；CuP 与 A_{1+2} 脉愈合，形成 1 锐利的角。后翅呈短椭圆形，长度为前翅长的 3/4，几乎全部覆盖有带黑色的鳞片；前缘脉或多或少有些弯曲；共 8 条翅脉；R_1 与 Sc 脉在中室中部处愈合；Rs 与 M_1 脉的基部和 M_2 脉与 M_3 脉的基部非常接近，但彼此独立。足细，前足最长，前足胫节具前胫突，与胫节近等长；中足与后足胫节无刺。

雄性外生殖器：长，基腹弧与外缘由1长膜在后缘分开；抱器瓣细长，近圆柱状。

雌性外生殖器：产卵器短小。

分布：除新北区外均有分布。世界已知50余种，中国记录4种，浙江分布2种。

注：描述参考Heylaerts（1881）及Sugimoto和Saigusa（2001）。

（17）碧皑袋蛾 *Acanthopsyche bipars* (Walker, 1865)

Perina bipars Walker, 1865: 406.

Acanthopsyche (*Oiketicoide*) *bipars*: Hampson, 1892: 293.

主要特征：雄性体长约8.0 mm，翅展18.0–28.0 mm。体黑色具白色毛；腹部下面淡褐色；前翅基部约1/3和后翅基部约2/3黑色，其余部分透明，翅脉和翅缘黑色；前翅M_2脉与M_3脉、R_3脉与R_4脉共柄，1A脉与2A脉基部分离，端半合并，3A脉止于后缘中央；后翅M_2脉与M_3脉共柄。雌性蛆形，淡黄色，体长10.0–15.0 mm。蓑囊长25.0–30.0 mm，细长，质地致密，表面附有寄主植物的小断枝。

幼虫体长18.0–20.0 mm，乳白色，头部有不规则黑褐色斑纹，胸部有6条黑褐色纵带；胸足白色有黑褐色斑纹。雄蛹体长12.0–13.0 mm，雌蛹体长14.0–16.0 mm，深褐色或棕色。

分布：浙江（舟山）、辽宁、北京、山东、河南、湖北、江西、湖南、福建、广东、海南、广西；日本，印度，尼泊尔，缅甸，印度尼西亚。

寄主：白菜 *Brassica rapa* var. *glabra*、侧柏 *Platycladus orientalis*、圆柏 *Juniperus chinensis*、君迁子 *Diospyros lotus*、刺槐 *Robinia pseudoacacia*、槐 *Sophora japonica*、桑 *Morus alba*、紫丁香 *Syringa oblata*、冷杉 *Abies fabri*、落叶松属 *Larix* sp.、云杉属 *Picea* sp.、松属 *Pinus* sp.、桃属 *Amygdalus* sp.、杏 *Armeniaca vulgaris*、苹果 *Malus pumila*、李 *Prunus salicina*、黄刺玫 *Rosa xanthina*、枸杞 *Lycium chinense*、水杉 *Metasequoia glyptostroboides*、榆树 *Ulmus pumila*、胡桃 *Juglans regia*、小藜（灰菜）*Chenopodium ficifolium*、地黄 *Rehmannia glutinosa*。

注：未见标本，描述参考《中国蛾类图鉴 I》（中国科学院动物研究所，1981）和《中国茶树害虫及其无公害治理》（张汉鹄等，2004）。

（18）墨皑袋蛾 *Acanthopsyche nigraplaga* (Wileman, 1911)

Oiketicoides nigraplaga Wileman, 1911a: 347.

Acanthopsyche nigraplaga: Byun & Weon, 1996: 15.

别名：黑肩蓑蛾、洋槐蓑蛾

主要特征：雄性体长约8.0 mm，翅展20.0–23.0 mm。体黑色，密被黑褐色长柔毛；触角双栉状，栉枝上又密生栉毛使整个触角如羽毛状。前翅略呈三角形，基部1/3黑色，其余部分半透明，翅缘和部分翅脉上有一些黑鳞，M_2和M_3共柄，R只有4支，R_4与R_5共柄，R_2与R_3合一；后翅短宽，基部大半黑色，端半透明，M_2与M_3共柄，M_1则与Rs完全合一（个别末端仍分开，呈Y状）。足密被黑褐色长毛，腹端和腹面金黄色。雌性体长约15.0 mm，胸足和触角仅能看出是个小突起。蓑囊长达30.0 mm，缠以植物茎秆及碎叶等，呈纵条状，鱼鳞状层层排列。

幼虫蛆状，黄色，头和胸背黑褐色，复眼黑色，腹背有淡黄褐色微毛。

分布：浙江、辽宁、北京、上海；朝鲜，韩国，日本，印度。

寄主：油茶 *Camellia oleifera*、茶 *C. sinensis*、松属 *Pinus* sp.、苹果 *Malus pumila*、梨属 *Pyrus* sp.、柑橘属 *Citrus* sp.、葡萄 *Vitis vinifera*、桑 *Morus alba*、槐 *Sophora japonica*。

注：未见标本，描述参考《中国蛾类图鉴 I》（中国科学院动物研究所，1981）和《中国茶树害虫及其无公害治理》（张汉鹄等，2004）。

10. 脉袋蛾属 *Amatissa* Walker, 1862

Amatissa Walker, 1862a: 138. Type species: *Amatissa inornata* Walker, 1862.
Lansdownia Heylaerts, 1881: 65.

主要特征：雄性体粗壮，密布长毛。喙不明显；下唇须很短；触角短，尖端为宽阔的栉。翅宽，前翅端部略圆；前缘直，顶角微凸；外缘直，不透明；R_1 与 R_2 脉在基部连续；R 脉与 Sc 脉、M 脉之间的距离是 M 脉与 Cu 脉间距离的 2 倍。雌性不具翅。足短；腹部略从后翅末端突出。

分布：东洋区。世界已知 22 种，中国记录 1 种，浙江分布 1 种。

注：描述参考 Walker（1862a）。

（19）丝脉袋蛾 *Amatissa snelleni* (Heylaerts, 1890)

Kophene snelleni Heylaerts, 1890: 12.
Amatissa snelleni: Gaede, 1932a: 740.

别名：线散袋蛾

主要特征：雄性体长 11.5–15.0 mm，翅展 28.0–33.0 mm。体和翅呈棕黄褐色；前翅顶角尖，外缘斜直，横脉上具黑棕色纹；R_3 脉与 R_4 脉共柄，R_5 脉分离或与 R_3+R_4 脉有 1 短共柄。雌性体长 13.0–23.0 mm，宽 4.0–7.0 mm；淡黄色，头小，生 1 对刺突；胸背略弯，中央有 1 条褐色纵线。

幼虫体长 17.0–25.0 mm，宽 4.0–6.0 mm；头部和胸部背板灰褐色，散布黑褐色斑；各胸节背板分为 2 块，中线两侧近前缘处有 4 个黑色毛片，前胸毛片呈正方形排列，中、后胸毛片横向排列；腹部淡紫色，臀板黑褐色。雄蛹长 11.0–14.0 mm，宽 3.0–4.0 mm；深褐色，纺锤形；腹部背面第 3–6 节后缘和第 8–9 节前缘各有 1 列小刺。雌蛹长 13.0–25.0 mm，宽 4.0–6.0 mm；深褐色，长筒形；第 2、5 腹节背面后缘和第 7 腹节前缘各有 1 列小刺。

分布：浙江（杭州）、安徽、湖北、江西、湖南、福建、广东、海南、广西、四川、贵州、云南、西藏；日本，印度，斯里兰卡，马来西亚。

寄主：杧果 *Mangifera indica*、栗 *Castanea mollissima*、金合欢属 *Acacia* sp.、马尾松 *Pinus massoniana*、苹果 *Malus pumila*、李 *Prunus salicina*、桃 *Amygdalus persica*、梨 *Pyrus×michauxii*、柑橘 *Citrus reticulata*、荔枝 *Litchi chinensis*、樟 *Cinnamomum camphora* 等 30 余种植物。

注：未见标本，描述参考《中国蛾类图鉴 I》（中国科学院动物研究所，1981）和《中国茶树害虫及其无公害治理》（张汉鹄等，2004）。

11. 玫袋蛾属 *Chalioides* Swinhoe, 1892

Chalioides Swinhoe, 1892a: 227. Type species: *Chalioides vitrea* Swinhoe, 1892.

主要特征：触角呈强烈的双栉状，触角两侧栉的分支到端部变短；成虫口器缺喙；前翅较长，顶角尖；前足胫节覆盖有长毛，无胫突，而其他大部分属都具胫突。

分布：东洋区。世界已知 6 种，中国记录 2 种，浙江分布 1 种。

注：描述参考 Swinhoe（1892a）。

(20) 藤氏玫袋蛾 *Chalioides kondonis* Kondo, 1922

Chalioides kondonis Kondo, 1922: 360.

别名：白囊蓑蛾

主要特征：雄性体长 8.0–11.0 mm，翅展 18.0–22.0 mm。体淡褐色至灰褐色，密被白色长毛；前后翅透明，后翅基部具白毛。雌性体白色或灰白色，覆盖物大部分为白色或灰白色。雄虫蓑囊长 25.0–32.4 mm，直径 3.9–4.7 mm；雌虫蓑囊长约 37.4 mm，直径 5.0 mm。蓑囊圆柱形，背腹无区别，越向开口处，颜色越浅，有时会出现水平条纹，蓑囊从前口处最厚，到后口处均匀变薄；从蓑囊的前口至中部有不规则的纵纹；蓑囊由细纱制成，表面几乎没有覆盖物，一些细小的沙粒或植物碎片局限在蓑囊后口附近。

分布：浙江（湖州、杭州、宁波、台州、衢州）、河北、山西、山东、河南、江苏、安徽、江西、福建、台湾、广东、澳门、广西、四川；日本。

寄主：杧果 *Mangifera indica*、胡桃 *Juglans regia*、棉属 *Gossypium* sp.、枣 *Ziziphus jujuba*、柑橘属 *Citrus* sp.、茶 *Camellia sinensis*、油茶 *C. oleifera* 等多种植物。

注：未见标本，描述参考 Sugimoto（2009）和《中国茶树害虫及其无公害治理》（张汉鹄等，2004）。

12. 黛袋蛾属 *Dappula* Moore, [1883]

Dappula Moore, [1883]: 103. Type species: *Oiketicus tertius* Templeton, 1846.

主要特征：体多毛。触角为体长一半，至端部呈锯齿状。雄性前翅呈长三角形，具有短毛；顶端尖，外缘极斜；翅室扩展至翅长的 2/3；第 1 亚前缘带从基部 1/3 至中室端部前，第 2 亚前缘带在 1/9 处，中室内斜，在靠近上端和中间弯曲，从中角发射出盘状脉；径脉从盘状脉的上面发出。后翅短，三角形，顶角尖，外缘凹，臀角凸出；中室宽；从中室发出 1 分叉的脉；中带从中室顶角斜向下至中室末端。腹部侧面具簇状毛；前足长，边缘具毛，胫节基部具 1 尖刺；跗节及后足近无毛。

分布：东洋区。世界已知 1 种，中国记录 1 种，浙江分布 1 种。

(21) 黛袋蛾 *Dappula tertius* (Templeton, 1847)

Oiketicus tertius Templeton, 1847: 39.
Oiketicus templetonii Westwood, 1854: 234.
Oiketicus ulias Lower, 1899: 83.
Dappula tertius: Hua, 2005: 19.

主要特征：雄性体长 15.0–18.0 mm，翅展 30.0–35.0 mm。体、翅灰黑色；前翅中室和径脉处有黑色长斑 2 个，顶角较突出。雌性体长 14.0–24.0 mm，宽 6.0–8.0 mm。体淡黄色；头小，胸背隆起，深褐色。幼虫体长 23.0–30.0 mm，宽 4.0–6.5 mm；胸部背板黑褐色；前、中胸背中线白色，两侧各有 1 白色长斑，组成"川"字，后胸背中线两侧各有 1 黄白斑，呈倒"八"字形；腹部黑色，各节有许多横皱纹。雄蛹长 12.0–17.0 mm，宽 3.0–5.0 mm；深褐色至黑褐色；腹部背面第 3–4 节后缘、第 5–6 节前后缘和第 7–9 节前缘各有小刺 1 列。雌蛹长 14.0–25.0 mm，宽 5.0–7.0 mm；深褐色，胴部第 1–5 节背面中央有 1 条纵脊；腹部背面第 2 节后缘、第 3–5 节前后缘和第 6–8 节前缘各有小刺 1 列。

分布：浙江（临安）、江苏、安徽、湖北、湖南、福建、广东、海南、香港、广西、四川、云南；印度，斯里兰卡，马来西亚，印度尼西亚，澳大利亚，所罗门群岛。

寄主：杧果 *Mangifera indica*、栗 *Castanea mollissima*、桉 *Eucalyptus robusta*、尾叶桉 *E. urophylla*、小

粒咖啡 *Coffea arabica*、荔枝 *Litchi chinensis*、油茶 *Camellia oleifera*、茶 *C. sinensis*、樟 *Cinnamomum camphora*、胡桃 *Juglans regia*、木棉 *Bombax ceiba*。

注：未见标本，描述参考《中国茶树害虫及其无公害治理》（张汉鹄等，2004）。

13. 旭袋蛾属 *Eosolenobia* Filipjev, 1925

Eosolenobia Filipjev, 1925: 31. Type species: *Eosolenobia grisea* Filipjev, 1925.

主要特征：成虫个体较大，翅展 12.0–25.0 mm；翅面颜色较均一，与其他属不同的是，前后翅 M 脉均分叉；前翅具副室；生殖器与 *Solenobia* 属相似，但与之相比退化程度较低，其指数为 1.15–1.36；蓑囊较长，具清晰的脊。

分布：古北区、东洋区。世界已知 4 种，中国记录 1 种，浙江分布 1 种。

注：未见标本，描述参考 Dierl（1984）。

（22）邹氏旭袋蛾 *Eosolenobia zouhari* Dierl, 1984

Eosolenobia zouhari Dierl, 1984: 65.

主要特征：雄性翅展 12.4 mm。翅狭长，长宽比为（3∶1）–（4∶1）；底色灰黄色，缘毛浅色，基部深色；前翅散布有许多清晰的小亮点；具中斑，较模糊；鳞片粗糙，窄，长宽比为（6∶1）–（7∶1），具 2 个尖端；前翅 R_3 脉与 R_1、R_2 脉在基部 1/2 处共柄；后翅灰色。雄性无翅。

分布：浙江、北京、山西、山东、河南、陕西、江苏、安徽、湖北、江西、湖南、福建、台湾、广东、四川、贵州、云南。

注：未见标本，描述参考 Dierl（1984）。

14. 博袋蛾属 *Eumeta* Walker, 1855

Eumeta Walker, 1855: 964. Type species: *Oiketicus cramerii* Westwood, 1854 = *Eumeta layardii* Moore, 1883.
Clania Walker, 1855: 963.
Eumeta: Sauter & Hättenschwiler, 1999: 278.
Eumeta: Rhainds, Davis & Price, 2008: 211.

主要特征：雄性触角双栉状，口器退化。翅宽大，前翅脉序完全，R 脉分 5 支，R_3 与 R_4 脉共柄，M 脉在中室内分叉，M_2 与 M_3 脉共柄；前翅有明显透明斑，翅脉两侧深褐色。后翅的翅缰 1 根很长，中室内 M 脉常不分叉，M_1 脉较弱，M_2 与 M_3 脉共柄，CuP 脉伸达翅缘，A 脉有 3 条。足短小，中、后足胫节仅有 1 短粗的端距。

分布：东洋区、旧热带区。世界已知 12 种，中国记录 3 种，浙江分布 3 种。

分种检索表

1. 个体较小，雄性翅展小于 30.0 mm；雄性胸背鳞毛长，呈 3 条深色纵纹；前翅近外缘透明斑 2 个 ········ **茶袋蛾 *E. minuscula***
- 个体较大，雄性翅展大于 30.0 mm；雄性胸背鳞毛非上述特征；前翅近外缘透明斑多于 3 个 ······················ 2
2. 雄性翅展 30.0–33.0 mm；前翅脉间常灰白色，近外缘有 3 个白色斑纹 ······························· **螺博袋蛾 *E. cramerii***
- 雄性翅展 35.0–44.0 mm；前翅沿翅脉赭褐色，近外缘具 4–5 个透明斑 ······························· **大袋蛾 *E. variegata***

(23) 螺博袋蛾 *Eumeta cramerii* (Westwood, 1854)

Oiketicus cramerii Westwood, 1854: 236.
Cryptothelea consorta Walker, 1855: 970.
Eumeta nietneri Felder in Felder, Felder & Rogenhofer, 1874: pl. 83.
Eumeta cramerii: Swinhoe, 1892a: 225.

别名：螺纹蓑蛾、松窠蓑蛾

主要特征：雄性翅展 30.0–33.0 mm，体长 12.0–15.0 mm。体棕褐色，翅灰棕色，前翅脉间常灰白色，外缘有 3 个白色斑纹。雌性无翅。蓑囊长 22.0–25.0 mm，囊外黏附许多细短枝梗或草秆，长短粗细相近，并做螺旋状环列 4 圈，平行纵列极为整齐。

幼虫体长约 15.0 mm；头黄褐色，多棕黑色横斑纹，体污白色至淡棕褐色，各节背部黑褐色点斑并列，多皱纹；腹背中线较暗，第 8–9 节腹节黑褐色，臀板黑褐色并有 3 对刚毛。

分布：浙江（杭州、丽水）、江苏、安徽、江西、福建；印度，缅甸，斯里兰卡。

注：未见标本，描述参考 Westwood（1854）和《中国茶树害虫及其无公害治理》（张汉鹄等，2004）。

(24) 茶袋蛾 *Eumeta minuscula* Butler, 1881

Eumeta minuscula Butler, 1881: 22.

别名：茶蓑蛾、小窠蓑蛾、茶窠蓑蛾

主要特征：雄性体长 11.0–15.0 mm，翅展 22.0–28.0 mm。体暗褐色至茶褐色；胸背鳞毛长，呈 3 条深色纵纹；前翅微具金属光泽，沿翅脉色深，近外缘有 2 个长方形透明斑；中室内中脉比螺博袋蛾模糊，前翅臀脉与后缘间无横脉；后翅 Sc+R_1 脉与 Rs 脉在中室末端并接。蓑囊纺锤形，长达 25.0–30.0 mm，丝质松软灰黄色，囊外贴满断截小枝，平行纵列整齐。

幼虫体长 16.0–26.0 mm；头黄褐色，颅侧有黑褐色并列斜纹，体暗肉红色至灰黄棕色；胸背有 2 个褐色纵条斑，各节侧面有 1 黑斑；腹背中线较暗，各节有 2 对黑毛片，排成"八"字形；臀板褐色。雄蛹体长 10.0–13.0 mm，咖啡色至赤褐色；翅芽可达第 3 腹节后缘，腹背第 3–6 节前后缘及第 7–8 节前缘各有 1 列小齿，臀棘具 2 短刺。雌蛹蛆状，咖啡色，长 14.0–18.0 mm，腹背第 3 节后缘及第 4–8 节前后缘各具 1 列小齿，臀棘具 2 短刺。

分布：浙江（湖州、嘉兴、杭州、宁波、定海、金华、仙居、温岭、开化、丽水、温州）、山东、河南、陕西、江苏、安徽、湖北、江西、湖南、福建、台湾、广东、澳门、广西、四川、贵州；朝鲜，日本，印度，泰国，马来西亚。

寄主：陆地棉 *Gossypium hirsutum*、苹果 *Malus pumila*、桃 *Amygdalus persica*、梨 *Pyrus×michauxii*、月季花 *Rosa chinensis*、山楂 *Crataegus pinnatifida*、柑橘 *Citrus reticulata*、茶 *Camellia sinensis*、榆树 *Ulmus pumila*、槐 *Sophora japonica*、黄檀 *Dalbergia hupeana*、悬铃木属 *Platanus* sp.、白花泡桐 *Paulownia fortunei*、枫杨 *Pterocarya stenoptera*、冬青 *Ilex chinensis*、柏木 *Cupressus funebris*、朴树 *Celtis sinensis*。

注：未见标本，描述参考《中国蛾类图鉴 I》（中国科学院动物研究所，1981）和《中国茶树害虫及其无公害治理》（张汉鹄等，2004）。

(25) 大袋蛾 *Eumeta variegata* (Snellen, 1879)（图 4-1）

Oiketicus variegatus Snellen, 1879: 114.
Eumeta maxima Butler, 1882: 228.

Eumeta layardii Moore, [1883]: 102.

Eumeta variegata: Heylaerts, 1884a: 130.

Eumeta japonica Heylaerts, 1884b: 40.

Eumeta pryeri Leech, 1888: 598.

Eumeta sikkima Moore, 1891: 67.

Eumeta wallacei Swinhoe, 1892a: 226.

Eumeta javanica Swinhoe, 1892a: 262.

Clania sciogramma Turner, 1914: 247.

Clania wallacei var. *bougainvillea* Strand, 1914: 21.

Clania formosicola Strand, 1915: 12.

别名：大窠蓑蛾

主要特征：成虫雄性体长 15.0–20.0 mm，翅展 35.0–44.0 mm。体黄褐色至暗褐色；前翅翅脉黑色，沿翅脉赭褐色，前后缘黄褐色，近外缘具 4–5 个透明斑；后翅色稍淡，无透明斑；胸背有 5 条暗色纵纹。雌性肥蛆状，长约 25.0 mm，头、胸黄褐色，腹部白色，胸及腹部末端多淡黄棕色绒毛。袋囊橄榄形，最大长达 45.0–60.0 mm，丝壁厚密坚实，灰黄褐色，囊外黏附的碎叶多，且常有大块碎叶，有时附有一两根长枝梗。

图 4-1　大袋蛾 *Eumeta variegata* (Snellen, 1879)成虫

幼虫雄性体长 17.0–25.0 mm；头黄褐，中央具 1 白色的"人"字纹，颅侧略显褐色斑纹；胸部灰黄褐色，背侧有 2 条褐色纵斑；腹部黄褐色，背面较暗，多横皱。雌性体长 25.0–35.0 mm；头赤褐色；胸背赤褐色，背中线黄白色，中、后胸背中线黄白条状；腹部黑褐色至黄褐色，背线深且具光泽，多横皱，臀板钝圆，赤褐色。雄蛹体长 18.0–23.0 mm，赤褐色；翅芽伸达第 3 腹节后缘，触角达前翅 3/4，后足仅伸达第 2 腹节，第 3–8 腹节背前各有 1 横列小齿，小而弯曲。

分布：浙江（安吉、嘉兴、杭州、绍兴、宁波、舟山、金华、台州、常山、开化、遂昌、松阳、庆元、龙泉、平阳、泰顺）、中国广布；朝鲜，日本，印度，尼泊尔，越南，老挝，泰国，斯里兰卡，菲律宾，马来西亚，印度尼西亚，澳大利亚，巴布亚新几内亚。

寄主：茶 *Camellia sinensis*、油茶 *C. oleifera*、三球悬铃木 *Platanus orientalis*、枫杨 *Pterocarya stenoptera*、榆树 *Ulmus pumila*、侧柏 *Platycladus orientalis*、槐 *Sophora japonica*、银杏 *Ginkgo biloba*、栎属 *Quercus* spp.、梨属 *Pyrus* spp.、枇杷 *Eriobotrya japonica*、苹果 *Malus pumila*、梨 *Pyrus×michauxii*、桃 *Amygdalus persica*、玉蜀黍 *Zea mays*、棉属 *Gossypium* spp.、柑橘 *Citrus reticulata*、白花泡桐 *Paulownia fortunei*、重阳木 *Bischofia polycarpa*、葡萄 *Vitis vinifera*、樟 *Cinnamomum camphora*、桑 *Morus alba*、柿 *Diospyros kaki*。

15. 墨袋蛾属 *Mahasena* Moore, 1877

Mahasena Moore, 1877b: 601. Type species: *Mahasena andamana* Moore, 1877.
Plateumeta Butler, 1881: 23.

主要特征：触角细，双栉齿状。前翅长而窄，顶角圆，外缘斜；前缘带较宽；亚前缘脉窄，4条；盘状中室末端宽；中室上端脉长，内斜，在中部向外弯，盘状中室下端短，外斜，并从中室各端发出盘状脉；上径脉从中室末端发出，下径脉从盘状室顶角发出；中脉短粗，在其末端两次弯折，4条；亚中线在中室末端弯曲，并延伸至后角，且在后角上形成1较低分支或内部脉。后翅短宽，三角状，前缘非常凸出；前缘脉与亚前缘脉平行，延伸至顶角；中室宽，向后扩展超过其外缘，近直；两盘状室在中室内，在其长度的一半连接后向翅近基部延伸；中脉长，其末端弯曲与翅的外缘几乎平行，分4短支，上部2支在中室下端突起。足细，具毛，前足胫节具长刺。

分布：东亚地区的古北区和东洋区。世界已知13种，中国记录6种，浙江分布1种。

（26）乌龙茶墨袋蛾 *Mahasena oolona* Sonan, 1935

Mahasena oolona Sonan, 1935: 450.

别名：茶褐蓑蛾、茶褐背袋蛾

主要特征：雄性体长约15.0 mm，翅展24.0 mm。体翅褐色，腹部有金属光泽，翅面无斑纹。雌性蛆状，体长约15.0 mm，头淡褐色，体乳黄色。袋囊长达25.0–40.0 mm，粗大，似宝塔状，枯褐色、丝质、疏松，囊外附着众多碎叶片，略呈鱼鳞状松散重叠。

幼虫体长8.0–25.0 mm；头褐色，散生黑褐色斑纹；各胸节背板淡黄色，背侧上下有不规则黑斑2块；腹部黄褐色。雄蛹体长16.0–20.0 mm；长椭圆形，深褐色；翅芽伸达第3腹节中部，第2–5腹节背面后缘有1横列细毛，第8腹节背面前缘具1横列小刺，尾部弯曲，臀刺二分叉。雌蛹体长17.0–25.0 mm；圆筒形，两端赤褐色，尾端有刺3枚。

分布：浙江（杭州、宁波、台州）、江西、湖南、福建、台湾、广西、贵州。

寄主：小粒咖啡 *Coffea arabica*、龙眼 *Dimocarpus longan*、荔枝 *Litchi chinensis*、茶 *Camellia sinensis*、油茶 *C. oleifera*。

注：未见标本，描述参考Sonan（1935）和《中国茶树害虫及其无公害治理》（张汉鹄等，2004）。

16. 娇袋蛾属 *Proutia* Tutt, 1899

Proutia Tutt, 1899: 211. Type species: *Psyche betulina* Zeller, 1839.

主要特征：触角栉不具鳞片；翅鳞片锯齿状；本属除 *P. maculatella* 外，大多数种类的翅都呈均匀的黑棕色，故几乎不能通过翅的形状、锯齿状的鳞片和羽化时间将它们分开，只能通过一些较为细微的特征进行分类，如鞭小节的节数，触角栉与鞭小节的长度之比，前足胫节前胫突基部的位置，雄性翅顶点的锯齿状鳞片等。娇袋蛾属较为原始，例如，*Proutia nigiripunctata* 的前翅中室具副室，这是蓑蛾科中明显的原始性状，而 *P. maculatella* 翅形和被鳞片等较为特殊。

分布：古北区、东洋区。世界已知12种，中国记录1种，浙江分布1种。

（27）中华娇袋蛾 *Proutia chinensis* Hättenschwiler *et* Chao, 1989

Proutia chinensis Hättenschwiler *et* Chao, 1989: 263.

主要特征：雄性翅展 10.0–12.5 mm。触角双栉状，19–21 节，栉上无鳞片。前翅尖，翅脉 9 条；前翅鳞片较宽，后翅鳞片较窄，底色棕色，后翅颜色略浅；后翅从中室发散出横脉 5 条。胸部大部和腹部覆盖有深棕色、近黑色的毛簇，头部和部分胸部覆盖有短且宽的鳞片。前足、中足具 1 前胫突，后足具 2 对胫刺，各足均具 5 节跗节。雌性无翅；触角 6–7 节，光滑；前足短小，中足比前足略长，后足是前足长度的 2.5–3 倍，跗节 3–5 节；腹部近尾部有 1 圈浅棕色毛。

分布：浙江（杭州）、北京、江西。

注：未见标本，描述参考 Hättenschwiler 和 Chao（1989）。

五、谷蛾科 Tineidae

主要特征：成虫头部多被直立鳞毛，下唇须多具侧鬃，下颚须多为 5 节，喙短或缺失，外颚叶分离。前翅狭长，多为长椭圆形，翅脉多完整，R_3、R_4 和 R_5 脉之间常有共柄。后足胫节背面及外侧被长鳞毛。雌性产卵器可伸缩。

分布：世界广布。世界已知 306 属 2146 种，中国记录 13 亚科及未定亚科类群共 52 属 184 种，浙江分布 7 亚科及未定亚科类群共 23 属 41 种。

分亚科检索表

1\. 头被鳞毛 ··· 2
- 头被叶状鳞片 ·· 6
2\. 雌性第 8 背板游离，不与前表皮突背支相连 ·· 萌谷蛾亚科 Scardiinae
- 雌性第 8 背板与前表皮突背支相连 ·· 3
3\. 雄性具味刷 ··· 4
- 雄性无味刷 ··· 5
4\. 前翅末端上卷；囊导管不具管环 ··· 卷谷蛾亚科 Erechthiinae
- 前翅末端不上卷；囊导管具复杂管环 ·· 奇谷蛾亚科 Perissomasticinae
5\. 雄性抱器瓣结构复杂，多具突起或修饰 ·· 宇谷蛾亚科 Myrmecozelinae
- 雄性抱器瓣结构较简单 ··· 谷蛾亚科 Tineinae
6\. 头部鳞片光滑，在头顶处朝前弯曲着生，形成"眉脊"状结构 ··· 辉谷蛾亚科 Hieroxestinae
- 头部鳞片粗糙，在头顶处不形成"眉脊" ·· 簇谷蛾亚科 Hapsiferinae

（一）卷谷蛾亚科 Erechthiinae

主要特征：头部被鳞毛；下唇须通常前伸，第 2 节具侧鬃和鳞簇，第 3 节末端具 vom Rath 感受器；触角柄节具栉鬃。前翅通常狭长，末端上卷，前后翅翅脉完整。雄性翅缰 1 根，雌性具 2–3 根。雄性外生殖器中爪形突末端略裂成两小叶，两侧强烈骨化；抱器瓣结构简单，偶具突起；阳茎基环袋状；阳茎圆柱形。雌性外生殖器无尾刷；交配囊变化大，有些种类中被微刺或细刺，多具 1 枚囊突。

分布：世界广布，但主要分布于澳洲区及太平洋岛屿。世界已知 10 属 180 多种，中国记录 2 属 5 种，浙江分布 1 属 1 种。

17. 卷谷蛾属 *Erechthias* Meyrick, 1880

Erechthias Meyrick, 1880: 252. Type species: *Erechthias charadrota* Meyrick, 1880.

Ereunetis Meyrick, 1880: 252.

Decadarchis Meyrick, 1886c: 291.

Hectacma Meyrick, 1915: 233.

Zanclopseustis Meyrick, 1921: 196.

Nesoxena Meyrick, 1929: 506.

Amphisyncentris Meyrick, 1933: 412.

Gongylodes Turner, 1933: 180.

Caryolestis Meyrick, 1934: 109.
Triadogona Meyrick, 1937: 153.
Anemerarcha Meyrick, 1937: 154.
Empaesta Bradley, 1956: 163.
Acrocenotes Diakonoff, 1967 [1968]: 259.
Tinexotaxa Gozmány, 1968: 306.
Neodecadarchis Zimmerman, 1978: 351.
Lepidobregma Zimmerman, 1978: 341.
Pantheus Zimmerman, 1978: 353.

主要特征：下唇须第 2 节多具朝前或朝下生长的鳞簇；前翅斑纹变化大。

雄性外生殖器：背兜和基腹弧较窄；爪形突宽，末端中间内凹；囊形突舌状或三角形；颚形突及颚形突臂无；阳茎基环骨化强。

雌性外生殖器：导管端片短，环状或漏斗形，导精管多开口于其前方；囊导管窄；交配囊椭圆形或梨形，囊突多为 1 枚。

分布：世界广布。世界已知 164 种，中国记录 4 种，浙江分布 1 种。

（28）蝶卷谷蛾 *Erechthias sphenoschista* (Meyrick, 1931)（图 4-2）

Decadarchis sphenoschista Meyrick, 1931: 166.
Erechthias sphenoschista: Moriuti & Kadohara, 1994: 578.

主要特征：成虫（图 4-2A）头部雪白色。胸部和翅基片雪白色。前翅端部 1/6 上卷；底色雪白色；前缘具 5 个近等间距排列的深褐色外斜斑，后缘基部 1/5 处具 1 深褐色斜纹，近中部具 1 边缘模糊的近半椭圆形深褐色大斑。

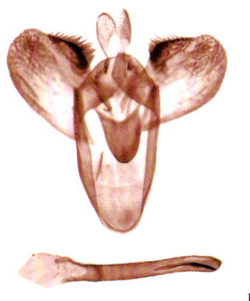

A B C

图 4-2 蝶卷谷蛾 *Erechthias sphenoschista* (Meyrick, 1931)
A. 成虫；B. 雄性外生殖器；C. 雌性外生殖器

雄性外生殖器（图 4-2B）：背兜与基腹弧宽短。爪形突末端中间凹入。囊形突舌状。抱器瓣宽大，中部略加宽，末端圆。阳茎基环舌状。阳茎棒状，端半部具 1 细长弯曲的针形角状器。

雌性外生殖器（图 4-2C）：交配孔位于第 8 腹板前缘。导管端片梯形。囊导管与交配囊近等长，导精管出自囊导管后端右侧。交配囊长椭圆形；囊突形似辣椒。

分布：浙江（温州）、上海、江西、海南；日本。

（二）簇谷蛾亚科 Hapsiferinae

主要特征：头部被叶状鳞片；下唇须第 2 节具鳞簇；触角柄节常具栉鬃。前翅翅脉通常完整，各脉分离，具斑纹或鳞簇；后翅翅脉完整，具 3A 脉，雌性具 2–5 根翅缰。雄性外生殖器的爪形突两侧与背兜愈合；抱器瓣结构较简单，抱器背基突和阳茎基环形成复合结构。阳茎长短不一；角状器无。雌性具 1 对尾刷。

分布：主要分布于东洋区和旧热带区。世界已知 20 属 120 多种，中国记录 2 属 2 种，浙江分布 2 属 2 种。

18. 非簇谷蛾属 *Cimitra* Walker, 1864

Cimitra Walker, 1864a: 779. Type species: *Cimitra seclusella* Walker, 1864.
Scalidomia Walsingham, 1891b: 83.

主要特征：下唇须第 2 节具侧鬃；触角柄节具栉鬃。前翅常散生着鳞毛簇，R_2 和 R_3 脉愈合，R_4 和 R_5 脉共柄，M 脉不分叉；后翅翅脉完整且分离。

雄性外生殖器：爪形突末端分离；颚形突臂强烈骨化；阳茎基环发达。

雌性外生殖器：前表皮突基部分叉；交配囊长。

分布：东洋区、旧热带区。世界已知 8 种，中国记录 1 种，浙江分布 1 种。

（29）隐非簇谷蛾 *Cimitra seclusella* Walker, 1864（图 4-3）

Cimitra seclusella Walker, 1864a: 780.
Hapsifera seclusella: Walsingham, 1887: figs. 12 & 13.
Tinea inconcisella Walker, 1864a: 1004.
Tinea spernatella Walker, 1864a: 1004.
Hapsifera contexta Meyrick, 1916: 617.
Hapsifera affabilis Meyrick, 1931: 745.
Scalidomia hoenei Petersen, 1991: 27.

主要特征：成虫（图 4-3A）头部黄褐色。胸部与翅基片深褐色。前翅基部具 1 明显的黑褐色鳞毛簇。后翅灰黄褐色，雌雄翅缰均短粗。

图 4-3　隐非簇谷蛾 *Cimitra seclusella* Walker, 1864
A. 成虫；B. 雄性外生殖器；C. 雌性外生殖器

雄性外生殖器（图 4-3B）：第 8 节具 1 对味刷。爪形突末端分离。颚形突臂带状，两臂在末端愈合，呈 1 长三角形突起。抱器瓣狭长，具 1 被稀疏短细刚毛的浅褶，其近阳茎基环处具 1 被细刚毛的乳突状小叶。阳茎基环子弹头状。阳茎长约为抱器瓣的 0.7 倍；角状器无。

雌性外生殖器（图 4-3C）：第 7 节具 1 对尾刷。第 8 腹板密被微刺。交配孔开口于第 8 腹板膜质纵缝中部。导管端片无。无囊突。

分布：浙江（温州）、河南、江苏、安徽、湖北、江西、湖南、台湾、广东、广西、重庆、四川、云南；日本，越南，斯里兰卡。

19. 毛簇谷蛾属 *Dasyses* Durrant, 1903

Dasyses Durrant, 1903: 92. Type species: *Cerostoma rugosella* Stainton, 1859.

主要特征：头被粗糙竖鳞；触角柄节栉鬃多于10根。前翅椭圆形，具竖鳞簇；雄性翅缰1根，雌性翅缰4根。

雄性外生殖器：第8腹节具1对味刷。爪形突末端分离成两小叶；颚形突臂末端分离或愈合；抱器瓣长，内表面具1细长骨化隆脊与阳茎基环相连。

雌性外生殖器：第7腹节具1对尾刷。交配孔开口于腹支连接处下方；交配囊长梨形，囊突有或无。

分布：东洋区、旧热带区。世界已知12种，中国记录1种，浙江分布1种。

（30）刺槐谷蛾 *Dasyses barbata* (Christoph, 1881)

Morophaga barbata Christoph, 1881: 432.

Hapsifera cinereella Caradja, 1926b: 165.

Dasyses barbata: Moriuti, 1982: 186.

分布：浙江（临安、嘉兴）、辽宁、天津、山西、山东、河南、陕西、甘肃、上海、安徽、湖北、广东、海南、广西、贵州、云南；俄罗斯，日本。

注：描述见《天目山动物志》（李后魂等，2020）。

（三）辉谷蛾亚科 Hieroxestinae

主要特征：头被叶状紧贴鳞片，头顶处鳞片弧形弯曲成眉脊状；触角柄节长，不具栉鬃；下唇须近180°外展。雄性外生殖器爪形突分两小叶；颚形突缺失；颚形突臂带状；囊形突细棒状至宽"V"形；抱器瓣端部常分裂为背、腹两叶；阳茎基环基部两侧与抱器瓣内表面愈合或游离；阳茎短棒状至细长针形，多无角状器。雌性外生殖器中囊突存在，常为雪橇形。

分布：世界广布。世界已知11属290种，中国记录3属11种，浙江分布2属4种。

20. 扁蛾属 *Opogona* Zeller, 1853

Opogona Zeller, 1853: 504. Type species: *Opogona dimidiatella* Zeller, 1853.

Lozostoma Stainton, 1859: 124.

Conchyliospila Wallengren, 1861: 387.

Cachura Walker, 1864a: 918.

Dendroneura Walsingham, 1892: 509.

Hieroxestis Meyrick, 1893: 482.

Exala Meyrick, 1912: 24.

主要特征：头被扁平光滑叶状贴鳞，在头顶呈眉脊状突出；颜面扁平；触角柄节长，扁平；下唇须向两侧张开近180°。前翅淡赭色或亮黄色，常在斑纹交界处具少数带金属光泽的竖鳞；后翅中室完全开放；雄性翅缰1根，雌性翅缰一般为3根。

雄性外生殖器：基腹弧+背兜愈合为窄环；囊形突三角形至细棒状；爪形突小叶宽分离；颚形突臂带状；抱器瓣端部常纵裂；阳茎基环游离或与两侧抱器瓣内表面愈合；阳茎细长，多无角状器。

雌性外生殖器：交配孔小，靠近前缘；导精管开口常位于导管端片前缘；囊导管细长；交配囊长椭圆形；囊突发达，常为雪橇形。

分布：世界广布。世界已知181种，中国记录9种，浙江分布3种。

分种检索表

1. 前翅单色 ··· 蔗扁蛾 *O. sacchari*
- 前翅双色 ··· 2
2. 前翅基部2/5硫磺色，端部3/5暗褐色 ··· 槽扁蛾 *O. trachyclina*
- 前翅基部1/2金黄色，端部1/2铜褐色 ·· 东方扁蛾 *O. nipponica*

（31）蔗扁蛾 *Opogona sacchari* (Bojer, 1856)（图4-4）

Alucita sacchari Bojer, 1856: 21.

Tinea subcervinella Walker, 1863: 477.

Gelechia ligniferella Walker, 1875: 192.

Gelechia sanctaehelenae Walker, 1875: 192.

Laverna plumipes Butler, 1876: 409.

Euplocamus sanctaehelenae: Wollaston, 1879: 417.

Opogona subcervinella: Walsingham, 1907a: 713.

Hieroxestis subcervinella: Meyrick, 1910b: 375.

Hieroxestis sanctaehelenae: Durrant, 1923: xvii.

Opogona sacchari: Vinson, 1938: 56.

主要特征：成虫（图4-4A）头部赭白色至赭灰色。前翅中室末端和翅褶中部各具1暗褐色斑点。雄性后翅前缘基部具1束黄色长毛，约达翅2/3处；雄性翅缰1根，雌性翅缰6根。

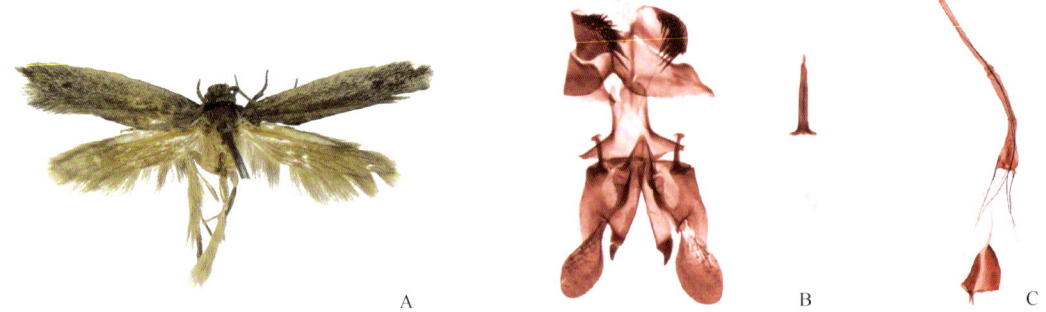

图4-4 蔗扁蛾 *Opogona sacchari* (Bojer, 1856)
A. 成虫；B. 雄性外生殖器；C. 雌性外生殖器

雄性外生殖器（图4-4B）：爪形突小叶近椭圆形，后端被粗刺。颚形突臂细针状。基腹弧+囊形突呈宽"V"形。抱器瓣端部深裂为椭圆形背叶和三角状腹叶。阳茎基环三角形，腹面两侧向后延伸并与抱器瓣愈合。阳茎末端弯刺状。

雌性外生殖器（图4-4C）：交配孔位于第8腹板"U"形骨化带前方。交配囊前半部密被圆鳞形小骨片，后半部一侧具 1 左右折叠的囊突。

分布：浙江、吉林、北京、河北、山东、甘肃、江苏、上海、湖北、江西、福建、广东、海南、广西；葡萄牙，意大利，西班牙，比利时，法国，德国，丹麦，芬兰，希腊，荷兰，美国，中美洲和加勒比海地区，巴西，非洲。

（32）槽扁蛾 *Opogona trachyclina* Meyrick, 1935

Opogona trachyclina Meyrick, 1935: 92.

主要特征：翅展 12.0–14.0 mm。头被浅紫灰色，眉脊（头顶）及颜面黄白色。触角白色，柄节暗灰色，腹面暗褐色。下唇须暗灰色。胸部暗褐色，后端 1/3 黄色。前翅基部 2/5 硫磺色；前缘基部具 1 小三角形暗褐色斑；端部 3/5 暗褐色，交界线自前缘外斜至后缘，具 3 个不规则浅突起；缘毛灰色。后翅及缘毛灰色。

分布：浙江。

注：未见标本，描述译自 Meyrick（1935）。

（33）东方扁蛾 *Opogona nipponica* Stringer, 1930

Opogona nipponica Stringer, 1930: 420.

分布：浙江（临安）、黑龙江、吉林、辽宁、北京、河北、河南、陕西、甘肃、湖北、江西、福建、台湾、广西、重庆、四川、贵州、云南；韩国，日本。

注：描述见《天目山动物志》（李后魂等，2020）。

21. 眉谷蛾属 *Wegneria* Diakonoff, 1951

Wegneria Diakonoff, 1951b: 131. Type species: *Wegneria cavernicola* Diakonoff, 1951.
Amorophaga Zagulajev, 1966: 637.

主要特征：下唇须第 2 节无侧鬃。前翅 R_1 脉缺失，M_2、R_4、M_1 及 R_5 脉依次自共柄脉上发出。

雄性外生殖器：爪形突宽分离；抱器瓣结构复杂，腹叶折叠并具隆脊，基部具 1 对弯月形突起，以及 1 心形骨化结构；阳茎基环管状。

分布：古北区、东洋区和旧热带区。世界已知 16 种，中国记录 1 种，浙江分布 1 种。

（34）黄斑眉谷蛾 *Wegneria cerodelta* (Meyrick, 1911)（图 4-5）

Opogona cerodelta Meyrick, 1911d: 112.
Wegneria cerodelta: Robinson, 1980: 100.

主要特征：成虫（图 4-5A）后头深紫褐色，头顶及颜面浅黄色。下唇须乳黄色。胸部和翅基片黑褐色。前翅黑褐色，略闪铜赭色光泽；后缘中部具 1 半圆形黄色小斑。

雄性外生殖器：囊形突细棒状。抱器瓣腹叶与背叶近等长；腹叶后端深裂，形成 1 弱骨化的垂突；背叶细，末端圆。阳茎基环环状，近末端略膨大。

雌性外生殖器（图 4-5B）：第 8 背板前缘三角状凸出。第 8 腹板近拱形。交配孔位于第 8 腹板凹入处。导管端片圆柱形。交配囊近中部具囊突，两片，狭三角形，宽愈合，前端细角状。

分布：浙江（嘉兴）、河北、台湾；日本，印度，尼泊尔，马来西亚。

注：未见雄性标本，描述译自 Robinson（1980）。

图 4-5 黄斑眉谷蛾 *Wegneria cerodelta* (Meyrick, 1911)
A. 成虫；B. 雌性外生殖器

（四）宇谷蛾亚科 Myrmecozelinae

宇谷蛾亚科为庞杂的多系类群，其形态及生物学具体见下述各属特征。

分布：主要分布于古北区、东洋区、澳洲区和旧热带区。世界已知 33 属 300 种左右，中国记录 12 属 35 种，浙江分布 6 属 9 种。

分属检索表

1. 抱器瓣端部二裂	殊宇谷蛾属 *Dinica*
- 抱器瓣不分裂	2
2. 囊形突长，棒状	3
- 囊形突三角形或不明显	5
3. 抱器瓣基部具 1 弯曲的长刺	蜂宇谷蛾属 *Cephimallota*
- 抱器瓣基部不具长刺	4
4. 颚形突存在	太宇谷蛾属 *Gerontha*
- 颚形突缺失	线宇谷蛾属 *Moerarchis*
5. 颚形突两臂发达，肘状弯曲	连宇谷蛾属 *Rhodobates*
- 颚形突仅为 1 横带片	褐斑宇谷蛾属 *Cephitinea*

22. 蜂宇谷蛾属 *Cephimallota* Bruand, 1849

Cephimallota Bruand, 1849: 32. Type species: *Tinea simplicella* Herrich-Schäffer, 1851.

主要特征：前翅 R_5 脉至前缘；暗浅褐色至黑褐色，无斑纹。前足胫节具前胫突。雄性无味刷；爪形突分离，短小；抱器瓣宽短，基部具 1 弯曲的长刺；抱器柄约至基腹弧前缘。颚形突无；颚形突臂无；基腹弧后缘强烈内凹。雌性无尾刷；第 8 节腹板后缘内凹；囊导管细长；交配囊近球形或梨形；囊突无。

分布：古北区、东洋区。世界已知 4 种，中国记录 2 种，浙江分布 2 种。

（35）歧蜂宇谷蛾 *Cephimallota chasanica* Zagulajev, 1965

Cephimallota chasanica Zagulajev, 1965: 392.

主要特征：头部亮赭黄色。下唇须扁平，内侧灰黄色，外侧黄褐色、略带黑色。前翅和缘毛灰黄褐色，前缘具 6-8 个模糊亮斑或细带；Sc 脉终止于前缘中间，R_1 和 R_2 脉基部间距为 R_2 和 R_3 脉基部间距的 6-7 倍。后翅亮灰黄色；缘毛灰黄褐色。

雄性外生殖器：爪形突短小、远离。抱器瓣末端楔形；外缘斜圆，被长毛；内表面基部具 1 强烈弯曲的大刺、从基部至端部渐窄、末端尖。基腹弧后缘"V"形内凹。囊形突约为整个生殖器长的一半，末端截形。阳茎细长，中部呈半圆形、强烈弯曲，近基部环状扭曲，末端尖。

分布：浙江；俄罗斯，日本。

注：未见标本，描述源自 Zagulajev（1975）。

（36）距蜂宇谷蛾 *Cephimallota densoni* Robinson, 1986（图 4-6）

Cephimallota densoni Robinson, 1986a: 94.

主要特征：成虫（图 4-6A）头部暗土赭色。下胸部、翅基片、前翅和缘毛黑褐色，前翅各脉分离；后翅和缘毛暗褐色，M_1 和 M_2 脉出自一点或分离。

图 4-6　距蜂宇谷蛾 *Cephimallota densoni* Robinson, 1986
A. 成虫；B. 雄性外生殖器

雄性外生殖器（图 4-6B）：爪形突分离，呈不规则四边形，中间向外隆起成脊。横带两端弯曲成直角。抱器瓣端部近卵形，强烈骨化，外缘具 1 三角形小刺；基部具 1 强烈弯曲刺。囊形突略长于整个生殖器长的 1/2。阳茎基半部强烈弯曲成"S"形。

雌性外生殖器：第 8 腹板中间膜质，周围骨化，近圆形，后缘"V"形内凹。交配孔近宽"U"形。交配囊近梨形。

分布：浙江（杭州）、天津、陕西、湖北、江西、福建、海南、广西、四川、贵州、云南；尼泊尔。

注：未见雌性标本，描述译自 Robinson（1986）。

23. 褐斑宇谷蛾属 *Cephitinea* Zagulajev, 1964

Cephitinea Zagulajev, 1964: 680. Type species: *Tinea colonella* Erschoff, 1874.

主要特征：前翅各脉分离；黄色至灰赭色，无明显斑纹；雌性翅缰 2 根。前足胫节具前胫突。雄性无味刷；爪形突 2 个；颚形突横带状；抱器瓣匙形；抱器柄长，超过基腹弧前缘；囊形突向外向后弯曲；阳茎弯曲。雌性外生殖器交配孔倒"T"形；囊突无。

分布：古北区、东洋区。世界已知 4 种，中国记录 1 种，浙江分布 1 种。

（37）褐宇谷蛾 *Cephitinea colonella* (Erschoff, 1874)（图 4-7）

Tinea colonella Erschoff, 1874: 97.
Safra lignea Butler, 1879b: 82.
Homalopsycha agglutinata Meyrick, 1932: 96.
Cephitinea colonella: Petersen, 1957: 100.

主要特征：成虫（图 4-7A）头部暗赭黄色。前翅和缘毛暗赭黄色，混杂暗褐色鳞片，在前后缘彼此间隔排列。后翅灰白色。

雄性外生殖器（图 4-7B）：爪形突粗壮、指状。颚形突中间相连成 1 横带。抱器瓣弯月状，末端钝圆；基部 1/3 近背缘有 1 强烈骨化的三角形小突起。囊形突叶状。阳茎基环漏斗形，末端被长毛。阳茎端环窄，两侧与抱器柄愈合。阳茎弓形弯曲，末端尖。

雌性外生殖器（图 4-7C）：第 8 腹板内凹至 1/3 处，后缘密具小齿，近后缘被长毛。交配孔基半部带状，端半部近梯形。囊导管基部约呈 "V" 形。交配囊长椭圆形。

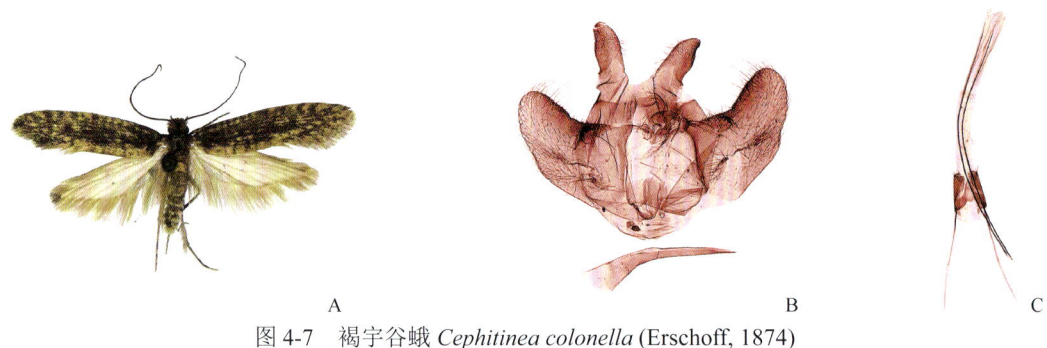

图 4-7 褐宇谷蛾 *Cephitinea colonella* (Erschoff, 1874)
A. 成虫；B. 雄性外生殖器；C. 雌性外生殖器

分布：浙江（嘉兴）、北京、天津、山西、山东、陕西、宁夏、青海、江苏、上海、湖南；日本，哈萨克斯坦。

24. 殊宇谷蛾属 *Dinica* Gozmány, 1965

Dinica Gozmány, 1965: 5. Type species: *Homalopsycha hyacinthopa* Meyrick, 1932.

主要特征：下唇须第 2 节被侧鬃和顶鬃，第 3 节棒状，近末端具 vom Rath 感受器。雌性通常具 3 根翅缰。雄性无味刷；背兜和基腹弧的两侧愈合，呈宽大环状；爪形突结构简单，通常为 2 个；颚形突臂发达；抱器瓣存在扭转现象，内表面端部多密被长刺状的毛；抱器腹基部与抱器瓣愈合，端部分离，被粗刺或长毛。雌性外生殖器的交配孔小；囊导管短；交配囊长梨形；囊突有或无。

分布：东洋区、旧热带区。世界已知 13 种，中国记录 8 种，浙江分布 1 种。

（38）菱殊宇谷蛾 *Dinica rhombata* Huang, Wang *et* Hirowatari, 2006（图 4-8）

Dinica rhombata Huang, Wang *et* Hirowatari, 2006: 386.

主要特征：成虫（图 4-8A）头部白色。触角灰褐色；柄节白色。前翅白色，沿前缘从基部至 3/4 处有 1 暗褐色纵斑，在 1/4–3/5 处向后缘略呈半圆形强烈突出、近至臀褶处，纵斑外缘中间略凹。

雄性外生殖器（图 4-8B）：爪形突指形，末端有 1 齿状小突起。颚形突臂约与抱器瓣等长，近箭头状；基部腹侧有 2 个向上弯曲的三角形小板。抱器瓣具 1 细长突起；抱器腹近末端与抱器瓣分离，近端部内侧约有 10 根粗刺。囊形突细棒状。阳茎基环长舌状。阳茎约为抱器瓣长的 1.2 倍，略呈弓形弯曲，末端尖；阳茎端膜被很多刺形小角状器。

雌性未知。

分布：浙江（温州、丽水）、湖南、广东、贵州、云南。

图 4-8　菱殊宇谷蛾 *Dinica rhombata* Huang, Wang *et* Hirowatari, 2006
A. 成虫；B. 雄性外生殖器

25. 太宇谷蛾属 *Gerontha* Walker, 1864

Gerontha Walker, 1864a: 782. Type species: *Gerontha captiosella* Walker, 1864.

主要特征：头部被长鳞毛。触角与前翅近等长。

雄性外生殖器：爪形突末端愈合或分离；颚形突带状、膨大或中间愈合成板状结构；抱器瓣结构简单；囊形突细长；阳茎基环发达。阳茎呈细长状。

雌性外生殖器：交配孔呈倒三角形或梯形；交配囊通常为椭圆形。

分布：东洋区。世界已知 28 种，中国记录 9 种，浙江分布 3 种。

分种检索表

1. 前翅 M_3 和 CuA_1 脉共柄，后翅 M_3 和 CuA_1 脉分离·· 曲太宇谷蛾 *G. flexura*
- 前翅 M_3 和 CuA_1 脉出自一点，后翅 M_3 和 CuA_1 脉出自一点或共短柄··· 2
2. 颚形突带状，中间愈合成弓形··· 华太宇谷蛾 *G. hoenei*
- 颚形突中间不愈合··· 梯缘太宇谷蛾 *G. trapezia*

（39）华太宇谷蛾 *Gerontha hoenei* Petersen, 1987

Gerontha hoenei Petersen, 1987: 152.

主要特征：头部白色。前翅白色，散生暗褐色斑，多数清晰地位于前缘。后翅灰白色，基半部沿前缘具较大的灰色鳞片，前缘约在 2/5 处下折。

雄性外生殖器：颚形突带状，中间愈合成弓形向后强烈突出，具短刺。抱器瓣腹缘约在 3/5 处强烈内折；抱器腹末端呈三角形突出。基腹弧后缘中间向后强烈突出 1 不规则矩形骨化板。囊形突约为抱器瓣长的 3.0 倍，末端近截形。阳茎具 1 短棒状角状器，端半部具 1 长的锯齿形细棒。

雌性未知。

分布：浙江、云南。

注：该种未见标本，其描述参考 Petersen（1987）。

（40）梯缘太宇谷蛾 *Gerontha trapezia* Li *et* Xiao, 2009

Gerontha trapezia Li *et* Xiao, 2009: 227.

分布：浙江（杭州、衢州）、海南、广西、贵州。

注：描述见《天目山动物志》（李后魂等，2020）。

（41）曲太宇谷蛾 *Gerontha flexura* Huang, Hirowatari *et* Wang, 2006（图 4-9）

Gerontha flexura Huang, Hirowatari *et* Wang, 2006: 132.

主要特征：成虫（图 4-9A）前翅灰赭色，散生暗褐色鳞片，在前缘和外缘具较为密集的暗褐色小短带，约在 1/5 处、1/2 处、3/5 处和近末端形成暗褐色不明显竖鳞带。后翅灰色，基部 2/3 被赭白色鳞片。

雄性外生殖器（图 4-9B）：抱器瓣基部具 1 斜向伸至抱器腹末端的窄带；抱器腹约为抱器瓣长的 0.5 倍。基腹弧后缘弓形。囊形突约为抱器瓣长的 1.2 倍。阳茎基环由左右对称的 2 个近肾形骨化板构成。阳茎约为抱器瓣长的 3.0 倍，基部弓形弯曲，近末端弯曲成脚踝状；角状器无。

图 4-9　曲太宇谷蛾 *Gerontha flexura* Huang, Hirowatari *et* Wang, 2006
A. 成虫；B. 雄性外生殖器；C. 雌性外生殖器

雌性外生殖器（图 4-9C）：第 8 背板前缘强烈骨化，呈三角形向前突出。交配孔倒三角形，基部 2/3 渐宽，端部 1/3 近矩形，两侧约从 2/3 处向下伸出 1 细带。

分布：浙江（丽水）、湖北、广西、贵州。

26. 线宇谷蛾属 *Moerarchis* Durrant, 1914

Moerarchis Durrant, 1914: 358. Type species: *Tinea australasiella* Donovan, 1805.

主要特征：触角柄节具栉鬃。下颚须 4 节。下唇须第 2 节具鳞片簇。前翅底色多黄白色，具斑或纵纹；翅脉完整或缺失 1 脉。后翅翅脉完整。翅缰为数根硬鬃组成的一束。雄性无味刷；背兜与基腹弧愈合成环状；囊形突细长；爪形突腹面愈合；颚形突缺失，颚形突臂存在；抱器瓣多三角形；阳茎细长棒状，角状器无。雌性外生殖器交配孔小，位于第 8 腹板后缘中部；囊导管与交配囊交界处具 1 很小的管环，导精管出自于此；交配囊无囊突。

分布：主要分布于东洋区和澳洲区。世界已知 11 种，中国记录 1 种，浙江分布 1 种。

（42）直线宇谷蛾 *Moerarchis rectitrigonia* Yang *et* Li, 2014（图 4-10）

Moerarchis rectitrigonia Yang *et* Li, 2014: 136.

主要特征：成虫（图 4-10A）前翅黄白色，前缘基部 3/5 黑褐色，中间具 1 黑褐色狭长前缘椭圆的斑，端部 2/5 具 5 个模糊的褐色小斑；中室中部至顶角具 1 弧形褐色窄带；基部 1/3 在近前缘具 1 黑褐色细纵纹，沿翅褶具 1 黑色细纵纹；沿翅褶在翅中部具 1 褐色斑；翅中部自 3/5 至中室末端具 1 楔形黑色斑。

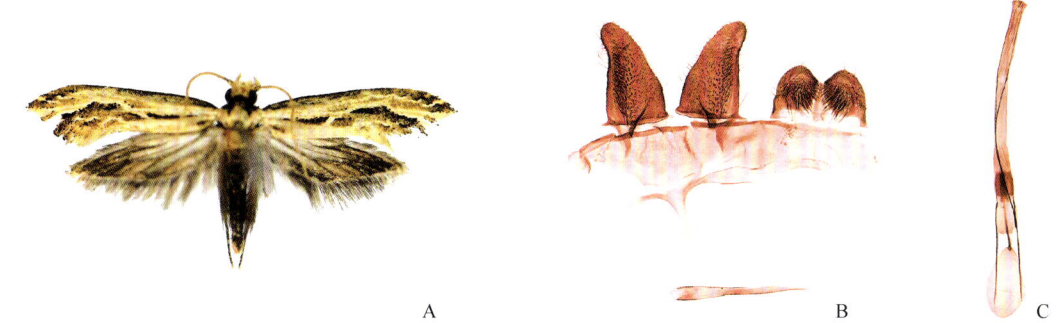

图 4-10 直线宇谷蛾 *Moerarchis rectitrigonia* Yang *et* Li, 2014
A. 成虫；B. 雄性外生殖器；C. 雌性外生殖器

雄性外生殖器（图 4-10B）：爪形突为 1 对圆三角形小叶，腹面愈合。抱器瓣直角三角形。囊形突细长棒状。阳茎基环在阳茎两侧呈极细的骨化带。阳茎长约为囊形突的 2.5 倍，角状器无。

雌性外生殖器（图 4-10C）：交配孔小，位于第 8 腹板后缘的小三角形凹口处。囊导管长约为交配囊的 1.2 倍。交配囊梨形，无囊突。

分布：浙江（嘉兴）、河南、海南、广西、贵州、云南。

27. 连宇谷蛾属 *Rhodobates* Ragonot, 1895

Rhodobates Ragonot, 1895a: 235. Type species: *Euplocamus laevigatellus* Herrich-Schäffer, 1851.
Paraplutella Rebel, 1900: 163.
Chliarostoma Meyrick, 1913: 335.
Tineodoxa Amsel, 1955: 32.

主要特征：头部被直立叶状鳞片。下唇须通常上举，第 2 节具硬鬃和鳞刷。雄性触角鞭节各亚节被 1 轮扇形鳞片，密被纤毛；雌性被 2 轮狭窄鳞片，被短纤毛。雄性无味刷；爪形突末端内凹；颚形突两臂发达、肘状，中间通过 1 骨化结构相连；抱器瓣通过抱器背基突、阳茎端环和阳茎基环这一复合结构彼此相连；抱器腹内折。

分布：东洋区、旧热带区。世界已知 21 种，中国记录 8 种，浙江分布 1 种。

（43）曲连宇谷蛾 *Rhodobates curvativus* Li *et* Xiao, 2006（图 4-11）

Rhodobates curvativus Li *et* Xiao, 2006: 424.

主要特征：成虫（图 4-11A）头部赭黄色。下唇须赭黄色；胸部和翅基片暗灰色。前翅和缘毛暗灰色。后翅和缘毛暗灰色，各脉分离。

雄性外生殖器（图 4-11B）：颚形突端部 1/4 骨化，腹侧近末端有 1 齿状小刺。抱器瓣端部 1/3 处向内强烈弯曲，腹缘 1/4 处具 1 小突起，2/5 处具 1 长指形突起；抱器背基突三角形；抱器腹端部内折，近末端有 4–8 根弯曲长刺。阳茎基环具 2 个指形小突起。阳茎端部内具 2 根骨化长带；角状器由 13–16 个前后排列的大刺构成。

雌性外生殖器（图 4-11C）：交配孔基部 3/5 近矩形，端部约 2/5 内凹成"V"形。囊导管端半部略微膨大，骨化。交配囊梨形。

分布：浙江（绍兴、宁波、丽水）、广东、四川、贵州、云南。

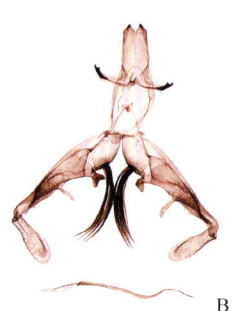

图 4-11 曲连宇谷蛾 *Rhodobates curvativus* Li *et* Xiao, 2006
A. 成虫；B. 雄性外生殖器；C. 雌性外生殖器

（五）奇谷蛾亚科 Perissomasticinae

主要特征：前翅乳白色或灰赭色或浅黄色至深褐色，有丝绢光泽，多无斑纹，少数在基部或末端具横带；翅脉完整；雌性翅缰 1 或 2 根。雄性外生殖器味刷小；基腹弧强烈骨化；囊形突无；爪形突发达，两叶，有些背面愈合；颚形突缺失；抱器瓣在褐谷蛾属 *Edosa* 中较复杂，具抱器背基部突起或其他修饰，其余属内通常简单；阳茎直接与基腹弧相连或通过阳茎基环相连，通常简单、管状，无角状器；射精管球大。雌性外生殖器第 7 和第 8 腹节之间的节间膜上具 3 个内陷的膜质囊，具尾刷。产卵管一般较长；囊导管多具复杂的管环；囊突有或无。

分布：旧大陆分布，以旧热带区及东南亚地区为主。世界已知 8 属 330 多种，中国记录 1 属 31 种，浙江分布 1 属 7 种。

28. 褐谷蛾属 *Edosa* Walker, 1866

Edosa Walker, 1866: 1818. Type species: *Edosa hemichrysella* Walker, 1866.
Chrysoryctis Meyrick, 1886d: 530.
Episcardia Ragonot, 1895b: 105.
Cylicobathra Meyrick, 1920: 99.
Sphallesthasis Gozmány, 1959: 347.
Phalloscardia Gozmány, 1966: 62.
Bilobatana Zagulajev, 1975: 250.
Neoepiscardia Petersen *et* Gaedike, 1982: 336.

主要特征：前翅绝大部分种类褐色，无斑纹；翅脉完整。雄性翅缰一般 1 根，雌性翅缰 2 根。前足胫节具前胫突。雄性外生殖器基腹弧+背兜短圆柱形；囊形突无；爪形突与背兜愈合；颚形突无；颚形突臂不发达；抱器瓣形态多样；抱器背基突无；阳茎基环与基腹弧和阳茎愈合；射精管和射精管球大而长。雌性外生殖器具尾刷；第 8 背板前缘向前伸出 1 个长的三角状或带状骨化突起；管环复杂，种间差异大；交配囊球形或卵形，囊突多缺失或存在。

分布：古北区、东洋区、旧热带区和澳洲区。世界已知197种，中国记录31种，浙江分布7种。

分种检索表

1. 爪形突和背兜之间具膜质区 ·· 2
- 爪形突和背兜之间不具膜质区 ·· 5
2. 爪形突小叶端部强烈向内扭转；射精管球近末端极度膨大 ·· 鬃褐谷蛾 *E. smithaella*
- 爪形突小叶端部不向内扭转；射精管球近末端不极度膨大 ·· 3
3. 爪形突小叶端部钩状；抱器瓣基部具细长弯曲的角状突起 ··· 长角褐谷蛾 *E. longicornis*
- 爪形突小叶端部非钩状；抱器瓣基部具叶状突起，中部具突起 ·· 4
4. 阳茎具棘突 ··· 棘褐谷蛾 *E. carinata*
- 阳茎不具棘突，分化为腹角和"S"形弯曲的背管 ·· 曲褐谷蛾 *E. curvidorsalis*
5. 爪形突小叶基部愈合；射精管球与阳茎近等长 ··· 月褐谷蛾 *E. crayella*
- 爪形突小叶分离；射精管球长于阳茎 ··· 6
6. 抱器瓣长矩形，抱器背基叶指状 ·· 长褐谷蛾 *E. elongata*
- 抱器瓣菜刀状，抱器背基叶基部2/3半球形，端部1/3球形 ··· 角褐谷蛾 *E. cornuta*

（44）棘褐谷蛾 *Edosa carinata* Yang, Wang *et* Li, 2014（图4-12）

Edosa carinata Yang, Wang *et* Li, 2014: 23.

主要特征：成虫（图4-12A）头部浅橘黄色。触角土黄色，鞭节颜色单一。胸部和翅基片深灰褐色。前翅黄褐色，鳞片末端色深。后翅灰黄褐色。

图4-12 棘褐谷蛾 *Edosa carinata* Yang, Wang *et* Li, 2014
A. 成虫；B. 雄性外生殖器

雄性外生殖器（图4-12B）：爪形突基部叉状；爪形突小叶长约为基腹弧的2倍，刀片状。抱器瓣近三角形，背缘较直，基部具近圆形的突起，中部具1较大的丘状突起。阳茎基环短而粗壮，约为阳茎长的1/3。阳茎长约为抱器瓣的2/3，末端平截，分两层：内层管状，弯曲；外层具棘突。射精管球约为阳茎长的3.5倍，末端膨大，杯状。

雌性未知。

分布：浙江（衢州、丽水、温州）、江西、福建、香港、广西。

（45）角褐谷蛾 *Edosa cornuta* Yang, Wang *et* Li, 2014（图4-13）

Edosa cornuta Yang, Wang *et* Li, 2014: 34.

主要特征：成虫（图4-13A）头顶黄白色，颜面浅黄褐色。触角鞭节背面基部几个亚节黄白色，其余深紫褐色。前翅铜褐色，有些鳞片末端色深，端部 1/5 尤为明显。

雄性外生殖器（图 4-13B）：基腹弧内后缘具"Y"形短突起。爪形突小叶基半部膨大，端半部指状，向腹面强烈弯曲。抱器瓣菜刀状，抱器背基叶大，基部 2/3 半球形，端部 1/3 球形。阳茎略向背侧弯曲，壁两层：内层管状，外层基部较宽，渐窄至端部。射精管球长约为阳茎的 5 倍，近末端膨大弯曲。

雌性外生殖器（图 4-13C）：管环自囊导管与交配囊交界处伸出 1 对前端具细刺的象牙状突起；第 2 管环在腹面形成 1 舌状突起；舌状突起前端具 1 小碗状骨片；导精管开口于第 2 管环舌状突起相对的一边。无囊突。

分布：浙江（温州）、湖南、福建、海南、广西、云南。

图 4-13　角褐谷蛾 *Edosa cornuta* Yang, Wang *et* Li, 2014
A. 成虫；B. 雄性外生殖器；C. 雌性外生殖器

（46）月褐谷蛾 *Edosa crayella* Robinson, 2008（图 4-14）

Edosa crayella Robinson, 2008: 351.

主要特征：成虫（图 4-14A）头顶及颜面橘黄色。触角亮黄褐色。前翅黄褐色，部分鳞片末端色深，中室端部具 1 模糊的小暗点；雄性具翅缰钩。

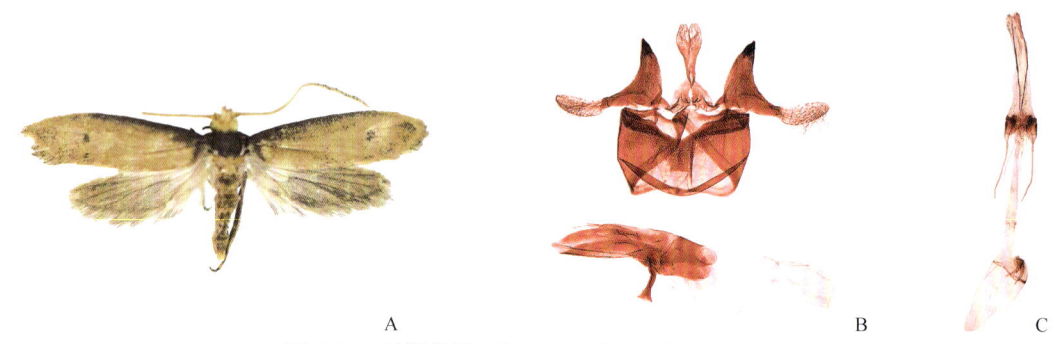

图 4-14　月褐谷蛾 *Edosa crayella* Robinson, 2008
A. 成虫；B. 雄性外生殖器；C. 雌性外生殖器

雄性外生殖器（图 4-14B）：基腹弧内后缘突起"Y"形。爪形突基部宽裙状；爪形突小叶端半部分离。抱器瓣整体呈较宽的月牙形；抱器背基叶近三角形。阳茎粗壮，略向腹侧弯曲。射精管球很短，几乎与阳茎等长。

雌性外生殖器（图 4-14C）：第 8 腹板眼罩状。管环复杂，后环在交配囊内部特化成 1 对浆状具微刺的表皮内突，达第 2 管环；第 2 管环为环绕在交配囊基部 1/4 的环形骨化细带；导精管开口于第 2 管环背面。交配囊无囊突。

分布：浙江（丽水、温州）、甘肃、福建、广东、海南、香港、云南、西藏；马来西亚。

（47）曲褐谷蛾 *Edosa curvidorsalis* Yang, Wang *et* Li, 2014（图 4-15）

Edosa curvidorsalis Yang, Wang *et* Li, 2014: 24.

主要特征：成虫（图 4-15A）头顶黄褐色至浅橘黄色。触角土黄色。前翅黄褐色。后翅灰黄褐色。

雄性外生殖器（图 4-15B）：背兜与两侧的基腹弧呈"X"形。爪形突小叶端半部分离，基部伸出 1 对细长弯曲的指状突起。抱器瓣近三角形；背缘基部具椭圆形突起，中部具 1 指状突起。阳茎腹侧自基部渐窄至端部，端部 1/3 分叉；背侧"S"形弯曲。射精管球约为阳茎长度的 2.5 倍，基部 1/4 略膨大，端部杯状膨大。

雌性外生殖器（图 4-15C）：第 8 腹板蝴蝶结状。管环在囊导管和交配囊交界处形成 1 花托形表皮内突，并向囊导管内伸出 1 长管状突起，其端部分叉，豆瓣状；第 2 管环在交配囊背面向前围裙状凸出，导精管开口于此内突中间。交配囊长椭圆形，无囊突。

分布：浙江（杭州、宁波、舟山、衢州、温州）、河南、陕西、甘肃、湖北、江西、湖南、福建、海南、四川、贵州、云南。

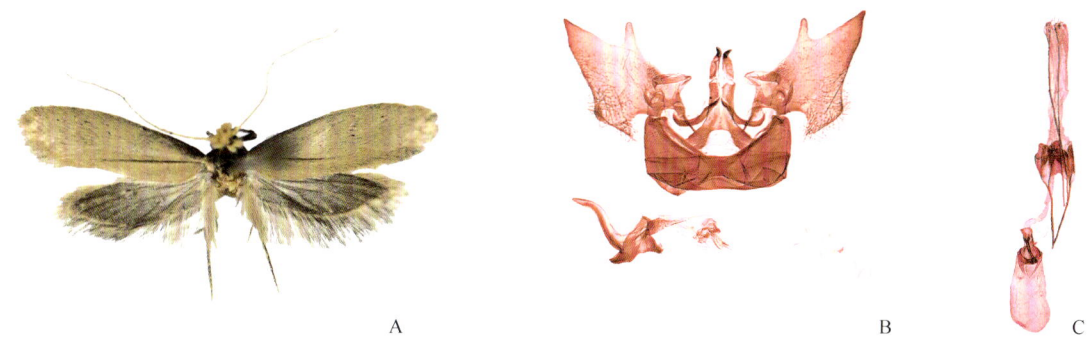

图 4-15 曲褐谷蛾 *Edosa curvidorsalis* Yang, Wang *et* Li, 2014
A. 成虫；B. 雄性外生殖器；C. 雌性外生殖器

（48）长褐谷蛾 *Edosa elongata* Yang, Wang *et* Li, 2014（图 4-16）

Edosa elongata Yang, Wang *et* Li, 2014: 31.

主要特征：成虫（图 4-16A）头顶浅橘黄色。触角鞭节腹面黄白色，背面基部几亚节黄白色，其余深紫褐色。前翅黄褐色，鳞片末端色深。后翅灰黄褐色。

图 4-16 长褐谷蛾 *Edosa elongata* Yang, Wang *et* Li, 2014
A. 成虫；B. 雄性外生殖器；C. 雌性外生殖器

雄性外生殖器（图 4-16B）：基腹弧内后缘具"T"形长突起。爪形突小叶端部 1/3 指状。抱器瓣狭长矩形，抱器背基叶粗指状，末端具 1 弯钩状突起。阳茎基环沿基腹弧内侧反折。射精管球为阳茎长的 1.5 倍，近末端膨大并弯曲，端部杯状略膨大。

雌性外生殖器（图 4-16C）：管环在交配囊后端特化成斗篷状骨化片，并向第 2 管环内伸出 2 密被微刺的鳍状骨化片；第 2 管环背面窄带状，腹面宽，后缘向交配囊外凸出 1 半月形小骨片；第 2 管环腹面前缘具 1 小骨片；导精管出自第 2 管环背面。交配囊长椭圆形，无囊突。

分布：浙江（杭州、温州）、甘肃、湖北、湖南、福建、海南、重庆、云南。

（49）长角褐谷蛾 *Edosa longicornis* Yang, Wang *et* Li, 2014（图 4-17）

Edosa longicornis Yang, Wang *et* Li, 2014: 41.

主要特征：成虫（图 4-17A）头顶及颜面乳白色。触角鞭节腹面乳白色，背面除基部几亚节乳白色外，其余均为深紫褐色。前翅烟灰褐色，鳞片末端色深。

雄性外生殖器（图 4-17B）：爪形突小叶中部扭转，末端骨化，钩状内弯，基部两侧各伸出 1 细长突起。抱器瓣背缘基部具 1 细长角状突起。阳茎基环酒杯状。阳茎自基部渐窄至端部，末端尖，腹面具纵裂缝，裂口边缘具刺状小齿突。射精管球约为阳茎长的 2.5 倍，基部 1/3 略膨大，近末端及末端略膨大。

雌性未知。

分布：浙江（温州）、江西、福建、香港、广西。

图 4-17　长角褐谷蛾 *Edosa longicornis* Yang, Wang *et* Li, 2014
A. 成虫；B. 雄性外生殖器

（50）鬃褐谷蛾 *Edosa smithaella* Robinson, 2008（图 4-18）

Edosa smithaella Robinson, 2008: 379.

主要特征：成虫（图 4-18A）头顶和颜面乳黄色。触角土黄色。胸部和翅基片黄褐色。前翅深黄褐色，部分鳞片末端色深。

图 4-18　鬃褐谷蛾 *Edosa smithaella* Robinson, 2008
A. 成虫；B. 雄性外生殖器

雄性外生殖器（图 4-18B）：爪形突小叶端部 1/3 强烈扭转内折，在内侧形成光滑斗篷状的强骨化结构，顶端较球状，密被小结瘤。抱器瓣三角形。阳茎基环近梯形。阳茎分明显的两层，外层在近末端形成浅而圆的隆起，内层管状，较直，末端尖。射精管球长约为阳茎的9倍，近末端膨大成长椭圆形，端部杯状膨大。

雌性未知。

分布：浙江（嘉兴、温州）；马来西亚，文莱。

（六）萌谷蛾亚科 Scardiinae

主要特征：头部被直立鳞毛。下唇须第2节具侧鬃，第3节具不明显的 vom Rath 感受器。触角柄节具栉鬃。前翅翅脉完整，具斑纹或大斑。后翅翅脉完整。雌性通常具3根翅缰。雄性外生殖器的背兜常宽大，爪形突裂为两小叶。抱器瓣形态结构变化较大。阳茎简单，常具角状器。雌性第8背板游离，不与前表皮突背支相连。

分布：古北区、全北区、东洋区、旧热带区、澳洲区。世界已知30属120多种，中国记录4属11种，浙江分布4属5种。

分属检索表

1. 后足胫节末端及近末端具鳞毛簇 ·· 绒谷蛾属 *Tinissa*
- 后足胫节具长鳞毛，但不聚集成簇 ·· 2
2. 前翅具灰色或橄榄色纵纹 ··· 纵纹谷蛾属 *Amorophaga*
- 前翅斑纹模糊，苔藓或树皮状，或大而清晰，不为纵纹 ··· 3
3. 抱器瓣纵裂为背、腹两叶，内表面在基部具1被毛小叶 ·· 斑谷蛾属 *Morophaga*
- 抱器瓣不纵裂，内表面基部无被刚毛小叶 ·· 似斑谷蛾属 *Morophagoides*

29. 纵纹谷蛾属 *Amorophaga* Zagulajev, 1968

Amorophaga Zagulajev, 1968: 329. Type species: *Amorophaga hyranica* Zagulajev, 1968.

主要特征：触角长约为前翅的1/2，柄节栉鬃多于15根。下颚须5节。下唇须约为头高的2.5倍。前翅底色灰白色，具灰色或橄榄色纵纹；R_3和R_4脉共柄或基部十分靠近，M_2、M_3和CuA_1脉分离。

雄性外生殖器：味刷存在。抱器瓣完全分离，纵向深凹，内表面基部具密被刚毛的小叶，末端具腹钩或刺。囊形突宽大于长。阳茎基环复杂，中间分裂。阳茎具隆突，角状器无。

雌性外生殖器：无尾刷。导管端片存在；交配囊卵形，无囊突。

分布：古北区东部和西部、东洋区、澳洲区。世界已知4种，中国记录1种，浙江分布1种。

（51）日本纵纹谷蛾 *Amorophaga japonica* Robinson, 1986（图4-19）

Amorophaga japonica Robinson, 1986b: 114.

主要特征：成虫（图4-19A）前翅灰白色，具4条黑色纵纹，翅脉R_3和R_4脉共柄；后翅灰色闪铜褐色光泽，缘毛灰铜色，翅缰1根。

雄性外生殖器（图4-19B）：爪形突端半部为2个粗指状小叶，末端具小刺。下匙形突长锥形。囊形突宽三角形。抱器瓣基部中间具1半圆形被长刚毛叶；腹叶宽大，腹缘具1三角形棘突；背叶粗指状。唇形突两侧与抱器瓣基叶愈合。阳茎背面末端深裂，边缘上密被骨针形小棘突；角状器无。

雌性外生殖器（图4-19C）：交配孔开口于第8腹板后缘。导管端片后缘中间三角形内凹。导精管开口于导管端片背面中间。囊导管短。交配囊长椭圆形，无囊突。

分布：浙江（杭州）、江西、福建、广东；日本。

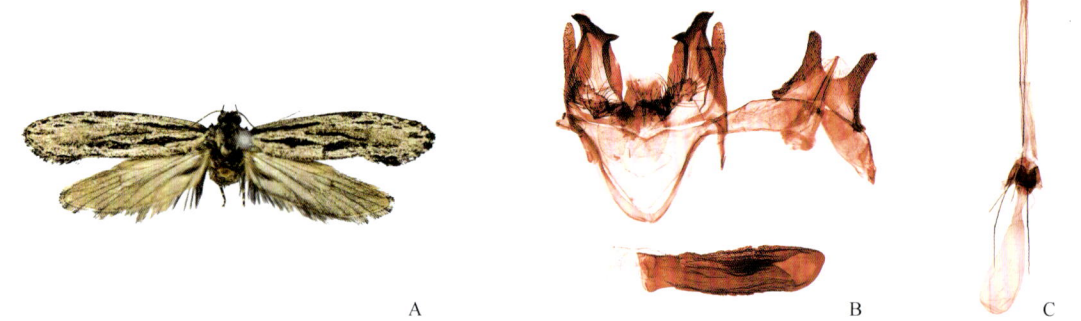

图 4-19　日本纵纹谷蛾 *Amorophaga japonica* Robinson, 1986
A. 成虫；B. 雄性外生殖器；C. 雌性外生殖器

30. 斑谷蛾属 *Morophaga* Herrich-Schäffer, 1853

Morophaga Herrich-Schäffer, 1853: 7. Type species: *Euplocamus morellus* Duponchel, 1838.
Atabyria Snellen, 1884: 164.
Osphretica Meyrick, 1910c: 475.
Microscardia Amsel, 1952b: 139.

主要特征：下唇须第 2 节具侧鬃，第 3 节中间稍膨大；触角柄节具栉鬃。前翅具斑纹。

雄性外生殖器：爪形突通常分为两叶；背兜骨化强烈；抱器瓣裂为背、腹两叶，内表面的基部常具小叶，密被刚毛；阳茎基环完整，中间不分裂。

雌性外生殖器：导管端片存在，导精管出自囊导管后部；交配囊长椭圆形，无囊突。

分布：古北区东部和西部、东洋区、澳洲区。世界已知 13 种，中国记录 2 种，浙江分布 1 种。

（52）菌谷蛾 *Morophaga bucephala* (Snellen, 1884)

Atabyria bucephala Snellen, 1884: 166.
Osphretica chomatias Meyrick, 1910c: 475.
Depressaria rotundata Matsumura, 1931a: 1091.
Morophaga bucephala: Petersen, 1959: 572.

分布：浙江（临安）、辽宁、江苏、安徽、福建、河南、湖北、广东、贵州、云南；俄罗斯，日本，韩国，缅甸，加里曼丹岛，印度，马来西亚，塞拉亚岛，新几内亚。

注：描述见《天目山动物志》（李后魂等，2020）。

31. 似斑谷蛾属 *Morophagoides* Petersen, 1957

Morophagoides Petersen, 1957: 539. Type species: *Scardia ussuriensis* Caradja, 1920, by original designation and monotypy.

主要特征：触角柄节栉鬃多于 15 根；下颚须 5 节。前翅底色斑驳，形成模糊的苔藓状复杂斑纹；R_3 和 R_4 脉分离，M_2、M_3 和 CuA_1 脉分离。雄性无味刷；雌性无尾刷。

雄性外生殖器：爪形突复杂，与背兜间窄膜连接；抱器瓣不纵裂，末端具腹钩或刺；阳茎基环中间分裂，与抱器瓣愈合为 1 复合结构；阳茎具骨针形角状器，无隆突。

雌性外生殖器：第 8 腹板后缘内、末端被长刚毛；导管端片三角形至长漏斗形；交配囊长椭圆形，具

1 对口袋状囊突。

分布：全北区、东洋区。世界已知 9 种，中国记录 1 种，浙江分布 1 种。

（53）香菇谷蛾 *Morophagoides ussuriensis* (Caradja, 1920)

Scardia ussuriensis Caradja, 1920: 167.
Morophagoides ussuriensis: Petersen, 1957: 593.

分布：浙江（临安）、黑龙江、吉林、辽宁、湖南；俄罗斯。
注：描述见《天目山动物志》（李后魂等，2020）。

32. 绒谷蛾属 *Tinissa* Walker, 1864

Tinissa Walker, 1864a: 780. Type species: *Tinissa torvella* Walker, 1864, by monotypy.
Polymnestra Meyrick, 1927: 331.

主要特征：头部被直立鳞毛。下唇须第 2 节具侧鬃。触角柄节具栉鬃。前后翅的翅脉完整，变化较大。雄性具 1 根翅缰；雌性具 2–3 根翅缰。后足胫节端部具鳞毛簇。

雄性外生殖器：具味刷。背兜和颚形突缺失。爪形突通常分为两叶。下匙形突发达。抱器瓣大多数退化。阳茎基环强烈特化。阳茎具唇形突；角状器无。

雌性外生殖器：导管端片通常骨化。囊导管常具横褶。

分布：东洋区、旧热带区、澳洲区。世界已知 41 种，中国记录 7 种，浙江分布 2 种。

（54）贝绒谷蛾 *Tinissa conchata* Yang *et* Li, 2012（图 4-20）

Tinissa conchata Yang *et* Li, 2012: 13.

主要特征：成虫（图 4-20A）前翅黄白色至黄褐色，闪蓝紫色光泽，遍布模糊细横纹，前缘端部 3/5、2/3 处及基部 1/4 近翅褶处具大的暗褐色斑。后翅浅灰褐色，端部 1/5 具模糊的灰褐色细条纹。

  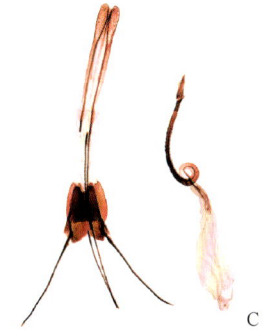

A B C

图 4-20　贝绒谷蛾 *Tinissa conchata* Yang *et* Li, 2012
A. 成虫；B. 雄性外生殖器；C. 雌性外生殖器

雄性外生殖器（图 4-20B）：爪形突小叶椭圆形。下匙形突杆状。囊形突长杆状。阳茎基环基部 2/3 近矩形，端部 1/3 扇贝形。抱器瓣近瓶状；抱器瓣和爪形突之间的膜质区伸出 1 对乳突状突起。唇形突前端 4/5 细长带状，后端 1/5 伞状。阳茎细长，近末端具 6–7 细小刺状突起。

雌性外生殖器（图 4-20C）：第 7 节具尾刷。第 8 腹板锥形，重叠隆起，两腹板片向纵中央伸出 1 较宽的骨化管，交配孔开口于骨化管的前端。囊导管具明显的横向粗褶，后端 4/5 骨化。交配囊无囊突。

分布：浙江（衢州）、广东、海南、广西、贵州。

（55）合绒谷蛾 *Tinissa connata* Yang *et* Li, 2012（图 4-21）

Tinissa connata Yang *et* Li, 2012: 15.

主要特征：成虫（图 4-21A）前翅近矛形，浅黄褐色，自基部至端部渐深；翅面稀疏散布暗褐色小斑，在前缘基部 1/4 至后缘基部 1/6 处集中，形成不连续的斜纹；前缘 1/3 和 1/4 处各具 1 明显白斑。后翅黄褐色。

雄性外生殖器（图 4-21B）：爪形突小叶后缘中间深凹，形成 2 个指状突起，突起末端被粗刺。下匙形突钳状。囊形突宽三角形。阳茎基环窄三角形，内缘具小锯齿。抱器瓣与阳茎基环愈合，在阳茎基环外侧呈丘状突起；抱器瓣和爪形突愈合处在基部腹面伸出 1 对小叶状突起。阳茎基半部具 1 大的三角状突起，背面具 1 深裂缝，无隆突或微刺。

雌性外生殖器（图 4-21C）：无尾刷。第 8 腹板后缘锥形凸出。导管端片窄环形，在后端 2/3 处由膜质窄环分开，导精管出自其右侧；囊导管长约为交配囊的 3 倍，后端 1/5 管壁略增厚并具横向皱褶。交配囊梨状，囊突大而骨化强，倒漏斗状。

分布：浙江（衢州）、西藏。

图 4-21 合绒谷蛾 *Tinissa connata* Yang *et* Li, 2012
A. 成虫；B. 雄性外生殖器；C. 雌性外生殖器

（七）谷蛾亚科 Tineinae

主要特征：头被直立鳞毛。下唇须下垂或前伸，第 2 节具硬鬃。触角柄节具栉鬃，鞭节被短纤毛。前翅具斑纹和暗黄斑点，少数属中室具透明斑。前后翅翅脉完整。雄性外生殖器无味刷，爪形突通常为三角形。抱器瓣结构简单。囊形突细长，棒状。阳茎圆柱形。

分布：世界广布，但主要分布于旧大陆热带区。世界已知约 39 属 365 种，中国记录 7 属 37 种，浙江分布 3 属 7 种。

分属检索表

1. 前翅中室末端不具透明斑 ·· 巢谷蛾属 *Niditinea*
- 前翅中室末端具透明斑 ··· 2
2. 前翅 R_1 脉丢失 ·· 隐斑谷蛾属 *Crypsithyris*
- 前翅 R_1 脉存在 ·· 白斑谷蛾属 *Monopis*

33. 隐斑谷蛾属 *Crypsithyris* Meyrick, 1907

Crypsithyris Meyrick, 1907: 752. Type species: *Crypsithyris mesodyas* Meyrick, 1907.

主要特征：体中型。头部被鳞毛。下唇须通常前伸，第 2 节具侧鬃和顶鬃，第 3 节圆柱形，顶端具 Vom Rath 感受器。触角柄节具栉鬃。前翅具透明斑。

雄性外生殖器：爪形突通常为三角形。抱器瓣长。囊形突细长，呈棒状。

雌性外生殖器：交配孔较宽。导管端片常为圆柱形。交配囊形状变化较大。

分布：东洋区、旧热带区、澳洲区。世界已知 35 种，中国记录 5 种，浙江分布 1 种。

（56）锯隐斑谷蛾 *Crypsithyris serrata* Xiao *et* Li, 2007（图 4-22）

Crypsithyris serrata Xiao *et* Li, 2007: 223.

主要特征：成虫（图 4-22A）前翅暗褐色，沿后缘从基部至 2/3 处有 1 赭白色纵带，从基部至端部渐窄；透明斑长椭圆形，内有 2 个暗褐色眼状小斑。后翅灰赭色，缘毛约与后翅宽等长。

雄性外生殖器（图 4-22B）：爪形突宽大，末端短棒状。颚形突细长。抱器瓣近矩形，末端斜直；背缘具微小齿突；抱器背基突"W"形：中间 1 支具数个小齿，侧支向后向内延伸近至抱器瓣腹缘，其外侧与抱器瓣内表面愈合，内侧有 1 个大而宽的突起。囊形突约与抱器瓣等长，基半部倒钟形，端半部狭长。阳茎约与囊形突等长，一侧近端部有 8–9 个锯齿，另一侧在中间有 2–3 个锯齿；阳茎端膜具鳞形小刺。

图 4-22 锯隐斑谷蛾 *Crypsithyris serrata* Xiao *et* Li, 2007
A. 成虫；B. 雄性外生殖器；C. 雌性外生殖器

雌性外生殖器（图 4-22C）：交配孔呈颈状。导管端片近矩形，弓形隆起，骨化较强，长约为宽的 2 倍。囊导管短，褶皱。交配囊长梨形，囊突无。

分布：浙江（杭州、宁波、金华）、山东、江西、湖南、福建、海南、贵州。

34. 白斑谷蛾属 *Monopis* Hübner, 1825

Monopis Hübner, 1825: 401. Type species: *Tinea rusticella* Hübner, 1796.
Blabophanes Zeller, 1852a: 100.
Hyalospila Herrich-Schäffer, 1853: 10.
Rhitia Walker, 1864a: 818.

Eusynopa Lower, 1903: 237.

主要特征：头部被鳞毛；下唇须第 2 节具侧鬃、顶鬃和鳞刷，第 3 节近顶端具 vom Rath 感受器；触角柄节具栉。前翅中室末端具透明斑；雄性的翅缰钩呈长三角形，末端卷曲；雌性具 2 根翅缰。

雄性外生殖器：爪形突通常 2 个，仅末端略分离，两侧被粗毛；颚形突三角形，基部宽；抱器瓣内表面密被长毛或小刺。阳茎圆柱形；阳茎端膜具针状的小角状器和小刺。

雌性外生殖器：交配孔被或不被长毛和微刺，交配囊长梨形；囊突齿形或骨针形，在交配囊上呈环状或弯月形排列。

分布：旧大陆。世界已知 90 余种，中国记录 16 种，浙江分布 5 种。

分种检索表

1. 前翅沿后缘有 1 长的赭色或黄色纵带 ·· 2
- 前翅沿后缘无此纵带 ·· 3
2. 阳茎基环游离，"M"形 ·· 赭带白斑谷蛾 *M. zagulajevi*
- 阳茎基环与基腹弧愈合 ·· 黄带白斑谷蛾 *M. flavidorsalis*
3. 前翅具 1 大的梯形白斑 ·· 梯纹白斑谷蛾 *M. monachella*
- 前翅无梯形大斑 ·· 4
4. 颚形突末端不呈镰刀状向外钩 ·· 桂白斑谷蛾 *M. guangxiensis*
- 颚形突末端呈镰刀状向外钩 ·· 镰白斑谷蛾 *M. trapezoides*

（57）黄带白斑谷蛾 *Monopis flavidorsalis* (Matsumura, 1931)

Tinea flavidorsalis Matsumura, 1931a: 1108.
Monopis flavidorsalis: Moriuti, 1982: 169.

主要特征：成虫头部乳白色。胸部中间乳白色，两侧暗褐色。前翅暗褐色，沿后缘有 1 亮赭黄色带；透明斑大而清晰。后翅亮灰色。

雄性外生殖器：颚形突基部宽，端半部细长，末端尖。抱器瓣长约为宽的 2.2 倍，末端钝圆，内表面端半部密被长毛。囊形突约为抱器瓣长的 1.4 倍，尾缘分叉，末端细长。阳茎约为抱器瓣长的 1.7 倍；阳茎端膜密被鳞形小刺；角状器由许多小刺构成。

雌性外生殖器：交配孔呈颈状。导管端片近矩形，弓形隆起，骨化较强，长约为宽的 2 倍。囊导管短，褶皱。交配囊长梨形，囊突无。

分布：浙江；日本。

注：未见标本，描述源自 Petersen 和 Gaedike（1993）。

（58）桂白斑谷蛾 *Monopis guangxiensis* Xiao et Li, 2006（图 4-23）

Monopis guangxiensis Xiao et Li, 2006: 202.

主要特征：成虫（图 4-23A）头部白色。前翅赭白色，零星地散生暗褐色鳞片，透明斑前端有 1 暗褐色小斑、下方臀褶处有 1 暗褐色小点；透明斑三角形。后翅灰色。

雄性外生殖器（图 4-23B）：爪形突末端略分叉。颚形突基部呈三角形向下延伸，末端尖而内弯。抱器瓣长约为宽的 2.6 倍，末端斜直；抱器背基突窄。囊形突约为抱器瓣长的 1.4 倍。阳茎约为抱器瓣长的 1.6 倍，阳茎端膜被鳞形小刺；角状器由许多针形小刺构成。

雌性未知。

分布：浙江（杭州、衢州）、海南、广西、云南。

图 4-23 桂白斑谷蛾 *Monopis guangxiensis* Xiao *et* Li, 2006
A. 成虫；B. 雄性外生殖器

（59）梯纹白斑谷蛾 *Monopis monachella* (Hübner, 1796)

Tinea monachella Hübner, 1796: 65.
Alucita mediella Fabricius, 1794: 337.
Monopis monachella: Hübner, 1805: 339.
Monopis monacha Zagulajev, 1972: 352.

分布：浙江（临安）、黑龙江、辽宁、天津、河北、山西、山东、河南、陕西、甘肃、新疆、安徽、湖北、湖南、福建、台湾、广东、海南、广西、四川、贵州、云南、西藏；俄罗斯（远东地区），日本，印度，东南亚，欧洲，美洲，非洲。

注：描述见《天目山动物志》（李后魂等，2020）。

（60）镰白斑谷蛾 *Monopis trapezoides* Petersen *et* Gaedike, 1993

Monopis trapezoides Petersen *et* Gaedike, 1993: 247.

分布：浙江（杭州、宁波、金华、衢州、丽水）、河南、湖北、湖南、福建、海南、广西、重庆、云南。
注：描述见《天目山动物志》（李后魂等，2020）。

（61）赭带白斑谷蛾 *Monopis zagulajevi* Gaedike, 2000

Monopis zagulajevi Gaedike, 2000: 371.

分布：浙江（临安）、天津、山西、陕西、广西、四川、贵州、云南、西藏。
注：描述见《天目山动物志》（李后魂等，2020）。

35. 巢谷蛾属 *Niditinea* Petersen, 1957

Niditinea Petersen, 1957: 134. Type species: *Tinea fuscipunctella* Haworth, 1828.

主要特征：下唇须通常下垂，第 2 节具侧鬃、顶鬃和腹鬃，第 3 节棒状，顶端具 vom Rath 感受器。触角柄节具栉鬃。前后翅的翅脉完整、各脉分离。雌性具 2 根翅缰。

雄性外生殖器：基腹弧和背兜微弱相连。背兜呈弓形。爪形突近三角形，末端骨化。颚形突强烈骨化。阳茎基环发达。

雌性外生殖器：产卵瓣短。交配孔呈漏斗形。交配囊具2个囊突和小刺。

分布：世界广布。世界已知12种，中国记录2种，浙江分布1种。

（62）细齿巢谷蛾 *Niditinea striolella* (Matsumura, 1931)（图4-24）

Tinea striolella Matsumura, 1931a: 1108.

Tinea semidivisa Meyrick, 1934: 480.

Tinea pacifella Zagulajev, 1960: 205.

Niditinea striolella: Petersen, 1961: 83.

主要特征：成虫（图 4-24A）前翅披针形；暗赭色，散生暗褐色鳞片，其中在翅基部、中室末端和臀褶处比较密集，有时呈3个明显的暗褐色斑点：其中1对位于翅1/3处，另1个位于中室末端。后翅灰白色。

雄性外生殖器（图4-24B）：爪形突鸟喙状。颚形突弯曲，背缘强烈骨化、密被细齿状小突起。抱器瓣基半部宽，近矩形，端半部三角形，末端钝尖。囊形突比抱器瓣略短。阳茎基环发达，环状。阳茎基部宽，端部渐尖，在端部1/5处两侧各有1小齿；角状器形似扳手。

雌性外生殖器（图4-24C）：第8腹板后缘中间略凹、凹缘褶皱，骨化强烈。交配孔圆柱形，两侧向后延长，末端尖。交配囊上有2三棱形囊突，内侧前端各有1较长的刺，中间各有1略短的刺。

分布：浙江（临安）、陕西、青海、江苏、上海、湖北、江西、四川、云南；俄罗斯（远东地区），日本，土耳其，欧洲。

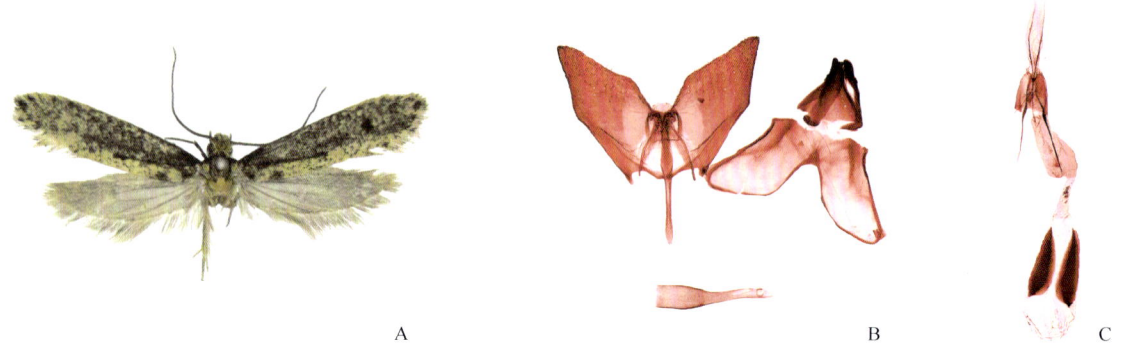

图4-24 细齿巢谷蛾 *Niditinea striolella* (Matsumura, 1931)
A. 成虫；B. 雄性外生殖器；C. 雌性外生殖器

（八）亚科未指定类群 Unattributed to subfamily

36. 黑地谷蛾属 *Epactris* Meyrick, 1905

Epactris Meyrick, 1905: 617. Type species: *Epactris melanchaeta* Meyrick, 1905.

主要特征：体小型。头部被黑褐色长毛、直立。下唇须通常前伸，第2节被硬鬃。触角柄节内侧被黑栉。

雄性外生殖器：爪形突特化成前后臂，基部与背兜后缘愈合。抱器瓣短小，被长毛；抱器柄指状。囊形突宽。阳茎基环与阳茎端环相连成环。阳茎近圆柱形。

雌性外生殖器：交配孔发达。交配囊通常长椭圆形，前端具骨化环，环上密被小刺。

分布：东洋区。世界已知 5 种，中国记录 2 种，浙江分布 1 种。

（63）短黑地谷蛾 *Epactris alcaea* Meyrick, 1924（图 4-25）

Epactris alcaea Meyrick, 1924: 72.

主要特征：成虫（图 4-25A）头部黑褐色。下唇须第 2 节略长于第 3 节。触角约与前翅等长，鞭节赭黄色。胸部黑褐色。前翅赭黄色，沿前缘从基部至 2/5 处有 1 暗褐色纵斑，约 1/2 处至 2/3 处有 1 近至后缘的暗褐色横带，前缘约 5/6 处有 1 暗褐色小斑，后缘基部、臀褶 2/3 处各有 1 暗褐色小斑，2/3 至顶角处有 1 不连续的暗褐色窄带。

图 4-25 短黑地谷蛾 *Epactris alcaea* Meyrick, 1924
A. 成虫；B. 雄性外生殖器；C. 雌性外生殖器

雄性外生殖器（图 4-25B）：背兜后缘"V"形深凹近至前缘。爪形突腹臂宽，背臂窄长，末端喙状。抱器瓣末端尖；抱器柄指形。基腹弧后缘中间"V"形略凹。囊形突发达，从基部至末端渐窄。阳茎基环近倒三角形。阳茎端环近矩形。阳茎末端一侧延长成三角形，另一侧近截形。

雌性外生殖器（图 4-25C）：第 8 背板盾形，密被小刺。交配孔近漏斗形或近圆柱形。囊导管短。交配囊约为整个生殖器长的 1/2，具骨化环，环上密被鳞形小刺，另有 4–9 个由数个锯齿构成的骨化结构。

分布：浙江（嘉兴、杭州、衢州、丽水、温州）、甘肃、福建、广西、云南；印度。

37. 双地谷蛾属 *Eudarcia* Clemens, 1860

Eudarcia Clemens, 1860: 10. Type species: *Eudarcia simulatricella* Clemens, 1860.

Demobrotis Meyrick, 1893: 555.

Leptochersa Meyrick, 1919: 272.

Protodarcia Forbes, 1931: 389.

Obesoceras Petersen, 1957: 352.

Neomeessia Petersen, 1968: 58.

Brachys Zagulajev, 1979: 314.

Nigris Zagulajev, 1979: 317.

Gallis Zagulajev, 1979: 336.

Colchiromis Zagulajev, 1979: 361.

Abchagleris Zagulajev, 1979: 336.

Haugresis Zagulajev, 1979: 382.

Zagulyaevella Koçak, 1981b: 23.

Pseudobesoceras Gaedike, 1985: 177.

主要特征：头部被直立长鳞毛。下唇须通常下垂，第 2 节具侧鬃和顶鬃，第 3 节近顶端具 vom Rath 感受器。触角雌雄异型，雄性扁粗，雌性细。前翅常具斑点，形成横带。

雄性外生殖器：抱器瓣结构变化较大；抱器柄发达，常与抱器背基突相连成二叉状；阳茎内具角状器。

雌性外生殖器：交配孔结构变化较大；导管端片若存在，通常不对称且常宽短；交配囊长梨形。

分布：古北区、东洋区、新热带区。世界已知 70 多种，中国记录 5 种，浙江分布 2 种。

（64）齿双地谷蛾 *Eudarcia dentata* Gaedike, 2000（图 4-26）

Eudarcia dentata Gaedike, 2000: 366.

主要特征：成虫（图 4-26A）前翅赭白色，散生暗褐色鳞片，在前缘基部形成暗褐色斑，约在 1/3 和 2/3 处各有 1 从前缘斜向伸至中室后缘的暗褐色横带，后缘从基部至顶角处成 1 暗褐色纵带。

雄性外生殖器（图 4-26B）：颚形突无。颚形突臂无。抱器瓣狭长，末端具数个小刺、腹侧具 1 齿状小突起；腹缘近末端具 1 骨化强烈的长刺；近背缘有 1 狭长的内突；抱器柄与抱器背基突形成二叉状。囊形突短，端半部三角形。阳茎基环近圆形或方形。阳茎末端具 1 小刺；角状器为 1 不规则长带。

雌性外生殖器（图 4-26C）：交配孔圆形，下半部骨化强烈。囊导管基部 1/3 处有 1 小的骨化片。交配囊近梨形，囊突 2 枚，其上密被短刺。

分布：浙江（嘉兴、杭州）、湖北、湖南、广东、海南；日本。

注：该种雌性为首次报道。

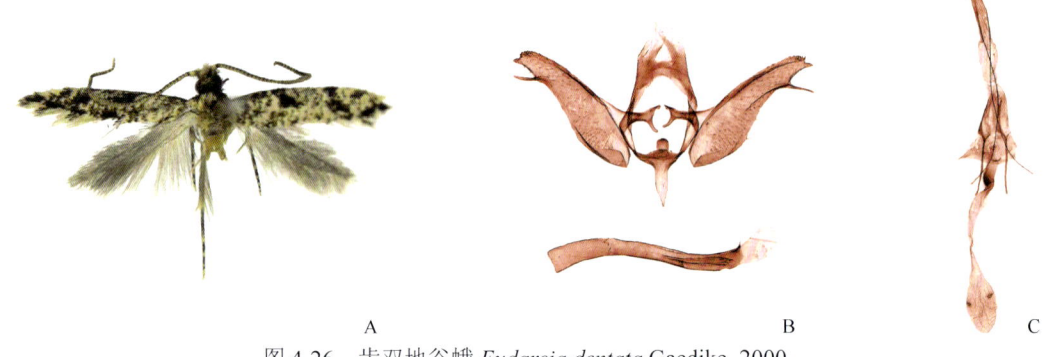

图 4-26 齿双地谷蛾 *Eudarcia dentata* Gaedike, 2000
A. 成虫；B. 雄性外生殖器；C. 雌性外生殖器

（65）圆双地谷蛾 *Eudarcia orbiculidomus* (Sakai *et* Saigusa, 1999)（图 4-27）

Obesoceras orbiculidomus Sakai *et* Saigusa, 1999: 405.

Eudarcia orbiculidomus: Gaedike, 2000: 365.

主要特征：成虫（图 4-27A）前翅白色，前缘散生暗褐色鳞片，约在 1/2 和 3/4 处各有 1 条向外斜向伸至后缘的横带、近后缘较模糊，前缘基部、1/4 处近后缘和近翅顶端各有 1 褐色小斑。

雄性外生殖器（图 4-27B）：爪形突宽"U"形内凹。颚形突极窄。颚形突臂长舌状，密被微刺。抱器柄与抱器背基突愈合成二叉状。囊形突短棒状。阳茎约与抱器瓣等长，末端中间向后伸出 1 尖刺；角状器为 1 长刺。

雌性外生殖器（图 4-27C）：前表皮突在基部 1/3 处通过 1 倒"T"形带相连，"T"形纵臂端半部深裂为二叉状。交配孔环状。囊导管基部宽，骨化较强，中间具 1 由许多三角形小刺构成的近圆形刺域。

分布：浙江（杭州、余姚、舟山、金华、衢州、丽水）、河北、河南；日本。

图 4-27 圆双地谷蛾 *Eudarcia orbiculidomus* (Sakai *et* Saigusa, 1999)
A. 成虫；B. 雄性外生殖器；C. 雌性外生殖器

38. 骨斑地谷蛾属 *Maculisclerotica* Xiao *et* Li, 2009

Maculisclerotica Xiao *et* Li, 2009: 769. Type species: *Maculisclerotica triangulidens* Xiao *et* Li, 2009.

主要特征：头部被鳞毛。下唇须通常上举。触角柄节白色。前翅具横带，具暗褐色或赭褐色的斑，M_3 脉存在，R_4 和 R_5 脉分离，CuA_2 脉消失。后翅 M_1 和 M_2 脉共柄，具中室端叉脉。雄性腹部腹板的第 3、4 节之间具 1 斑，由钉状骨化突起构成。

分布：东洋区。世界仅中国记录 3 种，浙江分布 2 种。

（66）三角骨斑地谷蛾 *Maculisclerotica triangulidens* Xiao *et* Li, 2009（图 4-28）

Maculisclerotica triangulidens Xiao *et* Li, 2009: 770.

主要特征：成虫（图 4-28A）前翅约在前缘 1/2 和 2/3 处各具 1 较大的暗褐色斑，在翅中间、中室末端和臀角处各具 1 较大的黄褐色斑。

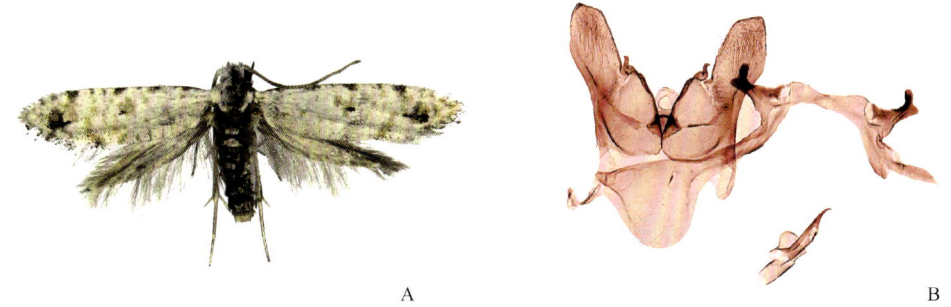

图 4-28 三角骨斑地谷蛾 *Maculisclerotica triangulidens* Xiao *et* Li, 2009
A. 成虫；B. 雄性外生殖器

雄性外生殖器（图 4-28B）：颚形突呈不规则矩形，末端中间内凹；抱器瓣末端三角形，具 1 个齿状小突起；阳茎基环呈不规则菱形。

雌性未知。

分布：浙江（杭州、宁波、衢州、温州）、湖北、云南、西藏。

（67）截齿骨斑地谷蛾 *Maculisclerotica truncatidens* Xiao et Li, 2009（图 4-29）

Maculisclerotica truncatidens Xiao et Li, 2009: 770.

主要特征：成虫（图 4-29A）前翅约在前缘 1/4、1/2 和 2/3 处各具 1 条不连续的暗褐色或赭褐色横带，分别斜至后缘 1/3、1/2 和 4/5 处。

图 4-29 截齿骨斑地谷蛾 *Maculisclerotica truncatidens* Xiao et Li, 2009
A. 成虫；B. 雄性外生殖器；C. 雌性外生殖器

雄性外生殖器（图 4-29B）：颚形突匕首状；抱器瓣末端近截形，沿末端腹半部和腹缘端半部约有 10 个齿状小突起；阳茎基环近梯形。

雌性外生殖器（图 4-29C）：产卵管和前后表皮突很短；腹部第 8 背板和腹板宽短，两侧愈合成环，交配孔近碗状；囊突无。

分布：浙江（宁波）、海南、云南、西藏。

39. 角谷蛾属 *Thisizima* Walker, 1864

Thisizima Walker, 1864a: 820. Type species: *Thisizima ceratella* Walker, 1864, by monotypy.

主要特征：头部被直立竖鳞。下唇须第 2 节具鳞刷和侧鬃。触角柄节膨大，具栉鬃。前翅通常双色。前后翅的翅脉完整，各脉分离。雄性、雌性翅缰均 1 根。

雄性外生殖器：基腹弧与背兜愈合成环状；爪形突通常裂成两叶；抱器瓣发达，腹面密被粗刺毛；抱器柄指状。

雌性外生殖器：产卵瓣宽大，被毛；交配孔位于第 7 腹板。

分布：东洋区。世界已知 7 种，中国记录 2 种，浙江分布 1 种。

（68）饰带角谷蛾 *Thisizima fasciaria* Yang, Li et Kendrick, 2012（图 4-30）

Thisizima fasciaria Yang, Li et Kendrick, 2012: 113.

主要特征：成虫（图 4-30A）触角宽扁，雄性长约为前翅的 1.2 倍，雌性约为 0.75 倍。前翅底色亮白色；基部具 1 三角形黑斑，中部具 1 黑色斜宽带，近顶角处具 1 黑色"Y"形斑，斜宽带和"Y"形斑之间具 2 黑色小斑；沿外缘及后缘散布不明显的暗褐色小斑。

雄性外生殖器（图 4-30B）：爪形突近梯形，后缘中部半圆形凹入。阳茎基环近椭圆形。抱器瓣基半部圆锥形，端半部指形。阳茎为 1 对刀片状骨化侧板，末端斜尖；无角状器。

雌性外生殖器（图 4-30C）：交配孔位于第 7 腹板中部近前缘 1/3 处。导管端片漏斗形，腹面前端具 1 强骨化的凹袋。交配囊膜质，无囊突。

分布：浙江（温州）、海南。

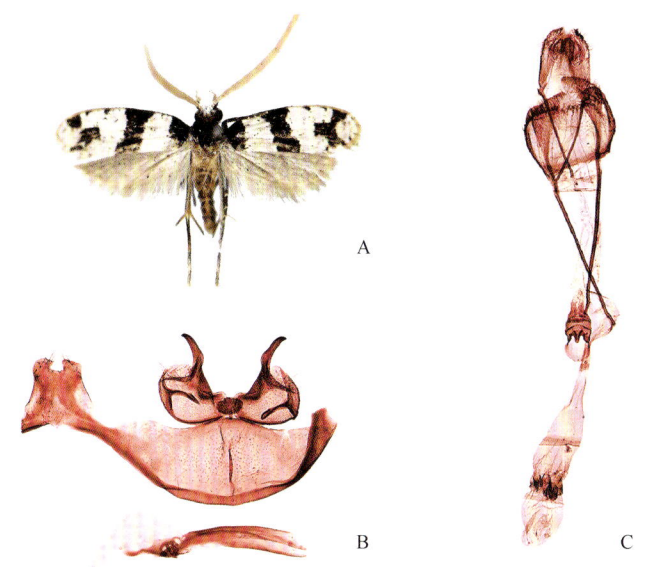

图 4-30　饰带角谷蛾 *Thisizima fasciaria* Yang, Li *et* Kendrick, 2012
A. 成虫；B. 雄性外生殖器；C. 雌性外生殖器

六、异谷蛾科 Dryadaulidae

主要特征：下唇须竹片状。前翅翅脉完整，R_1 与 R 脉基部靠近；后翅 M_3 脉或 CuA_1 脉缺失，雌性翅缰 1 根。雄性第 8 腹节高度特化，不对称。雄性外生殖器强烈不对称，与第 8 节构成复杂结构；阳茎与右抱器瓣愈合；颚形突缺失。雌性外生殖器：产卵器极短；前表皮突退化或缺失，后表皮突短。

分布：世界广布。世界已知 2 属 51 种，中国记录 1 属 5 种，浙江分布 1 属 1 种。

40. 异谷蛾属 *Dryadaula* Meyrick, 1893

Dryadaula Meyrick, 1893: 559. Type species: *Dryadaula glycinopa* Meyrick, 1893.

Cyane Chambers, 1873: 113.

Chorocosma Meyrick, 1893: 560.

Ditrigonophora Walsingham, 1897: 117.

Choropleca Durrant, 1914: 366.

Opsodoca Meyrick, 1919: 270.

Diachalastis Meyrick, 1920: 363.

Thermocrates Meyrick, 1936: 620.

Archimeessia Zagulajev, 1970: 661.

Strophalinga Gozmány et Vári, 1973: 9.

主要特征：见异谷蛾科主要特征。

分布：世界广布。世界已知 49 种，中国记录 5 种，浙江分布 1 种。

（69）毛异谷蛾 *Dryadaula hirtiglobosa* Yang et Li, 2021（图 4-31）

Dryadaula hirtiglobosa Yang et Li, 2021: 71.

主要特征：成虫（图 4-31A）触角鞭节背面基部 2/3 黑白相间，端部 1/3 每轮白色间隔 3 轮黑色。前翅底色白色，前缘基部、1/3、中部、3/4 顶角、中室端部 1/3 和翅褶处具黑色斑纹。

图 4-31　毛异谷蛾 *Dryadaula hirtiglobosa* Yang et Li, 2021
A. 成虫；B. 雄性外生殖器

雄性外生殖器（图 4-31B）：高度不对称。爪形突小叶愈合成盾形。基腹弧中部具 1 被毛叶状垂突。基腹弧附着第 7、8 背板退化而来的骨化结构，呈花托状，其上具突起。第 8 腹板背侧基部与左抱器瓣愈合，宽大，具 1 指状骨化突起。左抱器瓣形状不规则，末端为 1 刀片状被毛小叶；背缘和内表面具突起，腹缘近末端向外呈剑柄状凸出。右抱器瓣分离成背、腹两叶。阳茎基环右侧末端具 1 弯刺状突起。阳茎短，基部略膨大，右侧具 1 小突起。

雌性未知。

分布：浙江（衢州、丽水）、广西。

第五章　细蛾总科 Gracillarioidea

七、细蛾科 Gracillariidae

主要特征：无单眼。前翅长 2–10 mm。触角长于前翅，或等长，少数短于前翅；柄节光滑，或有栉或鳞片簇。下唇须 3 节，第 2 节腹面偶有毛簇。前翅 R 脉 3–5 条；M 脉 1–3 条，基部退化至消失；CuP 脉有时缺失；通常有 1A+2A 脉，有时退化，偶有微小的基叉。后翅翅脉 4–7 条。

雄性无爪形突，少数有颚形突和尾突。下匙形突的有无、骨化程度及形状各异。基腹弧"U"形至"V"形，囊形突有或无。抱器瓣简单，光滑或有突起。阳茎端环通常膜质，少数骨化，或形成阳茎端基环。阳茎管状或片状，光滑或有突起；角状器刺状、角状或针状，或无。味刷有或无。雌性前表皮突有时缩短或消失。第 8 腹板有交配孔；阴片若骨化，形状多样。囊突 1–2 对，或无。

分布：世界广布。世界已知 111 属 2010 种，中国记录 39 属 188 种，浙江分布 11 属 34 种。

分属检索表

1. 下颚须退化或消失 ··· 2
- 下颚须相对发达 ··· 3
2. 后翅 Rs 脉与 M_1 或 M_{1+2} 脉近平行 ·· 潜细蛾属 *Phyllonorycter*
- 后翅 Rs 脉不具上述特征 ··· 叶潜蛾属 *Phyllocnistis*
3. 雄性第 8 腹节背板和腹板膜质 ·· 4
- 雄性第 8 腹节背板和腹板骨化 ·· 6
4. 雄性第 8 腹节有 1 对味刷 ··· 细蛾属 *Gracillaria*
- 雄性第 7 和第 8 腹节各有 1 对味刷，或无 ·· 5
5. 雌性囊突 1 对，长角状 ··· 丽细蛾属 *Caloptilia*
- 雌性囊突 1 个，或无 ··· 斑细蛾属 *Calybites*
6. 雄性第 8 腹节与外生殖器之间的节间膜特别发达 ··· 7
- 雄性不具上述特征 ··· 毛冠细蛾属 *Liocrobyla*
7. 触角柄节光滑，无栉或鳞片簇 ··· 8
- 触角柄有栉或鳞片簇 ·· 10
8. 后足胫节光滑 ··· 圆细蛾属 *Borboryctis*
- 后足胫节背面有 1 列鬃毛 ·· 9
9. 雄性抱器瓣内表面有 1 梳状突起 ·· 尖细蛾属 *Acrocercops*
- 雄性抱器瓣内表面无突起 ·· 贝细蛾属 *Eteoryctis*
10. 雄性抱器瓣突起位于内表面，扇形栉状 ·· 皮细蛾属 *Spulerina*
- 雄性抱器瓣突起位于背缘，指状、鞋形或杯形 ·· 突细蛾属 *Gibbovalva*

41. 尖细蛾属 *Acrocercops* Wallengren, 1881

Acrocercops Wallengren, 1881: 95. Type species: *Tinea brongniardella* Fabricius, 1798.

主要特征：下唇须上举；第 2 节腹面毛簇有或无。下颚须前伸。触角柄节光滑。前翅 13 条翅脉，后翅 7 条翅脉。雄性抱器瓣内表面有 1 长梳状突起。阳茎管状，有角状器。雄性第 8 腹板后缘有缺刻，前缘若有膜质鞘，通常 1 对，其内有或无味刷；第 8 背板前缘表皮内突末端短二分叉，其骨化中脊末端"T"形或"Y"形。雌性交配囊通常有囊突 1 对，多数种囊突微小，周围被长度不等的矛形骨片包围，少数种由大量角状突排列成长穗状。

幼虫潜叶。潜道起始段狭窄，弯曲，然后突然扩大为泡状斑。老熟幼虫红色，于邻近叶片结茧化蛹，茧船形，通常有 2 个或多个小泡。

分布：世界广布。世界已知 323 种，中国记录 7 种，浙江分布 2 种。

（70）南烛尖细蛾 *Acrocercops transecta* Meyrick, 1931

Acrocercops transecta Meyrick, 1931: 169.

分布：浙江（临安）、北京、河北、山西、河南、陕西、安徽、湖北、湖南、台湾、海南、广西、四川、贵州、云南；俄罗斯（远东地区），韩国，日本。

寄主：珍珠花 *Lyonia ovalifolia*、樗叶胡桃 *Juglans ailantifolia*、胡桃 *J. regia*、灰胡桃 *J. cinerea*、姬核桃 *J. cordiformis*、*J. hindsii*、薄壳山核桃 *J. illinoensis*、胡桃楸 *J. mandschurica*、黑核桃木 *J. nigra*、*J. sieboldiana*、水山核桃 *Carya aquatica*、肉豆蔻山核桃 *C. myristiciformis*、粗皮山核桃 *C. ovata*。

注：描述见《天目山动物志》（李后魂等，2020）。

（71）单纹尖细蛾 *Acrocercops unistriata* Yuan, 1986（图 5-1）

Acrocercops unistriata Yuan, 1986: 64.

主要特征：成虫（图 5-1A）前翅长 4.0 mm。前翅赭黄色，杂褐色；前缘基部 1/3 处和近中部各有 1 褐色斑，二者之间有 1 灰白色斑，模糊；端部 1/4 处近前缘有 1 白色细线外斜至臀角，后沿外缘至翅末端，有些个体该白线仅外缘处清晰；后缘基部 1/3 处和 2/3 处各有 1 簇赭黄色竖鳞。

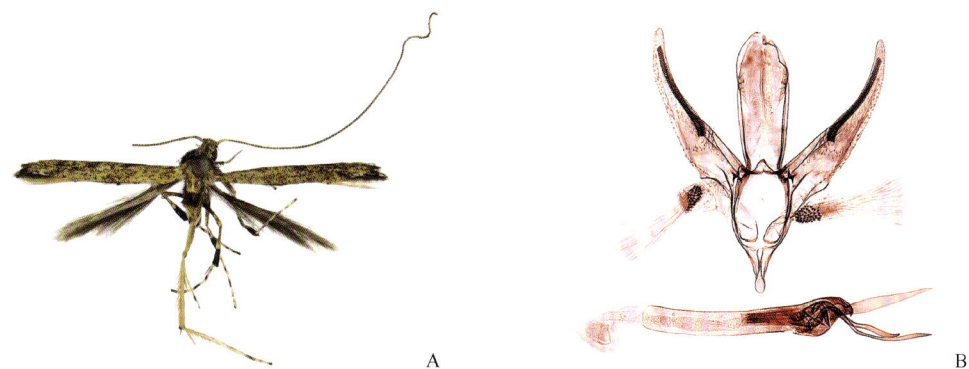

图 5-1 单纹尖细蛾 *Acrocercops unistriata* Yuan, 1986
A. 成虫；B. 雄性外生殖器

雄性外生殖器（图 5-1B）：抱器瓣长梳状突长约为抱器瓣的 2/5；外表面腹缘基部有 1 对膜质鞘，其内有 1 簇长香鳞。囊形突长约为梳状突的 1/2，末端圆。阳茎管状，末端有钩状突；角状器 8 个，3 个长带状，5 个角状。第 8 背板表皮内突骨化中脊的末端"T"形。

雌性外生殖器：囊突 1 对，被矛形骨片环绕。

分布：浙江（临安、泰顺）、台湾、广东、香港、贵州；日本，尼泊尔。

寄主：印度锥 *Castanopsis indica*、*C. lanata*、柯 *Lithocarpus glaber*、麻栎 *Quercus acutissima*、乌冈栎 *Q. phillyraeoides*、枹栎 *Q. serrata*、*Q. acuta*、毛果青冈 *Q. pachyloma*、云山青冈 *Q. sessilifolia*、青冈 *Cyclobalanopsis glauca*。

42. 圆细蛾属 *Borboryctis* Kumata *et* Kuroko, 1988

Borboryctis Kumata *et* Kuroko in Kumata, Kuroko & Ermolaev, 1988: 37. Type species: *Borboryctis euryae* Kumata *et* Kuroko, 1988.

主要特征：头部光滑。下唇须下垂，少数微上举；第 3 节稍长于第 2 节。下颚须前伸。触角柄节光滑。前翅翅脉 13 脉。后翅翅脉 7 条，中室开放。雄性抱器瓣中部近背缘有突起；外表面有长香鳞。基腹弧"V"形；囊形突有或无。阳茎管状，无角状器。第 8 背板前缘表皮突杆状，骨化中脊后伸，或表皮突端部 2 分叉，无骨化中脊；第 8 腹板前缘有 1 对膜质鞘，后缘有深缺刻。雌性交配孔开口于第 8 腹板近后缘。导管端片环形。交配囊被大量刺突。

幼虫潜叶。潜道帐篷状。老熟幼虫红色。茧船形，表面有 1 个小泡。

分布：古北区、东洋区。世界已知 3 种，中国记录 2 种，浙江分布 2 种。

（72）圆细蛾 *Borboryctis euryae* Kumata *et* Kuroko, 1988（图 5-2）

Borboryctis euryae Kumata *et* Kuroko in Kumata, Kuroko & Ermolaev, 1988: 40.

主要特征：成虫（图 5-2A）前翅长 3.5–4.0 mm。前翅白色，基部 1/3 翅褶上方灰褐色；前缘中部有 1 横带，内斜，灰褐色；后缘基部 1/4 处有 1 灰褐色斑，至翅褶，稍外斜；后缘基部 2/3 处有 1 灰褐色条纹外斜至近前缘处后，外折伸至翅近末端；前缘和后缘近末端各有 1 灰褐色斑。

图 5-2 圆细蛾 *Borboryctis euryae* Kumata *et* Kuroko, 1988
A. 成虫；B. 雄性外生殖器；C. 雌性外生殖器

雄性外生殖器（图 5-2B）：抱器瓣中部近背缘有 1 扇形突起。无囊形突。阳茎管状，末端有 1 小钩；无角状器。第 7 腹板后缘有特化鳞片形成的梯形带。第 8 背板表皮突骨化中脊后伸近后缘。

雌性外生殖器（图 5-2C）：前、后表皮突近等长。导管端片骨化弱。囊导管基部 1/3 密被圆形片状小突起，端部 2/3 被短棒状突起。交配囊有刺突。

分布：浙江（临安、龙泉）、福建；日本。

寄主：柃木 *Eurya japonica*、滨柃 *E. emarginata*。

（73）黑点圆细蛾 *Borboryctis triplaca* (Meyrick, 1908)

Acrocercops triplaca Meyrick, 1908: 817.
Borboryctis triplaca: Kumata et al., 1988: 42.

分布：浙江（临安、泰顺）、江西、海南、贵州；日本，印度。
注：描述见《天目山动物志》（李后魂等，2020）。

43. 丽细蛾属 *Caloptilia* Hübner, 1825

Caloptilia Hübner, 1825: 427. Type species: *Tinea stigmatella* Fabricius, 1781.
Poeciloptilia Hübner, 1825: 427.
Ornix Kollar, 1832: 98.
Coriscium Zeller, 1839: 210.
Calliptilia: Agassiz, 1848: 59, 61.
Timodora Meyrick, 1886c: 295.
Antiolopha Meyrick, 1894a: 25.

主要特征：头部光滑。下唇须上举。触角柄节有栉或无。前翅翅脉 13 条，少数种因 M_3 和 CuA_1 合生而减少为 12 条。后翅翅脉 8 条，中室开放。雄性下匙形突明显，抱器瓣上举，端部稍宽；内表面端部刚毛浓密。基腹弧通常"V"形；囊形突有或无。阳茎通常管状；角状器有或无。第 7 和第 8 腹节各有 1 对味刷；第 7 腹板前缘有突起，或无。雌性通常有囊突 1 对，长角状，少数 1 个。

卵通常单产于寄主植物叶的下表面。幼虫 4 龄前潜叶，4 龄后卷叶。通常在叶片下表面近中脉处结茧，茧船状，椭圆形，通常黄色或白色，少数棕色，上表面光滑。

分布：世界广布。世界已知 321 种，中国记录 100 余种，浙江分布 17 种。

分种检索表

1. 前翅只有 1 黄色倒三角形斑，位于前缘	2
- 前翅有其他形状和颜色的斑纹	7
2. 前翅沿后缘有 1 条浅铜黄色纵带，从基部延伸至近中部	黄斑丽细蛾 *C. gladiatrix*
- 前翅无上述纵带	3
3. 三角形斑形状不规则，延伸至前翅近末端	苹丽细蛾 *C. zachrysa*
- 三角形斑形状规则	4
4. 三角形斑顶角平截	5
- 三角形斑顶角尖	6
5. 三角形斑顶角过翅褶后外折	丽细蛾 *C. stigmatella*
- 三角形斑顶角过翅褶，不外折	黑丽细蛾 *C. kurokoi*
6. 雄性阳茎没有角状器，雌性囊突 1 个	茶丽细蛾 *C. theivora*
- 雄性阳茎有角状器，雌性囊突 2 个	朴丽细蛾 *C. celtidis*
7. 前翅除黑色斑点外，无其他斑纹	8
- 前翅斑纹多样	10
8. 抱器瓣内表面具有 1 条骨化脊	大豆丽细蛾 *C. soyella*
- 抱器瓣内表面光滑，无骨化脊	9

9. 雄性阳茎有角状器	···	漆丽细蛾 C. rhois
- 雄性阳茎无角状器	···	长翅丽细蛾 C. schisandrae
10. 前翅有 2 个黄斑，1 个倒三角形，位于前缘，1 个在底角处	··	11
- 前翅有其他类型的斑纹	···	14
11. 阳茎角状器多个	··	12
- 阳茎无角状器，或仅有 1 个	··	13
12. 雌性囊导管膜质，囊突 1 对，位置不对称	··	柳丽细蛾 C. chrysolampra
- 雌性囊导管大部分骨化，囊突 1 对，位置对称	···	黄丽细蛾 C. flavida
13. 雄性抱器瓣端部未见明显膨大；雌性囊导管中部膨大近四边形	·····················	杜鹃丽细蛾 C. azaleella
- 雄性抱器瓣端部膨大；雌性囊导管粗细均匀	··	栗丽细蛾 C. sapporella
14. 雄性抱器瓣腹缘有 1 个指状突起	···	指丽细蛾 C. dactylifera
- 雄性抱器瓣无上述特征	···	15
15. 前翅近中部和近末端各有 1 条白色横带	··	三色丽细蛾 C. tricolor
- 前翅无上述斑纹	···	16
16. 前翅有多个三角形黄斑	··	木蜡丽细蛾 C. aurifasciata
- 前翅前缘有 1 个浅色近楔形黄斑	···	蒙丽细蛾 C. mandschurica

（74）木蜡丽细蛾 *Caloptilia aurifasciata* Kumata, 1982（图 5-3）

Caloptilia aurifasciata Kumata, 1982: 55.

主要特征：成虫（图 5-3A）前翅长 4.5–5.5 mm。前翅斑纹均铜黄色并镶黑边；基部 2/5 处前缘和后缘各有 1 斑，前缘斑三角形，其前缘有小黑点；近末端有 1 铜横带，前缘宽；中室末端有 1 黑点；前缘端部 2/5 处有 1 斑，其前缘有小黑点；后缘基部 1/5 处有 1 楔形斑，内斜至近前缘；后缘近中部及近端部 2/5 处各有 1 小点；顶角有 1 小点。

图 5-3　木蜡丽细蛾 *Caloptilia aurifasciata* Kumata, 1982
A. 成虫；B. 雄性外生殖器；C. 雌性外生殖器

雄性外生殖器（图 5-3B）：下匙形突基部"Y"形；阳茎长约为抱器瓣的 1.2 倍；角状器有 2 种，刺状的数量多，角状的 2–8 个；第 7、8 腹节被鳞片；第 7 腹板前缘突起约为第 8 背板骨化中脊长的 1/3。

雌性外生殖器（图 5-3C）：后阴片近五边形，与前表皮突的腹面分支相连；囊突 1 对，对称，内侧锯齿状。

分布：浙江（泰顺）、福建、海南、香港、广西；日本，泰国，马来西亚。

寄主：野漆 *Toxicodendron succedaneum*、木蜡树 *T. sylvestre*。

（75）杜鹃丽细蛾 *Caloptilia azaleella* (Brants, 1913)（图 5-4）

Gracilaria [sic] *azaleella* Brants, 1913: 72.
Caloptilia azaleella: Issiki, 1957: 29.

主要特征：成虫（图 5-4A）前翅长 4.0–5.0 mm。前翅棕色，杂黑褐色；基部 1/4 处至近末端翅褶上方有 1 金黄色斑，其前缘有小黑点；后缘基部 1/4 与翅褶之间金黄色。

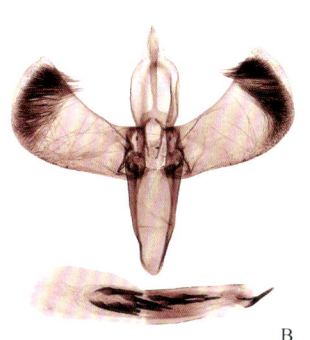

图 5-4 杜鹃丽细蛾 *Caloptilia azaleella* (Brants, 1913)
A. 成虫；B. 雄性外生殖器；C. 雌性外生殖器

雄性外生殖器（图 5-4B）：匙形突基部近三角形；阳茎长约为抱器瓣的 0.7 倍；角状器多个，角状；前 1 对味刷长约为后 1 对的 2 倍；第 7 和第 8 腹节被鳞片；第 7 腹板前缘突起约为第 8 背板骨化中脊长的 1/2。

雌性外生殖器（图 5-4C）：后阴片近三角形，与前表皮突腹面突起相连；囊突 1 对，对称，内侧锯齿状。

分布：浙江（泰顺）、河南、江西、福建；俄罗斯，日本，奥地利，比利时，捷克，丹麦，芬兰，法国，德国，爱尔兰，意大利，卢森堡，马德拉，荷兰，挪威，波兰，葡萄牙，斯洛伐克，瑞典，瑞士，英国，加拿大，美国，新西兰，南非。

寄主：皋月杜鹃 *Rhododendron indicum*、大白杜鹃 *R. decandrum*、三叶杜鹃 *R. dilatatum*、日本杜鹃 *R. japonicum*、九州杜鹃 *R. kiusianum*、黏杜鹃 *R. macrosepalum*、钝叶杜鹃 *R. obtusum*、杜鹃 *R. simsii*、*R. viscistylum*。

（76）朴丽细蛾 *Caloptilia celtidis* Kumata, 1982

Caloptilia celtidis Kumata, 1982: 76.

分布：浙江（临安）、山西、河南、陕西、宁夏、甘肃、安徽、湖北、江西、湖南、海南、香港、四川、贵州、西藏；日本。

寄主：狭叶朴 *Celtis jessoensis*、朴树 *C. sinensis*。

注：描述见《天目山动物志》（李后魂等，2020）。

（77）柳丽细蛾 *Caloptilia chrysolampra* (Meyrick, 1936)（图 5-5）

Gracilaria [sic] *chrysolampra* Meyrick, 1936: 38.
Caloptilia chrysolampra: Issiki, 1957: 29.

主要特征：成虫（图 5-5A）前翅长 4.0–5.0 mm。前翅赭黄色，有紫色光泽；前缘基部 1/4 处至 3/4 处有 1 金黄色三角形斑，其前缘有小黑点，顶角近后缘；后缘基部 1/4 与翅褶之间有 1 金黄色斑。

雄性外生殖器（图 5-5B）：下匙形突基部膨大；抱器瓣从基部渐宽至末端；基腹弧末端钝尖；阳茎针状，长约为抱器瓣的 0.7 倍；无角状器。前 1 对味刷长约为后 1 对的 2 倍；第 8 腹节被鳞片；第 7 腹板无突起。

雌性外生殖器（图 5-5C）：后阴片带状，中央窄，与前表皮突腹面分支相连；囊突 1 对，位置不对称，内侧锯齿状。

分布：浙江（杭州）、黑龙江、北京、天津、河北、山西、山东、陕西、安徽、湖北、江西、台湾、广西、四川；日本。

寄主：黑杨 Populus nigra、垂柳 Salix babylonica、筐柳 S. linearistipularis、杞柳 S. integra、簸箕柳 S. suchowensis。

图 5-5 柳丽细蛾 Caloptilia chrysolampra (Meyrick, 1936)
A. 成虫；B. 雄性外生殖器；C. 雌性外生殖器

（78）指丽细蛾 Caloptilia dactylifera Liu et Yuan, 1990

Caloptilia dactylifera Liu et Yuan, 1990: 186.

分布：浙江（临安）、江西、福建。

注：描述见《天目山动物志》（李后魂等，2020）。

（79）黄丽细蛾 Caloptilia flavida Liu et Yuan, 1990（图 5-6）

Caloptilia flavida Liu et Yuan, 1990: 186.

主要特征：成虫（图 5-6A）前翅长 4.0–5.0 mm。前翅黄色，前缘有黑褐色小点；近基部翅褶上方赭黄色，杂褐色；后缘端半部有黑褐色点。

图 5-6 黄丽细蛾 Caloptilia flavida Liu et Yuan, 1990
A. 成虫；B. 雄性外生殖器；C. 雌性外生殖器

雄性外生殖器（图 5-6B）：下匙形突基部三角形；抱器瓣基部窄，向末端渐宽，背侧角和腹侧角钝圆；抱器背基突间断；基腹弧末端钝圆；阳茎具 1 角状器，角状，或无；前 1 对味刷长约为后 1 对的 2 倍；第 8 腹节被圆形鳞片。第 7 腹板前缘无突起。

雌性外生殖器（图 5-6C）：后阴片近长方形，与前表皮突腹面分支相连；导管端片基部和端部两侧角向外突出；囊导管基部 2/3 骨化；囊突 1 对，内侧锯齿状。

分布：浙江（泰顺）、江西、湖南、福建、广西、四川、贵州、云南；泰国。

寄主：酸枣 *Ziziphus jujuba* var. *spinosa*、滇刺枣 *Z. mauritiana*。

（80）黄斑丽细蛾 *Caloptilia gladiatrix* (Meyrick, 1922)

Gracilaria gladiatrix Meyrick, 1922: 564.
Caloptilia gladiatrix: Yuan, 1992: 210.

主要特征：头浅铜黄色，颜面亮白色。下唇须白色，第 3 节有深灰色带。胸部黄铜白色，翅基片紫灰色。前翅灰紫色，沿后缘有 1 条浅铜黄色纵带，从基部至近中部；前缘近 1/3 处至超过 2/3 处有 1 浅铜黄色倒三角形斑，其顶角至近后缘处，其前缘中部有 3–4 个灰色小点；中室末端有 2 小黑点，横向排列。

分布：浙江（临安）、上海。

注：未见标本，描述参考 Meyrick（1922）。

（81）黑丽细蛾 *Caloptilia kurokoi* Kumata, 1966

Caloptilia kurokoi Kumata, 1966: 7.

分布：浙江（临安、泰顺）、河南、陕西、湖北、江西、湖南、广东、广西、四川、贵州；日本。

寄主：瓜皮槭 *Acer rufinerve*。

注：描述见《天目山动物志》（李后魂等，2020）。

（82）蒙丽细蛾 *Caloptilia mandschurica* (Christoph, 1882)（图 5-7）

Gracilaria [sic] *mandschurica* Christoph, 1882: 39.
Caloptilia mongolicae Kumata, 1982: 70.
Caloptilia mandschurica: Ermolaev, 1986: 741.

主要特征：成虫（图 5-7A）前翅长 4.5–5.0 mm。前翅赭黄色，端半部杂褐色，前缘基部 1/4 黑褐色；前缘基部 1/3 处有 1 近楔形浅黄斑，其后缘稍窄，至翅褶处；翅褶下方浅黄色，有黑点。

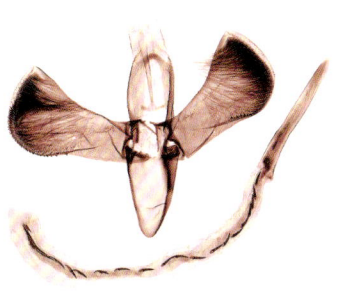

A　　　　　　　　　　B　　　　　　C

图 5-7　蒙丽细蛾 *Caloptilia mandschurica* (Christoph, 1882)

A. 成虫；B. 雄性外生殖器；C. 雌性外生殖器

雄性外生殖器（图 5-7B）：下匙形突基部近三角形。抱器瓣从基部渐宽至 2/3 处，然后突然膨大。基腹弧末端钝圆。阳茎稍长于抱器瓣；角状器角状，其中 30–40 个大而显著，排成 1 列。前 1 对味刷长约为后 1 对的 2 倍；第 7、8 腹节被鳞片；第 7 腹板前缘具突起，约为第 8 背板骨化中脊长的 2/5。

雌性外生殖器（图 5-7C）：后阴片近梯形，与前表皮突腹面分支相连；导管端片骨化强；囊导管中部有大量小角状突起；囊突 1 对，内侧锯齿状。

分布：浙江（临安）、北京、河北、河南、宁夏、湖北、江西、福建、四川、贵州；俄罗斯（远东地区），韩国，日本。

寄主：日本栗 *Castanea crenata*、麻栎 *Quercus acutissima*、槲树 *Q. dentata*、蒙古栎 *Q. mongolica*、粗齿蒙古栎 *Q. mongolica* var. *grosseserrata*、枹栎 *Q. serrata*。

（83）漆丽细蛾 *Caloptilia rhois* Kumata, 1982

Caloptilia rhois Kumata, 1982: 62.
Caloptilia sapporella: Inoue, 1954: 26.

分布：浙江（临安）、山西、河南、陕西、甘肃、安徽、湖北、江西、湖南、福建、香港、四川、贵州；韩国，日本。

寄主：鸦胆子 *Brucea javanica*、野漆 *Toxicodendron succedaneum*。

注：描述见《天目山动物志》（李后魂等，2020）。

（84）栗丽细蛾 *Caloptilia sapporella* (Matsumura, 1931)（图 5-8）

Gracillaria sapporella Matsumura, 1931a: 1101.
Caloptilia sapporella: Inoue, 1954: 26.

主要特征：成虫（图 5-8A）前翅长 4.5–6.0 mm。前翅有蓝紫色光泽，赭黄色，杂褐色，基部 1/4 翅褶上方深褐色；前缘基部 1/4 处至近末端有 1 金黄色近三角形斑，其前缘有黑点，顶角钝圆，至翅褶处；基部 1/4 翅褶下方金黄色。

图 5-8　栗丽细蛾 *Caloptilia sapporella* (Matsumura, 1931)
A. 成虫；B. 雄性外生殖器；C. 雌性外生殖器

雄性外生殖器（图 5-8B）：下匙形突基部三角形；抱器瓣基部 2/3 窄，端部 1/3 突然膨大；基腹弧末端钝尖；阳茎末端有 1 骨化刺；角状器 7–16 个，角状；前 1 对味刷长约为后 1 对的 2 倍；第 7、8 腹节被鳞片；第 7 腹板前缘突起长约为第 8 背板骨化中脊的 2/5。

雌性外生殖器（图 5-8C）：前阴片后缘有 1 对侧突；后阴片三角形，与前表皮突腹面突起相连；囊导管基部被片状突，端部光滑；囊突 1 对，对称，内侧锯齿状。

分布：浙江（临安、泰顺）、黑龙江、天津、山西、河南、宁夏、甘肃、安徽、江西、湖南、贵州、云南；俄罗斯（远东地区），韩国，日本。

寄主：粗齿蒙古栎 *Quercus mongolica* var. *grosseserrata*、槲树 *Q. dentata*、枹栎 *Q. serrata*、麻栎 *Q. acutissima*、土耳其栎 *Q. cerris*、蒙古栎 *Q. mongolica*、栓皮栎 *Q. variabilis*、日本栗 *Castanea crenata*。

（85）大豆丽细蛾 *Caloptilia soyella* (van Deventer, 1904)（图 5-9）

Gracilaria [sic] *soyella* van Deventer, 1904: 22.

Caloptilia soyella: Issiki, 1950: 451.

主要特征：成虫（图 5-9A）前翅长 4.5 mm。前翅前缘有小黑点；中室端部有黑褐色斑。

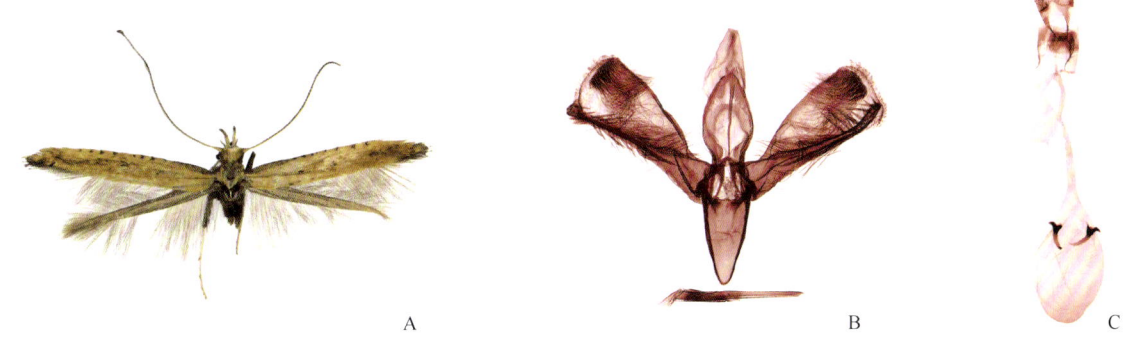

图 5-9 大豆丽细蛾 *Caloptilia soyella* (van Deventer, 1904)
A. 成虫；B. 雄性外生殖器；C. 雌性外生殖器

雄性外生殖器（图 5-9B）：背兜腹面基部两侧向内突出成三角形；下匙形突细长。抱器瓣基背缘基部至腹缘末端有 1 骨化脊，其上刚毛刺状；基腹弧末端钝圆；阳茎无角状器；前 1 对味刷长约为后 1 对的 2 倍；第 7、8 腹节被鳞片；第 7 腹板无突起。

雌性外生殖器（图 5-9C）：阴片近后缘中部有 1 片近"M"形骨片，其中央有交配孔；囊突 1 对，对称，内侧锯齿状。

分布：浙江（临安）、北京、天津、陕西、安徽、湖北、湖南、贵州、云南；日本，佛得角群岛，印度，印度尼西亚，斯里兰卡，斐济。

寄主：大豆 *Glycine max*、木豆 *Cajanus cajan*、黑吉豆 *Vigna mungo*、赤小豆 *V. umbellata*、赤豆 *V. angularis*、鸡眼草 *Kummerowia striata*、短梗胡枝子 *Lespedeza cyrtobotrya*、葛根 *Pueraria candollei*。

（86）丽细蛾 *Caloptilia stigmatella* (Fabricius, 1781)（图 5-10）

Tinea stigmatella Fabricius, 1781: 297.

Caloptilia stigmatella: Inoue, 1954: 26.

主要特征：成虫（图 5-10A）前翅长 5.0–6.5 mm。前翅赭黄色至深褐色，有紫色光泽，前缘基部 1/4 处至端部 1/3 处有 1 黄色三角形斑，其前缘有赭黄色至黑褐色斑点，顶角沿翅褶向外折至后缘。

雄性外生殖器（图 5-10B）：下匙形突基部"T"形或三角形；阳茎无角状器；第 8 腹节被长椭圆形鳞片；前 1 对味刷长约为后 1 对的 2 倍；第 7 腹板无突起。

雌性外生殖器（图 5-10C）：后阴片带状，弧形，被小突起；囊突 1 对，对称，内侧锯齿状。

分布：浙江（泰顺）、黑龙江、河北、山西、河南、陕西、宁夏、甘肃、新疆、湖南、四川、贵州；亚洲，欧洲，美洲，非洲。

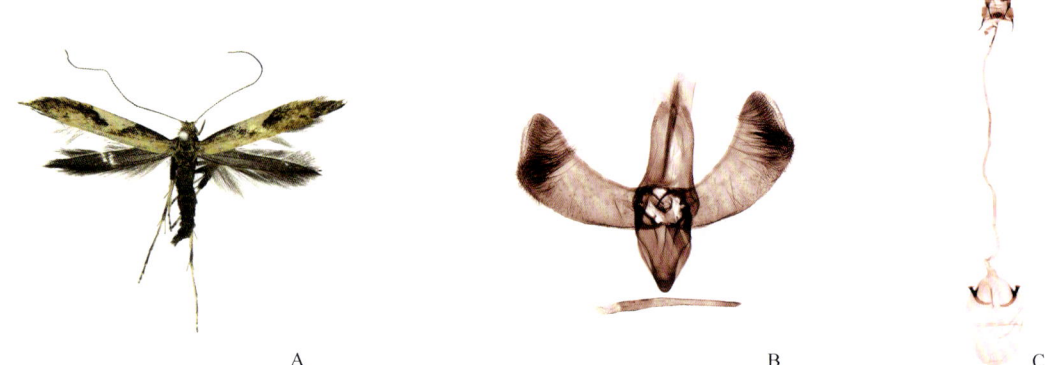

图 5-10　丽细蛾 *Caloptilia stigmatella* (Fabricius, 1781)
A. 成虫；B. 雄性外生殖器；C. 雌性外生殖器

寄主：白桦 *Betula platyphylla*、长花柳 *Salix longifolia*、*S. bakko*、耳柳 *S. aurita*、杞柳 *S. integra*、*S. exigua*、黄花柳 *S. caprea*、*S. incana*、灰柳 *S. cinerea*、黑杨 *Populus nigra*、银白杨 *P. alba*、新疆杨 *P. pyramidalis*、白杨 *P. tremuloides*、欧洲山杨 *P. tremula*、刺槐 *Robinia pseudoacacia*。

（87）茶丽细蛾 *Caloptilia theivora* (Walsingham, 1891)

Gracilaria [sic] *theivora* Walsingham, 1891a: 49.
Caloptilia theivora: Issiki, 1950: 452.

分布：浙江（临安、遂昌、龙泉、泰顺）、山西、河南、甘肃、安徽、湖北、江西、湖南、福建、台湾、广东、海南、香港、广西、四川、贵州、云南；韩国，日本，印度，越南，泰国，斯里兰卡，马来西亚，文莱，印度尼西亚。

寄主：山茶 *Camellia japonica*、茶梅 *C. sasanqua*、普洱茶 *C. theifera*。

注：描述见《天目山动物志》（李后魂等，2020）。

（88）三色丽细蛾 *Caloptilia tricolor* Liu *et* Yuan, 1990（图 5-11）

Caloptilia tricolor Liu *et* Yuan, 1990: 186.

主要特征：成虫（图 5-11A）前翅长 4.0–4.5 mm。前翅深灰褐色，基部 1/5 处翅褶下方有 1 白斑，镶黑边；端部 1/5 处有 1 白色横带，其两侧各有 1 黄色横带，各横带均镶黑边；近末端有 1 黄色横带；前缘基部 1/3 处有 1 白色横带，外斜至后缘，两侧镶黑色，其后端内、外侧各有 1 黄斑，外侧斑条形，外斜至翅褶稍上方，其后缘外侧有 1 白斑；臀角有 1 近圆形黄斑；顶角中央有 1 黑点。

图 5-11　三色丽细蛾 *Caloptilia tricolor* Liu *et* Yuan, 1990
A. 成虫；B. 雄性外生殖器

雄性外生殖器（图 5-11B）：下匙形突被小突起。抱器瓣腹缘近末端微凹，内表面近基部中央有 1 个袋状凹陷；抱器背基突间断；基腹弧末端平截；角状器多个，纵向排列；前、后味刷近等长。第 7、8 腹节被鳞片。第 7 腹节前缘无突起。

分布：浙江（泰顺）、福建。

（89）苹丽细蛾 *Caloptilia zachrysa* (Meyrick, 1907)

Gracilaria [sic] *zachrysa* Meyrick, 1907: 983.
Caloptilia zachrysa: Issiki, 1957: 30.

分布：浙江（临安）、北京、河北、河南、江西、湖南、台湾、广东、贵州；韩国，日本，印度，斯里兰卡。

寄主：皋月杜鹃 *Rhododendron indicum*、苹果 *Malus pumila*、野苹果 *M. sylvestris*、光叶石楠 *Photinia glabra*、桃 *Amygdalus persica*。

注：描述见《天目山动物志》（李后魂等，2020）。

（90）长翅丽细蛾 *Caloptilia schisandrae* Kumata, 1966

Caloptilia schisandrae Kumata, 1966: 18.

分布：浙江（临安）、河南、甘肃、湖北、江西、四川；俄罗斯，韩国，日本。

寄主：五味子 *Schisandra chinensis*。

注：描述见《天目山动物志》（李后魂等，2020）。

44. 斑细蛾属 *Calybites* Hübner, 1822

Calybites Hübner, 1822: 66. Type species: *Tinea phasianipennella* Hübner, 1813.
Euspilapteryx Stephens, 1835: 33.

主要特征：头部光滑。触角柄节有栉。下唇须上举。前翅翅脉 12（M_2 和 M_3 脉合生）或 13 条；R 基部分离，R_1 始于中室近基部；R_2 始于中室近末端；R_3 始于中室上角；M_2 或 M_3 与 CuA_1 共短柄或基部合生，始于中室下角；CuA_2 的起点位置比 R_2 的起点位置更近中室末端；R_1 基部和中室上缘脉基部模糊。后翅有 8 条脉；R_{2+3} 短，与 $Sc+R_1$ 的端部接近；M_1 和 M_2 共短柄；M_3、CuA_1 和 CuA_2 近等距离排列，或 CuA_1 与 M_3 距离近；中室开放。

幼龄幼虫潜叶，老龄幼虫卷叶。老龄幼虫切下 1 窄条叶片卷成筒状，并在筒内做茧化蛹，茧纺锤形。

分布：古北区、东洋区、澳洲区。世界已知 6 种，中国记录 3 种，浙江分布 1 种。

（91）斑细蛾 *Calybites phasianipennella* (Hübner, 1813)

Tinea phasianipennella Hübner, 1813: pl. 47, fig. 321.
Calybites phasianipennella: Bradley, 1967: 45.

分布：浙江（临安）、黑龙江、吉林、内蒙古、北京、天津、山西、河南、陕西、宁夏、甘肃、青海、新疆、安徽、湖北、湖南、福建、台湾、广东、四川、贵州、云南、西藏；亚洲，欧洲。

寄主：杂配藜 Chenopodiastrum hybridum、千屈菜 Lythrum salicaria、两栖蓼 Polygonum amphibium、拳参 P. bistorta、P. cespitosum、P. filiforme、光蓼 P. glabrum、水蓼 P. hydropiper、长鬃蓼 P. longisetum、P. mite、红蓼 P. orientale、春蓼 P. persicaria、戟叶蓼 P. thunbergi、酸模 Rumex acetosa、小酸模 R. acetosella、水生酸模 R. aquaticus、R. hydrolapathum、羊蹄 R. japonicus、钝叶酸模 R. obtusifolius、R. pulcher、毛黄连花 Lysimachia vulgaris、金丝桃属 Hypericum sp.、拂子茅属 Calamagrostis sp.、聚合草属 Symphytum sp.。

注：描述见《天目山动物志》（李后魂等，2020）。

45. 贝细蛾属 *Eteoryctis* Kumata *et* Kuroko, 1988

Eteoryctis Kumata *et* Kuroko in Kumata, Kuroko & Ermolaev, 1988: 22. Type species: *Acrocercops deversa* Meyrick, 1922.

主要特征：头光滑。下唇须微上举。触角与前翅等长，或稍短；柄节光滑。前翅翅脉 13 条脉，R_1 脉自中室基部 2/5 处至翅前缘前中部；R_2 始于近中室上角处；R_3 脉于中室上角；R_5 脉基部退化，可能与 R_4 脉共柄；M_1 脉于中室末端近中点处；M_2 和 M_3 脉共短柄；M_3 脉于中室下角；CuA_1 脉离 M_3；CuA_2 基部退化；CuP 端部清晰；A 脉模糊。后翅有 7 条脉；Rs 不分支；M_1 和 M_2 共柄；M_3 和 CuA_1 共柄，该柄始于近 CuA_2 中点处。

幼虫通常在叶片上表面潜食。潜道起始段狭窄，然后突然扩大成泡状斑。老熟幼虫红色。茧船形，上表面有少量小泡。

分布：古北区、东洋区、旧热带区。世界已知 4 种，中国记录 3 种，浙江分布 1 种。

（92）贝细蛾 *Eteoryctis deversa* (Meyrick, 1922)

Acrocercops deversa Meyrick, 1922: 563.
Eteoryctis deversa: Kumata, Kuroko & Ermolaev, 1988: 25.

分布：浙江（临安、龙泉）、河南、陕西、湖北、江西、湖南、福建、台湾、贵州；俄罗斯，韩国，日本，印度。

寄主：*Rhus ambigua*、*R. javanica*、*R. japonica*、木蜡树 *Toxicodendron sylvestre*、毛漆树 *T. trichocarpum*、野漆 *T. succedaneum*。

注：描述见《天目山动物志》（李后魂等，2020）。

46. 突细蛾属 *Gibbovalva* Kumata *et* Kuroko, 1988

Gibbovalva Kumata *et* Kuroko in Kumata, Kuroko & Ermolaev, 1988: 3. Type species: *Gracilaria* [sic] *quadrifasciata* Stainton, 1862.

主要特征：头光滑。下唇须下垂、前伸或上举。触角柄节有鳞毛簇。前翅翅脉 13 条：R_1 从中室基部 1/3 处至翅前缘中部；R_2 始于中室上角；R_5 基部模糊，与 R_4 共柄；M_2 始于中室下角，多与 M_1 分离；M_3 始于近中室下角处；CuA_1 远离 M_3，其起点位置在 R_2 起点之前；CuA_2 基部退化，远离 CuA_1；CuP 基部模糊，端部清晰；A 脉完全退化。后翅有 7 条脉。雄性抱器瓣背缘中部有突起。阳茎角状器通常刺状。

幼虫潜叶。潜道初期狭窄，后期泡状。老熟幼虫深红色。茧船状，椭圆形，上表面通常有少量小泡。

分布：古北区、东洋区、澳洲区。世界已知 9 种，中国记录 8 种，浙江分布 3 种。

分种检索表

1. 触角鞭节基部 5–7 节白色 ·· 木兰突细蛾 *G. urbana*
- 触角鞭节浅棕黄色至深褐色 ··· 2
2. 前翅有 4 条白色横带；阳茎具 1 个角状器 ··· 独角突细蛾 *G. singularis*
- 前翅有 5 条白色横带；阳茎具多个角状器 ·· 棕带突细蛾 *G. kobusi*

（93）棕带突细蛾 *Gibbovalva kobusi* Kumata *et* Kuroko, 1988（图 5-12）

Gibbovalva kobusi Kumata *et* Kuroko in Kumata, Kuroko & Ermolaev, 1988: 16.

主要特征：成虫（图 5-12A）前翅长 3.0–4.0 mm。前翅赭黄色，基半部褐色；有 5 条近等距离平行排列的白色横带，内侧和外侧边缘褐色，其上有褐色斑点，第 5 条窄，新月形。

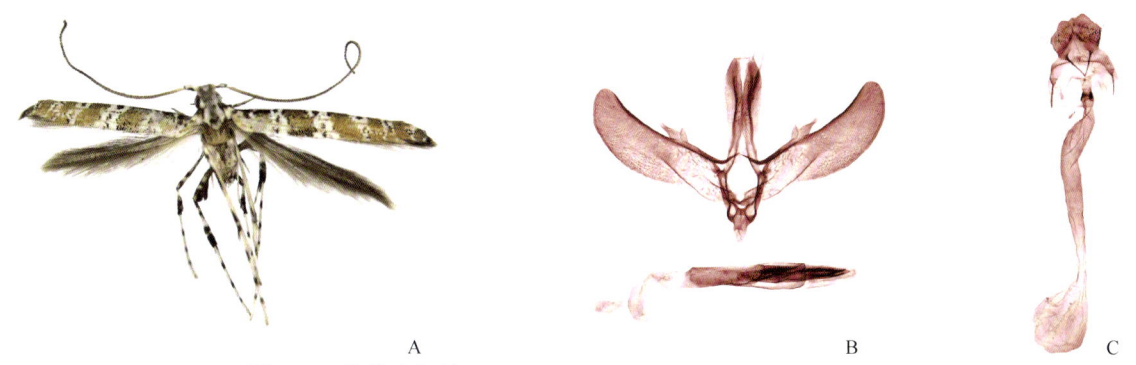

图 5-12　棕带突细蛾 *Gibbovalva kobusi* Kumata *et* Kuroko, 1988
A. 成虫；B. 雄性外生殖器；C. 雌性外生殖器

雄性外生殖器（图 5-12B）：抱器瓣背缘突起杯状。阳茎长约为抱器瓣的 5/6；角状器多个，角状；片状突位于基部 1/3 处，长约为阳茎的 1/3。

雌性外生殖器（图 5-12C）：交配囊无囊突。

分布：浙江（龙泉、泰顺）、湖南、广东、广西、贵州、云南；日本。

寄主：日本辛夷 *Magnolia kobus*。

（94）独角突细蛾 *Gibbovalva singularis* Bai *et* Li, 2008（图 5-13）

Gibbovalva singularis Bai *et* Li, 2008: 321.

主要特征：成虫（图 5-13A）前翅长 3.0–4.5 mm。前翅赭黄色，有 4 条白色横带，分别位于基部、基部 1/3 处、中后部和端部 1/3 处，末端 1 条最窄，其内侧和外侧镶有黑色边，前缘和后缘有黑点；最后 1 条白色横带与翅末端白点之间有 1 条褐色横带，其前缘宽，内侧有 1 枚白斑。

雄性外生殖器（图 5-13B）：囊形突扇形。抱器瓣背缘突起位于基部 1/3 处稍后，拇指形。阳茎近中部具 1 片状突；角状器角状，基部具长尾，后伸。

雌性外生殖器（图 5-13C）：雌性囊突 1 个，角状。

分布：浙江（泰顺）、安徽、香港、贵州。

图 5-13　独角突细蛾 *Gibbovalva singularis* Bai et Li, 2008
A. 成虫；B. 雄性外生殖器；C. 雌性外生殖器

（95）木兰突细蛾 *Gibbovalva urbana* (Meyrick, 1908)（图 5-14）

Acrocercops urbana Meyrick, 1908: 816.
Gibbovalva urbana: Kumata et al., 1988: 13.

主要特征：成虫（图 5-14A）前翅长 3.0–3.5 mm。头部白色，颜面褐色。下唇须白色，第 2 节基部和末端及第 3 节近基部、中部和末端黑褐色。触角褐色；鞭节基部几节白色；柄节白色，末端褐色，鳞毛簇基部褐色，端部白色。胸部白色，有褐色鳞片；翅基片基半部褐色，端半部白色。前翅赭黄色，有 5 条近等距离平行排列的白色横带，其上有小黑点，第 4 条最窄；缘毛褐色。后翅及缘毛褐色。前足基节白色，基部和端部黑褐色，腿节和胫节黑褐色，胫节基半部白色；中足腿节和胫节黑褐色，腿节中部有 2 个小白点，胫节基部白色，端部有白环；后足白色，腿节基部和中部黑褐色，胫节基部、中部和端部黑褐色；所有跗节白色，有黑褐色环。

图 5-14　木兰突细蛾 *Gibbovalva urbana* (Meyrick, 1908)
A. 成虫；B. 雄性外生殖器；C. 雌性外生殖器

雄性外生殖器（图 5-14B）：背兜基部 2/3 两侧近平行，端部 1/3 稍细，末端尖。抱器瓣长约为背兜的 1.5 倍，刀片状，较宽。阳茎长约为抱器瓣的 0.8 倍，末端尖；片状突位于阳茎基部 1/3 处，长约为阳茎的 1/3；无角状器。

雌性外生殖器（图 5-14C）：前表皮突和后表皮突近等长。囊导管细，基部 1/4 光滑，端部 3/4 被小突起。交配囊小，长椭圆形；无囊突。

分布：浙江（遂昌、松阳、云和、景宁、龙泉）、福建、广东、海南；日本，印度。

寄主：台湾含笑 *Michelia compressa*、黄兰 *M. champaca*、玉兰 *Magnolia denudata*。

47. 细蛾属 *Gracillaria* Haworth, 1828

Gracillaria Haworth, 1828: 527. Type species: *Gracillaria anastomosis* Haworth, 1828 [= *Tinea syringella* Fabricius, 1794].
Gracilaria: Zeller, 1839: 208
Xanthospilapteryx Spuler, 1910: 407.

主要特征：头部光滑。触角与前翅等长或稍长。前翅通常有12条翅脉，M_2和M_3通常共柄。后翅有8条翅脉，M_1和M_2通常共柄。雄性下匙形突骨化强；抱器瓣结构简单；阳茎端基环三角形；囊形突三角形；阳茎无角状器；第8腹节膜质，有1对味刷。雌性无前阴片，后阴片骨化较弱；交配囊具1个囊突，长角状，基部呈"十"字形。

分布：世界广布。世界已知9种，中国记录5种，浙江分布1种。

（96）水蜡细蛾 *Gracillaria japonica* Kumata, 1982

Gracillaria japonica Kumata, 1982: 11.

分布：浙江（临安、遂昌）、湖南、贵州；日本。
寄主：水蜡树 *Ligustrum obtusifolium*、邱氏女贞 *L. tschonoskii*。
注：描述见《天目山动物志》（李后魂等，2020）。

48. 毛冠细蛾属 *Liocrobyla* Meyrick, 1916

Liocrobyla Meyrick, 1916: 5. Type species: *Liocrobyla paraschista* Meyrick, 1916.

主要特征：头顶有毛簇。触角柄节有栉。下唇须前伸。前翅 Sc 短；R_1始于中室近基部处；R_5和M_1共长柄或基部合生；R_4与R_5和M_1共柄；M_3始于中室下角；CuA_1和CuA_2共长柄，始于中室近下角处；有CuP；A稍弯曲。后翅M_1和M_2共柄；M_3缺失；CuA_1和CuA_2共柄；CuP缺失。

雄性外生殖器：抱器瓣有小齿；抱器腹骨化弱；基腹弧骨化；囊形突短，或无。味刷2对。第8背板三角形。

雌性外生殖器：阴片骨化弱，后缘有侧突。交配孔两侧各有1条前伸的骨化脊。交配囊无囊突。

分布：世界广布。世界已知9种，中国记录3种，浙江分布1种。

（97）瓶瓣毛冠细蛾 *Liocrobyla desmodiella* Kuroko, 1982（图5-15）

Liocrobyla desmodiella Kuroko, 1982: 185.

主要特征：成虫（图5-15A）前翅长3.0–4.0 mm。前翅褐色，前缘基部1/3处和端部1/3处各有1白纹，外斜，分别至翅宽2/3处和1/2处，端部1/5处有1白横线，至后缘；后缘赭黄色，基部1/5和1/3处近后缘各有1白斑，端部1/3处有1白纹，外斜至翅宽1/3处，其内侧有2白斑；近末端前缘和后缘各有1白斑，后缘斑稍大。

雄性外生殖器（图5-15B）：抱器瓣瓶状，抱器腹端部1/5锯齿状，末端有1长角状突起。基腹弧"U"形；囊形突末端圆。阳茎管状，长约为抱器瓣的0.9倍；角状器细针状，成簇。

分布：浙江（龙泉、泰顺）、四川；俄罗斯（远东地区），日本。

图 5-15　瓶瓣毛冠细蛾 *Liocrobyla desmodiella* Kuroko, 1982
A. 成虫；B. 雄性外生殖器

寄主：小槐花 *Desmodium caudatum*、羽叶山蚂蝗 *D. oldhamii*、圆菱叶山蚂蝗 *D. podocarpum*、短梗胡枝子 *Lespedeza cyrtobotrya*。

49. 皮细蛾属 *Spulerina* Vári, 1961

Spulerina Vári, 1961: 181. Type species: *Ornix simploniella* Fischer von Röslerstamm, 1840.

主要特征：头光滑。下唇须前伸、下垂或微上举。触角柄节有毛簇。前翅有 11 或 12 条脉：R_1 有或消失；R_2 与 R_3 近平行；R_5 通常与 R_4 共柄，有时退化或消失；M_2 和 M_3 基部合生或分离；CuA_1 与 M_3 分离；CuA_2 通常缺失，如果有则基部退化，与 CuA_1 平行；CuP 端部清晰；A 模糊。后翅中室开放；有 7 条脉。雄性抱器瓣内表面有 1 个扇形栉状突。基腹弧"U"形，囊形突通常有。阳茎基部有 2 条纵脊，或无；角状器有或无。第 8 背板前缘有表皮突，腹板前缘有膜质鞘。雌性囊突"T"形。

幼虫蛀茎或潜叶。潜道起始窄，然后突然扩大成斑块状。老熟幼虫深红色，蛀茎幼虫在潜道内化蛹，潜叶幼虫在潜道外化蛹。茧船形，表面光滑。

分布：古北区、东洋区、旧热带区。世界已知 20 种，中国记录 10 种，浙江分布 4 种。

分种检索表

1. 前翅白色横带宽度明显窄于白色横带之间的间距 ·· 胡枝子皮细蛾 *S. dissotoma*
- 前翅白色横带宽度与白色横带之间的间距近等宽 ·· 2
2. 前翅雪白色，有赭黄色斑纹，近末端有赭黄色"V"形斑 ··· 针叶皮细蛾 *S. corticicola*
- 前翅棕黄色，有白色斑纹，近末端无"V"形斑 ··· 3
3. 雌性囊导管基部 1/5–2/5 有纵脊，仅基部有刺突 ·· 蔷薇皮细蛾 *S. astaurota*
- 雌性囊导管基部 1/10–2/5 有纵脊并密被小齿突 ··· 多枝皮细蛾 *S. castaneae*

（98）蔷薇皮细蛾 *Spulerina astaurota* (Meyrick, 1922)（图 5-16）

Acrocercops astaurota Meyrick, 1922: 562.
Spulerina astaurota: Kuroko, 1982: 189.

主要特征：成虫（图 5-16A）前翅长 4.5–5.0 mm。前翅棕黄色，基部 1/8 白色，前缘基部 1/4 黑褐色；前缘基部 1/4、1/2、3/4 处及端部 1/8 处有白色横带，外斜至后缘，内、外侧黑褐色，第 3 条中间间断，最后 1 条外侧前缘有 1 白斑；顶角有 1 白点。

雄性外生殖器（图 5-16B）：抱器瓣内表面栉突位于端部 1/3 中央，栉齿 12–14；囊形突近三角形，末端钝尖；阳茎端部 1/5 被齿突；角状器多个，小刺状。

图 5-16　蔷薇皮细蛾 *Spulerina astaurota* (Meyrick, 1922)
A. 成虫；B. 雄性外生殖器；C. 雌性外生殖器

雌性外生殖器（图 5-16C）：囊突纵臂与横臂近等长。

分布：浙江（杭州、上虞）、天津、山西、河南、陕西、海南；俄罗斯（远东地区），韩国，日本，印度。

寄主：*Malus domestica*、野苹果 *M. sylvestris*、*M. sieboldii* var. *zumi*、欧洲李 *Prunus domestica*、野黑樱桃 *P. serotina*、西洋梨 *Pyrus communis*、沙梨 *P. pyrifolia*。

（99）多枝皮细蛾 *Spulerina castaneae* **Kumata** *et* **Kuroko, 1988**（图 5-17）

Spulerina castaneae Kumata *et* Kuroko in Kumata, Kuroko & Ermolaev, 1988: 81.

主要特征：成虫（图 5-17A）前翅长 3.0–3.5 mm。前翅棕黄色，基部 1/6 白色，基部前缘有黑斑；前缘基部 1/3、1/2、2/3 处有白横带并至后缘，其内、外侧黑褐色；端部 1/3 有 2 条白横带紧密相连。

图 5-17　多枝皮细蛾 *Spulerina castaneae* Kumata *et* Kuroko, 1988
A. 成虫；B. 雄性外生殖器；C. 雌性外生殖器

雄性外生殖器（图 5-17B）：抱器瓣的栉状突位于内表面近中部中央，栉齿 9–14。囊形突末端钝尖或圆。阳茎约与抱器瓣等长，基部 3/5 有 2 骨化脊，端部 1/8 密被齿突；阳茎端膜有 1 长形骨片；角状器小刺状。

雌性外生殖器（图 5-17C）：囊突纵臂和横臂近等长。

分布：浙江（临安）、湖北、湖南、福建、贵州、云南；俄罗斯（远东地区），日本。

寄主：日本栗 *Castanea crenata*。

（100）针叶皮细蛾 *Spulerina corticicola* **Kumata, 1964**（图 5-18）

Spulerina corticicola Kumata, 1964: 31.

主要特征：成虫（图 5-18A）前翅长 4.0–5.0 mm。前翅白色，前缘基部有 1 镶黑边的赭黄色斑；前缘基部 1/3、1/2、2/3 处有赭黄色横带，内、外侧黑色，雌性横带前缘黑色；第 1 条略内斜，其余外斜；第 2 和第 3 条间前缘有 1 斑，达翅宽的 1/3，雄性赭黄色、其后缘伸出 1 侧臂与第 3 条横带相连，雌性黑褐色、其后缘伸出 2 侧臂且分别与第 2 和第 3 条横带相连；第 3 条横带后缘有 1 白点；翅端有 1 近"V"形赭黄斑，内侧臂前缘外侧有 1 三角形黑斑，有些在 2 臂间前缘有 1 褐斑。

雄性外生殖器（图 5-18B）：抱器瓣栉突位于中央，栉齿 8–13。囊形突条形，末端钝圆，或近五边形，末端尖。阳茎基部 2/3 有 2 骨化脊；角状器多个，小刺状，或无。

雌性外生殖器（图 5-18C）：囊突纵臂宽，刀片状。

分布：浙江（泰顺）、山西、河南、贵州；俄罗斯（远东地区），日本。

寄主：库页冷杉 *Abies sachalinensis*、日本落叶松 *Larix kaempferi*、日本五针松 *Pinus parviflora*、北美乔松 *P. strobes*。

图 5-18　针叶皮细蛾 *Spulerina corticicola* Kumata, 1964
A. 成虫；B. 雄性外生殖器；C. 雌性外生殖器

（101）胡枝子皮细蛾 *Spulerina dissotoma* (Meyrick, 1931)（图 5-19）

Acrocercops dissotoma Meyrick, 1931: 168.
Spulerina dissotoma: Kumata et al., 1988: 89.

主要特征：成虫（图 5-19A）前翅长 3.0–3.5 mm。前翅赭黄色，杂黑褐色；前缘近基部有 1 白斑，基部 1/3、1/2 和 2/3 处有白横带，外斜，内、外侧镶黑褐色，第 3 条横带中部间断；前缘近末端有 1 近三角形白斑，内含褐斑；顶角有 1 白点。

图 5-19　胡枝子皮细蛾 *Spulerina dissotoma* (Meyrick, 1931)
A. 成虫；B. 雄性外生殖器

雄性外生殖器（图 5-19B）：抱器瓣栉突位于端部 1/3 处近腹缘，栉齿 7–10。囊形突近三角形，末端钝尖。阳茎端膜具 1 骨板，其末端 2 分支，其中央伸出 1 弯曲的细骨化突起；角状器多个，小刺状。射精管有 1 骨板，沿边缘伸出 3 个弯曲的突起，其中 1 突起末端骨化强，钩状。

分布：浙江（泰顺）、河南、湖南、福建、台湾、云南；俄罗斯（远东地区），韩国，日本，印度。

寄主：胡枝子 *Lespedeza bicolor*、短梗胡枝子 *L. cyrtobotrya*、葛 *Pueraria montana*、细叶千斤拔 *Flemingia lineata*。

50. 叶潜蛾属 *Phyllocnistis* Zeller, 1848

Phyllocnistis Zeller, 1848b: 250. Type species: *Opostega suffusella* Zeller, 1847.

主要特征：头部光滑，有光泽。下唇须上举。前翅中室延长，无副室；R_1 始于中室中部稍后，R_5 直达翅顶；A 基部不分叉。后翅翅脉退化。后足胫节有 1 列长毛。

分布：世界广布。世界已知 112 种，中国记录 6 种，浙江分布 1 种。

注：未见标本，描述参见廖启荣（2002）。

（102）柑桔叶潜蛾 *Phyllocnistis citrella* Stainton, 1856

Phyllocnistis citrella Stainton, 1856a: 302.

主要特征：体白色。前翅基部有 2 条褐色纵脉，翅中部具 1 个"Y"形黑纹。前缘中部至外缘缘毛黄色，顶角具 1 黑圆斑。

分布：原产东南亚。目前在全球柑橘产区广泛分布。

寄主：木橘 *Aegle marmelos*、*Citrofortunella microcarpa*、来檬 *Citrus aurantifolia*、酸橙 *C. aurantium*、宽皮柑橘 *C. deliciosa*、雪柚 *C. grandis*、箭叶橙 *C. histrix*、宽叶来檬 *C. latifolia*、甜来檬 *C. limetta*、柠檬 *C. limon*、柚 *C. maxima*、香橼 *C. medica*、葡萄柚 *C. paradisi*、柑橘 *C. reticulata*、甜橙 *C. sinensis*、温州蜜柑 *C. reticulata* cv. Unshiu、*C. vulgaris*、宁波金柑 *Fortunella crassifolia*、金橘 *F. marginata*、调料九里香 *Murraya koenigii*、千里香 *M. paniculata*、枳 *Poncirus trifoliata*、乌柑 *Severinia buxifolia*。

注：描述详见廖启荣（2002）。

51. 潜细蛾属 *Phyllonorycter* Hübner, 1822

Phyllonorycter Hübner, 1822: 66. Type species: *Phalaena rajella* Linnaeus, 1758.
Lithocolletis Hübner, 1825: 423.
Eucestis Hübner, 1825: 423.
Eucesta Hübner, 1826: 67.
Lithocolletes Dyar, 1903a: 549.
Phyllorycter Walsingham, 1914: 336.
Hirsuta Fletcher, 1929: 110.
Asymmetrivalva Kuznetzov *et* Baryshnikova, 2004: 630.
Juxtafera Baryshnikova, 2006: 622.

主要特征：头顶有毛簇。触角与前翅等长或短于前翅；柄节通常有栉。下唇须前伸或下垂。前翅翅脉 7 条；CuA_1、M_3、M_1 和 R_4、R_1 缺失。后翅 CuA_1、M_3 和 M_1 缺失。

雄性外生殖器：对称，或不对称；抱器瓣棒状，少数袋状；多数种类基部有1突起，其上有1根丝状长刚毛；抱器背基突发达；基腹弧通常"V"形；囊形突有或无；隔膜通常膜质；阳茎端基环有或无；阳茎细长或基半部膨大，末端有1–3个小钩或突起。雌性囊突1个，圆形或椭圆形骨片，其上有突起。

分布：世界广布。世界已知414种，中国记录9种，浙江分布1种。

（103）金纹潜细蛾 *Phyllonorycter ringoniella* (Matsumura, 1931)（图 5-20）

Lithocolletis ringoniella Matsumura, 1931a: 1102.
Phyllonorycter ringoniella: Inoue, 1954: 28.

主要特征：成虫（图 5-20A）前翅长 3.0–4.0 mm。前翅亮赭黄色，斑纹亮白色，镶褐色边；基半部中央有1纵纹，有些个体该纵纹占翅长 4/5；前缘中部有1细纹，外斜至翅面 1/4 处，其前缘向翅基部延伸，不达基部，端部 1/3 处、1/4 处和近末端各有1白色斑，其内侧镶褐色；后缘中部和端部 1/3 处各有1细纹，外斜，分别至翅宽 2/3 和 1/2 处，近末端有1小斑。

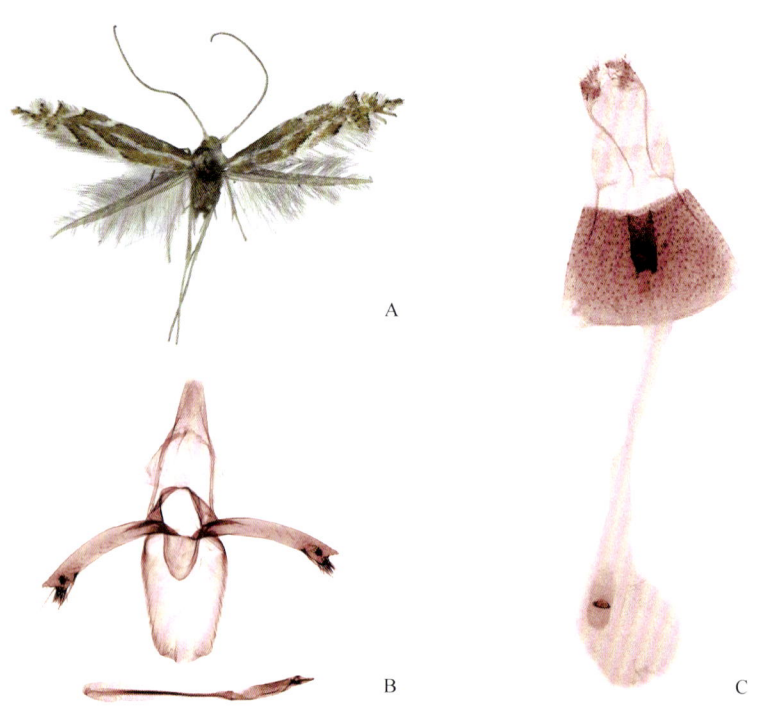

图 5-20 金纹潜细蛾 *Phyllonorycter ringoniella* (Matsumura, 1931)
A. 成虫；B. 雄性外生殖器；C. 雌性外生殖器

雄性外生殖器（图 5-20B）：对称；抱器瓣腹侧角有1簇长刚毛；内表面近末端有1簇短刚毛；腹缘近末端有1长刺。抱器背基突似顶角相连的2个三角形骨片；基腹弧"V"形；阳茎基部 3/5 膜质，内有1骨化杆，末端有1钩状突；无角状器。

雌性外生殖器（图 5-20C）：囊突骨片为椭圆形，中央有多个角状小突。

分布：浙江（临安）、内蒙古、天津、河北、山东、河南、陕西、湖北、广西、贵州、西藏；俄罗斯（远东地区），韩国，日本。

寄主：山荆子 *Malus baccata*、毛山荆子 *M. mandshurica*、苹果 *M. pumila*、*M. pumila* var. *dulcissima*、三叶海棠 *M. sieboldii*、变叶海棠 *M. toringo*、欧洲甜樱桃 *Prunus avium*、李 *P. salicina*。

第六章　巢蛾总科 Yponomeutoidea

八、巢蛾科 Yponomeutidae

主要特征：头被光滑或粗糙鳞片，有时在触角间鳞片成簇。无单眼。喙发达。触角达前翅的 2/3 或与前翅等长，线状，常具短纤毛。下唇须下垂、平伸或上举，第 2 节腹面光滑或粗糙，第 3 节长于或短于第 2 节，通常末端尖。下颚须长短不等，很短至较长，1 或 3 节。前翅具 9、11 或 12 条脉，后翅具 7 或 8 条脉，雄性具 1 根粗壮的翅缰，雌性具 2 根稍短的翅缰。成虫腹部第 2–7 节背板具刺。

雄性外生殖器：爪形突常较发达；尾突常 1 对，多毛；肛管后端有时骨化；颚形突通常具 1 对骨化的侧臂。抱器瓣一般比较简单，近椭圆形。基腹弧前端延伸成 1 发达的囊形突。阳茎长，直或弯，具或不具齿，多具角状器。

雌性外生殖器：产卵瓣与第 8 腹节间的节间膜短、长或很长；前表皮突二分支；后阴片为 1 对毛状突起。导管端片通常明显；囊导管膜质，骨化或部分骨化，一些属中囊导管具齿或小瘤突；交配囊通常膜质，卵圆形或椭圆形；囊突有或无。

分布：世界广布。世界已知百余属 500 余种，中国记录 80 余种，浙江分布 8 属 22 种。

分属检索表

1. 前翅具 9–11 条脉 ··· 2
- 前翅具 12 条脉 ··· 4
2. 前翅具 9 条翅脉 ·· 缘巢蛾属 *Orencostoma*
- 前翅具 11 条翅脉 ··· 3
3. 后翅中室基部下方无透明斑 ·· 带巢蛾属 *Cedestis*
- 后翅中室基部下方有 1 明显透明斑 ·· 褐巢蛾属 *Metanomeuta*
4. 后翅 8 条脉 ·· 小白巢蛾属 *Thecobathra*
- 后翅 7 条脉，M_3 与 CuA_1 脉合并 ··· 5
5. 抱器腹具强刺束或刺丛，背面近基部通常具 1 簇长刚毛 ·· 金巢蛾属 *Lycophantis*
- 抱器腹无强刺束或刺丛，背面近基部通常无长刚毛 ··· 6
6. 抱器瓣腹面近腹缘具 1 条长臂 ·· 长角巢蛾属 *Xyrosaris*
- 抱器瓣无上述结构 ··· 7
7. 颚形突腹板分两裂 ·· 巢蛾属 *Yponomeuta*
- 颚形突腹板为一个整体，不分裂 ·· 异巢蛾属 *Teinoptila*

52. 小白巢蛾属 *Thecobathra* Meyrick, 1922

Thecobathra Meyrick, 1922: 553. Type species: *Thecobathra acropercna* Meyrick, 1922.

主要特征：成虫头部白色，头顶被粗糙鳞片，颜面光滑。下唇须长，光滑，上举，第 3 节略长于第 2 节。下颚须短小，3 节。触角线状，柄节粗壮，鞭节被纤毛。胸部白色；一些种的雄性翅基片发达。前翅宽，顶角突出，外缘斜；银白色，散布褐色或黄褐色鳞片；Sc 脉与中室之间有 1 近透明的斑。后翅与前翅等长，近卵圆形。

雄性外生殖器：爪形突小。尾突宽或窄，端部尖。颚形突与肛管愈合，片状，多骨化，无明显侧臂。抱器瓣宽，抱器腹形状不一。囊形突"V"形或"Y"形。阳茎长，侧面具1列或2列明显的齿突；具角状器。

雌性外生殖器：产卵瓣与第8腹节之间的节间膜短。后表皮突长于前表皮突，前表皮突后半部分2支。交配孔宽。导管端片强烈骨化，被微刺；导精管自导管端片前伸出。交配囊大型；囊突两侧多具长翼。

分布：东洋区。世界已知近30种，中国记录23种，浙江分布6种。

分种检索表（依据雌雄性外生殖器）

1. 囊突小，不规则片状 ·· 明亮小白巢蛾 *T. argophanes*
- 囊突大，飞机状 ·· 2
2. 囊导管前半部近等宽 ·· 伊小白巢蛾 *T. eta*
- 囊导管前半部渐宽或渐窄 ··· 3
3. 抱器背具波状或指状突起 ··· 4
- 抱器背简单，无突起 ·· 5
4. 阳茎的两列齿等长，均位于端部2/3 ··· 庐山小白巢蛾 *T. sororiata*
- 阳茎的两列齿长度不等，分别位于端部2/5和3/5 ··· 宽孔小白巢蛾 *T. delias*
5. 颚形突腹片具刺 ·· 青冈小白巢蛾 *T. anas*
- 颚形突腹片不具刺 ·· 枫香小白巢蛾 *T. lambda*

（104）青冈小白巢蛾 *Thecobathra anas* (Stringer, 1930)

Niphonympha anas Stringer, 1930: 420.
Thecobathra anas: Moriuti, 1971a: 232.

分布：浙江（临安）、安徽、湖北、江西、湖南、福建、广东、广西、四川、贵州、云南；韩国，日本。
寄主：尖叶栲 *Castanopsis cuspidata*、青冈 *Cyclobalanopsis glauca*、枹栎 *Quercus serrata*。
注：描述见《天目山动物志》（李后魂等，2020）。

（105）明亮小白巢蛾 *Thecobathra argophanes* (Meyrick, 1907)（图6-1）

Pyrozela argophanes Meyrick, 1907: 747.
Niphonympha argophanes: Meyrick, 1914b: 45.
Thecobathra argophanes: Moriuti, 1971a: 245.

主要特征：成虫（图6-1A）翅展18.5 mm。头部白色，头顶粗糙，颜面光滑。触角、下唇须、胸部白色。前翅顶角圆钝；银白色，翅面散布稀疏褐色鳞片；前缘基部1/5黑褐色；缘毛浅黄色，端部1/3褐色。后翅灰色，前缘与Sc+R_1脉间白色；缘毛浅灰色。

雌性外生殖器（图6-1B）：前表皮突长为后表皮突的3/4，腹支在中部相连。后阴片宽，横带状，在中部紧靠。导管端片长约占囊导管的1/5，后半部两侧平行，前半部略膨大；囊导管长约为交配囊的4倍，后半部骨化，前半部膜质，向交配囊略渐粗。交配囊圆形；囊突小，不规则片状。

分布：浙江、云南；印度。

图 6-1　明亮小白巢蛾 *Thecobathra argophanes* (Meyrick, 1907)
A. 成虫；B. 雌性外生殖器

（106）宽孔小白巢蛾 *Thecobathra delias* (Meyrick, 1913)（图 6-2）

Calantica delias Meyrick, 1913: 148.
Niphonympha delias: Meyrick, 1914b: 45.
Thecobathra delias: Moriuti, 1971a: 231.

主要特征：成虫（图 6-2A）翅展 16.5–16.8 mm。头部白色，头顶粗糙。触角、下唇须、胸部及翅基片白色。前翅顶角尖；银白色，微带淡黄色，翅面散布黑褐色鳞片；前缘 1/5 黑褐色；缘毛白色，或浅黄色且端部 1/3 黑褐色。后翅白色，端部略带浅灰色；缘毛白色。

图 6-2　宽孔小白巢蛾 *Thecobathra delias* (Meyrick, 1913)
A. 成虫；B. 雄性外生殖器

雄性外生殖器（图 6-2B）：尾突细长，两侧近平行，末端钝。肛管膜质。颚形突腹板舌状，膜质。抱器瓣短而弯，末端钝圆；背缘中部有近三角形突起，末端圆；抱器腹大，背缘锯齿状，后端 1/3 折叠，腹缘中部略凹陷。囊形突后 1/3 "U" 形，前 2/3 向端部渐窄。阳茎粗直，长约为囊形突的 1.3 倍，端部 2/5 与 3/5 分别有 1 列小齿。

分布：浙江、江苏、湖南、广东、四川、云南、西藏；印度。

（107）伊小白巢蛾 *Thecobathra eta* (Moriuti, 1963)

Pseudocalantica eta Moriuti, 1963b: 218.
Thecobathra eta: Moriuti, 1971a: 231.

分布：浙江（临安）、河南、甘肃、江西、福建、广西；日本。
注：描述见《天目山动物志》（李后魂等，2020）。

（108）枫香小白巢蛾 *Thecobathra lambda* (Moriuti, 1963)

Pseudocalantica lambda Moriuti, 1963b: 222.
Thecobathra lambda: Moriuti, 1971a: 232.

分布：浙江（临安）、河南、甘肃、安徽、湖北、江西、湖南、福建、台湾、香港、重庆、四川、贵州。
寄主：枫香树 *Liquidambar formosana*。
注：描述见《天目山动物志》（李后魂等，2020）。

（109）庐山小白巢蛾 *Thecobathra sororiata* Moriuti, 1971

Thecobathra sororiata Moriuti, 1971a: 232.

分布：浙江（临安）、河南、陕西、甘肃、江苏、安徽、江西、湖南、福建、广东、海南、广西、四川、贵州。
注：描述见《天目山动物志》（李后魂等，2020）。

53. 带巢蛾属 *Cedestis* Zeller, 1839

Cedestis Zeller, 1839: 204. Type species: *Argyresthia farinatella* Zeller, 1839.

主要特征：头顶粗糙，颜面光滑。喙短。下唇须下垂或前伸，第 2 节短于第 3 节。触角为前翅的 3/4 长，线状；柄节具栉。前翅披针形；中室约达前翅的 5/7 处，具 11 条脉，翅痣不发达。后翅披针形，中室基部下方无透明斑。

雄性外生殖器：尾突具 1 齿突。肛管膜质。爪形突小。颚形突腹板小，侧臂明显。抱器瓣窄长；抱器腹不明显。囊形突直，短至中等长度。阳茎具阳茎端基环；角状器由 1 或 2 刺或许多微刺构成。味刷有或无。

雌性外生殖器：产卵瓣与第 8 腹节间的节间膜短。前表皮突腹支发达，在后阴片上呈桥状。后阴片椭圆形。导精管自导管端片前伸出。交配囊具 1 锯齿状囊突。

分布：主要分布于古北区。世界已知 8 种，中国记录 3 种，浙江分布 1 种。

（110）银带巢蛾 *Cedestis exiguata* Moriuti, 1977

Cedestis exiguata Moriuti, 1977: 249.

分布：浙江（临安）、天津、山西、河南、陕西、甘肃、四川；韩国，日本，欧洲。
注：描述见《天目山动物志》（李后魂等，2020）。

54. 金巢蛾属 *Lycophantis* Meyrick, 1914

Lycophantis Meyrick, 1914: 122. Type species: *Lycophantis chalcoleuca* Meyrick, 1914.

主要特征：头顶粗糙。喙发达。触角线状，端部略锯齿状；柄节具栉。下唇须较长，略上举。后足胫节光滑；中距位于前端 1/3 处。前翅狭长，中室长约为前翅的 2/3，具 12 条脉；翅痣发达。后翅略窄于前翅，披针形；中室下方不具透明斑。

雄性外生殖器：爪形突发达。尾突末端尖或具数枚长棘。颚形突与肛管愈合；颚形突腹板通常无。背兜梯形。抱器背通常窄带状；抱器背基突棘刺状，分离；抱器腹发达，具强刺束或刺丛，背面近基部通常具 1 簇长刚毛，有些种抱器腹端部与抱器瓣分离。基腹弧"V"形或弧形。囊形突细长。阳茎多样，无盲囊；角状器有或无。具味刷。

雌性外生殖器：前、后表皮突近等长，前表皮突基部分叉。第 8 腹板后缘骨化。交配孔开口于第 8 腹板前端。导管端片骨化强；囊导管通常膜质，导精管位于导管端片前端。交配囊椭圆形或圆形，囊突有或无。

分布：东洋区。世界已知 9 种，中国记录 6 种，浙江分布 2 种。

（111）鼠刺金巢蛾 *Lycophantis chalcoleuca* Meyrick, 1914（图 6-3）

Lycophantis chalcoleuca Meyrick, 1914: 123.

主要特征：成虫（图 6-3A）翅展 8.0–10.0 mm。头顶雪白色，颜面灰色，两侧杂浅灰褐色鳞片。触角长为前翅的 5/6；柄节雪白色，具赭色栉；鞭节腹面灰白色，背面黑褐色，具浅灰褐色环纹，端部 3/5 略呈锯齿状。下唇须浅褐色。胸部、翅基片白色。前翅长约为最宽处的 4.5 倍，前端灰黑色至黑色，后端白色，杂灰黑色鳞片，以中室下缘及翅褶末端为界；沿前缘端部具 2 白点，外缘近端部具 3–5 白点；缘毛灰黑色。后翅灰黑色；缘毛深灰色。

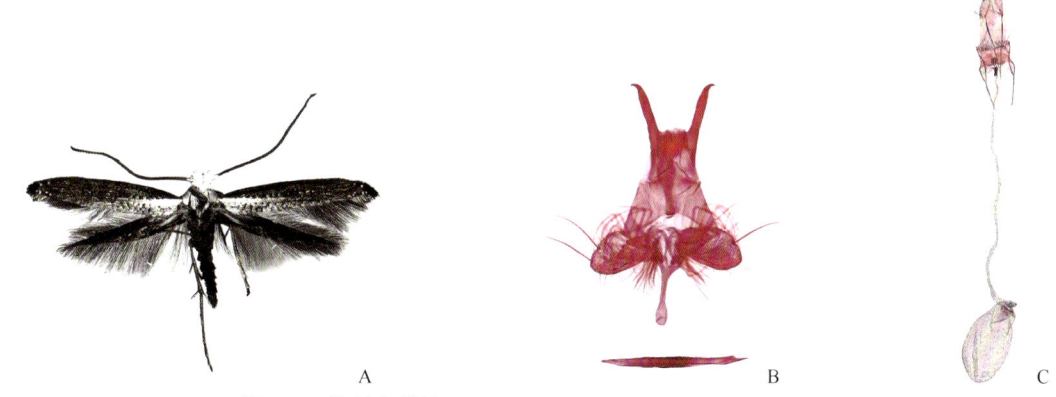

图 6-3 鼠刺金巢蛾 *Lycophantis chalcoleuca* Meyrick, 1914
A. 成虫；B. 雄性外生殖器；C. 雌性外生殖器

雄性外生殖器（图 6-3B）：爪形突后缘中央微凹。尾突被刚毛，外弯，末端呈钩状。颚形突腹板棒状，前端骨化强。抱器瓣卵圆形，基部 1/2 具 1 列 10 根左右弯曲的长刚毛，端部 2/3 密被短刚毛，末端具易脱落的长刚毛，其中 2 根明显较长；抱器腹近三角形，长为抱器瓣的一半，背缘端部 1/2 具小齿突。囊形突与尾突近等长，端部 1/3 膨大，呈球杆状。阳茎长为抱器瓣的 2 倍，末端尖，无角状器。

雌性外生殖器（图 6-3C）：前表皮突与后表皮突等长。交配孔位于第 8 腹板前缘，两侧各具 1 半椭圆形骨化区域。导管端片短小，杯状；囊导管细长，长约为交配囊的 3 倍，后端骨化，其余部分膜质，近交配囊处略膨大；导精管出自导管端片前端。交配囊卵圆形；囊突近椭圆形，由大小均一的颗粒组成，位于交配囊后端。

分布：浙江（温州）、湖北、台湾、广东、海南、香港、云南；印度，越南。

（112）尖突金巢蛾 *Lycophantis mucronata* Li, 2016

Lycophantis mucronata Li in Cong & Li, 2016: 112.

分布：浙江（临安）、湖北。

注：描述见《天目山动物志》（李后魂等，2020）。

55. 缘巢蛾属 *Orencostoma* Moriuti, 1971

Orencostoma Moriuti, 1971b: 253. Type species: *Orencostoma bicornigerum* Moriuti, 1971.

主要特征：成虫头顶粗糙，触角间具毛簇；颜面光滑。喙短。触角丝状，端部略呈锯齿状；柄节中等大小，具细长的栉。下唇须较短，下垂，腹面略粗糙；第 3 节比第 2 节长。下颚须极短小，1 节。后足胫节光滑，中距位于前端 2/5 处。前翅披针形；中室较长，达翅的 3/4 处；具 9 条翅脉。后翅披针形；缘毛长为翅宽的 3 倍；具 7 条脉；后翅中室下方无透明斑。腹部背板具刺。

雄性外生殖器：爪形突为 1 较大的骨化板，后缘中部强烈凹入。尾突较宽，末端尖锐。肛管腹面略骨化。颚形突腹板舌状或半圆形。抱器瓣窄长；抱器腹小，腹面密被小刺。阳茎角状器由 2 个刺或 2 排微齿束组成。无味刷。

雌性外生殖器：产卵瓣与第 8 腹节之间的节间膜宽短。前表皮突短于后表皮突，基部二分支，腹支在中部相连。后阴片为 1 对窄小的毛突，中间通过骨化带相连。囊导管极细长，全部或部分具疣突。交配囊长卵形，囊突有或无。

分布：主要分布于东洋区。世界已知 3 种，中国记录 2 种，浙江分布 1 种。

（113）广缘巢蛾 *Orencostoma divulgatum* Wang, 2019（图 6-4）

Orencostoma divulgatum Wang in Lou, Li & Wang, 2019: 77.

主要特征：成虫（图 6-4A）翅展 8.0–12.0 mm。头顶白色，鳞片粗糙，触角间杂生浅褐色鳞片；颜面光滑，赭白色，杂生浅褐色鳞片。触角柄节灰褐色，腹面白色；鞭节褐色，环生白色。下唇须下垂或平伸，灰褐色杂生白色鳞片。胸部及翅基片赭白色，杂生灰色鳞片。前翅浅褐色至灰褐色，杂灰白色；近基部及 2/5 处各有 1 条褐色宽横带，外侧镶灰白色宽边；缘毛浅褐色，顶角处鳞片末端褐色。后翅及缘毛浅褐色。

图 6-4 广缘巢蛾 *Orencostoma divulgatum* Wang, 2019
A. 成虫；B. 雄性外生殖器；C. 雌性外生殖器

雄性外生殖器（图 6-4B）：爪形突后缘两侧角呈半圆形凸出。尾突细长，背缘中部略膨大，末端具 1 小齿突。颚形突腹板半圆形。抱器瓣背缘近平直，腹缘弧形，末端圆；抱器腹较小，近三角形。囊形突长约为尾突的 2/3，末端膨大。阳茎长为抱器瓣的 3 倍，角状器为 2 排微齿束。

雌性外生殖器（图 6-4C）：产卵瓣与第 8 腹节之间的节间膜宽短。前表皮突长为后表皮突的 2/3，腹支在后阴片前方相连。后阴片为 1 条骨化横带，两侧角呈三角形凸起。导管端片短小，骨化，两侧平行；囊导管极细长，扭曲，后端 1/6–1/3 处及近交配囊处略粗且密被疣突。交配囊较小，长卵形；囊突灯笼状，中间有 1 纵脊。

分布：浙江（嘉兴、杭州、宁波、衢州、丽水、温州）、天津、河南、陕西、宁夏、甘肃、安徽、湖南、福建、广西、四川、贵州。

56. 褐巢蛾属 *Metanomeuta* Meyrick, 1935

Metanomeuta Meyrick, 1935: 87. Type species: *Metanomeuta fulvicrinis* Meyrick, 1935.

主要特征：头顶粗糙，触角间鳞片簇状；颜面光滑。喙发达。下唇须斜上举，被平伏鳞片；第 3 节与第 2 节近等长，末端尖。触角达前翅的 4/5 处，雄性锯齿状，雌性弱锯齿状；柄节极短，具栉；鞭节雄性端部颜色渐深，雌性银白色。后足胫节光滑，中距位于前端 2/5 处。前翅较宽，披针形；中室长，达翅的 3/4 处；具 11 条脉；翅痣不发达。后翅窄，顶角略尖；中室基部 1/2 下方有 1 明显透明斑。

雄性外生殖器：爪形突片状。尾突基部宽，端部渐尖。肛管膜质。颚形突具长臂；腹板圆形或舌状，被小粒状突起。抱器瓣宽，三角形；抱器腹不明显，沿腹缘有许多小棘，末端有 1 明显的尖棘；抱器背基突长，骨化。囊形突较长，直，两侧近平行，末端圆。阳茎长约为抱器瓣的 2 倍，基部 2/5 处或中部至端部 1/4 处有 1 列圆锥形微齿；角状器为 1 排微齿束。无味刷。

雌性外生殖器：产卵瓣与第 8 腹节之间的节间膜短。后表皮突长于前表皮突，前表皮突基部具分支。后阴片圆形；前阴片为 1 骨化横板。交配孔大，圆形。导管端片小，杯状；囊导管膜质，导精管伸出部位与交配囊之间的部分布有疣突。交配囊窄卵形或宽卵形，无囊突。

分布：古北区东部和东洋区。世界已知 3 种，中国记录 3 种，浙江分布 1 种。

（114）金冠褐巢蛾 *Metanomeuta fulvicrinis* Meyrick, 1935

Metanomeuta fulvicrinis Meyrick, 1935: 87.

分布：浙江（临安）、山西、河南、陕西、宁夏、安徽、湖北、江西、湖南、福建、广西、四川、贵州；日本。

注：描述见《天目山动物志》（李后魂等，2020）。

57. 异巢蛾属 *Teinoptila* Sauber, 1902

Teinoptila Sauber, 1902: 701. Type species: *Teinoptila interruptella* Sauber, 1902.
Choutinea Huang, 1982: 269. Type species: *Choutinea shaanxiensis* Huang, 1982.

主要特征：头顶粗糙，颜面光滑。喙发达。下唇须略弯曲，上举；第 3 节与第 2 节等长，腹面略粗糙，末端尖。触角约达前翅的 3/4 处，端部略呈锯齿状。后足胫节光滑；中距位于中部前。前翅中室达翅的 3/4 处；具 12 条脉。后翅长卵圆形；中室下方基部有 1 透明斑。

雄性外生殖器：爪形突为 1 窄的骨化片，后缘中部凹入。尾突宽，末端具 1–2 棘。肛管通常膜质。颚形突侧壁前端有时向外扩展成片状突起；腹板小或无，若有，则表面光滑。抱器瓣背缘骨化；抱器背基突为 1 骨化带；抱器腹发达。阳茎端环管状，膜质。基腹弧小；囊形突粗壮，末端膨大。阳茎细长，多数种类中部弯曲；角状器由 2 个明显的短刺及其基部的微齿束组成。有些种类第 8 腹板具 1 窄的倒 "U" 形骨片。

雌性外生殖器：产卵瓣与第 8 腹节之间的节间膜短。前表皮突略短于后表皮突，基部明显分支。导管端片中等大小；囊导管膜质，多数极细长且中部强烈扭曲。交配囊膜质；囊突有或无，若有，则具齿突。

导精管出自导管端片与囊导管连接处。

分布：东洋区、澳洲区。世界已知 8 种，中国记录 5 种，浙江分布 1 种。

（115）天则异巢蛾 *Teinoptila bolidias* (Meyrick, 1913)

Hyponomeuta bolidias Meyrick, 1913: 137.
Teinoptila bolidias: Moriuti, 1977: 205.

分布：浙江（临安）、陕西、甘肃、湖北、湖南、云南；泰国。

注：描述见《天目山动物志》（李后魂等，2020）。

58. 长角巢蛾属 *Xyrosaris* Meyrick, 1907

Xyrosaris Meyrick, 1907b: 71. Type species: *Xyrosaris dryopa* Meyrick, 1907.

主要特征：头顶粗糙。喙发达。下唇须弯曲上举；第 2 节粗糙，具蓬松的鳞毛簇；第 3 节长于第 2 节，鳞片蓬松，呈刷状。触角线状，简单，柄节短。后足胫节光滑；中距位于前端 1/3 处。前翅狭长，具竖鳞；中室长，到达前翅的 3/4 处；具 12 条脉；翅痣发达。后翅披针形；中室基部下方具透明斑。

雄性外生殖器：爪形突和尾突形状多变；肛管腹面有 1 条线状骨化带。背兜纵窄，前缘中部三角形凹入，腹面具 1 "U" 形带。颚形突腹板膜质，腹面被小刺。抱器瓣具 1 长臂，末端密生刚毛；抱器背基突宽带状。阳茎端基环明显。阳茎细长，角状器通常由 2 排微刺组成。

雌性外生殖器：产卵瓣与第 8 腹节间的节间膜短，中间有 1 明显的骨化片。前表皮突基部大多分支。后阴片大，后缘着生微毛。交配孔圆形。导管端片短，部分或全部骨化；囊导管长，膜质，具小疣突；导精管出自导管端片与囊导管的连接处。交配囊膜质，圆形或长卵形；囊突有或无。

分布：古北区东部、东洋区、澳洲区。世界已知 10 种，中国记录 2 种，浙江分布 1 种。

（116）丽长角巢蛾 *Xyrosaris lichneuta* Meyrick, 1918

Xyrosaris lichneuta Meyrick, 1918: 188.

分布：浙江（临安）、辽宁、河北、河南、陕西、江苏、湖北、江西、湖南、福建、台湾、海南、广西、贵州、云南、西藏；日本，印度。

寄主：南蛇藤 *Celastrus orbiculatus*、卫矛 *Euonymus alatus*、垂丝卫矛 *E. oxyphyllus*、桃叶卫矛 *E. sieboldianus*。

注：描述见《天目山动物志》（李后魂等，2020）。

59. 巢蛾属 *Yponomeuta* Latreille, 1796

Yponomeuta Latreille, 1796: 146 (non binom.). Type species: *Phalaena Tinea evonymella* Linnaeus, 1758.

主要特征：头顶光滑，少数种被粗糙鳞片；颜面光滑。喙发达。下唇须弯曲或上举；第 2 节腹面略粗糙；第 3 节略长于第 2 节，或与其等长，末端尖。触角基部光滑，基部 1/4 以下略呈锯齿状，具纤毛；一些种柄节具栉。前翅宽；中室长，近达翅的 5/6 处，副室明显；具 12 条脉；翅痣发达。后翅长卵圆形；中室基部下方有 1 透明斑。后足胫节光滑；中距位于胫节前端 3/7 处。

雄性外生殖器：爪形突方片状、尾突末端具 1–2 棘、肛管多具 1 骨化长带；颚形突腹板为 1 对前伸的具刺突起；抱器瓣腹面端部密被长毛，腹缘弧形；抱器腹狭长，末端尖或钝；具抱器背基突。囊形突末端膨大；阳茎端基环明显；阳茎角状器由 4 刺组成；具味刷。

雌性外生殖器：产卵瓣与第 8 腹节间的节间膜短或略延伸；前表皮突分支，与后表皮突等长或略短；后阴片为 1 对具毛突起；导管端片常为漏斗状，囊导管部分具小刺，导精管位于囊导管后端；交配囊卵圆形或近卵圆形，无囊突。

分布：世界广布。世界已知 80 多种，中国记录 20 种，浙江分布 9 种。

分种检索表

1. 前翅白色 ·· 2
- 前翅灰色 ·· 4
2. 前翅黑点少于 27 个，胸部有 5 个黑点 ··· 瘤枝卫矛巢蛾 *Y. kanaiellus*
- 前翅黑点多于 35 个 ·· 3
3. 胸部有 4 个黑点，翅基片有 2 个黑点 ··· 稠李巢蛾 *Y. evonymellus*
- 胸部有 5 个黑点，翅基片有 1 个黑点 ·· 多斑巢蛾 *Y. polystictus*
4. 前翅翅褶中部有 1 个褐色斑 ·· 5
- 前翅翅褶中部无褐色斑 ··· 7
5. 中室中部近上缘有 1 个褐色斑 ··· 双点巢蛾 *Y. bipunctellus*
- 中室中部近上缘无褐色斑 ·· 6
6. 翅面上有 46–68 个黑点 ··· 垂丝卫矛巢蛾 *Y. eurinellus*
- 翅面上有 31–48 个黑点 ··· 冬青卫矛巢蛾 *Y. griseatus*
7. 翅面上有 14–16 个黑点 ·· 二十点巢蛾 *Y. sedellus*
- 翅面上黑点 20 个以上 ·· 8
8. 翅面上有 23–27 个黑点 ··· 灰巢蛾 *Y. cinefactus*
- 翅面上有 34–40 个黑点 ·· 东方巢蛾 *Y. anatolicus*

（117）东方巢蛾 *Yponomeuta anatolicus* (Stringer, 1930)

Hyponomeuta anatolica Stringer, 1930: 419.

Yponomeuta anatolicus: Friese, 1962: 311.

分布：浙江（临安）、黑龙江、吉林、山东、河南、陕西、甘肃、安徽；日本。

寄主：卫矛 *Euonymus* sp.。

注：描述见《天目山动物志》（李后魂等，2020）。

（118）双点巢蛾 *Yponomeuta bipunctellus* Matsumura, 1931

Yponomeuta bipunctella Matsumura, 1931a: 1097.

分布：浙江（临安）、辽宁、陕西、甘肃、安徽、四川；俄罗斯（远东地区），日本。

注：描述见《天目山动物志》（李后魂等，2020）。

（119）灰巢蛾 *Yponomeuta cinefactus* (Meyrick, 1935)

Hyponomeuta cinefacta Meyrick in Caradja & Meyrick, 1935: 89.

Yponomeuta cinefactus: Friese, 1962: 312.

分布：浙江（临安）、黑龙江、吉林、辽宁、天津、河北、山西、河南、陕西、宁夏、甘肃、江苏、湖北、海南、四川；俄罗斯。

寄主：卫矛 *Euonymus* sp.。

注：描述见《天目山动物志》（李后魂等，2020）。

（120）垂丝卫矛巢蛾 *Yponomeuta eurinellus* Zagulajev, 1969

Yponomeuta eurinellus Zagulajev, 1969: 195.

分布：浙江（临安）、山西、河南、陕西、甘肃；俄罗斯，日本。

寄主：垂丝卫矛 *Euonymus oxyphyllus*。

注：描述见《天目山动物志》（李后魂等，2020）。

（121）稠李巢蛾 *Yponomeuta evonymellus* (Linnaeus, 1758)

Phalaena Tinea evonymella Linnaeus, 1758: 534.
Yponomeuta evonymellus: Rebel, 1901: 132.

分布：浙江（临安）、黑龙江、吉林、辽宁、内蒙古、北京、天津、河北、山西、河南、陕西、甘肃、新疆、江苏、上海、湖北、江西、湖南、四川、云南、西藏；俄罗斯（远东地区），韩国，印度，欧洲，北美。

寄主：稠李 *Prunus padus*、欧洲酸樱桃 *P. cerasus*、首里樱 *P. ssiori*、欧洲李 *P. domestica*、北亚稠李 *P. asiatica*、苹果 *Malus pumila*、亚欧花楸 *Sorbus aucuparia*、扶芳藤 *Euonymus fortunei*。

注：描述见《天目山动物志》（李后魂等，2020）。

（122）冬青卫矛巢蛾 *Yponomeuta griseatus* Moriuti, 1977

Yponomeuta griseatus Moriuti, 1977: 196.

分布：浙江（临安）、北京、天津、河北、山东、河南、陕西、上海、安徽、江西、湖南、广西、四川、贵州；日本。

寄主：冬青沟瓣 *Glyptopetalum aquifolium*。

注：描述见《天目山动物志》（李后魂等，2020）。

（123）瘤枝卫矛巢蛾 *Yponomeuta kanaiellus* (Matsumura, 1931)

Hyponomeuta kanaiella Matsumura, 1931a: 1097.
Yponomeuta kanaiellus: Inoue, 1954: 38.

分布：浙江（临安）、黑龙江、吉林、辽宁、北京、天津、河北、河南、陕西；日本。

寄主：卫矛 *Euonymus alatus*、*Euonymus alatus* f. *ciliatodentatus*。

注：描述见《天目山动物志》（李后魂等，2020）。

（124）多斑巢蛾 *Yponomeuta polystictus* Butler, 1879

Yponomeuta polysticta Butler, 1879b: 81.

分布：浙江（临安）、内蒙古、河南、陕西、甘肃、安徽、江西、湖南、福建、广东、广西、四川、贵州；日本，欧洲。

寄主：垂丝卫矛 *Euonymus oxyphyllus*、山卫矛 *E. sieboldianus*、白杜 *E. maackii*、苹果 *Malus pumila*、李 *Prunus salicina*、山楂 *Crataegus pinnatofoda*。

注：描述见《天目山动物志》（李后魂等，2020）。

（125）二十点巢蛾 *Yponomeuta sedellus* Treitschke, 1832

Yponomeuta sedella Treitschke, 1832: 223.

分布：浙江（临安）、黑龙江、山东、河南、甘肃、上海、安徽；俄罗斯（远东地区），日本，欧洲。

寄主：八宝 *Hylotelephium erythrostictum*、玉米石 *Sedum album*、八宝景天 *S. spectabile*、紫景天 *S. telephium maximum*。

注：描述见《天目山动物志》（李后魂等，2020）。

九、冠翅蛾科 Ypsolophidae

主要特征：翅展一般为 13.0–31.0 mm。头顶被粗糙或光滑鳞片；具头盖缝。触角简单。下唇须长，弯曲或略弯曲，近乎前伸或上举。

雄性外生殖器：爪形突通常较退化或消失，仅在极少数种内较发达，有 1 对或 2 对短毛。尾突细长，末端尖锐。背兜向前延伸形成两个大叶。颚形突长，形成勺状腹片，布满小齿。阳茎端环圆柱状，腹面布满刚毛。抱器瓣宽，末端圆形或近圆形，无抱器腹，抱器背基突为 1 窄带。

雌性外生殖器：后表皮突极长，前表皮突基部分支，明显短于后表突。后阴片骨化程度强或弱，有刺。

分布：世界广布。世界已知 4 属 160 多种，中国记录 3 属 64 种，浙江分布 1 属 1 种。

60. 冠翅蛾属 *Ypsolopha* Latreille, 1796

Ypsolopha Latreille, [1796]: 145. Type species: *Phalaena sylvella* Linnaeus, 1767, subsequent designation by Desmarest, 1857 [= *Ypsolophus* Fabricius, 1798]. Synonyms see Jin et al. 2013: 6-7.

主要特征：翅展一般为 13.0–31.0 mm。头顶鳞片粗糙或光滑。下唇须第 2 节腹面通常具长的鳞毛簇，第 3 节具 vom Rath 感受器。触角长为前翅的 3/4。前翅卵形或窄长，顶角钩状或平伸，具 12 条翅脉。后翅与前翅等长或略长于前翅，长卵形，具 8 条脉。

雄性外生殖器：爪形突通常较退化或消失；尾突细长，末端尖锐；肛管腹面具 1 条线状骨化带。颚形突腹片勺状，布满小齿。抱器瓣无抱器腹，抱器背基突为 1 窄带。阳茎角状器由 1 对长刺或微齿束组成。具长的味刷。

雌性外生殖器：后表皮突极长，前表皮突基部分支。后阴片骨化程度强或弱，有刺。导管端片前端环形骨化；囊导管膜质，少数种类中有部分区域骨化，布满疣突。交配囊卵形或近卵形；囊突为 1 个长的骨化带或骨化板，有 1 个或 2 个厚的横脊。

分布：世界广布。世界已知 150 多种，中国记录 60 种，主要分布北方与华中地区，浙江分布 1 种。

（126）褐脉冠翅蛾 *Ypsolopha nemorella* (Linnaeus, 1758)

Phalaena (*Tinea*) *nemorella* Linnaeus, 1758: 536.
Ypsolopha nemorellus: Moriuti, 1977: 96.

分布：浙江（临安）、陕西、安徽、湖南、贵州；日本。
注：描述见《天目山动物志》（李后魂等，2020）。

十、银蛾科 Argyresthiidae

主要特征：小型至中型，翅展 7.0–17.0 mm。前翅具光泽，后缘近翅中部通常具 1 条深色斜纹，有时为后缘上 1 斑点，或缺如。雄性外生殖器尾突被数量不等的鳞状刚毛，雌性外生殖器囊突由基板和生于其上的突起组成，均密生小齿突，突起通常基部 2 分叉，有时仅具 1 齿突。

成虫休止时头部紧贴附着物，体躯抬起与附着面通常呈约 45°夹角，后足紧贴身体，置于两侧，触角与体躯呈近 90°夹角。这种休止姿势是银蛾科的典型特征。

分布：世界广布。世界已知 1 属约 210 种，中国记录 64 种，浙江分布 8 种。

61. 银蛾属 *Argyresthia* Hübner, [1825]

Argyresthia Hübner, [1825]: 422. Type species: *Phalaena* (*Tinea*) *goedartella* Linnaeus, 1758.

Argyrosetia Stephens, 1829a: 205.

Oligos Treitschke, 1830: 299.

Ederesa Curtis, 1833: 191.

Ismene Stephens, 1834: 247.

Blastotere Ratzeburg, 1840: 240.

Eurynome Chambers, 1875a: 304.

Busckia Dyar, 1903a: 563.

Paraargyresthia Moriuti, 1969: 30.

主要特征：后头鳞毛直立或平伏。

雄性外生殖器：尾突被鳞片状刚毛，抱器瓣具 1 丛或 1 列长刚毛，或密布细短刚毛，或仅边缘被稀疏刚毛，基腹弧骨化弱，囊形突长不超过抱器瓣宽的 2 倍。

雌性外生殖器：囊突基板和突起密被微齿，其他特征同科征。

分布：世界广布。世界已知约 210 种，中国记录 64 种，浙江分布 8 种。

分种检索表

1. 前翅 R_1 脉出自中室上缘中部，R_4、R_5 脉共柄 ··· 2
- 前翅 R_1 脉出自中室上缘基部 2/5 之前，R_4、R_5 脉分离 ··· 5
2. 前翅单色，褐色至深褐色 ··· 褐齿银蛾 *A. anthocephala*
- 前翅具 2 种以上颜色 ··· 3
3. 胸部棕赭色 ·· 异网齿银蛾 *A. chalcocausta*
- 胸部白色 ··· 4
4. 前翅斑纹褐色 ·· 拟网齿银蛾 *A. idiograpta*
- 前翅斑纹绿褐色 ·· 长茎齿银蛾 *A. longipenella*
5. 前翅黄色，顶角呈钩状 ··· 黄钩银蛾 *A. subrimosa*
- 前翅翅褶至前缘灰色、棕褐色或金黄色，顶角钝尖 ··· 6
6. 前翅翅褶至前缘灰色 ·· 小突银蛾 *A. minutisocia*
- 前翅翅褶至前缘棕褐色或金黄色 ·· 7

7. 前翅翅褶至前缘棕褐色 ·· 狭银蛾 *A. angusta*
- 前翅翅褶至前缘金黄色 ·· 杜鹃银蛾 *A. beta*

（127）狭银蛾 *Argyresthia angusta* Moriuti, 1969

Argyresthia angusta Moriuti, 1969: 12.

分布：浙江（临安、丽水）、湖南、福建、广西、四川、贵州；日本。
注：描述见《天目山动物志》（李后魂等，2020）。

（128）褐齿银蛾 *Argyresthia anthocephala* Meyrick, 1936

Argyresthia anthocephala Meyrick, 1936: 622.

Argyresthia cryptomeriae: Xu, Liu & Zhu, 1991: 457. [nomen non rite publicatum]

分布：浙江（临安、丽水、温州）、湖北、江西、福建；日本。
注：描述见《天目山动物志》（李后魂等，2020）。

（129）杜鹃银蛾 *Argyresthia beta* Friese *et* Moriuti, 1968（图 6-5）

Argyresthia beta Friese *et* Moriuti, 1968: 15.

主要特征：成虫（图 6-5A）翅展 12.0–12.5 mm。头白色。下唇须黄白色。触角柄节白色，栉黄色；鞭节浅黄色，各节端部背侧褐色。胸部白色，翅基片黄色。前翅略呈长椭圆形，长宽比为 3.6；底色白色，前缘 1/2 自基部至 3/5 处金黄色，前缘中部具 3–4 条浅褐色短横纹，后缘翅中部具 1 金褐色矩形斑，镶黑褐色边，向前缘渐宽，与前缘金黄色条纹相接；端部 2/5 金褐色，散布白色小斑和黑色鳞片，顶角处黑色。缘毛在顶角处基半部黄褐色，端半部黑褐色，臀角处黄白色。后翅深灰色，缘毛灰色。腹部背侧深灰色，腹侧奶酪白色。

A　　　　　　　　　　　　B　　　　　　　　C
图 6-5　杜鹃银蛾 *Argyresthia beta* Friese *et* Moriuti, 1968
A. 成虫；B. 雄性外生殖器；C. 雌性外生殖器

雄性外生殖器（图 6-5B）：尾突被 18–23 鳞片状刚毛，后端具 2–4 刚毛；颚形突线状骨化；抱器瓣最宽处位于基部 2/5 处，背缘基部 2/5 处拱，中区近腹缘至端区具 1 列长刚毛；囊形突三角形，末端钝，长为抱器瓣宽的 2/3；阳茎直，末端尖，长为抱器瓣宽的 3.8 倍。第 8 腹板 "V" 形。具味刷。

雌性外生殖器（图 6-5C）：后阴片三角形；导管端片长为第 8 腹节长的 7/10；导精管出自囊导管后端 2/7 处；囊导管基部细，自导精管开口处向前端渐粗，导精管开口处至交配囊被稀疏微刺；交配囊椭圆形，中部一侧密被微刺和微突；囊突基板微小，突起"V"形，末端尖。

分布：浙江（杭州）、湖北、贵州；日本。

（130）异网齿银蛾 *Argyresthia chalcocausta* Meyrick, 1935

Argyresthia chalcocausta Meyrick in Caradja & Meyrick, 1935: 91.

主要特征：翅展11.0 mm。头白色。胸部棕赭色，翅基片深棕色。前翅具有铜棕色光泽。前缘至基部有1条短的深棕色纹，前缘有3条短纹，内斜，中间短纹向前缘二分叉；缘毛铜棕色。后翅灰色，缘毛灰白色。

分布：浙江。

注：未见标本，描述译自原始描述（Meyrick，1935）。

（131）拟网齿银蛾 *Argyresthia idiograpta* Meyrick, 1935

Argyresthia idiograpta Meyrick in Caradja & Meyrick, 1935: 91.

主要特征：翅展9.0 mm。头浅赭色，头顶白色，下唇须白色。胸部白色。前翅白色，基部有1条深褐色横纹，后缘具1条短横纹达翅褶；近翅中部至前缘3/5处有1条细纹，与始于臀角上方的相似纹相交于前缘；臀角处有1褐色斑；顶角具褐色弥散状斑，有2或3深色边缘斑；缘毛白色，围顶角有褐色线纹。后翅浅灰色；缘毛浅灰赭色。

分布：浙江。

注：未见标本，描述译自原始描述（Meyrick，1935）。

（132）长茎齿银蛾 *Argyresthia longipenella* Liu, Wang *et* Li, 2017（图6-6）

Argyresthia longipenella Liu, Wang *et* Li, 2017: 24.

主要特征：成虫（图6-6A）翅展9.5 mm。头顶白色。触角柄节白色，梗黄褐色；鞭节白色，具黑灰色环纹。胸部白色，翅基片金褐色。前翅后缘翅基部3/10处和1/2处各具1条绿褐色斜纹，分别达前缘基部2/5处和7/10处，斜纹内侧除了后缘处白色，其余绿褐色；臀角处具1条绿褐色纹，直达中室末端，外折至前缘近顶角处。后翅和缘毛灰色。

图6-6 长茎齿银蛾 *Argyresthia longipenella* Liu, Wang *et* Li, 2017
A. 成虫；B. 雄性外生殖器

雄性外生殖器（图6-6B）：尾突被17鳞片状刚毛，后端被1长刚毛；抱器瓣基部最宽，向端部略变窄，末端圆；囊形突三角形，末端截；阳茎直，长为抱器瓣宽的6.0倍，角状器长近阳茎长的1/5，端部具大量骨化强的尖刺。第 8 腹板 "Y" 形。味刷极长，近表皮长的 1/2。

分布：浙江（丽水）。

（133）小突银蛾 *Argyresthia minutisocia* Liu, Wang *et* Li, 2017（图 6-7）

Argyresthia minutisocia Liu, Wang *et* Li, 2017: 42.

主要特征：成虫（图 6-7A）翅展 11.0–12.5 mm。头白色。下唇须黄白色，外侧杂黄褐色。触角柄节白色，端部染黄色，梗褐色；鞭节银灰白色，具黑褐色环纹。前翅长宽比为 4.4；前缘至翅褶区域灰色至深灰色，翅褶至后缘区域黄白色；前缘基部 3/10 具数条黑色短横纹，端部 1/5 处具 2 紧邻的黄白色斑；沿中室上缘具 1 条黄白色纵纹，边界不清；中室中部具 1 黑色斑；翅褶基半部下方黑褐色，后缘近翅中部具 1 条黑色斜纹，向端部渐窄，达中室上角；缘毛前缘黄白色，在顶角附近黑色，臀角附近黑灰色。后翅灰色，向端部渐呈黑灰色；缘毛与翅同色。

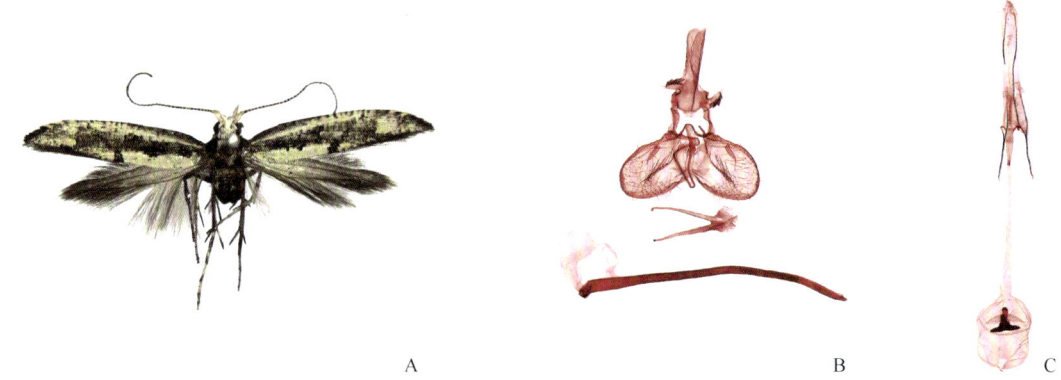

图 6-7 小突银蛾 *Argyresthia minutisocia* Liu, Wang *et* Li, 2017
A. 成虫；B. 雄性外生殖器；C. 雌性外生殖器

雄性外生殖器（图 6-7B）：尾突极小，被 11 鳞片状刚毛，后端具 2 长刚毛；颚形突端部不膨大，末端无粗长刚毛；抱器瓣基半部等宽，端半部渐窄，末端圆，中区具 1 丛稀疏粗长刚毛，囊形突短于抱器瓣宽，阳茎基部直，中部偏后弧弯；长为抱器瓣宽的 4.5 倍。第 8 腹板 "V" 形，分支向端部渐细。具味刷。

雌性外生殖器（图 6-7C）：后阴片狭长；导管端片漏斗形，长为第 8 腹节长的 3/4；导精管出自囊导管中部；囊导管在导精管开口处前方附近密被微刺；交配囊椭圆形，中部稍缢缩，密被微突；囊突基板带状，末端圆，突起前缘直，中部稍凹。

分布：浙江（杭州）、贵州。

（134）黄钩银蛾 *Argyresthia subrimosa* Meyrick, 1932

Argyresthia subrimosa Meyrick, 1932: 227.
Argyresthia mutuurai Moriuti, 1964: 20. [misidentification]

分布：浙江（临安）、湖南、四川、贵州；日本。
注：描述见《天目山动物志》（李后魂等，2020）。

十一、菜蛾科 Plutellidae

主要特征：体小型；头部被紧贴鳞片或丛毛；下唇须第 2 节腹面有前伸的毛束，第 3 节上举，光滑，末端尖；触角长为前翅的 2/3–4/5，休止时触角前伸。前翅狭窄，有翅痣和副室，缘毛有时长；后翅狭窄，披针形，缘毛长。

分布：世界广布。该科有不同的分类系统，较新的记载为：世界已知 48 属 150 多种，中国记录 9 属 17 种，浙江分布 3 属 4 种。

分属检索表

1. 下唇须第 2 节腹面具前伸的鳞毛簇 ··· 菜蛾属 *Plutella*
- 下唇须第 2 节腹面光滑 ··· 2
2. 囊形突细长 ··· 光菜蛾属 *Leuroperna*
- 囊形突短小 ··· 雀菜蛾属 *Anthonympha*

62. 菜蛾属 *Plutella* Schrank, 1802

Plutella Schrank, 1802: 169. Type species: *Phalaena Tinea xylostella* Linnaeus, 1758.

主要特征：头顶鳞片光滑或粗糙，颜面光滑；下唇须第 2 节腹面具前伸、三角形、长于本节的鳞毛簇；触角通常为前翅长的 3/4，柄节具前伸的翼突；前翅窄，各脉分离；翅痣略发达；后翅长卵形。

雄性外生殖器：尾突下垂，中部相连；颚形突窄带状，常位于与其相连的尾突下方；抱器瓣阔，半椭圆形，中部通常具 1 大孔穴；抱器腹明显，基部通常内折；基腹弧三角形，囊形突末端略呈钩状，阳茎基环极小；阳茎无角状器，盲囊短；具长味刷。

雌性外生殖器：后表皮突与前表皮突近等长；后阴片通常为 1 对近圆形毛突；导管端片指状或杯状；囊导管极细；交配囊无囊突。

分布：世界广布。世界已知 19 种，中国记录 1 种，浙江有分布。

（135）小菜蛾 *Plutella xylostella* (Linnaeus, 1758)

Phalaena Tinea xylostella Linnaeus, 1758: 538.
Plutella xylostella Schrank, 1802 (not Linnaeus, 1758): Lhomme, 1946: 984.

分布：世界广布。
寄主：芸薹属 *Brassica* spp.、萝卜 *Raphanus sativus* 等十字花科植物。
注：描述见《天目山动物志》（李后魂等，2020）。

63. 光菜蛾属 *Leuroperna* Clarke, 1965

Leuroperna Clarke, 1965b: 100. Type species: *Leuroperna leioptera* Clarke, 1965.

主要特征：头顶粗糙，颜面光滑；下唇须第 3 节短于第 2 节，弯曲上举；触角略长于前翅的 1/2，柄节具前伸的翼突，鞭节略呈锯齿状。前翅各脉分离，副室较弱；翅痣发达。

雄性外生殖器：肛管膜质或略骨化；尾突中部横向平伸；抱器瓣阔，密被长刚毛；抱器腹长约为抱器瓣的 1/2，基部内折；基腹弧三角形，囊形突细长；阳茎长于抱器瓣；具味刷。

雌性外生殖器：前表皮突近等长于后表皮突；第 7 腹板后端中部近"V"形深凹；导管端片漏斗状；囊导管骨化或部分骨化；副囊通常小于交配囊；交配囊无囊突。

分布：东洋区、澳洲区。世界已知 2 种，中国记录 1 种，浙江有分布。

（136）列光菜蛾 *Leuroperna sera* (Meyrick, 1886)

Plutella sera Meyrick, 1886a: 178.
Leuroperna sera: Kyrki, 1989: 440.

分布：浙江（临安）、河南、陕西、甘肃、湖北、湖南、福建、台湾、海南、香港、广西、重庆、四川、贵州、云南；韩国，日本，印度，越南，斯里兰卡，印度尼西亚，澳大利亚，新西兰。

寄主：芥菜 *Brassica juncea*、欧洲油菜 *B. napus*、花椰菜 *B. oleracea* var. *botrytis*、甘蓝 *B. oleracea* var. *capitata*、白菜 *B. pekinensis*、日本油菜 *B. rapa* var. *perviridis*、萝卜 *Raphanus sativus*。

注：描述见《天目山动物志》（李后魂等，2020）。

64. 雀菜蛾属 *Anthonympha* Moriuti, 1971

Anthonympha Moriuti, 1971b: 251. Type species: *Calantica oxydelta* Meyrick, 1913.

主要特征：头顶粗糙，颜面光滑；无单眼。下唇须略弯曲，上举。触角长约为前翅的 3/4，柄节具栉。前翅长卵形或披针形，沿前缘近中部至端部 1/4 处通常具 3–4 条黄褐色间白色斜纹，后缘中部通常具 1 条斜带，其前端多与前缘纹相连，外缘略凹入；具 11 或 12 条脉；翅痣发达。后翅多披针形，缘毛长为翅最宽处的 1.5 倍；具 7 或 8 条脉。

雄性外生殖器：爪形突退化。尾突通常狭长，角状，被长刚毛。颚形突为 1 条骨化横带，其中部常具多样化突起。肛管腹面中央自基部至中部具 1 骨化纵带。背兜多表现为宽短，前缘中部常深凹。抱器瓣端部常加宽，背缘基部具 1 三角形或角状突起，某些种中，沿腹缘及末端内侧具针状刺；抱器腹不明显。抱器背基突窄带状，向后稍拱；阳茎基环膜质。囊形突通常短小。阳茎长于或短于抱器瓣；盲囊略膨大；角状器有或无。

雌性外生殖器：前表皮突基部分叉。后阴片与前表皮突腹支相连，后缘被长刚毛。交配孔小，开口于第 7 腹板近后缘。导管端片骨化；囊导管通常膜质；导精管发达，自囊导管基部伸出。交配囊膜质；无囊突。

分布：东洋区。世界已知近 10 种，中国记录 5 种，浙江分布 2 种。

（137）平雀菜蛾 *Anthonympha truncata* Li, 2016

Anthonympha truncata Li in Cong, Fan & Li, 2016: 291.

分布：浙江（临安）、天津、广东、广西。

注：描述见《天目山动物志》（李后魂等，2020）。

（138）舌雀菜蛾 *Anthonympha ligulacea* Li, 2016

Anthonympha ligulacea Li in Cong, Fan & Li, 2016: 293.

分布：浙江（临安）、湖北、海南、广西、云南。
注：描述见《天目山动物志》（李后魂等，2020）。

十二、雕蛾科 Glyphipterigidae

主要特征：体小型，大多为深褐色，前翅通常具白色条纹和银色斑，具金属光泽或无；前翅副室明显或不明显；后翅中脉干在中室内残存。雄性外生殖器抱器瓣简单，抱器背基突发达；雌性外生殖器产卵瓣通常简单，有时强烈骨化，交配孔位于第 7、8 腹节的节间膜上，漏斗形或浅杯形，囊导管通常细长，交配囊通常椭圆形，一般无囊突。部分类群成虫通常白天活动，趋光性差。

分布：世界广布。世界已知 28 属约 540 种，中国记录 4 属 51 种，浙江分布 2 属 6 种。

65. 斑雕蛾属 *Acrolepiopsis* Gaedike, 1970

Acrolepiopsis Gaedike, 1970: 32. Type species: *Roeslerstammia assectella* Zeller, 1939.

主要特征：前翅颜色较暗，常具 1 个明亮的三角形后缘斑，前后翅近等宽。前翅 Rs 脉达前缘中部，R_1 脉达前缘基部 2/3 处，R_5 脉达外缘，M_3 及 CuA_1 脉出自中室下角，CuA_2 脉出自中室下角前，CuP 脉部分退化，1A+2A 脉具基叉，3A 脉缺失；后翅 $Sc+R_1$ 脉达前缘端部 1/7 处，Rs 脉达顶角前，M_1 脉与 M_2 共柄，出自中室上角后，M_3 与 CuA_1 脉共柄，出自中室下角，CuA_2 脉出自中室下角前，1A+2A 脉具基叉，3A 脉部分退化。

雄性外生殖器：爪形突、颚形突及背兜退化为 1 个密被短刚毛的肛管。阳茎端环骨化弱。抱器瓣简单，形状多样。囊形突较长。阳茎简单，基部膨大；无角状器。

雌性外生殖器：抱器瓣被短刚毛；后阴片多骨化强烈；交配孔周围区域常骨化明显；囊导管膜质或部分骨化；交配囊椭圆形或长椭圆形，有时后半部密被小齿突；囊突 1 对或无。

分布：全北区、东洋区。世界已知约 46 种，中国记录 10 余种，浙江分布 4 种，包括 2 中国新记录种。

分种检索表

1. 抱器瓣与囊形突近等长 ·· 2
- 抱器瓣明显短于囊形突 ·· 3
2. 抱器瓣近端部背缘略内凹，腹缘近直 ··· 葱斑雕蛾 *A. sapporensis*
- 抱器瓣近端部背缘、腹缘均圆钝 ··· 中华斑雕蛾 *A. sinense*
3. 抱器瓣端部约 1/6 处略膨大，后明显变窄 ·· 日本斑雕蛾 *A. japonica*
- 抱器瓣端部等宽 ··· 山药斑雕蛾 *A. nagaimo*

（139）日本斑雕蛾 *Acrolepiopsis japonica* Gaedike, 1982（图 6-8）中国新记录

Acrolepiopsis japonica Gaedike, 1982: 27.

主要特征：成虫（图 6-8A）翅展 8.5–9.0 mm。头部黄褐色，杂黑褐色鳞片；颜面光滑，头顶具鳞毛簇。触角柄节深褐色；鞭节黄褐色，具深褐色环纹。下唇须灰褐色。胸部及翅基片黄褐色，杂少量黑色及深褐色鳞片。前翅黄褐色，杂黑褐色及少量黄白色鳞片；前缘自基部至近 3/5 处具 8 个黑褐色短纹，模糊，3/5 处具 1 个黑色斑纹，外斜达中室上缘，后至端部等距离分布 3 个白色短纹，均达 R_4 脉；中室基部至端部散布黄白色斑点，模糊；翅端部 1/3 散布大量白色斑点；R_5 脉端部具 1 个黑色斑点；后缘斑三角形，黄白色，杂少量褐色鳞片，自后缘近基部 2/5 处达中室后缘，近端部 1/3 处 1 个白色外斜斑纹，近端部 1/8 处具 1 个白色短纹；外缘在顶角下方明显凹陷，后沿外缘均匀分布 6 个小白斑点；缘毛黑褐色，具黄白色中带，

顶角下方微凹处缘毛白色。后翅及缘毛灰色。

图 6-8　日本斑雕蛾 *Acrolepiopsis japonica* Gaedike, 1982
A. 成虫；B. 雄性外生殖器

雄性外生殖器（图 6-8B）：肛管骨化弱，密被短刚毛。抱器瓣长约为基腹弧与囊形突总长的 4/7，基部 1/3 膨大成矩形，后至端部较窄，近端部略膨大，端部圆钝，内表面具 1 个口袋状结构。基腹弧与囊形突愈合，基部宽，渐窄至基部 2/7 处，后至端部狭窄等宽，末端圆钝。阳茎端环较大，骨化弱。阳茎长约为基腹弧与囊形突总长的 3/2，基部宽，渐窄至中部，后至端部细，端部密被小齿突；无角状器。

分布：浙江（杭州）、湖北、广东、云南；日本。

（140）山药斑雕蛾 *Acrolepiopsis nagaimo* Yasuda, 2000（图 6-9）中国新记录

Acrolepiopsis nagaimo Yasuda, 2000: 419.

主要特征：成虫（图 6-9A）翅展 6.5–8.0 mm。头部黄褐色，杂深褐色鳞片；颜面光滑，头顶具鳞毛簇。触角柄节黄褐色，杂深褐色鳞片；鞭节黄褐色，具深褐色环纹。下唇须黄褐色，密被深褐色鳞片。胸部黄褐色，杂深褐色鳞片。前翅底色黄褐色，密被大量深褐色及少量白色鳞片；前缘基半部具多个灰褐色条纹，模糊，后至端部均匀分布 4 个黄白色斑纹，均外斜达 R_4 脉；翅端部 1/3 散布大量白色斑点；R_5 脉中部具 1 个黑褐色斑点；外缘在顶角下方微凹，顶角处具 1 个清晰的白色斑，后至端部均匀分布 4 个白色小斑；后缘斑三角形，自后缘基部 2/5 处达中室下缘；近中部具 1 个白色斑点；后至端部具 2 条黄白色细纹；缘毛深褐色，杂灰褐色鳞片，呈灰褐色中带。后翅及缘毛灰色。

图 6-9　山药斑雕蛾 *Acrolepiopsis nagaimo* Yasuda, 2000
A. 成虫；B. 雄性外生殖器；C. 雌性外生殖器

雄性外生殖器（图 6-9B）：抱器瓣长约为基腹弧后缘中部到囊形突末端距离的 4/5，基部 1/3 膨大成圆

形，后至端部细长，端部无明显膨大，末端内表面具 1 个口袋状结构，模糊；被稀疏刚毛。囊形突与基腹弧愈合，基部略宽，后至端部等宽，较窄，端部膨大为球形。阳茎端环骨化弱。阳茎长约为基腹弧后缘中部到囊形突末端距离的 1.6 倍，基部宽，渐窄至中部，后至端部较窄，等宽，端部膜质结构密被齿突；无角状器。

雌性外生殖器（图 6-9C）：产卵瓣被短刚毛。前表皮突约为后表皮突的 2/3。后阴片乳突状。交配孔圆形。囊导管较短，约为交配囊长度的 4/5，基部 1/4 强烈骨化，较粗，内具大量短刺；后至端部膜质，较细。交配囊椭圆形，膜质。

分布：浙江（杭州、金华）、贵州；日本，尼泊尔。

（141）葱斑雕蛾 *Acrolepiopsis sapporensis* (Matsumura, 1931)（图 6-10）

Diplodoma marginepunctella f. *sapporensis* Matsumura, 1931a: 1107.
Acrolepia alliella Semenov et Kuznetzov, 1956: 1676.
Acrolepiopsis sapporensis: Moriuti, 1975: 250.

主要特征：成虫（图 6-10A）翅展 11.0–12.0 mm。头部黄褐色，杂深褐色鳞片；颜面光滑，头顶具鳞毛簇。触角柄节黄褐色，杂深褐色鳞片；鞭节黄褐色，具深褐色环纹。下唇须黄白色，密被深褐色鳞片。胸部及翅基片黄褐色，部分鳞片末端深褐色。前翅深褐色，杂黑褐色及少量白色鳞片；前缘自基部至端部具 11 个黄白色短纹，端部 3 条最大；中室基部至端部散布白色斑点；翅端部 1/3 散布大量白色斑点；R_5 脉近中部具 1 个黑色斑纹；后缘斑白色，三角形，自基部 2/5 处达中室下缘，后至端部具 3 个小白斑点；外缘在顶角下方微凹，沿外缘等距离分布 6 个小白斑；缘毛深褐色，顶角处黄白色，具黄白色中带。后翅及缘毛灰色。

图 6-10 葱斑雕蛾 *Acrolepiopsis sapporensis* (Matsumura, 1931)
A. 成虫；B. 雄性外生殖器；C. 雌性外生殖器

雄性外生殖器（图 6-10B）：肛管骨化弱，密被短刚毛。抱器瓣与基腹弧后缘中部到囊形突末端的距离近等长，向腹侧弯曲，基部 1/4 宽，后渐窄至中部，自中部至近端部 1/4 处渐宽，后渐窄至端部，末端尖，背缘端部内凹；被稀疏刚毛。基腹弧与囊形突愈合，基部较宽，渐窄至 1/3 处，后至端部略宽，末端圆。阳茎端环骨化弱。阳茎长约为基腹弧后缘中部到囊形突末端距离的 1.5 倍，基部宽，渐窄至端部 2/7 处，后等宽至末端；无角状器。

雌性外生殖器（图 6-10C）：产卵瓣被短刚毛。前表皮突约为后表皮突长的 2/3。后阴片乳突状。交配孔圆形。前阴片骨化强烈，近半圆形。囊导管较短，与交配囊近等长，基部骨化强烈，呈杯形，后至端部细且均匀。导精管自囊导管端部一侧发出。交配囊近圆形，膜质；囊突 1 对，棒状，长约为交配囊的 3/8。

分布：浙江（杭州、丽水）、黑龙江、辽宁、天津、河北、山西、河南、湖北、湖南、广西、重庆、四川、贵州、云南；俄罗斯，蒙古国，韩国，日本，夏威夷群岛。

（142）中华斑雕蛾 *Acrolepiopsis sinense* Gaedike, 1971（图 6-11）

Acrolepiopsis sinense Gaedike, 1971: 275.

主要特征：成虫（图 6-11A）翅展 11.5–12.0 mm。头部黄褐色，杂深褐色鳞片；颜面光滑，头顶具鳞毛簇。触角柄节黄褐色，杂深褐色鳞片；鞭节黄褐色，具深褐色环纹。下唇须黄白色，密被深褐色鳞片。胸部及翅基片黄褐色，部分鳞片末端黄褐色或深褐色。前翅黄褐色，杂黑褐色及少量白色鳞片；前缘近端部 1/3 处具 1 个深褐色半圆形斑，近端部具 1 条黄白色斑；沿中室下缘散布黑色斑点；翅端部 1/3 散布大量白色斑点，R_5 脉与 M_1 脉之间具 1 个黑色斑纹；后缘斑白色，三角形，自基部 2/5 处达中室下缘，后至端部具 3 个小白斑点；沿外缘等距离分布 6 个小白斑；缘毛深褐色，顶角处黄白色，具黄白色中带。后翅及缘毛灰褐色。

图 6-11 中华斑雕蛾 *Acrolepiopsis sinense* Gaedike, 1971
A. 成虫；B. 雄性外生殖器

雄性外生殖器（图 6-11B）：肛管骨化弱，密被短刚毛。抱器瓣与基腹弧后缘中部到囊形突末端的距离近等长，近端部略向腹侧弯曲，基部 1/4 略宽，后渐窄至端部 1/3 处，自 1/3 处渐宽至端部，末端尖；被稀疏刚毛。基腹弧与囊形突愈合，基部略宽，渐窄至中部，后至端部略宽，末端圆。阳茎端环骨化弱。阳茎长约为基腹弧后缘中部到囊形突末端距离的 2 倍，基部宽，渐窄至端部 2/5 处，后等宽至末端；无角状器。

分布：浙江、天津；俄罗斯。

66. 雕蛾属 *Glyphipterix* Hübner, [1825]

Glyphipterix Hübner, [1825]: 421. Type species: *Tinea bergstraesserella* Fabricius, 1781.
Heribeia Stephens, 1829a: 49.
Aechmia Treitschke, 1833: 69.
Glyphipteryx Zeller, 1839: 181.
Anacampsoides Bruand, [1851]: 32.

主要特征：体小型，前翅具白色条纹和银色斑，具金属光泽。
雄性外生殖器：抱器瓣简单，抱器背基突发达。
雌性外生殖器：产卵瓣通常简单，有时强烈骨化，囊导管通常细长，交配囊通常卵圆形，一般无囊突。
成虫通常白天活动，趋光性差。
分布：世界广布。世界已知约 330 种，中国记录 41 种，文献记载浙江分布 8 种，本书记述 2 种。

（143）白钩雕蛾 *Glyphipterix gamma* Moriuti *et* Saito, 1964（图 6-12）

Glyphipterix gamma Moriuti *et* Saito, 1964: 62.

主要特征：成虫（图 6-12A）翅展 9.0–10.5 mm。头部深褐色，具金属光泽。触角背面深褐色，腹面白色。下唇须白色；第 2、3 节各具 2 条黑褐色环纹，环纹在背侧断开；第 3 节末端尖，腹面末端黑褐色。胸部和翅基片深褐色。腹部深灰色，具光泽；各节腹面后缘具 1 灰白色横带。前翅自基部渐宽至近端部 1/5 处，前缘略拱，顶角圆，外缘在顶角下稍内凹，后部圆斜。翅面底色深褐色，在特定光线下，翅面基部 1/3 反射白色光泽，端部反射强烈的橄榄绿色金属光泽，顶角黑褐色；前缘具 6 条条纹：第 1 条自前缘近 2/5 处至中室 4/5 处，外斜，浅黄色；第 2 条自前缘中部偏后至近中室末端中部，外斜，长于第 1 条，基半部白色，端半部银灰色；第 3 条在前缘 2/3 处，稍外斜，短，基半部白色，端半部银灰色；端部 3 条相距较近，楔形，与第 3 条近等长，末端均具 1 银色斑；后缘具 1 条白色条纹，自后缘近中部至前缘第 1 条条纹末端下方外侧，基部 1/4 粗直，端部渐窄，外斜，末端银灰色；端部具 5 个银灰色斑，均闪蓝紫色金属光泽：第 1 个近臀角处，大，圆形，其后缘处白色；第 2、3 个分别在中室上角外侧和中室下角；第 4 个沿外缘中部偏后，条形；第 5 个在外缘内凹处，最小；中室后缘端部和中室末端外侧各具 1 个大的不规则黑褐色斑；缘毛基部深褐色，中部黑色，端部灰色。后翅披针形，宽于前翅宽的一半，深褐色，具光泽；缘毛浅褐色。雌性前翅中室后缘端部和中室末端外侧的黑褐色斑较雄性小。

雄性外生殖器（图 6-12B）：背兜狭长，侧边骨化，近平行；隔膜中央具 1 列刚毛。肛管细长，超过背兜。基腹弧后半部矩形，前半部倒三角形；后缘中部稍内凹，前缘向前侧方扩展；囊形突细长，约为抱器瓣长的 2/3。抱器瓣基部 1/5 背、腹缘近平行；端部 4/5 椭圆形，密被刚毛，中央具 1 纵脊。阳茎细长，略长于抱器瓣，端部 1/3 具刺。阳茎端环骨化，锥形，为阳茎长的一半，端部 1/3 被刚毛。

雌性外生殖器（图 6-12C）：产卵瓣近椭圆形；与第 8 背板之间的节间膜长于第 8 背板的 2 倍。第 8 背板骨化，前缘圆；侧叶椭圆形，后端被稀疏刚毛。阴片新月形，由第 7 腹板骨化折叠构成。交配孔圆柱形，骨化弱。囊导管极细长，在 1 具褶骨片处接入交配囊。交配囊卵圆形，近导精管 1/3 密被微突；导精管出自交配囊近囊导管处，基部密被微突。

分布：浙江（杭州）、江西、湖南、福建、贵州；日本。

图 6-12 白钩雕蛾 *Glyphipterix gamma* Moriuti *et* Saito, 1964
A. 成虫；B. 雄性外生殖器；C. 雌性外生殖器

（144）犀角雕蛾 *Glyphipterix rhinoceropa* Meyrick, 1935（图 6-13）

Glyphipteryx [sic] *rhinoceropa* Meyrick, 1935: 86.
Glyphipterix rhinoceropa: Heppner, 1982: 52.

主要特征：成虫（图 6-13A）翅展 8.5–10.5 mm。头顶深褐色，具金色光泽；颜面灰褐色。触角褐色，具金属光泽；鞭节略呈锯齿状，被微毛。下唇须白色，具光泽；第2、3节各具2条深褐色环纹，环纹斜向端部，在背侧断开；第3节与第2节近等长，末端尖，腹面末端深褐色。胸部和翅基片深褐色，具金属光泽。前翅略窄，渐宽至近端部1/3处；前缘1/4处略拱；顶角圆；外缘在顶角下稍内凹，后部圆斜。前翅底色深褐色，端部渐深，翅面反射橄榄色或金色金属光泽，顶角黑褐色；前缘具7条条纹：基部4条近等距，略外斜，均不达翅宽的1/2；第1条自前缘近1/3处，最粗；第2条在前缘近中部；第3、4条基部1/3白色，端部银灰色，末端具银灰色圆斑，圆斑闪蓝紫色金属光泽；端部3条紧靠，楔形，第5条浅黄色，第6条黄白色，末端具银灰色斑，闪蓝紫色光泽，最外1条白色，在近顶角处；后缘具3条条纹：第1条自后缘1/4处达翅褶之上，外斜，略呈镰刀形，白色；第2条自后缘近2/3处至中室后缘3/4处，基半部白色，端半部银灰色；第3条近臀角处，短小，银灰色，仅在后缘处白色；端部具4个银灰色斑：第1个在中室下角，第2、3个沿外缘后半部，第4个在外缘内凹处；缘毛基半部深褐色，具光亮的橄榄色金属光泽，端半部灰白色；顶角前缘部分深褐色，具橄榄色金属光泽。后翅披针形，宽于前翅宽的一半，灰褐色。

 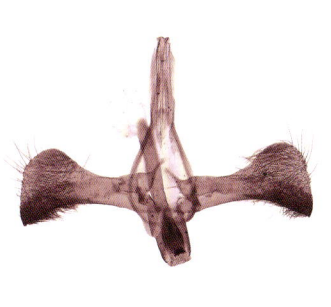 

A B C

图 6-13 犀角雕蛾 *Glyphipterix rhinoceropa* Meyrick, 1935
A. 成虫；B. 雄性外生殖器；C. 雌性外生殖器

雄性外生殖器（图6-13B）：背兜三角形，侧边骨化。肛管细长，端部3/4超过背兜。基腹弧倒梯形，高于背兜高的1/3；后缘中部内凹，前缘向前扩展至囊形突中部，两侧在前部1/3处内凹，侧角圆；囊形突短于基腹弧高。抱器瓣强烈骨化，基半部粗壮，背、腹缘近平行；端半部背缘呈半圆形突出，密被刚毛，腹缘骨化，三角形，末端具1齿突。阳茎长于抱器瓣，末端具刺；角状器管形，短于阳茎端环长的一半。阳茎端环骨化，圆柱形，长于阳茎长的1/3，近末端具2丛短刚毛。

雌性外生殖器（图6-13C）：产卵瓣末端尖；与第8背板之间的节间膜长于第8背板的3倍。后表皮突极细长，端部扁平；前表皮突较粗，基部2/5处分叉。第8背板骨化，后半部矩形，前半部三角形；侧叶近半圆形，后缘被稀疏刚毛。第7腹板骨化，两侧具褶，构成阴道片。交配孔漏斗形，长，前端内部骨化弱。囊导管细长。交配囊卵形，密被颗粒状突起；骨片呈镰形，后端骨化强，呈"U"形；导精管出自交配囊近囊导管处。

分布：浙江（杭州）、江苏、江西、福建、四川。

第七章　麦蛾总科 Gelechioidea

十三、祝蛾科 Lecithoceridae

主要特征：体小至中型。头圆，光滑。无单眼。触角长于或等长于前翅，少数类群触角短于前翅。下唇须通常 3 节，上举过头顶，少数种类下唇须 2 节，若 3 节则通常第 2 节加粗，第 3 节细长。前翅通常狭长，呈近矩形，少数披针形。后翅等宽或略宽于前翅，常呈梯形，少数披针形。腹部有或无背刺。

雄性外生殖器：颚形突基板有时发达，中突存在或缺失，若存在，则呈鸟喙状；抱器瓣形态多样；抱器背桥独立或与抱器瓣背缘愈合，有时仅见基部；抱器端通常被刚毛；抱器腹通常呈带状。阳茎管状，平直或腹向弯曲；阳茎端膜内通常具颗粒。

雌性外生殖器：导管端片膜质或骨化，多呈杯状或漏斗状；交配囊球状或长椭圆形，囊突通常 1 枚，部分类群数枚。

分布：世界广布，但东洋区多样性最高。世界已知 100 多属近 1300 种，中国记录 47 属 250 多种，浙江分布 22 属 65 种。

（一）瘤祝蛾亚科 Torodorinae

主要特征：喙存在。腹部背板具刺列。

雄性外生殖器：爪形突发达，长三角形或近似形状；颚形突中突存在或缺失；抱器背桥退化，或仅见基部。

分布：主要分布于东洋区。世界已知 42 属 500 余种，中国记录 14 属 114 种，浙江分布 7 属 20 种。

分属检索表

1. 后翅 M_2 脉存在 ·· 2
- 后翅 M_2 脉缺失 ·· 6
2. 前翅 M_2、M_3 脉愈合 ·· 3
- 前翅 M_2、M_3 脉发自一点或共柄或远离 ·· 5
3. 前翅 M_1 与 R_{3-5} 脉共柄 ·· 秃祝蛾属 *Halolaguna*（部分）
- 前翅 M_1 与 R_{3-5} 脉分离 ·· 4
4. 前翅 CuA_1、CuA_2 脉分离；抱器瓣明显从基部窄至末端 ························ 秃祝蛾属 *Halolaguna*（部分）
- 前翅 CuA_1、CuA_2 脉共柄；抱器瓣端部加宽或稍窄 ·· 貂祝蛾属 *Athymoris*
5. 前翅 M_3、CuA_1、CuA_2 脉共柄 ·· 白斑祝蛾属 *Thubana*
- 前翅 M_3 与 CuA_{1+2} 脉分离 ·· 瘤祝蛾属 *Torodora*
6. 雄性腹部 4-6 节两侧具特化羽状鳞片 ·· 鳞带祝蛾属 *Lepidozonates*
- 雄性腹部无羽状鳞片 ·· 7
7. 前翅 M_2、M_3 脉愈合 ·· 俪祝蛾属 *Philharmonia*
- 前翅 M_2、M_3 脉分离 ·· 三角祝蛾属 *Deltoplastis*

67. 貂祝蛾属 *Athymoris* Meyrick, 1935

Athymoris Meyrick, 1935: 564. Type species: *Athymoris martialis* Meyrick, 1935.
Cubitomoris Gozmány, 1978: 239.

主要特征：触角等长或略长于前翅，雄性触角腹缘常具短纤毛。下唇须第 2 节加粗，第 3 节细长，与第 2 节约等长。前翅窄长，通常具 1 浅色前缘斑；R_1、R_2 脉独立，R_3、R_4、R_5 脉共柄，M_1 脉独立，M_2、M_3 脉愈合，CuA_1、CuA_2 脉共柄。后翅宽，梯形；M_2 脉存在，M_3、CuA_1 脉共柄。

雄性外生殖器：爪形突长，从基部窄至末端；颚形突中突存在；抱器瓣基部宽；基腹弧有时前端加宽；阳茎基环多样；阳茎具角状器。

分布：主要分布于东洋区。世界已知 13 种，中国记录 9 种，浙江分布 2 种。

（145）肘貂祝蛾 *Athymoris aechmobola* (Meyrick, 1935)（图 7-1）

Lecithocera aechmobola Meyrick, 1935: 75.
Cubitomoris aechmobola: Gozmány, 1978: 240.
Athymoris aechmobola: Park, 2000b: 232.

主要特征：成虫（图 7-1A）翅展 13.0–15.0 mm。头部黄白色。触角黄白色，鞭节具暗褐色环纹。下唇须内侧黄白色，外侧暗褐色。胸部黄白色；翅基片暗褐色。前翅暗褐色，杂黄白色；前缘斑稍大，黄白色，位于顶角前端；中室斑椭圆形，黑色；中室端斑圆，黑色，与中室斑等大；亚端线黄白色，曲状；缘毛褐色，基线黄白色。后翅与缘毛浅灰褐色；缘毛基线黄白色。

图 7-1　肘貂祝蛾 *Athymoris aechmobola* (Meyrick, 1935)
A. 成虫；B. 雄性外生殖器；C. 雌性外生殖器

雄性外生殖器（图 7-1B）：爪形突长三角形。抱器瓣基部等宽，窄至抱器端；抱器端卵圆形；抱器腹宽。阳茎基环近矩形，中间窄，后缘粗糙，前缘中间具 1 梯形突起；后侧叶短指状。阳茎约为抱器瓣长的 3/4，平直，中部稍加宽；角状器 1 个，片状，骨化弱。

雌性外生殖器（图 7-1C）：后表皮突约为前表皮突长的 1.5 倍。导管端片短，骨化弱。囊导管为交配囊长的 2 倍；导精管约等宽于囊导管，发自囊导管后端 1/4 处。交配囊卵圆形；囊突位于交配囊中间，椭圆形，边缘锯齿状，中间具 1 矩形凹槽。

分布：浙江（临安、青田）、上海、安徽、海南。

(146) 貂祝蛾 *Athymoris martialis* Meyrick, 1935

Athymoris martialis Meyrick, 1935: 564.

分布：浙江（临安）、天津、河北、河南、安徽、湖北、湖南、台湾、广东、贵州、云南；韩国，日本。
注：描述见《天目山动物志》（李后魂等，2020）。

68. 三角祝蛾属 *Deltoplastis* Meyrick, 1925

Deltoplastis Meyrick, 1925a: 228. Type species: *Onebala ocreata* Meyrick, 1910.

主要特征：触角等长于前翅。下唇须第 2 节加粗，第 3 节细长，等长或稍长于第 2 节。前翅前缘基部稍拱，顶角突出，外缘斜直或浅凹；底色通常黄褐色，具显著的黑褐色斑；中室闭合；R_1、R_2 脉独立，R_3、R_4、R_5 脉共柄，R_5 脉达顶角，M_1 脉独立，M_2、M_3 脉基部靠近或发自一点，CuA_1、CuA_2 脉共柄。后翅宽，近梯形；中室开放或部分开放；M_2 脉缺失，M_3、CuA_1 脉共柄。
  雄性外生殖器：爪形突自基部窄至末端；颚形突中突存在；抱器端三角形或足形；阳茎基环后侧叶指状、棒状或不明显；基腹弧窄；阳茎角状器多样。
  雌性外生殖器：导管端片不发达或骨化弱；囊导管长于交配囊；导精管螺旋状；交配囊大，囊突具齿。
  分布：主要分布于东洋区。世界已知 43 种，中国记录 15 种，浙江分布 2 种。

（147）块三角祝蛾 *Deltoplastis commatopa* Meyrick, 1932（图 7-2）

Deltoplastis commatopa Meyrick, 1932: 205.

主要特征：成虫（图 7-2A）翅展 18.0–21.5 mm。头部褐色，两侧白色。触角柄节褐色，后缘白色；鞭节白色，具暗褐色环纹。下唇须黄褐色。胸部和翅基片褐色。前翅褐色；肩斑黑褐色，达翅前缘 1/4；斑纹黑褐色，边缘饰橙黄色；中斑大，三角形，前端通过 1 条细线连接翅前缘；中室端斑棒状；亚端斑梯形，内缘长约为外缘的 1/3；中室端斑下方具 1 细长条纹；端线黑色；缘毛黄褐色，末端黄白色。后翅与缘毛灰褐色。

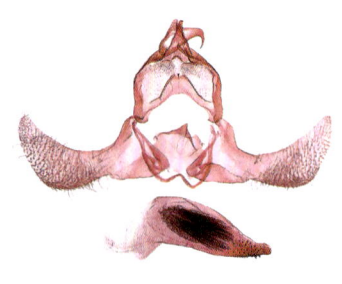

A   B   C

图 7-2 块三角祝蛾 *Deltoplastis commatopa* Meyrick, 1932
A. 成虫；B. 雄性外生殖器；C. 雌性外生殖器

雄性外生殖器（图 7-2B）：爪形突长三角形。抱器瓣基部宽，明显窄至抱器端；抱器端三角形；抱器瓣背缘中间深凹，端部斜直。阳茎基环近方形，后缘具 1 三角形突起；后侧叶短；侧叶小，乳突状。阳茎等长于抱器瓣，基部稍宽，端部 1/4 密被小齿；角状器由 1 束长针状刺突及许多小齿组成。

雌性外生殖器（图 7-2C）：后表皮突约为前表皮突长的 1.5 倍。囊导管约为交配囊长的 1.5 倍；导精管窄，发自囊导管后端 1/3 处。交配囊椭圆形；囊突大，梭形，密被小齿，约为交配囊长的 1/2。

分布：浙江（临安）、台湾；越南。

（148）叶三角祝蛾 *Deltoplastis lobigera* Gozmány, 1978

Deltoplastis lobigera Gozmány, 1978: 228.

分布：浙江（临安、景宁）、陕西、甘肃、安徽、湖北、湖南、福建、台湾、广西、重庆、四川、贵州、云南；印度。

注：描述见《天目山动物志》（李后魂等，2020）。

69. 秃祝蛾属 *Halolaguna* Gozmány, 1978

Halolaguna Gozmány, 1978: 238. Type species: *Halolaguna sublaxata* Gozmány, 1978.

主要特征：触角等长于前翅，鞭节腹缘通常具短纤毛。下唇须第 2 节加粗，第 3 节细长，约等长于第 2 节。前翅窄长，通常具 1 浅色前缘斑和腹缘斑；中室闭合；R_1、R_2 脉独立，R_3、R_4、R_5 脉共柄，M_1、R_{3-5} 脉分离或共柄，M_2、M_3 脉愈合，M_{2+3}、CuA_1、CuA_2 脉分离或共柄。后翅稍宽，近梯形；中室闭合；M_2 脉存在，M_3、CuA_1 脉共柄。

雄性外生殖器：爪形突基部宽，窄至末端；颚形突基板通常不发达，中突存在；抱器瓣基部宽，渐窄至末端；基腹弧窄，有时前端加宽；阳茎基环通常具 1 对后侧叶；阳茎有或无角状器。

雌性外生殖器：第 8 腹板后缘中部通常凹入；囊导管长，卷曲；导精管发自囊导管后端；交配囊具 1–3 个囊突。

分布：主要分布于东洋区。世界已知 9 种，中国记录 6 种，浙江分布 3 种。

分种检索表

1. 颚形突中突长于爪形突；抱器瓣端部腹向弯曲 ··· 秃祝蛾 *H. sublaxata*
- 颚形突中突短于爪形突；抱器瓣端部外伸或背向斜伸 ·· 2
2. 抱器瓣端部外伸；阳茎基环后侧叶短于阳茎基环 ··· 钩翅秃祝蛾 *H. oncopteryx*
- 抱器瓣端部背向斜伸；阳茎基环后侧叶等长于阳茎基环 ······························· 拔林秃祝蛾 *H. palinensis*

（149）钩翅秃祝蛾 *Halolaguna oncopteryx* (Wu, 1994)（图 7-3）

Cynicostola oncopteryx Wu, 1994a: 125.

Halolaguna oncopteryx: Park, 2000b: 240.

主要特征：成虫（图 7-3A）翅展 15.0–16.0 mm。头部褐色，两侧黄白色。触角黄白色。下唇须第 2 节内侧黄白色，外侧暗褐色；第 3 节黄白色，末端黑褐色。胸部和翅基片灰褐色。前翅暗褐色；前缘斑楔形，浅黄色，位于端部 1/3 处；腹缘斑小，黄白色，位于端部 1/5 处；缘毛灰黑色，基线黄白色。后翅与缘毛灰色；缘毛基线黄白色。

雄性外生殖器（图 7-3B）：爪形突长，基部宽，端部窄。抱器瓣基部宽，窄至端部 1/3，随后明显窄至尖端，末端具 1 小刺；抱器瓣背缘端部凹入。阳茎基环近矩形，后缘下方具 1 半圆形褶盖；后侧叶短指状，约为阳茎基环长的 1/2。阳茎约等长于抱器瓣，从基部窄至末端，末端具 1 小突起；角状器由 1 具齿的半环形骨片及 1 弱骨化板组成。

雌性外生殖器（图 7-3C）：后表皮突约为前表皮突长的 1.5 倍。导管端片膜质，短。囊导管约为交配囊长的 1.5 倍，卷曲，端部散布刺突；导精管约等宽于囊导管前端部分，发自囊导管后端 1/4 处。交配囊长椭圆形；囊突椭圆形，前、后缘锯齿状，中间具 1 矩形凹槽。

分布：浙江（平湖、泰顺）、福建、台湾、广西、重庆、四川、云南。

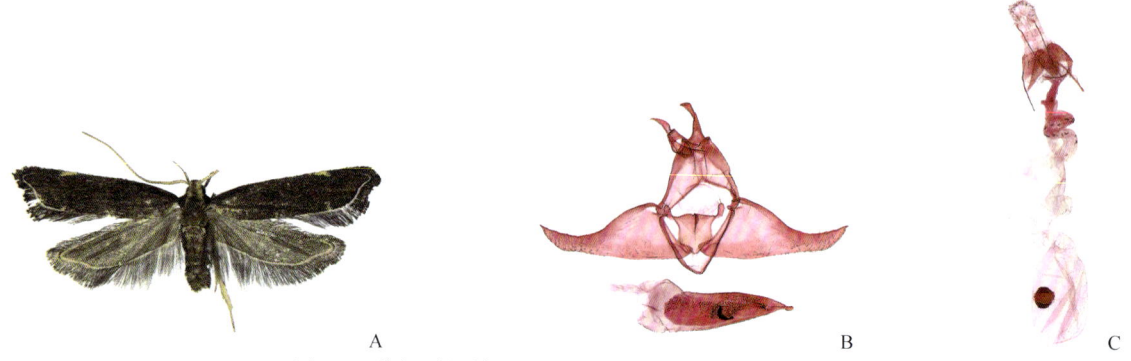

图 7-3 钩翅秃祝蛾 *Halolaguna oncopteryx* (Wu, 1994)
A. 成虫；B. 雄性外生殖器；C. 雌性外生殖器

（150）拔林秃祝蛾 *Halolaguna palinensis* Park, 2000（图 7-4）

Halolaguna palinensis Park, 2000b: 241.

主要特征：成虫（图 7-4A）翅展 14.5–15.5 mm。头部与触角浅黄色。下唇须第 2 节基部深褐色，端部浅黄色；第 3 节浅黄色。胸部与翅基片暗褐色。前翅暗褐色；前缘斑小，黄白色，位于端部 1/4 处；亚端线曲状，从前缘斑下方延伸至腹缘端部 1/4 处；缘毛灰黑色。后翅与缘毛灰褐色；缘毛基线浅黄色。

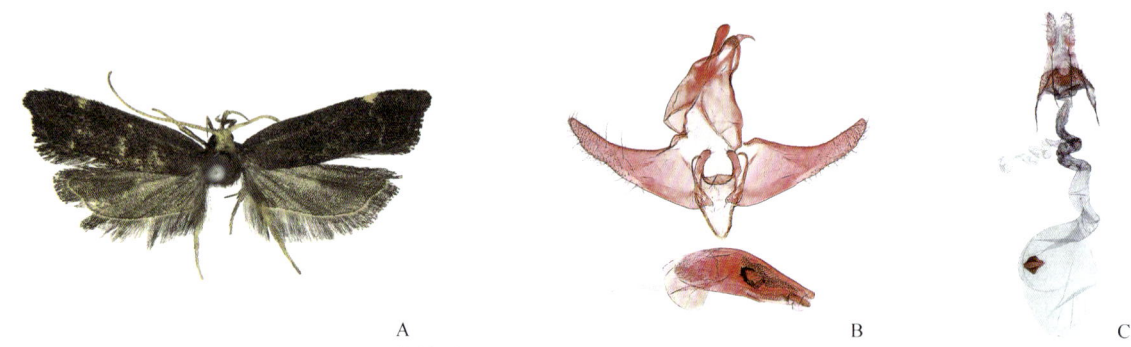

图 7-4 拔林秃祝蛾 *Halolaguna palinensis* Park, 2000
A. 成虫；B. 雄性外生殖器；C. 雌性外生殖器

雄性外生殖器（图 7-4B）：爪形突长，末端圆。颚形突中突短。抱器瓣基部宽，窄至末端。基腹弧前端加宽，前缘三角形突出。阳茎基环近矩形；后侧叶指状，等长于阳茎基环。阳茎等长于抱器瓣，基部宽，窄至末端，基部 1/4 处稍弯曲；角状器由 2 具小齿的骨化带组成：其中 1 个骨化强，"C" 形，位于中间后方；另 1 个近矩形，位于末端前方。

雌性外生殖器（图 7-4C）：第 8 腹板后缘半圆形凹入。后表皮突约为前表皮突长的 1.5 倍。导管端片短，杯状，密被微刺。囊导管长于交配囊，卷曲，后端骨化弱且具数个刺突；导精管稍窄，螺旋状。交配囊椭圆形；囊突位于交配囊中间，近方形，边缘锯齿状，中间具 1 横向凹槽。

分布：浙江（舟山）、台湾。

注：雌性首次描述。

（151）秃祝蛾 *Halolaguna sublaxata* Gozmány, 1978

Halolaguna sublaxata Gozmány, 1978: 238.

分布：浙江（临安、平湖）、辽宁、山西、江苏、湖北、台湾、贵州；韩国，日本。

注：描述见《天目山动物志》（李后魂等，2020）。

70. 鳞带祝蛾属 *Lepidozonates* Park, 2013

Lepidozonates Park, 2013: 223. Type species: *Lepidozonates viciniolus* Park, 2013.

主要特征：触角稍短于前翅。下唇须第 2 节加粗，第 3 节细长。前翅端部稍加宽，色暗，具 1 小的前缘斑和腹缘斑；中室闭合；R_1 脉发自中室中间，R_2 脉独立，R_3、R_4、R_5 脉共柄，M_1 脉独立，M_2 与 M_3+CuA_{1+2} 脉发自一点，M_3、CuA_1、CuA_2 脉共柄。后翅梯形，宽于前翅；M_2 脉缺失，M_3、CuA_1 脉共柄。腹部背板具刺列；雄性腹部 4–6 节两侧具特化的羽状鳞片。

雄性外生殖器：爪形突长，端部变窄；颚形突中突存在；抱器瓣通常端部加宽；阳茎基环大，无后侧叶；阳茎具角状器。

雌性外生殖器：后表皮突长于前表皮突；囊导管卷曲，具刺；囊突椭圆形或圆形，边缘锯齿状，具 1 中间凹槽。

分布：主要分布于东洋区。世界已知 6 种，中国记录 3 种，浙江分布 1 种。

（152）焦鳞带祝蛾 *Lepidozonates adusta* (Park, 2000)（图 7-5）

Philharmonia adusta Park, 2000b: 242.

Lepidozonates viciniolus Park, 2013: 223.

Lepidozonates adusta: Yu & Wang, 2021: 592.

主要特征：成虫（图 7-5A）翅展 13.5–18.5 mm。头部黑褐色，两侧黄白色。触角黄白色。下唇须第 3 节等长于第 2 节。胸部和翅基片黑色。前翅底色黑色；前缘斑小，黄色，位于端部 1/4 处；腹缘斑黄色，位于端部 1/4 处；缘毛深灰黑色。

A   B   C

图 7-5 焦鳞带祝蛾 *Lepidozonates adusta* (Park, 2000)
A. 成虫；B. 雄性外生殖器；C. 雌性外生殖器

雄性外生殖器（图 7-5B）：爪形突基部宽，端部窄。抱器瓣基部窄，等宽至抱器端；抱器端向末端加宽，末端钝。基腹弧窄。阳茎基环近三角形，后端稍窄；后侧叶缺失。阳茎稍短于抱器瓣，基部宽，端部稍窄且等宽，弧形；角状器由 1 具刺的骨化板、1 簇小刺及 2 长针状刺突组成。

雌性外生殖器（图 7-5C）：后表皮突约为前表皮突长的 1.5 倍；前表皮突 2/5 处具 1 小叉。导管端片宽，近矩形，后端骨化弱。囊导管短于交配囊，后端膨大且密被小刺，前端卷曲；导精管细长，基部加宽，发自囊导管中间。交配囊大，椭圆形；囊突位于交配囊中间，边缘锯齿状，中间具 1 矩形凹槽。

分布：浙江（临安）、台湾、海南。

71. 俪祝蛾属 *Philharmonia* Gozmány, 1978

Philharmonia Gozmány, 1978: 248. Type species: *Philharmonia paratona* Gozmány, 1978.

主要特征：触角等长或稍长于前翅，雄性触角鞭节腹缘具短纤毛。下唇须第 2 节加粗，第 3 节细长，约等长于第 2 节。前翅窄长，顶角钝或突出，外缘浅凹；中室闭合；R_1、R_2 脉独立，R_3、R_4、R_5 脉共柄，R_5 脉达顶角，M_1 脉独立，M_2、M_3 脉愈合，CuA_1、CuA_2 脉共柄，M_{2+3}、CuA_{1+2} 脉共柄或发自一点。后翅宽，近梯形；中室闭合；M_2 脉缺失，M_3、CuA_1 脉共柄。

雄性外生殖器：爪形突长；颚形突中突存在；抱器瓣足形或宽三角形；基腹弧窄；阳茎基环盾状或方形，后侧叶有或无；阳茎相对短粗，有或无角状器。

雌性外生殖器：第 8 腹板后缘中间通常凹入；交配孔宽；囊导管长或短，简单或有小刺突；囊突 1–2 个。

分布：主要分布于东洋区。世界已知 8 种，中国记录 5 种，浙江分布 1 种。

（153）基黑俪祝蛾 *Philharmonia basinigra* Wang et Wang, 2015

Philharmonia basinigra Wang et Wang, 2015: 73.

分布：浙江（临安）、江西、福建、广东、西藏。

注：描述见《天目山动物志》（李后魂等，2020）。

72. 白斑祝蛾属 *Thubana* Walker, 1864

Thubana Walker, 1864a: 814. Type species: *Thubana bisignatella* Walker, 1864.
Titana Walker, 1864a: 813.
Tiva Walker, 1864a: 821.
Inapha Walker, 1864a: 999.
Stelechoris Meyrick, 1925a: 243.

主要特征：触角与前翅近等长。下唇须第 2 节加粗，第 3 节细长。前翅狭长，通常具 1 乳白色或黄白色前缘斑；中室闭合；R_1、R_2 脉独立，R_3、R_{4+5} 脉共柄，R_4、R_5 脉通常愈合，少数共柄，M_1、R_{3-5} 脉基部靠近，M_2 脉发自中室下角，M_3、CuA_1、CuA_2 脉共柄。后翅稍宽，梯形；M_2 脉存在，M_3、CuA_1 脉共柄。

雄性外生殖器：颚形突通常具明显的基板，中突存在；抱器瓣基部宽；抱器端通常背向斜伸；基腹弧前端加宽；阳茎基环方形或近似形状，后侧叶发达；阳茎有或无角状器。

雌性外生殖器：第 8 腹板后缘通常明显凹入；囊导管通常长于交配囊，卷曲；交配囊具 1–2 个囊突。

分布：主要分布于东洋区。世界已知 53 种，中国记录 9 种，浙江分布 2 种。

（154）盾白祝蛾 *Thubana deltaspis* Meyrick, 1935（图 7-6）

Thubana deltaspis Meyrick, 1935: 563.

主要特征：成虫（图 7-6A）翅展 23.0–29.0 mm。头部褐色，着紫色光泽，两侧黄白色。触角黄白色。下唇须黄白色，第 3 节稍长于第 2 节。胸部和翅基片暗褐色，着紫色光泽。前翅暗褐色，着紫色光泽；前缘斑三角形，黄色；缘毛灰黑色，基线黄白色。后翅与缘毛灰褐色；缘毛基线黄白色。

雄性外生殖器（图 7-6B）：爪形突基部宽，窄至末端。颚形突基板近矩形。抱器瓣基部等宽，窄至抱器端；抱器端基半部等宽，端半部背向斜伸，窄至末端。基腹弧前端加宽。阳茎基环方形，前缘上方具 1 大的角状突起；后侧叶基部宽，窄至尖端，稍短于阳茎基环的 1/2。阳茎短于抱器瓣，末端被小刺；角状器由 1 长带状骨片和端部数簇刺突组成。

雌性外生殖器（图 7-6C）：后表皮突约为前表皮突长的 1.5 倍。前阴片椭圆形。导管端片膜质。囊导管约为交配囊长的 4 倍，等宽，卷曲，后端具 1 窄长骨片；导精管细长，发自囊导管后端 1/5 处。交配囊卵圆形；囊突 2 个：前端 1 个小，椭圆形；后端 1 个大，角状，密被齿突，具椭圆形基板。

分布：浙江（永嘉）、江西、福建、台湾、广东、广西、贵州。

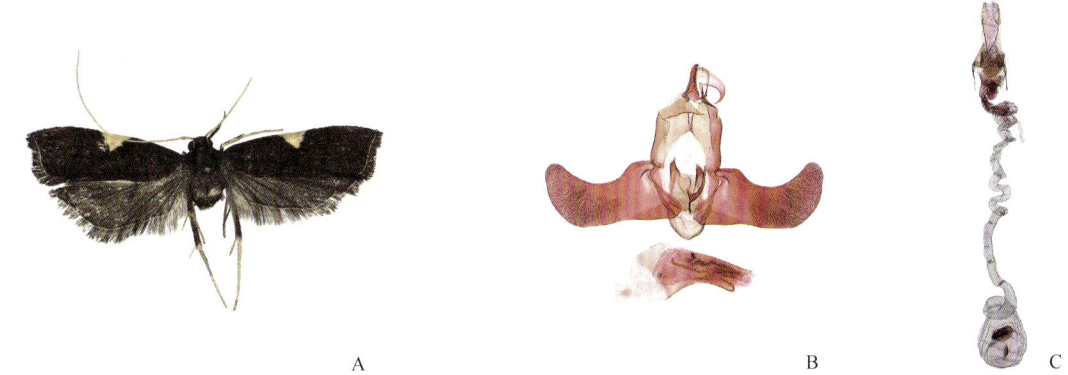

图 7-6 盾白祝蛾 *Thubana deltaspis* Meyrick, 1935
A. 成虫；B. 雄性外生殖器；C. 雌性外生殖器

（155）楔白祝蛾 *Thubana leucosphena* Meyrick, 1931

Thubana leucosphena Meyrick, 1931: 69.
Thubana microcera Gozmány, 1978: 236.

分布：浙江（临安）、河南、安徽、湖北、江西、湖南、福建、广东、广西、贵州。
注：描述见《天目山动物志》（李后魂等，2020）。

73. 瘤祝蛾属 *Torodora* Meyrick, 1894

Torodora Meyrick, 1894a: 16. Type species: *Torodora characteris* Meyrick, 1894.
Habrogenes Meyrick, 1918: 102.
Panplatyceros Diakonoff, 1951a: 76.
Toxotarca Wu, 1994a: 123.

主要特征：触角等长或稍长于前翅，雄性鞭节腹缘有或无短纤毛。下唇须第 2 节加粗，第 3 节细长。前翅窄长，端部稍加宽；前缘稍拱，顶角常突出，外缘稍凹入；中室端斑 0–2 个，若 2 个则上下分布；中室闭合；R_1、R_2 脉独立，R_3、R_4、R_5 脉共柄，M_1、M_2、M_3 脉独立，CuA_1、CuA_2 脉共柄。后翅稍宽，梯形；中室闭合；M_2 脉存在，M_3、CuA_1 脉共柄或发自一点。

雄性外生殖器：爪形突发达，基部宽，端部窄或宽，末端有时呈叉状；颚形突基板有时发达，中突存在或缺失；抱器瓣平伸或端部背向斜伸，基部宽；抱器端多样；抱器背桥退化，通常可见基部；基腹弧通常窄，部分种类前端加宽；阳茎基环多样，通常具 1 对后侧叶；阳茎有或无角状器。

雌性外生殖器：第 8 腹板后缘通常凹入，有时平截或呈弧形；导管端片膜质或骨化；囊导管通常长，导精管发自囊导管；交配囊通常具 1 密被小齿的囊突。

分布：世界广布。世界已知 206 种，中国记录 54 种，浙江分布 9 种。

分种检索表*

1. 前翅具 2 三角形大斑	基斑瘤祝蛾 *T. antisema*
- 前翅无三角形斑	2
2. 前、后翅缘毛端部白色	羽突瘤祝蛾 *T. pennunca*
- 前、后翅缘毛暗色	3
3. 前翅中室端斑 2 个	八瘤祝蛾 *T. octavana*
- 前翅中室端斑 1 个	4
4. 前翅外缘具数个深褐色小斑	5
- 前翅外缘无深褐色小斑	6
5. 抱器端末端三角形，腹缘弧形	暗瘤祝蛾 *T. tenebrata*
- 抱器端末端圆，腹缘直	玫瑰瘤祝蛾 *T. roesleri*
6. 囊突矩形	铜翅瘤祝蛾 *T. aenoptera*
- 囊突椭圆形	黄褐瘤祝蛾 *T. flavescens*

（156）铜翅瘤祝蛾 *Torodora aenoptera* Gozmány, 1978

Torodora aenoptera Gozmány, 1978: 220.

分布：浙江（临安）、江西、福建、云南。
注：描述见《天目山动物志》（李后魂等，2020）。

（157）基斑瘤祝蛾 *Torodora antisema* (Meyrick, 1938)

Lecithocera antisema Meyrick, 1938: 5.
Torodora antisema: Gozmány, 1978: 198.

分布：浙江（临安）、云南。
注：未见标本，描述见原始描述（Meyrick，1938；武春生，1997）。

（158）黄褐瘤祝蛾 *Torodora flavescens* Gozmány, 1978

Torodora flavescens Gozmány, 1978: 221.

分布：浙江（临安）、河南、安徽、湖北、江西、湖南、台湾、广西、四川、贵州、云南；泰国。
注：描述见《天目山动物志》（李后魂等，2020）。

（159）禾瘤祝蛾 *Torodora hoenei* Gozmány, 1978

Torodora hoenei Gozmány, 1978: 221.

---

*幼盲瘤祝蛾 *T. virginopis* 与禾瘤祝蛾 *T. hoenei* 雄性特征未知，故未编入检索表。

分布：浙江（临安）。

注：未见标本，描述见原始描述（Gozmány，1978；武春生，1997）。

（160）八瘤祝蛾 *Torodora octavana* (Meyrick, 1911)

Brachmia octavana Meyrick, 1911c: 714.

Lecithocera octavana: Meyrick, 1925a: 240.

Torodora octavana: Gozmány, 1978: 201.

分布：浙江（临安）、河南、陕西、甘肃、安徽、湖北、湖南、福建、四川、贵州、云南；印度。

注：描述见《天目山动物志》（李后魂等，2020）。

（161）羽突瘤祝蛾 *Torodora pennunca* Wu *et* Liu, 1994（图 7-7）

Torodora pennunca Wu *et* Liu, 1994: 165.

主要特征：成虫（图 7-7A）翅展 12.0–14.5 mm。头顶暗褐色；颜面黄白色。触角黄白色，鞭节背面具褐色环纹。下唇须黄白色，第 2 节外侧褐色；第 3 节稍长于第 2 节。胸部和翅基片暗褐色。前翅暗褐色；前缘斑小，楔形，黄白色；中室端斑椭圆形，黑褐色；缘毛基半部暗褐色，端半部白色，基线黄白色。后翅灰色；缘毛灰褐色，沿外缘端半部白色，基线黄白色。

 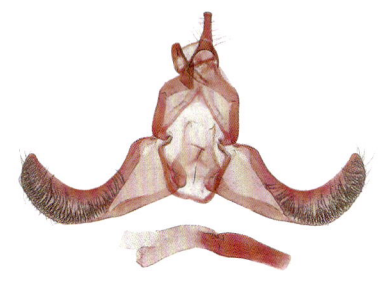 

A　　　　　　　　　　　B　　　　　C

图 7-7　羽突瘤祝蛾 *Torodora pennunca* Wu *et* Liu, 1994
A. 成虫；B. 雄性外生殖器；C. 雌性外生殖器

雄性外生殖器（图 7-7B）：爪形突基部宽，窄至 3/5，端部 2/5 等宽。颚形突基板近矩形；中突存在。抱器瓣基部等宽，窄至抱器端；抱器端背向斜伸，近基部稍加宽，窄至末端；阳茎基环大，后缘浅凹；后侧叶短，三角形。阳茎稍短于抱器瓣，等宽，弧形；角状器缺失。

雌性外生殖器（图 7-7C）：第 8 腹板后缘近平直。后表皮突稍长于前表皮突。导管端片骨化，近方形。囊导管约为交配囊长的 1.5 倍；导精管发自囊导管后端 1/3 处。交配囊椭圆形；囊突梯形，密被小齿，位于交配囊前端。

分布：浙江（永嘉）、海南。

（162）玫瑰瘤祝蛾 *Torodora roesleri* Gozmány, 1978

Torodora roesleri Gozmány, 1978: 206.

分布：浙江（临安）、湖北、贵州。

注：描述见《天目山动物志》（李后魂等，2020）。

（163）暗瘤祝蛾 *Torodora tenebrata* Gozmány, 1978

Torodora tenebrata Gozmány, 1978: 204.

分布：浙江（临安）、湖北、江西、湖南、四川、贵州。
注：描述见《天目山动物志》（李后魂等，2020）。

（164）幼盲瘤祝蛾 *Torodora virginopis* Gozmány, 1978

Torodora virginopis Gozmány, 1978: 209.

分布：浙江（临安）、安徽、江西。
注：描述见《天目山动物志》（李后魂等，2020）。

（二）祝蛾亚科 Lecithocerinae

主要特征：喙存在。腹部背板有或无刺列。
雄性外生殖器：爪突垫短；颚形突中突存在；抱器瓣多样，中间具瓣间缝；抱器背桥窄，独立；基腹弧稍宽；阳茎基环盾状或相似形状；阳茎具角状器。
分布：主要分布于古北区和东洋区。世界已知75属800余种，中国记录27属210种，浙江分布15属45种。

分属检索表

1. 雄性触角鞭节基部具1椭圆形凹槽	彩祝蛾属 *Tisis*
- 雄性触角鞭节基部无上述凹槽	2
2. 雄性下唇须2节	匙唇祝蛾属 *Spatulignatha*
- 雄性下唇须3节	3
3. 雄性下唇须第3节退化，针状或刺状	福利祝蛾属 *Frisilia*
- 雄性下唇须第3节细长	4
4. 雄性下唇须第2节背缘具波状长毛	丛须祝蛾属 *Thamnopalpa*
- 雄性下唇须第2节背缘无长毛	5
5. 前翅颜色艳丽，具银斑	银祝蛾属 *Issikiopteryx*
- 前翅颜色暗，无银斑	6
6. 腹部背板有刺列	7
- 腹部背板无刺列	11
7. 前翅稍宽，近矩形或向端部加宽；爪突垫发达	8
- 前翅窄，近披针形；爪突垫短	9
8. 前翅向端部加宽；抱器背桥发达	共褶祝蛾属 *Synesarga*
- 前翅近矩形；抱器背桥基部游离，端部与抱器瓣愈合	羽祝蛾属 *Nosphistica*
9. 后翅 M_2 脉存在	喜祝蛾属 *Tegenocharis*
- 后翅 M_2 脉缺失	10
10. 前翅翅面无斑纹或仅有中室斑	东方祝蛾属 *Eurodachtha*
- 前翅翅面具明显斑纹	兔尾祝蛾属 *Urolaguna*

11.	前翅披针形；抱器瓣从基部窄至末端 ···	苍祝蛾属 *Kalocyrma*
-	前翅近矩形；抱器瓣形态多样 ··	12
12.	后翅 M$_2$ 脉缺失 ···	槐祝蛾属 *Sarisophora*
-	后翅 M$_2$ 脉存在 ··	13
13.	下唇须第 2 节具长鳞毛 ···	黄阔祝蛾属 *Lecitholaxa*
-	下唇须第 2 节无长鳞毛 ···	14
14.	前翅具斑纹，CuA$_1$、CuA$_2$ 脉通常共柄 ···	祝蛾属 *Lecithocera*
-	前翅无斑纹，CuA$_1$、CuA$_2$ 脉分离 ···	素祝蛾属 *Homaloxestis*

74. 东方祝蛾属 *Eurodachtha* Gozmány, 1978

Eurodachtha Gozmány, 1978: 151. Type species: *Lecithocera pallicornella* Staudinger, 1859.

主要特征：触角长于或等长于前翅。下唇须第 2 节加粗，第 3 节细长。前翅狭长，披针形；翅面无斑纹或仅有中室斑；中室闭合或部分开放；R$_1$、R$_2$ 脉独立，R$_3$ 脉与共柄的 R$_{4+5}$ 脉分离，其余各脉分离。后翅翅顶稍凸出；M$_2$ 脉缺失，M$_3$、CuA$_1$ 脉共柄或愈合。腹部背板具刺列。

雄性外生殖器：爪突垫小而圆；颚形突中突短；抱器瓣稍弯曲，末端宽圆，腹缘端半部常具锥状刚毛；抱器背桥短；阳茎基环盾状，后侧叶形态各异；阳茎通常与抱器瓣等长，具背齿 2；角状器多为刺状，数目不等。

雌性外生殖器：导管端片漏斗状或杯状；囊导管短，简单或具刺突；交配囊椭圆形或圆形，光滑或被齿突。

分布：主要分布于古北区、东洋区。世界已知 7 种，中国记录 2 种，浙江分布 1 种。

（165）圆东方祝蛾 *Eurodachtha rotundina* Park *et* Wu, 2009（图 7-8）

Eurodachtha rotundina Park *et* Wu, 2009: 265.

主要特征：成虫（图 7-8A）翅展 11.0–13.0 mm。头部黄褐色。触角灰褐色至褐色。下唇须黄白色，第 3 节约等长于第 2 节。胸部和翅基片灰黄色。前翅灰黄色，无斑纹；缘毛灰黄色。后翅黄色；缘毛灰黄色。

图 7-8 圆东方祝蛾 *Eurodachtha rotundina* Park *et* Wu, 2009
A. 成虫；B. 雄性外生殖器；C. 雌性外生殖器

雄性外生殖器（图 7-8B）：爪突垫后缘中间凹入。抱器瓣基部宽，稍窄至抱器端；抱器端短于抱器瓣的 1/2，等宽，末端圆，背缘浅凹；抱器背桥中间稍弯曲。基腹弧前缘钝。阳茎基环盾状；后侧叶窄带状。阳茎约等长于抱器瓣，粗壮，稍弯曲，背齿 2；角状器由数个不同大小的刺突组成。

雌性外生殖器（图 7-8C）：第 8 腹板后缘弧形。后表皮突约为前表皮突长的 2 倍。导管端片杯状，端半部密被小刺。囊导管稍短于交配囊，褶皱，骨化弱；导精管等宽于囊导管，发自囊导管中间。交配囊卵圆形；囊突近矩形，位于交配囊中间。

分布：浙江（青田、永嘉）、福建、海南、广西、重庆、贵州；泰国。

75. 福利祝蛾属 *Frisilia* Walker, 1864

Frisilia Walker, 1864a: 795. Type species: *Frisilia nesciatella* Walker, 1864.
Tipasa Walker, 1864a: 804.
Macrernis Meyrick, 1887a: 275.

主要特征：触角长于前翅。雄性下唇须特化，具成簇前伸的长鳞毛，第 2 节长，腹缘中部凹入，第 3 节针状或刺状。雌性下唇须第 2 节加粗，背缘具长鳞毛，第 3 节细长，约等长于第 2 节。前翅窄长；底色通常黄色，具暗色中室斑和中室端斑，雄性具 1 从基部沿翅褶达臀角的凹槽。后翅稍宽，梯形；腹部背板无刺列。

雄性外生殖器：爪突垫短；抱器瓣基部宽；阳茎基环盾状，后侧叶发达；阳茎有或无角状器。

雌性外生殖器：第 8 腹板后缘中间常凹入；囊导管有时具刺突；导精管细长；交配囊具形状各异的囊突。

分布：主要分布于古北区、东洋区。世界已知 35 种，中国记录 8 种，浙江分布 1 种。

（166）台湾福利祝蛾 *Frisilia homalistis* Meyrick, 1935（图 7-9）

Frisilia homalistis Meyrick, 1935: 563.

主要特征：成虫（图 7-9A）翅展 15.0–17.0 mm。头部浅灰褐色。触角黄白色，基节稍加粗，鞭节端部散布暗褐色鳞片。下唇须黄白色；雄性第 2 节凹入处散布暗褐色鳞毛。胸部与翅基片黄褐色。前翅浅黄褐色，散布暗褐色鳞片；中室斑与中室端斑小，黑褐色；缘毛黄色。后翅浅灰色。

图 7-9　台湾福利祝蛾 *Frisilia homalistis* Meyrick, 1935
A. 成虫；B. 雄性外生殖器；C. 雌性外生殖器

雄性外生殖器（图 7-9B）：爪突垫近倒梯形。抱器瓣基部宽，窄至抱器端；抱器端中部加宽，末端圆，背缘平直；抱器背桥背缘中间三角形突出。基腹弧前缘钝。阳茎基环盾状；后侧叶窄带状。阳茎短粗；角状器由数个针状刺和 2 个骨化板组成。

雌性外生殖器（图 7-9C）：后表皮突稍短于前表皮突的 2 倍。导管端片骨化弱，密被微刺。囊导管后端窄，前端加宽；导精管发自囊导管和交配囊交界处。交配囊卵圆形；囊突近三角形，密被小刺，位于交配囊中间。

分布：浙江（泰顺）、山西、河南、湖北、福建、台湾。

76. 素祝蛾属 *Homaloxestis* Meyrick, 1910

Homaloxestis Meyrick, 1910c: 440. Type species: *Homaloxestis endocoma* Meyrick, 1910.

主要特征：触角等长或稍长于前翅。下唇须第 2 节加粗，第 3 节细长。前翅颜色均一，无斑纹或仅具 1 条浅色前缘带；中室闭合；R_4、R_5 脉共柄，R_3、R_{4+5} 脉共柄或发自一点，其余各脉独立。后翅稍宽，梯形；M_2 脉存在，M_3、CuA_1 脉共柄。腹部背板无刺列。

雄性外生殖器：爪突垫短；抱器瓣腹缘通常突出或具突起；抱器背桥窄；基腹弧宽；阳茎无背齿；角状器多样。

雌性外生殖器：囊导管通常具刺突；导精管细长；囊突通常具齿。

分布：主要分布于古北区、东洋区、旧热带区。世界已知 57 种，中国记录 25 种，浙江分布 3 种。

分种检索表

1. 抱器端从基部向末端渐窄 ··· 愉素祝蛾 *H. hilaris*
- 抱器端端部近等宽 ··· 2
2. 阳茎基环后侧叶长三角形，阳茎无角状器 ·· 平素祝蛾 *H. myeloxesta*
- 阳茎基环后侧叶不明显，阳茎具角状器 ·· 针素祝蛾 *H. acirformis*

（167）针素祝蛾 *Homaloxestis acirformis* Liu *et* Wang, 2014（图 7-10）

Homaloxestis acirformis Liu *et* Wang, 2014: 80.

主要特征：成虫（图 7-10A）翅展 16.0–17.5 mm。头部灰褐色，颜面与复眼周围黄白色。触角浅黄褐色。下唇须浅黄褐色；第 3 节稍长于第 2 节。胸部与翅基片灰褐色。前翅灰褐色；缘毛灰褐色，基线黄白色。后翅与缘毛灰褐色；缘毛基线黄白色。

图 7-10 针素祝蛾 *Homaloxestis acirformis* Liu *et* Wang, 2014
A. 成虫；B. 雄性外生殖器

雄性外生殖器（图 7-10B）：爪突垫后缘浅凹。抱器瓣基部宽，稍窄至抱器端；抱器端向末端稍加宽，末端钝斜，腹缘基部具 1 三角形小突起；抱器背桥窄，中间处稍弯曲。基腹弧前缘圆。阳茎基环近方形，前缘中间突出。阳茎约为抱器瓣长的 2/3，弧形，近等宽；角状器由基部 1 簇小刺、端部 1 长针状刺突及许多散布的齿突组成。

分布：浙江（开化）、重庆。

（168）愉素祝蛾 *Homaloxestis hilaris* Gozmány, 1978（图 7-11）

Homaloxestis hilaris Gozmány, 1978: 70.

主要特征：成虫（图 7-11A）翅展 16.0–20.0 mm。头部灰褐色。触角黄白色。下唇须第 2 节黄褐色，第 3 节内侧黄白色，外侧灰褐色，约等长于第 2 节。胸部和翅基片灰褐色。前翅与缘毛灰褐色；缘毛基线黄白色。后翅与缘毛灰色；缘毛基线黄白色。

雄性外生殖器（图 7-11B）：爪突垫后缘深凹。抱器瓣基部宽，窄至抱器端；抱器端背向斜伸，长三角形，末端钝，背缘浅凹，腹缘基部具 1 乳突状突起；抱器背桥窄，近平直。基腹弧前缘圆。阳茎基环盾状；后侧叶窄带状。阳茎稍短于抱器瓣，弧形，从基部窄至末端，末端稍尖；角状器由许多不同大小的骨片和刺突组成。

雌性外生殖器（图 7-11C）：后表皮突约为前表皮突长的 2 倍。导管端片骨化，宽大于长，密被小刺。囊导管前端 1/5 缢缩，后端 4/5 具密刺；导精管细长，发自囊导管前端 1/3 处。交配囊长椭圆形；囊突椭圆形，密被小齿，位于交配囊后端 1/3 处。

分布：浙江（临安、淳安、开化）、河南、安徽、江西、湖南、福建、台湾、海南、广西、重庆；印度。

图 7-11 愉素祝蛾 *Homaloxestis hilaris* Gozmány, 1978
A. 成虫；B. 雄性外生殖器；C. 雌性外生殖器

（169）平素祝蛾 *Homaloxestis myeloxesta* Meyrick, 1932（图 7-12）

Homaloxestis myeloxesta Meyrick, 1932: 203.

主要特征：成虫（图 7-12A）翅展 14.0–19.0 mm。头部灰褐色，两侧黄白色。触角黄白色，鞭节具暗褐色环纹。下唇须第 2 节内侧黄白色，外侧黄褐色；第 3 节背面灰白色，腹面暗褐色，稍短于第 2 节。胸部和翅基片灰褐色。前翅灰褐色；前缘带黄白色；缘毛灰褐色，基线黄白色。后翅与缘毛灰褐色；缘毛基线黄白色。

雄性外生殖器（图 7-12B）：爪突垫近矩形，后缘浅凹。颚形突基板近方形；中突小。抱器瓣在 1/4 处加宽，窄至抱器端；抱器端基部稍窄，端部等宽，末端钝圆，腹缘平直；抱器背桥窄，弧形。基腹弧前缘圆。阳茎基环近圆形，后缘深凹；后侧叶长三角形，末端尖，外缘中间处具 1 刺状突起。阳茎约为抱器瓣长的 2/3，弧形，近等宽；角状器缺失。

分布：浙江（临安）、河南、陕西、湖北、台湾、海南、四川、贵州；日本，越南。

图 7-12 平素祝蛾 *Homaloxestis myeloxesta* Meyrick, 1932
A. 成虫；B. 雄性外生殖器

77. 银祝蛾属 *Issikiopteryx* Moriuti, 1973

Issikiopteryx Moriuti, 1973: 31. Type species: *Issikiopteryx japonica* Moriuti, 1973.

Glaucolychna Wu *et* Liu, 1993a: 348.

Ephelochna Wu *et* Liu, 1993a: 348.

主要特征：触角等长或稍长于前翅。下唇须第 2 节稍加粗，第 3 节细长，与第 2 节近等长。前翅狭长，近披针形；底色黄色，具 1–2 银斑；R_2、R_3 脉共柄或分离，M_2、M_3、CuA_1 脉出自中室下角，CuA_2 脉与之远离。后翅披针形，几乎与前翅等宽；M_2 脉存在，M_3、CuA_1 脉共柄或愈合。腹部背板具刺列。雄性第 8 腹板后缘近中部具 1–2 对尾突。

雄性外生殖器：爪突垫短；抱器瓣背向斜伸，基部宽，窄至抱器端；抱器端窄；抱器背桥中部弯曲；基腹弧前缘钝圆；阳茎常具针状角状器。

雌性外生殖器：导管端片骨化；囊导管宽，具针状刺突；交配囊大小不等；囊突通常片状，横置。

分布：主要分布于东洋区。世界已知 16 种，中国记录 13 种，浙江分布 3 种。

分种检索表

1. 阳茎基环后缘钝 ··· 岚花银祝蛾 *I. corona*
- 阳茎基环后缘凹入 ·· 2
2. 抱器端等宽，末端钝圆 ··· 平伸银祝蛾 *I. parelongata*
- 抱器端近末端加宽，末端斜直 ··· 带宽银祝蛾 *I. zonosphaera*

（170）岚花银祝蛾 *Issikiopteryx corona* (Wu *et* Liu, 1993)（图 7-13）

Glaucolychna (*Ephelochna*) *corona* Wu *et* Liu, 1993a: 352.

Issikiopteryx corona: Fan & Li, 2008: 54.

主要特征：成虫（图 7-13A）翅展 9.0–11.0 mm。头部与触角黄白色，具光泽。下唇须黄白色，第 3 节等长于第 2 节。胸部与翅基片橙黄色。前翅黄色，杂橙黄色鳞片；中室斑椭圆形，银灰色，环浅黄褐色宽带；端部 1/4 处具 1 黄褐色不规则斑，通过 2 条黄褐色条纹连接中室斑；缘毛橙黄色至黄褐色。后翅黄白色；缘毛浅黄色。

雄性外生殖器（图 7-13B）：爪突垫倒梯形，后缘"V"形凹入。抱器瓣基部等宽，窄至抱器端；抱器端短，末端钝斜，腹缘上方具数列子弹状刚毛；抱器背桥窄，弧形。阳茎基环近圆形；后侧叶小，长三角形。阳茎近等宽；角状器由 5–6 针状刺组成。

雌性外生殖器（图 7-13C）：第 8 腹板后缘钝。后表皮突约为前表皮突长的 2 倍。导管端片近矩形。囊导管长于交配囊，端半部膨大，褶皱，具密刺；导精管细长，发自囊导管后端 1/4 处。交配囊卵圆形；囊突位于交配囊后端 1/4 处，片状，后缘锯齿状。

分布：浙江（临安、开化、景宁）、福建。

图 7-13　岚花银祝蛾 *Issikiopteryx corona* (Wu et Liu, 1993)
A. 成虫；B. 雄性外生殖器；C. 雌性外生殖器

（171）平伸银祝蛾 *Issikiopteryx parelongata* **Liu et Wang, 2013**（图 7-14）

Issikiopteryx parelongata Liu et Wang, 2013: 37.

主要特征：成虫（图 7-14A）翅展 16.0 mm。头部亮黄色。触角浅黄色，鞭节末端黑褐色。下唇须浅黄色，第 3 节稍短于第 2 节。胸部与翅基片橙黄色。前翅黄色，端部橙黄色；基部具 1 黑色小斑；基部 1/3 处具 1 卵圆形银灰色大斑，环黑色鳞片，从腹缘延伸至前缘下方；端部 1/3 处具 1 银灰色圆斑；端部沿翅脉具纵向褐色条纹；缘毛橙黄色。后翅黄色；缘毛浅黄色，沿腹缘黄褐色。

图 7-14　平伸银祝蛾 *Issikiopteryx parelongata* Liu et Wang, 2013
A. 成虫；B. 雄性外生殖器

雄性外生殖器（图 7-14B）：爪突垫基部 3/4 矩形，端部 1/4 二分裂，向外伸出。抱器瓣基部 1/4 宽，窄至抱器端；抱器端等宽，末端钝圆，背缘平直，腹缘上方具数列粗壮刚毛；抱器背桥弧形；抱器腹短，近椭圆形。阳茎基环中间宽，后缘 "V" 形凹入；后侧叶基部三角形，末端长刺状。阳茎稍长于抱器瓣，基部宽，窄至 1/4，随后近平行至末端；角状器近基部由 1 簇小刺及 7 个角状刺突组成。

分布：浙江（临安、开化、永嘉）。

（172）带宽银祝蛾 *Issikiopteryx zonosphaera* **(Meyrick, 1935)**

Olbothrepta zonosphaera Meyrick, 1935: 73.

Issikiopteryx zonosphaera: Moriuti, 1973: 31.

Glaucolychna (*Issikiopteryx*) *zonosphaera*: Wu & Liu, 1993a: 347.

分布：浙江（临安）、河南、陕西、安徽、江西、湖南、广东。

注：描述见《天目山动物志》（李后魂等，2020）。

78. 苍祝蛾属 *Kalocyrma* Wu, 1994

Kalocyrma Wu, 1994a: 137. Type species: *Kalocyrma curota* Wu, 1994.

主要特征：头圆，头顶鳞片粗大而直立。触角约等长于前翅，细锯齿形，无纤毛。下唇须第 2 节加粗，末节细针形。前翅狭长，披针形；中室闭合；R_4、R_5 脉合并，R_3、R_{4+5} 脉共柄，M_2、M_3 脉合并，其余各脉彼此远离，且各基部的间距几乎相等。后翅较前翅稍窄；中室部分开放；M_2 脉独立，M_3、CuA_1 脉合并。腹部背板无刺列。

雄性外生殖器：爪突垫较长，末端圆；颚形突基部宽；抱器瓣基部较宽，向端部逐渐变窄；抱器背桥狭长；基腹弧较宽；阳茎基环盾状；阳茎长度是抱器瓣长度的 4/5，具各种形态的角状器。

雌性外生殖器：导管端片杯状；囊导管后端简单；交配囊小；囊突近圆形，具 1 条横脊。

分布：主要分布于东洋区。世界已知 3 种，中国记录 3 种，浙江分布 1 种。

（173）苍祝蛾 *Kalocyrma curota* Wu, 1994

Kalocyrma curota Wu, 1994a: 138.

分布：浙江（临安）。

注：未见标本，描述见原始描述（Wu，1994a）。

79. 祝蛾属 *Lecithocera* Herrich-Schäffer, 1853

Lecithocera Herrich-Schäffer, 1853: 11. Type species: *Carcina luticornella* Zeller, 1839.

Patouissa Walker, 1864a: 820.

Brachyerga Meyrick, 1925a: 4.

Periphorectis Meyrick, 1925a: 11.

Xanthocera Amsel, 1953: 425.

Leviptera Janse, 1954: 342.

Xanthocerodes Amsel, 1955: 60.

Parrhasastris Gozmány, 1972: 292.

Recontracta Gozmány, 1978: 148.

Quassitagma Gozmány, 1978: 132.

Nyctocyrma Gozmány, 1978: 149.

Galoxestis Wu, 1994a: 135.

主要特征：触角与前翅近等长。前翅狭长，翅面斑纹简单，通常具中室斑和中室端斑；臀角纹有或无。后翅等宽于或稍宽于前翅，近梯形。腹部背板无刺列。雄性第 7 腹板特化，通常具味刷。

雄性外生殖器：爪突垫后缘中部大多凹入；抱器瓣简单，许多种类在腹缘具刺突；抱器腹近末端常具鬃丛；基腹弧宽，前缘通常钝；阳茎基环通常盾状；阳茎近末端通常具齿突，角状器形状各异。

雌性外生殖器：第 8 腹板后缘中间通常凹入；导管端片杯状或漏斗状，具颗粒状突起或微刺；囊导管简单，通常弯曲；囊突通常被齿突或具骨化脊。

分布：世界广布。世界已知 343 种，中国记录 94 种，浙江分布 20 种。

分种检索表*

1. 前翅 M_2、M_3 脉共柄	台湾摇祝蛾 *L. indigens*
- 前翅 M_2、M_3 脉分离	2
2. 前翅 CuA_1、CuA_2 脉分离	棒祝蛾 *L. cladia*
- 前翅 CuA_1、CuA_2 脉共柄	3
3. 后翅 M_3、CuA_1 脉共柄	4
- 后翅 M_3、CuA_1 脉愈合	6
4. 阳茎基环后缘中间方形突出	针祝蛾 *L. raphidica*
- 阳茎基环后缘平直或凹入	5
5. 抱器端近三角形，从基部窄至末端	陶祝蛾 *L. pelomorpha*
- 抱器端窄长，近等宽	麦氏祝蛾 *L. meyricki*
6. 头、胸及前翅白色	徽平祝蛾 *L. sigillata*
- 头、胸及前翅黄色至褐色	7
7. 触角鞭节基部背缘具纤毛	圆平祝蛾 *L. rotundata*
- 触角鞭节基部背缘无纤毛	8
8. 抱器端端部 1/3 细长，杆状	三齿祝蛾 *L. tridentata*
- 抱器端端部 1/3 不呈杆状	9
9. 阳茎基环后缘平直；抱器端末端宽，略窄于基部	掌祝蛾 *L. palmata*
- 阳茎基环后缘凹入；抱器端末端窄	10
10. 阳茎基环后侧叶三角形	纸平祝蛾 *L. chartaca*
- 阳茎基环后侧叶窄带状	11
11. 抱器端中部明显膨大，窄至末端，末端稍尖	竖祝蛾 *L. erecta*
- 抱器端中部不膨大，末端钝	12
12. 抱器端近基部稍窄	13
- 抱器端基部等宽或窄至末端	15
13. 爪突垫半环形	镰平祝蛾 *L. iodocarpha*
- 爪突垫"V"形	14
14. 抱器端背缘具鬃丛	眼平祝蛾 *L. peracantha*
- 抱器端背缘无鬃丛	灰黄平祝蛾 *L. polioflava*
15. 抱器端窄长	浊平祝蛾 *L. squalida*
- 抱器端粗壮	16
16. 抱器端背缘浅凹	曲平祝蛾 *L. eligmosa*
- 抱器端背缘平直	17
17. 阳茎末端具 2 角状突	管平祝蛾 *L. paraulias*
- 阳茎末端无角状突	毛叶祝蛾 *L. tricholoba*

﹡注：小褐祝蛾 *L. sabrata*、合祝蛾 *L. structurata* 雄性特征未知，故未编入检索表。

（174）纸平祝蛾 *Lecithocera chartaca* Wu et Liu, 1993

Lecithocera chartaca Wu et Liu, 1993b: 334.

分布：浙江（平湖、临安、泰顺）、安徽、湖北、江西、湖南、台湾、广东、四川、贵州。
注：描述见《天目山动物志》（李后魂等，2020）。

（175）棒祝蛾 *Lecithocera cladia* (Wu, 1997)

Galoxestis cladia Wu, 1997: 206.
Lecithocera cladia: Park, 2000c: 360.

分布：浙江（临安）、湖南、福建、贵州。
注：描述见《天目山动物志》（李后魂等，2020）。

（176）曲平祝蛾 *Lecithocera eligmosa* Wu et Liu, 1993（图 7-15）

Lecithocera eligmosa Wu et Liu, 1993b: 331.

主要特征：成虫（图 7-15A）翅展 10.5–14.5 mm。头部浅黄褐色。触角黄色，鞭节具暗褐色环纹。下唇须第 3 节稍短于第 2 节。胸部和翅基片浅黄褐色。前翅浅黄褐色，端部散布暗褐色鳞片，沿顶角和外缘呈斑点状；斑纹黑褐色：中室斑小；中室端斑稍大，与臀角纹愈合；缘毛浅黄褐色。后翅与缘毛灰色；缘毛基线黄白色。

图 7-15　曲平祝蛾 *Lecithocera eligmosa* Wu et Liu, 1993
A. 成虫；B. 雄性外生殖器；C. 雌性外生殖器

雄性外生殖器（图 7-15B）：爪突垫宽"V"形。颚形突中突窄长，端部 1/4 针状。抱器瓣基部宽，稍窄至抱器端；抱器端基部等宽，窄至末端，末端圆，背缘浅凹；抱器背桥基部窄，从中间向末端加宽。阳茎基环盾状；后侧叶基部半卵形，端部窄带状。阳茎短于抱器瓣，基部 1/3 宽，窄至末端，背齿 2；角状器由 2 束刺突、1 个骨化条和 1 个骨化板组成。

雌性外生殖器（图 7-15C）：后表皮突约为前表皮突长的 2 倍。导管端片杯状，密被小齿。囊导管约等长于交配囊，后端稍窄，褶皱；导精管窄，发自囊导管后端 1/3 处，近基部呈囊形膨大。交配囊卵圆形；囊突近方形或卵圆形，位于交配囊后端 1/3 处，具 2–6 齿突，边缘密被小刺。

分布：浙江（临安、余姚、庆元）、湖北、江西、福建、广西、重庆、贵州。

（177）竖祝蛾 *Lecithocera erecta* Meyrick, 1935

Lecithocera erecta Meyrick, 1935: 74.

分布：浙江（临安）、河南、陕西、甘肃、安徽、湖北、江西、湖南、福建、台湾、广东、广西、四川、贵州、云南。

注：描述见《天目山动物志》（李后魂等，2020）。

（178）台湾摇祝蛾 *Lecithocera indigens* (Meyrick, 1914)（图 7-16）

Frisilia indigens Meyrick, 1914a: 50.

Quassitagma indigens: Gozmány, 1978: 133.

Lecithocera indigens: Park, 2000c: 361.

主要特征：成虫（图 7-16A）翅展 14.5–17.5 mm。头部暗褐色。触角柄节背面黄色，腹面暗褐色；鞭节橙黄色，具暗褐色环纹。下唇须第 2 节内侧黄色，外侧黄褐色；第 3 节背面黄色，腹面暗褐色，短于第 2 节。胸部和翅基片暗褐色。前翅暗褐色，杂黄褐色；缘毛灰褐色，基线黄色。后翅与缘毛灰色；缘毛基线浅黄色。

雄性外生殖器（图 7-16B）：爪突垫宽"V"形。抱器瓣基部宽，窄至抱器端；抱器端背向斜伸，等宽，末端圆，背缘平直；抱器背桥窄，稍拱。基腹弧前缘三角形突出。阳茎基环盾状；后侧叶窄带状，外伸。阳茎约等长于抱器瓣，基部宽，窄至 1/3 处，端部 2/3 等宽；角状器由 1 马蹄形骨片、1 长条状骨片及端部 2 刺突组成。

雌性外生殖器（图 7-16C）：后表皮突约为前表皮突长的 2 倍。导管端片杯状，密被小刺。囊导管宽，等长于交配囊；导精管发自囊导管后端 1/3 处，近基部呈卵圆形膨大。交配囊椭圆形；囊突椭圆形，骨化弱，密被齿突。

分布：浙江（平湖、临安、开化、江山）、湖北、湖南、福建、台湾、广东、广西、重庆、贵州、云南；越南，泰国。

图 7-16 台湾摇祝蛾 *Lecithocera indigens* (Meyrick, 1914)
A. 成虫；B. 雄性外生殖器；C. 雌性外生殖器

（179）镰平祝蛾 *Lecithocera iodocarpha* Gozmány, 1978

Lecithocera iodocarpha Gozmány, 1978: 114.

分布：浙江（临安）、福建、广西。

注：描述见《天目山动物志》（李后魂等，2020）。

（180）麦氏祝蛾 *Lecithocera meyricki* Gozmány, 1978（图 7-17）

Lecithocera meyricki Gozmány, 1978: 100.

主要特征：成虫（图 7-17A）翅展 8.0–11.0 mm。头部灰褐色，两侧橙黄色。触角橙黄色；鞭节背面具暗褐色环纹。下唇须内侧黄色，外侧黄褐色；第 3 节短于第 2 节。胸部和翅基片灰褐色。前翅灰褐色；缘毛灰褐色，基线黄白色。后翅与缘毛灰色；缘毛基线黄白色。

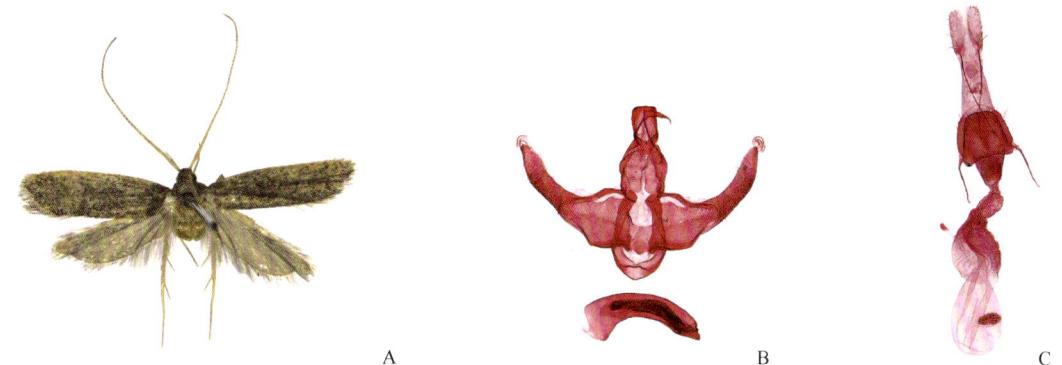

图 7-17　麦氏祝蛾 *Lecithocera meyricki* Gozmány, 1978
A. 成虫；B. 雄性外生殖器；C. 雌性外生殖器

雄性外生殖器（图 7-17B）：爪突垫宽"V"形。颚形突基板近矩形。抱器瓣基部宽，窄至抱器端；抱器端基部 2/3 等宽，随后稍窄至末端，末端钝；抱器背桥窄，稍拱。阳茎基环盾状；后侧叶基部半卵形，端部窄带状。阳茎稍短于抱器瓣，弧形，基部加宽，无背齿；角状器由 1 长骨片、1 簇锥状刺及许多小刺组成。

雌性外生殖器（图 7-17C）：后表皮突约为前表皮突长的 2 倍。导管端片杯状，骨化弱，密被小刺。囊导管约等长于交配囊，褶皱，后端窄，向前端加宽；导精管发自囊导管后端 1/3 处，细长，基部呈囊形膨大。交配囊卵圆形；囊突椭圆形，密被小齿，位于交配囊中间。

分布：浙江（江山）、河北、山西、山东、河南、福建、台湾、云南、西藏。

（181）掌祝蛾 *Lecithocera palmata* Wu *et* Liu, 1993

Lecithocera palmata Wu *et* Liu, 1993b: 332.

分布：浙江（临安）、湖南、福建、广东、海南、广西、贵州；韩国。
注：描述见《天目山动物志》（李后魂等，2020）。

（182）管平祝蛾 *Lecithocera paraulias* Gozmány, 1978（图 7-18）

Lecithocera paraulias Gozmány, 1978: 114.

主要特征：成虫（图 7-18A）翅展 15.5–18.0 mm。头部黄褐色，两侧黄色。触角黄色。下唇须内侧黄白色，外侧黄褐色，第 3 节稍短于第 2 节。胸部和翅基片黄褐色。前翅浅黄褐色，密被暗褐色鳞片；中室斑小，黑褐色；中室端斑稍大，黑褐色，椭圆形；缘毛灰黄色，基线黄白色。后翅与缘毛灰褐色；缘毛基线黄白色。

雄性外生殖器（图 7-18B）：爪突垫宽"V"形。抱器瓣基部宽；抱器端基部近等宽，从中间明显窄至末端，末端近三角形，背缘平直；抱器背桥窄，背缘中间稍突出。阳茎基环盾状；后侧叶短，窄带状。阳茎等长于抱器瓣，稍弯曲，基部宽，窄至 2/5 处，端部 3/5 近等宽；角状器由 1 末端箭头状的长骨片、1 大的骨化板及末端 2 角状突组成。

雌性外生殖器（图 7-18C）：后表皮突约为前表皮突长的 2 倍。导管端片矩形，长大于宽，密被小刺。囊导管稍长于交配囊，后端窄；导精管宽，发自囊导管中间。交配囊卵圆形；囊突椭圆形，密被齿突，位于交配囊后端 1/3 处。

分布：浙江（平湖、临安）、辽宁、河北、山西、河南、陕西；韩国。

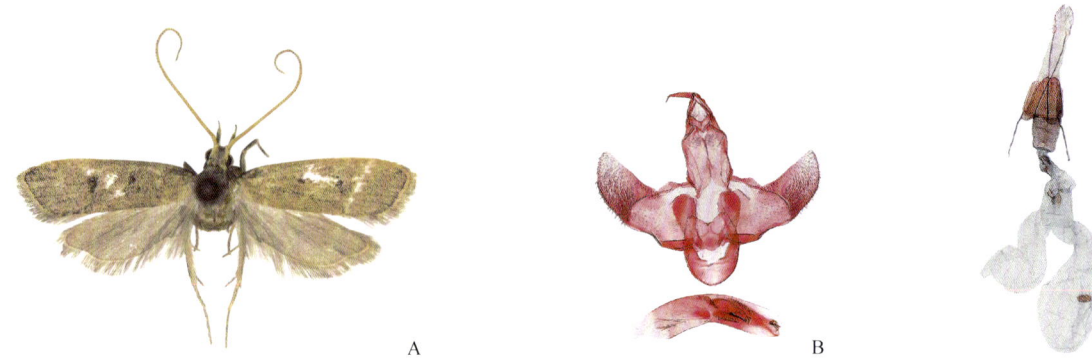

图 7-18　管平祝蛾 *Lecithocera paraulias* Gozmány, 1978
A. 成虫；B. 雄性外生殖器；C. 雌性外生殖器

（183）陶祝蛾 *Lecithocera pelomorpha* Meyrick, 1931

Lecithocera pelomorpha Meyrick, 1931: 69.

分布：浙江（临安、余姚、柯城、开化、庆元）、陕西、甘肃、湖北、江西、湖南、台湾、广东、四川、贵州、云南。

注：描述见《天目山动物志》（李后魂等，2020）。

（184）眼平祝蛾 *Lecithocera peracantha* Gozmány, 1978

Lecithocera peracantha Gozmány, 1978: 116.

分布：浙江（临安）。

注：未见标本，描述见原始描述（Gozmány，1978；武春生，1997）。

（185）灰黄平祝蛾 *Lecithocera polioflava* Gozmány, 1978

Lecithocera polioflava Gozmány, 1978: 109.

分布：浙江（临安）、广东、四川。

注：描述见《天目山动物志》（李后魂等，2020）。

（186）针祝蛾 *Lecithocera raphidica* Gozmány, 1978

Lecithocera raphidica Gozmány, 1978: 106.

分布：浙江（临安）、上海、安徽、海南。

注：描述见《天目山动物志》（李后魂等，2020）。

（187）圆平祝蛾 *Lecithocera rotundata* Gozmány, 1978（图 7-19）

Lecithocera rotundata Gozmány, 1978: 116.

主要特征：成虫（图 7-19A）翅展 13.0–14.5 mm。头部黄褐色。触角黄色；鞭节背缘基部 1/3 具短纤毛，端部具暗褐色环纹。下唇须第 3 节稍短于第 2 节。胸部和翅基片黄褐色。前翅浅黄褐色，密被暗褐色鳞片；中室斑小，黑褐色；中室斑与中室端斑近等大，黑褐色；臀角纹前端延伸至中室端斑；缘毛灰褐色，杂黄褐色鳞片。后翅与缘毛灰色；缘毛基线黄白色。

雄性外生殖器（图 7-19B）：爪突垫宽"V"形。颚形突中突窄长。抱器瓣基部宽，稍窄至抱器端；抱器端基半部等宽，窄至末端，末端钝圆；抱器背桥窄，中间稍弯曲。阳茎基环盾状；后侧叶窄带状。阳茎短于抱器瓣，稍弯曲，无背齿；角状器由 1 环形骨片、1 簇刺突及末端 1 小齿组成。

雌性外生殖器（图 7-19C）：后表皮突约为前表皮突长的 2 倍。导管端片矩形，长大于宽，被小刺。囊导管稍长于交配囊，端半部褶皱；导精管等宽于囊导管后端部分。交配囊椭圆形；囊突位于交配囊后端，矩形，密被小齿。

分布：浙江（临安、开化、永嘉）、江西、湖南、福建、台湾、广东、贵州；日本，越南。

图 7-19 圆平祝蛾 *Lecithocera rotundata* Gozmány, 1978
A. 成虫；B. 雄性外生殖器；C. 雌性外生殖器

（188）小褐祝蛾 *Lecithocera sabrata* Wu *et* Liu, 1993

Lecithocera sabrata Wu *et* Liu, 1993b: 330.

分布：浙江（临安）。
注：未见标本，描述见原始描述（Wu and Liu, 1993）。

（189）徽平祝蛾 *Lecithocera sigillata* Gozmány, 1978

Lecithocera sigillata Gozmány, 1978: 115.

分布：浙江（临安）、海南、广西。
注：描述见《天目山动物志》（李后魂等，2020）。

（190）浊平祝蛾 *Lecithocera squalida* Gozmány, 1978

Lecithocera squalida Gozmány, 1978: 120.

分布：浙江（临安）。
注：未见标本，描述见原始描述（Gozmány, 1978；武春生, 1997）。

（191）合祝蛾 *Lecithocera structurata* Gozmány, 1978

Lecithocera structurata Gozmány, 1978: 107.

分布：浙江（临安）。

注：未见标本，描述见原始描述（Gozmány，1978；武春生，1997）。

（192）毛叶祝蛾 *Lecithocera tricholoba* Gozmány, 1978（图 7-20）

Lecithocera tricholoba Gozmány, 1978: 117.

主要特征：成虫（图 7-20A）翅展 11.0–12.0 mm。头部黄褐色。触角黄色，鞭节具暗褐色环纹。下唇须浅黄褐色，第 3 节短于第 2 节。胸部和翅基片浅黄褐色。前翅黄白色，散布黄褐色和暗褐色鳞片；斑纹黑褐色；肩斑约为翅前缘的 1/3；中室斑小，圆形；中室端斑稍大，与臀角纹愈合；缘毛黄白色。后翅与缘毛灰色；缘毛基线黄白色。

图 7-20 毛叶祝蛾 *Lecithocera tricholoba* Gozmány, 1978
A. 成虫；B. 雄性外生殖器

雄性外生殖器（图 7-20B）：爪突垫后缘浅凹。抱器瓣基部宽，窄至抱器端；抱器端基半部等宽，窄至末端，末端圆，背缘近平直；抱器背桥基半部窄，向末端加宽，在中间处弯曲。阳茎基环盾状；后侧叶窄带状。阳茎短于抱器瓣，弧形，基部宽，端部稍窄，无背齿；角状器由 1 窄长骨片及一些刺突组成。

分布：浙江（临安）、广东、广西。

（193）三齿祝蛾 *Lecithocera tridentata* Wu et Liu, 1993（图 7-21）

Lecithocera tridentata Wu et Liu, 1993b: 333.

主要特征：成虫（图 7-21A）翅展 11.5–12.5 mm。头部浅黄色。触角浅黄色；鞭节具暗褐色环纹。下唇须内侧浅黄色，外侧黄褐色；第 3 节稍短于第 2 节。胸部和翅基片浅黄色。前翅浅黄褐色，散布暗褐色鳞片，腹缘上方密被暗褐色鳞片；斑纹黑褐色；肩斑约为翅前缘的 1/4；中室斑与中室端斑圆，约等大；外缘前方具 1 不规则大斑；缘毛灰色。后翅与缘毛灰色；缘毛基线黄白色。

雄性外生殖器（图 7-21B）：爪突垫近三角形。抱器瓣基部宽，窄至抱器端；抱器端基部 1/3 等宽，窄至 2/3，端部 1/3 细长，背缘平直；抱器背桥窄，在中间处弯曲。阳茎基环盾状；后侧叶窄带状。阳茎约为抱器瓣长的 3/4，稍弯曲，基部宽，窄至末端，背齿 2；角状器由 1 弯曲的骨化棒、1 小骨片和 1 簇刺突组成。

雌性外生殖器（图 7-21C）：后表皮突约为前表皮突长的 2 倍。导管端片矩形，宽大于长。囊导管约等长于交配囊，宽，褶皱；导精管发自囊导管中间，近基部呈囊形膨大。交配囊长椭圆形；囊突位于交配囊中间，椭圆形，具 2–3 齿突。

分布：浙江（舟山）、江西、海南、广西。

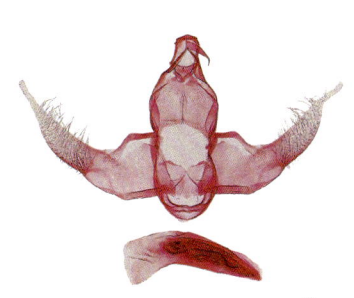

图 7-21 三齿祝蛾 *Lecithocera tridentata* Wu et Liu, 1993
A. 成虫；B. 雄性外生殖器；C. 雌性外生殖器

80. 黄阔祝蛾属 *Lecitholaxa* Gozmány, 1978

Lecitholaxa Gozmány, 1978: 122. Type species: *Lecithocera thiodora* Meyrick, 1914.

主要特征：触角长于前翅，雄性鞭节基部具缺刻。下唇须 3 节，第 2 节加粗，第 3 节细长，雄性第 2 节具细长鳞毛。前翅近矩形，具中室斑和中室端斑。后翅稍宽，梯形。腹部背板无刺列。

雄性外生殖器：爪突垫小；抱器瓣基部宽；抱器端末端圆或钝，腹缘上方密被短粗刚毛；抱器背桥窄；阳茎基环前缘突出，后侧叶存在；阳茎较粗，角状器形态各异。

雌性外生殖器：导管端片杯状或漏斗状；囊导管中部加宽，导精管通常出自囊导管中部；交配囊圆形；囊突具齿突。

分布：主要分布于东洋区。世界已知 7 种，中国记录 2 种，浙江分布 1 种。

（194）黄阔祝蛾 *Lecitholaxa thiodora* (Meyrick, 1914)

Lecithocera thiodora Meyrick, 1914a: 51.
Lecithocera leucocerus Meyrick, 1932: 204.
Lecitholaxa thiodora: Gozmány, 1978: 124.

分布：浙江（临安）、湖北、江西、广东、广西、重庆、四川、云南。
注：描述见《天目山动物志》（李后魂等，2020）。

81. 羽祝蛾属 *Nosphistica* Meyrick, 1911

Nosphistica Meyrick, 1911c: 733. Type species: *Nosphistica erratica* Meyrick, 1911.
Philoptila Meyrick, 1918: 111.

主要特征：触角与前翅近等长；雄性触角腹缘具纤毛。下唇须 3 节，第 2 节加粗，第 3 节细长，与第 2 节近等长。前翅顶角通常突出，外缘凹入；翅面具各种斑纹或斑点；R_1、R_2 脉独立，R_3、R_{4+5} 脉共柄，R_5 脉存在或缺失，M_1、M_2 脉存在，M_3 脉存在或缺失，CuA_1、CuA_2 脉共柄。后翅稍宽，近梯形；3A 脉与腹缘之间黑色，中间嵌 1 白斑；M_2 脉存在或缺失，M_3、CuA_1 脉共柄。腹部背板具刺列。

雄性外生殖器：爪突垫稍大；颚形突基板有时发达；抱器背桥基部游离，端部与抱器瓣愈合；阳茎基环后端骨化弱或膜质，后侧叶发达；阳茎有或无角状器。

雌性外生殖器：第 8 腹板后缘通常凹入；后阴片宽或不明显；交配囊圆形或椭圆形，囊突 1 至多个，横置。

分布：主要分布于东洋区。世界已知 20 种，中国记录 14 种，浙江分布 5 种。

分种检索表

1. 抱器瓣末端呈指状突出 ·· 窗羽祝蛾 *N. fenestrata*
- 抱器瓣末端不突出 ··· 2
2. 抱器瓣端部窄；阳茎具许多角状器 ·· 双曲羽祝蛾 *N. bisinuata*
- 抱器瓣近平行；阳茎无角状器 ·· 3
3. 阳茎基环侧叶基部肘状 ·· 灯羽祝蛾 *N. metalychna*
- 阳茎基环侧叶直 ·· 4
4. 阳茎基环侧叶长，约为阳茎基环长的 1/2 ··· 长羽祝蛾 *N. paramecola*
- 阳茎基环侧叶短 ·· 东方羽祝蛾 *N. orientana*

（195）双曲羽祝蛾 *Nosphistica bisinuata* Park, 2002（图 7-22）

Nosphistica bisinuata Park, 2002: 258.

主要特征：成虫（图 7-22A）翅展 13.0–16.0 mm。头部与触角暗褐色。下唇须黄白色，杂黑褐色鳞片。前翅黑褐色，杂黄色和白色鳞片；基部 1/3 处具 1 黑色大斑，前端达中室前缘，后端达翅腹缘；中室端斑黑色，棒状，中间窄，环黄白色；亚端线黄白色，从翅前缘端部 1/5 处延伸至腹缘臀角前方，中间向外稍拱；缘毛黄色，具黑褐色亚基线和亚端线。后翅前缘直，顶角钝出，外缘曲状；底色黑褐色；3A 脉与腹缘之间黑色，中间嵌 1 白色斑点；中室端斑棒状，前端稍加宽，黑褐色，环白色宽带；亚端线白色，从翅前缘端部 1/4 处延伸至臀角，中间稍拱；缘毛黄色，具黑褐色亚基线和亚端线。

 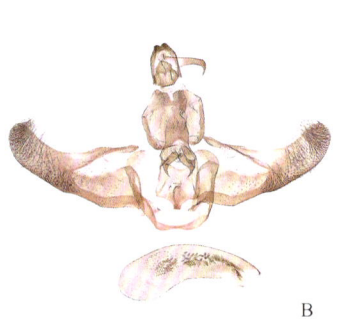 

A　　　　　　　　　　　　　　　　B　　　　　　　　　　C

图 7-22　双曲羽祝蛾 *Nosphistica bisinuata* Park, 2002
A. 成虫；B. 雄性外生殖器；C. 雌性外生殖器

雄性外生殖器（图 7-22B）：爪突垫基半部近矩形，端部渐窄。颚形突基板近矩形，后端双叶状。抱器瓣基部宽，窄至端部 1/4 处，端部 1/4 近平行，末端圆；抱器瓣背缘浅凹。阳茎基环基半部骨化强，近方形，端部膜质，渐窄；侧叶指状，发自中间。阳茎短于抱器瓣，端部渐窄；角状器由 1 骨化板和许多锥状刺组成。

雌性外生殖器（图 7-22C）：后表皮突约为前表皮突长的 1.5 倍。囊导管约等长于交配囊，后端 2/3 散布小刺；导精管细长，发自囊导管前端 1/3 处。交配囊大，卵圆形；囊突新月形，位于交配囊后端 1/4 处。

分布：浙江（永嘉）、台湾、海南、香港。

（196）窗羽祝蛾 *Nosphistica fenestrata* (Gozmány, 1978)

Philoptila fenestrata Gozmány, 1978: 189.
Nosphistica fenestrata: Park, 2002: 252.

分布：浙江（临安）、山西、河南、陕西、湖北、湖南、福建、台湾、广东、广西、四川、贵州。
注：描述见《天目山动物志》（李后魂等，2020）。

（197）灯羽祝蛾 *Nosphistica metalychna* (Meyrick, 1935)

Philoptila metalychna Meyrick, 1935: 73.
Nosphistica metalychna: Park, 2002: 258.

分布：浙江（平湖、临安、余姚、磐安、开化、江山）、江苏。
注：描述见《天目山动物志》（李后魂等，2020）。

（198）东方羽祝蛾 *Nosphistica orientana* Park, 2005（图 7-23）

Nosphistica orientana Park, 2005: 124.

主要特征：成虫（图 7-23A）翅展 16.0–22.0 mm。头部暗褐色，两侧橙黄色。触角柄节长，暗褐色；鞭节黄色，具暗褐色环纹。下唇须黄色，杂暗褐色鳞片。胸部和翅基片暗褐色，杂黄色鳞片。前翅灰黄色，密被暗褐色鳞片，前缘端部 1/5 下方杂黄色鳞片；中室斑小，圆形，暗褐色；中室端斑倒"L"形，暗褐色，内、外缘饰白色；亚端线白色，从前缘端部 1/5 处斜伸至外缘；缘毛灰褐色，基线白色。后翅前缘直，顶角尖出，外缘曲状；底色灰黄色，前缘与 M_3 脉之间端部暗褐色，顶角处具 1 金黄色三角斑；3A 脉与腹缘间暗褐色，杂白色鳞片；中室端斑窄，白色；亚端线白色，从前缘端部 1/5 处延伸至臀角，弧形；缘毛暗褐色，杂黄褐色，基线白色。

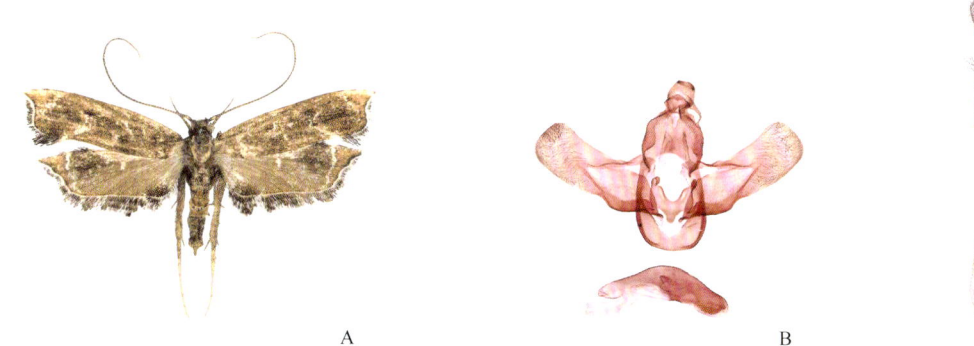

图 7-23 东方羽祝蛾 *Nosphistica orientana* Park, 2005
A. 成虫；B. 雄性外生殖器；C. 雌性外生殖器

雄性外生殖器（图 7-23B）：爪突垫近五边形，端部具刚毛。颚形突基板近方形，中突鹰嘴状。抱器瓣近矩形，端部被刚毛，末端钝。基腹弧宽，前缘钝。阳茎基环基部 1/3 骨化，矩形，端部 2/3 膜质；侧叶指状。阳茎短于抱器瓣，粗壮，弯曲，阳茎端膜内具颗粒；角状器缺失。

雌性外生殖器（图 7-23C）：后表皮突约为前表皮突长的 1.5 倍。囊导管约等长于交配囊；导精管细长，发自囊导管中间。交配囊大，椭圆形；囊突具 4 条横向骨化脊，位于交配囊后端。

分布：浙江（平湖、丽水）、湖北、广东、广西、重庆、四川、贵州；越南。

（199）长羽祝蛾 *Nosphistica paramecola* (Wu, 1996)（图 7-24）

Athymoris paramecola Wu, 1996: 307.
Nosphistica paramecola: Park, 2002: 254.

主要特征：成虫（图 7-24A）翅展 12.0–16.0 mm。头部暗褐色，两侧橙黄色。触角暗褐色。下唇须外侧暗褐色，内侧色稍浅。胸部和翅基片暗褐色。前翅暗褐色，散布白色鳞片；前缘斑小，黄白色，位于端部 1/4 处；中室端斑棒状，前端稍膨大，环白色鳞片；腹缘斑小，黄白色，位于端部 1/4 处；缘毛暗褐色，基线黄白色。后翅前缘直，顶角钝圆，外缘斜；底色暗褐色，前缘与 M_3 脉之间端部黑色，3A 与腹缘之间暗褐色；前缘斑小，楔形，黄白色，位于端部 1/4 处；亚端线黄白色，从前缘斑下方延伸至臀角，曲状；缘毛暗褐色，基线橙黄色。

雄性外生殖器（图 7-24B）：爪突垫宽，后端加宽，后缘中间具 1 近圆形突起。颚形突基板近钟罩状。抱器瓣近矩形，末端钝圆，端部被刚毛。阳茎基环基半部骨化强，中部加宽，端半部膜质，前缘中间近三角形突出；侧叶指状，约为阳茎基环长的 1/2，发自中间。阳茎稍短于抱器瓣，细长，稍拱；角状器缺失。

雌性外生殖器（图 7-24C）：后表皮突稍短于前表皮突长的 2 倍。导管端片小，骨化弱；导管亚端片骨化弱，矩形。囊导管曲状，约为交配囊长的 3 倍；导精管稍窄于囊导管，发自导管亚端片下方。交配囊椭圆形；囊突骨化弱，位于交配囊中间。

分布：浙江（余姚、开化、青田、永嘉）、台湾、海南、广西。

图 7-24 长羽祝蛾 *Nosphistica paramecola* (Wu, 1996)
A. 成虫；B. 雄性外生殖器；C. 雌性外生殖器

82. 槐祝蛾属 *Sarisophora* Meyrick, 1904

Sarisophora Meyrick, 1904b: 403. Type species: *Sarisophora leptoglypta* Meyrick, 1904.
Styloceros Meyrick, 1904b: 408 [key], 409. Type species: *Styloceros cyclonitis* Meyrick, 1904.

主要特征：触角与前翅近等长，无纤毛。下唇须 3 节，第 2 节加粗，第 3 节细长，与第 2 节近等长。前翅近矩形，通常具中室斑和中室端斑；中室闭合；R_4 与 R_5 脉基部约 3/5 共柄，R_3、R_{4+5} 脉共柄或同出一点。后翅稍宽，梯形；中室闭合；M_2 脉缺失，M_3、CuA_1 脉分离或共短柄。腹部背板无刺列。

雄性外生殖器：爪突垫宽或窄；颚形突基板不明显，中突存在；抱器瓣背向斜伸；阳茎基环近方形；基腹弧宽；阳茎具背齿，角状器多个。

雌性外生殖器：第 8 腹板后缘钝或凹入；导管端片杯状；交配囊椭圆形，囊突具齿。

分布：主要分布于古北区、东洋区、澳洲区。世界已知 25 种，中国记录 7 种，浙江分布 3 种。

分种检索表

1. 抱器端粗壮，约等宽于抱器瓣基部 ·· 丝槐祝蛾 *S. serena*
- 抱器端窄长，明显窄于抱器瓣基部 ··· 2
2. 抱器端中部加宽 ·· 灰白槐祝蛾 *S. cerussata*
- 抱器端从基部窄至末端 ·· 指瓣槐祝蛾 *S. dactylisana*

（200）灰白槐祝蛾 *Sarisophora cerussata* Wu, 1994

Sarisophora cerussata Wu, 1994a: 136.

分布：浙江（临安、江山、遂昌）、安徽、江西、福建、广东。
注：描述见《天目山动物志》（李后魂等，2020）。

（201）指瓣槐祝蛾 *Sarisophora dactylisana* Wu, 1994

Sarisophora dactylisana Wu, 1994a: 137.

分布：浙江（临安）、湖北、江西、广东、广西、重庆、四川、云南。
注：描述见《天目山动物志》（李后魂等，2020）。

（202）丝槐祝蛾 *Sarisophora serena* Gozmány, 1978（图 7-25）

Sarisophora serena Gozmány, 1978: 161.

主要特征：成虫（图 7-25A）翅展 14.5–18.0 mm。头部黄褐色，两侧黄褐色。触角浅黄褐色；鞭节具暗褐色环纹。下唇须内侧黄白色，外侧黄褐色；第 2 节腹缘具粗糙鳞片。胸部和翅基片黄褐色。前翅浅黄褐色，密被褐色鳞片；缘毛黄褐色，基线黄色。后翅与缘毛灰黄色；缘毛基线黄白色。

 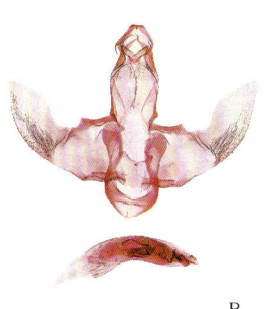 

A　　　　　　　　　　　　　B　　　　　　　　　C

图 7-25　丝槐祝蛾 *Sarisophora serena* Gozmány, 1978
A. 成虫；B. 雄性外生殖器；C. 雌性外生殖器

雄性外生殖器（图 7-25B）：爪突垫宽"V"形。颚形突基板近梯形。抱器瓣基部宽，抱器端基部等宽，中部加宽，随后窄至末端，末端钝，背缘中间稍拱；抱器背桥窄。基腹弧前端近三角形突出。阳茎基环盾状；后侧叶基部半圆形，端部窄带状。阳茎约为抱器瓣长的 3/4，稍拱，基部宽，端部稍窄，具 1 背齿；角状器由 1 不规则骨化板、1 骨化条、1 列刺突和 1 锚状骨化板组成。

雌性外生殖器（图 7-25C）：后表皮突稍短于前表皮突的 2 倍。导管端片长杯状。囊导管长于交配囊，褶皱，中部稍膨大；导精管宽，发自囊导管后端 2/5 处。交配囊椭圆形；囊突椭圆形，密被齿突，位于交配囊后端 1/3 处。

分布：浙江（桐庐、景宁）、河南、陕西、宁夏、湖北、台湾、广西、四川、贵州。

83. 匙唇祝蛾属 *Spatulignatha* Gozmány, 1978

Spatulignatha Gozmány, 1978: 146. Type species: *Lecithocera hemichrysa* Meyrick, 1910.

主要特征：触角长于前翅。雄性下唇须 2 节，第 2 节末端膨大或尖，呈小刀状或匙状，长约为第 1 节的 2 倍。雌性下唇须 3 节，第 3 节细长，稍长于第 2 节。前翅前缘稍拱，顶角钝，外缘斜，具中室斑和中室端斑。后翅宽于前翅，近梯形。腹部背板无刺列。

雄性外生殖器：爪突垫小；颚形突中突存在；抱器瓣简单或具刺丛、刺突；基腹弧宽，前缘宽圆；阳茎基环大，后侧叶臂状或角状；阳茎稍弯或直，具片状或针状角状器。

雌性外生殖器：囊导管相对较长，等长于或长于交配囊；导精管出自囊导管后端或近中部；囊突通常较小，形态各异。

分布：主要分布于东洋区。世界已知 6 种，中国记录 6 种，浙江分布 2 种。

（203）匙唇祝蛾 *Spatulignatha hemichrysa* (Meyrick, 1910)

Lecithocera hemichrysa Meyrick, 1910c: 447.
Spatulignatha hemichrysa: Gozmány, 1978: 147.

分布：浙江（临安）、江苏、安徽、江西、四川、西藏；印度。

注：描述见《天目山动物志》（李后魂等，2020）。

（204）花匙唇祝蛾 *Spatulignatha olaxana* Wu, 1994

Spatulignatha olaxana Wu, 1994b: 197.

分布：浙江（安吉、临安、开化、龙泉、泰顺）、山西、河南、陕西、湖北、江西、湖南、福建、广东、广西、重庆、四川、贵州、云南。

注：描述见《天目山动物志》（李后魂等，2020）。

84. 共褶祝蛾属 *Synesarga* Gozmány, 1978

Synesarga Gozmány, 1978: 141. Type species: *Lecithocera pseudocathara* Diakonoff, 1951.
Anamimnesis Gozmány, 1978: 143.

主要特征：触角稍短于前翅。下唇须第 2 节加粗，第 3 节细长。前翅端部稍加宽；后翅梯形，约等宽于前翅。腹部背板具刺列。

雄性外生殖器：爪突垫大，后缘突出；颚形突中突存在；抱器瓣端部加宽；阳茎基环盾状或相似形状，后侧叶多样；阳茎等长于抱器瓣，无背齿；角状器存在或缺失。

雌性外生殖器：导管端片杯状或漏斗状；囊导管长，有或无刺突，囊突具刺。

分布：东洋区。世界已知 11 种，中国记录 6 种，浙江分布 1 种。

(205) 安娜共褶祝蛾 *Synesarga bleszynskii* (Gozmány, 1978)（图 7-26）

Anamimnesis bleszynskii Gozmány, 1978: 143.
Synesarga bleszynskii: Park, 2000c: 365.

主要特征：成虫（图 7-26A）翅展 16.0–30.0 mm。头部与触角暗褐色。下唇须浅黄色。胸部和翅基片暗褐色。前翅暗褐色，杂黄褐色；斑纹黑色；肩斑不明显；中室斑小，圆形；中室端斑稍大，椭圆形；褶斑椭圆形，与中室端斑约同等大小；缘毛灰褐色，基线黄白色。后翅灰黄色；缘毛灰色，基线黄白色。

图 7-26 安娜共褶祝蛾 *Synesarga bleszynskii* (Gozmány, 1978)
A. 成虫；B. 雄性外生殖器

雄性外生殖器（图 7-26B）：爪突垫箭头状。抱器瓣基部宽，窄至抱器端；抱器端基半部等宽，从中间向末端加宽，末端圆，背缘浅凹；抱器背桥窄，背缘中间三角形凸出。阳茎基环近矩形，前缘三角形突出；后侧叶大，向末端加宽，末端钝圆，长于阳茎基环。阳茎约等长于抱器瓣，稍拱，端半部稍窄；角状器 1 个，细棒状，被小齿。

分布：浙江（临安）、河北、台湾、海南、广西、贵州、云南；韩国。

85. 喜祝蛾属 *Tegenocharis* Gozmány, 1973

Tegenocharis Gozmány, 1973: 429. Type species: *Tegenocharis tenebrans* Gozmány, 1973.

主要特征：触角等长或略长于前翅。前翅狭长；中室闭合；R_3、R_4、R_5 脉共柄，其余各脉独立。后翅狭长，顶角尖；中室部分开放；M_2 脉存在，M_3、CuA_1 脉共柄。腹部背板具刺列。第 8 腹板特化，两侧分化成三角状向中间延伸，骨化，被长鳞毛。

雄性外生殖器：爪突垫狭小；颚形突短且窄；抱器背桥窄长，稍拱；阳茎基环后侧叶形态各异；角状器小刺状。

雌性外生殖器：导管端片大，多呈杯状；囊导管中部宽；囊突板状，具齿。

分布：主要分布于东洋区。世界已知 2 种，中国记录 2 种，浙江分布 1 种。

(206) 喜祝蛾 *Tegenocharis tenebrans* Gozmány, 1973

Tegenocharis tenebrans Gozmány, 1973: 430.

分布：浙江（临安）、湖北、福建、广东、广西、重庆、贵州、云南；泰国，尼泊尔。
注：描述见《天目山动物志》（李后魂等，2020）。

86. 丛须祝蛾属 *Thamnopalpa* Gozmány, 1978

Thamnopalpa Gozmány, 1978: 145. Type species: *Lecithocera argomitra* Meyrick, 1925.

主要特征：触角细，光滑。下唇须长，雄性第 2 节鳞片紧贴，背缘具 1 丛浓密的波形长鳞毛，雌性第 2 节正常，第 3 节细长。前、后翅窄长，后翅顶角突出，外缘凹入。腹部背板无刺列。

雄性外生殖器：爪突垫圆；颚形突中突存在；抱器背桥短；抱器瓣向末端渐窄，背向斜伸；抱器腹近基部具 1 束味刷状长鳞毛。阳茎基环长，简单。基腹弧宽。阳茎粗壮，无角状器。

分布：主要分布于东洋区。世界已知 2 种，中国记录 2 种，浙江分布 1 种。

（207）丛须祝蛾 *Thamnopalpa argomitra* (Meyrick, 1925)

Lecithocera argomitra Meyrick, 1925b: 430.
Thamnopalpa argomitra: Gozmány, 1978: 145.

分布：浙江（临安）、上海；印度尼西亚。
注：未见标本，描述见原始描述（Meyrick，1925b；武春生，1997）。

87. 彩祝蛾属 *Tisis* Walker, 1864

Tisis Walker, 1864a: 793. Type species: *Tisis bicolorella* Walker, 1864.
Tomosa Walker, 1864a: 796.
Tingentera Walker, 1864a: 798.
Tipha Walker, 1864a: 798.
Tirallis Walker, 1864a: 806.
Togia Walker, 1864a: 791.
Decuaria Walker, 1864a: 797.
Cacogamia Snellen, 1903: 48.

主要特征：触角长于前翅，鞭节近基部背面具 1 椭圆形凹槽。雄性下唇须第 2 节长，加粗，末端具直立或前伸的鳞毛簇，第 3 节退化或很短。雌性下唇须第 2 节加粗，第 3 节细长。前翅窄长，翅顶宽圆；通常色彩鲜艳，具金属光泽和各种斑纹。后翅似前翅，臀褶常有梳状鳞片。腹部背板具刺列。

雄性外生殖器：爪突垫相对小且圆；颚形突中突存在；抱器瓣中部缢缩；阳茎基环较长且窄，后侧叶发达；阳茎约与抱器瓣近等长；角状器有或无。

雌性外生殖器：导管端片较大，形态各异，骨化强；囊导管较短；交配囊大，囊突为横板状或星形板状，被齿突。

分布：主要分布于东洋区。世界已知 43 种，中国记录 1 种，浙江分布 1 种。

（208）中带彩祝蛾 *Tisis mesozosta* Meyrick, 1914

Tisis mesozosta Meyrick, 1914a: 50.

分布：浙江（临安）、安徽、江西、湖南、福建、台湾、广东、海南、广西、云南。

注：描述见《天目山动物志》（李后魂等，2020）。

88. 兔尾祝蛾属 *Urolaguna* Wu, 1994

Urolaguna Wu, 1994a: 132. Type species: *Urolaguna heosa* Wu, 1994.

主要特征：触角等长于前翅。下唇须第2节加粗，第3节细长，与第2节近等长。前翅披针形；中室闭合；R_1、R_2脉独立，R_4、R_5脉共柄，R_3与R_{4+5}脉基部靠近，R_5脉达外缘，M_1、M_2、M_3脉分离，CuA_1、CuA_2脉共短柄，CuP脉明显。后翅宽于前翅，近梯形；中室部分开放；M_2脉缺失，M_3、CuA_1脉共柄。腹部背板具刺列。

雄性外生殖器：爪突垫短，近倒梯形；颚形突中突小；抱器瓣基部宽；抱器端窄；抱器背桥窄，弧形；基腹弧窄；阳茎基环盾状；阳茎具刺状角状器。

分布：主要分布于东洋区。世界已知1种，中国记录1种，浙江分布1种。

（209）兔尾祝蛾 *Urolaguna heosa* Wu, 1994（图 7-27）

Urolaguna heosa Wu, 1994a: 133.

主要特征：成虫（图 7-27A）翅展14.0–16.0 mm。头部黑褐色，着紫色光泽，两侧橙黄色；颜面黄白色。触角橙黄色。下唇须黄白色，第3节腹缘暗褐色。胸部黄褐色；翅基片灰褐色。前翅灰褐色，具1条纵向"Y"形黄褐色斑纹，自基部延伸至中室外缘；中室具2簇小的紫灰色鳞毛簇，翅褶2/5处具1簇稍大的紫灰色鳞毛簇；中室外缘至翅端各翅脉间具黄灰色纵条纹；沿翅褶下方具1条黄褐色条纹；缘毛深灰色。后翅灰褐色；缘毛灰褐色，沿外缘着黄色，基线灰白色。
雄性外生殖器（图 7-27B）：爪突垫近倒三角形。抱器瓣基部宽，窄至抱器端；抱器端中部稍窄，末端钝斜，背缘浅凹，腹缘端部上方具数列短粗刚毛。阳茎基环前端加宽，后缘中间近三角形突出，前缘中间近矩形突出；后侧叶带状。阳茎长于抱器瓣，基半部宽，窄至末端，末端叉状；角状器由许多刺突组成。
雌性外生殖器（图 7-27C）：后表皮突约为前表皮突长的2倍。交配孔大。导管端片骨化强，带状。囊导管长于交配囊，卷曲，具散布的锥状刺；导精管细长，发自囊导管后端1/4处。交配囊椭圆形；囊突椭圆形，密被小齿，位于交配囊中间。

分布：浙江（平湖）、江西、台湾、海南、广西、贵州、云南；泰国。

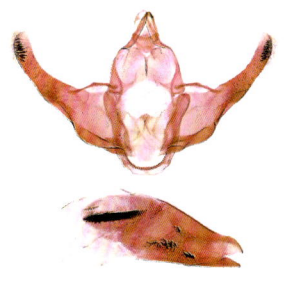

A   B   C

图 7-27 兔尾祝蛾 *Urolaguna heosa* Wu, 1994
A. 成虫；B. 雄性外生殖器；C. 雌性外生殖器

十四、织蛾科 Oecophoridae

主要特征：体小至中型。触角常短于前翅，柄节有栉或无栉。下唇须 3 节，上弯。前翅三角形、长卵圆形或矛形；R_4 和 R_5 脉共柄，R_5 脉达前缘、顶角或外缘。后翅 $Sc+R_1$ 脉长达前缘 3/4 或 4/5 处；Rs 和 M_1 脉在近基部 1/3–1/2 段近平行。

雄性外生殖器：爪形突略呈三角形；颚形突有或无，长三角形或喙状；抱器背基突有或无；阳茎端基环常具侧叶。

雌性外生殖器：有或无囊突。

生物学：幼虫多缀叶、卷叶或蛀入植物组织中危害。

分布：世界各大动物地理区均有分布。世界已知 300 多属 3300 多种，中国记录 400 种左右，浙江分布 10 属 64 种。

分属检索表

1. 触角柄节有栉 ··· 2
- 触角柄节无栉 ··· 7
2. 下唇须第 3 节与第 2 节等长 ··· 3
- 下唇须第 3 节短于第 2 节 ··· 5
3. 胸部平；爪形突小，近三角形 ·· 平织蛾属 *Pedioxestis*
- 胸部隆起；爪形突大，阔舌状 ·· 4
4. 前翅前缘微弓，R_4 与 R_5 脉分离或共柄 ··· 圆织蛾属 *Eonympha*
- 前翅前缘直，R_4 与 R_5 脉基部共柄 ··· 绣织蛾属 *Erotis*
5. 爪形突和颚形突小，抱器腹端突有或无 ·· 枯织蛾属 *Lasiochira*
- 爪形突和颚形突大，有抱器腹端突 ·· 6
6. 前翅有鳞毛簇 ··· 卡织蛾属 *Casmara*
- 前翅无鳞毛簇 ··· 丽织蛾属 *Epicallima*
7. 下唇须第 3 节与第 2 节等长 ··· 8
- 下唇须第 3 节短于第 2 节 ··· 9
8. 前翅缺 R_5 脉；雄性外生殖器具爪形突 ·· 酪织蛾属 *Tyrolimnas*
- 前翅 R_4 与 R_5 脉共柄；雄性外生殖器缺爪形突 ·· 潜织蛾属 *Locheutis*
9. 体色暗；后足胫节背面和腹面均被长鳞毛 ··· 仓织蛾属 *Martyringa*
- 体色多艳丽；后足胫节背面被较短鳞毛 ··· 锦织蛾属 *Promalactis*

89. 卡织蛾属 *Casmara* Walker, 1863

Casmara Walker, 1863: 518. Type species: *Casmara infaustella* Walker, 1863.

主要特征：大型蛾类。头部鳞片松散。触角柄节具栉。下唇须第 2 节长达或超过触角柄节，腹侧具鳞毛簇；第 3 节短于第 2 节，末端细且尖。下颚须退化。前翅狭长，覆有鳞毛簇；后翅长卵圆形。

雄性外生殖器：颚形突通常膨大，侧面观有时呈鸟喙状。

雌性外生殖器：囊导管常骨化，交配囊具囊突。

分布：东洋区。世界已知 20 多种，浙江分布 2 种。

(210) 野卡织蛾 *Casmara agronoma* Meyrick, 1931（图 7-28）

Casmara agronoma Meyrick, 1931: 71.

主要特征：成虫（图 7-28A）翅展 31.0–44.0 mm。头部褐色。下唇须基节腹面白色，背面黑色；第 2 节黑色和灰白色相混，向端部鳞片渐扩散；第 3 节灰白色，杂生黑色。触角柄节背面黑色，腹面灰白色；鞭节背面灰白色，腹面黄褐色。胸部和翅基片褐色，杂灰白色。前翅窄长，前缘中部和后缘臀角处微凹入；褐色，具灰白色和黑色鳞片，翅室末端到外缘沿翅脉赭褐色；前缘基部 1/3 有 1 列竖起的赭黄色鳞毛簇，杂黑色，从 1/3 到近翅端有 4 条黑色细条纹；中室近基部和中室中部各有 2 个大的、中室末端有 1 个小的赭黄色鳞毛簇，均被不规则的白带环绕，形成多条不规则白色带纹；从前缘中部到翅顶角及沿外缘有若干较大的白斑；缘毛赭褐色，杂黑色。后翅褐色，缘毛灰赭褐色。腹部黑褐色，有光泽。

图 7-28　野卡织蛾 *Casmara agronoma* Meyrick, 1931
A. 成虫；B. 雄性外生殖器

雄性外生殖器（图 7-28B）：爪形突基部宽，渐窄至中部，端部约 1/2 匀称，末端平直。颚形突宽大，基部略宽于端部，端部具疣突，末端突起棘刺状，约为颚形突长的 1/2。抱器瓣宽短，端部渐窄，末端圆；抱器腹基部宽大，背缘呈丘状隆起，端突钝圆，具稠密刺突。基腹弧窄，前缘钝。阳茎基环略呈矩形。阳茎弯曲；基部伸出 1 条骨化带，其端部分成两侧叶，略扩大且边缘具齿突，端部 1/3 处伸出 1 弯曲的大型骨化刺突。

分布：浙江、河南、陕西、安徽、湖北、江西、湖南、福建、台湾、广东、广西、贵州、云南；韩国，日本，印度。

(211) 油茶卡织蛾 *Casmara patrona* Meyrick, 1925（图 7-29）

Casmara patrona Meyrick in Caradja, 1925: 381.

主要特征：成虫（图 7-29A）翅展 34.0–46.5 mm。头部、胸部和翅基片褐色杂灰白色鳞片。触角褐色，具灰白色环纹。下唇须褐色杂灰白色；第 3 节腹面黑色，点生白色。前翅前缘基部 1/3 黄褐色，2/5 处有 1 黄白色大斑，中部至近顶角有 1 条暗红色带纹，沿其腹缘端半部具黑色细带；翅基部白色，密布褐色鳞片；中室基部翅褶上方、下方各有 1 丛红褐色竖鳞，其边缘具黑色鳞片，竖鳞外侧到翅室末端具不规则黑褐色大斑，其中部有 3 条弯曲的白色带纹；翅室末端和近外缘之间有 1 黄白色大斑；外缘深褐色，沿其内侧有 1 条间断白线；缘毛赭黄色，杂有褐色，近基部形成褐色斑点。后翅灰黄褐色；缘毛灰白色。

雄性外生殖器（图 7-29B）：爪形突基部宽，渐窄至 3/5，3/5 处弯曲，端部 2/5 略下垂。颚形突与爪形突几乎等长，强烈骨化，基部背面凹陷，端部密被短齿突，端部突起刺状，侧面观鸟喙状，短于颚形突的 1/2。抱器瓣略呈半弯月状，末端圆；抱器腹基部宽大，背缘呈半圆形；端突半圆形，外缘密布短粗刺及长细毛。阳茎基环着生于阳茎基部约 1/4 处，盾状。阳茎略弯曲，端部近 1/4 具长片状侧叶，其腹缘锯齿状，末端稍尖，两侧叶之间有 1 个较短、末端短刺状的骨片。

雌性外生殖器（图 7-29C）：前表皮突与后表皮突几乎等长。导管端片强烈骨化，后缘突出，近前半部密被微刺，腹面两侧具长骨化片。囊导管膜质，短于导管端片。交配囊长椭圆形；囊突窄带状，密被刺。

分布：浙江、河南、江苏、安徽、湖北、江西、湖南、福建、台湾、广东、四川、贵州、云南；日本。

图 7-29　油茶卡织蛾 *Casmara patrona* Meyrick, 1925
A. 成虫；B. 雄性外生殖器；C. 雌性外生殖器

90. 圆织蛾属 *Eonympha* Meyrick, 1906

Eonympha Meyrick, 1906: 406. Type species: *Eonympha erythrozona* Meyrick, 1906.

主要特征：下唇须第 3 节与第 2 节等长。触角有栉。

雄性外生殖器：爪形突阔舌状；颚形突细长，钩状；抱器腹近基部凸；阳茎基环侧叶端部呈球形膨大，密被长刺突；阳茎具微刺突。

雌性外生殖器：前表皮突短于后表皮突；囊导管长，似发条；交配囊长椭圆形，囊突 2 个。

分布：东洋区。世界已知 6 种，中国记录 4 种，浙江分布 1 种。

（212）突圆织蛾 *Eonympha basiprojecta* Wang et Li, 2004

Eonympha basiprojecta Wang et Li, 2004b: 95.

分布：浙江（临安）、湖北。

注：描述见《天目山动物志》（李后魂等，2020）。

91. 丽织蛾属 *Epicallima* Dyar, [1903]

Epicallima Dyar, [1903a] 1902: 525. Type species: *Callima argenticinctella* Clemens, 1960.
Dafa Hodges in Dominick et al., 1974: 111.

主要特征：头光滑。下唇须第 2 节具浓密的鳞片，第 3 节比第 2 节更短更细。雄性触角具纤毛；柄节具栉。前翅 R_4 和 R_5 脉共柄；M_2、M_3 和 CuA_1 脉基部靠近。后翅 M_3 和 CuA_1 脉发自同一点。

分布：古北区、东洋区、新北区。世界已知 17 种，中国记录 1 种，浙江有分布。

（213）远东丽织蛾 *Epicallima conchylidella* (Snellen, 1884)（图 7-30）

Lampros conchylidella Snellen, 1884: 176.
Borkhausenia conchylidella: Staudinger & Rebel, 1901: 178.
Epicallima conchylidella: Lvovsky, 2003: 217.

主要特征：成虫（图 7-30A）翅展 12.5–17.0 mm。头黄白色杂灰色。下唇须白色杂黑色。触角暗棕色，鞭节白色。胸部和翅基片黄色。前翅黄色，末端赭色；前缘基部 2/3 杂黑色鳞片，1/4–1/2 具 1 个赭棕色大斑，自前端 1/3 处延伸至后缘，内侧直，外侧弯曲，两侧边缘具黑色和白色条带；三角形黑斑自翅褶末端外斜至臀角；白色条带自前缘 3/4 处向下延伸，与黑斑相连；缘毛和前翅同色。后翅灰色，具浓密的棕色鳞片；缘毛灰色。

图 7-30　远东丽织蛾 *Epicallima conchylidella* (Snellen, 1884)
A. 成虫；B. 雄性外生殖器；C. 雌性外生殖器

雄性外生殖器（图 7-30B）：爪形突基部阔，渐窄至 2/3 处，端部 1/3 细长，末端尖。颚形突舌状，端部 1/3 具颗粒状突起，末端中部突出。抱器瓣三角形，前缘轻微弯曲。抱器腹阔，骨化；端突细长，向上弯曲，超过抱器瓣末端，末端尖。囊形突延长，约为抱器瓣长的 1/2，渐窄至末端，末端尖。阳茎基环发达，侧叶大，刺状。阳茎延长，长于抱器瓣，基部膨大；角状器长，长于阳茎长的 1/2。

雌性外生殖器（图 7-30C）：后表皮突约为前表皮突的 2 倍长。囊导管长、细，近基部和端部 1/2 骨化，内侧具几枚微刺。交配囊小，圆形；囊突长卵圆形。

分布：浙江、黑龙江、内蒙古、北京、天津、河北、山西、陕西、宁夏、甘肃、青海、新疆；俄罗斯（远东地区）。

92. 绣织蛾属 *Erotis* Meyrick, 1910

Erotis Meyrick, 1910a: 145. Type species: *Erotis phosphora* Meyrick, 1910.

主要特征：头部鳞片紧贴。有单眼。下唇须上弯，远离；第 3 节与第 2 节等长或略长于第 2 节。触角丝状，长于前翅；柄节具栉。胸部隆起。前翅狭长，近等宽；后翅长卵形。
雄性外生殖器：爪形突阔舌状；颚形突细长，末端尖；抱器瓣狭长；阳茎基环具发达侧叶。
雌性外生殖器：囊导管长，似发条，膜质；交配囊长椭圆形，具囊突 2 个。
分布：东洋区。世界已知 6 种，中国记录 5 种，浙江分布 1 种。

(214) 阔绣织蛾 *Erotis expansa* Wang, 2004（图 7-31）

Erotis expansa Wang in Wang & Li, 2004a: 82.

主要特征：成虫（图 7-31A）翅展 18.0–21.0 mm。头黄白色，下唇须黄白色，末端粗糙；第 3 节细、尖。触角黄白色；柄节背面棕色。胸部和翅基片橘黄色，基部具白色鳞片。前翅窄，前缘直，末端钝圆；底色灰赭黄色，雌性略呈红色，不规则散布灰黑色小斑，基部和中室末端斑更大，翅褶下具几个灰黑色斑点；前缘和后缘具浓密的棕色鳞片；中部和前缘末端各具 1 黄白色小斑；缘毛橘黄色，中部具 1 条明显的黑线和黄白色鳞片。后翅和缘毛灰色。

图 7-31　阔绣织蛾 *Erotis expansa* Wang, 2004
A. 成虫；B. 雄性外生殖器；C. 雌性外生殖器

雄性外生殖器（图 7-31B）：爪形突大且阔，基部窄，膨大至末端；后缘圆，中部略凹；中部具 1 个强烈骨化的纵向脊。颚形突细长，基部弯曲，末端尖，约与爪形突等长；侧臂约为颚形突长的 1/3。抱器瓣窄，自基部渐窄至末端；抱器背直；腹缘基部无明显凸出，1/3 处略向内凹。阳茎基环不规则，侧叶大。阳茎内侧具小刺，端部具 1 个细长的侧突。

雌性外生殖器（图 7-31C）：前表皮突略短于后表皮突。囊导管很长，盘绕。交配囊椭圆形；囊突 2 个，等腰三角形。

分布：浙江（杭州）、甘肃、贵州。

93. 枯织蛾属 *Lasiochira* Meyrick, 1931

Lasiochira Meyrick, 1931: 71. Type species: *Lasiochira camaropa* Meyrick, 1931.

主要特征：下唇须弯曲，第 3 节短于第 2 节。触角约为前翅长的 4/5，丝状；柄节具栉。前翅宽，具竖立小鳞片簇；腹部具发达的脊柱状的刺。
雄性外生殖器：爪形突小；颚形突端部针状；抱器瓣短；阳茎粗，具短粗壮刺。
雌性外生殖器：囊导管膜质，短于或与交配囊等长；交配囊长椭圆形，有囊突。
分布：东洋区。世界已知 8 种，中国记录 6 种，浙江分布 2 种。

(215) 九龙枯织蛾 *Lasiochira jiulongshana* Yin, Wang *et* Park, 2014（图 7-32）

Lasiochira jiulongshana Yin, Wang *et* Park, 2014: 27.

主要特征：成虫（图 7-32A）翅展 14.0–16.0 mm。头部雪白色，颈部杂浅黄色。下唇须雪白色，第 2

节杂浅黄褐色，第 3 节在端部 1/3 处具 1 个浅黄褐色环。触角柄节白色，背面杂浅金黄色；梗节白色，长为柄节宽的 2 倍；鞭节污白色和黄褐色相间。胸部和翅基片雪白色，翅基片基部杂浅黄褐色，胸部具 2 条浅金黄色带，分布在基部 1/4 处和端部 1/3 处。前翅前缘微弯，顶角圆形突出，外缘钝斜；底色浅黄褐色，散布赭褐色鳞片，翅褶和后缘间颜色较浅；"N"形粉白色斑纹从前缘基部 2/5 处向腹侧倾斜；第 1 条带纹中部边缘镶黑色鳞片，内缘具竖立的灰黑色鳞片簇；第 2 条带纹外缘镶黑色鳞片；两条带中间金黄色，中室上角杂黑色鳞片，在中室上角上具 1 个污白色斑；第 3 条带纹外缘末端镶 1 个黑褐色斑；翅褶在基部 1/4 处、端部 1/3 处及末端上方有鳞片簇；缘毛黄色至灰黄色，在外缘后角雪白色，杂黑色。后翅灰黑色；缘毛黄褐色。

雄性外生殖器（图 7-32B）：爪形突基部宽，渐窄至约 2/3 处，端部 1/3 侧边平行。颚形突近喙状，端部具齿。抱器瓣短宽，近三角形，由中部至末端略加宽。抱器腹窄，端部具 1 个三角形突起。囊形突倒三角形。阳茎基环近梯形；后角两侧几乎水平向外延伸，形成 1 对小三角叶。阳茎粗，管状，略短于抱器瓣；角状器由 3 个不规则的大骨片组成，中间的骨片至少具 3 个齿。

雌性外生殖器（图 7-32C）：后表皮突长约为前表皮突的 2 倍。导管端片倒梯形。囊导管具颗粒状突起，中部具大骨片；导精管从囊导管基部 1/3 处至 2/3 处发出。交配囊卵圆形，长于囊导管；囊突三角形，具齿，前缘锯齿状。

分布：浙江（嘉兴）。

图 7-32　九龙枯织蛾 *Lasiochira jiulongshana* Yin, Wang *et* Park, 2014
A. 成虫；B. 雄性外生殖器；C. 雌性外生殖器

（216）黄枯织蛾 *Lasiochira xanthacma* (Meyrick, 1938)（图 7-33）

Allotalanta xanthacma Meyrick, 1938: 8.
Lasiochira xanthacma: Clarke, 1963: 306.

主要特征：成虫（图 7-33A）翅展约 18.0 mm。头部白色。下唇须白色，第 2 节基部点生褐色鳞片，第 3 节近端部橘黄色，末端尖锐。触角柄节白色，散生橘黄色鳞片，栉发达；鞭节灰白色，有纤毛。胸部白色，基部和近端部各有 1 列橘黄色鳞片。翅基片白色，基部和末端散生橘黄色鳞片。前翅底色为白色，翅褶至后缘散生橘黄色鳞片；基部 1/3 从前缘近基部外斜至翅褶中部，密布褐色鳞片，形成不规则的褐色横带，其外侧在中室中部散生黑色鳞片，形成不清晰的黑斑；前缘 2/3 处有 1 个略呈三角形的赭褐色大斑，下缘达翅中部，紧邻其外侧偏下有 1 个由赭褐色鳞片组成的模糊大斑；翅顶部密布黑褐色鳞片；翅端钝；缘毛灰白色。后翅和缘毛褐色。

雄性外生殖器（图 7-33B）：爪形突基部宽大，端部渐窄，末端圆。颚形突短小，呈三角形，具疣突。背兜宽大。抱器瓣相对较短，基部略窄于端部，端部膨大，密具纤弱长刚毛，末端钝。囊形突短三角形。阳茎端基环膜质，后缘中央微凹。阳茎粗短，基部 2/3 较粗，两侧平行，端部 1/3 渐细，呈三角形，末端圆尖。有 3 个大型齿形角状器。

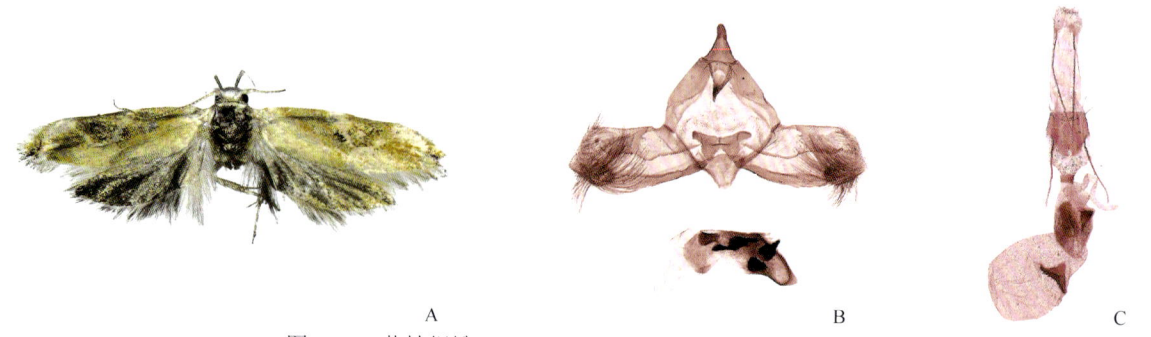

图 7-33 黄枯织蛾 *Lasiochira xanthacma* (Meyrick, 1938)
A. 成虫；B. 雄性外生殖器；C. 雌性外生殖器

雌性外生殖器（图 7-33C）：产卵瓣短小。囊导管膜质，近基部有一段骨化区。交配囊大，长于囊导管，密具微刺突。囊突略呈漏斗状，有若干大的齿突，前缘锯齿状。

分布：浙江（杭州）、河南、陕西、广东、贵州、云南。

94. 潜织蛾属 *Locheutis* Meyrick, 1883

Locheutis Meyrick, 1883: 341. Type species: *Locheutis philochora* Meyrick, 1883.

主要特征：头部侧毛簇松散上举。下唇须第 3 节与第 2 节等长。触角柄节无栉。前翅具 3 黑斑，沿前缘端部经外缘到臀角有 1 列黑点；后翅长卵形。

分布：东洋区、澳洲区。世界已知 22 种，中国记录 5 种，浙江分布 1 种。

（217）天目潜织蛾 *Locheutis tianmushana* Wang, 2002

Locheutis tianmushana Wang, 2002: 61.

分布：浙江（临安）。
注：描述见《天目山动物志》（李后魂等，2020）。

95. 仓织蛾属 *Martyringa* Busck, 1902

Martyringa Busck, 1902: 96. Type species: *Oegoconia latipennis* Walsingham, 1882.

主要特征：下唇须第 2 节略长于第 3 节，腹面鳞片粗糙。触角粗壮，柄节无栉。前翅长为宽的 3 倍多，翅顶圆，后缘近直；前翅有 11 条脉，后翅有 8 条脉。

雄性外生殖器：爪形突和颚形突均发达，抱器腹有或无游离端突，阳茎无角状器。

雌性外生殖器：囊导管基部强烈骨化，交配囊缺囊突。

分布：古北区、东洋区、新北区，主要分布于北美和亚洲的一些国家和地区，幼虫多为仓储害虫。世界已知 5 种，中国记录 2 种，浙江分布 1 种。

（218）米仓织蛾 *Martyringa xeraula* (Meyrick, 1910)

Anchonoma xeraula Meyrick, 1910a: 144.
Santuzza kuwanii Heinrich, 1920: 43.

Martyringa xeraula: Hodges in Dominick et al., 1974: 129.

分布：浙江（临安）；俄罗斯，朝鲜，日本，印度，泰国，美国。

注：描述见《天目山动物志》（李后魂等，2020）。

96. 平织蛾属 *Pedioxestis* Meyrick, 1932

Pedioxestis Meyrick, 1932: 198. Type species: *Pedioxestis isomorpha* Meyrick, 1932.

主要特征：下唇须第3节与第2节等长。触角柄节具栉。前翅阔矛状，前缘弓，外缘斜。腹部具背刺。

雄性外生殖器：爪形突三角形；颚形突非常小，侧臂约为颚形突长的3倍；抱器瓣中部膨大，抱器背基部稍内凹，抱器腹发达，阳茎基环近针形，阳茎无角状器。

雌性外生殖器：前表皮突短于后表皮突；后阴片为椭圆形骨化片；交配囊圆形，具颗粒；囊突近不规则菱形，具齿突。

分布：古北区东部、东洋区。世界已知5种，中国记录4种，浙江分布1种。

（219）双平织蛾 *Pedioxestis bipartita* Wang, 2006

Pedioxestis bipartita Wang, 2006a: 57.

分布：浙江（临安）、贵州。

注：描述见《天目山动物志》（李后魂等，2020）。

97. 酪织蛾属 *Tyrolimnas* Meyrick, 1934

Tyrolimnas Meyrick, 1934: 477. Type species: *Tyrolimnas anthraconesa* Meyrick, 1934.

主要特征：头部侧毛簇松散上举。下唇须第3节与第2节等长。触角柄节无栉。雄性爪形突锥状，末端圆尖。颚形突阔舌状，端半部密具疣突。抱器瓣宽短，抱器腹基部2/3宽带状，端部1/3细带状。雌性前表皮突短于后表皮突。前阴片横带状，宽阔。导管端片两侧骨化强；囊突大，叉状。

分布：亚洲东部。世界仅知1种，浙江有分布。

（220）黑缘酪织蛾 *Tyrolimnas anthraconesa* Meyrick, 1934

Tyrolimnas anthraconesa Meyrick, 1934: 477.
Haploscopa lygrodoxa Meyrick, 1939: 57.

分布：浙江（临安、丽水、温州）、河南、陕西、甘肃、新疆、湖北、江西、广东、广西、四川；朝鲜，日本，越南。

注：描述见《天目山动物志》（李后魂等，2020）。

98. 锦织蛾属 *Promalactis* Meyrick, 1908

Promalactis Meyrick, 1908: 806. Type species: *Promalactis holozona* Meyrick, 1908.

主要特征：头部鳞片紧实光滑。下唇须第 3 节短于第 2 节。前翅一般为矛形，底色一般为深浅不一的黄色；前缘通常与后缘平行，顶角稍尖，外缘斜，翅面斑纹多样。后翅短于前翅，通常为披针形。

雄性外生殖器：爪形突发达；颚形突通常为舌状；抱器瓣对称或不对称；阳茎基环发达，大多有侧叶；阳茎长短不一，角状器有或无。

雌性外生殖器：后阴片形状多样；导管端片一般为梯形或漏斗形；交配囊一般为圆形或椭圆形，囊突有或无。

分布：主要分布于古北区、东洋区。世界已知 400 余种，中国记录 300 种左右，浙江分布 53 种。

分种检索表

1. 前翅具褐色条带	2
- 前翅不具褐色条带	7
2. 爪形突端部不分叉	3
- 爪形突端部分叉	4
3. 囊形突略短于爪形突，角状器 1 个	凤阳锦织蛾 *P. fengyangensis*
- 囊形突长于爪形突，角状器 2 个	灰带锦织蛾 *P. dimolybda*
4. 颚形突末端具侧突	5
- 颚形突末端不具侧突	6
5. 抱器背有 1 大的炮弹状基叶，中部呈三角形凸出	端齿锦织蛾 *P. apicidentata*
- 抱器背有 1 长刺束状基叶，中部圆钝	卵叶锦织蛾 *P. lobatifera*
6. 角状器缺，抱器瓣末端具 2 个突起	斑翅锦织蛾 *P. vittapenna*
- 角状器针状，抱器瓣末端具 1 个突起	特锦织蛾 *P. peculiaris*
7. 前翅具褐色斑	四斑锦织蛾 *P. quadrimacularis*
- 前翅不具褐色斑	8
8. 前翅具 3 条白色横带	刀锦织蛾 *P. scalpelliformis*
- 前翅不具 3 条白色横带	9
9. 前翅具 3 条白线	10
- 前翅不具 3 条白线	16
10. 爪形突 3 叶状	11
- 爪形突非 3 叶状	13
11. 抱器腹对称	三齿锦织蛾 *P. tridentata*
- 抱器腹不对称	12
12. 抱器瓣对称	朴锦织蛾 *P. parki*
- 抱器瓣不对称	乳突锦织蛾 *P. papillata*
13. 爪形突后缘中部内凹	白线锦织蛾 *P. enopisema*
- 爪形突后缘中部不内凹	14
14. 抱器腹具齿突	丽线锦织蛾 *P. pulchra*
- 抱器腹不具齿突	15
15. 抱器背中部具 1 个管状突起	背突锦织蛾 *P. dorsoprojecta*
- 抱器背不具管状突起	浙江锦织蛾 *P. zhejiangensis*
16. 前翅具 1 条深灰色前中带	指爪锦织蛾 *P. digitiuncata*
- 前翅不具深灰色前中带	17
17. 前翅后缘基部 1/3 具 2 条平行的白色短带，中室无白色斑纹	18
- 前翅后缘基部不具 2 条平行的白色短带，中室具白色斑纹	19

18.	颚形突近矩形，囊形突长于爪形突	盘锦织蛾 *P. voluta*
-	颚形突端部微变窄，囊形突短于爪形突	褐斑锦织蛾 *P. fuscimaculata*
19.	中室具白色短带或白斑	20
-	中室不具白色短带	28
20.	雄性外生殖器爪形突端部分离	十字锦织蛾 *P. cruciata*
-	雄性外生殖器爪形突不分离	21
21.	角状器缺	片锦织蛾 *P. plicata*
-	具角状器	22
22.	抱器瓣端部具 3 个突起	三突锦织蛾 *P. tricuspidata*
-	抱器瓣端部不具突起	23
23.	抱器背末端具突起	宽颚锦织蛾 *P. dilatignatha*
-	抱器背不具突起	24
24.	阳茎基环侧叶不对称	25
-	阳茎基环侧叶对称	26
25.	阳茎端部具多个齿突	密齿锦织蛾 *P. densidentalis*
-	阳茎端部无齿突	中斑锦织蛾 *P. medimacularis*
26.	角状器 2 个	短唇锦织蛾 *P. brevipalpa*
-	角状器 1 个	27
27.	抱器背具齿	背齿锦织蛾 *P. serraticostalis*
-	抱器背光滑	枝刺锦织蛾 *P. ramispinea*
28.	白色短带自臀角向内斜	29
-	白色短带自臀角前向外斜	30
29.	抱器背 2/5 处具 1 刺	突锦织蛾 *P. projecta*
-	抱器背中部具 1 突起	花锦织蛾 *P. similiflora*
30.	雄性外生殖器抱器瓣不对称	31
-	雄性外生殖器抱器瓣对称	32
31.	无角状器，颚形突非环带状	原州锦织蛾 *P. wonjuensis*
-	角状器 1 个，颚形突环带状	赫锦织蛾 *P. hoenei*
32.	抱器腹不对称	坚锦织蛾 *P. scleroidea*
-	抱器腹对称	33
33.	爪形突分叉	34
-	爪形突不分叉	35
34.	角状器缺，抱器腹不达抱器瓣末端	端圆锦织蛾 *P. apicicircularis*
-	角状器 2 个，抱器腹超过抱器瓣末端	四线锦织蛾 *P. quadrilineata*
35.	抱器瓣末端内凹	36
-	抱器瓣末端不内凹	37
36.	阳茎基环具 1 镰刀状刺	端凹锦织蛾 *P. apiciconcava*
-	阳茎基环无镰刀状刺	简锦织蛾 *P. simplex*
37.	抱器腹端部游离	38
-	抱器腹端部不游离	41
38.	爪形突具侧突	刺锦织蛾 *P. spiculata*
-	爪形突无侧突	39
39.	抱器背端部具浓密刚毛，抱器腹端部具 2 叶突	银斑锦织蛾 *P. jezonica*
-	抱器背端部具稀疏刚毛	40

40. 阳茎基环达背兜近后缘	钩刺锦织蛾	*P. uncinispinea*
- 阳茎基环达爪形突近中部	蛇头锦织蛾	*P. serpenticapitata*
41. 前翅基部具 2 条平行的白色横带		42
- 前翅不具白色横带		46
42. 前翅短带达前缘		43
- 前翅短带未达前缘		45
43. 颚形突退化	无颚锦织蛾	*P. dorsiseparata*
- 颚形突明显		44
44. 阳茎末端具 1 刺	龙潭锦织蛾	*P. lungtanella*
- 阳茎末端无刺	点线锦织蛾	*P. suzukiella*
45. 抱器瓣端部分离	瘤突锦织蛾	*P. strumifera*
- 抱器瓣不分离	白点锦织蛾	*P. albipunctata*
46. 阳茎基环侧叶对称		47
- 阳茎基环侧叶不对称		50
47. 阳茎基环侧叶末端分叉	拟饰带锦织蛾	*P. similinfulata*
- 阳茎基环侧叶末端不分叉		48
48. 抱器背具 1 刺	背刺锦织蛾	*P. costispinata*
- 抱器背无刺		49
49. 角状器约为阳茎总长的 3/4	饰带锦织蛾	*P. infulata*
- 角状器略长于阳茎长的 1/3	咸丰锦织蛾	*P. xianfengensis*
50. 阳茎基环左侧叶具 1 突起		51
- 阳茎基环无突起	密纹锦织蛾	*P. densimacularis*
51. 抱器瓣端部近三角形，阳茎基环侧叶宽阔	四明山锦织蛾	*P. simingshana*
- 抱器瓣端部阔卵圆形，阳茎基环侧叶狭窄	永嘉锦织蛾	*P. yongjiana*

注：双圆锦织蛾 *P. diorbis* 雄性未知，未包括在检索表中。

（221）白点锦织蛾 *Promalactis albipunctata* Park et Park, 1998（图 7-34）

Promalactis albipunctata Park *et* Park, 1998: 58.
Promalactis akaganea Fujisawa, 2002: 345.

主要特征：成虫（图 7-34A）翅展 11.0–14.0 mm。头顶亮白色，颜面黄褐色，后头深褐色。下唇须第 1、2 节内侧黄色，外侧赭褐色；第 3 节深赭褐色。触角柄节白色；鞭节背面白色和黑色相间，腹面深褐色。胸部和翅基片深赭褐色。前翅锈红色；前缘基部 3/4 处具 1 椭圆形白斑，内斜至中室末端中部，边缘被黑色鳞片，白斑外侧有 1 赭褐色宽横带斜至臀角；后缘具 2 条平行白色细短带，边缘被黑色鳞片：第 1 条自后缘基部 1/5 处达翅褶基部，第 2 条自后缘基部 3/5 处达中室上缘基部 1/3 处；缘毛橘黄色。后翅和缘毛深灰色。

雄性外生殖器（图 7-34B）：爪形突骨化，基部阔，渐窄至末端，端部 1/3 上弯。颚形突舌状，约为爪形突长的 1/2，背面端部 2/3 粗锉状；侧臂细带状，约为颚形突长的 2/3。抱器瓣几乎等宽，端部有三角形重叠区；抱器背中部凸出。抱器腹基部阔，渐窄至 3/5 处，背缘基部 3/5 处呈"V"形凹入；端部 2/5 窄，几乎等宽，游离，呈圆形后弯，背缘锯齿状；末端有 1 个短指状弯突起，略超过抱器背末端。阳茎基环端部 3/5 骨化强，后缘中部呈宽"V"形深凹；前缘突起细指状，达囊形突基部 1/3 处。阳茎直，端部骨化强，腹缘端部锯齿状，末端具 2 个刺状突起：背突长且弯，其背缘近中部锯齿状；腹突短，约为背突长的 2/3。

雌性外生殖器（图 7-34C）：前表皮突约为后表皮突长的 2 倍。后阴片骨化强，"M"形，具浓密微刺，后缘中部呈"V"形深凹，形成 2 个小峰状突起。交配孔大，半圆形。导管端片骨化强，漏斗状，后端左侧具 1 方形强骨化板。囊导管短，约为交配囊长的 1/2，膜质，近导管端片处骨化弱。交配囊大，膜质，近梨形；囊突非常小，椭圆形，表面密具鳞状小刺。

分布：浙江（嘉兴）、江西、福建；韩国，日本。

图 7-34　白点锦织蛾 *Promalactis albipunctata* Park *et* Park, 1998
A. 成虫；B. 雄性外生殖器；C. 雌性外生殖器

（222）端圆锦织蛾 *Promalactis apicicircularis* Du, Wang *et* Li, 2014（图 7-35）

Promalactis apicicircularis Du, Wang *et* Li, 2014: 94.

主要特征：成虫（图 7-35A）翅展 9.5–12.0 mm。头顶亮银白色，颜面亮黄褐色，后头褐色至深褐色。下唇须第 1、2 节内侧赭黄色，外侧赭褐色，第 3 节深赭色，末端白色。触角柄节白色；鞭节背面白色和深褐色相间，腹面深褐色。胸部和翅基片深赭褐色杂深褐色。前翅赭黄色，翅褶和后缘之间赭褐色，翅端及外缘淡赭褐色杂浓密黑色鳞片，翅端有 1 圆形白斑；前缘灰色，3/5 处有 1 倒三角形深灰色斑，边缘被黑色鳞片，其前缘白色，近后缘有 1 银白色小点；后缘具 3 条白条纹，边缘被黑色鳞片：基部条纹从后缘 1/4 处达翅褶基部上方，中部条纹从后缘 2/5 处直达中室上缘 1/3 处，两条纹之间赭褐色，第 3 条条纹从后缘 2/3 处外斜至近中室下角，其外侧有 1 三角形赭褐色大斑，前缘几乎与前缘斑后缘相连；臀角处有 1 四边形深灰色小斑；缘毛赭黄色，前缘端部缘毛深褐色，后缘端部缘毛灰色，臀角处有少许白色缘毛。后翅和缘毛灰色。

图 7-35　端圆锦织蛾 *Promalactis apicicircularis* Du, Wang *et* Li, 2014
A. 成虫；B. 雄性外生殖器；C. 雌性外生殖器

雄性外生殖器（图 7-35B）：爪形突骨化弱，基部阔，渐窄至末端，端部 1/5 二裂，末端尖。颚形突骨化，长三角形，末端尖，约为爪形突长的 1/2；侧臂宽阔，带状，约与颚形突等长。背兜两侧几乎平行，自后端 2/5 处分叉，前端渐窄。抱器瓣宽短，末端钝圆，短于抱器腹；抱器背略凹。抱器腹几乎等宽，背缘中部略凹；端部 2/5 密具刚毛，背侧密具向内的粗刺，末端圆。囊形突基部阔，向末端渐窄，末端窄圆或尖，略长于爪形突。阳茎基环片状，非常窄，骨化弱，末端尖，达背兜前端 1/5 处；前缘突起指状，达囊形突 3/5 处。阳茎几乎直，约为抱器瓣长的 1.5 倍，基部和端部变窄；角状器缺。

雌性外生殖器（图 7-35C）：前表皮突比后表皮突强壮，约为后表皮突长的 2/5。后阴片窄且骨化弱，近倒梯形，后端 1/3 处有 1 横向的半卵形直立骨板，两侧具内折的窄带。第 7 与第 8 腹板之间的节间膜上有 2 个弱骨化圆形板。交配孔小，卵圆形。导管端片骨化弱，约为囊导管长的 1/5。囊导管细，膜质，长约为交配囊的 2 倍。交配囊长椭圆形，膜质；囊突 1 个，骨化强，近弧形脊。

分布：浙江（丽水）、台湾。

（223）端凹锦织蛾 *Promalactis apiciconcava* Wang, 2009（图 7-36）

Promalactis apiciconcava Wang in Du, Zhang & Wang, 2009: 321.

主要特征：成虫（图 7-36A）翅展 10.5–12.0 mm。头顶亮白色，颜面灰褐色，后头赭褐色。下唇须第 2 节外侧深赭黄色，内侧黄白色，第 3 节黑色，末端白色。触角柄节和鞭节背面基部几节白色，鞭节背面中部 1/3 白色和黑色相间，腹面黑色。胸部和翅基片深赭褐色。前翅橘黄色；翅面斑纹白色，边缘被黑色鳞片：前缘端部 1/3 处具 1 三角形斑；第 1 条短带自翅褶基部延伸至后缘基部，第 2 条短带自中室上缘基部 1/3 处延伸至后缘基部 2/5 处，两条短带之间深黄褐色；第 3 条短带自后缘基部 2/3 处上伸至中室下角，然后下弯至臀角；翅端具 3 小白斑。后翅和缘毛灰色。

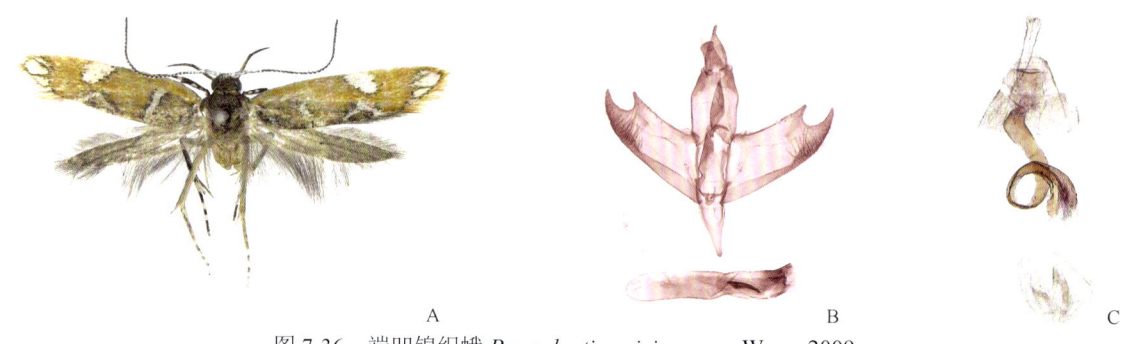

图 7-36　端凹锦织蛾 *Promalactis apiciconcava* Wang, 2009
A. 成虫；B. 雄性外生殖器；C. 雌性外生殖器

雄性外生殖器（图 7-36B）：爪形突基部宽阔，略狭窄至 5/6 处，端部 1/6 突然变窄，形成细突起。颚形突不规则矩形，基部略变宽，末端钝圆。抱器瓣几乎为矩形，抱器背几乎直，抱器瓣末端深凹，形成 2 个细突起；背侧突起短于腹侧，腹侧突起窄三角形，末端尖。抱器腹窄，端部 2/5 具浓毛。囊形突与爪形突等长，基部宽，端部渐窄。阳茎基环大且阔，前缘中部有 1 短突起，两侧 1/3 处呈三角形凸出，端部具 1 枚镰刀状刺。阳茎与抱器瓣等长，端部 1/3 处具 1 刺状角状器。

雌性外生殖器（图 7-36C）：后表皮突长约为前表皮突的 2 倍。交配孔圆形。囊导管非常长，除基部膜质外，其他大部分骨化，端部具 2 个花瓣状骨片，延伸至交配囊的后端。交配囊长椭圆形，具 3 个小囊突。

分布：浙江（丽水）、福建。

（224）端齿锦织蛾 *Promalactis apicidentata* Wang, 2009（图 7-37）

Promalactis apicidentata Wang in Du, Zhang & Wang, 2009: 320.

主要特征：成虫（图 7-37A）翅展 10.0–11.5 mm。头部亮白色，颜面灰褐色，后头褐色。下唇须第 2 节外侧赭黄色，内侧黄色；第 3 节黑褐色杂赭褐色，末端尖锐。触角黑色，背面柄节和鞭节基部几节白色，鞭节剩余几节黑色环绕白色。胸部和翅基片赭褐色。前翅橙黄色，斑纹灰黑色：1 条宽条带自前缘基部 2/3 处直达臀角前；1 条窄条带沿外缘延伸，在臀角处与宽带相接；1 三角形斑位于后缘基部 2/5 处；缘毛黄色，前缘末端和臀角处缘毛灰黑色。后翅和缘毛灰色。

图 7-37　端齿锦织蛾 *Promalactis apicidentata* Wang, 2009
A. 成虫；B. 雄性外生殖器；C. 雌性外生殖器

雄性外生殖器（图 7-37B）：爪形突基半部近方形，端半部分成两部分，末端尖。颚形突短，近唇形，具骨化侧叶。抱器瓣基部窄，中部加宽；抱器背有 1 大的炮弹状基叶，多刚毛，抱器背中部呈三角形凸出。抱器腹骨化强；端部突起短且阔，内弯，几乎达抱器瓣中部，其末端具一些强壮小齿。囊形突短且阔，略窄至圆形末端。阳茎基环骨化，基部与囊形突等长，前缘圆，侧叶大，角状，其端部分叉。阳茎短且直，端部略阔，末端具 2 个骨化弱的贝壳状突起；角状器缺。

雌性外生殖器（图 7-37C）：前表皮突长约为后表皮突的 1/4。后阴片大，后缘具 2 个小丘状突起；前阴片由 2 个肾形部分组成，前缘圆。囊导管膜质，与交配囊等长。交配囊几乎为圆形；囊突小，叶状。

分布：浙江（丽水）。

（225）短唇锦织蛾 *Promalactis brevipalpa* Wang, 2020（图 7-38）

Promalactis brevipalpa Wang in Wang & Liu, 2020a: 48.

主要特征：成虫（图 7-38A）翅展 9.0–11.0 mm。头深褐色。下唇须第 1、2 节深褐色，第 3 节黑色，基部 1/3 和末端白色，非常短。触角柄节白色，背面末端黑色；鞭节背面白色和黑色相间，腹面深褐色。胸部和翅基片深赭褐色。前翅赭褐色；斑纹白色，边缘被黑色鳞片：前缘中部有 1 三角形斑达翅中，其前内侧扩散浓密黑色鳞片，形成模糊小黑斑，外侧有 1 大三角形黑斑，扩散至前缘 2/3 处；后缘具 3 条细短带：第 1 条从后缘约 1/6 处直达翅褶近基部，第 2 条从后缘约 1/3 处略外斜至中室下缘 1/3 处，然后呈直角内弯至中室 1/5 处，第 3 条从后缘约 1/2 处外斜至中室下缘 2/3 处，然后下弯至近翅褶末端；翅褶末端有 1 小斑；臀角处有 1 椭圆形小斑，周围密被黑色鳞片；翅端有 1 不规则圆形小斑；缘毛赭褐色。后翅和缘毛灰色。

雄性外生殖器（图 7-38B）：爪形突近铃形，基部阔，渐窄至 3/5 处，端部 2/5 非常窄，末端尖。颚形突舌状，几乎与爪形突等长，端部 1/3 腹面粗锉状，末端圆，有 1 近卵形膜质突起；侧臂非常短，带状。背兜前端 1/2 两侧略凹入，自后端 3/5 处分叉，前缘圆。抱器瓣骨化，背、腹缘几乎平行，基部 3/5 近抱器背有 1 骨化纵褶，端部 2/5 中部有 1 椭圆形膜质区，末端腹侧呈"U"形深凹，形成 1 刺状背端突起；抱器背端部凸出，具刚毛。抱器腹基部阔，明显变窄至中部，端部 1/2 窄且等宽，末端有 1 三角形强骨化突起，上举，内缘锯齿状。囊形突约为爪形突长的 1.3 倍，基部阔，渐窄至末端，末端尖锐。阳茎基环近菱形，边缘骨化强，2/3 处两侧各有 1 短指状突起；前缘突起棒状。阳茎直，粗壮，约为抱器瓣长的 1.6 倍；角状器 2 个，中部 1 个强壮，长刺状，略弯，约为阳茎长的 1/2，端部 1 个荆棘状，其基部锯齿状。

雌性外生殖器（图 7-38C）：前表皮突约为后表皮突长的 3/5。第 8 腹板近矩形。交配孔大，近三角形，后缘直，两侧各伸出 1 个三角形突起；前缘渐窄，呈圆形；侧带自交配孔后缘延伸至第 7 腹板前缘。导管端片宽于囊导管。囊导管基部宽，具一些刺。交配囊椭圆形，约为囊导管长的 4/5；囊突缺。

分布：浙江（丽水）、广东、贵州。

图 7-38　短唇锦织蛾 *Promalactis brevipalpa* Wang, 2020
A. 成虫；B. 雄性外生殖器；C. 雌性外生殖器

（226）背刺锦织蛾 *Promalactis costispinata* Wang, 2020（图 7-39）

Promalactis costispinata Wang in Wang & Liu, 2020b: 80.

主要特征：成虫（图 7-39A）翅展 12.0 mm。颜面雪白色，后头黑色。下唇须黄白色，第 2 节腹侧具黑色鳞片，第 3 节外侧具黑色鳞片。触角柄节暗黄色，末端黑棕色；鞭节背面黑色和黄色相间。胸部和翅基片棕色，具黑色鳞片。前翅浅赭黄色；前缘具 3 黑斑；基斑近矩形，延伸至翅褶，外斜至中室下缘基部 2/5 处，外缘具 1 条白线；中斑近正方形，超过中室上缘，散布至中室下角，外缘具 1 条不规则白色条带；端斑呈三角形延伸至末端；后缘具 1 正方形赭棕色斑，外斜至中室下缘，内缘和外缘具白色条带，外侧条带延伸至中斑外缘；臀斑大，发散；末端具 1 白斑；外缘具黑色鳞片和 2 不明显的白斑；缘毛暗黄色，前缘端部缘毛棕灰色。后翅和缘毛棕色。

图 7-39　背刺锦织蛾 *Promalactis costispinata* Wang, 2020
A. 成虫；B. 雄性外生殖器

雄性外生殖器（图 7-39B）：爪形突近钟形，基部宽，渐窄至中部，之后突然变窄至末端，末端圆。颚形突约与爪形突等长，舌状，端部 1/2 具鳞片状突起，末端圆；侧臂宽。背兜自中部分叉，渐窄至钝圆末端。抱器瓣窄，长为宽的 4 倍。末端圆；抱器背内凹，伸出 1 个刺状端突，未超过抱器瓣末端。抱器腹基部阔，端部渐窄，端部具刚毛。囊形突长于爪形突，等宽，末端圆。阳茎基环短；侧臂未达背兜，基部 1/2 细长，自中部至基部 2/3 处略加宽，之后渐窄成三角形，末端尖；基叶细长，与侧臂等长，超过囊形突前端 2/3。阳茎长于抱器瓣；角状器刺状，弯曲，约为阳茎长的 1/2。

分布：浙江（丽水）。

（227）十字锦织蛾 *Promalactis cruciata* Wang, 2020（图 7-40）

Promalactis cruciata Wang in Wang & Liu, 2020a: 41.

主要特征：成虫（图 7-40A）翅展 7.5–10.0 mm。头顶暗棕色，颜面银灰色或灰棕色。下唇须第 1–2 节外侧棕色，内侧黄色，末端黑色；第 3 节基部和末端白色，中部黑色。触角柄节白色，前缘暗棕色；鞭节背面黑色和白色相间，腹面棕色。胸部深灰色，端部赭黄色；翅基片基部深赭棕色，端部赭灰色。前翅浅赭黄色，杂黑色鳞片；斑纹白色，边缘具黑色鳞片；前缘斑大，近椭圆形，自端部 1/3 处达中室后角，内缘和外缘前端密具黑色鳞片；中室具 1 条条带，自基部 1/4 处向外延伸至翅褶中部；翅褶具 3 白斑：基斑和端斑小，第 2 个斑与中部条带相接；后缘具 4 条等距离分布的条带，端带最小，不明显；端斑椭圆形；外缘斑圆；臀角散布黑色鳞片；缘毛暗黄色，后缘缘毛灰色。后翅和缘毛灰色。

雄性外生殖器（图 7-40B）：爪形突基部 3/5 两侧平行；端部 2/5 分离，侧叶细长，渐窄至末端，末端尖。颚形突短于爪形突；中板"十"字形；基叶细长，与中板等长。背兜自后端 3/5 处分叉；侧臂前端渐窄。抱器瓣近矩形；末端锯齿状，中部内凹，形成 1 个三角形的背叶、腹叶和"C"形的凹口。抱器腹基部宽，渐窄至基部 2/3 处，端部 1/3 背侧凸出，近末端密具刚毛。囊形突短，近三角形。阳茎基环侧叶端部 1/4 强烈骨化，略加宽至末端前，末端尖，末端达背兜后端 1/5 处。阳茎直，与抱器瓣等长；角状器长刺状，约为阳茎长的 4/5。

雌性外生殖器（图 7-40C）：前表皮突为后表皮突长的 2/3。交配孔圆。第 8 腹板后缘直，前端圆。导管端片窄、短。囊导管膜质，细长，具 7 刺。交配囊膜质；囊突缺。

分布：浙江（杭州）。

图 7-40 十字锦织蛾 *Promalactis cruciata* Wang, 2020
A. 成虫；B. 雄性外生殖器；C. 雌性外生殖器

（228）密齿锦织蛾 *Promalactis densidentalis* Wang et Li, 2004（图 7-41）

Promalactis densidentalis Wang et Li, 2004c: 10.

主要特征：成虫（图 7-41A）翅展 9.0 mm。头部亮灰黑色。下唇须灰黑色，第 3 节基部和末端白色。触角灰黑色，鞭节环绕白色。胸部和翅基片灰黑色。前翅黄色，散生棕色鳞片；前缘中部具白斑；沿外缘具发散的暗棕色大斑，具 3 明显的白斑，末端斑点最大、最明显；翅褶上面和下面具几个亮白色斑；臀角具白斑；缘毛黄色。后翅和缘毛灰色。

雄性外生殖器（图 7-41B）：爪形突基部 1/2 阔，1/2 处变细，喙状。颚形突舌状，几乎与爪形突等长，端部具疣突。抱器瓣阔，除端部外几乎等宽；末端具 1 个拇指状突起；抱器背略凸。抱器腹骨化，端部具刺状突，未达背突末端。囊形突三角形。阳茎基环强烈骨化，侧叶近三角形，末端尖；不对称；左侧叶大于右侧叶。阳茎粗壮，端部具许多强烈骨化的齿突；角状器刺状，基部具 1 小刺。

分布：浙江（杭州）、湖南、福建、香港、广西、贵州。

图 7-41　密齿锦织蛾 *Promalactis densidentalis* Wang et Li, 2004
A. 成虫；B. 雄性外生殖器

（229）密纹锦织蛾 *Promalactis densimacularis* Wang, Li et Zheng, 2000

Promalactis densimacularis Wang, Li et Zheng, 2000: 292.

分布：浙江（临安、丽水）、湖北、江西、海南、广西。

注：描述见《天目山动物志》（李后魂等，2020）。

（230）指爪锦织蛾 *Promalactis digitiuncata* Wang, 2019（图 7-42）

Promalactis digitiuncata Wang, in Wang & Liu, 2019a: 591.

主要特征：成虫（图 7-42A）翅展 8.0–9.0 mm。头顶雪白色，颜面灰色，后头暗赭棕色。下唇须第 2 节外侧暗棕色，内侧基部 1/2 白色，端部 1/2 赭棕色；第 3 节白色，末端黑色。触角柄节白色；鞭节背面黑色和白色相间，腹面暗棕色。胸部和翅基片暗赭棕色。前翅赭棕色，基部 1/3 杂深银灰色和黑色鳞片；前中带深灰色，自前缘基部 2/5 处延伸至后缘基部 3/5 处，内缘具灰白色鳞片，外缘密具黑色鳞片，前端加宽；缘毛赭黄色，前缘端部缘毛暗灰色。后翅和缘毛灰色。

图 7-42　指爪锦织蛾 *Promalactis digitiuncata* Wang, 2019
A. 成虫；B. 雄性外生殖器；C. 雌性外生殖器

雄性外生殖器（图 7-42B）：爪形突强烈骨化，指状，腹向弯曲。背兜前端变窄。抱器瓣近三角形，端部 4/5 密具刚毛；抱器背中部内凹，近基部明显凸出。抱器腹等宽，自端部 1/4 与抱器瓣分离，末端圆；背缘 1/3 处具 1 个粗指状突起，末端和外缘密具短刚毛。囊形突三角形，约为爪形突长的 1/2。阳茎基环近正方形，轻微骨化；基叶细长，达囊形突前缘。阳茎腹侧轻微弯曲；角状器刺状，弯曲，位于端部。

雌性外生殖器（图 7-42C）：前表皮突约为后表皮突长的 1/5。后阴片槽形，前端 1/4 近正方形，后端 3/4 具 1 个竖直的、不规则骨片。囊导管膜质，前端加宽，略短于交配囊。交配囊膜质，卵圆形；囊突不规则，中部具 1 刺。

分布：浙江（丽水）、福建、广西。

（231）宽颚锦织蛾 *Promalactis dilatignatha* Wang et Li, 2004（图 7-43）

Promalactis dilatignatha Wang et Li, 2004c: 5.

主要特征：成虫（图 7-43A）翅展 10.0 mm。头部白色。下唇须第 2 节外侧亮棕色，内侧灰色；第 3 节棕色，具黑色斑点，末端白色，尖。触角柄节延长，黄色，鞭节白色和黑色相间。胸部和翅基片暗褐色。前翅橘黄色，密具棕色鳞片，末端更密；前缘 2/3 处具 1 近三角形白斑；末端具 1 小白斑；臀角具 1 白点；其他斑点不明显。后翅和缘毛深灰色。

雄性外生殖器（图 7-43B）：爪形突窄三角形，末端尖。颚形突基部 1/2 窄，端部 1/2 膨大，粗锉状，末端具 2 个小三角形骨化板；末端圆。抱器瓣长，中部稍宽，末端圆；抱器背中部凸，端部 1/3 处具 1 个小突起。抱器腹窄，骨化，端突尖，上弯。囊形突短且阔，末端圆。阳茎基环非常长，约与抱器腹等长，端部尖。阳茎粗壮；角状器短，端部 1/2 具许多短刺。

雌性外生殖器（图 7-43C）：前表皮突约为后表皮突长的 1/2。第 8 腹板小，前、后缘圆，具浓密微刺。第 7 腹板后缘中部凹入，形成 2 个小峰状侧突。导管端片大，近靴形，后端膨大，渐窄至 1/3 处，中部 1/3 窄且等宽，前端 1/3 加宽，前缘斜，有 1 行细刺，排列成弧形。囊导管约与交配囊等长，皱褶，向上弯曲，前端骨化；导精管出自囊导管后端。交配囊大，近梨形，膜质；囊突缺。

分布：浙江（嘉兴、杭州、金华）、重庆。

图 7-43 宽颚锦织蛾 *Promalactis dilatignatha* Wang et Li, 2004
A. 成虫；B. 雄性外生殖器；C. 雌性外生殖器

（232）灰带锦织蛾 *Promalactis dimolybda* Meyrick, 1935（图 7-44）

Promalactis dimolybda Meyrick, 1935: 46.

主要特征：成虫（图 7-44A）翅展 9.5–11.5 mm。头顶亮白色，颜面亮铅灰色，后头黄褐色。下唇须第 1、2 节黄色，第 3 节深褐色，几乎与第 2 节等长。触角柄节白色；鞭节背面白色和黑色相间，腹面深褐色。胸部和翅基片赭褐色。前翅赭黄色；前缘 1/4 处具 1 条白色条带，延伸至后缘 1/2 处，其内缘密具黑色鳞片，内侧至翅基部区域赭褐色；翅基部 3/5 处具 1 条深褐色条带，其内缘中部略凹，外缘不规则；翅端具 1 条楔形深灰色条带自前缘末端沿外缘达臀角处；缘毛黄色，前缘端部缘毛深灰色，后缘端部缘毛灰色。后翅和缘毛灰色。

雄性外生殖器（图 7-44B）：爪形突近铃形，基部阔，渐窄至 3/5 处，端部 2/5 非常细，末端圆。颚形突舌状，约为爪形突长的 2/3，端部 1/2 粗锉状，末端阔圆；侧臂短，带状，约为颚形突长的 1/3。背兜自中部分叉。抱器瓣基部 2/3 近等宽，端部 1/3 变窄且上弯，末端钝圆；抱器背波状弯曲，基部和近末端凹入，中部凸出。抱器腹窄，背缘 3/5 处略凹，端部 1/5 游离且背缘具稀疏锯齿，末端尖且上弯，未达抱器瓣末端。囊形突细，棒状，基部略阔，末端圆，几乎与抱器瓣等长。阳茎基环短，骨化弱；侧叶阔，不规则方形，末端达背兜前缘近中部；前缘突起小锥状。阳茎略弯，末端膨大，具 2 基部连接的弯曲强刺；中部具 2 刺状角状器：1 枚非常小，另 1 枚较大，约为阳茎长的 1/10，有时 2 枚角状器基部连接。

图 7-44　灰带锦织蛾 *Promalactis dimolybda* Meyrick, 1935
A. 成虫；B. 雄性外生殖器；C. 雌性外生殖器

雌性外生殖器（图 7-44C）：前表皮突约为后表皮突长的 1/2。囊导管约为交配囊长的 2 倍，后端 3/5 和前端 1/4 骨化且弯曲，前端 1/4 弯成半螺旋状或略呈波状弯曲，后端 3/5–3/4 处膜质且膨大；后端窄，后腹缘中部凹入，两侧凸出，后端 3/5 处具若干小刺；导精管出自囊导管后端 2/3 处。交配囊圆；囊突近椭圆形或菱形，一端具明显或不明显小齿。

分布：浙江（丽水）、湖北、福建、四川。

（233）双圆锦织蛾 *Promalactis diorbis* Kim et Park, 2012

Promalactis diorbis Kim et Park in Kim et al., 2012: 904.

分布：浙江（临安）、福建；越南。

注：描述见《天目山动物志》（李后魂等，2020）。

（234）无颚锦织蛾 *Promalactis dorsiseparata* Wang, 2017（图 7-45）

Promalactis dorsiseparata Wang in Wang & Jia, 2017: 368.

主要特征：成虫（图 7-45A）翅展 7.0–10.0 mm。头顶白色，颜面灰色，后头浅赭棕色。下唇须第 1、2 节暗棕色；第 3 节基部 2/5 白色，端部 3/5 黑色。触角柄节白色；鞭节腹面暗棕色，背面基部 3/4 白色，端部 1/4 黑色和白色相间。胸部、翅基片和前翅暗赭棕色。前翅斑纹白色，边缘具黑色鳞片：基带自前缘基部外斜至后缘；前中带自前缘基部 1/3 处外斜至后缘基部 3/5 处，前端加宽；前缘斑椭圆形，自前缘基部 3/4 处延伸至中室下角；臀斑散布灰棕色鳞片；前缘端部缘毛灰棕色，末端缘毛白色。后翅和缘毛深灰色。

雄性外生殖器（图 7-45B）：爪形突近矩形，基部宽；末端中部内凹成半圆形，形成短指状侧叶。颚形突膜质，不明显。背兜自中部分叉，前端等宽。抱器瓣矩形；抱器背基部窄，加宽至末端，末端圆，具少许微刺。抱器腹基部宽，渐窄至 3/5 处，又加宽至末端，末端圆，具 1 条骨化的背带，基部 3/5 宽，背缘拱形弯曲，端部 2/5 与抱器腹分离，细长。囊形突基部宽，渐窄至基部 3/4；端部 1/4 指状，末端圆；长于爪形突的 2 倍。阳茎基环自基部分离，近椭圆形；基叶达囊形突基部 1/4。阳茎细长，约为抱器瓣的 2 倍长；角状器非常细，略短于阳茎。

雌性外生殖器（图 7-45C）：前表皮突约为后表皮突长的 1/2。后阴片强烈骨化，近矩形，后缘直，后端两侧突出成三角形，后端两侧具 2 个骨化脊，向内延伸至交配孔前缘，呈"V"形。交配孔小，圆形。囊导管细长，基部 1/3 骨化，端部 2/3 膜质；导精管自囊导管末端前伸出。交配囊近矩形，长于囊导管；具 2 椭圆形囊突，约为交配囊长的 1/3，具短刺，位于前端。

分布：浙江（宁波、衢州、丽水）、江西、台湾。

图 7-45　无颚锦织蛾 *Promalactis dorsiseparata* Wang, 2017
A. 成虫；B. 雄性外生殖器；C. 雌性外生殖器

（235）背突锦织蛾 *Promalactis dorsoprojecta* Wang, 2009（图 7-46）

Promalactis dorsoprojecta Wang in Du, Zhang & Wang, 2009: 319.

主要特征：成虫（图 7-46A）翅展 11.0 mm。头部亮白色，颜面亮灰色，颈部深赭黄色。下唇须第 2 节外侧橙黄色，内侧黄色；第 3 节深赭褐色。触角黑色，鞭节除基部几亚节亮白色外，其余亚节白色和黑色相间。胸部和翅基片深赭黄色。前翅基部 2/3 赭黄色，端部 1/3 橙黄色；具 3 条白色横带：第 1 条自近前缘基部斜伸至后缘近基部 1/6 处，第 2 条自前缘基部约 1/3 处延伸至后缘基部 2/5 处，第 3 条自前缘 2/3 处内斜至臀角前，其内缘前端具 1 黑斑；翅端具 1 大白斑或几个小白点；缘毛橙黄色。

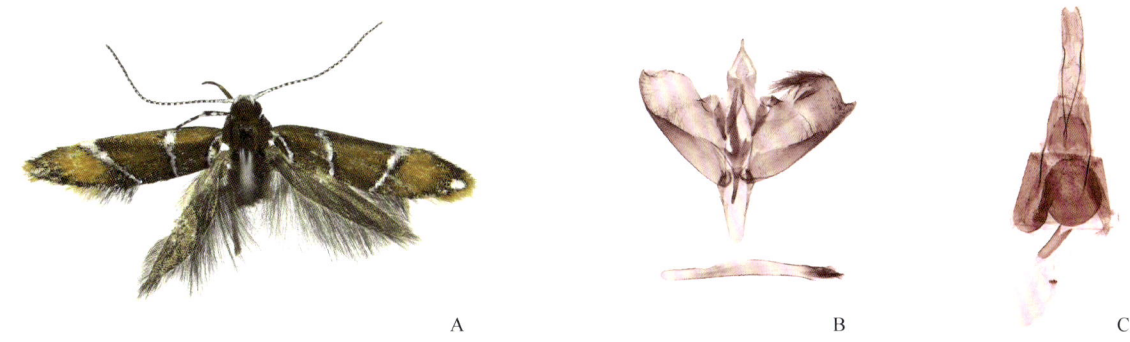

图 7-46　背突锦织蛾 *Promalactis dorsoprojecta* Wang, 2009
A. 成虫；B. 雄性外生殖器；C. 雌性外生殖器

雄性外生殖器（图 7-46B）：爪形突基部宽，渐窄至 2/3 处，然后突然变窄至末端，末端尖。颚形突叶状，末端微尖。背兜自后端 1/3 处分叉，前缘斜截。抱器瓣阔，略不对称：左侧抱器瓣末端呈圆形凸出，腹侧突起短；右侧抱器瓣末端钝直，腹侧突起长；抱器背中部具 1 个管状突起。抱器腹骨化，基部宽阔，端部窄。阳茎基环基部具 1 指状细柄，侧叶锥形，末端达爪形突近基部。囊形突基部宽，略窄至圆形末端，约为抱器瓣长的 1/2。阳茎长，直，约为抱器瓣长的 1/6；角状器刺状，位于末端。

雌性外生殖器（图 7-46C）：前表皮突约为后表皮突长的 1/2。后阴片帽状，前端为倒"W"形，前阴片大，近圆形。囊导管前端 2/5 背面骨化，其他部分膜质。交配囊椭圆形，囊突不规则矩形。

分布：浙江（丽水）、福建。

（236）白线锦织蛾 *Promalactis enopisema* (Butler, 1879)（图 7-47）

Oecophora enopisema Butler, 1879b: 82.
Promalactis enopisema: Meyrick, 1922: 26.

主要特征：成虫（图 7-47A）翅展 11.0–15.5 mm。头顶亮白色，颜面褐色，后头赭褐色。下唇须第 1、2 节内侧黄色，外侧深赭黄色，第 3 节赭褐色。触角柄节白色；鞭节背面白色和黑色相间，腹面深褐色。胸部和翅基片赭褐色。前翅赭褐色；斑纹白色：前缘 2/3 处具 1 条窄横带，内斜至后缘 3/4 处；后缘具 2 条细短带：第 1 条自后缘 1/4 处延伸至翅褶基部，第 2 条自后缘 1/2 处延伸至中室前缘 1/3 处；缘毛赭褐色。后翅和缘毛深灰色。

雄性外生殖器（图 7-47B）：爪形突近矩形，后缘中部略呈"V"形浅凹，形成 2 个小三角形侧突，腹面中部呈梯形开口。颚形突舌状，约为爪形突长的 1/2，端部 2/3 腹面粗锉状，末端圆；侧臂带状，约与颚形突等长。背兜自后端 2/5 处分叉，前缘圆。抱器瓣近卵形；抱器背中部凸出，中部外侧具 1 个三角形突起，下伸至抱器腹，腹缘圆。抱器腹窄，末端圆，略超过抱器瓣末端。囊形突长，近棒状，约与抱器瓣等长，末端圆。阳茎基环骨化弱，近圆形，基部具 1 个近梯形骨化板。阳茎直，约为抱器瓣长的 2.7 倍；角状器刺状，位于基部，约为阳茎长的 1/3。

雌性外生殖器（图 7-47C）：前表皮突约为后表皮突长的 3/5。交配孔近椭圆形。后阴片近梯形，前侧有时具小三角形突起，后缘圆或中部浅凹，形成 2 个小乳头状侧突。导管端片略宽于囊导管。囊导管前端 2/5 细，后端 3/5 膨大，中部骨化，腹面有 1 帽状突起，其左侧具 3 钩状刺，背面有 1 簇短刺；导精管出自囊导管近导管端片处。交配囊近圆形；囊突缺。

分布：浙江（杭州）、辽宁、山西、上海、安徽、江西；俄罗斯（远东地区），韩国，日本。

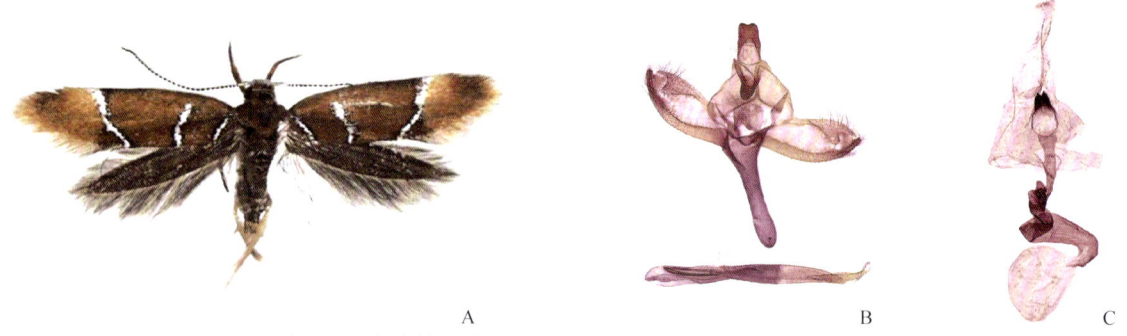

图 7-47 白线锦织蛾 *Promalactis enopisema* (Butler, 1879)
A. 成虫；B. 雄性外生殖器；C. 雌性外生殖器

（237）凤阳锦织蛾 *Promalactis fengyangensis* Wang, 2009（图 7-48）

Promalactis fengyangensis Wang in Du, Zhang & Wang, 2009: 322.

主要特征：成虫（图 7-48A）翅展 10.0 mm。头银白色。下唇须橘黄色，第 2 节外侧基部 1/3 深橘黄色。触角黑色，柄节腹面灰色，鞭节背面有灰色环纹。胸部黄色，翅基片赭黄色。前翅橘黄色，沿前缘 4/5 具 1 条黑色宽带，自基部开始逐渐加宽，中部外侧和后端 4/5 处向下延伸；翅面具 3 条黑色条带和 1 条黑线：第 1 条自前缘基部延伸至后缘基部，第 2 条自前缘约 1/3 处延伸至后缘 2/5 处，第 3 条自前缘末端沿外缘延伸至近臀角处，黑线自后缘 4/5 处向上延伸至中室下角前，然后加宽且弯至臀角；缘毛橘黄色。后翅和缘毛灰色。

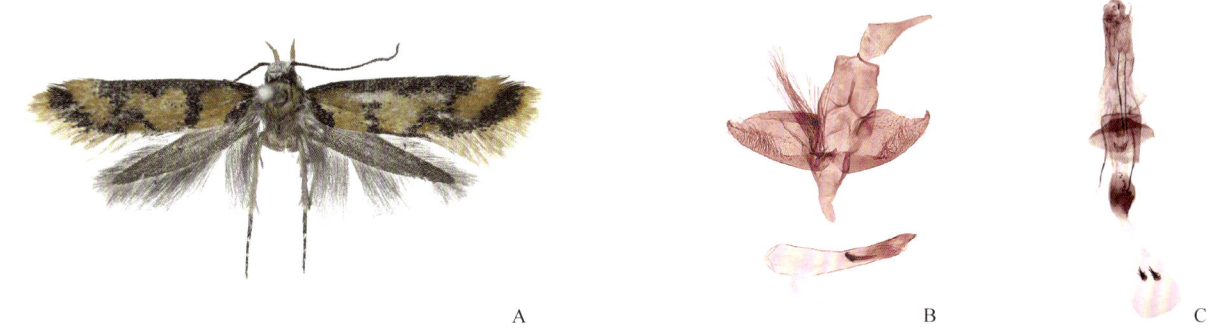

图 7-48 凤阳锦织蛾 *Promalactis fengyangensis* Wang, 2009
A. 成虫；B. 雄性外生殖器；C. 雌性外生殖器

雄性外生殖器（图 7-48B）：爪形突长圆锥形。颚形突窄带状。背兜自中部分叉，前缘窄圆。抱器瓣短且阔，近三角形。抱器腹基部宽阔，渐窄至末端；末端尖锐，上举。囊形突略短于爪形突，前缘圆。阳茎约为抱器瓣长的 1.2 倍，基部宽阔；末端剑形，中部外侧有 1 荆棘状角状器。

雌性外生殖器（图 7-48C）：前表皮突长约为后表皮突的 1/2。后阴片阔梯形，前缘和后缘几乎直。交配孔圆形。导管端片短，近方形。囊导管膜质；中部呈卵形膨大，骨化，具若干小刺。交配囊长椭圆形；囊突 2 个，具若干长刺。

分布：浙江（丽水）、福建。

（238）褐斑锦织蛾 *Promalactis fuscimaculata* Wang, 2006

Promalactis fuscimaculata Wang, 2006a: 32.

分布：浙江（临安）、天津、河南、湖北。
注：描述见《天目山动物志》（李后魂等，2020）。

（239）赫锦织蛾 *Promalactis hoenei* Lvovsky, 2000（图 7-49）

Promalactis hoenei Lvovsky, 2000: 665.

主要特征：成虫（图 7-49A）翅展 10.0–14.5 mm。头顶亮白色，颜面褐色，后头赭褐色。下唇须第 1 节内侧淡黄色，外侧赭褐色，第 2 节内侧黄色，外侧赭褐色，第 3 节深赭褐色。触角柄节白色；鞭节背面白色和黑色相间，腹面深褐色。胸部和翅基片赭褐色。前翅赭褐色；斑纹白色：前缘 2/3 处具 1 条短带，达中室末端中部，其前内侧密生黑色鳞片，形成 1 模糊的三角形黑斑；后缘具 3 条短带：第 1 条自后缘 1/4 处延伸至翅褶基部，第 2 条自后缘中部延伸至中室 1/3 处，第 3 条自后缘 3/4 处外斜至中室下角；缘毛深赭黄色。后翅和缘毛深灰色。

图 7-49 赫锦织蛾 *Promalactis hoenei* Lvovsky, 2000
A. 成虫；B. 雄性外生殖器；C. 雌性外生殖器

雄性外生殖器（图 7-49B）：爪形突基部 1/3 阔，近方形，1/3 处两侧具小突起，端部 2/3 明显变窄，近舌状，末端钝。颚形突弱化，侧臂明显，非常细，约为爪形突长的 1/2，末端愈合。背兜自后端 2/5 处分叉，前端 3/5 非常窄，前缘尖。抱器瓣不对称；左侧抱器瓣：几乎等宽，末端圆；抱器背中部凸出，略短于抱器腹；抱器腹 3/5 处凸出，端部 1/4 上弯，末端尖锐，背缘端部 1/4 处伸出 1 短突起，具 1 丛浓密长刚毛；右侧抱器瓣近三角形，基部非常阔，末端窄圆；抱器背非常短，约为抱器腹长的 3/10。囊形突非常短，末端窄圆。阳茎基环大，近矩形板状，后缘中部呈"V"形凹入，形成 2 个粗指状侧突。阳茎弯曲，约为抱器瓣长的 1.4 倍；角状器刺状，约为阳茎长的 2/5，位于中部。

雌性外生殖器（图 7-49C）：前表皮突约为后表皮突长的 1/2。后阴片近罩形，后端 1/3 细，弯曲。交配孔圆形。囊导管几乎完全骨化，约为交配囊长的 2 倍，后端 1/5 及前端 1/5 弯曲，后端 1/4 处有 1 卵形骨化板，其边缘具 2–3 细刺。交配囊椭圆形；囊突缺。

分布：浙江（杭州、舟山、衢州）、江苏、上海、湖南、福建。

（240）饰带锦织蛾 *Promalactis infulata* Wang, Li *et* Zheng, 2000

Promalactis infulata Wang, Li *et* Zheng, 2000: 289.

分布：浙江（临安）、河南、湖北、重庆、贵州。
注：描述见《天目山动物志》（李后魂等，2020）。

（241）银斑锦织蛾 *Promalactis jezonica* (Matsumura, 1931)

Borkhausenia jezonica Matsumura, 1931a: 1088.
Promalactis jezonica: Kuroko, 1959: 34.
Promalactis symbolopa Meyrick, 1935: 593.

分布：浙江（临安）、陕西、甘肃、江苏、湖北、江西、湖南、台湾、海南、广西、重庆、四川、贵州；韩国，日本。
注：描述见《天目山动物志》（李后魂等，2020）。

（242）卵叶锦织蛾 *Promalactis lobatifera* Wang, Kendrick *et* Sterling, 2009

Promalactis lobatifera Wang, Kendrick *et* Sterling, 2009: 41.

分布：浙江（临安、衢州、丽水）、香港。
注：描述见《天目山动物志》（李后魂等，2020）。

（243）龙潭锦织蛾 *Promalactis lungtanella* Lvovsky, 2000（图 7-50）

Promalactis lungtanella Lvovsky, 2000: 667.

主要特征：成虫（图 7-50A）翅展 9.0 mm。头顶亮白色，颜面深褐色，后头深赭褐色。下唇须第 1 节淡黄色，第 2 节内侧赭黄色，外侧赭褐色，第 3 节黑色，基部和末端白色。触角柄节白色，鞭节背面白色和黑色相间，腹面深褐色。胸部和翅基片深赭褐色。前翅锈红色，翅端黑色；斑纹白色，边缘被黑色鳞片：前缘基部具 1 条窄横带，达后缘 1/5 处，1/4 处具 1 条窄横带达后缘 3/5 处，其前端 2/5 较阔，前缘 2/3 处具 1 圆形斑，达中室末端中部；后缘 3/4 处具 1 条黑色短带，外斜至前缘斑后缘；缘毛赭黄色。后翅和缘毛深灰色。

图 7-50 龙潭锦织蛾 *Promalactis lungtanella* Lvovsky, 2000
A. 成虫；B. 雄性外生殖器；C. 雌性外生殖器

雄性外生殖器（图 7-50B）：爪形突基部阔，渐窄至中部，端部 1/2 非常窄，两侧平行，末端钝。颚形突舌状，约为爪形突长的 2/3，端部 1/2 腹面粗锉状，末端圆；侧臂非常细。背兜自后端 2/5 处分叉，前端呈三角形渐窄。抱器瓣背、腹缘几乎平行，末端斜凹，形成 1 个指状的背侧突起，略下弯，其末端具 1 细刺，下伸；抱器背近末端伸出 1 个细棒状直突起。抱器腹基部窄，1/4 处变阔，然后明显变窄至 2/5 处，端部 3/5 等宽，端部 2/5 游离，略下弯，末端圆，略超过抱器背棒状突起末端。囊形突长，细指状，约为爪形突长的 3 倍，末端圆。阳茎基环三角形，前缘突起小锥状。阳茎细，略弯，约为抱器瓣长的 1.4 倍，近末端具 1 细刺，其末端略弯；角状器缺。

雌性外生殖器（图 7-50C）：前表皮突约为后表皮突长的 1/2。第 8 腹板后端具浓密微刺，后缘中部浅凹。交配孔近"U"形。前阴片近新月形。导管端片管状，前缘斜。囊导管膜质，约为交配囊长的 1/2；导精管出自近导管端片处。交配囊长椭圆形；囊突 2 个，椭圆形，由若干鳞状刺密集成。

分布：浙江（杭州）、江苏、重庆。

（244）中斑锦织蛾 *Promalactis medimacularis* Wang, 2020（图 7-51）

Promalactis medimacularis Wang in Wang & Liu, 2020a: 60.

主要特征：成虫（图 7-51A）翅展 7.0–9.0 mm。头顶褐色，颜面黄褐色，后头深褐色杂银色。下唇须第 1 节内侧淡黄色，外侧黑色；第 2 节黑色；第 3 节黑色，基部和末端白色。触角柄节背面褐色，中部有 1 白色纵纹，腹面白色；鞭节背面白色和黑色相间，腹面深褐色。胸部和翅基片基部 1/2 黑色，端部 1/2 赭褐色。前翅亮赭黄色；前缘 1/2 处有 1 四边形黑斑，外斜至近中室上角，其外缘有 1 白色短条纹，前缘末端有 1 三角形黑斑；白色斑纹边缘被稀疏黑色鳞片；中室 1/3 处有 1 短白纹；翅褶基部有 1 短白纹，中部上方有 1 白斑，末端有少许白色鳞片；后缘近基部有 1 白条纹，2/5 处有 1 白色短带达翅褶中部，2/3 处有 1 白色短带达中室下缘端部 1/5 处，两条短带之间有 1 四边形黑斑；臀角处有 1 不规则黑斑达中室下角，臀角前有 1 圆形白斑；外缘近臀角处及翅顶角处各有 1 圆形白斑，两者之间有 1 小白点；缘毛赭黄色，前缘端部缘毛黑色。后翅和缘毛灰色。

雄性外生殖器（图 7-51B）：爪形突基部阔，渐窄至 2/3 处，端部 1/3 非常细，末端尖。颚形突阔舌状，端部 1/3 变窄且背面粗锉状，末端钝，有 1 膜质椭圆形突起；侧臂带状，非常短，约为颚形突长的 1/4。背兜短，自中部分叉，前缘斜，具细突起。抱器瓣基部 3/4 背、腹缘平行，端部 1/4 变窄，背端有 1 三角形突起；抱器背端部 1/2 凹入，锯齿状，具稀疏刚毛。抱器腹非常窄，端部 1/4 略阔，密具刚毛，端部 1/6 与抱器瓣分离，末端具 1 小刺，弯向背面。囊形突略短于爪形突，两侧平行，末端圆。阳茎基环侧叶不对称：左侧叶基部 1/2 阔，端部 1/2 窄，末端圆，达背兜后端 1/4 处；右侧叶基部 2/5 阔，端部 3/5 窄，末端圆，达爪形突基部；前缘突起细棒状，达囊形突 2/3 处。阳茎略弯，约为抱器瓣长的 1.2 倍，基部 1/2 窄，端部 1/2 渐阔；角状器粗短，刺状，约为阳茎长的 1/5。

雌性外生殖器（图 7-51C）：产卵瓣后端圆。前表皮突长约为后表皮突的 1/2。第 8 腹板小，骨化，近圆形，后端具稀疏刚毛。交配孔大，近唇形。囊导管后端 2/5 骨化，前端 3/5 膜质且皱褶，3/5–2/3 处呈卵形膨大，近交配囊处弯曲；导精管出自囊导管后端 2/5 处。交配囊小，膜质；囊突缺。

分布：浙江（杭州、金华、衢州）、湖北、重庆、贵州；日本。

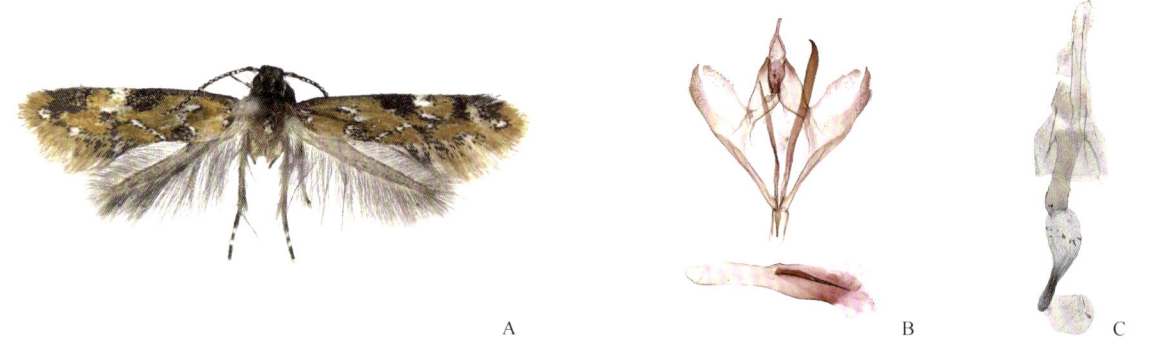

图 7-51　中斑锦织蛾 *Promalactis medimacularis* Wang, 2020
A. 成虫；B. 雄性外生殖器；C. 雌性外生殖器

（245）乳突锦织蛾 *Promalactis papillata* Du *et* Wang, 2013

Promalactis papillata Du *et* Wang, 2013: 28.

分布：浙江（临安）、安徽。
注：描述见《天目山动物志》（李后魂等，2020）。

（246）朴锦织蛾 *Promalactis parki* Lvovsky, 1986（图 7-52）

Promalactis parki Lvovsky, 1986: 37.

主要特征：成虫（图 7-52A）翅展 12.0–13.0 mm。头赭黄色，头顶灰黄色。下唇须长，第 1 节和第 2 节赭黄色，第 3 节赭棕色，端部白色。触角柄节银色，鞭节白色和黑色相间。胸部、翅基片和前翅橘黄色。前翅斑纹白色，边缘具黑色鳞片：基部条带自翅褶基部斜伸至外缘；中部条带自前缘基部近 1/4 处延伸至外缘；第 3 条带自前缘 3/4 处斜伸至臀角前，近波状弯曲；臀角散生黑色鳞片；末端赭棕色；缘毛赭黄色。后翅和缘毛灰棕色。

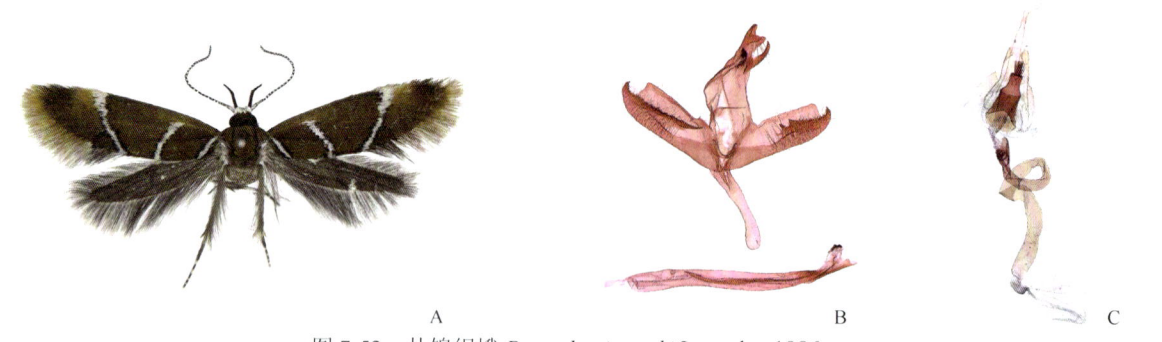

图 7-52　朴锦织蛾 *Promalactis parki* Lvovsky, 1986
A. 成虫；B. 雄性外生殖器；C. 雌性外生殖器

雄性外生殖器（图 7-52B）：爪形突三叶。颚形突细长，渐窄至末端，末端尖。抱器瓣具不对称抱器腹：左侧长于右侧；抱器腹端突游离，不对称，背缘具齿状突；末端尖。阳茎基环"U"形。囊形突延长，端部膨大。阳茎强壮，长于抱器瓣；角状器位于中部。

雌性外生殖器（图 7-52C）：后阴片近钟形，后缘密具刚毛。囊导管长，中部骨化，端部 1/3 处具 1 个大的手状突起。交配囊卵圆形，小；无囊突。

分布：浙江（温州）、黑龙江、辽宁、北京、天津、河北、山西、河南、甘肃、江西、湖南、广西、云南；俄罗斯（远东地区），韩国，日本。

（247）特锦织蛾 *Promalactis peculiaris* Wang et Li, 2004

Promalactis peculiaris Wang et Li, 2004c: 1.

分布：浙江（临安、金华、衢州、丽水、温州）、湖北、湖南、福建、台湾、广东、广西、重庆、贵州。

注：描述见《天目山动物志》（李后魂等，2020）。

（248）片锦织蛾 *Promalactis plicata* Wang, 2020（图 7-53）

Promalactis plicata Wang in Wang & Liu, 2020a: 45.

主要特征：成虫（图 7-53A）翅展 7.5 mm。头顶暗棕色，两侧杂雪白色鳞片，颜面灰黑色。下唇须第 2 节外侧黑色，内侧棕灰色；第 3 节黑色，基部和末端白色。触角柄节白色，末端黑色；鞭节黑色，背面黑色和白色相间。胸部和翅基片深赭黄色。前翅赭黄色；斑纹白色，边缘具黑色鳞片：前缘斑位于 3/5 处，外斜至中室后角，内缘具 1 条黑色条带；中室具 1 条条带，自基部外斜至基部 1/4 处；翅褶基部具 1 小斑，基部 2/5 处和 3/5 处各具 1 更大的斑；后缘基部 3/4 具 3 条等距离分布的条带；端斑卵圆形；外缘斑靠近臀斑，内缘具黑色鳞片；臀斑圆；缘毛赭黄色。后翅和缘毛深灰色。

图 7-53　片锦织蛾 *Promalactis plicata* Wang, 2020
A. 成虫；B. 雄性外生殖器

雄性外生殖器（图 7-53B）：爪形突基部宽，渐窄至末端，末端尖。颚形突与爪形突等长；中板短，竹片状，具短的弯曲骨片，末端圆；侧臂为中板 3 倍长，基部膨大。背兜加宽至后端 2/3 处；侧臂渐窄成三角形。抱器瓣三角形，渐窄至末端；抱器背窄带状；抱器腹宽，端部伸出 1 刺。基腹弧前缘圆。阳茎基环侧叶渐窄；基叶强壮。阳茎短于抱器瓣长的 1/2；角状器缺。

分布：浙江（温州）。

（249）突锦织蛾 *Promalactis projecta* Wang, 2006（图 7-54）

Promalactis projecta Wang, 2006a: 48.

主要特征：成虫（图 7-54A）翅展 9.0 mm。头顶亮白色，颜面亮灰色，后头赭褐色。下唇须第 2 节内侧淡赭黄色，外侧淡赭褐色；第 3 节黑褐色。触角柄节银白色杂褐色；鞭节腹面黄褐色，背面基部 1/3 银白色杂褐色，端部 2/3 银白色和黑褐色相间。胸部和翅基片赭褐色。前翅赭黄色，斑纹白色，边缘具黑褐色鳞片；前缘斑位于 2/3 处，延伸至中室前角下；后缘近基部和 1/3 处各有 2 条平行的条带，第 1 条内斜至翅褶基部，第 2 条内斜至中室上缘 2/5 处，臀角处具 1 条短条带，延伸至中室下角，几乎与前缘斑相接；翅端具 1 大斑和 1 小斑，两斑几乎相连，大斑内侧杂黑色短细线；缘毛淡赭黄色，沿前缘和臀角处缘毛灰褐色。后翅和缘毛灰褐色。

图 7-54 突锦织蛾 *Promalactis projecta* Wang, 2006
A. 成虫；B. 雄性外生殖器；C. 雌性外生殖器

雄性外生殖器（图 7-54B）：爪形突基部宽，渐窄至中部，自中部渐窄至末端，末端尖。颚形突舌状，约为爪形突长的 2/3，末端钝圆。抱器瓣细长，末端圆。抱器背基部具 1 近圆形弱骨化突起，2/5 处具 1 刺，向上弯曲。抱器腹窄，约为抱器瓣长的 1/2。囊形突倒三角形，略短于抱器瓣长的 1/2。阳茎几乎与抱器瓣等长，中部膨大，末端具 1 叶状突起。

雌性外生殖器（图 7-54C）：前表皮突约为后表皮突长的 3/5。后阴片骨化弱，后缘中部凹入，形成 2 圆形突起。囊导管短，膜质。交配囊梨形；囊突刺状。

分布：浙江（杭州、丽水）、甘肃、湖北、湖南、福建、广东、广西、四川、贵州、云南；马来西亚。

（250）丽线锦织蛾 *Promalactis pulchra* Wang, Zheng et Li, 1997

Promalactis pulchra Wang, Zheng et Li, 1997: 200.

分布：浙江（临安、丽水）、河南、陕西、甘肃。
注：描述见《天目山动物志》（李后魂等，2020）。

（251）四线锦织蛾 *Promalactis quadrilineata* Wang, Zheng et Li, 1997（图 7-55）

Promalactis quadrilineata Wang, Zheng et Li, 1997: 201.

主要特征：成虫（图 7-55A）翅展 10.5 mm。头棕色，头顶银色。下唇须第 1、2 节亮黄色，第 3 节赭棕色，端部白色。触角暗褐色，柄节背面白色，鞭节基部白色，端部白色和黑色相间。胸部和翅基片暗褐色。前翅赭黄色，前缘基部暗褐色；斑纹白色，边缘具黑色鳞片：第 1 条自翅褶基部延伸至外缘；第 2 条自前缘基部近 1/4 处斜伸至外缘；第 3 条自前缘 3/4 处内斜至外缘，自中部断开；末端散生黑色鳞片，具 1 白色大斑；缘毛棕色。后翅和缘毛灰色。

雄性外生殖器（图 7-55B）：爪形突端部分叉。颚形突具长侧臂，端部匙形。抱器背几乎与抱器腹平行；抱器端近三角形，尖。抱器腹明显，端背侧锯齿状，末端尖。囊形突细长。阳茎粗壮，末端斜；角状器 2 个。

雌性外生殖器（图 7-55C）：前表皮突约为后表皮突长的 3/5。第 8 腹板为 1 对近方形骨化板，具浓密微刺。导管端片长，后端 3/4 阔且等宽，前端 1/4 窄。囊导管略长于交配囊，后端 1/2 膨大，近椭圆形，骨化，具 10 多个分散排列的短刺，前端 1/2 较细，膜质，弯曲。交配囊大，近椭圆形，膜质，密具小粒突；囊突缺。

分布：浙江（温州）、福建。

图 7-55　四线锦织蛾 *Promalactis quadrilineata* Wang, Zheng *et* Li, 1997
A. 成虫；B. 雄性外生殖器；C. 雌性外生殖器

（252）四斑锦织蛾 *Promalactis quadrimacularis* Wang *et* Zheng, 1998

Promalactis quadrimacularis Wang *et* Zheng, 1998: 404.

分布：浙江（临安、衢州）、辽宁、北京、天津、河北、山西、山东、河南、陕西、湖北；俄罗斯（远东地区）。

注：描述见《天目山动物志》（李后魂等，2020）。

（253）枝刺锦织蛾 *Promalactis ramispinea* Du *et* Wang, 2013（图 7-56）

Promalactis ramispinea Du *et* Wang, 2013: 32.

主要特征：成虫（图 7-56A）翅展 10.0–12.0 mm。头部亮灰褐色。下唇须第 1、2 节内侧黄灰色，外侧深褐色；第 3 节基部 1/4 和端部 1/4 白色，中部 1/2 黑色。触角柄节背面黑色杂白色鳞片，腹面黄色，梗深褐色；鞭节背面白色和黑色相间，腹面黄色。胸部和翅基片赭褐色。前翅橘黄色；前缘 3/5 处有 1 三角形黑斑，其内缘延伸至前缘基部 1/3 处，后缘达中室末端中部，黑斑前端有 1 小白斑，后端有 1 白点，有时白斑与白点连接成 1 不规则大白斑；中室上缘基部 1/3 和 3/4 处各有 1 矩形白斑；翅褶基部有 1 白色短条纹，基部 2/5 处上方有 1 矩形白斑，有时与中室上缘基部 1/3 处白斑连接，基部 2/3 处上方有 1 条"L"形白色短带；3 条白条纹分别从后缘基部 1/5 处、1/3 处和 2/3 处外斜至翅褶，中间条纹有时与翅褶基部 2/5 处上方白斑连接，第 3 条有时与"L"形短带连接；1 条弯白线沿后缘从端部 1/4 处达臀角前；臀角处有 1 三角形黑斑，达中室下角；翅端和外缘分别有 1 白斑，边缘被浓密黑色鳞片；缘毛黄色，后缘处缘毛基部杂黑色鳞片，臀角处缘毛白色。后翅和缘毛深灰色。

雄性外生殖器（图 7-56B）：爪形突铃形，基部宽阔，末端窄圆。颚形突近舌状，约与爪形突等长，端部 1/3 表面粗锉状，末端圆，有 1 小乳突；侧臂短，带状。背兜自后端 2/5 处分叉，前端呈三角形渐窄。抱器瓣骨化，背、腹缘几乎平行，基部略阔，末端斜截：背端突起指状，弯向腹面且与末端形成直角，端部具稀疏刚毛，末端尖；抱器背窄，骨化。抱器腹约为抱器瓣宽的 1/3，端部渐窄，末端形成 1 游离短突起。囊形突阔，三角形，约与爪形突等长。阳茎基环骨化弱，非常阔，近椭圆形，达背兜前端 1/5 处，基部有 1 小囊状突起，端部 2/5 处两侧各有 1 短指状突起。阳茎粗壮，几乎直，约与抱器瓣等长，基部 3/5 膜质，端部 2/5 骨化强；角状器强壮且弯曲，约为阳茎长的 1/2，近基部扩展，中部 1/2 细，端部 1/4 由 4 或 5 强壮刺组成，近耙状。

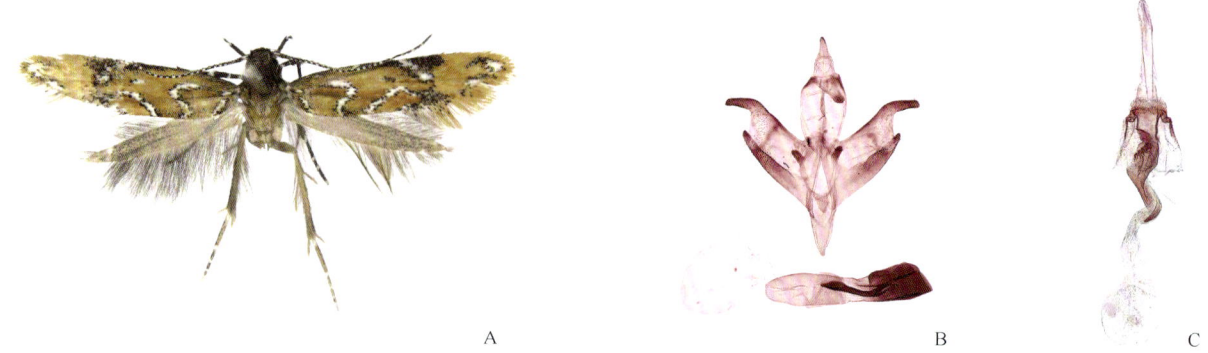

图 7-56 枝刺锦织蛾 *Promalactis ramispinea* Du et Wang, 2013
A. 成虫；B. 雄性外生殖器；C. 雌性外生殖器

雌性外生殖器（图 7-56C）：前表皮突约为后表皮突长的 1/2，前、后表皮突端部膨大。第 8 腹板非常短，后缘圆。第 7 腹板后缘中部略凹，后端 1/5 骨化，两侧各有 1 骨化弯带，渐窄。导管端片后缘中部凹入，后缘两侧呈三角形突出，两侧骨化强；左侧前端 1/2 内凹，伸出 1 宽折叠带延伸至囊导管。囊导管长，弯曲，约为交配囊长的 2.5 倍，中部有 1 盾状骨化板；后端 2/5 骨化，具 14 小刺；前端 3/5 膜质；导精管出自囊导管后端约 1/4 处。交配囊膜质，近圆形；囊突小，2 个，不规则椭圆形。

分布：浙江（杭州、金华、丽水、温州）、安徽、湖北、江西、湖南、福建、广东。

（254）刀锦织蛾 *Promalactis scalpelliformis* Wang, 2019（图 7-57）

Promalactis scalpelliformis Wang in Wang & Liu, 2019b: 292.

主要特征：成虫（图 7-57A）翅展 8.0–10.0 mm。头白色，后头黄色。下唇须白色，杂黄色鳞片；第 3 节端部棕黄色。触角柄节背面白色，末端暗棕色，腹面黄色；鞭节背面黑色和白色相间，腹面白色和黄色相间。胸部和翅基片浅棕黄色。前翅基部 3/5 橘黄色，端部 2/5 赭黄色；3 条白色横带，边缘具黑色鳞片：基带自前缘基部外斜至后缘基部；前中带自前缘基部 1/5 处外斜至后缘基部 2/5 处，与基带平行，前端加宽；后中带自前缘基部 3/5 处延伸至翅褶末端前，前端最宽，渐窄至前端 2/5 处，呈三角形，后端 3/5 窄，向内倾斜；端斑白色；前缘端部缘毛赭棕色，外缘缘毛赭黄色。后翅和缘毛灰色。

图 7-57 刀锦织蛾 *Promalactis scalpelliformis* Wang, 2019
A. 成虫；B. 雄性外生殖器；C. 雌性外生殖器

雄性外生殖器（图 7-57B）：爪形突刀状，基部宽，渐窄至末端，末端尖；左侧直；右侧弯曲，沿端部 3/4 密具刺，超过末端。背兜短，前缘内凹成半圆形。抱器瓣窄，近矩形，末端具 2 骨化叶：背叶短，背缘弯曲，中部具刚毛，端部变窄，伸出 1 刺；腹叶长，渐窄至末端，末端尖，具浓密的刚毛。抱器腹阔，短于腹叶。囊形突短于爪形突，近三角形，前端圆。阳茎基环圆柱形。阳茎直，略短于爪形突，端部骨化，近末端具 1 耳蜗状骨片，末端具浓密的细刺；角状器缺。

雌性外生殖器（图 7-57C）：前表皮突约为后表皮突长的 1/4。第 8 背板具稀疏的短刚毛；第 8 腹板后缘直，锯齿状，前缘钝。后阴片近卵圆形，自中部纵向分离成两部分，末端尖。囊导管膜质，短于交配囊。交配囊卵形；囊突菱形，中部具 1 刺。

分布：浙江（丽水）、台湾、四川。

（255）坚锦织蛾 *Promalactis scleroidea* Wang, 2006（图 7-58）

Promalactis scleroidea Wang, 2006a: 57.

主要特征：成虫（图 7-58A）翅展 12.0 mm。头亮白色，颈赭棕色。下唇须暗赭棕色。触角柄节银白色，鞭节白色和褐色相间。胸部、翅基片和前翅暗橘黄色，稍微具铁锈色。斑纹白色，边缘具黑色鳞片：基部条带自翅褶基部外斜至外缘，中部条带自前缘基部近 1/3 处直达后缘 2/5 处，外侧条带自中室下角向下延伸至臀角前；前缘 2/3 处具 1 三角形暗棕色杂灰白色斑，达中室末端，与外侧条带相接；缘毛橘黄色，前缘末端缘毛暗棕色。后翅和缘毛深灰色。

雄性外生殖器（图 7-58B）：爪形突阔，矩形，后缘中部略凹。颚形突小且圆，密具小刺；侧臂约为腹板长的 3 倍。抱器瓣三角形；抱器背近锯齿状。抱器腹不对称，左侧中部具 1 个上弯的圆形突起；端部突起超过抱器瓣末端，背面具齿突。囊形突延长，长于抱器背。阳茎基环短，近四边形骨化板，约为抱器瓣长的 1/3。阳茎细长，为囊形突 2 倍长；角状器小，短于阳茎长的 1/10。

雌性外生殖器（图 7-58C）：后表皮突约为前表皮突长的 1.5 倍。后阴片圆柱形，强烈骨化，后端窄圆。囊导管基部膜质，几乎完全骨化。交配囊卵圆形，粗锉状；囊突缺。

分布：浙江（杭州）、湖南、福建。

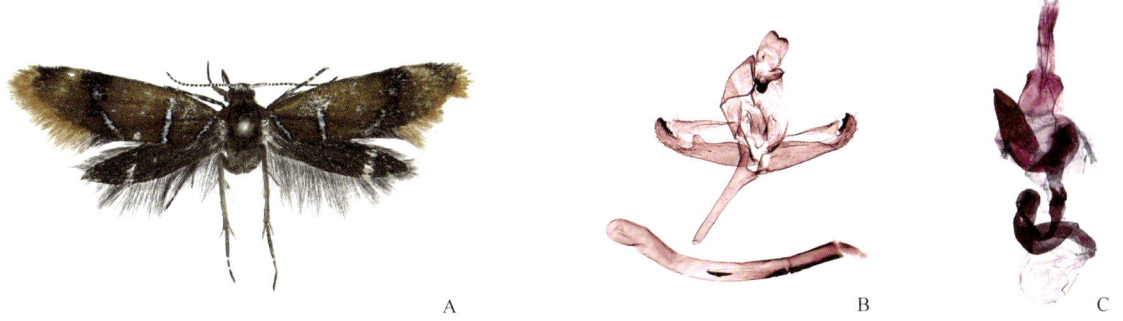

图 7-58 坚锦织蛾 *Promalactis scleroidea* Wang, 2006
A. 成虫；B. 雄性外生殖器；C. 雌性外生殖器

（256）蛇头锦织蛾 *Promalactis serpenticapitata* Du *et* Wang, 2013

Promalactis serpenticapitata Du *et* Wang, 2013: 36.

分布：浙江（临安、金华、丽水）、江西、福建。
注：描述见《天目山动物志》（李后魂等，2020）。

（257）背齿锦织蛾 *Promalactis serraticostalis* Wang, 2020（图 7-59）

Promalactis serraticostalis Wang in Wang & Liu, 2020a: 61.

主要特征：成虫（图 7-59A）翅展 7.5–8.5 mm。头赭黑色，近触角处白色，下唇须第 1 节白色，第 2 节灰色杂深褐色，第 3 节深褐色，基部和末端白色。触角柄节白色，末端深褐色，前、后缘深褐色；鞭节背面白色和深褐色相间，腹面深褐色。胸部和翅基片赭黑色。前翅深赭褐色杂黑色；前缘 2/5 处有 1 四边形黑斑外斜至近中室上角，其外缘前端和后端各有 1 银白色小斑；银白色斑纹边缘被黑色鳞片；翅褶基部有 1 银白色短条纹；后缘具 3 条银白色短带：第 1 条从后缘 1/6 处直达翅褶近基部，第 2 条从后缘 2/5 处直达中室上缘 1/3 处，第 3 条从后缘 2/3 处外斜至中室下缘端部 1/4 处；1 黑色短带从其末端斜伸至臀角；1 楔形黑带从翅端经外缘达臀角，外缘具 3 等距分布的银白色小斑；缘毛黄褐色，前、后缘端部缘毛深赭褐色。后翅和缘毛深赭灰色。

图 7-59　背齿锦织蛾 *Promalactis serraticostalis* Wang, 2020
A. 成虫；B. 雄性外生殖器；C. 雌性外生殖器

雄性外生殖器（图 7-59B）：爪形突骨化弱，基部阔，变窄至 2/5 处，端部 3/5 弯向腹面，叶状，末端圆。颚形突舌状，骨化弱，约为爪形突长的 2/5，末端窄圆；侧臂窄带状，约为颚形突长的 1/2。背兜自后端 2/3 处分叉，前缘钝。抱器瓣基部 3/5 背、腹缘平行，端部 2/5 渐窄，略上弯，端部 1/4 二裂：背叶阔，末端窄圆；腹叶窄，密具刚毛，背缘锯齿状，末端尖；抱器背基部 1/2 几乎直，骨化强，锯齿状，端部 1/2 凹入。抱器腹窄，端部密具刚毛。囊形突约为爪形突长的 1/2，基部阔，渐窄至末端，末端圆。阳茎基环薄片状，侧叶短，骨化强，近帽状，外缘中部呈半圆形外凸，基部和末端尖；前缘突起指状，达囊形突中部。阳茎粗壮，略短于抱器瓣，腹面端部骨化；角状器短，位于阳茎 3/5 处，约为阳茎长的 1/3，三角形，末端密具短、细刺。

雌性外生殖器（图 7-59C）：前表皮突粗壮，约为后表皮突长的 1/2。后阴片骨化弱，宽、短，密具微刺，后缘圆。交配孔非常大。导管端片非常宽、短，后缘中部浅凹，两侧凸出。囊导管膜质，约为交配囊长的 1.3 倍，宽阔，前端变窄，后端 3/5 具 2 条不规则骨化窄带，边缘具小刺。交配囊膜质，近椭圆形；囊突缺。

分布：浙江（温州）。

（258）花锦织蛾 *Promalactis similiflora* Wang, 2006

Promalactis similiflora Wang, 2006a: 58.

分布：浙江（临安、丽水）、河南、安徽、湖北、江西、湖南、海南、广西、四川、云南；马来西亚。
注：描述见《天目山动物志》（李后魂等，2020）。

（259）拟饰带锦织蛾 *Promalactis similinfulata* Wang, Kendrick *et* Sterling, 2009

Promalactis similinfulata Wang, Kendrick *et* Sterling, 2009: 34.

分布：浙江（临安、宁波、金华、衢州、丽水、温州）、安徽、湖北、江西、湖南、福建、海南、香港、广西、重庆、贵州、云南。
注：描述见《天目山动物志》（李后魂等，2020）。

（260）四明山锦织蛾 *Promalactis simingshana* Wang, 2020（图 7-60）

Promalactis simingshana Wang in Wang & Liu, 2020b: 79.

主要特征：成虫（图 7-60A）翅展 9.0–11.0 mm。颜面雪白色，头顶和后头棕色，两侧雪白色。下唇须第 2 节内侧白色，外侧黑色，末端白色；第 3 节黑色，基部和末端白色。触角柄节黄白色，背面末端黑色；鞭节腹面黑棕色，背面黄色和黑棕色相间。胸部和翅基片黑棕色。前翅赭黄色；前缘具 3 黑斑；基斑矩形，向内倾斜延伸，外缘具 1 条白线延伸至中室中部；中斑近正方形，后端超过中室上缘，外缘具 1 条白线延伸至中室下角；端斑近矩形；翅褶基部具 1 白斑；后缘基部 2/5 和 4/5 处各具 2 条白色条带，外斜至中室下缘，以 1 条延伸至中室下角的白线相连，与中斑外缘的白线相接，3 条白线形成 1 正方形的斑，内缘具黑色鳞片；臀角具 1 发散的黑斑；末端具 1 白点；外缘黑色，具 1 白点；缘毛赭黄色，前缘端部缘毛黑棕色。后翅和缘毛深灰色。

雄性外生殖器（图 7-60B）：爪形突基部宽，渐窄至基部 2/5 处，基部 2/5 处突然变窄，之后等宽，末端尖，端部喙状。颚形突约与爪形突等长，近矩形，前端 1/3 具鳞片状突起，末端具 1 个膜质突起；侧臂短。抱器瓣近矩形，端部分离：背叶三角形，具刚毛，末端尖；腹叶伸出 1 个向上弯曲的短刺。抱器腹窄，端部与腹叶愈合。阳茎基环达爪形突基部；侧臂自端部 1/6 处伸出，末端尖，不对称：左侧臂自端部 1/6 处外缘伸出 1 个强烈骨化的突起；右侧臂光滑，端部 1/3 处略向外弯曲。囊形突约与爪形突等长，末端圆。阳茎与阳茎基环等长，直，自基部至端部 1/4 处加粗，之后突然变窄，伸出 1 个乳突状的端突；角状器细长，约为阳茎长的 1/4。

雌性外生殖器（图 7-60C）：前表皮突约为后表皮突长的 3/5。第 8 腹板近圆形，后端具刚毛。囊导管后端 1/2 骨化，光滑；前端 1/2 膨大，膜质，具纵向的骨化板，具许多排列成卵圆形的刺。交配囊小，圆形；囊突缺。

分布：浙江（宁波）。

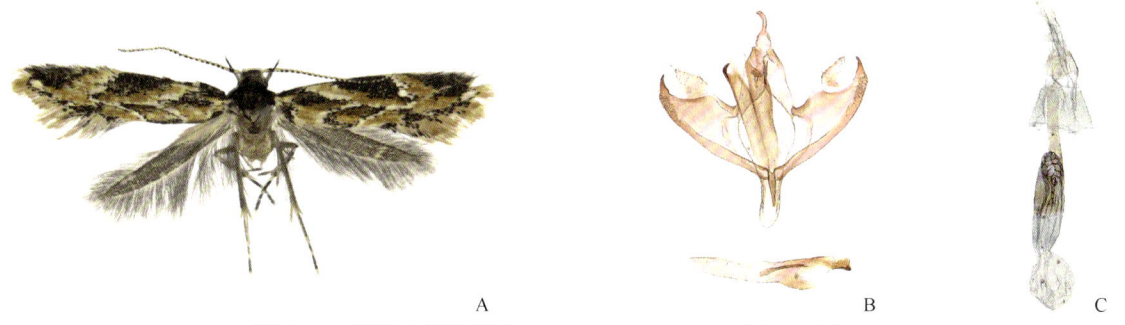

图 7-60 四明山锦织蛾 *Promalactis simingshana* Wang, 2020
A. 成虫；B. 雄性外生殖器；C. 雌性外生殖器

（261）简锦织蛾 *Promalactis simplex* Wang, 2006（图 7-61）

Promalactis simplex Wang, 2006a: 60.

主要特征：成虫（图 7-61A）翅展 10.0–12.5 mm。头亮白色，后头深赭褐色，颜面赭黄色。下唇须第 2 节内侧淡赭黄色，外侧深赭黄色；第 3 节深赭褐色杂黑色，基部内外两侧各具 1 白点，末端白色。触角柄节腹面褐色，背面白色；鞭节深赭褐色和白色相间，腹面褐色。胸部和翅基片深赭褐色，胸部后端具白色鳞片。前翅赭褐色，斑纹白色：第 1 条位于基部，第 2 条自前缘 1/4 处延伸至后缘 2/5 处，第 3 条自后缘中部延伸至中室后角前；前缘 2/3 处具 1 圆形大斑，其下缘延伸至中室前角下，翅端具 1 三角形白斑；缘毛基部淡赭褐色，端部灰褐色，沿前缘缘毛黑褐色。后翅和缘毛灰褐色。

图 7-61　简锦织蛾 *Promalactis simplex* Wang, 2006
A. 成虫；B. 雄性外生殖器；C. 雌性外生殖器

雄性外生殖器（图 7-61B）：爪形突基部 1/2 宽，近圆形，中部骤窄，自中部渐窄至末端，末端尖。颚形突略长于爪形突，渐窄至末端，末端圆。抱器瓣大刀状；基部窄，加宽至末端，中部略凹，腹侧端和背侧端两角凸出形成 2 三角形齿突，末端尖，腹突直伸上方，背突直指内侧。抱器腹基部宽，渐窄至末端，约为抱器瓣长的 3/4。阳茎基环基部 1/3 窄，端部 2/3 宽三角形。阳茎长于抱器瓣，略弯，基部略膨大；角状器约为阳茎长的 1/2，弯曲，其表面具许多齿状小刺，端部分为 2 弯曲刺状小叉。

雌性外生殖器（图 7-61C）：前表皮突约为后表皮突长的 3/5。导管端片漏斗状。囊导管长，基部 2/3 膜质，端向加宽，内具 1 条弱骨化弯带，弯带上具 5 刺和 2 小刺，端部 1/3 略收窄，具骨化纵脊，盘旋弯曲。交配囊卵圆形；囊突缺。

分布：浙江（温州）、江西、福建、海南。

（262）刺锦织蛾 *Promalactis spiculata* Wang, 2006（图 7-62）

Promalactis spiculata Wang, 2006a: 63.

主要特征：成虫（图 7-62A）翅展 10.0–12.0 mm。头亮白色，颈橘黄色。下唇须橘黄色，第 3 节暗赭棕色。触角柄节银色，鞭节白色和黑色相间。胸部、翅基片和前翅橘黄色，稍微呈赭色。斑纹白色，边缘具黑色鳞片：基部条带自翅褶基部斜伸至外缘，中部条带自近前缘基部 1/3 处直达后缘 1/2 处，外侧条带自前缘 3/4 处斜伸至臀角前；缘毛与前翅同色。后翅和缘毛灰棕色。

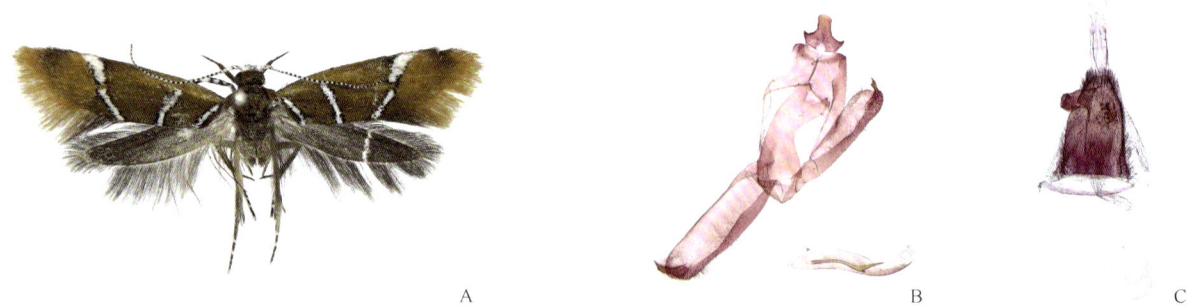

图 7-62　刺锦织蛾 *Promalactis spiculata* Wang, 2006
A. 成虫；B. 雄性外生殖器；C. 雌性外生殖器

雄性外生殖器（图 7-62B）：爪形突后端具 3 个末端圆的突起；中部突起比侧突更大、更长。颚形突窄半圆形，前端中部具 1 个微突。背兜阔。抱器瓣延长，窄；抱器背直，几乎与抱器腹平行。抱器腹窄，端突游离刺状，向上弯曲。囊形突短。阳茎基环近矩形，几乎与抱器背等长，后缘中部呈"U"形凹入。阳茎细长，与抱器瓣等长，基部膨胀，渐窄至末端，末端圆；角状器弯曲，约为阳茎长的1/2。

雌性外生殖器（图7-62C）：后表皮突约为前表皮突长的1.3倍。后阴片圆锥形，强烈骨化，后端圆。囊导管粗壮，基部具许多刺。交配囊圆；囊突缺。

分布：浙江（杭州）、河南、福建、广西、重庆。

（263）瘤突锦织蛾 *Promalactis strumifera* Du et Wang, 2013（图7-63）

Promalactis strumifera Du et Wang, 2013: 40.

主要特征：成虫（图7-63A）翅展8.0–11.5 mm。头顶亮白色，颜面亮铅灰色，后头深赭褐色。下唇须第1、2节内侧黄色，外侧赭褐色；第3节黑色。触角柄节白色；鞭节背面白色，端部几亚节深褐色，腹面深褐色。胸部和翅基片深赭褐色。前翅赭褐色杂深赭褐色鳞片，中室下角有时散生少许黑色鳞片；前缘基部3/4灰黑色，3/4处具1白色圆斑，略超过中室前角；后缘具2条平行白色短带，边缘被黑色鳞片；基部短带自翅褶基部延伸至后缘；第2条短带自中室上缘基部1/3处达后缘3/5处，两条短带之间区域铁锈色；翅端具浓密黑色鳞片，并沿外缘延伸至臀角，形成1条黑色窄条带；缘毛黄色，前缘端部缘毛深灰褐色，后缘端部缘毛深灰色。后翅和缘毛灰色。

雄性外生殖器（图7-63B）：爪形突粗短，两侧波状弯曲；腹面基部2/3开口，末端中部伸出1个强骨化的短三角形突起。颚形突矩形，表面粗锉状，末端钝；右侧近末端呈"U"形深凹；侧臂几乎与颚形突等长，阔，基部近半圆形。背兜窄长，两侧几乎平行，自后端3/10处分叉。抱器瓣窄，背、腹缘几乎平行；抱器背中部凸出，近末端凹入；末端形成两叶：背叶短，骨化，末端分叉，形成2粗刺，背刺较短，约为腹刺长的1/3，两刺之间有1簇刚毛刷；腹叶长，约为背叶长的1.4倍，基部非常窄，端部分叉，形成2个细指状突起，背突直，腹突略短于背突，端部上弯。抱器腹基部3/5阔且近等宽，端部2/5渐窄。囊形突略短于爪形突，近半椭圆形。阳茎基环近棒状，基部1/3处背向弯曲，基部具1个锥状小突起，末端窄圆或钝尖，达背兜近后缘；隔膜背面具膨大骨化褶，向左侧突出。阳茎直，2/9处略弯，基部2/9细，端部7/9阔且粗细均匀，末端尖；角状器缺。

雌性外生殖器（图7-63C）：前表皮突约为后表皮突长的1/3。第8背板近梯形，前端两侧凸圆，后缘波状弯曲。第7腹节前端2/5处两侧各有1个小瘤突，后缘锯齿状，有时后缘两侧各具1大齿突。交配孔大。后阴片背面部分阔叶状，后缘锯齿状，中部伸出1近卵形骨化突起，边缘具小齿突；腹面部分具2侧突：左侧突起基部1/3窄，端部2/3突然变阔，形成10大齿突；右侧突起近刺状，基部略弯。前阴片近带状，前、后缘中部凸圆。导管端片近似漏斗状。囊导管弯曲，略长于交配囊，膜质，后端3/5细，具不连续弱骨化带，前端2/5扩大，前端2/5处具1个弱骨化细环；导精管出自囊导管前端2/5处。交配囊近椭圆形，膜质；囊突圆，表面具1较大和1较小锥状刺，基部具1盾状弱骨化板。

分布：浙江（嘉兴、温州）、江西、湖南、福建、广东、广西。

A   B   C

图7-63 瘤突锦织蛾 *Promalactis strumifera* Du et Wang, 2013
A. 成虫；B. 雄性外生殖器；C. 雌性外生殖器

（264）点线锦织蛾 *Promalactis suzukiella* (Matsumura, 1931)

Borkhausenia suzukiella Matsumura, 1931a: 1089.
Promalactis suzukiella: Park, 1981: 44.

分布：浙江（杭州、宁波、舟山、衢州、丽水）、北京、天津、河北、山西、山东、河南、陕西、甘肃、安徽、湖北、江西、湖南、福建、台湾、广东、海南、广西、重庆、四川、贵州、云南、西藏；俄罗斯，朝鲜，日本。

注：描述见《天目山动物志》（李后魂等，2020）。

（265）三突锦织蛾 *Promalactis tricuspidata* Wang et Li, 2004

Promalactis tricuspidata Wang et Li, 2004c: 2.

分布：浙江（临安、金华）、河南、江西、海南。
注：描述见《天目山动物志》（李后魂等，2020）。

（266）三齿锦织蛾 *Promalactis tridentata* Wang et Li, 2004（图 7-64）

Promalactis tridentata Wang et Li, 2004c: 3.

主要特征：成虫（图 7-64A）翅展 10.0 mm。头亮白色，颈亮黄棕色。下唇须第 2 节黄白色，略呈赭色；第 3 节赭黄色，末端尖。触角柄节白色，鞭节白色和黑色相间。胸部、翅基片和前翅橘黄色。前翅具 3 条白线，边缘具黑色鳞片：基线最短，自前缘外斜至外缘；中线自近前缘 1/4 处延伸至外缘 1/3 处，与基线平行；外线自前缘 2/3 处内斜至臀角；缘毛浅黄色。后翅和缘毛暗灰色。

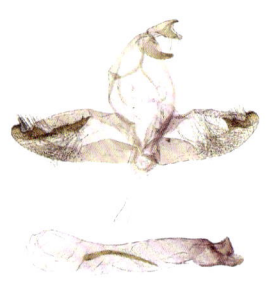

图 7-64 三齿锦织蛾 *Promalactis tridentata* Wang et Li, 2004
A. 成虫；B. 雄性外生殖器；C. 雌性外生殖器

雄性外生殖器（图 7-64B）：爪形突端部三叶。颚形突近舌状。背兜延长。抱器瓣中部略膨大，端部窄；抱器背略弯曲，近基部略凹。抱器腹长于抱器背，末端圆，具齿突；左端突背面具齿突，为抱器腹长的 2/3；右端突约为抱器腹长的 1/4。囊形突长于抱器腹长的 1/2，末端圆。阳茎粗壮，略弯，长于抱器瓣；角状器约为阳茎长的 1/3，强烈骨化。

雌性外生殖器（图 7-64C）：前表皮突约为后表皮突长的 2/5。后阴片近铃形，前端阔，渐窄至 3/5 处，后端 2/5 明显变窄，近梯形，后缘圆，有 1 簇硬鬃。导管端片圆柱形。囊导管约为交配囊长的 5 倍，后端 1/6 膜质，前端 5/6 骨化，盘绕，前端 5/6 处左侧具 1 个椭圆形骨化板，其后缘具 3 弯曲长刺，右侧具 1 丛浓密短刺；导精管出自囊导管后端。交配囊圆，膜质；囊突缺。

分布：浙江（杭州）、甘肃、湖北、重庆、四川、贵州。

（267）钩刺锦织蛾 *Promalactis uncinispinea* Du *et* Wang, 2013（图 7-65）

Promalactis uncinispinea Du *et* Wang, 2013: 42.

主要特征：成虫（图 7-65A）翅展 11.0 mm。头顶及颜面银白色杂褐色，后头深褐色。下唇须第 1、2 节深褐色，第 3 节黑色，基部和末端白色。触角柄节白色；鞭节背面白色和黑色相间，腹面黑色。胸部和翅基片深赭褐色。前翅基部 3/5 赭褐色，端部 2/5 赭黄色；斑纹银白色或白色，边缘具黑色鳞片：前缘中部具 1 半圆形银白色斑，其下方具 1 银白色斑点；后缘具 3 条银白色短带：基部短带达翅褶基部，第 2 条短带自后缘基部 1/3 处直达中室基部 1/3 处，第 3 条短带自后缘基部 3/5 处外斜至中室下缘端部 1/4 处；臀角前具 1 白点；翅端具 1 近椭圆形白斑；缘毛赭黄色，后缘端部缘毛灰色。后翅和缘毛深灰色。

图 7-65 钩刺锦织蛾 *Promalactis uncinispinea* Du *et* Wang, 2013
A. 成虫；B. 雄性外生殖器

雄性外生殖器（图 7-65B）：爪形突近三角形，基部阔，渐窄至末端，末端尖，近末端具 1 小齿突。颚形突几乎与爪形突等长，细，端部 1/4 表面粗锉状且上弯，末端窄圆，腹面近末端有 1 个三角形突起；侧臂带状，约为颚形突长的 1/4。背兜后端窄，后端 1/3 处两侧外凸，自后端 2/3 处分叉，前缘圆。抱器瓣基部 2/3 几乎等宽，端部形成 1 个三角形突起；抱器背基部 3/5 直，端部 2/5 凹入。抱器腹基部阔，端部略窄，背缘基部 2/5–2/3 处凹入，端部 1/3 形成游离端突，其腹缘中部具 1 锯齿状突起，末端尖且上举，远超过背端突起。基腹弧前腹面宽，有 1 条细横带连接左右两侧，横带与囊形突后缘之间形成扇形结构；囊形突阔，略短于爪形突，近三角形，末端窄圆。阳茎基环长，近棍状，略弯，基部具 1 短指状突起，端部 1/3 背面具 1 束硬鬃和短刺，末端密具小刺，达背兜近后缘。阳茎直且短，约为抱器瓣长的 3/5；端部具 2 片浓密微刺和 1 强骨化钩状刺；角状器弯曲，位于阳茎中部，约为阳茎长的 2/3，基部 1/2 棍状，端部 1/2 刺状，中部具几个短刺。

分布：浙江（嘉兴、杭州、金华）、四川。

（268）斑翅锦织蛾 *Promalactis vittapenna* Kim *et* Park, 2010（图 7-66）

Promalactis vittapenna Kim *et* Park in Kim et al., 2010: 555.

主要特征：成虫（图 7-66A）翅展 8.5–12.0 mm。头顶亮银白色，颜面深褐色，颈部深赭褐色。下唇须第 2 节内侧赭黄色，外侧赭褐色，第 3 节黑色。触角柄节白色；鞭节背面基部 1/6 白色，端部 5/6 白色和深褐色相间，腹面深褐色。胸部和翅基片深赭褐色。前翅底色金黄色；前缘 3/4 深灰色，翅基部 1 条白线从翅褶基部下方达后缘，内侧有 1 条深褐色线；后 3/4 处有 1 条白线向上内斜至前端 1/4 处，其外侧边缘被黑色鳞片，白线外侧至翅端部 1/3 处赭褐色，前缘 2/3 处有 1 三角形白斑，向下达翅中；翅端黑色；缘毛黄色，前缘和后缘处缘毛深灰色。后翅和缘毛灰色。

图 7-66　斑翅锦织蛾 *Promalactis vittapenna* Kim *et* Park, 2010
A. 成虫；B. 雄性外生殖器；C. 雌性外生殖器

雄性外生殖器（图 7-66B）：爪形突两侧平行，后缘中部圆形凹入，末端两侧伸出细长突起，其末端尖锐。颚形突短，近山丘状，基部宽阔，末端圆。抱器瓣近椭圆形，基部略窄；抱器瓣中部近背缘伸出 1 骨化大突起，其基部 1/2 阔，卵形，端部 1/2 游离，近刺状；1 骨化细长突起沿抱器背深入卵形突起内，达抱器瓣末端，与另一抱器瓣的此突起在阳茎基环处愈合。抱器腹非常短，位于抱器瓣腹缘端部，其末端突起游离，近椭圆形，腹缘锯齿状。囊形突粗指状，略长于颚形突，末端窄圆。阳茎基环前端有 1 囊状突起，侧叶不对称；左侧叶近三角形，达背兜近后缘；右侧叶基部略阔，渐窄至 1/3 处，端部 2/3 细，末端尖，达爪形突近后缘。阳茎弯曲，端部略阔，末端伸出 1 窄带状骨化突起；角状器缺。

雌性外生殖器（图 7-66C）：前表皮突约为后表皮突长的 1/2，后表皮突末端膨大。第 8 腹板圆，后缘中部略凹；第 7 腹板两侧有 1 椭圆形大骨化板，前缘两侧有 1 漏斗状小突起。交配孔两侧有 1 蹄状突起。囊导管膜质，约与交配囊等长，基部窄，渐宽至近交配囊处。交配囊大，椭圆形，膜质；囊突 1 个，六边形，表面具鳞状褶，中部有 1 列荆棘状刺。

分布：浙江（衢州）、海南、广西；越南。

（269）盘锦织蛾 *Promalactis voluta* Wang, 2020（图 7-67）

Promalactis voluta Wang in Wang & Liu, 2020c: 84.

主要特征：成虫（图 7-67A）翅展 9.0–11.5 mm。头顶褐色，颜面灰色，颈部深褐色。下唇须第 2 节内侧赭黄色，外侧深赭黄色，第 3 节黑色，背面基部 1/4 和末端白色。触角黑色，柄节腹面白色，背面有 1 条白色细纵线，梗节白色，鞭节有白色环纹。胸部和翅基片基部 2/3 深赭黄色，端部 1/3 赭黄色。前翅黄色杂赭黄色，前缘基部 2/3 灰黑色，端部 1/3 处有 1 黄灰色矩形斑，其内、外侧具浓密黑色鳞片；后缘基部 1/3 各有 2 条平行的白色短带，中部散生黑色鳞片，臀角处黑色鳞片较浓密，有时形成 1 黑点；翅端聚集一些黑色鳞片，有时有 1 小白点；缘毛黄色。后翅和缘毛灰色。

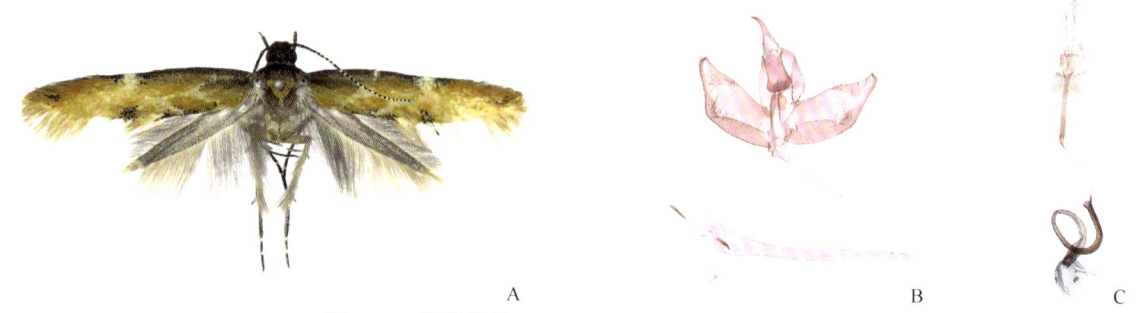

图 7-67　盘锦织蛾 *Promalactis voluta* Wang, 2020
A. 成虫；B. 雄性外生殖器；C. 雌性外生殖器

雄性外生殖器（图 7-67B）：爪形突基部宽阔，渐窄至 1/2 处，端部 1/2 细，末端圆，中部两侧有长刚毛。颚形突几乎与爪形突等长，非常宽阔，近矩形，端部有时变阔，有鳞状褶，末端圆。抱器瓣基部 3/5 宽阔，背、腹缘几乎平行，端部 2/5 渐窄，末端尖；抱器背基部和端部略凹，中部凸出，端部具有刚毛密集的三角形重叠区。抱器腹基部 3/5 宽阔，端部 2/5 非常窄，中部密具长刚毛，末端尖，上弯。囊形突约为抱器瓣长的 3/5，基部宽，端部渐尖。阳茎基环骨化，宽阔，仅基部相连，前缘直；侧叶近梯形，腹缘直，背缘凸出，末端尖或钝圆。阳茎基部 1/3 宽阔，端部 2/3 细，长于抱器瓣的 2 倍；角状器小，2 个，刺状，其中 1 个直，另 1 个弯曲。

雌性外生殖器（图 7-67C）：前表皮突约为后表皮突长的 1/2。第 8 腹板倒三角形，后缘中部略凹入，后端中部具稀疏短刚毛。囊导管细，非常长，基部 1/3–1/2 处膜质，其他部分骨化，端部 1/2 螺旋状盘曲，近交配囊处扩展成囊状。交配囊圆形；囊突 2 个，小，椭圆形，边缘齿状。

分布：浙江（杭州、衢州、丽水）、台湾、海南、广西、四川。

(270) 原州锦织蛾 *Promalactis wonjuensis* Park *et* Park, 1998

Promalactis wonjuensis Park *et* Park, 1998: 60.

分布：浙江（杭州、宁波、舟山、衢州、丽水、温州）、辽宁、甘肃、湖北、江西、湖南、福建、广东、广西、四川、贵州、云南；韩国。

注：描述见《天目山动物志》（李后魂等，2020）。

(271) 咸丰锦织蛾 *Promalactis xianfengensis* Wang *et* Li, 2004

Promalactis xianfengensis Wang *et* Li, 2004c: 7.

分布：浙江（杭州、宁波）、湖北、广西、重庆、四川、贵州。

注：描述见《天目山动物志》（李后魂等，2020）。

(272) 永嘉锦织蛾 *Promalactis yongjiana* Wang, 2020（图 7-68）

Promalactis yongjiana Wang in Wang & Liu, 2020b: 82.

主要特征：成虫（图 7-68A）翅展 8.0–9.0 mm。颜面黄色，头顶和后头棕色，两侧黄色。下唇须第 2 节内侧白色，外侧黑色，末端白色；第 3 节黑色，基部和末端白色。触角黄色，鞭节背面黑棕色和白色相间。胸部和翅基片黑棕色。前翅赭黄色；前缘具 3 黑斑：基斑矩形，向内倾斜延伸，外缘具 1 条白线延伸至中室中部；中斑近正方形，后端超过中室上缘，外缘具 1 条白线延伸至中室下角；端斑近矩形；翅褶基部具 1 白斑；后缘基部 2/5 和 4/5 处各具 2 条白色条带，外斜至中室下缘，以 1 条延伸至中室下角的白线相连，与中斑外缘的白线相接，3 条白线形成 1 正方形的斑，内缘具黑色鳞片；臀角具 1 发散的黑斑；末端具 1 白点；外缘黑色，具 1 白点；缘毛赭黄色，前缘端部缘毛黑棕色。后翅和缘毛深灰色。

雄性外生殖器（图 7-68B）：爪形突基部宽，渐窄至中部，之后略窄至末端，末端尖。颚形突短于爪形突，两侧褶皱，加宽至末端，末端钝，端部具鳞片状突起，末端具 1 膜质突起。抱器瓣近矩形，端部阔卵圆形，末端圆；抱器背短，约为抱器腹长的 1/2。抱器腹窄，伸出 1 向上稍微弯曲的端刺，与抱器瓣游离。阳茎基环达爪形突基部；侧叶等宽，渐窄至末端，末端圆；不对称：左侧叶端部 1/4 处外缘伸出 1 强烈骨化的乳突状突起。囊形突长于爪形突，末端圆。阳茎与阳茎基环等长，细长，端部伸出 1 刺；角状器细长，约为阳茎长的 1/6。

分布：浙江（温州）。

图 7-68 永嘉锦织蛾 *Promalactis yongjiana* Wang, 2020
A. 成虫；B. 雄性外生殖器

（273）浙江锦织蛾 *Promalactis zhejiangensis* **Wang et Li, 2004**

Promalactis zhejiangensis Wang *et* Li, 2004c: 3.

分布：浙江（杭州、丽水）、安徽、江西、福建、广东。

注：描述见《天目山动物志》（李后魂等，2020）。

十五、列蛾科 Autostichidae

主要特征：体小至中型。下唇须 2–3 节，触角短于前翅。前翅 1A 脉存在，有时缺 R_5 脉。后翅端部圆或略凸出，Rs 和 M_1 脉共柄或基部接近。雄性外生殖器对称，颚形突细带状，中部略膨大；爪形突基部宽，有时端部也宽。雌性有或无囊突。

分布：大多分布于古北区，少数分布东洋区。世界已知 80 余属 600 余种，中国记录 12 属 316 种，浙江分布 6 属 73 种。

（一）列蛾亚科 Autostichinae

主要特征：头缺单眼。喙发达。下唇须 3 节，上举，第 3 节略短于第 2 节。触角短于前翅。前翅前缘稍拱，顶角钝圆；前翅通常具有中室中斑、中室端斑和褶斑。后翅 Rs 和 M_1 脉共柄或合生，M_3 和 CuA_1 脉共柄或合生。

雄性外生殖器：爪形突细长或端部分叉；颚形突基臂窄带状；抱器瓣形状多样；角状器有或无。

雌性外生殖器：囊突大多存在。

生物学：幼虫主要取食腐殖质或真菌。

分布：旧大陆和新热带区。世界已知 10 属 230 多种，中国记录约 6 属 63 种，浙江分布 2 属 23 种。

99. 列蛾属 *Autosticha* Meyrick, 1886

Autosticha Meyrick, 1886c: 281. Type species: *Automola pelodes* Meyrick, 1883.

Cynicocrates Meyrick, 1935: 565.

主要特征：下唇须 3 节，上举，第 3 节略短于第 2 节。翅通常黄褐色或灰褐色，通常有 3 斑点，分别位于中室中部、中室末端和翅褶近中部；黑褐色缘点或亚缘点自翅前缘近末端经外缘或外缘内侧达臀角。

雄性外生殖器：爪形突简单；背兜略呈梯形或宽带状；颚形突基臂带状，有或无中突；抱器瓣基部通常愈合，具囊形突。

雌性外生殖器：后表皮突几乎等于或远长于前表皮突；囊突大多存在，由基板和齿或 2 个长突起组成。

生物学：幼虫取食苔藓、地衣和植物垃圾。

分布：世界广布。世界已知约 104 种，中国记录 51 种，浙江分布 22 种。

分种检索表

1. 抱器瓣具内突	2
- 抱器瓣无内突	9
2. 抱器瓣内突端部长刺状	长刺列蛾 *A. longispina*
- 抱器瓣内突端部非长刺状	3
3. 抱器瓣端部 2/5 分叉	二瓣列蛾 *A. valvifida*
- 抱器瓣不分叉	4
4. 阳茎具角状器	5
- 阳茎无角状器	7

5. 爪形突从基部 1/3 到末端逐渐增宽；抱器腹末端伸出 1 三角形突起 ································· 截列蛾 *A. truncicola*
- 爪形突细长，末端尖 ··· 6
6. 囊形突细长，稍长于爪形突 ··· 叶列蛾 *A. tachytoma*
- 囊形突短，短于爪形突 ··· 弓瓣列蛾 *A. arcivalvaris*
7. 阳茎无突起或齿突 ··· 粗点列蛾 *A. pachysticta*
- 阳茎具突起或齿突 ··· 8
8. 囊形突长约为爪形突的 1/2，阳茎中部伸出 1 长针状突起 ··················· 刺列蛾 *A. oxyacantha*
- 囊形突长约为爪形突的 1.3 倍，阳茎近末端具 1 齿突 ······················· 庐山列蛾 *A. lushanensis*
9. 抱器腹末端伸出长刺状突起 ·· 10
- 抱器腹末端无长刺状突起 ··· 12
10. 抱器瓣无骨板 ··· 迷列蛾 *A. fallaciosa*
- 抱器瓣具骨板 ·· 11
11. 爪形突近三角形；阳茎基环近梯形 ·· 粗鳞列蛾 *A. squnarrosa*
- 爪形突近基部到中部近平行；阳茎基环阔"U"形 ······························· 台湾列蛾 *A. taiwana*
12. 抱器瓣端部 1/3 分叉 ·· 直斑列蛾 *A. rectipunctata*
- 抱器瓣不分叉 ·· 13
13. 阳茎基环侧叶细长，前端相连 ·· 14
- 阳茎基环无侧叶 ·· 15
14. 抱器瓣末端圆 ··· 和列蛾 *A. modicella*
- 抱器瓣末端截形 ··· 暗列蛾 *A. opaca*
15. 抱器瓣腹缘或末端具长针或突起 ·· 16
- 抱器瓣腹缘或末端无长针或突起 ··· 19
16. 爪形突末端尖；抱器瓣腹缘具长针 ·· 齿瓣列蛾 *A. valvidentata*
- 爪形突末端圆；抱器瓣腹缘无长针 ·· 17
17. 抱器背背缘 1/3 处深凹；抱器腹发达 ··· 中华列蛾 *A. sinica*
- 抱器背具"U"形缺刻；抱器腹与抱器瓣愈合 ··· 18
18. 阳茎近末端具 1 长针 ··· 四角列蛾 *A. tetragonopa*
- 阳茎近末端具 1 齿突 ·· 仿列蛾 *A. imitativa*
19. 抱器瓣中部极窄，端部 1/4 膨大成圆形 ··· 平壤列蛾 *A. pyungyangensis*
- 抱器瓣中部不收窄，末端不膨大 ·· 20
20. 抱器背基部具 1 个突起 ·· 双列蛾 *A. dimochla*
- 抱器背基部无突起 ··· 21
21. 背兜侧叶肾形；抱器瓣末端截形 ··· 四川列蛾 *A. sichuanica*
- 背兜梯形；抱器瓣末端圆 ··· 天目山列蛾 *A. tianmushana*

（274）弓瓣列蛾 *Autosticha arcivalvaris* Wang, 2004

Autosticha arcivalvaris Wang, 2004: 54.

分布：浙江（杭州、衢州、丽水、温州）、湖北、福建、海南、香港、广西、重庆、贵州。
注：描述见《天目山动物志》（李后魂等，2020）。

（275）双列蛾 *Autosticha dimochla* Meyrick, 1935（图 7-69）

Autosticha dimochla Meyrick, 1935: 76.

主要特征：成虫（图 7-69A）翅展 11.0–14.0 mm。头乳白色。触角黄褐色，具深褐色环纹。下唇须白色，第 2 节基半部和末端及第 3 节基部和近末端黑褐色。胸部和翅基片黄褐色，杂深褐色鳞片。前翅黄褐色，散布黑色鳞片；前缘基部黑褐色，前缘具 4 黑褐色圆斑，分别位于基部 1/4、中部、端部 3/5 及 1/4；中室中斑和褶斑相连，形成三角形，黑褐色，后端扩散至后缘；中室端斑黑褐色，矩形；臀区密被黑褐色鳞片；缘点自前缘 1/6 经外缘至臀角；缘毛基部淡黄色，端部浅灰色，前缘端部 1/6 处和顶角处缘毛黑褐色。后翅及缘毛浅灰色。

图 7-69 双列蛾 *Autosticha dimochla* Meyrick, 1935
A. 成虫；B. 雄性外生殖器；C. 雌性外生殖器

雄性外生殖器（图 7-69B）：爪形突基部稍宽，渐窄至末端，末端平。颚形突三角形，末端钝；侧臂细带状，长约为颚形突的 2 倍。抱器瓣基部 3/4 近等宽，端部 1/4 渐窄，末端圆；抱器背达抱器瓣近末端，基部具 1 近梯形突起，基部 2/5 稍拱。抱器腹约为抱器瓣腹缘长的 2/5，基部近三角形，端部呈鸟喙状，密被刚毛。囊形突短，约为爪形突长的 1/2，末端平。阳茎基环基半部近圆形，端半部渐窄，末端钝。阳茎细，约为抱器瓣长的 7/10，基部 1/5 处弯，端部 4/5 直；无角状器。

雌性外生殖器（图 7-69C）：产卵瓣末端钝，具刚毛。前表皮突稍短于后表皮突。第 8 背板后缘中部微内凹，腹板后缘宽圆。导管端片两端膨大，中部缢缩，蝴蝶结形。囊导管等粗，基半部骨化较强。交配囊椭圆形，无囊突。

分布：浙江（杭州）、辽宁、天津、河北、山西、山东、河南、江苏、安徽、湖南、福建、台湾；韩国。

（276）迷列蛾 *Autosticha fallaciosa* Wang, 2004

Autosticha fallaciosa Wang, 2004: 47.

分布：浙江（杭州、温州）、河南、安徽、湖北、海南、广西、重庆、贵州。
注：描述见《天目山动物志》（李后魂等，2020）。

（277）仿列蛾 *Autosticha imitativa* Ueda, 1997

Autosticha imitativa Ueda, 1997: 113.

分布：浙江（杭州、舟山、金华、温州）、上海、安徽、湖北、江西、湖南、福建、台湾、贵州；日本。
注：描述见《天目山动物志》（李后魂等，2020）。

（278）长刺列蛾 *Autosticha longispina* Wang, 2021（图 7-70）

Autosticha longispina Wang in Tao, Wang & Wang, 2021: 355.

主要特征：成虫（图 7-70A）翅展 15.0–17.0 mm。头乳白色，杂黑褐色鳞片。触角柄节白色，鞭节黑褐色。下唇须第 2 节内侧白色，基部黑褐色，外侧黑褐色；第 3 节白色，近基部和近末端黑褐色，稍短于第 2 节。胸部灰白色，杂黑褐色鳞片，翅基片黑褐色。前翅前缘近直，顶角钝圆，外缘斜；灰白色，散布黑褐色鳞片，中室外侧具较多的黑褐色鳞片；前缘基半部黑褐色，基部具 1 黑褐色斑，其后缘达中部，中部和端部 1/3 各具 1 黑色近圆形斑；后缘基部具 1 黑褐色小点；中室斑、中室端斑和褶斑黑褐色，圆形，中室端斑最大；臀斑黑褐色，近方形；黑褐色缘点自前缘端部 1/5 经外缘至臀角；缘毛灰白色。后翅及缘毛浅灰色。

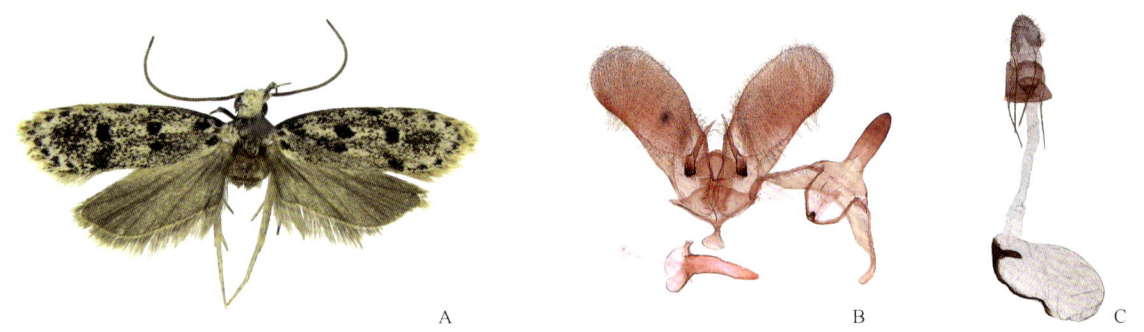

图 7-70　长刺列蛾 *Autosticha longispina* Wang, 2021
A. 成虫；B. 雄性外生殖器；C. 雌性外生殖器

雄性外生殖器（图 7-70B）：爪形突基部 3/4 矩形，端部 1/4 三角形，末端略尖。颚形突小，呈钩状，侧臂带状，约为颚形突的 5 倍长。抱器瓣基部 1/3 稍窄，具 1 近三角形骨板，端部 2/3 稍宽，亚矩形，末端宽圆；背缘稍凹，腹缘稍拱；抱器瓣内突基部骨化强，亚矩形，端部长刺状，约为抱器瓣长的 1/3，位于内表面基部 1/4，两刺向上斜，两刺末端交叉。囊形突短，约为爪形突长的 1/3，基部窄，端部膨大，末端宽圆。阳茎基环骨化较弱，呈梯形。阳茎约为抱器瓣长的 1/2，基部明显膨大，端部渐窄，末端略尖，无角状器。

雌性外生殖器（图 7-70C）：产卵瓣亚矩形，具刚毛，末端钝圆。后表皮突约为前表皮突长的 1.5 倍。第 8 背板后缘近直，第 8 腹板后缘突出，圆。前阴片半圆形，后缘圆，前缘直。导管端片倒梯形，后缘中部稍凹。囊导管细长，等宽。交配囊卵圆形，囊突约为交配囊长的 2/3，基片长矩形，近后端两侧各伸出 1 长刺。

分布：浙江（嘉兴、杭州）、福建。

（279）庐山列蛾 *Autosticha lushanensis* **Park *et* Wu, 2003**

Autosticha lushanensis Park *et* Wu, 2003: 206.

分布：浙江（杭州、宁波、金华、丽水、温州）、内蒙古、北京、河北、山西、河南、甘肃、湖北、江西、广东、海南、重庆、四川、贵州。

注：描述见《天目山动物志》（李后魂等，2020）。

（280）和列蛾 *Autosticha modicella* **(Christoph, 1882)**

Ceratpphora modicella Christoph, 1882: 28.
Autosticha modicella: Ueda, 1997: 115.

分布：浙江（杭州、宁波、舟山、金华、衢州、丽水、温州）、黑龙江、吉林、辽宁、内蒙古、天津、河北、山西、河南、陕西、甘肃、湖北、江西、湖南、福建、台湾、广东、广西、重庆、四川；俄罗斯，韩国，日本。

注：描述见《天目山动物志》（李后魂等，2020）。

（281）暗列蛾 *Autosticha opaca* (Meyrick, 1927)

Brachmia opaca Meyrick in Caradja, 1927a: 421.

Autosticha opaca: Ueda, 1997: 125.

分布：浙江（杭州）、江苏、湖南、台湾、四川；韩国，日本。

注：描述见《天目山动物志》（李后魂等，2020）。

（282）刺列蛾 *Autosticha oxyacantha* Wang, 2004

Autosticha oxyacantha Wang, 2004: 55.

分布：浙江（杭州、丽水）、甘肃、湖北、福建、海南、重庆、四川。

注：描述见《天目山动物志》（李后魂等，2020）。

（283）粗点列蛾 *Autosticha pachysticta* (Meyrick, 1936)

Semnolocha pachysticta Meyrick, 1936: 49.

Autosticha pachysticta: Ueda, 1997: 117.

分布：浙江（杭州）、辽宁、河北、山东、河南、安徽、福建、广东、海南、香港、广西、四川；日本。

注：描述见《天目山动物志》（李后魂等，2020）。

（284）平壤列蛾 *Autosticha pyungyangensis* Park *et* Wu, 2003（图 7-71）

Autosticha pyungyangensis Park *et* Wu, 2003: 222.

主要特征：成虫（图 7-71A）翅展 9.0–10.0 mm。头黄白色。触角柄节背面褐色，腹面黄白色，鞭节淡黄色，具浅褐色环纹。下唇须第 2 节内侧白色，外侧浅黄色，密布黑褐色鳞片，第 3 节淡黄色，杂褐色鳞片，约与第 2 节等长。胸部和翅基片黄色，杂浅褐色鳞片。前翅前缘稍拱，顶角钝圆，外缘斜；浅黄白色，密布褐色鳞片；前缘基半部黑褐色；中室中斑、中室端斑和褶斑黑褐色，近圆形；臀角处聚集较多的黑褐色鳞片；黑褐色缘点自前缘端部 1/4 经外缘至臀角；缘毛黄色，杂黑褐色。后翅及缘毛浅灰色。

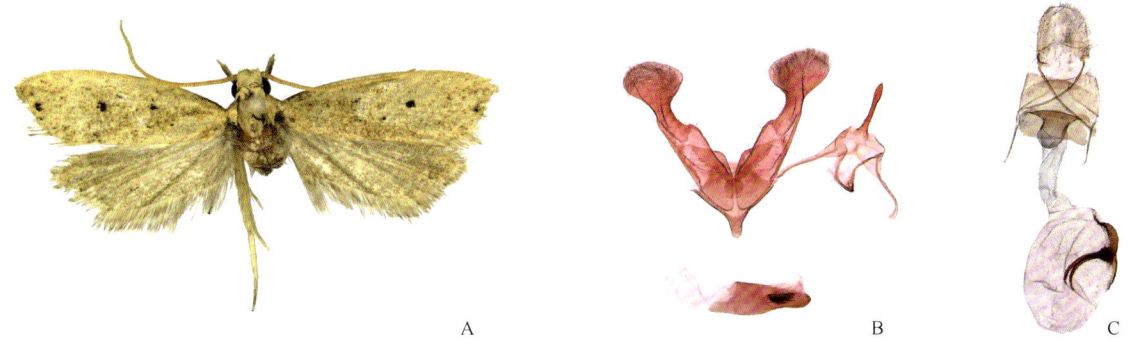

图 7-71 平壤列蛾 *Autosticha pyungyangensis* Park *et* Wu, 2003
A. 成虫；B. 雄性外生殖器；C. 雌性外生殖器

雄性外生殖器（图7-71B）：爪形突近棒状，基部2/3等粗，端部1/3稍加宽，末端尖。颚形突"V"形，侧臂细带状，长约为颚形突的3.0倍。抱器瓣基半部近等宽，具1椭圆形骨板，其腹缘稍宽于抱器瓣腹缘，中部至端部1/4明显收窄，形成抱器颈，端部1/4膨大，末端宽圆；背腹基部3/4近直；端部1/4处内凹，端部1/4向外斜；腹缘基半部直，中部至端部1/4内凹。囊形突短，约为爪形突长的2/5，基部稍宽，末端钝圆。阳茎基环方形。阳茎约为抱器瓣长的3/5，基部稍宽，向末端渐窄，末端钝；角状器由1簇刺组成，位于阳茎中部至近末端。

雌性外生殖器（图7-71C）：产卵瓣具刚毛，末端钝圆。后表皮突约为前表皮突长的2.3倍长。第8背板后缘微凹，第8腹板后缘凸出，宽圆。导管端片后端1/4宽，后缘近直，前端3/4近方形，前缘宽圆。囊导管短；近等宽；导精管出自囊导管端部1/4处。交配囊卵圆形，约为囊导管长的2.0倍；囊突约为交配囊长的2/3，稍拱，中部两侧各伸出1长刺。

分布：浙江（舟山）、江西、台湾；韩国。

（285）直斑列蛾 *Autosticha rectipunctata* Wang, 2004（图7-72）

Autosticha rectipunctata Wang, 2004: 48.

主要特征：成虫（图7-72A）翅展10.0–14.0 mm。头乳白色，杂褐色鳞片。触角柄节背面黑褐色，腹面黄白色，鞭节淡白色，具黑褐色环纹。下唇须第2节内侧黄白色，外侧黑褐色；第3节黄白色，杂黑褐色，稍短于第2节。胸部和翅基片黄白色。前翅前缘直，顶角钝圆，外缘斜；黄色，散布褐色鳞片，前缘基部黑褐色，后缘基部具1黑褐色点；中室斑和褶斑黑褐色，近圆形；中室端斑和臀斑形成矩形斑，黑褐色；黑褐色缘点自前缘端部1/4经外缘至臀角；缘毛黄色，端部杂褐色鳞片。后翅及缘毛浅褐色。

图7-72 直斑列蛾 *Autosticha rectipunctata* Wang, 2004
A. 成虫；B. 雄性外生殖器；C. 雌性外生殖器

雄性外生殖器（图7-72B）：爪形突棒状，末端钝。颚形突细带状。抱器瓣基部稍窄，稍加宽至中部，端半部较窄，端部1/3分裂成两部分，分别呈三角形，末端尖，腹缘部分稍宽和长于背缘部分；背缘近直；腹缘基半部直，中部具小突起，端半部向外斜。囊形突长约为爪形突的2.0倍，基部宽，渐窄至基部1/3，端部2/3细棒状，末端尖。阳茎基环2/3矩形，前端1/3渐窄，两侧前端1/3处各具1小齿突。阳茎约为抱器瓣长的2/3，直，近等宽；角状器由2较大的刺和1束微刺组成，1刺位于末端，另1刺位于端部1/4处，刺束位于端部1/4。

雌性外生殖器（图7-72C）：产卵瓣三角形，具刚毛，末端钝圆。前表皮突较粗，呈长三角形，后表皮突长约为前表皮突的3.0倍。第8背板后缘直，第8腹板后缘突出，中部呈"V"形内凹。前阴片大，近三角形。导管端片长矩形，约为囊导管长的2/3。囊导管基部宽，端部稍窄。交配囊近圆形，长约为囊导管的2.0倍，自基部至中部具1长方形强骨化片；囊突2个，刺状，基部不相连。

分布：浙江（丽水）、湖北、江西、湖南、广西、重庆、四川、贵州、云南。

第七章　麦蛾总科 Gelechioidea　十五、列蛾科 Autostichidae　　· 185 ·

（286）四川列蛾 *Autosticha sichuanica* Park *et* Wu, 2003

Autosticha sichuanica Park *et* Wu, 2003: 215.

分布：浙江（杭州、宁波、丽水、温州）、河南、陕西、湖北、江西、湖南、福建、广东、海南、香港、广西、重庆、四川、贵州、云南。

注：描述见《天目山动物志》（李后魂等，2020）。

（287）中华列蛾 *Autosticha sinica* Park *et* Wu, 2003（图 7-73）

Autosticha sinica Park *et* Wu, 2003: 215.

主要特征：成虫（图 7-73A）翅展 16.0–20.0 mm。头深褐色。触角柄节背面深褐色，腹面黄白色，鞭节淡黄色，具黄褐色环纹。下唇须内侧黄白色，第 2 节外侧黑褐色；第 3 节杂黑褐色鳞片，约与第 2 节等长。胸部和翅基片黑褐色。前翅前缘稍拱，顶角突出，外缘斜；深褐色；中室中斑、中室端斑和褶斑黑褐色，近圆形，中室端斑最大；黑褐色缘点自前缘端部 1/3 经外缘至臀角；缘毛灰色，杂黑褐色鳞片。后翅及缘毛灰色。

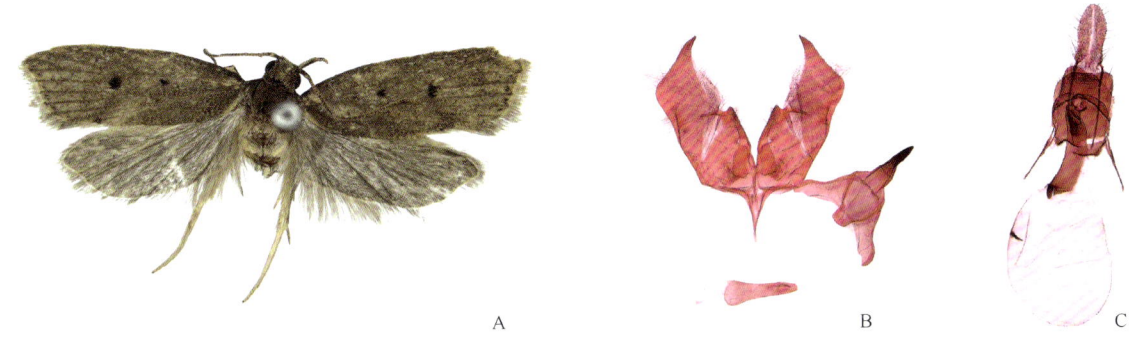

图 7-73　中华列蛾 *Autosticha sinica* Park *et* Wu, 2003
A. 成虫；B. 雄性外生殖器；C. 雌性外生殖器

雄性外生殖器（图 7-73B）：爪形突基半部近等宽，端半部渐窄至末端，末端钝。颚形突近矩形，末端平，侧臂细带状，长约为颚形突的 2.0 倍。抱器瓣基半部稍宽，近矩形，端半部密被刚毛，稍窄于基半部，外缘斜，腹缘末端伸出 1 长三角形突起；背缘端部 1/3 处稍内凹；抱器腹约为抱器瓣长的 2/5，形状奇特，基半部矩形，向内折，端半部腹缘直，末端呈直角，内侧具 1 粗刺，向内弯。囊形突约为爪形突长的 4/5，基部宽，渐窄至末端，末端钝。阳茎约为抱器瓣长的 1/2，基部稍宽，端部渐细；角状器 1 个，骨片状，位于阳茎近末端。

雌性外生殖器（图 7-73C）：产卵瓣具刚毛，末端圆。后表皮突约为前表皮突长的 1.7 倍。第 8 背腹板后缘中部稍内凹。囊导管短，约为交配囊长的 1/2，骨化强，端部稍加宽。交配囊大，卵圆形；囊突 2 个，图钉状，基部几乎相连。

分布：浙江（丽水）、湖北、重庆、四川、贵州。

（288）粗鳞列蛾 *Autosticha squnarrosa* Wang, 2004

Autosticha squnarrosa Wang, 2004: 44.

分布：浙江（杭州、丽水）、陕西、湖北、江西、海南、重庆。

注：描述见《天目山动物志》（李后魂等，2020）。

（289）叶列蛾 *Autosticha tachytoma* (Meyrick, 1935)（图 7-74）

Cynicocrates tachytoma Meyrick, 1935: 566.
Autosticha tachytoma: Wang & Wang, 2017: 509.

主要特征：成虫（图 7-74A）翅展 11.0–14.0 mm。头部灰白色，杂黑褐色鳞片。触角黑褐色，具淡黄色环纹。下唇须白色，第 2 节基半部和近末端褐色；第 3 节近基部和近末端褐色。胸部、翅基片灰白色，密布灰褐色鳞片。前翅黄褐色或乳白色，密布黑褐色鳞片，前缘基部、基部 1/4、中部、端部 2/5 和 1/4 各具 1 近圆形黑褐色斑；中室斑和褶斑黑褐色，相连，后端扩散至近后缘；中室端斑黑褐色，臀区密被黑褐色鳞片；亚缘点自前缘端部 1/5 经外缘内侧至臀角；缘毛灰白色，杂褐色鳞片。后翅及缘毛浅灰色。

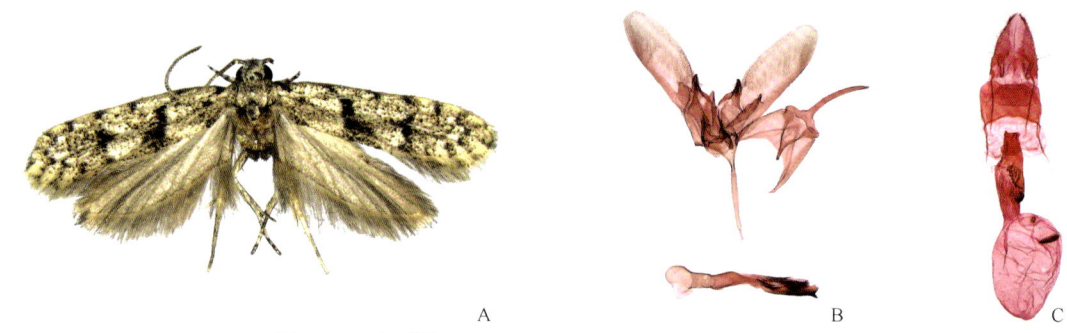

图 7-74 叶列蛾 *Autosticha tachytoma* (Meyrick, 1935)
A. 成虫；B. 雄性外生殖器；C. 雌性外生殖器

雄性外生殖器（图 7-74B）：爪形突细棒状，末端略尖，向腹面弯。颚形突长矩形，末端向腹面弯；侧臂带状，长约为颚形突的 1.5 倍。抱器瓣亚矩形，末端宽圆；抱器背近直，不达抱器瓣末端，基半部呈叶状向后延伸，骨化；腹缘稍拱。抱器腹约为抱器瓣腹缘长的 1/4，近三角形，端部游离。囊形突细长，稍长于爪形突，末端钝。阳茎基环长盾形，前缘近直，后缘突出。阳茎稍长于抱器瓣，基部 2/3 近等粗，端部 1/3 稍膨大，近末端具 1 齿突，背侧密被微刺，近末端通常具 1 齿突；角状器由 1 束刺和 2 骨片组成，骨片位于端部 1/3 处，刺束位于近末端。

雌性外生殖器（图 7-74C）：后表皮突约为前表皮突长的 1.2 倍。囊导管基部稍窄，渐宽至中部，端半部皱褶，中部具 1 骨片，其上具数个大小不等的齿突；导精管细长，出自囊导管近中部。交配囊椭圆形；囊突 2 个，密被微刺。

分布：浙江（嘉兴、杭州）。

（290）台湾列蛾 *Autosticha taiwana* Park *et* Wu, 2003

Autosticha taiwana Park *et* Wu, 2003: 213.

分布：浙江（杭州）、安徽、江西、福建、广西。

注：描述见《天目山动物志》（李后魂等，2020）。

（291）四角列蛾 *Autosticha tetragonopa* (Meyrick, 1935)

Brachmia tetragonopa Meyrick, 1935: 75.
Autosticha tetragonopa: Ueda, 1997: 111.

分布：浙江（丽水）；日本。
注：描述见《天目山动物志》（李后魂等，2020）。

（292）天目山列蛾 *Autosticha tianmushana* Wang, 2004

Autosticha tianmushana Wang, 2004: 50.

分布：浙江（杭州、金华）、海南、广西、云南。
注：描述见《天目山动物志》（李后魂等，2020）。

（293）齿瓣列蛾 *Autosticha valvidentata* Wang, 2004

Autosticha valvidentata Wang, 2004: 49.

分布：浙江（杭州、宁波、金华、丽水）、湖北、福建、海南、四川。
注：描述见《天目山动物志》（李后魂等，2020）。

（294）截列蛾 *Autosticha truncicola* Ueda, 1997

Autosticha truncicola Ueda, 1997: 122.

分布：浙江（杭州、宁波、舟山、丽水）、北京、河北、山西、山东、河南、湖北、福建；韩国，日本。
注：描述见《天目山动物志》（李后魂等，2020）。

（295）二瓣列蛾 *Autosticha valvifida* Wang, 2004

Autosticha valvifida Wang, 2004: 46.

分布：浙江（杭州、宁波、丽水）、河北、河南、陕西、甘肃、云南。
注：描述见《天目山动物志》（李后魂等，2020）。

100. 点列蛾属 *Punctulata* Wang, 2006

Punctulata Wang, 2006a: 157. Type species: *Punctulata fusciptera* Wang, 2006.

主要特征：雄性外生殖器爪形突长三角形；颚形突缺失；背兜短而宽，前缘深凹；抱器瓣宽；抱器背基部具有1大突起，近中部深凹；腹缘略拱；抱器腹与抱器瓣愈合；阳茎基环与抱器背基部突起连接。雌性外生殖器后表皮突长于前表皮突，导管端片短，囊导管膜质，交配囊大，具囊突。

分布：主要分布于古北区、东洋区。世界已知6种，中国记录6种，浙江分布1种。

（296）浅点列蛾 *Punctulata palliptera* Wang, 2006（图7-75）

Punctulata palliptera Wang, 2006a: 160.

主要特征：成虫（图7-75A）翅展14.0–15.0 mm。头亮白色，边缘杂褐色。下唇须白色，第2节基半部黑色，端部具黑色环；第3节近基部和末端黑色。触角柄节白色杂褐色，鞭节褐色。胸部、翅基片和前翅白色杂黑色。前翅较窄；前缘直，从基部到近末端散布 5 黑色斑；末端圆，具 1 弥散大黑斑；中室基部、中部和近末端各具 1 黑色斑；翅褶中部和近末端具黑色斑；后缘基部具 1 黑色斑；缘毛白色，末端灰色。后翅和缘毛浅灰色。

雄性外生殖器（图 7-75B）：爪形突三角形，基部宽，逐渐窄至末端；末端尖。抱器瓣短而宽，端部 2/5 明显较宽；抱器背基部 2/5 深凹，基部具长的指状突起；腹缘略拱；末端钝圆。囊形突长为爪形突的一半，基部宽，逐渐窄至基部 3/4，然后逐渐增宽至末端。阳茎粗，管状；角状器由 1 簇小针组成，位于阳茎端部 1/3。

雌性外生殖器（图 7-75C）：产卵瓣多刚毛，后缘圆。前表皮突长为后表皮突的 5/8。导管端片梯形。囊导管膜质，后端 1/3 窄，前端 2/3 宽；导精管出自囊导管前端 1/3。交配囊椭圆形，约与囊导管等长；囊突位于交配囊的入口下方，由 2 个长针和不规则的基板组成。

分布：浙江（杭州、丽水）、河南、贵州、云南。

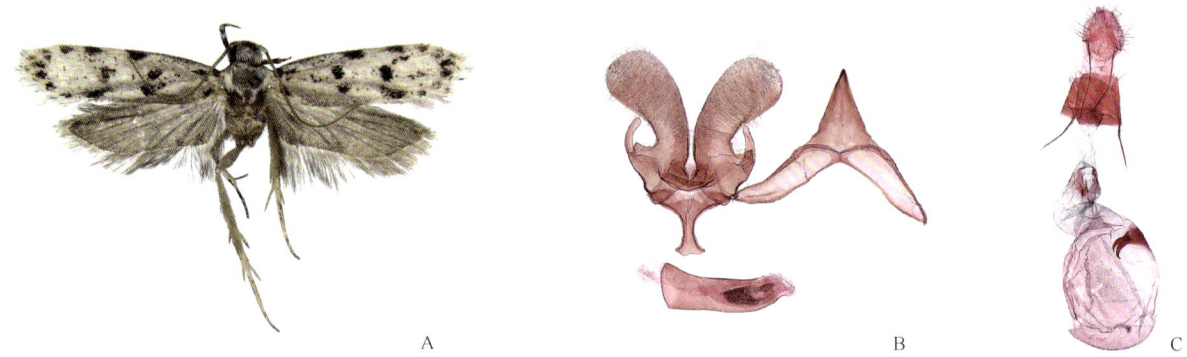

图 7-75　浅点列蛾 *Punctulata palliptera* Wang, 2006
A. 成虫；B. 雄性外生殖器；C. 雌性外生殖器

（二）带列蛾亚科 Periacminae

主要特征：头鳞毛紧贴。触角柄节略膨大，无栉。下唇须向上弯；在带列蛾属中，雄性下唇须 2 节，雌性下唇须 3 节；在模列蛾属中，雄性和雌性下唇须均为 3 节。雄性外生殖器抱器腹和抱器瓣分离或部分连接。雌性外生殖器有或无囊突。腹部具背刺。

分布：东洋区。世界已知近 350 种，中国记录 6 属 254 种，浙江分布 4 属 50 种。

分属检索表

1. 雄性下唇须 3 节 ·· 模列蛾属 *Meleonoma*
- 雄性下唇须 2 节 ··· 2
2. 无前表皮突 ·· 伪带列蛾属 *Irepacma*
- 有前表皮突 ··· 3
3. 抱器瓣前缘基部突起发达 ·· 带列蛾属 *Periacma*
- 抱器瓣前缘基部无突起 ·· 斑列蛾属 *Ripeacma*

101. 伪带列蛾属 *Irepacma* Moriuti, Saito *et* Lewvanich, 1985

Irepacma Moriuti, Saito *et* Lewvanich, 1985: 29. Type species: *Irepacma pakiensis* Moriuti, Saito *et* Lewvanich, 1985.

主要特征：伪带列蛾属特征与带列蛾属相似，前翅较宽阔，常为褐色或黄色。

雄性外生殖器：爪形突小，一些种形成指状突起，颚形突具短侧臂，抱器瓣前缘基突有或无，若有则通常长于抱器瓣的一半，阳茎基环骨化，扁平，阳茎粗短多刺。

雌性外生殖器：无前表皮突，导管端片通常发达。
分布：东洋区。世界已知 20 多种，中国记录 13 种，浙江分布 2 种。

（297）大伪带列蛾 *Irepacma grandis* Wang *et* Zheng, 1997

Irepacma grandis Wang *et* Zheng, 1997: 9.

分布：浙江（杭州）、陕西、福建、云南。
注：描述见《天目山动物志》（李后魂等，2020）。

（298）矛伪带列蛾 *Irepacma lanceolata* Wang *et* Li, 2005

Irepacma lanceolata Wang *et* Li, 2005: 131.

分布：浙江（杭州）、湖北。
注：描述见《天目山动物志》（李后魂等，2020）。

102. 带列蛾属 *Periacma* Meyrick, 1894

Periacma Meyrick, 1894a: 21. Type species: *Periacma ferialis* Meyrick, 1894.

主要特征：头部密覆鳞片。下唇须雌雄异型，雄性成虫下唇须 2 节；雌性成虫下唇须 3 节，第 3 节短于第 2 节，末端尖。触角丝状，约为前翅长的 4/5，雄性触角较雌性粗；柄节无栉。前翅阔，大部分种具褐色或黑褐色条带；12 条翅脉：R_1 起源于翅中部之前，R_4 和 R_5 脉共柄，R_5 脉达前缘或末端；CuA_1 起源于翅角，CuA_2 起源于翅角前，CuP 消失。后翅长卵形；M_3 和 CuA_1 共柄，起源于翅角处。腹部常具丛刺。

雄性外生殖器：爪形突发达，端部常膨大。颚形突非常发达，骨片状。抱器背基突多刚毛。抱器腹发达。阳茎大部分较短，形状各异；角状器有或无。

雌性外生殖器：前表皮突短于后表皮突。后阴片发达。囊导管多膜质。交配囊形状各异；囊突有或无。

分布：东洋区。世界已知 70 多种，中国记录 40 余种，浙江分布 6 种。

分种检索表

1. 颚形突端部无刺突 ··· 2
- 颚形突端部具刺突 ··· 3
2. 抱器背基突球形；抱器腹背缘无突起 ·· 褐带列蛾 *P. delegata*
- 抱器背基突基半部短棒状，端半部卵圆形；抱器腹背缘具 1 指状突起 ·············· 泰顺带列蛾 *P. taishunensis*
3. 颚形突端部内凹 ·· 4
- 颚形突端部凸 ··· 5
4. 阳茎具 2 端突 ··· 思茅带列蛾 *P. simaoensis*
- 阳茎具 3 端突 ··· 三齿带列蛾 *P. tridentata*
5. 抱器腹端部矩形 ·· 离腹带列蛾 *P. absaccula*
- 抱器腹端部短棒状 ·· 暹罗带列蛾 *P. siamensis*

（299）离腹带列蛾 *Periacma absaccula* Wang, Li *et* Liu, 2001

Periacma absaccula Wang, Li *et* Liu, 2001: 268.

分布：浙江（杭州）、安徽、海南、四川。

注：描述见《天目山动物志》（李后魂等，2020）。

（300）褐带列蛾 *Periacma delegata* Meyrick, 1914

Periacma delegata Meyrick, 1914a: 52.

分布：浙江（杭州、宁波、舟山）、黑龙江、北京、天津、河北、山东、河南、陕西、安徽、台湾；朝鲜，韩国，日本。

注：描述见《天目山动物志》（李后魂等，2020）。

（301）暹罗带列蛾 *Periacma siamensis* Moriuti, Saito *et* Lewvanich, 1985（图 7-76）

Periacma siamensis Moriuti, Saito *et* Lewvanich, 1985: 25.

主要特征：成虫（图 7-76A）翅展 13.0–15.0 mm。头黄色。下唇须白黄色至赭黄色，雄性第 2 节外侧深褐色；雌性第 2 节长，约为第 3 节的 2.0 倍；第 3 节细且尖。触角深褐色。胸部和翅基片黄色。前翅淡黄色至黄色，杂褐色鳞片；前缘和后缘基部分别有深褐色斑点；中室近基部和中部具深褐色斑点，后者通常模糊；翅褶约 4/5 处具 1 小斑，有时模糊；从前缘 3/5 至臀角具褐色宽带，前后加宽；外缘线深褐色有时略带紫色；缘毛黄色带有灰色。后翅和缘毛灰色。

图 7-76　暹罗带列蛾 *Periacma siamensis* Moriuti, Saito *et* Lewvanich, 1985
A. 成虫；B. 雄性外生殖器；C. 雌性外生殖器

雄性外生殖器（图 7-76B）：爪形突基部窄，端部膨大，末端圆。颚形突腹板宽，横向向外突出，前端具有微刺。抱器瓣窄，端部略膨大，末端钝圆，抱器瓣基部突起大，具细小纤毛。抱器腹大，约为抱器瓣一半，腹缘基部和中部具圆形凸起。囊形突近似横卵圆形。阳茎基部窄，中部加宽；端半部宽，具 2 小齿状突起和数个骨刺。

雌性外生殖器（图 7-76C）：产卵瓣近似三角形。后阴片具刺，后缘中部内凹；前阴片矩形，骨化。囊导管粗，颗粒状，比交配囊短。交配囊长卵圆形；囊突近叶形，表面有小齿，边缘锯齿状。

分布：浙江（衢州）、广东、海南、广西、贵州、云南；泰国。

（302）思茅带列蛾 *Periacma simaoensis* Li, Wang *et* Yan, 1996（图 7-77）

Periacma simaoensis Li, Wang *et* Yan, 1996: 205.

主要特征：成虫（图7-77A）翅展16.5 mm。头浅黄色。下唇须浅黄色；第1节外侧具浓密褐色鳞片；第2节杂褐色鳞片，端部1/3较密。触角浅黄色，背面杂褐色，近末端黑色，末端灰色。前翅前缘略拱，顶角尖，外缘倾斜；赭黄色，杂褐色鳞片；翅褶黑褐色，基部略向内弯；前缘基部1/7黑褐色；1黑褐色横带自前缘基部3/5向后延伸至臀角；1黑褐色带自顶角倾斜延伸至臀角；缘毛基半部赭黄色，端半部缘毛除顶角和臀角处黑褐色外，其余浅黄色。后翅黑灰色，缘毛浅黄色。

雄性外生殖器（图7-77B）：爪形突炮弹状。颚形突侧臂粗壮，长于腹板；腹板窄，前缘中部凹。抱器瓣短，基部1/3窄，端部2/3椭圆状，抱器瓣前缘基部突起小。抱器腹大而阔，端部强烈骨化，指状，向下弯。阳茎基部窄，中部加宽，端部1/6分两叶：背叶末端尖，腹叶圆，具齿。

分布：浙江（衢州）、云南。

图7-77 思茅带列蛾 *Periacma simaoensis* Li, Wang et Yan, 1996
A. 成虫；B. 雄性外生殖器

（303）泰顺带列蛾 *Periacma taishunensis* Wang, 2006

Periacma taishunensis Wang, 2006a: 184.

分布：浙江（杭州、丽水、温州）。
注：描述见《天目山动物志》（李后魂等，2020）。

（304）三齿带列蛾 *Periacma tridentata* Wang, Li et Liu, 2001（图7-78）

Periacma tridentata Wang, Li et Liu, 2001: 271.

主要特征：成虫（图7-78A）翅展15.0–18.0 mm。头黄色。下唇须浅黄色，雄性第2节杂褐色鳞片，末端具1褐色斑；雌性下唇须第2节末端褐色，第3节细而尖。触角柄节腹面灰白色，背面褐色，鞭节黄色和褐色相间。胸、翅基片和前翅黄色，杂褐色鳞片。前翅矛状，前缘拱，顶角圆尖；前缘基部具1褐色斑；1褐色横带自前缘端部1/3向后延伸至后缘，中部较窄；1褐色带自后缘基部向上延伸至翅褶，然后沿翅褶延伸至翅褶端部2/5；前翅具1褐色带，自顶角沿外缘延伸至臀角前；缘毛黄色，臀角处褐色。后翅和缘毛灰褐色。

雄性外生殖器（图7-78B）：爪形突长，窄，近棒状，末端圆。颚形突腹板窄，前缘略拱，后缘具1列强壮刺；两侧臂阔，长约为爪形突的2/3。抱器瓣近基部窄，端部2/5加宽，末端圆；抱器背略拱；抱器瓣前缘基部突起短小，端部膨大。抱器腹宽而阔，基部具1大圆突，端部具数个齿突。阳茎基部2/5细，自中部至端部3/5加宽，末端具3个强烈骨化的端突，其末端尖。

雌性外生殖器（图7-78C）：前表皮突约为后表皮突长的1/4。后阴片后缘略内凹，两侧圆。前阴片强烈骨化，两侧各具1三角形突。囊导管膜质，短而阔，与交配囊界线不明显。交配囊膜质，长椭圆形，长于囊导管；囊突小，基部圆，具1端刺。

分布：浙江（衢州）、四川、贵州。

图 7-78 三齿带列蛾 *Periacma tridentata* Wang, Li *et* Liu, 2001
A. 成虫；B. 雄性外生殖器；C. 雌性外生殖器

103. 斑列蛾属 *Ripeacma* Moriuti, Saito *et* Lewvanich, 1985

Ripeacma Moriuti, Saito *et* Lewvanich, 1985: 32. Type species: *Ripeacma nangae* Moriuti, Saito *et* Lewvanich, 1985.

主要特征：头顶鳞片紧贴。下唇须弯曲上举，超过头顶，通常为黄色，散布黑色或黑褐色鳞片，雄性下唇须 2 节；雌性下唇须 3 节，第 3 节纤细，短于第 2 节。触角丝状，约为前翅长的 4/5，柄节无栉。前翅为黑色或黄色，通常具有中室中斑、中室端斑和翅褶斑，若为黑色，则在前缘端部 1/4 或 1/5 处具 1 黄斑或白斑；若为黄色，则通常狭长，散布黑色鳞片。前翅具 12 条翅脉，R_4 和 R_5 共柄，且共柄的长度稍短于其总长度的一半，R_5 可以延伸至前缘、顶角或外缘。M_2 和 M_3 基部接近，CuA_1 起源于覆翅角稍前的位置。后翅 M_3 和 CuA_1 共柄。足通常为黄色，背面颜色较腹面颜色浅，散布黑色鳞片，胫节外侧通常具黑色条纹。

雄性外生殖器：爪形突和颚形突形状各异。抱器瓣通常基部略窄，或自基部至近端部等宽，末端钝圆；密被纤毛，近腹缘基部常具 1 丛刚毛。抱器背带状，端部变窄，一般未达抱器瓣末端；抱器背基突发达，一些种为棍状，有时向后略弯曲。抱器腹基部宽，端部窄，有些种为三角形或长三角形。囊形突大多数种为三角形或近指状。阳茎形状各异，无角状器。

雌性外生殖器：前表皮突短于后表皮突。后阴片后缘中部常略凹入，后缘具刚毛。囊导管膜质或部分骨化。交配囊膜质；囊形突通常 1 个，有时无。

分布：东洋区。世界已知 36 种，中国记录 28 种，浙江分布 4 种。

分种检索表

1. 前翅黑色或深褐色 ··· 2
- 前翅浅黄色 ··· 3
2. 前翅深褐色；抱器腹背缘近基部具 1 齿 ··· 杯形斑列蛾 *R. cotyliformis*
- 前翅黑色；抱器腹背缘近基部无齿 ··· 佛坪斑列蛾 *R. fopingensis*
3. 阳茎端部刺状 ··· 尖翅斑列蛾 *R. acuminiptera*
- 阳茎端部分两叶 ··· 叉斑列蛾 *R. bicruris*

（305）尖翅斑列蛾 *Ripeacma acuminiptera* Wang *et* Li, 1999

Ripeacma acuminiptera Wang *et* Li, 1999: 58.

分布：浙江（杭州、衢州、丽水、温州）、天津、山东、河南、甘肃、湖北、湖南、福建、广东、广西、重庆、四川、贵州、云南。

注：描述见《天目山动物志》（李后魂等，2020）。

（306）叉斑列蛾 *Ripeacma bicruris* Wang *et* Li, 2003（图 7-79）

Ripeacma bicruris Wang *et* Li, 2003: 72.

主要特征：成虫（图 7-79A）翅展 11.5 mm。头白色。雄性下唇须白色，散布褐色鳞片。触角柄节背面浅褐色，腹面黄白色；鞭节浅黄色，具浅褐色圆环。胸部和翅基片浅黄色，翅基片基部具 1 褐色斑点。前翅窄，外缘倾斜；浅黄色，散布黄褐色和褐色鳞片，前缘基部具 1 较大的褐色斑点，其后依次排列 3 小的褐色斑点，臀角具 1 大的模糊的褐色斑点，中室中斑褐色，翅褶基部 3/5 处具 1 褐色斑点；缘毛深灰色。后翅和缘毛灰白色。

图 7-79 叉斑列蛾 *Ripeacma bicruris* Wang *et* Li, 2003
A. 成虫；B. 雄性外生殖器

雄性外生殖器（图 7-79B）：爪形突近梯形，端部两侧各具 1 小三角形骨片。颚形突两侧带状，腹板短于侧臂，斧状，两侧尖。抱器瓣狭长，自基部至末端近等宽，末端钝圆，近腹缘基部 1/4 至略超过中部具刚毛；抱器背略骨化；抱器背基突带状，向后弯曲。抱器腹三角形，端部具刚毛。囊形突近指状，端部尖圆。阳茎基环"U"形。阳茎粗短，基部 1/5 窄，端部 2/3 分为近等长的 2 支：1 支指状；另 1 支长刺状，基部略宽，末端尖，近基部具 1 骨化的长形骨片，端部具齿突。

分布：浙江（衢州）、重庆。

（307）杯形斑列蛾 *Ripeacma cotyliformis* Wang, 2004

Ripeacma cotyliformis Wang in Wang & Li, 2004d: 325.

分布：浙江（杭州、宁波、丽水）、湖北、重庆。

注：描述见《天目山动物志》（李后魂等，2020）。

（308）佛坪斑列蛾 *Ripeacma fopingensis* Wang *et* Zheng, 1995（图 7-80）

Ripeacma fopingensis Wang *et* Zheng, 1995: 136.

主要特征：成虫（图 7-80A）翅展 11.0–15.0 mm。头褐色，额灰白色或浅褐色。雄性下唇须第 1 节黄褐色至褐色，第 2 节黄褐色，端部散布褐色鳞片；雌性下唇须第 2 节基半部黄褐色，端半部渐变为褐色，第 3 节端部褐色，其余部分黄褐色，杂褐色鳞片。触角深褐色。胸部黑色。翅基片黑褐色。前翅黑色，有时散布白色鳞片；前缘具 1 倒三角形白斑，雄性白斑较小；缘毛黑褐色。后翅黑褐色，前缘基部 2/3 灰白色；缘毛灰褐色。

图 7-80　佛坪斑列蛾 *Ripeacma fopingensis* Wang et Zheng, 1995
A. 成虫；B. 雄性外生殖器；C. 雌性外生殖器

雄性外生殖器（图 7-80B）：爪形突细，侧叶多刚毛。颚形突"X"形。抱器瓣长卵形，多刚毛；抱器背基突具刚毛。抱器腹近三角形；腹缘平缓，端部弯曲，末端向上。阳茎基环篮状，侧叶细而长。阳茎粗壮，端部具 2 个端突。

雌性外生殖器（图 7-80C）：后阴片后缘中部凹。导管端片短而宽。囊导管膜质；导精管出自交配囊后端。交配囊长卵形；囊突圆，边缘具短刺，端部具 1 长刺。

分布：浙江（丽水、温州）、山西、河南、陕西、甘肃、湖北、广西、四川、贵州。

104. 模列蛾属 *Meleonoma* Meyrick, 1914

Meleonoma Meyrick, 1914: 255. Type species: *Cryptolechia stomota* Meyrick, 1910.
Acryptolechia Lvovsky, 2010: 255.

主要特征：成虫额鳞片紧贴，光滑；头顶鳞毛呈一定方向向中央排列，黄色或灰褐色或两种颜色混杂。下唇须 3 节，上举，第 3 节短于第 2 节，末端尖。触角丝状，短于前翅，柄节长且宽，无栉。胸和翅基片一般与前翅同色。翅的形状从窄矛状到阔矛状，外缘斜；底色较为暗淡，黄色或与褐色相似的颜色，斑纹变化多样；后翅矛状或近卵形，颜色较前翅浅。前翅 R_4 和 R_5 脉共柄，R_5 脉到达顶角；M_3 脉、CuA_1 和 CuA_2 脉分离。后翅 Rs、M_1 和 M_2 脉接近平行，M_3 和 CuA_1 脉共柄，出自中室下角。足黄色；腹面常杂黑色或灰褐色鳞片。腹部背板具粗刺，排列成一定的形状。

雄性外生殖器：爪形突强烈骨化或骨化弱，形状多变。颚形突有或无；若有，则呈骨化弱的环形或侧臂游离，有时具腹板。抱器瓣形状多变，一般基部较窄，自基部向中部或端部加宽。抱器背基突发达，形状多变，有时无。抱器腹与抱器瓣分离或部分联合，阳茎端部一般具骨片或成簇刺。

雌性外生殖器：产卵瓣阔，密布长刚毛，第 8 腹板后缘一般具成列的粗壮长刚毛，中部内凹，导管端片强烈骨化或微弱骨化，有时无，囊导管部分或全部骨化，导精管出自囊导管、交配囊或囊导管与交配囊相交处，囊突有或无。

分布：东洋区和澳洲区。世界已知 167 种，中国记录 156 种，浙江分布 38 种。

分种检索表

1. 爪形突分两叶 ·· 奇异模列蛾 *M. mirabilis*
- 爪形突不分叶 ·· 2
2. 爪形突末端分叉，形成 2 或 4 小齿突 ·· 3
- 爪形突末端不分叉 ·· 5

3. 爪形突末端分叉，形成 4 枚小齿突		四刺模列蛾 *M. tetrodonta*
- 爪形突末端分叉，形成 2 枚小齿突		4
4. 抱器瓣新月形，抱器腹背突指状		窄瓣模列蛾 *M. artivalva*
- 抱器瓣三角形，抱器腹背突近圆形		双突模列蛾 *M. bifoliolata*
5. 抱器腹末端分两叶或三叶		6
- 抱器腹末端不分叶		14
6. 抱器腹末端分三叶		面模列蛾 *M. facialis*
- 抱器腹末端分两叶		7
7. 爪形突退化		刘氏模列蛾 *M. liui*
- 爪形突发达		8
8. 抱器瓣腹缘近基部具 1 个乳状突		天目山模列蛾 *M. tianmushana*
- 抱器瓣腹缘无乳状突		9
9. 抱器瓣腹缘中部或末端具齿		10
- 抱器瓣腹缘无齿		12
10. 抱器瓣腹缘末端具齿		拟花模列蛾 *M. similifloralis*
- 抱器瓣腹缘中部具齿		11
11. 阳茎端部分 2 叉		矛模列蛾 *M. lanceolata*
- 阳茎端部分 3 叉		大黄模列蛾 *M. malacobyrsa*
12. 爪形突喙状，末端尖		喙模列蛾 *M. rostriformis*
- 爪形突棒状或锥形，末端圆		13
13. 爪形突长于囊形突		背突模列蛾 *M. dorsoprojecta*
- 爪形突短于囊形突		小袋模列蛾 *M. microbyrsa*
14. 抱器瓣腹缘近末端圆形内凹		断带模列蛾 *M. fascirupta*
- 抱器瓣腹缘近末端近直		15
15. 抱器背中部具 1 个三角形突起		刺模列蛾 *M. echinata*
- 抱器背无三角形突起		16
16. 抱器瓣腹缘末端具长刺或齿突		17
- 抱器瓣腹缘末端无刺或齿突		24
17. 抱器瓣腹缘末端具 1 列长刺		黄线模列蛾 *M. flavilineata*
- 抱器瓣腹缘末端具 2 枚或 1 枚齿突		18
18. 抱器瓣腹缘末端具 2 枚齿突		小齿模列蛾 *M. microdonta*
- 抱器瓣腹缘末端具 1 枚齿突		19
19. 抱器瓣末端具 2 枚齿突		花茎模列蛾 *M. anthaedeaga*
- 抱器瓣末端仅具 1 枚齿突		20
20. 阳茎端部密布微刺		21
- 阳茎端部无刺或具长刺		22
21. 抱器瓣腹缘具数枚小齿突		密刺模列蛾 *M. compacta*
- 抱器瓣腹缘具 1 个疣状突		离颚模列蛾 *M. segregnatha*
22. 阳茎端部无刺，抱器瓣自基部至端部渐窄		尖囊模列蛾 *M. acutata*
- 阳茎端部具大刺，抱器瓣自基部至端部渐加宽		23
23. 阳茎端半部具 1 列长刺		斜模列蛾 *M. torophanes*
- 阳茎端部 1/3 具数个长刺		伪黄昏模列蛾 *M. falsivespertina*
24. 抱器瓣腹缘具齿		25
- 抱器瓣腹缘无齿		26

25. 背兜近等宽		长囊模列蛾 *M. mecobursoides*
- 背兜中部加宽，两侧臂渐窄		壮模列蛾 *M. robusta*
26. 抱器瓣基部具 1 棒状突		点带模列蛾 *M. stictifascia*
- 抱器瓣基部无棒状突		27
27. 抱器瓣腹缘基部具 1 圆突		28
- 抱器瓣腹缘基部无圆突		29
28. 爪形突长于囊形突，棒状		棍模列蛾 *M. fustiformis*
- 爪形突短于囊形突，近梯形		角瓣模列蛾 *M. cornutivalvata*
29. 抱器背基突背缘具刺		拟花茎模列蛾 *M. paranthaedeaga*
- 抱器背基突背缘无刺		30
30. 爪形突棒状或矩形		31
- 爪形突近锥形		34
31. 爪形突矩形		黄昏模列蛾 *M. vespertina*
- 爪形突棒状		32
32. 抱器腹背缘末端具 1 指状突		长钩模列蛾 *M. longihamata*
- 抱器腹背缘末端无指状突		33
33. 抱器腹端部三角形		橄榄模列蛾 *M. olivaria*
- 抱器腹端部近矩形		小黄模列蛾 *M. facunda*
34. 抱器瓣近三角形		鸡公山模列蛾 *M. jigongshanica*
- 抱器瓣近矩形		35
35. 抱器腹端部具 1 三角形突		新白芯模列蛾 *M. neargometra*
- 抱器腹端部具 1 棒状突		36
36. 抱器腹基部具 1 椭圆形突		细棒模列蛾 *M. graciliclavata*
- 抱器腹基部无椭圆形突		37
37. 抱器腹末端尖		康县模列蛾 *M. kangxianensis*
- 抱器腹末端圆		拱瓣模列蛾 *M. arcivalvata*

（309）尖囊模列蛾 *Meleonoma acutata* Wang et Zhu, 2020（图 7-81）

Meleonoma acutata Wang *et* Zhu, 2020a: 260.

主要特征：成虫（图 7-81A）翅展 9.0–10.0 mm。头部灰黑色，额黄色。下唇须黄色；第 2 节端部 1/4 和末端分别具 1 灰褐色环；第 3 节中部具 1 灰褐色环。触角柄节黄色杂灰褐色，鞭节灰褐色，腹面黄色与灰褐色相间。胸部和翅基片灰褐色。前翅阔矛状，灰褐色；前缘具 2 黄斑，分别位于前缘基部 1/3 处和端部 1/4 处；前者近矩形，自前缘延伸至中室中部，后者三角形，其前缘中部具 1 黑点；翅褶基部 3/5 和末端各具 1 黑斑；中室上角和下角各具 1 较大黑斑，两者中间具 1 黄斑；缘毛黑褐色。后翅和缘毛灰褐色。

雄性外生殖器（图 7-81B）：爪形突锥形，直，自基部至端部渐窄，末端钝圆。颚形突两侧骨化弱，未达背兜前缘。背兜细长，中部加宽；两侧渐窄至末端，具粗壮长刚毛，末端圆。抱器瓣基部宽，自基部至端部渐窄，末端钝圆；腹缘强烈骨化，腹角前具 1 小齿突；抱器背从基部渐窄至端部，端半部具稀疏长刚毛；无抱器背基突。抱器腹长短于宽，背缘和抱器瓣腹缘相连接，界线明显；基部宽，渐窄至末端，末端钝，具微齿，强烈骨化，多刚毛。囊形突三角形，末端尖，长约为爪形突的 1.7 倍。阳茎基环窄带状。阳茎略长于抱器瓣，中部近等宽，端部 1/3 部分膜质，具 1 较大的腹突；无角状器。

雌性外生殖器（图 7-81C）：产卵瓣半圆形，多刚毛。前表皮突约为后表皮突长的一半。第 8 背板后缘中部略凹，后缘两侧向外圆形突出，前缘中部内凹。第 8 腹板密布微刺，后缘中部深凹，前缘中部"V"

形内凹，两侧形成 2 肾形骨片。前阴片后端光滑，强烈骨化，前端网状。导管端片为 1 细骨化带，向后呈半环状弯曲。囊导管弯曲，膜质，中部加宽。交配囊等长于囊导管，圆；囊突 1 个，位于交配囊最前端，椭圆形，具数个小齿突，边缘的 1 个最大。

分布：浙江（丽水）、重庆。

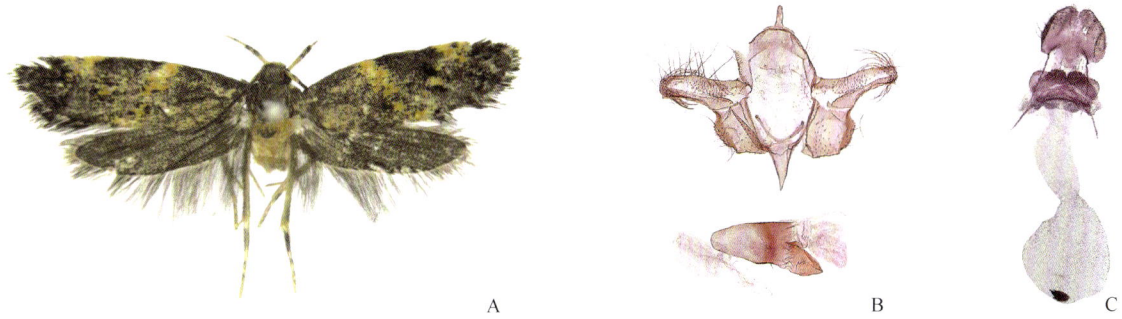

图 7-81　尖囊模列蛾 *Meleonoma acutata* Wang et Zhu, 2020
A. 成虫；B. 雄性外生殖器；C. 雌性外生殖器

（310）花茎模列蛾 *Meleonoma anthaedeaga* (Wang, 2003)（图 7-82）

Cryptolechia anthaedeaga Wang, 2003: 209.

Meleonoma anthaedeaga: Wang, Zhu, Zhao & Yang, 2020: 385.

主要特征：成虫（图 7-82A）翅展 17.0–18.0 mm。头黑灰色，额和头顶白色，具阔叶状鳞片。下唇须第 2 节粗壮，外侧和腹面黑色，内侧和背面黄白色，杂褐色鳞片；第 3 节黄白色，外侧中部和腹面黑色，末端尖。触角粗壮，黑色。胸和翅基片黑色。前翅黑色，顶角钝，外缘倾斜；前缘具 2 浅黄色斑，分别位于前缘基部 2/5 和 4/5 处；翅褶基部 3/4 处具 1 黑斑，其外侧具灰白色鳞片；中室中部具 1 黑斑，其外侧具灰白色鳞片；缘毛黑色。后翅和缘毛灰色。

图 7-82　花茎模列蛾 *Meleonoma anthaedeaga* (Wang, 2003)
A. 成虫；B. 雄性外生殖器；C. 雌性外生殖器

雄性外生殖器（图 7-82B）：爪形突基部 1/3 缢缩，然后加宽至末端，具长刚毛。背兜较窄。抱器瓣基部窄，自基部至端部渐宽，末端具 2 骨化齿；1 骨片自抱器瓣基部靠近腹缘处并延伸至 2/5 处，多齿突。抱器腹阔，较短，腹缘具长刚毛。囊形突较大，自基部至端部渐窄，末端圆。阳茎较发达，长于抱器瓣，端部花蕊状，具数个长刺和短的骨化带，末端尖。

雌性外生殖器（图 7-82C）：产卵瓣短而阔，背面密布长刚毛。前表皮突约为后表皮突长的 1/3。第 8 腹板后缘密布长刚毛，中部深凹，两侧各形成 1 半椭圆形骨片，自中向后缘两侧渐窄。囊导管长而宽，前半端具微刺。交配囊小，圆；囊突大，基部三角形，端部具 1 长刺，中部具 1 骨化脊。

分布：浙江（杭州）、河南、甘肃、湖北、湖南。

(311) 拱瓣模列蛾 *Meleonoma arcivalvata* Wang, 2021（图 7-83）

Meleonoma arcivalvata Wang in Wang, Zhu & Tao, 2021: 316.

主要特征：成虫（图 7-83A）翅展 11.0–12.0 mm。头黄色。额黄白色。下唇须黄色；第 2 节末端褐色；第 3 节约为第 2 节长的 2/3，近基部 2/3 处具黑褐色斑。触角黄色，鞭节背侧除了基部数节黄色，其余褐色和黄色交替。胸部黄色，翅基片和前翅黑褐色。前翅前缘拱，顶角圆；1 条橘黄色横带从前缘中部偏内延伸到翅褶末端，呈梯形；近端部 1/5 处具 1 倒三角形的橘黄色斑；中室中部、端部及翅褶中部各具 1 模糊的黑点；缘毛与翅同色。后翅和缘毛灰褐色。

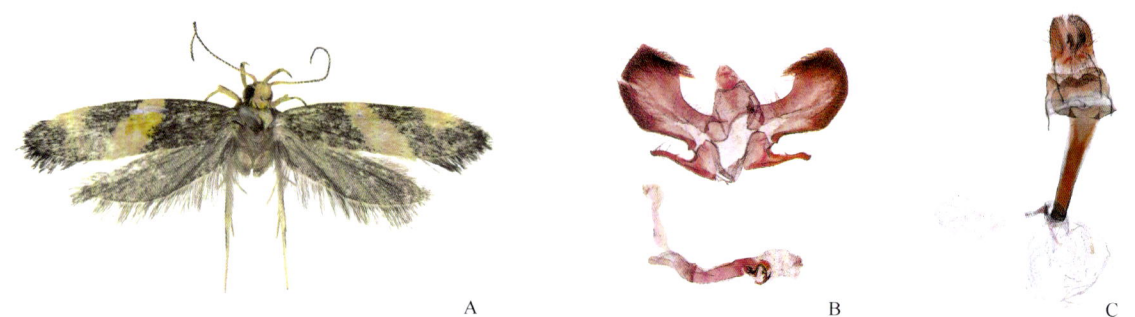

图 7-83 拱瓣模列蛾 *Meleonoma arcivalvata* Wang, 2021
A. 成虫；B. 雄性外生殖器；C. 雌性外生殖器

雄性外生殖器（图 7-83B）：爪形突三角形，骨化弱，具稀疏刚毛。背兜中部加宽，前缘半圆形内凹；两侧臂短，近等宽，末端圆。抱器瓣窄，呈新月形内弯，背缘末端具 1 乳状突，有时无；腹缘拱，端部密具刚毛；抱器背中部凹；抱器背基突近三角形，向中部渐窄，末端窄圆。抱器腹基部宽，骤窄至中部，端部强烈骨化，末端具 1 齿突，向上弯。囊形突基部宽，渐窄至末端，末端窄圆；近等长于爪形突。阳茎基环呈"U"形弯曲。阳茎约和抱器瓣等长，细，端部具 1"S"形骨化带和 1 具齿小骨片；角状器缺失。

雌性外生殖器（图 7-83C）：产卵瓣近矩形，密布短刚毛。后表皮突约为前表皮突长的 2.5 倍。第 8 腹板密具微刺，后缘中部凹，分两叶，末端钝，具长刚毛。前阴片两侧向外延伸，呈三角形。囊导管骨化，前端窄，后端两侧突出，呈三角形；导精管出自囊导管和交配囊连接处。交配囊约为囊导管长的 2/3，圆；无囊突。

分布：浙江（杭州、丽水）、台湾、贵州。

(312) 窄瓣模列蛾 *Meleonoma artivalva* Wang et Zhu, 2020（图 7-84）

Meleonoma artivalva Wang et Zhu, 2020a: 280.

主要特征：成虫（图 7-84A）翅展 19.0 mm。头部黄色。下唇须黄色；第 2 节外侧密布黑灰色鳞片，内侧散布黑灰色鳞片；第 3 节约为第 2 节长的 2/3，端部 1/3 具 1 黑灰色环。触角黑色；柄节端部黄色；鞭节除基部黄色和黑色相间外，其余深灰色和黑色相间。胸部和翅基片灰黑色。前翅灰褐色；前缘中部和近端部各具 1 模糊的黄褐色小圆斑（部分个体不明显）；后缘具 1 黄色斑，近矩形，自翅褶末端向上延伸至中室后缘；缘毛和翅同色。后翅和缘毛灰褐色。

雄性外生殖器（图 7-84B）：爪形突基部宽，自基部至近末端渐窄，末端分叉，形成 2 小齿突；背面具 1 长带状隆突。颚形突略长于爪形突，腹板椭圆形；侧臂细长，长于腹板长的 2.0 倍。背兜中部加宽，前缘"U"形内凹；两侧臂长，近等宽。抱器瓣窄，呈新月形内弯；腹缘弯曲；抱器背弧形内弯，达抱器瓣末端，基部 1/6 处具 1 向内延伸的带状突起，末端通过膜质连接。抱器腹宽，略呈矩形；末端中部圆形深凹，形成 2 突起；背突粗壮，长指状，末端钝，腹突近三角形，末端窄圆。囊形突基部宽，渐窄至末端，末端窄圆；近等长于爪形突。阳茎略长于抱器瓣，近等粗，基部略弯曲，末端具数个小齿突；角状器 1 个，刺状，位于端部 1/5 处。

图 7-84　窄瓣模列蛾 *Meleonoma artivalva* Wang et Zhu, 2020
A. 成虫；B. 雄性外生殖器；C. 雌性外生殖器

雌性外生殖器（图 7-84C）：产卵瓣近矩形，多刚毛。前表皮突长约为后表皮突长的 1/3。第 8 腹板后缘密布粗壮长刚毛，中部向内深凹，两侧形成 2 卵形骨片；前缘近平直。前阴片中部窄带状，后缘两侧各伸出 1 指状突起。导管端片骨化弱。囊导管窄于导管端片，膜质，多褶皱，中部具 1 弯曲骨片；导精管出自囊导管，基部圆形膨大；交配囊圆；无囊突。

分布：浙江（杭州、衢州）、福建、广东。

（313）双突模列蛾 *Meleonoma bifoliolata* (Wang, 2006)（图 7-85）

Cryptolechia bifoliolata Wang, 2006b: 16.
Meleonoma bifoliolata: Wang, Zhu, Zhao & Yang, 2020: 383.

主要特征：成虫（图 7-85A）翅展 16.5 mm。头橘黄色。下唇须橘黄色，第 2 节外侧密布黑色鳞片；第 3 节约为第 2 节长的 2/3，近末端具 1 黑色环。触角橘黄色，鞭节具褐色环纹。胸、翅基片和前翅灰黑色。前翅阔矛状，前缘中部和基部 3/4 各具 1 黄色斑；臀斑黄色；缘毛灰褐色。后翅和缘毛褐色。

图 7-85　双突模列蛾 *Meleonoma bifoliolata* (Wang, 2006)
A. 成虫；B. 雄性外生殖器；C. 雌性外生殖器

雄性外生殖器（图 7-85B）：爪形突基部宽，自基部渐窄至 1/4 处，端部 3/4 近等宽；末端分叉，形成 2 小齿突。背兜近梯形。抱器瓣近三角形，腹缘中部三角形外凸；抱器背窄带状，中部略内拱；抱器背基突带状。抱器腹末端内凹，形成 1 圆形背突和 1 近三角形腹突。囊形突与爪形突等长；自基部至端部渐窄，末端圆。阳茎基环粗，侧叶渐窄，末端圆。阳茎中部略膨大，背缘近末端具数个小齿。

雌性外生殖器（图 7-85C）：产卵瓣近矩形，背面多刚毛。后表皮突长是前表皮突长的 4.0 倍。第 8 腹板后缘具长刚毛，中部略内凹。前阴片大，强烈骨化，倒梯形，后缘两侧具 2 大的刺状突。囊导管非常短，基半部膜质，端半部加宽，具微刺。交配囊大，圆，无囊突。

分布：浙江（衢州）、福建。

（314）密刺模列蛾 *Meleonoma compacta* Wang et Zhu, 2020（图 7-86）

Meleonoma compacta Wang et Zhu, 2020a: 265.

主要特征：成虫（图 7-86A）翅展 10.0 mm。头顶黄色杂灰色，额黄色。下唇须黄色，第 2 节末端杂褐色，第 3 节约为第 2 节长的 3/4，中部杂褐色。触角黄色，柄节背面杂褐色，鞭节黄色与黑褐色相间。胸部、翅基片黑褐色。前翅黑褐色，前缘略拱；1 条橘色横带从前缘基部 1/3 向外延伸至后缘中部，然后变窄，沿后缘向外延伸一小段，其边缘具黑色鳞片；前缘具 1 黄色斑，位于前缘端部 1/3 处；中室外缘具 1 橘色圆斑，边缘杂黑色鳞片；缘毛黑褐色。后翅和缘毛黑褐色。

图 7-86　密刺模列蛾 *Meleonoma compacta* Wang et Zhu, 2020
A. 成虫；B. 雄性外生殖器

雄性外生殖器（图 7-86B）：爪形突锥形，直，基部宽，自基部至端部渐窄，末端圆。颚形突两侧骨化，未达背兜前缘，后缘两侧呈直角。背兜中部渐窄，前缘骨化；两侧臂短，渐窄至末端。抱器瓣矩形，除端部略窄外，其余近等宽，长约为宽的 2.0 倍，密布长刚毛；腹缘骨化强烈，具数个小齿突，末端具 1 大齿；抱器背骨化弱，密布长刚毛；无抱器背基突。抱器腹背缘和抱器瓣腹缘通过膜质结构连接，界线明显；末端钝圆，略窄于基部，强烈骨化，具 3–4 小齿突。囊形突从基部至中部明显变窄，端半部渐窄，末端窄圆；长约为爪形突的 2.0 倍。阳茎基环细，"U"形。阳茎约为抱器瓣长的 3.0 倍，火炬状；基部 1/3 处皱缩；端半部膜质，呈球形膨大，具密刺和褶皱，末端圆；无角状器。

分布：浙江（杭州、宁波）、贵州。

（315）角瓣模列蛾 *Meleonoma cornutivalvata* (Wang, 2003)（图 7-87）

Cryptolechia cornutivalvata Wang, 2003: 203.

Meleonoma cornutivalvata: Wang, Zhu, Zhao & Yang, 2020: 385.

主要特征：成虫（图 7-87A）翅展 16.0 mm。头褐色，头顶浅黄色。下唇须黄色；第 2 节密布黑褐色鳞片；第 3 节散布黑褐色鳞片，约为第 2 节长的 2/3。柄节除背面黑褐色外，其余黄色，鞭节背面黑褐色，腹面黑褐色与黄色相间。胸、翅基片和前翅黑褐色。前翅前缘拱，顶角圆；中室基部 2/3 具 1 黑斑，其边缘具黄色鳞片；翅褶末端具 1 黄斑；缘毛黑褐色。后翅和缘毛灰褐色。

雄性外生殖器（图 7-87B）：爪形突宽而短，三角形。背兜中部近等宽，两侧臂渐窄至末端，末端圆。抱器瓣基部宽，渐窄至末端，末端圆；腹缘基部 1/3 处具 1 圆突；抱器背直，窄带状；抱器背基突短。抱器腹基部宽，渐窄至末端；末端强烈骨化，背缘具 1 近四边形突，其腹缘末端具 1 圆突。囊形突长于爪形突，基部宽，自基部至端部渐窄，末端圆。阳茎基环细，"U"形。阳茎略长于抱器瓣，基部 2/3 近等宽，端部 1/3 变窄，短棒状，多褶皱。

分布：浙江（丽水）、湖北。

图 7-87　角瓣模列蛾 *Meleonoma cornutivalvata* (Wang, 2003)
A. 成虫；B. 雄性外生殖器

（316）背突模列蛾 *Meleonoma dorsoprojecta* (Wang, 2006)（图 7-88）

Cryptolechia dorsoprojecta Wang, 2006b: 17.
Meleonoma dorsoprojecta: Wang, Zhu, Zhao & Yang, 2020: 382.

主要特征：成虫（图 7-88A）翅展 15.0–16.0 mm。头橘黄色，额光滑。下唇须橘黄色，杂黑色鳞片，第 2 节末端形成 1 黑色环；第 3 节长约为第 2 节的 2/3，细且尖。触角橘黄色，鞭节背面橘黄色和黑褐色相间。胸、翅基片橘黄色，杂黑褐色鳞片。前翅矛状，橘黄色杂黑褐色鳞片，前翅基部具较密的黑褐色鳞片；1 黑褐色横带自前缘基部 3/5 向下延伸至臀角处；顶角处具 1 黑褐色宽带，自顶角沿外缘延伸与前缘基部 3/5 处形成的横带相汇；中室中部和翅褶端部 2/3 各具 1 黑褐色斑；缘毛浅黄色，臀角处缘毛褐色。后翅和缘毛深灰色。

图 7-88　背突模列蛾 *Meleonoma dorsoprojecta* (Wang, 2006)
A. 成虫；B. 雄性外生殖器；C. 雌性外生殖器

雄性外生殖器（图 7-88B）：爪形突长，端部略膨大，末端圆。背兜大而阔，近梯形。抱器瓣镰刀状，基部 2/5 窄，两侧近等宽，端部 3/5 靴状，多刚毛，末端圆；抱器背端部略凹；抱器背基突近三角形，末端尖。抱器腹约为抱器瓣长的 1/3，末端钝圆；背缘中部具 1 大骨化突，骨化突末端略膨大，超过抱器腹末端。囊形突大，三角形。阳茎基环"U"形。阳茎短于抱器瓣，中部膨大，端部弯；角状器小，三角形。

雌性外生殖器（图 7-88C）：产卵瓣四边形，密布短刚毛。前表皮突长约为后表皮突长的 3/5。第 8 腹板后缘具长刚毛，中部凹；前缘直。前阴片圆，强烈骨化。囊导管膜质，多褶皱。交配囊长于囊导管，长卵形；导精管出自囊导管近前端；囊突 2 个，每一个都密布小齿突。

分布：浙江（杭州）、福建。

（317）刺模列蛾 *Meleonoma echinata* Li, 2004（图 7-89）

Meleonoma echinata Li in Li & Wang, 2004b: 38.

主要特征：成虫（图 7-89A）翅展 9.5 mm。头浅黄色。下唇须黄白色；第 2 节中间和末端分别具 1 黑点；第 3 节短于第 2 节，中部具 1 黑点，末端尖。触角腹面浅黄色，柄节背面黄色，鞭节背面黄色和深褐色相间。胸部和翅基片黄色；翅基片基部黑色。前翅黄色，杂黑色鳞片；前缘略拱，顶角圆，外缘倾斜；前缘基部 1/3 黑色，形成 1 黑色条带；前缘近中部具 1 半椭圆形黑斑，端部 1/4 具 1 小黑点，1 大斑自前缘近末端沿外缘延伸至顶角前，黑色；臀斑大，黑色；翅褶中部具 1 黑斑；中室基部 2/3 具 1 黑斑，中室末端具 2 黑斑，分别位于中室上角和中室下角；缘毛除外缘黑色杂黄色外，其余黑色。后翅和缘毛灰色。

图 7-89 刺模列蛾 *Meleonoma echinata* Li, 2004
A. 成虫；B. 雄性外生殖器

雄性外生殖器（图 7-89B）：爪形突细且尖。背兜近梯形。抱器瓣近"L"形，基部 2/3 近等宽，2/3 处加宽，然后渐窄至末端，末端圆；腹缘基部 2/3 直，在 2/3 处凸，端部 1/3 钝圆；抱器背窄带状，近中部具 1 三角形突，其末端尖；抱器背基突短，末端尖。抱器腹大，三角形，近末端钩状，末端尖。囊形突近等长于爪形突，三角形，自基部至端部渐窄，末端圆。阳茎基环细，窄带状。阳茎粗壮，末端圆，中部具 1 不规则角状器。

分布：浙江（丽水）、贵州。

（318）面模列蛾 *Meleonoma facialis* Li *et* Wang, 2002（图 7-90）

Meleonoma facialis Li *et* Wang, 2002a: 230.

主要特征：成虫（图 7-90A）翅展 10.0–10.5 mm。头黄色。下唇须长，第 2 节长于第 3 节；第 3 节细，末端尖。触角柄节背面黄色杂黑褐色，腹面黄色；鞭节背面黑褐色和黄色相间，腹面黄色。胸黄色，翅基片基部黑褐色，端部黄色。前翅黄色，杂黑褐色鳞片；前翅前缘基部 1/3 具浓密黑褐色鳞片，形成 1 黑褐色条带；前缘近中部和端部 1/4 分别具 1 黑褐色斑；前者倒三角形；1 黑褐色宽带，自顶角沿外缘延伸至臀角处；翅褶基部 2/3 处具 1 黑点；中室中部、上角和下角各具 1 小黑点；缘毛黄色，臀角处的缘毛黑褐色。后翅和缘毛浅灰色。

雄性外生殖器（图 7-90B）：爪形突骨化弱，近锥形，末端圆。背兜中部渐窄；两侧臂渐宽，末端钝。抱器瓣基部 1/3 渐加宽，端部 2/3 近等宽，末端圆，多刚毛；抱器背带状，自基部至端部渐窄；抱器背基突发达，末端连接。抱器腹发达，强烈骨化，具 3 端突：背突水滴状，末端圆，中突最小，细长棒状，腹突最长，基部三角形，端部细棒状。囊形突三角形，自基部至端部渐窄，末端圆。阳茎基环短粗，拱形。阳茎较短，约为抱器瓣长的 3/4；角状器 1 个，短棒状。

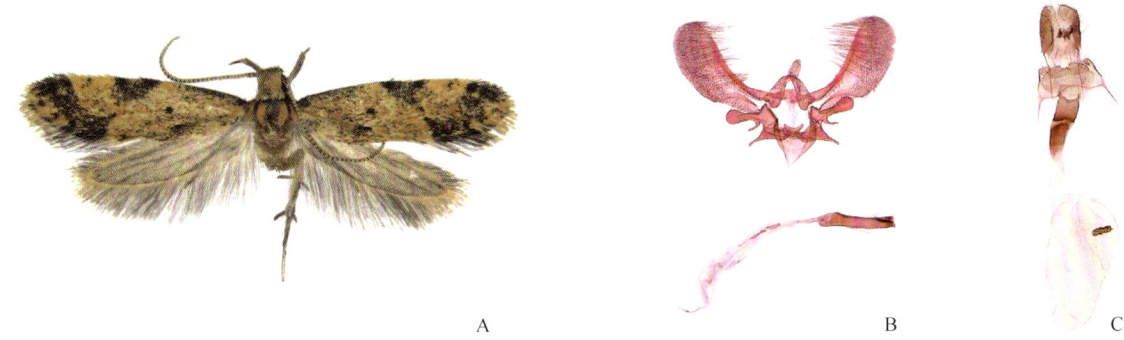

图 7-90　面模列蛾 *Meleonoma facialis* Li et Wang, 2002
A. 成虫；B. 雄性外生殖器；C. 雌性外生殖器

雌性外生殖器（图 7-90C）：产卵瓣四边形，边缘具长刚毛。后表皮突约为前表皮突长的 1.3 倍。第 8 腹板后缘具 1 列长刚毛，中部内凹；前缘近平直。囊导管后端 1/2 骨化，前端 1/2 膜质。交配囊膜质，近卵圆形。囊突小，近矩形，边缘具齿。

分布：浙江（杭州、温州）、辽宁、天津、河北、山西、山东、河南、陕西、湖北、江西、福建、海南、香港、广西、重庆、四川、贵州、云南；俄罗斯，韩国，尼泊尔，泰国，印度尼西亚。

（319）伪黄昏模列蛾 *Meleonoma falsivespertina* (Wang, 2003)（图 7-91）

Cryptolechia falsivespertina Wang, 2003: 199.

Meleonoma falsivespertina: Wang, Zhu, Zhao & Yang, 2020: 385.

主要特征：成虫（图 7-91A）翅展 13.5–15.0 mm。头黄白色。下唇须黄白色；第 2 节外侧杂褐色鳞片，基部和末端较密，末端具 1 褐色环；第 3 节约为第 2 节长的 1/2。触角背面褐色，腹面黄色；柄节背面黄色，鞭节腹面黄色和褐色相间。胸、翅基片和前翅灰赭色。前翅阔矛状，顶角窄圆；前缘基部 2/5 和基部 4/5 各具 1 浅黄色斑，后者较大，近三角形；翅褶端部 1/3 具 1 黑色斑，其外侧具 1 浅黄色斑；中室基部 2/3 和中室外缘分别具 1 黑斑，前者外侧具 1 浅黄色斑，后者内侧具 1 浅黄色斑；缘毛褐色，基部黄白色。后翅和缘毛灰色。

图 7-91　伪黄昏模列蛾 *Meleonoma falsivespertina* (Wang, 2003)
A. 成虫；B. 雄性外生殖器；C. 雌性外生殖器

雄性外生殖器（图 7-91B）：爪形突基部 1/3 渐窄，然后加宽至末端，末端中部略内凹。背兜中部渐窄，前缘略向内拱；两侧臂渐加宽，末端钝。抱器瓣基半部窄，端半部近椭圆形膨大；腹缘中部略外凸，末端具 1 骨化刺；抱器背基部略内凹，端部略凸；抱器背基突近椭圆形，末端圆。抱器腹三角形；基部宽，自基部至 3/4 处渐窄，端部 1/4 近等宽，末端圆。囊形突三角形，末端圆，略长于爪形突。阳茎基环"U"形。阳茎略长于抱器瓣，基部 3/5 管状，端部 2/5 渐窄；角状器为 1 簇短刺和 1 大刺，其上具数个小齿突。

雌性外生殖器（图 7-91C）：产卵瓣近矩形，背面多刚毛。前表皮突约为后表皮突长的 1/2。第 8 腹板后缘具长刚毛，中部略内凹。前阴片带状，自中部至两侧渐窄，前缘钝。囊导管后端 3/5 强烈骨化，前端 2/5 膜质，具 2 骨片，每个骨片上具微齿；导精管出自囊导管和交配囊交接处。交配囊膜质，约为囊导管长的 1/2；囊突小，边缘具骨化齿，具 1 较大的端刺。

分布：浙江（杭州）、天津、河北、山西、河南、陕西、湖北、四川。

（320）断带模列蛾 *Meleonoma fascirupta* (Wang, 2003)（图 7-92）

Cryptolechia fascirupta Wang, 2003: 204.

Meleonoma fascirupta: Wang, Zhu, Zhao & Yang, 2020: 385.

主要特征：成虫（图 7-92A）翅展 14.5–20.0 mm。头黄色，后头部杂黑褐色。下唇须黄白色；第 1 节外侧黑褐色；第 2 节外侧杂黑褐色鳞片，末端形成 1 黑褐色环；第 3 节约与第 2 节等长，散布黑褐色鳞片。触角褐色，柄节腹面灰白色。胸和翅基片褐色。前翅褐色，1 浅黄色阔带自前缘近中部延伸至后缘中部，前端较宽，中部略间断；前缘端部 1/3 具 1 倒三角形斑，其前中部具 1 黑点；翅褶端部 2/4 具 1 黑斑；中室中部和末端各具 1 黑斑，前者小，后者较大，带状；缘毛褐色，基部黄色。后翅和缘毛灰褐色。

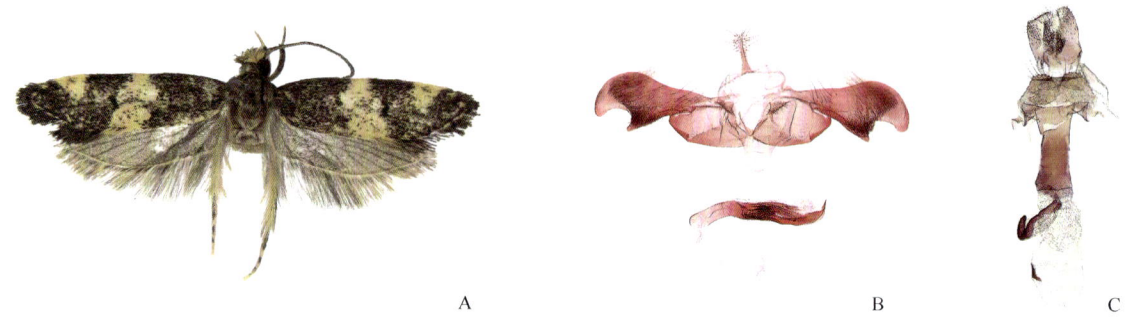

图 7-92　断带模列蛾 *Meleonoma fascirupta* (Wang, 2003)
A. 成虫；B. 雄性外生殖器；C. 雌性外生殖器

雄性外生殖器（图 7-92B）：爪形突基部 2/5 渐窄，端部 3/5 渐加宽，多刚毛。背兜中部渐窄；两侧臂渐加宽，末端钝。抱器瓣基半部窄，端半部膨大；腹缘近末端圆形深凹，形成 2 圆突：背突大，指状，末端圆，腹突柱状，末端圆；抱器背端部略拱；抱器背基突棒状，末端圆。抱器腹基部 2/3 近矩形，端部 1/3 三角形，近基部具 1 三角形骨片，多刚毛。囊形突短而阔，末端圆。阳茎基环"V"形。阳茎长于抱器瓣，基部略弯，自基部 1/3 至近末端多褶皱，然后渐窄，末端尖。

雌性外生殖器（图 7-92C）：产卵瓣近四边形，背面多刚毛。前表皮突短，约为后表皮突长的 1/3。第 8 腹板后缘具长刚毛，中部深凹，两侧各形成 1 半椭圆形骨片，自中部渐窄至后缘两侧。囊导管后端 2/3 强烈骨化，前端 1/3 膜质；附囊出自囊导管前端 1/3 处，部分骨化。交配囊小，与囊导管界线不明显；囊突卵形，自中部伸出 1 刺状突。

分布：浙江（杭州）、福建、广东、广西、重庆、四川、贵州。

（321）黄线模列蛾 *Meleonoma flavilineata* Kitajima *et* Sakamaki, 2019（图 7-93）

Meleonoma flavilineata Kitajima *et* Sakamaki, 2019: 39.

主要特征：成虫（图 7-93A）翅展 10.0–12.5 mm。头黑褐色，额黄白色，后头部杂黄褐色。下唇须黄色；第 2 节端部具 2 黑褐色环；第 3 节约为第 2 节长的 2/3，中部具 1 黑褐色斑。柄节黄色，背面杂黑褐色；鞭节褐色，腹面黄色和黑褐色相间。胸和翅基片黑褐色。前翅前缘拱，顶角窄圆；黑褐色；前缘具 2 黄斑，分别位于基部 1/3 和端部 1/4 处：前者自基部 1/3 处向外延伸超过中室前缘，后者窄三角形，与前者平行，有时其前缘中部具 1 黑斑；翅褶端部 1/3 和末端各具 1 黑斑：前者其外侧具 1 黄斑，后者其内侧具 1 黄斑；中室中部具 1 黑斑，其边缘具 1 黄斑，中室上角和下角分别具 1 黑斑，其中间具 1 较大黄斑；缘毛黑褐色。后翅和缘毛黑褐色。

雄性外生殖器（图 7-93B）：爪形突基部宽，自基部至端部渐窄，末端窄圆。颚形突两侧骨化，前缘膜质，未达背兜前缘。背兜近梯形，前缘向内浅凹。抱器瓣基部宽，自基部至端部渐窄，末端圆，背缘基部和腹缘端部具长刚毛；腹缘强烈骨化，末端具 1 长刺，向下弯，末端尖；抱器背窄，中部略凹；抱器背基突细，末端由膜质结构连接。抱器腹近矩形，背缘通过膜质结构和抱器瓣腹缘相连接；末端强烈骨化，腹缘形成 1 小三角形突。囊形突长三角形，自基部至端部渐窄，长约为爪形突长的 2.0 倍。阳茎基环"V"形，近末端略向内凹。阳茎长于抱器瓣，基部 1/3 骨化；端部 2/3 膜质，密布褶皱和小刺，中部具 1 不规则骨片。

雌性外生殖器（图 7-93C）：产卵瓣近四边形，多刚毛。前表皮突约为后表皮突长的 1/2。第 8 背板后缘中部凹，后缘两侧圆形突出，前缘直。第 8 腹板后缘具长刚毛，中部深凹至近前缘，两侧形成 2 近四边形的骨片；前缘圆形凸出。前阴片腹面近矩形，长约为宽的 2.0 倍，前缘略凹，前缘两侧具大的网状椭圆形区，自中线向两侧延伸至第 8 腹板，渐窄；背面窄带状，中部形成 1 大的梯形突，后缘两侧各形成 1 指状突。囊导管宽，除后端 2/3 部分骨化外，其余膜质；导精管出自囊导管前端。交配囊略等长于囊导管，宽于囊导管；囊突 1 个，椭圆形，具数个小齿突和 1 短刺。

分布：浙江（杭州、丽水）、广东、重庆、贵州；日本。

图 7-93 黄线模列蛾 *Meleonoma flavilineata* Kitajima *et* Sakamaki, 2019
A. 成虫；B. 雄性外生殖器；C. 雌性外生殖器

（322）棍模列蛾 *Meleonoma fustiformis* (Wang, 2006)（图 7-94）

Cryptolechia fustiformis Wang, 2006b: 9.
Meleonoma fustiformis: Wang, Zhu, Zhao & Yang, 2020: 389.

主要特征：成虫（图 7-94A）翅展 13.0–13.5 mm。头黑灰色。下唇须黄白色；第 2 节杂浓密黑褐色鳞片，第 2 节末端形成 1 黑褐色环；第 3 节杂黑褐色鳞片，1 黑褐色细线自腹面基部延伸至近末端。触角背面黑褐色，腹面黄色。胸和翅基片黑灰色。前翅黑褐色，前缘近中部和端部 1/4 处各具 1 黄色斑点，其上散布黑褐色鳞片；翅褶端部 2/5 具 1 黑褐色斑，其外缘黄色；中室基部 3/5 和中室末端各具 1 黑褐色斑，前者外缘黄色，后者内缘黄色；缘毛黄色杂黑褐色。后翅和缘毛灰色。

雄性外生殖器（图 7-94B）：爪形突细而长，末端尖。背兜宽阔，短。抱器瓣小刀状，多刚毛，末端圆；腹缘近基部具 1 突起，边缘密布短刚毛；抱器背带状，自基部至端部渐窄；抱器背基突细，短。抱器腹近三角形；背缘近末端具刺，末端形成 1 圆突。囊形突短于爪形突，自基部至端部渐窄，末端圆。阳茎基环窄带状。阳茎短粗，端部刺状；角状器 1 个，外缘具微齿。

分布：浙江（杭州、宁波、衢州）、福建、重庆。

图 7-94 棍模列蛾 *Meleonoma fustiformis* (Wang, 2006)
A. 成虫；B. 雄性外生殖器

（323）细棒模列蛾 *Meleonoma graciliclavata* Wang, 2021（图 7-95）

Meleonoma graciliclavata Wang in Wang, Zhu & Tao, 2021: 320.

主要特征：成虫（图 7-95A）翅展 12.0–13.0 mm。额土黄色，略杂灰黑色鳞片；头顶灰黑色，两侧土黄色；颈部鳞毛土黄色。下唇须土黄色；第 1 节外侧灰黑色；第 2 节散布灰黑色鳞片，末端具灰黑色环；第 3 节约为第 2 节长的 2/3，背面端部 1/3 处具数个黑点；腹面具 1 条灰黑色线，从近基部延伸至近末端。触角柄节基半部灰黑色，端半部土黄色；鞭节灰黑色和土黄色交替排列。胸部黄色，中部略呈灰黑色；翅基片灰黑色，末端略具土黄色。前翅前缘拱，末端窄圆；灰褐色散布黑色鳞片，前缘较浓密；前缘基部 1/3 具 1 灰黑色条纹，中部偏外具 1 灰黑色斑，半椭圆形；1 条黄色横带从前缘中部偏外延伸至臀角，密布灰褐色鳞片；中室中部，上、下角和翅褶中部各具 1 灰黑色圆斑，中室中部的圆斑较大；后缘基部密布灰黑色鳞片；缘毛黄色和灰黑色交替。后翅和缘毛浅黄灰色。

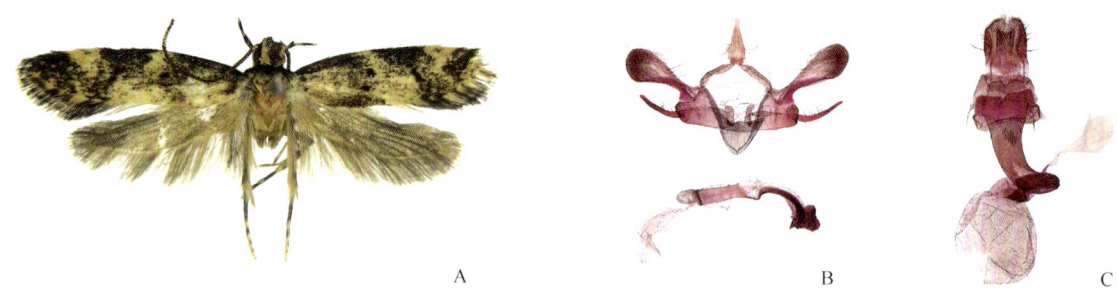

图 7-95 细棒模列蛾 *Meleonoma graciliclavata* Wang, 2021
A. 成虫；B. 雄性外生殖器；C. 雌性外生殖器

雄性外生殖器（图 7-95B）：爪形突矛状，两侧具长刚毛。背兜倒"V"形，两侧臂近等宽。抱器瓣叶状，自近基部渐窄至基部 1/5 处，自 1/5 至 3/5 处渐加宽，端部膨大，密具刚毛，末端圆；腹缘近基部内凹，基部 2/3 具 1 骨化带，自基部至端部渐窄；抱器背近基部内凹；无抱器背基突。抱器腹基部宽，渐窄至末端，末端具 1 棒状突，长于抱器腹，腹缘直，基部具 1 椭圆形突。阳茎为抱器瓣长的 2 倍，基半部棒状，直，近等粗；端半部部分膜质，具 1 "C"形骨化突。

雌性外生殖器（图 7-95C）：产卵瓣略呈矩形，密布短刚毛。后表皮突约为前表皮突长的 2.0 倍。第 8 腹板具微刺，后缘中部"V"形内凹，前缘中部凸。前阴片骨化弱，矩形。导管端片近梯形，后缘中部具 1 缺刻。囊导管骨化，渐窄至中部，前半部弯曲，近等粗；导精管出自囊导管最前端。交配囊短于囊导管，圆；无囊突。

分布：浙江（杭州）、广西、重庆、贵州。

（324）鸡公山模列蛾 *Meleonoma jigongshanica* (Wang, 2003)（图 7-96）

Cryptolechia jigongshanica Wang, 2003: 207.

Meleonoma jigongshanica: Wang, Zhu, Zhao & Yang, 2020: 385.

主要特征：成虫（图 7-96A）翅展 18.0 mm。头灰褐色。下唇须黄白色，外侧具褐色鳞片；第 3 节细，末端尖，约为第 2 节长的 1/2。触角灰色。胸和翅基片深灰色。前翅阔，前缘略拱，顶角窄圆；深灰色杂褐色，但是没有形成明显的斑。

雄性外生殖器（图 7-96B）：爪形突基部宽，自基部至 2/3 处渐窄，端部 1/3 骤窄，末端乳突状。背兜中部近等宽；两侧臂渐窄，末端钝。抱器瓣基部窄，渐加宽至 1/3 处，然后渐窄至末端，末端圆，端部多刚毛；腹缘基部 1/3 处向外凸；抱器背窄带状；抱器背基突无。抱器腹基部宽，渐窄至末端，末端背缘具 1 带状突，其向上延伸至抱器瓣基部 1/3 靠近抱器背处。囊形突长于爪形突，三角形，自基部至端部渐窄，末端圆。阳茎基环两侧臂自基部至端部渐窄，末端窄圆。阳茎长于抱器瓣，基部膨大，腹缘近基部内凹，自近基部至端部渐窄，腹缘具齿，近末端细带状弯曲；角状器不规则，其末端具 1 小齿。

雌性外生殖器（图 7-96C）：产卵瓣阔，多刚毛。前表皮突约为后表皮突长的 1/2。第 8 腹板后缘多刚毛，中部内凹。前阴片为 2 半圆形骨片，位于导管端片两侧，其背面具微刺。导管端片长，中部深凹，强烈骨化。囊导管膜质，部分骨化。交配囊大，膜质；储精囊出自囊导管后端，部分骨化；囊突无。

分布：浙江（杭州、宁波）、河南、甘肃、湖北、重庆、贵州。

图 7-96 鸡公山模列蛾 *Meleonoma jigongshanica* (Wang, 2003)
A. 成虫；B. 雄性外生殖器；C. 雌性外生殖器

（325）康县模列蛾 *Meleonoma kangxianensis* (Wang, 2003)（图 7-97）

Cryptolechia kangxianensis Wang, 2003: 198.

Meleonoma kangxianensis: Wang, Zhu, Zhao & Yang, 2020: 384.

主要特征：成虫（图 7-97A）翅展 12.5 mm。头褐色，额浅黄色。下唇须黄白色；第 2 节端部具褐色斑；第 3 节腹面具 1 黑色的线，自基部至末端，背面着黑色鳞片。触角黑色。胸和翅基片黑色。前翅黑色；1 乳白色横带自前缘基部 2/5 延伸至后缘，前端较窄；前缘基部 3/4 具 1 乳白色斑；缘毛黑色。后翅和缘毛浅黑色。

雄性外生殖器（图 7-97B）：爪形突近三角形，具长刚毛。背兜中部渐窄，短于爪形突；两侧臂除末端窄圆外，其余近等宽。抱器瓣基部窄，渐加宽至基部 1/3，基部 1/3–2/3 近等宽，然后渐窄至末端，末端圆；抱器背近基部内凹；抱器背基突带状，近末端折叠，末端圆。抱器腹骨化，基半部大而阔，端半部窄带状，末端尖。囊形突短而小，短于爪形突。阳茎基环"U"形。阳茎短，略弯，端部强烈骨化，末端圆尖；角状器为一堆刺。

图 7-97 康县模列蛾 *Meleonoma kangxianensis* (Wang, 2003)
A. 成虫；B. 雄性外生殖器；C. 雌性外生殖器

雌性外生殖器（图 7-97C）：产卵瓣阔。前表皮突约为后表皮突长的 1/2。第 8 腹板后缘具长刚毛，中部内凹。前阴片倒梯形，前缘凹。导管端片除近前端膜质外，其余骨化。交配囊大，膜质；导精管出自交配囊后端；囊突椭圆形，边缘具齿。

分布：浙江（杭州）、陕西、甘肃、四川。

（326）矛模列蛾 *Meleonoma lanceolata* Wang et Zhu, 2020（图 7-98）

Meleonoma lanceolata Wang et Zhu, 2020b: 346.

主要特征：成虫（图 7-98A）翅展 16.0–21.0 mm。额黄色；头顶黑褐色，两侧黄色。下唇须黄色；第 1 节和第 2 节外侧散布黑褐色鳞片；第 2 节腹面具 1 黑褐色线，从基部延伸到末端；第 3 节约为第 2 节长的 2/3。触角背面黑褐色，腹面黄色。胸部和翅基片黄色杂黑褐色。前翅前缘拱，顶角圆；自黄色至赭黄色，杂黑褐色，自翅褶向内延伸至后缘基部处较浓密；1 条黑褐色横带从前缘中部延伸到臀角处，前端加宽；前缘近末端具 1 黑色宽带，略拱；翅褶端部 1/3 具 1 黑斑，大，卵形；中室中部具 1 大黑斑，卵形；1 列黑褐色点自前缘端部 1/4 处沿外缘延伸至臀角，等距排列；缘毛黄色，臀角处颜色黄褐色。后翅和缘毛灰褐色。

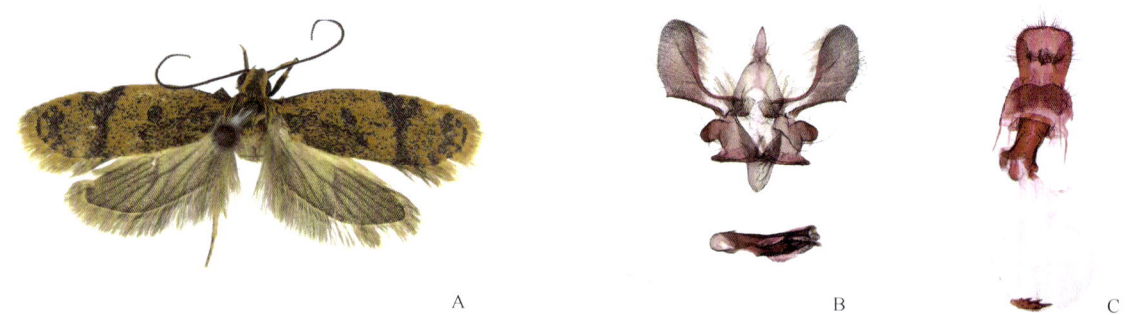

图 7-98 矛模列蛾 *Meleonoma lanceolata* Wang et Zhu, 2020
A. 成虫；B. 雄性外生殖器；C. 雌性外生殖器

雄性外生殖器（图 7-98B）：爪形突矛状，末端尖；基部 2/3 近等宽，端部 1/3 渐窄，基部 1/4 两侧各具 1 长刚毛。背兜最宽处和爪形突等宽。抱器瓣基部窄，渐加宽至基部 2/5 处，然后渐窄至末端，末端圆；腹缘基部 2/5 平直，端部 3/5 略拱，基部 2/5 处具 1 齿突；抱器背基部 2/3 强烈骨化，端部 1/3 渐窄；抱器背基突圆形膨大，密布长刚毛。抱器腹短而宽，约为抱器瓣长的 1/3；末端内凹，分两叶：背叶粗壮，向腹侧弯曲，末端圆；腹叶窄三角形，末端尖。囊形突基部宽，自基部至端部渐窄，末端圆。阳茎基环"U"形。阳茎约和抱器瓣等长，基部 1/3 窄，近等宽，端部 2/3 分 2 叉：背叶细棒状，末端"C"形，腹叶自基部至中部加宽，端部渐窄，背缘中部和腹缘基部密布小齿；阳茎端膜具 2 簇小刺。

雌性外生殖器（图 7-98C）：产卵瓣矩形，密布长刚毛。前表皮突约为后表皮突长的 1/2。第 8 腹板具微刺，后缘中部内凹。前阴片梯形，前缘中部深凹。导管端片骨化，近矩形，前缘中部向后深凹至1/3处。囊导管膜质，呈球状膨大，具2椭圆形骨片；导精管出自囊导管和交配囊交接处。交配囊圆；囊突1个，位于交配囊最前端，长椭圆形，具数个小齿，边缘具1大刺。

分布：浙江（杭州、宁波、衢州、丽水、温州）、辽宁、山东、河南、陕西、湖北、江西、福建、海南、广西、重庆、四川、贵州。

（327）刘氏模列蛾 *Meleonoma liui* (Wang, 2006)（图7-99）

Cryptolechia liui Wang, 2006a: 132.

Meleonoma liui: Wang, Zhu, Zhao & Yang, 2020: 383.

主要特征：成虫（图7-99A）翅展9.5–10.0 mm。头暗褐色略杂黄色。下唇须黄色，第2节端部具2黑斑，第3节中部具1黑点。触角柄节褐色，鞭节褐色和黄白色相间。胸和翅基片黑褐色。前翅黑褐色，杂黄色；前缘近基部具1黄色短条斑；前缘具2黄斑：分别位于基部1/3和2/3处，后者较大，三角形，其前缘中部具1小黑点；翅褶端部1/3具1黑点，边缘黄色；中室基部3/5具1黑斑，其外缘黄色，中室上角和下角分别具1黑斑，其中间具1黄斑；缘毛黑褐色，基部黄色。后翅和缘毛深灰色。

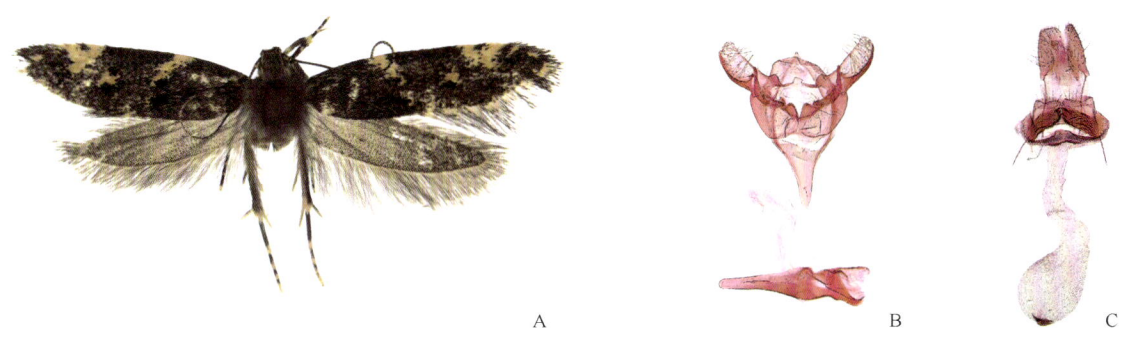

图 7-99　刘氏模列蛾 *Meleonoma liui* (Wang, 2006)
A. 成虫；B. 雄性外生殖器；C. 雌性外生殖器

雄性外生殖器（图7-99B）：爪形突短小，近三角形。背兜中部渐窄；两侧臂除近末端渐窄外，其余近等宽。抱器瓣短，近船状；腹缘略向外凸，强烈骨化；抱器背略凹；抱器背基突长而窄，末端相连接。抱器腹基部宽，渐窄至末端，末端指状。囊形突长三角形，自基部至端部渐窄，末端圆。阳茎基环"U"形。阳茎粗壮，端部膨大，无角状器。

雌性外生殖器（图7-99C）：产卵瓣矩形，多刚毛。后表皮突约为前表皮突长的2.0倍。第8腹板后缘具长刚毛，中部内凹。后阴片为2近矩形骨片。前阴片骨化，带状，前缘中部凹，后缘中部凸。囊导管粗，膜质。交配囊大，卵圆形；囊突刺状，边缘具齿。

分布：浙江（杭州、宁波、丽水、温州）、甘肃、湖北、福建、海南、广西。

（328）长钩模列蛾 *Meleonoma longihamata* Wang et Zhu, 2020（图7-100）

Meleonoma longihamata Wang et Zhu, 2020a: 270.

主要特征：成虫（图7-100A）翅展12.0–13.0 mm。头灰色，额杂黄色，后头部两侧黄色。下唇须黄色，散布黑褐色；第2节末端具黑褐色环；第3节约为第2节长的2/3，背面近末端具1黑褐色斑。触角柄节黄色，鞭节土黄色和黑褐色相间。胸部和翅基片黑褐色杂黄色。前翅前缘和后缘基部3/4近平行，端部1/4渐窄，末端圆；黑褐色；前缘具2黄斑，分别位于基部2/5和端部1/5处；前者自基部2/5向后延伸达中室前缘，后者倒三角形，其前缘中部具1黑点；1条黄色带自翅褶基部向上，呈拱形并弯曲至翅褶基部1/4处，翅褶端部 2/5 具 1 黑斑，其边缘杂黄色鳞片；中室基部 5/9 具 1 黑斑，其外侧具黄色鳞片，中室上角和下角各具 1 黑斑，中间具 1 黄斑；缘毛黑褐色，外缘基部黄色；后翅与缘毛浅灰褐色。

图 7-100　长钩模列蛾 *Meleonoma longihamata* Wang et Zhu, 2020
A. 成虫；B. 雄性外生殖器

雄性外生殖器（图 7-100B）：爪形突细长，刺状，末端钩状。颚形突两侧骨化弱，超过背兜前缘。背兜中部加宽；两侧臂长，向端部渐窄，末端略内弯。抱器瓣基半部窄，端半部较宽，基部 2/3 渐加宽，端部 1/3 渐窄，末端圆，密布长刚毛；抱器背细带状，近基部至中部具稀疏粗壮长刚毛，成列排布；抱器背基突阔带状，端部形成 1 向上突起，指状，密布长刚毛，末端相连。抱器腹近四边形，末端形成 1 骨化带，中部略向内凹，背缘形成 1 长钩状突起，强烈骨化，伸达抱器瓣腹缘近末端，向腹侧弯曲。囊形突基部宽，自基部至基部 3/4 渐窄，端部 1/4 近等宽，末端圆；略长于爪形突。阳茎基环"V"形。阳茎长于抱器瓣，基部 2/5 短棒状，近等粗，基部 2/5 处到端部 1/5 处部分膜质，背缘具 1 骨化细带，中部具 1 弯带，不规则卷曲；端部 1/5 渐窄，强烈骨化，末端中部内凹，形成 2 端刺。

分布：浙江（丽水）。

（329）大黄模列蛾 *Meleonoma malacobyrsa* (Meyrick, 1921)（图 7-101）

Cryptolechia malacobyrsa Meyrick, 1921: 394.
Depressaria bicinctella Matsumura, 1931a: 1089.
Acryptolechia malacobyrsa: Lvovsky, 2010: 255.
Meleonoma malacobyrsa: Lvovsky, 2015: 771.

主要特征：成虫（图 7-101A）翅展 16.0–21.0 mm。头褐色，两侧赭黄色。下唇须赭黄色，第 2 节外侧近末端和第 3 节腹面杂黑褐色鳞片。触角背面褐色，腹面黄色。胸赭黄色杂黑褐色；翅基片赭黄色，散布黑褐色鳞片。前翅阔矛状，顶角钝；赭黄色，散布黑褐色鳞片；前翅后缘近基部具 1 黑褐色斑；1 横带自前缘基部 3/5 向后倾斜延伸至臀角处；前缘末端具 1 黑褐色横带，自顶角处沿外缘延伸至臀角处，与第 1 条前缘带相连接；前缘端部 2/5 具 2 黑褐色斑；翅褶散布黑褐色鳞片；中室近基部和中部各具 1 黑褐色斑；缘毛浅黄色，顶角和臀角处灰褐色。后翅和缘毛灰褐色。

雄性外生殖器（图 7-101B）：爪形突矛状，末端尖。背兜中部加宽；两侧臂渐窄至末端。抱器瓣基部窄，渐加宽至 1/3 处，然后渐窄至末端，末端圆；腹缘基部 1/3 处具 1 三角形突；抱器背带状，强烈骨化；抱器背基突短，多刚毛。抱器腹短而阔，端部分叶，形成 2 个端突：背突粗，末端圆，腹突细，末端尖。囊形突三角形，自基部至端部渐窄，末端窄圆。阳茎基环粗，"U"形。阳茎短于抱器瓣，基部 2/3 分 3 叉。

雌性外生殖器（图 7-101C）：产卵瓣近矩形，多刚毛。前表皮突短于后表皮突长的 1/2。第 8 腹板后缘多刚毛，中部凹；前缘直。前阴片矩形。囊导管强烈骨化；导精管出自囊导管与交配囊相连接处，基部膨大。交配囊大，圆，长于囊导管；囊突长卵形，边缘具齿，其中端部的齿最大。

分布：浙江（杭州、宁波、衢州、丽水、温州）、辽宁、山西、山东、河南、陕西、江苏、安徽、湖北、江西、湖南、福建、台湾、广东、广西、重庆、四川、贵州；韩国，日本。

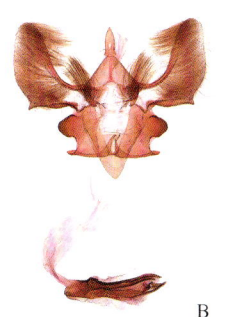

图 7-101　大黄模列蛾 *Meleonoma malacobyrsa* (Meyrick, 1921)
A. 成虫；B. 雄性外生殖器；C. 雌性外生殖器

（330）长囊模列蛾 *Meleonoma mecobursoides* Wang *et* Zhu, 2020（图 7-102）

Meleonoma mecobursoides Wang *et* Zhu, 2020a: 271.

主要特征：成虫（图 7-102A）翅展 11.0–12.0 mm。头顶黑褐色；额黄色；后头部黑褐色，两侧鳞毛黄色。下唇须黄色；第 2 节外侧基部 3/4 密布黑褐色鳞片，端部 1/4 和末端各具 1 黑褐色环；第 3 节约为第 2 节长的一半，中部具 1 黑褐色环。触角黄色，柄节杂黑褐色，鞭节背面黄色和黑褐色相间。胸部、翅基片黑褐色杂黄色。前翅前缘拱，顶角窄圆；黑褐色，基部近前缘具 1 形状不规则的黄色斑；前缘具 2 黄斑，分别位于基部 2/5 和端部 1/5 处；前者自前缘基部 2/5 向后延伸至翅褶端部 1/3 处，其上散布黑色鳞片，后者倒三角形，其上散布黑色鳞片；翅褶近中部和末端各具 1 黑斑：前者外侧黄色，后者内侧黄色，较小，向上延伸，和前缘第 1 斑相连接；中室上角和下角分别具 1 黑斑，其中间具 1 较大黄斑；缘毛黑褐色。后翅和缘毛灰褐色。

图 7-102　长囊模列蛾 *Meleonoma mecobursoides* Wang *et* Zhu, 2020
A. 成虫；B. 雄性外生殖器；C. 雌性外生殖器

雄性外生殖器（图 7-102B）：爪形突基部 1/4 渐加宽，基部 1/4–3/4 近等宽，近末端膨大，末端圆。颚形突两侧臂骨化，直，渐窄至端部，后缘两侧呈直角。背兜倒"U"形，近等宽。抱器瓣基部窄，自基部至端部渐加宽；末端圆，密布粗壮刚毛；腹缘强烈骨化，近末端具 1 大齿突；抱器背从基部至端部渐窄；抱器背基突短，三角形。抱器腹近四边形；末端形成 1 骨化带，腹角向外突出，形成 1 三角形骨化突，密布长刚毛，末端尖；腹缘平直。囊形突基部宽，自基部至端部渐窄，末端窄圆；短于爪形突。阳茎基环半环形。阳茎近等长于抱器瓣；基部 3/5 棒状，向中部渐加宽；端部 1/3 具数个小刺和小骨片，1 窄带自端部 2/5 向末端延伸与 1 自端部 1/4 向末端延伸的宽带相连接，会合后继续向外延伸至超过阳茎末端，呈"C"形向背面弯曲。

雌性外生殖器（图 7-102C）：产卵瓣近圆形，多刚毛。前表皮突约为后表皮突长的 1/2。第 8 背板后缘直，前缘略凹。第 8 腹板后缘具长刚毛，中部深凹，两侧形成 2 近圆形的骨片。前阴片腹面近矩形，后缘直，两端具 3–4 齿突，前缘中部浅凹，两端向外突出各形成 1 圆形骨片，密布小刺；背面细带状，向后弯曲。囊导管膜质，近等宽，前半端密布疣状突；导精管出自囊导管后端。交配囊长，约为囊导管长的 3.5 倍，近卵形；无囊突。

分布：浙江（杭州）、福建。

（331）小袋模列蛾 *Meleonoma microbyrsa* (Wang, 2003)（图 7-103）

Cryptolechia microbyrsa Wang, 2003: 198.

Meleonoma microbyrsa: Wang, Zhu, Zhao & Yang, 2020: 382.

主要特征：成虫（图 7-103A）翅展 13.0–14.0 mm。头黄色，后头部两侧具竖直鳞毛簇。下唇须黄色，外侧具稀疏的黑褐色鳞片；第 3 节细且尖，长约为第 2 节的 2/3。触角黑色，柄节背面浅黄色，鞭节黑色和黄色相间。胸黄色，翅基片基部黄色杂黑褐色，端部黄色。前翅前缘拱，黄色，杂黑褐色鳞片；1 横带自前缘近中部向后延伸至翅褶末端，黑褐色；1 列黑点自前缘近末端沿外缘延伸至臀角前；后缘近基部具 1 黑褐色斑，近椭圆形；中室中部具 1 清晰的黑斑；缘毛赭黄色。后翅和缘毛深灰色。

图 7-103　小袋模列蛾 *Meleonoma microbyrsa* (Wang, 2003)
A. 成虫；B. 雄性外生殖器；C. 雌性外生殖器

雄性外生殖器（图 7-103B）：爪形突基部宽，渐窄至圆形末端，中部两侧具长刚毛。背兜中部渐加宽；两侧臂渐窄至末端。抱器瓣基部窄，渐加宽至 1/3 处，之后渐窄至圆形末端；抱器背带状，近等宽；抱器背基突宽，末端钝。抱器腹基部宽，末端内凹，形成 2 个端突：背突大，近四边形，末端钝；腹突小，三角形，末端圆。囊形突短，末端圆。阳茎基环近"U"形。阳茎短于抱器瓣，无角状器。

雌性外生殖器（图 7-103C）：产卵瓣圆，密布长刚毛。前表皮突约为后表皮突长的 1/2。第 8 腹板后缘具长刚毛，中部呈半圆形内凹。前阴片腹面近矩形，后缘中部内凹，前缘直，两侧骨化，背面带状，向后弯曲。导管端片窄于囊导管。囊导管膜质，从后端到前端渐加宽。交配囊卵形，后端具微刺；囊突 1 个，其上具数个小齿，边缘具 1 较大齿。

分布：浙江（杭州、衢州、丽水、温州）、河南、湖北、江西、福建、海南、广西、重庆、贵州。

（332）小齿模列蛾 *Meleonoma microdonta* Wang et Zhu, 2020（图 7-104）

Meleonoma microdonta Wang et Zhu, 2020a: 272.

主要特征：成虫（图 7-104A）翅展 10.5 mm。额黑灰色，杂黄色；头顶黄色。下唇须黄色；第 2 节外侧密布黑灰色鳞片，末端具 1 黑灰色环；第 3 节约为第 2 节长的 2/3，散布黑灰色鳞片。触角黄色；柄节杂黑灰色鳞片；鞭节黑灰色，腹面黑灰色和黄色相间。胸部中部黑灰色，两侧黄色；翅基片基部黑灰色，端部黄色。前翅窄矛状，末端尖；黄色，散布黑灰色鳞片；前缘基部 1/3 黑灰色较浓密，形成 1 黑灰色条带；前缘具 1 灰黑色斑，自前缘中部向外延伸至中室上角；前缘末端具 1 模糊的黑灰色斑；翅褶端部 2/5 处和翅褶末端各具 1 黑灰色斑，前者近圆形，后者三角形；中室近基部和后缘端部 1/4 和靠近下角处各具 1 黑灰色斑，最外侧的斑与前缘中部斑相连接；后缘基部 3/5 处具浓密黑灰色鳞片；缘毛黄色，臀角处黑灰色。后翅和缘毛深灰色。

雄性外生殖器（图 7-104B）：爪形突细长，刺状，自基部至端部渐窄，末端尖。颚形突两侧臂强烈骨化，后缘沿中线自基部向外渐窄至后角，然后垂直向下延伸，前缘中部膜质。背兜中部渐窄，前缘"V"形内凹，外缘强烈骨化，形成 1 条阔带，内缘骨化成 1 条窄带；两侧臂渐窄至末端。抱器瓣自基部至端部渐加宽；末端略向内倾斜，密布长刚毛；腹缘强烈骨化，近基部具 1 小三角形突起，末端具 2 小齿突，外侧齿突较大，近三角形；抱器背直，带状，近等宽；抱器背基突细棒状，末端骨化弱，相连。抱器腹近四边形，背缘和抱器瓣腹缘连接，界线明显，端部具浓密长刚毛；末端直，前半端具微齿，腹角略向外突出。囊形突从基部至端部渐窄，末端窄圆，略长于爪形突。阳茎基环"V"形。阳茎约为抱器瓣长的 1.7 倍，基部 2/3 棒状，其基部 1/3 较窄，端部 1/3 渐窄；末端加宽，具 1 弯带向内折；角状器 1 个，刺状，位于端部 1/4 处。

分布：浙江（杭州）。

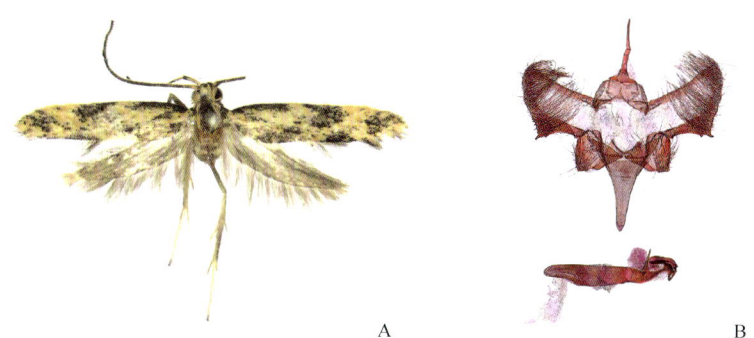

图 7-104　小齿模列蛾 *Meleonoma microdonta* Wang et Zhu, 2020
A. 成虫；B. 雄性外生殖器

（333）奇异模列蛾 *Meleonoma mirabilis* (Wang, 2003)（图 7-105）

Cryptolechia mirabilis Wang, 2003: 208.
Meleonoma mirabilis: Wang, Zhu, Zhao & Yang, 2020: 389.

主要特征：成虫（图 7-105A）翅展 13.0–15.0 mm。头黄褐色，杂灰褐色。下唇须黄白色；第 1 节和第 2 节外侧具浓密的黑褐色鳞片，第 2 节末端具 1 黑褐色环；第 3 节细，末端尖，散布黑褐色鳞片。触角背面黑褐色，腹面黄色。胸和翅基片褐色，杂黄色鳞片。前翅褐色，杂黄色和黑色鳞片；前缘具 2 黄色斑，分别位于前缘近中部和前缘端部 1/4 处；前者向下延伸至中室，有时延伸至近后缘，形成 1 条模糊的横带，后者近三角形；翅褶端部 1/3 具 1 黑斑，有时模糊；中室端部 1/3 和末端各具 1 黑斑；缘毛黄色，顶角和臀角处黑灰色。后翅和缘毛深灰色。

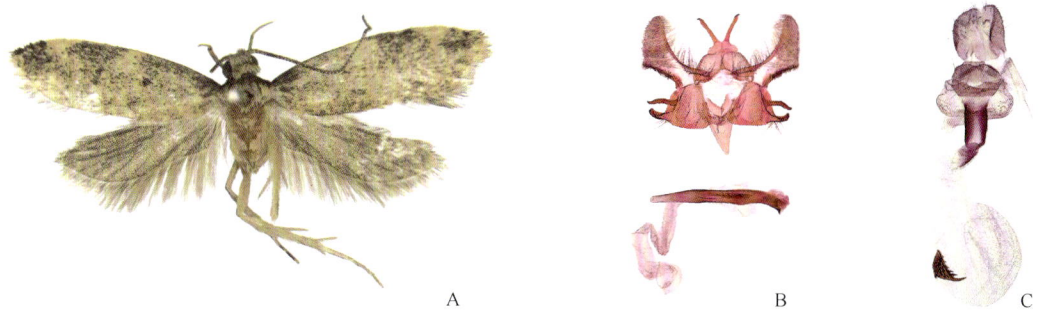

图 7-105　奇异模列蛾 *Meleonoma mirabilis* (Wang, 2003)
A. 成虫；B. 雄性外生殖器；C. 雌性外生殖器

雄性外生殖器（图 7-105B）：爪形突分两叶，末端尖。背兜两侧臂渐窄至末端。抱器瓣基部窄，渐加宽至中部，然后渐窄至末端，末端圆；腹缘近基部内凹，中部形成 1 圆突；抱器背窄带状，略向内拱。抱器腹基部宽，端部形成 2 突起：背突长，弯曲，末端窄圆；腹突短而粗，末端具 1 骨化齿。囊形突小，自基部至端部渐窄，末端圆。阳茎基环宽带状，"U" 形。阳茎基部细，1/3 处加宽，近末端具 1 骨化刺；角状器小，位于阳茎中部。

雌性外生殖器（图 7-105C）：前表皮突约为后表皮突长的 1/3。导管端片两侧外凸。囊导管后半部骨化，前半部膜质。交配囊近卵形，密布微刺；囊突近三角形，其上具多个骨化齿。

分布：浙江（杭州、宁波、衢州）、山西、河南、湖北、江西、湖南、福建、广西、重庆、贵州。

（334）新白芯模列蛾 *Meleonoma neargometra* (Wang, 2003)（图 7-106）

Cryptolechia neargometra Wang, 2003: 202.
Meleonoma neargometra: Wang, Zhu, Zhao & Yang, 2020: 384.

主要特征：成虫（图 7-106A）翅展 11.0–11.5 mm。头黑色，头顶黄白色。下唇须黄白色；第 2 节端半部外侧黑色，末端形成 1 黑色环；第 3 节腹面自基部至末端黑色，背面自近基部至近末端黑色，长约为第 2 节长的 1/2。触角背面黑色，腹面黄色，鞭节腹面黑色和黄色相间。胸、翅基片和前翅黑色。前翅矛状，顶角圆；前缘具 1 黄白色横带，自前缘近中部向后延伸至臀角前，后端加宽；前缘端部 1/3 具 1 小斑点，黄白色；缘毛黑色。后翅黑色，缘毛浅灰色。

图 7-106　新白芯模列蛾 *Meleonoma neargometra* (Wang, 2003)
A. 成虫；B. 雄性外生殖器；C. 雌性外生殖器

雄性外生殖器（图 7-106B）：爪形突近三角形，基部宽，渐窄至端部，末端圆。背兜中部渐窄；两侧臂中部渐宽，然后渐窄至末端。抱器瓣基部 1/3 渐加宽，1/3–2/3 近等宽，然后渐窄至末端，末端钝；抱器背基部 1/3 略凹；抱器背基突带状，背缘近基部凸，末端钝。抱器腹近矩形，背缘末端具 1 向下的小突起。囊形突宽且短，约等长于爪形突。阳茎基环 "U" 形。阳茎基部 2/3 管状，端部 1/3 骨化带状；角状器为 1 簇小刺。

雌性外生殖器（图 7-106C）：产卵瓣近矩形，背面多刚毛。前表皮突略短于后表皮突。第 8 腹板窄，后缘具长刚毛，中部略凹。交配孔发达。前阴片大而阔，为 2 骨片。囊导管除和交配囊连接处为膜质外，其余骨化。交配囊长于囊导管，后端具 1 不规则骨片；囊形突小，具微齿和 1 较大的端刺。

分布：浙江（杭州）、河北、陕西、甘肃、四川。

（335）橄榄模列蛾 *Meleonoma olivaria* (Wang, 2006)（图 7-107）

Cryptolechia olivaria Wang, 2006b: 27.
Meleonoma olivaria: Wang, Zhu, Zhao & Yang, 2020: 389.

主要特征：成虫（图 7-107A）翅展 14.5 mm。头黄白色。下唇须除第 2 节端部两侧黑色外，其余黄白色；第 3 节末端细而尖，约为第 2 节长的 2/3。触角黄白色，鞭节背面褐色和黄白色相间。胸、翅基片和前翅浅黄色，杂浅褐色鳞片。前翅矛状，中室中部、末端和翅褶基部 3/5 处各具 1 褐色小斑点；1 列褐色小斑点自前缘近顶角处沿外缘延伸至臀角处；缘毛灰色，基部黄色。后翅和缘毛灰色。

雄性外生殖器（图 7-107B）：爪形突长，棒状。背兜"U"形。抱器瓣基半部窄，末端钝圆；抱器背带状；抱器背基突膨大，近橄榄状，多刚毛。抱器腹基部宽，端部强烈骨化，形成 1 刺状突。囊形突三角形，自基部至端部渐窄，末端圆。阳茎基环"U"形。阳茎粗壮，约为抱器瓣长的 3/4，基部细，端部具 4 个角状器。

分布：浙江（杭州）。

图 7-107 橄榄模列蛾 *Meleonoma olivaria* (Wang, 2006)

A. 成虫；B. 雄性外生殖器

（336）拟花茎模列蛾 *Meleonoma paranthaedeaga* (Wang, 2003)（图 7-108）

Cryptolechia paranthaedeaga Wang, 2003: 203.

Meleonoma paranthaedeaga: Wang, Zhu, Zhao & Yang, 2020: 386.

主要特征：成虫（图 7-108A）翅展 16.5–18.0 mm。头暗褐色，具稀疏的紧贴的鳞片；额黄白色。下唇须第 2 节黑褐色，内侧黄白色；第 3 节黄白色杂黑色鳞片，末端尖，长约为第 2 节长的 1/2。触角黑色，柄节黄白色。胸、翅基片和前翅深褐色。前翅近基部具 1 浅黄色斑，位于翅褶上方；前缘具 2 浅黄色斑，分别位于前缘基部 2/5 和 3/4 处：前者较大，后者三角形，其前缘中部具 1 黑点；翅褶端部 1/3 具 1 黑斑，其外侧具 1 浅黄色斑；中室基部 2/5 和中室外缘各具 1 黑斑，前者外侧具 1 浅黄色斑，后者较大；缘毛褐色，基部黄白色。后翅和缘毛灰褐色。

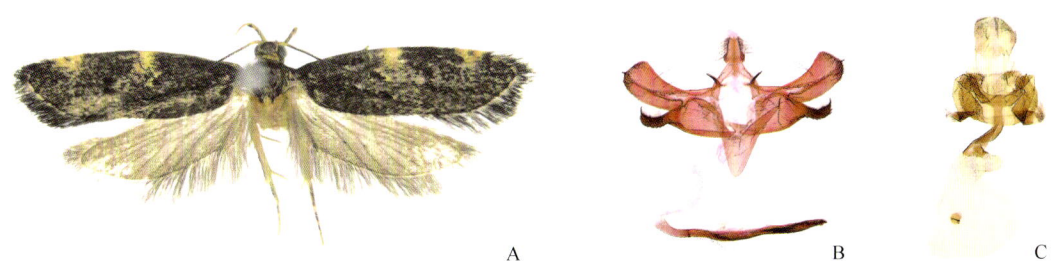

图 7-108 拟花茎模列蛾 *Meleonoma paranthaedeaga* (Wang, 2003)

A. 成虫；B. 雄性外生殖器；C. 雌性外生殖器

雄性外生殖器（图 7-108B）：爪形突基部向两侧膨大，渐窄至末端，末端钝，多刚毛。背兜倒"V"形。抱器瓣基部窄，渐加宽至端部，端部近腹缘具 1–2 骨化齿，多刚毛；抱器背基部略凹；抱器背基突具 1 向上的骨化刺。抱器腹基部宽，渐窄至基部 5/9 处，端部 4/9 强烈骨化，粗棒状，密覆微刺和刚毛，末端具 1 大齿突和数个小齿突。囊形突三角形，自基部至端部渐窄，末端圆。阳茎基环粗，拱形。阳茎长，约为抱器瓣长的 2.0 倍，弯曲，末端窄圆。

雌性外生殖器（图 7-108C）：产卵瓣四边形，密布短刚毛。前表皮突略短于后表皮突。第 8 腹板后缘具长刚毛，中部略凹，两侧渐窄至后缘两侧。前阴片大而阔，近"U"形，两侧延伸成带状。囊导管后端 2/3 骨化，前端 1/3 膜质。交配囊短于囊导管，囊突圆，中部具 1 骨化脊。

分布：浙江（杭州）、河南、甘肃、江西、湖南、贵州。

（337）壮模列蛾 *Meleonoma robusta* (Wang, 2006)（图 7-109）

Cryptolechia robusta Wang, 2006b: 20.

Meleonoma robusta: Wang, Zhu, Zhao & Yang, 2020: 382.

主要特征：成虫（图 7-109A）翅展 16.0–17.0 mm。头黄色。下唇须黄色，第 2 节具稀疏的褐色斑。触角浅黄褐色，鞭节具黄色环。胸、翅基片和前翅浅黄色，散布褐色鳞片；中室中部具 1 褐色小斑点；第 1 条褐带自前缘基部 3/5 向后延伸至臀角，第 2 条褐带自顶角沿外缘延伸至臀角和第 1 条褐带相接，略呈"V"形；缘毛黄色，杂灰色。后翅及其缘毛浅灰色。

图 7-109 壮模列蛾 *Meleonoma robusta* (Wang, 2006)
A. 成虫；B. 雄性外生殖器；C. 雌性外生殖器

雄性外生殖器（图 7-109B）：爪形突细，末端膨大。背兜阔"U"形。抱器瓣基部窄，端部渐加宽；抱器背中部略凹，基部 1/4 具粗壮短刚毛，1/4–3/4 具长刚毛；腹缘骨化，末端具 1 刺状突。抱器腹基部宽，渐窄至末端，末端形成 1 圆突，强烈骨化。囊形突基部宽，渐窄至圆形末端。阳茎基环骨化弱。阳茎粗壮，基部窄，渐加宽至端部，端部具数堆小刺和 1 角状骨片。

雌性外生殖器（图 7-109C）：产卵瓣大而阔，背面多刚毛。前表皮突约为后表皮突长的 1/2。第 8 腹板后缘具长刚毛，中部凹，前缘中部凸。前阴片大，近"W"形。囊导管骨化，矩形。交配囊大，后端膨大，密布微刺；囊突 1 个：密布齿突和 1 较大端刺。

分布：浙江（杭州、宁波）、湖北、重庆、四川、贵州。

（338）喙模列蛾 *Meleonoma rostriformis* (Wang, 2006)（图 7-110）

Cryptolechia rostriformis Wang, 2006b: 14.

Meleonoma rostriformis: Wang, Zhu, Zhao & Yang, 2020: 383.

主要特征：成虫（图 7-110A）翅展 16.0–17.5 mm。头赭黄色。下唇须赭黄色；第 2 节散布黑色鳞片，端部黑色；第 3 节细而长，除了端部赭黄色，其余黑色。触角背面赭黄色，腹面黑色。胸、翅基片和前翅黑色，散布赭黄色鳞片。前翅矛状；前缘中部和端部 1/6 处各具 1 赭黄色斑，第 3 赭黄色的斑自中室端部 1/2 处向后延伸至臀角前；缘毛黑色。后翅和缘毛黑色。

雄性外生殖器（图 7-110B）：爪形突近喙状。背兜阔，近"V"形。抱器瓣基部 1/3 窄，端部 2/3 近等宽，末端钝圆。抱器腹约为抱器瓣长的 1/2；端部深凹，形成 2 个端突：背突指状，腹突三角形。囊形突基部宽，渐窄至圆形末端。阳茎和抱器瓣近等长；阳茎端带内具 1 刺状角状器。

雌性外生殖器（图 7-110C）：后表皮突约为前表皮突长的 2.0 倍。后阴片大，后缘中部深凹，具粗壮长刚毛。交配孔大，后缘骨化，近半圆形。囊导管短，后端 1/2 膜质，前端 1/2 不规则膨大，骨化弱。交配囊卵形，无囊突。

分布：浙江（杭州）、福建。

图 7-110　喙模列蛾 *Meleonoma rostriformis* (Wang, 2006)
A. 成虫；B. 雄性外生殖器；C. 雌性外生殖器

（339）离颚模列蛾 *Meleonoma segregnatha* Wang et Zhu, 2020（图 7-111）

Meleonoma segregnatha Wang et Zhu, 2020a: 276.

主要特征：成虫（图 7-111A）翅展 9.0–10.0 mm。头部黑褐色，后头部两侧黄色。下唇须黄色；第 2 节杂黑褐色鳞片，末端形成 1 黑褐色环；第 3 节约为第 2 节长的 3/4，中部杂黑褐色鳞片。触角黑褐色；柄节末端黄色；鞭节腹面黄色和黑褐色相间。胸部、翅基片黑褐色，杂黄色。前翅前缘略拱，顶角窄圆；黑褐色，具黄色斑；前缘具 2 黄色斑，分别位于前缘基部 1/3 和端部 1/3 处：前者近椭圆形，自前缘基部 1/3 处延伸到中室中部，后者倒三角形，自端部 1/3 处延伸至中室上角下，其中心具 1 黑点；翅褶端部 1/3 和翅褶末端各具 1 黑色圆斑，边缘具黄色鳞片；中室中部具 1 弥散黑斑，中室上角和下角各具 1 黑斑，其中间具 1 黄斑；缘毛黑褐色。后翅和缘毛黄褐色。

图 7-111　离颚模列蛾 *Meleonoma segregnatha* Wang et Zhu, 2020
A. 成虫；B. 雄性外生殖器；C. 雌性外生殖器

雄性外生殖器（图 7-111B）：爪形锥形，直，基部 4/5 近等宽，端部 1/5 渐窄，末端尖。颚形突两侧臂强烈骨化，后缘两侧钝圆。背兜倒"V"形，中部窄；两侧除近末端外，其余近等宽，末端尖。抱器瓣基部宽，从基部至末端略渐窄，末端钝，近前缘和端部具长刚毛；腹缘强烈骨化，带状，近等宽，中部具 1 近圆形突起，其上密布长刚毛，末端具 1 齿突，下弯；抱器背基部宽，渐窄至抱器瓣末端，密布长刚毛；无抱器背基突。抱器腹形状不规则，背缘和抱器瓣腹缘连接，界线明显；端部 1/3 强烈骨化，密布短刚毛；

末端直，具数个小齿突；腹缘骨化。囊形突三角形，末端窄圆，长约为爪形突的 1.6 倍。阳茎基环窄带状，弯曲成"U"形。阳茎约为抱器瓣长的 2.0 倍，基部 1/3 棒状，其中部较窄；基部 1/3 处伸出 1 近矩形骨片，达端部 1/3 处；端部 2/5 椭圆形膨大，密布褶皱和微刺；无角状器。

雌性外生殖器（图 7-111C）：产卵瓣四边形，多刚毛。前表皮突约为后表皮突长的 1/2。第 8 背板后缘钝，前缘略内凹。第 8 腹板后缘具长刚毛，中部向内深凹。前阴片腹面近圆柱形，前缘中部深凹，两侧向外延伸；背面窄带状，中部向后弯曲，倒"V"形。囊导管约为交配囊长的 1/3，膜质；导精管出自交配囊与囊导管交接处。交配囊梨形，膜质；1 个囊突，位于交配囊近前端，椭圆形，密布小齿，边缘具 1 大刺。

分布：浙江（杭州、衢州、丽水）、福建、香港。

(340) 拟花模列蛾 *Meleonoma similifloralis* (Wang, 2006)（图 7-112）

Cryptolechia similifloralis Wang, 2006b: 22.
Meleonoma similifloralis: Wang, Zhu, Zhao & Yang, 2020: 386.

主要特征：成虫（图 7-112A）翅展 11.0–12.5 mm。头顶褐色，额浅黄色。下唇须浅黄色；第 1 节和第 2 节外侧杂褐色鳞片，第 2 节末端具 1 黑色环；第 3 节密布黑色鳞片。触角腹面浅黄色，背面黑褐色；鞭节腹面浅黄色和黑褐色相间。胸、翅基片和前翅黑褐色。前翅矛状，前缘具 1 橘黄色横带，自前缘基部 2/5 向后延伸至后缘，后端加宽，散布黑色鳞片；前缘端部 1/4 具 1 橘黄色斑，其前缘中部具 1 黑点；翅褶端部 1/3 具 1 黑斑，位于横带内侧；中室具 2 黑斑，分别位于横带的内侧和外侧；缘毛黑褐色，基部黄色。后翅和缘毛浅褐色。

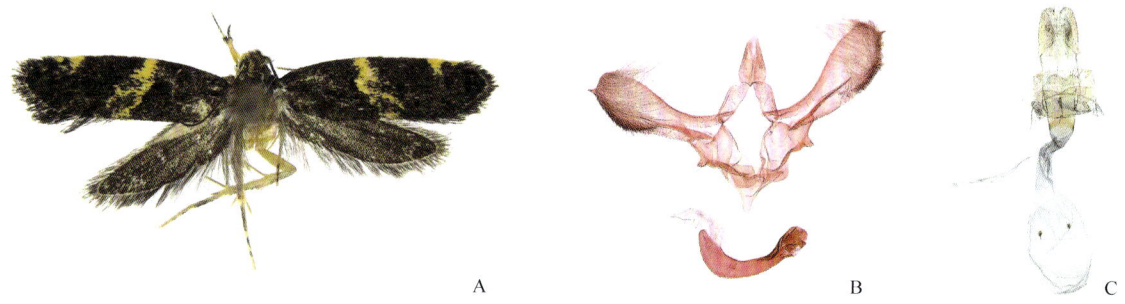

图 7-112 拟花模列蛾 *Meleonoma similifloralis* (Wang, 2006)
A. 成虫；B. 雄性外生殖器；C. 雌性外生殖器

雄性外生殖器（图 7-112B）：爪形突大而阔，近矩形，多刚毛，末端圆。背兜中部渐窄；两侧臂除末端窄圆外，其余近等宽。抱器瓣长，多刚毛，基部窄，自基部至中部渐加宽，然后渐窄至末端，末端圆，腹缘具 1 小刺；1 弱骨化脊自基部延伸至抱器瓣基部 3/5 处；抱器背基部略凹，端部略凸；抱器背基突短，末端圆。抱器腹末端中部内凹，形成 2 端突。囊形突约为爪形突长的 1/3，基部宽，自基部至中间渐窄，端半部除末端窄圆外，其余近等宽。阳茎基环"U"形，基部窄带状。阳茎弯曲，短于爪形突，端部具数个小骨片和小齿突。

雌性外生殖器（图 7-112C）：产卵瓣近矩形，多刚毛。前表皮突约为后表皮突的 1/3。第 8 腹板后缘具长刚毛，中部内凹。前阴片倒梯形，后缘中部丘形内凹，前缘两侧各具 1 指状突。囊导管后端 2/5 强烈骨化，近等宽，后缘略内凹；前端 3/5 膜质；导精管出自囊导管前端 1/3 处。交配囊等长于囊导管，卵形；囊突 2 个，位于交配囊后端，每一个囊突都具微齿和 1 端刺。

分布：浙江（杭州、丽水）、湖北、重庆、四川、贵州。

(341) 点带模列蛾 *Meleonoma stictifascia* (Wang, 2003)（图 7-113）

Cryptolechia stictifascia Wang, 2003: 206.

Meleonoma stictifascia: Wang, Zhu, Zhao & Yang, 2020: 384.

主要特征：成虫（图 7-113A）翅展 13.0–14.0 mm。头黄白色，具稀疏鳞毛簇。下唇须黄色，第 2 节背面和第 3 节端半部具褐色斑点。触角柄节黄白色，鞭节褐色。胸和翅基片黄色，基部具褐色鳞片。前翅褐色；1 浅黄色横带自前缘 2/3 处延伸至后缘，前端较窄；近顶角处具 1 大的浅黄色斑；翅褶中部具 1 黑斑；中室中部和中室末端各具 1 较大的黑斑；缘毛褐色。后翅和缘毛灰褐色。

雄性外生殖器（图 7-113B）：爪形突近杯状，基部 2/3 渐加宽，然后渐窄至末端，末端钝。背兜细带状，近等宽。抱器瓣基部窄，自基部至 2/3 渐加宽，然后渐窄至末端，末端圆，具 1 骨化长刚毛；抱器瓣基部具 1 长骨化突，其末端钩状；抱器背窄带状；抱器背基突细，末端尖。抱器腹基部宽，渐窄至末端，末端具 1 长棒状背突。囊形突短，近等宽，末端圆，约为爪形突长的 1/2。阳茎基环"U"形。阳茎基部细，端部加宽，末端具 1 弯曲的长带；角状器 1 个，刺状。

雌性外生殖器（图 7-113C）：产卵瓣小，背面多刚毛。前表皮突约为后表皮突长的 1/3。第 8 腹板小，后缘具长刚毛，中部凹。囊导管骨化，粗而长，前端 2/5 部分具齿，前端 1/5 膨大，部分膜质。交配囊小，和囊导管界线不清晰；无囊突。

分布：浙江（杭州）、河南、陕西、福建、广西、四川、贵州。

图 7-113　点带模列蛾 *Meleonoma stictifascia* (Wang, 2003)
A. 成虫；B. 雄性外生殖器；C. 雌性外生殖器

（342）四刺模列蛾 *Meleonoma tetrodonta* Wang, 2021（图 7-114）

Meleonoma tetrodonta Wang in Wang, Zhu & Tao, 2021: 330.

主要特征：成虫（图 7-114A）翅展 12.0–13.0 mm。头黑褐色，额黄白色。下唇须黄色，第 2 节末端黑褐色，第 3 节短于第 2 节，腹侧具 1 条黑褐色线，从基部延伸到端部。触角背侧褐色，腹侧黄白色；末端数节黄白色。胸部、翅基片和前翅黑褐色。前翅前缘略拱，顶角圆；1 条橘黄色横带从前缘 1/2 处偏内延伸到臀角内侧，渐加宽；具稀疏褐色鳞片；前缘端部 1/6 处具 1 橘黄色倒三角形斑；中室中部、末端和翅褶中部偏外各具 1 黑点；缘毛与翅同色。后翅和缘毛黑褐色。

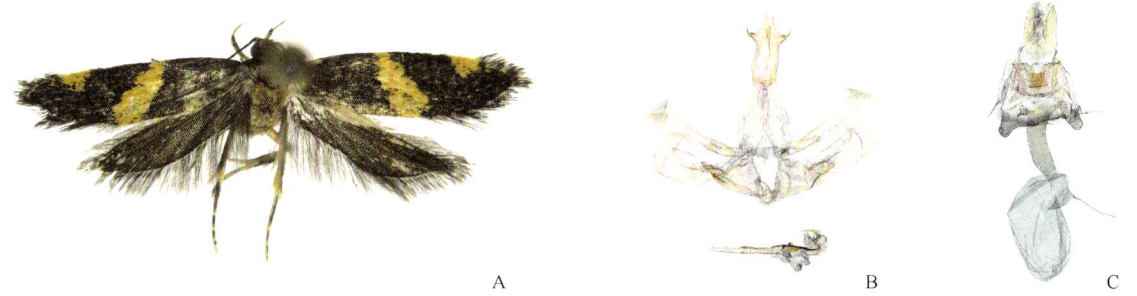

图 7-114　四刺模列蛾 *Meleonoma tetrodonta* Wang, 2021
A. 成虫；B. 雄性外生殖器；C. 雌性外生殖器

雄性外生殖器（图 7-114B）：爪形突近矩形，长约为宽的 2.0 倍，端部具 4 齿突；中突较端突骨化弱，端突内侧基部具成簇短刚毛。背兜剪刀状，内缘和外缘骨化；两侧臂渐窄至前端，末端圆。抱器瓣阔四边形，基部窄；腹缘具 1 阔带，其端部延伸达抱器背端部 1/4 处；抱器背窄带状；抱器背基突为 1 骨板，中部通过弱骨化带连接。抱器腹三角形，背缘近末端具 1 突起，末端具 1 指状突。囊形突短，倒三角形，末端圆。阳茎基环"U"形。阳茎约和抱器瓣等长；基部 3/5 管状，端部向基部弯曲；角状器具数个成簇长刺。

雌性外生殖器（图 7-114C）：产卵瓣近矩形。前表皮突约为后表皮突长的 1/3。第 8 背板梯形，后缘中部内凹；第 8 腹板近卵形，后缘弯曲，前缘圆凸。后阴片带状，背面中部加宽，向两侧渐窄，和第 8 腹板相连接；腹面后缘中部"U"形深凹，内缘圆形凸出，前缘凹，前缘两侧呈三角形凸出，1 骨化脊自后缘后角至前角，中部加宽且向内拱。前阴片短，前端两侧各伸出 1 指状突。导管端片梯形，向外延伸和前阴片相连接。囊导管几乎全部骨化，近前端膜质。交配囊约和囊导管等长，长卵形；导精管出自交配囊后缘；囊突 1 个，基部椭圆形，具数个小齿突。

分布：浙江（杭州、衢州）、湖北、重庆、贵州。

（343）天目山模列蛾 *Meleonoma tianmushana* Wang et Zhu, 2020（图 7-115）

Meleonoma tianmushana Wang et Zhu, 2020b: 339.

主要特征：成虫（图 7-115A）翅展 10.0–11.0 mm。头部黄色，头顶杂灰褐色鳞片，后头部中部具灰褐色鳞片。下唇须黄色；第 1 节和第 2 节外侧杂黑褐色鳞片，第 2 节末端具 1 黑褐色环；第 3 节短于第 2 节，中部黑褐色。触角黄色；柄节基部杂黑褐色鳞片；鞭节背面除基部的鞭小节黄色外，其余黄色和黑褐色交替。胸部黄色；翅基片黄色杂黑褐色。前翅前缘略拱，顶角窄圆；黄色，杂黑褐色鳞片，前缘基部 1/3 弥散黑褐色，形成 1 黑褐色条带；前缘中部具 1 黑褐色斑，半圆形；前缘末端具 1 较大黑斑，从顶角沿外缘达臀角；翅褶中部具 1 小黑点；中室中部和中室末端分别具 1 黑斑，清晰；缘毛黑褐色，基部黄色。后翅和缘毛浅灰色。

图 7-115　天目山模列蛾 *Meleonoma tianmushana* Wang et Zhu, 2020
A. 成虫；B. 雄性外生殖器

雄性外生殖器（图 7-115B）：爪形突棒状，基部宽，自基部至末端渐窄，末端圆。颚形突环状，骨化弱，颚形突末端超过背兜前缘。背兜倒"V"形，中部宽度约为两侧宽的 2.0 倍；两侧近等宽，末端圆，内缘强烈骨化。抱器瓣刀片状，基部宽，自基部至端部渐窄，末端圆；腹缘近基部具 1 乳状突，端部 3/4 密布刚毛；抱器背带状；抱器背基突背缘近基部具 1 三角形突起，其上密布刚毛，端半部渐窄，喙状。抱器腹背缘近基部与抱器瓣腹缘相连接，腹缘强烈骨化；端部 3/5 分两叶：背叶基部宽，渐窄至中部，端半部弯曲，然后水平延伸至末端，末端尖；腹叶细棒状，直，密布短刚毛，背缘基部具齿。囊形突阔三角形，末端圆；长约为爪形突的 1.2 倍。阳茎基环"V"形。阳茎约为抱器瓣长的 1.5 倍，基部 1/4 较细，从基部 1/4 处到端部 1/4 处近等宽；端半部具数条骨化弯曲的细带和形状不规则的骨片。

分布：浙江（杭州、丽水）。

(344) 斜模列蛾 *Meleonoma torophanes* (Meyrick, 1935)（图 7-116）

Cryptolechia torophanes Meyrick, 1935: 81

Acryptolechia torophanes: Lvovsky, 2010: 255.

Meleonoma torophanes: Lvovsky, 2015: 771.

主要特征：成虫（图 7-116A）翅展 15.0–20.0 mm。头黄白色。下唇须黄白色；第 2 节端部外侧具黑褐色鳞片，形成 1 黑褐色环；第 3 节腹面具 1 黑褐色线，背面端部 1/3 杂黑褐色鳞片。触角背面黑褐色，腹面黄色；鞭节腹面黄色和黑褐色相间。胸、翅基片和前翅黑褐色。前翅前缘拱，顶角圆，外缘略倾斜；前缘具 1 横带，自前缘中部向下延伸至臀角前，后端加宽；前缘基部 5/6 处具 1 浅黄色的斑，其前缘中部具 1 黑点；翅褶端部 1/3 具 1 黑斑；中室基部 2/3 和中室末端分别具 1 黑斑，在有些个体中不明显；缘毛黑褐色，基部黄色。后翅和缘毛浅灰色。

图 7-116 斜模列蛾 *Meleonoma torophanes* (Meyrick, 1935)
A. 成虫；B. 雄性外生殖器；C. 雌性外生殖器

雄性外生殖器（图 7-116B）：爪形突矛状。背兜窄带状，近等宽。抱器瓣基部窄，渐加宽至基部 3/5，端部 2/5 近等宽，腹缘具 1 短刺；抱器背窄带状；抱器背基突短棒状。抱器腹三角形，基部宽，渐窄至端部，末端形成 1 棒状突。囊形突略长于爪形突，自基部至端部渐窄，末端圆。阳茎基环"U"形。阳茎长于抱器瓣，弯曲；端部 2/3 密布微刺。

雌性外生殖器（图 7-116C）：产卵瓣四边形，背面密布刚毛。前表皮突约为后表皮突长的 1/2。第 8 腹板后缘密布长刚毛，中部内凹。前阴片近梯形。囊导管全部骨化，近等宽。交配囊后端密布微刺；囊突大，具齿突和 1 枚较大的端刺。

分布：浙江（杭州）、河南、湖北、台湾、四川、西藏；韩国。

(345) 黄昏模列蛾 *Meleonoma vespertina* (Meyrick, 1910)

Cryptolechia vespertina Meyrick, 1910a: 162.

Meleonoma vespertina: Wang, Zhu, Zhao & Yang, 2020: 390.

主要特征：成虫翅展 17.0–20.0 mm。头、下唇须、触角基部 2/3 和胸黑赭色，头顶两侧浅赭色。前翅长，前缘略拱，顶角钝，外缘近斜直；黑紫红色，着浅黑色，具浅黑色大斑：褶斑位于第 1 中室斑后，第 2 中室斑横向；有时前缘基部 3/4 具 1 白赭色斑；缘毛黑紫红色，基部白赭色。腹部浅赭色，背面着灰色。

分布：浙江（杭州）、福建、台湾、四川；印度。

注：未见标本，译自原文（Meyrick，1910），该分布出自方志刚和吴鸿（2001）和 Wang（2006b）。

（346）小黄模列蛾 *Meleonoma facunda* (Meyrick, 1910)

Leptosaces facunda Meyrick, 1910a: 155.
Cryptolechia facunda: Meyrick, 1922: 198.
Acryptolechia facunda: Lvovsky, 2010: 255.
Meleonoma facunda: Lvovsky, 2015: 771.

分布：浙江（杭州）；日本，印度。

注：未见标本，描述见《中国蛾类图鉴 I》（中国科学院动物研究所，1981）。

十六、木蛾科 Xyloryctidae

主要特征：体小至中型，头具光滑的鳞片。通常无单眼。下颚须 4 节，有些种类退化至 2–3 节。下唇须 3 节，强烈弯曲，一般长而纤细，偶尔特短。雄性触角通常为双栉齿状，柄节无栉。喙基具鳞片。前翅 R_4 和 R_5 脉几乎总是共柄，R_5 脉伸达外缘，但偶尔到前缘或顶角。CuA_2 脉一般出自中室下角前。后翅与前翅等宽或宽于前翅，Rs 与 M_1 脉接近、合生或自中室上角共柄。雄性外生殖器多样；雌性外生殖器产卵瓣发达，有或无囊突。

生物学：幼虫常蛀果、种子、树皮、花，危害树木、灌木等。

分布：主要分布于东洋区、新热带区和澳洲区。世界已知 60 属 520 多种，中国记录种数不详，浙江分布 2 属 6 种。

105. 隆木蛾属 *Aeolanthes* Meyrick, 1907

Aeolanthes Meyrick, 1907: 739. Type species: *Aeolanthes calidora* Meyrick, 1907.

主要特征：前翅宽阔，常具粉红色斑；R_4 与 R_5 脉共长柄，M_2 近 M_3 脉，CuA_1 与 CuA_2 脉共柄。后翅 Rs 与 M_1 脉共柄，臀脉 3 条。

雄性外生殖器：爪形突单个或 1 对；颚形突缺；抱器瓣窄；阳茎发达，具角状器。

雌性外生殖器：前表皮突短于后表皮突；囊突通常 1–2 个，有时缺。

分布：从中国到印度广为分布。世界已知 30 余种，中国记录 10 余种，浙江分布 4 种。

分种检索表

1. 体色暗淡，前翅无红色色彩 ··· 德尔塔隆木蛾 *A. deltogramma*
- 体色艳丽，前翅染有红色 ··· 2
2. 前翅色深，红棕色；雄性爪形突宽 ··· 大光隆木蛾 *A. megalophthalma*
- 前翅色浅，或多或少玫瑰红色；雄性爪形突尖细或缺失 ··· 3
3. 雄性爪形突尖细，抱器瓣窄短 ··· 梨半红隆木蛾 *A. semiostrina*
- 雄性爪形突缺失，抱器瓣狭长 ··· 红隆木蛾 *A. erythrantis*

（347）红隆木蛾 *Aeolanthes erythrantis* Meyrick, 1935

Aeolanthes erythrantis Meyrick, 1935: 83.

分布：浙江（杭州）、河南、江苏、台湾、贵州。
注：描述见《天目山动物志》（李后魂等，2020）。

（348）大光隆木蛾 *Aeolanthes megalophthalma* Meyrick, 1930

Aeolanthes megalophthalma Meyrick, 1930: 11.

分布：浙江（杭州、嘉兴）、湖北、四川。
注：描述见《天目山动物志》（李后魂等，2020）。

（349）梨半红隆木蛾 *Aeolanthes semiostrina* Meyrick, 1935

Aeolanthes semiostrina Meyrick, 1935: 82.

分布：浙江（嘉兴、杭州）、河南、陕西、湖南、福建、贵州；朝鲜。
寄主：沙梨 *Pyrus pyrifolia*、苹果 *Malus pumila*。
注：描述见《天目山动物志》（李后魂等，2020）。

（350）德尔塔隆木蛾 *Aeolanthes deltogramma* Meyrick, 1923

Aeolanthes deltogramma Meyrick, 1923: 611.

分布：浙江（嘉兴、杭州）、河南；印度。
注：描述见《天目山动物志》（李后魂等，2020）。

106. 叉木蛾属 *Metathrinca* Meyrick, 1908

Metathrinca Meyrick, 1908: 625. Type species: *Ptochoryctis ancistria* Meyrick, 1906.

主要特征：头部被紧贴的鳞片，侧毛簇扩散。下唇须长，第2节鳞片紧贴，第3节非常短，尖。雄性触角双栉状，雌性触角简单。前翅 CuA_2 脉出自下角或5/6处，一般不与 CuA_1 脉共柄，M_3 脉缺，M_2 脉出自近中室下角，R_4 和 R_5 脉共柄，R_5 脉达前缘，R_3 脉缺，R_1 和 R_2 脉远离。后翅 CuA_1 和 M_3 脉共柄，M_2 脉近中室下角，M_1 和 Rs 脉远离。

雄性外生殖器：有发达的爪形突、颚形突和抱器瓣基内突，阳茎简单。

雌性外生殖器：简单，囊突一般存在。

分布：主要分布于东洋区。世界已知近20种，中国记录9种，浙江分布2种。

（351）银叉木蛾 *Metathrinca argentea* Wang, Zheng et Li, 2000

Metathrinca argentea Wang, Zheng *et* Li, 2000: 230.

分布：浙江（嘉兴、杭州）、河南、安徽、福建、四川、贵州、西藏；印度。
注：描述见《天目山动物志》（李后魂等，2020）。

（352）铁杉叉木蛾 *Metathrinca tsugensis* (Kearfott, 1910)

Ptochoryctis tsugensis Kearfott, 1910: 347.
Metathrinca tsugensis: Okada, 1962: 28.

分布：浙江（嘉兴、杭州）、河南、安徽、江西、福建、台湾；朝鲜，日本，美国。
寄主：冷杉 *Abies* sp.、雪松 *Cedrus deodara*、云杉 *Picea asperata*、铁杉 *Tsuga chinensis*。
注：描述见《天目山动物志》（李后魂等，2020）。

十七、鸠蛾科 Peleopodidae

主要特征：触角丝状，柄节有栉或无栉，雄性鞭节腹面有或无纤毛；下触须 3 节，上举过头顶，第 2 节长于或等于第 3 节。前翅末端圆或斜直，大多数种具中室中斑、中室端斑和褶斑。雄性翅缰 1 根，雌性翅缰 2 根或多根。

雄性外生殖器：凹鸠蛾亚科 Acriinae 爪形突分叉或喙状，鸠蛾亚科 Peleopodinae 爪形突分叉，木鸠蛾亚科 Oditinae 爪形突缺失；凹鸠蛾亚科 Acriinae 和鸠蛾亚科 Peleopodinae 具 1 对密被刺的颚形突，木鸠蛾亚科 Oditinae 的颚形突钩状、刺状或三角形（木鸠蛾属 *Odites* 颚形突退化或仅具基臂）；抱器瓣对称或不对称，形状多样；阳茎有或无角状器。

雌性外生殖器：导管端片发达或退化；附囊有或无；交配囊有或无囊突。

分布：全北区、东洋区和新热带区。世界已知 10 属近 200 种，中国记录 6 属 43 种，浙江分布 3 亚科 5 属 17 种。

分亚科检索表

1. 前翅前缘近中部内凹 ·· 凹鸠蛾亚科 Acriinae
- 前翅前缘近中部不内凹 ··· 2
2. 爪形突发达，颚形突 1 对 ··· 鸠蛾亚科 Peleopodinae
- 爪形突缺失，颚形突 1 个 ··· 木鸠蛾亚科 Oditinae

（一）凹鸠蛾亚科 Acriinae

主要特征：见上面科的特征。

分布：古北区东部及东洋区。世界已知 1 属近 20 种，中国记录 5 种，浙江分布 3 种。

107. 凹鸠蛾属 *Acria* Stephens, 1834

Acria Stephens, 1834: 218. Type species: *Acria emarginella* (Donovan, 1804).

主要特征：触角柄节背面具鳞毛簇。下唇须第 3 节与第 2 节等长或略短于第 2 节，第 2 节腹面的端部具鳞毛簇。前翅宽阔，末端钝圆，前缘具凹口；中室斑由隆起的黑色或黑褐色鳞片形成，中室端斑通常与白色鳞毛簇相接。

雄性外生殖器：爪形突喙状或叉状；颚形突 1 对，密被刺；抱器瓣对称或不对称，端部通常分叉。

雌性外生殖器：导管端片形状多样；囊导管膜质，通常短于交配囊；附囊发达；交配囊有或无囊突。

分布：古北区东部、东洋区、旧热带区。世界已知 13 种，中国记录 7 种，浙江分布 3 种。

分种检索表

1. 抱器瓣不对称 ··· 异凹鸠蛾 *A. emarginella*
- 抱器瓣对称 ··· 2
2. 抱器腹梭形，角状器 5–9 个 ··· 苹凹鸠蛾 *A. ceramitis*
- 抱器腹带状，角状器无 ··· 等凹鸠蛾 *A. equibicruris*

（353）苹凹鸠蛾 *Acria ceramitis* Meyrick, 1908（图 7-117）

Acria ceramitis Meyrick, 1908: 636.

主要特征：成虫（图 7-117A）翅展 11.5–15.0 mm。头顶褐色，额白色。下唇须淡褐色，略带白色；第 2 节腹面端部具鳞毛簇。触角褐色，柄节腹面浅黄色。胸部、翅基片和前翅褐色。前翅前缘自基部 1/3–2/3 内凹、黄褐色；2 条黑褐色线分别自凹口两端向中室上角延伸，在中室上角会合形成 "V" 形斑；亚缘线黑褐色，自凹口外侧下方呈拱形延伸至臀角，与前缘端部和外缘平行；中室端斑黑色，下方具白色鳞毛簇；外缘黑褐色；缘毛黄褐色。后翅黄褐色；缘毛灰褐色，基部黑褐色。

图 7-117　苹凹鸠蛾 *Acria ceramitis* Meyrick, 1908
A. 成虫；B. 雄性外生殖器；C. 雌性外生殖器

雄性外生殖器（图 7-117B）：爪形突基部 1/4 近等宽，端部 3/4 叉状，向外斜伸，内缘直，外缘钝圆。颚形突 1 对，近椭圆形，密被微刺。抱器瓣基部 1/4 近等宽，后渐窄至末端；端部 1/5 分叉，刺状；抱器背带状；抱器腹梭形。囊形突小，近梯形。阳茎基环卵圆形。阳茎约为抱器瓣长的 3/5，近等宽，角状器 5–9 个，图钉状。

雌性外生殖器（图 7-117C）：前表皮突长约为后表皮突的 3/5。前阴片矩形，两侧缘分别伸出中部呈直角弯曲的突起。导管端片倒梨形。囊导管膜质，短。交配囊长约为囊导管的 3 倍，长卵圆形，无囊突。附囊出自囊导管与交配囊的交接处，基部 3/5 较窄，端部 2/5 呈圆形膨大；导精管出自附囊端部 2/5 的一侧。

分布：浙江（杭州、舟山）、辽宁、山东、河南、陕西、安徽、湖北、江西、湖南、福建、广西、重庆、四川、贵州；韩国，日本，印度。

寄主：苹果 *Malus pumila*。

（354）异凹鸠蛾 *Acria emarginella* (Donovan, 1804)（图 7-118）

Phalaena emarginella Donovan, 1804: 90.
Acria emarginella: Stephens, 1834: 219.

主要特征：成虫（图 7-118A）翅展 19.0–23.0 mm。头顶褐色；额黄白色。下唇须第 2 节内侧黄色，外侧基部黑褐色，腹面端部具鳞毛簇；第 3 节黄白色杂褐色，中部黑褐色。触角柄节背面褐色，前缘白色，腹面黄褐色；鞭节黄褐色或灰褐色，背面具褐色环。胸部和翅基片黄褐色到灰褐色；翅基片端半部杂黄白色。前翅黄褐色到灰褐色；前缘自基部 1/3–2/3 内凹，黄白色；2 条黑褐色线分别自凹口两端向中室上角延伸，呈 "V" 形相交于中室上角，后呈细线状延伸至臀角；中室中斑和中室端斑黑褐色，中室端斑内侧缘下方具白色鳞毛簇；亚缘线黑褐色，自凹口外侧向外倾斜延伸至翅端约 1/5 处，后呈锯齿状延伸至臀角；缘点深褐色，自前缘端部 1/3 经外缘至臀角；缘毛灰色杂深褐色，基部黄色。后翅和缘毛黄褐色。

雄性外生殖器（图 7-118B）：爪形突喙状，末端圆。颚形突 1 对，近椭圆形，密被微刺。抱器瓣不对称：左侧抱器瓣基部宽于右侧抱器瓣基部，近中部具 1 密被刚毛的楔形突起，背缘中部呈圆形凸出，抱器腹长约为抱器瓣的 3/4，端部与抱器瓣分离，末端圆；右侧抱器瓣长于左侧抱器瓣，基部 2/5 处具 1 密被刚毛的楔形突起，背缘基部 1/4 处略内凹，中部呈圆形凸出，抱器腹逐渐窄至末端，长约为抱器瓣的 1/3。阳茎基环近矩形。阳茎长约为右侧抱器瓣的 1/3，末端截形，腹缘末端伸出 1 小指突；角状器 4–7 个，位于阳茎端部。

图 7-118　异凹鸠蛾 *Acria emarginella* (Donovan, 1804)
A. 成虫；B. 雄性外生殖器；C. 雌性外生殖器

雌性外生殖器（图 7-118C）：前表皮长约为后表皮突的 1/3；后表皮突端部 1/3 略宽。导管端片后端 1/3 较宽，前端渐窄。囊导管膜质，前端 1/2 较宽。交配囊与囊导管近等长，长卵圆形，无囊突。附囊出自囊导管中部；导精管出自附囊端部 1/5，末端膨大。

分布：浙江（杭州）、北京、天津、河北、山西、河南、四川、贵州；日本，印度，斯里兰卡。

（355）等凹鸠蛾 *Acria equibicruris* Wang, 2008（图 7-119）

Acria equibicruris Wang in Yuan, Zhang & Wang, 2008: 687.

主要特征：成虫（图 7-119A）翅展 17.0–18.0 mm。头顶黄褐色；额白色。下唇须白色；第 2 节外侧基半部灰褐色，腹面端半部具鳞毛簇；第 3 节基部具浅褐色环，中部与端部 1/4 之间黑色或深灰色。触角柄节背面灰褐色杂黄色，腹面浅黄白色；鞭节黄色，背面具灰褐色环。胸部和翅基片灰褐色。前翅灰褐色；前缘自基部 1/3–2/3 内凹，浅黄色；2 条褐色线分别从凹口两端斜向中室上角延伸，在中室上角会合形成"V"形斑；亚缘线褐色，从凹口外侧下方呈拱形延伸至臀角，与前缘端部和外缘近平行；中室中斑和中室端斑黑褐色，中室端斑下方具白色鳞毛簇；后缘基部褐色；缘点褐色，自前缘端部 1/4 经外缘至臀角；缘毛褐色，基部灰褐色。后翅和缘毛褐色。

图 7-119　等凹鸠蛾 *Acria equibicruris* Wang, 2008
A. 成虫；B. 雄性外生殖器；C. 雌性外生殖器

雄性外生殖器（图 7-119B）：爪形突基部 1/4 窄，端部 3/4 叉状，末端略圆。颚形突 1 对，近椭圆形，密被微刺。抱器瓣基部 3/5 近等宽，后窄至端部 1/7 处，端部 1/7 双刺状，背、腹刺等长；抱器背和抱器腹带状。基腹弧带状，前缘圆。阳茎基环近矩形。阳茎长约为抱器瓣的 1/2，管状；角状器无。

雌性外生殖器（图 7-119C）：前表皮突长约为后表皮突的 2/5；后表皮突端部 1/3 膨大。导管端片小。囊导管膜质，前端 2/5 宽。交配囊与囊导管近等长，卵圆形。附囊出自囊导管前端 2/5，近圆形；中部一侧具疣；导精管出自附囊的疣的末端。

分布：浙江（丽水）、湖南、广西、贵州。

（二）鸠蛾亚科 Peleopodinae

主要特征：触角柄节背面具鳞片簇。下唇须第3节与第2节等长。后翅Rs和M_1脉基部共柄。

雄性外生殖器：常不对称，颚形突中部为多刺的球突，爪形突叉状，腹部背板一般具有刺状刚毛，第2节腹板仅有表皮内突。

雌性外生殖器：成虫腹部第2节有腹棒和表皮内突。

分布：分布在新大陆，古北区东部、东洋区。世界已知5属16种，中国记录1属2种，浙江分布1种。

108. 恒鸠蛾属 *Letogenes* Meyrick, 1921

Letogenes Meyrick, 1921: 173. Type species: *Letogenes auguralis* Meyrick, 1921.

主要特征：触角柄节背面具鳞片簇。下唇须第3节与第2节等长。前翅近矩形，末端圆；后翅近梯形。

雄性外生殖器：爪形突端部常为叉状；颚形突1对，近椭圆形，密被微刺。

雌性外生殖器：导管端片近漏斗形；囊导管膜质；附囊出自囊导管后端，远小于交配囊；交配囊具囊突。

分布：古北区东部、东洋区。世界已知2种，中国记录2种，浙江分布1种。

（356）雪恒鸠蛾 *Letogenes festalis* Meyrick, 1930（图 7-120）

Letogenes festalis Meyrick, 1930: 16.
Acria nivalis Wang in Yuan, Zhang & Wang, 2008: 686.

主要特征：成虫（图 7-120A）翅展 18.0–21.0 mm。头部白色，复眼周围具黄色鳞毛。下唇须黄色；第2节内侧和第3节末端黄白色。触角柄节白色，腹面杂浅黄色；鞭节除基部数鞭小节白色外黄色。胸部、翅基片和前翅白色。前翅前缘黄色，自近中部至端部1/4加宽，形成近三角形黄斑；中室末端上方有1圆形黑褐色斑，其中央黄色，前缘通过黑褐色鳞片与前翅前缘斑相接；缘线黄褐色，经前缘近末端到外缘；缘毛沿前缘和臀角白色，沿外缘黄色，中部黑色。后翅灰褐色；Rs脉上方区域白色；缘毛黄色。

图 7-120 雪恒鸠蛾 *Letogenes festalis* Meyrick, 1930
A. 成虫；B. 雄性外生殖器；C. 雌性外生殖器

雄性外生殖器（图 7-120B）：爪形突基部1/5处收窄，端部2/5叉状，侧叶细长。颚形突1对，椭圆形，密被微刺。抱器瓣基部宽，渐窄至末端，腹缘近末端具1缺刻。阳茎基环梯形。阳茎长约为抱器瓣的2/3，管状；角状器由微粒构成，位于阳茎端膜内。

雌性外生殖器（图 7-120C）：产卵瓣短小。后表皮突长约为前表皮突的2.5倍，前端1/5宽。导管端片漏斗形。囊导管膜质，前端 1/5 较宽。交配囊长约为囊导管的 1/2，近卵形；囊突 2 个，位于交配囊中部，由圆形基板和三角形突起组成；附囊出自囊导管的后端，远小于交配囊，梨形；导精管出自附囊前端 1/3 处。

分布：浙江（杭州）、黑龙江、辽宁、河南、陕西、湖北、四川；俄罗斯。

（三）木鸠蛾亚科 Oditinae

主要特征：触角柄节无栉。下唇须第 3 节短于第 2 节或与第 2 节等长。前翅通常具中室中斑、中室端斑和褶斑。后翅 Rs 和 M_1 脉共柄。

雄性外生殖器：爪形突缺失，颚形突中突钩状，刺状或缺失；抱器瓣通常对称；阳茎基环通常具 1 对小瓣。

雌性外生殖器：产卵瓣窄长；后表皮突长于前表皮突；交配囊有或无囊突。

分布：古北区、东洋区、旧热带区。世界已知 4 属 150 种左右，中国记录 4 属 36 种，浙江分布 3 属 13 种。

分属检索表

1. 前翅顶角尖角状外突，CuA_1 和 CuA_2 共同发自中室下角 ·· 根鸠蛾属 *Rhizosthenes*
- 前翅顶角圆钝，CuA_1 和 CuA_2 基部分离 ··· 2
2. 雄性外生殖器的颚形突钩状下折，前翅 CuA_2 基部远离中室下角 ······································· 绢鸠蛾属 *Scythropiodes*
- 雄性外生殖器的颚形突退化或缺失，前翅 CuA_2 发自中室下角 ·· 木鸠蛾属 *Odites*

109. 木鸠蛾属 *Odites* Walsingham, 1891

Odites Walsingham, 1891b: 99. Type species: *Odites natalensis* Walsingham, 1891.

主要特征：下唇须第 2 节略长于第 3 节；前翅通常具黑褐色中室中斑和中室端斑，少数种具极小的褶斑。翅脉：前翅 R_4 和 R_5 脉共长柄，R_5 脉末端达外缘，M_3 和 M_2 脉基部邻近；后翅 Rs 与 M_1 脉共长柄，M_3 和 CuA_1 脉共柄。

雄性外生殖器：爪形突缺失；颚形突缺失或仅具基臂；抱器瓣形状多样。

雌性外生殖器：产卵瓣窄长；前表皮突短于后表皮突；囊导管膜质或部分骨化；交配囊有或无囊突。

分布：古北区、东洋区、旧热带区。世界已知 144 种，中国记录 8 种，浙江分布 3 种。

（357）山木鸠蛾 *Odites collega* Meyrick, 1927

Odites collega Meyrick, 1927: 364.

主要特征：翅展 23.0 mm。头部和胸部白色。下唇须白色，第 2 节基部 2/3 深褐色，第 3 节末端灰色。前翅白色；中室斑、中室端斑和褶斑黑色；前缘近中部下方具 1 黑点；亚缘带黑色，由圆点组成，自亚前缘基部 2/3 呈拱形延伸至臀角；缘点黑色。

分布：浙江（杭州）、四川。

注：未见标本，译自原文（Meyrick，1927）。

（358）续木鸠蛾 *Odites continua* Meyrick, 1935

Odites continua Meyrick in Caradja & Meyrick, 1935: 84.

主要特征：翅展 18.0 mm。头部和胸部黄白色。下唇须白色，第 2 节除末端外深褐色。前翅前缘弓形，末端钝，外缘斜圆；赭白色或淡赭黄色；翅褶基部有 1 深褐色斑点；中室斑、中室端斑及褶斑黑色；近外缘有 2–3 黑斑；缘毛白色，略染赭色。后翅灰白色；缘毛赭白色。

分布：浙江（杭州）。

注：未见标本，译自原文（Caradja and Meyrick，1935）。

（359）直木鸠蛾 *Odites orthometra* Meyrick, 1908

Odites orthometra Meyrick, 1908: 634.

主要特征：翅展 16.0–18.0 mm。头部和胸部赭白色。下唇须赭白色，第 2 节腹面深褐色，第 3 节基部深褐色。触角灰色。前翅基部窄，端部宽，末端钝，前缘稍拱，外缘斜直；赭白色，杂赭褐色及褐色鳞片；中室斑、中室端斑和褶斑黑色；亚缘点黑色，中间的点扩大且明显；沿前缘端部和外缘有 1 列黑点；缘毛黄白色。后翅和缘毛浅灰色，缘毛基部黄白色。

分布：浙江（杭州）（Caradja and Meyrick，1935）；印度，斯里兰卡。

注：未见标本，译自原文（Meyrick，1908）。

110. 根鸠蛾属 *Rhizosthenes* Meyrick, 1935

Rhizosthenes Meyrick, 1935: 83. Type species: *Rhizosthenes falciformis* Meyrick, 1935.

主要特征：头部颜面鳞片紧贴，头顶鳞片粗糙外突。触角线形，长约为前翅的一半，雄性触角腹侧具密集的短纤毛。下唇须上举，第 2 节超过头顶，第 3 节与第 2 节等长。胸部背板微隆起。前翅近长矩形；后翅近梯形。

雄性外生殖器：爪形突缺。颚形突钩状下折。抱器背基部具突起。抱器背基突和阳茎基环具侧叶。

雌性外生殖器：产卵瓣向后延伸，套筒状。后表皮突约为前表皮突长的 3.5 倍。导精管远端膨大为球状。交配囊膜质，无囊突。

分布：东洋区。世界已知 1 种，中国记录 1 种，浙江有分布。

（360）镰斑根鸠蛾 *Rhizosthenes falciformis* Meyrick, 1935（图 7-121）

Rhizosthenes falciformis Meyrick in Caradja & Meyrick, 1935: 83.

主要特征：成虫（图 7-121A）翅展 19.6–28.2 mm。头顶白色，颜面黄白色。触角柄节黄白色，杂有褐色；鞭节浅褐色，腹侧具密集的短纤毛。下唇须第 2 节深褐色，外侧近端部和内侧中部白色或黄白色；第 3 节白色，杂少量褐色鳞片。胸部和翅基片土黄色。前翅外缘近"S"形，顶角下方深凹至中部，其余部分钝圆向外；土黄色，散布少量褐色鳞片，少数个体褐色鳞片较多，雌性个体的颜色更深些；前缘褐色，具 1 条深褐色宽带从基部延伸至顶角处，约为前翅的 1/4 宽，近顶角处较窄且颜色较浅；斑点黑色：中室斑近椭圆形，中室端斑近圆形，远大于中室斑；5 深褐色圆点沿着外缘分布，从顶角下方延伸至臀角上方；缘毛白色。后翅浅灰白色；缘毛浅灰白色，前缘近顶角处缘毛端半部褐色。

雄性外生殖器（图 7-121B）：颚形突中部突起约为基臂的 2 倍长，渐窄，末端尖锐。抱器瓣基部宽，渐窄至端部，具短角状端突；抱器背突起指状，末端钝圆，密被短刚毛，与背兜几乎等长，基部背侧具 1 等长且更细的指状突起。抱器背基突膜质；侧叶短指状，端半部背侧密被短刚毛。抱器腹基部 5/7 等宽，端部 2/7 渐窄，宽约为抱器瓣的一半。阳茎基环骨化强，近梯形，前缘弧形浅凹，后缘宽"V"形深凹；背侧叶近三角形，前端 1/2 密被刚毛，后端具 1 弱骨化窄带。基腹弧中部加宽，前缘近"V"形。阳茎稍短于抱器瓣，几乎等宽，基部 2/9 处两侧具 1 对方形强骨化片，端膜处具 2 等长强刺。

图 7-121　镰斑根鸠蛾 *Rhizosthenes falciformis* Meyrick, 1935
A. 成虫；B. 雄性外生殖器；C. 雌性外生殖器

雌性外生殖器（图 7-121C）：后表皮突长约为前表皮突的 3.5 倍。第 7 背板后缘骨化强烈，褶皱状。导管端片骨化强，近矩形，中部稍加宽，前端 1/4 处具近方形背侧叶。囊导管膜质，长约为交配囊的 1.5 倍，前端渐窄至 2/3 处，后端 1/3 等宽；导精管出自囊导管后端 1/3 处，端部膨大近球形。交配囊卵圆形，膜质。

分布：浙江（杭州）、河南、江苏、湖北、江西、湖南、四川；俄罗斯（远东地区），韩国，日本。

寄主：栗 *Castanea mollissima*、栎 *Quercus* sp.、木通 *Akebia* sp.、山胡椒属 *Lindera* sp.、苹果 *Malus pumila*、葡萄 *Vitis vinifera*。

111. 绢鸠蛾属 *Scythropiodes* Matsumura, 1931

Scythropiodes Matsumura, 1931a: 1099. Type species: *Scythropiodes seriatopunctata* Matsumura, 1931 = *Scythropiodes leucostola* (Meyrick, 1921).

主要特征：下唇须上举，第 2 节与第 3 节等长或略长于第 3 节。前翅近矩形，顶角钝圆；R_4 和 R_5 脉共短柄，R_5 脉达外缘，M_1 和 M_2 脉近平行，M_2 和 M_3 脉接近，1A+2A 脉基部分叉，CuA_1 脉源自中室下角，CuA_2 脉源自中室后缘端部。后翅近梯形；Rs 和 M_1 脉共短柄，M_3 和 CuA_1 脉共短柄或源自同一点。

雄性外生殖器：颚形突基臂带状，中突钩状或刺状；阳茎环通常具小瓣。

雌性外生殖器：前表皮突长为后表皮突的 2/5–3/5；囊导管膜质，具附囊；交配囊膜质，有或无囊突。

分布：东洋区。世界已知 38 种，中国记录 26 种，浙江分布 9 种。

分种检索表*

1. 前翅底色白色或灰白色	2
- 前翅浅黄褐色或深褐色	5
2. 阳茎无角状器；抱器瓣近方形，末端具钩状突起	钩瓣绢鸠蛾 *S. hamatellus*
- 阳茎具 2–5 个角状器	3
3. 抱器瓣具窄指状端突；阳茎具 3 个角状器	邻绢鸠蛾 *S. approximans*
- 抱器瓣无端突	4
4. 阳茎具 2 个角状器；抱器背基突侧叶近矩形，有 2 个刺	九连绢鸠蛾 *S. jiulianae*
- 阳茎具 4–5 个角状器；抱器背基突侧叶半卵圆形，无刺	梅绢鸠蛾 *S. issikii*
5. 前翅浅黄褐色	6
- 前翅深褐色	7

---

*苹白绢鸠蛾 *S. leucostola* 未见标本，故不包括在检索表中。

6. 阳茎末端叉状，无角状器；抱器瓣端部具突起 ················· 苹褐绢鸠蛾 *S. malivora*
- 阳茎末端不分叉，具角状器；抱器瓣端部无突起 ················· 二点绢鸠蛾 *S. lividula*
7. 阳茎具角状器；抱器腹背缘具指状突起 ························· 刺瓣绢鸠蛾 *S. barbellatus*
- 阳茎无角状器；抱器腹背缘无突起 ····························· 暗褐绢鸠蛾 *S. gnophus*

（361）邻绢鸠蛾 *Scythropiodes approximans* (Caradja, 1927)

Odites approximans Caradja, 1927b: 33.
Scythropiodes approximans: Park & Wu, 1997: 35.

分布：浙江（杭州）、辽宁、北京、天津、河北、山西、河南、陕西、湖北、江西、四川；俄罗斯，韩国。
注：描述见《天目山动物志》（李后魂等，2020）。

（362）刺瓣绢鸠蛾 *Scythropiodes barbellatus* Park *et* Wu, 1997

Scythropiodes barbellatus Park *et* Wu, 1997: 39.

分布：浙江（临安）、河南、安徽、湖北、江西、湖南、福建、广东、海南、广西、重庆、四川、贵州。
注：描述见《天目山动物志》（李后魂等，2020）。

（363）暗褐绢鸠蛾 *Scythropiodes gnophus* Park *et* Wu, 1997（图 7-122）

Scythropiodes gnophus Park *et* Wu, 1997: 40.

主要特征：成虫（图 7-122A）翅展 11.5–13.0 mm。颜面白色，头顶褐色。触角柄节白色；鞭节基部白色，至端部渐变为深褐色。下唇须第 2 节外侧黄褐色，内侧灰白色；第 3 节黄白色，端部 4/5 内侧深褐色，基部具黑环。胸部和翅基片褐色。前翅外缘稍斜，顶角下方浅凹；深褐色，前缘橙黄色；缘毛黄白色，臀角处褐色。后翅灰褐色；缘毛灰褐色，基线灰白色。

图 7-122 暗褐绢鸠蛾 *Scythropiodes gnophus* Park *et* Wu, 1997
A. 成虫；B. 雄性外生殖器；C. 雌性外生殖器

雄性外生殖器（图 7-122B）：颚形突腹侧臂短于基臂，末端尖。抱器瓣自基部至端部渐窄，近端部 1/4 分叉为 2 叶，背侧叶和腹侧叶等长。抱器腹基部至端部渐窄，背缘近中部呈浅圆形内凹。抱器背基突膜质，两侧骨化弱，无侧叶。阳茎基环倒三角形，后端背侧具 1 对三角状侧叶。囊形突半卵圆形。阳茎几乎直，两侧近平行，长约为抱器瓣的 3/4；无角状器。

雌性外生殖器（图 7-122C）：产卵瓣长矩形，多刚毛。后表皮突长约为前表皮突的 2.5 倍。第 8 腹板前端近菱形突出。前阴片倒梯形，前缘中部和后缘中部呈半圆形凹入。囊导管细长，长约为交配囊的 4 倍。

导精管发自囊导管后端 1/3 处，至端部渐宽，远端膨大为卵圆形囊。交配囊近圆形；囊突 2 个，梨形，密被小齿突。

分布：浙江（嘉兴）、湖南、福建、海南、广西、四川、贵州。

（364）钩瓣绢鸠蛾 *Scythropiodes hamatellus* Park *et* Wu, 1997

Scythropiodes hamatellus Park *et* Wu, 1997: 36.

分布：浙江（临安、嘉兴）、湖南、福建、重庆、四川；韩国。
注：描述见《天目山动物志》（李后魂等，2020）。

（365）梅绢鸠蛾 *Scythropiodes issikii* (Takahashi, 1930)

Depressaria issikii Takahashi, 1930: 285.
Scythropiodes issikii: Lvovsky, 1996: 650.

分布：浙江（临安）、辽宁、北京、河北、山西、山东、河南、陕西、甘肃、青海、安徽、湖北、江西、湖南、福建、广东、海南、广西、重庆、四川、贵州、云南；俄罗斯，韩国，日本。
注：描述见《天目山动物志》（李后魂等，2020）。

（366）九连绢鸠蛾 *Scythropiodes jiulianae* Park *et* Wu, 1997

Scythropiodes jiulianae Park *et* Wu, 1997: 37.

分布：浙江（临安）、湖北、江西、湖南、四川、贵州。
注：描述见《天目山动物志》（李后魂等，2020）。

（367）苹白绢鸠蛾 *Scythropiodes leucostola* (Meyrick, 1921)

Protobathra leucostola Meyrick, 1921: 436.
Scythropiodes leucostola: Lvovsky, 1996: 650.
Scythropiodes seriatopunctata Matsumura, 1931a: 1099.

分布：浙江、江西、福建；韩国，日本。
注：该种在中国各地的分布依据文献记载（Fang and Wu，2001），未见标本。

（368）二点绢鸠蛾 *Scythropiodes lividula* (Meyrick, 1932)（图 7-123）

Odites lividula Meyrick, 1932: 286.
Scythropiodes lividula: Lvovsky, 1996: 650.

主要特征：成虫（图 7-123A）翅展 20.0 mm。额深灰褐色，头顶黄色。下唇须黄色；第 2 节外侧基部 4/5 褐色；第 3 节基部具 1 黑色环。触角柄节黄色；鞭节基部 1/5 黄色，端部 4/5 黄褐色。胸部和翅基片黄褐色。前翅黄色，沿前缘黄色；中室端斑褐色；外缘具褐色缘点；缘毛黄色。后翅与缘毛黄色。
雄性外生殖器（图 7-123B）：颚形突骨化弱；中突小。抱器瓣基部宽，逐渐窄至末端；前缘近基部具 1 棒状突起；弱骨化区宽，强骨化区细长；抱器腹基部宽，渐窄至抱器瓣的 1/2 处。阳茎基环腹面基半部呈水滴形，端半部呈三角形；背面近长矩形，末端具大刺突；小瓣长鞭状，末端具小钩。基腹弧带状，前端近倒梯形。阳茎略长于抱器瓣长的 4/5，直；角状器由 1 列刺束组成，端部 2 刺较大。

分布：浙江（温州）；朝鲜，韩国，日本。

图 7-123　二点绢鸠蛾 *Scythropiodes lividula* (Meyrick, 1932)
A. 成虫；B. 雄性外生殖器

（369）苹褐绢鸠蛾 *Scythropiodes malivora* **(Meyrick, 1930)**

Odites malivora Meyrick, 1930: 555.
Scythropiodes malivora: Park & Wu, 1997: 32.

分布：浙江（临安）、黑龙江、天津、河北、山东、河南、甘肃、安徽、湖南、福建、广东、重庆、四川、贵州；俄罗斯，韩国，日本。

注：描述见《天目山动物志》（李后魂等，2020）。

十八、宽蛾科 Depressariidae

主要特征：下唇须弯曲，第 2 节有或无鳞毛簇或鳞毛刷。触角短于前翅，柄节有栉或无栉，雄性纤毛短于触角的宽度。单眼存在或消失，翅发达，前翅有 11–12 条脉，R_4 和 R_5 脉共柄或合并，CuA_1 与 CuA_2 脉分离或共柄，1A 脉存在。后翅有 8 条脉，Rs 和 M_1 脉分离，通常平行。腹部一般无背刺。

雄性外生殖器：尾突发达；颚形突 1–2 个，具刺；抱器瓣简单或有不同的叶突，有或无抱器背基突；基腹弧发达；阳茎基环有侧叶；阳茎有或无角状器。

雌性外生殖器：交配孔位于第 8 腹节；囊突发达，一般具齿。

生物学：幼虫卷叶、缀叶或取食种子和花。

分布：世界各大动物地理区。世界已知 2000 余种，其中古北区已知 400 余种，中国记录约 5 属 25 种，浙江分布 2 属 6 种。

112. 异宽蛾属 *Agonopterix* Hübner, [1825]

Agonopterix Hübner, [1825]: 410. Type species: *Tinea signella* Hübner, 1796.

主要特征：头部鳞片紧贴，两侧的鳞毛簇蓬松。触角柄节有栉，具纤毛。下唇须第 3 节短于第 2 节，第 2 节端部通常有直的毛簇。前翅较宽，通常近似矩形，基部略窄，前缘微弧，顶角一般略突出，有的明显突出，甚至略下弯，外缘弧形或偏斜直，臀角通常弧形；无明显的纵条纹，有 12 条脉，CuA_1 与 CuA_2 共柄，R_4 和 R_5 具长柄，R_5 达前缘或顶角。后翅等宽于或宽于前翅，前缘几乎平直，外缘圆；有 8 条脉，CuA_1 与 M_3 合生或具短柄；后缘通常略凸，但很少呈波状。腹部背面扁平，缺背刺。

雄性外生殖器：爪形突有或无，尾突发达，有许多刚毛；颚形突为球形或椭圆形、长椭圆形突出物，密被刺毛；抱器背基突常存在，带状；抱器背基叶柔软，常拇指状，具刚毛。抱器腹发达，骨化强，抱器腹端突与抱器瓣腹缘常成直角，伸向背缘；阳茎基环存在，骨化，通常基部宽，近基部急剧内收变窄，其余部分心形、五边形或六边形；阳茎基环侧叶中部或偏后部常向内侧凸出。阳茎一般短，弯曲，内具较多的刺丝状角状器。

雌性外生殖器：后表皮突略长于前表皮突；第 8 腹节背板略骨化，后缘中部常凹陷，前缘中部凸出；交配孔位于第 8 腹节，圆形或"U"形；导精管近交配孔；囊导管长，膜质，后端一般有许多微刺突；交配囊膜质，囊突较小，略呈钻石形，内具许多直的齿突，通常三角形，少见缺失囊突。

分布：世界各大动物地理区均有分布，其中古北区和东洋区的多样性最高。世界已知 240 余种，中国记录 20 余种，浙江分布 5 种。

分种检索表

1. 颚形突橄榄形 ·· 2
- 颚形突圆形或卵形 ··· 3
2. 抱器瓣末端钝尖；阳茎内具刺丛 ··· 双斑异宽蛾 *A. bipunctifera*
- 抱器瓣末端圆；阳茎内无刺丛 ··· 弯异宽蛾 *A. l-nigrum*
3. 颚形突卵形 ··· 托异宽蛾 *A. takamukui*
- 颚形突圆形 ··· 4
4. 抱器腹端突末端尖；阳茎弓状 ··· 二点异宽蛾 *A. costaemaculella*
- 抱器腹端突末端圆钝；阳茎浅弧形 ··· 柳异宽蛾 *A. conterminella*

（370）双斑异宽蛾 *Agonopterix bipunctifera* (Matsumura, 1931)

Depressaria bipunctifera Matsumura, 1931a: 1089.
Agonopterix bipunctifera: Ridout, 1981: 31.

分布：浙江（湖州、临安）、天津、河南、湖北、江西；朝鲜，日本。
注：描述见《天目山动物志》（李后魂等，2020）。

（371）柳异宽蛾 *Agonopterix conterminella* (Zeller, 1839)

Depressaria conterminella Zeller, 1839: 196.
Agonopterix conterminella: Sorauer & Reh, 1925: 292.

分布：浙江（临安）、黑龙江、吉林、甘肃；欧洲。
注：描述见《天目山动物志》（李后魂等，2020）。

（372）二点异宽蛾 *Agonopterix costaemaculella* (Christoph, 1882)

Depressaria costaemaculella Christoph, 1882: 18.
Cryptolechia costaemaculella Meyrick, 1910a: 165.
Agonopterix costaemaculella: Hanneman, 1953: 279.

分布：浙江（临安）、吉林、河南、陕西、甘肃、台湾、四川、云南；俄罗斯，日本，印度。
注：描述见《天目山动物志》（李后魂等，2020）。

（373）弯异宽蛾 *Agonopterix l-nigrum* (Matsumura, 1931)

Depressaria l-nigrum Matsumura, 1931a: 1091.
Agonopterix l-nigrum: Ridout, 1981: 32.

分布：浙江（临安）、黑龙江、河南；俄罗斯，日本。
注：描述见《天目山动物志》（李后魂等，2020）。

（374）托异宽蛾 *Agonopterix takamukui* (Matsumura, 1931)

Depressaria takamukui Matsumura, 1931a: 1092.
Agonopterix subabjectella Lvovsky, 1990: 645.
Agonopterix takamukui: Lvovsky, 1998: 436.

分布：浙江（临安）、河北、河南、陕西；俄罗斯，朝鲜，日本。
注：描述见《天目山动物志》（李后魂等，2020）。

113. 佳宽蛾属 *Eutorna* Meyrick, 1889

Eutorna Meyrick, 1889a: 157. Type species: *Eutorna caryochroa* Meyrick, 1889.

主要特征：头部光滑，侧毛簇上举。喙发达。触角约为前翅长的 4/5，雄性触角具纤毛；柄节延长，无栉。下唇须长，弯曲、上举；第 2 节粗，鳞片紧贴，有时腹面端部有粗糙毛簇，第 3 节等于或短于第 2 节，细尖。后足胫节被长鳞毛。R_1 脉出自中室中部前，R_4 脉和 R_5 脉共柄，R_5 脉达翅顶，CuA_2 脉出自近中室下角或与 CuA_1 脉共短柄。后翅披针形，M_3 脉和 CuA_1 脉合生或接近，M_2 脉弯曲，R 脉和 M_1 脉平行，M_1 脉达翅顶或接近翅顶，A_2 和 A_3 端部合生。

雄性外生殖器：具 1 对椭圆形的颚形突。抱器背基突发达，中部帽状。抱器瓣基部的基突有或无；抱器腹基突有或无。基腹弧具 1 对三角形突起。阳茎粗短，具角状器。

雌性外生殖器：前表皮突短于后表皮突。导管端片发达；囊导管微骨化，有时具疣突。囊突有或无。

生物学：幼虫最初潜叶，羽化后在叶面上取食。

分布：主要分布于东洋区和澳洲区。世界已知约 24 种，中国记录 4 种，浙江分布 1 种。

（375）纹佳宽蛾 *Eutorna undulosa* Wang et Zhang, 2009

Eutorna undulosa Wang et Zhang, 2009: 45.

分布：浙江（临安、丽水）、湖北、江西、湖南、福建、海南、广西、四川、贵州、云南。

注：描述见《天目山动物志》（李后魂等，2020）。

十九、草蛾科 Ethmiidae

主要特征：体小至中大型，日出性或夜出性。成虫前翅多呈灰色、深褐色或白色，翅面具黑色斑点、条纹或斑纹，是该科昆虫最明显的形态鉴别特征。触角丝状，柄节无栉，背腹面颜色通常不同，雄性触角鞭节较雌性的宽，少数种类雄性鞭节基部具鳞毛簇。

雄性外生殖器：爪形突发达或原始，多数分叉；颚形突多发达，分为口部和尾部，常具齿或刺；钩形突指状，具短刚毛；抱器瓣通常被刚毛，常分成抱器背、抱器腹和抱器端3个明显的骨片，抱器背粗，矩形，抱器端发达，形状多样，密被粗长刚毛；抱器背基突横带状，中部加宽，两侧略向后伸出；少数种类具囊形突；阳茎基环带状，与抱器腹基部连接，具2个侧叶，侧叶约与钩形突等长；阳茎基部强烈弯曲，具阳茎鞘及阳茎端环；角状器有或无。

雌性外生殖器：产卵瓣骨化较强，具稀疏长刚毛；后表皮突明显长于前表皮突，前表皮突短或无；第8背板窄于腹板；导管端片多发达，具稀疏齿刺，少数种类无；囊导管膜质、卷曲；交配囊膜质，附囊有或无；囊突发达或无，存在时位于交配囊后端，光滑或具齿刺。

分布：世界各大动物地理区。世界已知300种以上，中国记录1属56种，浙江分布1属8种。

114. 草蛾属 *Ethmia* Hübner, [1819]

Ethmia Hübner, [1819]: 163. Type species: *Ethmia pyrausta* Hübner, [1819].

主要特征：下颚须4节，短或长，具鳞片，弯曲至喙基部上方。下唇须短或长，均匀弯曲；第2节长，第3节长约为第2节的1/2或略长于第2节。雄性触角较雌性的宽。胸部背面有黑斑。前翅狭长，R_4和R_5脉常共柄。后翅Rs和M_1脉远离；M_3和CuA_1脉共柄或同出于一点。

雄性外生殖器：爪形突发达，少数种类缺爪形突；抱器背和抱器端之间有明显分界。

雌性外生殖器：产卵瓣骨化较强，具稀疏长刚毛；后表皮突常长于前表皮突；导管端片退化或发达；囊导管一般膜质、卷曲；交配囊膜质，多数种类有小刺突，囊突多具齿和刺。

分布：世界广布，尤其是热带、亚热带地区和季节性干旱地区，其中新热带区北部种类最为丰富。世界已知300余种，中国记录约56种，浙江分布8种。

分种检索表

1. 无颚形突，抱器腹腹角具三角状突起 ·· 鼠尾草蛾 *E. lapidella*
- 具颚形突，抱器腹腹角无突起 ·· 2
2. 爪形突端部不分叉，棒状或猫头状 ·· 3
- 爪形突端部分叉 ·· 5
3. 爪形突端部猫头状 ··· 密云草蛾 *E. cirrhocnemia*
- 爪形突端部棒状 ·· 4
4. 抱器端端突扁平，长约为抱器端的1/2 ·· 江苏草蛾 *E. assamensis*
- 抱器端端突扭曲，与抱器端等长 ·· 冲绳草蛾 *E. okinawana*
5. 爪形突端部分支指状 ·· 天目山草蛾 *E. epitrocha*
- 爪形突端部分支棒状 ·· 6
6. 抱器端具2突起 ··· 衡山草蛾 *E. maculata*
- 抱器端无突起 ·· 7

7. 抱器端椭圆形 ··· 西藏草蛾 *E. ermineella*
- 抱器端基部柄状，端部膨大 ··· 新月草蛾 *E. lunaris*

（376）江苏草蛾 *Ethmia assamensis* (Butler, 1879)

Hyponomeuta assamensis Butler, 1879c: 6.
Psecadia hockingella Walsingham, 1880: 90.
Azinis assamensis: Cotes & Swinhoe, 1889: 719.
Ethmia assamensis: Moriuti, 1963a: 35.

分布：浙江（临安）、江苏、上海、安徽、湖北、江西、湖南、广东、广西、四川、云南、西藏；日本，巴基斯坦，印度，尼泊尔，斯里兰卡。

注：描述见《天目山动物志》（李后魂等，2020）。

（377）密云草蛾 *Ethmia cirrhocnemia* (Lederer, 1870)（图 7-124）

Anesychia cirrhocnemia Lederer, 1870: 25.
Ethmia cirrhocnemia: Sattler, 1967: 91.

主要特征：成虫（图 7-124A）翅展 27.0–29.0 mm。头部深褐色，部分个体灰褐色。下唇须深褐色，部分个体第 2 节腹面端半部、内侧及第 3 节背面杂少量白色鳞片。触角柄节深褐色，背面基部和腹面白色，鞭节基部深褐色，向端部逐渐变浅至灰褐色。领片深灰色。胸部深灰色，中部和端部各具 2 黑斑。翅基片深灰色，基部内侧具 1 黑斑。前翅深灰色，部分个体黄灰色；翅面具 5 黑点：中室近上缘端部 2/5 和末端各 1 个；中室下角外 1 个；翅褶基部 1/4 和 1/2 处各 1 个；从前缘端部 1/5 经顶角和外缘至臀角处具 10 小黑点，其内侧近基部具 1 条形斑；缘毛与翅同色。后翅和缘毛棕灰色。

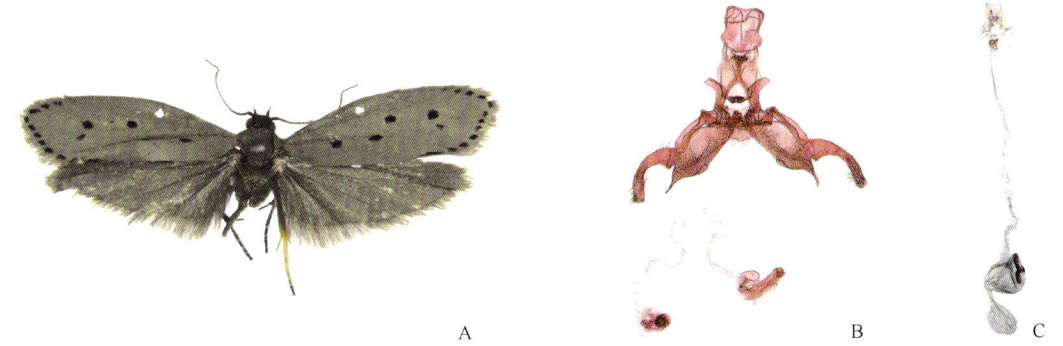

图 7-124 密云草蛾 *Ethmia cirrhocnemia* (Lederer, 1870)
A. 成虫；B. 雄性外生殖器；C. 雌性外生殖器

雄性外生殖器（图 7-124B）：爪形突猫头状，两侧中部微凹，后缘平直，约与背兜等长。颚形突约与背兜等长；尾部宽约为口部的 2/3，具长刺，两侧各有 1 月牙形侧臂与爪形突近基部相连；口部密具小齿。钩形突发达，基部 1/2 较细；端部 1/2 粗，向两侧翻出。抱器背长于抱器瓣的 1/2，端部略膨大；抱器腹骨化强烈，端部 1/5 急剧变窄，细棒状；抱器端长约为抱器瓣的 2/3，镰刀状，向下强烈弯曲，基部粗，中部略窄，端半部密被细刚毛。阳茎基环呈窄带状，具 2 较短的矩形侧叶，其长约为钩形突的 1/4。阳茎端部骨化；末端具角状器 1 个，弯曲成弧形，中部扁，末端尖。

雌性外生殖器（图 7-124C）：产卵瓣约与后表皮突等长，具稀疏刚毛。后表皮突细长；前表皮突端部略粗，长约为后表皮突的 1/2。交配孔周围带状骨化，其基部具 1 土丘状骨化结构。导管端片近似喇叭状，扭曲，末端尖。囊导管长，卷曲。交配囊圆形；囊突"T"形，横片密具放射状齿突，中部窄，锥片具小齿。

分布：浙江（杭州）、黑龙江、吉林、辽宁、内蒙古、北京、河北、山西、陕西、宁夏、新疆；俄罗斯，蒙古国，韩国，日本，哈萨克斯坦，伊朗。

（378）天目山草蛾 *Ethmia epitrocha* (Meyrick, 1914)

Ceratophysetis epitrocha Meyrick, 1914a: 54.
Ethmia epitrocha: Sattler, 1967: 129.

分布：浙江（湖州、杭州、宁波、丽水）、河南、江苏、上海、安徽、江西、湖南、福建、台湾、广东、广西、云南；日本。

注：描述见《天目山动物志》（李后魂等，2020）。

（379）西藏草蛾 *Ethmia ermineella* (Walsingham, 1880)

Psecadia ermineella Walsingham, 1880: 90.
Ethmia euaritbma Meyrick, 1924: 120.
Ethmia ermineella: Clarke, 1965a: 425.

分布：浙江（湖州、杭州）、北京、陕西、宁夏、甘肃、青海、四川、贵州、云南、西藏；印度，尼泊尔，缅甸，越南。

注：描述见《天目山动物志》（李后魂等，2020）。

（380）鼠尾草蛾 *Ethmia lapidella* (Walsingham, 1880)

Hyponomeuta lapidellus Walsingham, 1880: 86.
Psecadia decempunctella Matsumura, 1931a: 1085.
Ethmia lapidella: Sattler, 1967: 133.

分布：浙江（湖州、杭州、丽水）、河北、湖南、台湾、广东、海南、云南；日本，巴基斯坦，印度，尼泊尔，越南，印度尼西亚。

注：描述见《天目山动物志》（李后魂等，2020）。

（381）新月草蛾 *Ethmia lunaris* Wang, 2020

Ethmia lunaris Wang in Li, Wang & Qi, 2020: 102.

分布：浙江（杭州）、河南。
注：描述见《天目山动物志》（李后魂等，2020）。

（382）衡山草蛾 *Ethmia maculata* Sattler, 1967（图 7-125）

Ethmia maculata Sattler, 1967: 121.

主要特征：成虫（图 7-125A）翅展 25.0–30.0 mm。头灰白色，颈部中部黑色。下唇须白色，第 1 节外侧和背面、第 2 节基半部外侧和腹面末端及第 3 节腹面黑色。触角柄节背面黑褐色，腹面灰白色，鞭节黑褐色。领片白色，基部黑色。胸部灰白色，具 5 黑圆斑，基部 1 个，中部和端部两侧各 2 个。翅基片灰白色，基部内侧和外侧各有 1 小黑斑。前翅灰白色至暗灰色，前缘浅黄褐色，基部 1/4 黑色；翅面有 15 个黑色斑纹：前缘基部下方由基部至端部 1/5 处依次有 7 条短带，基部的最长，端部的最小，少数个体第 2 个与第 3 个黑斑相连成 1 长形斑；中室基部 3/5 处有 1 个黑点，端部 1/3 有 1 条渐粗的黑带，下角外侧具 1 黑斑；翅褶基部有 1 条短带，基部 1/3 和 2/3 处各有 1 条蝌蚪状黑带，其头部朝向翅基部；中室末端至近翅顶处有 1 条黑纵带，其内缘与中室纵带末端相连，少数个体其近下方有 1 条短纵带；后缘基部 1/5 处有 1 个黑点；自翅端 1/4 经顶角和外缘到臀角处有 10 个小黑点；缘毛与翅同色。后翅和缘毛灰色。

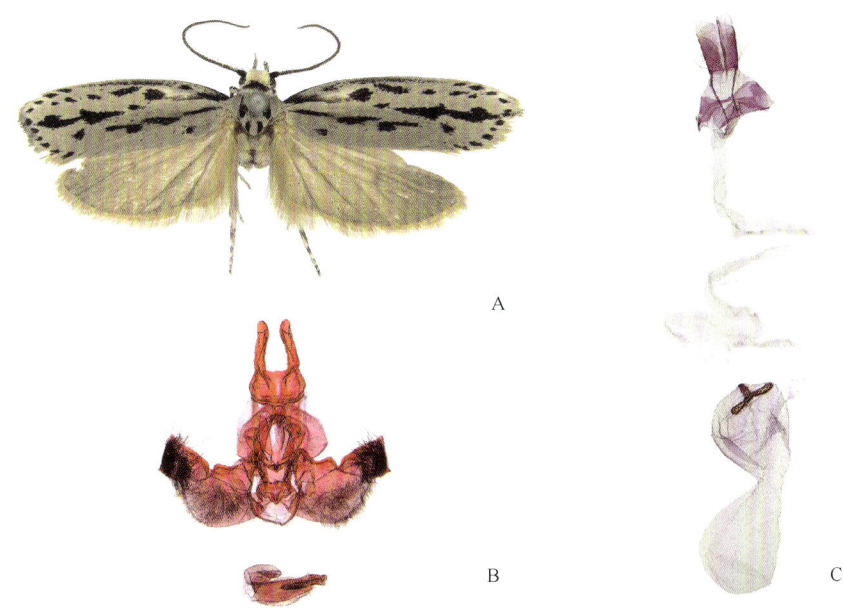

图 7-125　衡山草蛾 *Ethmia maculata* Sattler, 1967
A. 成虫；B. 雄性外生殖器；C. 雌性外生殖器

雄性外生殖器（图 7-125B）：爪形突略长于背兜，基部 1/3 钝矩形，中部较平，端部 2/3 分叉，平行向后伸出，末端钝，近端部背面各具 1 角状突起。颚形突与背兜等长，呈"V"形，尾部不明显；口部小，中部内凹，密具瘤刺，两侧各有 1 渐宽的耳状侧臂。钩形突粗短，端部被稀疏刚毛。抱器背基部较粗，长约为抱器瓣的 1/2；抱器腹基部窄，渐宽，腹缘钝平，端部钝斜，密被细长刚毛，近背缘基部有 1 个极小的角状骨化突起；抱器端不规则四边形，密被粗且长的刚毛，背缘及腹缘末端呈角状凸出。阳茎基环宽带状，具 2 个渐窄的侧叶，末端尖，侧叶略短于钩形突。阳茎端膜骨化；角状器为 1 束略弯的长刺，端部与阳茎端膜相接。

雌性外生殖器（图 7-125C）：产卵瓣具稀疏长刚毛，略短于后表皮突。后表皮突细长，基部略粗；前表皮突极短，三角形状，末端窄钝。第 8 腹板前缘向两侧伸出。交配孔小，周围骨化。导管端片长，环状骨化；囊导管长。交配囊圆形；囊突"T"形，密具齿突，锥片长为横片的 1/3；具 1 椭圆形附囊，大于交配囊。

分布：浙江（宁波）、江西、湖南、福建、台湾、四川、贵州、云南。

（383）冲绳草蛾 *Ethmia okinawana* (Matsumura, 1931)

Symmoca okinawana Matsumura, 1931a: 1086.
Ethmia okinawana: Kun & Szabóky, 2000: 58.

分布：浙江（杭州）、上海、湖北、江西、湖南、福建、台湾、广西、四川；日本。
注：描述见《天目山动物志》（李后魂等，2020）。

二十、展足蛾科 Stathmopodidae

主要特征：头部被紧密鳞片，具金属光泽。下唇须3节，第2、3节通常等长。触角柄节无栉，腹面内凹形成眼罩；鞭节丝状，大多数雄性被长纤毛。前翅多为披针形或矛形，颜色鲜艳，具金属光泽，有些种类具竖直鳞毛簇。后翅狭窄，有些类群基部具透明斑；缘毛长为后翅宽的2–7倍。雄性翅缰1根，细长；雌性翅缰3根。

雄性外生殖器：爪形突发达；颚形突通常与爪形突等长，末端鸟喙状；抱器瓣对称，抱器端密被长毛；阳茎基环侧叶通常发达，角状器有或无。

雌性外生殖器：导管端片通常碗状或漏斗状；囊导管通常短而直；交配囊大，圆形或卵形；囊突有或无；储精囊开口于囊导管与交配囊连接处，基部宽阔部分通常被齿突；导精管细长弯曲，末端有时具颗粒。

生物学：通常生活于森林或开阔的林地。幼虫为害植物的生殖器官如花、果实或干燥花梗，以及蕨类的孢子囊，在其内部或表面结丝状茧。

分布：世界广布。世界已知22属400余种，中国记录10属93种，浙江分布5属22种。

分亚科检索表

1. 前翅阔披针形，前、后缘近平行，翅端窄圆 ·· **艳展足蛾亚科 Atkinsoniinae**
- 前翅狭披针形，近基部最宽，渐窄至翅端，翅端尖 ··· 2
2. 触角鞭节粗壮，后缘无长纤毛；雌性外生殖器产卵瓣与第8节之间的节间膜长与产卵瓣约等长 ············
 ··· **铜展足蛾亚科 Cuprininae**
- 触角鞭节细，雄性后缘具长纤毛，雌性无；雌性外生殖器产卵瓣与第8节之间的节间膜长通常长于产卵瓣 ········
 ··· **展足蛾亚科 Stathmopodinae**

（一）艳展足蛾亚科 Atkinsoniinae

主要特征：体中型。头光滑，鳞片紧致；头顶阔圆。下唇须第3节略长于第2节。前翅阔披针形，前、后缘近平行，前缘中部略凹。后翅披针形，缘毛长约为翅宽的2倍。

雄性外生殖器：爪形突和颚形突有或无；背兜发达，宽阔；抱器腹窄带状；阳茎基环侧叶发达，通常长于阳茎基环；阳茎粗壮。

雌性外生殖器：囊导管通常短于交配囊；交配囊卵圆形；储精囊通常开口于囊导管端部。

分布：古北区、东洋区和澳洲区。世界已知9属30多种，中国记录3属10种，浙江分布1属2种。

115. 艳展足蛾属 *Atkinsonia* Stainton, 1859

Atkinsonia Stainton, 1859b: 125. Type species: *Atkinsonia clerodendronella* Stainton, 1859.

主要特征：成虫具金属光泽。头光滑，头顶阔圆。下唇须上举，第3节长于第2节。触角粗壮，鳞片粗糙，鞭节后缘密被长栉，雄性前缘具长纤毛。前翅通常红色，狭长，前、后缘近平行，翅端窄圆。后足跗节基部2节末端具轮生鬃毛。

雄性外生殖器：爪形突发达，后缘两侧具尖突；颚形突缺失；抱器瓣具抱器背基突；抱器腹窄带状；阳茎无角状器。

雌性外生殖器：导管端片前端骨化强；囊导管通常短于交配囊；交配囊近圆形或长卵形，囊突2个；

储精囊开口于囊导管近前端。

分布：古北区、东洋区。世界已知 9 种，中国记录 8 种，浙江分布 2 种。

（384）京艳展足蛾 *Atkinsonia beijingana* (Yang, 1977)（图 7-126）

Oedematopoda beijingana Yang, 1977: 148.

Atkinsonia beijingana: Sinev, 2015: 11.

主要特征：成虫（图 7-126A）翅展 10.5–14.0 mm。头蓝黑色，具紫色金属光泽。下唇须第 1 节灰白色；第 2 节内侧基部灰白色，端部渐加深至黑褐色，外侧黑褐色；第 3 节深紫褐色，具金属光泽。触角紫黑色。领片亮紫黑色。胸部朱红色，前端 1/4 蓝黑色，后胸灰白色；翅基片赭色。前翅朱红色，具金属光泽，基部紫黑色或褐色；有些个体具 2 条黑色窄纵纹：1 条自基部 1/4 沿中室下缘达中室下角，另 1 条自基部 1/4 处沿 A 脉达后缘基部 3/5 处；缘毛深褐色，基部杂赭色。后翅灰褐色，具紫色金属光泽，基半部中央散布赭色鳞片；后缘基部具半椭圆形透明斑；缘毛浅褐色。足紫黑色，散布白色鳞片。腹部黑色，第 2、5 背板后缘具灰白色横带。

图 7-126　京艳展足蛾 *Atkinsonia beijingana* (Yang, 1977)
A. 成虫；B. 雄性外生殖器；C. 雌性外生殖器

雄性外生殖器（图 7-126B）：爪形突基部阔，渐窄至末端；末端中部浅凹，两侧形成小尖突；两侧密被长毛。背兜梯形，长约为爪形突的 2 倍。抱器瓣基部窄，渐宽至 3/4 处，然后稍窄至末端，末端窄圆；背缘中部稍内凹；抱器背基突长三角形；抱器腹窄，达抱器瓣末端，腹缘被长刚毛。基腹弧窄带状；囊形突三角形，长约为爪形突的 1/3。阳茎基环横向卵圆形；侧叶长棒状，长约为阳茎基环的 2 倍，被稀疏长刚毛。阳茎与抱器瓣约等长，基半部约等宽，1/4 处具 1 骨化板，端半部渐窄至末端；端部 1/5 腹侧骨化，形成端突；角状器无。

雌性外生殖器（图 7-126C）：产卵瓣长大于宽，圆锥形。产卵瓣与第 8 节之间的节间膜长约为产卵瓣的 2 倍。后表皮突长约为前表皮突的 1.5 倍。第 8 节后缘直，被长刚毛；第 8 腹板前端 2/5 半圆形；第 8 背板近矩形。导管端片碗状，前缘骨化强，具弧形骨化带。囊导管长约为交配囊的 1/2，基部 2/3 约等宽，端部 1/3 稍加宽。交配囊长卵圆形；2 个囊突约等大，月牙形，一侧锯齿状。储精囊出自囊导管端部 1/4，长管状，长约为交配囊的 4 倍，基部 1/3 处具泡状膨大区域。

分布：浙江（杭州）、北京、天津、河北、河南、陕西、海南、广西、贵州。

（385）济源艳展足蛾 *Atkinsonia swetlanae* Sinev, 1988

Atkinsonia swetlanae Sinev, 1988: 120.

分布：浙江（杭州）、山西、河南、湖北、四川。

注：描述见《天目山动物志》（李后魂等，2020）。

（二）铜展足蛾亚科 Cuprininae

主要特征：体小型，翅展通常小于 10.0 mm。头部鳞片紧贴，头顶阔圆，有些种类后头扁平。触角丝状。下唇须第 3 节通常稍短于第 2 节。前翅狭披针形，斑纹通常不明显。后足胫节背侧密被长毛，胫节末端和跗节每节末端轮生鬃毛。

雄性外生殖器：爪形突与颚形突约等长；背兜前端分叉，前端两侧钝圆；有些种类抱器背基部骨化呈环形；抱器腹发达，阳茎基环侧叶通常短于阳茎基环。

雌性外生殖器：导管端片发达；囊导管通常与导管端片约等长或长于导管端片；交配囊卵圆形或长卵圆形，一般具 1 枚囊突。

分布：主要分布于东洋区和澳洲区。世界已知 7 属 60 多种，中国记录 5 属近 10 种，浙江分布 1 属 1 种。

116. 淡展足蛾属 *Calicotis* Meyrick, 1889

Calicotis Meyrick, 1889a: 170. Type species: *Calicotis crucifera* Meyrick, 1889.

主要特征：成虫具金属光泽，体小型，翅展通常小于 10 mm。头光滑，鳞片紧贴，头顶阔圆，颜面稍向后倾斜。触角丝状，柄节扁平加宽，腹面内凹形成眼罩，后缘鳞片粗糙；鞭节雄性比雌性粗壮，无纤毛。下唇须 3 节，第 3 节稍短于第 2 节，末端尖。下颚须 4 节，长约为下唇须第 1 节的 2/5。静息时后足弯曲，侧面观呈三角形拱起；后足胫节背侧密被长毛，胫节末端和跗节每节末端轮生鬃毛。前翅狭披针形，近基部最宽，渐窄至翅端；底色较浅，斑纹通常不明显。

分布：古北区东部、东洋区和澳洲区。世界已知 8 种，中国记录 4 种，浙江分布 1 种。

（386）十字淡展足蛾 *Calicotis crucifera* Meyrick, 1889

Calicotis crucifera Meyrick, 1889a: 170.

分布：浙江（杭州）、安徽、湖北、香港、广西、贵州；澳大利亚。

注：描述见《天目山动物志》（李后魂等，2020）。

（三）展足蛾亚科 Stathmopodinae

主要特征：体中型。头光滑，鳞片紧贴，头顶阔圆。触角丝状，雄性鞭节后缘具长纤毛，雌性无；有些种类柄节加宽成眼罩，如点展足蛾属 *Hieromantis*。下唇须 3 节，末端尖。前翅狭披针形，斑纹类型多样，通常具颜色鲜艳的斑纹。后翅线形，缘毛很长；中室开口于 M_1 脉和 M_2 脉之间。后足胫节背侧密被长毛，胫节末端和跗节每节末端轮生鬃毛。

雄性外生殖器：爪形突与颚形突约等长；背兜宽阔，有些种类背兜前端两侧具兜毛突；抱器瓣发达，抱器端形状多样，有些种类腹缘或基部具香鳞；抱器腹窄，骨化弱。

雌性外生殖器：囊导管短而直；交配囊通常卵形，具囊突；储精囊通常出自囊导管与交配囊交界处，有些种类储精囊基部具 1 簇齿突；导精管细长弯曲。

分布：世界广布。世界已知 6 属 300 余种，中国记录 3 属 75 种，浙江分布 3 属 19 种。

分属检索表

1. 成虫下唇须第 3 节稍长于第 2 节；前翅黑色 ·· 黑展足蛾属 *Atrijuglans*
- 成虫下唇须第 2、3 节约等长；前翅颜色多样 ··· 2

2. 前翅具竖直鳞毛簇形成的斑点 ·· 点展足蛾属 *Hieromantis*
- 前翅不具竖直鳞毛簇形成的斑点 ·· 展足蛾属 *Stathmopoda*

117. 黑展足蛾属 *Atrijuglans* Yang, 1977

Atrijuglans Yang, 1977: 147. Type species: *Atrijuglans hetaohei* Yang, 1977.

主要特征：头光滑，头顶阔而圆。无单眼。喙发达，弯曲。下唇须细长弯曲，第3节稍长于第2节。触角长为前翅的3/4–4/5，柄节无栉，雄性鞭节具纤毛。后足胫节轮生长鬃毛；后足跗节背面具长鬃毛。

雄性外生殖器：爪形突发达，与颚形突约等长。颚形突鸟喙状，端部密被短刺。抱器背基部呈圆形膨大，抱器腹骨化。阳茎基环小；侧叶发达。阳茎长，粗壮，末端具突出。

雌性外生殖器：后表皮突长于前表皮突。囊导管膜质，端部密布齿突。交配囊卵形，膜质，具囊突。

分布：古北区东部和东洋区北部。该属仅核桃黑展足蛾一种。

（387）核桃黑展足蛾 *Atrijuglans hetaohei* Yang, 1977

Atrijuglans hetaohei Yang, 1977: 147.

分布：浙江（杭州、金华）、黑龙江、辽宁、北京、天津、河北、山西、山东、河南、陕西、甘肃、湖南、福建、台湾、海南、广西、重庆、四川、贵州；俄罗斯，韩国，日本。

注：描述见《天目山动物志》（李后魂等，2020）。

118. 点展足蛾属 *Hieromantis* Meyrick, 1897

Hieromantis Meyrick, 1897: 315. Type species: *Hieromantis ephodophora* Meyrick, 1897.

主要特征：头部鳞片光滑。触角柄节加宽，腹侧内凹，形成眼罩；雄性鞭节具长纤毛，雌性简单。下唇须第3节稍长于第2节。下颚须4节，极短。前翅披针形；后缘通常有具金属光泽鳞毛簇形成的斑。后翅披针形，缘毛长约为翅宽的7倍。后足胫节背面密被鳞毛簇，端部轮生长鬃毛。腹部背面雄性第2–7节和雌性第2–6节后缘具刺列。

雄性外生殖器：爪形突通常近三角形；颚形突宽舌状或三角形，与爪形突约等长；抱器瓣端部平直或斜上举，抱器腹骨化弱，阳茎基环侧叶发达，通常长于阳茎基环；阳茎末端腹侧通常具细棒状突起。角状器有或无。

雌性外生殖器：导管端片通常矩形；交配囊圆形或卵圆形，有些种加长，囊突有或无；储精囊管状，通常具膨大区；导精管极细。

分布：主要分布于澳洲区，东洋区次之，在古北区也有分布。世界已知20种，中国记录6种，浙江分布3种。

分种检索表

1. 角状器无 ·· 矩点展足蛾 *H. rectangula*
- 角状器有 ·· 2
2. 交配囊卵圆形；囊突弓形 ·· 洁点展足蛾 *H. kurokoi*
- 交配囊梨形；囊突线形，由4个基部相连的齿突组成 ··· 申点展足蛾 *H. sheni*

(388) 洁点展足蛾 *Hieromantis kurokoi* Yasuda, 1988

Hieromantis kurokoi Yasuda, 1988: 494.

分布：浙江（嘉兴、杭州、金华、台州）、天津、河北、山西、河南、陕西、甘肃、安徽、湖北、江西、湖南、福建、海南、广西、重庆；俄罗斯，日本。

注：描述见《天目山动物志》（李后魂等，2020）。

(389) 矩点展足蛾 *Hieromantis rectangula* Guan *et* Li, 2015（图 7-127）

Hieromantis rectangula Guan *et* Li, 2015: 89.

主要特征：成虫（图 7-127A）翅展 6.0–8.5 mm。颜面银白色，头顶散布赭黄色鳞片，后头黄褐色。下唇须外侧赭黄色，内侧银白色。触角柄节浅黄褐色，前缘雪白色；鞭节赭黄色，具褐色环纹。胸部和翅基片浅黄褐色。前翅乳白色，散布黄褐色鳞片，自后缘 2/3 处沿后缘至顶角赭黄色；1 梯形赭黄色斑自前缘基部 1/3 和 2/5 之间伸达后缘基部 1/4–1/2；1 倒三角形赭黄色斑自前缘 3/5–4/5 达中室下角，其后缘有 1 不清晰的黑点，沿外缘有 1 银灰色窄带；后缘 1/4–2/5 有 1 亮紫灰色竖直鳞毛簇形成的卵圆形深色斑，前缘达翅宽的 2/5，近内侧有 1 黑斑；缘毛浅黄褐色。后翅灰褐色，缘毛黄褐色。腹部背面赭灰色；腹面亮白色；两侧和尾部灰白色。

雄性外生殖器（图 7-127B）：爪形突基部宽，渐窄至 2/3 处，端部 1/3 细棒状。颚形突宽舌状，末端钝圆。背兜长约为爪形突的 1.3 倍。抱器瓣基部窄，端部变宽；抱器背中部内凹；抱器腹窄，腹缘近基部稍内凹，端半部弓形，末端达抱器端外缘；抱器端长三角形，斜上举，末端窄圆，外缘近腹缘稍内凹。基腹弧窄带状；囊形突短矩形，约为爪形突长的 1/6。阳茎基环矩形，前缘骨化，中部尖，后缘钝圆；侧叶长棒状，约为阳茎基环长的 2 倍。阳茎约为抱器瓣长的 1.2 倍；基部 2/3 等宽，端部 1/3 渐窄，背侧骨化，末端腹侧具细棒状突起，基部 1/2–5/6 中央具很多微刺；角状器无。

雌性外生殖器（图 7-127C）：产卵瓣与第 8 节之间的节间膜长约为产卵瓣的 3 倍。后表皮突长约为前表皮突的 1.5 倍。第 8 节前、后缘直。导管端片近矩形，前、后缘稍内凹，宽约为长的 4 倍；交配孔骨化弱，光滑。囊导管基部 3/4 约等宽，端部渐宽，与交配囊的分界不明显。交配囊近梭形，与导精管的连接处密被小颗粒；囊突无。储精囊出自交配囊与囊导管交界处，长于交配囊的 4 倍，基部具若干小齿突，中部稍膨大。

分布：浙江（嘉兴）、福建、海南。

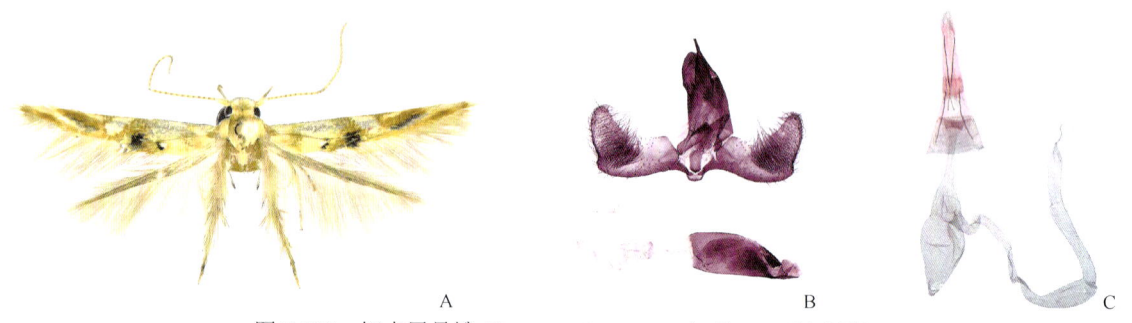

图 7-127　矩点展足蛾 *Hieromantis rectangula* Guan *et* Li, 2015
A. 成虫；B. 雄性外生殖器；C. 雌性外生殖器

(390) 申点展足蛾 *Hieromantis sheni* Li *et* Wang, 2002

Hieromantis sheni Li *et* Wang, 2002b: 503.

分布：浙江（杭州、丽水）、天津、河北、山西、河南、陕西、湖北、江西、重庆、云南。
注：描述见《天目山动物志》（李后魂等，2020）。

119. 展足蛾属 *Stathmopoda* Herrich-Schäffer, 1853

Stathmopoda Herrich-Schäffer, 1853: 54. Type species: *Phalaena* (*Tinea*) *pedella* Linnaeus, 1761.

主要特征：体小型，翅展 7.0–18.0 mm。头光滑，鳞片紧致，具金属光泽；后头鳞片分布与头顶界线明显。下唇须 3 节，细长弯曲，上举过头顶，第 1 节短，第 2、3 节约等长。触角短于前翅，柄节长棒状；鞭节丝状，雄性前缘具长纤毛，雌性无。前翅狭披针形，近基部最宽，端部渐窄，末端尖，具金属光泽。后翅窄，披针形；缘毛很长，约为翅宽的 4 倍。后足具轮生长鬃毛。

雄性外生殖器：爪形突和颚形突约等长，爪形突密被长毛；抱器瓣明显，抱器端基部通常膨大，通常具抱器内突；抱器腹弱或呈窄骨化带；阳茎通常圆筒状或渐窄至端部，末端具突起；角状器有或无。

雌性外生殖器：后表皮突长于前表皮突；交配孔开口于第 7 腹板；导管端片宽，漏斗状或碗状；囊导管通常较阔，具皱褶；交配囊具囊突，1–2 个；储精囊与交配囊交界处通常具齿或刺。

分布：世界广布，澳洲区居多，东洋区次之，新北区分布较少。世界已知 230 多种，中国记录 19 种，浙江分布 15 种。

分种检索表

1.	前翅基部具鲜艳大斑	2
-	前翅基部无鲜艳大斑	4
2.	阳茎具角状器	桃展足蛾 *S. auriferella*
-	阳茎无角状器	3
3.	抱器背近方形	橡实展足蛾 *S. balanarcha*
-	抱器背呈三角形	小叶展足蛾 *S. miniloba*
4.	前翅柠檬黄色	柠黄展足蛾 *S. citrinella*
-	前翅非柠檬黄色	5
5.	前翅具 2 条阔横带	6
-	前翅无阔横带	7
6.	囊突弓形	丽展足蛾 *S. callopis*
-	囊突窄三角形	柠檬展足蛾 *S. dicitra*
7.	前翅具 2 三角形大斑	白光展足蛾 *S. opticaspis*
-	前翅无三角形大斑	8
8.	抱器端背缘基部呈直角	腹刺展足蛾 *S. stimulata*
-	抱器端背缘基部非直角	9
9.	抱器腹末端双突状	离展足蛾 *S. liberata*
-	抱器腹末端非双突状	10
10.	抱器腹长，末端达抱器端末端	森展足蛾 *S. moriutiella*
-	抱器腹短，末端不达抱器端末端	11
11.	阳茎具角状器	中纵展足蛾 *S. cellifaria*
-	阳茎无角状器	12
12.	颚形突末端具小突起	紫竹展足蛾 *S. callicarpicolla*
-	颚形突末端无小突起	13

13. 抱器端近矩形·· 横带展足蛾 S. vietnamella
- 抱器端长卵圆形·· 14
14. 交配囊大型，囊突长约为交配囊最宽处的 1/2 ··· 淡黄展足蛾 S. flavescens
- 交配囊小型，囊突与交配囊等宽·· 合芽展足蛾 S. gemmiconsuta

（391）桃展足蛾 *Stathmopoda auriferella* (Walker, 1864)

Gelechia auriferella Walker, 1864a: 1022.
Stathmopoda auriferella: Meyrick, 1911b: 286.

分布：浙江（嘉兴、杭州、宁波）、辽宁、北京、天津、河北、山西、山东、河南、陕西、甘肃、安徽、湖北、江西、湖南、福建、台湾、广东、海南、香港、广西、重庆、四川、贵州、云南；俄罗斯，韩国，日本，巴基斯坦，印度，泰国，斯里兰卡，菲律宾，马来西亚，爪哇，印度尼西亚，阿拉伯联合酋长国，英国，冈比亚，塞拉利昂，南非，塞舌尔群岛，马达加斯加，澳大利亚。

注：描述见《天目山动物志》（李后魂等，2020）。

（392）橡实展足蛾 *Stathmopoda balanarcha* Meyrick, 1921（图 7-128）

Stathmopoda balanarcha Meyrick, 1921: 461.

主要特征：成虫（图 7-128A）翅展 12.0 mm。颜面和头顶黄色；后头黑褐色。下唇须黄白色，第 3 节端半部外侧褐色。触角黄褐色，柄节后缘黑褐色。胸部和翅基片前半部黑褐色，后半部浅黄褐色。前翅灰褐色，前缘基部具紫褐色斑；黄白色大斑占翅基部 1/4；缘毛浅褐色。后翅和缘毛浅黄褐色。腹部灰色。

图 7-128 橡实展足蛾 *Stathmopoda balanarcha* Meyrick, 1921
A. 成虫；B. 雄性外生殖器

雄性外生殖器（图 7-128B）：爪形突基部宽，稍窄至中部，端半部窄，侧面观鸟喙状。颚形突三角形，基部宽，渐窄至末端，末端尖。背兜长约为爪形突的 1.5 倍。抱器瓣基部宽，渐窄至抱器端；抱器端近椭圆形，背缘直，腹缘平缓弧形；抱器背近方形；抱器腹窄带状，长约为抱器瓣的 3/5，腹缘中部内凹，末端钝，与抱器端稍分离。基腹弧窄带状；囊形突"V"形，长约为爪形突的 1/6。阳茎基环近圆形；侧叶椭圆形，与阳茎基环约等长。阳茎与抱器瓣约等长，基部 2/3 近等宽，端部 1/3 渐窄，近基部具 1 骨化板，基部 1/6 和 2/3 之间具大量微刺；末端突起细棒状，末端圆，约为阳茎长的 1/3。

分布：浙江（杭州）；印度。

（393）紫竹展足蛾 *Stathmopoda callicarpicolla* Terada, 2012（图 7-129）

Stathmopoda callicarpicolla Terada, 2012: 52.

主要特征：成虫（图 7-129A）翅展 11.5–12.0 mm。颜面和头顶银白色，后头浅黄色。下唇须内侧乳白色，外侧浅黄色。触角黄色。领片、胸部和翅基片浅黄色。前翅黄色；前缘褐色，基部具 1 个浅黄色斑，基部 1/7 具 1 条褐色带；第 1 条褐色条带自前缘基部 1/3 和 1/2 之前达后缘基部 1/4 和 2/5 之间；第 2 条褐色条带自前缘基部 5/8 和 3/4 之间达后缘基部 3/5 和 7/10 之间，后缘中部有 1 条褐色窄带连接第 1 和第 2 条带；缘毛灰褐色。后翅和缘毛灰褐色。腹部背面每一节前半部深灰色，后半部黄色，腹面乳白色。

图 7-129 紫竹展足蛾 *Stathmopoda callicarpicolla* Terada, 2012
A. 成虫；B. 雄性外生殖器

雄性外生殖器（图 7-129B）：爪形突自基部渐窄至末端，末端钝圆，侧面观向下弯曲。颚形突舌状，末端侧面观向下弯曲，具 1 个尖的小突起。背兜长约为爪形突的 2 倍。抱器瓣基部阔，渐窄至抱器端；抱器端长卵圆形，长约为宽的 2.5 倍，背缘中央略突出，腹缘弧形，末端圆；抱器背呈三角形突出；内突牛角状；抱器腹长约为抱器瓣的 3/5，腹缘近基部内凹，末端钝圆，与抱器端分离。基腹弧窄带状；囊形突 "V" 形，长约为爪形突的 1/3。阳茎基环卵圆形；侧叶长锥形，被长刚毛，长约为阳茎基环的 2 倍。阳茎约为抱器瓣的 1.2 倍，从基部渐窄至末端，近基部有 1 骨化板；末端突起长约为阳茎的 2/5，细棒状；角状器无。

分布：浙江（杭州）；日本。

（394）丽展足蛾 *Stathmopoda callopis* Meyrick, 1913

Stathmopoda callopis Meyrick, 1913: 91.

分布：浙江（嘉兴、杭州）、山西、河南、甘肃、安徽、湖北、江西、福建、台湾、广东、海南、香港、广西、重庆、贵州、云南；印度，尼泊尔。

注：描述见《天目山动物志》（李后魂等，2020）。

（395）中纵展足蛾 *Stathmopoda cellifaria* Wang, Guan *et* Wang, 2020（图 7-130）

Stathmopoda cellifaria Wang, Guan *et* Wang, 2020: 362.

主要特征：成虫（图 7-130A）翅展 11.0–14.0 mm。颜面和头顶灰白色；后头浅赭褐色，散布褐色鳞片。下唇须内侧灰白色，外侧浅赭褐色。触角浅黄色，柄节前缘灰白色；鞭节具褐色环纹。胸部和翅基片前半部褐色，后半部浅黄色。前翅黄白色，基部散布褐色鳞片，沿前缘基部 2/3 深褐色；1 条深褐色纵带自中室基部 2/5 处达近翅端，基部向腹侧加宽，1 个灰褐色斑自其端部 1/3 下方延伸至后缘上方；1 条深褐色条带沿翅褶自其基部 1/3 处达近末端；后缘基部具 1 个黑褐色斑；缘毛深褐色。后翅和缘毛灰褐色。腹部背面黄褐色，腹面黄白色。

雄性外生殖器（图 7-130B）：爪形突近三角形，自基部渐窄至末端。颚形突长三角形，末端窄圆。背兜前半部分二分叉，侧臂前端窄，其内缘后端 2/5 处各有 1 突起。抱器瓣从基部近平行至抱器端；抱器端近椭圆形，长约为最宽处的 1.5 倍，背缘中部呈圆形凸出，腹缘平缓弧形，末端圆；内突细长，超过中部向内弯曲成直角；抱器背近圆形；抱器腹长约为抱器瓣的 2/5，阔带状，末端窄圆，与抱器端稍分离。基腹弧窄带状；囊形突短三角形，长约为爪形突的 1/4。阳茎基环"V"形，前缘阔圆；侧叶椭圆形，被短刚毛。阳茎长约为抱器瓣的 4/5，自基部渐窄至末端，近基部具 1 三角形骨化板；末端突起细棒状；角状器由 4 个基部相连的刺组成，位于基部 1/3 处。

图 7-130 中纵展足蛾 *Stathmopoda cellifaria* Wang, Guan *et* Wang, 2020
A. 成虫；B. 雄性外生殖器；C. 雌性外生殖器

雌性外生殖器（图 7-130C）：产卵瓣与第 8 节之间的节间膜长约为产卵瓣的 2.5 倍。后表皮突长约为前表皮突的 1.5 倍，前表皮突较粗。第 8 节后缘直，第 8 背板近矩形，第 8 腹板前端凸出。导管端片近矩形。囊导管与交配囊约等长，基部 3/4 约等宽，端部 1/4 渐加宽。交配囊长卵圆形；囊突 2 个，具骨化脊：较大者前端具小刺，后缘锯齿状，长约为较小者的 2 倍；囊导管与交配囊交界处具 2 束大齿突。储精囊出自囊导管与交配囊的交界处；导精管细管状，近末端螺旋状，密布小颗粒。

分布：浙江（嘉兴、杭州）、北京、福建、云南。

（396）柠黄展足蛾 *Stathmopoda citrinella* Sinev, 1995（图 7-131）

Stathmopoda citrinella Sinev, 1995: 148.

主要特征：成虫（图 7-131A）翅展 9.0–11.5 mm。头银白色，具金属光泽；后头赭色。下唇须内侧乳白色；第 2 节外侧浅黄色，第 1 节与第 2 节交界处外侧具黑色小点；第 3 节外侧浅黄褐色。触角柄节银白色，后缘赭黄色；鞭节浅黄色，具褐色环纹。胸部柠檬黄色，后半部中央有 2 条平行的黑色短纵纹；翅基片基半部浅赭黄色，端半部浅赭色。前翅柠檬黄色，前缘基部 2/3 深赭褐色，端部 1/5 有 1 条深赭褐色条带内斜至后缘；沿翅褶有 1 条深赭褐色条带；翅褶基部上方和下方各有 1 深银灰色椭圆形斑，周围镶赭色；中室基部 1/3 处有 1 相同的椭圆形斑；沿中室上、下缘端部 2/3 各有 1 条深赭褐色细纹；顶端缘毛浅赭黄色，后缘缘毛褐色。后翅灰褐色，缘毛灰色。腹部背面黄褐色，腹面乳白色；雄性尾部银白色，雌性尾部浅赭黄色。

图 7-131 柠黄展足蛾 *Stathmopoda citrinella* Sinev, 1995
A. 成虫；B. 雄性外生殖器；C. 雌性外生殖器

雄性外生殖器（图 7-131B）：爪形突基部宽，渐窄至 3/4 处，端部 1/4 近矩形，末端直；两侧具长毛。颚形突宽舌状，端半部背面密布短横纹，侧面观三角形，末端呈钩状下弯。背兜长约为爪形突的 2 倍。抱器瓣近矩形；抱器端近方形，末端斜截；内突细长，近基部向内弯曲成直角；抱器腹长约为抱器瓣的 5/6，腹缘基部 2/5 处内凹，末端圆，与抱器端稍分离。基腹弧窄带状；囊形突短"U"形，长约为爪形突的 1/5。阳茎基环前缘中央尖；侧叶长棒状，末端窄圆，约为阳茎基环的 2 倍，被长刚毛。阳茎长约为抱器瓣的 1.3 倍，基半部约等宽，端半部渐窄至末端，近基部具 1 骨化板；末端突起梭形，约为阳茎长的 3/10；角状器由 1 簇小刺组成，位于阳茎基部 1/5–3/5。

雌性外生殖器（图 7-131C）：产卵瓣与第 8 节之间的节间膜长约为产卵瓣的 2 倍。后表皮突长约为后表皮突的 1.5 倍。第 8 节后缘直，被长刚毛；第 8 背板前缘中央呈"V"形内凹；第 8 腹板前端突出。导管端片碗状，后缘内凹，具若干纵褶。囊导管阔，长约为交配囊的 1/2，渐加宽至交配囊，与交配囊交界处具 13 齿突。交配囊长椭圆形；囊突 2 个，线形，后缘锯齿状，较大者长约为较小者的 3 倍。导精管出自交配囊后端，长管状，基部 1/3 和 2/3 处略加宽，末端具颗粒。

分布：浙江（嘉兴、丽水）、福建、广西、重庆；越南。

（397）柠檬展足蛾 *Stathmopoda dicitra* Meyrick, 1935

Stathmopoda dicitra Meyrick, 1935: 85.

分布：浙江（杭州、丽水）、河南、福建、香港、广西、贵州。

注：描述见《天目山动物志》（李后魂等，2020）。

（398）淡黄展足蛾 *Stathmopoda flavescens* Kuznetzov, 1984（图 7-132）

Stathmopoda flavescens Kuznetzov, 1984: 77.

主要特征：成虫（图 7-132A）翅展 11.0–13.0 mm。颜面和头顶乳白色，后头亮黑色。下唇须内侧黄白色，外侧黄褐色，第 2 节外侧基半部黑褐色。触角黄褐色，柄节前缘乳白色，鞭节前缘具深褐色鳞片。领片浅黄色，采集于贵州宽阔水的部分标本黑褐色。胸部和翅基片黄色，胸部后端两侧具黑褐色斑点，后缘具 1 黑褐色斑点，采集于四川和贵州的部分标本翅基片散布黑褐色鳞片。前翅黄色，沿前缘有 1 条深褐色细带，翅面有 3 条深褐色条带：第 1 条位于基部，约为翅长的 1/8；第 2 条近梯形，自前缘基部 1/4–1/3 达后缘 1/4–3/7；第 3 条近菱形，自前缘基部 5/8–7/10 内斜至后缘超过 1/2–2/3，第 2 和第 3 条带前端与前缘带相连，沿后缘中部有 1 深褐色纵带，连接第 2 和第 3 条带；末端具 1 深褐色条带；缘毛褐色，末端缘毛黄色。后翅和缘毛灰褐色。腹部背面深褐色；腹面黄褐色。

图 7-132 淡黄展足蛾 *Stathmopoda flavescens* Kuznetzov, 1984
A. 成虫；B. 雄性外生殖器；C. 雌性外生殖器

雄性外生殖器（图 7-132B）：爪形突长梯形，自基部渐窄至末端，末端钝，侧面观末端呈钩状下弯。

颚形突舌状，自基部渐窄至末端，末端圆。背兜长约为爪形突的 2 倍。抱器瓣基部宽，窄至抱器端；抱器端长卵圆形，斜上举，长约为宽的 2 倍，背缘直，腹缘钝，末端圆；内突细棒状，在中间向下弯曲成直角；抱器背呈三角形凸出；抱器腹窄，长约为抱器瓣的 3/5，腹缘基部 1/4 处内凹，末端圆。基腹弧窄带状；囊形突短，前缘圆。阳茎基环圆形；侧叶长锥形，长约为阳茎基环的 2 倍。阳茎与抱器瓣约等长，基部 3/4 约等宽，端部 1/4 渐窄，近基部有 1 骨化板；末端突起细长，约为阳茎长的 1/2，末端尖；角状器无。

雌性外生殖器（图 7-132C）：产卵瓣与第 8 节之间的节间膜长约为产卵瓣的 2.5 倍。后表皮突长约为前表皮突的 1.5 倍。第 8 节后缘直，被长刚毛；第 8 背板前端中央呈"V"形内凹；第 8 腹板前端呈三角形凸出。导管端片近矩形，内侧密布微刺。囊导管约等宽，长约为交配囊的 1.2 倍。交配囊圆形，与囊导管交界处具 60 个小齿突；囊突 1 个，月牙形，周围密布颗粒，位于交配囊中部，长约为交配囊最宽处的 1/2，后缘锯齿状。储精囊出自交配囊后端；导精管窄管状，端部密布颗粒。

分布：浙江（杭州、丽水、温州）、吉林、辽宁、天津、河北、山西、河南、安徽、湖北、江西、湖南、福建、海南、重庆、四川、贵州、云南、西藏；俄罗斯，日本。

（399）合芽展足蛾 *Stathmopoda gemmiconsuta* Terada, 2012（图 7-133）

Stathmopoda gemmiconsuta Terada, 2012: 54.

主要特征：成虫（图 7-133A）翅展 8.5–13.0 mm。颜面银白色；头顶银白色到黄色；后头褐色，两侧黄色。下唇须内侧银白色，外侧浅黄色。触角赭黄色，柄节前缘银白色。领片赭黄色；胸部赭黄色，后端两侧各具 1 褐色斑点，后缘具 1 褐斑；翅基片黄色。前翅黄色；前缘褐色，渐浅至末端，基部有 1 个黄色小斑；基部有 1 条褐色宽带；后缘具 2 褐斑：第 1 斑近梯形，位于基部 1/3，前端超过中室前缘；第 2 斑近菱形，位于基部 2/3，斜向外延伸超过中室上角，褐色细带从其外侧延伸至末端；后缘褐色条带连接第 1 和第 2 斑；缘毛灰褐色。后翅和缘毛灰色。腹部背面每一节前半部分浅褐色，后半部分浅黄色，腹面黄白色。

图 7-133　合芽展足蛾 *Stathmopoda gemmiconsuta* Terada, 2012
A. 成虫；B. 雄性外生殖器；C. 雌性外生殖器

雄性外生殖器（图 7-133B）：爪形突梯形，基部宽，渐窄至末端，末端直，侧面观末端向下弯曲。颚形突窄舌状，侧面观末端略下弯。背兜长约为爪形突的 2.3 倍。抱器瓣基部宽，渐窄至抱器端；抱器端长卵圆形，长约为宽的 2.5 倍，背缘直，腹缘弧形，末端圆；内突钩状；抱器背呈三角形突出；抱器腹长约为抱器瓣的 2/3，腹缘基部 1/3 内凹，具长刚毛，末端钝圆，与抱器瓣分离，超过抱器端腹角。基腹弧窄带状；囊形突近"U"形，长约为爪形突的 1/4。阳茎基环椭圆形；侧叶锥形，长约为阳茎基环的 2 倍。阳茎长约为抱器瓣的 1.2 倍，基部 2/3 约等宽，端部 1/3 渐窄至末端，近基部有 1 骨化板；末端突起约为阳茎长的 1/2，细棒状；角状器无。

雌性外生殖器（图 7-133C）：产卵瓣与第 8 节之间的节间膜长约为产卵瓣的 2 倍。后表皮突长约为前表皮突的 1.5 倍。第 8 节后缘直，第 8 背板前端直，第 8 腹板前端半卵圆形。导管端片近矩形，宽约为长的 3 倍，内面密布微刺。囊导管约等宽，长约为交配囊的 2 倍。交配囊圆形，具皱褶，密布微刺；囊突 1

个，新月形，位于交配囊中部，与交配囊等宽。储精囊较阔，长约为交配囊的 2 倍，与交配囊交界处散布若干微刺；导精管基部管状，端部细长，密布颗粒。

分布：浙江（杭州、宁波、温州）、天津、湖北、台湾、海南、广西、贵州；日本。

（400）离展足蛾 *Stathmopoda liberata* Wang, Guan *et* Wang, 2020（图 7-134）

Stathmopoda liberata Wang, Guan *et* Wang, 2020: 369.

主要特征：成虫（图 7-134A）翅展 19.0–19.5 mm。颜面雪白色；头顶褐色杂深褐色；后头深褐色。下唇须黄白色，第 2 节外侧和第 3 节腹面具褐色细线。触角柄节浅褐色，后缘褐色；鞭节黄白色。领片赭褐色。胸部和翅基片浅褐色，弥散深褐色鳞片。前翅浅褐色，基部有 1 不规则黑褐色斑；沿前缘有 1 条深褐色条带，自基部渐窄至末端，颜色渐浅；翅褶黑褐色，形成 1 条深色纵线；后缘 1 条黑褐色条带自基部 1/8 处外斜至翅褶基部 2/5 处；沿中室前、后缘各有 1 条赭褐色纵带，二者在中室末端由赭褐色斑相连；赭褐色条带自之前斑的外缘延伸至近翅末端；缘毛褐色。后翅和缘毛灰褐色。腹部背面深褐色，腹面赭灰色。

雄性外生殖器（图 7-134B）：爪形突基部宽，渐窄至末端。颚形突近基部宽，渐窄至末端。背兜从中间二分叉，侧叶近等宽，内缘基部 1/3 处具突起。抱器瓣从基部到抱器端近等宽；抱器端近椭圆形，长约为最宽处的 1.8 倍，背缘 1/3 处强烈凸出，从背缘 1/3 到末端平缓弧形，腹缘钝圆；内突刺状；抱器背稍拱起；抱器腹阔带状，腹缘骨化，末端二叶状：背叶小齿状，腹叶三角形，末端尖，游离于抱器端。囊形突短三角形，长约为爪形突的 1/4。阳茎基环 "V" 形，后缘中央深凹；侧叶长椭圆形（留在阳茎末端）。阳茎长约为抱器瓣的 2/3，基部 2/3 约等宽，端部 1/3 渐窄至末端，基部具骨化板，1 簇大小不一的齿突末端聚集成大齿突，位于基部 1/4–3/4 腹侧；角状器由 5 基部相连的大齿突组成，位于基部 1/3 背侧。

雌性外生殖器（图 7-134C）：产卵瓣与第 8 节之间的节间膜长约为产卵瓣的 2.7 倍。后表皮突长约为前表皮突的 1.5 倍。第 8 节后缘直；第 8 背板前端中央呈 "V" 形内凹；第 8 腹板近矩形，前缘阔圆。导管端片近矩形，前缘骨化强，前缘中央具三角形突起。囊导管长约为交配囊的 3/4，基半部约等宽，端半部渐宽。交配囊卵圆形；囊突 1 个，近椭圆形，长约为交配囊宽的 2/5，位于交配囊后端；交配囊与囊导管交界处有 2 列大齿突排列成 "V" 形；储精囊出自交配囊右侧中部，阔管状，长约为交配囊的 2/3；导精管细长，末端密被颗粒。

分布：浙江（杭州）、贵州。

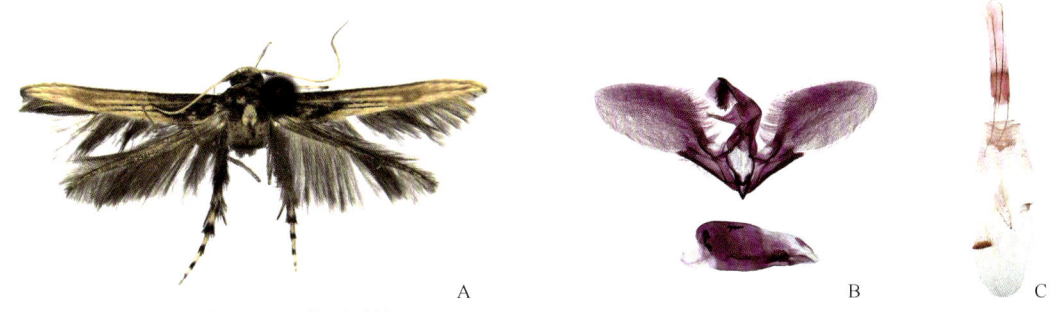

图 7-134 离展足蛾 *Stathmopoda liberata* Wang, Guan *et* Wang, 2020
A. 成虫；B. 雄性外生殖器；C. 雌性外生殖器

（401）小叶展足蛾 *Stathmopoda miniloba* S. Wang *et* Guan, 2021（图 7-135）

Stathmopoda miniloba S. Wang *et* Guan in Wang, Guan & Wang, 2021: 85.

主要特征：成虫（图 7-135A）翅展 9.5–13.0 mm。颜面银白色，头顶灰褐色，后头黄褐色。下唇须银白色，第 3 节外侧褐色。触角黄褐色。胸部前端 1/3 黄褐色，后端 2/3 紫黑色，某些个体中胸部中间两侧各有 1 白色斑点；翅基片前半部黄褐色，后半部紫黑色。前翅褐色；前缘基部具黄褐色斑；基部 1/7 具紫黑色斑，自前缘窄至后缘，银白色大斑自前缘基部 1/7–3/10 达后缘近基部至 1/3 之间；缘毛褐色。后翅和缘毛褐色。腹部背面灰褐色，腹面白色。

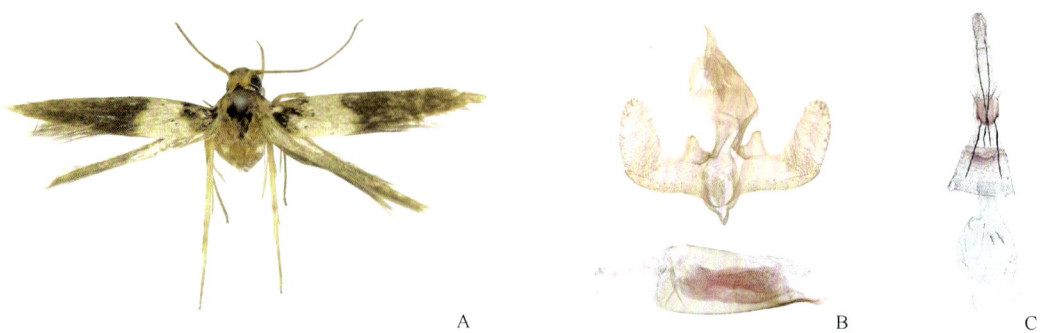

图 7-135 小叶展足蛾 *Stathmopoda miniloba* S. Wang et Guan, 2021
A. 成虫；B. 雄性外生殖器；C. 雌性外生殖器

雄性外生殖器（图 7-135B）：爪形突近三角形，基部宽，自基部稍窄至末端，端部 1/3 侧面观鸟喙状。颚形突阔舌状，基部宽，稍窄至末端，末端钝圆。背兜与爪形突约等长。抱器瓣基半部近等宽；抱器背呈三角形凸出；抱器端近卵圆形，略窄至末端，末端圆，斜上举，腹侧基部形成钝角；抱器腹长约为抱器瓣的 3/5，腹缘近基部稍内凹，末端尖，与抱器端稍分离。基腹弧窄带状；囊形突近"V"形，长约为爪形突的 1/4。阳茎基环长椭圆形；侧叶小而圆，约为阳茎基环的 1/4。阳茎长约为抱器瓣的 1.3 倍，从基部渐窄至末端，近基部具 1 骨片，中间至近末端具大量的微刺；末端突起棒状，弯曲，约为阳茎长的 1/4；角状器无。

雌性外生殖器（图 7-135C）：产卵瓣与第 8 节之间的节间膜约为产卵瓣的 2 倍。后表皮突长约为前表皮突的 1.7 倍。第 8 节后缘直，被长毛；第 8 背板矩形，第 8 腹板前端呈三角形突出。导管端片杯状。囊导管约等宽，长约为交配囊的 2/3。交配囊长卵圆形；囊突 2 个，一侧具骨化脊，位于交配囊后端 1/3 处。储精囊出自交配囊前端，基部阔囊状，具少量齿突；导精管窄管状，端部密布颗粒。

分布：浙江（嘉兴）、广西、贵州。

（402）森展足蛾 *Stathmopoda moriutiella* Kasy, 1973

Stathmopoda moriutiella Kasy, 1973: 268.

分布：浙江（平湖、临安、鄞州、余姚、龙泉、泰顺）、天津、河北、山西、山东、河南、陕西、甘肃、安徽、湖北、江西、湖南、福建、广东、海南、广西、重庆、四川、贵州、云南；俄罗斯，日本。

注：描述见《天目山动物志》（李后魂等，2020）。

（403）白光展足蛾 *Stathmopoda opticaspis* Meyrick, 1931

Stathmopoda opticaspis Meyrick, 1931: 175.

分布：浙江（嘉兴、杭州、温州）、山西、河南、甘肃、安徽、湖北、福建、海南、广西、云南；俄罗斯，韩国，日本，奥地利。

注：描述见《天目山动物志》（李后魂等，2020）。

（404）腹刺展足蛾 *Stathmopoda stimulata* Meyrick, 1913

Stathmopoda stimulata Meyrick, 1913: 84.

分布：浙江（杭州、金华、温州）、吉林、辽宁、天津、河南、甘肃、湖北、江西、湖南、福建、台湾、广东、海南、香港、广西、重庆、四川、贵州、云南；韩国，印度，泰国，斯里兰卡，马来西亚，文莱，印度尼西亚。

注：描述见《天目山动物志》（李后魂等，2020）。

（405）横带展足蛾 *Stathmopoda vietnamella* Sinev, 1995（图 7-136）

Stathmopoda vietnamella Sinev, 1995: 143.

主要特征：成虫（图7-136A）翅展7.0–12.5 mm。头乳白色，后头黑褐色。下唇须内侧乳白色，外侧深褐色。触角柄节黄白色，后缘黑褐色；鞭节黄色，具黑褐色环纹。胸部和翅基片黄白色；胸部前缘和前端1/3具黑褐色横带，后缘具黑褐色圆斑；翅基片中央具黑褐色斑。前翅黄白色；前缘基部2/3深褐色，基部1/7具1条黑褐色窄横带，后端达翅褶，基部3/5–3/4具褐色条纹；1不规则黑褐色斑自前缘基部1/5–3/10加宽至后缘基部1/4至超过1/2之间；后缘基部具深褐色斑，前端未达翅褶，近翅端有1黑褐色斑；后缘中部偏外具1黑褐色斑，其前端连接黑褐色细带，延伸至端部1/3；缘毛浅褐色。后翅和缘毛浅褐色。腹部背面灰褐色，腹面乳白色。

雄性外生殖器（图7-136B）：爪形突长梯形，基部宽，稍窄至末端，末端圆。颚形突长三角形，基部宽，渐窄至末端。背兜长约为爪形突的1.5倍。抱器瓣阔；抱器端近矩形，长约为宽的2倍，末端圆；内突发达，刺状；抱器背呈圆形突出；抱器腹发达，基部窄，渐宽至末端，末端达抱器端近中部。基腹弧窄带状；囊形突前缘钝圆，长约为爪形突的1/4。阳茎基环近菱形，后缘钝圆；侧叶椭圆形，约为阳茎基环的1.5倍。阳茎与抱器瓣等长，具大量微刺，近基部有1骨化板；末端突起细棒状，长约为阳茎的2/5，末端尖；角状器无。

雌性外生殖器（图7-136C）：产卵瓣与第8节之间的节间膜长约为产卵瓣的1.6倍。后表皮突长约为前表皮突的1.5倍。第8节后缘直，第8背板前缘直，第8腹板前端呈半圆形突出。导管端片碗状，前缘骨化强。囊导管近等宽，长约为交配囊的1/3。交配囊后端具大量微刺；囊突1个，月牙形，位于交配囊中部。储精囊较阔，自交配囊后端伸出，端部密布颗粒；导精管细长。

分布：浙江（杭州）、江西、海南、广西、重庆、四川、贵州、云南；越南。

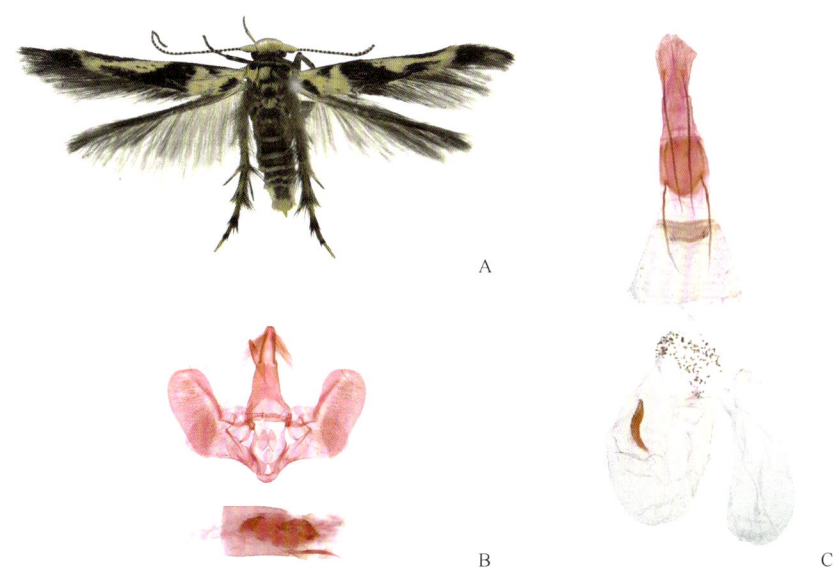

图 7-136 横带展足蛾 *Stathmopoda vietnamella* Sinev, 1995
A. 成虫；B. 雄性外生殖器；C. 雌性外生殖器

二十一、遮颜蛾科 Blastobasidae

主要特征：触角短于前翅，柄节通常膨大，形成 1 个眼罩；下唇须通常 3 节，在一些属中常雌雄异型。前翅略呈披针形，底色多为灰色或褐色，少数为浅黄色；后翅尖刀状，一般浅灰色。腹部背板末端具刺。

雄性外生殖器：爪形突被稀疏刚毛，有些种类爪形突消失；抱器瓣通常分为背、腹两部分；阳茎具有强骨化的细长角状器。

雌性外生殖器：产卵瓣套管式，自后缘至第 8 节之间的膜很长，分为 3 或 4 个膜质部分；交配囊圆形、卵圆形。

分布：世界广布。世界已知超过 30 属 500 种，中国记录 10 属 70 余种（部分待发表），浙江分布 2 亚科 6 属 13 种。

（一）遮颜蛾亚科 Blastobasinae

主要特征：成虫体中小型。雄性触角鞭节常被纤毛；一些属的雄性第 1 鞭节膨大，具凹口，雌性第 1 鞭节正常。下唇须在一些属中常雌雄异型，雄性下唇须明显加粗，第 3 节末端钝，而雌性下唇须明显窄于雄性，第 3 节末端尖。

雄性外生殖器：爪形突腹面无纵脊；阳茎基环通常带状；基腹弧宽。

雌性外生殖器：雌性产卵瓣自后缘至第 8 节之间分为 4 个膜质部分。

分布：世界广布。世界已知 15 属 330 多种，中国记录 5 属近 30 种，浙江分布 4 属 9 种。

分属检索表

1. 抱器背瓣具基缘 ··· 2
- 抱器背瓣无基缘 ··· 3
2. 颚形突后缘中部具 1 或 2 齿突，基缘不隆起 ··· 遮颜蛾属 *Blastobasis*
- 颚形突后缘完整或中部具凹口，无齿突，基缘隆起 ··· 弯遮颜蛾属 *Hypatopa*
3. 抱器腹瓣基部具 1 长刺状突起 ·· 后遮颜蛾属 *Lateantenna*
- 抱器腹瓣基部无突起 ··· 新遮颜蛾属 *Neoblastobasis*

120. 遮颜蛾属 *Blastobasis* Zeller, 1855

Blastobasis Zeller, 1855: 171. Type species: *Oecophora* (*Scythris*) *phycidella* Zeller, 1839.

Epistetus Walsingham, 1894: 552.

Valentinia Walsingham, 1907b: 200.

Zenodochium Walsingham, 1908a: 52.

Prosthesis Walsingham, 1908b: 953.

Euresia Dietz, 1910: 20.

主要特征：部分种类触角雌雄异型。前翅常具明显的中室斑，中室端斑，臀斑。

雄性外生殖器：颚形突后缘中部具 1 或 2 齿突；抱器背瓣具棒状的抱器背突，密被刚毛，向腹侧伸长与基缘愈合；基缘内表面密被微刺。

雌性外生殖器：交配囊常具 1 后叶，囊突常呈角状，基部膨大。

分布：世界广布。世界已知 144 种，中国记录 12 种，浙江分布 4 种。

分种检索表

1. 抱器背瓣抱器背突具 1 列长刺状刚毛 ·· 华遮颜蛾 *B. sprotundalis*
- 抱器背瓣抱器背突无长刺状刚毛 ·· 2
2. 基缘内壁密被刺状刚毛 ·· 针遮颜蛾 *B. aciformis*
- 基缘内壁无刺状刚毛 ·· 3
3. 基缘沿其外缘具刺状刚毛 ·· 刺毛遮颜蛾 *B. spinisetosa*
- 基缘沿其外缘无刺状刚毛 ·· 广遮颜蛾 *B. divulgata*

（406）针遮颜蛾 *Blastobasis aciformis* Teng *et* Wang, 2019（图 7-137）

Blastobasis aciformis Teng *et* Wang, 2019a: 40.

主要特征：成虫（图 7-137A）前翅长 5.5–8.5 mm。雄性下唇须第 2 节内侧近末端具 1 椭圆形灰白色斑，雌性下唇须明显窄于雄性。前翅褐色，自近基部至基部 1/3 处杂末端灰白色的浅褐色鳞片，渐密，在基部 1/3 处自前缘下方至后缘形成 1 条灰白色横带，沿其外缘具 1 条黑褐色宽横带，端部 2/3 密布末端灰白色的浅褐色鳞片；中室端斑、臀斑和缘斑黑褐色。后翅及缘毛灰褐色。

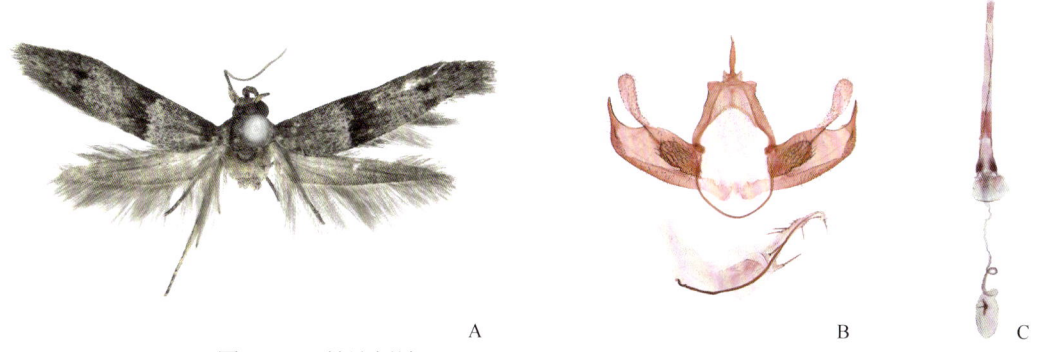

图 7-137　针遮颜蛾 *Blastobasis aciformis* Teng *et* Wang, 2019
A. 成虫；B. 雄性外生殖器；C. 雌性外生殖器

雄性外生殖器（图 7-137B）：爪形突基部 1/4 宽，亚矩形，端部 3/4 针状。颚形突后缘中部具 2 齿突。抱器背瓣：抱器背突渐宽至末端，末端圆；基缘近长卵圆形，其内壁密被微毛，端部 3/4 密被脊刺状刚毛。抱器腹瓣宽，端部 1/4 形成脊刺状端突。阳茎长约为抱器瓣的 1.5 倍，阳茎端环基部 1/3 处具 2–3 长刺状刚毛，自端部 3/7 至 1/7 处密被微刺状和稀疏的脊刺状刚毛，末端具 1–2 对长刺状刚毛。

雌性外生殖器（图 7-137C）：第 8 背板纵向沿中轴具 1 条骨化线。交配孔后每侧各具 1 个近卵圆形密被微毛的区域。导管端片明显，稍骨化，圆柱状，后端 2/5 明显加宽。

分布：浙江（衢州、丽水）、福建、广东、海南、云南。

（407）广遮颜蛾 *Blastobasis divulgata* Teng *et* Wang, 2019（图 7-138）

Blastobasis divulgata Teng *et* Wang, 2019a: 39.

主要特征：成虫（图 7-138A）前翅长 4.5–6.5 mm。下唇须黑褐色，少量鳞片末端灰白色，末端尖。前翅褐色，自近基部至基部 1/3 处杂末端灰白色的浅褐色鳞片，渐密，在基部 1/3 处自前缘下方至后缘形成 1 条灰白色横带，沿其外缘密被黑褐色鳞片，端部 2/3 散布黑褐色鳞片和末端灰白色的褐色鳞片；中室端斑和臀斑黑色。后翅及缘毛基部灰褐色，自基部向端部颜色渐深。

雄性外生殖器（图 7-138B）：爪形突基部宽，渐窄至基部 2/5 处，自基部 2/5 至端部 1/5 两侧近平行，端部 1/5 渐窄，末端窄圆。颚形突后缘中部具 1 或 2 齿突。抱器背瓣：抱器背突近等宽，末端圆；基缘内壁背侧 2/3 密被微毛，腹侧 1/3 密被刚毛。抱器腹瓣宽，端部 1/4 形成脊刺状端突，末端圆。阳茎约与抱器瓣等长，阳茎端环自中间至端部 1/3 具稀疏微刺状刚毛。

雌性外生殖器（图 7-138C）：第 8 背板纵向沿中轴具 1 条骨化线。交配孔后每侧各具 1 个近卵圆形密被微毛的区域。

分布：浙江（杭州、宁波、衢州、丽水）、河南、安徽、湖北、广东、香港、重庆。

图 7-138　广遮颜蛾 *Blastobasis divulgata* Teng *et* Wang, 2019
A. 成虫；B. 雄性外生殖器；C. 雌性外生殖器

（408）刺毛遮颜蛾 *Blastobasis spinisetosa* Teng *et* Wang, 2019（图 7-139）

Blastobasis spinisetosa Teng *et* Wang, 2019a: 32.

主要特征：成虫（图 7-139A）前翅长 4.5–6.5 mm。下唇须外侧黑褐色，内侧黄白色，末端尖。前翅褐色，近基部至基部 2/5 处杂末端灰白色的褐色鳞片，渐密，在基部 2/5 处自前缘下方至后缘形成 1 条灰白色横带，沿其外缘密被黑褐色鳞片，端部 3/5 散布末端灰白色的黑褐色鳞片；中室端斑和臀斑黑色。后翅及缘毛灰褐色。

图 7-139　刺毛遮颜蛾 *Blastobasis spinisetosa* Teng *et* Wang, 2019
A. 成虫；B. 雄性外生殖器；C. 雌性外生殖器

雄性外生殖器（图 7-139B）：爪形突基部宽，渐窄至中间，中间至端部 1/4 近等宽，端部 1/4 呈三角形变窄，末端稍尖。颚形突后缘中部具 1 或 2 小齿突。抱器背瓣：抱器背突窄，末端圆；基缘内壁中间具 1 近矩形密被微毛的区域，其腹缘基部具 1 簇长刚毛，外缘具 1 列短脊刺状刚毛，其中近腹侧顶角处 1 根明显加长。抱器腹瓣端部 2/5 形成脊刺状端突。阳茎约与抱器瓣等长，阳茎端环中部具微刺状刚毛，近末端具 1–3 微刺状刚毛。

雌性外生殖器（图 7-139C）：第 8 背板纵向沿中轴具 1 条骨化线。交配孔后每侧各具 1 个卵圆形垫状区域，密被微毛。

分布：浙江（嘉兴、杭州、宁波、丽水）、天津、河北、山西、河南、湖北、福建、重庆。

（409）华遮颜蛾 *Blastobasis sprotundalis* Park, 1984（图 7-140）

Blastobasis sprotundalis Park, 1984: 57.

Blastobasis sinica Adamski *et* Li, 2010: 344.

主要特征：成虫（图 7-140A）前翅长 4.5–6.5 mm。雄性下唇须第 2 节内侧端部 2/3 沿背缘具 1 个窄月牙形黄白色斑，雌性下唇须明显窄于雄性。前翅褐色，近基部至基部 1/3 处杂末端灰白色的褐色和浅褐色鳞片，渐密，在基部 1/3 处自前缘下方至后缘形成 1 条灰白色横带，沿其外缘密被黑褐色鳞片，端部 2/3 密布末端灰白色的黑褐色鳞片；中室端斑和臀斑黑褐色。后翅及缘毛基部灰褐色，自基部向端部颜色渐深。

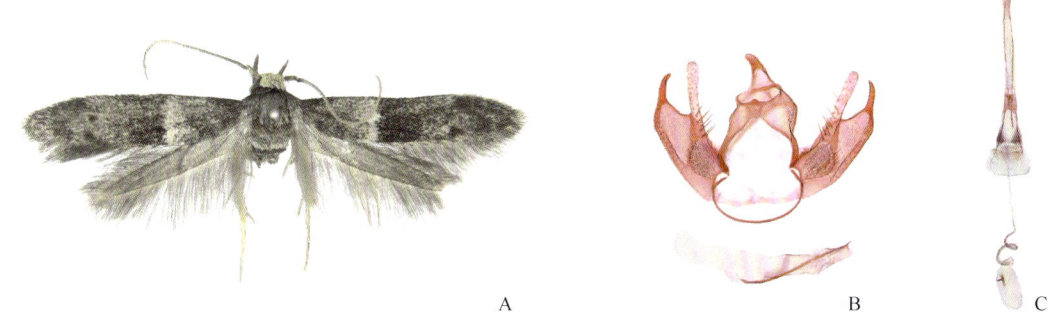

图 7-140　华遮颜蛾 *Blastobasis sprotundalis* Park, 1984
A. 成虫；B. 雄性外生殖器；C. 雌性外生殖器

雄性外生殖器（图 7-140B）：爪形突基部宽，渐窄至末端，末端窄圆。颚形突后缘中部呈亚梯形伸出，无齿突。抱器背瓣：抱器背突基半部具 1 列长刺状刚毛，末端圆；基缘近方形，内壁背半部密被微毛，腹半部密被刚毛，杂几根长刺状刚毛。抱器腹瓣宽，端部 1/5 形成脊刺状端突，末端圆。阳茎约与抱器瓣等长，阳茎端环中部具微刺状刚毛。

雌性外生殖器（图 7-140C）：第 8 背板纵向沿中轴具 1 条骨化线，腹板后缘中部具 1 个骨化斑。交配孔后每侧各具 1 个近三角形密被微毛的区域。

分布：浙江（杭州、宁波、舟山、衢州、丽水、温州）、黑龙江、吉林、辽宁、内蒙古、北京、天津、河北、山西、山东、河南、甘肃、安徽、湖北、湖南、福建、广东、重庆、四川、贵州；俄罗斯，韩国，日本。

121. 弯遮颜蛾属 *Hypatopa* Walsingham, 1907

Hypatima Herrich-Schäffer, 1853: 47, preoccupied by Hübner, 1805 (Gelechiidae).

Hypatopa Walsingham, 1907b: 211. Type species: *Oecophora inunctella* Zeller, 1839.

Prosodica Walsingham, 1907b: 200.

Catacrypsis Walsingham, 1907b: 206.

Blastobasoides McDunnough, 1961: 6.

主要特征：雄性触角鞭节具浓密短纤毛，第 1 鞭节无凹口；雌性鞭节具稀疏短纤毛。前翅常具明显的中室斑，中室端斑。

雄性外生殖器：颚形突后缘完整或中部具凹口；抱器背瓣具棒状的抱器背突，密被刚毛，向腹侧伸长且具 1 条骨化脊，与基缘的背缘愈合；基缘突出，其腹缘被刚毛，杂刺突；抱器腹瓣基部宽阔，末端伸出 1 个窄长的端突；阳茎基部常呈球状膨大。

雌性外生殖器：囊突有或无。

分布：世界广布。世界已知 103 种，中国记录 8 种，浙江分布 1 种。

（410）林弯遮颜蛾 *Hypatopa silvestrella* Kuznetzov, 1984（图 7-141）

Hypatopa silvestrella Kuznetzov, 1984: 81.

主要特征：成虫（图 7-141A）前翅长 7.5–10.0 mm。下唇须外侧黑褐色，内侧灰白色，第 3 节末端灰白色。前翅褐色，鳞片末端灰白色，自基部至基部 1/3 处混杂端部灰白色的浅褐色和灰色鳞片，渐密，在基部 1/3 处形成 1 条模糊的灰白色横带，端部 2/3 杂黑褐色鳞片；中室斑、褶斑、中室端斑黑色。后翅及缘毛灰褐色，基线黄白色。

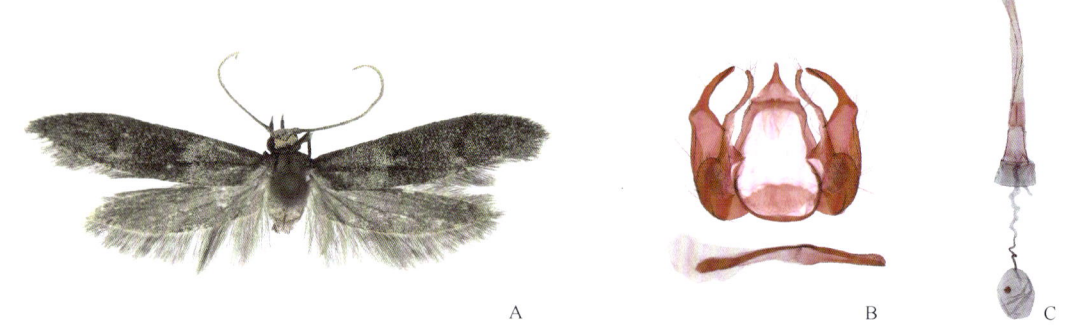

图 7-141　林弯遮颜蛾 *Hypatopa silvestrella* Kuznetzov, 1984
A. 成虫；B. 雄性外生殖器；C. 雌性外生殖器

雄性外生殖器（图 7-141B）：爪形突基半部呈梯形渐窄，端半部棒状，渐窄至末端，末端窄圆。颚形突后缘中间具 "V" 形凹口。抱器背瓣：抱器背突近等宽，中部向内侧呈膝状稍弯，近末端向外侧弧形弯曲，末端圆；基缘亚卵圆形，其内壁端部 3/4 密被微毛。抱器腹瓣基部 2/3 宽，亚矩形，端突棒状。阳茎基环梭形。阳茎长于抱器瓣，端部 1/7 两侧密被齿突，末端圆，中间具凹口。

雌性外生殖器（图 7-141C）：第 8 背板纵向沿中轴具 1 条骨化线。交配孔周围密被微刺。交配囊近圆形；囊突位于交配囊近中部，圆形，中部至一侧伸出 1 近三角形小骨片。

分布：浙江（杭州）、黑龙江、吉林、辽宁、天津、河北、山西、河南、宁夏、甘肃、青海；俄罗斯，韩国，日本。

122. 后遮颜蛾属 *Lateantenna* Amsel, 1968

Lateantenna Amsel, 1968: 19. Type species: *Lateantenna fuscella* Amsel, 1968.

主要特征：雄性触角鞭节腹面具纤毛，第 1 鞭节膨大，常具凹口；雌性鞭节腹面无纤毛，第 1 鞭节正常。雌性下唇须明显窄于雄性。前翅常具明显的中室斑、中室端斑、臀斑。

雄性外生殖器：爪形突向腹侧稍弯，被稀疏刚毛，末端窄圆；基缘无；抱器腹瓣基部具长刺突（瓣基刺）。

雌性外生殖器：囊突常呈角状，基部膨大。

分布：世界广布。世界已知 34 种，中国记录 10 种，浙江分布 3 种。

分种检索表

1. 颚形突后缘中部呈半圆状伸出，无齿突 ··· 半圆后遮颜蛾 *L. semicircularis*
- 颚形突后缘中部具 2 齿突 ·· 2
2. 抱器背瓣基部宽，渐窄至基部 2/5 处，端部 3/5 棒状 ····················· 浙江后遮颜蛾 *L. zhejiangensis*
- 抱器背瓣基半部近等宽，端半部稍窄于基半部 ····································· 短角后遮颜蛾 *L. brevicornis*

（411）短角后遮颜蛾 *Lateantenna brevicornis* (Moriuti, 1987)（图 7-142）

Neoblastobasis brevicornis Moriuti, 1987: 176.
Lateantenna brevicornis: Sinev, 2014: 68.

主要特征：成虫（图 7-142A）前翅长 5.0–7.0 mm。前翅褐色，鳞片末端灰白色，散布黑褐色鳞片，自近基部至基部 1/3 处杂末端灰白色的浅褐色鳞片，渐密，在基部 1/3 处自前缘至后缘形成 1 条模糊的灰白色横带，自其外缘至近中部密被黑褐色鳞片；中室端斑和臀斑黑色。后翅及缘毛基部浅灰褐色，自基部到末端颜色渐深，CuP 脉腹侧浅黄色，自 1A+2A 脉至 CuP 脉之间、沿腹缘具 1 黑褐色大斑。

图 7-142 短角后遮颜蛾 *Lateantenna brevicornis* (Moriuti, 1987)
A. 成虫；B. 雄性外生殖器；C. 雌性外生殖器

雄性外生殖器（图 7-142B）：爪形突基部宽，渐窄至端部，末端窄圆。颚形突后缘中部具 2 齿突。抱器背瓣基半部近等宽，端半部稍窄于基半部，末端宽圆。抱器腹瓣基部宽，渐窄至 5/7 处，端部 2/7 形成脊刺状突起；瓣基刺出自抱器腹上方，长约为抱器腹瓣的 4/7，基部稍膨大。阳茎稍短于抱器瓣，阳茎端环近末端密布刺状刚毛。

雌性外生殖器（图 7-142C）：第 8 背板纵向沿中轴具 1 条骨化线，腹板后缘中部具 1 个骨化斑。近第 7 节后缘的节间膜两侧各具 1 个亚卵圆形突起。交配囊卵圆形，与第 7 节后缘近等宽。

分布：浙江（嘉兴、杭州、宁波、舟山、金华、衢州、丽水）、台湾、云南、西藏；俄罗斯、日本。

（412）半圆后遮颜蛾 *Lateantenna semicircularis* Teng *et* Wang, 2019（图 7-143）

Lateantenna semicircularis Teng *et* Wang, 2019b: 10.

主要特征：成虫（图 7-143A）前翅长 4.3–5.5 mm。前翅褐色，鳞片末端灰白色，自近基部至基部 2/5 处混杂端部灰白色的浅褐色和浅灰色鳞片，渐密，在基部 2/5 处自前缘下方至后缘形成 1 条灰白色横带，端部 3/5 密布黑褐色鳞片；中室端斑和臀斑黑色，近圆形。后翅及缘毛基部浅灰褐色，自基部到末端颜色渐深。

雄性外生殖器（图 7-143B）：爪形突基部宽，渐窄至末端，末端窄圆。颚形突近方形，后缘中部呈半圆状突出。抱器背瓣基部宽，呈三角状渐窄至中间，端半部棒状；基半部沿腹缘形成 1 条楔形宽骨化带，其端部 2/5 密布颗粒状、刺状突起。抱器腹瓣宽，端部 1/4 急剧变窄，形成刀片状突起，其末端圆；瓣基刺出自抱器腹上方，长约为抱器腹瓣的 2/3，基部稍呈球形膨大。阳茎与抱器瓣近等长，阳茎端环近末端密布刺状刚毛。

雌性外生殖器（图 7-143C）：第 8 背板纵向沿中轴具 1 条深色骨化线。交配孔两侧呈亚卵圆形突出。交配囊卵圆形；囊突刺状，小，位于交配囊前端约 1/4 处，基部近圆形稍膨大，被齿突。

分布：浙江（杭州）。

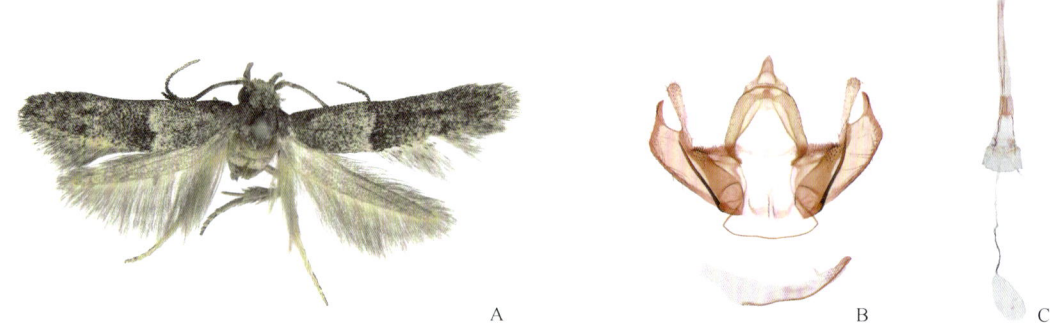

图 7-143　半圆后遮颜蛾 *Lateantenna semicircularis* Teng *et* Wang, 2019
A. 成虫；B. 雄性外生殖器；C. 雌性外生殖器

（413）浙江后遮颜蛾 *Lateantenna zhejiangensis* Teng *et* Wang, 2019（图 7-144）

Lateantenna zhejiangensis Teng *et* Wang, 2019b: 4.

主要特征：成虫（图 7-144A）前翅长 4.0–5.5 mm。雄性下唇须第 3 节内侧面具 1 个黄白色月牙形大斑。前翅褐色，鳞片末端灰白色，自近基部至基部 1/3 处杂末端灰白色的浅褐色和浅灰色鳞片，渐密，端部 2/3 散布末端灰白色的浅褐色鳞片；中室斑、中室端斑、褶斑和臀斑黑褐色；褶斑向前延伸至中室斑内缘，向后扩大至前翅腹缘。后翅及缘毛基部浅灰褐色，自基部到末端颜色渐深。

图 7-144　浙江后遮颜蛾 *Lateantenna zhejiangensis* Teng *et* Wang, 2019
A. 成虫；B. 雄性外生殖器；C. 雌性外生殖器

雄性外生殖器（图 7-144B）：爪形突基部宽，渐窄至基部 1/3 处，中部两侧近平行，端部 1/3 渐窄，末端窄圆。颚形突后缘中部具 2 齿突。抱器背瓣基部宽，渐窄至基部 2/5 处，基部 2/5 腹侧强烈骨化形成 1 条窄带，端部 3/5 棒状。抱器腹瓣基部 3/5 近梯形，端部 2/5 急剧变窄，末端尖；瓣基刺出自抱器腹上方，伸达抱器腹瓣的端部 2/5，基部 1/4 膨大。阳茎与抱器瓣近等长，阳茎端环近末端密布刺状刚毛。

雌性外生殖器（图 7-144C）：第 8 背板纵向沿中轴具 1 条骨化线，腹板后缘中部具 1 个骨化斑。近第 7 节后缘的节间膜两侧各具 1 个亚卵圆形突起，其后端两侧各具近圆形、密被微毛的区域。交配囊长卵圆形。

分布：浙江（杭州）。

123. 新遮颜蛾属 *Neoblastobasis* Kuznetzov *et* Sinev, 1985

Neoblastobasis Kuznetzov *et* Sinev, 1985: 529. Type species: *Neoblastobasis lativalvella* Kuznetzov *et* Sinev, 1985.

主要特征：雄性触角鞭节腹面密被纤毛，第 1 鞭节膨大，具凹口；雌性鞭节腹面被稀疏纤毛，第 1 鞭节正常。下唇须雌雄异型，雌性下唇须明显窄于雄性。前翅常具明显的中室端斑、臀斑。

雄性外生殖器：爪形突向腹侧稍弯，被稀疏刚毛；基缘无；抱器腹瓣宽阔，明显膨大；阳茎端环具刺状刚毛。

雌性外生殖器：囊突常呈角状，基部膨大。

分布：世界广布。世界已知 7 种，中国记录 1 种，浙江分布 1 种。

（414）双角新遮颜蛾 *Neoblastobasis biceratala* (Park, 1984)（图 7-145）

Blastobasis biceratala Park, 1984: 56.
Neoblastobasis lativalvella Kuznetzov *et* Sinev, 1985: 533.
Neoblastobasis biceratala: Sinev, 1986: 61.

主要特征：成虫（图 7-145A）前翅长 5.0–11.0 mm。雄性下唇须第 2 节内侧面具 1 个灰白色月牙形大斑，第 3 节末端钝，雌性第 3 节末端尖。前翅褐色，鳞片末端灰白色；自近基部至基部 1/3 处杂末端灰白色的浅黄褐色鳞片，渐密，在基部 1/3 处自前缘下方至后缘形成 1 条灰白色横带，自其外缘至近中部密被黑褐色鳞片，形成 1 宽横带；中室端斑和臀斑黑色。后翅及缘毛基部灰褐色，自基部到末端颜色渐深。

图 7-145 双角新遮颜蛾 *Neoblastobasis biceratala* (Park, 1984)
A. 成虫；B. 雄性外生殖器；C. 雌性外生殖器

雄性外生殖器（图 7-145B）：爪形突基部宽，渐窄至基部 2/5 处，端部 3/5 棒状，末端圆。颚形突后缘中间具 2 齿突。抱器背瓣基半部近等宽，密被微毛，背缘稍拱，端半部呈半圆形急剧膨大，密被刚毛；中部近背缘伸出 1 脊刺状突起。抱器腹瓣宽阔，基部窄，渐宽至末端，末端斜直，腹缘末端伸出 1 脊刺状突起，其末端圆；基部近中间具 1 球状小突起，被稀疏刚毛。阳茎稍短于抱器瓣，阳茎端环近末端密布刺状刚毛。

雌性外生殖器（图 7-145C）：第 8 背板纵向沿中轴具 1 条骨化线。近第 7 节后缘的节间膜两侧各具 1 个亚卵圆形突起。交配囊靴状。

分布：浙江（杭州、衢州、丽水）、辽宁、天津、山西、河南、甘肃、湖北、贵州；俄罗斯，韩国，日本。

（二）环遮颜蛾亚科 Holcocerinae

主要特征：成虫体中小型。雄性触角鞭节常被纤毛；一些属的雄性第 1 鞭节膨大，具凹口，雌性第 1 鞭节正常。下唇须 3 节，上举，无雌雄异型。

雄性外生殖器：爪形突腹面通常具纵脊；颚形突侧臂通常后伸，与背兜愈合，后缘中部直或凸出，有时具凹口；阳茎基环通常板状；基腹弧窄。

雌性外生殖器：产卵瓣套管式，自后缘至第 8 节之间分为 3 个膜质部分。

分布：世界广布。世界已知 9 属 180 多种，中国记录 3 属近 10 种，浙江分布 2 属 4 种。

124. 隐遮颜蛾属 *Syncola* Meyrick, 1916

Syncola Meyrick, 1916: 597. Type species: *Syncola epaphria* Meyrick, 1916.
Pseudohypatopa Sinev, 1986: 67.

主要特征：雄性触角鞭节前缘具纤毛，第 1 鞭节通常无凹口；雌性鞭节前缘无纤毛。前翅通常具中室斑和中室端斑，臀斑常与中室端斑相连。

雄性外生殖器：爪形突端半部腹面具 1 条纵脊；颚形突侧臂后伸，与背兜愈合；抱器背瓣基部与抱器腹瓣基部近等宽，基缘窄或无；基腹弧窄带状，前缘中部有时稍凸；阳茎基部呈球形膨大；内骨片末端分叉。

分布：古北区、东洋区。世界已知 11 种，中国记录 5 种，浙江分布 3 种。

分种检索表

1. 颚形突前缘宽凹 ·· 赤松隐遮颜蛾 *S. longicornutella*
- 颚形突前缘拱 ·· 2
2. 抱器背瓣自基部渐窄至末端 ·· 长管隐遮颜蛾 *S. longitubulata*
- 抱器背瓣基部 2/3 近等宽 ··· 短叶隐遮颜蛾 *S. paulilobata*

（415）赤松隐遮颜蛾 *Syncola longicornutella* (Park, 1989)（图 7-146）

Pseudohypatopa longicornutella Park, 1989a: 76.
Syncola longicornutella: Sinev, 2014: 78.

主要特征：成虫（图 7-146A）前翅长 5.0–7.0 mm。前翅灰褐色，鳞片末端白色，散布黑褐色鳞片，基部 1/3 处隐约可见 1 条黑褐色横带，自前缘向后伸至后缘；中室斑黑褐色，中室端斑与臀斑相连，形成 1 个近圆形黑褐色大斑。后翅及缘毛浅灰褐色。

雄性外生殖器（图 7-146B）：爪形突端部 2/3 腹面具 1 条纵脊。颚形突近矩形，后缘近直，中间有时微凹，前缘弧形宽凹。抱器背瓣基部宽，渐窄至基部 3/4 处，端部 1/4 近等宽，末端宽圆；基缘无。抱器腹瓣基部宽，渐窄至末端，端部 1/5 形成 1 个尖刺状突起，内弯。阳茎长约为抱器瓣的 2 倍，基部呈球形稍膨大；内骨片端部 1/6 二裂为 2 个等长的针状刺突。

雌性外生殖器（图 7-146C）：第 8 腹板后缘近直，后半部被稀疏刚毛，前缘中部深凹。导管端片膜质，漏斗状。导精管出自囊导管中部，近第 7 腹板前缘。交配囊宽卵圆形，囊突近菱形，密被小齿，其中间具横脊。

分布：浙江（杭州、宁波、衢州）、天津、河北、山西、山东、河南、陕西、湖北、江西、湖南、福建、台湾、广东、香港、广西、重庆；俄罗斯，韩国。

寄主：赤松 *Pinus densiflora*。

图 7-146　赤松隐遮颜蛾 *Syncola longicornutella* (Park, 1989)
A. 成虫；B. 雄性外生殖器；C. 雌性外生殖器

（416）长管隐遮颜蛾 *Syncola longitubulata* (Zhen *et* Li, 2009)（图 7-147）

Pseudohypatopa longitubulata Zhen *et* Li, 2009: 245.

Syncola longitubulata: Sinev, 2014: 78.

主要特征：成虫（图 7-147A）前翅长 4.5–7.0 mm。前翅浅灰褐色，鳞片末端白色，基部 1/3 处具 1 条黑褐色横带，自前缘向后伸至后缘，在 CuP 脉处近三角状外斜；肩斑黑褐色；前缘黑色，中部至端部 1/3 之间具 1 黑褐色近长方形斑，向后伸至中室上缘；翅褶近中部具 1 卵圆形黑褐色斑；中室斑黑褐色，中室端斑和臀斑相连，黑褐色。后翅及缘毛基部浅灰褐色，自基部至末端颜色渐深。

图 7-147　长管隐遮颜蛾 *Syncola longitubulata* (Zhen *et* Li, 2009)
A. 成虫；B. 雄性外生殖器；C. 雌性外生殖器

雄性外生殖器（图 7-147B）：爪形突端半部腹面具 1 条纵脊。颚形突窄带状，中部稍加宽，后缘中间具凹口，前缘中部稍拱。抱器背瓣基部宽，渐窄至末端，末端宽圆；基缘窄，中部稍拱。抱器腹瓣亚矩形，末端斜，背缘末端伸出 1 脊刺状突起，内弯，其末端钝。阳茎长约为抱器瓣的 2 倍，基部呈球形膨大；内骨片端部 1/9 二裂为 2 个叶突，其腹缘具齿，末端圆。

雌性外生殖器（图 7-147C）：第 8 腹板后缘近直，前缘中部近三角状深凹。导精管出自囊导管后端 1/7 处，近第 7 腹板前缘。交配囊长卵圆形，囊突近菱形，密被小齿，其中间具横脊。

分布：浙江（杭州、宁波）、广东、海南、广西、重庆、四川、云南。

（417）短叶隐遮颜蛾 *Syncola paulilobata* (Zhen *et* Li, 2009)（图 7-148）

Pseudohypatopa paulilobata Zhen *et* Li, 2009: 246.
Syncola paulilobata: Sinev, 2014: 79.

主要特征：成虫（图 7-148A）前翅长 5.5 mm。前翅浅灰褐色，鳞片末端灰白色，散布褐色鳞片，基部 1/3 处隐约可见 1 条褐色横带，自前缘向后伸至后缘，在 CuP 脉处近三角状外斜；肩斑黑褐色，中室斑黑褐色，中室端斑与臀斑相连，形成 1 近卵圆形黑褐色大斑。后翅及缘毛浅灰褐色，自基部至末端颜色渐深。

雄性外生殖器（图 7-148B）：爪形突端半部腹面具 1 条纵脊。颚形突窄带状，中部稍加宽，后缘中间具凹口，前缘中部稍拱。抱器背瓣基部 2/3 近等宽，端部 1/3 渐窄至末端，末端宽圆；基缘窄，端部 1/4 处稍拱。抱器腹瓣亚矩形，末端斜，背缘末端伸出 1 脊刺状突起，内弯，其末端钝。阳茎长约为抱器瓣的 3 倍，基部呈球形膨大；内骨片端部 1/9 二裂为 2 个叶突，末端钝。

分布：浙江（温州）。

图 7-148　短叶隐遮颜蛾 *Syncola paulilobata* (Zhen *et* Li, 2009)
A. 成虫；B. 雄性外生殖器

125. 宽弧遮颜蛾属 *Tecmerium* Walsingham, 1907

Tecmerium Walsingham, 1907c: 215. Type species: *Blastobasis anthophaga* Staudinger, 1871.
Exinotis Meyrick, 1916: 598.
Prosintis Meyrick, 1916: 598.
Oroclintrus Gozmány, 1957: 130.
Holcoceroides Sinev, 1986: 65.
Sinevina Kocak *et* Kemal, 2007: 6.

主要特征：雄性触角鞭节腹面具纤毛，第 1 鞭节无凹口；雌性鞭节腹面无纤毛。前翅通常具中室斑和中室端斑，臀斑常与中室端斑相连；后缘近中部常具 1 条褐色短带，向前斜伸至中室斑附近。雄性第 8 腹板后端区域常骨化。

雄性外生殖器：爪形突基部与背兜后缘愈合，端半部腹面具 1 条纵脊。颚形突侧臂窄，与背兜愈合。基缘明显。基腹弧窄，中部向前明显加宽。阳茎基部呈球形膨大。

分布：主要分布于古北区、东洋区和旧热带区。世界已知 16 种，中国记录 4 种，浙江分布 1 种。

（418）革宽弧遮颜蛾 *Tecmerium scythrella* (Sinev, 1986)（图 7-149）

Holcoceroides scythrella Sinev, 1986: 66.
Tecmerium scythrella: Sinev, 2008: 83.

主要特征：成虫（图 7-149A）前翅长 4.5–6.5 mm。前翅灰褐色，鳞片末端灰白色，端部 1/4 密布末端灰白色的黑褐色鳞片；肩斑黑褐色；前缘具 2 个黑褐色斑：1 个位于基部 1/3 处，近方形，第 2 个位于基部 2/5 至端部 1/4 之间，长方形，分别向后伸至中室上缘；中室斑和中室端斑黑色，臀斑圆形，与中室端斑相连；后缘近中部具 1 条褐色条纹，向前斜伸至中室斑。后翅及缘毛褐色，自基部至末端颜色渐深。

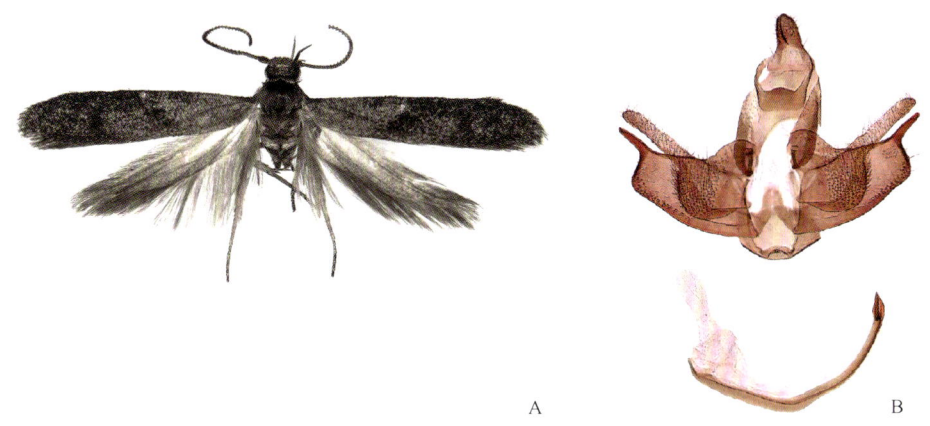

图 7-149 革宽弧遮颜蛾 *Tecmerium scythrella* (Sinev, 1986)
A. 成虫；B. 雄性外生殖器

雄性外生殖器（图 7-149B）：爪形突端半部腹面具 1 条纵脊。抱器背瓣基半部近方形，端半部棒状，末端圆；基缘月牙状。抱器腹瓣宽，亚矩形；末端斜直；背缘末端伸出 1 棘刺状突起，内弯。阳茎基环近梯形，中间骨化弱，后缘稍拱，前缘呈三角状深凹。基腹弧两侧窄，中部向前近梯形急剧加宽。阳茎稍长于抱器瓣，内骨片末端二裂为 2 个等长的弯脊刺。

分布：浙江（杭州）、天津、河北、山西、四川；俄罗斯，韩国。

二十二、尖蛾科 Cosmopterigidae

主要特征：体小型或极小型。头部鳞片紧贴，额常强烈突出，颜面光滑。下唇须3节，被光滑鳞片，强烈弯曲，镰形上举，常超过头顶。喙发达，卷曲，基部被鳞片。触角长度短于前翅，柄节长，基半部常具栉。单眼常缺。前翅卵披针形或狭披针形至线状，后翅窄于前翅。前足胫节具前胫突，后足胫节背面通常密被长鳞毛。

雄性外生殖器：常不对称，第8腹节侧叶形态多样，颚形突缺，被1对强烈骨化的爪形突侧臂所替代，阳茎端环骨化、具小瓣。

雌性外生殖器：雌性产卵瓣膜质，后表皮突长于前表皮突，交配孔常被阴片覆盖，囊突形状多样。

分布：世界各大动物地理区。世界已知3亚科135属1800余种，中国记录20属79种1亚种，浙江分布8属23种。

分属检索表

1. 下唇须第3节短于第2节，后翅基部具1透明窗斑 ··· 窗尖蛾属 Scaeosopha
- 下唇须第3节长于或等于第2节，后翅无透明窗斑 ··· 2
2. 阳茎游离，不与阳茎端环融合 ··· 迈尖蛾属 Macrobathra
- 阳茎与阳茎端环紧密融合 ·· 3
3. 前翅臀角处具1强刺，是CuA_2脉的延伸 ·· 隐尖蛾属 Ashibusa
- 前翅臀角处无强刺 ·· 4
4. 雄性外生殖器两个小瓣均发达 ·· 尖蛾属 Cosmopterix
- 雄性外生殖器右小瓣退化或缺失 ·· 5
5. 下唇须第3节与第2节等长 ·· 6
- 下唇须第3节长于第2节 ·· 7
6. 前翅后缘中部具1竖鳞斑；雄性背兜窄而长；雌性无囊突 ···································· 簇尖蛾属 Anatrachyntis
- 前翅无竖鳞簇；雄性背兜阔，方形或近圆形；雌性具1对囊突 ·································· 菊尖蛾属 Pyroderces
7. 雄性外生殖器左小瓣由背兜上伸出，长而卷曲；雌性产卵瓣骨化 ······························ 蒲尖蛾属 Limnaecia
- 雄性外生殖器左小瓣由阳茎端环上伸出，短指状或棒状；雌性产卵瓣膜质 ··············· 离尖蛾属 Labdia

126. 窗尖蛾属 *Scaeosopha* Meyrick, 1914

Scaeosopha Meyrick, 1914: 254. Type species: *Scaeosopha percnaula* Meyrick, 1914.
Scaeothyris Diakonoff, 1968: 163.

主要特征：头部鳞片紧贴；单眼缺。触角柄节基半部具栉。下唇须弯曲上举，第2节伸达触角基部，第3节短于第2节。胸后部具3黑色斑点。前翅略呈披针形；底色为不同深浅的黄色，覆有多个形状不规则的暗色斑。后翅基部具1透明窗斑。

雄性外生殖器：第8腹节侧叶常退化。爪形突侧臂强烈骨化，对称或略不对称；背兜常短于爪形突侧臂，骨化弱；小瓣骨化，细长，从抱器瓣前缘近基部伸出；基腹弧特化为1骨化横带；抱器瓣和基腹弧与阳茎端环在基部融合；阳茎有或无角状器。

雌性外生殖器：阴片骨化，形状多样。导精管从囊导管上伸出；交配囊膜质，具1对囊突。

分布：古北区、东洋区、澳洲区。世界已知26种，中国记录8种，浙江分布1种。

（419）西氏窗尖蛾 *Scaeosopha sinevi* Ponomarenko *et* Park, 1997（图 7-150）

Scaeosopha sinevi Ponomarenko *et* Park, 1997: 287.

主要特征：成虫（图 7-150A）翅展 17.0–19.0 mm。头暗黄色。触角褐色。下唇须灰褐色。胸部褐色，翅基片黄褐色。前翅暗黄色，散布灰褐色鳞片，翅褶上方鳞片稠密。沿中室中央散布黑色大斑；缘毛黄色杂有灰褐色。后翅及缘毛黄褐色。腹部背面灰褐色，腹面浅黄色。

图 7-150 西氏窗尖蛾 *Scaeosopha sinevi* Ponomarenko *et* Park, 1997
A. 成虫；B. 雄性外生殖器；C. 雌性外生殖器

雄性外生殖器（图 7-150B）：爪形突侧臂略不对称，近端部略膨大，末端尖，略钩，近中部具三角形突起。抱器瓣对称，宽短，端部略阔，末端略弧形外拱，背缘及腹缘直，背缘基部 1/3 具 1 片状突起，其上具稀疏刚毛；小瓣纤细杆状，长于抱器瓣，端部略膨大，具稀疏刚毛。基腹弧三角形，前缘圆尖。阳茎端环骨化，圆锥状。阳茎在中部弯曲成直角；角状器缺。

雌性外生殖器（图 7-150C）：后表皮突长为前表皮突的 2 倍。阴片为 1 狭窄的骨化环。囊导管膜质，与前表皮突等长；导精管由交配囊后端伸出，储精囊圆形、膜质，密被小刺。交配囊膜质，不规则椭圆形，端部膨大，与后表皮突等长；囊突为 1 对粗壮的骨化齿。

分布：浙江（温州）、广西、重庆；韩国。

寄主：栀子 *Gardenia jasminoides*。

127. 迈尖蛾属 *Macrobathra* Meyrick, 1886

Macrobathra Meyrick, 1886b: 799. Type species: *Macrobathra chrysotoxa* Meyrick, 1886.
Stagmatophora Walsingham, 1891b: 118.

主要特征：触角柄节无栉。下唇须光滑，侧扁，第 3 节长于第 2 节，上举超过头顶。前翅长大于宽的 4 倍，顶角尖。

雄性外生殖器：爪形突对称，抱器瓣不对称，阳茎粗壮，具角状器。

雌性外生殖器：导精管由囊导管上伸出，交配囊具 1 对囊突。

分布：世界广布。世界已知 120 余种，其中 90 种以上分布于澳洲区，中国记录 7 种，浙江分布 6 种。

分种检索表

1. 前翅黑褐色，具 3 白色斑点和 1 乳白色横带 ··· 2
- 前翅灰棕色至黄褐色，有 1 浅色宽阔横带，无白色斑点 ··· 4
2. 头顶黑褐色 ··· 阿迈尖蛾 *M. arneutis*

- 头顶浅黄色 ··· 3
3. 前翅基部乳白色横带后缘宽度超过前缘宽度的 2 倍；右抱器瓣无突起；囊突为 1 对内凹小刺 ······ **梅迈尖蛾 *M. myrocoma***
- 前翅基部乳白色横带后缘宽度小于前缘宽度的 1.5 倍；右抱器瓣左侧 2/3 处具 1 强烈骨化的齿状突起；囊突为 1 对齿状突起
 ·· **四点迈尖蛾 *M. nomaea***
4. 雄性外生殖器背兜侧缘无指状突起 ·· **杉木球果尖蛾 *M. flavidus***
- 雄性外生殖器背兜侧缘具指状突起 ·· 5
5. 雄性外生殖器左抱器瓣背缘基部突起近端部膨大；右抱器瓣背缘基部突起不分叉 ················· **栎迈尖蛾 *M. quercea***
- 雄性外生殖器左抱器瓣背缘基部突起端部粗细均匀；右抱器瓣背缘基部突起分叉 ············ **宽迈尖蛾 *M. latipterophora***

（420）阿迈尖蛾 *Macrobathra arneutis* Meyrick, 1914

Macrobathra arneutis Meyrick, 1914: 218.

分布：浙江（杭州、温州）、江西、海南、广西；印度。

注：描述见《天目山动物志》（李后魂等，2020）。

（421）杉木球果尖蛾 *Macrobathra flavidus* Qian et Liu, 1997（图 7-151）

Macrobathra flavidus Qian et Liu, 1997: 66.

主要特征：成虫（图 7-151A）翅展 12.0–14.0 mm。头顶灰褐色至深褐色，颜面淡黄色。下唇须第 2 节灰褐色，腹面具 2 条白色纵纹，第 3 节背面白色，腹面黑色，具白色纵纹。触角长为前翅的 2/3–3/4，背面黑色，腹面赭黄色，柄节背面中央具 1 条赭黄色纵带，鞭节具白色环纹。胸部及翅基片灰褐色至深褐色。前翅灰棕色至深棕色，1/5–1/2 具黄色横带，其两侧黄白色；缘毛灰褐色至深褐色。后翅及缘毛灰褐色至深褐色。

  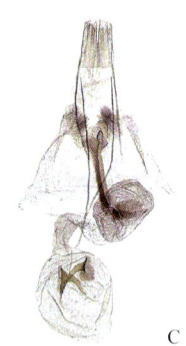

图 7-151 杉木球果尖蛾 *Macrobathra flavidus* Qian et Liu, 1997
A. 成虫；B. 雄性外生殖器；C. 雌性外生殖器

雄性外生殖器（图 7-151B）：爪形突细长，端部渐尖，略弯曲。背兜宽阔，梯形。抱器瓣细长，左右不对称：左抱器瓣粗细均匀，端部密生刚毛；右抱器瓣基部明显窄于端部，端半部呈近圆形膨大，腹面具稀疏刚毛。囊形突基部略宽于端部，两侧近平行，末端钝。阳茎端环大部分膜质，骨化弱。阳茎粗壮，近圆柱形，中部一侧密被骨化齿，端部 1/3 为骨化的刺丛；角状器长刺状。

雌性外生殖器（图 7-151C）：后表皮突长约为前表皮突的 2 倍。第 7 腹节腹板后缘中部近方形内凹。囊导管基部 2/5 腹面具 1 狭窄而强烈骨化的纵带。导精管由囊导管近中部伸出，储精囊圆形。交配囊圆形，密被小刺；囊突 1 对，牛角状。

分布：浙江（杭州、丽水、温州）、河南、甘肃、湖北、湖南、福建、广东、广西、四川、贵州。

寄主：杉木 Cunninghamia lanceolata。

（422）宽迈尖蛾 Macrobathra latipterophora Li et Wang, 2004（图 7-152）

Macrobathra latipterophora Li et Wang, 2004a: 148.

主要特征：成虫（图 7-152A）翅展 17.0–20.0 mm。颜面浅黄色，头顶黄褐色。触角柄节黑色，末端白色，鞭节黑褐色，背面间有白色。下唇须黄白色，散布暗褐色鳞片，第 3 节暗褐色鳞片稠密。雄性胸部、翅基片及前翅淡黄褐色，雌性深褐色；前翅 1/5–1/2 具黄色横带，呈倒梯形，其背缘中部偏外具 1 褐色斑点；前缘近顶角具 1 浅黄色斑点；缘毛深褐色。后翅及缘毛深褐色。

图 7-152　宽迈尖蛾 Macrobathra latipterophora Li et Wang, 2004
A. 成虫；B. 雄性外生殖器；C. 雌性外生殖器

雄性外生殖器（图 7-152B）：爪形突细长，末端尖。背兜梯形，右侧基部具片状突起，约与爪形突等长，端部渐窄，末端尖锐，钩状。基腹弧狭窄，骨化。左抱器瓣细长，端部 1/5 膨大，腹面密被短刚毛，腹缘 2/5 具 1 末端钝的突起，其腹面具稀疏刚毛，抱器瓣背缘 2/5 处具 1 细长突起，短于抱器瓣，其端部粗细均匀，末端具刚毛；右抱器瓣宽大，背缘直，腹缘基部 2/5 内凹，端部近三角形，腹面密被刚毛，抱器瓣背缘基部具分叉的圆钝突起。阳茎端环后缘具棒状突起，约与爪形突等长，末端钝，具刚毛。阳茎粗壮；角状器为 1 束短刺，略短于阳茎。

雌性外生殖器（图 7-152C）：后表皮突长约为前表皮突的 2 倍。前阴片近方形，后缘中部略内凹，后阴片大小约为前阴片的一半，左半部近三角形，右半部向前侧方延伸，形成 1 骨化兜。囊导管膜质。由囊导管近基部伸出 1 个大且强烈骨化的附囊，具数条骨化的横脊。交配囊膜质，不规则椭圆形；囊突为 1 对圆形网状骨板，其中部着生强烈骨化的短刺，刺的一侧明显锯齿状。

分布：浙江、湖北。

（423）梅迈尖蛾 Macrobathra myrocoma Meyrick, 1914

Macrobathra myrocoma Meyrick, 1914: 218.

分布：浙江（杭州、丽水）、湖南、广西、贵州；印度。
注：描述见《天目山动物志》（李后魂等，2020）。

（424）四点迈尖蛾 Macrobathra nomaea Meyrick, 1914（图 7-153）

Macrobathra nomaea Meyrick, 1914: 217.

主要特征：成虫（图 7-153A）翅展 10.5–13.5 mm。头浅黄色。触角黑色，柄节背面和腹面分别有 1 条淡黄色纵带，鞭节具白色环纹。下唇须第 2 节淡黄色，腹面端部 1/5 黑色，第 3 节黑色，背面淡黄色。胸部及翅基片黑褐色。前翅黑褐色，1 条乳白色横带由前缘 1/5 伸达后缘，1/2 及 5/6 处各具 1 略呈倒三角形的乳白色斑，后者较大；臀角处具 1 三角形乳白色斑；缘毛深灰色。后翅及缘毛深灰色。

图 7-153　四点迈尖蛾 *Macrobathra nomaea* Meyrick, 1914
A. 成虫；B. 雄性外生殖器；C. 雌性外生殖器

雄性外生殖器（图 7-153B）：爪形突短，向端部略阔，长约为右抱器瓣的 1/3。背兜宽阔，近梯形。左抱器瓣棍棒状，末端圆钝；右抱器瓣长为左抱器瓣的 2/3，端部阔，末端圆钝，左侧 2/3 处具 1 强烈骨化的齿状突起。囊形突细长，基部阔，端部 2/3 指状，长为左抱器瓣的 1.5 倍。阳茎端环骨化，端部略狭窄，右侧强烈骨化。阳茎粗壮，略呈圆柱形，端部 2/3 分成一长一短两支，短的一支向末端渐尖，长为另一支的 2/3；长的一支基半部骨化强烈，端部螺旋状膨大。

雌性外生殖器（图 7-153C）：后表皮突长为前表皮突的 2 倍。囊导管基半部骨化，导精管由囊导管中部伸出，储精囊圆形。交配囊圆形；囊突为 1 对齿状突起。

分布：浙江（杭州）、北京、天津、河北、河南、陕西、安徽、湖北、贵州；斯里兰卡。

（425）栎迈尖蛾 *Macrobathra quercea* Moriuti, 1973

Macrobathra quercea Moriuti, 1973: 35.

分布：浙江（杭州、温州）、陕西、湖北、湖南；日本。
注：描述见《天目山动物志》（李后魂等，2020）。

128. 簇尖蛾属 *Anatrachyntis* Meyrick, 1915

Anatrachyntis Meyrick, 1915: 325. Type species: *Gracillaria*? *falcatella* Stainton, 1859.
Lacciferophaga Zagulajev, 1959: 310.
Sathrobrota Hodges, 1962: 73.
Amneris Riedl, 1993: 113.
Euamneris Riedl, 1996: 299.

主要特征：体小型，头部鳞片紧贴，额突出。触角长为前翅的 2/3，柄节具栉。下唇须细长，镰形上举，第 3 节与第 2 节近等长。前翅暗黄色至赭褐色，具不规则斑纹，后缘近臀角处常具 1 竖鳞斑，缘毛线明显。

雄性外生殖器：第 8 腹节侧叶片状，骨化弱；背兜长而窄，前缘常内凹。爪形突右臂长为左臂的 1–2 倍；小瓣强烈不对称，左小瓣发达，右小瓣常强烈退化；抱器瓣对称，片状；阳茎无角状器。

雌性外生殖器：交配孔位于第 7 与第 8 腹板间的膜质袋状结构中；阴片发达，不对称；导精管由交配囊基部伸出；交配囊常具微弱刻纹，无囊突。

生物学：幼虫腐食性或捕食性。一些种类危害农作物，不同种类的幼虫在不同龄期危害不同的植物，主要危害棉花及谷物，也有些种类危害仓储农作物。捕食性的种类主要捕食介壳虫。

分布：世界广布。世界已知 50 余种，中国记录 6 种，浙江分布 1 种。

（426）玉米簇尖蛾 *Anatrachyntis rileyi* (Walsingham, 1882)

Batrachedra rileyi Walsingham, 1882: 198.
Anatrachyntis rileyi: Zimmerman, 1978: 1044.

分布：浙江、江苏；日本，印度，越南，老挝，缅甸，泰国，法国，夏威夷群岛，美洲，大洋洲，南非。

注：本研究未见标本。

129. 隐尖蛾属 *Ashibusa* Matsumura, 1931

Ashibusa Matsumura, 1931: 1087. Type species: *Ashibusa jezoensis* Matsumura, 1931.

主要特征：成虫颜面鳞片紧贴，额明显向前突出；触角长为前翅的 3/4，柄节基半部具栉；下唇须纤细，镰形上举超过头顶，第 3 节略长于第 2 节。前翅底色通常黄色至棕黄色，基半部常具黑色大斑。雄性个体在翅下方由后胸前侧角各伸出 1 簇鳞毛，与腹部第 3 腹节背面侧缘相接。

雄性外生殖器：第 8 腹节侧叶常为卵圆形，基部具三叉状骨片；爪形突左臂片状或棒状；右臂长于左臂，背面具突起；左小瓣细长，端部具稀疏刚毛，右小瓣缺失；抱器瓣腹面具浓密的刚毛；阳茎无角状器。

雌性外生殖器：导精管由交配囊基部伸出；交配囊近圆形或长椭圆形，囊突 1 对。

分布：古北区东部、东洋区。世界已知 7 种，中国记录 7 种，浙江分布 2 种。

（427）渐狭隐尖蛾 *Ashibusa aculeata* Zhang et Li, 2009（图 7-154）

Ashibusa aculeata Zhang et Li, 2009: 336.

主要特征：成虫（图 7-154A）翅展 9.5–10.5 mm。头白色。复眼黑色。触角柄节白色；鞭节浅黄色，背面间有褐色。下唇须第 2 节白色，末端黑色；第 3 节白色，近中部和近末端赭褐色。胸部及翅基片白色。前翅浅黄色，基半部被稠密黑色鳞片，几乎形成 1 黑色大斑，端半部散布黄褐色和黑色鳞片，沿翅褶至臀角染有粉色；前缘 1/5 处有 1 白色短带止于翅宽 1/2，白色宽带从前缘中部略外斜至臀角前，中室末端具 1 黑色小斑，前缘近顶角处具 1 白色短带斜至外缘中部；缘毛深灰色，杂有黑色。后翅灰色，染有淡赭黄色；缘毛黄灰色。腹部背面浅黄色，腹面黄色间有白色。

图 7-154 渐狭隐尖蛾 *Ashibusa aculeata* Zhang et Li, 2009
A. 成虫；B. 雄性外生殖器

雄性外生殖器（图 7-154B）：第 8 腹节侧叶卵形，长为抱器瓣的 2/3。爪形突右臂基部宽，向端部渐窄，棘刺状，末端略钩；背面突起从中部伸出，棘刺状，长约为右臂的 1/5。左臂长约为右臂的 1/2，基部宽，端部 1/3 明显向外纵向卷折。背兜近梯形，前缘中部盾形凹入。抱器瓣细长，基部略宽，中部略窄；端部 1/4 呈近三角形膨大，背缘微凹，腹缘弓。小瓣纤细，直径约为阳茎的 1/4，长约为阳茎的 3/5，端部微膨大。阳茎基半部弯曲，近端部略宽且向端部渐窄，末端钝。

分布：浙江（温州）。

（428）中华隐尖蛾 *Ashibusa sinensis* Zhang *et* Li, 2009（图 7-155）

Ashibusa sinensis Zhang *et* Li, 2009: 341.

主要特征：成虫（图 7-155A）翅展 12.5–13.5 mm。头白色。复眼红色。触角柄节白色；鞭节黄色，背面间有暗黄色。下唇须第 2 节白色；第 3 节基半部白色，端半部亮黄色。胸部及翅基片白色，散布亮黄色鳞片。前翅亮黄色，基部少许白色，臀角处散布黑色鳞片，前缘基半部黑色；翅基部 2/5 有 1 近梯形黑色大斑，染有粉色，其背缘沿亚前缘脉，腹缘沿翅后缘由基部延伸至臀角，沿外侧灰白色，中央具 1 叉状灰白色斑纹；白色短带从前缘中部偏外略外斜至翅宽 1/2；中室末端具 1 白色环纹，其中央暗黄色；白色横带从前缘近顶角斜至臀角；缘毛黄色，后缘深灰色杂有黑色及红棕色。后翅深灰色；基半部缘毛深灰色，端半部缘毛浅黄色杂有深灰色。腹部背面黄色，具稀疏白色鳞片，第 3、4 腹节侧缘被黑色鳞片；腹面黄白色相间。

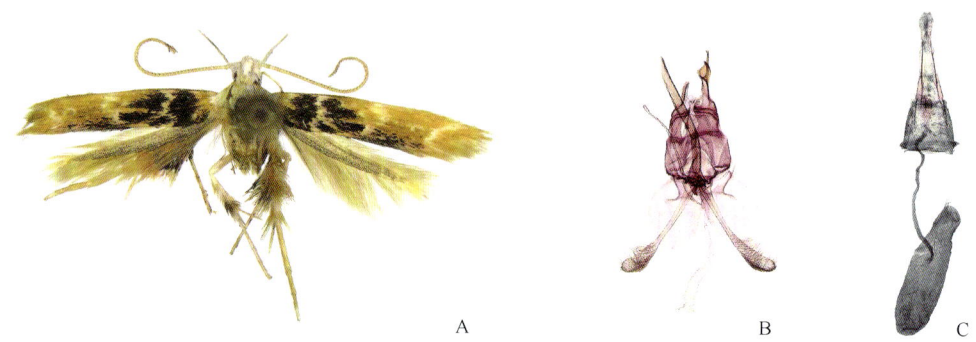

图 7-155 中华隐尖蛾 *Ashibusa sinensis* Zhang *et* Li, 2009
A. 成虫；B. 雄性外生殖器；C. 雌性外生殖器

雄性外生殖器（图 7-155B）：第 8 腹节侧叶不规则四边形，长为抱器瓣的 3/5。爪形突右臂粗壮，基部阔，渐窄至 2/5，从 2/5 至 3/4 呈三角形向内突出；端部 1/4 狭窄，近末端处缢缩，末端略膨大；背面突起从中部伸出，牛角状，长约为右臂的 1/3。左臂长约为右臂的 1/2，基部 1/3 宽，端部 2/3 近方形，向外纵向卷折。抱器瓣细长，基部略阔，中部略窄，端部 1/4 近三角形膨大。小瓣纤细，直径约为阳茎的 1/4，长约为阳茎的 2/3。阳茎粗细均匀，基半部弯曲，向端部略窄，末端具 1 小叉。

雌性外生殖器（图 7-155C）：后表皮突长约为前表皮突的 2.5 倍。阴片管状，后缘钝，前部 1/3–2/3 具环形皱褶，端部 1/3 中部偏左具 1 纵向骨化脊。囊导管膜质，长为后表皮突的 2 倍，连接于交配囊近中部。交配囊长椭圆形，略长于囊导管，前部略膨大，后部狭窄；导精管由交配囊后部伸出；囊突为 1 对着生小刺的 J 形骨板，位于交配囊前部，长约为交配囊的 1/4。

分布：浙江（温州）、天津、河南、陕西、甘肃、安徽、湖北、江西、福建、贵州。

130. 尖蛾属 *Cosmopterix* Hübner, [1825]

Cosmopterix Hübner, [1825]: 424. Type species: *Tinea zieglerella* Hübner, [1810].

Cosmopteryx Hübner, [1810]: 150.
Capanica Meyrick, 1917: 63.

主要特征：头部鳞片紧贴，额明显向前突出。触角长为前翅的 3/4–4/5，柄节长杆状，具栉。下唇须细长，光滑，第 3 节长于第 2 节，上举超过头顶。前翅披针形，顶角尖出，中部偏外具橙红色或黄色或与翅底色相同的中横带，顶角前具银白色纵纹。后翅线状，中室为开室。

雄性外生殖器：第 8 腹节侧叶片状，形状多样；爪形突不对称，左臂减弱或退化，右臂发达；背兜短而阔，前缘具狭窄骨化带；左、右小瓣均发达，常对称；抱器瓣一般对称，端部腹面密被刚毛；阳茎与阳茎端环融合，基部常呈球状膨大，基部具典型骨化的阳茎盲囊，末端开口处具骨化缘；角状器常缺。

雌性外生殖器：阴片细长管状，形状多变；囊导管纤细，膜质，前部常具狭窄骨化脊；导精管常由交配囊后端伸出；交配囊卵圆形，囊突 1 对或缺失。

分布：世界各大动物地理区。世界已知近 200 种，中国记录 21 种，浙江分布 9 种。

分种检索表

1. 前翅中横带无基突或不明显，基横带不被分割 ·· 2
- 前翅具中横带基突，把基横带一分为二，形成前基斑和后基斑 ··· 4
2. 前翅亚前缘线、中纵线和亚后缘线等长 ··· 短尾尖蛾 *C. brevicaudella*
- 前翅亚前缘线长为中纵线的 2 倍 ··· 3
3. 前翅中纵线与亚后缘线等长 ·· 拟伪尖蛾 *C. crassicervicella*
- 前翅中纵线长于亚后缘线 ·· 颚尖蛾 *C. rhynchognathosella*
4. 前翅黑色带金属光泽 ··· 5
- 前翅土黄色带金属光泽 ··· 6
5. 雄性外生殖器爪形突缺 ··· 长瓣尖蛾 *C. longivalvella*
- 雄性外生殖器爪形突右臂强烈骨化，1/3 处最阔，向端部渐狭，末端平截 ·········· 禾尖蛾 *C. fulminella*
6. 前翅中横带端突末端分叉 ·· 7
- 前翅中横带端突末端不分叉 ·· 8
7. 前翅亚前缘线与中纵线等长，亚后缘线长度为中纵线的 1/2 ····················· 竹尖蛾 *C. phyllostachysea*
- 前翅中纵线长度为亚前缘线的 2/3，亚后缘线长度为中纵线的 1/3 ················ 双斑尖蛾 *C. bifidiguttata*
8. 前翅中横带端突在端横带外侧膨大 ·· 丽尖蛾 *C. dulcivora*
- 前翅中横带端突在端横带外侧渐狭 ·· 南山尖蛾 *C. nanshanella*

（429）双斑尖蛾 *Cosmopterix bifidiguttata* Kuroko et Liu, 2005（图 7-156）

Cosmopterix bifidiguttata Kuroko et Liu, 2005: 140.

主要特征：成虫（图 7-156A）翅展 9.5–11.0 mm。颜面深铅灰色，头顶暗黄褐色，中央及两侧具白色纵纹。复眼黑色染有红色。触角褐色，自端部依次为 4 节乳白色，5 节褐色，1 节乳白色，1 节褐色，3 节乳白色；前缘具乳白色纵带。下唇须黄褐色，第 2 节侧面具乳白色纵带，第 3 节背面及腹面乳白色。胸部黄褐色，中央具 1 条白色纵纹；翅基片黄褐色，内缘白色。前翅及缘毛黄褐色；亚基线分为近平行的 3 支：中纵线长度为亚前缘线的 2/3，亚后缘线长约为中纵线的 1/3，止于基横带之前。中横带基突仅伸达基横带基部，把基横带一分为二，前基斑银白色，其外缘 1 黑色斑点，后基斑大于前基斑，银白色；中横带黄色，中横带端突把端横带一分为二，在中横带端突外侧略膨大，末端分叉；端横带银白色，内缘杂有灰黄色鳞片，端横带缘毛白色；亚端斑和端斑相连成 1 条银白色纵纹，与中横带端突相接。后翅及缘毛黄褐色。

雄性外生殖器（图 7-156B）：第 8 腹节侧叶为等宽的圆弧形骨片。爪形突左臂缺失；右臂基部 2/5 狭窄，端部 3/5 阔，并向背面弯曲，外缘内凹，末端钝。小瓣细长，基部 2/5 略窄，端部 3/5 近梯形，密被刚毛，末端尖。抱器瓣略不对称，向端部渐阔，左抱器背基部 3/5 内凹，端部 2/5 略外拱，明显具齿，腹缘直，末端弧形内凹，右抱器背基部 3/5 内凹，端部 2/5 略外拱，具细齿，腹缘 2/3 处呈钝角形弯曲，末端新月形深凹。阳茎基部 3/4 圆柱形膨大，端部 1/4 狭窄，弯曲。

雌性外生殖器（图 7-156C）：第 7 腹板后缘平滑内凹。阴片后半部半圆形，前半部近梯形。囊导管端部近交配囊处具 1 对骨化脊。交配囊卵圆形，具皱褶；囊突三角形（Kuroko and Liu，2005）。

分布：浙江（杭州）、安徽、江西、湖南、福建、贵州。

寄主：刚竹 *Phyllostachys* sp.。

图 7-156 双斑尖蛾 *Cosmopterix bifidiguttata* Kuroko *et* Liu, 2005
A. 成虫；B. 雄性外生殖器；C. 雌性外生殖器

（430）短尾尖蛾 *Cosmopterix brevicaudella* Kuroko *et* Liu, 2005（图 7-157）

Cosmopterix brevicaudella Kuroko *et* Liu, 2005: 135.

主要特征：成虫（图 7-157A）翅展 8.0–10.0 mm。头深铅灰色至黑褐色，头顶中央及两侧具白色纵纹。复眼黑色染有红色。触角黑色，自端部依次为 4 节白色，5 节黑色，1 节白色，1 节黑色，2 节白色；前缘间有灰黄色纵纹。下唇须黑褐色，背面和腹面具白色纵带。胸部黑褐色，中央具白色纵纹；翅基片黑褐色，内缘白色。前翅及缘毛黑褐色；亚基线分为近平行的 3 支：亚前缘线、中纵线及亚后缘线等长；基横带银白色；中横带黄色，中横带端突仅伸达端横带外缘；端横带银白色，被中横带端突一分为二，内缘具黑色鳞片，端横带缘毛白色；亚端斑和端斑相连成 1 条银白色纵纹，与中横带端突远离。后翅及缘毛深灰色。

图 7-157 短尾尖蛾 *Cosmopterix brevicaudella* Kuroko *et* Liu, 2005
A. 成虫；B. 雄性外生殖器

雄性外生殖器（图 7-157B）：第 8 腹节侧叶近圆形。爪形突左臂退化为 1 狭窄骨化带；右臂 1/5 处狭窄而弯曲，1/5–3/5 向内具宽阔钩状突起，端部 2/5 渐窄，末端尖锐。小瓣细长，基部 2/5 略窄，端部 3/5 近等阔，密被刚毛，末端圆钝。抱器瓣向端部渐阔，抱器瓣背缘平滑内凹，腹缘 3/5 近直角形外拱，末端钝。

阳茎基部 4/5 球形膨大，向端部渐窄，端部 1/5 管状，略弯曲。

分布：浙江（温州）、福建、海南、广西、云南。

（431）拟伪尖蛾 *Cosmopterix crassicervicella* Chrétien, 1896（图 7-158）

Cosmopteryx [sic] *crassicervicella* Chrétien, 1896: 105.

Cosmopterix crassicervicella: Sinev, 1997: 816.

主要特征：成虫（图 7-158A）翅展 7.0–10.5 mm。颜面灰色；头顶褐色，中央及两侧具白色纵纹。触角黑褐色，端部依次为 2 节黑褐色，2 节白色，5 节黑褐色，1 节白色，1 节黑褐色，1 节白色；柄节前缘白色，后缘灰色，腹面深灰色；鞭节基半部前缘间有白色。下唇须背面和腹面灰白色，侧面褐色。胸部褐色，中央具 1 条白色纵纹；翅基片灰褐色，内缘白色。前翅及缘毛黑褐色；亚基线分为 3 支：亚前缘线长为中纵线的 2 倍，中纵线和亚后缘线等长。基横带银白色，其外缘 1/3 处具 1 黑色斑点；中横带黄色；端横带银白色，被中横带端突一分为二，内缘具黑色鳞片，端横带缘毛白色，中横带端突伸达亚端斑前；亚端斑长约为端斑的 2/5，与端斑明显分离。后翅及缘毛灰褐色。雄性腹部第 2、3 节间膜和第 3、4 节间膜各具 1 袋状结构，其内具刺。

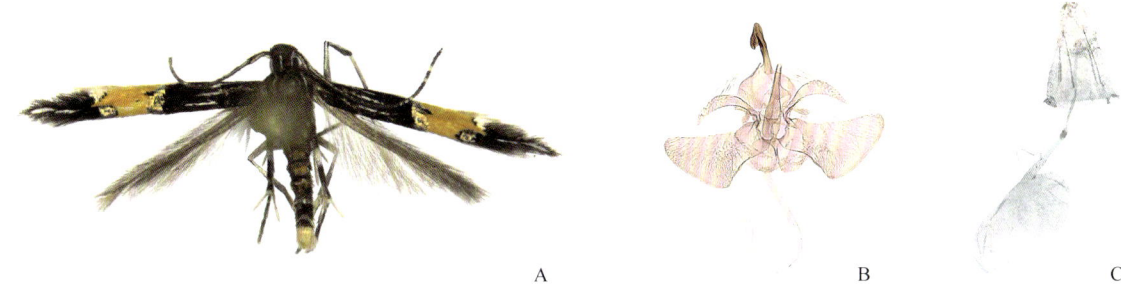

图 7-158 拟伪尖蛾 *Cosmopterix crassicervicella* Chrétien, 1896
A. 成虫；B. 雄性外生殖器；C. 雌性外生殖器

雄性外生殖器（图 7-158B）：第 8 腹节侧叶圆形。爪形突左臂退化；右臂端部钩状，其中部内凹，末端尖。小瓣纤弱，向端部渐窄，末端尖。抱器瓣向端部渐阔，抱器瓣背缘平滑内凹，腹缘基部 3/5 平直，端部 2/5 外拱，末端圆钝。阳茎细管状，向端部渐窄，末端圆尖。

雌性外生殖器（图 7-158C）：第 7 腹节腹板后缘圆弧形内凹。第 8 腹节宽约为长的 3 倍。后表皮突长为前表皮突的 1.5 倍。阴片卵圆形。交配孔圆形，腹缘具新月形骨片。囊导管长为后表皮突的 3 倍，近中部具狭窄而弱的骨化脊。导精管由囊导管端部伸出。交配囊椭圆形，长为后表皮突的 2 倍；无囊突。

分布：浙江（温州）、陕西、台湾、贵州；日本，欧洲，北美洲，大洋洲，非洲。广布于热带和亚热带地区。

寄主：莎草 *Cyperus* sp.。

（432）丽尖蛾 *Cosmopterix dulcivora* Meyrick, 1919

Cosmopteryx dulcivora Meyrick, 1919: 233.

Cosmopterix dulcivora Meyrick, 1919: 76.

分布：浙江（杭州、丽水、温州）、安徽、江西、湖南、海南、广西、贵州；俄罗斯，日本，菲律宾，印度尼西亚（爪哇），澳大利亚（昆士兰），斐济。

注：描述见《天目山动物志》（李后魂等，2020）。

(433) 禾尖蛾 *Cosmopterix fulminella* Stringer, 1930

Cosmopterix fulminella Stringer, 1930: 415.

分布：浙江、江西；韩国，日本。
注：本研究未见标本。

(434) 长瓣尖蛾 *Cosmopterix longivalvella* Kuroko *et* Liu, 2005

Cosmopterix longivalvella Kuroko *et* Liu, 2005: 140.

分布：浙江。
寄主：竹 *Phyllostachys* sp.。
注：本研究未见标本。

(435) 南山尖蛾 *Cosmopterix nanshanella* Kuroko *et* Liu, 2005

Cosmopterix nanshanella Kuroko *et* Liu, 2005: 141.

分布：浙江。
注：本研究未见标本。

(436) 竹尖蛾 *Cosmopterix phyllostachysea* Kuroko, 1957

Cosmopterix phyllostachysea Kuroko, 1957: 30

分布：浙江、江西；日本。
寄主：桂竹 *Phyllostachys bambusoides*、龟甲竹 *P. heterocycla* 等。
注：本研究未见标本。

(437) 颚尖蛾 *Cosmopterix rhynchognathosella* Sinev, 1985

Cosmopterix rhynchognathosella Sinev, 1985: 86.

分布：浙江（临安）、河南、安徽、湖北、江西、福建、贵州；俄罗斯（远东地区），韩国，日本，越南。
注：描述见《天目山动物志》（李后魂等，2020）。

131. 离尖蛾属 *Labdia* Walker, 1864

Labdia Walker, 1864a: 823. Type species: *Labdia deliciosella* Walker, 1864, by monotypy.

主要特征：头部鳞片紧贴，额明显向前突出。触角为前翅长的3/4–4/5，柄节基部具栉。下唇须纤细，镰形上举，常超过头顶，第3节略长于第2节。前翅披针形，有多种多样的由斑纹和斑点组成的图案。后翅狭披针形，中室为开室。雄性个体在翅下方由后胸前侧角各伸出1簇鳞毛，伸达腹部背面上方。

雄性外生殖器：第 8 腹节侧叶片状，骨化弱；爪形突不对称，左臂减小或退化，右臂发达；背兜宽大；左小瓣长，右小瓣常退化；抱器瓣对称或不对称，常具细柄和膨大的抱器端，抱器端几乎等宽，腹面密被刚毛；阳茎与阳茎端环融合，无角状器。

雌性外生殖器：阴片细长，管状；导精管由交配囊基部伸出；囊突有或无。

分布：主要分布于东洋区和旧热带区，古北区也有分布，但种类少。世界已知 170 余种，中国记录 7 种，浙江分布 2 种。

（438）白纹离尖蛾 *Labdia citracma* (Meyrick, 1915)（图 7-159）

Pyroderces citracma Meyrick, 1915: 310.

Labdia citracma: Caradja & Meyrick, 1935: 77.

主要特征：成虫（图 7-159A）翅展 10.0–12.0 mm。头白色，头顶后半部黄褐色。复眼红色至黑色。触角白色，具有黄褐色环纹，柄节后缘黄褐色。胸部及翅基片黄褐色，胸部中央具白色短纵带，翅基片内缘白色。前翅基部 3/5 黄棕色，端部 2/5 黄色；前缘基部 3/5 白色，基部 1/3 翅褶前具 3 条平行的外斜白色短纹，中室前缘 2/5 具 1 条略外斜白色短纹，延伸至黄色顶角内，翅褶基部 1/3 和 3/5–4/5 具白色细纹；后缘基半部白色；缘毛灰黄色，外缘白色。后翅及缘毛灰黄色。

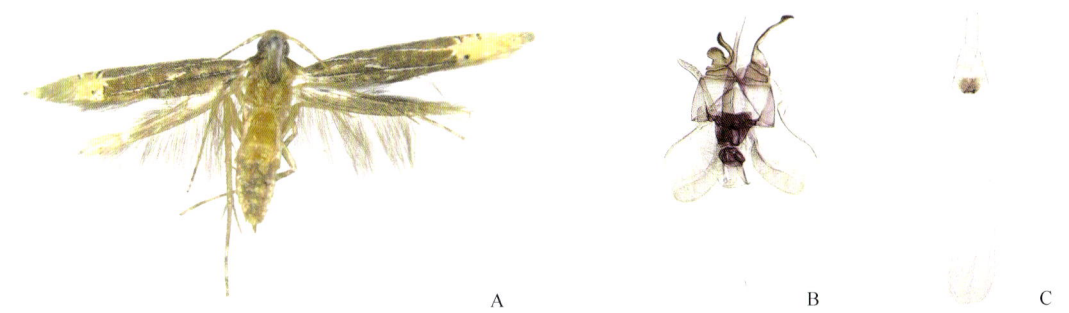

图 7-159 白纹离尖蛾 *Labdia citracma* (Meyrick, 1915)
A. 成虫；B. 雄性外生殖器；C. 雌性外生殖器

雄性外生殖器（图 7-159B）：第 8 腹节侧叶卵圆形，背缘骨化。爪形突左臂叉状，左叉短而阔，末端圆钝，右叉长约为左叉的 2 倍，宽约为左叉的 1/2，近端部扭曲；爪形突右臂长约为左臂的 2 倍，基部 1/3 阔，向端部略窄，近末端膨大，末端尖，略钩。小瓣长约为阳茎鞘的 3/4，向端部略膨大，末端圆尖，端半部被稀疏刚毛。抱器瓣向端部略膨大，腹面密被刚毛，末端圆钝。阳茎细长，向端部渐窄，末端圆尖。

雌性外生殖器（图 7-159C）：后表皮突长为前表皮突的 2 倍。阴片管状，前缘斜截，后缘中部内凹。囊导管长约为后表皮突的 2 倍。交配囊近卵形，向端部逐渐膨大，长约为后表皮突的 1.5 倍；无囊突。

分布：浙江、香港、贵州；俄罗斯（远东地区），日本，印度。

（439）橙红离尖蛾 *Labdia semicoccinea* (Stainton, 1859)

Cosmopteryx semicoccinea Stainton, 1859b: 123.

Labdia semicoccinea: Kuroko in Inoue et al., 1982: 270.

分布：浙江（临安）、天津、河南、陕西、甘肃、安徽、湖北、江西、湖南、福建、香港、广西、贵州；韩国，日本，印度，孟加拉国，格鲁吉亚。广布于东洋区和澳洲区。

注：描述见《天目山动物志》（李后魂等，2020）。

132. 蒲尖蛾属 *Limnaecia* Stainton, 1851

Limnaecia Stainton, 1851: 4. Type species: *Limnaecia phragmitella* Stainton, 1851.

主要特征：体小到中型。头部鳞片紧贴，额略外拱。触角柄节向端部渐阔，基部具栉。下唇须长，第3节长为第2节的1.5倍。前翅披针形，颜色均一；翅脉完整，所有翅脉（CuP 脉除外）明显。后翅宽于前翅的一半，翅脉完整，中室为闭室。雄性个体在翅下方由后胸前侧角各伸出1簇鳞毛，沿侧缘延伸至腹部第4腹节。

雄性外生殖器：第8腹节侧叶圆形。爪形突右臂长于左臂。右抱器瓣基部宽阔。小瓣强烈不对称，左小瓣长，右小瓣与右抱器瓣融合。阳茎短小。

雌性外生殖器：产卵瓣融合，骨化，末端尖。表皮突长而粗壮，强烈骨化。阴片环状，骨化。囊导管膜质。交配囊膜质，具1对囊突。

Sinev（2002）把蒲尖蛾属置于尖蛾亚科 Cosmopteriginae 中；而在 Huemer 等编著的《欧洲小蛾类》（第五卷）中，蒲尖蛾属则被置于栎尖蛾亚科 Antequerinae。笔者认为，依据蒲尖蛾属的雄性外生殖器特征，如爪形突侧臂不对称，阳茎与阳茎端环融合等，蒲尖蛾属应属于尖蛾亚科。

分布：世界广布。世界已知93种，但92种均与模式种蒲尖蛾 *Limnaecia phragmitella* Stainton, 1851 差别很大，其归属仍有待商榷。浙江分布1种。

(440) 赭纹蒲尖蛾 *Limnaecia compsasis* Meyrick, 1935

Limnoecia compsasis Meyrick in Caradja & Meyrick, 1935: 77.
? *Limnaecia compsasis*: Sinev, 2002: 137.

分布：浙江。
注：本研究未见标本。

133. 菊尖蛾属 *Pyroderces* Herrich-Schäffer, 1853

Pyroderces Herrich-Schäffer, 1853: 47. Type species: *Pyroderces goldeggiella* Herrich-Schäffer, 1853.

主要特征：体小到中型。头部鳞片紧贴，额显著向前突出。触角为前翅长的3/4，柄节具栉，鞭节轻微锯齿状，密被短刚毛。下唇须侧扁，镰形上举，超过头顶，第3节与第2节近等长。翅狭披针形。

雄性外生殖器：第8腹节侧叶圆片状或长片状。爪形突强烈骨化且不对称；背兜阔，方形或近圆形，背面中央偏左侧具1纵向骨化脊；抱器瓣狭长片状，基叶存在或缺失；左小瓣纤细棒状；右小瓣通常无，如有，则不发达；阳茎短小，锥形，无角状器；阳茎鞘骨化，约与抱器瓣等长。

雌性外生殖器：阴片不对称；导精管直接通入交配囊；交配囊卵圆形或长卵圆形；囊突为1对骨化的横脊或是1对由骨化的刺组成的刺列。

分布：古北区、东洋区、旧热带区、新热带区。世界已知10余种，中国记录3种，浙江分布1种。

(441) 白边菊尖蛾 *Pyroderces sarcogypsa* (Meyrick, 1932)（图 7-160）

Labdia sarcogypsa Meyrick, 1932: 213.
Pyroderces sarcogypsa: Kuroko in Inoue et al., 1982: 271.

主要特征：成虫（图 7-160A）翅展 13.5–15.5 mm。头白色。复眼黑色。触角赭黄色。下唇须第 3 节端部 1/3 赭黄色，其余部分浅黄色。胸部白色；翅基片暗黄色。前翅赭黄色，前缘端部 5/6 白色，翅褶与后缘之间黄白色；沿中室前缘有 1 条白色纵带；由中室末端至顶角之间沿翅脉具有 5 条淡黄色斜纹，最外缘的 1 条伸达顶角；臀角具有梭形黑色斑点；缘毛基部 3/4 赭黄色，端部 1/4 黑色；后缘端部 1/6–1/4 缘毛黑色，其余赭黄色。后翅及缘毛深灰色。

雄性外生殖器（图 7-160B）：第 8 腹节侧叶长片状，基部与抱器瓣等宽，向末端逐渐狭窄，长度为抱器瓣的 3/4，末端圆钝。爪形突左臂长为右臂的 1/2，基半部锥状，端半部棒状，末端钝；右臂 1/2 处弧形弯曲，向末端狭窄，末端尖。背兜近梯形。抱器瓣基部 1/6 狭窄，端部 1/3 略向背面弯曲，末端圆；基叶圆形，密被刚毛。左小瓣棍棒状，长度与阳茎鞘相等，表面具有稀疏的刚毛；右小瓣缺失。阳茎鞘向端部渐狭，末端钝。阳茎短小，锥形，长度为阳茎鞘的 1/2。

雌性外生殖器（图 7-160C）：产卵瓣膜质，宽阔，末端圆钝，后缘中部内凹。后表皮突的长度约为前表皮突的 1.5 倍。交配孔基部被阴片右部 2/3 遮盖，阴片左部 1/3 向侧后方延伸，内表面具有圆形凸出的骨化环，位于交配孔左后方。囊导管长度为后表皮突的 1.5 倍，基半部右侧 1/2 骨化，端部膜质。导精管由交配囊基部伸出，与囊导管等粗。交配囊近卵形，向端部逐渐膨大，与囊导管等长；囊突为 1 对由形状大小相同的刺组成的浓密的纵向刺斑，刺的端部伸向交配囊内部，刺斑长为宽的 12 倍，长为交配囊长的 1/2。

分布：浙江（丽水）、江西、湖南、福建、香港、贵州；俄罗斯（远东地区），日本。

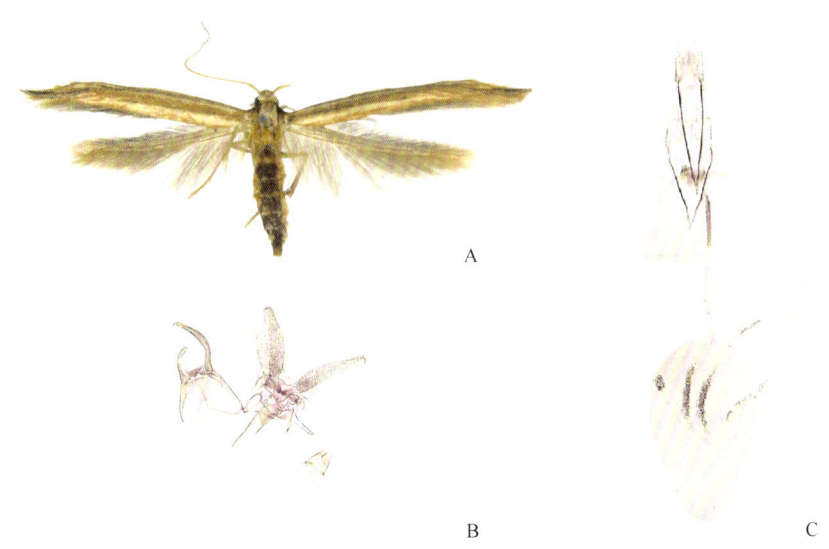

图 7-160　白边菊尖蛾 *Pyroderces sarcogypsa* (Meyrick, 1932)
A. 成虫；B. 雄性外生殖器；C. 雌性外生殖器

二十三、麦蛾科 Gelechiidae

主要特征：头通常平滑，被覆朝前向下弯曲的长鳞片。单眼常存在，较小，单眼大或缺失的情况较少。触角线状，雄性常有短纤毛；柄节一般无栉，少数原始的属有栉或硬刚毛。喙长，卷曲，基部被鳞片。下唇须3节，细长，通常上举或后弯，极少平伸；第2节常加厚具毛簇及粗鳞片；第3节尖细。前翅广披针形，前缘平直或弯曲，外缘倾斜；后翅顶角凸出，外缘弯曲内凹。

雄性外生殖器：爪形突一般为长方形。颚形突通常发达，呈钩状。抱器瓣通常为1对瓣状构造，但有些是棒状或线状，具有明显的抱器腹，其端部一般与抱器瓣分离或分裂成多支，抱器背和抱器腹常与抱器瓣分离。囊形突发达。阳茎为管状构造，内常有角状器。

雌性外生殖器：产卵瓣具前后表皮突。交配孔存在，导管端片有或无，囊导管多为膜质。交配囊一般为椭圆形，内壁常有刺或小针突，囊突经常存在。

分布：世界广布。世界已知464属5941种，中国记录92属650多种，浙江分布36属148种。

（一）背麦蛾亚科 Anacampsinae

主要特征：头部光滑。触角柄节无栉。下唇须细长，第2节光滑，有时背面具长毛簇或腹面有鳞毛簇。前翅R_5脉达前缘，有时与R_4脉合并，CuA_2在少数类群中与CuA_1脉共柄。Rs与M_1脉合生或共柄，M_3和CuA_1脉合生或共柄。雄性外生殖器结构多样。

分布：世界广布。世界已知70属710多种，中国记录35属150多种，浙江分布11属41种。

分属检索表

1. 雄性外生殖器具发达的抱器小瓣	2
- 雄性外生殖器无抱器小瓣	9
2. 前翅前缘具竖鳞簇	3
- 前翅前缘无竖鳞簇	6
3. 雄性外生殖器爪形突冠状	冠麦蛾属 *Bagdadia*
- 雄性外生殖器爪形突非冠状	4
4. 爪形突末端中部有1个小切口	凹麦蛾属 *Tituacia*
- 爪形突末端无切口	5
5. 爪形突具中突	林麦蛾属 *Empalactis*
- 爪形突无中突	蛮麦蛾属 *Hypatima*
6. 雄性下唇须第3节退化；抱器瓣具掌状或蘑菇状鳞片	条麦蛾属 *Anarsia*
- 雄性下唇须第3节正常；抱器瓣无掌状鳞片	7
7. 后翅中室基部具长毛撮	发麦蛾属 *Faristenia*
- 后翅中室基部无长毛撮	8
8. 爪形突长度明显大于宽度	拟蛮麦蛾属 *Encolapta*
- 爪形突长度等于或小于宽度	托麦蛾属 *Tornodoxa*
9. 后翅宽于前翅或与前翅等宽，顶角略突出，外缘斜直或略凹	背麦蛾属 *Anacampsis*
- 后翅窄于前翅，顶角极突出，外缘深凹	10
10. 前翅无竖鳞，雄性外生殖器无分离的抱器背	荚麦蛾属 *Mesophleps*
- 前翅近臀角处具竖鳞，雄性外生殖器具分离的抱器背	光麦蛾属 *Photodotis*

134. 冠麦蛾属 *Bagdadia* Amsel, 1949

Bagdadia Amsel, 1949: 321. Type species: *Bagdadia irakella* Amsel, 1949.

主要特征：头部具紧贴粗鳞片。单眼缺。下唇须后弯，第 2 节腹面端部有三角形鳞毛簇，第 3 节与第 2 节等长或略长，末端尖。前翅狭长，前缘有 2–3 个发达的鳞片簇。

雄性外生殖器：对称或不对称；爪形突冠状；颚形突细长，钩状；抱器瓣狭窄，有时抱器腹扩大；囊形突细长。

雌性外生殖器：具囊突。

分布：主要分布于古北区和东洋区，1 种分布于南非。世界已知 14 种，中国记录 8 种，浙江分布 2 种。

（442）冠麦蛾 *Bagdadia claviformis* (Park, 1993)

Hypatima claviformis Park, 1993c: 31.
Bagdadia claviformis: Sattler, 1999: 235, 238.

分布：浙江（临安、景宁、泰顺）、辽宁、天津、河北、山西、河南、陕西、甘肃、安徽、湖北、湖南、福建、台湾、广东、海南、香港、广西、云南；俄罗斯，韩国，日本。

注：描述见《中国麦蛾（一）》（李后魂，2002）。

（443）杨陵冠麦蛾 *Bagdadia yanglingensis* (Li *et* Zheng, 1998)

Capidentalia yanglingensis Li *et* Zheng, 1998c: 311.
Bagdadia yanglingensis: Sattler, 1999: 238.

分布：浙江（临安、余姚、金华、永嘉、泰顺）、河北、陕西、湖北、福建、广东、广西、重庆、四川、贵州。

注：描述见《天目山动物志》（李后魂等，2020）。

135. 凹麦蛾属 *Tituacia* Walker, 1864

Tituacia Walker, 1864a: 812. Type species: *Tituacia deviella* Walker, 1864.

主要特征：体形粗壮。喙不发达。下唇须弯曲，上举，第 2 节末端具 1 圈鳞毛簇，第 3 节长于第 2 节，背面有 2 个鳞毛簇。前翅狭长，前缘基部 2/3 近平直，端部 1/3 略拱，顶角圆；具鳞片簇。

雄性外生殖器：爪形突近长方形，末端中部有 1 个小切口，抱器瓣端部显著扩大。

雌性外生殖器：囊突缺。

分布：东洋区、澳洲区。世界已知 3 种，中国记录 2 种，浙江分布 1 种。

（444）细凹麦蛾 *Tituacia gracilis* Li *et* Zhen, 2009

Tituacia gracilis Li *et* Zhen, 2009: 434.

分布：浙江（临安）、海南、香港、广西、重庆、贵州、云南。

注：描述见《天目山动物志》(李后魂等，2020)。

136. 林麦蛾属 *Empalactis* Meyrick, 1925

Empalactis Meyrick, 1925a: 18. Type species: *Nothris sporogramma* Meyrick, 1921.

主要特征：头部具紧贴的粗鳞片。下唇须第 2 节腹面端部有发达鳞毛簇，第 3 节背面有或无鳞毛簇。前翅鳞片簇及竖鳞发达。

雄性外生殖器：爪形突卵形或核果形，有光滑的中突，抱器瓣窄长，端部常扩大。

雌性外生殖器：具囊突。

分布：古北区东部、东洋区和澳洲区。世界已知 24 种，中国记录 14 种，浙江分布 9 种。

分种检索表

1. 前翅前缘明显有 2 个鳞片簇 ··· 2
- 前翅前缘明显有 3 个鳞片簇 ··· 7
2. 下唇须第 3 节背面有 2 个鳞毛簇 ·· 3
- 下唇须第 3 节背面无或有 1 个鳞毛簇 ··· 5
3. 前翅端部 3/5 赭黄色 ·· 玉山林麦蛾 *E. yushanica*
- 前翅端部 3/5 非赭黄色 ·· 4
4. 前翅前缘 1/5 至 3/5 之间有 1 个倒梯形大黑斑 ······························· 大斑林麦蛾 *E. grandimacularis*
- 前翅前缘 2/5 至 3/5 之间有 1 条黑色横带 ·· 中带林麦蛾 *E. mediofasciana*
5. 下唇须第 3 节背面无鳞毛簇 ·· 单色林麦蛾 *E. unicolorella*
- 下唇须第 3 节背面具 1 个鳞毛簇 ··· 6
6. 抱器瓣背缘端部 1/6 处具 1 个角状突起 ··· 河南林麦蛾 *E. henanensis*
- 抱器瓣背缘无角状突起 ·· 岳西林麦蛾 *E. yuexiensis*
7. 抱器瓣 2/5 处之后强烈向内弯曲 ··· 灌县林麦蛾 *E. saxigera*
- 抱器瓣无明显弯曲 ·· 8
8. 雌性外生殖器交配囊具螺旋状脊 ··· 国槐林麦蛾 *E. sophora*
- 雌性外生殖器交配囊无脊 ··· 暗林麦蛾 *E. neotaphronoma*

(445) 玉山林麦蛾 *Empalactis yushanica* (Li et Zheng, 1998)

Dendrophilia yushanica Li et Zheng, 1998a: 107.
Empalactis yushanica: Ponomarenko, 2009: 337.

分布：浙江（临安）、河南、湖北、江西。
注：描述见《天目山动物志》(李后魂等，2020)。

(446) 大斑林麦蛾 *Empalactis grandimacularis* (Li et Zheng, 1998)

Dendrophilia grandimacularis Li et Zheng, 1998a: 104.
Empalactis grandimacularis: Ponomarenko, 2009: 335.

分布：浙江（临安）、河南、湖北、江西、湖南、贵州。

注：描述见《天目山动物志》（李后魂等，2020）。

（447）中带林麦蛾 *Empalactis mediofasciana* (Park, 1991)

Hypatima mediofasciana Park, 1991: 119.
Empalactis mediofasciana: Ponomarenko, 2009: 336.

分布：浙江（临安）、山西、河南、陕西、甘肃、湖北、江西、广西、重庆、贵州；俄罗斯，韩国，日本。
寄主：胡枝子 *Lespedeza bicolor*。
注：描述见《天目山动物志》（李后魂等，2020）。

（448）单色林麦蛾 *Empalactis unicolorella* (Ponomarenko, 1993)

Dendrophilia unicolorella Ponomarenko, 1993: 68.
Empalactis unicolorella: Ponomarenko, 2009: 337.

分布：浙江（临安）、河南、陕西、甘肃。
寄主：胡枝子 *Lespedeza bicolor*。
注：描述见《天目山动物志》（李后魂等，2020）。

（449）河南林麦蛾 *Empalactis henanensis* (Li et Zheng, 1998)

Dendrophilia henanensis Li et Zheng, 1998a: 103.
Empalactis henanensis: Ponomarenko, 2009: 335.

分布：浙江（临安）、河南、湖北。
注：描述见《天目山动物志》（李后魂等，2020）。

（450）岳西林麦蛾 *Empalactis yuexiensis* (Li et Zheng, 1998)

Dendrophilia yuexiensis Li et Zheng, 1998a: 106.
Empalactis yuexiensis: Ponomarenko, 2009: 337.

分布：浙江（临安）、安徽、湖北、福建、海南、广西。
注：描述见《天目山动物志》（李后魂等，2020）。

（451）灌县林麦蛾 *Empalactis saxigera* (Meyrick, 1931)

Chelaria saxigera Meyrick, 1931: 67.
Empalactis saxigera: Ponomarenko, 2009: 336.

分布：浙江（临安）、河北、河南、陕西、湖北、江西、湖南、台湾、四川、贵州。
注：描述见《天目山动物志》（李后魂等，2020）。

（452）国槐林麦蛾 *Empalactis sophora* (Li et Zheng, 1998)

Dendrophilia sophora Li et Zheng, 1998a: 104.
Empalactis sophora: Ponomarenko, 2009: 336.

分布：浙江（临安）、天津、山东、陕西、甘肃、重庆。
寄主：国槐 *Sophora japonica*。
注：描述见《天目山动物志》（李后魂等，2020）。

（453）暗林麦蛾 *Empalactis neotaphronoma* (Ponomarenko, 1993)

Dendrophilia neotaphronoma Ponomarenko, 1993: 69.
Empalactis neotaphronoma: Ponomarenko, 2009: 336.

分布：浙江（临安）、吉林、辽宁、天津、山西、河南、陕西、湖北、江西、福建、台湾、海南、广西、四川、贵州、云南；俄罗斯，韩国，日本。
寄主：胡枝子 *Lespedeza bicolor*。
注：描述见《天目山动物志》（李后魂等，2020）。

137. 蛮麦蛾属 *Hypatima* Hübner, [1825]

Hypatima Hübner, [1825]: 415. Type species: *Tinea conscriptella* Hübner, [1805].

主要特征：头部具紧贴鳞片。单眼存在。下唇须第 2 节腹面具发达的鳞毛簇或粗糙鳞片，第 3 节长于第 2 节，常有鳞毛簇。前翅常有鳞片簇。

雄性外生殖器：爪形突通常长，颚形突发达，抱器瓣端部大多膨大，抱器小瓣末端常具刺，第 8 背板的骨化片形状复杂多样。

雌性外生殖器：囊突通常近菱形。

分布：古北区东部、东洋区和旧热带区。世界已知 100 多种，中国记录 11 种，浙江分布 4 种。

分种检索表

1. 前翅具 1 条灰白色宽纵带 ··· 芒果蛮麦蛾 *H. spathota*
- 前翅无灰白色宽纵带 ··· 2
2. 前翅前缘近中部有 1 个倒三角形大黑斑 ·· 桦蛮麦蛾 *H. rhomboidella*
- 前翅前缘近中部有 1 条深褐色宽横带，呈菱形 ··· 3
3. 前翅深灰色，有黑色间隔纵线 ·· 优蛮麦蛾 *H. excellentella*
- 前翅灰白色，无纵线 ··· 一色蛮麦蛾 *H. issikiana*

（454）芒果蛮麦蛾 *Hypatima spathota* (Meyrick, 1913)

Chelaria spathota Meyrick, 1913: 165.
Hypatima spathota: Fletcher, 1932: 50.

分布：浙江（临安）、河南、安徽、湖北、福建、台湾、广东、海南、广西、重庆、云南；日本，印度，越南，澳大利亚。

寄主：厚皮树 *Lannea coromandelica*、杧果 *Mangifera indica*。

注：描述见《天目山动物志》（李后魂等，2020）。

（455）桦蛮麦蛾 *Hypatima rhomboidella* (Linnaeus, 1758)

Phalaena (*Tinea*) *rhomboidella* Linnaeus, 1758: 538.

Hypatima rhomboidella: Gozmány, 1958a: 166.

分布：浙江（临安）、黑龙江、天津、山西、宁夏、甘肃、江西、台湾、四川、贵州、云南、西藏；俄罗斯，欧洲。

寄主：欧洲桤木 *Alnus glutinosa*、垂枝桦 *Betula pendula*、欧洲榛 *Corylus avellana*、欧洲鹅耳枥 *Carpinus betulus*、欧洲山杨 *Populus tremula*。

注：描述见《天目山动物志》（李后魂等，2020）。

（456）优蛮麦蛾 *Hypatima excellentella* Ponomarenko, 1991

Hypatima excellentella Ponomarenko, 1991: 617.

分布：浙江（临安）、辽宁、北京、河南、陕西、甘肃、安徽、湖北、江西、福建、台湾、海南、重庆、四川、贵州；俄罗斯，韩国，日本。

寄主：槲树 *Quercus dentata*、蒙古栎 *Q. mongolica*。

注：描述见《天目山动物志》（李后魂等，2020）。

（457）一色蛮麦蛾 *Hypatima issikiana* Park, 1995（图 7-161）

Hypatima issikiana Park, 1995b: 77.

主要特征：成虫（图 7-161A）翅展 9.0–12.0 mm。头部灰白色，散生浅褐色鳞片。下唇须第 2 节基部 3/5 外侧黑色杂白色，内侧灰白色，端部 2/5 灰白色与浅褐色相间，腹面具疏松长鳞毛簇；第 3 节细长，约与第 2 节等长，近基部、1/3 处、2/3 处和末端各有 1 条黑色斜环，末端尖。触角柄节灰白色，前面有 1 条黑色纵线；鞭节背面浅褐色，腹面灰白色，具褐色环纹，端部 1/4 有若干黑色环纹。胸部及翅基片灰白色，翅基片基部黑色。前翅灰白色，散生浅褐色鳞片；前缘 1/3 处有 1 个黑色小斑，中部有 1 个菱形黑色大斑，向后延伸达翅宽的 1/3，向外延伸至近翅的 3/4 处，前缘菱形大斑外侧有 1 条赭褐色斜线，延伸至顶角，之后沿外缘到达臀角，其与菱形大斑被 1 条外斜的白色细线隔开，前缘有 1 条沿此线外缘延伸的黑色短横线，前缘端部 1/6 处有 1 个黑色长斑，其后缘与赭褐色斜线外缘相连；中室末端及翅褶近末端各有 1 条不清晰的黑色短细线；近外缘有 1 条黑色斜线，其内缘饰以白色；缘毛在顶角周围为褐色杂灰白色，其余部分灰褐色。后翅及缘毛灰褐色。前、中足基节和腿节腹面深褐色，背面白色，胫节白色，外侧端部 1/3 黑色，中部有 1 条黑色斜线，中足胫节背面基部 2/3 具突出鳞毛，前、中足黑色，每节末端具白色环纹；后足基节、腿节、胫节灰白色，基节腹面有 1 条褐色斜带，腿节腹面近外侧密被褐色鳞片，胫节外侧散生浅褐色鳞片，背面密被淡黄色长鳞毛，跗节黑色，每节末端具白色环纹。

雄性外生殖器（图 7-161B）：爪形突渐窄至末端，末端圆。颚形突细长，末端尖。背兜宽大，前缘凹。抱器瓣呈 "S" 形弯曲，基部 1/3 窄，端部 2/3 加宽，背腹近平行，末端圆；腹缘约 2/3 处略呈角状突出。抱器小瓣长约为抱器瓣的 1/3，基部 1/3 宽，端部 2/3 指状，外缘近末端具 5 短刺。囊形突粗短，基半部渐窄，端半部两侧平行，末端钝圆。阳茎基叶倒漏斗形，末端具毛，背面内侧有 1 细长弯曲的刚毛。阳茎呈

"S"形弯曲，基半部球状膨大，端半部细长，末端斜，截形。第 8 背板梯形，后缘中部深凹。

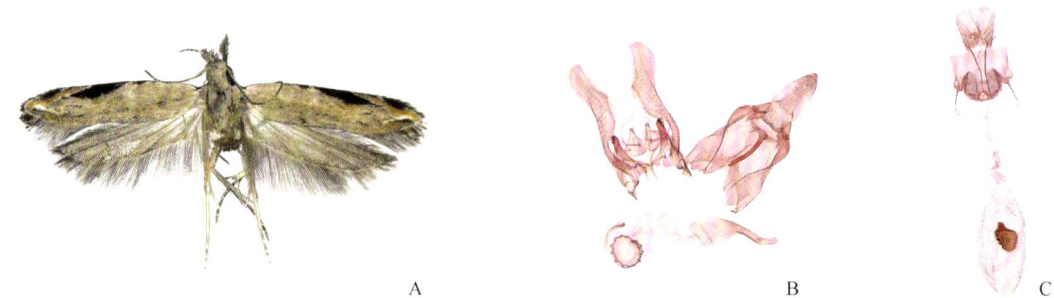

图 7-161　一色蛮麦蛾 *Hypatima issikiana* Park, 1995
A. 成虫；B. 雄性外生殖器；C. 雌性外生殖器

雌性外生殖器（图 7-161C）：产卵瓣密被刚毛。前表皮突长约为后表皮突的 1/2。第 8 背板前缘中部圆形凹入。交配孔近圆形，周围骨化，后缘及两侧连接 1 个近梯形骨化板。囊导管略短于交配囊，基部 2/3 细长，端部 1/3 渐宽，卷曲。导精管出自囊导管基部约 1/4 处。交配囊长卵形，内面具疣突；囊突大，铃形，密被小齿突，位于交配囊中部。

分布：浙江（江山、景宁）、福建、台湾、广东、海南、广西、贵州、云南。

138. 条麦蛾属 *Anarsia* Zeller, 1839

Anarsia Zeller, 1839: 190. Type species: *Tinea spartiella* Schrank, 1802.

主要特征：头部具紧贴鳞片。单眼存在或缺。下唇须第 2 节腹面具发达的鳞毛簇，雄性第 3 节退化，雌性第 3 节正常。前翅前缘常有若干短横线，雄性腹面近基部有或无长毛撮。后翅外缘几乎不内凹。

雄性外生殖器：常具尾突，颚形突缺失，抱器瓣不对称，具掌状或蘑菇状鳞片。

雌性外生殖器：前表皮突通常较短或退化，囊突有或无。

分布：古北区、东洋区、旧热带区。世界已知 130 多种，中国记录 23 种，浙江分布 6 种。

分种检索表

1. 前翅前缘 1/6 至 3/4 之间有密集的黑褐色鳞片扩散至后缘 ·· 本州条麦蛾 *A. silvosa*
- 前翅无自前缘扩散至后缘的黑褐色鳞片 ··· 2
2. 前翅前缘近中部有 1 个长形斑 ·· 山槐条麦蛾 *A. bimaculata*
- 前翅前缘近中部有 1 个倒三角形大斑 ··· 3
3. 雄性前翅腹面具长毛撮 ··· 展条麦蛾 *A. protensa*
- 雄性前翅腹面无长毛撮 ··· 4
4. 抱器瓣狭长，对称 ··· 刺条麦蛾 *A. euphorodes*
- 抱器瓣宽，不对称 ··· 5
5. 抱器瓣端部尖 ··· 木荷条麦蛾 *A. isogona*
- 抱器瓣端部圆 ··· 梯形条麦蛾 *A. incerta*

（458）山槐条麦蛾 *Anarsia bimaculata* Ponomarenko, 1989

Anarsia bimaculata Ponomarenko, 1989: 635.
Anarsia magnibimaculata Li *et* Zheng in Bae et al., 2016: 249.

分布：浙江（临安）、黑龙江、吉林、陕西、湖北；俄罗斯，韩国，日本。

寄主：朝鲜槐 *Maackia amurensis*。

注：描述见《天目山动物志》（李后魂等，2020）。

（459）刺条麦蛾 *Anarsia euphorodes* Meyrick, 1922（图 7-162）

Anarsia euphorodes Meyrick, 1922: 503.

Ananarsia euphorodes: Ponomarenko, 1997: 52.

主要特征：成虫（图 7-162A）翅展 13.0–16.0 mm。头部灰褐色。下唇须第 2 节外侧黑褐色，末端灰白色杂褐色，内侧灰白色，腹面鳞毛簇呈斜方形；雌性第 3 节长于第 2 节，基部 1/3 灰白色，近基部有 1 条黑环，1/3 处至近末端黑色，2/3 处有 1 条白环，末端灰白色。触角背面灰色，腹面灰白色，鞭节具褐色环纹。胸部及翅基片灰褐色，翅基片基部密布深褐色鳞片。前翅灰褐色，散生深褐色和黑色竖鳞；前缘近中部具 1 个半圆形大黑斑，约占前缘的 1/5；前缘此斑内侧有 2 条外斜的深褐色短横线，外侧有 2 个小黑斑；中室斑缺；外缘顶角下方有 1 个小黑点；缘毛灰褐色杂黑色鳞片；雄性腹面近基部具灰色长毛撮。后翅及缘毛灰褐色。足基节和腿节腹面深褐色，背面白色，前足胫节外侧深褐色，内侧白色，后足胫节灰白色，外侧近腹面具深褐色鳞片，背面密被淡黄白色长鳞毛，足跗节深褐色，每节末端具白色环纹。

图 7-162　刺条麦蛾 *Anarsia euphorodes* Meyrick, 1922
A. 成虫；B. 雄性外生殖器；C. 雌性外生殖器

雄性外生殖器（图 7-162B）：爪形突基半部宽，近三角形，端半部笔头状，末端尖，超过尾突末端。尾突向后延伸，卵圆形，密被长毛。背兜基部宽，渐窄至中部，端半部狭长，近 2/3 处略宽。抱器瓣具掌状鳞片，接近对称；左右抱器瓣均极狭长，从基部渐窄至 5/6 处，3/4 处向腹侧弯曲，端部 1/6 略膨大，呈卵圆形，末端具 1 长约为抱器瓣 1/6 的强刺，左抱器瓣内面中部有 1 具毛的长锥形突起，右抱器瓣内面中部有 1 三角形突起，长度短于左抱器瓣突起的 1/2。基腹弧窄带状。阳茎直，细长，约与右抱器瓣等长，近基部与基腹弧和阳茎基环紧密相连。

雌性外生殖器（图 7-162C）：第 7 腹节延长，向末端渐窄，腹板后缘中部突出形成 1 个半圆形骨化片。产卵瓣长方形，密被刚毛。前表皮突约与后表皮突等长，基部 1/3 宽，呈三角形。第 8 背板后缘略凸，近后缘中部具 1 个心形骨化片；第 8 腹板前缘右侧有 1 纤细突起，远短于前表皮突。交配孔约与第 8 腹板等长，中部收窄。导管端片叉形，纵向贯穿第 8 腹板。囊导管膜长约为交配囊的 2 倍。导精管出自囊导管与交配囊结合处。交配囊大，圆形；囊突为 1 条短脊，位于交配囊中部。

分布：浙江（临安、舟山、永嘉）、上海、湖北、台湾、广东。

（460）梯形条麦蛾 *Anarsia incerta* Ueda, 1997（图 7-163）

Anarsia incerta Ueda, 1997: 80.

主要特征：成虫（图 7-163A）翅展 10.0–14.0 mm。头部灰白色杂灰褐色。下唇须第 2 节外侧基部 3/4

黑色，端部 1/4 灰白色杂浅褐色，内侧灰白色，腹面鳞毛簇呈梯形；雌性第 3 节约与第 2 节等长，灰白色，近基部、中部及 3/4 处各有 1 条黑环，第 1 条窄，第 2、3 条宽。触角柄节灰白色，背面杂灰褐色；鞭节背面黄褐色，腹面灰白色，具褐色环纹。胸部及翅基片灰褐色杂灰白色，翅基片基部密布黑色鳞片。前翅灰白色，杂较多褐色鳞片；前缘近中部具 1 个倒梯形的黑色大斑，约占前缘的 1/4，向后延伸至翅宽的 3/5，未达翅褶；前缘此斑内侧和外侧各有 2 个黑色小斑；亚前缘脉近基部有 1 个小黑斑；缘毛灰色，杂褐色；雄性腹面无长毛撮。后翅及缘毛灰色。足基节和腿节腹面褐色杂白色，背面白色，前足胫节外侧深褐色，中部偏后有 1 条白色横线，内侧白色，中足胫节外侧基部 1/3 白色，端部 2/3 深褐色，中部偏后有 1 条白色横线，内侧白色，后足灰白色，外侧密布深褐色，背面密被灰白色长鳞毛，足跗节深褐色，每节末端具灰白色环纹。

图 7-163　梯形条麦蛾 *Anarsia incerta* Ueda, 1997
A. 成虫；B. 雄性外生殖器；C. 雌性外生殖器

雄性外生殖器（图 7-163B）：爪形突拇指状。尾突近三角形。背兜基部 1/3 宽，端部 2/3 窄，两侧近平行。抱器瓣具掌状鳞片，不对称：左抱器瓣近椭圆形，腹缘基部具 1 突起，长于抱器瓣的 1/2，基部 1/4 粗壮，1/4 处强烈弯曲，端部 3/4 细长，末端尖；右抱器瓣明显窄于左抱器瓣，近中部收窄，之后圆形扩大，腹缘近基部具 1 纤弱弯曲的突起。阳茎细长，基部 1/6、2/6 处强烈弯曲，末端钝，近中部与阳茎基环和基腹弧紧密相连。

雌性外生殖器（图 7-163C）：产卵瓣宽大，密被刚毛。前表皮突长约为后表皮突的 1/3。第 8 背板前缘中部突出成半圆形，其上有 1 条横脊；第 8 腹板后缘突出形成 1 个三角形骨化片。导管端片漏斗状。囊导管极短。交配囊长卵形；囊突为 1 条短的纵脊，周围有弱骨化片，位于交配囊前端约 1/5 处。

分布：浙江（舟山、江山、景宁、泰顺）、安徽、江西、湖南、福建、台湾、广东、海南、香港、广西、重庆、贵州、云南；日本，越南。

（461）木荷条麦蛾 *Anarsia isogona* Meyrick, 1913

Anarsia isogona Meyrick, 1913: 169.

分布：浙江（临安）、江西、台湾、海南、广西、云南；日本，印度，越南。
寄主：木荷属 *Schima* sp.。
注：描述见《天目山动物志》（李后魂等，2020）。

（462）展条麦蛾 *Anarsia protensa* Park, 1995

Anarsia protensa Park, 1995a: 60.

分布：浙江（临安）、安徽、湖北、江西、湖南、福建、台湾、重庆、贵州；日本。
寄主：胡颓子 *Elaeagnus pungens*。

注：描述见《天目山动物志》（李后魂等，2020）。

（463）本州条麦蛾 *Anarsia silvosa* Ueda, 1997

Anarsia silvosa Ueda, 1997: 87.

分布：浙江（临安）、安徽、湖北；日本。
注：描述见《天目山动物志》（李后魂等，2020）。

139. 发麦蛾属 *Faristenia* Ponomarenko, 1991

Faristenia Ponomarenko, 1991: 601. Type species: *Faristenia omelkoi* Ponomarenko, 1991.

主要特征：头部具紧贴的粗鳞片。下唇须第 2 节腹面有鳞毛簇。前翅 R_4 和 R_5 脉共柄，M_1 脉游离。雄性后翅背面中室基部通常具长毛撮。

雄性外生殖器：爪形突宽短；颚形突不发达；背兜通常基半部宽，端半部窄；抱器瓣通常端部宽，腹缘有时具突起；抱器小瓣发达；阳茎基部膨大，端部细长。

雌性外生殖器：具囊突。

分布：古北区东部、东洋区、旧热带区。世界已知 27 种，中国记录 17 种，浙江分布 7 种。

分种检索表

1. 前翅前缘中部具 1 倒三角形大斑	2
- 前翅前缘中部无倒三角形大斑	3
2. 抱器瓣腹缘近末端呈角状突出	中斑发麦蛾 *F. medimaculata*
- 抱器瓣腹缘近末端不突出	双突发麦蛾 *F. geminisignella*
3. 雄性后翅中室基部无长毛撮	缺毛发麦蛾 *F. impenicilla*
- 雄性后翅中室基部具长毛撮	4
4. 雌性外生殖器囊突具齿突	5
- 雌性外生殖器囊突无齿突	6
5. 雌性外生殖器第 8 腹板前缘交配孔两侧呈长锥形突出	缘刺发麦蛾 *F. jumbongae*
- 雌性外生殖器第 8 腹板前缘交配孔两侧呈叶形突出	乌苏里发麦蛾 *F. ussuriella*
6. 抱器瓣腹缘 2/3 处突出	奥氏发麦蛾 *F. omelkoi*
- 抱器瓣腹缘 2/3 处不突出	栎发麦蛾 *F. quercivora*

（464）中斑发麦蛾 *Faristenia medimaculata* Li *et* Zheng, 1998

Faristenia medimaculata Li *et* Zheng, 1998c: 391.

分布：浙江（临安）、江西、贵州。
注：描述见《天目山动物志》（李后魂等，2020）。

（465）双突发麦蛾 *Faristenia geminisignella* Ponomarenko, 1991

Faristenia geminisignella Ponomarenko, 1991: 614.

分布：浙江（临安）、辽宁、河北、山西、陕西、甘肃、湖北、江西、四川；俄罗斯，韩国，日本。
寄主：色木槭 *Acer mono*。
注：描述见《天目山动物志》（李后魂等，2020）。

（466）缺毛发麦蛾 *Faristenia impenicilla* Li et Zheng, 1998

Faristenia impenicilla Li et Zheng, 1998c: 392.

分布：浙江（临安）、陕西。
注：描述见《天目山动物志》（李后魂等，2020）。

（467）缘刺发麦蛾 *Faristenia jumbongae* Park, 1993

Faristenia jumbongae Park, 1993c: 37.

分布：浙江（临安）、陕西、甘肃；韩国，日本。
注：描述见《天目山动物志》（李后魂等，2020）。

（468）乌苏里发麦蛾 *Faristenia ussuriella* Ponomarenko, 1991

Faristenia ussuriella Ponomarenko, 1991: 615.

分布：浙江（临安）、吉林、辽宁、山西、河南、陕西、宁夏、甘肃、湖北、江西、福建、四川；俄罗斯，韩国，日本。
寄主：蒙古栎 *Quercus mongolica*。
注：描述见《天目山动物志》（李后魂等，2020）。

（469）奥氏发麦蛾 *Faristenia omelkoi* Ponomarenko, 1991

Faristenia omelkoi Ponomarenko, 1991: 603.

分布：浙江（临安）、黑龙江、吉林、辽宁、山西、河南、陕西、甘肃、湖北、四川；俄罗斯，韩国，日本。
寄主：蒙古栎 *Quercus mongolica*。
注：描述见《天目山动物志》（李后魂等，2020）。

（470）栎发麦蛾 *Faristenia quercivora* Ponomarenko, 1991

Faristenia quercivora Ponomarenko, 1991: 615.

分布：浙江（临安）、黑龙江、辽宁、北京、山西、河南、陕西、甘肃、安徽、湖北、江西、湖南、福建、重庆、四川、贵州；俄罗斯，韩国，日本，印度。
寄主：蒙古栎 *Quercus mongolica*。
注：描述见《天目山动物志》（李后魂等，2020）。

140. 拟蛮麦蛾属 *Encolapta* Meyrick, 1913

Encolapta Meyrick, 1913: 167. Type species: *Encolapta metorcha* Meyrick, 1913.

主要特征：头部具紧贴鳞片。下唇须上举过头顶，第 2 节腹面具鳞毛簇，或在端部聚集成三角形，或在整个腹面疏松排列成长方形，第 3 节通常具 3 条环纹。前翅 R_4 脉和 M_1 脉共柄，若 R_5 脉存在，则 R_4 和 R_5 脉共柄。

雄性外生殖器：爪形突延长，颚形突通常为强钩状，背兜前缘凹或前缘中部突出，抱器瓣端部扩大，抱器小瓣形状多样，阳茎平直或弯曲。

雌性外生殖器：第 8 腹板具骨化侧带，囊突通常片状，具 1 条横脊。

分布：古北区东部、东洋区。世界已知 22 种，中国记录 11 种，浙江分布 4 种。

分种检索表

1. 下唇须第 2 节具疏松长鳞毛 ·· 2
- 下唇须第 2 节具紧密三角形鳞毛簇 ·· 3
2. 抱器瓣末端尖 ·· 青冈拟蛮麦蛾 *E. tegulifera*
- 抱器瓣末端圆 ·· 梯形拟蛮麦蛾 *E. trapezoidea*
3. 抱器小瓣呈梯形 ·· 申氏拟蛮麦蛾 *E. sheni*
- 抱器小瓣呈锤状 ·· 拟蛮麦蛾 *E. epichthonia*

（471）拟蛮麦蛾 *Encolapta epichthonia* (Meyrick, 1935)

Homoshelas epichthonia Meyrick, 1935: 71.

Encolapta epichthonia: Ponomarenko, 2004: 70.

分布：浙江（临安）、天津、河北、山西、山东、河南、陕西、江苏、台湾。

注：描述见《天目山动物志》（李后魂等，2020）。

（472）申氏拟蛮麦蛾 *Encolapta sheni* (Li *et* Wang, 1999)

Homoshelas sheni Li *et* Wang, 1999: 52.

Encolapta sheni: Ponomarenko, 2009: 318.

分布：浙江（临安）、河南、陕西、安徽、湖北、海南、广西、重庆、贵州、云南。

注：描述见《天目山动物志》（李后魂等，2020）。

（473）青冈拟蛮麦蛾 *Encolapta tegulifera* (Meyrick, 1932)

Dactylethra tegulifera Meyrick, 1932: 201.

Encolapta tegulifera: Ponomarenko, 2004: 70.

分布：浙江（临安）、辽宁、山西、河南、陕西、甘肃、贵州；俄罗斯，韩国，日本。

寄主：麻栎 *Quercus acutissima*、蒙古栎 *Q. mongolica*、枹栎 *Q. serrata*。

注：描述见《天目山动物志》（李后魂等，2020）。

(474) 梯形拟蛮麦蛾 *Encolapta trapezoidea* Yang et Li, 2016（图 7-164）

Encolapta trapezoidea Yang et Li, 2016: 212.

主要特征：成虫（图 7-164A）翅展 10.0–13.0 mm。头部白色，中部有纵向排列的灰褐色鳞片。下唇须白色；第 2 节外侧 1/3 处黑色，2/3 处有 1 条黑环，腹面具疏松的长鳞毛簇；第 3 节基部 1/4、中部及 3/4 处有黑色环纹，末端黑色，长约为第 1、2 节之和。触角柄节灰白色，背面散布褐色鳞片；鞭节灰白色，具深褐色环。胸部及翅基片白色，具赭褐色鳞片。前翅白色，散生赭褐色及黑色鳞片；前缘近基部有 1 条短带到达翅前端约 1/3 处，其后端变宽，近中部有 1 个赭褐色斑，斜至前端 1/4 处，中部外侧有 1 个不明显的小黑斑，端部 1/3 有 4 条外斜的黑色短横带和白色相间；端带在外缘后端 2/3 略宽；前缘 1/6、1/5 及 2/7 处下方各有 1 个赭褐色小点，外侧 2 个小点下方有 1 条短纵线；中室近前缘的中室斑与中室端斑之间有 1 个不清晰的赭褐色斑；中室斑大，从中室近 1/3 处到达 2/3 处外侧，赭褐色，其端半部的中线及后缘有纵向排列的黑色鳞片；中室端斑赭褐色，前缘有黑色鳞片；亚端斑赭褐色，前后缘有黑色鳞片，形成 1 个开口向外的叉形；翅褶 2/5 处下方有 1 赭褐色小点；后缘有 3 赭褐色斑，第 1 个不规则、在基部，第 2 个近三角形、约在 1/4 处、前端到达翅褶，第 3 个椭圆形、在 3/5 处至 4/5 处之间、前端超过翅褶；臀斑不清晰；缘毛深灰色，基部有 1 排黑褐色鳞片，只在顶角上下为白色。后翅及缘毛灰色。前足基节和腿节腹面黑褐色，背面白色，胫节外侧黑色，内侧白色，跗节黑色，每节末端具白环；中足基节和腿节腹面深褐色，背面白色，胫、跗节白色，胫节外侧 1/3 及 2/3 处黑色，跗节的每节末端具黑环；后足灰白色，胫节背面密布淡黄白色长鳞毛，跗节的每节末端具深褐色环纹。

图 7-164 梯形拟蛮麦蛾 *Encolapta trapezoidea* Yang et Li, 2016
A. 成虫；B. 雄性外生殖器；C. 雌性外生殖器

雄性外生殖器（图 7-164B）：爪形突两侧平行，末端圆，腹面密被长刚毛。颚形突基部 2/5 处弯曲，端部 3/5 骨化强，末端钝尖。背兜前缘中部突出。抱器瓣基部窄，向腹侧扩大至中部，端半部呈梯形，密被长毛；抱器小瓣略短于抱器瓣的 1/3，基部 3/4 宽，不规则，端部 1/4 指状，外弯，具长刚毛。阳茎基叶宽短，具毛，末端外侧呈三角状突出。囊形突略短于抱器小瓣，末端钝。阳茎呈"S"形弯曲，基部 2/5 膨大，端部 3/5 变窄，末端截形。

雌性外生殖器（图 7-164C）：产卵瓣密被刚毛。前表皮突长约为后表皮突的 1/5。第 8 背板后缘平直，骨化；侧带弯曲，到达前缘。交配孔的前半部分比后半部分宽，且边缘骨化。囊导管膜质，长约为交配囊的 1/2。导精管出自交配囊后端。交配囊呈长椭圆形；囊突近菱形，具 1 条横脊，位于交配囊后端 1/3 处。

分布：浙江（泰顺）、福建、海南、广西、重庆、四川、贵州。

141. 托麦蛾属 *Tornodoxa* Meyrick, 1921

Tornodoxa Meyrick, 1921: 432. Type species: *Tornodoxa tholochorda* Meyrick, 1921.

主要特征：头部具紧贴鳞片。单眼存在。下唇须很长，后弯，第 2 节腹面具鳞毛簇，第 3 节约与第 2 节等长或略长。前翅长，顶角钝圆，R_4 脉和 M_1 脉在雄性中合生、在雌性中分离，R_5 脉缺。后翅前缘基部 2/3 突出，顶角圆钝。

雄性外生殖器：爪形突宽大，具长刚毛，颚形突发达，抱器瓣端部显著扩大，阳茎弯曲。

雌性外生殖器：具囊突。

分布：古北区东部、东洋区。世界已知 5 种，中国记录 3 种，浙江分布 2 种。

（475）圆托麦蛾 *Tornodoxa tholochorda* Meyrick, 1921

Tornodoxa tholochorda Meyrick, 1921: 432.

分布：浙江（临安）、吉林、山西、河南、陕西、甘肃、湖北、江西、湖南、福建、广东、海南、广西、四川、贵州；韩国，日本。

注：描述见《天目山动物志》（李后魂等，2020）。

（476）长柄托麦蛾 *Tornodoxa longiella* Park, 1993

Tornodoxa longiella Park, 1993c: 39.

分布：浙江（临安）、湖北；韩国，日本。

注：描述见《天目山动物志》（李后魂等，2020）。

142. 背麦蛾属 *Anacampsis* Curtis, 1827

Anacampsis Curtis, 1827: 189. Type species: *Phalaena populella* Clerck, 1759.

主要特征：头光滑，单眼存在。喙发达。触角柄节延长。下唇须长，第 2 节略显粗壮，第 3 节尖细。前翅 R_1 脉出自中室中部，R_4 和 R_5 脉共柄，CuA_2 脉出自中室下角。后翅相对宽，具肘栉，Rs 与 M_1 脉基部接近，M_2 与 M_3 脉近平行，M_3 脉与 CuA_1 脉合并。

雄性外生殖器：爪形突宽阔；颚形突基部分叉，端部或近端部相连；抱器瓣狭长；囊形突发达；阳茎细长，基部膨大。

雌性外生殖器：第 8 腹节后缘中部具强骨化背中片，通常为舌状。

分布：全北区、东洋区、旧热带区、新热带区。世界已知 83 种，中国记录 7 种，浙江分布 2 种。

（477）樱背麦蛾 *Anacampsis anisogramma* (Meyrick, 1927)

Compsolechia anisogramma Meyrick, 1927: 353.
Anacampsis anisogramma: Park, 1988: 142.

分布：浙江（临安）、山东、陕西、上海、江西、福建、台湾、四川、贵州；俄罗斯，朝鲜，日本。

寄主：杏 *Armeniaca vulgaris*、李 *Prunus salicina*、樱桃 *Cerasus pseudocerasus*、梅 *Armeniaca mume*、桃 *Amygdalus persica*。

注：描述见《天目山动物志》（李后魂等，2020）。

（478）绣线菊背麦蛾 *Anacampsis solemnella* (Christoph, 1882)

Tachytilia solemnella Christoph, 1882: 27.
Anacampsis solemnella: Park, 1988: 144.

分布：浙江（临安、遂昌）、黑龙江、辽宁、北京、河南、陕西、江苏、安徽、四川；俄罗斯，朝鲜，日本，加拿大，美国。

寄主：绣线菊属 *Spiraea* spp.、杏 *Armeniaca vulgaris*、李 *Prunus salicina*、桃 *Amygdalus persica*、木犀 *Osmanthus fragrans*。

注：描述见《天目山动物志》（李后魂等，2020）。

143. 荚麦蛾属 *Mesophleps* Hübner, [1825]

Mesophleps Hübner, [1825]: 406. Type species: *Tinea silacella* Hübner, 1796.

主要特征：头部光滑，单眼存在。喙发达。下唇须第2节粗壮，基部至端部渐宽；第3节短于第2节，尖细。触角柄节细长。前翅狭长，前后缘近平行，中室长于翅长的2/3，R_5脉与M_1脉共柄或分离，M_2脉出自中室下角，M_3与CuA_1脉短共柄或分离。后翅Rs脉达顶角前缘，与M_1脉共柄，M_2脉于基部处同M_3脉接近，M_3与CuA_1脉短共柄或同出一点。

雄性外生殖器：爪形突宽大，颚形突钩状，或双颚形突于近末端处连接；抱器瓣骨化弱，狭长；囊形突发达，较宽阔；阳茎基部膨大，端部尖细。

分布：世界广布。世界已知41种，中国记录5种，浙江分布3种。

分种检索表

1. 前翅前缘有宽而明显的黑褐色纵带，其后缘白色；雄性外生殖器基腹弧端部两侧尖角状突出 ……白线荚麦蛾 *M. albilinella*
- 前翅前缘黑褐色纵带窄而模糊；雄性外生殖器基腹弧端部平齐 ………………………………………………… 2
2. 爪形突小，三角形，末端尖 ………………………………………………………………… 尖突荚麦蛾 *M. acutunca*
- 爪形突宽大，末端圆 ………………………………………………………………………………… 矛荚麦蛾 *M. ioloncha*

（479）尖突荚麦蛾 *Mesophleps acutunca* Li *et* Sattler, 2012

Mesophleps acutunca Li *et* Sattler, 2012: 32.

分布：浙江（临安）、河南、湖南。

注：描述见《天目山动物志》（李后魂等，2020）。

（480）白线荚麦蛾 *Mesophleps albilinella* (Park, 1990)

Brchyacma [sic] *albilinella* Park, 1990a: 136.
Mesophleps albilinella: Li & Zheng, 1995: 28.

分布：浙江（临安）、天津、河北、河南、陕西、甘肃、湖北、湖南、贵州；韩国，日本。

注：描述见《天目山动物志》（李后魂等，2020）。

(481) 矛荚麦蛾 *Mesophleps ioloncha* (Meyrick, 1905)

Paraspistes ioloncha Meyrick, 1905: 600.
Mesophleps ioloncha: Li & Sattler, 2012: 24.

分布：浙江（临安）、河南、陕西、甘肃、安徽、台湾；泰国，印度，斯里兰卡，菲律宾，印度尼西亚，所罗门群岛。

寄主：菽麻 *Crotalaria juncea*、白灰毛豆 *Tephrosia candida*、灰毛豆 *T. purpurea*。

注：描述见《天目山动物志》（李后魂等，2020）。

144. 光麦蛾属 *Photodotis* Meyrick, 1911

Photodotis Meyrick, 1911a: 229. Type species: *Photodotis prochalina* Meyrick, 1911.

主要特征：头鳞片光滑，喙发达。下唇须上举，后弯，约为复眼直径的 3 倍；第 2 节腹面具蓬松鳞毛；第 3 节端部通常具粗糙鳞片。触角简单，柄节短，无栉。前翅窄长，通常基部至端部颜色渐深。中室长于前翅的 2/3，外缘较弱，R_1 脉超过前缘中部，R_2 脉达 4/5 处，R_4 与 R_5 脉共柄，R_5 脉直达前缘近顶角处，M_2 脉出自近下角处，M_3 脉出自中室下角，CuA_1 远离 M_3 脉，CuA_2 脉出自中室下缘近 3/4 处，1A+2A 脉具基叉。后翅窄于前翅，前、后缘几乎平行，顶角钝圆突出，外缘倾斜内凹；中室不及翅长的 2/3，M_1 脉出自中室上角，M_2 脉出自中室下角，CuA_1 基部与 M_2 脉分离，CuA_2 脉出自下缘近 2/3 处，1A+2A 脉较弱。

雄性外生殖器：第 8 背板基部宽，端部渐窄；腹板较宽阔，后侧角处具强骨化短突起。爪形突多呈沙漏状，少数呈三角形。颚形突钩状，于中部之前强烈弯折。抱器瓣不对称：右抱器瓣通常较左抱器瓣略宽大，右抱器背基突较粗壮，长于左抱器背基突；基腹弧带状，少数前缘中部具突起。阳茎基环窄带状，呈弧形或"V"形；阳茎基不规则弯曲。

雌性外生殖器：产卵瓣近长方形。前、后表皮突均较短。第 8 背板近长方形。交配孔圆形或形状不规则。囊导管长于交配囊。交配囊近椭圆形或圆形；近中部具 1 圈强烈骨化的刺突，其数量与长度种间存在差异。

分布：古北区、东洋区、旧热带区。世界已知 20 种，中国记录 2 种，浙江分布 1 种。

(482) 饰光麦蛾 *Photodotis adornata* Omelko, 1993

Photodotis adornata Omelko, 1993: 188.

分布：浙江（临安、金华）、黑龙江、天津、山西、河南、陕西、甘肃、安徽、贵州、云南；俄罗斯，朝鲜。

注：描述见《天目山动物志》（李后魂等，2020）。

（二）喙麦蛾亚科 Anomologinae

主要特征：头部光滑，鳞片紧贴。单眼小或无。触角柄节无栉，少数具硬鬃。喙发达。下唇须第 2 节等长或长于第 3 节。前翅多狭长。后翅外缘内凹明显。

分布：世界广布。世界已知近 800 种，中国记录近 30 种，浙江分布 5 属 6 种。

分属检索表

1. 下唇须平伸，前翅颜色鲜艳 ··· 彩麦蛾属 *Chrysoesthia*
- 下唇须上举，前翅颜色平淡 ··· 2
2. 触角柄节有 1 根栉；前翅无或仅有 1 条浅灰色横带；雄性外生殖器抱器瓣窄，阳茎细长，末端卷曲；雌性外生殖器囊突有横脊或刺突 ·· 苔麦蛾属 *Bryotropha*
- 触角柄节无栉 ··· 3
3. 雄性外生殖器有颚形突 ··· 齿茎麦蛾属 *Xystophora*
- 雄性外生殖器无颚形突 ··· 4
4. 雌性有囊突 ··· 灯麦蛾属 *Argolamprotes*
- 雌性无囊突 ··· 尖翅麦蛾属 *Metzneria*

145. 灯麦蛾属 *Argolamprotes* Benander, 1945

Argolamprotes Benander, 1945: 126. Type species: *Tinea micella* Schiffermüller, 1775.

主要特征：头部光滑，鳞片紧贴。单眼缺失。下唇须第 3 节略短于第 2 节。触角柄节长。前翅狭长，Sc 脉达前缘中部，R_4 和 R_5 脉长共柄。后翅前后缘近平行。

雄性外生殖器：爪形突膜质，颚形突缺失，抱器腹发达；阳茎粗壮。

雌性外生殖器：交配囊具囊突。

分布：古北区、东洋区。世界已知 1 种，中国有记录，浙江有分布。

（483）悬钩子灯麦蛾 *Argolamprotes micella* (Denis *et* Schiffermüller, 1775)

Tinea micella Denis *et* Schiffermüller, 1775: 140.
Argolamprotes micella: Benander, 1945: 128.

分布：浙江（临安）、吉林、陕西、甘肃、安徽、贵州；俄罗斯，韩国，日本。

寄主：欧洲木莓 *Rubus caesius*、覆盆子 *R. idaeus*。

注：描述见《天目山动物志》（李后魂等，2020）。

146. 苔麦蛾属 *Bryotropha* Heinemann, 1870

Bryotropha Heinemann, 1870: 233. Type species: *Tinea terrela* Denis *et* Schiffermüller, 1775.

主要特征：头部光滑，具紧贴鳞片。单眼存在。下唇须细长。前翅通常浅褐色或褐色，少数黄白色，翅褶及中室处长具小黑斑；R_4 和 R_5 脉长共柄。后翅 M_2 与 M_3 脉接近。

雄性外生殖器：爪形突宽大；颚形突钩状，粗细及弯曲程度差异较大；抱器瓣细长，骨化弱；抱器腹具 1 钩状突起；囊形突发达，细长；阳茎基部膨大，端部呈带状，末端卷曲。

雌性外生殖器：囊突长方形或椭圆形，具横脊或刺突。

分布：全北区、东洋区。世界已知 48 种，中国记录 8 种，浙江分布 2 种。

(484) 寿苔麦蛾 *Bryotropha senectella* (Zeller, 1839)

Gelechia senectella Zeller, 1839: 199.
Bryotropha senectella: Heinemann, 1870: 238.

分布：浙江（临安）、青海；欧洲。
寄主：真藓属 *Bryum* sp.、同蒴藓 *Homalothecium lutescens*。
注：描述见《天目山动物志》（李后魂等，2020）。

(485) 仿苔麦蛾 *Bryotropha similis* (Stainton, 1854)

Gelechia similis Stainton, 1854: 115.
Bryotropha similis: Meyrick, 1895: 589.

分布：浙江（临安）、吉林、陕西、甘肃、新疆；俄罗斯，日本，欧洲，北美。
寄主：真藓属 *Bryum* sp.。
注：描述见《天目山动物志》（李后魂等，2020）。

147. 彩麦蛾属 *Chrysoesthia* Hübner, [1825]

Chrysoesthia Hübner, [1825]: 422. Type species: *Tinea zinckenella* Hübner, 1813.

主要特征：体型较小。下唇须平伸。前翅色彩鲜艳，具金属光泽。
雄性外生殖器：抱器瓣形状多样；爪形突增宽或延长；颚形突刺状或退化；囊形突短小；阳茎粗短。
雌性外生殖器：前、后表皮突均粗短；交配囊囊突缺失。
分布：全北区、东洋区、旧热带区。世界已知 25 种，中国记录 2 种，浙江分布 1 种。

(486) 六斑彩麦蛾 *Chrysoesthia sexguttella* (Thunberg, 1794)

Tinea sexguttella Thunberg, 1794: 88.
Chrysoesthia sexguttella: Piskunov in Medvedev, 1981: 663, 721.

分布：浙江（临安）、陕西、新疆；俄罗斯，韩国，日本，欧洲，北美。
寄主：苋属 *Amaranthus* sp.、滨藜属 *Atriplex* sp.、藜属 *Chenopodium* sp.。
注：描述见《天目山动物志》（李后魂等，2020）。

148. 尖翅麦蛾属 *Metzneria* Zeller, 1839

Metzneria Zeller, 1839: 197. Type species: *Gelechia paucipunctella* Zeller, 1839.

主要特征：头鳞片紧贴。单眼存在，较小。喙发达。下唇须较长，或多或少增粗，背面具粗糙鳞片；第 3 节短于第 2 节。触角约为前翅的 4/5 长，雄性鞭节略呈锯齿状。前翅 R_1 脉出自中室前缘中部，R_4、R_5 脉共柄且与 M_1 脉分离，CuA_2 脉远离中室下角。后翅长梯形，顶角尖，Rs 与 M_1 脉近平行，M_1 与 M_2 脉接近，M_3 与 CuA_1 脉分离。

雄性外生殖器：爪形突膜质；颚形突缺失；抱器瓣末端尖；抱器腹宽短；阳茎粗壮。
雌性外生殖器：前、后表皮突粗壮，近等长；交配囊无囊突。
分布：古北区、东洋区、旧热带区。世界已知 50 种左右，中国记录 6 种，浙江分布 1 种。

（487）黄尖翅麦蛾 *Metzneria inflammatella* (Christoph, 1882)

Parasia inflammatella Christoph, 1882: 26.
Metzneria inflammatella: Caradja, 1920: 95.

分布：浙江（临安）、黑龙江、吉林、河南、上海、四川、云南；俄罗斯，韩国，日本。
注：描述见《天目山动物志》（李后魂等，2020）。

149. 齿茎麦蛾属 *Xystophora* Wocke, [1876]

Xystophora Wocke in Heinemann & Wocke, 1877(1876): 6. Type species: *Anacampsis pulveratella* Herrich-Schäffer, 1854.

主要特征：头具紧贴鳞片。单眼存在。下唇须第 2、3 节近等长。前翅 R_4 和 R_5 脉共柄，M_2 在基部与 M_3 脉接近，CuA_1 与 M_3 脉平行，CuA_2 脉出自中室下缘 2/3 处。后翅各脉独立。
雄性外生殖器：爪形突近方形或半圆形，后缘具硬刺；颚形突钩状，强烈骨化；抱器腹宽阔，少数腹缘具齿突；阳茎粗壮，或多或少具齿，具多个角状器。
雌性外生殖器：前表皮突粗壮，后表皮突细长；囊突通常无。
分布：古北区、东洋区。世界已知 13 种，中国记录 7 种，浙江分布 1 种。

（488）小腹齿茎麦蛾 *Xystophora parvisaccula* Li *et* Zheng, 1998

Xystophora parvisaccula Li *et* Zheng, 1998a: 109.

分布：浙江（临安）、陕西。
注：描述见《天目山动物志》（李后魂等，2020）。

（三）拟麦蛾亚科 Apatetrinae

主要特征：头具紧贴鳞片。下唇须长，后弯。触角柄节具栉。
雄性外生殖器：颚形突多为钩状；抱器瓣多狭长。
雌性外生殖器：囊突 1 对。
分布：世界广布。世界已知 170 多种，中国记录 3 属 5 种，浙江分布 2 属 2 种。

150. 铃麦蛾属 *Pectinophora* Busck, 1917

Pectinophora Busck, 1917: 346. Type species: *Depressaria gossypiella* Saunders, 1844.

主要特征：头部鳞片紧贴。下唇须较长，后弯；第 2 节腹面具粗糙鳞片，形成凹沟；第 3 节长或等长于第 2 节。触角柄节具栉。前翅 R_1 脉出自中室外缘，CuA_2 脉出自中室下角。后翅近梯形，Rs 与 M_1 脉基部接近，M_2 脉与 M_3 脉接近，M_3 与 CuA_1 脉合并。

雄性外生殖器：爪形突狭长；颚形突带状；抱器瓣内面具强刺；阳茎粗短。

雌性外生殖器：交配囊囊突 1 对。

分布：世界广布。世界已知 3 种，中国记录 1 种，浙江有分布。

（489）红铃麦蛾 *Pectinophora gossypiella* (Saunders, 1844)

Depressaria gossypiella Saunders, 1844: 284.

Pectinophora gossypiella: Busck, 1917: 346.

分布：浙江（临安）、黑龙江、吉林、辽宁、内蒙古、北京、天津、河北、山东、河南、陕西、甘肃、江苏、上海、安徽、湖北、江西、湖南、福建、台湾、广东、海南、香港、澳门、广西、四川、贵州、云南、西藏；世界各地。

寄主：棉花 *Gossypium* spp.。

注：描述见《天目山动物志》（李后魂等，2020）。

151. 禾麦蛾属 *Sitotroga* Heinemann, 1870

Sitotroga Heinemann, 1870: 287. Type species: *Alucita cerealella* Olivier, 1789.

主要特征：头部光滑。单眼存在。下唇须长，第 2 节腹面具粗糙鳞片，第 3 节长于第 2 节，尖细。触角简单，柄节具栉。前翅狭长，R_1 脉出自中室中部，R_{4+5} 与 M_1 脉共柄，CuA_1 脉与 CuA_2 脉平行。后翅长梯形，顶角突出明显，Rs 与 M_1 脉共柄，M_2、M_1 和 CuA_1 脉近平行。

雄性外生殖器：爪形突宽阔；颚形突钩状，骨化强；抱器瓣基部宽大，末端尖钩状；基腹弧带状；阳茎细长，基部略膨大，无角状器。

雌性外生殖器：具 1 对片状囊突。

分布：世界广布。世界已知 7 种，中国记录 2 种，浙江分布 1 种世界仓储害虫。

（490）麦蛾 *Sitotroga cerealella* (Olivier, 1789)

Alucita cerealella Olivier, 1789: 121.

Sitotroga cerealella: Heinemann, 1870: 287.

分布：浙江（临安、泰顺）；世界各地。

注：重要仓储害虫。描述见《天目山动物志》（李后魂等，2020）。

（四）纹麦蛾亚科 Thiotrichinae

主要特征：体小至中型。单眼有或无。雄性触角鞭节有或无长纤毛。下唇须长，后弯或平伸，雄性有时背面有长鳞毛。前翅通常狭长，顶角有时弯钩状，翅面具若干纵向条纹，近顶角处有明显的斑纹；具 1 个发达的翅痣。

雄性外生殖器：第 8 腹板常发达，第 8 背板退化，抱器瓣通常对称，阳茎端环叶发达。

雌性外生殖器：囊突多为 1 个，少数无。

分布：主要分布于古北区和新北区气候较温暖的地区，亚洲的种类最为丰富。世界已知 7 属约 300 种，中国记录 160 多种，浙江暂记录 2 属 7 种。

152. 展肢麦蛾属 *Palumbina* Rondani, 1876

Palumbina Rondani, 1876: 22. Type species: *Palumbina terebintella* Rondani, 1876.
Thyrsostoma Meyrick, 1907: 736.

主要特征：头平滑。喙发达。下唇须长，雄性腹面常有长鳞毛；第 3 节有时膨大。触角柄节延长。无栉；雄性鞭节常具长纤毛。前翅披针形，基部 1/3 常具横带；R_1 脉出自中室中部，R_3 和 R_4 脉共柄，缺 R_5 脉，M_1 与 R_{3+4} 脉合生，CuA_1 脉出自中室下角，1A+2A 脉具基叉。后翅长梯形，顶角尖，外缘凹入，Rs 和 M_1 脉共柄，CuA_1 和 CuA_2 脉平行。

分布：古北区、东洋区、旧热带区、澳洲区。世界已知 30 多种，中国记录 20 多种，浙江分布 3 种。

分种检索表

1. 前翅基部 1/3 具 2 条 "Z" 形横带 ·· 垂茎展肢麦蛾 *P. operaria*
- 前翅基部 1/3 具 1 条内斜的横带 ··· 2
2. 前翅端部 1/3 具三角形乳白色斑 ··· 大角展肢麦蛾 *P. macrodelta*
- 前翅端部 1/3 具 2 条黄白色纵线 ·· 尖展肢麦蛾 *P. oxyprora*

（491）大角展肢麦蛾 *Palumbina macrodelta* (Meyrick, 1918)（图 7-165）

Thyrsostoma macrodelta Meyrick, 1918: 121.
Palumbina macrodelta: Sattler, 1982: 25.

主要特征：成虫（图 7-165A）翅展 8.0–11.0 mm。头部乳白色。雄性下唇须第 2 节长约为第 3 节的一半，长鳞毛大约到达第 3 节的末端，第 3 节膨大，末端深褐色；雌性光滑，第 3 节尖，长约为第 1、2 节之和。胸部和翅基片乳白色。前翅底色深褐色，近末端散布乳白色鳞片，条纹乳白色：基部具 1 条窄横线，前缘基部 1/3 至后缘基部 1/4 具 1 条内斜的宽带，其带有时不到达后缘，端部 1/2 至 1/3 具 1 个三角形大斑。后翅灰褐色，缘毛灰褐色。

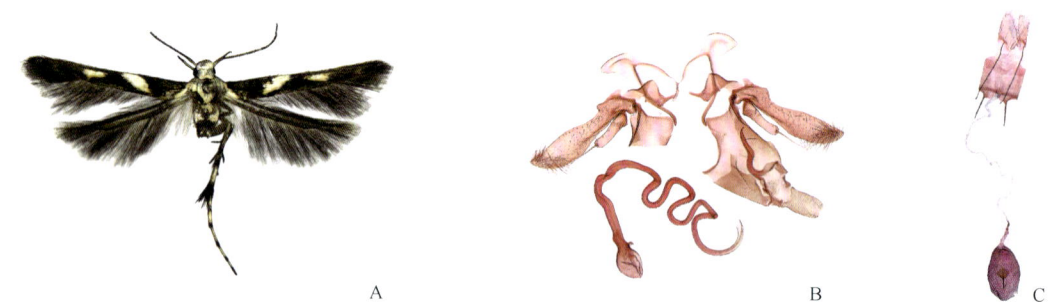

图 7-165 大角展肢麦蛾 *Palumbina macrodelta* (Meyrick, 1918)
A. 成虫；B. 雄性外生殖器；C. 雌性外生殖器

雄性外生殖器（图 7-165B）：爪形突舌状。颚形突长钩状，中部稍弯，末端尖。抱器瓣基部宽，渐窄至基部 1/3 处，端部 2/3 宽，末端尖，密被长毛。阳茎端环叶指状，长约为抱器瓣的 1/2，末端具 1 根刺状刚毛。基腹弧 "M" 形，具 1 个脚形突起。囊形突短，末端圆。阳茎基部膨大，端部细长，末端 2/3 强烈卷曲。

雌性外生殖器（图 7-165C）：前表皮突长约为后表皮突的 1/2。交配孔近圆形。导管端片稍骨化。交配囊椭圆形，约与囊导管等长；囊突近菱形，位于交配囊中部，具 1 个钩状突起。

分布：浙江（江山、平湖）、海南、云南、西藏。

第七章 麦蛾总科 Gelechioidea 二十三、麦蛾科 Gelechiidae

（492）垂茎展肢麦蛾 *Palumbina operaria* (Meyrick, 1918)（图 7-166）

Thiotricha operaria Meyrick, 1918: 125.
Palumbina operaria: Lee et al., 2018: 29.

主要特征：成虫（图 7-166A）翅展 11.0–15.0 mm。头部银白色至黄白色。雄性下唇须长鳞毛大约到达第 2 节的末端，第 3 节约与第 2 节等长，末端尖；雌性光滑，第 3 节长约为第 1、2 节之和。胸部和翅基片前半部分白色，后半部分黄褐色。前翅底色暗褐色，散布乳白色鳞片，基部 1/3 具 2 条乳白色"Z"形横带，其 2 条横带之间黑色，后缘端部 2/5 处向前缘中部伸出 1 条乳白色斜线，后缘端部 1/5 具 1 条向前缘末端伸出的乳白色斜线，雄性前翅下面基部 1/2 具白色长鳞毛。后翅灰褐色，缘毛灰褐色。

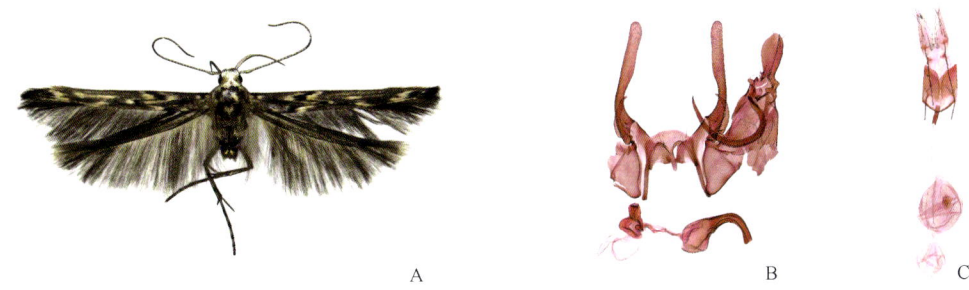

图 7-166 垂茎展肢麦蛾 *Palumbina operaria* (Meyrick, 1918)
A. 成虫；B. 雄性外生殖器；C. 雌性外生殖器

雄性外生殖器（图 7-166B）：爪形突宽大，卵圆形，基部窄。颚形突长钩状，末端尖。抱器瓣窄长，马刀形，末端超过爪形突末端。阳茎端环叶长约为抱器瓣的 1/3，基半部膨大，端半部粗刺状。囊形突窄小，粗刺状。阳茎基半部膨大，端半部弯曲。

雌性外生殖器（图 7-166C）：前表皮突长约为后表皮突的 1/2。交配孔小，圆形。导管端片骨化，长约为囊导管的 1/3。交配囊圆形，稍短于囊导管；囊突圆形，由数个小型瘤突组成，位于交配囊中部；附囊大于交配囊的一半，圆形。

分布：浙江（平湖、临安、景宁、泰顺）、陕西、湖北、湖南、福建、广东、广西、贵州、云南、西藏。

（493）尖展肢麦蛾 *Palumbina oxyprora* (Meyrick, 1922)（图 7-167）

Thyrsostoma oxyprora Meyrick, 1922: 501.
Palumbina oxyprora: Sattler, 1982: 25.
Thyrsostoma albilustra Walia *et* Wadhawan, 2005: 76.

主要特征：成虫（图 7-167A）翅展 8.0–11.0 mm。头部银白色至雪白色。下唇须第 3 节约与第 2 节等长，雄性第 3 节末端钝，长鳞毛大约到达第 3 节的末端，雌性第 3 节末端尖。胸部银白色至雪白色。前翅底色灰色至深灰色，条纹白色至雪白色：基部具 1 条窄横线，前缘基部 1/3 至后缘基部 1/4 具内斜的横带，端部 1/2 到 1/4 之间具 2 条纵线，靠近后缘的纵线斜伸达后缘，其端部 1/3 处有时断裂，后缘端部 1/5 具 1 条向前缘末端伸出的斜线。后翅灰色至深灰色，缘毛灰褐色。

雄性外生殖器（图 7-167B）：爪形突小，舌状。颚形突短钩状，末端尖。抱器瓣基部宽，渐窄至末端；抱器腹长约为抱器瓣的 1/3，末端尖。阳茎端环叶长约为抱器瓣的 2/3，粗棒状，基部窄，渐宽至末端，末端具 1 根刺状刚毛。囊形突细长，末端圆。阳茎基半部膨大近球形，端半部粗管形，内生 1 长细管状骨化结构，其末端外突。

雌性外生殖器（图 7-167C）：前表皮突长约为后表皮突的 1/2。交配孔圆形。囊导管非常细，长约为交配囊的 4 倍。交配囊椭圆形；囊突近菱形，位于交配囊中部，具 1 个钩状突起。

分布：浙江（临安、舟山）、山西、河南、宁夏、湖北、台湾、广东、海南、重庆、四川、贵州、云南。

图 7-167　尖展肢麦蛾 *Palumbina oxyprora* (Meyrick, 1922)
A. 成虫；B. 雄性外生殖器；C. 雌性外生殖器

153. 纹麦蛾属 *Thiotricha* Meyrick, 1886

Thiotricha Meyrick, 1886a: 162. Type species: *Thiotricha thorybodes* Meyrick, 1886.

主要特征：头平滑。单眼有或无。喙发达。下唇须长，后弯或平伸，雄性有时背面有长鳞毛；第 3 节与第 2 节等长或更长。末端尖。触角简单，柄节延长。无栉；雄性鞭节呈齿状，常具长纤毛。前翅狭长，外缘斜，顶角尖或钝，或呈弯钩状；R_1 脉出自中室中部，R_3 脉接近或出自 R_4 脉，R_4 和 M_1 脉共柄或分离，缺 R_5 脉，CuA_1 脉出自中室下角，1A+2A 脉具基叉。后翅长梯形，顶角尖，外缘凹入，Rs 和 M_1 脉共柄，M_3 与 CuA_1 脉合生。

雄性外生殖器：第 8 腹板发达，端部常分叉；爪形突宽；颚形突长钩状；背兜短于抱器瓣；抱器瓣窄，对称或不对称；阳茎端叶发达；阳茎细长，基部通常膨大。

雌性外生殖器：囊突通常发达。

分布：除新北区外世界其他各大动物地理区系均有分布。本属是纹麦蛾亚科中最大的属，世界已知 180 多种，中国记录 110 种，浙江暂记录 4 种。

分种检索表

1. 雄性下唇须无长鳞毛 ·· 小纹麦蛾 *T. microrrhoda*
- 雄性下唇须具长鳞毛 ··· 2
2. 雄性鞭节腹面无纤毛 ··· 隐纹麦蛾 *T. celata*
- 雄性鞭节腹面密被纤毛 ··· 3
3. 雄性下唇须第 2 节长约为第 1 节的 2 倍 ·· 斑纹麦蛾 *T. tylephora*
- 雄性下唇须第 2 节短于第 1 节 ·· 杨梅纹麦蛾 *T. pancratiastis*

（494）隐纹麦蛾 *Thiotricha celata* Omelko, 1993

Thiotricha celata Omelko, 1993: 208.
Polyhymno celata: Park & Ponomarenko, 2006b: 276.

分布：浙江（临安、丽水）、黑龙江、吉林、辽宁、内蒙古、河北、山西、河南、陕西、甘肃、四川、贵州；俄罗斯，韩国，日本。

注：描述见《天目山动物志》（李后魂等，2020）。

(495) 小纹麦蛾 *Thiotricha microrrhoda* Meyrick, 1935（图 7-168）

Thiotricha microrrhoda Meyrick, 1935: 586.

主要特征：成虫（图 7-168A）翅展 8.5–12.5 mm。头黄白色。下唇须细长，黄白色，第 3 节末端黑色。胸部黄白色至浅褐色。前翅底色黄白色，散布褐色和红色鳞片，条纹和斑点褐色：前缘基部 1/3、3/4 和 4/5 处向端部伸出 1 条斜线；顶角呈钩状下垂，具 1 黑斑，沿其内缘具白色鳞片；外缘具红色缘毛；近后缘基部 1/5 处有 1 小斑，后缘中部具 1 条外斜的纵线，伸至中室上角，后缘端部 1/4 处具 2 条线，其 1 条平伸至臀角，另 1 条向顶角黑斑伸出。后翅灰色；缘毛灰色。

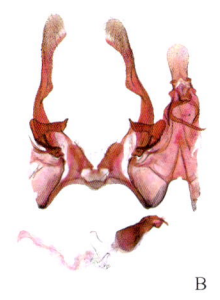

图 7-168 小纹麦蛾 *Thiotricha microrrhoda* Meyrick, 1935
A. 成虫；B. 雄性外生殖器；C. 雌性外生殖器

雄性外生殖器（图 7-168B）：爪形突舌状。颚形突长钩状，渐窄至末端，末端尖。抱器瓣基部 1/3 最窄，中部内侧具三角形突起，末端圆形膨大，腹面密被纤毛，超过爪形突末端。阳茎端环叶内弯，中部最宽，末端尖。阳茎基叶中部稍凸，具毛。囊形突短小。阳茎基半部稍膨大，中部最窄，末端分叉。

雌性外生殖器（图 7-168C）：前表皮突长约为后表皮突的 1.5 倍。交配孔近圆形。囊导管与交配囊近等长。交配囊近椭圆形；囊突半月形，位于交配囊中部。

分布：浙江（开化）、台湾、海南。

(496) 杨梅纹麦蛾 *Thiotricha pancratiastis* Meyrick, 1921

Thiotricha pancratiastis Meyrick, 1921: 426.
Polyhymno pancratiastis: Kanazawa & Heppner in Heppner & Inoue, 1992: 70.

分布：浙江（临安、余姚、舟山、开化、江山、景宁、永嘉、泰顺）、湖北、江西、福建、广东、广西、重庆、贵州、云南；日本，印度。

注：描述见《天目山动物志》（李后魂等，2020）。

(497) 斑纹麦蛾 *Thiotricha tylephora* Meyrick, 1935

Thiotricha tylephora Meyrick, 1935: 68.
Polyhymno tylephora: Park & Ponomarenko, 2006b: 277.

分布：浙江（临安）、天津、湖北；韩国，日本。
注：描述见《天目山动物志》（李后魂等，2020）。

（五）棕麦蛾亚科 Dichomeridinae

主要特征：头具紧贴鳞片。触角简单或具短纤毛。下唇须第 2 节背面或腹面常具鳞毛簇；第 3 节通常细长，直立，末端尖。腹部支持结构的末端在第 2 腹板前缘形成 1 对圆叶，圆叶间常有骨化带相连。前翅 R_4、R_5 及 CuA_1、CuA_2 脉通常共柄，M_1 脉游离；后翅宽于前翅，外缘内凹，Rs 和 M_1 脉常共柄，M_3 和 CuA_1 脉常共柄。

雄性外生殖器：爪形突宽，末端多为圆形；颚形突发达，钩状；颚基突存在；抱器瓣末端通常扩大；背兜与基腹弧不直接相连，由具骨化叶或毛簇的附属结构相连；阳茎基环为发达的骨化叶，少数缺失；阳茎通常具骨化叶。

雌性外生殖器：交配孔位于第 8 腹板或第 7、8 腹板之间；囊导管常具骨化程度不同的叶，常具平行的骨化脊；交配囊内表面常密布小刺突或部分骨化；导精管常出自囊导管或交配囊基部，基部常具强烈骨化的环；囊突有或无。

分布：世界广布。世界已知 21 属 870 多种，中国记录 120 多种，浙江分布 3 属 56 种。

分属检索表

1. 下唇须第 2 节具鳞毛簇 ··· 棕麦蛾属 *Dichomeris*
- 下唇须第 2 节光滑 ··· 2
2. 下唇须第 3 节明显长于第 2 节；雄性颚形突前缘具栉齿 ······································· 月麦蛾属 *Aulidiotis*
- 下唇须第 3 节不长于第 2 节 ·· 阳麦蛾属 *Helcystogramma*

154. 棕麦蛾属 *Dichomeris* Hübner, 1818

Dichomeris Hübner, 1818: 25. Type species: *Dichomeris ligulella* Hübner, 1818.

主要特征：头被紧贴鳞片，单眼有或无。下唇须长，第 2 节通常具发达的鳞毛簇，位于背面或腹面，少数无鳞毛簇或具粗糙鳞片；第 3 节上举过头顶，一般光滑，有时被粗糙鳞片。雄性中胸上前侧片有或无长毛撮。前翅 R_4、R_5 脉共柄，R_5 脉达前缘，M_2 脉靠近 M_3 脉，CuA_1、CuA_2 脉共柄，自中室后角下弯伸出，1A+2A 脉基部分叉，中室为闭室。后翅外缘内凹，Rs 和 M_1 脉共柄，M_3 和 CuA_1 脉常出自一点或共柄。

雄性外生殖器：基腹弧发达，常具不同位置伸出的侧叶；阳茎基叶发达，形状各异；阳茎一般具发达的带上骨化叶。

雌性外生殖器：囊导管常具不同程度的骨化叶伸至交配囊；交配囊内表面常具刺突或部分骨化；附囊发达。

分布：世界广布。世界已知 650 多种，中国记录 100 多种，浙江分布 48 种。

分种检索表

1. 下唇须第 3 节短于第 2 节的 1/2 ·· 长须棕麦蛾 *D. okadai*
- 下唇须第 3 节长于第 2 节的 1/2 ··· 2
2. 下唇须第 3 节具紧贴鳞片或鳞毛 ·· 3
- 下唇须第 3 节光滑 ·· 22
3. 下唇须第 3 节背面具粗糙长鳞毛 ·· 4
- 下唇须第 3 节具紧贴鳞片 ··· 14
4. 前翅具金属光泽 ·· 5
- 前翅无金属光泽 ·· 7

5.	基腹弧侧叶出自基腹弧侧臂；基腹弧侧叶近棒状，腹面具长纵脊；交配囊无囊突	锐齿栎棕麦蛾 *D. cuspis*
-	基腹弧侧叶出自囊形区后缘两侧	6
6.	爪形突两侧无粗刺，基腹弧侧叶细长，"S"形，阳茎基叶棒状	铜棕麦蛾 *D. cuprea*
-	爪形突两侧被粗刺，基腹弧侧叶粗壮，直立，阳茎基叶三角形	紫棕麦蛾 *D. violacula*
7.	前翅沿后缘具黑褐色宽纵带	8
-	前翅后缘处无纵带	9
8.	基腹弧侧叶对称，基部无突起，端部分叉	侧叉棕麦蛾 *D. latifurcata*
-	基腹弧侧叶不对称，左侧叶基部具突起，末端不分叉	黑缘棕麦蛾 *D. obsepta*
9.	阳茎基叶端部不分叉；阳茎基叶两叶基部 1/4 合并	叉棕麦蛾 *D. bifurca*
-	阳茎基叶端部分叉	10
10.	基腹弧侧叶不对称；阳茎基叶仅右叶端部略分叉，阳茎带上具 2 骨化叶	叶棕麦蛾 *D. foliforma*
-	基腹弧侧叶对称	11
11.	阳茎基叶 2 叶，每叶分 3 叉；基腹弧侧叶腹面光滑	六叉棕麦蛾 *D. sexafurca*
-	阳茎基叶 2 叶，每叶分 2 叉	12
12.	阳茎基叶不对称	异叉棕麦蛾 *D. varifurca*
-	阳茎基叶对称	13
13.	基腹弧侧叶棒状；阳茎基叶每叶端部 1/4 分叉	桃棕麦蛾 *D. heriguronis*
-	基腹弧侧叶带状；阳茎基叶每叶端半部分叉	四叉棕麦蛾 *D. quadrifurca*
14.	毛基片不发达；基腹弧侧叶不发达；基腹弧近中部具突起；阳茎基叶 2 叶	艾棕麦蛾 *D. rasilella*
-	毛基片带状；基腹弧侧叶发达；阳茎基叶单根	15
15.	前翅宽，翅长是最大宽的 2.5 倍；基腹弧侧叶向内，阳茎基叶 2 叶，阳茎等宽至末端	直缘棕麦蛾 *D. parallelivalvata*
-	前翅窄，翅长小于最大宽的 2.5 倍；基腹弧侧叶向外，阳茎基叶 1 叶，阳茎细长渐窄至末端	16
16.	前翅散布赭褐色鳞片，略带红色金属光泽	武夷棕麦蛾 *D. wuyiensis*
-	前翅无金属光泽	17
17.	囊形区前缘两侧具 1 对对称的大型突起，相向强烈内弯至囊形区中部	18
-	囊形区前缘两侧无突起	19
18.	阳茎基叶柱状，末端分叉；阳茎腹侧具 1 弯曲成半圆形的骨化叶	库氏棕麦蛾 *D. kuznetzovi*
-	阳茎基叶梯形，末端不分叉；阳茎无弯曲成半圆形的骨化叶	刘氏棕麦蛾 *D. liui*
19.	毛基片长于抱器瓣，阳茎具 1 个角状器	壮角棕麦蛾 *D. silvestrella*
-	毛基片长约是抱器瓣的 1/2，阳茎无角状器	20
20.	阳茎基叶末端达颚形突基部，基部与囊形区等宽	柱棕麦蛾 *D. columnaria*
-	阳茎基叶末端未超过基腹弧基部，基部窄于囊形区	21
21.	基腹弧侧叶棒状，无突起，阳茎带上骨化叶均短于阳茎	杉木球果棕麦蛾 *D. bimaculata*
-	基腹弧侧叶基部 1/3 处具角状突起，阳茎具 1 与阳茎等长的带上骨化叶	外突棕麦蛾 *D. beljaevi*
22.	前翅狭长，最大宽不足翅长的 1/4	23
-	前翅较宽，最大宽大于或等于翅长的 1/4	27
23.	囊形区前缘明显突出；阳茎基叶达背兜中部，无齿突	异尖棕麦蛾 *D. anisacuminata*
-	囊形区前缘无明显突出	24
24.	囊形区无开裂，基腹弧基部略膨大，抱器瓣近末端处凹缺	火棕麦蛾 *D. pyrrhoschista*
-	囊形区中部开裂	25
25.	下唇须第 2 节内侧无长毛；阳茎基叶腹面具隆线；阳茎无角状器	米特棕麦蛾 *D. mitteri*
-	下唇须第 2 节内侧具长毛	26
26.	沿前翅前缘、后缘分别具明显黑褐色纵带	枇杷棕麦蛾 *D. ochthophora*
-	前翅前缘及后缘处无横带	锈棕麦蛾 *D. ferruginosa*

27.	毛基片大型和囊形区中部开裂两个特征同时存在	28
-	毛基片通常短小，囊形区无开裂	35
28.	基腹弧侧叶 2 对；基腹弧具 1 对"C"形内弯的侧叶，阳茎无角状器；导精管出自交配囊后端 胡枝子棕麦蛾 *D. harmonias*	
-	基腹弧侧叶 1 对或无	29
29.	下唇须具方形鳞毛簇	30
-	下唇须具三角形鳞毛簇	31
30.	基腹弧侧叶内弯，钩状，阳茎基叶末端分叉	鸡血藤棕麦蛾 *D. oceanis*
-	基腹弧侧叶耳状，阳茎基叶末端未分叉	带棕麦蛾 *D. zonata*
31.	前翅无斑纹	32
-	前翅具明显斑纹	33
32.	基腹弧无侧叶，阳茎基叶外缘基部 1/3 锯齿状，末端尖，无齿突，达颚基突；交配囊无囊突	灰棕麦蛾 *D. acritopa*
-	基腹弧基部 1/3 处具棒状侧叶，阳茎基叶外缘非锯齿状，近末端处具 1 齿突，达基腹弧基部；交配囊具 1 对卵圆形囊突 白桦棕麦蛾 *D. ustalella*	
33.	阳茎基叶边缘锯齿状或具齿突，末端不分叉	山楂棕麦蛾 *D. derasella*
-	阳茎基叶边缘光滑，非锯齿状，末端分叉	34
34.	基腹弧基部具角状侧叶	多点棕麦蛾 *D. polypunctata*
-	基腹弧基部无角状侧叶	霍棕麦蛾 *D. hodgesi*
35.	基腹弧无明显侧叶或具不发达的侧叶	36
-	基腹弧具发达的侧叶	41
36.	前翅具蓝灰色环状斑纹，爪形突后缘具明显突起，颚形突端部分叉	菌环棕麦蛾 *D. fungifera*
-	前翅无蓝灰色环纹，爪形突后缘无明显突起，颚形突端部未分叉	37
37.	前翅前缘端部 1/3 处凹陷；雄性外生殖器无阳茎基叶	波棕麦蛾 *D. cymatodes*
-	前翅前缘无凹陷；雄性外生殖器具发达的阳茎基叶	38
38.	基腹弧无侧叶；阳茎基叶较长，末端超过爪形突后缘	茂棕麦蛾 *D. moriutii*
-	基腹弧具不发达侧叶；阳茎基叶呈对称的牛角状	39
39.	基腹弧侧叶对称，角状；阳茎基叶末端钝圆，近末端处具 1 齿突，端部未分叉	大斑棕麦蛾 *D. magnimacularis*
-	基腹弧侧叶不对称，左侧叶角状，右侧叶端部分叉	40
40.	阳茎基叶左叶内缘 2/3 处具 1 刺突，阳茎骨化内叶与左侧带上骨化叶等长	胡桃棕麦蛾 *D. christophi*
-	阳茎基叶边缘无突起，阳茎骨化内叶长约为左侧带上骨化叶的 1/3	岳坝棕麦蛾 *D. yuebana*
41.	基腹弧侧叶基部宽于基腹弧侧臂的 1/2	42
-	基腹弧侧叶基部窄于基腹弧侧臂的 1/2	45
42.	爪形突后缘具 5–6 根硬刚毛；阳茎基叶大型，片状	端刺棕麦蛾 *D. apicispina*
-	爪形突后缘无硬刚毛；阳茎基叶棒状	43
43.	翅端颜色与翅基部颜色明显不一致	缘褐棕麦蛾 *D. fuscusitis*
-	翅端颜色与翅基部颜色基本一致	44
44.	前翅具金属光泽；阳茎基叶单根	内乡棕麦蛾 *D. neixiangensis*
-	前翅无金属光泽；阳茎基叶 2 根	霍朴棕麦蛾 *D. fuscahopa*
45.	阳茎具多个角状器，阳茎基叶与基腹弧侧臂等长	多角棕麦蛾 *D. polygona*
-	阳茎具 1 个角状器或无，阳茎基叶长约为基腹弧侧臂的 1/2	46
46.	阳茎基叶单根，基部不规则	双绿棕麦蛾 *D. amphichlora*
-	阳茎基叶具 2–3 侧叶	47
47.	爪形突近圆形，阳茎基叶 2 叶	江西棕麦蛾 *D. jiangxiensis*
-	爪形突近方形，阳茎基叶 3 叶	南投棕麦蛾 *D. lushanae*

（498）双绿棕麦蛾 *Dichomeris amphichlora* (Meyrick, 1923)

Tricholapha amphichlora Meyrick, 1923: 4.
Dichomeris amphichlora: Li & Zheng, 1996: 245.

分布：浙江（青田、永嘉）、安徽、海南、广西、重庆、四川、贵州、云南；印度。
注：描述见《中国麦蛾（一）》（李后魂，2002）。

（499）异尖棕麦蛾 *Dichomeris anisacuminata* Li *et* Zheng, 1996

Dichomeris anisacuminata Li *et* Zheng, 1996: 231.

分布：浙江（临安）、江西、海南。
注：描述见《中国麦蛾（一）》（李后魂，2002）。

（500）胡桃棕麦蛾 *Dichomeris christophi* Ponomarenko *et* Mey, 2002

Dichomeris christophi Ponomarenko *et* Mey, 2002: 78.

分布：浙江（临安）、黑龙江、河北、河南；俄罗斯，朝鲜，日本。
寄主：水胡桃 *Pterocarya rhoifolia*、胡桃 *Juglans regia*、胡桃楸 *J. mandshurica*。
注：描述见《中国麦蛾（一）》（李后魂，2002）。

（501）柱棕麦蛾 *Dichomeris columnaria* Li, 2017（图 7-169）

Dichomeris columnaria Li in Zhao & Li, 2017: 83.

主要特征：成虫（图 7-169A）翅展 8.5–9.0 mm。头灰黄色，额灰白色，触角基部与复眼之间黑褐色。下唇须灰白色，外侧散布褐色鳞片；第 2、3 节被粗糙鳞片；第 3 节略短于第 2 节。触角粗壮，柄节背面黑褐色，腹面灰白色；鞭节背面黄褐色与黑褐色相间，腹面黄褐色。胸部灰黄色，均匀散布褐色鳞片；翅基片基半部褐色，端半部灰黄色；雄性中胸上前侧片无长毛撮。前翅基部窄，中部等宽，端部 1/4 三角形，顶角尖；底色黄白色，杂褐色鳞片，沿前缘基部 2/3 及中室末端至外缘之间褐色鳞片稠密，在前缘形成 1 条黑褐色带；中室中部、末端及翅褶中部分别具 1 黑褐色斑；缘毛浅黄色。后翅及缘毛灰色。前足、中足外侧黑褐色，内侧及跗分节末端灰白色；后足灰白色，外侧杂黑褐色。

图 7-169　柱棕麦蛾 *Dichomeris columnaria* Li, 2017
A. 成虫；B. 雄性外生殖器；C. 雌性外生殖器

雄性外生殖器（图 7-169B）：爪形突近圆形，前缘中部呈半圆形深凹，腹面中部具 2 条骨化纵脊，自基部延伸至近后缘处。颚形突粗壮，中部强烈弯曲，末端尖。颚基突半圆形，密被针突。抱器瓣基部窄，端部渐宽，末端圆，与背兜-爪形突复合体等长，抱器小瓣自基部渐宽至近末端，末端圆，具毛，长约为抱器瓣的1/3。毛基片带状，长约为基腹弧侧臂的1/2。基腹弧侧臂略短于背兜-爪形突复合体，基部呈角状向外突出；侧叶自中部伸出，细棒状，长约为基腹弧侧臂的2/3。囊形区窄，前缘平直。阳茎基叶单根，基部1/4 三角形，端部3/4 棒状，末端达颚形突基部。阳茎细长，带区最宽，末端尖；基半部骨化弱，端半部膜质；带上骨化叶 3 根，等长，均达阳茎末端；两侧骨化叶渐窄至末端，末端尖；中间骨化叶棒状，端部略膨大。

雌性外生殖器（图 7-169C）：前表皮突长约为后表皮突的 2/7，端部膨大。第 8 背板后缘平直。导管端片膜质。囊导管与交配囊界线不明显；囊导管-交配囊复合体腹面具 1 宽带状骨化叶，自基部延伸至前端 1/3 处，端部左侧略呈"U"形；右侧中部具 1 指状的膜质突起；导精管出自腹面中部；附囊出自腹面前端 1/4 处。

分布：浙江（临安、宁波、金华、庆元、景宁、永嘉）。

（502）铜棕麦蛾 *Dichomeris cuprea* Li et Zheng, 1996

Dichomeris cuprea Li et Zheng, 1996: 237.

分布：浙江（临安）、陕西、四川、贵州。
注：描述见《中国麦蛾（一）》（李后魂，2002）。

（503）锐齿栎棕麦蛾 *Dichomeris cuspis* Park, 1994

Dichomeris cuspis Park, 1994a: 19.

分布：浙江（永嘉、临安）、陕西；俄罗斯，朝鲜。
寄主：锐齿槲栎 *Quercus aliena* var. *acutiserrata*。
注：描述见《中国麦蛾（一）》（李后魂，2002）。

（504）茂棕麦蛾 *Dichomeris moriutii* Ponomarenko et Ueda, 2004

Dichomeris moriutii Ponomarenko et Ueda, 2004: 147.

分布：浙江（临安）、甘肃、湖南、香港、广西、贵州；泰国。
注：描述见《天目山动物志》（李后魂等，2020）。

（505）米特棕麦蛾 *Dichomeris mitteri* Park, 1994

Dichomeris mitteri Park, 1994a: 17.

分布：浙江（临安）、陕西；朝鲜，日本。
注：描述见《天目山动物志》（李后魂等，2020）。

（506）锈棕麦蛾 *Dichomeris ferruginosa* Meyrick, 1913

Dichomeris ferruginosa Meyrick, 1913: 173.

分布：浙江（临安）、台湾、贵州；日本，印度，印度尼西亚。

寄主：大花田菁 *Sesbania grandiflora*。

注：描述见《天目山动物志》（李后魂等，2020）。

（507）叶棕麦蛾 *Dichomeris foliforma* Li et Park, 2017（图 7-170）

Dichomeris foliforma Li et Park in Zhao et al., 2017: 221.

主要特征：成虫（图 7-170A）翅展 13.0–14.0 mm。头浅黄色至黄色，中部灰色。单眼无。触角柄节背面灰褐色至深褐色，腹面黄白色；鞭节背面灰褐色与深褐色相间，腹面浅赭色。下唇须第 1、2 节外侧深褐色，内侧黄白色，近腹面处赭色或褐色；第 3 节深褐色，末端黄白色，有时内侧银白色。胸部中部灰褐色，两侧浅黄色至黄色；翅基片浅黄色至黄色；雄性中胸上前侧片具浅黄色长毛撮。前翅前缘近平直，顶角尖，外缘斜直；底色浅黄色至黄色，散布深褐色鳞片；前缘深褐色，端部 1/5 处具短斜带，黄色；自中室中部至外缘具 1 黑褐色纵带，中室末端至外缘间逐渐加宽；翅褶除基部外深褐色；后缘深褐色；沿外缘具黑褐色大斑，平行四边形；缘毛黄色至赭黄色，后缘处缘毛深褐色。后翅及缘毛灰色。前足、中足外侧深褐色，腿节内侧灰白色，胫节、跗节内侧黄白色；后足腿节银灰色，胫节黄白色，外侧杂灰褐色，跗节外侧灰褐色，跗分节末端黄白色，内侧黄白色。

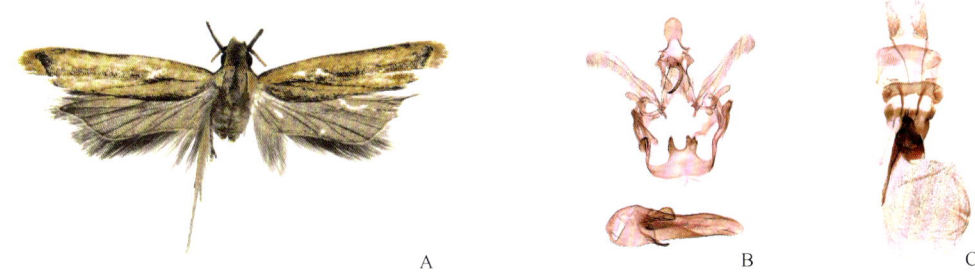

图 7-170　叶棕麦蛾 *Dichomeris foliforma* Li et Park, 2017
A. 成虫；B. 雄性外生殖器；C. 雌性外生殖器

雄性外生殖器（图 7-170B）：爪形突近卵圆形，基部略窄，腹面前缘呈弓形凹入，后缘钝圆。颚形突长，基部 1/3 处强烈弯曲；颚基突半圆形，后缘中部具 1 半圆形突起。抱器瓣约与背兜-爪形突复合体等长，基部 2/3 背、腹缘近平行，背缘 2/5 处略内凹，端部 1/3 渐宽，末端钝圆；抱器小瓣长约为抱器瓣的 1/3，棒状，端半部稀疏被刚毛。毛基片柱状。基腹弧侧臂略短于背兜-爪形突复合体，端部 1/5 窄，侧叶出自基部 3/4 处，指状，长约为抱器瓣的 1/2，腹缘端部 1/3 及末端具齿突，左叶基部具 1 边缘呈锯齿状的侧叶。囊形区前缘平直。阳茎基叶较短，长约为基腹弧侧臂的 1/3，基半部合并，端半部呈"U"形分离；侧叶腹面及外缘具小齿突，不对称，左叶长三角形，较窄至末端，右叶近长方形，末端分叉。阳茎基部近球形，渐窄至末端；带上骨化叶 2 根，出自两侧，长约为阳茎的 1/4，边缘锯齿状，不对称；左叶叶状，右叶三角形。

雌性外生殖器（图 7-170C）：前表皮突渐窄至末端，长约是后表皮突的 2/5。第 8 背板后缘略弓。导管端片长方形，宽约是长的 4 倍。囊导管基部 1/5 膜质，端部 4/5 骨化，背面近中部具 2 条骨化细带，向后延伸至导管端片近后缘处；基部 1/3 宽，1/3 处两侧分别具 1 突起：左侧突起膜质，长形，延伸至近交配囊处，右侧突起骨化，三角形，延伸至囊导管端部 1/3 处；端部 2/3 窄，背面具 1 骨化带，其左侧渐窄至末端，延伸至交配囊后端 2/5 处；导精管出自囊导管左侧 2/3 处。交配囊圆形，内表面密被针突；囊突不明显，位于交配囊右侧中部。

分布：浙江（遂昌）、海南、广西；越南，柬埔寨。

（508）霍朴棕麦蛾 *Dichomeris fuscahopa* Li et Zheng, 1996

Dichomeris fuscahopa Li et Zheng, 1996: 242.

分布：浙江（临安）、河南、陕西、江西、贵州。

注：描述见《中国麦蛾（一）》（李后魂，2002）。

(509) 菌环棕麦蛾 *Dichomeris fungifera* (Meyrick, 1913)

Trichotaphe fungifera Meyrick, 1913: 177.

Dichomeris fungifera: Li & Zheng, 1996.

分布：浙江（江山、青田）、江西、湖南、福建、贵州；越南，印度。

注：描述见《中国麦蛾（一）》（李后魂，2002）。

(510) 灰棕麦蛾 *Dichomeris acritopa* Meyrick, 1935

Dichomeris acritopa Meyrick, 1935: 72.

分布：浙江（临安）、山西、陕西、云南。

注：描述见《天目山动物志》（李后魂等，2020）。

(511) 山楂棕麦蛾 *Dichomeris derasella* (Denis *et* Schiffermüller, 1775)

Tinea derasella Denis *et* Schiffermüller, 1775: 140.

Dichomeris derasella: Koçak, 1984: 149.

分布：浙江（临安）、河南、陕西、宁夏、青海；俄罗斯，朝鲜，土耳其，欧洲。

寄主：山楂 *Crataegus* sp.、桃 *Amygdalus persica*、黑刺李 *Prunus spinosa*、野苹果 *Malus sylvestris*、樱桃 *Cerasus* sp.、欧洲木莓 *Rubus caesius*、悬钩子 *R. fruticosus*。

注：描述见《天目山动物志》（李后魂等，2020）。

(512) 胡枝子棕麦蛾 *Dichomeris harmonias* Meyrick, 1922

Dichomeris harmonias Meyrick, 1922: 504.

分布：浙江（临安）、北京、上海、台湾、贵州；俄罗斯，蒙古国，朝鲜，日本。

寄主：胡枝子 *Lespedeza bicolor*、白车轴草 *Trifolium repens*。

注：描述见《天目山动物志》（李后魂等，2020）。

(513) 霍棕麦蛾 *Dichomeris hodgesi* Li *et* Zheng, 1996

Dichomeris hodgesi Li *et* Zheng, 1996: 232.

分布：浙江（嘉兴、温州）、甘肃、江西。

注：描述见《中国麦蛾（一）》（李后魂，2002）。

(514) 江西棕麦蛾 *Dichomeris jiangxiensis* Li *et* Zheng, 1996

Dichomeris jiangxiensis Li *et* Zheng, 1996: 244.

分布：浙江（泰顺）、江西。

注：描述见《中国麦蛾（一）》（李后魂，2002）。

（515）枇杷棕麦蛾 *Dichomeris ochthophora* Meyrick, 1936

Dichomeris ochthophora Meyrick, 1936: 46.

主要特征：翅展 13.5–14.5 mm。头顶浅黄色，中部灰色，额黄白色。有单眼。下唇须第 2 节约为复眼直径的 2 倍，长于第 3 节，腹面具长三角形鳞毛簇；第 1、2 节外侧灰褐色，混有灰黄色，内侧黄白色，背面鳞毛簇末端黄白色，腹面鳞毛簇末端浅黄色；第 3 节背面黄色，腹面及末端黑褐色。触角柄节背面黑褐色，腹面黄白色；鞭节黑褐和褐色相间，腹面赭色。胸部浅黄色，中部灰褐色；翅基片灰黄色，基部黑褐色；雄性中胸上前侧片具灰黄色长毛撮。前翅前、后缘近平行，翅端渐窄，顶角尖，外缘钝圆；底色黄色，散生黑褐色鳞片；前缘灰褐色，向端部渐呈黑褐色，基部 3/5 具多条黑褐色短横带；后缘黑褐色；中室 1/3 处、3/4 处及末端具黑褐色斑，3/4 处的较大；翅褶 3/5 有 1 枚模糊的黑褐色斑点；沿外缘黑褐色，形成不规则大斑；缘毛灰黄色，混有褐色。后翅及缘毛灰色。前、中足外侧黑褐色，内侧灰白色；后足浅黄色，腿节和跗节外侧灰褐色；跗节每节末端白色。腹部背面灰褐色，腹面及末端浅黄色。

雄性外生殖器：爪形突近长方形，前缘略骨化，呈拱形深凹，后缘圆钝，腹面中央具纵脊。颚形突近基部弯曲；颚基突小。抱器瓣短于背兜-爪形突复合体，基部 1/3 窄，背缘自 1/3 处至 4/5 处渐突出，端部 1/5 处深凹，末端圆钝；基叶指状，端半部具稀疏刚毛。基腹弧短于背兜-爪形突复合体；囊形区前缘平直，中部裂开。阳茎基叶近对称，细长，基部合并 3/5 距离后呈窄"V"形分开，腹面具隆线，末端钝，超过颚基突。阳茎近梭形，简单，中部密具齿突；无骨化叶。

雌性外生殖器：前表皮突长约为后表皮突的 2/5。第 8 腹板前缘中部具 2 条骨化带伸至导管端片中部。导管端片与第 8 腹节等宽，短于第 8 腹节，宽带状，前缘略凹，中部及端半部两侧骨化强。囊导管短，膜质，中部窄。交配囊长，葫芦形，1/3 处最窄，前端扩大，后端两侧各伸出 1 条短骨化带，后端 2/3 右侧具稠密的骨化褶；囊突位于前端，由 2 个骨化板组成，右侧骨化板近圆形，左侧骨化板宽叶状；导精管自后端伸出；附囊自囊突的圆形骨化板的左侧伸出。

分布：浙江（庆元）、甘肃、江西、台湾、广东、香港、云南；日本。

寄主：枇杷 *Eriobotrya japonica*、台湾石楠 *Photinia lucida*、黄山松 *Pinus taiwanensis*、厚叶石斑木 *Rhaphiolepis umbellata*。

（516）鸡血藤棕麦蛾 *Dichomeris oceanis* Meyrick, 1920

Dichomeris oceanis Meyrick, 1920: 306.

分布：浙江（临安）、黑龙江、北京、山东、河南、陕西、甘肃、安徽、福建、台湾；俄罗斯，朝鲜，日本。

寄主：紫藤 *Wisteria sinensis*、多花紫藤 *W. floribunda*、藤萝 *W. brachybotrys*、国槐 *Sophora japonica*、鸡血藤 *Callerya reticulata*、栎属 *Quercus* sp.。

注：描述见《天目山动物志》（李后魂等，2020）。

（517）白桦棕麦蛾 *Dichomeris ustalella* (Fabricius, 1794)

Tinea ustalella Fabricius, 1794: 307.
Dichomeris ustalella: Meyrick, 1925a: 177.

分布：浙江（临安）、河南、甘肃、江西、台湾、贵州；俄罗斯，朝鲜，日本，欧洲。

寄主：垂枝桦 *Betula pendula*、榛 *Corylus heterophylla* var. *thunbergii*、欧洲榛 *Corylus avellana*、欧洲鹅耳枥 *Carpinus betulus*、梅 *Armeniaca mume*、苹果 *Malus pumila*、枹栎 *Quercus serrata*、欧洲水青冈 *Fagus sylvatica*、柳 *Salix* sp.、椴树 *Tilia* sp.、槭 *Acer* sp.。

注：描述见《天目山动物志》（李后魂等，2020）。

（518）端刺棕麦蛾 *Dichomeris apicispina* Li et Zheng, 1996

Dichomeris apicispina Li *et* Zheng, 1996: 241.

分布：浙江（临安）、陕西、湖北、江西。

注：描述见《天目山动物志》（李后魂等，2020）。

（519）缘褐棕麦蛾 *Dichomeris fuscusitis* Li et Zheng, 1996

Dichomeris fuscusitis Li *et* Zheng, 1996: 243.

分布：浙江（临安）、四川。

注：描述见《天目山动物志》（李后魂等，2020）。

（520）长须棕麦蛾 *Dichomeris okadai* (Moriuti, 1982)

Gaesa okadai Moriuti, 1982: 285

Dichomeris okadai: Li, 1990: 8.

分布：浙江（临安）、河南、陕西、安徽、湖北、贵州；俄罗斯，日本。

注：描述见《天目山动物志》（李后魂等，2020）。

（521）大斑棕麦蛾 *Dichomeris magnimacularis* Li et Park, 2017（图 7-171）

Dichomeris magnimacularis Li *et* Park in Zhao et al., 2017: 224.

主要特征：成虫（图 7-171A）翅展 15.0–18.0 mm。头灰黄色，头顶两侧褐色，触角后方黄色。单眼无。触角柄节背面深褐色，腹面黄色；鞭节背面深褐色与灰色相间，腹面黄色。下唇须第 1、2 节外侧深褐色，内侧灰褐色，第 2 节基部黄色，背面具小三角形鳞毛簇，毛簇顶端污白色；第 3 节基部 3/4 黄色，背面杂深褐色，端部 1/4 深褐色。胸部灰色；翅基片基半部灰褐色至褐色，端半部灰黄色；雄性中胸上前侧片具金黄色长毛撮。前翅前缘近平直，顶角钝，外缘斜直；灰褐色，杂深褐色鳞片；中室斑 1 个，大型，长卵圆状，中室端斑 1 个，较小，褶斑 1 个，位于翅褶中部，以上 3 斑深褐色，外围灰黄色；自前缘近 3/4 处至近臀角处具 1 灰黄色横带，中部外弯；沿前缘端部 1/5 及外缘具黑褐色斑点；缘毛基半部灰黄色与灰褐色相间，端半部灰色。后翅及缘毛灰色，缘毛基部黄色。前足、中足外侧深褐色，胫节末端及跗节末端黄色，内侧灰白色；后足腿节外侧灰褐色，内侧灰白色，胫节、跗节黄白色，跗节外侧杂灰褐色。腹部褐色，腹面中部及末端黄色。

雄性外生殖器（图 7-171B）：爪形突腹面被刚毛，前缘呈半圆形深凹，后缘钝圆。颚形突基部 2/5 处强烈弯曲；颚基突大，圆形。抱器瓣自基部渐宽至末端，末端钝圆，略短于背兜-爪形突复合体；抱器小瓣指状，长约为抱器瓣的 1/3，被稀疏刚毛。毛基片柱状。基腹弧侧臂窄，略短于背兜-爪形突复合体；侧叶出自基腹弧侧臂近中部，半圆形，末端被刚毛。囊形区窄，前缘中部略凹。阳茎基叶基部 1/4 方形，端部 3/4

呈 "U" 形；侧叶端部略膨大，外缘近末端处具齿突，基部 1/2 至 3/4 间被稀疏刚毛，不对称：右侧叶达基腹弧侧臂的 1/4 处，左侧叶长约为右侧叶的 4/5。阳茎梭形；带上骨化叶 2 根，末端尖，背面骨化叶略长于腹面骨化叶。

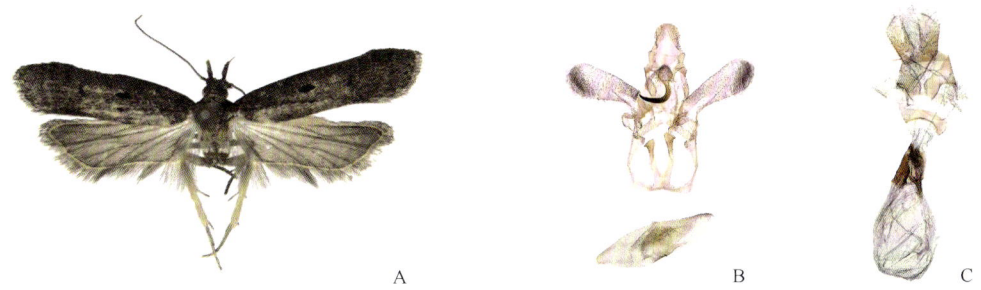

图 7-171 大斑棕麦蛾 *Dichomeris magnimacularis* Li et Park, 2017
A. 成虫；B. 雄性外生殖器；C. 雌性外生殖器

雌性外生殖器（图 7-171C）：前表皮突短，末端膨大，短于后表皮突的 1/4。第 8 背板后缘略弓；第 8 腹板前缘中部呈三角形凸出。导管端片宽短，倒梯形。囊导管基部 2/3 较窄，端部 1/3 渐宽，两侧骨化叶延伸至交配囊。交配囊大型，卵圆状；导精管出自交配囊入口处左侧，基部骨化；附囊出自交配囊腹面前端 1/4 处。

分布：浙江（青田）、湖北、海南、香港、四川、贵州；柬埔寨。

（522）内乡棕麦蛾 *Dichomeris neixiangensis* Li et Wang, 1999

Dichomeris neixiangensis Li et Wang in Shen & Pei, 1999: 47, 50.

分布：浙江（遂昌）、河南。
注：描述见《中国麦蛾（一）》（李后魂，2002）。

（523）直缘棕麦蛾 *Dichomeris parallelivalvata* Li, 2017（图 7-172）

Dichomeris parallelivalvata Li in Zhao & Li, 2017: 81.

主要特征：成虫（图 7-172A）翅展 24.0 mm。头顶深棕色，两侧黄白色。下唇须第 1、2 节外侧黄褐色，内侧黄色；第 2 节被粗糙鳞片，末端具黄色环纹；第 3 节鳞片紧贴，略短于第 2 节，黄色，腹侧散布黄褐色鳞片。触角柄节背面黑褐色，腹面黄色；鞭节黄褐色与褐色相间，腹面具稀疏短纤毛。胸部及翅基片深棕色；雄性中胸上前侧片无长毛撮。前翅宽（翅长是最大宽的 2.5 倍），基部窄，渐宽至 1/3 处，端部 2/3 近等宽，前、后缘近平行，顶角钝圆，外缘钝斜；深棕色；前缘基部 1/6 棕色，端部 5/6 棕黄色；中室中部、端部及翅褶中部分别具 1 黑褐色斑点；缘毛深棕色。后翅基部 2/3 棕色，端部 1/3 渐深至灰棕色；顶角处缘毛深棕色，外缘处的缘毛基部 1/3 深棕色，端部 2/3 浅棕色，后缘缘毛浅棕色，沿后缘端半部的缘毛基部 1/3 深棕色。前足和中足外侧黑褐色，内侧棕黄色，胫节末端具棕黄色环纹，跗分节末端棕黄色；后足黄色。

雄性外生殖器（图 7-172B）：爪形突宽大，长约为背兜的 1/3，近方形，后缘钝圆，腹面近末端具刚毛。颚形突粗壮，中部强烈弯曲，末端尖。颚基突亚矩形，密被针突。抱器瓣长于背兜-爪形突复合体，对称；基部 1/4 骨化强，腹缘加宽；端部 3/4 背、腹缘平行，末端圆；抱器小瓣粗短，指状，末端钝圆，具毛。毛基片带状。基腹弧侧臂约与背兜-爪形突复合体等长，骨化强，端部两侧 1/3 处内凹；侧叶自端半部伸出，向内，其基半部宽，三角形，端半部指状，具毛；囊形区窄，前缘弧形。阳茎基叶略短于基腹弧侧臂的 1/2，基半部矩形，端半部 "U" 形，侧叶棒状，具毛。阳茎粗短，末端圆；带上骨化叶 2 根，对称，基部 3/4 叉状，外支长约为带上骨化叶的 1/4，其外缘具小齿，端部 1/4 剑状，达阳茎末端。
雌性未知。

分布：浙江（临安、余姚）。

图 7-172　直缘棕麦蛾 *Dichomeris parallelivalvata* Li, 2017
A. 成虫；B. 雄性外生殖器

（524）多角棕麦蛾 *Dichomeris polygona* Li *et* Zheng, 1996

Dichomeris polygona Li *et* Zheng, 1996: 243.

分布：浙江（遂昌）、江西、福建、海南、四川。
注：描述见《中国麦蛾（一）》（李后魂，2002）。

（525）多点棕麦蛾 *Dichomeris polypunctata* Park, 1994

Dichomeris polypunctata Park, 1994a: 16.

分布：浙江、黑龙江；俄罗斯，蒙古国，朝鲜。
注：描述见《中国麦蛾（一）》（李后魂，2002）。

（526）火棕麦蛾 *Dichomeris pyrrhoschista* (Meyrick, 1934)

Brachmia pyrrhoschista Meyrick, 1934: 515.
Dichomeris pyrrhoschista: Ponomarenko, 1997: 30.

分布：浙江（永嘉）、湖北、台湾、广西、四川。
注：描述见《中国麦蛾（一）》（李后魂，2002）。

（527）四叉棕麦蛾 *Dichomeris quadrifurca* Li *et* Zheng, 1996

Dichomeris quadrifurca Li *et* Zheng, 1996: 252.

分布：浙江、江西、福建。
注：描述见《中国麦蛾（一）》（李后魂，2002）。

（528）叉棕麦蛾 *Dichomeris bifurca* Li *et* Zheng, 1996

Dichomeris bifurca Li *et* Zheng, 1996: 251.

分布：浙江（临安）、湖北、江西、湖南、福建、四川、贵州、云南。
注：描述见《天目山动物志》（李后魂等，2020）。

（529）桃棕麦蛾 *Dichomeris heriguronis* (Matsumura, 1931)

Carbatina picrocarpa Meyrick, 1913: 182. Misidentification.
Nothris heriguronis Matsumura, 1931a: 1084.
Dichomeris heriguronis: Ponomarenko, 2004: 22.

分布：浙江（临安）、黑龙江、河南、陕西、湖北、江西、福建、台湾、香港、贵州、云南；朝鲜，日本，印度，北美。
寄主：桃 *Amygdalus persica*、樱桃 *Cerasus pseudocerasus*、杏 *Armeniaca vulgaris*、李 *Prunus salicina*、东京樱花 *Cerasus yedoensis*、梅 *Armeniaca mume*、梨属 *Pyrus* sp.。
注：描述见《天目山动物志》（李后魂等，2020）。

（530）黑缘棕麦蛾 *Dichomeris obsepta* (Meyrick, 1935)

Orsodytis obsepta Meyrick, 1935: 70.
Dichomeris obsepta: Li & Zheng, 1996: 233.

分布：浙江（临安）、河南、甘肃、江苏、安徽、湖北、江西、湖南、广东。
注：描述见《天目山动物志》（李后魂等，2020）。

（531）侧叉棕麦蛾 *Dichomeris latifurcata* Li, 2017

Dichomeris latifurcata Li in Zhao & Li, 2017: 84.

分布：浙江（临安）。
注：描述见《天目山动物志》（李后魂等，2020）。

（532）六叉棕麦蛾 *Dichomeris sexafurca* Li et Zheng, 1996

Dichomeris sexafurca Li et Zheng, 1996: 249.

分布：浙江（临安）、江西、贵州。
注：描述见《天目山动物志》（李后魂等，2020）。

（533）异叉棕麦蛾 *Dichomeris varifurca* Li et Zheng, 1996

Dichomeris varifurca Li et Zheng, 1996: 250.

分布：浙江（临安）、江西。
注：描述见《天目山动物志》（李后魂等，2020）。

（534）艾棕麦蛾 *Dichomeris rasilella* (Herrich-Schäffer, 1854)

Anacampsis rasilella Herrich-Schäffer, 1854: 202.

Dichomeris rasilella: Hodges, 1986: 12.

分布：浙江（临安）、黑龙江、河南、陕西、青海、安徽、湖北、江西、福建、台湾、四川、贵州；朝鲜，日本，欧洲。

寄主：北艾 *Artemisia vulgaris*、五月艾 *A. vulgaris* var. *indica*、西北蒿 *A. pontica*、矢车菊属 *Centaurea* sp.。

注：描述见《天目山动物志》（李后魂等，2020）。

（535）波棕麦蛾 *Dichomeris cymatodes* (Meyrick, 1916)

Trichotaphe cymatodes Meyrick, 1916: 584.
Dichomeris cymatodes: Park & Hodges, 1995a: 54.

分布：浙江、台湾；越南，印度。

注：描述见《天目山动物志》（李后魂等，2020）。

（536）南投棕麦蛾 *Dichomeris lushanae* Park *et* Hodges, 1995

Dichomeris lushanae Park *et* Hodges, 1995: 22.

分布：浙江（临安）、台湾。

注：描述见《天目山动物志》（李后魂等，2020）。

（537）杉木球果棕麦蛾 *Dichomeris bimaculata* Liu *et* Qian, 1994

Dichomeris bimaculatus Liu *et* Qian, 1994: 297.

分布：浙江（临安）、河南、陕西、安徽、湖北、江西、湖南、福建、广东、广西、四川、贵州。

寄主：杉木 *Cunninghamia lanceolata* 的球果及种子。

注：描述见《天目山动物志》（李后魂等，2020）。

（538）外突棕麦蛾 *Dichomeris beljaevi* (Ponomarenko, 1998)

Acanthophila beljaevi Ponomarenko, 1998: 8.
Dichomeris beljaevi: Zhao & Li, 2017: 85.

分布：浙江（临安）、甘肃；俄罗斯。

注：描述见《天目山动物志》（李后魂等，2020）。

（539）刘氏棕麦蛾 *Dichomeris liui* Li *et* Zheng, 1996

Dichomeris liui Li *et* Zheng, 1996: 234.

分布：浙江（临安）、吉林、安徽、江西；俄罗斯。

注：描述见《天目山动物志》（李后魂等，2020）。

（540）库氏棕麦蛾 *Dichomeris kuznetzovi* (Ponomarenko, 1998)

Acanthophila kuznetzovi Ponomarenko, 1998: 6.
Dichomeris kuznetzovi: Li & Zhao, 2020: 166.

分布：浙江（临安）、吉林；俄罗斯。
注：描述见《天目山动物志》（李后魂等，2020）。

（541）壮角棕麦蛾 *Dichomeris silvestrella* (Ponomarenko, 1998)

Acanthophila silvestrella Ponomarenko, 1998: 7.
Dichomeris silvestrella: Zhao & Li, 2017: 84.

分布：浙江（临安）；俄罗斯。
注：描述见《天目山动物志》（李后魂等，2020）。

（542）紫棕麦蛾 *Dichomeris violacula* Li *et* Zheng, 1996

Dichomeris violacula Li *et* Zheng, 1996: 237.

分布：浙江（遂昌）、陕西、甘肃。
注：描述见《中国麦蛾（一）》（李后魂，2002）。

（543）武夷棕麦蛾 *Dichomeris wuyiensis* Li *et* Zheng, 1996

Dichomeris wuyiensis Li *et* Zheng, 1996: 255.

分布：浙江（临安）、江西。
注：描述见《中国麦蛾（一）》（李后魂，2002）。

（544）岳坝棕麦蛾 *Dichomeris yuebana* Li *et* Zheng, 1996

Dichomeris yuebana Li *et* Zheng, 1996: 236.

分布：浙江（舟山）、河南、陕西、四川。
注：描述见《中国麦蛾（一）》（李后魂，2002）。

（545）带棕麦蛾 *Dichomeris zonata* Li *et* Wang, 1997

Dichomeris zonata Li *et* Wang, 1997: 222.

分布：浙江（青田）、广东、海南、香港、云南。
注：描述见《中国麦蛾（一）》（李后魂，2002）。

155. 阳麦蛾属 *Helcystogramma* Zeller, 1877

Helcystogramma Zeller, 1877: 369. Type species: *Gelechia obseratella* Zeller, 1877.

主要特征：头光滑。下唇须镰刀状；第 2 节无发达鳞毛簇，有时背面具长鳞毛；第 3 节粗短，有时背面具长鳞毛。雄性中胸上前侧片有或无长毛撮。前翅 R_4、R_5 脉长共柄，R_3 与 R_{4+5} 脉共柄或分离，M_2 脉靠近 M_3 脉。后翅 M_1 脉自 Rs 脉中部伸出，M_3 与 CuA_1 脉短共柄。

雄性外生殖器：爪形突呈三角形或长方形，末端钝圆或尖；抱器瓣窄长，常具短小的基叶；基腹弧具对称且伸向内侧的宽侧叶；囊形区前伸，前缘钝圆或尖；阳茎基部通常膨大，无角状器。

雌性外生殖器：前表皮突短于后表皮突；导管端片背面前端常具成对的刺状突；囊导管膜质或部分骨化；交配囊内表面常有疣突、刺突或皱褶；导精管常出自交配囊后端。

分布：世界广布。世界已知 150 多种，中国记录 20 种，浙江分布 7 种。

分种检索表

1. 单眼有，爪形突长约为抱器瓣的 1/2，抱器瓣中部窄，端部明显膨大 ·· 锈阳麦蛾 *H. flavifuscum*
- 单眼无，爪形突短于抱器瓣的 1/2，抱器瓣中部较宽，端部无明显膨大 ·· 2
2. 前翅具金属光泽 ··· 3
- 前翅无金属光泽 ··· 4
3. 抱器瓣端部略膨大，基腹弧侧臂内缘基部向外翻折，阳茎腹面端部无开裂 ··· 中阳麦蛾 *H. epicentra*
- 抱器瓣端部无膨大，基腹弧侧臂内缘无翻折，阳茎腹面端部开裂 ··· 双楔阳麦蛾 *H. bicuneum*
4. 基腹弧侧叶端部膨大，背、腹缘均突起 ··· 5
- 基腹弧侧叶末端尖 ··· 6
5. 雄性第 8 背板前缘呈矩形凹入 ··· 甘薯阳麦蛾 *H. triannulella*
- 雄性第 8 背板前缘呈弓形凹入 ·· 土黄阳麦蛾 *H. lutatella*
6. 基腹弧内缘明显突出；侧叶近指状，末端钝圆；雌性囊导管直 ··· 斜带阳麦蛾 *H. trijunctum*
- 基腹弧内缘略弓；侧叶角状，末端尖；雌性囊导管近交配囊处略弯 ·· 拟带阳麦蛾 *H. imagitrijunctum*

（546）双楔阳麦蛾 *Helcystogramma bicuneum* (Meyrick, 1911)（图 7-173）

Strobisia bicunea Meyrick, 1911c: 731.
Schemataspis bicunea: Meyrick, 1925a: 137.
Helcystogramma bicuneum: Ponomarenko, 1997: 4.

主要特征：成虫（图 7-173A）翅展 8.0–9.5 mm。头灰黄色至棕色，额灰白或黄白色。触角柄节背面黑褐色，腹面白色；鞭节背面灰褐和黑褐色相间，腹面黄色至赭色。下唇须第 2 节长约为复眼直径的 2 倍，第 3 节短于第 2 节；第 1、2 节外侧黄褐色，内侧黄白色；第 3 节背面白色，腹面褐色至黑褐色。胸部和翅基片灰色至黑褐色。前翅基部略窄，顶角圆钝，外缘近顶角处凹入；底色灰褐色至黑褐色；前缘 1/3 处至中室上缘中部、2/3 处至中室上角分别具黄白色斜条纹；前缘端部 1/3 具 3 条白色短线；中室近基部及前缘与中室中部上缘之间具橘黄色纵带，雌性个体中不明显；后缘 2/5 处具黑褐色斑纹，其前缘向外延伸至中室中部近末端，形成 1 窄带，中部呈细柄状，该斑内侧与前缘橘黄色，外侧白色；近臀角上方至中室末端有不明显的橘黄色短横纹；翅端部具 2 条横带：内侧的银白色，具金属光泽，外侧的黄色，在外缘凹入处有 1 黑褐色斑；缘毛黑褐色，顶角处基部白色。后翅及缘毛灰褐色。前、中足外侧黑褐色，跗节每节末端白色，内侧灰白色；后足外侧灰褐色，内侧灰白色。腹部灰色，两侧、腹面中部及末端灰白色。

雄性外生殖器（图 7-173B）：爪形突基部宽，1/3 处窄，端部略呈扇形，末端圆钝，长约为抱器瓣的 1/4，背面被稀疏长刚毛。颚形突长达抱器瓣基部；颚基突宽梯形，后缘平直。抱器瓣近端部渐宽，末端圆钝，略短于背兜-爪形突复合体，散布大型疣突；基叶略弓，被稀疏刚毛。基腹弧内侧凹入，形成心形；侧叶自基部渐窄至端部，末端尖，长约为基腹弧+囊形突的 1/4；囊形突略呈三角形，前缘尖。阳茎基部 2/5 圆形，端部 3/5 渐窄，末端钝，略长于抱器瓣，腹面端部开裂。第 8 背板近半椭圆形。

雌性外生殖器：前表皮突长约为后表皮突的 1/2；第 8 背板后缘近平直。导管端片由 2 个对称的骨化片组成，每个骨化片基半部方形，端半部三角形。囊导管略长于后表皮突，后端 2/5 窄，背面有时略骨化，前端 3/5 宽，与交配囊连接处具针突。交配囊长，略呈长方形，长约为后表皮突长的 4 倍，中部略窄；无囊突；附囊自交配囊左侧近前缘 1/6 处伸出。

分布：浙江（永嘉、舟山）、安徽、湖北、湖南、海南、香港、贵州、云南、西藏；印度。

图 7-173　双楔阳麦蛾 *Helcystogramma bicuneum* (Meyrick, 1911)
A. 成虫；B. 雄性外生殖器

（547）中阳麦蛾 *Helcystogramma epicentra* (Meyrick, 1911)

Strobisia epicentra Meyrick, 1911c: 730.

Helcystogramma epicentra: Ponomarenko, 1997: 6.

分布：浙江（临安）、湖南、福建、香港；斯里兰卡。
注：描述见《天目山动物志》（李后魂等，2020）。

（548）锈阳麦蛾 *Helcystogramma flavifuscum* Li et Zhen, 2011（图 7-174）

Helcystogramma flavifuscum Li et Zhen, 2011: 1062.

主要特征：成虫（图 7-174A）翅展 10.5 mm。头灰黄色，额白色。触角柄节背面黑褐色，腹面白色；鞭节背面黑褐和灰褐色相间，腹面赭色。下唇须第 2 节长约为复眼直径的 2 倍，约与第 3 节等长；第 1、2 节银灰色，内侧杂生白色，第 3 节腹面黑褐色，背面黄白色。胸部和翅基片棕黄色。前翅前、后缘近平行，顶角尖，外缘内凹；底色灰褐色，具棕黄色金属光泽，翅褶及其下方的区域棕黄色；前缘 2/5 处和 3/5 处各具 1 条白色短线；3/5 处到近顶角有 1 个倒三角形黑褐色斑伸达中室末端；翅端具 2 条横带：内侧横带银灰色，具金属光泽，外侧横带顶角上方棕黄色，顶角下方黄色且具 4 条纵向黑褐色短条纹；缘毛外缘处灰褐色，臀角处黄白色，顶角处基半部白色，端半部灰褐色。后翅及缘毛灰色。足外侧腿节黄白色，胫节和跗节黑褐色，跗节每节端部白色；内侧灰白色。

图 7-174　锈阳麦蛾 *Helcystogramma flavifuscum* Li et Zhen, 2011
A. 成虫；B. 雄性外生殖器

雄性外生殖器（图7-174B）爪形突2/5处略窄（约为基部宽的2/3），端部3/5两侧平行，后缘近直，两侧略尖；长约为抱器瓣的1/2。颚形突长达基腹弧1/3处；颚基突略呈倒梯形，后缘钝圆。抱器瓣基部1/3处窄（约为基部宽的1/2），后渐宽至圆钝的末端，短于背兜-爪形突复合体。基腹弧内缘端部略凹入；侧叶很小，略退化。阳茎基部2/5略呈卵圆形，后渐窄至2/3处，端部1/3棒状。第8背板略呈半椭圆形，前缘深凹。

分布：浙江（临安）、广西。

（549）土黄阳麦蛾 *Helcystogramma lutatella* (Herrich-Schäffer, 1854)

Anacampsis lutatella Herrich-Schäffer, 1854: 201.

Helcystogramma lutatella: Hodges, 1986: 123.

分布：浙江（临安、余姚、金华）、河北、河南、陕西、甘肃、新疆、湖北、江西、福建、四川、贵州、西藏；俄罗斯，欧洲。

寄主：拂子茅 *Calamagrostis epigeios*、匍匐冰草 *Agropyron repens*。

注：描述见《天目山动物志》（李后魂等，2020）。

（550）甘薯阳麦蛾 *Helcystogramma triannulella* (Herrich-Schäffer, 1854)

Anacampsis triannulella Herrich-Schäffer, 1854: 201.

Helcystogramma triannulella: Park & Hodges, 1995b: 230.

分布：浙江（临安、青田、庆元）、辽宁、天津、河北、山东、河南、陕西、甘肃、新疆、江苏、安徽、湖北、江西、台湾、香港、广西、四川、贵州；俄罗斯，韩国，日本，印度，中亚地区和欧洲中南部。

寄主：甘薯 *Ipomoea batatas*、蕹菜 *I. aquatica*、月光花 *Calongction aculeatum*、牵牛 *Pharbitis nil*、田旋花 *Convolvulus arvensis*、旋花 *Calystegia sepium*、日本打碗花 *C. japonica*、木槿 *Hibiscus syriacus* 等，该种是甘薯的重要害虫。

注：描述见《天目山动物志》（李后魂等，2020）。

（551）拟带阳麦蛾 *Helcystogramma imagitrijunctum* Li et Zhen, 2011

Helcystogramma imagitrijunctum Li et Zhen, 2011: 1080.

分布：浙江（临安）、江西、台湾、贵州。

注：描述见《天目山动物志》（李后魂等，2020）。

（552）斜带阳麦蛾 *Helcystogramma trijunctum* (Meyrick, 1934)

Orsodytis trijuncta Meyrick, 1934: 513.

Helcystogramma trijunctum: Park & Hodges, 1995b: 227.

分布：浙江（临安）、陕西、甘肃、安徽、湖北、湖南、台湾、广西、四川、贵州、云南。

注：描述见《天目山动物志》（李后魂等，2020）。

156. 月麦蛾属 *Aulidiotis* Meyrick, 1925

Aulidiotis Meyrick, 1925a: 4. Type species: *Ceratophora phoxopterella* Snellen, 1903.

主要特征：单眼存在。触角线状，具稀疏短纤毛，柄节无栉。喙发达。下唇须后弯过头顶；第 2 节粗，鳞片紧贴；第 3 节在雄性中粗壮，雌性中尖细，明显长于第 2 节。下颚须短，线状。前翅阔披针形，端斑超过前翅的 1/6 长，其前缘及外缘具黑色波浪线，在翅脉处略内弯。后翅宽阔，近梯形，臀区发达，外缘顶角下方内凹明显。前翅 Sc 脉达前缘 1/2 处，R_4、R_5 脉长共柄，R_3 与 R_{4+5} 共柄，R_5 脉达外缘，M_1 与 M_2 脉近平行，M_2 与 M_3 脉基部接近，M_3 和 CuA_2 脉同出中室下角，CuA_1 脉缺失，1A+2A 脉具基叉。后翅 $Sc+R_1$ 脉达前缘 3/4 处，Rs 和 M_1 脉共柄，M_3 和 CuA_1 脉同出中室下角，1A+2A 脉具基叉。无肘栉。

雄性外生殖器：爪形突宽大，近基部内缩，端部通常三角形或近梯形。颚形突前缘具浓密栉齿，侧臂窄带状。背兜宽，前缘分两支。抱器瓣狭长，抱器腹发达，顶角通常尖。阳茎基环宽，骨化较弱，阳茎短管状。

雌性外生殖器：前表皮突基半部分叉，导管端片骨化较弱。囊导管膜质，短于交配囊。交配囊延长，常具疣突。

分布：东洋区。世界已知 5 种，中国记录 5 种，浙江分布 1 种。

(553) 月麦蛾 *Aulidiotis phoxopterella* (Snellen, 1903)

Ceratophora phoxopterella Snellen, 1903: 41.
Aulidiotis phoxopterella: Meyrick, 1925a: 182.

分布：浙江（临安、泰顺）、山西、甘肃、湖北、江西、台湾、广东、贵州；印度，印度尼西亚。

注：描述见《天目山动物志》（李后魂等，2020）。

（六）麦蛾亚科 Gelechiinae

主要特征：头平滑，被紧贴鳞片。触角简单，部分类群雄性鞭节纤毛发达。下唇须长，上举后弯常超过头顶；第 2 节粗壮，腹面多加粗，被有粗糙鳞片，第 3 节常有 2–3 个环纹。前翅披针形，大多数宽度适中，特麦蛾族少数属前翅较窄，R_5 脉总是到达前缘，CuA_2 脉独立出自中室下角前。后足胫节密被黄白色或浅色长鳞毛。腹部支持结构有 1 对腹棒和 1 对表皮内突。雄性和雌性外生殖器形状多样。

分布：世界广布。世界已知 2600 种，中国记录近 180 种，浙江分布麦蛾族和特麦蛾族共 13 属 36 种。

麦蛾族 Gelechiini

主要特征：头平滑。下唇须第 2 节腹面常有粗糙鳞片，呈刷状。触角通常为线状，少数种类鞭节略呈锯齿状。前翅披针形，通常平滑，少数有鳞片簇；后翅宽度正常，少数极狭窄。

雄性外生殖器：形状多样，具颚基突，抱器瓣狭长，阳茎与抱器不结合，较自由。

雌性外生殖器：第 8 腹板前缘不呈泡沫状，囊突形状多为菱形、新月形等。

分布：世界广布。世界已知 850 多种，中国记录 7 属 53 种，浙江分布 2 属 3 种。

157. 树麦蛾属 *Agnippe* Chambers, 1872

Agnippe Chambers, 1872: 194. Type species: *Agnippe biscolorella* Chambers, 1872.

主要特征：头平滑，单眼存在。下唇须第 2 节基部增厚；第 3 节与第 2 节近等长，尖细。触角简单。前翅底色常为黑褐色，具多处黄白色或鹅黄色斑点。翅脉：前翅 R_{4+5} 脉与 M_1 脉共柄，M_2 与 M_3 脉同出一点或共短柄；后翅长梯形，末端尖，M_2 脉在基部同 M_3 脉接近，CuA_1 与 M_3 脉基部接近或同出一处。

雄性外生殖器：爪形突细长。颚形突发达，延伸为两支臂状结构，一支呈三角戟状，一支棒状且其近末端侧缘具 1 短棒状突起。背兜宽短，近梯形。抱器瓣狭长带状。囊形突细长，细带状。

雌性外生殖器：前表皮突粗壮，后表皮突细长，末端膨大；囊突 1 个；附囊内侧有刺列。

分布：全北区、东洋区、新热带区。世界已知 27 种，中国记录 11 种，浙江分布 2 种。

（554）胡枝子树麦蛾 *Agnippe albidorsella* (Snellen, 1884)

Recurvaria albidorsella Snellen, 1884: 169.

Agnippe albidorsella: Lee & Brown, 2008: 48.

分布：浙江（临安）、吉林、北京、天津、河北、山东、河南、陕西、宁夏、甘肃、江苏、安徽、江西、西藏；俄罗斯，韩国，日本。

寄主：胡枝子 *Lespedeza bicolor*。

注：描述见《天目山动物志》（李后魂等，2020）。

（555）周至树麦蛾 *Agnippe zhouzhiensis* (Li, 1993)（图 7-175）

Evippe zhouzhiensis Li, 1993: 210.

Agnippe zhouzhiensis: Lee & Brown, 2008: 48.

主要特征：成虫（图 7-175A）翅展 9.0–12.0 mm。头鹅黄色。下唇须除了第 2 节外侧基半部和第 3 节末端黑褐色，其余部分鹅黄色。胸部和翅基片鹅黄色，翅基片基部黑褐色。前翅底色黑褐色；前缘基部 1/4 处发出 1 大型鹅黄色三角斑，向下延伸达后缘基部 1/4 至端部 1/4 之间；前缘端部 1/4 处另具 1 倒三角形鹅黄色小斑；外缘基部处具 1 三角形鹅黄色小斑，与第 2 个前缘斑相对；缘毛沿外缘前半部黑褐色，沿外缘后半部鹅黄色。后翅和缘毛亮灰色。

 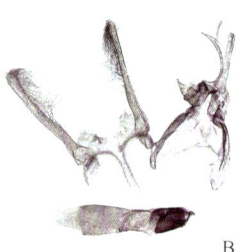 

A　　　　　　　　　　　B　　　C

图 7-175 周至树麦蛾 *Agnippe zhouzhiensis* (Li, 1993)

A. 成虫；B. 雄性外生殖器；C. 雌性外生殖器

雄性外生殖器（图 7-175B）：爪形突末端圆，中部微凹。颚形突背臂端部的中爪与侧爪之间平直，其夹角大于 90°；腹臂末端具 3 个突起。抱器瓣延伸未超过爪形突末端，基部 4/5 直带形，末端圆，内侧具 1 小尖齿。抱器腹短圆形。囊形突两侧边平行，末端圆尖。阳茎具针状角状器。

雌性外生殖器（图 7-175C）：前表皮突短于第 8 腹节。导管端片短于前表皮突，前缘稍呈圆形。交配囊近卵圆形；附囊窄长，具 1 排小齿；囊突近圆角三角形，前缘具 1 排不规则小齿。

分布：浙江（临安、岱山）、河北、陕西；俄罗斯。

158. 粗翅麦蛾属 *Psoricoptera* Stainton, 1854

Psoricoptera Stainton, 1854: 100. Type species: *Gelechia* (*Chelaria*) *gibbosella* Zeller, 1839.

主要特征：头平滑。单眼缺失。下唇须第2节腹面具粗糙鳞片，呈刷状；第3节背面具疏松竖鳞。触角简单线状。前翅底色通常黑褐色或深灰色，少数黄褐色，前缘斑通常黑色；中室和翅褶附近通常具1至数个竖鳞片簇；少数几个种具亚端带。翅脉：前翅中室长于翅长的一半，R_1发于中室中部，R_3发于中室上角，R_4和R_5共柄，R_5达前缘，M_2和M_1近平行，M_3和CuA_1共出一点，1A+2A基部二分叉。后翅中室约为翅长的一半，Rs和M_1于中室上角处愈合，M_3和CuA_1于中室下角处愈合。

雄性外生殖器：爪形突发达，基半部近长方形，具1对附板，附板在不同种类间形状多样；端半部增宽成扇形，整体呈铁铲状，后缘通常具数个不同深度的凹口，将爪形突的端半部分为数个不同长度的支。颚形突中突发达，通常为钩状，有些种类基部膨大。抱器瓣延伸超过爪形突末端，细长鞭状。抱器腹短，鸟嘴状。囊形突长方形或倒三角形。阳茎粗壮，约与抱器瓣等长。

雌性外生殖器：后表皮突极长。亚生殖板半圆形或三角形，前表皮突短，棒状，基部具1多褶骨化突起。导管端片通常六边形。囊导管短宽，后端具1形状不规则的小骨化片。交配囊卵圆形；囊突"十"字形、六边形或卵圆形，外缘锯齿状，表面常密被齿突。

分布：古北区、东洋区。世界已知5种，中国记录2种，浙江分布1种。

（556）核桃楸粗翅麦蛾 *Psoricoptera gibbosella* (Zeller, 1839)（图7-176）

Gelechia (*Chelaria*) *gibbosella* Zeller, 1839: 202.

Psoricoptera gibbosella: Stainton, 1854: 101.

Chelaria triorthias Meyrick, 1935: 589.

Lita lepigreella Lucas, 1946: 98.

主要特征：成虫（图7-176A）翅展17.0–20.0 mm。头部灰白色，额两侧褐色。下唇须灰褐色，散布褐色鳞片。触角灰褐相间，雄性鞭节密具纤毛。胸部褐色。翅基片基半部褐色，端半部灰白色。前翅底色浅褐色，翅褶近基部、1/3处和2/3处各具1模糊斑点，中室末端具1褐色斑点；缘毛灰色。后翅及缘毛灰色。

图7-176 核桃楸粗翅麦蛾 *Psoricoptera gibbosella* (Zeller, 1839)
A. 成虫；B. 雄性外生殖器

雄性外生殖器（图7-176B）：爪形突中间凹口不深于两侧凹口。颚形突钩状，基部稍膨大。抱器瓣弯曲成"S"形，基部1/3粗壮，端部2/3细鞭状。抱器腹长约为抱器瓣的1/4，细指状，末端弯曲成鸟嘴状。阳茎基环楔形。囊形突约与阳茎基环等长，近矩形，末端稍圆。阳茎粗壮，弓形，从基部至端部渐窄，端部回弯且骨化强，腹面端半部具多个微齿突。

分布：浙江（景宁）、黑龙江、山西、河南、甘肃、青海、新疆、湖北、江西；俄罗斯，韩国，日本，哈萨克斯坦，土耳其，北非。

寄主：胡桃楸 *Juglans mandshurica*、夏栎 *Quercus robur*、黄花柳 *Salix caprea*、苹果 *Malus pumila*、山楂 *Crataegus* sp.、稠李 *Padus* sp.、鹅耳枥属 *Carpinus* sp.、瘿螨 *Eriophyes* sp.等。

特麦蛾族 Litini

主要特征：成虫体小到中型。单眼存在或消失。前翅有斑点或条纹，常具竖起的粗鳞片。雄性第 8 腹板扩大，边缘具长鳞毛。

雄性外生殖器：爪形突发达，颚形突形状多样，有的种类退化，无颚基突，抱器瓣和抱器腹一般为长针状或短指状，阳茎基环多发达，阳茎粗管状或细鞭状。

雌性外生殖器：囊突常为菱形或卵形，边缘常具齿，部分种类囊突成对存在。

分布：除澳洲区外，世界各大动物地理区均有分布。世界已知 410 多种，中国记录 17 属 40 种，浙江分布 11 属 33 种。

分属检索表*

1. 下唇须上举远超头顶；前翅宽度适中，底色多为深褐色，常具大型斑或带 ······ 2
- 下唇须上举稍过头顶；前翅狭窄，底色多为浅色，具多处深色或艳色斑点 ······ 6
2. 颚形突存在 ······ 3
- 颚形突缺失 ······ 4
3. 第 8 背板无味刷 ······ 毛黑麦蛾属 *Pubitelphusa*
- 第 8 背板具味刷 ······ 特麦蛾属 *Teleiodes*
4. 抱器瓣三角形 ······ 拟黑麦蛾属 *Concubina*
- 抱器瓣多为细长鞭形或带形 ······ 5
5. 抱器瓣常膜质，基部不膨大 ······ 卡麦蛾属 *Carpatolechia*
- 抱器瓣常骨化，基部膨大 ······ 伪黑麦蛾属 *Pseudotelphusa*
6. 雄性腹部前 4 节节间膜无鳞片簇 ······ 腊麦蛾属 *Parastenolechia*
- 雄性腹部前 4 节某一节间膜具鳞片簇 ······ 7
7. 雄性腹部 3、4 节之间具 1 排细鳞片 ······ 狭麦蛾属 *Stenolechia*
- 雄性腹部 2、3 节之间具 1 对宽鳞片簇 ······ 8
8. 具抱器小瓣 ······ 离瓣麦蛾属 *Chorivalva*
- 无抱器小瓣 ······ 9
9. 背兜前缘具长骨化柄 ······ 平麦蛾属 *Parachronistis*
- 背兜前缘无骨化柄 ······ 窄翅麦蛾属 *Angustialata*

159. 窄翅麦蛾属 *Angustialata* Omelko, 1988

Angustialata Omelko, 1988: 150. Type species: *Angustialata gemmellaformis* Omelko, 1988.

主要特征：成虫个体小型。头平滑。下唇须上举不过头顶；第 2 节加粗不明显；第 3 节短于第 2 节，具环纹，末端尖细。触角线状，柄节无栉。前翅极窄，底色常为亮白色，散布多处深色鳞片；前缘、中室和翅褶具多处深色或黄色斑点。后翅窄长梯形，顶角突出，尖。翅脉：前翅 R_5 脉和 M_1 脉共柄，M_2 和 M_3 脉愈合；后翅 $Sc+R_1$、Rs 和 M_1 脉愈合（李后魂，2002）。雄性部分种类腹部 2、3 节之间具 1 排细鳞片；第 8 背板退化消失，第 8 腹板宽阔，半圆形或近梯形。

雄性外生殖器：爪形突圆方形。颚形突由 1 对骨化侧臂和 1 个中突构成，中突膜质，多微刺。背兜狭长，基半部呈二叉状。抱器瓣细长鞭状，基部膨大成球状。抱器腹缺失。阳茎基环发达，为 1 对骨化突起。

---

* 因分类位置待定，故该检索表不包括黑麦蛾属 *Telphusa*。

囊形突退化。

雌性外生殖器：第8腹板前缘常骨化成各种形状，导管端片形状多样。囊突较大，成对存在。

分布：古北区东部、东洋区北部。世界已知1种，在浙江有分布。

（557）窄翅麦蛾 *Angustialata gemmellaformis* Omelko, 1988

Angustialata gemmellaformis Omelko, 1988: 150.

分布：浙江（临安）、山西、甘肃、青海、四川；俄罗斯，韩国。
寄主：蒙古栎 *Quercus mongolica*。
注：描述见《天目山动物志》（李后魂等，2020）。

160. 卡麦蛾属 *Carpatolechia* Căpuşe, 1964

Carpatolechia Căpuşe, 1964: 12. Type species: *Carpatolechia dumitrescui* Căpuşe, 1964.
Vicina Omelko in Lelej, 1999: 122.

主要特征：头光滑，具紧贴的粗鳞片。下唇须上举后弯远超头顶，第2节腹面具粗糙鳞片，第3节约与第2节等长，末端尖细。触角稍短于前翅。胸部和翅基片与前翅底色一致，胸部有时具竖鳞片簇。前翅披针形，底色通常为深灰色或黑褐色，具粗糙鳞片及竖鳞，少数种类具艳色斑点。翅脉：前翅 R_5、M_1、M_2 和 M_3 脉分离；后翅 R_5 和 M_1 脉共柄，M_2、M_3 与 CuA_1 脉分离。第8背板舌状，少数种类特化，具多处突起，前缘基部具1对味刷；第8腹板宽阔方形，末端平滑。

雄性外生殖器：爪形突发达，长椭圆形或长三角形，两侧密被长刚毛。颚形突缺失。背兜整体宽三角形，前缘深凹，呈双叶突状，侧叶突末端多圆润。抱器瓣常膜质，少数骨化，指状或退化。阳茎基环膜质。基腹弧窄带状。囊形突退化。阳茎膜质，无角状器。

雌性外生殖器：后表皮突极长。导管端片发达，骨化弱，一般呈半椭圆形，多纵褶。囊突多为菱形，边缘具齿，中部具2条平行横脊。

分布：古北区、东洋区。世界已知24种，中国记录6种，浙江分布1种。

（558）阳卡麦蛾 *Carpatolechia yangyangensis* (Park, 1992)

Teleiodes yangyangensis Park, 1992: 8.
Carpatolechia yangyangensis: Park, 2004: 56.

分布：浙江（临安、余姚）、吉林、天津、河北、陕西、甘肃、湖北、贵州；韩国，日本。
注：描述见《天目山动物志》（李后魂等，2020）。

161. 离瓣麦蛾属 *Chorivalva* Omelko, 1988

Chorivalva Omelko, 1988: 143. Type species: *Chorivalva unisaccula* Omelko, 1988.
Neochronistis Park, 1989b: 162.

主要特征：成虫个体小型。头平滑。下唇须第2节加粗不明显；第3节约与第2节等长，末端尖细。触角线状，柄节无栉。前翅披针状，底色常为黑褐色或深灰色；中室和翅褶具多处黑色小点，不甚明显。

后翅窄长梯形，顶角突出，尖。翅脉：前翅 R_4 和 R_5 脉共柄，M_1 脉和 R_{4+5} 脉接近，M_2 和 M_3 脉接近，M_3 和 CuA_1 脉同出中室下角（李后魂，2002）。雄性腹部第 2、3 腹节背板节间膜处具 1 对卵形鳞片簇；雄性第 8 背板小，双叶突状，第 8 腹板宽阔，端半部双叶突状。

雄性外生殖器：爪形突宽圆形，后缘平或微凹。颚形突由 1 对骨化侧臂和 1 个中突构成，中突末端常具 1 小齿突。背兜狭长，近长方形，基部 1/3 稍宽且呈二叉状。抱器小瓣与抱器瓣分离。阳茎基环发达，为 1 对对生骨化结构，形状多样。囊形突较短，方形。阳茎较为粗壮，角状器有或无。

雌性外生殖器：后阴片发达骨化，导管端片形状多样。交配囊多褶，导精管出自交配囊端部，有时具附囊；囊突不存在。

分布：古北区、东洋区。世界已知 3 种，中国原记录 1 种，浙江分布 1 种，本书新增 1 中国新记录种。

（559）枥离瓣麦蛾 *Chorivalva bisaccula* Omelko, 1988

Chorivalva bisaccula Omelko, 1988: 144.

分布：浙江（临安、开化）、吉林、天津、河南、陕西、贵州；俄罗斯，韩国，日本。

寄主：蒙古栎 *Quercus mongolica*、麻栎 *Q. acutissima*、欧洲七叶树 *Aesculus hippocastanum*。

注：描述见《天目山动物志》（李后魂等，2020）。

（560）悠离瓣麦蛾 *Chorivalva unisaccula* Omelko, 1988（图 7-177）中国新记录

Chorivalva unisaccula Omelko, 1988: 143.

Neochronistis hodgesi Park, 1989b: 163.

Chorivalva hodgesi Park, 1991: 120.

主要特征：成虫（图 7-177A）翅展 10.0–13.0 mm。头灰褐色，两侧具黑褐色竖鳞，头顶密布灰白色鳞片。下唇须黑褐色，第 2 节光滑，鳞片紧贴，内侧密布白色鳞片；第 3 节短于第 2 节，末端尖，基部、中部、端部各具 1 雪白色环纹。触角柄节黑色，散布灰白色鳞片；鞭节黑褐色与灰白色相间。胸部及翅基片黑褐色；翅基片密布灰白色鳞片。前翅灰白色，密布黑褐色鳞片，散布褐色；翅褶 1/3 处、2/3 处各具 1 白色竖鳞，周围黑褐色；缘毛黄白色，混有褐色鳞片。后翅深褐色；缘毛灰褐色。

图 7-177 悠离瓣麦蛾 *Chorivalva unisaccula* Omelko, 1988
A. 成虫；B. 雄性外生殖器；C. 雌性外生殖器

雄性外生殖器（图 7-177B）：爪形突近倒梯形，后缘中部略凹入。颚形突约与爪形突等长，基部窄，端部 1/3 渐宽，末端中部具 1 片状骨化结构，其两侧各具 1 小突起。背兜狭长，前缘中部凹入。抱器瓣细长鞭状，基部膨大，自基部 1/5 处强烈内弯，末端尖，呈细钩状。阳茎基环为 1 对对称结构，中部强烈弯曲，形成侧"几"字形，末端尖，略呈钩状。抱器腹窄带状，近端部弯曲。囊形突长方形，前缘略凹入。阳茎自中部呈近直角弯曲，基部膨大，端部近 1/2 斜截；无角状器。

雌性外生殖器（图 7-177C）：第 8 腹板后缘中部深凹。交配孔呈漏斗状，腹侧外壁具 1 对小的弱骨化

半椭圆形侧叶，其背侧具 1 袋状结构。导管端片两侧具宽褶片，其长未达交配囊处。囊导管极短。交配囊大，半椭圆形，无囊突。导精管着生于囊导管与交配囊之间。

分布：浙江（临安）、河南、湖北；俄罗斯，韩国。

162. 拟黑麦蛾属 *Concubina* Omelko *et* Omelko, 2004

Concubina Omelko *et* Omelko, 2004: 193. Type species: *Concubina subita* Omelko *et* Omelko, 2004.

主要特征：头部平滑。下唇须上举稍过头顶，第 2 节短于第 3 节；第 3 节通常具深色环纹。触角简单线状。前翅相对短宽，具大型斑纹和条带。

雄性外生殖器：第 8 背板舌状，无味刷；第 8 腹板宽方形。爪形突延长光滑，末端尖；颚形突缺失。背兜短宽，前缘深凹。抱器瓣宽三角形。基腹弧宽带状，前缘骨化。囊形突短小。阳茎管状。

雌性外生殖器：前表皮突粗壮，短于后表皮突的 1/2。囊导管膜质。交配囊卵圆形；囊突菱形，中部具哑铃形横轴。

分布：古北区东部、东洋区。世界已知 1 种，中国记录 1 种，浙江分布 1 种。

（561）斑拟黑麦蛾 *Concubina euryzeucta* (Meyrick, 1922)

Telphusa euryzeucta Meyrick, 1922: 501

Concubina euryzeucta: Park & Ponomarenko, 2007: 809.

Concubina subita Omelko *et* Omelko, 2004: 193.

分布：浙江（临安、余姚）、北京、天津、河北、山西、山东、河南、陕西、甘肃、青海、上海、湖北、江西、湖南、福建、重庆；俄罗斯。

寄主：桃 *Amygdalus persica*、李 *Prunus salicina*、杏 *Armeniaca vulgaris*、樱桃 *Cerasus pseudocerasus*、绿萼梅 *Armeniaca mume* var. *mume* f. *viridicalyx* 等。

注：描述见《天目山动物志》（李后魂等，2020）。

163. 平麦蛾属 *Parachronistis* Meyrick, 1925

Parachronistis Meyrick, 1925a: 14. Type species: *Gelechia* (*Brachmia*) *albiceps* Zeller, 1839.

Cochlevalva Omelko, 1986: 758.

Dentivalva Omelko, 1986: 758.

主要特征：头具紧贴鳞片。下唇须第 2 节稍粗，具紧贴鳞片；第 3 节略短于第 2 节，末端尖细。触角线状，柄节无栉。前翅较窄，底色常为灰白色，具多处前缘斑、中室斑和翅褶斑。后翅窄于前翅，长梯形，顶角突出，尖。翅脉：前翅 R_4 和 R_5 脉共柄，R_5 脉达顶角，M_1 脉出自 R_{4+5} 脉基部，M_2 与 M_3 脉接近，CuA_2 脉不明显；后翅 $Sc+R_1$ 脉与 Rs 脉分离，Rs 脉达顶角前缘，M_1 脉出自 Rs 脉，M_2 与 M_3 脉接近，基部退化，M_3 与 CuA_1 脉同出一点（李后魂，2002）。雄性腹部第 2、3 腹节背板节间膜处具 1 对圆形鳞片簇；雄性第 8 背板小，半圆形，第 8 腹板骨化强，双叶突状。

雄性外生殖器：爪形突椭圆形或圆形，宽于背兜末端。颚形突由 1 对带形骨化侧臂和 1 个中突构成，整体呈勺状，中突末端具数个尖锐齿突。背兜主体狭长，两侧近平行；基部两侧角具 1 对长骨化柄，骨化柄连接抱器部分。抱器瓣强烈骨化，粗壮，端部立体，加厚且具褶，膨大成各种形状。阳茎基环为 1 对对生骨化体，通常呈膝状弯曲。囊形突细长。阳茎较为粗壮，多长于背兜，常呈弧形。

雌性外生殖器：后表皮突极长。前表皮突长针状，稍短于后表皮突。后阴片发达骨化。导管端片方形或漏斗状。囊突有或无，若存在则骨化较弱；常具附囊。

分布：古北区、东洋区。世界已知 10 种，中国原记录 1 种，浙江原记录 1 种，本书新增 3 中国新记录种。

分种检索表

1. 爪形突后缘中部内凹 ·· 西宁平麦蛾 *P. xiningensis*
- 爪形突后缘无内凹 ·· 2
2. 抱器瓣后缘平直 ·· 鸟平麦蛾 *P. incerta*
- 抱器瓣后缘具凹口 ·· 3
3. 抱器端内叶突小，外叶突大 ··· 匙平麦蛾 *P. geniculella*
- 抱器端内叶突大，外叶突小 ··· 烟平麦蛾 *P. fumea*

（562）烟平麦蛾 *Parachronistis fumea* Omelko, 1986（图 7-178）中国新记录

Parachronistis fumea Omelko, 1986: 766.

主要特征：成虫（图 7-178A）翅展 6.0–11.0 mm。头白色，杂少量黑色鳞片。下唇须白色，第 2 节外侧和第 3 节 1/3 处、2/3 处黑色；第 3 节略长于第 2 节，末端白色。触角柄节灰白色，背面有黑斑；鞭节基部黑色，其余黑色与灰白色相间。胸部及翅基片灰白色，密布黑色鳞片。前翅白色，散布褐色鳞片；前缘近基部、1/3 处及 3/5 处各有 1 黑斑；中室中部有 1 条黑色短纵线，有时为 1 圆斑；中室末端近外缘处、翅褶 1/3 处及臀角处各有 1 黑斑；翅端处褐色鳞片较多；缘毛翅顶及外缘处灰白色，混杂黑色鳞片，其余部分灰褐色。后翅及缘毛灰褐色。

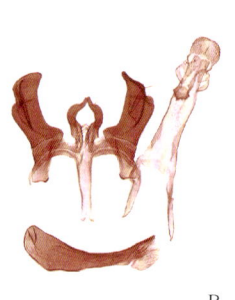

图 7-178　烟平麦蛾 *Parachronistis fumea* Omelko, 1986
A. 成虫；B. 雄性外生殖器；C. 雌性外生殖器

雄性外生殖器（图 7-178B）：爪形突近方形；后缘圆钝，中部略凹入，腹侧前缘内凹。颚形突中突近圆形，前缘具长短不等的齿。背兜窄长，中部两侧近平行，基部骨化柄窄三角形。抱器瓣粗壮，基部 3/7 近三角形，中部 3/7 至 6/7 柱状，端部 1/7 渐窄，具稀疏刚毛。阳茎基环臂状，于 1/2 处弯，末端尖，基半部内侧具刚毛。囊形突窄带形，略短于抱器瓣的 2/3，前缘内凹。阳茎基部宽，至中部渐窄，端半部细，末端斜截，腹侧膜质。

雌性外生殖器（图 7-178C）：前表皮突略长于后表皮突的 1/3。第 8 腹节中部极窄。交配孔倒三角形，后侧角具长方形小突起。囊导管基部骨化强。交配囊近椭圆形；囊突长片状，边缘不规则。

分布：浙江（平湖、临安、龙泉）；俄罗斯。

（563）匙平麦蛾 *Parachronistis geniculella* Park, 1989（图 7-179）中国新记录

Parachronistis geniculella Park, 1989b: 160.

主要特征：成虫（图 7-179A）翅展 8.0–13.0 mm。头鹅黄色，各鳞片端部黄褐色。下唇须黑褐色；第 2 节内侧和外侧端部 1/4 处白色；第 3 节基部 1/3–2/3 具 1 白色环纹。触角柄节白色杂黑褐色；鞭节黑褐色和灰白色相间。胸部和翅基片浅黄白色，翅基片基部黑色。前翅白色，各鳞片端部灰褐色，中室密被黑褐色鳞片；翅面所有斑皆黑色，前缘斑位于近基部处、基部 2/5 处和 2/3 处，第 3 个稍大；中室斑窄长；中室端斑仅为 1 小点；翅褶斑位于基部 1/3 处；臀斑不明显；近顶角处密被灰褐色鳞片；缘毛灰色杂黑褐色细长鳞片，各鳞片末端白色。后翅和缘毛灰色。

图 7-179 匙平麦蛾 *Parachronistis geniculella* Park, 1989
A. 成虫；B. 雄性外生殖器；C. 雌性外生殖器

雄性外生殖器（图 7-179B）：爪形突椭圆形，后缘密被短刚毛。颚形突中突菱形。背兜主体约为爪形突长的 3.5 倍，从前端至后端渐窄，后缘圆润；骨化柄长约为背兜主体的 1/2，带状，基部稍宽。抱器瓣长约为背兜主体的 3/5，基半部窄，端半部膨大成匙状，端面下陷成阶梯状。阳茎基环基半部粗壮，1/2 处直角弯曲成膝状，端半部细，末端尖。囊形突约与抱器瓣等长，窄方形。阳茎粗壮，稍长于背兜，基部斜截，从基部至端部渐窄，末端弯曲。

雌性外生殖器（图 7-179C）：后表皮突长约为第 8 腹板的 7 倍。第 8 腹板两侧骨化，骨化区域呈粗指状，中央膜质。前表皮突长约为第 8 腹板的 2.5 倍，粗针状。交配孔圆形，位于第 8 腹板前缘中央。导管端片小，方形。囊导管粗，约与第 8 腹板等长。交配囊长约为第 8 腹板的 2.5 倍，长椭圆形，内表面中部具多个微粒；无囊突。

分布：浙江（临安）、河南、海南；韩国。

（564）鸟平麦蛾 *Parachronistis incerta* Omelko, 1986（图 7-180）中国新记录

Parachronistis incerta Omelko, 1986: 767.

主要特征：成虫（图 7-180A）翅展 8.0–9.0 mm。头白色。下唇须白色杂浅褐色及黑褐色，第 2 节近末端黑色；第 3 节约与第 2 节等长，末端尖。触角柄节灰白色，背面有黑色斑；鞭节黑色与灰白色相间。胸部及翅基片白色，翅基片基部黑色。前翅灰白色，散布褐色鳞片，翅端褐色鳞片较多；基部黑色，前缘近基部、1/3 处及 2/5 处各有 1 黑斑；中室中部有 1 大型黑斑；缘毛灰白色，混有黑色鳞片。后翅及缘毛灰白色。

图 7-180 鸟平麦蛾 *Parachronistis incerta* Omelko, 1986
A. 成虫；B. 雄性外生殖器

雄性外生殖器（图 7-180B）：爪形突宽，后缘圆钝。颚形突中突前缘具长短不等的齿，骨化较强。背兜端部窄，两侧近平行，前缘中部凹入形成 1 对窄三角形叶突。抱器瓣粗壮，基部 3/7 三角形，中部 3/7 至 5/7 柱状，端部 2/7 鸟喙状。阳茎基环臂状，端半部弯，末端尖。囊形突细，长约为抱器瓣的 2/3，基部至端部渐宽，前缘内凹。阳茎细长，呈弧形弯曲，基部略宽，末端斜截。

雌性外生殖器：前表皮突长约为后表皮突的 1/2。交配孔大，杯形，后侧角呈楔形突出。导管端片骨化弱，中部骤宽，腹面折叠。交配囊近椭圆形；囊突窄带状。

分布：浙江（临安）；俄罗斯。

注：雌性未见标本，描述参考 Omelko（1986）。

（565）西宁平麦蛾 *Parachronistis xiningensis* Li et Zheng, 1996

Parachronistis xiningensis Li et Zheng, 1996: 295.

分布：浙江（临安、泰顺）、黑龙江、天津、青海、贵州。

注：描述见《天目山动物志》（李后魂等，2020）。

164. 腊麦蛾属 *Parastenolechia* Kanazawa, 1985

Parastenolechia Kanazawa, 1985: 6. Type species: *Parastenolechia asymmetrica* Kanazawa, 1985.
Laris Omelko, 1988: 152.

主要特征：头鳞片光滑。下唇须第 2 节略短于或等长于第 3 节，鳞片紧贴，少数种第 2 节末端蓬松。触角线状，长约为前翅的 3/5，端部略呈齿状；雄性较雌性短粗。前翅底色通常白色，具黑色或黑褐色斑，常具竖鳞；多数种具翅褶斑、臀斑、中室斑及中室端斑，或具大型亚基斑，自前缘倾斜延伸越过翅褶，有时扩散至后缘处。后翅窄于前翅，前缘略弯曲，外缘极度内凹，顶角尖。翅脉：前翅 Sc 脉达前缘近 1/2 处，R_2、R_3 脉近平行，R_4、R_5 脉共柄，M_1 脉出自中室上角，M_2、M_3 脉同出自中室下角，CuA_1、CuP 脉缺失，CuA_2 脉不明显，1A+2A 脉具基叉，中室为开室；后翅 $Sc+R_1$ 脉越过前缘中部，Rs 脉达前缘近顶角处，M_1 脉缺失，M_2 脉出自中室下角下方，M_3 脉出自中室下角，M_3、CuA_1 脉分离。

雄性外生殖器：爪形突圆方形或椭圆形，极个别种类后缘具突起。颚形突由 1 个方形底板、1 对窄带形侧臂及 1 中突构成，中突形状富于变化，末端常具骨化突起。背兜狭长，前缘常深凹致基半部呈二叉状。抱器瓣形状多样。背基突骨化，出自抱器瓣基部，对称或不对称，细长弯曲，基部膨大。阳茎基环发达，为 1 对骨化突起。囊形突通常倒三角形。阳茎基部与囊形突端部结合，常弯曲，无角状器。

雌性外生殖器：交配孔侧叶发达。导管端片靠近交配孔。囊突半圆形，前缘两侧角各具 1 强骨化刺突。

分布：主要分布于古北区及东洋区。世界已知 18 种，中国记录 14 种，浙江原记录 7 种，本书增加 1 中国新记录种。

分种检索表

1. 抱器瓣无内外叶突 ··· 苏腊麦蛾 *P. suriensis*
- 抱器瓣有内外叶突 ··· 2
2. 抱器瓣不对称 ··· 3
- 抱器瓣对称 ·· 4
3. 抱器瓣左背基突长于右侧 ·· 梯斑腊麦蛾 *P. trapezia*
- 抱器瓣左背基突短于右侧 ··· 拱腊麦蛾 *P. arciformis*
4. 抱器瓣外叶突长于阳茎基环 ·· 5

\- 抱器瓣外叶突短于阳茎基环 ··· 6
5. 爪形突基部窄，端部近半圆形 ·· 长突腊麦蛾 *P. longifolia*
\- 爪形突近方形 ··· 白头腊麦蛾 *P. albicapitella*
6. 抱器瓣外叶突长于阳茎基环的 1/2 ·· 幽腊麦蛾 *P. claustrifera*
\- 抱器瓣外叶突短于阳茎基环的 1/2 ··· 7
7. 抱器瓣外叶突指状，其末端刚毛远不及阳茎基环末端 ·· 沐腊麦蛾 *P. argobathra*
\- 抱器瓣外叶突乳突状，其末端刚毛极长，超过阳茎基环末端 ·· 乳突腊麦蛾 *P. papillaris*

（566）白头腊麦蛾 *Parastenolechia albicapitella* Park, 2000

Parastenolechia albicapitella Park, 2000a: 165.

分布：浙江（平湖、临安、余姚、柯城、江山、遂昌）、河北、山西、甘肃、安徽、湖北、湖南、四川、贵州、云南；韩国。

注：描述见《天目山动物志》（李后魂等，2020）。

（567）拱腊麦蛾 *Parastenolechia arciformis* Liu *et* Li, 2016

Parastenolechia arciformis Liu *et* Li, 2016: 67.

分布：浙江（临安、开化、江山）、山西。

注：描述见《天目山动物志》（李后魂等，2020）。

（568）沐腊麦蛾 *Parastenolechia argobathra* (Meyrick, 1935)

Telphusa argobathra Meyrick, 1935: 66.
Laris (*Origo*) *argobathra umbrosa* Omelko, 1988: 158.
Parastenolechia argobathra: Kanazawa, 1985: 15.

分布：浙江（临安）、黑龙江、天津、山西、河南、甘肃、湖北、海南；韩国，日本。

注：描述见《天目山动物志》（李后魂等，2020）。

（569）长突腊麦蛾 *Parastenolechia longifolia* Liu *et* Li, 2016

Parastenolechia longifolia Liu *et* Li, 2016: 77.

分布：浙江（临安、景宁）、湖南、贵州。

注：描述见《天目山动物志》（李后魂等，2020）。

（570）乳突腊麦蛾 *Parastenolechia papillaris* Liu *et* Li, 2016

Parastenolechia papillaris Liu *et* Li, 2016: 68.

分布：浙江（临安）、河北、山西、河南、陕西、湖北。

注：描述见《天目山动物志》（李后魂等，2020）。

（571）梯斑腊麦蛾 *Parastenolechia trapezia* Liu et Li, 2016

Parastenolechia trapezia Liu et Li, 2016: 70.

分布：浙江（开化、江山、泰顺）、湖北、湖南、福建、广西、贵州。
注：描述见《天目山动物志》（李后魂等，2020）。

（572）幽腊麦蛾 *Parastenolechia claustrifera* (Meyrick, 1935)（图 7-181）

Telphusa claustrifera Meyrick, 1935: 66.
Parastenolechia claustrifera: Park, 1993a: 187.

主要特征：成虫（图 7-181A）翅展 9.0–10.0 mm。头白色，混杂黄色或棕黄色鳞片。下唇须白色；第 2 节基半部黑褐色；第 3 节长于第 2 节，近末端处黑色。触角柄节黄色杂褐色；梗节黄白色和黑褐色相间。胸部和翅基片白色。前翅白色，具多处黑色斑：亚基带窄，从前缘延伸至后缘；前缘基部 1/3 处具 1 小斑，端部 1/3 处具 1 较大矩形斑向下延伸至中室上缘；中室端斑小，几乎与臀斑相连；缘毛灰白色至灰褐色。后翅和缘毛灰褐色。

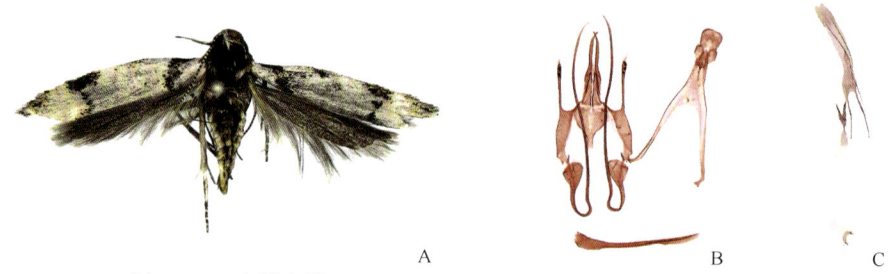

图 7-181　幽腊麦蛾 *Parastenolechia claustrifera* (Meyrick, 1935)
A. 成虫；B. 雄性外生殖器；C. 雌性外生殖器

雄性外生殖器（图 7-181B）：爪形突近方形，后缘无凹，后侧角圆。颚形突中突近卵圆形，末端具 1 小三角形骨化突。背兜前 3/5 二叉状，末端收窄成三角形。抱器瓣近三角形，外叶突棒状，末端稍膨大，具刚毛。背基突对称，极细长，基部膨大，于基部 1/6 处强烈回弯，向后延伸超过爪形突末端。阳茎基环稍长于抱器瓣外叶突，基部 3/7 近矩形，3/7 处具 1 乳突，其上被刚毛；端部 4/7 细长棒状，近末端处钩状。囊形突漏斗形。阳茎稍短于背兜，细长，基部 1/4 稍膨大，端部 1/3 稍增宽，末端钝。

雌性外生殖器（图 7-181C）：第 8 腹板近梯形，前缘直，被稀疏刚毛。前表皮突粗壮，稍短于后表皮突的 1/2。交配孔侧叶前半部愈合成椭圆形，端半部二分叉，各叉支呈长三角形，末端尖。导管端片小。囊导管长于交配囊的 2 倍。交配囊圆形；囊突船形，后缘直，前缘内凹，两前侧角各具 1 尖刺突。

分布：浙江（临安）、河南、台湾；韩国。

（573）苏腊麦蛾 *Parastenolechia suriensis* Park et Ponomarenko, 2006（图 7-182）中国新记录

Parastenolechia suriensis Park et Ponomarenko, 2006a: 50.

主要特征：成虫（图 7-182A）翅展 12.0 mm。头白色，杂褐色及黑褐色。下唇须黑色；第 2 节内侧、2/3 处及末端白色，内侧杂黑色鳞片；第 3 节基部、中部白色，短于第 2 节。触角柄节背侧黑褐色杂白色鳞片，腹侧浅褐色；鞭节浅褐色与黑褐色相间。胸部黑色。翅基片灰褐色。前翅白色，密布褐色鳞片；前缘近基部、2/5 处及 2/3 处各有 1 近梯形黑斑，近基部处黑斑具竖鳞；中室斑外缘白色；翅褶斑近长方形，自中室上缘扩散至翅褶下方，具竖鳞；臀斑向外缘扩散至近翅端处；亚外缘线乳白色，中部强烈外弯；翅顶

及外缘处缘毛灰白色杂褐色，后缘处灰褐色。后翅及缘毛灰褐色。

雄性外生殖器（图 7-182B）：爪形突短，后缘圆钝，具刚毛。颚形突小，圆形，中突钩状。背兜基部 1/3 分支。抱器瓣对称，宽阔，端部呈三角形突出。背基突呈"S"形弯曲，基部膨大，至端部渐细。阳茎基环长约为背基突的 1/2，端部 3/5 分叉，至端部渐窄，末端尖。基腹弧倒三角形。囊形突前端略宽，前缘略内凹。阳茎略短于背兜，基部略宽，1/3 处略弯，端部 1/4 斜截。

分布：浙江（临安）、天津、河南；韩国。

图 7-182 苏腊麦蛾 *Parastenolechia suriensis* Park *et* Ponomarenko, 2006
A. 成虫；B. 雄性外生殖器

165. 伪黑麦蛾属 *Pseudotelphusa* Janse, 1958

Pseudotelphusa Janse, 1958: 68. Type species: *Telphusa probata* Meyrick, 1909.

Sattleria Căpuşe, 1968b: 18.

Klaussattleria Căpuşe, 1968a: 80.

主要特征：成虫体小型。头鳞片紧贴。下唇须后弯上举稍越头顶或不超过头顶，第 2 节腹面具短粗糙鳞片，第 3 节稍短于第 2 节。触角线状。前翅底色一般为黑褐色或灰色，少数种类黄褐色，常具多处竖鳞丛，或数个深色斑。后翅稍宽于前翅，顶角突出不明显。翅脉：前翅中室长度约为前翅长的 2/3，Sc 脉达前缘 1/3，R_1 脉出自中室上缘 1/2 处，R_4 和 R_5 脉共柄，R_5 脉达前缘，未至顶角，M_2、M_3 和 CuA_1 脉分离，CuA_2 脉出自中室后缘 4/5 处，1A+2A 脉基部二叉状；后翅中室长约为翅前缘长度的 2/3，Rs 脉与 M_1 脉共柄，M_2、M_3 与 CuA_1 脉分离，CuA_2 脉出自中室后缘 1/2 处。

雄性外生殖器：爪形突长棒状，后缘凸或平，密被刚毛。无颚形突。背兜短宽，整体三角形，前缘深凹成二叶突状。抱器瓣细鞭状，直或曲，末端尖。阳茎基环为 1 对膜质叶突，常短粗，端部密被刚毛。基腹弧窄带形。阳茎膜质，无角状器。

雌性外生殖器：导管端片骨化弱。囊突形状菱形或粗"十"字形，边缘具齿，长轴具 1 哑铃形凹痕。

分布：世界广布。世界已知 29 种，中国记录 2 种，浙江分布 2 种。

（574）栎伪黑麦蛾 *Pseudotelphusa acrobrunella* Park, 1992

Pseudotelphusa acrobrunella Park, 1992: 15.

分布：浙江（临安、金华）天津、河南、陕西；韩国，日本。

寄主：槲树 *Quercus dentata*。

注：描述见《天目山动物志》（李后魂等，2020）。

（575）桦伪黑麦蛾 *Pseudotelphusa paripunctella* (Thunberg, 1794)

Tinea paripunctella Thunberg, 1794: 96.

Pseudotelphusa paripunctella: Huemer & Karsholt, 1999: 80.

分布：浙江、江苏；俄罗斯，日本，欧洲。

寄主：沼桦 *Betula nana*、沙棘 *Hippophae rhamnoides*、水青冈 *Fagus* sp.、栎 *Quercus* sp.、香杨梅 *Myrica gale*。

注：未见标本，描述见 Huemer 和 Karsholt（1999）。

166. 毛黑麦蛾属 *Pubitelphusa* Lee *et* Brown, 2013

Pubitelphusa Lee *et* Brown, 2013: 70. Type species: *Gelechiala latifasciella* Chambers, 1875.

主要特征：成虫头平滑。下唇须后弯上举超过头顶；第2节稍长于第3节，且略粗；第3节尖细。触角简单。前翅披针形，颜色通常为黑褐色，具斜横带。翅脉：前翅 Sc 脉达前缘中点，R_1 脉出自中室上缘 1/2 处，R_2 脉出自中室上缘 5/6 处，R_3 脉出自中室上角，R_4 和 R_5 脉共长柄，R_5 脉达前缘近顶角处，M_1 脉和 M_2 脉几乎平行，M_3 脉出自中室下角，1A+2A 脉基部二叉状；后翅中室长稍微超过翅前缘长度的 1/2，Rs 脉与 M_1 脉同出自中室上角，Rs 脉达前缘，M_3 脉出自中室下角，CuA_1 脉和 CuA_2 脉几乎平行，1A+2A 脉合生。

雄性外生殖器：爪形突短粗，近矩形，两侧密生刚毛。颚形突细。背兜二叶突状，各叶突外缘圆润骨化。抱器瓣退化。基腹弧与抱器腹融合。阳茎粗壮，膜质管状。

雌性外生殖器：导管端片发达，交配孔边缘骨化。交配囊椭圆形，囊突菱形，四边内凹且具密齿，中央具1带形纵轴。

分布：古北区、新北区、东洋区。世界已知2种，中国记录1种，浙江分布1种。

（576）三角毛黑麦蛾 *Pubitelphusa trigonalis* (Park *et* Ponomarenko, 2007)（图 7-183）

Concubina trigonalis Park *et* Ponomarenko, 2007: 807.

Pubitelphusa trigonalis: Lee & Brown, 2013: 73.

主要特征：成虫（图 7-183A）翅展 13.0–14.0 mm。头部灰白色或土黄色，散布黑褐色鳞片。下唇须第2节灰白色，散布黑褐色鳞片；第3节黑色，近基部及 1/2 和 2/3 处各具 1 白色环纹，末端白色。触角柄节黑褐色；鞭节背面黑色与黄白色相间，腹面土黄色。前翅底色白色至黄白色，密布灰褐色鳞片；基带黑色，自基部至 1/4 处，其外缘自前缘外斜至翅褶上方或翅褶处，略内凹，后直达后缘，在翅褶处具 1 较大的鳞毛簇，其内侧黑色，外侧黄白色；前缘中部及 3/4 处具土黄色斑；亚中带雪白色，中室中部具黄白色或灰褐色鳞毛簇；中室末端外侧具 2 黑色鳞毛簇，呈上下排列；缘毛灰色杂黑褐色。后翅灰色至深褐色；缘毛灰色。

图 7-183 三角毛黑麦蛾 *Pubitelphusa trigonalis* (Park *et* Ponomarenko, 2007)
A. 成虫；B. 雄性外生殖器；C. 雌性外生殖器

雄性外生殖器（图 7-183B）：爪形突阔三角形，自基部至末端渐窄，腹面两侧密被细刚毛，末端中部具 1 浅凹口。颚形突中突棒状，末端略膨大，向后延伸略超过爪形突末端。背兜后半部略呈方形，前半部呈钟罩形深凹，形成大三角形侧叶。基腹弧与抱器腹融合，形成较宽矩形骨片，骨片后端具 2 个对称、相向内弯的亚三角形突起，沿其后缘具微刺突。囊形突乳突状。阳茎粗壮，基半部膨大，端半部近平行。

雌性外生殖器（图 7-183C）：前表皮突约为后表皮突的 1/3，端部略膨大。导管端片梯形，骨化较强。交配孔两侧具骨化窄带，该骨化带自基部至末端渐窄，末端尖。囊导管长约为交配囊的 2 倍。交配囊椭圆形；囊突粗"十"字形，纵轴宽短，两端圆；横轴窄，两端尖，腹面具 1 条脊或凹槽。

分布：浙江（临安）、天津、山西、河南、湖北；韩国，日本。

167. 狭麦蛾属 *Stenolechia* Meyrick, 1894

Stenolechia Meyrick, 1894c: 230. Type species: *Phalaena* (*Tinea*) *gemmella* Linnaeus, 1758.

Gibbosa Omelko, 1988: 152.

主要特征：头光滑。下唇须第 2 节几乎不加粗；第 3 节略短于第 2 节，末端尖。触角长约为前翅的 4/5；柄节无栉；鞭节多为黑褐色和灰白色相间。前翅底色常为褐色或深灰色，具多处小黑斑。翅脉：前翅 R_1 出自中室上缘 1/2 处，R_4、R_5 和 M_1 共柄，R_5 达前缘，M_2 和 CuA_1 接近，M_3 和 CuA_2 消失；后翅 Rs 和 M_1 近平行，M_2 和 M_3 接近，M_3、CuA_1 和 CuA_2 相互远离且平行。

雄性外生殖器：第 8 背板退化或消失，第 8 腹板宽阔，部分种类第 8 腹板和背兜基部各具 2 束长鳞毛。爪形突圆形或冠状。颚形突由 1 个方形底板、1 对侧臂及 1 膜质中突构成。背兜狭长方形。抱器瓣形状多样。抱器腹一般长约为背兜的 1/3，叶状。基腹弧新月形。囊形突扁宽。阳茎基环为 1 对骨化长突起。阳茎通常结合在囊形突端部，细长，略呈拱形，基部至端部渐窄，末端尖。

雌性外生殖器：后表皮突极长，前表皮突通常细棍状。常具导管端片和后阴片。囊导管细长。交配囊卵圆形；囊突成对。

分布：主要分布于古北区和东洋区。世界已知 14 种，中国记录 7 种，浙江分布 6 种，包括 2 中国新记录种。

分种检索表

1. 第 8 腹板和背兜无长鳞毛 ·· 2
- 第 8 腹板和背兜各具 2 束长鳞毛 ·· 3
2. 抱器瓣细长弧状 ·· 暖狭麦蛾 *S. notomochla*
- 抱器瓣端半部楔形 ·· 楔瓣狭麦蛾 *S. cuneata*
3. 抱器瓣长于背兜 ··· 长瓣狭麦蛾 *S. longivalva*
- 抱器瓣短于背兜 ·· 4
4. 抱器瓣于端部 1/4 处强烈内弯 ··· 弯瓣狭麦蛾 *S. curvativalva*
- 抱器瓣近平直 ··· 5
5. 抱器瓣未达阳茎基环末端 ·· 凯狭麦蛾 *S. kodamai*
- 抱器瓣达阳茎基环末端 ·· 音狭麦蛾 *S. insulalis*

（577）弯瓣狭麦蛾 *Stenolechia curvativalva* Zheng et Li, 2021（图 7-184）

Stenolechia curvativalva Zheng et Li, 2021: 84.

主要特征：成虫（图 7-184A）翅展 7.0–8.5 mm。头亮黄色。下唇须黑褐色；第 2 节端部 1/4 具 1 白色环纹；第 3 节基部 1/3–2/3 具 1 白色带。前翅底色白色，各鳞片端部黄褐色；前缘斑位于基部、基部 1/3 处和 2/3 处，中间者稍小；中室斑位于端部 1/4 处；中室端斑位于中室上角处；翅褶斑位于 1/3 和 2/3 处；臀斑较大，其后为 1 小黑斑；所有斑黑褐色；缘毛灰色杂黑褐色鳞片。后翅和缘毛深灰色。

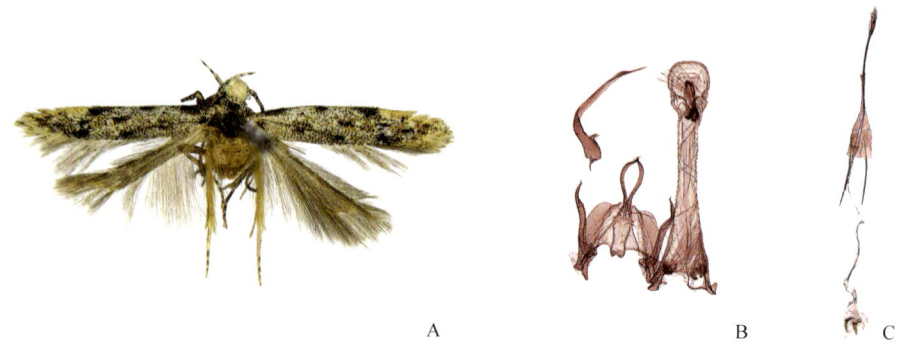

图 7-184　弯瓣狭麦蛾 *Stenolechia curvativalva* Zheng *et* Li, 2021
A. 成虫；B. 雄性外生殖器；C. 雌性外生殖器

雄性外生殖器（图 7-184B）：爪形突圆方形。颚形突中突圆形，多微刺。背兜约为爪形突长度的 4 倍，基部 1/4 宽，端半部两侧边具长鳞毛。抱器瓣出自抱器瓣-抱器腹复合体的基角，长约为背兜的 1/2，细长鞭状，于端部 1/4 处强烈内弯，末端尖。阳茎基环长约为抱器瓣的 2/3，弧形。囊形突宽大，长约为抱器腹的 1/2，六边形。阳茎长约为背兜的 4/5。

雌性外生殖器（图 7-184C）：后表皮突长约为第 8 腹节的 6 倍。后阴片长方形，两后侧角尖，后缘中部具 1 小突起。导管端片不明显。前表皮突针状，长约为第 8 腹节的 2 倍。囊导管长约为第 8 腹节的 5.5 倍。交配囊近圆形；囊突刀片状，一侧具齿，基部冠以不规则骨化片，其上密被小齿。

分布：浙江（柯城）、云南。

（578）音狭麦蛾 *Stenolechia insulalis* Park, 2016（图 7-185）

Stenolechia insulalis Park, 2016: 174.

主要特征：成虫（图 7-185A）翅展 8.0–11.0 mm。头暗黄色。下唇须黑褐色；第 2 节端部 1/4 具 1 白色环纹；第 3 节基部 1/3–2/3 具 1 白色带。前翅底色灰褐色；前缘斑位于基部 1/6、1/3 处和 2/3 处，第 3 个稍大；中室斑略狭长；翅褶斑位于 1/3 和 2/3 处，后者稍大；臀斑较大，其后靠近顶角处另具 1 黑斑；所有斑黑褐色；缘毛灰色杂黑褐色鳞片。后翅和缘毛深灰色。

图 7-185　音狭麦蛾 *Stenolechia insulalis* Park, 2016
A. 成虫；B. 雄性外生殖器；C. 雌性外生殖器

雄性外生殖器（图 7-185B）：爪形突圆方形。颚形突中突圆形，多微刺。背兜约为爪形突长的 4 倍，基部 1/4 宽，端半部两侧边具长鳞毛。抱器瓣出自抱器瓣–抱器腹复合体的基角，长约为背兜的 3/5，直鞭状，末端尖。阳茎基环长约为抱器瓣的 1/2，弧形。囊形突长约为抱器腹的 2/3，长六边形。阳茎长约为背兜的 4/5。

分布：浙江（磐安、青田、景宁、龙泉）、天津、河北、山西、河南、陕西、湖北、海南、四川、贵州、云南；韩国。

（579）凯狭麦蛾 *Stenolechia kodamai* Okada, 1962（图 7-186）中国新记录

Stenolechia kodamai Okada, 1962: 32.

主要特征：成虫（图 7-186A）翅展 7.5–12.0 mm。头黄褐色。下唇须黑褐色；第 2 节端部 1/4 具 1 白色环纹；第 3 节基部 1/3–2/3 具 1 白色带。前翅底色黄褐色；前缘斑位于 1/2 处；中室斑和中室端斑较小；翅褶斑位于 1/3 和 2/3 处；臀斑稍大；所有斑黑褐色；缘毛灰色杂黑褐色鳞片。后翅和缘毛深灰色。

图 7-186　凯狭麦蛾 *Stenolechia kodamai* Okada, 1962
A. 成虫；B. 雄性外生殖器；C. 雌性外生殖器

雄性外生殖器（图 7-186B）：爪形突圆方形。颚形突中突圆形，多微刺。背兜约为爪形突长的 5 倍，基部 1/4 宽，端半部两侧边具长鳞毛。抱器瓣出自抱器瓣-抱器腹复合体的基角，长约为背兜的 1/4，略呈弧状，末端尖。阳茎基环稍长于抱器瓣，弧形。囊形突稍宽，约为抱器腹的 2/3，长六边形。阳茎长约为背兜的 4/5。

雌性外生殖器（图 7-186C）：后表皮突长约为第 8 腹节的 4 倍。后阴片扇形。导管端片位于第 8 腹板中央，近方形。前表皮突针状，约与第 8 腹节等长。囊导管长约为第 8 腹节的 6 倍。交配囊近圆形；囊突刀片状，一侧具齿，基部冠以不规则骨化片，其上密被小齿。

分布：浙江（临安、柯城、遂昌、龙泉）、天津、山西、河南、陕西、湖南、福建、云南、西藏；韩国、日本。

（580）长瓣狭麦蛾 *Stenolechia longivalva* Zheng et Li, 2021（图 7-187）

Stenolechia longivalva Zheng et Li, 2021: 89.

主要特征：成虫（图 7-187A）翅展 7.0–10.0 mm。头亮黄褐色。下唇须黑褐色；第 2 节末端和第 3 节中部 1/3 浅黄色；最末端黄白色。触角腹面浅黄色，背面：柄节黑褐色；鞭节黑褐色和浅灰色相间，端部 1/3 略呈锯齿状。前翅底色深黄褐色；前缘斑、中室斑和中室端斑不明显；臀斑黑褐色；翅褶 1/3 和 2/3 处各具 1 小黑褐色竖鳞片簇；部分个体顶角处镶以白边；缘毛灰色杂黑褐色鳞片。后翅和缘毛灰色。

图 7-187　长瓣狭麦蛾 *Stenolechia longivalva* Zheng et Li, 2021
A. 成虫；B. 雄性外生殖器；C. 雌性外生殖器

雄性外生殖器（图 7-187B）：爪形突圆梯形。颚形突中突圆形，多微刺。背兜约为爪形突长度的 5 倍，基部 1/4 宽，端半部两侧边具长鳞毛。抱器瓣出自抱器瓣-抱器腹复合体的基角，长于背兜，向后延伸超过爪形突后缘，基部 1/3 处略弯曲，末端尖。阳茎基环后缘具 1 对突起，长约为抱器瓣的 1/3，平直。囊形突宽大，长约为抱器腹的 2/3，六边形。阳茎长约为背兜的 4/5。

雌性外生殖器（图 7-187C）：后表皮突长约为第 8 腹节的 4 倍。后阴片消失。导管端片小，位于第 8 腹板中央，近方形。前表皮突针状，稍长于第 8 腹节。囊导管长约为第 8 腹节的 6 倍。交配囊近圆形；囊突刀片状，一侧具齿，基部冠以不规则骨化片，其上密被小齿。

分布：浙江（临安、鄞州、磐安、柯城、遂昌）、湖北、湖南、广东、贵州、云南、西藏。

（581）暖狭麦蛾 *Stenolechia notomochla* Meyrick, 1935（图 7-188）中国新记录

Stenolechia notomochla Meyrick, 1935: 583.
Gibbosa celeris Omelko, 1988: 152.
Stenolechia celeris: Lee & Brown, 2008: 53.

主要特征：成虫（图 7-188A）翅展 9.0–12.0 mm。头鹅黄色。下唇须鹅黄色；第 2 节外侧基半部黑褐色；第 3 节基部 1/4 和近末端处各具 1 黑褐色环纹。触角腹面黄白色，背面：柄节黑褐色，端部 1/4 黄色；鞭节褐色和浅黄色相间，雄性略粗。胸部和翅基片浅黄褐色。前翅底色黄白色，各鳞片端部褐色；前缘斑位于近基部处、基部 1/2 处和 3/5 处，黑色；中室斑和中室端斑小，黑色，中室上缘中部另具 1 小黑点；翅褶斑位于 1/3 处和 2/3 处，黑褐色；臀斑较大，黑褐色；近顶角处密布黑褐色鳞片；缘毛灰色杂黄褐色鳞片。后翅和缘毛深灰色。

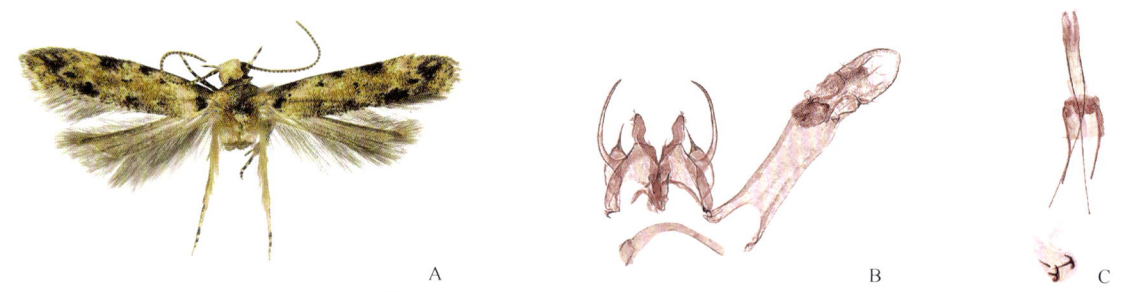

图 7-188　暖狭麦蛾 *Stenolechia notomochla* Meyrick, 1935
A. 成虫；B. 雄性外生殖器；C. 雌性外生殖器

雄性外生殖器（图 7-188B）：爪形突基半部方形，中部至末端渐窄，末端钝圆。颚形突约与爪形突等长，中突圆形，多微刺，后缘中部具 1 三角形突起。背兜约为爪形突长的 3 倍，长方形，基部 1/4 二叉状。抱器瓣出自抱器瓣-抱器腹复合体中部，稍长于背兜长的 1/2，细长弧状，末端钝尖。抱器腹约与抱器瓣等长，基部 2/3 半椭圆形，端部 1/3 急剧收窄成针状。阳茎基环后缘具 1 对短突，长约为抱器瓣的 1/3，拇指状。囊形突短，形状不规则。阳茎长约为背兜的 4/5，基部 1/3 处弯曲，末端斜截。

雌性外生殖器（图 7-188C）：后表皮突长约为第 8 腹节的 4.5 倍。第 8 腹板后缘具 1 对半圆形叶突。导管端片较小，位于第 8 腹板中央。前表皮突长约为第 8 腹节的 2 倍。囊导管长约为第 8 腹节的 3 倍。交配囊近圆形；囊突长约为交配囊的 1/2，"T"形，末端尖。

分布：浙江（临安、余姚）、云南；俄罗斯，韩国，日本。

（582）楔瓣狭麦蛾 *Stenolechia cuneata* Zheng et Li, 2021（图 7-189）

Stenolechia cuneata Zheng et Li, 2021: 91.

主要特征：成虫（图 7-189A）翅展 7.0–8.0 mm。头亮白色，各鳞片末端饰以褐色。下唇须第 2 节基半部黑褐色，端半部白色，端部 1/4 至 1/5 具 1 黑褐色环纹；第 3 节白色，1/3 和 2/3 处各具 1 黑褐色环纹。触角腹面黄白色，背面：柄节黑褐色，端部 1/4 白色；鞭节黑褐色和浅黄色相间，雄性略粗。胸部和翅基片白色，各鳞片端部褐色。前翅底色白色；前缘斑位于基部处、基部 2/5 处和 3/5 处，黑褐色；中室斑、中室端斑和臀斑黑褐色；翅褶斑位于翅褶基部处，黑褐色，翅褶与后缘之间密布深褐色鳞片；缘毛灰色杂黑褐色鳞片。后翅和缘毛灰色。足内侧白色，外侧黑褐色，所有胫节外侧中部各具 1 白斑；前中足跗小节前两节末端白色；后足所有跗小节末端白色。

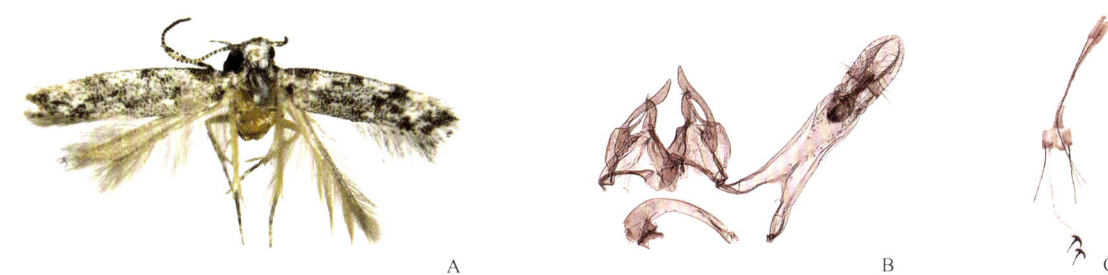

图 7-189　楔瓣狭麦蛾 *Stenolechia cuneata* Zheng *et* Li, 2021
A. 成虫；B. 雄性外生殖器；C. 雌性外生殖器

雄性外生殖器（图 7-189B）：爪形突基部 2/3 方形，端部 1/3 至末端渐窄，末端钝圆。颚形突约与爪形突等长，中突圆形，多微刺，后缘中部具 1 三角形突起。背兜约为爪形突长的 3 倍，长方形，基部 1/4 二叉状。抱器瓣出自抱器瓣-抱器腹复合体中部，约为背兜长的 1/2，基半部两侧边平行，端半部楔形，末端圆尖。抱器腹约与抱器瓣等长，基部 2/3 半椭圆形，端部 1/3 急剧收窄成针状。基腹弧新月形。阳茎基环后缘具 1 对短突，长约为抱器瓣的 1/3，拇指状。囊形突短，形状不规则。阳茎长约为背兜的 4/5，基部 1/3 处弯曲，末端斜截。

雌性外生殖器（图 7-189C）：后表皮突长约为第 8 腹节的 7.5 倍。第 8 腹板前缘具 1 对半圆形叶突。导管端片较小，位于第 8 腹板前缘中部。前表皮突长约为第 8 腹节的 3 倍。囊导管长约为第 8 腹节的 4.5 倍。交配囊近圆形；囊突长约为交配囊的 2/3，"T"形，末端尖。

分布：浙江（临安）、海南、贵州。

168. 特麦蛾属 *Teleiodes* Sattler, 1960

Teleiodes Sattler, 1960: 16. Type species: *Tinea vulgella* Denis *et* Schiffermüller, 1775.

主要特征：头平滑。下唇须较长，上举后弯超过头顶；第 2 节腹面具粗糙鳞片，第 3 节短于第 2 节。触角简单线状。前翅宽披针形，底色一般为深灰色或黑褐色，常具宽横带和多处竖鳞丛。后翅稍宽于前翅。翅脉：前翅 M_1、M_2 及 M_3 分离，CuA_1 和 CuA_2 脉存在；后翅 Rs 和 M_1 脉合生，M_2、M_3 和 CuA_1 脉分离。

雄性外生殖器：爪形突发达，形状多样，密被刚毛。颚形突有或无。背兜宽阔，通常呈二叶突状，前缘具骨化边，两叶突于后端融合。抱器瓣狭长骨化，基部至端部渐窄。抱器腹缺失。阳茎膜质，无角状器，阳茎-阳茎基环复合体常与背兜结合，另一部分种类则与基腹弧结合，若与基腹弧结合则阳茎基环较短，不甚明显。

雌性外生殖器：导管端片发达，管状结构，压平后分为背腹两面，呈多边形状。囊突近菱形，边缘具齿。

分布：主要分布于古北区及东洋区。世界已知 25 种，中国原记录 3 种，本书新增 2 新记录种。

（583）黄斑特麦蛾 *Teleiodes gangwonensis* Park *et* Ponomarenko, 2007（图 7-190）中国新记录

Teleiodes gangwonensis Park *et* Ponomarenko, 2007: 809.

主要特征：成虫（图 7-190A）翅展 9.0–12.0 mm。头黑色杂灰白色鳞片。下唇须黑色，第 2 节基部杂褐色鳞片，内侧杂灰白色鳞片；第 3 节细，短于第 2 节，近基部、2/3 处及末端白色。触角柄节黑色杂灰白色，鞭节黑色与灰褐色相间。胸部和翅基片黑色杂灰色。前翅黑褐色；前缘近基部、中部及端部 1/4 处各有 1 黄白色竖鳞丛，2/3 处有 1 黑色竖鳞丛，自前缘至后缘呈带状；中室近基部具 1 黑色竖鳞丛，向后缘延伸至翅褶 1/3 处，其外侧具黄白色竖鳞，中室中部有 1 较大黄色斑，形状不规则，向后缘延伸至翅褶；缘毛黑褐色。后翅及缘毛灰褐色。

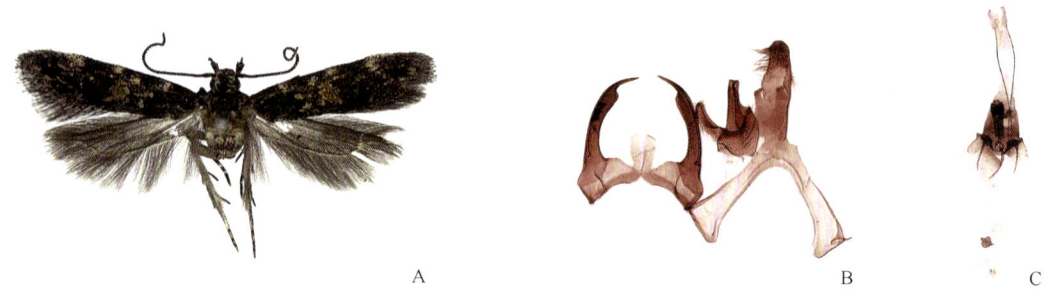

图 7-190　黄斑特麦蛾 *Teleiodes gangwonensis* Park et Ponomarenko, 2007
A. 成虫；B. 雄性外生殖器；C. 雌性外生殖器

雄性外生殖器（图 7-190B）：爪形突长，基部至端部渐窄，后缘钝圆，腹侧前缘内凹，密被刚毛。颚形突缺失。背兜前缘"U"形深凹，形成 2 窄长方形侧叶。抱器瓣略弯，达爪形突中部；基部 3/4 宽，端部 1/4 骤细，呈针状。基腹弧窄带状，骨化强。阳茎基环结合于背兜两侧，指状，具短刚毛。阳茎基部 2/3 粗大，端部 1/3 细直，末端稍平。

雌性外生殖器（图 7-190C）：前表皮突长约为后表皮突的 1/5。交配孔圆形，后阴片舌状，端部宽于基部，自后阴片基部伸出刚毛状骨化结构，略长于前表皮突。导管端片骨化弱。囊导管略长于交配囊。交配囊长椭圆形。囊突菱形，边缘具齿，沿横轴有 1 细哑铃形凹痕，纵向两顶角圆钝，横向两顶角尖。

分布：浙江（临安、宁波、鄞州）；韩国，日本。

（584）白斑特麦蛾 *Teleiodes pekunensis* Park, 1993（图 7-191）中国新记录

Teleiodes pekunensis Park, 1993b: 309.

主要特征：成虫（图 7-191A）翅展 10.0–15.0 mm。头亮鹅黄色。下唇须第 2 节内侧鹅黄色，外侧基半部黑色，端半鹅黄色；第 3 节黑色，基部 1/4、1/2 至端部 1/4 处各具 1 鹅黄色环纹，最末端鹅黄色。触角柄节黑色，鞭节基部 3/5 黑色，端部 2/5 黑色与鹅黄色相间且略呈锯齿状。胸部和翅基片鹅黄色，胸部两前侧角和翅基片基部黑色。前翅鹅黄色；基斑黑褐色，占据前翅基部 1/5，外边缘略外斜；前缘 2/5 处至 1/2 处具 1 横贯翅面的黑色宽带，其内边缘外斜延伸至后缘 1/2 处，外边缘前半段与内边缘平行，后半段外斜延伸至臀角处，臀角处另具 1 黑色竖鳞丛；前缘端部 2/5 处至 1/4 处之间为 1 半椭圆形黑斑；中室上角具 1 黑色小圆斑；顶角处黑色；缘毛深灰色，混杂大量黑褐色细长鳞片，各鳞片末端白色。

雄性外生殖器（图 7-191B）：爪形突细长，棒状，末端圆润，具刚毛。颚形突稍长于爪形突，细长鸟嘴状，末端圆尖，略弯。背兜长约为爪形突的 1.5 倍，前半部二叉状，后半部愈合为 1 宽矩形板。抱器瓣细长鞭状，略长于爪形突-背兜复合体，稍弯曲，末端尖。基腹弧宽阔，半圆形。阳茎基半部膨大成椭圆形，端半部骤细，粗针状，末端尖。

雌性外生殖器（图 7-191C）：后表皮突长约为前表皮突的 2.5 倍。前表皮突粗，鞭状，末端稍钝。交配孔开口于第 7 腹板后缘中部，圆形，边缘骨化。囊导管约与前表皮突等长。交配囊约与囊导管等长，椭圆形；囊突六边形，上下边缘中部微凹，横轴略波曲。

分布：浙江（临安、余姚、开化、江山、永嘉）、天津、湖北、湖南、四川、贵州；韩国。

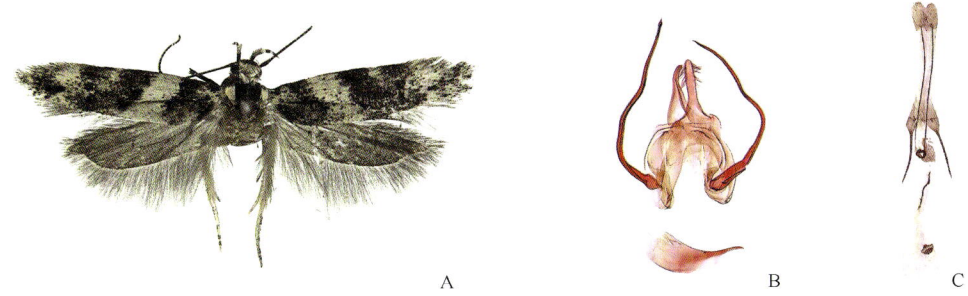

图 7-191 白斑特麦蛾 *Teleiodes pekunensis* Park, 1993
A. 成虫；B. 雄性外生殖器；C. 雌性外生殖器

169. 黑麦蛾属 *Telphusa* Chambers, 1872

Telphusa Chambers, 1872: 132. Type species: *Telphusa curvistrigella* Chambers, 1872.
Adrasteia Chambers, 1872: 149.

主要特征：头平滑。下唇须第 3 节长于第 2 节。触角长于前翅的 1/2。前翅具竖鳞丛。翅脉：前翅 R_5、M_1、M_2 及 M_3 脉分离，CuA_1 和 CuA_2 脉存在；后翅 R_5、M_1 脉合生或共柄，M_2 和 M_3 脉分离，M_3 和 CuA_1 脉分离。雄性第 8 节背板具 1 对味刷。

雄性外生殖器：爪形突及颚形突形状多样；阳茎无角状器。

雌性外生殖器：囊突形状多样，边缘通常具齿。

黑麦蛾属 *Telphusa* 有少数物种在中国曾有记载，但是该类群属内物种较混乱，已有多个物种先后被移出，属征也不甚明确。在中国分布的物种尚不很明确。

分布：世界广布。世界已知 49 种，中国记录 6 种，浙江分布 5 种。

（585）氯黑麦蛾 *Telphusa chloroderces* Meyrick, 1929

Telphusa chloroderces Meyrick, 1929: 487.

分布：浙江、黑龙江、吉林、辽宁、北京、河北、山西、山东、河南、陕西、甘肃、江苏。
注：该种模式标本采集自中国东北。除华立中（2005）外，其他文献尚未看到有在浙江分布的记载。

（586）带黑麦蛾 *Telphusa melanozona* Meyrick, 1913

Telphusa melanozona Meyrick, 1913: 65.

分布：浙江（临安）；孟加拉国。
注：未见标本，记录来自文献（Meyrick，1913）。

（587）灵黑麦蛾 *Telphusa necromantis* Meyrick, 1932

Telphusa necromantis Meyrick, 1932: 194.

分布：浙江（临安）；日本。
注：未见标本，记录来自文献（Meyrick，1932）。

(588) 云黑麦蛾 *Telphusa nephomicta* Meyrick, 1932（图 7-192）

Telphusa nephomicta Meyrick, 1932: 194.

主要特征：成虫（图 7-192A）翅展 15.0–18.0 mm。头银白色，鳞片较细，各鳞片端部褐色。下唇须第 2 节内侧黄白色，外侧基半部黑色，端半部黄白色杂黑褐色，最末端白色；第 3 节褐色，最基部处和 1/2 处各具 1 白色环纹，最末端黄白色。胸部和翅基片银灰色，翅基片基部黑色。前翅灰色；前缘基部 1/4 发出 1 黑色宽带，斜向延伸至后缘基部 1/5 至 1/2 之间，其内边缘 1/2 处和末端各具 1 竖鳞丛；前缘基部 1/3 至 2/3 之间为 1 大型倒梯形黑斑，向下延伸接近翅褶，宽约为翅宽的 3/5，其两侧边 1/2 处各具 1 竖鳞丛，下边缘两侧角另具两处竖鳞丛；缘毛深灰黄色，杂大量同色细鳞片，各鳞片末端白色。后翅和缘毛灰色。

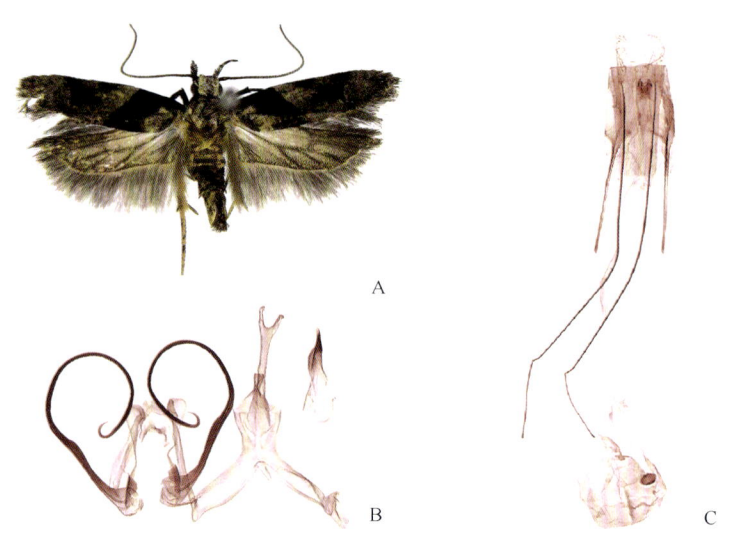

图 7-192 云黑麦蛾 *Telphusa nephomicta* Meyrick, 1932
A. 成虫；B. 雄性外生殖器；C. 雌性外生殖器

雄性外生殖器（图 7-192B）：爪形突约与背兜侧叶等长，基部 3/4 棒状，端部 1/4 二叉状，各叉支末端圆润。颚形突近膜质，长约为爪形突的 1/3，对折带状，末端平。背兜二叶突状，各叶突窄长方形。抱器瓣极长，约为爪形突-背兜复合体的 1.5 倍，"C" 形，末端强烈弯曲成圆环状。阳茎基环半圆形。基腹弧弯曲成半圆环状。阳茎短，稍长于爪形突的 1/2，基半部膨大，端半部渐窄，骨化稍强，末端尖。

雌性外生殖器（图 7-192C）：后表皮突长约为前表皮突的 3.5 倍。第 8 腹板方形，两侧骨化稍强，具纵褶。前表皮突长约为第 8 腹板的 1.5 倍，末端钝。交配孔开口于第 8 腹板端部 1/3 处，上覆 1 半圆形骨化片，骨化片中部隆起。囊导管约与后表皮突等长，前端至后端渐细。交配囊小，长约为囊导管的 1/4，圆形；囊突椭圆形，中轴极宽，前后缘各具 1 对三角形小突起。

分布：浙江（平湖、临安）、河南、湖北、四川；韩国，日本。

(589) 壮黑麦蛾 *Telphusa syncratopa* Meyrick, 1935

Telphusa syncratopa Meyrick, 1935: 66.

分布：浙江（临安）。

注：未见标本，记录来自文献（Meyrick，1935）。

第八章 羽蛾总科 Pterophoroidea

二十四、羽蛾科 Pterophoridae

主要特征：头通常宽阔，鳞片紧贴，颈部具数量不等的直立鳞毛；前额常形成锥状突起或在触角基部形成很小的鳞毛突；复眼半球形，无单眼和毛隆；喙很长，光裸。下唇须变异很大：细长或粗短，上卷、前伸或略下垂，第 2 节光滑，或具粗鳞毛，端部有时具长毛簇；长短不一，从短于复眼直径到复眼直径的 3–4 倍。胸部通常简单，圆柱形，常拱起。前翅通常 2 裂，后翅 3 裂，翅面斑纹和翅形的变异很大。静止时前、后翅卷褶，与身体垂直。足细长易折断。外生殖器变异很大，雄性常不对称。

分布：世界各大动物地理区。世界已知 5 亚科 90 属 1400 余种，中国记录 42 属 161 种，浙江分布 10 属 15 种。

分属检索表

1. 前翅 3 裂 ··· 副羽蛾属 *Deuterocopus*
- 前翅 1 裂 ··· 2
2. 后翅第 3 叶具 1 条脉 ··· 3
- 后翅第 3 叶具 2 条脉 ··· 8
3. 前翅在中部开裂或更靠近基部开裂 ··· 4
- 前翅在端半部开裂 ··· 6
4. 两裂叶均为线形，末端尖 ··· 狭羽蛾属 *Stenodacma*
- 第 1 裂叶近线形，第 2 裂叶具 1 内凹的后缘 ··· 5
5. 前翅 R_1 游离 ·· 少脉羽蛾属 *Crombrugghia*
- 前翅 R_1 和 R_2 共柄 ··· 蝶羽蛾属 *Sphenarches*
6. 整个抱器瓣简单，端缘圆弧形 ··· 片羽蛾属 *Platyptilia*
- 整个抱器瓣较为复杂，端部开裂或多少"鸟头"状 ··· 7
7. 抱器瓣端部开裂，非鸟头状 ·· 日羽蛾属 *Nippoptilia*
- 抱器瓣端部不开裂，呈鸟头状 ·· 秀羽蛾属 *Stenoptilodes*
8. 前翅 R_3–R_5 共柄 ··· 冬羽蛾属 *Pselnophorus*
- 前翅 R_2–R_5 游离 ·· 9
9. 第 2、3 腹节明显长于其他腹节，后足胫节内侧中距长为外侧中距的 2 倍 ············ 异羽蛾属 *Emmelina*
- 第 2、3 腹节无明显增长，后足胫节内侧中距与外侧中距近等长 ························· 滑羽蛾属 *Hellinsia*

170. 少脉羽蛾属 *Crombrugghia* Tutt, 1906

Crombrugghia Tutt, 1906: 449. Type species: *Pterophorus distans* Zeller, 1847.
Crombrugghia Neave, 1939: 808. Misspelling.

主要特征：头部紧贴鳞毛。下唇须第 2 节端部具沿第 3 节扩展的鳞毛刷，第 2 节与第 3 节近等长。前翅从 3/4 处开裂；无前缘三角室。前翅翅脉：Sc 直达前缘近 3/5 处；R 脉均出现，R_1 游离，R_3 和 R_4 共柄后再与 R_2 共柄；Cu_1 和 Cu_2 出现且分离，Cu_1 出自于 M_3 在第 2 叶的近 1/3 处，Cu_2 出自于中室下角之后。后翅第 3 叶具 1 条脉，中部或近端部具鳞齿。

雄性外生殖器：抱器瓣对称，两抱器瓣端部均具 1 囊状突起。爪形突和背兜双叶。基腹弧具 2 个囊形突叶。阳茎弯曲，顶部尖。该属与尖羽蛾属 *Oxyptilus* 类似，但阳茎顶角具骨化突起。

雌性外生殖器：后表皮突是产卵瓣的 3 倍长，前表皮突缺。交配孔和导管端片位于中央。导管端片近漏斗状；后阴片为 2 个骨化板，这两个骨化板在中央偶尔愈合。前阴片不发达。囊导管简单，细长，无骨化结构。交配囊泡状，具 1 对近蚕豆状或弯月状囊突。

分布：古北区、东洋区。世界已知 5 种，中国记录 2 种，浙江分布 1 种，为浙江新记录属新记录种。

(590) 波缘少脉羽蛾 *Crombrugghia tristis* (Zeller, 1839) (图 8-1)

Pterophorus tristis Zeller, 1839: 276.
Crombrugghia tristis: Adamczewski, 1951: 381.
Pterophorus tristidactyla Bruand, 1858: 893.
Crombrugghia adamczewskii Bigot *et* Picard, 1987 [1988]: 246.
Crombrugghia brachycerus Qin *et* Zheng, 1997: 12.

主要特征：成虫（图 8-1A）翅展 17.0–18.0 mm。头部灰褐色，触角基节与两触角间连成 1 灰白色线斑。触角长于前翅的 1/2；鞭节背面褐色和白色交替排列，端部几节褐色。前翅在 1/2 处开裂，底色浅灰褐色；翅面未开裂部分的 3/5–4/5 处的正中央具 1 浅黄白色斑点；裂口处、第 1 裂叶后缘基部及第 2 裂叶前缘连成 1 黄白色斑点，第 1、2 裂叶的 1/3 处和 2/3 处的从前缘向内侧延伸至后缘的灰白色带斑相连；翅后缘 1/5–2/5 部分具 1 灰褐色斑点；第 1 裂叶前缘近顶角处的缘毛黄褐色中密布白色粗鳞，第 1 裂叶后缘和第 2 裂叶前缘的缘毛保持一致，灰白色中夹杂褐色长鳞毛和黑褐色粗鳞，端半部尤其明显。后翅分别在 1/3 处和近基部开裂；翅面深灰褐色，第 3 裂叶前后缘稀疏散布白色鳞片；缘毛灰色，第 3 裂叶后缘近基部具几个黑褐色粗鳞，端部 1/4 处具 1 簇黑褐色鳞齿。前足腿节和胫节外侧灰白色和褐色交替排列，内侧灰白色；跗节灰白色，各节末端褐色。中足和后足的腿节和胫节灰褐色与灰白色螺旋状交替排列，端部褐色尤其明显；着生距处和胫节端部具 1 圈黑褐色刺。

图 8-1 波缘少脉羽蛾 *Crombrugghia tristis* (Zeller, 1839)
A. 成虫；B. 雄性外生殖器；C. 雌性外生殖器

雄性外生殖器（图 8-1B）：爪形突骨化弱，近土堆状；末端具小突起。背兜分为两叶，从基部向中部逐渐变细，端部 2/5 等粗，约为基部粗的 1/3，末端圆。抱器瓣基半部略粗于端半部；端半部略短于基半部，末端尖。囊形突向端部延伸，形成 2 个细长突起，略长于抱器瓣基半部的 1/2。阳茎细长，略长于抱器瓣，基部膨大，近末端具 1 个三角形突起。

雌性外生殖器（图 8-1C）：产卵瓣近方形。后表皮突细长，略长于第 8 腹板。后阴片为 2 个近水滴状骨片。交配孔和导管端片位于第 7、8 腹板连接处。交配孔不规则。导管端片长球形，中部骨化，弯折。囊导管细长，略短于交配囊。交配囊长圆形，具 1 对非常小的弯月状囊突。

分布：浙江（临安）、陕西、湖北、四川、贵州；俄罗斯，土耳其，以色列，瑞典，丹麦，德国，捷克，斯洛伐克，南斯拉夫，罗马尼亚，保加利亚，克罗地亚，法国，西班牙，葡萄牙，瑞士，列支敦士登，奥地利，意大利，希腊。

寄主：刚毛山柳菊 *Hieracium echioides*、山柳菊 *H. cymosum*、*H. umbelliferum*、*H. piloselloides*、绿毛山柳菊 *H. pilosella*、*H. amplexicaule*。

171. 副羽蛾属 *Deuterocopus* Zeller, 1852

Deuterocopus Zeller, 1852c: 402. Type species: *Deuterocopus tengstroemi* Zeller, 1852.

主要特征：头部鳞毛紧贴，无前额突。触角线状，约为前翅的 1/2 长。下唇须细长，上卷，约为复眼直径的 1.5 倍；第 3 节尖细。后头区和头胸间散生顶端双裂或三裂的直立鳞片。前后翅均 3 裂，每个裂叶端部都有鳞齿。前翅 R 脉均出现，R_3 和 R_4 共柄；M_3 直达第 2 叶顶角；Cu_1 和 Cu_2 分离，Cu_1 出自中室下角，Cu_2 出自中室下缘右侧，顶角之前。后翅第 2 叶具 2 条脉，第 3 叶具 1 条脉；M_3 和 Cu_1 共柄，M_3 直达第 2 裂叶顶角，Cu_2 出自中室之前，直达第 3 叶顶角。胫节和每 1 跗节基部均具轮生毛刷。

雄性外生殖器：爪形突二分裂，较小。背兜大，端部 2 裂，与爪形突相对称。抱器瓣对称，端部常二分裂，两裂叶不对称，或具毛，或刺状，或不规则；抱器腹有突起或脊刺。囊形突小或无。阳茎基环双叶状。阳茎长，略微弯曲。

雌性外生殖器：产卵瓣长片状，顶端尖，有刺。后表皮突细长，约为抱器瓣的 4 倍。交配孔和导管端片位于正中央。交配孔圆形。导管端片通常骨化很强，近长方形，很大，但有的很小，膜质化。囊导管和交配囊膜质。囊突有或无；导精管位于囊导管口，细。

分布：东洋区、旧热带区和澳洲区。世界已知 20 种，中国记录 3 种，浙江分布 1 种。

（591）葡萄副羽蛾 *Deuterocopus albipunctatus* Fletcher, 1910（图 8-2）

Deuterocopus albipunctatus Fletcher, 1910: 122.

主要特征：成虫（图 8-2A）翅展 11.0 mm。头扁，紧贴灰黄色鳞毛。触角背面灰黄色与白色相间排列，腹面白色。下唇须斜向上举，第 2 节近端部具 1 圈灰黄色鳞毛，第 3 节在基部和近端部各具 1 圈灰黄色鳞毛。后头区和头胸之间的直立鳞毛顶端二分叉。前翅浅黄褐色，未开裂区域上散生许多白斑；第 1 裂口略超过 1/2 处，第 2 裂口位于 5/7 处；第 1 裂叶的裂口、1/3、2/3 和亚端部各有 1 白色点斑；第 2 裂叶上散生白色鳞毛，裂口和顶角白色；第 3 裂叶裂口白色；缘毛灰黄色。后翅黄褐色，裂叶均很细；第 3 裂叶中部具稀疏鳞齿，端部具 1 簇鳞齿。足外侧灰黄色，内侧乳白色；所有胫节、距和各跗节基部均具轮生刺。

雄性外生殖器（图 8-2B）：爪形突自背兜裂口处，长勺状，约为背兜的 1/2 长，具粗刺状刚毛。背兜宽大，端部正中央深裂达 4/5，两裂叶略微超出爪形突。两抱器瓣基部略膜质，向端部逐渐加粗，从 1/2 处起又逐渐变细，端部较锐；端半部内侧 3/4 至 5/8 处囊形突出。抱器瓣 1/2 处伸出 1 骨化的弯钩状突起。阳茎细长，近"S"形弯曲。

雌性外生殖器：产卵瓣较长，近三角形。后表皮突非常纤细，约为第 8 腹板的 2 倍长；前表皮突短，约为第 8 腹板的 1/2 长。交配孔位于第 7 腹板末端；导管端片与第 8 腹板近等长，整个长为宽的 3 倍多；基部强烈内凹，近圆形，端部圆。囊导管纤细，与导管端片近等长，交配囊长椭圆形，无囊突。导精管出自囊导管与交配囊的连接处。

分布：浙江（临安）、上海、安徽、江西、福建、贵州；朝鲜，日本。

寄主：地锦 *Parthenocissus tricuspidata*、葡萄 *Vitis vinifera*、东北蛇葡萄 *Ampelopsis glandulosa* var. *brevipedunculata*。

注：雌性未见标本，描述参考 Arenberger（2002）。

图 8-2　葡萄副羽蛾 *Deuterocopus albipunctatus* Fletcher, 1910
A. 成虫；B. 雄性外生殖器

172. 日羽蛾属 *Nippoptilia* Matsumura, 1931

Nippoptilia Matsumura, 1931a: 1054. Type species: *Stenoptilia vitis* Sasaki, 1913.

主要特征：头部鳞片紧贴，无前额突。下唇须纤细，长约为复眼直径的 2.5 倍。前翅在 2/3 处开裂；前缘三角室缺，所有裂叶均具明显外缘。后翅第 3 叶端部或亚端部具鳞齿。

雄性外生殖器：背兜双叶，深锯齿状；抱器背长，但不弯曲；抱器端常深裂；基腹弧拱起；囊形突非常小。

雌性外生殖器：后表皮突为产卵瓣长的 2–3 倍；前表皮突不发达；交配孔和导管端片居中；交配囊具成对豆状囊突，导精管接近于交配囊。

分布：主要分布于古北区东部、东洋区和澳洲区。世界已知 6 种，中国记录 3 种，浙江分布 2 种。

（592）乌蔹莓日羽蛾 *Nippoptilia cinctipedalis* (Walker, 1864)

Oxyptilus cinctipedalis Walker, 1864a: 934.
Nippoptilia minor Hori, 1933: 68.
Oxyptilus caryornis Meyrick, 1935: 46.
Nippoptilia cinctipedalis: Arenberger, 2006: 112.

分布：浙江（临安、开化、江山）、江苏、上海、安徽、湖北、江西、湖南、香港；朝鲜，日本，越南，澳大利亚。

寄主：乌蔹莓 *Cayratia japonica*。

注：描述见《天目山动物志》（李后魂等，2020）。

（593）葡萄日羽蛾 *Nippoptilia vitis* (Sasaki, 1913)

Stenoptilia vitis Sasaki, 1913: 3.
Oxyptilus formosanus Matsumura, 1931a: 1054.
Nippoptilia vitis: Matsumura, 1931a: 1054.

分布：浙江（临安）、北京、河北、山西、河南、安徽、湖北、江西、湖南、福建、台湾、广西、贵州；朝鲜，日本，印度，尼泊尔，泰国。

寄主：东北蛇葡萄 *Ampelopsis glandulosa* var. *brevipedunculata*、乌蔹莓 *Cayratia japonica*、地锦 *Parthenocissus tricuspidata*、葡萄 *Vitis vinifera*。

注：描述见《天目山动物志》（李后魂等，2020）。

173. 片羽蛾属 *Platyptilia* Hübner, [1825]

Platyptilia Hübner, [1825]: 429. Type species: *Alucita gonodactyla* Denis *et* Schiffermüller, 1775.

Platyptilus Zeller, 1841: 764.

Fredericina Tutt, 1905: 37.

主要特征：头部紧贴鳞片，前额突锥状，约与复眼直径等长。下唇须斜向上伸，第 2 节由于被有鳞片而加粗；为复眼直径的 1.5–2 倍。前翅从 4/5 处开裂；大部分种的前缘三角室非常发达，所有裂叶的外缘都非常发达。前翅翅脉：R_1 和 R_2 游离，R_3 和 R_4 共柄，R_4 直达第 1 裂叶的顶角，R_5 直达第 2 裂叶的后缘；Cu_1 和 Cu_2 均出现且分离，Cu_1 出自中室下角，Cu_2 出自中室。后翅第 3 叶后缘中部具鳞齿，第 3 叶仅具 1 条脉。

雄性外生殖器：爪形突细长，向端部锥状伸出。背兜拱起。抱器瓣卵形到披针状，常具发达的长毛。基腹弧拱形。阳茎基环双叶。囊形突小五角形状，顶部有时内凹。阳茎强烈弯曲，基部具非常发达的腹突，端部具发达的阳茎端膜和类似角状器的小刺。

雌性外生殖器：交配孔中央放置，卵形。导管端片不同长度的管状骨化。末端延伸到第 7 腹板的中央。囊导管无骨化。后阴片在交配孔两侧各形成 1 个略微骨化的片状结构（偶有例外），侧面延伸成短的前表皮突。交配囊泡状，囊突 1 对，牛角状。

分布：世界各大动物地理区系均有分布，其中非洲的种类最为丰富。世界已知 110 余种，中国记录 13 种，浙江分布 2 种。

（594）伴片羽蛾 *Platyptilia cretalis* Meyrick, 1907

Platyptilia cretalis Meyrick, 1907a: 487.

Stenoptilia kiiensis Matsumura, 1931a: 1058.

主要特征：翅展 9.0–12.0 mm。

雄性外生殖器：爪形突大，宽而具毛。背兜小；基腹弧尾缘具 1 分叉的小突起位于腹面中部，抱器瓣在抱器腹的尾缘具 1 大而宽的突起，此突起的基部具 1 骨化臂，末端宽；阳茎粗短，几乎直。

雌性外生殖器：交配孔小而骨化，位于第 7 腹板尾缘。

分布：浙江（临安）；日本。

寄主：尖叶长柄山蚂蟥 *Hylodesmum podocarpum oxyphyllum*。

注：未见标本。描述译自 Yano（1963）。

（595）华丽片羽蛾 *Platyptilia calodactyla* (Denis *et* Schiffermüller, 1775)（图 8-3）

Alucita calodactyla Denis *et* Schiffermüller, 1775: 146.

Alucita petradactyla Hübner, [1819]: pl. 7.

Pterophorus zetterstedtii Zeller, 1841: 777.

Platyptilia taeniadactyla South, 1882: 34.
Platyptilia leucorrhyncha Meyrick, 1902: 217.
Platyptilia doronicella Fuchs, 1902: 329.
Platyptilia calodactyla: Arenberger, 1988: 3.

主要特征：成虫（图 8-3A）翅展 18.0–21.0 mm。头部浅灰褐色至灰黄色，眼缘白色。触角鞭节背面褐色与灰白色至灰黄色交替排列，端部和腹面灰白色至灰黄色。下唇须斜向上举，灰褐色至浅黄褐色中夹杂灰白色；第 2 节端部具扩展的鳞毛刷，第 3 节短，末端尖细。头胸之间具稀疏直立的浅灰褐色至黄褐色鳞毛。前翅在 3/4–4/5 处开裂，翅面底色浅灰褐色至灰黄色，具灰褐色至灰白色斑点；前缘三角室褐色；亚外缘线白色。缘毛灰白色至浅灰色，裂叶端部色较深，翅面后缘 3/5 处具 1 褐色粗鳞，4/5 处具 1 小簇褐色粗鳞。后翅简单，翅面和缘毛颜色一致，第 3 裂叶后缘中部具 1 簇灰褐色至褐色鳞齿。

雄性外生殖器（图 8-3B）：爪形突基部向端部渐变细，末端略膨大；中部具强壮刚毛。背兜与爪形突等长。抱器瓣整体长约为基部宽的 4 倍；基部 3/5 宽，端部 2/5 部分略微变细，末端圆；抱器腹基部向末端渐细，背缘在抱器瓣 2/5 处内凹。阳茎基环端半部分叉，外臂长约为内臂的 5 倍。囊形突前缘中央略微内凹，两侧圆钝；后缘半圆形内凹，两侧尖。阳茎近"L"形弯曲，基部略膨大，腹突出自基部 1/4 处，与囊形突基部近等长；阳茎端膜上具很多微刺。

雌性外生殖器（图 8-3C）：抱器瓣小，端缘具刚毛。后表皮突与第 8 腹板近等长，末端略膨大。阴片半圆形，前表皮突长约为后表皮突的 3/4，端部 1/5 处弯折，末端尖。导管端片长约为后表皮突的 1.5 倍，基部两侧等宽，延伸一小段后略微膨大至近 1/4 处，后向端部渐变细，端部 1/3 部分约为基部的 1/3 粗。囊导管非常短。交配囊长圆形，与后表皮突近等长，基部 3/10 密布小骨化片，在 3/10 处发出 2 个角状囊突，约为交配囊的 2/5 长，基部 1/7 粗，末端尖。导精管出自囊导管和交配囊的连接处。

图 8-3 华丽片羽蛾 *Platyptilia calodactyla* (Denis *et* Schiffermüller, 1775)
A. 成虫；B. 雄性外生殖器；C. 雌性外生殖器

分布：浙江（临安）、河北、河南、青海、宁夏、四川；欧洲广布。

寄主：毛果一枝黄花 *Solidago virgaurea*、林荫千里光 *Senecio nemorensis*、林生千里光蔍草 *S. sylvaticus*、多榔菊 *Doronicum* sp.、长茎飞蓬 *Erigeron acris politus*。

174. 蝶羽蛾属 *Sphenarches* Meyrick, 1886

Sphenarches Meyrick, 1886e: 6. Type species: *Sphenarches anisodactyla* (Walker, 1864).

主要特征：头部紧贴鳞毛，无前额突。下唇须上举或略向前伸，约为复眼直径的 2 倍。后头区和头胸之间具直立散生鳞毛。前翅从 1/2 处开裂，第 1 叶端部尖细，第 2 叶有略微内凹的外缘。前翅翅脉：R_1 和 R_2 共柄，R_3 和 R_4 共柄，R_5 分离，直达第 1 叶端部；M_3 直达第 2 叶端部；Cu_1 出自 M_3 在第 2 叶上的中部，

Cu$_2$ 出自中室下角。后翅裂叶尖细，第 3 叶的端部或亚端部具鳞齿；后翅翅脉，M$_3$ 和 Cu$_1$ 共柄，第 3 叶有 1 条脉。

雄性外生殖器：爪形突很小，常退化。背兜大，向背部拱起，端部锐。抱器瓣对称，勺形，端部圆。基腹弧和第 8 腹板融合在一起，非常大，近球形。阳茎纤细，基部有 1 膜质的阳茎盲囊，细管状逐渐膨大，内有 1 骨化的细长脊。

雌性外生殖器：产卵瓣中等大小，具毛。后表皮突细长，约与第 8 腹节等长，前表皮突缺。交配孔和导管端片中央放置，交配孔略微内凹，导管端片细管状，较小。囊导管膜质，细长，交配囊球形或椭球形，无囊突，但有一些散布的小刺。导精管出自交配囊口。第 7 腹板端部延伸，把导管端片完全盖住。

分布：主要在热带分布，向北延伸至日本和加拿大南部。世界已知 7 种，中国记录 2 种，浙江分布 2 种。

（596）扁豆蝶羽蛾 *Sphenarches anisodactylus* (Walker, 1864)（图 8-4）

Oxyptilus anisodactylus Walker, 1864a: 934.
Pterophorus diffusalis Walker, 1864a: 945.
Oxyptilus direptalis Walker, 1864a: 934 (part).
Sphenarches synophrys Meyrick, 1886e: 17.
Sphenarches caffer Fletcher, 1909 (nec Zeller, 1852): 21 (part).
Sphenarches chroesus Strand, 1913b: 66.
Sphenarches anisodactylus: Fletcher, 1925: 611.

主要特征：成虫（图 8-4A）翅展 14.0–16.0 mm。头部鳞毛较粗，额区灰褐色，头顶灰白色至灰黄色。触角长约为前翅的 1/2 或更长，背面褐色和灰白色相间。前翅未开裂部乳白色至灰白色，前缘黄白色至灰色。在未开裂叶的 2/3 处具 1 褐色斑。第 1 裂叶裂口处具 1 乳白色至黄白色斑点位于后缘；在 1/3 和 2/3 处各有 1 个乳白色至黄白色的不规则纵斑，1/3 处的纵斑大；缘毛黄白色至灰白色，后缘稀疏被有褐色鳞齿。第 2 裂叶在 1/3 和 2/3 处也各有 1 个不规则纵斑，与第 1 裂叶的斑点相连；缘毛黄白色至灰白色，前后缘均有褐色鳞齿。后翅灰色，裂叶针形；第 3 叶前、后缘均布有鳞齿，端部 1/3 鳞齿浓密。前足和中足黄白色，胫节背面具 2 条褐色纵带。后足着生距处褐色，有 1 圈轮生刺。腹部第 1、2 节较细；背面黄白色，在两侧和近端部散生不规则褐色斑。

图 8-4 扁豆蝶羽蛾 *Sphenarches anisodactylus* (Walker, 1864)
A. 成虫；B. 雄性外生殖器；C. 雌性外生殖器

雄性外生殖器（图 8-4B）：爪形突从背兜腹面端部 2/7 处伸出，略长于背兜；端部略 2 裂，形成 2 个三角形小突起，具毛。背兜略短于抱器瓣。抱器瓣宽大，背缘弧形，腹缘正中部钝角，末端圆钝。阳茎基环新月形。阳茎细长，基部略微膨大，末端尖细。

雌性外生殖器（图 8-4C）：产卵瓣近方形，后缘骨化强，端部具浓密的细长刚毛。交配孔圆形，较大；导管端片管状，中部略微缢缩，长约为中部宽的 4 倍。囊导管细长，交配囊球形，略长。导精管出自囊导管与交配囊的连接处。

分布：浙江（临安）、北京、天津、山东、安徽、湖北、江西、湖南、台湾、广东、海南、广西、四川、贵州、云南；日本，印度，尼泊尔，越南，泰国，斯里兰卡，马来西亚，印度尼西亚，英国，多米尼加，格林纳达，刚果（金），马达加斯加，南非，斯威士兰，澳大利亚，巴布亚新几内亚，斐济，美国，波多黎各，巴拿马，秘鲁，巴西，巴拉圭。

寄主：Caperonia regales、C. castaneifolia、垂花再力花 Thalia geniculata、金鱼草 Antirrhinum majus、蓝冠菊 Centratherum punctatum、Eupatorium betonicaeforme、天竺葵属 Pelargonium sp.、菜豆 Phaseolus vulgaris、扁豆 Lablab purpureus、含羞草 Mimosa pudica、木豆 Cajanus cajan、西葫芦 Cucurbita pepo、葫芦 Lagenaria siceraria、丝瓜 Luffa aegyptiaca、斑点老鹳草 Geranium maculatum、木芙蓉 Hibiscus mutabilis、可可 Theobroma cacao、龙珠果 Passiflora foetida、马缨丹 Lantana camara、感应草 Biophytum sensitivum、Brillantaisia lamium。

（597）卡佛蝶羽蛾 Sphenarches caffer (Zeller, 1852)

Pterophorus caffer Zeller, 1852c: 348.
Oxyptilus walkeri Walsingham, 1881: 279.
Sphenarches caffer: Meyrick, 1887b: 267
Sphenarches cafer: Meyrick, 1935: 45. Misspelling.

主要特征：翅展 16.0 mm。外形上与扁豆蝶羽蛾 Sphenarches anisodactylus (Walker)非常相似，外形几乎无法区别。

雄性外生殖器：爪形突小，不明显。背兜较大，拱起；端部略微内凹，形成 2 个小的三角形突起，具毛。背兜略微短于抱器瓣。抱器瓣较狭长，基部细，向端部逐渐加粗，背缘直，腹缘末端形成 1 近直角的突出。阳茎基环新月形。阳茎细长，端半部细长，波纹状，向基半部逐渐膨大。

雌性外生殖器：产卵瓣近方形，后缘骨化强，端部具浓密的细长刚毛。交配孔圆形，较大；导管端片管状，基部非常粗，向端部逐渐变细，延伸为细长的囊导管，整个基部约为端部的 4 倍宽。囊导管细长，向末端逐渐加粗，膨大成长球形交配囊。导精管出自囊导管与交配囊的连接处。

分布：浙江（临安）；南非。

寄主：扁豆 Lablab purpureus、木豆 Cajanus cajan。

注：本描述译自 Gibeaux（1994）。

175. 狭羽蛾属 Stenodacma Amsel, 1959

Stenodacma Amsel, 1959b: 29. Type species: Stenodacma iranella Amsel, 1959.

主要特征：头部光滑，无前额簇。触角长约为前翅的 1/2 或稍长。下唇须细长，上举，约为复眼直径的 1.5 倍。前翅从 1/2 处开裂，两裂叶均尖细，无明显外缘。前翅翅脉：R_1 和 R_5 缺，R_5 的痕迹有时可见到，R_2 和 R_3 共柄，R_4 分离；Cu_1 出自位于第 2 叶的 M_3 脉的中部，Cu_2 出自中室下角。后翅 3 叶均尖细，线形；第 3 叶端部 1/3 处有鳞齿，仅 1 条脉。

雄性外生殖器：该属的雄性外生殖器与尖羽蛾属 Oxyptilus 非常相似。爪形突端半部开裂。背兜从基部开始 2 裂，骨化弱。抱器瓣对称，抱器瓣端半部具膜质抱器小瓣。阳茎纤细，略弯曲，无角状器。

雌性外生殖器：产卵瓣中等大小，具毛。后表皮突细长，约与第 8 腹节等长；前表皮突无。交配孔和导管端片中央放置。导管端片形状不一：长管状，强烈骨化，或很短，骨化弱。囊导管细长，膜质。交配囊泡状，具 1 对囊突。导精管位于交配囊口。

分布：主要分布于古北区、旧热带区等。世界已知 2 种，中国记录 2 种，浙江分布 1 种。

（598）酢浆草狭羽蛾 *Stenodacma pyrrhodes* (Meyrick, 1889)（图 8-5）

Trichoptilus pyrrhodes Meyrick, 1889c: 1113.
Oxyptilus kinbane Matsumura, 1931a: 1054.
Stenodacma pyrrhodes: Arenberger, 2002: 58.

主要特征：成虫（图 8-5A）翅展 10.0–11.0 mm，头顶赭褐色，散生白色鳞片。触角背面深褐色上形成 2 条不连续的白色纵带（如虚线），腹面白色。下唇须第 1 节白色，末端有黑色鳞毛簇；第 2 节白色，两侧具褐色纵带。前翅褐色至赭褐色，裂口位于近 4/7 处；中室端部具 1 长椭圆形黑褐色斑，裂口处具 1 很小的褐色斑，有的不明显；裂叶 1/3 处至 2/5 处的颜色比翅面浅，外缘 2/5 处和 3/5 处各具 1 从内缘斜向前缘端部的褐色斑，顶角褐色。后翅黄褐色，第 3 裂叶上的鳞齿褐色至黑褐色。前足和中足的腿节和胫节外侧黑褐色上着生 2 条白色纵带；后足腿节和胫节外侧黑褐色中具 1 灰白色纵带，胫节着生距处具 1 圈散生小刺。

图 8-5　酢浆草狭羽蛾 *Stenodacma pyrrhodes* (Meyrick, 1889)
A. 成虫；B. 雄性外生殖器；C. 雌性外生殖器

雄性外生殖器（图 8-5B）：爪形突基半部宽，从 3/5 处开裂，末端尖细。背兜柳叶状；长约为爪形突的 5/6。抱器瓣狭长，抱器小瓣约与背兜等长或略短于背兜，端部腹面呈骨化向内凹的钝刺，类似鸟头状；阳茎简单，基部 1/4 略弯曲，末端具 1 很小的叶突。

雌性外生殖器（图 8-5C）：产卵瓣宽短，近长方形。交配孔小。导管端片骨化，短漏斗状。交配囊椭圆形；具 1 对新月形的囊突，囊突表面密布疣突。

分布：浙江（平湖、临安）、河南、江苏、上海、江西、湖南、福建、台湾、广东、广西、四川、贵州；朝鲜，日本，巴基斯坦，印度，不丹，尼泊尔，越南，泰国，斯里兰卡，澳大利亚。

寄主：酢浆草 *Oxalis corniculata*。

176. 秀羽蛾属 *Stenoptilodes* Zimmerman, 1958

Stenoptilodes Zimmerman, 1958: 407. Type species: *Platyptilus littoralis* Butler, 1882.

主要特征：头部鳞片紧贴。下唇须前伸，长约为复眼直径的 2 倍。前翅在 2/3 处开裂；具非常发达的前缘三角室；两叶外缘均发达，第 1 叶外缘略内凹，第 2 叶外缘波缘状。后足第 1 跗节长约为其他跗节长度之和。前翅 R 脉均存在，R_3 和 R_4 脉共柄；CuA_1 和 CuA_2 脉分离，CuA_1 脉出自中室下角，CuA_2 脉出自中室；后翅第 3 叶具 1 条脉，端部具鳞齿。

雄性外生殖器：爪形突细长，长为背兜的 0.5–1 倍；背兜简单，拱起；抱器端"鸟头状"；抱器腹分两叶，基叶大，端叶小；阳茎基环分两叶，近长方形；阳茎基半部具腹突，端部具小的阳茎端膜。

雌性外生殖器：产卵瓣小；后表皮突等于或略长于第 8 腹节；前表皮突短，约与产卵瓣等长，或稍短；前阴片端部中央略内凹，后阴片端部中央内凹，形成 2 个较大的脊；交配孔和导管端片居中；导管端片方形至长方形，囊导管常具骨板；交配囊球形，具 1 对角状囊突。

分布：多分布于热带区和亚热带区。世界已知 17 种，其中非洲 2 种，南美洲 15 种，仅 1 种分布于温带地区。中国记录 1 种，浙江分布 1 种。

（599）褐秀羽蛾 *Stenoptilodes taprobanes* (Felder *et* Rogenhofer, 1875)

Amblyptilia taprobanes Felder *et* Rogenhofer, 1875: pl. 140.
Platyptilia brachymorpha Meyrick, 1888: 240.
Amblyptilia seeboldi Hofmann, 1898: 33.
Platyptilia terlizzii Turati, 1926: 67.
Amblyptilia zavatterii Hartig, 1953: 67.
Platyptilia legrandi Bigot, 1962: 86.
Stenoptilodes vittata Service, 1966: 139.
Stenoptilodes taprobanes: Bigot & Picard, 1986: 17.

分布：浙江（临安）、内蒙古、北京、天津、山东、河南、陕西、安徽、湖北、江西、湖南、福建、台湾、广东、海南、四川、贵州、云南；日本，印度，缅甸，泰国，斯里兰卡，欧洲，北美洲。

寄主：缘翅拟漆姑 *Spergularia media*、拟漆姑 *S. salina*、金鱼草 *Antirrhinum majus*、北水苦荬 *Veronica anagallis*、爆仗竹 *Russelia equisetiformis*、水茴草 *Samolus* sp.、独角金 *Striga asiatica*、密花独角金 *S. densiflora*、异叶石龙尾 *Limnophila heterophylla*、石龙尾 *L. sessiliflora*、*Mecardonia acuminata*、*Campylanthus salsoloides*、*Clinopodium vulgare*、异色黄芩 *Scutellaria discolor*、石胡荽 *Centipeda minima*、披针叶过江藤 *Phyla lanceolata*、*Hypoestes betsiliensis*。

注：描述见《天目山动物志》（李后魂等，2020）。

177. 异羽蛾属 *Emmelina* Tutt, 1905

Emmelina Tutt, 1905: 37. Type species: *Phaleana monodactyla* Linnaeus, 1758.

主要特征：头部紧贴鳞片。下唇须纤细、上举，刚达或略高于复眼上缘。前翅约在 2/3 处开裂，两叶顶角均较锐。后足胫节内侧中矩长为外侧中距的 2 倍。腹部第 2 节和第 3 节延伸，明显长于其他腹节。前翅 R_1 脉缺失，R_2–R_5 脉分离，CuA_1 脉出自中室下角偏后，CuA_2 脉出自中室。后翅尖细，缘毛长；CuA_2 脉和 M_3 脉基部相连；第 3 叶具 2 条脉。

雄性外生殖器：爪形突细长，钩状；抱器瓣强烈不对称，抱器背、腹和抱器瓣中部具许多突起；左抱器瓣较大，常为椭圆形，端部宽阔，整体结构复杂；右抱器瓣端部有时呈指状凸出；阳茎基环端部具 1 对不等长臂，右臂长且弯曲；基腹弧拱起；阳茎细长，无角状突。

雌性外生殖器：产卵瓣宽短，近矩形，具刚毛；后表皮突细长，等于和略长于第 8 腹节；交配孔完全融于第 7 腹节，或略骨化；囊导管和导精管分离；交配囊膜质，椭圆形。

分布：除南美无记录外，几乎遍布全球。世界已知 6 种，中国记录 2 种，浙江分布 1 种。

（600）甘薯异羽蛾 *Emmelina monodactyla* (Linnaeus, 1758)

Phalaena Alucita monodactyla Linnaeus, 1758: 542.

Phalaena bidactyla Hochenwarth, 1785: 336.
Alucita pterodactyla Hübner, [1805] (nec Linnaeus, 1758): pl. 1.
Pterophorus flaveodactylus Amary, 1840: 84.
Pterophorus pterodactylus Zeller, 1841 (nec Linnaeus, 1758): 846.
Pterophorus cineridactyla Fitch, 1854: 848.
Pterophorus naevosidactyla Fitch, 1854: 849.
Pterophorus impersonalis Walker, 1864a: 942.
Pterophorus pergracilidactyla Packard, 1873: 266.
Pterophorus barberi Dyar, 1903b: 228.
Emmelina monodactyla: Tutt, 1905: 37.
Pterophorus pictipennis Grinnell, 1908: 320.
Pterophorus monodactylus f. *rufa* Dufrane, 1960: 6.

分布：浙江（德清、临安）、黑龙江、内蒙古、北京、天津、河北、山西、山东、陕西、宁夏、甘肃、青海、新疆、湖北、江西、福建、四川、贵州；日本，印度，中亚，欧洲，北美洲，非洲北部。

寄主：田旋花 *Convolvulus arvensis*、*C. cantabrica*、地中海旋花 *C. althaeoides*、*C. spithamaea*、*C. microphyllus*、*C. floridus*、*C. subacaulis*、旋花 *Calystegia sepium*、肾叶打碗花 *C. soldanella*、甘薯 *Ipomoea batatas*、*I. hispida*、圆叶牵牛 *I. purpurea*、藜 *Chenopodium* sp.、滨藜 *Atriplex* sp.、曼陀罗 *Datura stramonium*、蓼 *Polygonum* sp.、帚石南 *Calluna* sp.、欧石南 *Erica* sp.、越桔属 *Vaccinium* sp.、金鱼草属 *Antirrhinum* sp.、天仙子 *Hyoscyamus niger*。

讨论：该种全世界范围广布，在颜色、大小和翅面斑纹上的变异都很大。颜色通常从灰白色到灰褐色；大小为翅展 18.0–28.0 mm。翅面斑点颜色从非常黯淡到黑褐色。

注：描述见《天目山动物志》（李后魂等，2020）。

178. 滑羽蛾属 *Hellinsia* Tutt, 1905

Hellinsia Tutt, 1905: 37. Type species: *Pterophorus osteodactylus* Zeller, 1841.
Leioptilus Wallengren, 1862: 21.
Utuca Walker, 1864a: 951.
Lioptilus Zeller, 1867c: 331. Emendation & Homonym of *Lioptilus* Cabanis, 1850.
Paulianilus Gibeaux, 1994: 123.

主要特征：头部紧贴鳞片，前额光滑。下唇须斜上举，刚达复眼上缘。前翅所有裂叶顶角均锐。前翅在 2/3 处开裂。翅面颜色从白色、黄色到灰白色；很少暗色。裂口之前和前缘第 1 裂叶基部常具 1 个深色斑点。前翅翅脉：Sc 脉直达前缘 4/7–3/5 处；R_1 脉缺失，R_2–R_5 脉分离，均出自中室上角附近，有的类群 R_3 脉和 R_4 脉基部非常接近，R_4 脉直达第 1 叶顶角；M_3 脉直达第 2 叶顶角；CuA_1 脉出自于中室下角之后，M_3 脉位于第 2 叶部分的基部，CuA_2 脉出自中室近下角。后翅第 3 叶具 2 条脉。中足沿距具不发达的鳞毛簇。

雄性外生殖器：爪形突钩状；背兜拱起，腹面末端常 2 裂，似背兜叶；抱器瓣不对称，基部外侧常具长毛簇；抱器背简单，弧形；左抱器瓣具非常发达的刺或突起；右抱器腹偶尔具小的角或刺；基腹弧拱起，具不发达的囊突或无；阳茎基环端部分裂成不等长两臂，两臂常扭曲；阳茎常短于抱器瓣的 1/2，略弯曲，角状器有或无。

雌性外生殖器：后表皮突发达，前表皮突退化，很小或无；交配孔和导管端片通常位于左侧，具许多骨化脊；交配囊泡状、圆形或椭圆形；导精管非常发达。

寄主：该属大多寄生于菊科 Compositae 植物。

分布：世界广布，新热带区最为丰富。世界已知近 200 种，中国记录 26 种，浙江分布 3 种。

分种检索表

1. 右抱器腹端部形成骨化的突起 ··· 黑指滑羽蛾 *H. nigridactyla*
- 右抱器腹端部通常与抱器瓣融合在一起 ··· 2
2. 左抱器腹突起基部为锥形片状围成的半环形结构，端部形成 1 细长的刺状突起 ················ 日滑羽蛾 *H. ishiyamana*
- 左抱器腹突起基部非半环形结构，端部具 1 个扁长方形突起，该突起中部上具 1 长针状突起 ···· 艾蒿滑羽蛾 *H. lienigiana*

（601）日滑羽蛾 *Hellinsia ishiyamana* (Matsumura, 1931)

Pterophorus ishiyamanus Matsumura, 1931a: 1056.

Pterophorus logistes Meyrick, 1935: 46.

Hellinsia ishiyamana: Gielis, 1993: 69.

分布：浙江（临安）、安徽、四川；日本。

寄主：北艾 *Artemisia vulgaris*。

注：描述见《天目山动物志》（李后魂等，2020）。

（602）艾蒿滑羽蛾 *Hellinsia lienigiana* (Zeller, 1852)

Pterophorus (*Pterophorus*) *lienigianus* Zeller, 1852c: 380.

Pterophorus melinodactylus Herrich-Schäffer, 1855: 371.

Pterophorus scarodactylus Becker, 1861: 56.

Leioptilus serindibanus Moore, 1887: 527.

Leioptilus sericeodactylus Pagenstecher, 1900b: 240.

Ovendenia septodactyla Tutt (nec Treitschke), 1905: 37.

Pterophorus victorianus Strand, 1913a: 130.

Pterophorus scarodactylus var. *catharodactylus* Caradja, 1920: 86 (part).

Pterophorus hirosakianus Matsumura, 1931a: 1056.

Oidaematophorus mutuurai Yano, 1963: 180.

Hellinsia lienigiana: Arenberger & Jaksic, 1991: 234.

分布：浙江（临安、泰顺）、北京、天津、河北、山西、山东、河南、陕西、宁夏、上海、安徽、湖北、江西、湖南、福建、台湾、四川、贵州；朝鲜，日本，越南，菲律宾，印度，斯里兰卡，欧洲，大洋洲，非洲。

寄主：北艾 *Artemisia vulgaris*、荒野蒿 *A. campestris*、魁蒿 *A. princeps*、黑苞千里光 *Senecio nigrocinctus*、滨菊 *Leucanthemum vulgare*、菊蒿属 *Tanacetum* sp.、茄属 *Solanum* sp.。

注：描述见《天目山动物志》（李后魂等，2020）。

（603）黑指滑羽蛾 *Hellinsia nigridactyla* (Yano, 1961)

Oidaematophorus nigridactylus Yano, 1961: 154.

Hellinsia nigridactyla: Gielis, 1993: 70.

分布：浙江（临安）、黑龙江、吉林、辽宁、天津、山东、安徽、江西、湖南、福建、广西、四川、贵州、云南；俄罗斯，日本。

寄主：锐齿马兰 *Aster yomena*。

注：描述见《天目山动物志》（李后魂等，2020）。

179. 冬羽蛾属 *Pselnophorus* Wallengren, 1881

Pselnophorus Wallengren, 1881: 96. Type species: *Alucita brachydactyla* Kollar, 1832.

Crasimetis Meyrick, 1890: 484.

主要特征：头部紧贴鳞片，无明显的前额簇。下唇须上举，细长，触角密被纤毛。后足距基部有鳞毛刷。侧面的距比中间的距短。前翅所有裂叶均无臀角。前翅翅脉：R_1 缺失，R_2 自由，R_3、R_4 和 R_5 共柄；Cu_1 出自于 M_3 位于第 2 裂叶上的基部 1/3 处，Cu_2 出自于中室下角之后。后翅第 3 叶具 2 条脉。

雄性外生殖器：阳茎渐尖，约与背兜等长。背兜拱形。抱器瓣不对称，抱器腹有突出的角或刺；基部外侧各具 1 簇伸向抱器端的长毛。阳茎略微弯曲，有侧刺，但无角状器。

雌性外生殖器：交配孔和囊导管对称，中央放置。囊导管简单，无骨化的节或脊。交配囊球形至椭球形，无囊突。

分布：世界广布。世界已知 12 种。中国记录 4 种，浙江分布 1 种。

（604）款冬羽蛾 *Pselnophorus vilis* (Butler, 1881)（图 8-6）

Aciptilus vilis Butler, 1881: 594.

Aciptilia amurensis Christoph, 1882: 43.

Pselnophorus vilis: Meyrick, 1907a: 492.

主要特征：成虫（图 8-6A）翅展 15.0–21.0 mm。头部灰白色，无前额突；头顶鳞毛略微前伸，两触角间的鳞毛雪白色。触角略微长于前翅的 1/2；基节雪白色，略微膨大；鞭节密被细绒毛，灰白色上散布褐色。

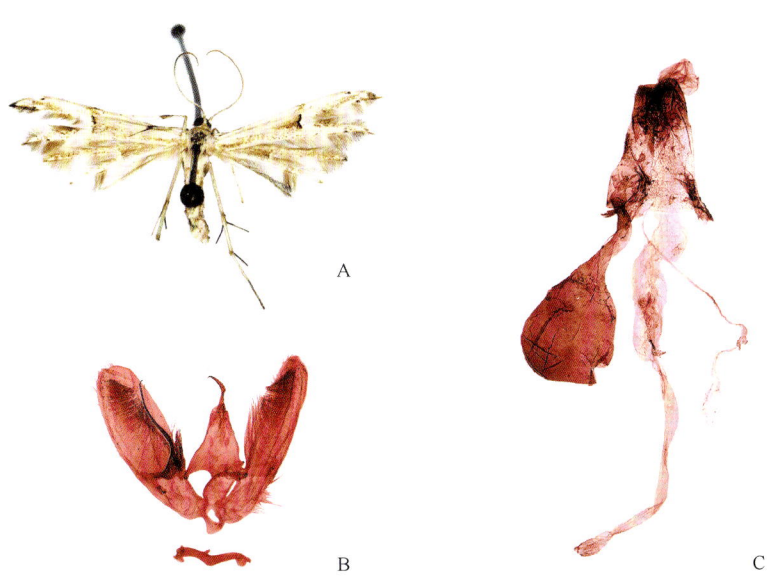

图 8-6 款冬羽蛾 *Pselnophorus vilis* (Butler, 1881)
A. 成虫；B. 雄性外生殖器；C. 雌性外生殖器

下唇须短于复眼直径，灰白色；基节很小；第 2 节细，无鳞毛刷或端部略微扩展；端节和第 2 节等长，末端尖细。头胸之间具很多直立散生的顶端二分叉的白色细鳞片。胸部褐色中密布白色。前翅在 3/5 处开裂；翅面底色白色，稀疏散布褐色鳞片；裂口基部具 1 中央向基部弯折的褐色小斑；缘毛灰白色至白色，较短。后翅简单，分别在 1/2 处和 1/5 处开裂；翅面底色白色，偶有灰褐鳞片散布；缘毛灰白色至白色。足白色，稀疏散布浅黄色鳞片，距的外侧浅黄色，跗节末端浅黄色。腹部中等粗细，灰白色上散布灰黄色。

雄性外生殖器（图 8-6B）：爪形突简单，弯钩状，基部粗，向端部渐细。背兜长约为爪形突的 2 倍，基部较宽。左抱器瓣非常宽大（存在一定的变异），末端宽圆；抱器腹较小，其末端具 1 伸向端部的突起，但约到抱器瓣的 1/8 距离后就向抱器瓣基部弯曲伸向抱器背，到达后开始伸向抱器瓣端部，整体约达到端部 4/5 处，该突起向端部逐渐变细，末端尖细。右抱器瓣略长于左抱器瓣，远比左抱器瓣细；抱器腹较细，基部 3/8 处具 1 非常小的伸向腹缘的三角形突起。阳茎基环基部 3/5 近长方形，前缘中央略微内凹；端部二裂成不对称的末端膨大的臂，左臂明显较右臂小。阳茎约为抱器瓣的 2/5 长；基部略膨大，近中部弯曲，向端部渐变细；基部 1/3 处具 1 非常小的侧突。

雌性外生殖器（图 8-6C）：产卵瓣近三角形，端部具短纤毛。后表皮突细，较第 8 腹板短，但略微长于产卵瓣。交配孔位于左侧，较大，导管端片基部褶皱，骨化不明显，略微缢缩后与囊导管相连；囊导管上有弱纵脊，与导管端片近等粗，与交配囊近等长；交配囊近球形。

分布：浙江（临安）、黑龙江、河北、河南、江苏、上海、江西、福建、海南；俄罗斯，日本。

寄主：大吴风草 *Farfugium japonicum*、蹄叶橐吾 *Ligularia fischeri*、蜂斗菜 *Petasites japonicus*。

第九章 卷蛾总科 Tortricoidea

二十五、卷蛾科 Tortricidae

主要特征：成虫小到中型，翅展 7.0–35.0 mm，很少超过 60.0 mm。头顶具粗糙的鳞片；毛隆发达；喙发达，基部无鳞片；下唇须 3 节，被粗糙鳞片，平伸或上举，上举型第 3 节常短而钝；触角鞭节各亚节被 2 排或 1 排鳞片。前翅宽阔，近三角形到近方形；中室具索脉和 M 干脉，M 干脉一般不分支。雄性爪形突变化大或缺失；尾突大而具毛或缺失，颚形突的两臂端部愈合，但常退化或消失；雌性产卵器非套叠式，具宽阔、平坦的产卵瓣及相对较短的表皮突；囊导管与交配囊可区分。

分布：世界广布。世界已知 1151 属 11 000 多种，中国记录约 150 属 1200 多种，浙江分布 78 属 167 种。

（一）卷蛾亚科 Tortricinae

主要特征：触角鞭节各亚节均被 2 排鳞片，具感觉纤毛。前翅多宽大，常具前缘褶，内着生特化的香鳞；后翅无肘栉。雄性外生殖器变化大，但阳茎基环与阳茎以简单关节相连，没有强烈愈合；阳茎通常有发达的盲囊。雌性阴片与前表皮突腹臂相连；囊突一般 1 个，个别 2 或 4 个，形状变化较大；性信息素多为以 14 碳链为基础的化合物。

分布：世界广布。世界已知 5000 余种，中国记录 9 族 79 属 504 种，浙江分布 4 族 17 属 30 种。

分族检索表

1. 前翅表面常具竖立的鳞片簇；抱器瓣端部具端臂，肛管发达；雌性囊突星形 ·················· **卷蛾族 Tortricini**
- 前翅表面无竖立的鳞片簇；抱器瓣端部无端臂，肛管常不明显；雌性囊突非星形 ····················· 2
2. 前翅斑纹以两条向内倾斜的横纹为基础；爪形突常消失 ························· **纹卷蛾族 Cochylini**
- 前翅斑纹非上述特征；爪形突发达 ··· 3
3. 雄性前足腿节基部常伸出毛丛；爪形突腹面无毛刷 ··································· **棕卷蛾族 Euliini**
- 雄性前足腿节基部无毛丛；爪形突腹面毛刷常较浓密，如稀疏则抱器瓣具皱纹或褶皱 ·············· **黄卷蛾族 Archipini**

卷蛾族 Tortricini

主要特征：前翅常具竖鳞，无前缘褶；中室常不具索脉，无 M 干脉；M_3、CuA_1 脉常共柄。雄性抱器瓣的背屈肌（m_4）缺失；爪形突萎缩；典型的卷蛾族种类颚形突常缺失，但肛管的腹面部分常骨化形成亚颚形突；抱器瓣常具端臂；阳茎基环大，为垂直折叠的板状结构。雌性若具囊突，常为星形。

分布：世界广布。世界已知 300 种以上，中国记录 11 属 150 多种，浙江分布 2 属 6 种。

180. 长翅卷蛾属 *Acleris* Hübner, [1825] 1816

Acleris Hübner, [1825] 1816: 384. Type species: *Tortrix aspersana* Hübner, [1814-1817].
Peronea Curtis, 1824: pl. 16.

Lopas Hübner, [1825] 1816: 384.
Rhacodia Hübner, [1825] 1816: 384.
Eclectis Hübner, [1825] 1816: 385.
Teleia Hübner, [1825] 1816: 385.
Oxigrapha Hübner, [1825] 1816: 386.
Amelia Hübner, [1825] 1816: 388.
Croesia Hübner, [1825] 1816: 392.
Leptogramma Stephens, 1829a: 187.
Glyphisia Stephens, 1829a: 188.
Argyrotoza Stephens, 1829a: 48.
Cheimatophila Stephens, 1829a: 48.
Teras Treitschke, 1829: 233.
Cheimatophila Stephens, 1834: 172.
Glyphiptera Duponchel, 1834: 123.
Phloiophila Duponchel, 1834: 19.
Argyrotoxa Agassiz, 1848: 96.
Chimatophila Agassiz, 1848: 232.
Oxygrapha Agassiz, 1848: 773.
Phylacophora Filipjev, 1931b: 502.
Ergasia Issiki *et* Stringer, 1932: 135.
Chroesia Swatschek, 1958: 71.
Croeses Diakonoff, 1960: 80.

主要特征：下唇须变化较大，基节一般很短；第 2 节长，端部膨大；第 3 节较长，部分隐藏在第 2 节的鳞片里。后胸脊突有或无。前翅前缘基部凸出，外端平直，有些种类前缘弧状均匀向外弯曲，端部或多或少扩大；顶角短或伸出，圆或尖；前翅底色，多为褐色、灰色、黑色等，一些种色彩较鲜艳；R_1 脉出自中室前缘之前，R_2 脉基部到 R_1、R_3 脉基部近等距，R_5 脉伸达顶角之前，中脉均分离，CuA_1 脉基部与 R_1 脉基部相对。后翅顶角突出或圆，所有翅脉分离，M_3、CuA_1 脉基部靠近或同出一点。雄性尾突变化很大，粗短到细长，具浓密的刚毛或鳞片；肛管明显，前端骨化强，中后部膜质，有时具腹突；背兜常延伸，末端常突起；抱器瓣长；端臂粗细长短变化较大；抱器背骨化强，伸达端部前缘；抱器腹长，基部宽而弯曲，腹面中部常内凹，端部延伸具刺状刚毛；阳茎变化较大，一些角状器基部常具球形突或基板。雌性产卵瓣前端 1/3 很细，后端宽大。表皮突短；第 8 背板发达；阴片宽，侧面常具端部收缩的侧突，有些种类侧突短或消失；导管端片骨化较强，有时很长；囊导管长，有时近交配囊处加宽，骨化或膜质；交配囊透明或囊壁被许多微刺；囊突有或无，若有，则形状变化较大，星形多见，具齿。

分布：世界广布。世界已知 219 种，中国记录 107 种，浙江分布 4 种。

分种检索表

1. 尾突上举 ·· 褐点长翅卷蛾 ***A. fuscopunctata***
- 尾突下垂或悬垂 ··· 2
2. 腹突明显，细长，超过背兜 ·· 圆扁长翅卷蛾 ***A. placata***
- 腹突不明显 ··· 3
3. 抱器腹近端部腹面具齿状突起 ·· 腹齿长翅卷蛾 ***A. recula***
- 抱器腹近端部腹面无齿状突起，端部游离，骨化呈牛角状 ························ 毛榛子长翅卷蛾 ***A. delicatana***

（605）毛榛子长翅卷蛾 *Acleris delicatana* (Christoph, 1881)

Teras delicatana Christoph, 1881: 60.
Acleris delicatana: Obraztsov, 1956: 152.

分布：浙江（临安）、黑龙江；俄罗斯，日本。
寄主：千金榆 *Carpinus cordata*、日本鹅耳枥 *C. japonica*、鹅耳枥 *C. turczaninowii*、白桦 *Betula platyphylla*、硕桦 *B. costata*、榛 *Corylus heterophylla*、毛榛 *C. mandschurica*。
注：描述见《天目山动物志》（李后魂等，2020）。

（606）褐点长翅卷蛾 *Acleris fuscopunctata* (Liu et Bai, 1987)

Croesia fuscopunctata Liu et Bai, 1987: 317.
Acleris fuscopunctata: Brown, 2005: 50.

分布：浙江（临安）、福建。
注：描述见《天目山动物志》（李后魂等，2020）。

（607）圆扁长翅卷蛾 *Acleris placata* (Meyrick, 1912)

Peronea placata Meyrick, 1912: 17.
Acleris placata: Inoue, 1954: 80.

分布：浙江（临安）、福建、台湾、广西、四川；日本，印度。
注：描述见《天目山动物志》（李后魂等，2020）。

（608）腹齿长翅卷蛾 *Acleris recula* Razowski, 1974

Acleris recula Razowski, 1974: 152.

分布：浙江（临安）、河南。
注：描述见《天目山动物志》（李后魂等，2020）。

181. 彩翅卷蛾属 *Spatalistis* Meyrick, 1907

Spatalistis Meyrick, 1907: 978. Type species: *Spatalistis rhopica* Meyrick, 1907.

主要特征：头顶粗糙。下唇须为复眼直径的1.5–3倍，基节短小；第2节长，端部具较长的鳞片而膨大；第3节较长，有时隐藏在第2节里。胸部无后胸脊突。前翅色彩常较鲜艳；前缘向前弧状弯曲；顶角尖锐；外缘弯曲且圆；前翅Sc脉伸达前缘中部，R_2脉基部到R_1、R_3脉基部近等长，R_3、R_4、R_5脉基部相距很近，R_5脉伸达顶角下方的外缘，中脉几乎平行，M_3与CuA_1脉共柄达1/3。后翅Rs、M_1脉基部靠近，M_2与M_3脉基部非常靠近或同出一点，M_3、CuA_1脉共柄达1/4或1/2。雄性爪形突较发达，基部宽阔；尾突长，下垂；肛管宽，端部腹面具小刺。背兜长而窄，后部凸出；抱器瓣长，基部宽阔，端部收缩；抱器背基突带状，骨化较强；抱器背强烈骨化，有些种未伸达抱器瓣末端；抱器腹发达，简单或具端部突起，末端游离部分有时长，具刚毛或刺；端臂非常细，且较长，有些种类相对较宽；阳茎宽，角状器具球形突。

雌性表皮突短；阴片宽，前突端部尖；导管端片很短；囊导管粗而长；交配囊大；囊突圆形，具齿刺，有时退化为 1 列刺或缺失。

分布：古北区、东洋区。世界已知 24 种，中国记录 4 种，浙江分布 2 种。

(609) 黄丽彩翅卷蛾 *Spatalistis aglaoxantha* Meyrick, 1924

Spatalistis aglaoxantha Meyrick, 1924: 116.

分布：浙江（临安）、安徽、江西、台湾、广西；日本。
注：描述见《天目山动物志》（李后魂等，2020）。

(610) 珍珠彩翅卷蛾 *Spatalistis christophana* (Walsingham, 1900)

Tortrix christophana Walsingham, 1900: 455.
Tortrix exuberans Walsingham, 1900: 456.
Tortrix joannisi Walsingham, 1900: 455.
Spatalistis christophana: Meyrick, 1912: 54.

分布：浙江、辽宁、河南、陕西、甘肃、湖北、江西、湖南、台湾、贵州；俄罗斯，韩国，日本。
注：描述见《中国动物志》（刘友樵和李广武，2002）。

黄卷蛾族 Archipini

主要特征：雄虫触角被浓密的感觉纤毛，有时形成栉齿，但不呈双栉齿状。前翅常具前缘褶；索脉很少存在。雄性爪形突端部下方腹面具毛刷或较光裸；抱器背基突带状，在一些属中常呈钩形突，上面具刺；抱器瓣常具毛垫，抱器腹常骨化。雌性囊导管常具端片，有时有管带；囊突多为钢叉形，具球形突。

分布：世界广布。世界已知 150 多属 500 多种，中国记录 39 属 260 多种，浙江分布 10 属 18 种。

分属检索表

1. 抱器背骨化，发达；抱器瓣盘区简单，无皱纹或褶皱 ··· 2
- 抱器背退化或消失；抱器瓣盘区常有皱纹或褶皱 ··· 3
2. 后翅 Rs 与 M$_1$ 脉共短柄；阳茎盲囊退化消失；无囊突 ··· 华卷蛾属 *Egogepa*
- 后翅 Rs 与 M$_1$ 脉共长柄；阳茎盲囊明显；囊突小而明显 ·· 丛卷蛾属 *Gnorismoneura*
3. 抱器背基突带状皱纹或褶皱 ··· 4
- 抱器背基突非带状，常形成钩形突皱 ··· 8
4. 雄性触角第 2 节具缺刻；抱器瓣端部中间常凹陷 ··· 褐卷蛾属 *Pandemis*
- 雄性触角第 2 节无缺刻；抱器瓣端部不凹陷 ··· 5
5. 尾突大 ··· 6
- 尾突很小，或退化消失 ··· 7
6. 抱器背基突中部常形成 1 或 2 个突起；阳茎基环常在阳茎背面形成骨化较弱的突起；角状器一般长度 ·····················
 ··· 突卷蛾属 *Meridemis*
- 抱器背基突和阳茎背面均无上述突起；角状器极长 ··· 色卷蛾属 *Choristoneura*
7. 第 2、3 节背板前缘各具 1 对背穴；雄性前翅前缘褶窄；抱器腹骨化弱 ······································· 黄卷蛾属 *Archips*
- 第 2、3 节背板前缘不具背穴；雄性前翅前缘褶非常宽大；抱器腹强烈骨化，常具齿 ······················· 长卷蛾属 *Homona*

8. 抱器瓣末端常有很短的端臂 ··· 褐带卷蛾属 *Adoxophyes*
- 抱器瓣末端无端臂 ··· 9
9. 抱器瓣圆，盘区具褶皱，呈放射皱状 ··· 圆卷蛾属 *Neocalyptis*
- 抱器瓣宽大于长，盘区具褶皱，不呈放射皱状 ··· 双斜卷蛾属 *Clepsis*

182. 褐带卷蛾属 *Adoxophyes* Meyrick, 1881

Adoxophyes Meyrick, 1881a: 429. Type species: *Adoxophyes heteroidana* Meyrick, 1881.

主要特征：雌雄二型现象较普遍，雄性前翅常具发达的前缘褶。前翅 R_4 与 R_5 脉共柄达中部或 2/3 处；前、后翅 M_2 与 M_3 脉均基部靠近；索脉和 M 干脉退化。雄性爪形突端部扩展。尾突小；颚形突两臂侧腹面凸出；抱器瓣宽大，具很多放射状的皱纹及较大的褶皱，端部常有短的延伸部分；抱器背基突骨化强，形成钩形突，端部具齿突，在有些种类中钩形突下方具附属的突起；抱器腹简单；阳茎简单，盲囊短，阳基腹棒小。雌性前阴片常较窄。导管端片细而短。囊突发达，常呈弯角状；球形突不发达或退化。

分布：世界广布。世界已知 51 种，中国记录 9 种，浙江分布 1 种。

（611）棉褐带卷蛾 *Adoxophyes honmai* Yasuda, 1998

Adoxophyes honmai Yasuda, 1998: 164.
Adoxophyes orana orana: Zhou et al., 1997: 130.

分布：浙江、河北、山东、河南、陕西、甘肃、江苏、安徽、湖北、湖南、福建、台湾、广东、海南、广西、四川、贵州；日本。

寄主：棉属 *Gossypium* sp.、茶 *Camellia sinensis*、柑橘 *Citrus reticulata*。

注：描述见《天目山动物志》（李后魂等，2020）。

183. 黄卷蛾属 *Archips* Hübner, [1822]

Archips Hübner, [1822]: 58. Type species: *Phalaena Tortrix xylosteana* Linnaeus, 1758.
Cacoecia Hübner, [1825] 1816: 388.
Archippus Freeman, 1958: 15.
Pararchips Kuznetzov, 1970: 488.

主要特征：雌雄二型现象较普遍，雄性斑纹较清晰，前翅常具前缘褶；雌性虫体明显大于雄性，且斑纹常不明显，大多数后翅前缘近端部着生 1 丛香鳞。第 2、3 腹节背板前缘各具 1 对背穴，一些种在第 2-4 腹节背板上都有背穴。前翅所有翅脉分离，M 干脉退化。后翅 M_3 和 CuA_1 脉分离、同出一点或具很短的柄。雄性爪形突较细，常为棒状，很少出现二叉状。尾突很小或退化消失；颚形突两臂细长，端板较长，末端尖；抱器瓣常呈卵形，具很多放射状的皱纹；抱器背基突带状，中部常向上卷起，两侧宽；抱器腹变化较大，常具齿突状或游离的末端；阳茎基环简单，较小；阳茎多为手枪形，简单或具一些齿突；阳茎盲囊较短；阳基腹棒非常发达。雌性阴片发达，常呈杯状或漏斗形；导管端片常具内骨片，且前端形成 1 个小囊；囊导管长，管带长短变化较大；囊突发达，呈角状，基部常具较大的骨化区；球形突发达。

分布：古北区、东洋区、新北区。世界已知 134 种，中国记录 52 种，浙江分布 7 种。

分种检索表

1. 前翅无前缘褶，且基斑、中带和亚端纹均不明显 ·· 美黄卷蛾 A. myrrhophanes
- 前翅具前缘褶，基斑、中带和亚端纹均存在 ··· 2
2. 前翅前缘褶长不超过前翅的1/3 ··· 3
- 前翅前缘褶长超过前翅的1/3 ·· 5
3. 阳茎中部具腹突，扁平齿状 ·· 湘黄卷蛾 A. strojny
- 阳茎中部无腹突 ·· 4
4. 阳茎端膜内具2个细长的角状器 ·· 白亮黄卷蛾 A. limatus albatus
- 阳茎端膜内具5–7个细长的角状器 ·· 后黄卷蛾 A. asiaticus
5. 抱器腹背缘近基部具1大齿突 ·· 永黄卷蛾 A. tharsaleopa
- 抱器腹背缘近基部无大齿突 ·· 6
6. 阳茎末端钝，近末端具1小的腹齿突 ·· 天目山黄卷蛾 A. compitalis
- 阳茎末端尖，近末端无腹齿突 ·· 云杉黄卷蛾 A. oporana

（612）后黄卷蛾 *Archips asiaticus* Walsingham, 1900

Archips asiaticus Walsingham, 1900: 380.
Cacoecia contemptrix Meyrick, 1925: 378.
Archippus (*Archippus*) *asiaticus*: Yasuda, 1975: 98.
Archippus asiaticus: Yang, 1977: 163.

分布：浙江（临安）、吉林、北京、天津、山东、河南、陕西、宁夏、甘肃、江苏、安徽、江西、湖南、福建、广东、四川；韩国，日本。

注：描述见《天目山动物志》（李后魂等，2020）。

（613）天目山黄卷蛾 *Archips compitalis* Razowski, 1977

Archips compitalis Razowski, 1977a: 118.

分布：浙江（临安）、河南、陕西、甘肃、安徽、湖北、江西、湖南、福建、广西、四川、贵州、云南；越南。

注：描述见《天目山动物志》（李后魂等，2020）。

（614）白亮黄卷蛾 *Archips limatus albatus* Razowski, 1977

Archips limatus albatus Razowski, 1977a: 120.

分布：浙江（临安）。

注：描述见《天目山动物志》（李后魂等，2020）。

（615）美黄卷蛾 *Archips myrrhophanes* (Meyrick, 1931)

Tortrix myrrhophanes Meyrick, 1931: 63.
Archips myrrhophanes: Razowski, 1984: 271.
Archips sayonae Kawabe, 1985: 5.

Archips adornatus Liu, 1987: 139.

分布：浙江（临安）、河南、安徽、湖北、江西、湖南、福建、台湾、四川、贵州、云南；日本。

注：描述见《天目山动物志》（李后魂等，2020）。

（616）云杉黄卷蛾 *Archips oporana* (Linnaeus, 1758)

Phalaena Tortrix oporana Linnaeus, 1758: 530.

Archips oporana: Bradley et al., 1973:100.

分布：浙江（临安）、黑龙江、吉林、河南、陕西、江苏、上海、安徽、湖南、福建、台湾、广东、广西、贵州、云南；俄罗斯，韩国，日本，欧洲各国。

寄主：赤松 *Pinus densiflora*、五角松 *P. pentaphylla*、北美乔松 *P. strobus*、欧洲赤松 *P. sylvestris*、黑松 *P. thunbergii*、白云杉 *Picea glauca*、欧洲云杉 *P. abies*、鱼鳞云杉 *P. jezoensis*、日本冷杉 *Abies firma*、萨哈林冷杉 *A. sachalinensis*、欧洲冷杉 *A. alba*、雪松 *Cedrus deodara*、日本铁杉 *Tsuga sieboldii*、东北红豆杉 *Taxus cuspidata*、落叶松属 *Larix* sp.、*Crytomeria japonica*、胡颓子属 *Elaeagnus* sp.、三尖杉 *Cephalotaxus* sp.。

注：描述见《天目山动物志》（李后魂等，2020）。

（617）湘黄卷蛾 *Archips strojny* Razowski, 1977

Archips strojny Razowski, 1977a: 101.

分布：浙江（临安）、江苏、上海、安徽、江西、湖南、福建、海南、云南。

注：描述见《天目山动物志》（李后魂等，2020）。

（618）永黄卷蛾 *Archips tharsaleopa* (Meyrick, 1935)

Cacoecia tharsaleopa Meyrick, 1935: 50.

Archips tharsaleopa: Obraztsov, 1955: 204.

Archips tharsaleopa tharsaleopa: Razowski, 1977a: 83.

分布：浙江（临安）、北京、河南、陕西、甘肃、四川、贵州。

注：描述见《天目山动物志》（李后魂等，2020）。

184. 色卷蛾属 *Choristoneura* Lederer, 1859

Choristoneura Lederer, 1859: 246. Type species: [*Tortrix*] *diversana* Hübner, [1817].

Cornicacoecia Obraztsov, 1954: 173.

Hoshinoa Kawabe, 1965a: 30.

Cudonigera Obraztsov *et* Powell in Powell & Obraztsov, 1977: 119.

主要特征：雌雄二型现象较常见，雄性前翅常具发达的前缘褶。前翅所有翅脉均分离，索脉常消失，M 干脉有不同程度的退化。后翅 M_3 和 CuA_1 脉基部非常靠近。雄性爪形突从基部直接伸出，变化较大，棒状或非常宽短，腹面毛刷稀疏；尾突大；颚形突简单，两侧臂细长，末端尖；抱器瓣卵圆形或三角形，末端常形成不易确定的叶状端臂，盘区具许多放射状的皱纹；抱器背基突带状，背面和侧面略有扩展；抱器腹骨化较强，变化很大，常具一些突起；阳茎基环简单；阳茎变化大，常具一些细齿刺，盲囊短，阳基腹棒短或很发达；角状器很长。雌性前阴片短或几乎消失，很少呈杯状；导管端片发达，常具内骨片；囊导管长，常具管带；囊突角状，发达，球形突大。

分布：世界广布。世界已知 54 种，中国记录 10 种，浙江分布 2 种。

（619）尖色卷蛾 *Choristoneura evanidana* (Kennel, 1901)

Cacoecia evanidana Kennel, 1901: 214.

Choristoneura evanidana: Razowski, 1984: 271.

分布：浙江（临安）、黑龙江、天津、河北、河南、陕西、甘肃、湖北、四川；俄罗斯，韩国，日本。

寄主：杉松 *Abies holophylla*、青楷槭 *Acer tegmentosum*、满洲楤木 *Aralia mandshurica*、东北杏 *Armeniaca manschurica*、桦叶绣线菊 *Spiraea betulifolia*、暴马丁香 *Syringa reticulata* var. *amurensis*、黑桦 *Betula dahurica*、榛 *Corylus heterophylla*、毛榛 *Corylus mandschurica*、胡枝子 *Lespedeza bicolor*、朝鲜槐 *Maackia amurensis*、黄檗 *Phellodendron amurense*、东北山梅花 *Philadelphus schrenekii*、叶山梅花 *P. tenuifolius*、蒙古栎 *Quercus mongolica*、迎红杜鹃 *Rhododendron mucronulatum*、五味子 *Schisandra chinensis*、紫椴 *Tilia amurensis*。

注：描述见《天目山动物志》（李后魂等，2020）。

（620）南色卷蛾 *Choristoneura longicellana* (Walsingham, 1900)

Archips longicellanus Walsingham, 1900: 378.

Choristoneura longicellanus: Oku, 1967: 49.

Choristoneura longicellana: Yang, 1977: 161.

分布：浙江（临安）、天津、河北、河南、陕西、甘肃、江苏、湖北、四川、贵州；俄罗斯，韩国，日本。

寄主：苹果 *Malus pumila*、秋子梨 *Pyrus ussuriensis*、沙梨 *P. pyrifolia*、日本樱花 *Cerasus yedoensis*、黑樱桃 *C. maximowiczii*、*Ligustrum obtusifolim*、李 *Prunus salicina*、桃 *Amygdalus persica*、蔷薇属 *Rosa* sp.、桑属 *Morus* sp.、日本栗 *Castanea crenata*、麻栎 *Quercus acutissima*、槲树 *Q. dentata*、蒙古栎 *Q. mongolica*、欧洲醋栗 *Ribes reclinatum*、花曲柳 *Fraxinus rhynchophylla*、粉枝柳 *Salix rorida*、迎红杜鹃 *Rhododendron mucronulatum*。

讨论：本种雄性个体大小有较大差异，翅展 21.5–34.5 mm，部分雄性个体前翅被大量黑褐色鳞片，形成很大的黑斑，有些标本前翅后缘近基部的黑斑退化。

注：描述见《天目山动物志》（李后魂等，2020）。

185. 双斜卷蛾属 *Clepsis* Guenée, 1845

Clepsis Guenée, 1845a: 149. Type species: *Tortrix rusticana* Hübner [1796-1799] *sensu* Treitschke, 1830 (= *Tortrix senecionana* Hübner, [1818-1819]).

Smicrotes Clemens, 1860: 355.

Siclobola Diakonoff, 1948a: 25.

Pseudamelia Obraztsov, 1954: 196.

Clepsodes Diakonoff, 1957b: 240.

Mochlopyga Diakonoff, 1964: 44.

主要特征：有雌雄二型现象，主要表现在雌性翅面斑纹常退化，雄性前翅多具前缘褶。所有翅脉均分离。雄性爪形突变化大，腹面毛刷较稀疏；尾突小或退化；颚形突两侧臂简单或具一些突起，有时着生一些齿突，合并的端部发达；抱器瓣形状变化也很明显，端部常具宽阔的端叶，盘区具明显的皱纹和褶皱；抱器腹简单或具突起，端部常收缩，没有游离的末端或发达的背面；钩形突形状变化大，许多种类呈鸟喙状，具齿突。阳茎简单，常具齿突，盲囊和阳基腹棒适中。雌性阴片发达，侧面部分常较细，前阴片窄或消失；导管端片膜质或具内骨片；管带有或无；囊突发达，具球形突，但有些种类球形突有不同程度的退化。

分布：世界广布。世界已知170种，中国记录18种，浙江分布1种。

（621）忍冬双斜卷蛾 *Clepsis rurinana* (Linnaeus, 1758)

Phalaena Tortrix rurinana Linnaeus, 1758: 823.
Phalaena Tortrix angulana Villers, 1789: 417, 612.
Tortrix semialbana Guenée, 1845a: 139.
Tortrix liotoma Meyrick, 1936: 60.
Clepsis rurinana: Kawabe, 1965b: 464.

分布：浙江（临安）、黑龙江、吉林、辽宁、北京、天津、河北、山西、山东、河南、陕西、宁夏、甘肃、青海、安徽、湖北、湖南、四川、贵州；俄罗斯，韩国，日本，中亚，欧洲各国。

寄主：日本落叶松 *Larix kaempferi*、新疆沙参 *Adenophora liliifolia*、黄耆 *Astragalus membranaceus*、荨麻属 *Urtica* sp.、白屈菜属 *Chelidonium* sp.、旋花属 *Convolvulus* sp.、大戟属 *Euphorbia* sp.、酸模属 *Rumex* sp.、乌头属 *Aconitum* sp.、百合属 *Lilium* sp.、峨参属 *Anthriscus* sp.、紫菀属 *Aster* sp.、蔷薇属 *Rosa* sp.、*Sorbus sambucifolia*、*Lonicera xylosteum*、槭属 *Acer* sp.、栎属 *Quercus* sp.。

注：描述见《天目山动物志》（李后魂等，2020）。

186. 华卷蛾属 *Egogepa* Razowski, 1977

Egogepa Razowski, 1977b: 323. Type species: *Egogepa zosta* Razowski, 1977.

主要特征：雄性前翅无前缘褶。前翅 R_4 和 R_5 脉共长柄，其他翅脉分离，索脉退化，从 R_1 脉基部之前伸出。后翅 Rs 脉与 M_1 脉共短柄。雄性爪形突发达；尾突大而下垂；颚形突两侧臂较短；抱器瓣宽阔；抱器背基突带状；抱器背发达；抱器腹简单；阳茎基环较大；阳茎短，无盲囊，阳基腹棒小。雌性阴片呈杯形，但前阴片很短；导管端片膜质；无囊突。

分布：古北区、东洋区。世界已知2种，中国记录2种，浙江分布1种。

（622）浙华卷蛾 *Egogepa zosta* Razowski, 1977

Egogepa zosta Razowski, 1977b: 323.

分布：浙江（临安）、甘肃、贵州。
注：描述见《天目山动物志》（李后魂等，2020）。

187. 丛卷蛾属 *Gnorismoneura* Issiki *et* Stringer, 1932

Gnorismoneura Issiki *et* Stringer, 1932: 134. Type species: *Gnorismoneura exulis* Issiki *et* Stringer, 1932.

主要特征：本属多数种类外形较相似。下唇须短小，第 2 节端部常膨大。前翅一般无前缘褶，顶角较尖，外缘斜直；底色常为淡黄色或黄褐色，基斑小或退化，中带明显；R_4 和 R_5 脉共柄，其他翅脉分离。后翅 Rs 和 M_1 脉共长柄，M_3 与 CuA_1 脉同出一点；一些种雄性后翅臀脉之间具特化的香鳞。雄性爪形突变化较大，一般都较发达，腹面毛刷浓密；尾突较大，个别种很小；颚形突简单或具变化较大的侧突；抱器瓣宽大；抱器背基突带状；抱器背发达，骨化强；抱器腹常简单，有些种类具一些突起。阳茎基环简单或具背叶；阳茎盲囊发达，阳基腹棒小或大。雌性阴片形状变化较大，多呈漏斗形，常具侧突起；导管端片常具内骨片；囊突小，形状变化大，常呈片状或板状，无球形突。

分布：古北区、东洋区。世界已知 24 种，中国记录 6 种，浙江分布 1 种。

(623) 柱丛卷蛾 *Gnorismoneura cylindrata* Wang, Li *et* Wang, 2004

Gnorismoneura cylindrata Wang, Li *et* Wang, 2004: 82.

分布：浙江（临安）、湖北。

注：描述见《天目山动物志》（李后魂等，2020）。

188. 长卷蛾属 *Homona* Walker, 1863

Homona Walker, 1863: 424. Type species: *Homona fasciculana* Walker, 1863 [= *Tortrix coffearia* Nietner, 1861].
Ericia Walker, 1866: 1802.
Godana Walker, 1866: 1800.
Ericiana Strand, 1910: 34.

主要特征：下唇须短而上举。前翅前缘褶非常宽大；R_1 脉出自中室前缘中部之前，与 R_2 脉相比 R_3 脉更靠近 R_4 脉，R_4 和 R_5 脉共柄，M_2、M_3 脉基部靠近，CuA_1 脉出自中室后角。雄性爪形突宽短，腹面鳞毛较稀疏；尾突退化或消失；抱器背基突发达；抱器瓣半圆形；抱器背消失；抱器腹骨化强烈，腹缘或背缘常具齿突；阳茎发达。雌性阴片呈漏斗形；囊导管很长，内有管带；囊突大，球形突发达。

分布：东洋区、澳洲区。世界已知 37 种，中国记录 4 种，浙江分布 2 种。

(624) 柳杉长卷蛾 *Homona issikii* Yasuda, 1962

Homona issikii Yasuda, 1962: 50.

分布：浙江（临安）、河南、湖北、台湾、广东；俄罗斯，韩国，日本。

寄主：日本柳杉 *Cryptomeria japonica*。

讨论：有些标本爪形突端部的宽窄略有变化。另外，抱器腹背缘和腹面除了 2 个大齿突，有时还有些小齿刺；阳茎附着的小齿刺疏密有变化。

注：描述见《天目山动物志》（李后魂等，2020）。

(625) 茶长卷蛾 *Homona magnanima* Diakonoff, 1948

Homona magnanima Diakonoff, 1948b: 269.
Choristoneura magnanima: Razowski, 1992: 22.

分布：浙江（临安）、湖北、台湾、贵州；韩国，日本。

寄主：苹果 *Malus pumila*、蔷薇属 *Rosa* sp.、秋子梨 *Pyrus ussuriensis*、日本樱花 *Cerasus yedoensis*、桃 *Amygdalus persica*、山茶 *Camellia japonica*、红淡比 *Cleyera japonica*、*Thea sinensis*、竹柏 *Podocarpus nagi*、罗汉松 *Podocarpus macrophyllus*、水杉 *Metasequoia glyptostroboides*、日本落叶松 *Larix kaempferi*、日本冷杉 *Abies firma*、东北红豆杉 *Taxus cuspidata*、多花紫藤 *Wisteria floribunda*、大豆 *Glycine max*、日本女贞 *Ligustrum japonica*、油橄榄 *Olea europaea*、杨梅 *Myrica rubra*、倒卵叶算盘子 *Glochidion obovatum*、冬青卫矛 *Euonymus japonica*、牡丹 *Paeonia suffruticosa*、南天竹 *Nandina domestica*、石榴 *Punica granatum*、海桐 *Pittosporum tobira*、樟 *Cinnamomum camphora*、柿 *Diospyros kaki*、温州蜜柑 *Citrus reticulata* cv. Unshiu、南烛 *Vaccinium bracteatum*、马醉木 *Pieris japonica*、日本珊瑚树 *Viburnum awabuki*、柳属 *Salix* sp.、楔叶胡桃 *Juglans ailanthifolia*、乌冈栎 *Quercus phillyraeoides*、楝 *Melia azedarach*。

讨论：本种雄性抱器腹背缘及腹缘除了大齿突，还有大小和数量不等的小齿突。

注：描述见《天目山动物志》（李后魂等，2020）。

189. 突卷蛾属 *Meridemis* Diakonoff, 1976

Meridemis Diakonoff, 1976b: 100. Type species: *Meridemis furtiva* Diakonoff, 1976.

主要特征：雄性前翅无前缘褶。前翅 R_4 和 R_5 脉共柄至基部 1/3 之后，其他翅脉分离，M_3 脉相比 CuA_1 脉更靠近 M_2 脉，索脉、M 干脉消失。后翅 Rs 脉与 M_1 脉共柄至基部 1/4 处，M_3 与 CuA_1 脉同出一点。雄性爪形突棍棒状或圆柱形，腹面毛刷稀疏；尾突大；抱器瓣宽圆，盘区骨化，具些许皱纹；抱器背基突带状，中部常形成 1 或 2 个突起；抱器背膜质；抱器腹与抱器瓣等长，一些种端部游离；阳茎基环常在阳茎背面形成骨化较弱的突起，有些种的突起具齿刺。雌性阴片中部宽阔，背面凹陷，侧面部分窄；导管端片短，具内骨片；囊导管很长，具管带；囊突角状，很发达；球形突明显。

分布：古北区、东洋区。世界已知 11 种，中国记录 2 种，浙江分布 1 种。

（626）窄突卷蛾 *Meridemis invalidana* (Walker, 1863)

Tortrix invalidana Walker, 1863: 327.
Meridemis invalidana: Diakonoff, 1976b: 107.

分布：浙江（临安）、安徽、湖北、湖南、福建、台湾、广东、四川、贵州；印度，尼泊尔，斯里兰卡，马来西亚。

讨论：本种一些雄性个体前翅前缘近基部略膨大而凸起，鳞片很发达，形成类似前缘褶的结构。另外，雄性个体大小有差异，如安徽标本个体小；一些雌性翅面颜色一致，无暗色斑点。

注：描述见《天目山动物志》（李后魂等，2020）。

190. 圆卷蛾属 *Neocalyptis* Diakonoff, 1941

Neocalyptis Diakonoff, 1941: 407. Type species: *Neocalyptis telutanda* Diakonoff, 1941.
Clepsimorpha Diakonoff, 1971: 172.
Calala Yasuda, 1972: 82.
Clepsiphyes Diakonoff, 1976a: 161.

主要特征：雄性前缘褶有或无。多数种类前翅翅脉各自分离，后翅 Rs 脉与 M_1 脉共柄。雄性爪形突发达，细而短，腹面毛刷不明显。尾突大。颚形突两侧臂细长，合并的端部有时较发达，末端尖。抱器瓣宽圆，盘区密布放射状的皱纹，一些种类在其上着生有宽香鳞，抱器瓣外侧常有膜质囊包被；抱器背基突呈钩形突状，端部大而被齿刺，下方着生具毛状突起；抱器腹宽，伸达盘区褶皱的末端。阳茎基环小而简单；阳茎粗壮，阳茎盲囊发达，阳基腹棒细小，角状器大，簇生；基腹弧宽，端部侧腹面常突出或形成角状突起。雌性后阴片宽，侧面较窄。交配孔宽；导管端片有 1 或 2 个突起，不同程度的骨化；囊导管较长，无管带；囊突角状，发达，球形突明显。

分布：古北区、东洋区、澳洲区。世界已知 31 种，中国记录 10 种，浙江分布 1 种。

（627）截圆卷蛾 *Neocalyptis angustilineata* (Walsingham, 1900)

Epagoge angustilineata Walsingham, 1900: 484.
Neocalyptis angustilineata: Razowski, 1993: 689.

分布：浙江（临安）、天津、河南、陕西、安徽、江西、湖南、福建；俄罗斯，韩国，日本。

寄主：蔷薇属 *Rosa* sp.。

注：描述见《天目山动物志》（李后魂等，2020）。

191. 褐卷蛾属 *Pandemis* Hübner, [1825] 1816

Pandemis Hübner, [1825] 1816: 388. Type species: [*Tortrix*] *textana* Hübner, [1796-1799] = *Pyralis corylana* Fabricius, 1794.
Parapandemis Obraztsov, 1954: 166.

主要特征：雄性触角第 2 节常具缺刻。下唇须前伸，第 2 节极长。雄性前翅一般无前缘褶；基斑、中带、端纹常较明显；所有翅脉各自分离。后翅 M_3 和 CuA_1 脉同出一点或分离。雄性爪形突非常发达，腹面毛刷明显；颚形突两侧臂粗短，合并的端部发达，下方由骨化的隔膜相连接；抱器瓣宽短，背面较圆，端部中间常凹陷，盘区具放射状小褶皱；抱器背基突基部两侧宽，中部细；抱器腹简单；阳茎发达，盲囊较细长，阳基腹棒大。雌性阴片发达，常呈杯形；导管端片与阴片以膜质相连，具内骨片；囊导管粗；交配囊壁常有骨化区；囊突发达，角状，基部有骨化区，球形突大。

分布：世界广布。世界已知 71 种，中国记录 10 种，浙江分布 1 种。

（628）松褐卷蛾 *Pandemis cinnamomeana* (Treitschke, 1830)

Tortrix cinnamomeana Treitschke, 1830: 61.
Pandemis cinnamomeana: Obraztsov, 1955: 200.

分布：浙江（临安）、黑龙江、天津、河北、河南、陕西、湖北、江西、湖南、重庆、四川、云南；俄罗斯，韩国，日本，欧洲各国。

寄主：苹果 *Malus pumila*、梨属 *Pyrus* sp.、*Sorbus commixta*、柳属 *Salix* sp.、春榆 *Ulmus davidiana* var. *japonica*、落叶松属 *Larix* sp.、冷杉属 *Abies* sp.、槭属 *Acer* sp.、栎属 *Quercus* sp.、桦木属 *Betula* sp.、越桔属 *Vaccinium* sp.。

注：描述见《天目山动物志》（李后魂等，2020）。

棕卷蛾族 Euliini

主要特征：下唇须平伸或上举。雄性前足腿节基部常伸出毛丛。前翅无缘褶；M 干脉缺失或退化，索脉有时存在，所有翅脉分离；一般无肘栉。雄性爪形突很发达，腹面无毛刷；颚形突发达，侧臂端部连接或至少被膜质带连接；抱器瓣多无可区分的毛垫；角状器常不脱落。雌性交配囊具不可区分的管和囊，很少有明显的囊突，常有一些针突。

分布：古北区、东洋区、新北区、新热带区。世界已知 60 属 300 多种，中国记录 5 属 15 种，浙江分布 2 属 2 种。

192. 侧板卷蛾属 *Minutargyrotoza* Yasuda *et* Razowski, 1991

Minutargyrotoza Yasuda *et* Razowski, 1991: 188. Type species: *Capua minuta* Walsingham, 1900.

主要特征：下唇须长超过复眼直径的 2.5 倍。前翅无前缘褶和鳞片簇；端部略扩展；R_4 与 R_5 脉共柄，索脉消失，M 干脉伸达 M_3 脉基部。后翅 M_3 与 CuA_1 脉同出一点，其余翅脉分离。雄性爪形突骨化明显；尾突宽短；颚形突两侧臂基部着生在背兜两侧顶角凹陷处，端板很长；背兜具侧突起；抱器瓣基半部宽阔，端半部窄；抱器背基突带状；抱器背发达；抱器腹宽大，末端尖且游离，阳茎基环发达，背面凹陷，两侧基部具侧突；阳茎粗，阳茎盲囊完全退化，阳基腹棒很小；无角状器。雌性阴片与亚生殖节之间的膜上密被细刺；后阴片两侧具宽圆的叶状突起；前阴片窄，密被刺；导管端片不明显，具不对称的骨片；交配囊内具 2 个椭圆形颗粒区，无囊突。

分布：古北区、东洋区。世界已知 2 种，中国记录 1 种，浙江分布 1 种。

（629）褐侧板卷蛾 *Minutargyrotoza calvicaput* (Walsingham, 1900)

Epagoge calvicaput Walsingham, 1900: 485.
Minutargyrotoza calvicaput: Yasuda & Razowski, 1991: 189.

分布：浙江（临安）、四川；韩国，日本。
寄主：邱氏女贞 *Ligustrum tschonoskii*。
注：描述见《天目山动物志》（李后魂等，2020）。

193. 毛垫卷蛾属 *Synochoneura* Obraztsov, 1955

Synochoneura Obraztsov, 1955: 151. Type species: *Eulia ochrichivis* Meyrick, 1931.

主要特征：前翅所有翅脉分离，R_5 脉伸达外缘；索脉很弱，从 R_1 脉基部之前伸达 R_5 脉基部之后；后翅 Rs 脉与 M_1 脉共柄达中部，M_3 和 CuA_1 脉同出一点。雄性爪形突细长，弯曲。尾突细长，下垂。颚形突两侧臂基部宽，合并的端部发达。背兜窄，近颚形突基部具小叶。抱器瓣基半部宽大，中部强烈收缩变窄；抱器背基突中部具突起；抱器背发达；抱器腹骨化强，末端游离；毛垫小；阳茎基环中部向背面扩展；阳茎简单，端膜内具骨化的褶皱；角状器缺失。雌性产卵瓣与隐藏在第 8 背板中的巨大叶片相连，叶片与背板后缘背面之间有膜质的囊；阴片前面部分杯状；前阴片短而大呈耳状；后阴片呈双叶状，与第 8 背板腹面连接；导管端片骨化很弱或消失。囊突板状，基部有骨片。

分布：古北区、东洋区。世界已知 5 种，中国记录 3 种，浙江分布 1 种。

（630）长腹毛垫卷蛾 *Synochoneura ochriclivis* (Meyrick, 1931)

Eulia ochriclivis Meyrick, 1931: 63.

Synochoneura ochriclivis: Obraztsov, 1954: 226, 227.

分布：浙江（临安）、湖南、贵州。

注：描述见《天目山动物志》（李后魂等，2020）。

纹卷蛾族 Cochylini

主要特征：下唇须前伸，第 2 节端部膨大。前翅外缘斜，无波曲，常具闪光鳞片；CuA_2 脉自中室下角发出。雄性无爪形突；颚形突退化；阳茎极大，角状器多数。雌性导管短片骨化；囊导管与交配囊无明显分界，常有附腺；交配囊多刺及骨化片，囊突不明显。

分布：世界广布，但古北区和新热带区的多样性很高。世界已知 75 属 1000 多种，中国记录 13 属近 150 种，浙江分布 3 属 4 种。

分属检索表

1. 尾突弯曲成钩状 ··· 双纹卷蛾属 *Aethes*
- 尾突不呈钩状 ·· 2
2. 尾突骨化强；中突端部具微刺 ·· 单纹卷蛾属 *Eupoecilia*
- 尾突骨化弱；中突端部不具微刺 ··· 褐纹卷蛾属 *Phalonidia*

194. 双纹卷蛾属 *Aethes* Billberg, 1820

Aethes Billberg, 1820: 90. Type species: *Pyralis smeathmanniana* Fabricius, 1781.

Lozopera Stephens, 1829a: 191.

Chrosis Guenée, 1845a: 300.

Loxopera Agassiz, 1848: 624.

Argyridia Stephens, 1852: 83.

Coecaethes Obraztsov, 1943: 99.

Cirriaethes Razowski, 1962: 392.

主要特征：成虫小到中型。雄性前翅无前缘褶，雌性翅缰一般为 2 个，两性个体在虫体大小方面具性二型现象。前翅所有脉分离或 R_4、R_5 脉共柄；Sc 脉止于前缘中部；R_1 脉自中室中部或中部前方发出；R_1–R_2 脉基部间距小于 R_2–R_3 脉基部间距；R_5 脉止于顶角。后翅 Sc 脉止于前缘端部 1/3 处；Rs 和 M_1 脉基部同出一点或共柄；其他脉分离。雄性爪形突、颚形突缺失；尾突直立、细长弯曲成钩状，是本属的典型特征；抱器瓣形状变化大；中突发达，端部具微齿；阳茎发达，角状器 1–2 个或无，有些种类的阳茎中部被骨片包围，骨化强并且散布许多齿状突起。基腹弧于腹面中央断开。雌性阴片大多不发达。导管端片发达。囊导管一般较短；交配囊内具刺或骨片。

分布：古北区、东洋区。世界已知 146 种，中国记录 20 种，浙江分布 1 种。

（631）直线双纹卷蛾 *Aethes rectilineana* (Caradja, 1939)

Loxopera rectilineana Caradja, 1939c: 10.

Aethes (*Lozopera*) *bradleyi* Razowski, 1962: 408.

Aethes rectilineana: Razowski, 1964: 350.

分布：浙江（临安）、黑龙江、山西、山东、河南、甘肃、新疆、江苏、湖北；俄罗斯，蒙古国，韩国，日本。

注：描述见《天目山动物志》（李后魂等，2020）。

195. 单纹卷蛾属 *Eupoecilia* Stephens, 1829

Eupoecilia Stephens, 1829a: 190. Type species: *Tortrix angustana* Hübner, [1796-1799].

Clysia Hübner, [1825] 1816: 409.

Clysiana Fletcher, 1941: 17.

Arachniotes Diakonoff, 1952a: 24.

主要特征：成虫小型。单眼退化。下唇须第 2 节末端膨大。喙端半部具柱状结构。前翅无前缘褶，多金黄色；中带发达；索脉缺失，Sc 脉未达到翅中，R_5 脉达翅外缘，A_1 和 A_2 脉共柄。后翅 Rs 和 M_1 脉基部同出一点或基半部共柄，M_3 和 CuA_1 脉共柄；雌性翅缰一般为 2 个。雄性爪形突缺失；尾突细长，基部与背兜端部相连，由基部至末端渐细，骨化，下垂；端部自然状态下呈交叉状是本属的典型特征；无颚形突；中突发达，端部具微刺，有的分两叉；阳茎发达；具 1–2 个角状器，多个短刺；基腹弧于腹面断开。雌性前表皮突基部有腹臂；前、后表皮突与产卵瓣约等长；无阴片；导管端片骨化强；囊导管常具刺和皱褶，与交配囊界线明显；交配囊内常有骨化结构和大量短刺；储精囊源于囊导管。

分布：世界广布。世界已知 39 种，中国记录 10 种，浙江分布 1 种。

（632）环针单纹卷蛾 *Eupoecilia ambiguella* (Hübner, 1796)

Tinea ambiguella Hübner, 1796: pl. 22, fig. 153.

Tortrix roserana Frölich, 1828: 52.

Clysia turbinaris Meyrick, 1928: 435.

Eupoecilia ambiguella: Razowski, 1968: 108.

分布：浙江（临安）、黑龙江、辽宁、北京、天津、河北、山西、河南、陕西、宁夏、甘肃、新疆、安徽、湖北、江西、湖南、福建、台湾、广东、海南、广西、重庆、四川、贵州、云南；俄罗斯，蒙古国，韩国，日本，印度，欧洲。

寄主：女贞 *Ligustrum lucidum*、花叶丁香 *Syringa × persica*、槭属 *Acer* sp.。

注：描述见《天目山动物志》（李后魂等，2020）。

196. 褐纹卷蛾属 *Phalonidia* Le Marchand, 1933

Phalonidia Le Marchand, 1933: 242. Type species: *Cochylis affinitana* Douglas, 1846.

Brevisociaria Obraztsov, 1943: 96.

Platphalonidia Razowski, 1985: 58.

主要特征：成虫小到中型。下唇须第 2 节端部膨大，第 3 节短小，有的隐藏在第 2 节的鳞毛中。前翅所有脉分离；Sc 脉达前缘中部；R_1–R_2 脉基部间距是 R_2–R_3 脉的 2 倍；R_5 脉达翅前缘；1A 和 2A 脉共柄。后翅 Rs 和 M_1 脉共长柄；M_3 和 CuA_1 脉分离；雌性翅缰一般为 3 个。雄性爪形突、颚形突退化；背兜短，尾突发达，下垂或直立；背兜短；抱器瓣基部较宽的种类抱器腹长，较窄的种类抱器腹短；中突细长，末端分裂为 2 细齿。阳茎发达；角状器 1 个或无；基腹弧细长，前缘以膜质相连。雌性导管端片发达，骨化强；囊导管短，与交配囊界线不明显；交配囊具骨片和微刺。

分布：世界广布。世界已知 132 种，中国记录 18 种，浙江分布 2 种。

（633）网斑褐纹卷蛾 *Phalonidia chlorolitha* (Meyrick, 1931)

Phalonia chlorolitha Meyrick, 1931: 157.
Phalonidia chlorolitha: Razowski, 1960: 398.

分布：浙江（临安）、黑龙江、吉林、辽宁、河北、山西、河南、宁夏、甘肃、湖北、四川；俄罗斯，韩国，日本。

注：描述见《天目山动物志》（李后魂等，2020）。

（634）多斑褐纹卷蛾 *Phalonidia scabra* Liu *et* Ge, 1991

Phalonidia scabra Liu *et* Ge, 1991: 355.

分布：浙江（临安）、黑龙江、辽宁、山西、甘肃、江西、贵州、云南；韩国。

注：描述见《天目山动物志》（李后魂等，2020）。

（二）小卷蛾亚科 Olethreutinae

主要特征：触角鞭节各亚节均被 1 排鳞片，具感觉纤毛。前翅略窄，具成对的白色短斑，即钩状纹，M 干脉和索脉常存在。后翅 CuA_2 脉基部多具肘栉。雄性抱器瓣基部有基穴，无抱器背基突；阳端基环和阳茎愈合为 1 个功能单元，无盲囊。雌性阴片一般不与前表皮突腹臂相连；囊突 0-2 个。

分布：世界广布。世界已知 5000 多种，中国记录 5 族 124 属 760 余种，浙江分布 4 族 61 属 137 种。

分族检索表

1. 下唇须多为波状伸出 ······恩小卷蛾族 Enarmoniini
- 下唇须非波状伸出 ······ 2
2. 后翅 M_2 和 M_3 脉平行或 M_2 脉基部靠近 M_3 脉；雄性外生殖器极简单，爪形突和尾突退化或不明显；抱器腹无刺丛 ······小食心虫族 Grapholitini
- 后翅 M_2 和 M_3 脉基部靠近，常弯曲，若平行则抱器腹具刺丛；雄性外生殖器通常具爪形突和尾突，至少具其一 ······ 3
3. 后翅 M_3 与 CuA_1 脉多同出一点；抱器腹具毛丛或刺丛 ······小卷蛾族 Olethreutini
- 后翅 M_3 与 CuA_1 脉共柄；抱器腹简单，无毛丛或刺丛 ······花小卷蛾族 Eucosmini

小卷蛾族 Olethreutini

主要特征：前翅无前缘褶。后翅 M_2、M_3、CuA_1 脉彼此靠近或基部连接。雄性后翅内缘常有香鳞，后足胫节或腹部具毛丛或毛刷；雄性基腹弧窄，阳茎无盲囊；抱器瓣基部基穴大，抱器背钩常分 2 支，抱器腹有 1 束或 2 束刺丛，抱器端窄；角状器固定或脱落。雌性阴片由交配孔周围被刺的膜演化而来，不与第 7 腹板愈合；囊突通常 2 个，形态变化较大，角状、栉齿状及圆窝状较常见。

分布：世界广布。小卷蛾族的分类系统尚不稳定，世界已知 58 属至 130 多属，541 种至 1100 多种不等，国内数据也不准确，浙江分布 26 属 66 种。

分属检索表

1. 前翅常带有绿色，端部常具 1 圆斑；尾突极长，约等于或长于背兜的 1/2 ·· 2
- 前翅不为绿色或不具绿色斑纹；尾突短于背兜的 1/2 ··· 4
2. 囊突通常 1 个，极少数 2 个，圆片状 ·· 尾小卷蛾属 *Sorolopha*
- 囊突 1–2 个，大，角状 ··· 3
3. 囊突 1 个，角状或指状，小；抱器瓣宽圆 ·· 圆斑小卷蛾属 *Eudemopsis*
- 囊突 2 个，弯角状，大；抱器瓣窄长 ·· 圆点小卷蛾属 *Eudemis*
4. 前翅具翅痣；腹部常具腺囊；抱器瓣腹缘中部常具凹裂缝，无爪形突 ·· 花翅小卷蛾属 *Lobesia*
- 无上述特征 ··· 5
5. 囊突通常 2 个，少数 1 个，栉齿状或鳞齿状 ·· 6
- 囊突 1–2 个或无，常呈角状、星状、圆窝状或头状 ·· 8
6. 爪形突退化 ··· 脊小卷蛾属 *Proschistis*
- 爪形突片状或 2 裂 ·· 7
7. 爪形突方片或长圆片状；抱器端宽圆 ··· 水小卷蛾属 *Aterpia*
- 爪形突二叉状；抱器端末端棒状或深裂 ··· 狭翅小卷蛾属 *Dicephalarcha*
8. 囊突 2 个，肥大，极少数 1 个，形状多样，基部或中部常延展或有横脊 ·· 9
- 囊突 1–2 个或无，不肥大 ·· 12
9. 上悬片与下匙形突发达，骨化 ·· 发小卷蛾属 *Pseudohedya*
- 上悬片与下匙形突不发达，膜质 ·· 10
10. 囊突 2 个，等大 ··· 月小卷蛾属 *Saliciphaga*
- 囊突 2 个，大小不同 ·· 11
11. 爪形突很短，末端尖；抱器端基部背面无刺丛 ·· 环小卷蛾属 *Neostatherotis*
- 爪形突窄长，钩状，末端钝；抱器端基部背面具 1 束长刺丛 ·· 纹小卷蛾属 *Phaecadophora*
12. 囊突 1 个或无，筐状 ··· 13
- 囊突 1–2 个或无，不呈筐状 ··· 14
13. 抱器瓣弯曲，背缘基部具带刺的亚基瓣，抱器腹腹缘不膨大 ··· 黑小卷蛾属 *Endothenia*
- 抱器瓣形状不规则，常具分瓣，抱器腹腹缘常膨大 ·· 尖翅小卷蛾属 *Bactra*
14. 抱器瓣无基穴，常左右不对称或刺丛不对称；基腹弧宽 ·· 15
- 抱器瓣具明显基穴，左右对称；无基腹弧 ··· 16
15. 爪形突极发达，宽片状，中部具裂缝 ·· 桃小卷蛾属 *Gatesclarkeana*
- 爪形突不发达或缺失 ··· 偏小卷蛾属 *Hiroshiinoueana*
16. 抱器瓣无成簇刺丛 ·· 17
- 抱器瓣具 1–3 簇长短不同的刺丛 ··· 19
17. 抱器端基部向腹缘凸出成 1 圆突 ··· 细小卷蛾属 *Psilacantha*
- 抱器瓣腹缘无突起 ·· 18
18. 爪形突退化；尾突完整或浅裂 ··· 端小卷蛾属 *Phaecasiophora*
- 爪形突小，尖；尾突深裂为 2 片 ·· 复小卷蛾属 *Sisona*
19. 颚形突中部被微刺 ·· 20
- 颚形突光裸 ·· 21
20. 后翅 M_3 脉与 CuA_1 脉共柄 ··· 白条小卷蛾属 *Duduа*
- 后翅 M_3 脉与 CuA_1 脉分离 ··· 毛颚小卷蛾属 *Ophiorrhabda*
21. 颚形突骨化，为 1 对窄长臂 ·· 直茎小卷蛾属 *Rhopaltriplasia*
- 颚形突膜质，带状 ·· 22

22. 抱器腹腹缘末端具 1 圆形突起，抱器端匙状；阳茎具 1 个角状器 ··· 斜纹小卷蛾属 *Apotomis*
- 抱器腹不为上述形状；阳茎无角状器或具多个刺状角状器 ·· 23
23. 抱器腹宽，约为抱器端的 2 倍，具 2 束以上长刺丛 ·· 草小卷蛾属 *Celypha*
- 抱器腹窄，不及抱器端的 2 倍，若宽则无长刺丛 ··· 24
24. 抱器腹腹缘常具 1 列长毛，抱器端通常密被均匀一致的刺毛 ··································· 广翅小卷蛾属 *Hedya*
- 抱器腹基部腹缘无长毛列，抱器端常仅腹侧被刺棘，且长度或粗细不同 ······································· 25
25. 抱器腹末端具 1 密被刺的圆片，与抱器端基部之间不具波状皱脊；抱器端极窄且长，棍棒状 ··· 轮小卷蛾属 *Rudisociaria*
- 抱器腹无上述结构，腹缘基部与抱器端基部背缘之间具 1 波状的皱脊；抱器端不为棍棒状 ············· 小卷蛾属 *Olethreutes*

197. 斜纹小卷蛾属 *Apotomis* Hübner, [1825] 1816

Apotomis Hübner, [1825] 1816: 380. Type species: *Apotomis turbidana* Hübner, [1825] 1816.

主要特征：翅展 9.0–22.5 mm。雄性后足胫节具长毛刷，后翅后缘有卷褶。雄性爪形突窄长片状，端部腹面被长毛；尾突大，下垂，密被毛；抱器瓣基部狭窄，抱器腹端部腹缘有 1 圆形突起，密被棘，与抱器端之间缢缩，抱器端棒状或勺状；阳茎具 1 个角状器。雌性阴片向侧后方凸出，呈瓜子形或翼状；囊导管长，后端皱褶状，中部骨化、扭曲；囊突 2 个，小，圆窝状，被颗粒。

分布：世界广布。世界已知 51 种，中国记录 13 种，浙江分布 3 种。

分种检索表

1. 抱器腹末端具 2 角状突起 ·· 长刺斜纹小卷蛾 *A. formalis*
- 抱器腹末端具 1 圆突，少数种具 1 角状突起 ··· 2
2. 爪形突宽短；抱器腹中部有 1 密被小棘的毛区；阳茎末端密被微刺 ··· 乳白斜纹小卷蛾 *A. lacteifacies*
- 爪形突窄长；抱器腹中部有 1 列粗棘及长毛；阳茎光裸 ··· 三角斜纹小卷蛾 *A. trigonias*

（635）长刺斜纹小卷蛾 *Apotomis formalis* (Meyrick, 1935)

Polychrosis formalis Meyrick, 1935: 57.
Apotomis formalis: Diakonoff, 1973: 472.

分布：浙江（临安）、陕西、甘肃、湖北、贵州。
注：描述见《天目山动物志》（李后魂等，2020）。

（636）乳白斜纹小卷蛾 *Apotomis lacteifacies* (Walsingham, 1900)

Argyroploce lacteifacies Walsingham, 1900: 236.
Apotomis lacteifacies: Diakonoff, 1973: 471.

分布：浙江（临安）、甘肃、湖北、贵州；韩国，日本。
注：描述见《天目山动物志》（李后魂等，2020）。

（637）三角斜纹小卷蛾 *Apotomis trigonias* Diakonoff, 1973（图 9-1）

Apotomis trigonias Diakonoff, 1973: 114.

主要特征：成虫（图 9-1A）翅展 13.0–14.0 mm。前翅略呈长椭圆形，底色近白色；钩状纹不明显；翅面基部 2/5 无斑纹；中带浅褐色，中部窄，下端达后缘后半部；翅端白色，散布浅褐色鳞片。后翅浅褐色。

图 9-1　三角斜纹小卷蛾 *Apotomis trigonias* Diakonoff, 1973
A. 成虫；B. 雄性外生殖器

雄性外生殖器（图 9-1B）：爪形突窄长，钩状；尾突近卵圆形；颚形突侧臂被微刺；抱器腹极宽，中部突出近成直角，被 1 列粗棘及长毛，抱器瓣 2/5 处缢缩，抱器端近橘瓣形，基部向腹缘突出成 1 突起，末端被 1–2 棘及密刺毛；阳茎中等长度，角状器 1 个，骨化强，尖角状，极度弯曲。

分布：浙江（临安、泰顺）；印度尼西亚。

198. 水小卷蛾属 *Aterpia* Guenée, 1845

Aterpia Guenée, 1845a: 161. Type species: *Aterpia anderreggana* Guenée, 1845.
Asaphistis Meyrick, 1909: 590.
Esia Heinrich, 1926: 109.
Apeleptera Diakonoff, 1973: 262.
Leptocera Diakonoff, 1983: 307.

主要特征：翅展 9.0–20.5 mm。体色暗，翅面常为黑褐色，斑纹不明显。雄性爪形突扁平片状；尾突下垂，密被刺，或无；颚形突骨化，横带状，中部伸出 1 匙形突起；抱器瓣宽，抱器腹端部的刺丛发达，抱器端背面刺丛常存在，末端具 1 束或 2 长毛；阳茎弯。雌性阴片管状，被微刺；前阴片密被刺；后阴片膜质；囊导管内具纺锤形或管状骨片；囊突 0–2 个，栉齿状，被鳞状小齿。

分布：世界广布。世界已知 32 种，中国记录 4 种，浙江分布 1 种。

（638）金水小卷蛾 *Aterpia flavipunctana* (Christoph, 1882)（图 9-2）

Grapholitha flavipunctana Christoph, 1882: 416.
Aterpia flavipunctana: Falkovitsh, 1966a: 869.

主要特征：成虫（图 9-2A）翅展 9.0–17.0 mm。前翅底色浅褐色，斑纹褐色，具 9 对白色钩状纹，基部 4 对具亮铅色暗纹，占据翅面基部的 1/3；基斑不明显；中带前端窄，中部宽，后端达翅后缘端半部；翅端区域杂有白色小点。

雄性外生殖器（图 9-2B）：爪形突宽片状，光裸；无尾突；颚形突中部长条状突出；抱器瓣宽短，抱器腹密被长刺棘，末端密被长毛，抱器端基部背缘有 1 密刺棘区；阳茎圆筒状。

雌性外生殖器（图 9-2C）：阴片短管状，背面及两侧密被微刺，腹面后缘凹陷成"V"形。交配孔卵圆形；囊突 1 个，小圆片状，密被鳞状小齿。

分布：浙江（临安）、天津、河南、陕西、湖北、湖南、福建、广东；俄罗斯，韩国，日本。

图 9-2　金水小卷蛾 *Aterpia flavipunctana* (Christoph, 1882)

A. 成虫；B. 雄性外生殖器；C. 雌性外生殖器

199. 尖翅小卷蛾属 *Bactra* Stephens, 1834

Bactra Stephens, 1834: 124. Type species: *Tortrix plagana* Haworth, [1811].
Aphelia Stephens, 1829b: 47.
Leptia Guenée, 1845a: 169.
Noteraula Meyrick, 1892: 217.
Nannobactra Diakonoff, 1956: 52.
Spinobactra Diakonoff, 1963: 291.

主要特征：翅展 12.0–20.5 mm。前翅狭细，顶角尖，基部至顶角之间常具深色线纹。雄性爪形突发达，常被粗壮刺棘；尾突骨化弱；背兜较宽；抱器瓣形态多样，常深裂为卵圆形的抱器腹和三角形或狭长的抱器端，一些种在二者之间还有 1 个圆瓣，抱器腹被强刺棘，抱器端沿腹缘密被刺棘或均匀被刺；阳茎管状，粗短至纤长。雌性阴片形态多样；囊突 1 个，窝形或筐形，表面密被小颗粒。

分布：世界广布。世界已知 109 种，中国记录 12 种，浙江分布 2 种。

（639）尖翅小卷蛾 *Bactra furfurana* (Haworth, 1811)（图 9-3）

Tortrix furfurana Haworth, 1811: 466.
Bactra furfurana: Kennel, 1916: 471.

主要特征：成虫（图 9-3A）翅展 12.0–16.0 mm。前翅底色浅黄褐色，斑纹黄褐色与黑褐色相杂，钩状纹明显，基斑线状，不连续，亚基斑碎块状，前缘和中部处黑褐色；中带长条形，在中室后角处凸出 1 深褐色小斑块，顶角内侧具若干深褐色短线。后翅浅灰色。

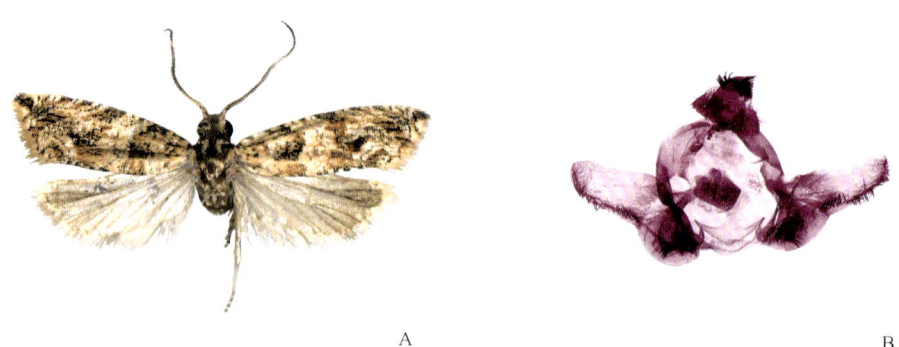

图 9-3　尖翅小卷蛾 *Bactra furfurana* (Haworth, 1811)

A. 成虫；B. 雄性外生殖器

雄性外生殖器（图 9-3B）：爪形突长片状，端部沿边缘被短棘；尾突密被毛；抱器瓣长圆形，抱器腹近卵圆形，基穴外缘领片状外折，骨化，腹角处被 1 簇短棘，抱器端长片状，沿腹缘被 1 列短刺毛，末端圆钝；阳茎粗短。

分布：浙江（临安、黄岩）、黑龙江、内蒙古、天津、山东、河南、陕西、青海、新疆、江西、福建、台湾、海南、广西、贵州；俄罗斯，日本，欧洲，北美洲，澳大利亚。

（640）脉尖翅小卷蛾 *Bactra venosana* (Zeller, 1847)（图 9-4）

Phoxopteris venosana Zeller, 1847: 738.

Bactra venosana: Rebel, 1901: 113.

主要特征：成虫（图 9-4A）翅展 14.0–18.0 mm。前翅狭长，有 2 种形态：翅面浅米棕色，散布稀疏不显著的浅褐色小点，仅 1 条不显著褐色条纹，自翅基部经中室至顶角；或底色黄棕色，斑纹同前但为黑褐色，且在翅面中部断裂，另前缘基部黑褐色。后翅浅灰色。

图 9-4　脉尖翅小卷蛾 *Bactra venosana* (Zeller, 1847)
A. 成虫；B. 雄性外生殖器；C. 雌性外生殖器

雄性外生殖器（图 9-4B）：爪形突小，末端两侧缘被短刺毛；抱器瓣基部窄，抱器腹中部被长棘，与抱器端之间伸出 1 勺形瓣，末缘被梳形短刺，抱器端略呈菱形，腹缘被细毛；阳茎基部宽，至末端渐尖；基腹弧三角片状，外缘锯齿状。

雌性外生殖器（图 9-4C）：侧阴片与后阴片宽大。囊突 1 个，浅兜状，被粗糙突起。

分布：浙江（永嘉）、山西、陕西、上海、湖北、台湾、海南、广西、贵州、云南；南亚，土耳其，南欧，夏威夷群岛，澳大利亚，非洲。

200. 草小卷蛾属 *Celypha* Hübner, [1825] 1816

Celypha Hübner, [1825] 1816: 382. Type species: *Tortrix striana* [Denis *et* Schiffermüller], 1775.

Euchromia Stephens, 1829: 183.

Loxoterma Busck, 1906: 305.

Paracelypha Obraztsov, 1960: 447.

Celyphoides Obraztsov, 1960: 480.

主要特征：翅展 9.0–18.5 mm。雄虫后足胫节具 1 束粗毛刷。雄性抱器腹强烈突出，背面具 1 束长刺棘，腹角具 1 束短棘，呈圆锥状，基穴外侧无刺毛；抱器端窄长，弯曲，基半部具长棘；阳茎粗短。雌性阴片大，形状变化大，常为圆形或倒梯形；囊突 1 个，圆形，具刻点。

分布：世界广布。世界已知 23 种，中国记录 4 种，浙江分布 2 种。

（641）草小卷蛾 *Celypha flavipalpana* (Herrich-Schäffer, 1851)

Sericoris flavipalpana Herrich-Schäffer, 1851: 213.
Celypha flavipalpana: Clarke, 1958: 395.

分布：浙江（临安、开化、江山）、黑龙江、吉林、内蒙古、北京、天津、河北、山东、河南、陕西、宁夏、甘肃、青海、新疆、安徽、湖北、湖南、四川、贵州；俄罗斯，韩国，日本，欧洲。

注：描述见《天目山动物志》（李后魂等，2020）。

（642）金钱松草小卷蛾 *Celypha pseudalarixicola* Liu, 1992（图 9-5）

Celypha pseudalarixicola Liu, 1992a: 699.

主要特征：成虫（图 9-5A）翅展 11.0–16.0 mm。前翅近长方形，由深褐色与银棕色组成复杂的斑纹，钩状纹白色。后翅棕褐色。

 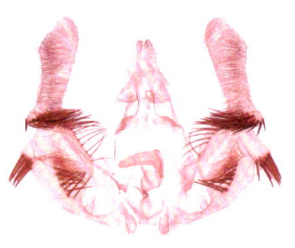 

图 9-5　金钱松草小卷蛾 *Celypha pseudalarixicola* Liu, 1992
A. 成虫；B. 雄性外生殖器；C. 雌性外生殖器

雄性外生殖器（图 9-5B）：背兜延长；爪形突退化，短而狭；尾突明显，片状，下垂；颚形突亦退化；抱器瓣发达，长过背兜，基部膨大；第 1 刺丛位于抱器端基部并具 1 簇棘刺，排列成行；抱器腹端部及腹缘的凹陷里具 1 列刺棘；阳茎短，弯曲。

雌性外生殖器（图 9-5C）：交配孔凸出，背面有微刺，周围阴片骨化，呈元宝形，腹板长椭圆形，表面多褶皱。囊突 1 个，圆锥状。

分布：浙江（临安）、江西、湖南、四川。

201. 狭翅小卷蛾属 *Dicephalarcha* Diakonoff, 1973

Dicephalarcha Diakonoff, 1973: 254. Type species: *Dicephalarcha sicca* Diakonoff, 1973.

主要特征：翅展 9.0–19.5 mm。前翅窄长方形，后缘中部常具 1 深色三角形斑。雄性爪形突深裂或二裂片状，少数为棒状；尾突大，片状；抱器瓣窄长，膨大，抱器端端部深裂为圆钝被毛的背端和 1 个近光裸较窄的腹缘突起；抱器腹的叶突上具 1 簇短刺。雌性阴片管状，被微刺；囊突 2 个，片状，被齿状及鳞片状的小突起。

分布：东洋区、澳洲区。世界已知 8 种，中国记录 2 种，浙江分布 1 种。

（643）狭翅小卷蛾 *Dicephalarcha dependens* (Meyrick, 1922)

Argyroploce dependens Meyrick, 1922: 524.

Dicephalarcha dependens: Diakonoff, 1973: 256.

分布：浙江（临安）、江苏、上海、安徽、湖北、湖南、福建、台湾、广西、四川、贵州、云南。
注：描述见《天目山动物志》（李后魂等，2020）。

202. 白条小卷蛾属 *Dudua* Walker, 1864

Dudua Walker, 1864a: 1000. Type species: *Dudua hesperialis* Walker, 1864.

主要特征：成虫翅展 15.0–24.5 mm。成虫雄虫后足胫节强烈膨大或略膨大，具 1 束毛刷；后翅后缘具骨化卷褶或臀瓣，或无。雄性爪形突宽片状或细钩状；尾突长片状，下垂；颚形突中部舌状或乳突状凸出，被微刺；抱器瓣宽或细长，背缘基部常具 1 个被刺的小瓣，沿腹缘基部常具 1 列长毛；阳茎短，管状，无角状器。雌性阴片小，包围交配孔，窄，被微刺；囊突角状，具宽大基片，因而呈乳突状，密被颗粒。

分布：世界广布。世界已知 35 种，中国记录 9 种，浙江分布 2 种。

（644）花白条小卷蛾 *Dudua dissectiformis* Yu *et* Li, 2006

Dudua dissectiformis Yu *et* Li, 2006: 278.

分布：浙江（临安）、安徽、江西、湖南、福建、广东、海南、广西、贵州。
注：描述见《天目山动物志》（李后魂等，2020）。

（645）圆白条小卷蛾 *Dudua scaeaspis* (Meyrick, 1937)

Argyroploce scaeaspis Meyrick, 1937: 182.
Dudua scaeaspis: Diakonoff, 1973: 426.

分布：浙江（临安）、甘肃、湖北、湖南、福建、贵州、云南；日本。
注：描述见《天目山动物志》（李后魂等，2020）。

203. 黑小卷蛾属 *Endothenia* Stephens, 1852

Endothenia Stephens, 1852: 28. Type species: *Tortrix gentianaeana* Hübner, [1799].
Alloendothenia Oku, 1963: 106.
Neothenia Diakonoff, 1973: 364.

主要特征：翅展 8.0–20.5 mm。无香鳞。雄性背兜短；爪形突棍棒状，端部膨大被短刺棘；尾突宽片状，密被毛；抱器瓣棒状、镰刀形或弯月形等，抱器背基部具 1 指状突起，被刺棘或毛；阳茎粗短，圆锥状，角状器有或无。雌性阴片大，骨化强；囊导管短；囊突 1 个，筐状或口袋状，被突起。

分布：世界广布。世界已知 61 种，中国记录 16 种，浙江分布 4 种。

分种检索表

1. 抱器瓣牛角状，基部与端部窄，中部宽 ·· 形黑小卷蛾 *E. informalis*
- 抱器瓣基部窄，端部宽 ·· 2

2. 抱器背基部的突起密被极短硬刺 ·· 植黑小卷蛾 E. genitanaeana
- 抱器背基部的突起仅末端被数根长毛 ··· 3
3. 爪形突末端的膨大部分宽圆形，宽度约为长度的 2 倍 ·· 南黑小卷蛾 E. austerana
- 爪形突末端的膨大部分卵圆形，宽度不及长度的 1.5 倍 ·· 烈黑小卷蛾 E. remigera

（646）南黑小卷蛾 Endothenia austerana (Kennel, 1916)（图 9-6）

Semasia austerana Kennel, 1916: 479.
Endothenia austerana: Kuznetzov, 1993: 38.

主要特征：成虫（图 9-6A）翅展 12.0–14.0 mm。前翅灰棕色杂有棕色与褐色；基斑和亚基斑褐色，占据基部 1/3，不明显；中带褐色杂棕褐色，折曲，在中室前角外侧和中室后角内侧分别呈向外和向内的尖角状突出，后端达后缘端部。后翅黄褐色。

图 9-6　南黑小卷蛾 Endothenia austerana (Kennel, 1916)
A. 成虫；B. 雄性外生殖器

雄性外生殖器（图 9-6B）：爪形突莲蓬状，端部略膨大，中部被粗刺，侧缘被长细毛；尾突小片状，被细毛；抱器瓣窄；背缘基部的突起长三角形，仅末端被少许短刺；抱器腹窄；抱器端向端部渐宽，密被刺毛，末端圆钝；阳茎粗短。

分布：浙江（柯城、泰顺）、陕西、甘肃、安徽、湖北；俄罗斯，蒙古国，日本。

（647）植黑小卷蛾 Endothenia genitanaeana (Hübner, [1796-1799])（图 9-7）

Tortrix genitanaeana Hübner, [1796-1799]: pl. 3, fig. 12.
Endothenia genitanaeana: Kennel, 1913: 386.

主要特征：成虫（图 9-7A）翅展 10.0–13.0 mm。前翅长三角形，顶角略尖；翅面底色褐色或灰褐色；前缘第 3–4、第 7–9 对钩状纹醒目，浅黄色至白色；中带宽，深褐色至黑褐色；中带外侧有 2 个不规则形状白斑，分别位于前缘 6–9 对钩状纹下方及臀角上方。后翅棕褐色。

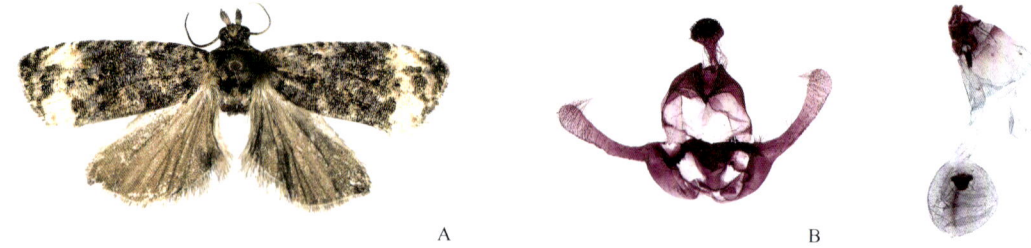

图 9-7　植黑小卷蛾 Endothenia genitanaeana (Hübner, [1796-1799])
A. 成虫；B. 雄性外生殖器；C. 雌性外生殖器

雄性外生殖器（图 9-7B）：爪形突伞菇状，基部细柄，端部膨大并具密集短刺；尾突尖三角片状，被长刺毛；抱器瓣窄；背缘基部的突起细指状，被短密刺，抱器腹窄，抱器端窄条状，末端略膨大；阳茎粗短。

雌性外生殖器（图 9-7C）：后阴片宽大，略呈蝶形。囊突 1 个，圆筐形，被粗糙突起。

分布：浙江（临安、鄞州、柯城、江山、丽水）、吉林、辽宁、内蒙古、天津、河北、山西、河南、陕西、甘肃、青海、新疆、安徽、湖北、江西、湖南、福建、广西、重庆、四川、贵州、云南；俄罗斯，韩国，日本，中亚，西亚，欧洲。

（648）形黑小卷蛾 *Endothenia informalis* (Meyrick, 1935)（图 9-8）

Argyroploce informalis Meyrick, 1935: 59.
Endothenia informalis: Clarke, 1958: 520.

主要特征：成虫（图 9-8A）翅展 8.0–14.0 mm。前翅长三角形，端部宽；底色棕褐色，斑纹黑褐色，边界模糊；钩状纹不明显，仅第 3–4 对和第 7–8 对略清晰；基斑、亚基斑窄；中带宽，近直，前缘处色重，后端达后缘端半部；后翅棕黄色或棕褐色。

图 9-8　形黑小卷蛾 *Endothenia informalis* (Meyrick, 1935)
A. 成虫；B. 雄性外生殖器

雄性外生殖器（图 9-8B）：背兜极宽；爪形突具细柄，端部膨大，两侧缘被刺毛；尾突三角片状；抱器瓣基部与端部窄，中部宽，背缘基部的突起锥状，仅末端被 1 小簇极短刺，抱器腹近光裸，抱器端新月形，基部与端部窄，中部弧形加宽，密被刺毛；阳茎粗短，近三角形。

分布：浙江（临安）、黑龙江、陕西、甘肃、江苏、福建；俄罗斯。

（649）烈黑小卷蛾 *Endothenia remigera* Falkovitsh, 1970（图 9-9）

Endothenia remigera Falkovitsh, 1970a: 72.

主要特征：成虫（图 9-9A）翅展 10.0–11.0 mm。前翅略呈长方形，顶角尖；翅面底色铅色或褐色；斑纹黑褐色杂黄棕色，钩状纹清晰；亚基斑窄带状，至后缘基部；中带宽，边缘不清晰，至后缘端半部；后中带与亚端纹为 2 条细纹，分别达顶角下方及外缘后端。后翅棕褐色。

图 9-9　烈黑小卷蛾 *Endothenia remigera* Falkovitsh, 1970
A. 成虫；B. 雄性外生殖器

雄性外生殖器（图 9-9B）：爪形突具细柄，端部强烈膨大并具密集短刺；尾突圆片状；抱器瓣窄，背缘基部的突起小山丘状，顶端被 1 簇短刺毛，抱器腹极窄，抱器端窄条状，末端稍宽并密被刺毛；阳茎粗短。

分布：浙江（临安、永嘉）、黑龙江、北京、天津、青海、安徽、湖北、西藏；俄罗斯，韩国，日本。

204. 圆点小卷蛾属 *Eudemis* Hübner, 1825

Eudemis Hübner, 1825: 394. Type species: *Tortrix profundana* Denis *et* Schiffermüller, 1775.

主要特征：翅展 14.0–22.5 mm。前翅中带外侧有 1 半圆形或近三角形的斑块。发香器不发达。雄性爪形突极小；尾突棍棒状，被长毛；颚形突横带状或中部呈长突起；抱器瓣窄长，抱器腹基部与末端常被刺丛；阳茎无角状器。雌性阴片结构复杂，后阴片扩展为耳状，被微刺；囊导管长；储精囊大；囊突 2 个。

分布：古北区、东洋区。世界已知 9 种，中国记录 4 种，浙江分布 3 种。

分种检索表

1. 颚形突骨化，中部有 1 长指状突起 ·· 杨梅圆点小卷蛾 *E. gyrotis*
- 颚形突横带状，骨化极弱或膜质 ··· 2
2. 尾突粗壮；抱器腹长度为抱器瓣的 2/5，末端被 1 簇浓密短毛，抱器端被浓密刺毛 ············ 栎圆点小卷蛾 *E. porphyrana*
- 尾突窄；抱器腹长度不及抱器瓣的 1/3，末端被稀疏短毛，抱器端被稀疏刺毛 ················· 鄂圆点小卷蛾 *E. lucina*

（650）杨梅圆点小卷蛾 *Eudemis gyrotis* (Meyrick, 1909)（图 9-10）

Argyroploce gyrotis Meyrick, 1909: 604.

Eudemis gyrotis: Issiki, 1957: 69.

主要特征：成虫（图 9-10A）翅展 15.0–18.0 mm。前翅长三角形，顶角钝；钩状纹细密清晰；翅面底色浅灰褐色，斑纹深棕褐色；后缘基部有 1 斜向近长方形斑块，外侧被白边；中带斜，前端与后端极窄，分别位于前缘中部和后缘末端，中部略宽，内缘呈向后的圆突形，外侧被白边；第 7–8 对钩状纹后方有 1 近圆形大斑，前端被白边。后翅浅棕褐色。

图 9-10　杨梅圆点小卷蛾 *Eudemis gyrotis* (Meyrick, 1909)
A. 成虫；B. 雄性外生殖器；C. 雌性外生殖器

雄性外生殖器（图 9-10B）：颚形突两侧有小三角状突出，中部向下愈合成长指状，光裸；抱器瓣基部略宽，基穴外缘背侧具 1 小叶突，被刺，抱器腹腹缘基部被 1 簇长刺丛，其外侧有 1 小尖角状突起，突起外侧腹缘有 1 簇短毛，抱器端窄长片状，密被毛刺；阳茎细长。

雌性外生殖器（图 9-10C）：阴片于交配孔两侧呈平行四边形展开，尾端与交配孔附近有微毛。囊突 2 个，长细指状，二者长度不等。

分布：浙江（开化、青田）、安徽、江西、福建、台湾、广东、广西、四川、贵州、云南；俄罗斯，日本，印度。

（651）鄂圆点小卷蛾 *Eudemis lucina* **Liu *et* Bai, 1982**

Eudemis lucina Liu *et* Bai, 1982a: 167.

分布：浙江（临安）、吉林、河南、陕西、湖北；日本。
注：描述见《天目山动物志》（李后魂等，2020）。

（652）栎圆点小卷蛾 *Eudemis porphyrana* **(Hübner, [1796-1799])**

Tortrix porphyrana Hübner, [1796-1799]: pl. 5.
Eudemis porphyrana: Hübner, 1825: 382.

分布：浙江（临安）、黑龙江、吉林、辽宁、河南、陕西、甘肃、湖北、江西、福建、广东、四川、贵州；俄罗斯，日本，欧洲。
注：描述见《天目山动物志》（李后魂等，2020）。

205. 圆斑小卷蛾属 *Eudemopsis* **Falkovitsh, 1962**

Eudemopsis Falkovitsh, 1962a: 190. Type species: *Penthina purpurissatana* Kennel, 1990.

主要特征：翅展 15.0–25.5 mm。前翅中带外侧常有 1 半圆形或近三角形的斑块。发香器不发达。雄性爪形突极小；尾突棍棒状，光裸，末端有长针状刺棘；抱器瓣短，多宽圆，抱器端不明显，腹缘与中域密被毛刺；阳茎基环杯状，阳茎短，弯曲，基部球状。雌性阴片较大，杯状，上有刻点，前缘与后缘在中部略凹入；囊突 1 个，角状或指状。

分布：古北区、东洋区。世界已知 12 种，中国记录 10 种，浙江分布 4 种。

分种检索表

1. 尾突退化；抱器端基部 5/6 密被绒毛，形成 1 椭圆形绒毛区 ·································· 多毛圆斑小卷蛾 *E. polytrichia*
- 尾突细长，抱器端中部常密被刺 ··· 2
2. 抱器端大，凸出成球形 ·· 球瓣圆斑小卷蛾 *E. pompholycias*
- 抱器端不为球形，末端较窄 ··· 3
3. 抱器瓣有明显颈部，抱器端明显较抱器腹小；阳茎端环有 2 个指状瓣 ·································· 曲茎圆斑小卷蛾 *E. flexis*
- 抱器瓣无颈部，抱器端明显较抱器腹大；阳茎端环无指状瓣 ··· 异形圆斑小卷蛾 *E. heteroclita*

（653）曲茎圆斑小卷蛾 *Eudemopsis flexis* **Liu *et* Bai, 1982**（图 9-11）

Eudemopsis flexis Liu *et* Bai, 1982b: 48.

主要特征：成虫（图 9-11A）翅展 17.0–21.0 mm。前翅翅面浅灰色或浅褐色；基部 4 对钩状纹，端部 5 对，略带粉色；翅后缘基部具 1 褐色楔形斑；第 3、4 对钩状纹浅茶褐色，宽，在后端至翅后缘 1/5 至中部之间；中带褐色或深褐色，后端色渐浅，达翅后缘端部；第 5–7 对钩状纹白色，沿中带外缘延伸至臀角，前端宽，后端渐呈线状；亚端纹位于翅端，为 1 圆形褐色或黑褐色大斑，密布赭红色鳞片或无。后翅浅褐色。

雄性外生殖器（图 9-11B）：尾突末端具 1 根粗棘；抱器瓣宽短，中部强烈收缩成颈部，抱器腹宽，腹缘圆钝，基部被浓密短毛，抱器端较小，密被毛，沿腹缘被粗壮短棘，末端呈角状；阳茎略呈球形，末端膜质。

雌性外生殖器（图 9-11C）：导管端片骨化，极短，后缘衣领状卷折，密被微刺。交配囊卵圆形，被稀疏颗粒；囊突 1 个，角状，光裸。

分布：浙江、北京、河北、山西、陕西、湖北、湖南、广东、四川、贵州。

图 9-11　曲茎圆斑小卷蛾 *Eudemopsis flexis* Liu et Bai, 1982
A. 成虫；B. 雄性外生殖器；C. 雌性外生殖器

（654）异形圆斑小卷蛾 *Eudemopsis heteroclita* **Liu *et* Bai, 1982**

Eudemopsis heteroclita Liu et Bai, 1982b: 48.

分布：浙江（临安、桐庐、余姚、景宁）、陕西、安徽、湖北、江西、湖南、福建、广西、重庆、贵州。
注：描述见《天目山动物志》（李后魂等，2020）。

（655）多毛圆斑小卷蛾 *Eudemopsis polytrichia* **Liu *et* Bai, 1985**

Eudemopsis polytrichia Liu et Bai, 1985: 136.

分布：浙江（临安）、云南。
注：未见标本，描述见《中国动物志》（刘友樵和李广武，2002）。

（656）球瓣圆斑小卷蛾 *Eudemopsis pompholycias* **(Meyrick, 1935)**

Argyroploce pompholycias Meyrick, 1935: 58.
Eudemopsis pompholycias: Diakonoff, 1973: 100.

分布：浙江（临安）、河南、陕西、湖南、福建、四川；日本。
注：描述见《天目山动物志》（李后魂等，2020）。

206. 桃小卷蛾属 *Gatesclarkeana* Diakonoff, 1966

Gatesclarkeana Diakonoff, 1966: 48. Type species: *Platypeplus erotias* Meyrick, 1905.

主要特征：翅展 13.0–17.5 mm。后翅 M_3 脉和 CuA_1 脉基部有短柄。一些雄虫腹部 3–5 节具被鳞片的囊腺。雄性颚形突退化；左右抱器瓣不对称，在抱器腹外侧缢缩，抱器腹骨化，基部具钩状或棍棒状的腹棒，上被短刺，右抱器腹略大；抱器端膨大、不对称，骨化弱，密被毛，右抱器端基部具 1 小突起，上被 1 束极长的刺毛；阳茎侧面具齿。雌性阴片长管状，套嵌于囊导管末端部分；囊突密被颗粒，1 或 2 个，若 2 个则不等大，大的具 3–4 齿状突起。

分布：世界广布。世界已知 10 种，中国记录 2 种，浙江分布 1 种。

（657）洋桃小卷蛾 *Gatesclarkeana idia* Diakonoff, 1973（图 9-12）

Gatesclarkeana idia Diakonoff, 1973: 8.

主要特征：成虫（图 9-12A）翅展 14.0–16.0 mm。前翅长三角形，端部略宽；钩状纹玫红色；翅面底色褐色，斑纹深褐色或黑褐色，破碎散乱，之间隐约可见玫红色钩状纹的延伸部分。后翅褐色或灰褐色。

A　　　　　　　　　B　　　　　　　　C

图 9-12　洋桃小卷蛾 *Gatesclarkeana idia* Diakonoff, 1973
A. 成虫；B. 雄性外生殖器；C. 雌性外生殖器

雄性外生殖器（图 9-12B）：爪形突半椭圆形或卵圆形，密被细毛，中部具缝；尾突片状，被浓密细长毛；抱器瓣左右不对称，被细毛，左抱器瓣长卵圆形，右抱器瓣近长三角形，略长于左抱器瓣，基部具 1 束极长刺毛，两抱器瓣基部均具 1 骨化瓣，右侧的超过左侧的 2 倍大；阳茎棍棒状，侧缘中部具 2 尖角状齿。

雌性外生殖器（图 9-12C）：阴片管状，长，后端渐宽。囊突 2 个，密被颗粒，不等大。

分布：浙江（开化、江山、青田、遂昌、庆元、永嘉）、江西、湖南、福建、台湾、广东、海南、广西、重庆、云南、西藏；日本，印度尼西亚。

207. 广翅小卷蛾属 *Hedya* Hübner, [1825] 1816

Hedya Hübner, [1825] 1816: 380. Type species: *Phalaena* (*Tortrix*) *salicella* Linnaeus, 1758.

主要特征：翅展 8.0–25.5 mm。雄性爪形突形状变化较大，宽片状或窄长，端部钩状或二裂瓣状，个别种无爪形突；尾突小，窄长条状，下垂，被毛，个别种无尾突；颚形突横带状，膜质，多为光裸；抱器瓣长，宽或窄，抱器腹具 1–4 束刺丛，抱器端常较窄，密被刺毛或棘；阳茎短，无角状器。雌性阴片形状变化较大，领片状或杯状，一些种中膨大成球状，常被微刺。导管端内片有或无；导精管自导管端内片前端背缘伸出。囊突 2 个，角状或结节状，或无。

分布：世界广布。世界已知 36 种，中国记录 17 种，浙江分布 5 种。

分种检索表

1. 无爪形突；抱器瓣 3/4 处略缢缩；阳茎长度约为抱器瓣长度的 1/2 ·················· 异广翅小卷蛾 *H. auricristana*
- 具爪形突；抱器瓣 3/4 处无缢缩；阳茎长度约为抱器瓣长度的 1/3 ··· 2
2. 阳茎中部或端部被微刺 ··· 缘广翅小卷蛾 *H. trushimaensis*
- 阳茎光裸 ··· 3

3. 爪形突"Y"形 ·· 柞广翅小卷蛾 *H. inornata*
- 爪形突片状，端部二裂片状或具小尖角，不为"Y"形 ·· 4
4. 抱器瓣具弯曲颈部，抱器腹腹缘中部外侧具 1 长尖角状突起，基穴腹缘末端具 1 短指状突起 ·················
··· 日月潭广翅小卷蛾 *H. sunmoonlakensis*
- 抱器瓣无颈部，抱器腹腹缘中部无突起，或具极短瓣状或角状突起，基穴腹缘末端无突起 ······ 素纹广翅小卷蛾 *H. abjecta*

（658）素纹广翅小卷蛾 *Hedya abjecta* Falkovitsh, 1962（图 9-13）

Hedya abjecta Falkovitsh, 1962b: 353.

主要特征：成虫（图 9-13A）翅展 17.0–20.0 mm。前翅宽，底色褐色斑纹深褐色；基斑与亚基斑窄条状；中带宽，后端向外侧斜，外缘在中室前角处角状凸出，下方内凹至 M_2 脉基部，接着又呈圆形凸出；第 5 对钩状纹的暗纹沿中带外缘向后方延伸至臀褶，前端浅铅色，下方铅色，被白边。后翅棕褐色。

图 9-13 素纹广翅小卷蛾 *Hedya abjecta* Falkovitsh, 1962
A. 成虫；B. 雄性外生殖器；C. 雌性外生殖器

雄性外生殖器（图 9-13B）：爪形突长，略呈钩状；尾突小，长片状，被长毛；抱器瓣窄长，抱器背基部具 1 极短的瓣，密被短棘，抱器腹基部被 1 簇长毛，腹缘中部至 3/4 处被 1 列密集的长毛，末端中部处有 1 簇长毛；阳茎极短，向端部渐窄。

雌性外生殖器（图 9-13C）：阴片为 1 骨化环，宽，被微毛，前缘略弱，浅弧形，后缘宽，直，侧角略凸出，圆钝。囊突 2 个，长角状，细而尖。

分布：浙江（临安）、辽宁、河南、陕西；俄罗斯。

（659）异广翅小卷蛾 *Hedya auricristana* (Walsingham, 1900)

Argyroploce auricristana Walsingham, 1900: 237.
Hedya auricristana: Diakonoff, 1973: 443.

分布：浙江（临安）、河南、湖北、广东、广西、贵州；日本。
注：描述见《天目山动物志》（李后魂等，2020）。

（660）柞广翅小卷蛾 *Hedya inornata* (Walsingham, 1900)（图 9-14）

Argyroploce inornata Walsingham, 1900: 240.
Hedya inornata: Inoue et al., 1982: 100.

主要特征：成虫（图 9-14A）翅展 18.5–25.0 mm。前翅近长方形，端部钝，褐色；前缘微弓，钩状纹白色，下方的暗纹发达，铅色；基斑褐色，窄，条纹状；亚基斑深褐色，窄带状，达翅后缘 1/3 处；中带深褐色，密被赭色小点，前缘处极窄，内缘波曲，外缘镶不连续白边，在中室前角前方、中室后角及臀褶

3/4 处尖角状凸出；后中带深褐色，弯曲，前端宽，自 R_4 脉基部 1/4 处至翅外缘，后端密被白色小点，在 M_1 脉下方分为 2 支，内支宽度约为 M_2 脉长度的 1/4，直，伸达臀角，外支沿翅外缘达臀角，向后渐窄，在 R_4 脉与臀角之间被 9–10 条黑色短横斑。后翅褐色，外端渐深，前缘浅灰色；缘毛浅灰色。

图 9-14　柞广翅小卷蛾 *Hedya inornata* (Walsingham, 1900)
A. 成虫；B. 雄性外生殖器；C. 雌性外生殖器

雄性外生殖器（图 9-14B）：爪形突骨化强烈，"Y"形。尾突膜质，小，条状，密被毛。抱器瓣微弓，窄长；抱器腹长度约为抱器瓣的 1/2，腹缘基部被 1 短列鳞片状长毛，末端被 1 簇长刺，基穴外侧至抱器端为 1 密刺区；抱器端窄，弧状弯曲，密被刺毛。阳茎极短小，约为抱器瓣长的 1/8，骨化弱，光裸；无角状器。

雌性外生殖器（图 9-14C）：阴片方形，片状，表面密被网纹及微毛，中部向腹面凸出，并向后端折叠成小山丘状，中央为交配孔。交配孔小，近圆形。交配囊大，长卵圆形，密被小刻点；囊突 2 个，等大，尖角状，密被小颗粒，具基片。

分布：浙江（临安）、吉林、辽宁、河南、陕西、宁夏、湖北、广东、贵州；俄罗斯，韩国，日本，欧洲。

（661）日月潭广翅小卷蛾 *Hedya sunmoonlakensis* Kawabe, 1993（图 9-15）

Hedya sunmoonlakensis Kawabe, 1993: 230.

主要特征：成虫（图 9-15A）翅展 17.0–24.0 mm。前翅近长方形，底色浅褐色或褐色，斑纹褐色或深褐色，混有暗赭色；钩状纹的暗纹铅色或亮铅色，基部 2 对的宽，在中室前缘向外侧凸出，后端达臀褶或 1A+2A 脉基部；第 3、4 对的暗纹在前缘与中室中部之间呈三角形，后端至翅后缘 1/3 处；亚基斑前缘处宽，在中室前方呈倒三角形，后端长斑形；中带前缘处极窄，后端极宽，内缘向内凸出，与亚基斑相连，外缘波曲。后翅棕褐色。

图 9-15　日月潭广翅小卷蛾 *Hedya sunmoonlakensis* Kawabe, 1993
A. 成虫；B. 雄性外生殖器；C. 雌性外生殖器

雄性外生殖器（图 9-15B）：爪形突窄长条状，腹面疏被长毛；尾突窄长条状，密被长毛；抱器瓣窄，基部近三角形，具颈部，抱器腹近中部有 1 簇细毛，中部极窄凸出，外侧伸出 1 光裸的长尖角状突起，基穴端部具 1 末端被短刺的短指状突起，颈部中央具 1 束长毛；抱器端基部略宽，并延伸成角状，密被刺，中部缢缩，端部略膨大；阳茎短而细。

雌性外生殖器（图 9-15C）：阴片叶片状，密被微刺。囊突 2 个，扁角状，密被颗粒。

分布：浙江（嘉兴、临安、江山）、河南、陕西、安徽、湖南、福建、台湾。

（662）缘广翅小卷蛾 *Hedya trushimaensis* Kawabe, 1978（图 9-16）

Hedya trushimaensis Kawabe, 1978: 173.

主要特征：成虫（图 9-16A）翅展 15.0–22.0 mm。前翅底色浅褐色或褐色，斑纹稍深，不明显；基斑与亚基斑窄带状，中部向外凸出；中带窄，内缘略凹，外缘在中室前角前方凸出，下端波曲，后端窄，位于后缘中部外侧；后中带略呈倒"U"形，中部包裹第 6 对钩状纹的暗纹。后翅褐色或棕褐色。

图 9-16　缘广翅小卷蛾 *Hedya trushimaensis* Kawabe, 1978
A. 成虫；B. 雄性外生殖器；C. 雌性外生殖器

雄性外生殖器（图 9-16B）：爪形突长，基半部卵圆形，端半部成二圆裂片，腹面密被短毛；尾突窄长条状，被长毛；抱器腹腹缘 1/3 处和 2/3 处分别被 1 束长棘，沿端部 1/3 疏被粗短棘，叶突处伸出 1 小瓣状被短棘的突起，基穴与抱器端之间具 1 被短刺的脊，抱器端基部具 1 粗棘，腹侧半部密被刺棘；阳茎短而细，密被微刺。

雌性外生殖器（图 9-16C）：阴片在交配孔两侧略呈耳状，被网纹及微刺，膨大并在交配孔后方相接，被微刺，向侧后方延伸成圆片状，光裸；导管端片窄边状，被微刺。囊突 2 个，大，尖角状，被小颗粒。

分布：浙江（临安）、天津、河南、贵州；日本。

208. 偏小卷蛾属 *Hiroshiinoueana* Kawabe, 1978

Hiroshiinoueana Kawabe, 1978: 177. Type species: *Hiroshiinoueana stellifera* Kawabe, 1978.

主要特征：翅展 11.0–15.5 mm。前翅 R_1 脉、R_2 脉、R_3 脉分别自中室前缘 2/5、3/5、9/10 处发出；R_4 脉自中室前角前发出；M_3 脉与 CuA_1 脉基部近同出一点；CuA_2 脉自中室后缘 2/3 处发出。后翅宽；Rs 脉与 M_1 脉基部靠近，近平行；M_2 脉和 CuA_1 脉基部靠近；M_3 脉自 CuA_1 脉 1/5 处发出；CuA_2 脉自中室后缘 3/4 处发出。雄性爪形突宽圆，骨化弱，末端密被刺毛；尾突细长，密被毛；颚形突发达，侧臂宽带状，略骨化，具伸出的突起；抱器瓣左右常不对称；抱器腹与抱器端腹缘分离，抱器背左右基部均具密被粗棘的大瓣状突起，形状多变；抱器腹腹缘常具 1 束刺毛；抱器端小，且较抱器腹窄，形状多变，密被细毛；阳茎中等大小，两侧具微刺。雌性阴片大，骨化，椰子状；囊突 1 个，圆，花结式，中央具锉状粗糙区。

分布：古北区、东洋区。世界已知 4 种，中国记录 2 种，浙江分布 1 种。

（663）五指山偏小卷蛾 *Hiroshiinoueana wuzhishanica* Fei *et* Yu, 2018（图 9-17）

Hiroshiinoueana wuzhishanica Fei *et* Yu, 2018: 325.

主要特征：成虫（图 9-17A）翅展 12.0–14.0 mm。前翅长三角状，端部宽，翅面褐色，密集散布亮银色圆点斑，钩状纹也呈亮银色；斑纹不显著，仅中带位置颜色略深。后翅浅黄褐色。

图 9-17　五指山偏小卷蛾 *Hiroshiinoueana wuzhishanica* Fei *et* Yu, 2018
A. 成虫；B. 雄性外生殖器

雄性外生殖器（图 9-17B）：爪形突小屋脊状，被稀疏细毛；尾突宽，被浓密细长毛；颚形突窄带状；抱器瓣短，纵向卷叠，左右抱器瓣对称；抱器背基半部伸出 1 长卵圆形瓣，盖住抱器腹，密被指向中后方的成列短刺棘；抱器腹宽，近端部具 1 束长刺丛；抱器端腹缘略波曲，长片状，被浓密细长毛；阳茎中等长度，基部至端部渐窄，末端尖；无角状器。

分布：浙江（临安、淳安、开化、永嘉）、福建、海南、广西。

209. 花翅小卷蛾属 *Lobesia* Guenée, 1845

Lobesia Guenée, 1845a: 297. Type species: *Asthenia reliquana* Hübner, [1825] 1816.

主要特征：翅展 5.0–15.5 mm。雄性第 1、2 腹板愈合，具成对的腺囊，其内表面被很小的圆形厚鳞片。雄性无爪形突；尾突片状下垂，被鳞片状长毛，或无；颚形突膜质，中部与阳端基环相连；或稍骨化，中部具 2 个直立的角状突起，不与阳端基环连接。抱器瓣略短，抱器腹具圆齿或简单，腹缘具刺丛，末端与抱器端之间深凹分离，抱器端弯曲，近棒状，密被刺棘，或窄长而被刺棘；阳茎弯曲，部分种被小齿。雌性阴片梨形、管状或环状，前端常膨大；囊突 1 个或无，如有则片状，表面常具细脊。

分布：世界广布。世界已知 111 种，中国记录 26 种，浙江分布 6 种。

分种检索表

1. 抱器端仅背缘被刺棘；阳茎端部具 1 对背突 ··· 忍冬花翅小卷蛾 *L. coccophaga*
- 抱器端全部被刺或腹缘被刺；阳茎无突起 ··· 2
2. 抱器腹与抱器瓣腹缘之间无裂隙；抱器端极窄，最窄处与阳茎中部等宽 ················· 宏花翅小卷蛾 *L. takahiroi*
- 抱器腹与抱器瓣腹缘之间浅裂或深裂，明显分离；抱器端宽或窄，最窄处宽度大于阳茎中部的 1.5 倍 ············ 3
3. 抱器腹末端的刺丛沿腹缘成 1 列，向基部延伸 ·· 落叶松花翅小卷蛾 *L. virulenta*
- 抱器腹末端的刺丛不沿腹缘向基部延伸 ··· 4
4. 抱器腹末端的刺丛大，与抱器端基部约等宽，内侧无刺棘；抱器端略宽短，长度约为缢缩处的 4 倍 ···············
··· 榆花翅小卷蛾 *L. aeolopa*
- 抱器腹末端的刺丛相对小，较抱器端基部窄，内侧有 2 棘；抱器端窄长，长度超过缢缩处的 6 倍 ···················
··· 桑花翅小卷蛾 *L. ambigua*

注：不包括脉花翅小卷蛾 L. mechanodes。

（664）榆花翅小卷蛾 *Lobesia aeolopa* Meyrick, 1907

Lobesia aeolopa Meyrick, 1907: 976.

分布：浙江（临安）、黑龙江、河南、陕西、甘肃、安徽、湖北、江西、湖南、福建、台湾、广东、海南、香港、广西、四川、贵州、云南；韩国，日本，印度，斯里兰卡，印度尼西亚，巴布亚新几内亚，所罗门群岛，非洲。

注：描述见《天目山动物志》（李后魂等，2020）。

（665）桑花翅小卷蛾 *Lobesia ambigua* Diakonoff, 1954（图 9-18）

Lobesia ambigua Diakonoff, 1954: 40.

主要特征：成虫（图 9-18A）翅展 11.0–16.0 mm；前翅端部略宽；钩状纹浅黄色；基斑与亚基斑赭黄色；第 3、4 对钩状纹的暗纹向后呈 1 三角形长斑；中带赭黄色，外缘中部圆点状凸出；臀角内侧有 1 赭褐色圆斑；后中带为 1 赭黄色近圆形大斑。后翅浅褐色。

图 9-18 桑花翅小卷蛾 *Lobesia ambigua* Diakonoff, 1954
A. 成虫；B. 雄性外生殖器；C. 雌性外生殖器

雄性外生殖器（图 9-18B）：颚形突膜质；抱器瓣长，肘状，抱器腹长度约为抱器瓣的 3/7，末端被 1 簇短而粗的棘，其内侧另有 2 短棘；抱器端密被刺毛，细长，中部缢缩，末端棒状膨大；阳茎骨化强，略弯曲，端半部有 1 列小齿。

雌性外生殖器（图 9-18C）：阴片光裸，长喇叭形，包裹囊导管末端，前端腹面深凹成缺口状，后端窄。交配囊小，近卵圆形；囊突不明显，近菱形，被小颗粒。

分布：浙江（临安、泰顺）、山东、河南、甘肃、湖北、江西、湖南、福建、台湾、香港、贵州、云南；日本，泰国，印度尼西亚。

（666）忍冬花翅小卷蛾 *Lobesia coccophaga* Falkovitsh, 1970

Lobesia coccophaga Falkovitsh, 1970b: 62.

分布：浙江（临安）、天津、河北、河南、新疆、安徽、江西、贵州、云南；俄罗斯，韩国，日本。

注：描述见《天目山动物志》（李后魂等，2020）。

（667）脉花翅小卷蛾 *Lobesia mechanodes* (Meyrick, 1936)

Polychrosis mechanodes Meyrick, 1936: 611.

Lobesia mechanodes: Razowski, 1995: 295.

主要特征：翅展 10–12 mm。头部、下唇须、胸部白赭色，下唇须被 2 黑点，胸部被深褐色小点。前翅略长，前缘前端弯曲，外缘直；白赭色，被末端褐色的鳞片，形成极小的横纹；前缘具 1 列倾斜的小黑斑；基斑为一些不规则深褐色微点和 1 不规则后缘斑；中带窄，深褐色，前缘处略斜，下端直，中域后端具 2 个短突出，外侧有 1 三角形臀前斑；自外缘中部下方至前缘 2/3 处有 1 略弯曲倾斜的棕色或深棕色斑纹，其外侧有 2 条自前缘发出的短线，顶角处有 1 斜斑；缘毛白色，具深棕色亚基线，顶角与外缘中部具深棕色斑点。后翅灰色，缘毛灰白色，具深灰色亚基线。

分布：浙江。

注：未见标本，描述自文献（Meyrick，1936）。

（668）宏花翅小卷蛾 *Lobesia takahiroi* Bae, 1996（图 9-19）

Lobesia takahiroi Bae, 1996: 532.

主要特征：成虫（图 9-19A）翅展 11.0–14.0 mm。前翅底色浅褐色，斑纹深褐色，被浅黄色边；钩状纹白色；基斑与亚基斑窄带状，直；中带窄，后端略向外侧斜，外缘中部凸出成 1 尖角；顶角内侧有 1 长圆形斜斑。后翅浅灰褐色至深灰褐色。

图 9-19 宏花翅小卷蛾 *Lobesia takahiroi* Bae, 1996
A. 成虫；B. 雄性外生殖器；C. 雌性外生殖器

雄性外生殖器（图 9-19B）：尾突短，末端窄，被 2–3 根长刺；抱器瓣窄长，基穴基半部腹缘外侧被疏刺，抱器腹腹缘端半部被 1 列强壮粗棘，抱器端窄长，3/5 处缢缩，末端略膨大；阳茎细长，弯曲，无角状器。

雌性外生殖器（图 9-19C）：阴片为 1 倒梯形短管，密被微刺；交配孔宽圆。交配囊卵圆形，前端 3/5 密被长尖刺；囊突 2 个，小，毛撮状，位于囊壁不被刺区。

分布：浙江（泰顺）；日本。

（669）落叶松花翅小卷蛾 *Lobesia virulenta* Bae et Komai, 1991

Lobesia (*Lobesia*) *virulenta* Bae et Komai, 1991: 127.

分布：浙江（临安）、黑龙江、河南、甘肃、上海、安徽、湖南、福建、台湾、四川、贵州；韩国，日本。
注：描述见《天目山动物志》（李后魂等，2020）。

210. 环小卷蛾属 *Neostatherotis* Oku, 1974

Neostatherotis Oku, 1974: 12. Type species: *Neostatherotis nipponica* Oku, 1974.

主要特征：翅展 15.0–23.5 mm。前翅前缘波曲，翅面有橙色斑块。雄性后足具 1 束毛刷。后翅腹面臀褶至后缘之间有 1 黑色香鳞区。雄性爪形突短小，末端尖，背面疏被长毛；尾突片状，末端尖角状；颚形突侧臂窄，骨化；抱器瓣简单，具不明显颈部；抱器腹窄，腹缘近直，端半部具 1 短密毛区；抱器端密被刺毛，末端钝圆；阳茎短，无角状器。雌性阴片杯状，1 卵圆形近膜质骨片包围交配孔；囊突 2 个，大，形态不规则。

分布：古北区、东洋区。世界已知 7 种，中国记录 4 种，浙江分布 1 种。

（670）疏刺环小卷蛾 *Neostatherotis sparsula* Luo, Fei et Yu, 2017（图 9-20）

Neostatherotis sparsula Luo, Fei et Yu, 2017: 249.

主要特征：成虫（图 9-20A）翅展 18.0–20.0 mm。前翅前缘波曲，翅面底色浅褐色；钩状纹乳白色，第 3、4 对极发达，向后延伸至前缘与中室之间形成 1 杏色大斑；中带极小，仅为前缘中部 1 黑色小斑块；后中带与第 6 对钩状纹的后端共同形成 1 浅色圆斑。后翅浅褐色。

图 9-20 疏刺环小卷蛾 *Neostatherotis sparsula* Luo, Fei et Yu, 2017
A. 成虫；B. 雄性外生殖器

雄性外生殖器（图 9-20B）：爪形突钩状，短而尖；尾突小，宽片状，密被长毛；颚形突窄带状；抱器瓣颈部光裸，抱器腹略窄，密被短刺毛；抱器端密被刺毛，腹缘基半部被 1 列稀疏短棘，基部无大棘。阳茎短，基部宽，向端部渐窄，末端略尖，无角状器。

分布：浙江（嘉兴）、湖南。

211. 小卷蛾属 *Olethreutes* Hübner, 1822

Olethreutes Hübner, 1822: 72. Type species: *Phalaena arcuella* Clerck, 1759.

主要特征：翅展 7.0–22.5 mm。雄性后翅内缘具卷褶。雄性爪形突细长；尾突中等，下垂；颚形突横带状；抱器瓣基部宽，端部狭长，抱器腹腹缘基部与抱器端基部背缘之间常有 1 波状皱脊，基部与末端被长度不等的刺棘，腹缘常具 1 中等大小的突起，末端成簇或成列的刺棘，抱器端长，被刺毛；阳茎简单。雌性阴片发达，片状或杯状，复杂，被微刺，具沟脊；囊突 1 个，小圆窝状，被颗粒，或无。

分布：世界广布。世界已知 132 种，中国记录 33 种，浙江分布 10 种。

分种检索表

1. 颚形突发达，中部伸出 1 窄三角形骨化长片 ··· 阔瓣小卷蛾 *O. platycremna*
- 颚形突横带状，无特化结构 ··· 2
2. 阳茎具角状器 ··· 倒卵小卷蛾 *O. obovata*
- 阳茎无角状器 ·· 3

3. 抱器腹腹缘无突起 ·· 线菊小卷蛾 *O. siderana*
- 抱器腹末端角状凸出，尖或钝 ··· 4
4. 抱器腹具 2 突起，分别位于腹缘中部与末端 ·· 溲疏小卷蛾 *O. electana*
- 抱器腹仅末端呈突起状 ··· 5
5. 爪形突"T"形，光裸 ··· 中小卷蛾 *O. moderata*
- 爪形突圆片状或窄长片状，被疏毛 ··· 6
6. 阳茎长，约为抱器瓣的 0.4 倍 ·· 宽小卷蛾 *O. transversanus*
- 阳茎短，最长约为抱器瓣的 0.25 倍 ··· 7
7. 抱器腹端部强烈延伸，呈长柄状，末端被 1 簇长毛 ··· 柄小卷蛾 *O. perexiguana*
- 抱器腹端部不呈长柄状，末端被或长或短的刺棘 ·· 8
8. 爪形突纤细；抱器腹末端钝圆，略宽 ·· 栗小卷蛾 *O. castaneanum*
- 爪形突基部略宽，至末端极窄；抱器腹末端略尖，窄 ·· 梅花小卷蛾 *O. dolosana*
   注：不包括毛桑小卷蛾 *O. morivora*。

（671）栗小卷蛾 *Olethreutes castaneanum* (Walsingham, 1900)

Exartema castaneanum Walsingham, 1900: 124.
Olethreutes castaneanum: Kawabe, 1982: 109.

分布：浙江（临安）、黑龙江、吉林、辽宁、天津、河北、河南、陕西、甘肃、青海、安徽、湖北、江西、四川、贵州；韩国，日本。
注：描述见《天目山动物志》（李后魂等，2020）。

（672）梅花小卷蛾 *Olethreutes dolosana* (Kennel, 1901)

Argyroploce dolosana Kennel, 1901: 234.
Olethreutes dolosana: Razowski, 1971: 533.

分布：浙江（临安）、黑龙江、吉林、天津、河北、山东、河南、陕西、甘肃、湖北、湖南、福建、广东、四川、贵州、云南；俄罗斯，日本。
注：描述见《天目山动物志》（李后魂等，2020）。

（673）溲疏小卷蛾 *Olethreutes electana* (Kennel, 1901)

Penthina electana Kennel, 1901: 257.
Olethreutes electana: Razowski, 1971: 533.

分布：浙江（临安）、黑龙江、吉林、辽宁、北京、天津、河北、河南、甘肃、安徽、四川、云南；俄罗斯，日本。
注：描述见《天目山动物志》（李后魂等，2020）。

（674）中小卷蛾 *Olethreutes moderata* Falkovitsh, 1962（图 9-21）

Olethreutes moderata Falkovitsh, 1962b: 365.

主要特征：成虫（图 9-21A）翅展 14.0–20.0 mm。前翅基斑黄褐色；中带黄褐色；基斑与中带之间浅黄褐色，有 3–4 条黄褐色细横纹；端纹黄褐色；臀角淡黄褐色。后翅灰色。

雄性外生殖器（图 9-21B）：爪形突"T"形，骨化强，光裸；尾突下垂，半圆片状，密被长毛；颚形突横带状，窄；抱器瓣窄，抱器腹基部在基穴外侧被稀疏刺毛，腹缘基部 2/3 处内侧被 1 簇长刺棘，腹缘末端伸达抱器端腹缘 2/5 处，突出成尖角状，被 1 簇短刺棘，抱器端窄，密布毛刺，腹缘中部凹入；阳茎小，锥状，末端有 1 大齿，无角状器。

分布：浙江（临安）、天津、河北、安徽、贵州；俄罗斯，日本。

图 9-21　中小卷蛾 *Olethreutes moderata* Falkovitsh, 1962
A. 成虫；B. 雄性外生殖器

（675）毛桑小卷蛾 *Olethreutes morivora* (Matsumura, 1900)

Sericoris morivora Matsumura, 1900: 195.
Olethreutes morivora: Kawabe, 1982: 170.

主要特征：翅展 12–16 mm。前翅前缘弓，外缘斜，顶角圆钝；翅面底色黄色；翅前缘具 9 对黄色钩状纹，基部 4 对宽，斑块状，端部 5 对为细纹状；翅面基部 2/7–3/7 黄色，杂有棕褐色斑和纹；中带棕褐色，杂有黄色，前端宽后端窄，前缘处宽片状，后方为椭圆形，内缘自翅前缘 3/7 处至翅后缘中部，外缘自翅前缘 4/7 至翅外缘中部；顶角处被黄色鳞片，杂有些许棕褐色细纹；翅缘毛短，白色、黄色、棕色鳞片相杂。后翅棕褐色；前缘与前翅交叠处为白色；翅缘毛灰褐色。

分布：浙江、江苏；韩国，日本。

注：未见标本，描述自文献（Kawabe，1982）。

（676）倒卵小卷蛾 *Olethreutes obovata* (Walsingham, 1900)

Argyroploce obovata Walsingham, 1900: 241.
Olethreutes obovata: Kawabe, 1982: 107.

分布：浙江（临安）、天津、河北、河南、陕西、安徽、湖北、湖南、广西、贵州；俄罗斯，韩国，日本。

注：描述见《天目山动物志》（李后魂等，2020）。

（677）柄小卷蛾 *Olethreutes perexiguana* Kuznetzov, 1988

Olethreutes perexiguana Kuznetzov, 1988b: 174.

分布：浙江（临安）、安徽、福建、广西、贵州；越南。

注：描述见《天目山动物志》（李后魂等，2020）。

（678）阔瓣小卷蛾 *Olethreutes platycremna* (Meyrick, 1935)

Argyroploce platycremna Meyrick, 1935: 61.
Olethreutes platycremna: Clarke, 1958: 536.

分布：浙江（临安、舟山、磐安、开化、江山、青田、庆元、景宁、永嘉）、河南、甘肃、湖南、福建、台湾、广东、广西、贵州；日本。

注：描述见《天目山动物志》（李后魂等，2020）。

（679）线菊小卷蛾 *Olethreutes siderana* (Treitschke, 1835)

Sericoris siderana Treitschke, 1835: 81.
Olethreutes siderana: Liu & Bai, 1977: 78.

分布：浙江（临安）、黑龙江、吉林、陕西、湖南、广东；俄罗斯，日本，欧洲。

注：描述见《天目山动物志》（李后魂等，2020）。

（680）宽小卷蛾 *Olethreutes transversanus* (Christoph, 1881)

Penthina transversanus Christoph, 1881: 75.
Olethreutes transversanus: Kawabe, 1982: 109.

分布：浙江（临安）、黑龙江、陕西、湖北、四川；俄罗斯，韩国，日本。

注：描述见《天目山动物志》（李后魂等，2020）。

212. 毛颚小卷蛾属 *Ophiorrhabda* Diakonoff, 1966

Ophiorrhabda Diakonoff, 1966: 47. Type species: *Argyroploce ergasima* Meyrick, 1911.
Cellifera Diakonoff, 1968: 47.
Didrimys Diakonoff, 1973: 388.
Lasiognatha Diakonoff, 1973: 429.

主要特征：翅展 11.0–18.5 mm。雄性后足胫节被松散长鳞片，基部具1长毛刷；后翅后缘具长卷褶及三角形臀瓣。雄性爪形突长，基部上方宽，钩状；尾突发达，密被毛；颚形突弱，侧臂明显；抱器瓣窄，叶突上的刺丛小，部分种中延伸至抱器端或具1折叠的瓣，抱器端突起上的刺丛小；阳茎中等长度，弯曲，角状器为2片刺区。雌性阴片被微刺，形状各异。

分布：世界广布。世界已知15种，中国记录3种，浙江分布1种。

（681）东京毛颚小卷蛾 *Ophiorrhabda tokui* (Kawabe, 1974)（图 9-22）

Didrimys tokui Kawabe, 1974: 101.
Ophiorrhabda tokui: Brown, 2005: 454.

主要特征：成虫（图 9-22A）翅展 13.0–15.0 mm。前翅底色浅褐色；中带褐色至深褐色，前缘处极窄，中室内侧有 1 黑褐色模糊圆点；后中带褐色杂有白色小点，竖直，哑铃形。后翅浅褐色。

雄性外生殖器（图 9-22B）：爪形突半圆形，腹面密被长刺；尾突三角形，密被刺毛；颚形突近中部处骨化，并向尾端凸出成尖角，密被短刺；抱器瓣窄长，抱器腹基部被 1 小簇短毛，中部伸出 1 浅脊与抱器端基部相连，其基部有 1 簇短刺；抱器端弧形向内弯曲；阳茎宽短，末端被微刺。

雌性外生殖器（图 9-22C）：阴片在交配孔前端两侧呈机翼状；囊突 1 个，长角状。

分布：浙江（桐庐、舟山、江山、青田、泰顺）；日本。

图 9-22 东京毛颚小卷蛾 *Ophiorrhabda tokui* (Kawabe, 1974)
A. 成虫；B. 雄性外生殖器；C. 雌性外生殖器

213. 纹小卷蛾属 *Phaecadophora* Walsingham, 1900

Phaecadophora Walsingham, 1900: 130. Type species: *Phaecadophora fimbriata* Walsingham, 1900.

主要特征：翅展 11.0–15.5 mm。雄性爪形突窄钩状，末端被刺；尾突下垂，中等，密被毛；颚形突膜质，骨化极弱；抱器瓣宽，抱器腹波曲，光裸，腹缘中部突起处有 1 圆锥形毛区，抱器端略波曲，基部腹角背面有 1 束长刺丛；阳茎极短。雌性后阴片半环状，覆盖在交配孔上方；交配孔管状；囊突 2 个，等大，双层半圆形骨片，表面锉状。

分布：世界广布。世界已知 2 种，中国记录 1 种，浙江分布 1 种。

（682）纵纹小卷蛾 *Phaecadophora fimbriata* Walsingham, 1900（图 9-23）

Phaecadophora fimbriata Walsingham, 1900: 130.

主要特征：成虫（图 9-23A）翅展 11.0–15.5 mm。前翅翅面底色褐色，杂有浅褐色及浅赭色，斑纹不规则，但均为纵向且延伸至翅外缘，沿翅外缘具 1 黑色细线。后翅褐色。

图 9-23 纵纹小卷蛾 *Phaecadophora fimbriata* Walsingham, 1900
A. 成虫；B. 雄性外生殖器；C. 雌性外生殖器

雄性外生殖器（图 9-23B）：爪形突长片状，被疏毛；尾突小圆片状，密被长毛；抱器瓣略宽，抱器腹腹缘中部凸出，具 1 束刺丛，抱器端宽，基部腹缘圆突状凸出，末端被 1 束极长细毛，基部背缘至腹缘圆突外侧之间被 1 列短棘，腹缘中部 1/2 内侧密被刺棘，其余区域被细毛；阳茎宽短，端部窄；角状器为 1 短棘。

雌性外生殖器（图 9-23C）：产卵瓣窄长。前、后表皮突约等长。阴片宽环或短管状，被微刺。交配孔圆。囊导管膜质，末端加厚，膨大成杯状。交配囊卵圆形，密被颗粒；囊突 2 个，大，叶片状，中央具加厚纵脊。

分布：浙江（临安、舟山、江山、庆元、永嘉）、江苏、安徽、湖北、江西、湖南、福建、台湾、广东、海南、广西、贵州、云南；俄罗斯，日本，印度，巴布亚新几内亚。

214. 端小卷蛾属 *Phaecasiophora* Grote, 1873

Phaecasiophora Grote, 1873: 90. Type species: *Sciaphila confixana* Walker, 1863.

主要特征：翅展 18.0–30.5 mm。雄虫后足胫节被浓密长鳞片，基部有 1–2 束毛刷。雄性爪形突退化；尾突密被毛，形状变化较大；背兜宽，常具侧角突起；抱器瓣窄长，背缘基部浅丘状鼓起，抱器腹简单，抱器端基部及宽度种间存在差异；阳茎粗，角状器为若干长棘或 1 束微毛、细毛或刺棘。雌性阴片片状，具微刺；囊导管粗；囊突 1 对或无；若有，则很小，角状，密被刻点。

分布：世界广布。世界已知 39 种，中国记录 17 种，浙江分布 7 种。

分种检索表

1. 尾突短，骨化弱，端部常有突起，圆钝	2
- 尾突长，骨化强烈，末端尖	4
2. 抱器瓣无颈部且抱器端基部不收缩	白端小卷蛾 *P. leechi*
- 抱器瓣具颈部或抱器端基部收缩	3
3. 尾突三角形	正端小卷蛾 *P. attica*
- 尾突末端中部与外侧凸出成指状突起	纤端小卷蛾 *P. pertexta*
4. 角状器约与阳茎等长	奥氏端小卷蛾 *P. obraztsovi*
- 角状器长度不超过阳茎的 1/2	5
5. 抱器端基部的球状突极小，具 1 长棘；尾突端部尖角状	角端小卷蛾 *P. cornigera*
- 抱器端基部的球状突大，无长棘；尾突端部耳状	6
6. 抱器端球形突起极圆	景端小卷蛾 *P. fernaldana*
- 抱器端球形突起略小	华氏端小卷蛾 *P. walsinghami*

（683）正端小卷蛾 *Phaecasiophora attica* (Meyrick, 1907)（图 9-24）

Eucosma attica Meyrick, 1907: 137.

Phaecasiophora attica: Diakonoff, 1959: 170.

主要特征：成虫（图 9-24A）翅展 20.0–23.0 mm。前翅翅面底色浅黄棕色至青灰色；基斑、亚基斑浅棕色至浅褐色；中带深棕色至黑褐色；后中带米色至浅褐色，杂有赭色斑点；第 7 对钩状纹的银色暗纹到达翅外缘 1/3 处。后翅浅棕色至深褐色。

雄性外生殖器（图 9-24B）：尾突基部宽，端部三角状，末端尖或圆钝，内缘微突，外侧凸起成小指状或小角状；抱器瓣略长；抱器端中部宽度约为基部的 1.3 倍；阳茎长方形，长度约为抱器端的一半；阳茎针为少量细刺。

雌性外生殖器（图 9-24C）：阴片带状；交配孔大；囊导管中等长，密被颗粒。交配囊近圆形，囊突 2

枚，小角状。

分布：浙江（临安、庆元、景宁）、陕西、宁夏、湖北、台湾、重庆、四川、贵州、云南；俄罗斯，印度，缅甸，越南，泰国。

图 9-24　正端小卷蛾 *Phaecasiophora attica* (Meyrick, 1907)
A. 成虫；B. 雄性外生殖器；C. 雌性外生殖器

（684）角端小卷蛾 *Phaecasiophora cornigera* Diakonoff, 1959（图 9-25）

Phaecasiophora cornigera Diakonoff, 1959: 180.

主要特征：成虫（图 9-25A）翅展 21.0–24.0 mm。前翅近似长方形，末端近平截；翅面浅黄色，密布赭色鳞片，斑纹黑褐色，略呈网状；钩状纹淡黄色；基斑上半部色深；中带由 3 个不完全分离的小斑块组成，最上面的小斑近似方形，中间的小斑较大，不规则形状，下面的小斑位于臀角前；亚端纹为数条黑褐色直线，未达外缘。后翅灰色。

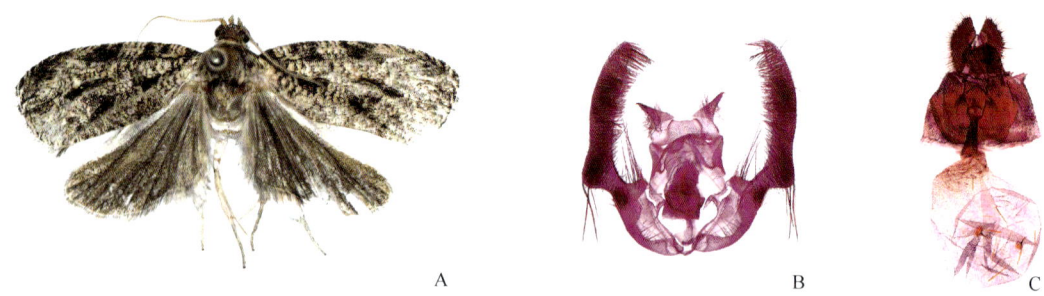

图 9-25　角端小卷蛾 *Phaecasiophora cornigera* Diakonoff, 1959
A. 成虫；B. 雄性外生殖器；C. 雌性外生殖器

雄性外生殖器（图 9-25B）：尾突基部宽，端部尖角状，末端成小弯钩，光裸，其余部分密被毛；抱器瓣窄长，抱器腹窄，末端被 1 丛密毛；抱器端窄长，基部腹缘略凸出，上着生 1 长棘，末端圆钝；阳茎粗，角状器长棘状，成 1 束。

雌性外生殖器（图 9-25C）：前阴片近长方形，骨化弱；交配孔似唇状；囊导管粗、短；交配囊大，近球形；囊突 2 个，图钉状。

分布：浙江（临安、泰顺）、陕西、福建、台湾、广东、海南、广西、重庆、四川、贵州；印度，越南，泰国。

（685）景端小卷蛾 *Phaecasiophora fernaldana* Walsingham, 1900（图 9-26）

Phaecasiophora fernaldana Walsingham, 1900: 135.

主要特征：成虫（图 9-26A）翅展 21.0–26.0 mm。前翅底色土黄色；钩状纹浅白黄色；基斑、亚基斑棕色，杂有黑色斑点；中室外端有 1 白色圆斑点，前面有 1 黑色的细带；中带基部咖色杂有黑色，中部黑色环纹包围咖色，端部土黄色；后中带黄色，杂有黑色条带。后翅灰色。

雄性外生殖器（图 9-26B）：尾突近宽三角形，末端具小弯钩，被浓密刺毛，内缘直，外缘波曲；抱器瓣窄长，背缘直；抱器腹窄，略宽于抱器端，抱器腹腹缘末端具 1 簇短刺毛；抱器端窄长，腹缘基部球状凸起，被浓密短刺毛及数根粗长刺，末端略细且圆钝；阳茎粗短；角状器为 1 束长棘。

雌性外生殖器（图 9-26C）：后阴片骨化，后缘钝圆；囊导管极短且窄。交配囊近球形；囊突 2 个，小角状。

分布：浙江（临安、开化）、陕西、安徽、湖南、台湾、海南、广西、重庆、四川、贵州；韩国，日本。

图 9-26 景端小卷蛾 *Phaecasiophora fernaldana* Walsingham, 1900
A. 成虫；B. 雄性外生殖器；C. 雌性外生殖器

（686）白端小卷蛾 *Phaecasiophora leechi* Diakonoff, 1973

Phaecasiophora leechi Diakonoff, 1973: 120.

分布：浙江（临安、余姚、青田、庆元、温州）、安徽、湖北、湖南、福建、台湾、广东、重庆、四川。
注：描述见《天目山动物志》（李后魂等，2020）。

（687）奥氏端小卷蛾 *Phaecasiophora obraztsovi* Diakonoff, 1973

Phaecasiophora (*Megasyca*) *obraztsovi* Diakonoff, 1973: 124.

分布：浙江（临安、永嘉）；俄罗斯，日本。
注：描述见《天目山动物志》（李后魂等，2020）。

（688）纤端小卷蛾 *Phaecasiophora pertexta* (Meyrick, 1920)

Argyroploce pertexta Meyrick, 1920: 351.
Phaecasiophora pertexta: Diakonoff, 1973: 116.

分布：浙江（嘉兴、临安、余姚、磐安、江山、景宁）、河南、湖北、福建、广西、贵州；印度，尼泊尔，越南。
注：描述见《天目山动物志》（李后魂等，2020）。

（689）华氏端小卷蛾 *Phaecasiophora walsinghami* Diakonoff, 1959

Phaecasiophora walsinghami Diakonoff, 1959: 179.

分布：浙江（临安）、安徽、湖南、广西、四川、贵州、云南；泰国，印度尼西亚。

注：描述见《天目山动物志》（李后魂等，2020）。

215. 脊小卷蛾属 *Proschistis* Meyrick, 1907

Proschistis Meyrick, 1907: 731. Type species: *Proschistis zaleuta* Meyrick, 1907.
Sporocelis Meyrick, 1907: 732.

主要特征：翅展 12.0–23.0 mm。成虫无发香器。雄性无爪形突；尾突骨化，半圆形片状；颚形突"M"形；抱器瓣腹缘基部上方至中部被 1 列长毛，基部及末端均呈簇状，叶突处有 1 刀片状隆起的横脊，上被粗刺；阳茎极短。雌性阴片杯状，被微刺，具光滑花瓣状侧片；囊突 1 个，结节状，被刺。

分布：古北区、东洋区。世界已知 8 种，中国记录 3 种，浙江分布 1 种。

（690）浙脊小卷蛾 *Proschistis stygnopa* Meyrick, 1935（图 9-27）

Proschistis stygnopa Meyrick, 1935: 57.

主要特征：成虫（图 9-27A）翅展 22.0–23.0 mm。头部、下唇须、胸部深紫褐色。前翅中等宽度，膨大，前缘略弯曲，外缘近直，垂直，下端圆；深紫褐色；前缘具黑色钩状纹，后端发出不规则横纹，近前缘处具 1 列黑点；后半端 1/4 处与 3/4 之间有 1 黑褐色斑。后翅深灰色，缘毛浅灰色，具灰色亚基线。

图 9-27　浙脊小卷蛾 *Proschistis stygnopa* Meyrick, 1935
A. 成虫；B. 雄性外生殖器

雄性外生殖器（图 9-27B）：背兜向后端延伸；尾突被疏毛；抱器瓣宽短，中部缢缩，基穴小，抱器背中部有 1 长型毛区，抱器腹宽，腹缘被 1 列长毛，端半部内侧有 1 被短毛的横脊，抱器端宽短，密被刺毛；阳茎无角状器。

分布：浙江（临安）。

216. 细小卷蛾属 *Psilacantha* Diakonoff, 1966

Sycacantha (*Psilacantha*) Diakonoff, 1966: 70. Type species: *Olethreutes charidotis* Durrant, 1915.
Psilacantha Diakonoff, 1973: 167.

主要特征：翅展 17.0–22.0 mm。雄成虫后足胫节不膨大。雄性爪形突片状、二叶状或二叉状；尾突片状或半圆状；抱器瓣长，抱器端腹缘突出程度不同，且突起上被刺；阳茎长，角状器为 1 束粗长棘或长细毛。雌性阴片发达；交配孔大，近方形；无囊突。

分布：古北区、东洋区。世界已知 5 种，中国记录 1 种，浙江分布 1 种。

（691）精细小卷蛾 *Psilacantha pryeri* (Walsingham, 1900)

Phaecasiophora pryeri Walsingham, 1900: 136.
Psilacantha pryeri: Diakonoff, 1973: 173.

分布：浙江（临安、磐安、开化、景宁）、河南、陕西、安徽、湖北、江西、湖南、福建、广西、重庆、四川、贵州；俄罗斯，日本，印度，斯里兰卡。

注：描述见《天目山动物志》（李后魂等，2020）。

217. 发小卷蛾属 *Pseudohedya* Falkovitsh, 1962

Pseudohedya Falkovitsh, 1962a: 192. Type species: *Grapholitha gradana* Christoph, 1881.

主要特征：翅展 15.0–24.5 mm。雄虫发香器不发达。雄性爪形突窄长或无；尾突片状；下匙形突发达，骨化；抱器瓣窄长，弯曲；抱器腹简单，腹角不明显，或复杂，被刺丛；阳茎短或中等长度，无角状器。雌性阴片形状变化较大，交配孔位于中央或前端；囊突 2 个，角状或 1 个，小窝状。

分布：古北区、东洋区。世界已知 9 种，中国记录 5 种，浙江分布 1 种。

（692）缩发小卷蛾 *Pseudohedya retracta* Falkovitsh, 1962（图 9-28）

Pseudohedya retracta Falkovitsh, 1962b: 355.

主要特征：成虫（图 9-28A）翅展 17.0–22.0 mm。前翅斑纹褐色，间被黄色细纹；中带前缘极窄，后端占据翅后缘端部 2/5；中带与后中带之间中部有 6–8 条黑色横线；后中带黄褐色，亚端纹与端纹会合，黄褐色。后翅棕褐色。

图 9-28　缩发小卷蛾 *Pseudohedya retracta* Falkovitsh, 1962
A. 成虫；B. 雄性外生殖器；C. 雌性外生殖器

雄性外生殖器（图 9-28B）：爪形突椭圆片状，被疏毛；尾突半圆片状，密被毛；下匙形突宽口袋状，近三角形，下垂，底部末端呈短尖角状，被小齿；抱器腹沿腹缘至抱器端基部背面有 1 列短密毛，至抱器端中部渐稀疏；叶突近抱器背处有 1 簇浓密粗棘；抱器端窄长；阳茎细，末端尖。

雌性外生殖器（图 9-28C）：阴片飞机状，光裸；交配孔大，位于阴片前端；囊导管卵圆形，被细小颗粒。囊突 2 个，小尖角状。

分布：浙江（临安）、辽宁、天津、河南、陕西、甘肃、湖北、广东、四川；俄罗斯，韩国，日本。

218. 直茎小卷蛾属 *Rhopaltriplasia* Diakonoff, 1973

Rhopaltriplasia Diakonoff, 1973: 404. Type species: *Acroclita trimelaena* Meyrick, 1922.

主要特征：翅展 15.0–19.0 mm。雄性后足胫节无毛刷，部分种前翅腹面中域与后翅中后部分别有 1 个黑色香鳞区。雄性爪形突细钩状，或极小的二裂片状；尾突棒状，多毛；颚形突三角钩状，或为 1 对骨化长臂；抱器瓣长卵圆形或哑铃形，在基部 3/5 或 2/3 处强烈收缩，抱器腹极度膨大，抱器端小，阳茎长，基部膨大。雌性前阴片宽大，骨化弱；交配孔深"V"形；导管端片长，漏斗形，被微刺；囊导管短，中部有 1 骨化环，前端 2/3 骨化；囊突 2 个，不等大，角状。

分布：东洋区、澳洲区。世界已知 5 种，中国记录 3 种，浙江分布 1 种。

（693）非凡直茎小卷蛾 *Rhopaltriplasia insignata* Kuznetzov, 1997

Rhopaltriplasia insignata Kuznetzov, 1997: 797.

分布：浙江（临安）；越南。

注：描述见《天目山动物志》（李后魂等，2020）。

219. 轮小卷蛾属 *Rudisociaria* Falkovitsh, 1962

Rudisociaria Falkovitsh, 1962a: 195. Type species: *Grapholitha* (*Sericoris*) *expeditana* Sneffen, 1883.

主要特征：翅展 13.0–18.0 mm。雄成虫后足胫节基部具 1 束细毛刷。雄性爪形突短；尾突膜质或骨化，被毛或光裸；抱器瓣长，抱器腹末端角状突出，有 1 密被刺的圆片；抱器端窄长，棍棒状，末端多毛；阳茎无角状器。雌性阴片宽，前缘圆钝，尾缘及两侧突出；囊突 1 个，小，结节状。

分布：古北区、东洋区。世界已知 2 种，中国记录 2 种，浙江分布 1 种。

（694）毛轮小卷蛾 *Rudisociaria velutinum* (Walsingham, 1900)

Exartema velutinum Walsingham, 1900: 125.
Rudisociaria velutinum: Kuznetzov, 2001: 258.

分布：浙江（临安、开化、景宁）、天津、陕西、甘肃、安徽、湖北、湖南、广东、广西、四川、贵州；俄罗斯，韩国，日本。

注：描述见《天目山动物志》（李后魂等，2020）。

220. 月小卷蛾属 *Saliciphaga* Falkovitsh, 1962

Saliciphaga Falkovitsh, 1962a: 193. Type species: *Penthina acharis* Butler, 1879.

主要特征：翅展 16.0–28.0 mm。雄成虫无发香器。雄性爪形突长，钩状，被细毛；尾突小，密被毛；抱器瓣窄长，抱器背基部有突起的宽瓣，上密被短刺，抱器腹腹缘与抱器端基部分别有 1 束刺丛；阳茎无角状器。雌性阴片宽，密被微刺，中部凸出，前缘折叠；囊突 2 个，片状，大，中部有横脊。

分布：古北区、东洋区。世界已知 2 种，中国记录 2 种，浙江分布 1 种。

（695）大弯月小卷蛾 *Saliciphaga caesia* Falkovitsh, 1962（图 9-29）

Saliciphaga caesia Falkovitsh, 1962b: 359.

主要特征：成虫（图 9-29A）翅展 18.0–26.0 mm。前翅长，略宽，底色浅褐色，无典型斑纹；前缘钩状纹暗白色，下方的暗纹浅铅色；R_3 脉基部与中室外缘暗白色，呈圆弧状，其外侧与翅外缘 R_5 脉末端至臀角之间的区域色略浅，成 1 圆斑，其中的翅脉之间被若干黑色横线。后翅浅褐色。

雄性外生殖器（图 9-29B）：爪形突窄长，末端钝，被稀疏长毛；尾突长圆片状，下垂，密被长毛；抱器背基部具 1 窄长瓣状突起，内缘密被短刺棘，抱器腹腹缘中部及末端各具 1 束长毛，抱器端窄长，宽度一致；阳茎粗短。

雌性外生殖器（图 9-29C）：阴片包围交配孔，领口状，表面被小网纹，腹面呈 "V" 形裂口。囊突 2 个，头盔形，光裸。

分布：浙江（开化）、黑龙江、吉林、辽宁、山东、陕西、江苏、上海、安徽、江西、福建；俄罗斯，日本。

图 9-29　大弯月小卷蛾 *Saliciphaga caesia* Falkovitsh, 1962
A. 成虫；B. 雄性外生殖器；C. 雌性外生殖器

221. 复小卷蛾属 *Sisona* Snellen, 1902

Sisona Snellen, 1902: 69. Type species: *Sisona albitibiana* Snellen, 1902.

主要特征：雄性成虫后足胫节被极浓密蓬松白色鳞片。雄性尾突深裂至基部；抱器瓣狭长弯曲，具颈部，抱器腹端半部具浓密刺毛区，抱器端基部腹缘常具角状或半椭圆突起；阳茎具 1 束刺状角状器。雌性阴片宽片状，被微刺，两侧末端常具尖角状或棍棒状突起；交配孔常为宽杯状；囊突 0–2 个，形态变化大。

分布：东洋区、澳洲区。世界已知 1 种，中国记录 1 种，浙江分布 1 种。

（696）白复小卷蛾 *Sisona albitibiana* Snellen, 1902

Sisona albitibiana Snellen, 1902: 69.

主要特征：雄性后足被极显著蓬松长鳞片。前翅近长方形，前缘弓；翅面浅黄褐色，基斑、亚基斑、中带几不可见，仅在翅中域有若干不规则窄条纹；亚端纹深褐色，窄弧状斜纹，位于顶角内侧。后翅浅褐色。

雄性外生殖器：背兜极短；爪形突小而尖；尾突长片状，被毛；抱器瓣窄橘瓣状，无颈部，抱器腹无成簇刺丛，近光裸，抱器端均匀被刺毛，末端略窄。阳茎短，角状器为 1 束短刺。

分布：浙江（临安）；泰国，斯里兰卡，印度尼西亚，巴布亚新几内亚。

注：未见标本，描述自文献（Diakonoff，1973）。

222. 尾小卷蛾属 *Sorolopha* Lower, 1901

Sorolopha Lower, 1901: 73. Type species: *Sorolopha cyclotoma* Lower, 1901.
Acanthothyspoda Lower, 1908: 319.
Alypeta Turner, 1916: 528.

Choganhia Razowski, 1960: 387.

主要特征：翅展 9.0–23.5 mm。前翅常略呈绿色，翅端多有 1 深色圆斑。雄成虫后足胫节常膨大并具 1 长毛刷；部分种部分腹节两侧各被 1 束长鳞毛。雄性爪形突极小，圆突状；尾突细长棍棒状，具浓密刺毛；颚形突横带状；抱器瓣多窄，个别较宽，一些种左右抱器瓣不对称，颈部常明显，抱器腹具 1–2 簇刺丛或无，抱器端多窄，基部向腹缘形成尖角或钝圆突起，末端常有 1 粗棘；阳茎长，弯曲，无角状器。雌性阴片多呈短漏斗状，被微刺；囊突 1 个，角状，或 2 个，圆片状。

分布：世界广布。世界已知 74 种，中国记录 29 种，浙江分布 4 种。

分种检索表

1. 尾突极长，超过背兜的 2/3 ·· 青尾小卷蛾 *S. agana*
- 尾突长度不超过背兜的 1/2 ··· 2
2. 抱器瓣颈部不明显，抱器端中部略膨胀，宽圆突状 ··· 樟尾小卷蛾 *S. archimedias*
- 抱器瓣颈部明显，抱器端腹缘有 1 尖角状、方形或半圆形的突起 ··· 3
3. 抱器瓣颈部约为其最宽处的 1/2；抱器端的圆弧形突起两端窄，中部最宽 ····················· 宽瓣尾小卷蛾 *S. latiuscula*
- 抱器瓣颈部不及其最宽处的 1/3；抱器端的圆弧形突起基部窄，向端部渐宽，末端最宽 ······ 阔端尾小卷蛾 *S. nanlingica*

（697）青尾小卷蛾 *Sorolopha agana* (Falkovitsh, 1966)

Choganhia agana Falkovitsh, 1966b: 209.
Sorolopha agana: Diakonoff, 1973: 95.

分布：浙江（临安、桐庐、舟山、永嘉）、江西、海南、广西、四川、贵州、云南；斯里兰卡。
注：描述见《天目山动物志》（李后魂等，2020）。

（698）樟尾小卷蛾 *Sorolopha archimedias* (Meyrick, 1912)（图 9-30）

Argyroploce archimedias Meyrick, 1912: 21.
Sorolopha archimedias: Diakonoff, 1973: 54.

主要特征：成虫（图 9-30A）翅展 13.0–17.0 mm。前翅近长方形；前缘基部 4 对钩状纹浅茶色，端部 5 对近白色；中室后缘 2/5 处至翅内缘及后缘基部之间有 1 长三角形斑，深棕褐色；中带深褐色，宽带状，自前缘中部斜向抵达翅后缘末端；翅外缘与中带之间有 1 深褐色大圆斑。后翅褐色。

图 9-30 樟尾小卷蛾 *Sorolopha archimedias* (Meyrick, 1912)
A. 成虫；B. 雄性外生殖器；C. 雌性外生殖器

雄性外生殖器（图 9-30B）：尾突未达背兜中部；抱器瓣向背面弯曲，两抱器瓣不对称，抱器腹腹缘端部略呈角状凸出，其上及中域有 1 密毛区，颈部不明显，抱器端中部向腹缘膨大，呈宽圆突状；阳茎长度约为抱器瓣长度的 1/3。

雌性外生殖器（图 9-30C）：产卵瓣窄长。前、后表皮突约等长。阴片杯状，密被微刺。囊导管长度与交配囊近等长。交配囊长卵圆形；囊突 1 个，位于交配囊前端，浅窝状，宽，密被颗粒。

分布：浙江（临安、开化）、广东、海南、香港、广西、云南；印度，孟加拉国，越南，斯里兰卡，菲律宾，印度尼西亚。

（699）宽瓣尾小卷蛾 *Sorolopha latiuscula* Zhao, Bai *et* Yu, 2017（图 9-31）

Sorolopha latiuscula Zhao, Bai *et* Yu, 2017: 595.

主要特征：成虫（图 9-31A）翅展 15.0 mm。前翅长三角形；亚基斑绿色，后缘渐宽；第 3、4 对钩状纹的暗纹浅绿色；中带黑褐色，窄；翅端 R_4 脉与 M_2 脉之间有 1 半圆形斑，黑褐色杂赭色，被白边。后翅褐色。

图 9-31 宽瓣尾小卷蛾 *Sorolopha latiuscula* Zhao, Bai *et* Yu, 2017
A. 成虫；B. 雄性外生殖器

雄性外生殖器（图 9-31B）：尾突伸达背兜中部；抱器瓣向背侧弯曲，抱器腹宽、密被短毛，腹缘无角状突起，颈部缢缩，宽度约为抱器端最宽处的 1/2，光裸，抱器端宽，基部 3/5 向腹侧膨出成宽圆突状，腹缘圆弧形，腹缘内侧密被刺棘，圆突基部宽度略窄于末端宽度，抱器端端部窄，密被细毛，末端圆钝；阳茎弯曲，末端尖。

分布：浙江（临安）、广西。

（700）阔端尾小卷蛾 *Sorolopha nanlingica* Zhao, Bai *et* Yu, 2017（图 9-32）

Sorolopha nanlingica Zhao, Bai *et* Yu, 2017: 594.

主要特征：成虫（图 9-32A）翅展 16.0–17.0 mm。前翅窄长；底色褐色；端部 7 对钩状纹褐绿色，第 5、6 对钩状纹延伸至 R_4 脉基部；中室后角内侧被 1 黑色短而小的条斑，其外侧有 1 白色小斑块，白色斑块外侧有 1 黑色窄弧形条斑，自前缘下方至 CuA_1 脉末端下方，1 白色圆斑在外侧被其包围，圆斑上缘自顶角弧状至 M_3 脉端部 1/3，外缘自顶角至外缘 M_3 脉末端，圆斑内 R_5 脉至 M_3 脉之间每相邻两脉末端之间均有 1 黑色短线；翅后缘及其上方褐绿色。后翅褐色。

图 9-32 阔端尾小卷蛾 *Sorolopha nanlingica* Zhao, Bai *et* Yu, 2017
A. 成虫；B. 雄性外生殖器

雄性外生殖器（图 9-32B）：尾突伸达背兜中部；抱器瓣向背侧弯曲，抱器腹宽，疏被刺毛，颈部明显，抱器端基部 3/5 或 2/3 向腹侧膨出成宽圆突状，圆突基部窄，向端部弧形渐宽；阳茎弯曲，基部向端部渐尖。

分布：浙江（临安）、广东。

恩小卷蛾族 Enarmoniini

主要特征：下唇须多为波状伸出。前翅顶端大多呈镰刀状，少数种呈直角。后翅 M_3 和 CuA_1 脉分离，共柄或愈合，臀区特化。爪形突常缺失；背兜骨化较弱；抱器瓣基穴大，常有端棘；囊突 1 或 2 个。

分布：世界广布。世界已知约 40 属 306 种，中国记录 8 属 47 种，浙江分布 4 属 10 种。

分属检索表

1. 前翅顶角呈镰刀状 ··· 镰翅小卷蛾属 *Ancylis*
- 前翅顶角不呈镰刀状 ··· 2
2. 抱器端细长，端部具 1 指状突 ··· 褐斑小卷蛾属 *Semnostola*
- 抱器端钝圆，端部不具指状突 ··· 3
3. 爪形突退化，端部凹陷；抱器端腹面具 1 尖突 ··· 楝小卷蛾属 *Loboschiza*
- 爪形突长，末端具突起；抱器端腹面不具尖突 ·· 尖顶小卷蛾属 *Kennelia*

223. 镰翅小卷蛾属 *Ancylis* Hübner, [1825] 1816

Ancylis Hübner, [1825] 1816: 376. Type species: *Tortrix harpana* Hübner, [1796-1799].
Epicharis Hübner, [1825] 1816: 376.
Anchylopera Stephens, 1829b: 47.
Phoxopteris Treitschke, 1829: 232.
Anticlea Stephens, 1834: 113.
Philalcea Stephens, 1835: 396.
Phoxopteryx Sodoffsky, 1837: 93.
Sideria Guenée, 1845a: 156.
Ancylopera Agassiz, 1848: 61.
Palaeobia Meyrick, 1881b: 660.
Lamyrodes Meyrick, 1910d: 182.
Ancyloides Diakonoff, 1982: 63.

主要特征：前翅窄，顶角镰刀状，通常具 1 个大的基斑。前翅所有脉分离，索脉弱，M 干脉退化或缺失；M_2 与 CuA_1 脉多少向前弯，从 R_1–R_2 基部 2/3 处发出，止于 R_5 脉基部或退化。后翅 Rs 和 M_1 脉基部极靠近；M_2 脉靠近 M_3 脉，或同出一点；M_3 和 CuA_1 脉共柄、同出一点或完全愈合。雄性背兜细弱；爪形突发达，2 分叉，或退化为 1 个小突起或完全退化；尾突通常下垂，阔；抱器瓣颈部发达，基穴达抱器腹端部；抱器背基突细；抱器腹角明显；抱器端常细，阳茎简单，常短；角状器常由许多短刺排成倾斜的 1 行，或脱落。雌性阴片骨化弱，常为杯形，前阴片部分向外延伸，形成侧突；导精管从囊导管基部背面发出；囊突 2 个，刀片状，是本属的典型特征。

讨论：镰翅小卷蛾属 *Ancylis* 与愈小卷蛾属 *Ancylophyes* 相似，区别特征是：雄性外生殖器尾突 2 个，下垂；抱器腹伸出 1 明显的角状突；雌性外生殖器具 2 刀片状囊突。在愈小卷蛾属 *Ancylophyes* 中，尾突愈合成 1 个，上举；抱器腹直，内卷，无明显的角状突；具 2 囊突，分别为角状和刀片状。

分布：世界广布。世界已知 130 种，中国记录 28 种，浙江分布 7 种。

分种检索表

1. 具爪形突 ·· 半圆镰翅小卷蛾 A. obtusana
- 无爪形突 ·· 2
2. 抱器瓣腹缘具 2 突起 ·· 苹镰翅小卷蛾 A. selenana
- 抱器瓣腹缘具 1 突起 ·· 3
3. 抱器腹具 1 突起，钝 ··· 4
- 抱器腹具 1 突起，尖锐 ··· 5
4. 抱器端近三角形；颈部细长 ·· 灰斑镰翅小卷蛾 A. hemicatharta
- 抱器端近梯状；颈部不明显 ··· 枣镰翅小卷蛾 A. sativa
5. 阳茎长为抱器瓣长的 1/2 ··· 豌豆镰翅小卷蛾 A. badiana
- 阳茎长为抱器瓣长的 2/3 ··· 三角镰翅小卷蛾 A. mandarinana

注：不包括浙镰翅小卷蛾 A. glycyphaga。

（701）豌豆镰翅小卷蛾 Ancylis badiana ([Denis et Schiffermüller], 1775)

Tortrix badiana [Denis et Schiffermüller], 1775: 126.

Ancylis badiana: Kennel, 1916: 438.

讨论：豌豆镰翅小卷蛾 A. badiana 外形与鼠李镰翅小卷蛾 A. unculana 相似，但可通过爪形突缺失，尾突小，约为阳茎宽的 2/3 及半圆形阴片区分。鼠李镰翅小卷蛾 A. unculana 的爪形突 2 分叉，尾突大，与阳茎等宽，阴片环形。

分布：浙江（临安、泰顺）、黑龙江、北京、河北、河南、陕西、江西、四川；俄罗斯，蒙古国，韩国，日本，欧洲。

注：描述见《天目山动物志》（李后魂等，2020）。

（702）浙镰翅小卷蛾 Ancylis glycyphaga Meyrick, 1912

Ancylis glycyphaga Meyrick, 1912: 32.

主要特征：翅展 15–18 mm。头和胸部褐赭色，领片夹杂暗褐色。下唇须褐色，第 2 节下方有宽鳞簇，混杂深褐色。腹部褐色。前翅窄长，前缘弧形，顶角圆，强烈突出，外缘在顶角下深凹，凹陷下方圆。翅面灰赭色，夹杂白点，前缘前半部杂白色；前缘白色钩状纹被深褐色或黑色线隔开；从基部到顶角具 1 不明显的褐赭色宽条纹，有时夹杂深褐色，后方有时具黑色条纹；前缘后半部暗玫瑰色，具 4 对灰色钩状纹；顶角突出部分暗褐色；臀区略带灰白色；缘毛赭色杂白色，顶角处杂黑色，其上方和下方均白色。后翅灰色；缘毛灰白色，亚基线灰色。

雌性外生殖器：产卵瓣狭长，多毛；前、后表皮突近等长。囊导管近端部具 1 骨化环。交配囊卵圆形；囊突 2 个，一大一小，刀片状。

分布：浙江；日本，印度，孟加拉国。

注：未见标本，描述自文献（Meyrick, 1912；Clarke, 1958）。

（703）灰斑镰翅小卷蛾 Ancylis hemicatharta Meyrick, 1935（图 9-33）

Ancylis hemicatharta Meyrick, 1935: 54.

主要特征：成虫（图 9-33A）翅展 16.0–19.0 mm。头顶和额深褐色。触角褐色。下唇须白色；基部灰褐色；第 2 节鳞片长；末节略下垂。胸部灰白色夹杂褐色。翅基片白色。前翅上半部白色，下半部灰褐色，基部为深灰褐色扇形斑，从翅的前方 1/3 处到后缘；中带和中后带呈 1 条灰色条带，从前缘中部到后缘；中后带到亚中带之间具 1 近长方形的深灰色斑，从翅中部到后缘；亚中带包括 2 条极短的线，1 条褐色，1 条黑色；肛上纹浅灰色，由 3 个不规则斑组成；顶角镰刀状，锈褐色；前缘从基部到顶角具 9 对银灰色钩状纹斜向后延伸；第 1–4 对位于基部和 Sc 脉之间；第 1、2 对钩状纹在基带和亚基带的间带，在一些标本中模糊或缺失；第 3 对钩状纹退化成 1 个，位于亚基带的后缘；第 4 对钩状纹位于中带的前缘，与第 3 对钩状纹以黑褐色斑点隔开；第 5、6 对靠近中带后缘，退化成 1 对；第 7–9 对钩状纹分别位于 R_1–R_2、R_2–R_3 和 R_3–R_4 之间；缘毛灰白色。后翅及缘毛灰褐色。足灰黄色；前、中足跗节具褐色鳞片。

图 9-33　灰斑镰翅小卷蛾 *Ancylis hemicatharta* Meyrick, 1935
A. 成虫；B. 雄性外生殖器；C. 雌性外生殖器

雄性外生殖器（图 9-33B）：爪形突退化；尾突椭圆形，大，多毛。抱器瓣细长，基部宽；颈部细长；基穴大；抱器腹角近直角；抱器端近三角形。阳茎长筒状；角状器 1 束或 2 束，呈线排列，已脱落。

雌性外生殖器（图 9-33C）：产卵瓣宽大，多毛。前、后表皮突约等长，均粗短。阴片唇形，骨化强。导管端片骨化强。囊导管近端部 1/3 处具 1 骨化环。交配囊圆形；囊突 2 个，约等大，刀片状。

讨论：灰斑镰翅小卷蛾 *A. hemicatharta* 外形与大斑镰翅小卷蛾 *A. amplimacula* 相似，可通过前翅具扇形基斑，中后带到亚中带间具 1 近长方形的深灰色斑，爪形突缺失，抱器端近三角，宽大的产卵瓣较前表皮突长，阴片唇形等特征区分。

分布：浙江（临安）、河南、陕西、宁夏、江苏、湖南、贵州。

（704）三角镰翅小卷蛾 *Ancylis mandarinana* Walsingham, 1900

Ancylis mandarinana Walsingham, 1900: 440.
Anchylopera mandarina Caradja, 1916: 71. No type.

分布：浙江（宁波）、内蒙古；俄罗斯，韩国，日本。
注：未见标本，描述见文献（Byun and Yan, 2005）。

（705）半圆镰翅小卷蛾 *Ancylis obtusana* (Haworth, 1811)

Tortrix obtusana Haworth, 1811: 453.
Anchylopera consobrinana Curtis, 1831: folio 376.
Grapholitha distortana Guenée, 1845a: 170.
Tortrix (*Steganoptycha*) *segmentana* Herrich-Schaffer, 1851: 283.
Ancylis obtusana: Kennel, 1916: 505.

讨论：半圆镰翅小卷蛾 *A. obtusana* 与草莓镰翅小卷蛾 *A. comptana* 相似，但可通过以下特征区分：前翅基斑半圆形；抱器端基部钝角，中部变宽，2/3 处凹陷，端部又略宽；阴片梯形。而草莓镰翅小卷蛾 *A. comptana* 前翅基斑三角形；抱器端基部直角，中部变宽，向端部渐窄；阴片"W"形。

分布：浙江（临安）、山西、河南、陕西、宁夏、甘肃、青海、安徽、贵州；韩国，日本，土耳其，欧洲。

注：描述见《天目山动物志》（李后魂等，2020）。

（706）枣镰翅小卷蛾 *Ancylis sativa* Liu, 1979（图 9-34）

Ancylis (*Anchylopera*) *sativa* Liu, 1979: 90.

主要特征：成虫（图 9-34A）翅展 10.0–17.0 mm。头顶和额褐色。触角黑褐色。下唇须灰白色，夹杂褐色；末节隐藏在第 2 节的长鳞片中。胸部和翅基片黑褐色。前翅底色黄褐色或深褐色；翅面具 3 个条斑，1 条从翅前缘中部到顶角；1 条从翅中部波状伸出达顶角；1 条从翅基部前缘 2/3 处延伸到翅后缘 3/4 处；顶角突出，呈镰刀状；前缘从基部到顶角具 10 对清晰的钩状纹，每对钩状纹白色，斜向后延伸；第 1–5 对钩状纹位于翅基部和中带之间，向后延伸不超过 Sc 脉；第 6、7 对钩状纹靠近中带后缘，退化成 2 个标记；第 8–10 对钩状纹分别位于 R_1–R_2、R_2–R_3 和 R_3–R_4 之间，以深褐色和黑褐色鳞片隔开，会合至外缘近顶角处；缘毛褐色。后翅和缘毛灰褐色。足灰黄色，跗节均夹杂褐色。腹部灰褐色。

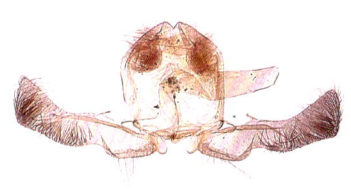

图 9-34　枣镰翅小卷蛾 *Ancylis sativa* Liu, 1979
A. 成虫；B. 雄性外生殖器；C. 雌性外生殖器

雄性外生殖器（图 9-34B）：背兜宽短。爪形突退化；尾突钩状，下垂，多毛。抱器瓣近长方形；基部宽；基穴大，约为抱器瓣的 1/3；抱器腹角近直角，多细毛；颈部不明显；抱器端梯形，多细毛。阳茎粗壮，筒状；角状器多个（已脱落）。

雌性外生殖器（图 9-34C）：产卵瓣多毛，上端略宽于下端。前、后表皮突约等长。阴片骨化弱，唇形。导管端片骨化弱，圆筒形，约占囊导管的 1/4。交配囊长椭圆形；囊突 2 个，约等大，刀片状。

讨论：枣镰翅小卷蛾 *A. sativa* 与同属其他种的区别在于前翅基斑缺失，从基部到后缘具 3 条长条纹，抱器端梯形，产卵瓣较前表皮突短，2 枚囊突大小相等。它与苹镰翅小卷蛾 *A. selenana* 相似，可通过抱器腹角不突出，抱器瓣颈部不明显，抱器端梯形区分。而苹镰翅小卷蛾 *A. selenana* 抱器腹角突出，抱器瓣颈部明显且细长，抱器端三角形。

分布：浙江（泰顺）、北京、天津、河北、山西、山东、河南、陕西、甘肃、安徽、湖北、江西、湖南、福建、广西、四川、贵州、云南；韩国。

寄主：枣 *Ziziphus jujuba*、酸枣 *Z. jujuba* var. *spinosa*。

（707）苹镰翅小卷蛾 *Ancylis selenana* (Guenée, 1845)

Phoxopteryx selenana Guenée, 1845a: 170.
Phoxopteryx curvana Zeller, 1849: 282.
Ancylis selenana: Kennel, 1916: 445.

讨论：苹镰翅小卷蛾 *A. selenana* 与灰斑镰翅小卷蛾 *A. hemicatharta* 相似，可通过抱器端三角形，抱器腹角突出区分。而灰斑镰翅小卷蛾 *A. hemicatharta* 抱器端近三角形，抱器腹角不突出。

分布：浙江（临安）、黑龙江、天津、河北、河南、陕西、甘肃、安徽、湖北、福建、贵州、云南；俄罗斯，韩国，日本，欧洲。

注：描述见《天目山动物志》（李后魂等，2020）。

224. 尖顶小卷蛾属 *Kennelia* Rebel, 1901

Kennelia Rebel, 1901: 263. Type species: *Anomalopteryx xylinana* Kennel, 1900.

Anomalopteryx Kennel, 1900: 157. Preoccupied.

主要特征：前翅前缘呈波状，在 2/3 或 3/4 处突出是本属的主要特征。前翅无明显基斑、中带、肛上纹。雄性背兜细；爪形突长，末端具突起；尾突宽，多毛；抱器背基突大；基穴短，多毛；抱器腹无明显突起，具长毛丛；抱器端多毛或刺，阳茎短小，角状器多个。雌性第 7 腹板后缘凹陷，与阴片愈合；阴片小；导管端片管状；囊导管基部骨化，呈根状；导精管从囊导管基部腹面伸出；无囊突。

讨论：尖顶小卷蛾属 *Kennelia* 与镰翅小卷蛾属 *Ancylis* 在外形和雄性外生殖器方面相似，区别特征为：尖顶小卷蛾属 *Kennelia* 前翅宽阔，顶角突出呈方形，抱器腹无明显突起，爪形突端部突出，无囊突。而镰翅小卷蛾属 *Ancylis* 前翅狭长，顶角尖端末端向下呈镰刀状，抱器腹明显突起，爪形突多为二叉状或完全退化消失，囊突呈刀片状。

分布：古北区、东洋区。世界已知 5 种，中国记录 3 种，浙江分布 1 种。

（708）鼠李尖顶小卷蛾 *Kennelia xylinana* (Kennel, 1900)

Anomalopteryx xylinana Kennel, 1900: 158.

Kennelia xylinana: Diakonoff, 1975: 311.

讨论：鼠李尖顶小卷蛾 *K. xylinana* 与 *K. albifacies* 在外形和雄性外生殖器上均相似，但可以通过以下特征区分：前者爪形突细长，端部宽是高的 1/2，抱器端斜卵圆形；后者爪形突粗壮，端部宽是高的 2 倍，抱器端近圆形。

分布：浙江（临安）、黑龙江、吉林、天津、河北、河南、陕西、宁夏、甘肃、湖北、四川、贵州；俄罗斯，韩国，日本。

注：描述见《天目山动物志》（李后魂等，2020）。

225. 棟小卷蛾属 *Loboschiza* Diakonoff, 1967

Loboschiza Diakonoff, 1967: 93. Type species: *Argyroploce clytocarpa* Meyrick, 1920.

Rhadinoscolops Obraztsov, 1968a: 187.

主要特征：前翅索脉从 R_2 脉基部伸出，止于 M_1 脉之前；M 干脉止于 M_2 和 M_3 脉中点之前，CuA_1 脉出自中室后角。后翅 Rs 和 M_1 脉靠近；M_3 和 CuA_1 脉同出一点。雄性背兜很长。爪形突退化，端部凹陷；尾突弱，刚毛少。抱器背基突简单，向上弯；抱器瓣颈部明显；抱器腹角不明显，具成束的长毛丛；抱器端背面圆形，近尾部凸出，腹面形成 1 长的尖突。阳茎长，具 1 束长的角状器。雌性交配孔位于阴片顶端；囊导管端部骨化；导精管从囊导管基部侧面伸出；囊突 1–2 个。

分布：古北区、东洋区、澳洲区。世界已知 19 种，中国记录 2 种，浙江分布 1 种。

（709）苦楝小卷蛾 *Loboschiza koenigiana* (Fabricius, 1775)

Pyralis koenigiana Fabricius, 1775: 653.
Hemerosia aurantiana Pryer, 1877: 235.
Pyralis koenigana Fabricius, 1787: 237. No type.
Eucelis vulnerata Walsingham in Swinhoe et al., 1900: 571.
Grapholitha delectana Snellen, 1902: 72.
Loboschiza koenigiana: Kuznetzov, 1988a: 74.

分布：浙江（临安）、黑龙江、河南、陕西、安徽、湖北、江西、湖南、福建、台湾、广东、广西、四川、云南；韩国，日本，巴基斯坦，印度，斯里兰卡，印度尼西亚，澳大利亚，巴布亚新几内亚。

注：描述见《天目山动物志》（李后魂等，2020）。

226. 褐斑小卷蛾属 *Semnostola* Diakonoff, 1959

Semnostola Diakonoff, 1959: 174. Type species: *Semnostola mystica* Diakonoff, 1959.
Ancyloides Kuznetzov, 1964a: 882.

主要特征：所有脉分离或前翅 R_4、R_5 脉愈合，M_3、CuA_1 脉基部靠近；后翅 Rs、M_1 脉共柄约一半，M_3、CuA_1 脉基部很靠近。无发香器。雄性背兜高，顶部具微小的突出；爪形突退化或缺失；尾突下垂，骨化弱，具毛；肛管简单，膜质或腹侧骨化弱。抱器瓣长；颈部有时明显；基穴长，端部弱；抱器背基突通常大；抱器腹具长毛，抱器腹角不明显或退化；抱器端不发达或退化，具微刺及毛，端部多毛，末端为 1 粗刺。阳茎细长，角状器若有则为多个。雌性阴片不明显，骨化弱。第 8 腹板弱，凹入，常折向后方；囊导管形成骨化带或无；若形成骨化带，则导精管从骨化带或其前方腹面伸出。囊突 2 个，大小不一。

分布：古北区、东洋区。世界已知 8 种，中国记录 5 种，浙江分布 1 种。

（710）壮茎褐斑小卷蛾 *Semnostola grandaedeaga* Zhang *et* Wang, 2006

Semnostola grandaedeaga Zhang *et* Wang, 2006: 42.

讨论：壮茎褐斑小卷蛾 *S. grandaedeaga* 与 *S. trisignifera* 相似，可通过以下特征区分：前翅后缘近臀角处具 1 三角形的深褐色斑；尾突三角形，似帽状，阳茎粗壮；囊突 1 个。后者前翅后缘近臀角处无深褐色斑；尾突由大小不等的 2 个三角形组成，似字母 "B" 形，阳茎细长；囊突 2 个。

分布：浙江（临安）。

注：描述见《天目山动物志》（李后魂等，2020）。

花小卷蛾族 Eucosmini

主要特征：雄性触角鞭节基部有时具凹陷，前翅前缘褶通常存在。后翅 M_3 和 CuA_1 脉共柄（偶尔同出一点或分离）；一些种臀区基部卷褶，内含毛刷。雄性外生殖器的背屈肌（m_4）发达；抱器瓣具大的基穴，抱器背钩单支或两分支，抱器端发达，阳茎具可脱落角状器，有时具不可脱落角状器。雌性外生殖器中阴片起源于交配孔周围的骨化区，位于第 7 腹板的深凹陷中，在进化的属中阴片与第 7 腹板愈合；囊导管在近导精管处常具骨化带，囊突常 2 个。

分布：世界广布。世界已知 110 多属 1500 多种，中国记录 36 属近 300 种，浙江分布 21 属 39 种。

分属检索表

1. 雄性外生殖器特殊：抱器瓣腹面愈合，仅抱器腹端部自由 ·· 褐小卷蛾属 *Antichlidas*
- 雄性外生殖器一般：抱器瓣腹面分离 ·· 2
2. 前翅 R_4 和 R_5 脉共柄 ·· 3
- 前翅 R_4 和 R_5 脉不共柄 ··· 7
3. 抱器腹角处有指向背面的多毛叶突 ·· 筒小卷蛾属 *Rhopalovalva*
- 抱器腹角处无指向背面的多毛叶突 ·· 4
4. 背兜顶端中部凹陷，无爪形突 ·· 泽小卷蛾属 *Heleanna*
- 背兜顶端中部不凹陷，具爪形突 ·· 5
5. 抱器腹多成排的毛或刺 ·· 菲小卷蛾属 *Fibuloides*
- 抱器腹无成排的毛或刺 ·· 6
6. 爪形突下垂；交配囊进口处及其两侧无骨化带 ·· 斜小卷蛾属 *Acroclita*
- 爪形突上举；交配囊进口处及其两侧具骨化带 ··· 黑痣小卷蛾属 *Rhopobota*
7. 触角基部具凹陷 ·· 8
- 触角基部无凹陷 ·· 9
8. 抱器背中部之后向基部伸出 1 多毛带 ·· 带小卷蛾属 *Metacosma*
- 抱器背中部之后无多毛带 ·· 白小卷蛾属 *Spilonota*
9. 雄性抱器腹止于抱器端近基部；雌性产卵瓣宽短，囊突缺失 ··· 异花小卷蛾属 *Hetereucosma*
- 无上述特征 ··· 10
10. 抱器端腹面具 1 突起，其上着生 1 刺 ·· 突小卷蛾属 *Gibberifera*
- 抱器端腹面无上述特征 ··· 11
11. 爪形突端部宽；尾突强烈骨化 ··· 球果小卷蛾属 *Gravitarmata*
- 爪形突端部窄；尾突膜质 ··· 12
12. 尾突退化；抱器瓣基穴后缘具叶突和角状突；雌性交配囊进口处及两侧具倒"V"形骨片 ············ 连小卷蛾属 *Nuntiella*
- 不具备上述综合特征 ··· 13
13. 抱器腹基穴后缘无叶突或褶痕 ·· 叶小卷蛾属 *Epinotia*
- 抱器腹基穴后缘具叶突或褶痕 ··· 14
14. 尾突退化；阳茎骨化 ·· 梢小卷蛾属 *Rhyacionia*
- 尾突发达；阳茎膜质 ··· 15
15. 尾突长指状 ··· 实小卷蛾属 *Retinia*
- 尾突宽短 ··· 16
16. 前翅具索脉和 M 干脉 ·· 17
- 前翅索脉和 M 干脉退化 ··· 19
17. 爪形突退化，为成对凸起 ··· 黑脉小卷蛾属 *Melanodaedala*
- 爪形突分叉或小丘形 ··· 18
18. 爪形突分 2 叉 ·· 共小卷蛾属 *Coenobiodes*
- 爪形突小丘形 ·· 花小卷蛾属 *Eucosma*
19. 抱器瓣基穴后缘具角状突 ·· 白斑小卷蛾属 *Epiblema*
- 抱器瓣基穴后缘无角状突 ··· 20
20. 爪形突分 2 叉 ··· 瘦花小卷蛾属 *Lepteucosma*
- 爪形突呈小丘形、三角形等形状，偶尔端部略凹陷 ··································· 美斑小卷蛾属 *Hendecaneura*

227. 斜小卷蛾属 *Acroclita* Lederer, 1859

Acroclita Lederer, 1859: 121. Type species: *Paedisca arctana* Staudinger, 1859 = *Tortrix* (*Semasia*) *consequana* Herrich-Schäffer, 1851.
Hylotrohpa Turner, 1946: 197.

主要特征：前翅索脉从 R_1–R_2 脉基部中点发出，伸达 M_1 脉基部之上；M 干脉退化；R_4 和 R_5 脉共柄长。后翅 M_3 和 CuA_1 脉同出一点或短共柄。雄性背兜宽；爪形突具少量毛；尾突大，多毛，形状多样，有时分叉；抱器瓣基穴短；抱器腹角圆或呈钝角，大；抱器端长形或椭圆形。角状器成束，可脱落。雌性囊导管端部膜质，具长的骨化带；导精管从骨化带腹面近中部伸出。囊突 2 个，大。

分布：世界广布。世界已知 38 种，中国记录 4 种，浙江分布 1 种。

(711) 斜小卷蛾 *Acroclita loxoplecta* Meyrick, 1935

Acroclita loxoplecta Meyrick, 1935: 53.

主要特征：翅展 13–14 mm。雄性：头、下唇须、胸部白色夹杂赭黄色。前翅长形，向外缘渐宽，前缘略呈弧形，外缘在镰刀形顶角下方凹陷，之后变圆；中室白色，散布赭橙色横纹，夹杂黑点；前缘 1/4 处和中部具赭橙色小斑，夹杂黑色，在前缘和中室白色间具交替的黑色小楔形斑点和钩状纹；前缘后半部钩状纹布满赭橙色，其下方具 4 条黑色斜线；翅端部散布赭橙色和黑色；臀角略白，无肛上纹，端部具 1 条黑色细线；缘毛浅灰褐色。后翅灰色，向顶角色渐深；缘毛灰色。

分布：浙江（临安）。

注：未见标本，描述自文献（Meyrick，1935）。

228. 褐小卷蛾属 *Antichlidas* Meyrick, 1931

Antichlidas Meyrick, 1931: 65. Type species: *Antichlidas holocnista* Meyrick, 1931.

主要特征：前翅索脉出自 R_1–R_2 脉基部中点前，止于 R_5 脉基部；M 干脉明显，止于 M_3 脉基部，R_4 脉弯曲，止于前缘，R_5 脉止于顶角前，M_3 和 CuA_1 脉弯曲。后翅 Rs 和 M_1 脉靠近，M_3 和 CuA_1 脉共柄 1/3；M_2、M_3 脉基部靠近。雄性背兜端部窄，侧面伸出 1 对明显骨化的细长爪形突。尾突退化。肛管膜质。抱器瓣腹面愈合，仅抱器腹端部自由，具微刺；抱器端具毛；基穴大，卵形；抱器背基突退化；阳茎基环弱，阳茎骨化，端部具叶突；角状器为不脱落的短刺。第 8 腹板形成 2 叶突。雌性阴片杯形；交配孔位于阴片顶部，周围有短骨片；囊导管细，后端有骨片；导精管从囊导管前部发出；囊突 2 个，细长。

分布：古北区、东洋区。世界已知 2 种，中国记录 2 种，浙江分布 1 种。

(712) 深褐小卷蛾 *Antichlidas holocnista* Meyrick, 1931

Antichlidas holocnista Meyrick, 1931: 66.

讨论：深褐小卷蛾 *A. holocnista* 与三角褐小卷蛾 *A. trigonia* 近似，但雄性外生殖器抱器腹基部向内弯，且第 8 腹板形成 2 个长方形叶突。而三角褐小卷蛾 *A. trigonia* 雄性外生殖器抱器腹基部向外弯，且第 8 腹板形成 2 个三角形叶突。

分布：浙江（临安）、湖北、江西、湖南、四川、贵州；韩国，日本。

注：描述见《天目山动物志》（李后魂等，2020）。

229. 共小卷蛾属 *Coenobiodes* Kuznetzov, 1973

Coenobiodes Kuznetzov, 1973: 687. Type species: *Coenobiodes acceptana* Kuznetzov, 1973.

主要特征：前翅索脉从 R_1–R_2 脉基部 2/3 处延伸至 R_5 基部；M 干脉弱，但完整，伸至 M_2、M_3 脉基部中点处，CuP 脉退化。后翅除 M_3 与 CuA_1 脉共柄 1/3 外，所有脉分离。雄性爪形突短，末端为 1 对尖突；尾突长，下垂。抱器瓣颈部简单；抱器腹角明显，有时具 1 叶突，具毛；抱器端为长形，外缘具刺；阳茎管状；角状器成束，可脱落。雌性阴片明显骨化，前、后阴片愈合，分别在交配孔前、后形成侧叶；囊导管前半部宽；导精管开口于囊导管中部；囊突 2 个，小。

分布：古北区、东洋区。世界已知 9 种，中国记录 2 种，浙江分布 1 种。

（713）叶突共小卷蛾 *Coenobiodes acceptana* **Kuznetzov, 1973**

Coenobiodes acceptana Kuznetzov, 1973: 689.

讨论：叶突共小卷蛾 *C. acceptana* 与红豆杉共小卷蛾 *C. abietiella* 相似，区别是：尾突很狭长，抱器瓣基穴腹缘具 1 小丘形叶突，抱器端长形。后者尾突相对较短，抱器瓣基穴腹缘无叶突，抱器端略呈长方形。

分布：浙江（临安）、安徽、贵州；日本。

注：描述见《天目山动物志》（李后魂等，2020）。

230. 白斑小卷蛾属 *Epiblema* Hübner, [1825] 1816

Epiblema Hübner, [1825] 1816: 335. Type species: *Phalaena* (*Tinea*) *foenella* Linnaeus, 1758.
Cacochroea Lederer, 1859: 331.
Monosphragis Clemens, 1860: 354.
Euryptychia Clemens, 1865: 140.

主要特征：前翅 R_1 脉出自中室近基部，R_2 和 R_3 脉之间的距离大于 R_3 和 R_4 脉之间的距离；R_3、R_4 与 R_5 脉之间等距离。M_2、M_3 和 CuA_1 脉彼此分离，但基部很靠近。后翅 M_3 和 CuA_1 脉共柄，其余脉分离。雄性前翅具前缘褶。雄性爪形突小丘形，端部圆；尾突下垂，多毛。抱器瓣颈部明显；基穴后缘具 1 角状突，有时在角状突下方还具 1 个骨化叶突；抱器端多毛刺；阳茎简单，角状器成束。雌性后阴片发达；前阴片弱，膜质；囊导管短，骨化带发达；导精管从骨化带伸出；囊突 2 个。

分布：世界广布。世界已知 90 种，中国记录 14 种，浙江分布 2 种。

（714）白块小卷蛾 *Epiblema autolitha* **(Meyrick, 1931)**

Eucosma autolitha Meyrick, 1931: 145.
Notocelia autolitha: Kawabe, 1982: 133.
Epiblema autolitha: Nasu, 1980: 33.

讨论：白块小卷蛾 *E. autolitha* 前翅基斑与中带之间具 1 近方形白斑，肛上纹椭圆形，浅铅色。爪形突小丘形；尾突狭长，下垂，多毛。抱器瓣颈部明显；基穴近端部具 1 角状突；抱器端近长方形，背面略窄于腹面，多毛，向内侧弯曲，外缘具刺。

分布：浙江（临安）、黑龙江、吉林、北京、天津、河北、河南、陕西、甘肃、安徽、湖北、湖南、福建、广东、四川、贵州；韩国，日本。

注：描述见《天目山动物志》（李后魂等，2020）。

（715）白钩小卷蛾 *Epiblema foenella* (Linnaeus, 1758)

Phalaena (*Tinea*) *foenella* Linnaeus, 1758: 536.

Phalaena hochenwartiana Scopoli, 1772: 117.

Tortrix scopoliana [Denis *et* Schiffermüller], 1775: 177.

Pyralis pflugiana Fabricius, 1787: 227.

Phalaena interrogatianana Donovan, 1793: 75.

Phalaena Tortrix tibialana Hübner, 1793: 12.

Sciaphila sinica Walker, 1863: 347.

Grapholitha clavigerana Walker, 1863: 389.

Epiblema foenella: Kennel, 1921: 583.

讨论：前翅翅面的白色斑纹有 4 种主要类型：①由后缘 1/3 处伸出 1 条白色宽带，到中室前缘以 90°角折向后缘，而后又折向顶角，触及臀斑；②由后缘 1/3 处伸出 1 条宽的白带，到中室前缘以 90°角折向臀斑，但不触及臀斑；③由后缘基部 1/4 伸出 1 条白色细带，达中室前缘；④由后缘 1/4 处伸出 1 条白色宽带，伸向前缘，端部变窄，但不达前缘。后翅及缘毛灰色或褐色。

分布：浙江（临安）、黑龙江、吉林、内蒙古、北京、天津、河北、山东、河南、陕西、宁夏、甘肃、青海、新疆、江苏、安徽、湖北、江西、湖南、福建、台湾、广西、四川、贵州、云南；俄罗斯，蒙古国，韩国，日本，哈萨克斯坦，印度，泰国。

注：描述见《天目山动物志》（李后魂等，2020）。

231. 叶小卷蛾属 *Epinotia* Hübner, [1825] 1816

Epinotia Hübner, [1825] 1816: 377. Type species: *Phalaena* (*Tortrix*) *similana* Hübner, 1793.

Acalla Hübner, [1825] 1816: 383.

Astatia Hübner, [1825] 1816: 377.

Asthenia Hübner, [1825] 1816: 381.

Evetria Hübner, [1825] 1816: 378.

Panoplia Hübner, [1825]: 293.

Poecilochroma Stephens, 1829b: 47.

Steganoptycha Stephens, 1829b: 47.

Paedisca Treitschke, 1830: 188.

Paragrapha Sodoffsky, 1837: 92. Unnecessary replacement name for *Paedisca*.

Cartella Guenée, 1845a: 174.

Pamplusia Guenée, 1845a: 180.

Hypermecia Guenée, 1845a: 173.

Phlaeodes Guenée, 1845a: 172.

Lithographia Stephens, 1852: 32.

Proteopteryx Walsingham, 1879: 68.
Neurasthenia Pierce *et* Metcalfe, 1922: 65.
Griselda Heinrich, 1923: 186.
Hamuligera Obraztsov, 1946: 31.
Hikagehamakia Oku, 1974: 15.

主要特征：前翅 R_1 脉出自中室前缘近中部，绝不超过中室中点；R_4 和 R_5 脉不共柄；索脉和 M 干脉完整；索脉从 R_1–R_2 脉基部近中点伸出，达 R_5 脉基部；M 干脉伸达 M_2 脉基部。后翅 Rs 和 M_1 脉近基部靠近；M_3 和 CuA_1 脉共柄。雄性前翅前缘褶常发达；背兜阔；爪形突发达不分叉、2 分叉或仅端部分叉；尾突通常三角形，常具密毛，多少延长，常达爪形突基部，有的种尾突骨化呈牛角状，光裸或仅基部具毛。许多种的抱器瓣颈部不明显；抱器腹常具刺丛；抱器端常向背端延长或端部发达，边缘具刺；阳茎简单，短，管状，有的种形成突起；角状器成束，可脱落。雌性前阴片弱，后阴片很发达，多少延长，在交配孔处或之后凹陷，膜质；一些种的阴片向侧面延伸，很少完全退化；交配孔骨化；导精管从囊导管骨化带之前或从其上伸出；第 7 腹板后缘常有发达的褶痕或叶突；囊突无或 2 个，扁平，刀状。

分布：世界广布。世界已知 178 种，中国记录 37 种，浙江分布 1 种。

（716）胡萝卜叶小卷蛾 *Epinotia thapsiana* (Zeller, 1847)

Penthina thapsiana Zeller, 1847: 654.
Epinotia thapsiana: Kennel, 1921: 599.

分布：浙江（临安）、天津、陕西、安徽、贵州；俄罗斯，韩国，土库曼斯坦，塔吉克斯坦，哈萨克斯坦，伊朗，欧洲。

注：描述见《天目山动物志》（李后魂等，2020）。

232. 花小卷蛾属 *Eucosma* Hübner, 1823

Eucosma Hübner, 1823: 28. Type species: *Tortrix circulana* Hübner, 1823.
Catoptria Guenée, 1845a: 187. Preoccupied.
Calosetia Stainton, 1859a: 271.
Pygolopha Lederer, 1859: 123.
Affa Walker, 1863: 202.
Exentera Grote, 1877: 227.
Exenterella Grote, 1883: 23. Unnecessary replacement name for *Exentera*.
Palpocrinia Kennel, 1919: 66.
Ascelodes Fletcher, 1929: 25. Nomen nudum.

主要特征：前翅索脉弱，M 干脉退化，除后翅 M_3 和 CuA_1 脉常有长共柄外，其余各脉彼此分离。前翅大多具明显的肛上纹。许多种雄性前翅具前缘褶。雄性爪形突小丘形；尾突稍延长，多毛，下垂；肛管骨化弱，由弱骨片与背兜相连；抱器腹角多少明显；抱器瓣颈部明显，颈部、抱器腹的刺和刚毛发达程度不同；抱器端短，多刚毛或刺；抱器背上的毛弱，常着生在基部的凸起上；阳茎粗短；具 1 束可脱落角状器。雌性前后阴片明显，骨化很弱；囊导管短，具骨化带；导精管从骨化带侧面伸出；囊突 2 个，片状。

分布：世界广布。世界已知 236 种，中国记录 43 种，浙江分布 4 种。

分种检索表

1. 抱器腹角明显 ··· 2
- 抱器腹角不明显 ··· 3
2. 抱器腹角近直角 ··· 浅褐花小卷蛾 E. aemulana
- 抱器腹角钝角 ·· 黄斑花小卷蛾 E. flavispecula
3. 爪形突端部圆；尾突细长形 ··· 灰花小卷蛾 E. cana
- 爪形突端部尖；尾突近三角形 ··· 块花小卷蛾 E. glebana

（717）浅褐花小卷蛾 Eucosma aemulana (Schläger, 1848)

Grapholitha aemulana Schläger, 1848: 38.
Eucosma aemulana: Kennel, 1916: 518.

分布：浙江（临安）、天津、山西、河南、陕西、甘肃、安徽、福建、四川、贵州；俄罗斯，韩国，德国。

注：描述见《天目山动物志》（李后魂等，2020）。

（718）灰花小卷蛾 Eucosma cana (Haworth, 1811)

Tortrix cana Haworth, 1811: 456.
Eucosma cana: Kennel, 1921: 563.

分布：浙江（临安）、河南、陕西、甘肃、新疆、福建、广东、云南；俄罗斯，日本，中亚，欧洲。

注：描述见《天目山动物志》（李后魂等，2020）。

（719）黄斑花小卷蛾 Eucosma flavispecula Kuznetzov, 1964

Eucosma flavispecula Kuznetzov, 1964b: 260.

分布：浙江（临安）、黑龙江、内蒙古、天津、河北、山西、陕西、宁夏；俄罗斯，蒙古国，哈萨克斯坦，欧洲。

注：描述见《天目山动物志》（李后魂等，2020）。

（720）块花小卷蛾 Eucosma glebana (Snellen, 1883)（图 9-35）

Grapholitha (*Semasia*) *glebana* Snellen, 1883: 206.
Eucosma glebana: Obraztsov, 1968b: 13.

主要特征：成虫（图 9-35A）翅展 16.0–18.0 mm。头顶鳞片灰白色，额白色。触角褐色。下唇须灰白色夹杂褐色，末节略下垂。胸部褐色；翅基片灰色。前翅浅褐色；从顶角到前缘中部具 5 对灰色钩状纹；基斑、中带不明显；肛上纹近圆形，内具 2 条褐色横带；缘毛灰褐色。后翅及缘毛灰色或褐色。前、中足褐色，后足灰色，跗节具褐色鳞片。

雄性外生殖器（图 9-35B）：爪形突小丘形，具毛；尾突短，多毛。抱器瓣颈部长，多毛；抱器腹角近直角；抱器端椭圆形，多毛，外缘具刺。阳茎粗短；角状器多个（已脱落）。

雌性外生殖器（图 9-35C）：产卵瓣宽短，多毛；前表皮突长于后表皮突。后阴片呈钟形，前半部宽于后半部。囊导管中部具1段骨化带。交配囊阔卵形；囊突2个，一大一小，片状。

分布：浙江（宁波）、陕西；俄罗斯，韩国，日本。

图 9-35　块花小卷蛾 *Eucosma glebana* (Snellen, 1883)
A. 成虫；B. 雄性外生殖器；C. 雌性外生殖器

233. 菲小卷蛾属 *Fibuloides* Kuznetzov, 1997

Fibuloides Kuznetzov, 1997: 810. Type species: *Fibuloides modificana* Kuznetzov, 1997.

主要特征：雄性触角鞭节基部具缺刻。前翅 R_4 和 R_5 脉共柄；R_3 基部靠近 R_4 和 R_5 脉主干；索脉和 M 干脉完整，索脉从 R_1–R_2 脉基部近中点伸出，达 R_4 和 R_5 脉基部，M 干脉伸达 M_2 脉基部；CuA_1 脉强烈弯曲，从近 M_3 脉基部发出。后翅 M_3 和 CuA_1 脉共柄。雄性腹部末节边缘具整齐的鳞片或基部具长毛刷，背面的鳞片似横带。雄性背兜骨化弱；爪形突发达，常分2叉；尾突多毛，下垂，膜质；颚形突侧臂从背兜中部以下伸出，中部折转，形成2平行的长骨化臂。抱器瓣基穴大；颈部明显，抱器腹具扁平的鞭状刚毛；抱器端具毛和刺；阳茎简单，长；角状器多个。雌性阴片简单，位于第7腹板的深凹陷处或更靠前，近前缘完全与第7腹板愈合；后阴片骨化具小刺，常与第7腹板愈合。第7腹板在阴片之前有时具齿、横脊或有具鳞片的突起；导管端片小。囊导管前部常具1段骨化带，骨化带前端常分2叉，伸向交配囊；导精管从囊导管近前部腹面伸出；囊突2个，大，牛角状。

分布：东洋区、澳洲区。世界已知32种，中国记录9种，浙江分布3种。

分种检索表

1. 抱器腹具指状突起 ·· 日菲小卷蛾 *F. japonica*
- 抱器腹无指状突起 ·· 2
2. 抱器端狭长，末端尖，外缘无刺 ··· 瓦尼菲小卷蛾 *F. vaneeae*
- 抱器端近三角形，末端钝，外缘具刺 ··· 栗菲小卷蛾 *F. aestuosa*

（721）栗菲小卷蛾 *Fibuloides aestuosa* (Meyrick, 1912)

Spilonota aestuosa Meyrick, 1912: 854.
Fibuloides aestuosa: Horak, 2006: 330.

主要特征：雄性外生殖器抱器瓣颈部的粗毛数目有变异（2或多根）。

分布：浙江（临安）、辽宁、河南、安徽、湖北、广西、四川、云南；韩国，日本，印度，孟加拉国。

注：描述见《天目山动物志》（李后魂等，2020）。

(722) 日菲小卷蛾 *Fibuloides japonica* (Kawabe, 1978)

Eucoenogenes japonica Kawabe, 1978: 185.
Fibuloides japonica: Horak, 2006: 330.

主要特征：雄性抱器腹指状突及其端部毛丛有变异，包括 2 种类型：①指状突粗短，端部毛丛密；②指状突细长，端部具 5 根粗毛。

分布：浙江（临安）、河南、陕西、安徽、湖北、福建、台湾、四川、贵州；韩国，日本。

注：描述见《天目山动物志》（李后魂等，2020）。

(723) 瓦尼菲小卷蛾 *Fibuloides vaneeae* (Pinkaew, 2005)

Eucoenogenes vaneeae Pinkaew in Pinkaew, Chandrapatya & Brown, 2005: 876.
Fibuloides vaneeae: Pinkaew, 2008: 62.

主要特征：雄性抱器端长条形，基半部多毛，端部尖，可通过此特征与其他种区分。

分布：浙江（临安）、福建；泰国。

注：描述见《天目山动物志》（李后魂等，2020）。

234. 突小卷蛾属 *Gibberifera* Obraztsov, 1946

Gibberifera Obraztsov, 1946: 35. Type species: *Penthina simplana* Fisher von Röeslerstamm, 1836.

主要特征：前翅索脉和 M 干脉发达，但褐突小卷蛾 *G. hepaticana* 索脉缺失。除后翅 M_3 和 CuA_1 脉共柄外，其余脉均分离。雄性前翅无前缘褶；爪形突棒状或末端分叉，但 *G. alba* 爪形突缺失；尾突阔，多毛，下垂。抱器瓣基穴大；颈部明显；抱器腹多毛；抱器端长方形或卵形，多毛，腹角处具 1 突起，其上着生 1 粗刺；阳茎短，角状器多个，有时端部具几个刺状不可脱落角状器。雌性产卵器狭长。阴片发达，宽短，近交配孔处膜质；囊导管近交配孔处骨化；导精管从囊导管中部伸出；交配囊球形或卵形；囊突 2 个，牛角状。

讨论：突小卷蛾属 *Gibberifera* 可通过以下两个特征识别：①前翅具由宽的中带和大的肛上纹组成的白色梯形斑，约占翅面 4/5；②抱器端腹角处具 1 突起，端部着生 1 枚短刺。突小卷蛾属 *Gibberifera* 一些种的雄性外生殖器具不可脱落角状器。这样的角状器在波小卷蛾属 *Biuncaria* 和双刺小卷蛾属 *Notocelia* 两个属中也可发现，但没有证据表明是基于共有衍征而表现的相似性。

分布：古北区、东洋区。世界已知 13 种，中国记录 9 种，浙江分布 1 种。

(724) 柳突小卷蛾 *Gibberifera glaciata* (Meyrick, 1907)

Cydia glaciata Meyrick, 1907: 143.
Gibberifera glaciata: Kawabe & Nasu, 1994: 85.

讨论：Diakonoff（1964）根据翅斑和外生殖器的相似性，将此种作为杨突小卷蛾 *G. simplana* 的亚种。Kawabe 和 Nasu（1994）基于分叉的爪形突及阳茎具 1 个不脱落角状器将它提升为独立的种。此种分布较广。雄性外生殖器爪形突端部分叉深浅有变异，阳茎具 1 或 2 不脱落角状器。另外，在一些标本中雌性后表皮突略长于前表皮突，在另外一些则情况相反。

分布：浙江（临安）、河南、湖南、台湾、四川、贵州、云南、西藏；巴基斯坦，印度，尼泊尔，泰国。

注：描述见《天目山动物志》（李后魂等，2020）。

235. 球果小卷蛾属 *Gravitarmata* Obraztsov, 1946

Gravitarmata Obraztsov, 1946: 42. Type species: *Retinia retiferana* Wocke, 1879 = *Retinia margarotana* Heinemann, 1863.

主要特征：前翅索脉弱，从 R_1–R_2 脉基部 1/3 伸出，达 R_5 脉基部之前；M 干脉伸达 M_2 脉基部；M_2 与 M_3 脉基部相当靠近。后翅 M_3 和 CuA_1 脉同出一点或短共柄。雄性前翅无前缘褶。雄性外生殖器背兜宽。爪形突骨化，从中后部分叉；尾突宽，骨化强，少毛。抱器瓣具明显颈部，抱器腹突出，抱器端大。雌性外生殖器阴片分为左右两部分。囊导管骨化带发达。囊突 2 枚。

分布：古北区、东洋区。世界已知 1 种，中国记录 1 种，浙江分布 1 种。

（725）油松球果小卷蛾 *Gravitarmata margarotana* (Heinemann, 1863)

Retinia margarotana Heinemann, 1863: 95.
Gravitarmata margarotana: Kawabe, 1982: 131.

分布：浙江、黑龙江、辽宁、山西、山东、河南、陕西、甘肃、江苏、安徽、湖北、江西、湖南、广东、广西、四川、贵州、云南；俄罗斯，韩国，日本，欧洲。

寄主：赤松 *Pinus densiflora*、湿地松 *P. elliottii*、黑松 *P. thunbergii*、华山松 *P. armandii*、油松 *P. tabuliformis*、白皮松 *P. bungeana*、云南松 *P. yunnanensis*、马尾松 *P. massoniana*、欧洲赤松 *P. sylvestris*、红松 *P. koraiensis*、云杉 *Picea asperata*、麦吊云杉 *P. brachytyla*、冷杉 *Abies fabri*、臭冷杉 *A. nephrolepis*。

注：未见标本，描述见《中国动物志》（刘友樵和李广武，2002）。

236. 泽小卷蛾属 *Heleanna* Clarke, 1976

Heleanna Clarke, 1976: 11. Type species: *Rhopobota physalodes* Meyrick, 1910.

主要特征：前翅索脉和 M 干脉退化或缺失；R_3 与 R_4 和 R_5 脉的长共柄接近或共柄；R_5 脉达外缘；M_1、M_2 和 M_3 脉等距离，M_3 基部极靠近 CuA_1 脉，但端部远离，M_3 脉伸向顶角，CuA_1 脉接近臀角；CuA_2 脉从中室中部外伸出；CuP 脉仅在翅缘出现；雄性前翅前缘褶小或缺失，中室基部常具卵圆形凹陷，内含白色鳞片，外罩 1 圈大鳞片。后翅 $Sc+R_1$ 与 Rs 脉基部共柄，Rs 和 M_1 脉靠近，在基部平行；M_3 和 CuA_1 脉共柄，M_2 靠近 M_3 和 CuA_1 脉的共柄；CuA_2 脉从中室 3/4 或之外伸出；CuP 脉在翅缘痕迹状；1A+2A 脉发达，3A 脉消失。雄性背兜顶端中部深陷。无爪形突；尾突发达，强烈骨化，下垂，基半部光裸，端半部具毛，且端部常具多个强刺；颚形突近膜质；抱器瓣常细长，颈部明显，基穴后缘常具 1 多毛突起；抱器端三角形或椭圆形。阳茎短，角状器由 1 束细刺组成。但 *H. fukugi* 的爪形突小丘形，顶端凹陷；抱器瓣长形，颈部不明显，抱器腹具 6–7 长粗毛，其他种无此特征。雌性阴片环状或杯状，位于第 7 腹节后缘或后缘凹陷中；囊导管除两端外，强烈骨化，扭转，纵向折叠；交配囊倒梨形，前端常窄；囊突 2 个，角状或刀状。

分布：古北区、东洋区、澳洲区。世界已知 6 种，中国记录 2 种，浙江分布 1 种。

（726）山香圆泽小卷蛾 *Heleanna turpinivora* Nasu et Byun, 2007（图 9-36）

Heleanna turpinivora Nasu et Byun, 2007: 380.

主要特征：雄性成虫（图9-36A）翅展12.0 mm。头顶灰褐色，额光滑，褐色。触角除柄节灰色外，其余部分浅褐色。下唇须灰褐色，内侧白色，第2节三角形，末节小，平伸。胸部和翅基片基部灰褐色，端半部灰色。前翅长方形，底色深灰色；顶角和臀角圆；翅基部1/3具3或4个鳞簇；前缘基部1/5向后凹，深褐色，中部具1深褐色半圆斑，散布褐色；中室前角端部和顶角前各具1不规则深褐色斑；外缘具2或3个小灰斑；前缘具7对模糊白色钩状纹；缘毛灰色，具褐色基线。后翅灰色，肘栉发达，前缘端半部鳞片多；缘毛灰色。前足褐色；中足灰褐色，跗节褐色；后足灰色，跗节褐色。腹部灰褐色。雌性：翅展12.0 mm。头、胸似雄性。前翅颜色及形状似雄性，但前缘不向后凹。雄性发香器：无前缘褶。前翅正面中室基部具1卵圆形凹陷，内含淡黄色长鳞片，外罩大鳞片。

图9-36 山香圆泽小卷蛾 *Heleanna turpinivora* Nasu et Byun, 2007
A. 成虫；B. 雄性外生殖器；C. 雌性外生殖器

雄性外生殖器（图9-36B）：背兜顶端具宽凹陷。无爪形突。尾突大，近三角形，骨化，端部许多强刺。颚形突骨化弱。抱器瓣细长，腹面中部深凹，颈部细长；基穴腹面具许多长毛，后缘具1多毛乳突；抱器端圆三角形，多毛，具缘刺。阳茎锥状，渐细，具9个不可脱落角状器。

雌性外生殖器（图9-36C）：产卵瓣大，扁平，多毛。前、后表皮突近等长。第8腹节膜质，布满小刺。阴片杯状，位于第7腹节后缘的凹陷中，外侧具1对三角形强骨化突起。囊导管除前部1/6外骨化，前1/3处扭转弯曲；导精管从囊导管骨化部前1/3处发出。交配囊倒梨形，内表面具小刺；2刀状囊突大小不一，位于交配囊近入口处。

分布：浙江（临安）；韩国，日本。

寄主：三叶山香圆 *Turpinia ternata*。

讨论：采自浙江的标本与模式标本在成虫和雄性外生殖器特征方面一致，但雌性交配囊略有不同。Nasu和Byun（2007）记载：交配囊倒梨形，前部1/3处强烈缢缩；而采自浙江的标本雌性交配囊前部缢缩不明显。

237. 美斑小卷蛾属 *Hendecaneura* Walsingham, 1900

Hendecaneura Walsingham, 1900: 401. Type species: *Hendecaneura impar* Walsingham, 1900.
Eucosmodes Kuznetzov, 1973: 689.

主要特征：前翅所有脉分离，索脉和M干脉退化。后翅Rs和M_1脉基部1/3共柄；M_3和CuA_1脉短共柄。雄性前翅具前缘褶。雄性背兜宽；爪形突小丘形或三角形；尾突多毛，下垂，末端圆。抱器瓣颈部细，几乎光裸；抱器腹基穴腹缘常具1叶突；抱器腹角圆或直角；抱器端形状多样。雌性第7腹板部分或全部与阴片愈合；囊导管中后部具骨化带；导精管从骨化带腹面伸出。囊突常2个，偶尔1个。

讨论：美斑小卷蛾属 *Hendecaneura* 与瘦花小卷蛾属 *Lepteucosma* 相似，区别是雄性爪形突退化，雌性阴片与第7腹板愈合。后者爪形突分叉，阴片与第7腹板分离。

分布：古北区、东洋区、新北区。世界已知13种，中国记录8种，浙江分布1种。

（727）三角美斑小卷蛾 *Hendecaneura triangulum* Zhang et Li, 2005

Hendecaneura triangulum Zhang et Li, 2005: 114.

讨论：三角美斑小卷蛾 *H. triangulum* 雄性外生殖器与美斑小卷蛾 *H. axiotima* 相似，区别如下：前者肛上纹上方具 1 三角形白斑，背兜两侧钝圆，爪形突三角形；后者前翅具 1 宽的乳白色短带，不伸达前缘端部的三角斑，背兜两侧具 1 对大的耳状叶突，爪形突小丘形。

分布：浙江（临安）、广东、贵州。

注：描述见《天目山动物志》（李后魂等，2020）。

238. 异花小卷蛾属 *Hetereucosma* Zhang et Li, 2006

Hetereucosma Zhang et Li, 2006: 145. Type species: *Hetereucosma trapezia* Zhang et Li, 2006.

主要特征：头顶具粗糙长鳞片，额具平伏的鳞片。触角丝状。下唇须比复眼直径长，端节平伸。胸部背面鳞片光滑。前翅所有脉分离；索脉和 M 干脉发达；R_3 和 R_4 脉基部靠近；CuA_1 脉基部 1/4 弯曲；CuP 脉仅在边缘处存在；雄性前翅无前缘褶。后翅 $Sc+R_1$ 与 Rs 脉基部靠近；Rs 脉伸向前缘；M_3 和 CuA_1 脉在基部 1/3 共柄。雄性爪形突形状多样，有时端部分叉；尾突下垂。抱器瓣长；抱器腹止于抱器端近基部；抱器端长，多毛，外缘具刺；阳茎简单；角状器可脱落，由 1 束刺组成。雌性产卵瓣多少呈梯形，宽短，多毛；阴片宽大于长，梯形；囊导管细长，导管端片明显；无囊突。

分布：东洋区。世界已知 4 种，中国记录 4 种，浙江分布 1 种。

（728）梯形异花小卷蛾 *Hetereucosma trapezia* Zhang et Li, 2006

Hetereucosma trapezia Zhang et Li, 2006: 148.

讨论：梯形异花小卷蛾 *H. trapezia* 与带异花小卷蛾 *H. fasciaria* 相似，可通过以下特征区别：前翅具一些褐点，爪形突梯形，抱器腹角钝角，阴片交配孔两侧具褶痕。后者前翅具一些褐带，爪形突三角形，抱器腹角形成 1 突起，阴片交配孔两侧具 2 个三角形叶突。在一些标本中，爪形突端部凹陷深，形成 2 个小突起。

分布：浙江（临安）、湖北、福建、贵州。

注：描述见《天目山动物志》（李后魂等，2020）。

239. 瘦花小卷蛾属 *Lepteucosma* Diakonoff, 1971

Lepteucosma Diakonoff, 1971: 179. Type species: *Lepteucosma oxychrysa* Diakonoff, 1971.
Ceriodes Diakonoff, 1984: 374.

主要特征：前翅 R_1 脉基部从中室前缘 1/4 处发出，索脉和 M 干脉缺失。后翅 Rs 与 M_1 脉基部 1/3 接近，M_3 和 CuA_1 脉共柄很长，臀脉弱，3A 脉位于翅缘。雄性爪形突明显，基部凸起，分叉，具 2 个角；尾突短；肛管膜质；抱器瓣颈部细；基穴长；抱器腹具毛和刺，有时具叶突或褶痕；抱器端具毛和刺；阳茎管状，角状器成束。雌性交配孔周围骨化；囊导管中部具 1 段骨化带；囊突 2 个，一大一小，片状，端部侧扁。

分布：东洋区。世界已知 21 种，中国记录 5 种，浙江分布 3 种。

分种检索表

1. 抱器腹角钝角 ·· 褐瘦花小卷蛾 *L. huebneriana*
- 抱器腹角钝圆 ··· 2
2. 抱器腹基穴腹缘无尖突；抱器端腹面尖 ··· 黑瘦花小卷蛾 *L. ceriodes*
- 抱器腹基穴腹缘具尖突；抱器端腹面圆 ··· 榧瘦花小卷蛾 *L. torreyae*

（729）黑瘦花小卷蛾 *Lepteucosma ceriodes* (Meyrick, 1909)

Eucosma ceriodes Meyrick, 1909: 607.

Lepteucosma ceriodes: Kuznetzov, 1988a: 86.

主要特征：翅展 16 mm。头、下唇须和胸部赭色或赭褐色，下唇须上举。腹部灰色。前翅长形，端部变宽，前缘弧形，顶角钝，外缘倾斜；黄赭色，前缘半部散布褐色或深褐色，或有时整个翅面散布褐色或深褐色（尤其是雌性），有时除后缘外夹杂黑点；前缘具白色钩状纹及不规则的蓝铅色横条纹，有时前半部夹白色，但通常或多或少全白色；肛上纹由明显的不规则白条纹组成，内含 4 或 5 条黑色短线，之后是 1 条粗的铅色条纹；顶角锈赭色；有时具白色的亚端纹；缘毛为赭色，有时具 2 或 3 条灰线。后翅颜色从灰赭色到深褐色；缘毛白赭色或灰赭色，有时具明显灰色基线。

雄性外生殖器：爪形突宽，近基部分叉，形成 2 宽突起，端部圆；尾突短小，下垂，多毛。抱器瓣长，颈部明显，基穴腹缘具 1 长褶痕；抱器腹角钝圆；抱器端长形，背面钝圆，腹面略尖，多毛，具缘刺。阳茎粗短。

分布：浙江、台湾、四川；印度，越南。

注：未见标本，描述自文献（Meyrick，1909；Clarke，1958）。

（730）褐瘦花小卷蛾 *Lepteucosma huebneriana* (Koçak, 1980)

Epinotia huebneriana Koçak, 1980: 11.

Lepteucosma huebneriana: Kuznetzov, 2001: 450.

分布：浙江（临安）、黑龙江、吉林、河北、河南、安徽、湖北、湖南、福建、广东、广西、贵州；俄罗斯，韩国，日本，欧洲。

注：描述见《天目山动物志》（李后魂等，2020）。

（731）榧瘦花小卷蛾 *Lepteucosma torreyae* Wu, 2006（图 9-37）

Lepteucosma torreyae Wu in Wu & Chen, 2006: 80.

主要特征：成虫（图 9-37A）翅展 11.0 mm。触角深黄褐色。下唇须和头浅黄褐色。胸部及腹部深黄褐色，腹部末端黄褐色。前翅底色淡赭色，具黄橙色阴影，尤其是顶角区域；前缘具 9 对银白色钩状纹；前缘 2/3 到臀角具 1 宽的黑带；缘毛黄橙色夹杂褐色。后翅褐色；缘毛淡黄褐色。

雄性外生殖器（图 9-37B）：爪形突较宽，基部方形，端部具 2 凹陷；尾突宽短，端部略膨大，内弯。抱器瓣较宽，颈部略收缩；抱器腹基穴外缘有 2 突起，近基部的小丘形，端部的尖突形；抱器端阔卵形，具毛及缘刺。阳茎粗短，具可脱落角状器。

雌性外生殖器（图 9-37C）：产卵瓣狭长，多毛；前、后表皮突等长。交配孔近圆形，阴片近方形，后缘中部 1/3 凹陷。囊导管长，从交配孔起大约 1/3 骨化，近交配孔处宽。交配囊球形；囊突 2 个，小刺状。

分布：浙江（诸暨）。

寄主：榧树 *Torreya grandis*。

注：成虫特征描述引自文献（Wu and Chen，2006）。

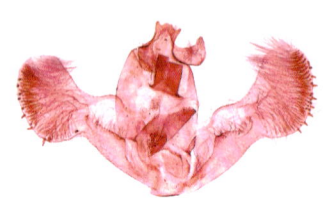

图 9-37　榧瘦花小卷蛾 *Lepteucosma torreyae* Wu, 2006
A. 成虫；B. 雄性外生殖器；C. 雌性外生殖器

240. 黑脉小卷蛾属 *Melanodaedala* Horak, 2006

Melanodaedala Horak, 2006: 317. Type species: *Bathrotoma scopulosana* Meyrick, 1881.

主要特征：头部光滑。单眼位于触角基部后方。喙短。雄性触角略粗，小锯齿状，简单。下唇须长，略上举，具粗糙鳞片，端节钝，纺锤形。胸部无脊。雄性后足胫节外侧鳞片光滑，内侧鳞片密而长。雄性前翅无前缘褶，顶角尖，外缘弯曲；前翅索脉从 R_1–R_2 脉基部中点发出，伸达 R_5 脉基部；M 干脉出自 R_4–R_5 脉基部中点；R_2 从 R_1–R_3 脉之间 2/3 处发出；R_4 和 R_5 脉基部靠近，弯曲，R_4 脉基部靠近 R_5 脉，而远离 R_3 脉；M_2、M_3 和 CuA_1 脉基部等距离；CuA_2 脉从中室后缘 2/3 后发出，伸达臀角。后翅 Rs 与 M_1 脉共柄；M_3 与 CuA_1 脉共柄。雄性爪形突退化；尾突指状。抱器瓣基部细，端部膨大；抱器腹在基穴中部具 1 丛长毛束，沿基穴向膨大的抱器端具 1 行毛束；抱器端密布长毛和短刺；阳茎细长，角状器多个。雌性前后阴片明显，骨化很弱；囊导管短，具骨化带；导精管从骨化带侧面伸出；囊突 2 个，牛角状。

分布：世界广布。世界已知 4 种，中国记录 1 种，浙江分布 1 种。

（732）黑脉小卷蛾 *Melanodaedala melanoneura* (Meyrick, 1912)

Eucosma melanoneura Meyrick, 1912: 866.

Melanodaedala melanoneura: Horak, 2006: 320.

分布：浙江（临安）、山东、河南、陕西、安徽、湖北、湖南、福建、台湾、广东、广西、四川、贵州；韩国，日本，印度，越南。

注：描述见《天目山动物志》（李后魂等，2020）。

241. 带小卷蛾属 *Metacosma* Kuznetzov, 1985

Metacosma Kuznetzov, 1985: 3. Type species: *Metacosma impolitana* Kuznetzov, 1985.

主要特征：前翅索脉从 R_1–R_2 脉基部 2/3 伸达 R_5 和 M_1 脉基部中点，M 干脉达 M_3 脉基部之前，R_4 与 R_5 脉很靠近，R_5 脉达顶角。后翅 M_3 和 CuA_1 脉分离。雄性触角鞭节基部具凹陷，前翅无前缘褶；背兜宽；爪形突小，多毛；尾突小，多毛；抱器背基突有或无；抱器腹角不明显；抱器瓣腹面多毛，抱器背中部之后向基部伸出 1 多毛带；抱器端不规则突出，上面着生粗刺；阳茎简单。雌性交配孔漏斗状；阴片长、半椭圆形，位于交配孔两侧；第 7 腹板在交配孔后呈 1 宽的半圆形骨片。囊导管具骨化带；导精管从囊导管端部 1/3 伸出；交配囊球形；囊突 2 个，刺状。

分布：古北区、东洋区。世界已知 7 种，中国记录 5 种，浙江分布 1 种。

(733) 双叉带小卷蛾 *Metacosma bifurcata* Zhang, 2012（图 9-38）

Metacosma bifurcata Zhang, 2012: 1.

主要特征：成虫（图 9-38A）翅展 10.0–11.0 mm。头顶灰褐色，额白色。触角深褐色。下唇须褐色，第 3 节略下垂。胸部和翅基片褐色。前翅底色深灰色；基斑从前缘 1/4 伸向后缘 1/3，外侧中部突出；中带从前缘中部伸达后缘 2/3，中部突出；后中带与中带平行，从前缘端部 1/3 伸达臀角；肛上纹近圆形，具银色鳞片；外缘深灰色；前缘具 9 对白色钩状纹；缘毛灰色。后翅和缘毛灰色。足浅褐色，跗节具白环。

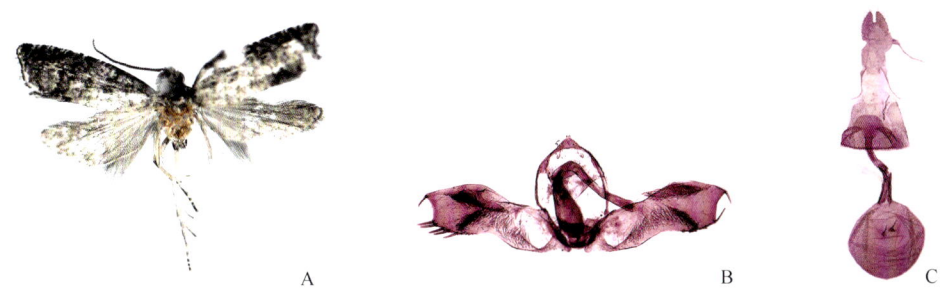

图 9-38　双叉带小卷蛾 *Metacosma bifurcata* Zhang, 2012
A. 成虫；B. 雄性外生殖器；C. 雌性外生殖器

雄性外生殖器（图 9-38B）：爪形突短，基部略宽，具毛，分 2 叉，形成 2 个微小的突起；尾突略呈带状，下垂，具长毛。抱器瓣无基突；颈部较基部略窄；抱器腹多毛，抱器腹角弱；抱器端对称，端部背面具 1 粗刺，腹面 8 根粗刺，抱器背中部之后伸出 1 多毛带。阳茎较抱器瓣略长，基部宽，向中部渐窄，中部之后弯曲；具可脱落角状器。

雌性外生殖器（图 9-38C）：产卵瓣略呈三角形，多毛。前表皮突略短于后表皮突。交配孔大，漏斗形。阴片呈半椭圆形，位于交配孔两侧。第 7 腹板在阴片后形成 1 半圆形骨板。囊导管细长，前半部具骨化带，端部形成 2 小突起伸进交配囊；囊导管近端部骨片占总长的 1/3，向前端渐窄；导精管从囊导管端部 1/3 发出。交配囊圆球形，内表面除端部及囊突周围光滑外均布满小刺；囊突 2 个，大，刺状，基部具圆形骨片。

讨论：双叉带小卷蛾 *M. bifurcata* 与三角带小卷蛾 *M. triangulata* 相似，可通过以下特征区分：前者短而分叉的爪形突，带状下垂的尾突，抱器端腹面具 8 粗刺。而三角带小卷蛾 *M. triangulata* 爪形突相对大，近三角形，尾突小，乳突状，抱器端腹面具 6 粗刺。双叉带小卷蛾 *M. bifurcata* 的雌性外生殖器与带小卷蛾 *M. impolitana* 相似，但可通过阴片与第 7 腹板形状区分：双叉带小卷蛾 *M. bifurcata* 阴片半椭圆形，第 7 腹板骨化形成宽的半圆形骨片。而带小卷蛾 *M. impolitana* 的阴片长方形，第 7 腹板骨化形成近三角形骨片。

分布：浙江（龙泉）。

242. 连小卷蛾属 *Nuntiella* Kuznetzov, 1971

Nuntiella Kuznetzov, 1971: 433. Type species: *Nuntiella extenuata* Kuznetzov, 1971.

主要特征：前翅索脉从 R_2 脉之前发出，止于 R_4–R_5 脉中部；M 干脉伸达 M_2 脉基部；M_2、M_3 脉基部很靠近。后翅 M_3 和 CuA_1 脉共柄一半。雄性前翅无前缘褶。雄性爪形突发达，骨化，分叉；尾突侧生，骨化很弱，刚毛少；抱器瓣基穴后缘具叶突和角状突；阳茎粗，角状器成束。雌性阴片近半圆形，后缘中部和两侧突出；交配孔开口于第 7 腹板；囊导管粗短；交配囊卵形，进口处及其两侧具骨化带；囊突 2 个。

分布：东洋区。世界已知 4 种，中国记录 4 种，浙江分布 1 种。

（734）阔端连小卷蛾 *Nuntiella laticuculla* Zhang *et* Li, 2004

Nuntiella laticuculla Zhang *et* Li, 2004: 485.

讨论：阔端连小卷蛾 *N. laticuculla* 与连小卷蛾 *N. extenuata* 相似，但爪形突较小，抱器腹叶突离角状突远，抱器端略呈宽矩形。连小卷蛾 *N. extenuata* 爪形突长，抱器腹叶突离角状突近，抱器端细，向背面渐窄。

分布：浙江（临安）、贵州。

注：描述见《天目山动物志》（李后魂等，2020）。

243. 实小卷蛾属 *Retinia* Guenée, 1845

Retinia Guenée, 1845a: 180. Type species: *Phalaena* (*Tortrix*) *resinella* Linnaeus, 1758.
Petrova Heinrich, 1923: 21.

主要特征：前翅索脉从 R_1–R_2 脉基部中点发出，伸达 R_5 脉之前；M 干脉退化，分 2 叉，分别止于 M_1–M_2 脉基部中点和 CuA_1 脉基部。后翅 M_3 和 CuA_1 脉共柄，其余脉分离。雄性前翅无前缘褶；爪形突退化；尾突长，多毛，下垂。抱器瓣基穴短；基穴后缘的角状突宽扁；阳茎简单，角状器成束。雌性阴片凹陷，前阴片明显。囊导管骨化带发达。囊突 2 个。

分布：世界广布。世界已知 28 种，中国记录 8 种，浙江分布 1 种。

（735）松实小卷蛾 *Retinia cristata* (Walsingham, 1900)（图 9-39）

Enarmonia cristata Walsingham, 1900: 439.
Retinia cristata: Issiki & Mutuura, 1961: 20.

主要特征：成虫（图 9-39A）翅展 10.5–16.0 mm。头顶黄褐色，额白色。触角灰色。下唇须黄褐色，末节短，略下垂。胸部及翅基片前翅褐色。前翅狭长，底色灰色；前缘基半部具 2 对钩状纹，其中第 2 对仅包含 1 条短带，端半部具 5 对钩状纹，其中中间 1 对伸达肛上纹；基斑褐色，约占翅面 1/3；中带从前缘中部伸达后缘臀角前；肛上纹椭圆形，内含若干短的黑色纵带；外缘近中部具 2 条斜向上方的白色短带；缘毛褐色。后翅及缘毛深灰色。

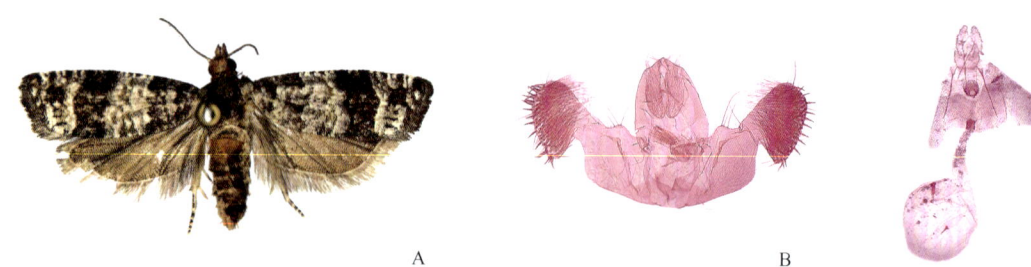

图 9-39　松实小卷蛾 *Retinia cristata* (Walsingham, 1900)
A. 成虫；B. 雄性外生殖器；C. 雌性外生殖器

雄性外生殖器（图 9-39B）：爪形突退化；尾突狭长，多毛，下垂，长约为宽的 3 倍。抱器瓣基部阔；

颈部明显；抱器腹角钝角；基穴腹缘具1三角形小叶突；抱器端阔卵形，多毛，外缘具刺，腹面尖。阳茎管状；角状器多个，针状。

雌性外生殖器（图9-39C）：产卵瓣短阔，多毛；前表皮突长于后表皮突。阴片近圆形。囊导管细长，近中部具短的骨化带。交配囊球形；囊突2个，一大一小，粗刺状。

分布：浙江、黑龙江、辽宁、北京、天津、河北、山西、山东、河南、陕西、江苏、安徽、湖北、江西、湖南、台湾、广东、广西、四川、云南；韩国，日本。

寄主：马尾松 *Pinus massoniana*、油松 *P. tabuliformis*、黑松 *P. thunbergii*、赤松 *P. densiflora*、黄山松 *P. taiwanensis*。

244. 筒小卷蛾属 *Rhopalovalva* Kuznetzov, 1964

Rhopalovalva Kuznetzov, 1964a: 883. Type species: *Eudemis lascivana* Christoph, 1882.

主要特征：前翅索脉从 R_1–R_2 脉基部中点之前发出，止于 R_4 脉基部；M 干脉弱；R_4 和 R_5 脉共柄一半；M_3 和 CuA_1 脉弯曲。后翅除 M_3 和 CuA_1 脉共柄一半外，其余脉分离。雄性背兜背侧有时具1对细长的骨片；爪形突常细长，棒状，偶尔缺失；尾突简单，形状多样，多毛，下垂；抱器瓣基部宽；颈部常明显，光裸；抱器腹角常具1指向背面的多毛叶突，但在长突筒小卷蛾 *R. exartemana* 和 *R. chidorinoki* 中为1多毛突起；抱器端形状多样，多毛，外缘具刺，腹面常具1指状突起或粗刺；阳茎简单，角状器简单，可脱落。雌性外阴片不明显或骨化程度弱，围绕在交配孔周围；囊导管细长，导管端片长；导精管从囊导管基部或近基部伸出；囊突2个，刺状。

分布：古北区、东洋区。世界已知16种，中国记录13种，浙江分布2种。

（736）粗刺筒小卷蛾 *Rhopalovalva catharotorna* (Meyrick, 1935)

Acroclita catharotorna Meyrick, 1935: 53.
Rhopalovalva catharotorna: Diakonoff, 1973: 692.

主要特征：雄性抱器瓣颈部明显，抱器端卵形，腹面具1粗的长刺。
分布：浙江（临安）、天津、上海、湖南、台湾；日本。
注：描述见《天目山动物志》（李后魂等，2020）。

（737）丽筒小卷蛾 *Rhopalovalva pulchra* (Butler, 1879)

Phoxopteryx pulchra Butler, 1879b: 79.
Rhopalovalva pulchra: Kuznetzov, 1976b: 19.

主要特征：雄性抱器瓣颈部不明显，腹面平直，抱器端背面略突出，腹面具1粗的短刺。通过以上特征可以与其他种区分。
分布：浙江（临安）、河南、福建；俄罗斯，韩国，日本。
注：描述见《天目山动物志》（李后魂等，2020）。

245. 黑痣小卷蛾属 *Rhopobota* Lederer, 1859

Rhopobota Lederer, 1859: 366. Type species: *Tortrix naevana* Hübner, [1814-1817].

Erinaea Meyrick, 1907: 141.
Norma Heinrich, 1923: 191.
Kundrya Heinrich, 1923: 192.
Eumarissa Clarke, 1976: 32.

主要特征：前翅索脉从 R_1–R_2 脉基部 1/3 处伸出，止于 R_5–M_1 脉基部中点处；M 干脉止于 M_3 或 CuA_1 脉基部；R_4 与 R_5 脉共柄。后翅 M_2 靠近 M_3 脉；M_3 和 CuA_1 脉共柄。雄性背兜宽，端部圆；爪形突从背兜顶端两侧伸出，互相远离；尾突形状多样；抱器瓣基穴长，后缘凸出，腹面常具 1 突起；抱器腹角和颈部有时退化或缺失；抱器端形状多样；抱器瓣沿腹面具 1 排刺；阳茎宽，角状器多个。雌性阴片常小；导管端片形状、大小多样；导精管从囊导管亚中部或后部伸出；交配囊进口处及其两侧具大的倒 "V" 形骨片；囊突 2 个，细小。

分布：世界广布。世界已知 81 种，中国记录 25 种，浙江分布 9 种。

分种检索表

1. 尾突长，指状，多毛 ·· 2
- 尾突短，非指状，具毛 ·· 7
2. 爪形突倒 "U" 形；抱器端不膨大 ·· 郑氏黑痣小卷蛾 *R. zhengi*
- 爪形突非倒 "U" 形；抱器端膨大 ·· 3
3. 爪形突细长，约与尾突等长 ·· 4
- 爪形突粗短，明显短于尾突 ·· 5
4. 抱器腹基穴端部突起钝；抱器端基部外侧具 1 突起，其上着生若干鳞片状毛 ············· 宝兴黑痣小卷蛾 *R. baoxingensis*
- 抱器腹基穴端部具 1 长角状突起；抱器端基部外侧无突起 ······························· 天目山黑痣小卷蛾 *R. eclipticodes*
5. 抱器腹具 1 小丘形叶突；抱器端半圆形 ··· 镰黑痣小卷蛾 *R. falcata*
- 抱器腹不具小丘形叶突；抱器端非半圆形 ·· 6
6. 爪形突直，末端膨大，略呈三角形；尾突末端弯向外侧 ······································· 双色黑痣小卷蛾 *R. bicolor*
- 爪形突基半部直，端半部直角状内折，略膨大；尾突末端近直 ······························· 苹黑痣小卷蛾 *R. naevana*
7. 抱器端基部外侧具几个粗刺 ·· 粗刺黑痣小卷蛾 *R. latispina*
- 抱器端基部外侧不具粗刺 ·· 8
8. 爪形突弯向内侧 ··· 穴黑痣小卷蛾 *R. antrifera*
- 爪形突直，指向外侧 ··· 丛黑痣小卷蛾 *R. floccosa*

（738）穴黑痣小卷蛾 *Rhopobota antrifera* (Meyrick, 1935)

Eucosma antrifera Meyrick, 1935: 56.
Rhopobota antrifera: Brown, 1983: 100.

讨论：穴黑痣小卷蛾 *R. antrifera* 与四国黑痣小卷蛾 *R. shikokuensis* 相似，可以通过爪形突内弯，抱器端腹角突出，形成 1 个小突起区别。四国黑痣小卷蛾 *R. shikokuensis* 爪形突向外弯，抱器端腹角不突出。

分布：浙江（临安）、湖北、福建、广西、贵州；俄罗斯。

注：描述见《天目山动物志》（李后魂等，2020）。

（739）宝兴黑痣小卷蛾 *Rhopobota baoxingensis* Zhang et Li, 2012

Rhopobota baoxingensis Zhang et Li, 2012: 373.

讨论：宝兴黑痣小卷蛾 R. baoxingensis 与同属其他种可通过以下特征区分：抱器腹基穴腹缘具 1 长形突起；抱器端卵形，外侧具 1 突起，其上着生若干鳞片状毛。

分布：浙江（临安）、四川。

注：描述见《天目山动物志》（李后魂等，2020）。

（740）双色黑痣小卷蛾 *Rhopobota bicolor* Kawabe, 1989

Rhopobota bicolor Kawabe, 1989: 62.

讨论：双色黑痣小卷蛾 R. bicolor 可以通过前翅底色双色识别，即从后缘近中部斜向顶角由 1 条线将翅面分为前后两部分，前半部色深，后半部色浅。

分布：浙江（临安）、河北、湖北、湖南、台湾、四川、贵州；日本，泰国。

注：描述见《天目山动物志》（李后魂等，2020）。

（741）天目山黑痣小卷蛾 *Rhopobota eclipticodes* (Meyrick, 1935)

Acroclita eclipticodes Meyrick, 1935: 52.
Rhopobota eclipticodes: Brown, 1979: 23.

分布：浙江（临安）、湖北、贵州。

注：描述见《天目山动物志》（李后魂等，2020）。

（742）镰黑痣小卷蛾 *Rhopobota falcata* Nasu, 1999

Rhopobota falcata Nasu, 1999: 127.

讨论：镰黑痣小卷蛾 R. falcata 与共黑痣小卷蛾 R. symbolias 相似，但抱器瓣颈部宽，抱器腹角不明显，而后者抱器瓣颈部明显，抱器腹角钝角。

分布：浙江（临安）、广西；日本。

注：描述见《天目山动物志》（李后魂等，2020）。

（743）丛黑痣小卷蛾 *Rhopobota floccosa* Zhang, Li *et* Wang, 2005

Rhopobota floccosa Zhang, Li *et* Wang, 2005: 278.

讨论：丛黑痣小卷蛾 R. floccosa 与 R. relicta 相似，区别为：丛黑痣小卷蛾 R. floccosa 爪形突细长，抱器腹基穴腹缘具 1 毛丛，抱器端腹角突出。后者爪形突粗短，抱器腹基穴腹缘无毛丛，抱器端腹角钝圆。

分布：浙江（临安）、湖南。

注：描述见《天目山动物志》（李后魂等，2020）。

（744）粗刺黑痣小卷蛾 *Rhopobota latispina* Zhang *et* Li, 2012

Rhopobota latispina Zhang *et* Li, 2012: 378.

讨论：粗刺黑痣小卷蛾 R. latispina 与叉黑痣小卷蛾 R. furcata 相似，可通过前翅具基斑、中带和肛上纹，爪形突角状，抱器端腹角圆区分。而叉黑痣小卷蛾 R. furcata 前翅从中室前角沿 R_5 发出 1 条褐带，近外缘处分 2 叉，1 叉达顶角，另 1 叉达外缘，爪形突短棒状，抱器腹角突出。粗刺黑痣小卷蛾 *R. latispina* 还与四国黑痣小卷蛾 *R. shikokuensis* 在爪形突、尾突方面相似，但本种抱器瓣腹面在基部 3/5 处凹陷，抱器端长约为宽的 2 倍，而四国黑痣小卷蛾 *R. shikokuensis* 抱器瓣腹面在中部凹陷，抱器端长大于宽的 2 倍。

分布：浙江（临安）。

注：描述见《天目山动物志》（李后魂等，2020）。

（745）苹黑痣小卷蛾 *Rhopobota naevana* (Hübner, [1814-1817])

Tortrix naevana Hübner, [1814-1817]: pl. 41, fig. 261.

Rhopobota naevana: Lederer, 1859: 367.

讨论：苹黑痣小卷蛾 *R. naevana* 与李黑痣小卷蛾 *R. latipennis* 十分相似，主要区别是：雄性后翅前缘具蓝色斑，由腹面看呈黑色，而后者无此斑。

分布：浙江（临安）、黑龙江、吉林、辽宁、内蒙古、天津、河北、河南、陕西、甘肃、安徽、湖北、江西、湖南、福建、台湾、广东、四川、贵州、云南、西藏；俄罗斯，蒙古国，韩国，日本，印度，斯里兰卡，欧洲。

注：描述见《天目山动物志》（李后魂等，2020）。

（746）郑氏黑痣小卷蛾 *Rhopobota zhengi* Zhang *et* Li, 2012

Rhopobota zhengi Zhang *et* Li, 2012: 377.

讨论：郑氏黑痣小卷蛾 *R. zhengi* 与奥氏黑痣小卷蛾 *R. okui* 相似，但本种前翅中室端部具深褐色点斑，爪形突倒"U"形。而奥氏黑痣小卷蛾 *R. okui* 前翅中室端部无深褐色点斑，爪形突靴状。郑氏黑痣小卷蛾 *R. zhengi* 还与钩黑痣小卷蛾 *R. hamata* 相似，但本种前翅中室端部的深褐色点斑和抱器端具 2 根粗的鞭状毛。而钩黑痣小卷蛾 *R. hamata* 前翅外缘具 1 长三角形褐斑，抱器端具 7 根粗的鞭状毛。

分布：浙江（临安）、福建。

注：描述见《天目山动物志》（李后魂等，2020）。

246. 梢小卷蛾属 *Rhyacionia* Hübner, [1825] 1816

Rhyacionia Hübner, [1825] 1816: 379. Type species: *Tortrix buoliana* [Denis *et* Schiffermüller, 1775].

主要特征：前翅索脉出自 R_1–R_2 脉基部中点，止于 R_5 脉基部之前；M 干脉止于 M_2 脉之前或退化；M_2 和 M_3 脉基部很靠近。后翅 M_3 和 CuA_1 脉共柄短。雄性爪形突退化或缺失；尾突退化；抱器瓣发达，颈部短，具长突起或叶突痕迹；抱器腹角明显；抱器端腹角弱或腹面形成大的突起；阳茎细长，常具刺。雌性阴片为 2 个多毛的薄片；导管端片骨化；导精管位于囊导管亚端部或后部，从导管端片腹面伸出；囊突如有，则为 2 个。

分布：世界广布。世界已知 44 种，中国记录 8 种，浙江分布 1 种。

（747）马尾松梢小卷蛾 *Rhyacionia dativa* Heinrich, 1928（图 9-40）

Rhyacionia dativa Heinrich, 1928: 61.

主要特征：成虫（图 9-40A）翅展 17.5–22.0 mm。头部黄褐色，触角深褐色。下唇须前伸，第 2 节长，末节小，部分隐藏在第 2 节的长鳞片中。胸部和腹部暗红褐色。前翅前缘平直，顶角、臀角圆。底色锈红色，翅面具多条银色条斑；缘毛灰褐色。后翅深灰色；缘毛灰白色。

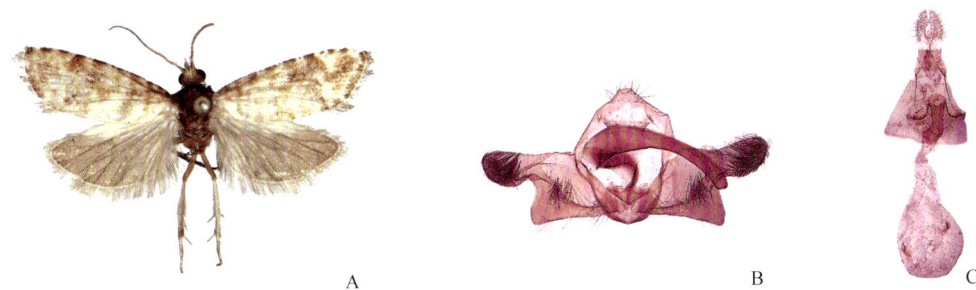

图 9-40 马尾松梢小卷蛾 *Rhyacionia dativa* Heinrich, 1928
A. 成虫；B. 雄性外生殖器；C. 雌性外生殖器

雄性外生殖器（图 9-40B）：爪形突、尾突退化。抱器瓣宽阔；抱器端小，端部圆，多毛，具缘刺，抱器腹基穴腹缘具 1 叶突。阳茎细长，弯曲，末端具钩状刺。

雌性外生殖器（图 9-40C）：产卵瓣略呈三角形，多毛；前表皮突略长于后表皮突。交配孔椭圆形，两侧具半圆形骨化腔。导管端片粗喇叭管状。交配囊卵圆形；囊突 2 个，扁刺状。

分布：浙江、吉林、山东、河南、江苏、安徽、湖北、江西、台湾、广东、四川；俄罗斯，韩国，日本，欧洲。

寄主：马尾松 *Pinus massoniana*、黑松 *P. thunbergii*。

247. 白小卷蛾属 *Spilonota* Stephens, 1834

Spilonota Stephens, 1834: 173. Type species: *Tortrix ocellana* [Denis et Schiffermüller, 1775].
Tmetocera Lederer, 1859: 124.
Bathrotoma Meyrick, 1881b: 675.

主要特征：雄性触角鞭节基部有凹陷。前翅索脉从 R_1–R_2 脉基部 2/3 处伸出，止于 R_5 和 M_1 脉的中部；M 干脉止于 M_3 脉基部之前。后翅 M_3 和 CuA_1 脉共柄，其余脉分离。雄性背兜高，末端略突出；爪形突退化；尾突位于背兜顶上，外缘骨化强；基穴大，卵形；抱器腹角弱；颈部细；抱器端小，横卵形，略向背面伸，末端具 1 突起，其上着生 1 粗刺；阳茎粗短；角状器多个。雌性阴片小，与第 7 腹板愈合，向后形成 1 对端突；导精管从囊导管近基部腹面伸出；囊突 2 个，细牛角状。

讨论：白小卷蛾属 *Spilonota* 的雄性外生殖器在种间差异很小，一般通过外形和雌性外生殖器特征区别。

分布：古北区、东洋区、新北区。世界已知 41 种，中国记录 9 种，浙江分布 2 种。

（748）桃白小卷蛾 *Spilonota albicana* (Motschulsky, 1866)

Grapholitha albicana Motschulsky, 1866: 199.
Spilonota albicana: Kuznetzov, 1976a: 78.

主要特征：前翅基斑和端纹色浅，阴片后缘凹陷浅。

分布：浙江（临安）、黑龙江、天津、河北、河南、陕西、甘肃、湖北、湖南、福建、四川、贵州；俄罗斯，韩国，日本。

注：描述见《天目山动物志》（李后魂等，2020）。

(749) 苹白小卷蛾 *Spilonota ocellana* ([Denis *et* Schiffermüller], 1775)

Tortrix ocellana [Denis *et* Schiffermüller], 1775: 130.

Spilonota ocellana ([Denis *et* Schiffermüller]): Kennel, 1916: 535.

主要特征：前翅基斑和端纹色深，阴片后缘凹陷深。

分布：浙江（临安）、吉林、内蒙古、河北、陕西、甘肃、青海、湖北、福建、四川；俄罗斯、朝鲜、韩国、日本、伊朗、欧洲、北美洲、非洲。

注：描述见《天目山动物志》（李后魂等，2020）。

小食心虫族 Grapholitini

主要特征：前翅钩状纹发达，常具背斑和臀斑。后翅 M_2 与 M_3 脉平行或在基部靠近。雄性爪形突、尾突常退化或退化不完全，颈部常明显，抱器腹形状多样，抱器端常密被刚毛。雌性第 7 腹板形状变异大，囊突常为 2 个，多为牛角状或刀状。

分布：世界广布。世界已知 80 属左右 1000 多种，中国记录 20 属近 130 种，浙江分布 10 属 22 种。

分属检索表

1. 腹部无发香器 ·· 2
- 腹部具发香器 ·· 4
2. 后翅 M_3 脉和 CuA_1 脉共柄超过 1/2 ·· 食小卷蛾属 *Cydia*
- 后翅 M_3 脉和 CuA_1 脉同出一点或具短共柄 ·· 3
3. 囊导管后端不对称骨化，前端骨化凸出；囊突 1 个 ··············· 微小卷蛾属 *Dichrorampha*
- 囊导管无骨化构造；囊突 2 个 ·· 密小卷蛾属 *Lathronympha*
4. 尾突退化为刚毛状结构或仅具 1 个毛束 ·· 5
- 尾突通常无痕迹 ·· 6
5. 两尾突的痕迹远离，以位于近背兜末端侧面的长毛丛形式存在 ······· 豆食心虫属 *Leguminivora*
- 两尾突的痕迹靠近甚至愈合，以位于背兜末端的刚毛形式存在 ······· 豆小卷蛾属 *Matsumuraeses*
6. 雄性后翅除臀脉外有 6 条脉达翅缘 ·· 7
- 雄性后翅除臀脉外有 7 条脉达翅缘 ·· 8
7. 前翅 R_5 脉止于顶角 ·· 曲小卷蛾属 *Strophedra*
- 前翅 R_5 脉止于顶角下方 ·· 超小卷蛾属 *Pammene*
8. 索脉出自 R_2 和 R_3 脉之间 ·· 异形小卷蛾属 *Cryptphlebia*
- 索脉出自 R_1 和 R_2 脉之间 ·· 9
9. 后翅 Rs 脉和 M_1 脉基部靠近 ·· 小食心虫属 *Grapholita*
- 后翅 Rs 脉和 M_1 脉同出一点、短共柄或愈合 ······················ 斜斑小卷蛾属 *Andrioplecta*

248. 斜斑小卷蛾属 *Andrioplecta* Obraztsov, 1968

Andrioplecta Obraztsov, 1968a: 176. Type species: *Laspeyresia pulverula* Meyrick, 1912.

主要特征：翅展 8.0–16.5 mm。头部鳞片粗糙。下唇须上举。前翅后缘近中部有 1 条黑褐色长斜斑伸向前缘；R_2 脉更接近于 R_3 脉；R_4 脉伸达前缘；R_5 脉伸达外缘。后翅 M_3 和 CuA_1 脉共短柄；雄性 Rs 脉常消失，或与 M_1 脉愈合，3A 脉基部有时具毛丛或背褶，雌性 Rs 与 M_1 脉同出一点或共短柄。雄性抱器腹在基部 1/3–1/2 处缢缩；阳茎端部渐细，角状器有或无。雌性囊导管部分或完全骨化；交配囊腹后方有较大的膜质储精囊；囊突 2 个。

分布：古北区、东洋区。世界已知 10 种，中国记录 6 种，浙江分布 2 种。

（750）斜斑小卷蛾 *Andrioplecta oxystaura* (Meyrick, 1935)

Pammene oxystaura Meyrick, 1935: 62.
Andrioplecta oxystaura: Komai, 1992: 160.

分布：浙江（临安）、河南、陕西、甘肃、江苏、上海、安徽、江西、湖南、海南、香港、广西、重庆、四川、贵州；泰国。

注：描述见《天目山动物志》（李后魂等，2020）。

（751）微斜斑小卷蛾 *Andrioplecta suboxystaura* Komai, 1992

Andrioplecta suboxystaura Komai, 1992: 161.

分布：浙江（临安）、河南；泰国。

注：描述见《天目山动物志》（李后魂等，2020）。

249. 异形小卷蛾属 *Cryptophlebia* Walsingham, 1899

Cryptophlebia Walsingham, 1899: 105. Type species: *Cryptophlebia carpophaga* Walsingham, 1899 [= *Arothrophota ambrodelta* Lower, 1898].

主要特征：翅展 10.0–25.5 mm。具性二型，雄性后足胫节和跗节的第 1 亚节常膨大并具长毛刷。前翅各脉彼此分离。后翅 Rs 与 M_1 脉基部靠近；M_3 与 CuA_1 脉共柄或同出一点；CuA_2 脉在一些雄性中由于香鳞兜的形成而弯曲。雄性抱器瓣厚，肿胀，抱器端边缘常具有强棘。雌性囊突 2 个，弯刀状或牛角状。

分布：世界广布。世界已知 55 种，中国记录 3 种，浙江分布 3 种。

分种检索表

1. 沿外缘被单排短刚毛 ··· 扭异形小卷蛾 *C. distorta*
- 沿外缘被无单排短刚毛 ··· 2
2. 抱器端被 3 根刺和多根长刚毛 ··· 荔枝异形小卷蛾 *C. ombrodelta*
- 抱器端外缘中部有 1 根略粗长刚毛，端腹角处有 1 根较短的粗壮刚毛 ············· 盈异形小卷蛾 *C. repletana*

（752）扭异形小卷蛾 *Cryptophlebia distorta* (Hampson, 1905)

Pogonozada distorta Hampson, 1905: 586.
Cryptophlebia distorta: Kawabe, 1982: 143.

分布：浙江（临安）、河南、安徽、湖北、湖南、福建、广东、广西、重庆、贵州；日本。

注：描述见《天目山动物志》（李后魂等，2020）。

（753）盈异形小卷蛾 *Cryptophlebia repletana* (Walker, 1863)

Carpocapsa repletana Walker, 1863: 412.
Cryptophlebia repletana: Kawabe, 1982: 281.

分布：浙江（临安）、台湾、广东、海南、香港、广西、云南；日本，印度，菲律宾，马来西亚，印度尼西亚，斐济，巴布亚新几内亚。

注：描述见《天目山动物志》（李后魂等，2020）。

（754）荔枝异形小卷蛾 *Cryptophlebia ombrodelta* (Lower, 1898)（图 9-41）

Arotrophora (?) *ombrodelta* Lower, 1898: 48.
Cryptophlebia ombrodelta: Bradley, 1953: 679.

主要特征：成虫（图 9-41A）翅展 19.0–22.5 mm。雄虫前翅赭红色或棕红色，斑纹黄褐色或褐色；前缘 2/3 处有 1 斜斑达外缘 2/3，或在前翅前缘中部有 1 斜斑达臀角；顶角有不规则斜斑；沿后缘有 1 长条斑；后缘臀角前有 1 三角形斑纹。后翅黄褐色。雌虫前翅赭黄褐色，后缘臀角前有 1 个半圆形黄褐色斑。

A B C

图 9-41　荔枝异形小卷蛾 *Cryptophlebia ombrodelta* (Lower, 1898)
A. 成虫；B. 雄性外生殖器；C. 雌性外生殖器

雄性外生殖器（图 9-41B）：抱器瓣匙形，基部细，颈部不明显，基穴下方有长毛丛，抱器端端部膨大，被 3 根长刺和多根长刚毛，长刺沿边缘排列成钝角三角形；阳茎基部粗，端部细长，末端尖；角状器多个成束。

雌性外生殖器（图 9-41C）：交配孔小；囊导管近交配孔端 1/3 处有 1 个骨化环。交配囊前端 2/3 被短刺；囊突 2 个，牛角状。

分布：浙江（临安）、河北、河南、陕西、宁夏、江苏、上海、安徽、江西、湖南、福建、台湾、广东、海南、广西、四川、贵州、云南；日本，南亚，英国，荷兰，夏威夷群岛，澳大利亚。

250. 食小卷蛾属 *Cydia* Hübner, [1825] 1816

Cydia Hübner, [1825] 1816: 375. Type species: *Phalaena Tinea pomonella* Linnaeus, 1758.

主要特征：翅展 11.0–21.0 mm。前翅无前缘褶，各脉彼此分离。后翅 M_3 和 CuA_1 脉共柄超过一半；M_2 与 M_3 脉近平行。雄性背兜突出；尾突常退化；抱器瓣形状多变，颈部常明显。雌性第 7 腹板形状多变；前阴片不明显或退化；囊导管具管带或其他骨化特征；交配囊具乳状突；囊突 2 个，牛角状。

分布：世界广布。世界已知 254 种，中国记录 29 种，浙江分布 2 种。

(755) 黑龙江食小卷蛾 *Cydia amurensis* (Danilevsky, 1968)

Laspeyresia amurensis Danilevsky in Danilevsky & Kuznetzov, 1968: 593.
Cydia amurensis: Kawabe, 1982: 150.

分布：浙江（临安）、辽宁、天津、河北、山西、河南；俄罗斯，蒙古国。
注：描述见《天目山动物志》（李后魂等，2020）。

(756) 弯瓣食小卷蛾 *Cydia curvivalva* Liu *et* Yan, 1998

Cydia curvivalva Liu *et* Yan, 1998: 279.

分布：浙江（杭州）、河南、江西、湖南、福建、广东、海南、香港、四川、贵州、云南。
注：未见标本，描述见《中国动物志》（刘友樵和李广武，2002）。

251. 微小卷蛾属 *Dichrorampha* Guenée, 1845

Dichrorampha Guenée, 1845a: 185. Type species: *Gracholitha plumbagaba* Treitschke, 1830.
Lipoptycha Lederer, 1859: 370.
Dichroramphodes Obraztsov, 1953: 77.
Lipoptychodes Obraztsov, 1953: 60.
Paralipoptycha Obraztsov, 1958: 244.

主要特征：翅展 10.0–20.5 mm。前翅肛上纹与外缘间具 1 列 3 个以上黑色斑点。部分雄虫前翅具前缘褶。雄性背兜窄，端部稍扩展；爪形突和尾突缺失；颚形突略呈骨化带；抱器瓣形态变化大，基部宽大，基穴大，颈部细，抱器端宽大显著，密被刺毛；阳茎发达，弯曲，近端部有齿，角状器有或无。雌性阴片与第 7 腹板相连，表面粗糙，凸出；囊导管后端不对称骨化，前端或多或少骨化凸出；囊突 1 个，角状。
分布：世界广布。世界已知 143 种，中国记录 13 种，浙江分布 1 种。

(757) 条斑微小卷蛾 *Dichrorampha striatimacula* Kuznetzov, 1972

Dichrorampha striatimacula Kuznetzov, 1972: 387.

分布：浙江（临安）。
注：未见标本，描述见文献（Kuznetzov，1972）。

252. 小食心虫属 *Grapholita* Treitschke, 1829

Grapholita Treitschke, 1829: 232. Type species: *Pyralis dorsana* Fabricius *sensu* Treitschke, 1829 (=*Tortrix lunulana* [Denis *et* Schiffermüller], 1775).
Aspila Stephens, 1834: 104.
Ephippiphora Duponchel, 1834: 446.
Euspila Stephens, 1834: 103.
Stigmonota Guenée, 1845a: 182.
Endopisa Guenée, 1845a: 182.

Opadia Guenée, 1845a: 182.
Coptoloma Lederer, 1859: 370.
Ebisma Walker, 1866: 1803.

主要特征：翅展 10.0–22.0 mm。前翅索脉和 M 干发达；后翅 M_3、CuA_1 脉同出一点，很少短距离共柄。香鳞器：第 8、9 腹节节间膜上的味刷，在伸长的骨化腺状的斑纹上具鳞片丛。雄性背兜端突常存在，前突通常很发达；尾突退化，仅有 1 丛刚毛或完全退化；抱器腹明显凹入；抱器瓣颈部无刚毛或有稀疏刚毛；抱器端具刚毛和刺，长度很少会超过基穴，其膜质外缘常向后延伸；抱器腹角和抱器端角常因种而异；阳茎简单；角状器有脱落型和非脱落型两种。雌性后阴片骨化弱，或几乎完全退化；囊导管骨化特征因亚属而异；交配囊简单；囊突 2 个，特殊情况下，1 个或全部退化。第 7 腹板通常骨化弱。

分布：世界广布。世界已知 222 种，中国记录 24 种，浙江分布 5 种。

分种检索表

1. 抱器端基部存在 1 或 2 根粗壮刚毛 ·· 双列小食心虫 *G. biserialis*
- 抱器端基部无粗壮刚毛 ·· 2
2. 抱器瓣基半部外表面具纵向褶皱，抱器端外表面被有鳞片 ························ 雀小食心虫 *G. pavonana*
- 抱器瓣基半部外表面无褶皱，抱器端外表面简单 ··· 3
3. 抱器端基部腹缘伸出 1 指状突起；阳茎极细长，其长度超过最宽处的 8 倍 ········ 手指小食心虫 *G. dactyla*
- 抱器端无指状突起；阳茎长度不超过最宽处的 4 倍 ··· 4
4. 爪形突的痕迹明显，呈尖山丘状 ·· 梨小食心虫 *G. molesta*
- 无爪形突痕迹 ··· 麻小食心虫 *G. delineana*

（758）双列小食心虫 *Grapholita biserialis* (Meyrick, 1935)

Laspeyresia biserialis Meyrick, 1935: 64.
Grapholita biserialis: Komai, 1999: 102.

主要特征：雄性成虫翅展 13 mm。头、胸部褐色；下唇须浅褐色，末端杂有褐色。前翅长形，端部加宽，前缘微弓，外缘斜弧形，顶角下端波曲；翅面深褐色，基部略浅；前缘钩状纹白色，钩状纹之间深褐色，端半部几对下方延伸出蓝铅色线纹；中前斑由 2 个灰白色斜纹组成，每个均被 1 浅褐色线分为大小相同的两部分，达翅中部，第 2 个斑块的基部向外；1 个竖斑自臀角至翅面中部，其前端在翅中域前有 1 黑点，其与翅外缘之间有 2 列纵向的黑色线斑，1 列具 4 条线，1 列具 2 条线；缘毛浅灰色。后翅灰白色，中域有 1 浅蓝色条纹；端部有 1 三角形灰斑，沿翅外缘上半部蜿蜒；缘毛灰白色。

分布：浙江（临安）。

注：未见标本，描述自文献（Meyrick，1935）。

（759）手指小食心虫 *Grapholita dactyla* Liu *et* Yan, 1998（图 9-42）

Grapholita dactyla Liu *et* Yan, 1998: 278.

主要特征：成虫（图 9-42A）翅展 9.0–11.0 mm。前翅棕黑褐色，斑纹复杂；钩状纹白色；前缘在近 1/2 和 3/4 处有 2 条黑色条纹斜向外缘，中间夹杂有铅色线，沿亚外缘线各脉间还有一系列黑色斑点或线；肛上纹不明显；其他区域有一些不规则深色斑纹。后翅深灰褐色。

图 9-42 手指小食心虫 *Grapholita dactyla* Liu *et* Yan, 1998
A. 成虫; B. 雄性外生殖器; C. 雌性外生殖器

雄性外生殖器（图 9-42B）：背兜顶端密生长毛；爪形突、尾突、颚形突均退化；抱器瓣如仅有拇指的棉手套，抱器腹近端部 1/3 外有明显指状突，抱器端被数列刚毛；阳茎细长弯钩状。

雌性外生殖器（图 9-42C）：前表皮突长过后表皮突；交配孔小，漏斗状；囊导管细。囊突 2 个，细小，牛角状。

分布：浙江、安徽、广东、海南、香港、广西。

(760) 麻小食心虫 ***Grapholita delineana*** **(Walker, 1863)**（**图 9-43**）

Grapholita delineana Walker, 1863: 389.
Grapholita delineana: Byun et al., 1998: 189.

主要特征：成虫（图 9-43A）翅展 8.0–14.0 mm。前翅基部 1/3 灰褐色，端部 2/3 棕褐色；前缘微突；顶角钝；前缘钩状纹黄白色；肛上纹不明显，内、外缘线铅色，具金属光泽，内无短横线；背斑由 4 条黄白色或灰白色的平行弧状纹组成，和翅面的棕褐色对比明显；具亚端切口；缘毛灰褐色。后翅黄棕色，缘毛灰褐色。腹部背面黑褐色，腹面灰褐色。

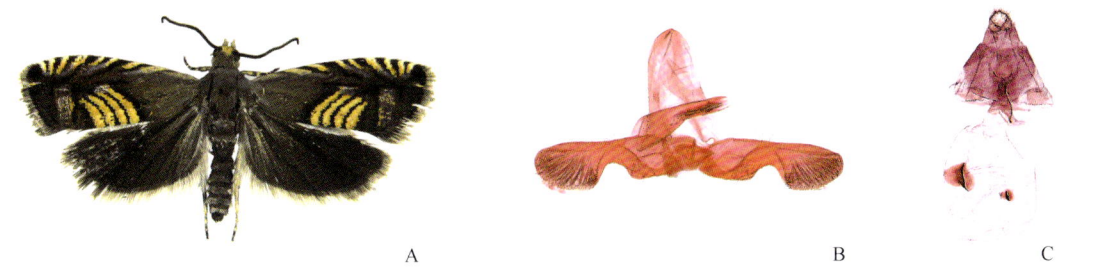

图 9-43 麻小食心虫 *Grapholita delineana* (Walker, 1863)
A. 成虫; B. 雄性外生殖器; C. 雌性外生殖器

雄性外生殖器（图 9-43B）：背兜狭；颚形突退化，膜质；抱器背较平直，上面具刚毛；抱器瓣颈部明显；抱器腹腹角明显，近直角；抱器端椭圆形，具刺和刚毛；阳茎基部 1/3 较粗，端部 1/2 较细；角状器数个。

雌性外生殖器（图 9-43C）：后阴片近四边形，上面具刚毛若干；交配孔小；导管端片漏斗状；囊导管近交配囊短膨大，骨化；导精管出自囊导管前端膨大骨化部分前。交配囊椭圆形；囊突 2 个，一大一小。

分布：浙江（临安、余杭）、黑龙江、辽宁、北京、天津、河北、山东、河南、陕西、甘肃、上海、安徽、湖北、江西、福建、台湾、广西、重庆、四川、贵州、云南；亚洲，欧洲。

(761) 梨小食心虫 ***Grapholita molesta*** **(Busck, 1916)**（**图 9-44**）

Laspeyresia molesta Busck, 1916: 373.

Grapholita molesta: Danilevsky & Kuznetzov, 1968: 321.

主要特征：成虫（图9-44A）翅展 9.0–14.0 mm。前翅褐色，混杂黄白色；前缘钩状纹黄色，端部第1、2组钩状纹间有1条褐色线达肛上纹外缘，第3、4组钩状纹间有1条黑褐色线达肛上纹上端；肛上纹内、外缘线铅色，具金属光泽，内有5–6条黑色短横线，并分布有黄白色鳞片，沿外缘线分布有黄白色鳞片；背斑黄白色，位于后缘中部，斜达翅中部；具亚端切口；缘毛灰褐色。后翅黄棕色，基部颜色较浅；缘毛灰黄色。

A　　　　　　　　　　　B　　　　　　　C

图 9-44　梨小食心虫 *Grapholita molesta* (Busck, 1916)
A. 成虫；B. 雄性外生殖器；C. 雌性外生殖器

雄性外生殖器（图9-44B）：抱器背平直，上布刚毛；抱器瓣颈部明显，深凹；抱器腹基穴下有1毛丛；抱器端菜刀形，密被刺和刚毛；阳茎基部较粗，向端部逐渐变细；角状器位于阳茎基部，多个。

雌性外生殖器（图9-44C）：后阴片中间弧形，两侧有角状突；交配孔圆形；具导管片；囊导管短，近交配囊端 1/2 膨大，骨化强，中间有1个椭圆形骨化结构。交配囊梨形；囊突2个，中等大小，牛角状。

分布：浙江（慈溪）、吉林、辽宁、内蒙古、北京、天津、河北、山东、陕西、宁夏、新疆、江苏、湖北、江西、湖南、台湾、香港、广西、四川、云南；韩国，日本，欧洲，北美洲，澳大利亚，南非，南美洲。

（762）雀小食心虫 *Grapholita pavonana* (Walsingham, 1900)

Laspeyresia pavonana Walsingham, 1900: 430.
Grapholita pavonana: Kawabe, 1982: 146.

分布：浙江、黑龙江、吉林、辽宁、河南、江西、四川；俄罗斯，韩国，日本，欧洲。
注：未见标本，描述见文献（Walsingham，1900）。

253. 密小卷蛾属 *Lathronympha* Meyrick, 1926

Lathronympha Meyrick, 1926: 27. Type species: *Tortrix hypericana* Hübner, [1796-1799] (= *Pyralis strigana* Fabricius, 1775).

主要特征：翅展 12.0–19.0 mm。雄性背兜末端突出；抱器瓣厚实，颈部短，无表被物，基穴外缘疏被刺丛并向腹缘延伸，抱器端长形，被刺毛；阳茎简单，缺角状器。雌性阴片骨化弱，包括1个后阴片和1个位于前缘的窄环，前者内凹且侧缘被小毛簇；囊导管极长，纤细；导精管细；交配囊简单，囊突1对，发达。

分布：世界广布。世界已知7种，中国记录1种，浙江分布1种。

（763）水密小卷蛾 *Lathronympha irrita* Meyrick, 1935

Lathronympha irrita Meyrick, 1935: 61.

主要特征：翅展 16 mm。头浅黄色。下唇须米黄色，端半部杂有深灰色。胸部浅赭黄色。前翅略宽，前缘浅弧状凸出，顶角呈直角，钝尖，外缘斜，近直线；翅面浅黄赭色，散布黑色细横纹；前缘基部 3/5 白色，具黑色短钩状纹；后端深橘赭色，被 4 条斜向白色楔状纹，第 1 条弯折为蓝铅色细纹并抵达外缘中部；肛上纹前端的区域白色和浅蓝灰色相杂，肛上纹向后端渐窄，包围 5 条黑色短斑；端纹黑色、清晰；缘毛浅灰色杂有黑色，外缘上半部混杂白色。后翅深灰色，缘毛灰色，具白色基线。

分布：浙江（临安）。

注：未见标本，描述自文献（Meyrick，1935）。

254. 豆食心虫属 *Leguminivora* Obraztsov, 1960

Leguminivora Obraztsov, 1960b: 129. Type species: *Grapholitha glycinivorella* Matsumura, 1900.

主要特征：翅展 12.0–17.0 mm。下唇须上举，末端钝。前翅 R_2 脉更接近 R_3 脉；CuA_1 和 M_3 脉在基部和末端彼此靠近。后翅 CuA_1 与 M_3 脉共柄超过一半；具臀褶。雄性第 8 节后缘两侧有毛丛；尾突退化，以位于近背兜末端侧面的长毛丛形式存在。雌性交配囊末端具乳状突。

分布：世界广布。世界已知 7 种，中国记录 1 种，浙江分布 1 种。

（764）大豆食心虫 *Leguminivora glycinivorella* (Matsumura, 1898)

Grapholitha glycinvorella Matsumura, 1898: 127.
Leguminivora glycinivorella: Obraztsov, 1960b: 129.

分布：浙江（临安）、黑龙江、吉林、辽宁、内蒙古、北京、天津、河北、山西、山东、河南、陕西、宁夏、甘肃、江苏、安徽、湖北、江西、湖南、福建、重庆、四川、贵州、云南、西藏；俄罗斯，韩国，日本，印度，越南。

注：描述见《天目山动物志》（李后魂等，2020）。

255. 豆小卷蛾属 *Matsumuraeses* Issiki, 1957

Matsumuraeses Issiki, 1957: 57. Type species: *Semasia phaseoli* Matsumura, 1900.

主要特征：翅展 12.0–24.0 mm。头顶具直立浓密长鳞片。下唇须上举，第 2 节末端膨大。前翅 R_2 脉更接近 R_3 脉。后翅雌性翅缰 3 根；M_3 与 CuA_1 脉共柄；CuA_2 脉出自中室中部。雄性第 7、8 节节间膜有味刷；尾突 2 个，或具短刚毛，围绕成头巾状；抱器腹腹角明显，抱器瓣常呈蟹螯状。雌性后阴片常呈长舌状或喇叭状；交配孔小；囊导管细长，中部具管带；囊突 2 个，扁平牛角状或刀状。

分布：古北区、东洋区。世界已知 16 种，中国记录 7 种，浙江分布 2 种。

（765）苏联豆小卷蛾 *Matsumuraeses ussuriensis* (Caradja, 1916)（图 9-45）

Ancylis latipennis var. *ussuriensis* Caradja, 1916: 72.
Matsumuraeses monstruosana Kuznetzov, 1962: 346.
Matsumuraeses ussuriensis: Razowski, 1971: 496.

主要特征：成虫（图 9-45A）翅展 14.0–15.0 mm。前翅灰白黄褐色，前缘基部突出；中室外侧有 1 个褐色斑点；肛上纹内缘线不明显，外缘线铅色，内有 3 个黑色的斑点，在肛上纹外缘线的上部有 1 个黑褐色斑点；外缘近顶角处微凹陷，自前端到后端有 3 个黑色斑点；缘毛黄褐色。后翅灰黄色，缘毛灰黄褐色。

雄性外生殖器（图 9-45B）：背兜宽带状。无爪形突。尾突为 1 对被短毛的小片。颚形突膜质带状。抱器瓣蟹螯状；基部近方形，抱器背直，基穴长圆形，抱器腹端部凸出成尖角；中部缢缩成窄颈；抱器端膨大似蟹钳状，腹缘及内侧密被刺毛，半圆形凸出，背缘基部 2/3 近直，然后凹入并向内回缩，抱器端末端极窄。阳茎细长，基部略粗，弯折。

 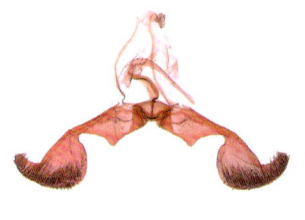 

图 9-45 苏联豆小卷蛾 *Matsumuraeses ussuriensis* (Caradja, 1916)
A. 成虫；B. 雄性外生殖器；C. 雌性外生殖器

雌性外生殖器（图 9-45C）：第 7 腹板骨化弱。产卵瓣狭，密被刚毛；前、后表皮突长度比约为 1∶1；后阴片喇叭状，近交配孔处骨化程度很强，向后逐渐减弱，其后端凹陷；交配孔小；囊导管细，膜质，具管带；导精管出自交配囊基部，管带前。囊突 2 个，镰刀形。

分布：浙江（临安）、安徽、海南；俄罗斯，日本。

（766）邻豆小卷蛾 *Matsumuraeses vicina* Kuznetzov, 1973

Matsumuraeses vicina Kuznetzov, 1973: 694.

分布：浙江（临安）、河南、安徽、广西；日本。
注：描述见《天目山动物志》（李后魂等，2020）。

256. 超小卷蛾属 *Pammene* Hübner, 1825

Pammene Hübner, 1825: 378. Type species: *Phalaena rhediella* Clerck, 1759.

Palla Billberg, 1820: 90. Preoccupied.

Hemimene Hübner, [1825]: 378.

Eucelis Hübner, [1825]: 394.

Pseudotomia Stephens, 1829: 175.

Heusimene Stephens, 1834: 96.

Pyrodes Guenée, 1845a: 187.

Trycheris Guenée, 1845a: 190.

Orchemia Guenée, 1845a: 192.

Hemerosia Stephens, 1852: 6.

Halonota Stephens, 1852: 45.

Phthoroblastis Lederer, 1859: 370.

Sphaeroeca Meyrick 1895: 490.

Metasphaeroeca Fernald, 1908: 62.

主要特征：翅展 8.0–18.5 mm。多数种类在第 6、7 腹节背板上有多行横行香鳞；雄虫后翅 Sc 脉和 Rs 脉间具杯状腺。雄性爪形突退化，弱突起状，或无；抱器瓣基穴腹缘常有特殊的毛簇；颈部形态多变，常有缺刻；阳茎腹面有突起；角状器非脱落型。雌性后阴片后缘凹陷，两侧具肋状内脊，常向两侧扩展为窄片，前阴片常扩展愈合，偶形成侧突；交配孔多骨化，呈杯状或漏斗状；囊导管短；囊突发达。

分布：世界广布。世界已知 88 种，中国记录 8 种，浙江分布 3 种。

分种检索表

1. 抱器端长卵圆形 ··· 银杏超小卷蛾 *P. ginkgoicola*
- 抱器端其他形状 ··· 2
2. 抱器端膨大，无基腹角 ·· 林超小卷蛾 *P. nemorosa*
- 抱器端具明显尖锐的基腹角 ··· 天目山超小卷蛾 *P. nescia*

(767) 天目山超小卷蛾 *Pammene nescia* Kuznetzov, 1972

Pammene nescia Kuznetzov, 1972: 394.

分布：浙江（临安）。

注：未见标本，描述见文献（Kuznetzov，1972）。

(768) 银杏超小卷蛾 *Pammene ginkgoicola* Liu, 1992

Pammene ginkgoicola Liu, 1992: 249.

分布：浙江、江苏、安徽、广西。

注：未见标本，描述见《中国动物志》（刘友樵和李广武，2002）。

(769) 林超小卷蛾 *Pammene nemorosa* Kuznetzov, 1968（图 9-46）

Pammene nemorosa Kuznetzov in Danilevsky & Kuznetzov, 1968: 377.

主要特征：成虫（图 9-46A）翅展 9.0–15.0 mm。前翅灰褐色，端部 2/5 混杂黄白色；钩状纹黄色，其后的暗纹铅色；斑纹仅肛上纹明显，内、外缘线铅色，具金属光泽，内有 4–5 条黑褐色短横线；背斑灰白色，伸达翅中部。后翅棕黄色。

A　　　　　　　　　　　　　　B　　　　　C

图 9-46　林超小卷蛾 *Pammene nemorosa* Kuznetzov, 1968
A. 成虫；B. 雄性外生殖器；C. 雌性外生殖器

雄性外生殖器（图 9-46B）：背兜阔，端部两侧被长毛；抱器瓣宽，抱器背微凹，基穴腹缘中部被 1 由 3–4 根长毛组成的毛簇，抱器端强烈膨大，靴状，密被刺毛；阳茎端部渐细，角状器多个。

雌性外生殖器（图 9-46C）：前、后表皮突长度比约为 3∶2，后阴片骨化弱，具侧突；囊导管粗短，前半部骨化。囊突 2 个，弯刀状。

分布：浙江（临安）、辽宁、天津、河北、山西、河南、甘肃、湖北；俄罗斯，日本。

257. 曲小卷蛾属 *Strophedra* Herrich-Schäffer, 1853

Strophedra Herrich-Schäffer, 1853: 29. Type species: *Strophedra vigeliana* Herrich-Schäffer, 1853 [= *Pyralis nitidana* Fabricius, 1794].
Strophedromopha Diakonoff, 1976b: 29.

主要特征：翅展 9.0–17.0 mm。前翅索脉和 M 干存在；索脉发自 R_1、R_2 脉基部中点以外，伸达 R_4、R_5 脉基部中点；后翅 Rs、M_1 脉完全合并，雌蛾 Rs、M_1 脉分离；M_3、CuA_1 脉共柄至 M_3 脉一半；CuP 脉和臀脉发达。香鳞器：第 8 腹节背板腹缘有香鳞束，腹板上有长鳞毛。雄性背兜端部带状；抱器瓣基部具稀毛；抱器端宽，无任何突起，仅存在刚毛。雌性后阴片骨化弱，两块粗挫状；交配孔周围有 1 个不完整的细骨化环；囊导管粗；导精管开口于囊导管近前端；囊突发达；第 7 腹板后缘中部有不对称角状突起。

分布：古北区。世界已知 12 种，中国记录 7 种，浙江分布 2 种。

（770）栎曲小卷蛾 *Strophedra nitidana* (Fabricius, 1794)（图 9-47）

Pyralis nitidana Fabricius, 1794: 276.
Strophedra nitidana: Inoue et al., 1982: 148.

主要特征：成虫（图 9-47A）翅展 10.0–11.0 mm。前翅基部 1/3 灰黄褐色；前缘微弓，外缘斜；钩状纹米白色；肛上纹外缘线消失，内缘线铅色，具金属光泽，肛上纹有 3 个黑色斑点。后翅灰褐色，前缘基部颜色较浅。

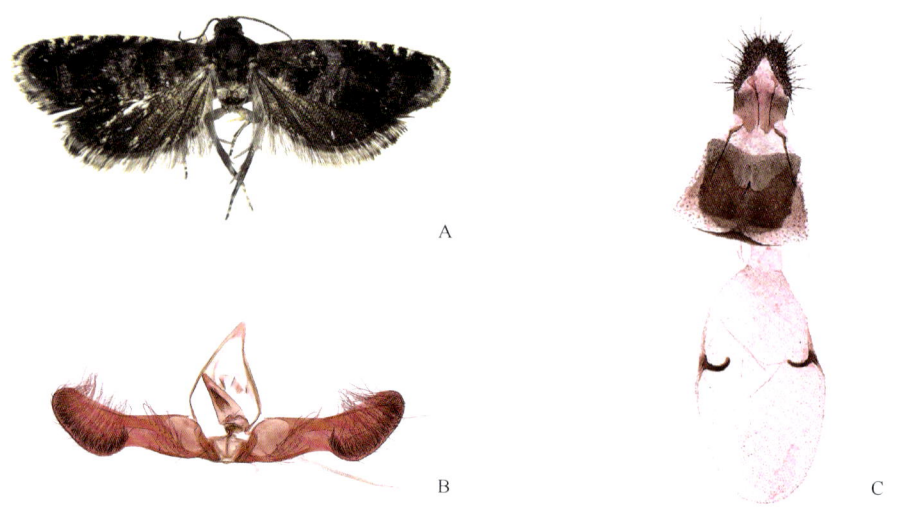

图 9-47 栎曲小卷蛾 *Strophedra nitidana* (Fabricius, 1794)
A. 成虫；B. 雄性外生殖器；C. 雌性外生殖器

雄性外生殖器（图 9-47B）：背兜狭长，顶端明显突出；抱器瓣颈部明显，抱器背在中部向上呈钝角弯曲，基穴下方有刚毛丛，抱器端近长四边形，密被刺毛；阳茎向端部渐细，角状器多个成束。

雌性外生殖器（图 9-47C）：产卵瓣前端 1/3 变细，稍向外弯曲；后阴片骨化弱；交配孔小；囊导管粗短，近交配孔端有 1 骨化环。囊突 2 个，弯刀状。

分布：浙江（临安、宁波、舟山、江山）、吉林、山西、河南、陕西、甘肃、湖北、云南；俄罗斯，日本，英国。

（771）侧瓣曲小卷蛾 *Strophedra querclvora* (Meyrick, 1920)（图 9-48）

Pammene querclvora Meyrick, 1920: 351.
Strophedra querclvora: Danilevsky & Kuznetzov, 1968: 436.

主要特征：成虫（图 9-48A）翅展 9.0–10.0 mm。前翅深棕色，钩状纹黄白色；第 2、3 对钩状纹之间伸出 1 深棕色窄条纹，至中室前缘后折向翅后缘 2/5 处；中带斜向至中室中部，后折至后缘中部，前半部铅灰色带蓝色金属光泽，后半部黄棕色；第 3–5 对钩状纹下有 1 深棕色斜宽条纹，经中室前角折达臀角；第 5 对钩状纹下伸出 1 带有蓝色光泽的铅灰色细条纹至 M_1 脉中部，与肛上纹内缘线近相连；肛上纹具 4–5 条短横黑条纹或点，弧形排列至近臀角处，内缘线铅灰色，无外缘线；沿前缘自第 8 组钩状纹外侧至顶角有 1 条弧形弯曲的细黑色条纹。后翅棕色。

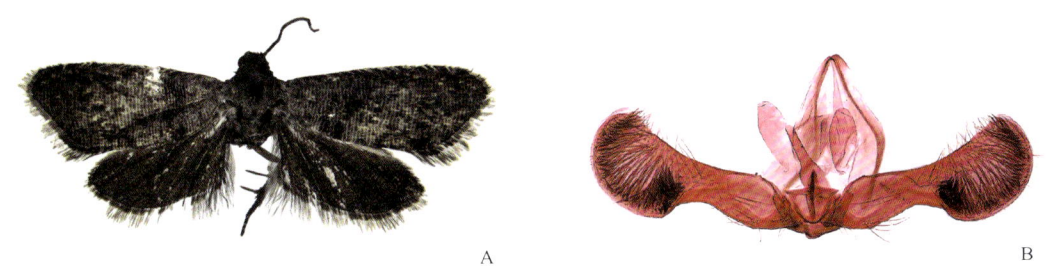

图 9-48 侧瓣曲小卷蛾 *Strophedra querclvora* (Meyrick, 1920)
A. 成虫；B. 雄性外生殖器

雄性外生殖器（图 9-48B）：背兜两侧各具 1 耳状瓣；颚形突近梯形；抱器背于基部 2/5 处上举，颈部明显，宽度约为抱器瓣基部宽度的 3/5；抱器腹基部具 1 簇细刚毛；抱器端半圆形，长度约为抱器瓣长度的 1/2，被稀疏细刚毛，基腹角钝圆，腹侧密被长刚毛，沿腹缘有单排的细小短刺，腹侧基部具稠密短刺，内密被刚毛，延伸至近颈部；阳茎基部宽，端部窄，端部 2/5 处陡然变细，无角状器。

分布：浙江（武义）；日本，印度。

第十章　木蠹蛾总科 Cossoidea

二十六、木蠹蛾科 Cossidae

主要特征：体中至大型。成虫喙退化，下唇须小或消失，触角双栉形、单栉形或线形，单眼常缺如（眼木蠹蛾属 *Catopta* 和华木蠹蛾属 *Sinicossus* 等除外）；足胫节距退化；前翅常有副室，中脉在中室内发达，并常分叉造成 1 小中室；CuP 存在，臀脉 2 条，分离或合并。后翅 Sc 游离，或与 Rs 间有 1 短横脉相连；中脉和 CuP 同前翅；臀脉 3 条，2A 与 1A 在基部形成 1 小叉；3A 短，位于后缘。

生物学：木蠹蛾的幼虫主要为害草本植物的根及茎部和树干及根部，一种木蠹蛾危害植物少则几种，多则几十种。

分布：世界广布。世界已知约 1000 种，中国记录 13 属约 70 种（亚种），浙江分布 4 属 8 种。

分属检索表

1. 雄性触角栉齿达末端，有时简单，为扁平的线状；后足胫节 2 对距 ·· 2
- 雄性触角基部 1/2–3/4 双栉状，端部短锯齿状；后足胫节 1 对距 ·· 3
2. 触角线状 ·· 线角木蠹蛾属 *Holcocerus*
- 触角单栉状 ·· 木蠹蛾属 *Cossus*
3. 后翅 Sc 和 Rs 之间有 1 横脉相连 ·· 豹蠹蛾属 *Zeuzera*
- 后翅 Sc 和 Rs 之间无横脉相连 ·· 斑蠹蛾属 *Xyleutes*

258. 木蠹蛾属 *Cossus* Fabricius, 1794

Cossus Fabricius, 1794: 54. Type species: *Phalaena Bombyx cossus* Linnaeus, 1758.

Trypanus Rambur, 1866: 326.

主要特征：触角单栉状，从基节到端节均具栉齿，雌性栉齿比雄性窄。喙消失，下唇须中等大小，平伸。翅缰钩较宽，无支持翅缰的功能，跗节腹面有刺，爪间突明显或退化。前翅副室中等偏小，超出中室 1/3–2/3，R_1 从中室中部分出，中脉在中室内分叉造成 1 小中室。后翅 Sc 游离，中室内脉同前翅。

雄性外生殖器：简单，爪形突长三角形，颚形突在爪形突下方愈合形成小颚泡，基刺突通常呈"L"形，有时极小，呈小片状。抱器背突通常发达，有时不明显，但背突下方抱器内侧常明显骨化。阳茎细长，等于或略短于抱器长度，有或无角状突。

分布：主要分布于古北区、东洋区和旧热带区。世界已知 32 种 13 亚种，中国记录 13 种（亚种），浙江分布 3 种。

分种检索表

1. 胸部乳黄色；前翅端部具 2 个云状白斑 ·· 黄胸木蠹蛾 *C. chinensis*
- 胸部污白色或其他颜色；前翅端部无云状斑 ··· 2
2. 胸背部污白色；前翅基部 2/5 污白灰色，仅前缘有暗条纹 ······································ 莫干山木蠹蛾 *C. mokanshanensis*
- 前胸褐色至深褐色；前翅灰褐色，密布长及短的黑色曲线纹 ································ 蒙古木蠹蛾 *C. mongolicus*

(772) 黄胸木蠹蛾 *Cossus chinensis* Rothschild, 1912（图 10-1）

Cossus cossus chinensis Rothschild in Seitz, 1912: 451.

Cossus chinensis: Hua, 1986: 43.

主要特征：成虫（图 10-1）翅展雄性 60.0–80.0 mm，雌性约 93.0 mm。头顶毛丛鲜黄色；触角单栉状，栉齿极宽大。下唇须中等长度，向上弯曲紧贴额面。翅基片及整个胸部背面乳黄色。翅底色暗，前翅顶角较尖，外缘倾斜，翅长为臀角处宽的 2.2–2.3 倍，基半部黑灰色，除前缘的短黑纹外无明显条纹，端半部深土褐色，有时暗灰色，布满网状细纹，无明显粗横线；顶角前下方和中室端半部及中室之后 1A 脉之前有 2 个云状白斑，后者极醒目。中室内 M 脉分叉处，以及 M 下支的一段为黑色（其上有黑色鳞片）。缘毛很短，因翅脉末端色暗，缘毛呈深浅相同的格纹状。前翅副室中等大小，超出中室的 1/2–2/3，R_2 从副室末端分出，R_3 常和 R_4+R_5 共柄；M_1 从中室顶角分出，小中室和副室等长，比 CuA_1–CuA_2 长 1/3，其下支终止于 M_2–M_3 或 M_3，M_3 靠近 M_2。后翅较暗，M_1 和 Rs 分离，小中室超过 CuA_1–CuA_2 的 2 倍，其下支终止于 M_3。腹部灰色至暗褐色。中足胫节 1 对距，后足胫节 2 对距，中距位于胫节端部 1/5 处。后足基跗节正常，不膨大。爪间突退化。

分布：浙江（临安）、河北、山西、山东、陕西、宁夏、甘肃、江苏、安徽、湖南、福建、四川、云南。

寄主：柳属 *Salix* sp.、柑橘属 *Citrus* sp.。

图 10-1　黄胸木蠹蛾 *Cossus chinensis* Rothschild, 1912 成虫

(773) 莫干山木蠹蛾 *Cossus mokanshanensis* Daniel, 1949

Cossus mokanshanensis Daniel, 1949: 227.

分布：浙江（德清）。

注：未见标本，描述见《中国木蠹蛾志》（花保祯等，1990）。

(774) 蒙古木蠹蛾 *Cossus mongolicus* Erschoff, 1882

Cossus mongolicus Erschoff, 1882: 33.

Catopta mongolicus: Hua, 2005: 17.

主要特征：翅展雄性 50.9–71.9 mm，雌性 61.1–82.6 mm。触角雌雄均为单栉齿状，栉齿先端略有凹陷，鞭节 56–63 节，基部两节及先端 14 节较小。体呈灰褐色，粗壮。胸部密被毛丛，前胸中部褐色，后缘毛丛黄色；中胸及翅基片的前半部为深褐色，后半部为白、黑、黄相间。前翅灰褐色，密布长及短的黑色曲线纹，较显著的有 1 条亚外缘线和 1 条由前缘 2/3 处伸向臀角的外横线，两线在臀角相交，中线至外横线之间呈黑褐色纵带。后翅浅褐色，也密布黑线纹。翅反面有明显的褐色条纹，中部有 1 个明显的黑褐色圆形斑纹。雌虫翅缰由 10–12 根硬鬃组成。前足胫节内侧有净角器 1 个，中足胫节有 1 对距，后足胫节中部及末端各有距 1 对，外距长于内距。

分布：浙江、黑龙江、吉林、内蒙古、河北、山西、山东、河南、陕西、新疆、江苏。

注：未见标本，描述参考《中国森林昆虫》（萧刚柔，1992）和《泰山蝶蛾志》（卢秀新，1992）。

259. 线角木蠹蛾属 *Holcocerus* Staudinger, 1884

Holcocerus Staudinger, 1884: 139. Type species: *Cossus nobilis* Staudinger, 1884.

主要特征：触角线状，扁平无栉齿，下唇须存在，无单眼。跗节腹面有小黑刺。前翅副室中等偏小，超出中室 1/3–2/3；后翅 Sc 游离，与中室间无横脉；前后翅中脉在中室内分叉，形成 1 小中室。雄性外生殖器简单，爪形突通常三角形，颚形突在爪形突下方愈合形成小颚泡；抱器背明显，基刺突通常宽、短，阳茎轭片存在。

分布：主要分布于古北区和东洋区。世界已知 9 种（分类系统不同，种数记录也不同），中国曾记录 10 余种，浙江分布 1 种。

（775）日本木蠹蛾 *Holcocerus japonicus* Gaede, 1929

Holcocerus japonicus Gaede, 1929: 304.
Holcocerus orientalis: Yang, 1977: 67.

分布：浙江、辽宁、北京、天津、山东、河南、江苏、上海、安徽、江西、湖南、四川、贵州；日本。

寄主：桉 *Eucalyptus robusta*、白蜡树 *Fraxinus chinensis*、胡桃 *Juglans regia*、滇杨 *Populus yunnanensis*、柳属 *Salix* sp.、桃 *Amygdalus persica*、麻栎 *Quercus acutissima*、栎属 *Quercus* sp.、槐 *Styphnolobium japonicum*。

注：未见标本，描述见《中国木蠹蛾志》（花保祯等，1990）。

260. 斑蠹蛾属 *Xyleutes* Hübner, 1822

Xyleutes Hübner, 1822: 195. Type species: *Noctua crassa* Drury, 1780.
Morpheis Hübner, 1822: 196.
Chalcidica Hübner, 1822: 197.
Strigoides Guérin-Méneville, 1844: 505.
Endoxyla Herrich-Schaffer, 1855: 7.
Duomitus Butler, 1880a: 60.
Hinnaeya Moore, 1883: 153.

主要特征：雄性触角基半部双栉状，端半部弱锯齿状，雌性触角线状。雄性翅窄长，似天蛾翅，雌性翅较宽，翅展有时达 180.0 mm。后足具 1 对微距，跗节有稀疏的刺。无爪间突。翅脉：前翅副室较长，长于中室之半，超出中室 1/3–1/2。R_1 通常出自副室基部，R_3 常与 R_4+R_5 短共柄，M_1 出自中室顶角之下，中室内脉上支常止于 M_1–M_2，下支止于 Cu_{1a}–M_3。后翅 Sc 游离，M_1 与 Rs 基部远离，中室内脉同前翅。斑蠹蛾属和豹蠹蛾属 *Zeuzera* 较接近，尤其是翅形很近似，但后翅 Sc 和 Rs 之间无横脉。

分布：除古北区外其他动物区系均有分布。世界已知 40 种，中国记录 5 种，浙江分布 1 种。

(776) 白背斑蠹蛾 *Xyleutes persona* (Le Guillou, 1841)（图 10-2）

Cossus persona Le Guillou, 1841: 257.
Strigoides leucolophus Guérin-Méneville, 1844: 505.
Zeuzera leuconota Walker, 1856: 1538.
Xyleutes persona: Houlbert, 1916: 79.

主要特征：大型种类。成虫（图 10-2）翅展 122.0–126.0 mm。触角基部 1/3 双栉状，端部锯齿状。触角、头、领片黑色。整个胸部连同翅基片白色。前翅后缘有云状白斑直至臀角，在翅基部 1/3 白色区较大，略呈"M"形；顶角也有 1 小白斑；前翅其余部分暗灰褐色，整个翅面布满黑色网状纹；中室外在 R_5 与 M_1 及 M_1 与 M_2 之间各有 1 大黑斑，略呈长方形。后翅暗褐色，外缘 Cu_2 端至 1A 端有 1 白斑；后翅外半部布满较粗的黑纹；前缘基半部有黑毛，端半部及中室内色淡。翅反面暗灰褐色，胸部及足黑色，腹部暗黄褐色。后足胫节的端距很微小，跗节腹面有稀疏的刺，基跗节长于 2–4 节之和，无爪间突。腹部黑褐色，基节背面中央和端节白色。翅脉：前翅副室很长，相当于中室长的 3/4 强，但超出中室仅 1/3；R_1 从副室 1/10 处分出，R_3 与 R_4+R_5 短共柄；M_1 出自中室顶角之下，M_2 和 M_3 从一点分出，小中室不及副室长的 1/2，为 Cu_{1a}–Cu_{1b} 的 1.5 倍，其下支止于 M_3–Cu_{1a}。后翅 M_1 出自 R_S 和 M_2 中央，中室内脉上支止于 M_1–M_2，下支同前翅。

图 10-2　白背斑蠹蛾 *Xyleutes persona* (Le Guillou, 1841) 成虫

分布：浙江（嘉兴、临安）、黑龙江、内蒙古、北京、山西、陕西、青海、新疆、云南；俄罗斯，蒙古国，朝鲜，印度，缅甸，斯里兰卡，印度尼西亚，巴布亚新几内亚。

261. 豹蠹蛾属 *Zeuzera* Latreille, 1804

Zeuzera Latreille, 1804: 186. Type species: *Phalaena Noctua pyrina* Linnaeus, 1761.
Latagia Hübner, 1822: 196.

主要特征：雄虫触角基半部双栉状，端半部锯齿状，雌虫触角全为锯齿状。下唇须退化或中等发达。跗节具刺，无爪间突。翅底色多为白色，有蓝色金属光泽，非常明显。前翅副室中等大小，超出中室 1/4–1/3，R_1 从中室或接近副室基部分出，中室内脉上、下支分别止于 M_1–M_2 和 M_3–CuA_1。后翅 Sc 与 Rs 之间在中室外有 1 横脉相连，这是本属的重要特征。M_1 远离 Rs，中室内脉同前翅。雄性外生殖器的颚形突发达或退化；阳茎发达，多数种类可分为基部和端部，端部具 1 发达的指形突，少数种类阳茎简单；抱器简单，阳基轭片发达。

分布：世界广布，但东洋区种类较多。世界已知 17 种，中国记录 9 种，浙江分布 3 种。

分种检索表

1. 腹部具成列的黑点 ·· 咖啡豹蠹蛾 *Z. coffeae*
- 腹部各节具黑横带 ·· 2

2. 第 1 腹节背板左右各有 1 黑斑；前翅基部具大黑斑 ·· 多斑豹蠹蛾 *Z. multistrigata*
- 第 1 腹节背面乳白色，无黑斑；前翅基部无大黑斑 ·· 梨豹蠹蛾 *Z. pyrina*

（777）咖啡豹蠹蛾 *Zeuzera coffeae* Nietner, 1861（图 10-3）

Zeuzera coffeae Nietner, 1861: 21.

主要特征：成虫（图 10-3）雄性翅展 26.0–47.0 mm，雌性翅展 32.5–58.0 mm。头部小，额面黑褐色。触角黑褐色；雄性触角基半部双栉齿状，16–18 节，栉齿细长；端半部细锯齿状，18–27 节；雌性丝状。胸部灰白色，有 3 对青蓝色圆点。前翅灰白色，翅脉黄褐色；翅脉间密布短黑纹，雄性较模糊，短斜纹泛青蓝色。后翅透明，翅脉间密布短斜近圆形青蓝色斑，臀区白色无斑纹，外缘 CuA_2 脉端的斑最大。前足胫突几乎与胫节等长，中、后足胫节具有 1 对端距。腹部白灰色，放置较久的标本呈褐色至暗褐色，背部中央、两侧及背腹交界处共有 5 列黑点，背中线的点较小，两侧的较大；第 8 节背面为青蓝色鳞片所覆盖。雄性腹部腹面白色，无斑点；雌性腹面每节有 3 列青蓝色黑斑，中间的 1 个大。翅脉：前翅副室狭长，约为中室长的 3/5，R_1 由副室基部分出，R_2 由副室亚端部分出，R_3 与 R_4+R_5 有短共柄，R_4 与 R_5 共柄长；小中室约等于副室长的 1/2，中脉下支止于 M_3–CuA_1；M_1 由中室顶角或其上方或其下方分出。后翅 Sc 平行于 Rs，并在副室顶端处有 1 横脉相连；Rs 由中室顶角或顶角下方分出；中脉下支止于 M_3–CuA_1，极靠近 CuA_1，有时止于 CuA_1。

图 10-3　咖啡豹蠹蛾 *Zeuzera coffeae* Nietner, 1861 成虫

分布：浙江（临安）、山东、河南、陕西、江苏、湖北、江西、湖南、福建、台湾、广东、海南、广西、四川、贵州、云南；印度，斯里兰卡，印度尼西亚，新几内亚等。

寄主：苹果 *Malus pumila*、梨 *Pyrus × michauxii*、桃 *Amygdalus persica*、樱桃 *Cerasus pseudocerasus*、花红（沙果）*Malus asiatica*、荔枝 *Litchi chinensis*、龙眼 *Dimocarpus longan*、胡桃 *Juglans regia*、美国山核桃 *Carya illinoinensis*、枫杨 *Pterocarya stenoptera*、木麻黄 *Casuarina equisetifolia*、二球悬铃木 *Platanus acerifolia*、刺槐 *Robinia pseudoacacia*、紫穗槐 *Amorpha fruticosa*、黄檀 *Dalbergia hupeana*、石榴 *Punica granatum*、蓖麻 *Ricinus communis*、番石榴 *Psidium guajava*、柿 *Diospyros kaki*、柑橘 *Citrus reticulata*、木槿 *Hibiscus syriacus*、陆地棉 *Gossypium hirsutum*、香椿 *Toona sinensis*、白蜡树 *Fraxinus chinensis*、小粒咖啡 *Coffea arabica*、加拿大杨 *Populus × canadensis*、茶 *Camellia sinensis*、麻栎 *Quercus acutissima*、榆树 *Ulmus pumila*、黄杨 *Buxus sinica*、桑 *Morus alba*、白花泡桐 *Paulownia fortunei*、杜仲 *Eucommia ulmoides*、蓟 *Cirsium japonicum*、玉蜀黍 *Zea mays*。

（778）多斑豹蠹蛾 *Zeuzera multistrigata* Moore, 1881（图 10-4）

Zeuzera multistrigata Moore, 1881: 327.

主要特征：成虫（图 10-4）雄性翅展 40.5–68.0 mm，雌性翅展 43.0–61.0 mm。头顶和胸部白色；触角黑色，基半部双栉状，长栉齿的腹面有白毛；端半部锯齿状。胸背部有 6 个黑斑点，每侧 3 个。前翅底白色，有极多闪蓝光的黑斑点、条纹，在前缘、后缘、脉间、脉端排成多列，中室内、前缘、后缘、外缘的斑稍圆，脉间的条纹稍长，且很密，前翅基部的黑斑很大。足基节侧面黑色，所以每侧有 3 条横黑纹。足黑色，有绿色光泽，腿、胫节腹面有白毛。后足胫节的端距极小，跗节的刺稀疏，无爪间突。腹部白色，每节均有黑横带，第 1 腹节的背板左右各有 1 个黑斑，互不连续。翅脉：前翅副室较大，长相当于中室之半，超出中室 1/3。R_1 从靠近副室的中室分出，偶尔出自中室中央；R_3 游离，或与 R_4+R_5 共柄。M_1 出自中室顶角或顶角之上；中室内脉上支止于 $M_1–M_2$，下支止于 $M_3–CuA_1$。后翅白色，斑纹比前翅稍稀，臀角至 2A 无斑纹。后翅中室内脉上支止于 $M_1–M_2$。

图 10-4　多斑豹蠹蛾 *Zeuzera multistrigata* Moore, 1881 成虫

分布：浙江（临安）、辽宁、河南、陕西、上海、湖北、江西、广西、四川、贵州、云南；日本，印度，孟加拉国，缅甸。

寄主：杏 *Armeniaca vulgaris*、山楂 *Crataegus pinnatifida*、日本柳杉 *Cryptomeria japonica*、柿树 *Diospyros kaki*、胡桃 *Juglans regia*、杨属 *Populus* spp.、石榴 *Punica granatum*、栎属 *Quercus* sp.、刺槐 *Robinia pseudoacacia*、枣 *Ziziphus jujuba*、酸枣 *Z. jujuba* var. *spinosa*。

（779）梨豹蠹蛾 *Zeuzera pyrina* (Linnaeus, 1761)

Phalaena Noctua pyrina Linnaeus, 1761: 290.

Phalaena hypocastani Poda, 1761: 88.

Phalaena Noctua aesculi Linnaeus, 1767: 833.

Zeuzera decipiens Kirby, 1892: 871.

Zeuzera pyrina: Seitz, 1912: 429.

分布：浙江（临安、宁波、庆元、龙泉）、江苏、安徽；俄罗斯，哈萨克斯坦，印度，中欧。

注：未见标本，描述见《中国木蠹蛾志》（花保祯等，1990）。

第十一章 斑蛾总科 Zygaenoidea

二十七、刺蛾科 Limacodidae

主要特征：成虫体型中等大小，身体和前翅密生绒毛和厚鳞。大多数种类呈黄褐或暗灰色，间有绿色或红色，少数底色洁白具斑纹。成虫的休止状态很富特征性，它用足支撑着身体，翅膀下垂紧贴腹部，使身体与附着物几乎呈直角。成虫如果停止在一个枝条上，这种休止状态就很像一片枯叶或一截枯枝。夜间活动，具趋光性。口器退化，下唇须通常短小，少数属较长。雄性触角一般为双栉齿形，至少基部 1/3–1/2 如此，也有些种类为线状；雌性触角线状。翅通常短，阔而圆；翅脉完全或接近完全，中室内的 M 脉干有时分叉。前翅无副室，R_5 常与 R_4 脉共柄；M_2 脉较接近 M_3 脉；A 脉两条，中间无横脉相连，2A 脉基部分叉。后翅 A 脉 3 条，$Sc+R_1$ 脉仅在中室前缘基部有 1 短距离的并接。

幼虫体扁，椭圆形或称蛞蝓形，其上生有枝刺和毒毛，或光滑无毛或具瘤。头小可收缩，无胸足，腹足小，化蛹前常吐丝结硬茧。有些种类茧上具花纹，形似雀蛋，古称石雀瓮，羽化时茧的一端圆盖状裂开。大多数种类为害经济作物、树木和果树等的叶子。由于这类幼虫身体大都生有枝刺和毒毛，触及皮肤立即发生红肿，痛辣异常，俗称"痒辣子""火辣子"或"刺毛虫"，中名故称刺蛾。

分布：世界各大动物地理区，但热带地区最丰富。世界已知 301 属 1672 种，中国记录 72 属 265 种，浙江分布 36 属 53 种。

分属检索表

1. 下唇须很长，为眼宽的 3 倍以上 ·· 2
- 下唇须短或中等长，不超过眼的 3 倍 ··· 4
2. 下唇须端部有毛簇 ··· 球须刺蛾属 *Scopelodes*
- 下唇须端部无毛簇 ·· 3
3. 下唇须端节比第 2 节短 ··· 黄刺蛾属 *Monema*
- 下唇须端节比第 2 节长 ··· 长须刺蛾属 *Hyphorma*
4. 雄性触角基部或全体呈双栉齿状 ·· 5
- 雄性触角单栉齿状、锯齿状具毛簇或线状 ··· 21
5. 雄性触角双栉齿状分支到 3/4 以上 ··· 6
- 雄性触角双栉齿状分支不足 3/4 ··· 12
6. 前翅后缘中央具齿形毛簇 ··· 齿刺蛾属 *Rhamnosa*
- 前翅后缘中央无齿形毛簇 ··· 7
7. 后足胫节具 1 对距 ·· 8
- 后足胫节具 2 对距 ·· 9
8. 前翅 R_2 脉与 R_{3-5} 脉的共柄同出一点或共柄 ··· 新扁刺蛾属 *Neothosea*
- 前翅 R_2 脉独立 ··· 娜刺蛾属 *Narosoideus*
9. 前翅 R_5 脉与 R_{3+4} 脉共柄 ·· 10
- 前翅 R_5 脉不与 R_{3+4} 脉共柄 ·· 11
10. 前翅只有 1 条横线 ·· 扁刺蛾属 *Thosea*
- 前翅有 2 条横线 ·· 奇刺蛾属 *Matsumurides*

11.	前翅 M_2 与 M_3 脉共柄或同出一点	达刺蛾属 *Darna*
-	前翅 M_2 与 M_3 脉分离	斜纹刺蛾属 *Oxyplax*
12.	胸背具竖立毛簇	13
-	胸背无竖立毛簇	14
13.	雄性触角分支接近 3/4；后翅中室向外突出长	素刺蛾属 *Susica*
-	雄性触角分支不足或接近 1/2；后翅中室向外突出短	姹刺蛾属 *Chalcocelis*
14.	无翅缰	泥刺蛾属 *Limacolasia*
-	有翅缰	15
15.	后足胫节有 1 对距	16
-	后足胫节有 2 对距	18
16.	前翅 R_1 脉弯曲，十分靠近 Sc 脉	银纹刺蛾属 *Miresa*
-	前翅 R_1 脉直，不特别靠近 Sc 脉	17
17.	前翅 M_2 与 M_3 脉在中室下角十分靠近	迷刺蛾属 *Chibiraga*
-	前翅 M_2 与 M_3 脉在中室下角不特别靠近	绿刺蛾属 *Parasa*
18.	雄性触角双栉齿状分支接近 2/3	线刺蛾属 *Cania*
-	雄性触角双栉齿状分支不超过 1/2	19
19.	后翅 M_1 与 Rs 脉分离	艳刺蛾属 *Demonarosa*
-	后翅 M_1 与 Rs 脉共柄或同出一点	20
20.	前翅 R_2 脉与 R_{3-5} 脉共柄或同出一点	褐刺蛾属 *Setora*
-	前翅 R_2 脉与 R_{3-5} 脉分离	伯刺蛾属 *Praesetora*
21.	雄性触角单栉齿状分支到末端	22
-	雄性触角锯齿形或线形	26
22.	后足胫节有 1 对距	枯刺蛾属 *Mahanta*
-	后足胫节有 2 对距	23
23.	胸部背面有竖立的毛簇	背刺蛾属 *Belippa*
-	胸部背面无竖立的毛簇	24
24.	雌囊突 1 个，新月形	奕刺蛾属 *Phlossa*
-	雌囊突 2 个，相互靠近，至少边缘有小齿突	25
25.	抱器腹无刺突	焰刺蛾属 *Iragoides*
-	抱器腹末端有刺突	拟焰刺蛾属 *Pseudiragoides*
26.	雄性触角锯齿形	27
-	雄性触角线形	28
27.	雄性触角锯齿形具毛簇	漪刺蛾属 *Iraga*
-	雄性触角锯齿形无毛簇	冠刺蛾属 *Phrixolepia*
28.	前翅 R_5 脉与 R_{3+4} 脉共柄较长	29
-	前翅 R_5 脉与 R_{3+4} 脉分离或同出一点	31
29.	前翅 M_2 与 M_3 脉有短共柄	眉刺蛾属 *Narosa*
-	前翅 M_2 与 M_3 脉分离	30
30.	后翅 Rs 与 M_1 脉分离	铃刺蛾属 *Kitanola*
-	后翅 Rs 与 M_1 脉共柄	汉刺蛾属 *Hampsonella*
31.	后足胫节有 1 对端距	岐刺蛾属 *Austrapoda*
-	后足胫节有 2 对端距	32
32.	前翅 R_5 脉与 R_{2-4} 脉同出一点	凯刺蛾属 *Caissa*
-	前翅 R_5 脉与 R_{2-4} 脉分离	33

33. 前翅 R 脉有 2 支共柄	34
- 前翅 R 脉有 3 支共柄	35
34. 前翅无斜线	纤刺蛾属 *Microleon*
- 前翅有 1 条斜线	条刺蛾属 *Striogyia*
35. 前翅 M$_3$ 脉与 Cu$_1$ 脉共柄，后翅 M$_3$ 脉与 Cu$_1$ 脉同出一点	指刺蛾属 *Dactylorhynchides*
- 前翅 M$_3$ 脉与 Cu$_1$ 脉分离，后翅 M$_3$ 脉与 Cu$_1$ 脉共柄	爱刺蛾属 *Epsteinius*

262. 岐刺蛾属 *Austrapoda* Inoue, 1982

Austrapoda Inoue in Inoue et al., 1982: 300. Type species: *Limacodes dentatus* Oberthur, 1879.

主要特征：雄性触角线状。下唇须短，前伸，上面的鳞片较大。后足胫节有 1 对端距。前翅 R$_1$ 脉直，R$_{2-4}$ 脉共柄，R$_5$ 脉独立，2+3A 脉基部分叉。后翅 M$_1$ 与 Rs 共柄；Sc+R$_1$ 脉在中部与中室前缘相并接。雄性外生殖器的爪形突末端有三角形突起，颚形突中央有细长突起，但抱器腹有角状突起，阳茎端基环骨化，阳茎端部有小刺突。

分布：古北区东部、东洋区北部。世界已知 4 种，中国记录 2 种，浙江分布 1 种。

（780）锯纹岐刺蛾 *Austrapoda seres* Solovyev, 2009（图 11-1）

Austrapoda seres Solovyev, 2009: 173.

主要特征：成虫（图 11-1A）翅展 23.0–25.0 mm。身体褐灰色，胸背和腹部末端颜色较暗。前翅褐色；基部中央有 1 个明显的银白点；中央有 1 黑色松散斜带，从前缘中央下方伸至后缘 1/3 处；外线白色，微锯齿形，从前缘 2/3 向外曲伸至臀角；外线与翅顶之间的前缘有 1 向后呈弧形的白线；中室下角与臀角之间有 1 模糊的白斑，白斑向后呈楔形纹伸至后缘中央；端线细，白色；缘毛有浅色的基线。后翅褐灰色，臀角有 1 模糊黑点；缘毛同前翅。

雄性外生殖器（图 11-1B）：阳茎端基环有强壮的侧突，阳茎端部的侧突短，强烈骨化，只有阳茎长度的 1/3。

图 11-1 锯纹岐刺蛾 *Austrapoda seres* Solovyev, 2009
A. 成虫；B. 雄性外生殖器

分布：浙江（临安）、黑龙江、吉林、北京、山东、河南、陕西、湖北、贵州。

263. 背刺蛾属 *Belippa* Walker, 1865

Belippa Walker, 1865: 508. Type species: *Belippa horrida* Walker, 1865.
Contheyloides Matsumura, 1931c: 104.

主要特征：具有性二型现象，雄性呈红褐色或黑色；具有三角形后翅的黑色雄性则表现出更大程度的性二型现象。所有种类雄性的前翅都比雌性的前翅狭窄。雄性触角基部单栉齿状，端部锯齿状；雌性触角线形。前翅 M_2 与 M_3 脉出自中室下角；R_{3-5} 脉共柄，R_2 脉出自中室上角；R_1 脉弯曲。后翅 M_1 与 Rs 脉共柄。两性在前翅顶角及后翅的顶角和臀角均有黑斑，当然在黑色的雄性中不会太明显。雄性外生殖器的阳茎端基环侧面各有 1 块较宽而弯向腹面的骨片，该骨片的侧缘具齿；背兜侧缘具鬃毛，向腹面呈叶状突出。雌性外生殖器的交配囊上有一些分散的小刺；囊导管呈轻度的螺旋状扭曲。第 8 腹节稍长，表皮突短。第 8 腹节与产卵瓣之间的膜阔而具微鬃。

本属与彻刺蛾属 *Cheromettia* 很相似，曾被作为后者异名，但本属雄性触角基部单栉齿状，雄性外生殖器阳茎端基环的突起向腹面弯曲，雌性外生殖器前表皮突缺或很短。

分布：古北区中部南缘及东洋区北部。世界已知 3 种，中国记录 3 种，浙江分布 1 种。

（781）背刺蛾 *Belippa horrida* Walker, 1865（图 11-2）

Belippa horrida Walker, 1865: 509.
Cheromettia formosaensis Kawada, 1930: 257.

主要特征：成虫（图 11-2A）翅展 30.0–38.0 mm。全体黑混杂褐色，密生黑褐色的绒毛和厚鳞。前翅内线不清晰，灰白色锯齿形，从 Cu_2 脉基部斜向后缘一段较可见；内线两侧较黑；横脉纹明白色，新月形；外线不清晰，明白色波浪形，从 M_2 脉近基部向内伸，至后缘中央一段隐约可见；外线外 M_1–R_5 脉间明白色；顶角具黑斑，内掺有明白色；外缘翅脉明白色；端线细，明白色。后翅灰黑色，外缘色渐浅，后缘和端线明白色。

雄性外生殖器：见图 11-2B。
雌性外生殖器：见图 11-2C。
分布：浙江（舟山）、黑龙江、山东、河南、陕西、湖北、江西、湖南、福建、台湾、广东、海南、广西、四川、云南、西藏；日本，尼泊尔。
注：外生殖器描述见《中国动物志》（武春生和方承莱，2023）。

A　　　　　　　　　　B　　　　　　C

图 11-2　背刺蛾 *Belippa horrida* Walker, 1865
A. 成虫；B. 雄性外生殖器；C. 雌性外生殖器

264. 凯刺蛾属 *Caissa* Hering, 1931

Caissa Hering, 1931: 670, 700. Type species: *Caissa caissa* Hering, 1931

主要特征：该属与客刺蛾属 *Ceratonema* 相似，但本属后翅 M_1 与 Rs 脉同出一点或共柄。雄性触角简单。下唇须稍贴头部向上举，但不达头顶。后足胫节有 2 对距。前翅 R_{2-4} 共柄，R_5 脉与此柄同出一点或与之分离，有时共柄，R_1 脉直。前翅有 1 条明显的暗色中带是本属外形上的一个突出特征。雄性外生殖器的颚形突变化较大，阳茎端基环端部常突出而密生刺突，抱器腹明显，末端刺状突出。雌性外生殖器的囊导管细长，螺旋状，有囊突。

分布：亚洲。世界已知 11 种，中国记录 6 种，浙江分布 1 种。

（782）长腹凯刺蛾 *Caissa longisaccula* Wu et Fang, 2008（图 11-3）

Caissa longisaccula Wu et Fang, 2008c: 65.

主要特征：成虫（图 11-3A）翅展 21.0–28.0 mm。身体和前翅浅黄白色，颈板、翅基片内缘、胸背末端毛簇和腹背褐色。前翅中线黑褐色双股，前宽后窄，从前缘中央向内直斜伸至后缘中央内侧，两道之间蒙有一层灰色；中线外侧，从 M_3 脉到后缘有 1 条不清晰的波浪形黑褐色线；外线暗褐色微波浪形，从前缘近中线处斜向外曲伸至臀角；中线和外线之间蒙有一层云状黄色，端线由 1 列不清晰的黑点组成，但只有在翅顶下的一点较可见。后翅黄白色到灰色，翅顶和臀角各有 1 小黑点。

雄性外生殖器：见图 11-3B。

雌性外生殖器：见图 11-3C。

分布：浙江（杭州）、辽宁、北京、山东、河南、陕西、安徽、湖北、江西、湖南、福建、广西、重庆、贵州。

注：外生殖器描述见《中国动物志》（武春生和方承莱，2023）。

图 11-3　长腹凯刺蛾 *Caissa longisaccula* Wu et Fang, 2008
A. 成虫；B. 雄性外生殖器；C. 雌性外生殖器

265. 线刺蛾属 *Cania* Walker, 1855

Cania Walker, 1855: 1159, 1177. Type species: *Cania sericea* Walker, 1855 (= *bilinea* Walker, 1855).

主要特征：本属翅脉和下唇须与眉刺蛾属 *Narosa* 相同，但雄性触角基部 2/3 宽双栉齿状。前翅 R_1 脉基部强烈弯曲，端部 2/3 与 Sc 脉靠近；R_5 与 R_3+R_4 脉共柄。后翅 M_1 与 Rs 同出一点或共柄；$Sc+R_1$ 脉出自中室基部。雌性前翅通常有 2 条几乎平行的斜横线。雄性分为两类：一类与雌性相似，另一类则与雌性有不同程度的差异。雌性外生殖器的产卵瓣比其他属有更浓密的鬃毛，该属的一个主要特征是在交配孔后缘有 1 块横置的骨片；多数种类没有囊突，也有些种类具 1 个弱骨化的囊突。雄性外生殖器的爪形突通常阔，至少二分叉；阳茎内有角状器。

分布：东洋区。世界已知近 20 种，中国记录 9 种，浙江分布 1 种。

（783）爪哇线刺蛾 *Cania javana* Holloway, 1987（图 11-4）

Cania javana Holloway, 1987: 25.

主要特征：成虫（图 11-4A）翅展 22.0–28.0 mm。身体浅褐色。前翅浅黄褐色，前缘最暗，2 条褐色细横线几乎在翅中央。后翅浅黄色。

雄性外生殖器（图 11-4B）：爪形突宽，骨化程度中等，末端中部有长鬃毛，两侧有 1 对较细长的指状突，上具微毛；颚形突骨化强，长杆状，末端二分叉；抱器瓣分为上下 2 叶，上叶骨化弱，长杆状，具微毛，下叶骨化强，较细短，亚端有 1 小突起；基腹弧宽大，骨化程度较弱；阳茎细长，端部有 1 列小齿突，中部有 1 个大刺突。

雌性外生殖器：见图 11-4C。

分布：浙江（杭州）、江苏、福建、广东、海南、广西；印度尼西亚。

注：外生殖器描述见《中国动物志》（武春生和方承莱，2023）。

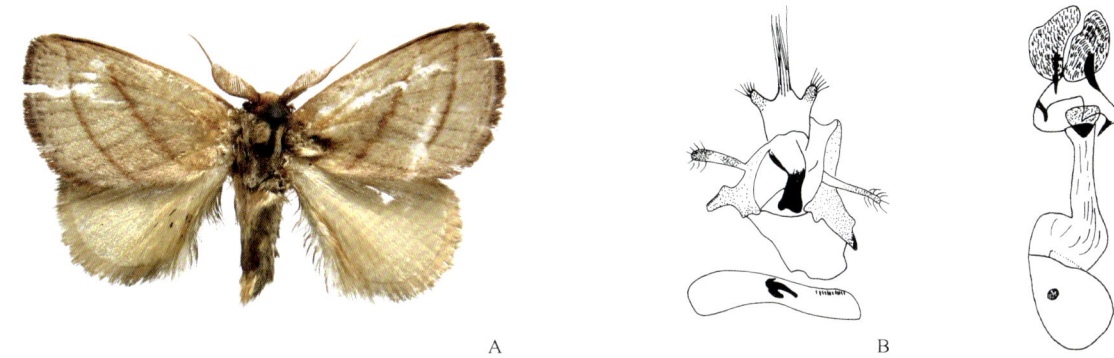

图 11-4　爪哇线刺蛾 *Cania javana* Holloway, 1987
A. 成虫；B. 雄性外生殖器；C. 雌性外生殖器

266. 姹刺蛾属 *Chalcocelis* Hampson, [1893] 1892

Chalcocelis Hampson, [1893] 1892: 372, 392. Type species: *Miresa fumifera* Swinhoe, 1890.
Chalcoscelis Turner, 1926: 418, 427. An unjustified emendation of *Chalcocelis* Hampson.

主要特征：雄性触角双栉齿状仅达基部 1/3–1/2。下唇须中等长，上举。后足胫节有 2 对距。前翅 R_5 与 R_3+R_4 脉共柄，R_2 脉与此柄同出一点。后翅 M_1 与 Rs 共短柄。后翅 $Sc+R_1$ 脉在近基部与中室前缘相并接。雄性外生殖器的爪形突钝梯形；颚形突为 1 对膜质的球状叶，具毛；抱器瓣长，向末端逐渐变窄，末端尖，亚端通常有 1 背角突；阳茎端基环背缘深裂；囊形突中等。雌性外生殖器的囊导管相对短，不呈螺旋状；囊体上无囊突。

分布：东洋区。世界已知 4 种，中国记录 2 种，浙江分布 1 种。

（784）白痣姹刺蛾 *Chalcocelis dydima* Solovyev et Witt, 2009（图 11-5）

Chalcocelis dydima Solovyev et Witt, 2009: 94.

主要特征：成虫（图 11-5A、B）雄体长 9.0–11.0 mm，翅展 23.0–29.0 mm。雌体长 10.0–13.0 mm，翅展 30.0–34.0 mm。雌雄异型。雄性灰褐色，触角灰黄色，基半部羽毛状，端半部丝状。下唇须黄褐色，弯曲向上。前翅中室中央下方有 1 个黑褐色近梯形斑，内窄外宽，上方有 1 个白点，斑内半部棕黄色，中室端横脉上有 1 个小黑点。雌性黄白色，触角丝状。前翅中室下方有 1 个不规则的红褐色斑纹，其内线有 1 条白线环绕，线中部有 1 个白点，斑纹上方有 1 个小褐斑。

雄性外生殖器：见图 11-5C。

雌性外生殖器：见图 11-5D。

分布：浙江（杭州）、湖北、江西、湖南、福建、广东、海南、广西、贵州、云南；越南，泰国。

注：外生殖器描述见《中国动物志》（武春生和方承莱，2023）。

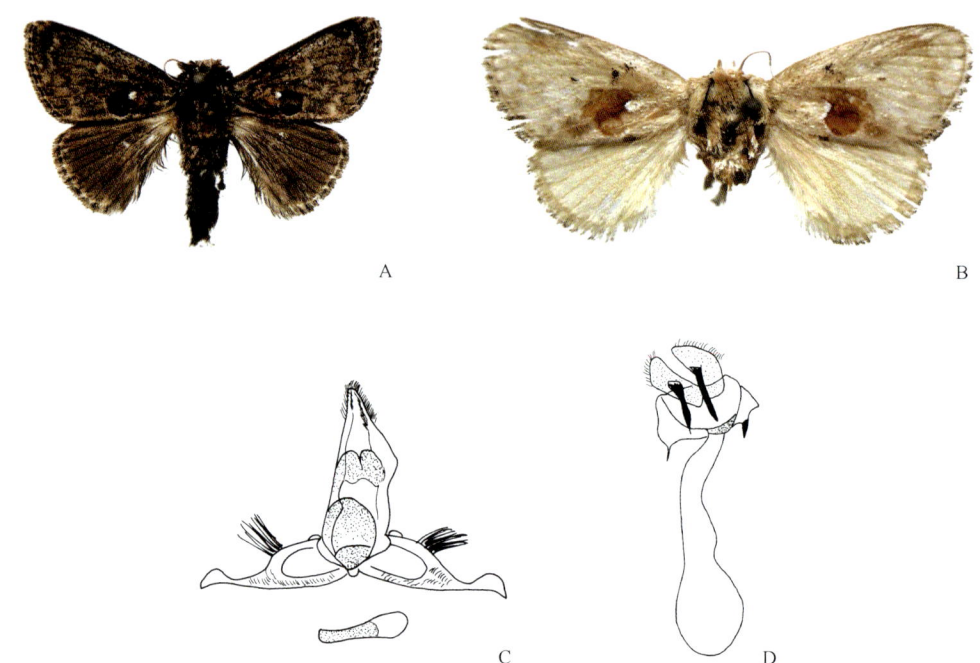

图 11-5　白痣姹刺蛾 *Chalcocelis dydima* Solovyev *et* Witt, 2009
A. 雄性成虫；B. 雌性成虫；C. 雄性外生殖器；D. 雌性外生殖器

267. 迷刺蛾属 *Chibiraga* Matsumura, 1931

Chibiraga Matsumura, 1931c: 103. Type species: *Chibiraga nantonis* Matsumura, 1931.
Miresina Hering, 1933: 206.

主要特征：后足胫节有 1 对端距。下唇须短，前伸。雄性触角双栉齿状到 2/3 处，然后短分支到末端。前翅 R_1 脉直，R_5 与 R_3+R_4 脉共柄，R_2 脉与该柄同出一点或有短共柄；M_1 与 M_2 脉基部靠近。后翅 M_1 与 Rs 共柄；$Sc+R_1$ 脉在中室中点之前由 1 斜横脉与中室前缘相连。雄性外生殖器的爪形突十分宽大，向两侧呈叶状突出；抱器瓣短宽，端部分叉。

分布：古北区东部、东洋区北部。世界已知 3 种（外形几乎没有区别，但雄性外生殖器区别明显），中国记录 3 种，浙江分布 1 种。

（785）迷刺蛾 *Chibiraga banghaasi* (Hering *et* Hopp, 1927)（图 11-6）

Miresa banghaasi Hering *et* Hopp, 1927: 83, pl. 9, fig. 14.
Miresa muramatsui Kawada, 1930: 246.
Chibiraga nantonis Matsumura, 1931c: 103.
Chibiraga banghaasi: Inoue, 1986: 78.

主要特征：成虫（图11-6A）翅展19.0 mm左右。身体灰黄色到红褐色，腹背末端2节较暗，胸背末端和腹背基部具竖立毛簇。后足胫节具长毛簇。前翅灰黄白色到暗红褐色，内线不清晰灰白色波浪形，内衬黑褐边，其中以中室下缘到后缘一段较可见，尤以近后缘上呈1黑褐色圆点最显著；横脉纹为1黑点；外线黑褐色，Cu_2脉前一段约与外缘平行，Cu_2脉以后在1A脉上突然外曲成角形，最后伸达臀角；外线以外的外缘区苍黄褐色，但外缘边和臀角稍较暗。后翅灰白色到暗灰色，外缘稍带苍黄色。

雄性外生殖器（图11-6B）：抱器瓣几乎呈方形，分为背腹两叶，其中背叶较小而其基部有1指状突起。

雌性外生殖器：见图11-6C。

分布：浙江（杭州）、辽宁、山东、河南、陕西、湖北、江西、福建、台湾、广东、四川；俄罗斯（远东地区），韩国。

注：外生殖器描述详见《中国动物志》（武春生和方承莱，2023）。

图11-6 迷刺蛾 *Chibiraga banghaasi* (Hering *et* Hopp, 1927)
A. 成虫；B. 雄性外生殖器；C. 雌性外生殖器

268. 指刺蛾属 *Dactylorhynchides* Strand, 1920

Dactylorhynchides Strand, 1920: 185. Type species: *Dactylorhynchides limacodiformis* Strand, 1920.

主要特征：雄性触角线状。下唇须上举，几乎达头顶。后足胫节有2对距。前翅R_{2-4}共柄，R_5脉与此柄分离。后翅M_1与Rs脉分离，$Sc+R_1$在基部1/3处有1横脉与中室前缘相连；M_3脉与Cu_1脉同出一点。

分布：东洋区。本属只包含模式种，浙江也有分布。

（786）红褐指刺蛾 *Dactylorhynchides limacodiformis* Strand, 1920（图11-7）

Dactylorhynchides limacodiformis Strand, 1920: 185.
Dactylorhynchides rufibasale limacodiformis: Inoue, 1992: 102.
Dactylorhynchides rufibasale: Wang & Kishida, 2011: 47.

主要特征：成虫（图11-7A）翅展20.0 mm。头部赭黄色，胸部和腹部浅红褐色。前翅基半部浅红褐色，端半部褐色，边缘颜色较浅，两种颜色间由1条银白色线相分割。后翅褐色，有黄色的光泽。

雄性外生殖器：见图11-7B。

分布：浙江、台湾、广东。

注：外生殖器描述详见《中国动物志》（武春生和方承莱，2023）。

图 11-7 红褐指刺蛾 *Dactylorhynchides limacodiformis* Strand, 1920
A. 成虫；B. 雄性外生殖器

269. 达刺蛾属 *Darna* Walker, 1862

Darna Walker, 1862a: 174. Type species: *Darna plana* Walker, 1862.

主要特征：雄性触角长双栉齿状分支到末端。下唇须前伸。前翅 R_{2-3} 脉共柄，M_1 和 M_2 脉总是远离。后翅 M_1 与 Rs 共柄；$Sc+R_1$ 脉基部 1/3 与中室前缘相联合。雄性外生殖器的爪形突二分叉，其腹面生有成列的暗色鳞片，抱器瓣基部有突起。

分布：东洋区。世界已知 9 种，中国记录 1 种，浙江有分布。

注：Holloway（1986）对本属进行了重新界定，扩大了其内涵，将几个相关属合并在该属内。

（787）窃达刺蛾 *Darna furva* (Wileman, 1911)（图 11-8）

Natada furva Wileman, 1911b: 205.

Thoseoides fasciata Shiraki, 1913: 391.

Darna (*Orthocraspeda*) *furva*: Holloway, Cock & Desmier de Chenon, 1987: 104

主要特征：成虫（图 11-8A）雌性体长 8.0–10.0 mm，翅展 18.0–22.0 mm，触角丝状；雄性体长 7.0–9.0 mm，翅展 16.0–22.0 mm，触角羽毛状。头部灰色，复眼大，黑色；胸部背面有几束灰黑色长毛，腹部被有细长毛。前翅灰褐色，有 5 条明显的黑色横纹，近基部 3 条稍衬灰褐色边，均从亚前缘脉向外伸，亚基线和内线伸达后缘，外线仅达 Cu_2 脉，亚端线从前缘近顶角伸达臀角，在其前后端的内外侧各衬 1 灰褐色点；端线较松散。后翅暗灰褐色。

雄性外生殖器：见图 11-8B。

雌性外生殖器：见图 11-8C。

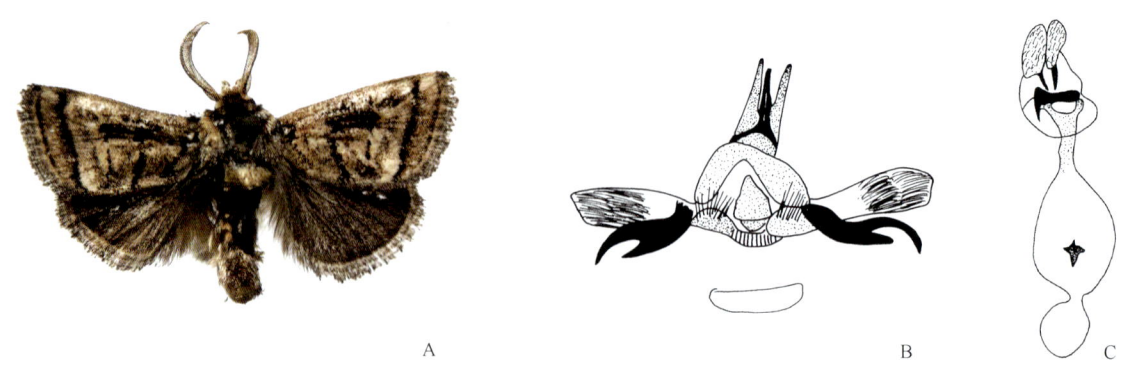

图 11-8 窃达刺蛾 *Darna furva* (Wileman, 1911)
A. 成虫；B. 雄性外生殖器；C. 雌性外生殖器

分布：浙江（杭州）、江西、湖南、福建、台湾、广东、海南、广西、贵州、云南；泰国，喜马拉雅东北部。

注：外生殖器描述详见《中国动物志》（武春生和方承莱，2023）。

270. 艳刺蛾属 *Demonarosa* Matsumura, 1931

Demonarosa Matsumura, 1931c: 105. Type species: *Demonarosa rosea* Matsumura, 1931.
Arbelarosa Hering, 1931: 677.
Natarosa Hering, 1931: 715.

主要特征：翅有浓密的红色色彩，前翅中室端斑明显，各横线细。雄性触角基部栉齿状，但栉齿长度逐渐缩短到中点，端半部线状；雌性触角线状。后足胫节有 2 对距。下唇须短，稍上举，不达头顶。前翅 R_5 脉与 R_{3+4} 脉共柄，R_2 脉独立，R_1 脉的基部稍弯向 Sc 脉。后翅 Rs 和 M_1 脉在端部分离，$Sc+R_1$ 脉在中室中点之前由 1 横脉与中室上缘相连。雄性外生殖器的颚形突端部多呈勺状。雌性外生殖器的囊导管端部较宽，螺旋状；交配囊有非圆形的囊突。

分布：主要分布于东洋区。世界已知 4 种，中国记录 1 种，浙江有分布。

（788）艳刺蛾 *Demonarosa rufotessellata* (Moore, 1879)（图 11-9）

Narosa rufotessellata Moore, 1879: 73.
Altha rufotessellata subrosea Wileman, 1915: 19.
Demonarosa rufotessellata: Matsumura, 1931c: 105.
Demonarosa rosea Matsumura, 1931c: 105.
Cheromettia melli Hering, 1931: 673.

主要特征：成虫（图 11-9A）翅展 22.0–27.0 mm。头和胸背浅黄色，胸背具黄褐色横纹；腹部橘红色，具浅黄色横线；前翅褐赭色，被一些浅黄色横线分割成许多带形或小斑，尤以后缘和前缘外半部较显；横脉纹为 1 红褐色圆点；亚端线不清晰，褐赭色，外衬浅黄边，从前缘 3/4 向翅顶呈拱形弯伸至 Cu_2 脉末端；端线由 1 列脉间红褐色点组成。后翅橘红色。

雄性外生殖器：见图 11-9B。

雌性外生殖器：见图 11-9C。

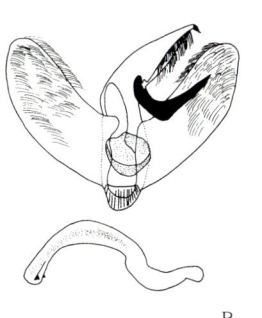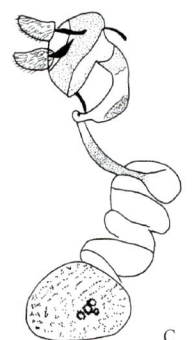

图 11-9 艳刺蛾 *Demonarosa rufotessellata* (Moore, 1879)
A. 成虫；B. 雄性外生殖器；C. 雌性外生殖器

分布：浙江、北京、山东、河南、安徽、江西、湖南、福建、台湾、广东、海南、广西、四川、云南；日本，印度，缅甸。

注：外生殖器描述详见《中国动物志》（武春生和方承莱，2023）。

271. 爱刺蛾属 Epsteinius Lin, Braby et Hsu, 2020

Epsteinius Lin, Braby et Hsu, 2020: 376. Type species: Epsteinius translucidus Lin, 2020.

主要特征：本属与纤刺蛾属 Microleon 相似，它们的区别如下：①成虫体型较小，雄性前翅长 5.3–5.5 mm，而纤刺蛾属的前翅长为 6.3–7.9 mm；②本属的后翅较狭长而外缘圆，纤刺蛾属的后翅较阔而外缘明显呈角状；③本属的下唇须较短，为复眼直径的 2.0–2.5 倍，而纤刺蛾属的下唇须则为复眼直径的 3 倍。雄性外生殖器与纤刺蛾属有许多不同之处，包括爪形突末端尖锐，颚形突末端尖而有背缘 1 个突起。雌性外生殖器有 2 个囊突，而纤刺蛾属则只有 1 个囊突。

分布：本属目前已知 2 种，均分布于中国，浙江分布 1 种。

（789）透亮爱刺蛾 Epsteinius translucidus Lin, 2020（图 11-10）

Epsteinius translucidus Lin in Lin, Braby et Hsu, 2020: 376.
Trichogyia nigrimargo: Wu, 2010: 4.

主要特征：成虫（图 11-10A）翅展 14.0 mm。前翅红铜褐色有 1 条深紫黑色的端线及 1 个同色的顶斑；缘毛基半部浅铜色，端半部黄色。后翅灰黑色，缘毛浅黄色。雄性外生殖器的颚形突端部二分叉，上支短而钝，下支长而尖；阳茎端基环端部向两侧扩大，其末端二分叉；抱器瓣短宽，端部密布粗鬃毛；抱器腹基部有 1 长刺突，比阳茎端基环端部的突起稍长。

雄性外生殖器：见图 11-10B。

分布：浙江（安吉）、安徽、台湾、贵州。

注：外生殖器描述见《中国动物志》（武春生和方承莱，2023）。

图 11-10 透亮爱刺蛾 Epsteinius translucidus Lin, 2020
A. 成虫；B. 雄性外生殖器

272. 汉刺蛾属 Hampsonella Dyar, 1898

Hampsonella Dyar, 1898: 274. Type species: Parasa dentata Hampson, [1893] 1892.

主要特征：雄性触角简单（线形）。下唇须短，前伸。后足胫节有 2 对距。前翅 R_2 脉独立；R_{3-5} 脉共柄；2+3A 脉基部分叉。后翅 M_1 与 Rs 共柄；$Sc+R_1$ 脉由 1 横脉在基部与中室前缘相连接；中室下角稍突出。

分布：喜马拉雅地区。世界已知 3 种，中国记录 2 种，浙江分布 1 种。

（790）微白汉刺蛾 *Hampsonella albidula* Wu et Fang, 2009（图 11-11）

Hampsonella albidula Wu et Fang, 2009a: 49.
Hampsonella membra Solovyev et Witt, 2009: 89.

主要特征：成虫（图 11-11A）翅展雄性 26.0–28.0 mm。身体暗褐色。前翅暗赭褐色，内线和中线黑褐色，多少有些呈锯齿状，两者之间充满黑紫色，中线外侧有 1 浅黑褐色大斑，其中央为浅灰白色，该灰白色的外缘呈明显的锯齿状；外缘线黑褐色，由 1 列小点组成；缘毛浅黄褐色，末端色暗。后翅暗褐色，通常有明显的外缘线。

雄性外生殖器：见图 11-11B。

分布：浙江（富阳）、江西、云南；越南。

注：外生殖器描述见《中国动物志》（武春生和方承莱，2023）。

图 11-11 微白汉刺蛾 *Hampsonella albidula* Wu et Fang, 2009
A. 成虫；B. 雄性外生殖器

273. 长须刺蛾属 *Hyphorma* Walker, 1865

Hyphorma Walker, 1865: 493. Type species: *Hyphorma minax* Walker, 1865.

主要特征：下唇须很长，超过眼直径的 4 倍，但末端没有毛簇，侧面紧贴头部。雄性触角基部 1/2 双栉齿状。后足胫节有 1–2 对距，但在雄性中很少可见。前足胫节有 1 银斑。前翅 R_1 脉直，R_5 与 R_3+R_4 脉共柄，R_2 脉与该柄分离；中室内的 M 脉干二分叉。后翅 M_1 与 Rs 共柄；$Sc+R_1$ 脉在中点之前与中室前缘并接或由 1 横脉与之相连。

分布：主要分布于东洋区。世界已知 7 种，中国记录 3 种，浙江分布 2 种。

（791）长须刺蛾 *Hyphorma minax* Walker, 1865（图 11-12）

Hyphorma minax Walker, 1865: 493.

主要特征：成虫（图 11-12A）翅展 28.0–45.0 mm。下唇须长，向上伸过头顶，暗红褐色。头、胸背和腹背基毛簇红褐色，但后二者红色较浓。前翅茶褐色具丝质光泽，两条暗褐色斜线在前缘靠近翅顶几乎同一点伸出，内面 1 条几乎呈直线向内斜伸至中室下角（其外侧衬银灰色边），外面 1 条稍内曲伸达臀角。后翅颜色较前翅淡。

雄性外生殖器：见图 11-12B。

雌性外生殖器：见图 11-12C。

分布：浙江（临安）、河南、陕西、甘肃、湖北、江西、湖南、福建、广东、海南、广西、四川、云南；尼泊尔，越南，柬埔寨。

注：外生殖器描述见《中国动物志》（武春生和方承莱，2023）。

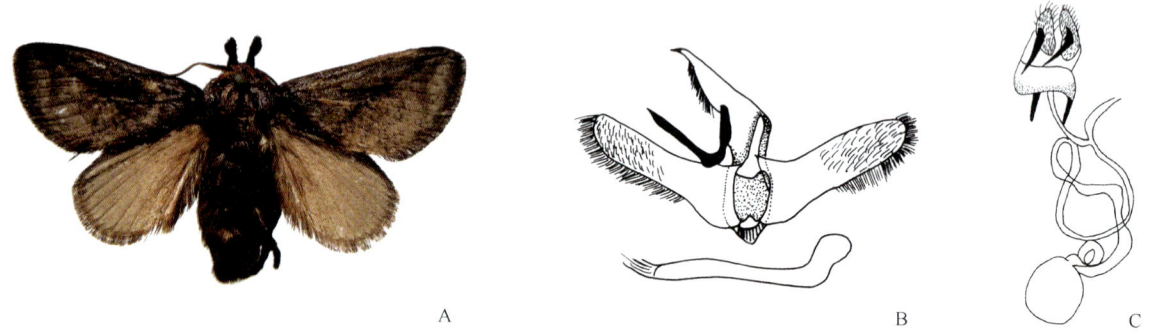

图 11-12　长须刺蛾 *Hyphorma minax* Walker, 1865
A. 成虫；B. 雄性外生殖器；C. 雌性外生殖器

（792）丝长须刺蛾 *Hyphorma sericea* Leech, 1899（图 11-13）

Hyphorma sericea Leech, 1899: 100.

主要特征：成虫（图 11-13A）雄性翅展 31.0–35.0 mm。下唇须长，向上伸过头顶，暗红褐色。头、胸背和腹背基毛簇红褐色，但后二者红色较浓。前翅茶褐色具丝质光泽，两条暗褐色斜线在前缘靠近翅顶几乎同一点伸出，内面 1 条几乎呈直线向内斜伸至翅后缘基部 1/3 处，其外侧衬银灰色边；外面 1 条沿外缘伸达臀角。后翅颜色较前翅淡。

雄性外生殖器：见图 11-13B。

分布：浙江（临安）、江西、湖南、广东、四川、贵州；印度。

注：外生殖器描述见《中国动物志》（武春生和方承莱，2023）。

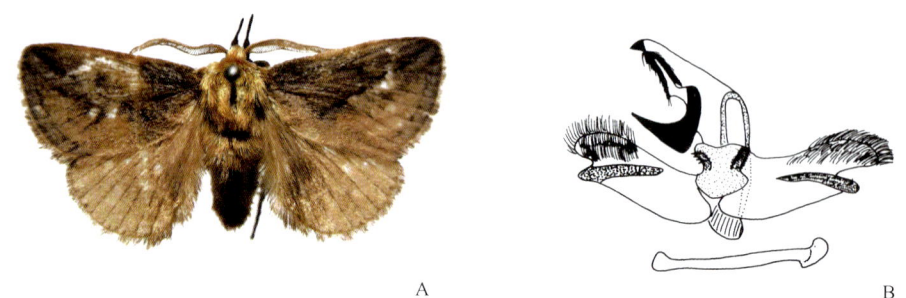

图 11-13　丝长须刺蛾 *Hyphorma sericea* Leech, 1899
A. 成虫；B. 雄性外生殖器

274. 漪刺蛾属 *Iraga* Matsumura, 1927

Iraga Matsumura, 1927b: 89. Type species: *Tetraphleps rugosa* Wileman, 1911.

主要特征：雄性触角锯齿状。下唇须前伸，稍伸过额毛簇，稍有点向末端膨大。前翅 R_5 与 R_3+R_4 脉共柄，R_2 脉与此柄同出一点或共柄。后翅 M_1 与 Rs 共短柄；$Sc+R_1$ 脉在中室近基部由 1 横脉与中室相连。前翅密布起伏的鳞片，使翅脉看起来很粗糙。

分布：仅分布于中国。本属仅包含模式种，浙江也有分布。

（793）漪刺蛾 *Iraga rugosa* (Wileman, 1911)（图 11-14）

Tetraphleps rugosa Wileman, 1911b: 205.
Iraga rugosa: Matsumura, 1927b: 89.

主要特征：成虫（图 11-14A）翅展 30.0 mm 左右。身体和前翅暗紫褐色，身体背中央红黄色似成 1 带。前翅具皱纹，在 Cu_2 脉基部、1A 脉中央和臀角分别有 1 红褐色斑点，其中以后者的最大。后翅灰黑色。

雄性外生殖器（图 11-14B）：背兜较短，侧缘密布较长的毛；爪形突末端中部有 1 小齿突；颚形突长，大钩状，末端尖；抱器瓣狭长，几乎等宽，末端宽圆。

雌性外生殖器：见图 11-14C。

分布：浙江（临安）、河南、陕西、甘肃、湖北、江西、湖南、福建、台湾、广东、海南、四川、贵州、云南。

注：外生殖器描述见《中国动物志》（武春生和方承莱，2023）。

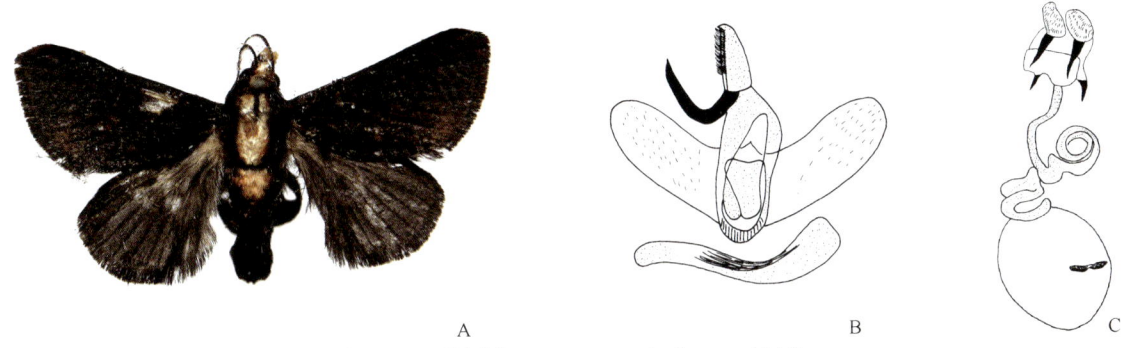

图 11-14 漪刺蛾 *Iraga rugosa* (Wileman, 1911)
A. 成虫；B. 雄性外生殖器；C. 雌性外生殖器

275. 焰刺蛾属 *Iragoides* Hering, 1931

Iragoides Hering, 1931: 709. Type species: *Miresa crispa* Swinhoe, 1890.

主要特征：本属与奕刺蛾属相似，过去被放在同一个属里，但其外生殖器结构明显不同，故恢复其属级地位。本属阳茎端基环在种间稍有变化，端部常有密集的微刺突，通常有 1 对膜质棒状的侧突，阳茎内有针状突。雌性外生殖器的囊突不呈新月形，而是相连的 2 个。

分布：东洋区。世界已知 6 种，中国记录 4 种，浙江分布 1 种。

（794）蜜焰刺蛾 *Iragoides uniformis* Hering, 1931（图 11-15）

Iragoides uniformis Hering, 1931: 710.

主要特征：成虫（图 11-15A）翅展 22.0–24.0 mm。触角基部有银白色点。身体红褐色，腹部基部背面常呈杏红色。前翅红褐色，基部常有丰富的黑褐色鳞片；有 1 条暗银灰色的斜线从前缘翅顶之前伸达后缘中央；古铜色的亚缘带后留下较宽的紫褐色外缘区；臀角区锈红色。后翅褐色。雌性前翅的银灰色斜线较不规则，翅面有较多松散的鳞片。

雄性外生殖器：见图 11-15B。
雌性外生殖器：见图 11-15C。

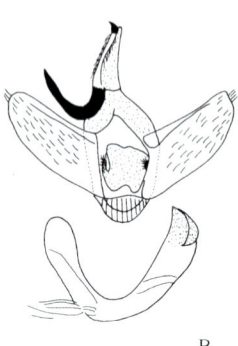

图 11-15　蜜焰刺蛾 *Iragoides uniformis* Hering, 1931
A. 成虫；B. 雄性外生殖器；C. 雌性外生殖器

分布：浙江（临安）、河南、安徽、湖北、江西、湖南、福建、广东、海南、广西、四川、贵州、云南；越南。

注：外生殖器描述见《中国动物志》（武春生和方承莱，2023）。

276. 铃刺蛾属 *Kitanola* Matsumura, 1925

Kitanola Matsumura, 1925: 116. Type species: *Kitanola sachalinensis* Matsumura, 1925.
Microcampa Kawada, 1930: 256.
Mediocampa Inoue in Inoue et al., 1982: 301.

主要特征：下唇须上举，稀达头顶。雄性触角简单。中足胫节有 1 对距，后足胫节有 2 对距。前翅 R_{3-5} 脉共柄，R_2 脉与之有短共柄或独立，M_2 与 M_3 脉分离。后翅 Rs 与 M_1 脉分离。雄性外生殖器的爪形突典型或稍加宽，颚形突末端尖或加宽，抱器背通常有长突起。雌性外生殖器的囊导管细长，基部常骨化，端部螺旋状，囊突如有，则为 1 组小齿突。

分布：东亚。世界已知 10 种，中国记录 8 种，浙江分布 2 种。

（795）小针铃刺蛾 *Kitanola spinula* Wu *et* Fang, 2008（图 11-16）

Kitanola spinula Wu *et* Fang, 2008b: 865.

主要特征：成虫（图 11-16A）翅展 16.0–20.0 mm。身体灰白色，腹部端半部暗褐色。前翅黄白色，散布较浓的褐色鳞片；中部有黄褐色的宽带，其中嵌有少量网络状的白色细线；中室端有 1 小黑点；外缘顶角下有 1 较大的黑斑；缘毛灰白色。后翅灰白色，密布褐色雾点；外缘褐色；缘毛灰白色。

雄性外生殖器（图 11-16B）：抱器背基突宽大，后缘锯齿状，侧端有 1 长 1 短 2 个突起；阳茎细长，末端有 1 组细刺突。

雌性外生殖器：见图 11-16C。

分布：浙江（德清、临安）、安徽、江西、湖南。

注：外生殖器描述见《中国动物志》（武春生和方承莱，2023）。

图 11-16　小针铃刺蛾 *Kitanola spinula* Wu et Fang, 2008
A. 成虫；B. 雄性外生殖器；C. 雌性外生殖器

（796）宽颚铃刺蛾 *Kitanola eurygnatha* Wu et Fang, 2008（图 11-17）

Kitanola eurygnatha Wu et Fang, 2008b: 866.

主要特征：成虫（图 11-17A）雄性翅展 15.0–18.0 mm，体淡赭黄色。触角丝状，赭黄色。前翅白色，密布赭黄色鳞片；内线赭褐色，中部较宽；外线赭褐色，从前缘端部 1/3 斜伸到臀角；中室端有 1 黑点；外缘脉端有 1 列黑褐色小点；缘毛较长，淡黄色。后翅灰赭色。

雄性外生殖器（图 11-17B）：颚形突大钩状，末端加宽；抱器瓣狭长，末端宽圆。

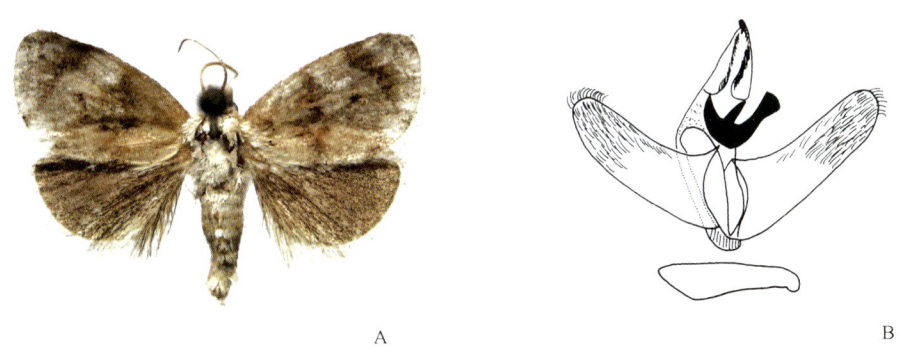

图 11-17　宽颚铃刺蛾 *Kitanola eurygnatha* Wu et Fang, 2008
A. 成虫；B. 雄性外生殖器

分布：浙江（安吉、杭州）、湖南、广东。

注：外生殖器描述见《中国动物志》（武春生和方承莱，2023）。

277. 泥刺蛾属 *Limacolasia* Hering, 1931

Limacolasia Hering, 1931: 670, 698. Type species: *Limacolasia dubiosa* Hering, 1931.

主要特征：后翅无翅缰，前缘基部稍突出，但不像在枯叶蛾科 Lasiocampidae 中那样明显，两翅均有 1A 脉。本属与 *Lasiochara* 很相似，但后者有翅缰。雄性触角基半部长双栉齿状。下唇须短而多毛。后足胫节有完整的端距。足与腹部密被毛。前翅 R_5 与 R_{3+4} 脉共柄（很短），中室的前部前移向前缘，因此独立的 R_2 和 R_1 脉更靠近 Sc 脉。后翅 $Sc+R_1$ 在最基部向前缘弯曲，然后突然与中室前缘并接，中室下角强烈突出；M_1 与 Rs 脉共柄。

分布：古北区东部、东洋区北部。世界已知 4 种，中国记录 1 种，浙江有分布。

（797）泥刺蛾 *Limacolasia dubiosa* Hering, 1931（图 11-18）

Limacolasia dubiosa Hering, 1931: 698, fig. 87c.

主要特征：成虫（图 11-18A）翅展 20.0–30.0 mm。头部、胸部和腹部暗红褐色，腹部末端有紫褐色的毛簇。前翅红褐色，翅脉颜色较暗，从翅顶经中室端达臀角有 1 条很模糊的紫褐色带。后翅红褐色。

雄性外生殖器：见图 11-18B。

雌性外生殖器：见图 11-18C。

分布：浙江（临安）、湖南、福建、广东、广西、贵州、云南。

注：外生殖器描述见《中国动物志》（武春生和方承莱，2023）。

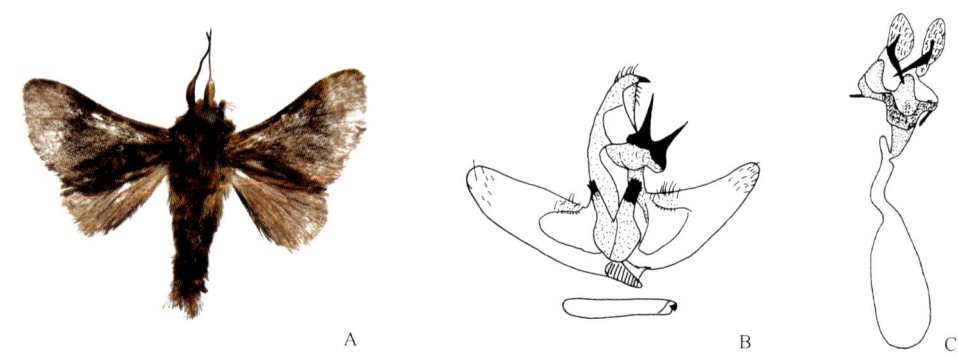

图 11-18　泥刺蛾 *Limacolasia dubiosa* Hering, 1931
A. 成虫；B. 雄性外生殖器；C. 雌性外生殖器

278. 枯刺蛾属 *Mahanta* Moore, 1879

Mahanta Moore, 1879: 78. Type species: *Mahanta quadrilinea* Moore, 1879.

主要特征：触角几乎呈线状，基部 1/5 呈弱双栉齿形，然后呈锯齿状向端部过渡成线状。下唇须上曲达复眼的顶端，第 3 节相对于第 2 节显得非常小。后足胫节有 1 对微小的端距。前翅长，翅顶突出，外缘内凹；R_{2-5} 脉共柄，M_1 脉与 R 脉共柄、同出一点或分离。后翅亚方形，中室上部短，M_1 与 Rs 脉共柄长，$Sc+R_1$ 脉与 Rs 脉几乎并接到中室末端。本属的已知种在外形上几乎没有区别，但雄性外生殖器差异明显，因此，必须解剖才能正确鉴定。通过作者观察，翅基片上的白斑形态可作为分种依据。

分布：主要分布东洋区。世界已知 8 种，中国记录 6 种，浙江分布 1 种。

（798）吉本枯刺蛾 *Mahanta yoshimotoi* Wang et Huang, 2003（图 11-19）

Mahanta yoshimotoi Wang et Huang, 2003: 237.

主要特征：成虫（图 11-19A）雄性翅展 45.0–50.0 mm。头和胸背灰白色，背面中央有 1 褐色线，颈板褐黄色。翅基片棕色，前部有 1 个灰黄色的三角形大斑；腹部褐黄色。前翅褐黄色，外缘顶角下内凹较浅，前翅后缘蒙有一层灰色，中央有 2 条互相平行的暗褐色斜线，一条从前缘中央向内斜伸至后缘 1/3，另一条从前缘近翅顶向内斜伸至后缘 2/3，每线外侧有较宽而明显的灰白色线；外缘蒙有一层灰色。后翅灰黄色。

雄性外生殖器（图 11-19B）：爪形突较短粗，中部收缩明显；抱器瓣较宽，末端圆而呈微锯齿状，抱器腹突杆状（明显长于蕾枯刺蛾），末端有 2 大齿突；阳茎较粗而直，在中部一侧向外膨大，另一侧有 1 大刺突（明显长于蕾枯刺蛾）。

分布：浙江（台州）、福建、广东、云南；泰国。

注：外生殖器描述见《中国动物志》（武春生和方承莱，2023）。

图 11-19　吉本枯刺蛾 *Mahanta yoshimotoi* Wang *et* Huang, 2003
A. 成虫；B. 雄性外生殖器

279. 奇刺蛾属 *Matsumurides* Hering, 1931

Matsumurides Hering, 1931: 723. Type species: *Hyphormoides okinawanus* Matsumura,1931, by monotypy.

Hyphormoides Matsumura, 1931c: 104.

Allothosea Hering, 1938: 63.

主要特征：雄性触角长双栉齿状分支超过中部，然后逐渐变窄。前足胫节端部无白点。前翅 R_2 脉独立，几乎出自中室上角；R_{3-5} 脉共柄；2+3A 脉基部分叉。后翅 M_1 与 Rs 共柄；$Sc+R_1$ 脉在中部之前与中室前缘相并接；中室下角明显超过上角。本属包括一些小型种类，红褐色的前翅外缘区有 2 条与外缘平行的浅色横带，雌性较大，外缘较圆，横带较模糊。

分布：东南亚地区。世界已知 6 种，中国记录 2 种，浙江分布 1 种。

（799）叶奇刺蛾 *Matsumurides lola* (Swinhoe, 1904)（图 11-20）

Contheyla lola Swinhoe, 1904: 153.

Thosea plumbea Hering, 1931: 715.

Miresa orgyioides Van Eecke, 1929: 131.

Matsumurides lola: Solovyev & Witt, 2009: 170.

主要特征：成虫（图 11-20A）翅展 16.0–18.0 mm。雄性触角一侧的分支很短，另一侧长。前翅红褐色，基部 2/3 多少带有黑色，仅后缘颜色较浅，在基部形成 1 个明显的浅色斑；亚端线黑色较直，其两侧各衬有 1 条浅色带，与外缘平行。后翅浅褐色。

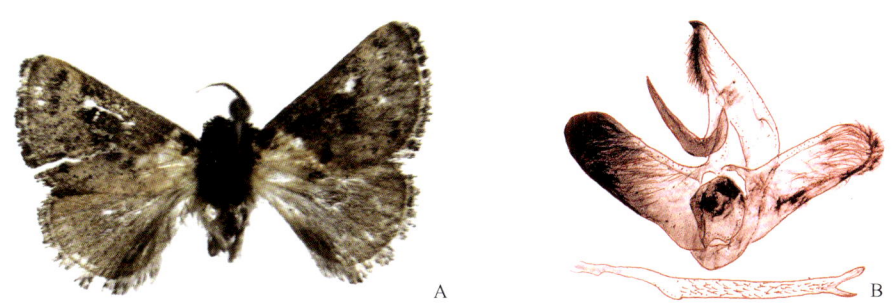

图 11-20　叶奇刺蛾 *Matsumurides lola* (Swinhoe, 1904)
A. 成虫；B. 雄性外生殖器

雄性外生殖器（图 11-20B）：抱器瓣狭长，基部较宽，逐渐向端部收缩，末端宽圆；阳茎粗长，稍弯曲，其中有许多细刺状的角状器，阳茎末端向外二分叉，一长一短。

分布：浙江（杭州）、陕西、湖北、四川；马来西亚，印度尼西亚。

注：外生殖器描述见《中国动物志》（武春生和方承莱，2023）。

280. 纤刺蛾属 *Microleon* Butler, 1885

Microleon Butler, 1885a: 121. Type species: *Microleon longipalpis* Butler, 1885.

主要特征：下唇须长，上举。触角两性均为丝状。身体细长，前翅较阔。前翅 R_1 脉直，R_2 与 R_3+R_4 脉的柄同出一点或共柄，R_5 脉与该柄分离。后翅 M_1 与 Rs 共柄；$Sc+R_1$ 脉在中点之前与中室前缘并接。

分布：中国及东亚。本属已知 1 种，浙江有分布。

（800）纤刺蛾 *Microleon longipalpis* Butler, 1885（图 11-21）

Microleon longipalpis Butler, 1885a: 121, fig. 1c.

主要特征：成虫（图 11-21A）雄性翅展 14.0–16.0 mm，雌性翅展 20.0–23.0 mm。下唇须末端尖。头胸背面黄棕色，腹部背面灰褐色。前翅基部、翅顶及后缘中部黄褐色，其余部分紫褐色。后翅灰褐色，缘毛颜色较淡。

雄性外生殖器（图 11-21B）：颚形突末端扩展成"T"形；抱器瓣狭长，几乎等宽，抱器背细长；抱器腹二叉状，基部 1 支短指状，端部 1 支长锯片状。

雌性外生殖器：见图 11-21C。

分布：浙江（杭州）、山东、安徽、江西、湖南、台湾；俄罗斯，朝鲜，日本。

注：外生殖器描述见《中国动物志》（武春生和方承莱，2023）。

图 11-21 纤刺蛾 *Microleon longipalpis* Butler, 1885
A. 成虫；B. 雄性外生殖器；C. 雌性外生殖器

281. 银纹刺蛾属 *Miresa* Walker, 1855

Miresa Walker, 1855: 1103, 1123. Type species: *Nyssia albipuncta* Herrich-Schaffer, [1854] 1850-1858.
Neomiresa Butler, 1878b: 74.
Miresopsis Matsumura, 1927b: 86.

主要特征：雄性触角基部 2/3 长双栉齿状。下唇须有些向上举，第 3 节不明显。本属的种类身体通常为暗黄色，前翅红褐色具有淡黄色的斑纹及 1 条银白色的外线（其内侧中部常有 1 个三角形白斑），后翅浅黄色。前翅的中室被分为 2 个几乎相等的部分，后翅中室被分为上小下大两个室。雄性外生殖器为典型的刺蛾科结构，无明显的特化。雌性外生殖器的囊导管螺旋状，有 2 个囊突。

分布：东洋区、旧热带区和新热带区。世界已知 30 余种，中国记录 9 种，浙江分布 2 种。

（801）闪银纹刺蛾 *Miresa fulgida* Wileman, 1910（图 11-22）

Miresa fulgida Wileman, 1910: 192.

Miresa bracteata orientis Strand, 1915: 6.

Miresa bracteata kagoshimensis Strand, 1915: 7.

主要特征：成虫（图 11-22A）翅展 25.0–34.0 mm。体黄色，背中央掺有赭褐色。前翅暗红褐色，后缘内半部赭黄褐色，中室内半部和 $A-M_3$ 脉间的内半部各有 1 三角形银斑，后者较大并与银色外线相连，该斑基部二分叉；亚端线为 1 模糊银带。后翅浅黄色。

雄性外生殖器（图 11-22B）：抱器瓣狭长，由基部向端部缓慢变窄，末端圆；阳茎狭长，中部稍弯，末端有 1 弱骨化的指状突。

雌性外生殖器：见图 11-22C。

分布：浙江（杭州）、湖北、江西、湖南、台湾、广东、海南、四川、云南；日本。

注：外生殖器描述见《中国动物志》（武春生和方承莱，2023）。

 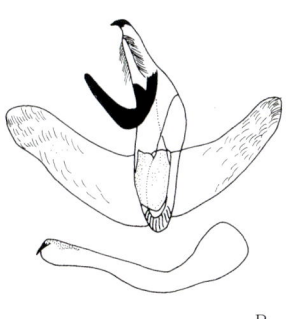 

图 11-22 闪银纹刺蛾 *Miresa fulgida* Wileman, 1910
A. 成虫；B. 雄性外生殖器；C. 雌性外生殖器

（802）迹银纹刺蛾 *Miresa kwangtungensis* Hering, 1931（图 11-23）

Miresa argentifera kwangtungensis Hering, 1931: 683.

Miresa inornata: Cai, 1981: 103, fig. 675.

主要特征：成虫（图 11-23A）翅展 26.0–33.0 mm。头和胸背黄绿色，翅基片和后胸具红褐色边；腹背红褐色。前翅暗红褐色，外部 1/3 较明亮，灰褐色，中室以下的后缘区赭黄褐色；外线模糊，只有脉上暗褐色点可见；端线银色，不清晰，但在 Cu_2 与 M_1 脉间的银线很明显。后翅红褐色。

雄性外生殖器（图 11-23B）：爪形突短，双齿状；抱器瓣狭长，由基部向端部逐渐变窄，末端较圆；阳茎狭长，近中部稍弯，末端有 3 个膜质的叶状突起。

雌性外生殖器：见图 11-23C。

分布：浙江（临安）、河南、湖北、湖南、福建、广东、海南、广西、四川、云南。

注：外生殖器描述见《中国动物志》（武春生和方承莱，2023）。

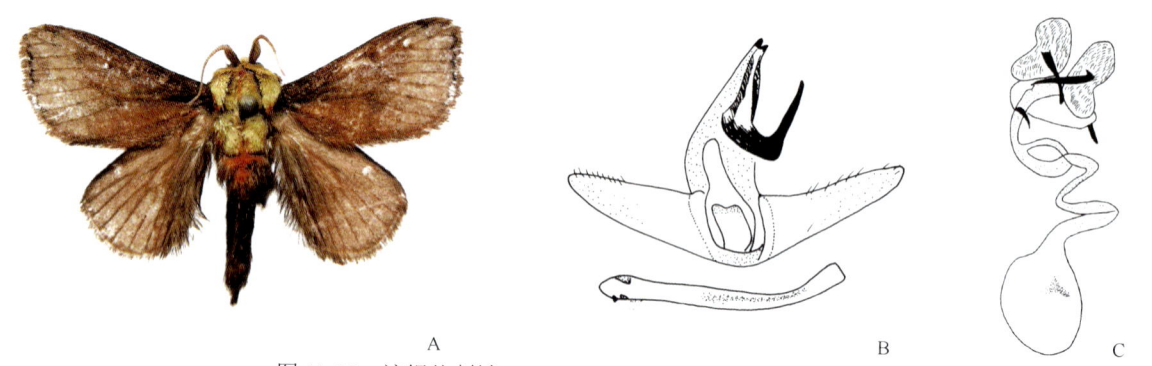

图 11-23 迹银纹刺蛾 *Miresa kwangtungensis* Hering, 1931
A. 成虫；B. 雄性外生殖器；C. 雌性外生殖器

282. 黄刺蛾属 *Monema* Walker, 1855

Monema Walker, 1855: 1102, 1112. Type species: *Monema flavescens* Walker, 1855.
Cnidocampa Dyar, 1905: 952. Proposed unnecessarily as an objective replacement name for *Monema* Walker, 1855, which is not preoccupied by *Monema* Greville, 1827, a genus of plants.

主要特征：雄性触角线状。下唇须极长，但端节比第 2 节短（与长须刺蛾相区别）。后足胫节有 2 对距，中距几乎看不见。前翅 R_5 与 R_3+R_4 脉共柄，R_2 脉与该柄同出一点或共柄；R_1 脉靠近 Sc 脉，但并不那么弯。后翅 M_1 与 Rs 共柄；$Sc+R_1$ 脉在 2/3 处与中室前缘并接。雄性外生殖器的抱器腹骨化而末端突出；雌性外生殖器的囊导管螺旋状，囊突 2 个。

分布：古北区与东洋区交接地带。世界已知 4 种，中国记录 4 种，浙江分布 1 种。

（803）黄刺蛾 *Monema flavescens* Walker, 1855（图 11-24）

Monema flavescens Walker, 1855: 1112.
Cnidocampa johanibergmani Bryk, 1948: 219.
Monema melli Hering, 1931: 691.
Monema flavescens var. *nigrans* de Joannis, 1901: 251.

主要特征：成虫（图 11-24A）雌性体长 15.0–17.0 mm，翅展 35.0–39.0 mm；雄性体长 13.0–15.0 mm，翅展 30.0–32.0 mm。下唇须末端黑色。颜面黄色。头和胸背黄色；腹背黄褐色；前翅内半部黄色，外半部黄褐色，有 2 条暗褐色斜线，在翅顶前会合于一点，呈倒"V"形，内面 1 条伸到中室下角，形成两部分颜色的分界线，外面 1 条稍外曲，伸达臀角前方，但不达后缘，横脉纹为 1 暗褐色点，中室中央下方 1b 脉上有时也有 1 模糊或明显的暗点；后翅黄或赭褐色。黑色型（图 11-24B）：翅面整体颜色偏深，翅面斜线不明显。
雄性外生殖器（图 11-24C）：抱器瓣短宽，末端圆；抱器腹宽大，末端呈粗齿状突出；阳茎端基环端部两侧各有 1–3 个大小不等的长刺突，有时两侧的刺突不对称，一侧 1 大 1 小，另一侧 2 大。
雌性外生殖器：见图 11-24D。

分布：浙江（临安、舟山、温州）、黑龙江、吉林、辽宁、内蒙古、北京、河北、山东、河南、陕西、青海、江苏、上海、湖北、江西、福建、台湾、广东、广西；俄罗斯（西伯利亚地区），朝鲜，日本。

注：外生殖器描述见《中国动物志》（武春生和方承莱，2023）。

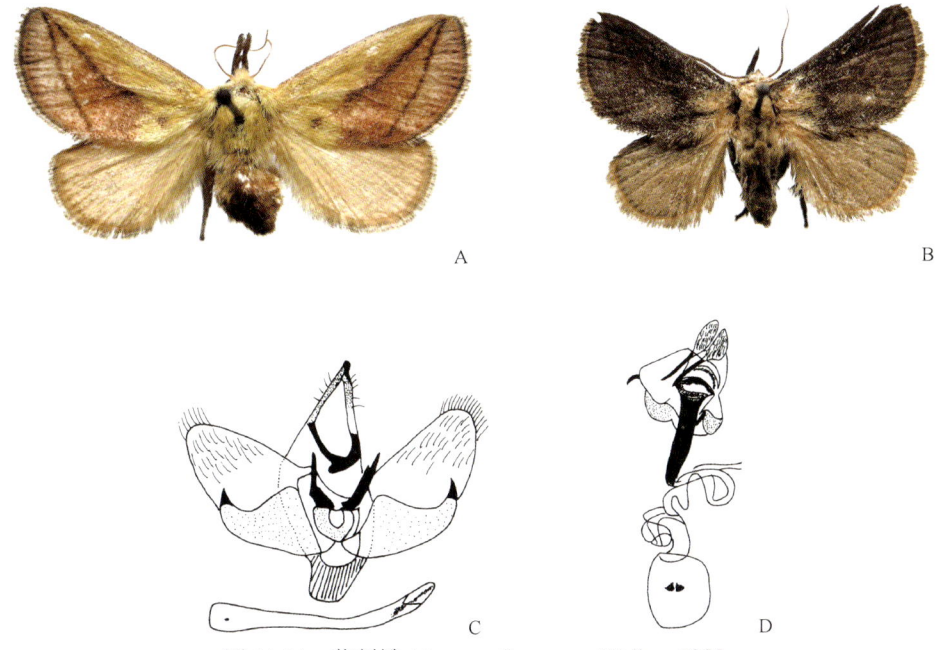

图 11-24　黄刺蛾 *Monema flavescens* Walker, 1855
A. 成虫；B. 成虫黑色型；C. 雄性外生殖器；D. 雌性外生殖器

283. 眉刺蛾属 *Narosa* Walker, 1855

Narosa Walker, 1855: 1103, 1151. Type species: *Narosa conspersa* Walker, 1855.
Penicillonarosa Strand, 1917: 141.

主要特征：两性触角均为线状。下唇须弯曲，上举到头顶。后足胫节有 2 对距。前翅前缘区颜色深，有浅色或暗色的橘黄色横带。前翅 R_1 脉基部强烈弯曲，端部 2/3 与 Sc 脉靠近；R_5 与 R_3+R_4 脉共柄；M_2 与 M_3 脉有短共柄。后翅 M_1 与 Rs 同出一点或共柄，个别分离；$Sc+R_1$ 脉出自中室基部。雄性外生殖器的抱器腹上通常生有一些短的突起。雌性外生殖器的囊导管端部螺旋状，交配囊上有一些排列成扁豆状的齿突。

分布：主要分布于东洋区。世界已知约 40 种，中国记录 9 种，浙江分布 2 种。

（804）白眉刺蛾 *Narosa edoensis* Kawada, 1930（图 11-25）

Narosa edoensis Kawada, 1930: 252.

主要特征：成虫（图 11-25A）翅展 16.0–21.0 mm。全体灰白色，胸腹背面掺有灰黄褐色。前翅赭黄白色，有几块模糊的灰浅褐色斑，似由 3 条不清晰的白色横线分隔而成；亚基线难见，内线在中央呈角形外曲；外线呈不规则弯曲，其中在 M_2 脉呈乳头状外突较可见，此段内侧衬有 1 条波状黑纹，从前缘下方斜向外伸至 M_2 脉外方，是中室外较大的灰黄褐斑的边缀；横脉纹为 1 黑点；端线由 1 列脉间小黑点组成，但在 Cu_1 脉以后消失，脉间末端和基部缘毛褐灰色。后翅灰黄色。

雄性外生殖器：见图 11-25B。
雌性外生殖器：见图 11-25C。
分布：浙江（杭州、金华）、江苏、湖北、江西、福建、台湾、广东、海南、广西、四川；日本。
注：外生殖器描述见《中国动物志》（武春生和方承莱，2023）。

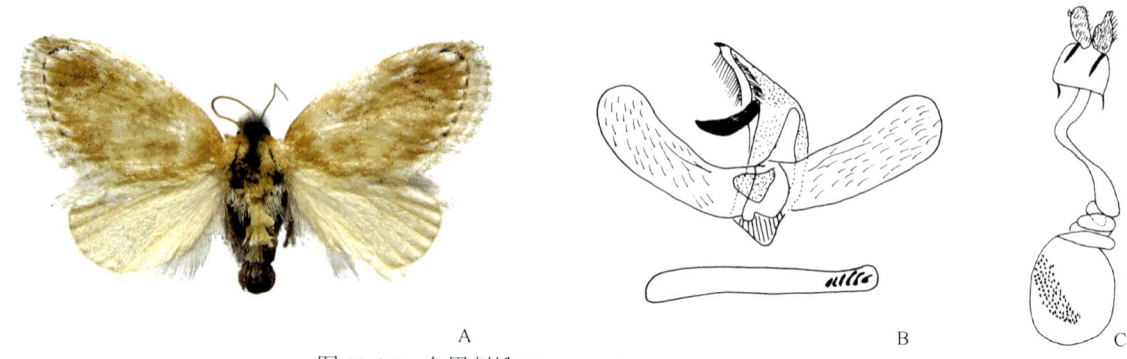

图 11-25 白眉刺蛾 *Narosa edoensis* Kawada, 1930
A. 成虫；B. 雄性外生殖器；C. 雌性外生殖器

（805）光眉刺蛾 *Narosa fulgens* (Leech, [1889])（图 11-26）

Heterogenea fulgens Leech, [1889] 1888: 609.
Narosa kanshireana Matsumura, 1927b: 87.
Narosa pseudochracea Hering, 1933: 203.
Narosa tamsi Lemée, 1950: 43.
Narosa fulgens: Okano & Pak, 1964: 3.

主要特征：成虫（图 11-26A）翅展约 22.0 mm。身体浅黄色，背面掺有红褐色。前翅浅黄色，布满淡红褐色斑点：内半部有 3 或 4 个，不清晰，向外斜伸，仅在后缘较可见；中央一个较大、较清晰，呈不规则弯曲；沿中央大斑外缘有 1 条浅黄白色的外线，外线内侧具小黑点；端线由 1 列小黑点组成。后翅浅黄色，端线暗褐色隐约可见。一些个体翅面的红褐色斑纹淡化，仅隐约可见。

雄性外生殖器（图 11-26B）：阳茎端基环宽大，末端有 1 长 1 短 2 对角突。

雌性外生殖器：见图 11-26C。

分布：浙江（临安）、北京、山东、河南、甘肃、安徽、湖北、江西、湖南、福建、台湾、海南、广西、四川、云南；朝鲜，日本。

注：外生殖器描述见《中国动物志》（武春生和方承莱，2023）。

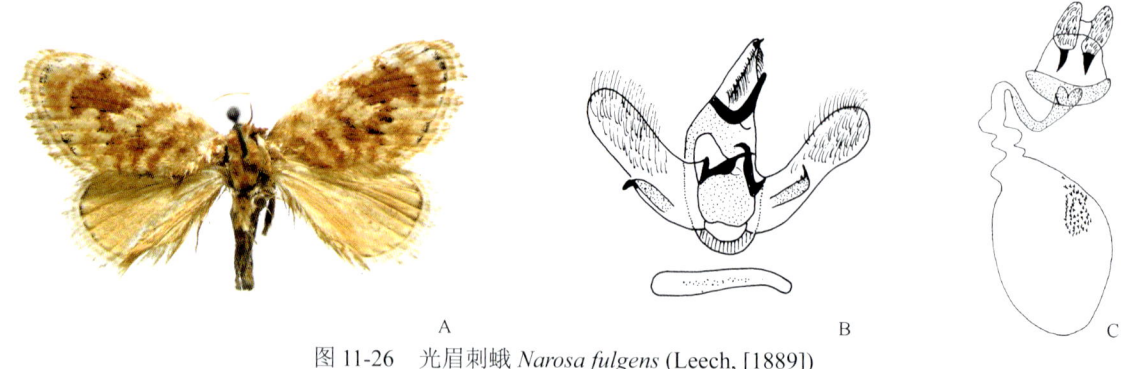

图 11-26 光眉刺蛾 *Narosa fulgens* (Leech, [1889])
A. 成虫；B. 雄性外生殖器；C. 雌性外生殖器

284. 娜刺蛾属 *Narosoideus* Matsumura, 1911

Narosoideus Matsumura, 1911: 75. Type species: *Narosoideus formosanus* Matsumura, 1911.

主要特征：雄性触角栉齿状分支到末端。下唇须前伸，不超过额毛簇。后足胫节只有 1 对端距。前翅

R_5 脉与 R_{3+4} 脉共柄，R_2 脉与该柄远离，R_1 脉的基部很靠近 Sc 脉。后翅 Rs 和 M_1 脉共柄或同出一点，$Sc+R_1$ 脉在中室中点之前由 1 横脉与中室上缘相连。

分布：东亚。世界已知 3 种，中国记录 3 种，浙江分布 3 种。

分种检索表

1. 翅展通常 35 mm 以上，前翅大部分呈红褐色，外线内侧有银灰色宽带 ························ 狡娜刺蛾 *N. vulpinus*
- 翅展在 35 mm 以下，前翅底色赭黄色 ··· 3
2. 前翅大部分或全部赭黄色，外线内侧无银灰色 ··························· 黄娜刺蛾 *N. fuscicostalis*
- 前翅有较多的褐色、红褐色或黑褐色鳞片，外线内侧衬银灰色边 ············ 梨娜刺蛾 *N. flavidorsalis*

（806）梨娜刺蛾 *Narosoideus flavidorsalis* (Staudinger, 1887)（图 11-27）

Heterogenea flavidorsalis Staudinger, 1887: 195.
Miresa inornata Butler, 1885a: 120.
Narosoideus flavidorsalis: Hering, 1931: 678.
Narosoideus micans Bryk, 1948: 218.

主要特征：成虫（图 11-27A）翅展 30.0–35.0 mm。外形与迹银纹刺蛾近似，但触角双栉齿状分支到末端（后者分支仅到基部 1/3）；全体褐黄色。前翅外线以内的前半部褐色较浓，有时有浓密的黑褐色鳞片，后半部黄色较显，其中 A 脉暗褐色，外缘较明亮；外线清晰暗褐色，无银色端线。后翅褐黄色，有时有较浓的黑褐色鳞片。暗色型（图 11-27B）翅面褐色，具 1 条黄白色宽横带从前缘延伸至后缘后，又延伸到翅基部。

雄性外生殖器：见图 11-27C。

雌性外生殖器：见图 11-27D。

分布：浙江（临安）、黑龙江、吉林、辽宁、北京、河北、山东、河南、陕西、湖北、江西、湖南、福建、广东、广西、四川、贵州、云南；俄罗斯（西伯利亚东南部），朝鲜，日本。

注：外生殖器描述见《中国动物志》（武春生和方承莱，2023）。

图 11-27 梨娜刺蛾 *Narosoideus flavidorsalis* (Staudinger, 1887)
A. 成虫；B. 成虫暗色型；C. 雄性外生殖器；D. 雌性外生殖器

（807）黄娜刺蛾 *Narosoideus fuscicostalis* (Fixsen, 1887)（图 11-28）

Heterogenea (*Miresa*) *flavidorsalis* var. *fuscicostalis* Fixsen, 1887: 337.
Narosoideus fuscicostalis: Hering, 1933: 206.

主要特征：成虫（图 11-28A）翅展 25.0–32.0 mm。外形与梨娜刺蛾近似，但全体赭黄色，身体稍带褐色。前翅外线较明显，暗黄褐色；外线以内的前缘褐色，向内伸展到中室上缘；后缘无黄斑。后翅通常带褐色。有的个体前翅中室以前及外线以外的区域密布褐色鳞片。

雄性外生殖器：见图 11-28B。

雌性外生殖器：见图 11-28C。

分布：浙江（杭州）、辽宁、北京、山东、陕西、甘肃；朝鲜。

注：外生殖器描述见《中国动物志》（武春生和方承莱，2023）。

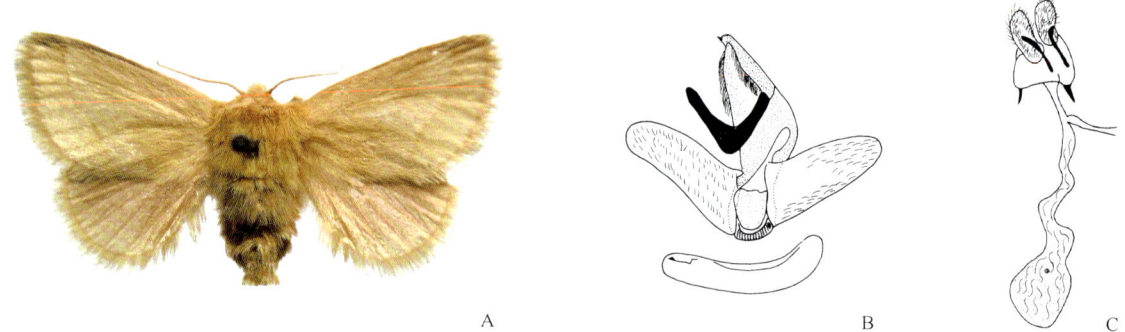

图 11-28　黄娜刺蛾 *Narosoideus fuscicostalis* (Fixsen, 1887)
A. 成虫；B. 雄性外生殖器；C. 雌性外生殖器

（808）狡娜刺蛾 *Narosoideus vulpinus* (Wileman, 1911)（图 11-29）

Vipsania vulpina Wileman, 1911b: 206.
Narosoideus formosanus Matsumura, 1911: 75.
Narosoideus apicipennis Matsumura, 1931c: 101.
Narosoideus vulpinus: Hering, 1931: 677.

主要特征：成虫（图 11-29A）翅展 35.0–45.0 mm。身体背面黄色，额和身体腹面红褐色；前翅褐黄色，外线以内的前半部较暗，红褐色；从 Cu_2 脉基部到后缘中央有 1 暗褐色微波浪形中线；外线暗褐色，从前缘到 M_3 脉一段稍外曲，以后较内曲；外线内侧衬有宽的银灰色边；在端线位置上同样蒙有 1 宽的银灰色带。后翅黄带褐色。

雄性外生殖器：见图 11-29B。

雌性外生殖器：见图 11-29C。

分布：浙江（临安）、山东、河南、陕西、甘肃、湖北、江西、湖南、福建、台湾、海南、广西、四川、云南。

注：外生殖器描述见《中国动物志》（武春生和方承莱，2023）。

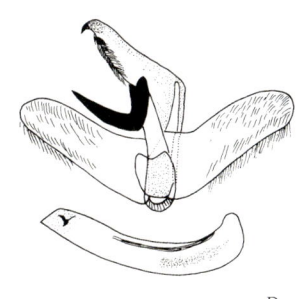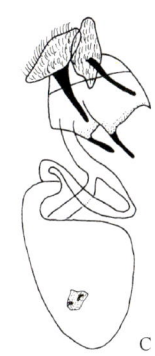

图 11-29　狡娜刺蛾 *Narosoideus vulpinus* (Wileman, 1911)
A. 成虫；B. 雄性外生殖器；C. 雌性外生殖器

285. 新扁刺蛾属 *Neothosea* Okano *et* Pak, 1964

Neothosea Okano *et* Pak, 1964: 6. Type species: *Thosea suigensis* Matsumura, 1931

主要特征：下唇须前伸。雄性触角端双栉齿状。后足胫节只有端距。前翅 R_{2-5} 脉共柄，R_1 脉直。后翅 M_1 与 Rs 共柄；$Sc+R_1$ 脉在中部之前与中室前缘相并接；中室下角长度明显超过上角。本属与扁刺蛾属 *Thosea* 近缘，但后足胫节只有 1 对距。雄性外生殖器与环刺蛾属 *Birthosea* 相似，但第 8 腹节没有 1 对毛束。

分布：中国和韩国。世界已知 2 种，中国记录 2 种，浙江分布 1 种。

（809）新扁刺蛾 *Neothosea suigensis* (Matsumura, 1931)（图 11-30）

Thosea suigensis Matsumura, 1931c: 107.
Neothosea suigensis: Okano & Pak, 1964: 6.
Birthosea trigrammoidea Wu *et* Fang, 2008a: 504.

主要特征：成虫（图 11-30A）翅展 20.0–25.0 mm。身体黄褐色到暗黄褐色，臀毛簇末端色较暗。前翅黄褐色到暗黄褐色，内线和中线浅灰黄色，细，两者平行（两者间形成暗色宽带），从前缘顶角之前分别斜伸到后缘基部的 1/3 处和 1/2 处；中室端点稍显；亚端线直，浅灰黄色，从前缘顶角前伸到臀角处；外缘颜色暗。后翅颜色与前翅相同。
雄性外生殖器：见图 11-30B。
雌性外生殖器：见图 11-30C。
分布：浙江（临安）、辽宁、北京、山东、河南、陕西、湖北；韩国。
注：外生殖器描述见《中国动物志》（武春生和方承莱，2023）。

图 11-30　新扁刺蛾 *Neothosea suigensis* (Matsumura, 1931)
A. 成虫；B. 雄性外生殖器；C. 雌性外生殖器

286. 斜纹刺蛾属 *Oxyplax* Hampson, [1893] 1892

Oxyplax Hampson, [1893] 1892: 372, 376. Type species: *Aphendala ochracea* Moore, [1883] 1882-1883.

主要特征：雄性触角长双栉齿状分支到末端。下唇须前伸。前翅的 M_2 和 M_3 脉总是远离。后翅 $Sc+R_1$ 脉在 1/3 处与中室前缘相连接。前翅有 1 条从后缘 1/2 伸到顶角的斜纹。雄性外生殖器的爪形突二分叉，末端密生刺突。

分布：东洋区。世界已知 7 种，中国记录 4 种，浙江分布 1 种。

(810) 灰斜纹刺蛾 *Oxyplax pallivitta* (Moore, 1877)（图 11-31）

Miresa pallivitta Moore, 1877a: 93.

Darna (*Oxyplax*) *pallivitta*: Holloway, 1986: 145.

主要特征：成虫（图 11-31A）翅展 18.0–24.0 mm。头和腹背灰褐色，胸背赭红色。前翅赭红带褐色，中室以上的前缘部分较暗，从翅顶到后缘中央有 1 条灰白色斜线，两侧具暗边，尤以外侧扩展至外缘。后翅灰褐色。

雄性外生殖器：（图 11-31B）爪形突 2 叶，末端钝，长椭圆形，其上密布短刺；颚形突弯钩形，端部宽大；背兜宽；抱器瓣基部宽，逐渐向端部变窄，末端较圆；抱器腹短宽。

雌性外生殖器：见图 11-31C。

分布：浙江（杭州）、山东、河南、江苏、安徽、湖北、江西、湖南、福建、台湾、广东、海南、广西、四川；日本，泰国，马来西亚，印度尼西亚。

注：外生殖器描述见《中国动物志》（武春生和方承莱，2023）。

图 11-31 灰斜纹刺蛾 *Oxyplax pallivitta* (Moore, 1877)
A. 成虫；B. 雄性外生殖器；C. 雌性外生殖器

287. 绿刺蛾属 *Parasa* Moore, [1860]

Parasa Moore, [1860]: 413. Type species: *Neaera chloris* Herrich-Schaffer, [1854].

Neaerasa Staudinger, 1892a: 298. Unnnecessary replacement name.

Callochlora Packard, 1864: 339.

主要特征：下唇须短，第 3 节很小，向前伸过额。触角雄性基半部双栉齿形，雌性线形。胸部披毛光滑。足短，密被毛，跗节具毛；后足胫节只有 1 对距。腹部短粗，具粗绒毛。前翅形状从近卵形到钝三角形；中室横脉分叉，把中室分成两部分，前部大于后部；R_3–R_5 脉共柄，R_2 脉与 R_{3-5} 脉共柄、分离或同出一点，R_1 脉直或弯曲。后翅中室后部较前部大，M_1 与 R_5 脉共柄或同出一点，R_4 脉近基部与中室前缘接合。

分布：世界广布。世界已知约 160 种，中国记录 50 余种，浙江分布 7 种。

分种检索表

1. 前翅基部无或只有很不明显的暗褐色点 ·· 两色绿刺蛾 *P. bicolor*
- 前翅基部有明显的暗褐色斑纹 ·· 2
2. 前翅基部的斑纹与后缘的暗褐色连成一条带 ·· 厢点绿刺蛾 *P. parapuncta*
- 前翅基部的斑纹独立 ·· 3
3. 前翅的基斑浅黄色，其外侧嵌有 1 块油迹状的暗红褐色大斑 ······················ 迹斑绿刺蛾 *P. pastoralis*
- 前翅的基斑暗红褐或紫褐色，无油迹状斑 ··· 4
4. 前翅的外缘带呈浅黄褐色 ··· 5
- 前翅的外缘带呈暗褐色 ·· 6
5. 前翅外缘带宽而其内缘呈大波状 ·· 宽黄缘绿刺蛾 *P. tessellata*
- 前翅外缘带窄而其内缘呈弧形 ·· 窄黄缘绿刺蛾 *P. consocia*
6. 前翅外缘带内边圆滑 ·· 丽绿刺蛾 *P. lepida*
- 前翅外缘带内边有齿形突 ··· 中国绿刺蛾 *P. sinica*

（811）两色绿刺蛾 *Parasa bicolor* (Walker, 1855)（图 11-32）

Neaera bicolor Walker, 1855: 1142.

Parasa bicolor: Hering, 1931: 696.

主要特征：成虫（图 11-32A）雌性体长 13.0–19.0 mm，翅展 37.0–44.0 mm；雄性体长 14.0–16.0 mm，翅展 30.0–34.0 mm。下唇须棕黄色。头顶、前胸背面绿色，腹部棕黄色，末端褐色较浓。雌性触角丝状，雄性栉齿状，末端 2/5 为丝状。复眼黑色。前翅绿色，前缘的边缘、外缘、缘毛黄褐色，在亚外缘线、外横线上有 2 列棕褐色小斑点，外横线上 2 点较大，亚外缘线上可见 4–6 个小斑点。后翅棕黄色。前、中足胫、跗节外侧褐色，余为黄色。

雄性外生殖器：见图 11-32B。

分布：浙江（临安、余杭）、河南、陕西、上海、湖北、江西、湖南、福建、台湾、广西、重庆、四川、云南；印度，缅甸，印度尼西亚。

注：外生殖器描述见《中国动物志》（武春生和方承莱，2023）。

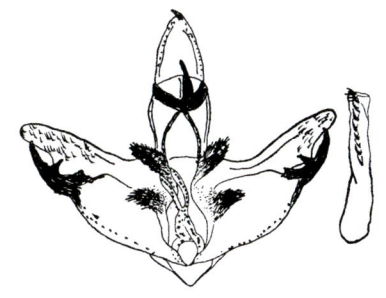

图 11-32 两色绿刺蛾 *Parasa bicolor* (Walker, 1855)
A. 成虫；B. 雄性外生殖器

（812）窄黄缘绿刺蛾 *Parasa consocia* Walker, 1865（图 11-33）

Parasa consocia Walker, 1865: 484.

别名：褐边绿刺蛾、黄缘绿刺蛾、青刺蛾、梨青刺蛾、绿刺蛾、大绿刺蛾、褐缘绿刺蛾

主要特征：成虫（图 11-33A）翅展 20.0–43.0 mm。头和胸背绿色，胸背中央有 1 红褐色纵线；腹部浅黄色。前翅绿色，基部红褐色斑在中室下缘和 A 脉上呈钝角形曲；外缘有 1 浅黄色带，一些个体的外缘带内还布满红褐色雾点（有些标本雾点稀疏，有些较浓密，在中央似呈 1 带），带内翅脉及带的内缘红褐色，后者与外缘平行圆滑。但个别个体前翅及胸背绿色部分变为黄色（仍能看到绿色），其他斑纹不变。

雄性外生殖器：见图 11-33B。

图 11-33　窄黄缘绿刺蛾 *Parasa consocia* Walker, 1865
A. 成虫；B. 雄性外生殖器

分布：浙江（临安、温州）、黑龙江、辽宁、北京、天津、河北、山东、河南、陕西、江苏、湖北、江西、福建、广东；俄罗斯，朝鲜，日本。

注：外生殖器描述见《中国动物志》（武春生和方承莱，2023）。

（813）丽绿刺蛾 *Parasa lepida* (Cramer, 1779)（图 11-34）

Noctua lepida Cramer, 1779: pl. 130, E.
Parasa lepida: Moore, 1883: 127.

主要特征：成虫（图 11-34A）雌性体长 16.5–18.0 mm，翅展 33.0–43.0 mm；雄性体长 14.0–16.0 mm，翅展 27.0–33.0 mm。头翠绿色，复眼棕黑色；触角褐色，雌性触角丝状，雄虫触角基部数节为单栉齿状。胸部背面翠绿色，有似箭头形褐斑。腹部黄褐色。前翅翠绿色，基斑紫褐色，尖刀形，从中室向上约伸达前缘的 1/4，外缘带宽，从前缘向后渐宽，灰红褐色，其内缘弧形外曲。后翅内半部黄色稍带褐色，外半部褐色渐浓。

雄性外生殖器：见图 11-34B。

图 11-34　丽绿刺蛾 *Parasa lepida* (Cramer, 1779)
A. 成虫；B. 雄性外生殖器

分布：浙江（临安、温州）、河北、陕西、甘肃、江苏、安徽、湖北、江西、湖南、福建、广东、广西、四川、贵州、云南、西藏；日本，印度，越南，斯里兰卡，印度尼西亚。

注：外生殖器描述见《中国动物志》（武春生和方承莱，2023）。

（814）厢点绿刺蛾 *Parasa parapuncta* (Cai, 1983)（图 11-35）

Latoia parapuncta Cai, 1983: 441.
Parasa parapuncta: Solovyev & Witt, 2009: 112.

主要特征：成虫（图 11-35A）体长 10.0–11.0 mm，雄性翅展 24.0 mm，雌性翅展 28.0 mm。下唇须和头暗红褐色，头顶和胸背黄绿色。腹部浅红褐色。前翅黄绿色，前缘红褐色；基斑稍宽，暗红褐色，外边稍呈波浪形，从前缘向后斜伸并与后缘和外缘的同色线相连；外缘线细，仅在 M_3 脉端上向内增大，呈 1 三角形小点，其上无银点；后缘三角形斑内半部有 1 斜伸的银纹；缘毛灰红褐色。后翅浅红褐色。

雄性外生殖器：见图 11-35B。

分布：浙江（临安）。

注：外生殖器描述见《中国动物志》（武春生和方承莱，2023）。

图 11-35 厢点绿刺蛾 *Parasa parapuncta* (Cai, 1983)
A. 成虫；B. 雄性外生殖器

（815）迹斑绿刺蛾 *Parasa pastoralis* Butler, 1885（图 11-36）

Parasa pastoralis Butler, 1885b: 63.

主要特征：成虫（图 11-36A）雌性体长 16.0–18.0 mm，翅展 38.0–42.0 mm；雄性体长 15.0–19.0 mm，翅展 28.0–37.0 mm。头翠绿色，复眼黑色，触角褐色。雌性触角丝状，雄性触角近基部 10 多节为单栉齿状。胸背翠绿色，前端有 1 小撮褐色毛。前翅翠绿色；翅基浅黄色，紧贴其外侧有 1 暗红褐色斑伸达翅中央；外缘线浅褐色，呈波状宽带；缘毛褐色。后翅浅褐色，缘毛褐色。足浅褐色。腹部浅褐色。

雄性外生殖器：见图 11-36B。

图 11-36 迹斑绿刺蛾 *Parasa pastoralis* Butler, 1885
A. 成虫；B. 雄性外生殖器

分布：浙江（杭州）、吉林、江西、湖南、福建、广东、广西、四川、云南；巴基斯坦，印度，不丹，尼泊尔，越南，印度尼西亚。

注：外生殖器描述见《中国动物志》（武春生和方承莱，2023）。

（816）中国绿刺蛾 *Parasa sinica* Moore, 1877（图 11-37）

Parasa sinica Moore, 1877a: 93.

Heterogenea hilarata Staudinger, 1887: 198.

Parasa notonecta Hering, 1931: 695.

主要特征：成虫（图 11-37A）体长 9.0–11.0 mm；翅展 23.0–26.0 mm。触角和下唇须为暗褐色。头顶和胸背绿色；腹背苍黄色；前翅绿色；基斑褐色；外缘线较宽，向内突出 2 钝齿：其一在 Cu_2 脉上，较大；另一在 M_2 脉上；外缘及缘毛黄褐色。后翅淡黄色，外缘稍带褐色，臀角暗褐色。

雄性外生殖器：见图 11-37B。

雌性外生殖器：见图 11-37C。

分布：浙江（临安、舟山）、黑龙江、吉林、北京、天津、河北、河南、陕西、甘肃、上海、湖北、江西、湖南、福建、台湾、广东、广西、四川、云南；俄罗斯，日本。

注：外生殖器描述见《中国动物志》（武春生和方承莱，2023）。

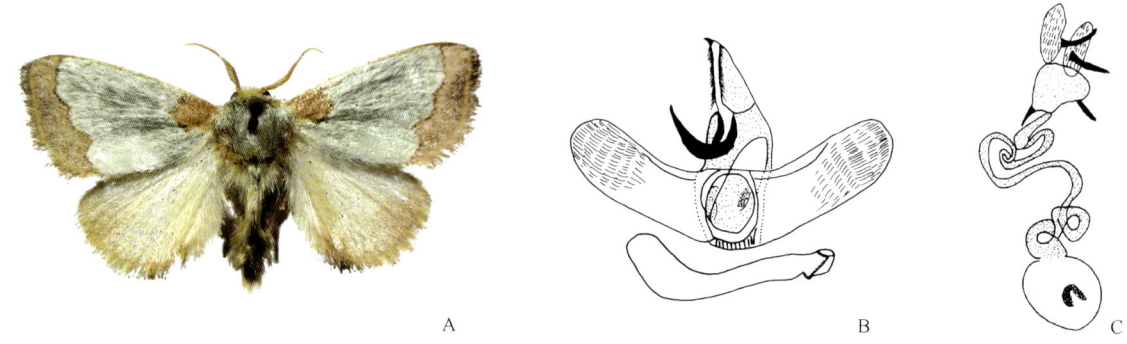

图 11-37　中国绿刺蛾 *Parasa sinica* Moore, 1877
A. 成虫；B. 雄性外生殖器；C. 雌性外生殖器

（817）宽黄缘绿刺蛾 *Parasa tessellata* Moore, 1877（图 11-38）

Parasa tessellata Moore, 1877a: 93.

主要特征：成虫（图 11-38A）翅展 20.0–43.0 mm。头和胸背绿色，胸背中央有 1 红褐色纵线。腹部和后翅浅黄色。前翅绿色；基部红褐色斑在中室下缘和 A 脉上呈钝角形曲；外缘有 1 浅黄色宽带，带内布满红褐色雾点，在中央似呈 1 带，带内翅脉和内缘红褐色，后者在前缘下和臀角处呈齿形内曲。后翅淡黄色，缘毛至少在臀角处呈红褐色。

雄性外生殖器：见图 11-38B。

分布：浙江（临安）、河南、陕西、甘肃、江苏、湖北、江西、湖南、广东、广西、四川、贵州。

注：由于外生殖器的相似性，本种长期作为窄黄缘绿刺蛾 *Parasa consocia* 的同物异名，Inoue（1992）将其独立出来，恢复其种级地位。该种在外形上与窄黄缘绿刺蛾 *P. consocia* 明显不同，前翅外缘带宽而其内缘呈波状，这与迹斑绿刺蛾 *P. pastoralis* 相同，但后者的基斑淡黄色且紧贴其外有污迹状斑。从分布上看，本种主要分布在中国中部和西部，而窄黄缘绿刺蛾主要分布在中国东北、华北地区及日本和朝鲜，两者在中国东南部交汇而同时、同域混合发生，但在中国东北和西部两者没有重叠。因此，尽管两者的外生殖器结构差异不显著，我们仍同意 Inoue（1992）的意见，将两者分开。由于两者长期混同，其幼期形态、寄主

植物及生物学习性有待进一步研究。

外生殖器描述见《中国动物志》（武春生和方承莱，2023）。

图 11-38　宽黄缘绿刺蛾 *Parasa tessellata* Moore, 1877
A. 成虫；B. 雄性外生殖器

288. 奕刺蛾属 *Phlossa* Walker, 1858

Phlossa Walker, 1858: 1673 (Noctuidae). Type species: *Phlossa fimbriares* Walker, 1858.
Phlossa: Swinhoe, 1892a: 233 (Limacodidae).

主要特征：雄性触角单栉齿状。前翅除 R_3 与 R_4 共柄外，其余各脉分离或同出一点。后翅 Rs 与 M_1 共短柄。雄性外生殖器具有刺蛾科的典型结构。雌性外生殖器的囊导管端部多少有些呈螺旋状，囊突 1 个、呈新月形。焰刺蛾属 *Iragoides* 的雄性外生殖器在阳茎端基环两侧有小突起，雌性外生殖器有相连的 2 个囊突。

分布：东洋区，少数扩展到古北区。世界已知 6 种，中国记录 4 种，浙江分布 2 种。

（818）枣奕刺蛾 *Phlossa conjuncta* (Walker, 1855)（图 11-39）

Limacodes conjuncta Walker, 1855: 1150.
Phlossa fimbriares Walker, 1858: 1673.
Miresa cuprea Moore, 1879: 74.
Phlossa conjuncta: Inoue, 1992: 102.

主要特征：成虫（图 11-39A）雌性翅展 29.0–33.0 mm，触角丝状；雄性翅展 28.0–31.5 mm，触角短栉齿状。全体褐色。头小，复眼灰褐色。胸背上部鳞毛稍长，中间微显褐红色，两边为褐色。腹部背面各节有似"人"字形的褐红色鳞毛。前翅基部褐色，其外缘形成直的内线；中部黄褐色；近外缘处有 2 块近似菱形的斑纹彼此连接，靠前缘一块为褐色，靠后缘一块为红褐色；横脉上有 1 个黑点。后翅为灰褐色。

雄性外生殖器：见图 11-39B。

雌性外生殖器：见图 11-39C。

分布：浙江（临安、舟山）、黑龙江、辽宁、北京、河北、山东、河南、陕西、甘肃、江苏、安徽、湖北、江西、湖南、福建、台湾、广东、海南、广西、四川、贵州、云南、西藏；朝鲜，日本，印度，尼泊尔，越南，泰国。

注：外生殖器描述见《中国动物志》（武春生和方承莱，2023）。

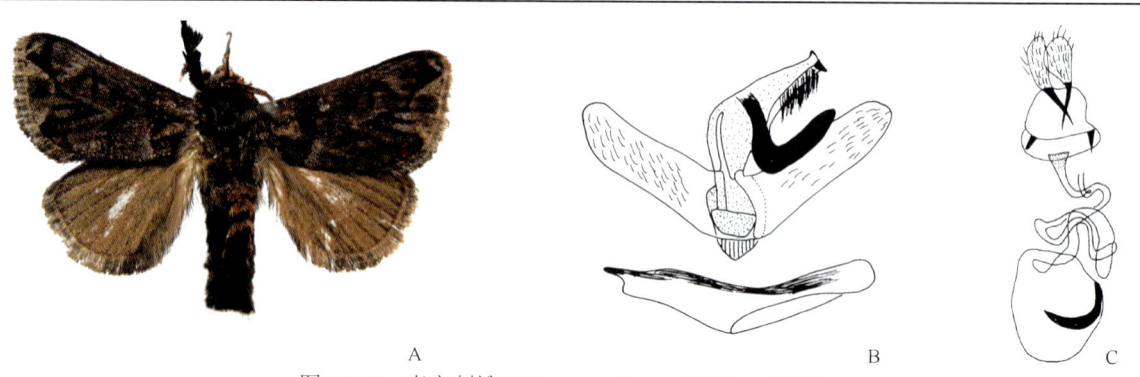

图 11-39　枣奕刺蛾 *Phlossa conjuncta* (Walker, 1855)
A. 成虫；B. 雄性外生殖器；C. 雌性外生殖器

（819）茶奕刺蛾 *Phlossa fasciata* (Moore, 1888)（图 11-40）

Aphendala fasciata Moore, 1888: 403.
Phlossa fasciata: Yoshimoto, 1994: 87.

主要特征：成虫（图 11-40A）翅展雄性 22.0–30.0 mm，雌性 32.0–36.0 mm。头、胸淡灰黄色，腹部淡灰黄色。前足胫节端部有 1 银白色小斑。前翅淡灰黄褐色，具雾状黑点；基部 1/3 红褐色较深；中线、外横线呈模糊影带，中线两侧及外缘衬有浅蓝灰色；中室端有黑色小点；外缘区灰色。后翅灰褐色。

雄性外生殖器：见图 11-40B。

雌性外生殖器：见图 11-40C。

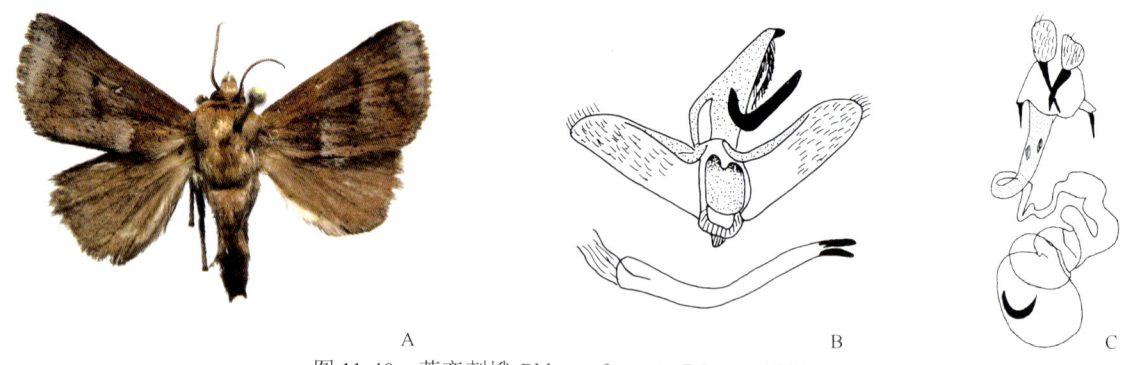

图 11-40　茶奕刺蛾 *Phlossa fasciata* (Moore, 1888)
A. 成虫；B. 雄性外生殖器；C. 雌性外生殖器

分布：浙江（杭州）、河南、陕西、湖北、江西、湖南、福建、台湾、广东、海南、广西、四川、贵州、云南；印度，尼泊尔。

注：外生殖器描述见《中国动物志》（武春生和方承莱，2023）。

289. 冠刺蛾属 *Phrixolepia* Butler, 1877

Phrixolepia Butler, 1877: 476. Type species: *Phrixolepia sericea* Butler, 1877.

主要特征：雄性触角细锯齿状。前翅 R_1 脉直，R_5 与 R_3+R_4 脉共柄，R_2 脉与该柄分离；中室内的 M 脉干不分叉。后翅 M_1 与 Rs 共柄短；$Sc+R_1$ 脉在基部与中室前缘并接。雄性外生殖器的爪形突长三角形；颚形突末端具稀疏的长柔毛或浓密的毛簇；抱器瓣相对地狭长，抱器腹基部有 2 个套叠角形突起，其基部内侧有 1 近新月形片。

分布：中国、越南、尼泊尔、日本及俄罗斯远东地区。世界已知 10 种，中国记录 7 种，浙江分布 1 种。

（820）浙冠刺蛾 *Phrixolepia zhejiangensis* Cai, 1986（图 11-41）

Phrixolepia zhejiangensis Cai, 1986: 183.

主要特征：成虫（图 11-41A）雄性翅展 22.5 mm。下唇须褐黄色。头和胸背暗褐色，后胸毛簇末端暗红褐色；腹背黄褐色。前翅除前缘外的内半部和整个后缘区暗紫褐色，其中中室以下的后缘区较暗，其余部分灰紫褐色，具丝质光泽；前缘褐黄色；中线纤细，灰白色，肘形曲，M_1 脉至后缘一段较直，外侧不衬灰色边；缘毛基部和末端灰白色，中间暗褐色。后翅褐带紫色；臀角有 1 松散暗紫褐色斑；缘毛与前翅的相似。

雄性外生殖器（图 11-41B）：爪形突相对地短粗，颚形突角形末端具浓密团形毛簇；抱器腹的 2 个角形突起明显地短宽，阳茎端基环呈苹果形。

分布：浙江（临安）、重庆。

注：外生殖器描述见《中国动物志》（武春生和方承莱，2023）。

图 11-41　浙冠刺蛾 *Phrixolepia zhejiangensis* Cai, 1986
A. 成虫；B. 雄性外生殖器

290. 伯刺蛾属 *Praesetora* Hering, 1931

Praesetora Hering, 1931: 672, 711. Type species: *Setora divergens* Moore, 1879.

主要特征：雄性触角基半部长双栉齿状，然后突然变短。下唇须中等长，前伸。后足胫节有 2 对距。前翅 R_2 脉与 R_{3-5} 脉的共柄分离；R_1 脉直；中室上角稍突出；2+3A 脉基部分叉。后翅 M_1 与 Rs 共柄；$Sc+R_1$ 脉在近基部与中室前缘相并接；中室下角长度稍超过上角。该属的种类中等大小，红褐色到黄褐色。前翅有 1 斜 1 直 2 条横线。前足胫节和腿节各有 1 白色端斑。雄性外生殖器的爪形突末端骨化，稍向腹面弯曲；抱器瓣基部有 1 突起，突起的末端有 1 组长刺突或短刺突。雌性外生殖器的囊导管细长，螺旋状，囊突新月形。

分布：东洋区。世界已知 5 种，中国记录 3 种，浙江分布 1 种。

（821）广东伯刺蛾 *Praesetora kwangtungensis* Hering, 1931（图 11-42）

Praesetora divergens kwangtungensis Hering, 1931: 711.
Praesetora kwangtungensis: Solovyev & Witt, 2009: 165.

主要特征：成虫（图 11-42A）翅展 23.0–36.0 mm。身体黄褐色，下唇须末端暗褐色。前翅黄褐色，有较多的暗色鳞片；横线暗褐色，两条斜线在前缘相距较远，内侧 1 条出自前缘端部 2/3 处，斜伸达后缘基部 1/3 处，外侧 1 条直，出自前缘端部 4/5 处，伸达臀角处；外缘暗褐色。后翅黄褐色。

雄性外生殖器：见图 11-42B。

雌性外生殖器：见图 11-42C。

分布：浙江（庆元）、江西、湖南、福建、海南、广西、贵州；越南。

注：外生殖器描述见《中国动物志》（武春生和方承莱，2023）。

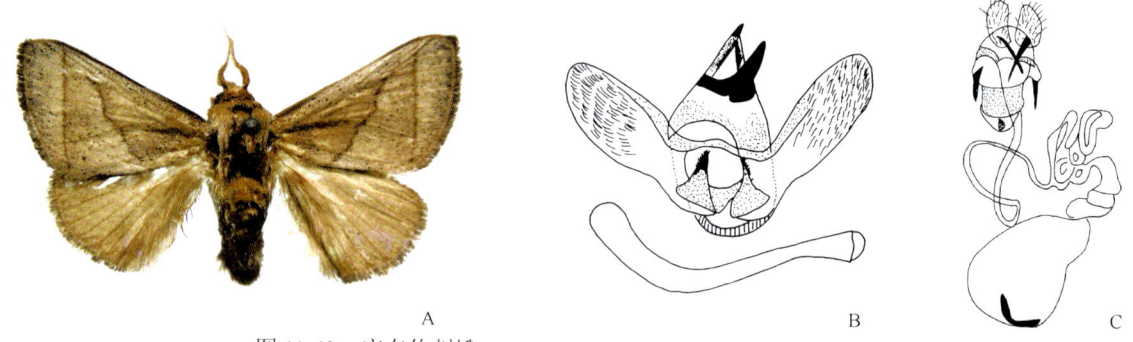

图 11-42 广东伯剌蛾 *Praesetora kwangtungensis* Hering, 1931
A. 成虫；B. 雄性外生殖器；C. 雌性外生殖器

291. 拟焰刺蛾属 *Pseudiragoides* Solovyev *et* Witt, 2009

Pseudiragoides Solovyev *et* Witt, 2009: 178. Type species: *Pseudiragoides spadix* Solovyev *et* Witt, 2009.

主要特征：体型中等大小，颜色变幅不大，底色浅红褐色。雄性触角双栉齿状，触角长度为前翅前缘的 2/3。前翅狭长，前缘稍凹，有中室端斑；R_5 与 R_3+R_4 的柄共柄，中室内 M 脉干发达，端部不分叉。雄性外生殖器的爪形突小而简单，腹面有较大的端突；颚形突发达，逐渐向端部变细；抱器瓣狭长；抱器腹狭长，末端有明显的齿突；阳茎端基环扁；阳茎细长，末端有 2 个刺突。本属外形上类似焰刺蛾属 *Iragoides*，但抱器腹窄短，末端有较大的刺突可与后者相区别。

分布：越南与中国。世界已知 3 种，中国记录 3 种（外形上没有明显区别，雄性外生殖器特征也很相似，仅阳茎末端的分叉不同），浙江分布 1 种。

（822）终拟焰刺蛾 *Pseudiragoides itsova* Solovyev *et* Witt, 2011（图 11-43）

Pseudiragoides itsova Solovyev *et* Witt, 2011: 36.

主要特征：成虫（图 11-43A）雄性前翅长 15.0–16.0 mm，翅展 32.0–34.0 mm。触角栉齿较长，从中部向端部逐渐变短直至消失。身体红褐色到黄褐色。前翅有界线不明显的中室端斑，翅外缘区颜色较暗。后翅颜色较深。

雄性外生殖器（图 11-43B）：爪形突小，腹面的端突较大；颚形突发达，端部逐渐变得细而尖；抱器瓣狭长，背缘凹，末端圆；抱器腹突末端有 6 个左右的齿突；阳茎端基环小而扁；阳茎细长，约为抱器瓣长度的 1.3 倍，侧面观稍曲，末端不对称的二分叉较长，其中长支伸向侧方。

分布：浙江（临安）、湖南、福建、广西、贵州、云南。

注：外生殖器描述见《中国动物志》（武春生和方承莱，2023）。

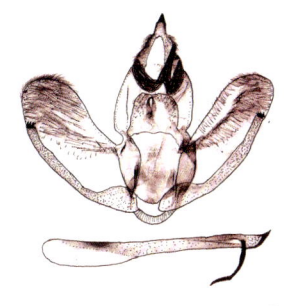

图 11-43　终拟焰刺蛾 *Pseudiragoides itsova* Solovyev *et* Witt, 2011
A. 成虫；B. 雄性外生殖器

292. 齿刺蛾属 *Rhamnosa* Fixsen, 1887

Rhamnosa Fixsen, 1887: 339. Type species: *Rhamnosa angulata* Fixsen, 1887.

Caniodes Matsumura, 1927b: 91.

Rnamnopsis Matsumura, 1931c: 101.

主要特征：雄性触角栉齿状到末端。前翅后缘中央有 1 齿形突。后翅的缘毛在臀角处加长，淡黑色。前翅 R_1 脉基部强烈弯曲，端部 2/3 与 Sc 脉靠近；R_5 与 R_3+R_4 脉共柄。后翅 M_1 与 Rs 同共柄；$Sc+R_1$ 脉出自中室基部。雄性外生殖器常有抱器背基突，阳茎端基环端部侧缘常有 1 对长突起，阳茎端部常有 1 组小刺突。雌性外生殖器的第 8 腹板较骨化，上密布微刺突；囊导管很长，端部螺旋状，交配囊大部分区域有密集程度不同的微刺小斑块。

分布：东亚。世界已知 8 种，中国记录 7 种，浙江分布 3 种。

分种检索表

1. 体翅浅红褐色 ··· 角齿刺蛾 *R. kwangtungensis*
- 体翅灰褐黄色到灰黄色 ··· 2
2. 前翅只有 1 条外线 ·· 灰齿刺蛾 *R. uniformis*
- 前翅有 2 条明显的横线 ·· 锯齿刺蛾 *R. dentifera*

（823）锯齿刺蛾 *Rhamnosa dentifera* Hering *et* Hopp, 1927（图 11-44）

Rhamnosa dentifera Hering *et* Hopp, 1927: 82.

主要特征：成虫（图 11-44A）翅展 25.0–32.0 mm。全体灰褐黄色，胸背竖立毛簇末端暗红褐色。前翅灰褐色，具丝质光泽，中部有 2 条平行的暗褐色横线，分别从前缘近翅顶和 3/4 处向后斜伸至后缘 1/3 和齿形毛簇外缘。后翅黄色稍浓，臀角暗褐色。

雄性外生殖器（图 11-44B）：抱器瓣长，基部宽，逐渐向端部变窄，末端宽圆；抱器背基突长刺状；阳茎端基环盾状，末端中部有 1 长刺突，两侧有 1 对较短的刺突；囊形突短宽；阳茎细长，近基部弯曲，端部有 1 簇长刺突。

雌性外生殖器：见图 11-44C。

分布：浙江（杭州）、北京、山东、河南、陕西、甘肃、湖北。

注：外生殖器描述见《中国动物志》（武春生和方承莱，2023）。

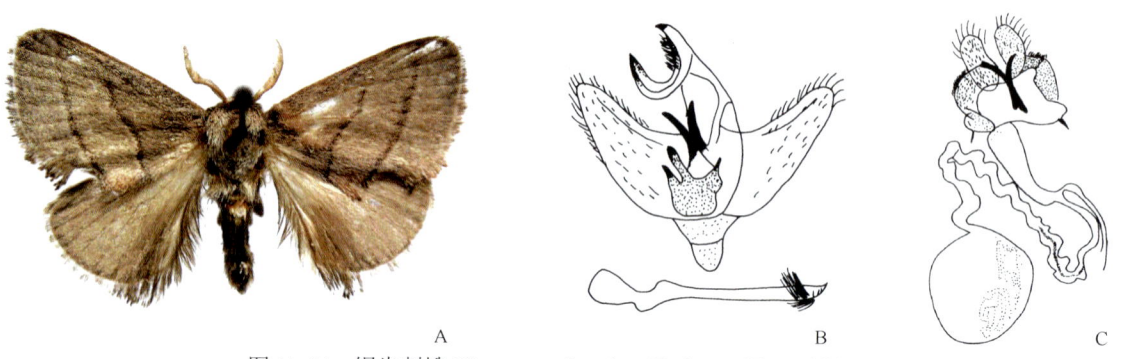

图 11-44 锯齿刺蛾 *Rhamnosa dentifera* Hering et Hopp, 1927
A. 成虫；B. 雄性外生殖器；C. 雌性外生殖器

（824）角齿刺蛾 *Rhamnosa kwangtungensis* Hering, 1931（图 11-45）

Rhamnosa angulata kwangtungensis Hering, 1931: 679.
Rhamnosa (Rhamnosa) kwangtungensis: Solovyev & Witt, 2009: 83.

主要特征：成虫（图 11-45A）翅展 26.0–36.0 mm。头和胸背浅红褐色；腹部褐黄色。前翅浅红褐色，有 2 条暗色平行的斜线，分别从前缘近翅顶和 3/4 处向后斜伸至后缘 1/3 和齿形毛簇外缘。后翅褐黄色，臀角暗褐色。

雄性外生殖器（图 11-45B）：抱器瓣狭长，末端圆；囊形突短宽；阳茎细长，末端有许多小刺突。

雌性外生殖器：见图 11-45C。

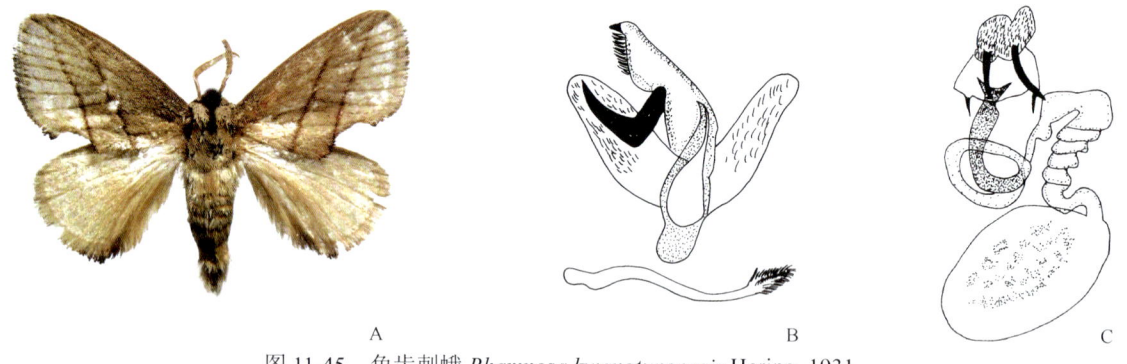

图 11-45 角齿刺蛾 *Rhamnosa kwangtungensis* Hering, 1931
A. 成虫；B. 雄性外生殖器；C. 雌性外生殖器

分布：浙江（临安）、陕西、甘肃、湖北、江西、湖南、福建、广东、广西、四川；俄罗斯。

注：外生殖器描述见《中国动物志》（武春生和方承莱，2023）。

（825）灰齿刺蛾 *Rhamnosa uniformis* (Swinhoe, 1895)（图 11-46）

Narosa uniformis Swinhoe, 1895: 7.
Caniodes takamukui Matsumura, 1927b: 91.
Rhamnosa uniformis: Hering, 1931: 679.
Rhamnosa uniformis rufina Hering, 1931: 679.

主要特征：成虫（图 11-46A）翅展 30.0–31.0 mm。全体灰褐黄色，胸背竖立毛簇的末端红褐色。前翅稍具丝质光泽，只有 1 条由暗褐色点组成的外线，从前缘近翅顶伸至后缘齿形毛簇的外缘；有些个体翅脉带土红色调，中室端有 2 个不明显的黑点。后翅黄色稍浓，臀角暗褐色。

雄性外生殖器（图 11-46B）：抱器瓣狭长，末端圆；抱器背基突叶状，末端有数个大刺；阳茎端基环大，末端中部有 1 小齿突，两侧有 1 对狭长的突起；突形囊突不明显；阳茎细长，末端有许多小刺突。

雌性外生殖器：见图 11-46C。

分布：浙江（临安）、湖北、江西、福建、台湾、广东、海南、四川、贵州、云南；印度。

注：外生殖器描述见《中国动物志》（武春生和方承莱，2023）。

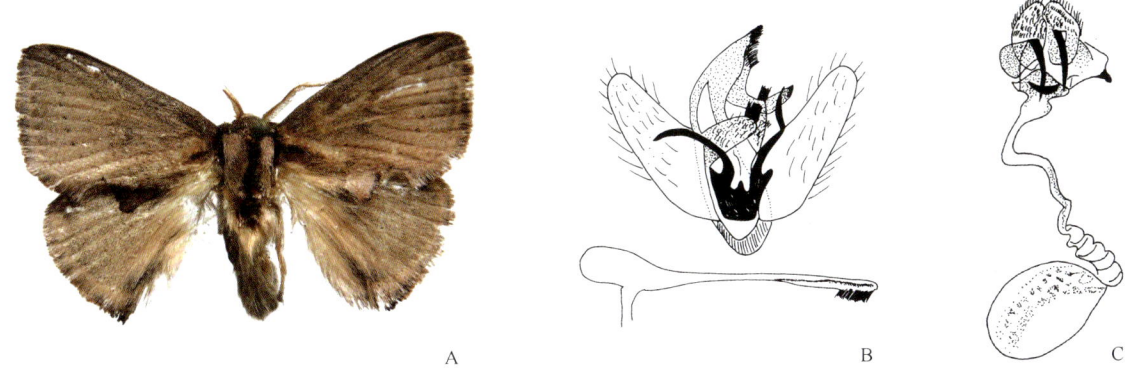

图 11-46 灰齿刺蛾 *Rhamnosa uniformis* (Swinhoe, 1895)
A. 成虫；B. 雄性外生殖器；C. 雌性外生殖器

293. 球须刺蛾属 *Scopelodes* Westwood, 1841

Scopelodes Westwood, 1841: 222. Type species: *Scopelodes unicolor* Westwood, 1841.

Asbolia Herrich-Schaffer, 1855: 87.

Bethura Walker, 1862a: 173.

主要特征：该属的种类大型，强壮。雄性触角基部 1/2 双栉齿状。下唇须第 3 节极长，上有鳞毛刷。足端部也有刷状构造。后足胫节有 2 对很短的距，很难发现。腹部和后翅（至少后缘）呈黄色，腹部背面有黑色横带。前翅除翅脉较明显外，没有什么变化。前翅 R_1 脉直，R_5 与 R_3+R_4 脉共柄，R_2 脉与该柄同出一点。后翅 M_1 与 Rs 共柄；$Sc+R_1$ 脉在近基部由 1 横脉与中室前缘相连。雄性外生殖器在大多数种类中具有刺蛾科的典型结构，种间差异不明显，至多阳茎的角状器有一定差异。

分布：古北区、东洋区、澳洲区。世界已知 20 余种，中国记录 8 种，浙江分布 3 种。

分种检索表

1. 后翅端部颜色暗而翅脉十分明显 ·················· 显脉球须刺蛾 *S. kwangtungensis*
- 后翅翅脉不显或稍显 ·················· 2
2. 前翅中室内有 1 灰黄色的纵带 ·················· 灰褐球须刺蛾 *S. sericea*
- 前翅中室内有 1 黑褐色的纵带 ·················· 纵带球须刺蛾 *S. contracta*

（826）纵带球须刺蛾 *Scopelodes contracta* Walker, 1855（图 11-47）

Scopelodes contracta Walker, 1855: 1105.

主要特征：成虫（图 11-47A）雌性体长 17.0–20.0 mm，翅展 43.0–45.0 mm；雄性体长 13.0–15.0 mm，翅展 30.0–33.0 mm。触角雄性栉齿状，雌性丝状。下唇须端部毛簇褐色，末端黑色。头和胸背面暗灰。腹部橙黄，末端黑褐，背面每节有 1 黑褐色横纹，这些横纹在雄性中几乎总是连成 1 条宽的纵带。雄性前翅暗褐到黑褐，雌性褐色。翅的后缘、外缘有银灰色缘毛。雄性前翅中央有 1 条黑色纵纹，从中室中部伸至亚顶端（多不达翅顶），雌性此纹则不甚明显。后翅除外缘有银灰色缘毛外，其余为灰黑色；雄性后翅灰色。

雄性外生殖器：见图 11-47B。

雌性外生殖器：见图 11-47C。

分布：浙江（杭州）、北京、河南、陕西、甘肃、江苏、湖北、江西、台湾、广东、海南、广西；日本，印度。

注：外生殖器描述见《中国动物志》（武春生和方承莱，2023）。

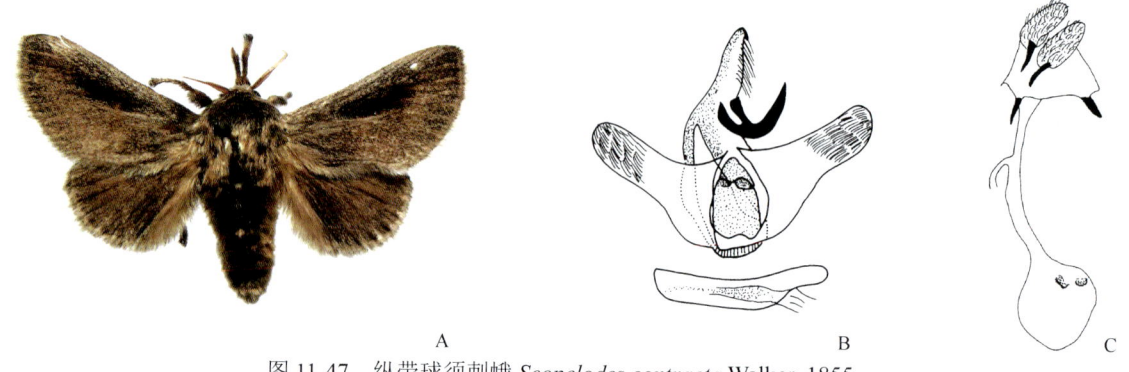

图 11-47　纵带球须刺蛾 *Scopelodes contracta* Walker, 1855
A. 成虫；B. 雄性外生殖器；C. 雌性外生殖器

（827）显脉球须刺蛾 *Scopelodes kwangtungensis* Hering, 1931（图 11-48）

Scopelodes venosa kwangtungensis Hering, 1931: 689.
Scopelodes venosa kwangtungensis f. *brunnea* Hering, 1931: 689.
Scopelodes kwangtungensis: Solovyev & Witt, 2009: 141.

主要特征：成虫（图 11-48A）翅展 46.0–50.0 mm。下唇须长，向上伸过头顶，端部毛簇整个白色或浅棕色；头和胸背黑褐色；腹背橙黄色，背中央从第 3 节开始每节有 1 黑褐色横带，末节黑褐色。前翅暗褐色到黑褐色（雌性色较淡），满布银灰色鳞片；中室内的颜色较暗，形成 1 条模糊的纵带；缘毛基部褐色似成 1 带，端部淡黄色。后翅基部 1/3 和后缘黄色，其余黑褐色，外半部翅脉淡黄色，因底色暗而翅脉浅亮，所以整个翅脉很明显；缘毛同前翅。

雄性外生殖器：见图 11-48B。

雌性外生殖器：见图 11-48C。

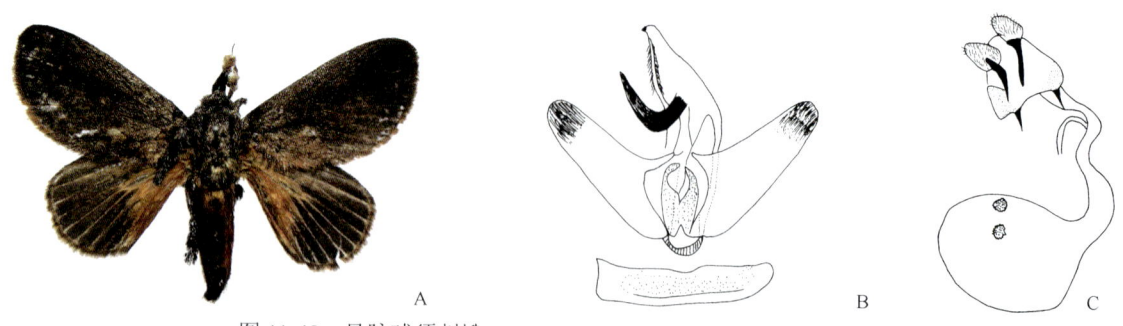

图 11-48　显脉球须刺蛾 *Scopelodes kwangtungensis* Hering, 1931
A. 成虫；B. 雄性外生殖器；C. 雌性外生殖器

分布：浙江（临安）、甘肃、湖北、江西、湖南、福建、广东、海南、广西、四川、贵州、云南、西藏；印度，缅甸，越南，泰国。

注：外生殖器描述见《中国动物志》（武春生和方承莱，2023）。

（828）灰褐球须刺蛾 *Scopelodes sericea* Butler, 1880（图 11-49）

Scopelodes sericea Butler, 1880a: 63.
Scopelodes tantula melli Hering, 1931: 689.

主要特征：成虫（图 11-49A）翅展 44.0–54.0 mm。下唇须长，向上伸过头顶，黄褐色，端部毛簇黄褐色，末端黑褐色；头和胸背暗黄褐色；腹背橙黄色，背中央从第 3 节开始每节有 1 黑褐色横带，末节黑褐色。前翅黄褐色，外缘较暗，中域满布银灰色鳞片而显得较亮；中室内有 1 条明显的灰黄色纵带，该纹上方较暗；缘毛黄褐色。后翅基部 1/3 和后缘黄色，其余浅黑褐色，外半部翅脉淡黄色，较明显；缘毛同前翅。

雄性外生殖器：见图 11-49B。

雌性外生殖器：见图 11-49C。

分布：浙江（杭州）、河南、甘肃、湖北、江西、福建、广东、海南、广西、四川、贵州、云南；印度，越南。

注：外生殖器描述见《中国动物志》（武春生和方承莱，2023）。

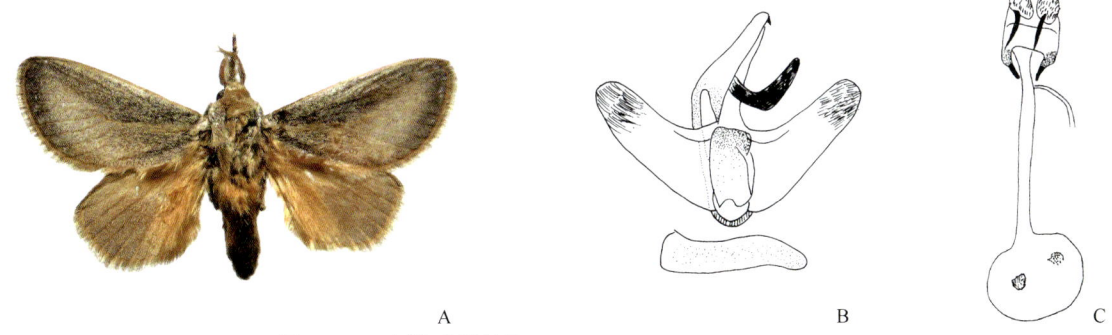

图 11-49 灰褐球须刺蛾 *Scopelodes sericea* Butler, 1880
A. 成虫；B. 雄性外生殖器；C. 雌性外生殖器

294. 褐刺蛾属 *Setora* Walker, 1855

Setora Walker, 1855: 978, 1069. Type species: *Setora nitens* Walker, 1855.

主要特征：触角基部长双栉齿状。下唇须中等长，前伸。后足胫节有 2 对距。前翅 R_2 脉出自中室上角，与 R_{3-5} 脉的共柄同出一点或与其共柄；R_1 脉直；2+3A 脉基部分叉。后翅 M_1 与 Rs 共柄；$Sc+R_1$ 脉在近基部与中室前缘相并接；中室下角稍超过上角。褐色种类，前翅有铜金属光泽或铜色斑纹，有 1 条斜而弯曲的外线和 1 条松散或模糊的亚端线；一些种类前缘亚端有 1 条浅褐色的三角形带；大多数种类前足胫节有 1 个白斑。

分布：东洋区。世界已知 11 种，中国记录 3 种，浙江分布 1 种。

（829）桑褐刺蛾 *Setora sinensis* Moore, 1877（图 11-50）

Setora sinensis Moore, 1877a: 93.

Thosea postornata Hampson, 1900a: 231.

主要特征：成虫（图 11-50A）雌性体长 17.5–19.5 mm，翅展 38.0–41.0 mm；雄虫体长 17.0–18.0 mm，翅展 30.0–36.0 mm。体褐色至深褐色，雌性体色较浅，雄虫体色较深。前足腿节末端有白斑。复眼黑色。前翅灰褐色到粉褐色；中线从前缘离翅基 2/3 处斜伸到后缘 1/3 处，内侧衬浅色影带；外线较垂直，内侧衬浅色影带，外侧衬铜斑不清晰，仅在臀角呈梯形；外线外侧到翅顶的前缘无灰色斑。黑色型则全体黑色，前翅中部的浅色斜线宽而明显，外线不明显，外线外侧有模糊的棕色窄带。

雄性外生殖器：见图 11-50B。

雌性外生殖器：见图 11-50C。

分布：浙江、北京、山东、河南、陕西、甘肃、江苏、湖北、江西、湖南、福建、台湾、广东、海南、广西、四川、云南；印度，尼泊尔。

注：外生殖器描述见《中国动物志》（武春生和方承莱，2023）。

图 11-50 桑褐刺蛾 *Setora sinensis* Moore, 1877
A. 成虫；B. 雄性外生殖器；C. 雌性外生殖器

295. 条刺蛾属 *Striogyia* Holloway, 1986

Striogyia Holloway, 1986: 136. Type species: *Striogyia snelleni* Holloway, 1986.

主要特征：雄性触角线状。后足胫节有 2 对距。前翅有 1 条斜线，R_3 与 R_4 脉共柄，R_2 基部与之靠近，其余各脉分离。雄性外生殖器的抱器瓣分为二叶。雌雄外生殖器的囊导管螺旋状，囊突 1 个。

分布：东洋区。世界已知 3 种，中国记录 1 种，浙江分布 1 种。

（830）黑条刺蛾 *Striogyia obatera* Wu, 2011（图 11-51）

Striogyia obatera Wu, 2011: 250.

主要特征：成虫（图 11-51A）翅展 19.0–23.0 mm。下唇须长，末端尖，前伸。身体褐色。前翅褐色，有不规则分布的黑色条纹；亚端线浅灰色，直，从前缘近顶角处向后斜伸至后缘端部 3/4 处。后翅暗褐色。

雄性外生殖器（图 11-51B、C）：第 8 腹板端缘中央弧形内凹，端部密生短刺毛。背兜骨化程度弱，爪形突和颚形突消失；抱器瓣亚基部窄，端部略呈椭圆形，抱器背基突左右相连，各有 1 长 1 短 2 个突起，长者超过抱器瓣长度的一半，末端尖；阳茎端基环环形，端部有 1 梯形长突。

雌性外生殖器：见图 11-51D。

分布：浙江（杭州）、上海、贵州。

注：外生殖器描述见《中国动物志》（武春生和方承莱，2023）。

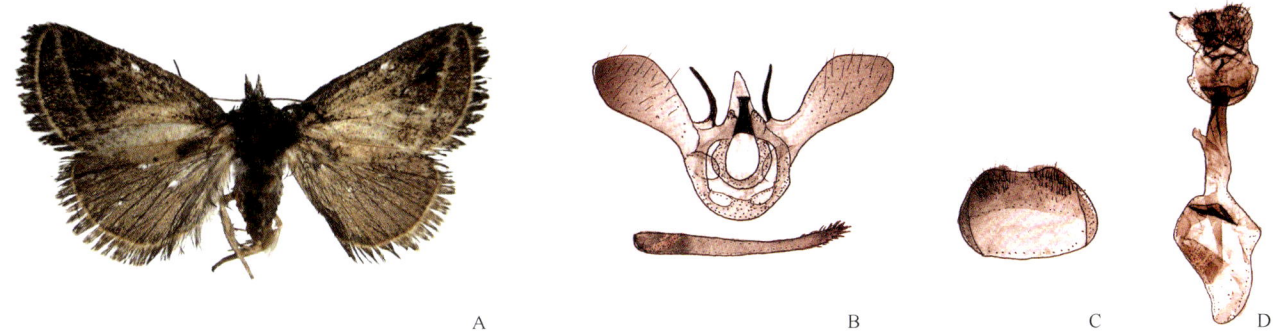

图 11-51 黑条刺蛾 *Striogyia obatera* Wu, 2011
A. 成虫；B. 雄性外生殖器；C. 第 8 腹节；D. 雌性外生殖器

296. 素刺蛾属 *Susica* Walker, 1855

Susica Walker, 1855: 1103, 1113. Type species: *Susica pallida* Walker, 1855, by monotypy.
Tadema Walker, 1856: 1758.

主要特征：雄性触角长双栉齿状分支几乎到端部，然后突然变短。下唇须伸过额毛簇，在雌性中有的极长，似长须刺蛾属 *Hyphorma*。后足胫节有 2 对距。前翅 R_2 脉独立，R_{3-5} 脉共柄，中室端脉二分叉，2+3A 脉基部分叉。后翅 M_1 与 Rs 共柄；$Sc+R_1$ 脉由 1 横脉在中部之前与中室前缘相连；中室下角明显超过前角。雄性外生殖器分为 2 种类型：第一类第 8 腹板和第 8 背板特化，颚形突退化；另一类则具有典型的刺蛾科结构，第 8 腹板和背板不特化，颚形突发达。

分布：东洋区。世界已知 10 种，中国记录 3 种，浙江分布 1 种。

（831）华素刺蛾 *Susica sinensis* Walker, 1856（图 11-52）

Susica sinensis Walker, 1856: 1759.
Susica formosana Wileman, 1911b: 151.
Susica fusca Matsumura, 1911: 80.

主要特征：成虫（图 11-52A）翅展 29.0–40.0 mm。头和胸背黄白带褐色；腹部黄褐色。前翅黄褐色具丝质光泽，有 2 条暗褐色横线：外线从前缘约 3/4 向内斜伸至后缘基部 1/3，在 R_5 脉稍外曲；亚端线从前缘近翅顶向后伸至 M_3 脉时通常消失（有时则连续通至后缘），其中在 R_3 与 R_4 脉间向内呈齿形曲；横脉纹松散暗褐色；外线外侧 M_2–M_3 脉间基部有 1 黑点，外线以内的 A 脉上有 1 银白纵纹。后翅暗褐色。

雄性外生殖器：见图 11-52B、C。
雌性外生殖器：见图 11-52D。
分布：浙江（临安）、甘肃、江苏、安徽、湖北、江西、湖南、福建、台湾、海南、广西、四川、贵州、云南；越南。

注：外生殖器描述见《中国动物志》（武春生和方承莱，2023）。

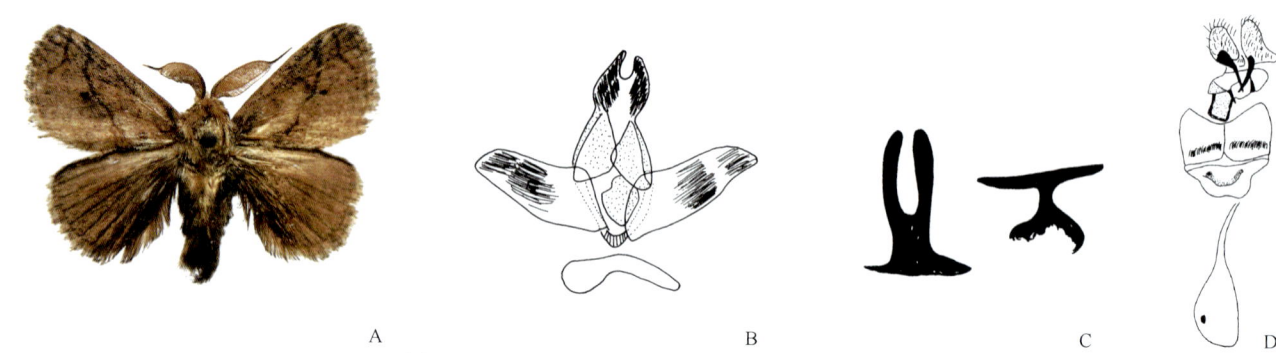

图 11-52 华素刺蛾 *Susica sinensis* Walker, 1856
A. 成虫；B. 雄性外生殖器；C. 第 8 腹节；D. 雌性外生殖器

297. 扁刺蛾属 *Thosea* Walker, 1855

Thosea Walker, 1855: 979, 1068. Type species: *Thosea unifascia* Walker, 1855, by monotypy.
Anzabe Walker, 1855: 1093.
Autocopa Meyrick, 1889b: 457.
Dasycomota Lower, 1902: 220.
Quasithosea Holloway, 1987: 66.

主要特征：雄性触角短双栉齿状分支几乎到端部。下唇须前伸。前翅 R_2 脉独立，几乎出自中室上角；R_{3-5} 脉共柄；2+3A 脉基部分叉。后翅 M_1 与 Rs 共柄；$Sc+R_1$ 脉在中部之前与中室前缘相并接；中室下角明显超过上角。本属由 Holloway（1986）进行了重新限定，仅包括那些褐色及灰色的种类，其前翅有 1 个暗色的中室端斑（点状）及 1 条多少有些斜直的暗色外线，有时中部和亚外缘有暗色影带。许多种类前足胫节末端有 1 银白色点斑。雄性外生殖器的爪形突末端的尖突是爪形突本身的延伸，而不是从腹面伸出的突起，抱器瓣基部有 1 十分狭长的突起。雌性外生殖器的囊导管呈螺旋状，囊突新月形。

分布：东洋区及澳洲区。世界已知 30 余种，中国记录 12 种，浙江分布 1 种。

（832）中国扁刺蛾 *Thosea sinensis* (Walker, 1855)（图 11-53）

Anzabe sinensis Walker, 1855: 1093.
Thosea sinensis: Kirby, 1892: 531.
Susica taiwana Shiraki, 1913: 401.
Rhamnosa bifurcivalva Wu et Fang, 2009b: 255.

主要特征：成虫（图 11-53A）雌性体长 16.5–17.5 mm，翅展 30.0–38.0 mm；雄虫体长 14.0–16.0 mm，翅展 26.0–34.0 mm。头部灰褐色，复眼黑褐色；触角褐色。前足胫节端部有白点。胸部灰褐色。前翅褐灰到浅灰色，内半部和外线以外带黄褐色并稍具黑色雾点；外线暗褐色，从前缘近翅顶向后斜伸到后缘中央前方；横脉纹为 1 黑色圆点。后翅暗灰到黄褐色。南方种群的体型大于北方种群，中室端的黑点较北方种群明显。

雄性外生殖器（图 11-53B）：抱器瓣略呈长方形，腹缘尖削状突出，背缘纵条状反卷折叠，末端较尖，抱器瓣基突狭长（明显长于抱器瓣）。

雌性外生殖器：见图 11-53C。

分布：浙江（临安、宁波）、辽宁、北京、河北、河南、陕西、甘肃、江苏、湖北、江西、湖南、福建、台湾、广东、海南、香港、广西、四川、贵州、云南；韩国，越南。

注：外生殖器描述见《中国动物志》（武春生和方承莱，2023）。

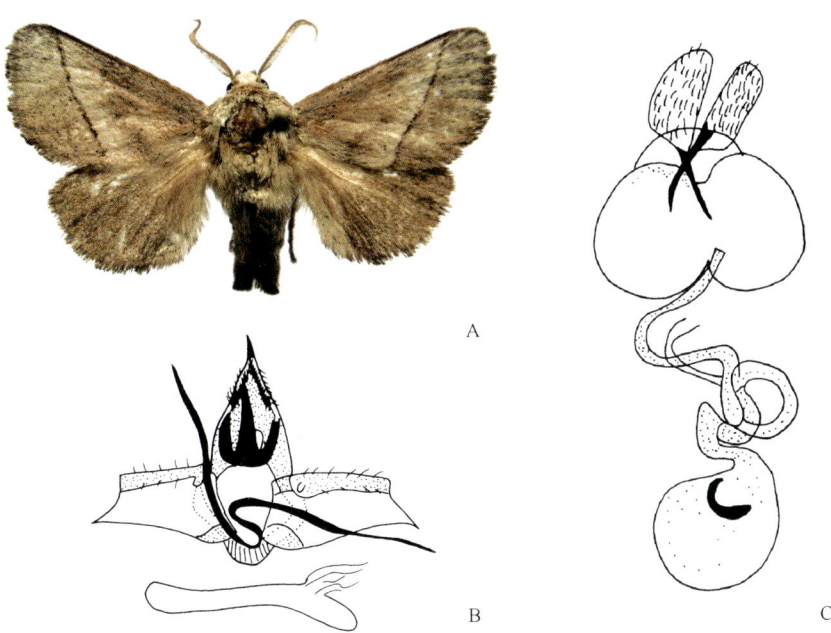

图 11-53　中国扁刺蛾 *Thosea sinensis* (Walker, 1855)
A. 成虫；B. 雄性外生殖器；C. 雌性外生殖器

二十八、斑蛾科 Zygaenidae

主要特征：体小至大型。口器发达，下唇须短；下颚须退化。具毛隆。触角线形或棍棒状，雄性多为栉齿状。前足胫节净角器有或无。翅多数有金属光泽，少数暗淡。身体狭长，有些在后翅具燕尾形突出，形如蝴蝶。成虫颜色鲜艳夺目，白天飞翔花丛间。幼虫身体有毛疣，为害果树和杉木（王平远，1981）。

分布：主要分布于古北区、亚洲的热带和亚热带地区。世界已知 1200 种左右（Yen et al., 2005），中国记录 140 种以上，浙江分布 3 亚科 17 属 29 种。

分亚科检索表（参照 Epstein et al., 1999）

1. 雄性具后翅-腹部香鳞，雌性腹部第 8–10 节形成具功能的肛瓣 ·················· 锦斑蛾亚科 Chalcosiinae
- 雄性无后翅-腹部香鳞，雌性无可外翻、可动的、具功能的肛瓣 ··································· 2
2. 雄性外生殖器具 1 个钩形突 ··· 小斑蛾亚科 Procridinae
- 雄性外生殖器钩形突常二分裂 ·· 斑蛾亚科 Zygaeninae

（一）锦斑蛾亚科 Chalcosiinae

主要特征：体型变化大，小至大型，翅展 10.0–120.0 mm。雌雄性触角通常双栉形。具喙。具单眼。下唇须常短小。前足胫节无距，中足和后足胫节分别具 1 对距。体或多或少具绿色或蓝色金属光泽，斑纹红色、黄色或白色。雄性成虫具后翅-腹部香鳞。多数种类翅宽大，习性似蝴蝶。

分布：主要分布于亚洲东南部。世界已知 300 种左右，中国记录尚不清楚，浙江分布 6 属 7 种。

分属检索表

1. 翅端部翅脉强烈弯曲；翅脉间均匀散布红色、黄色或白色斑，基部为条状斑，端部为斑块状 ······ 旭锦斑蛾属 *Campylotes*
- 翅端部翅脉正常，斑纹亦不如上述 ··· 2
2. 前翅带为红色，起自翅基部，有时前翅全翅或大部分为红色 ························· 眉锦斑蛾属 *Rhodopsona*
- 前翅无带，若有带亦不为红色 ··· 3
3. 后翅颜色均匀黑色，偶具黄带或在前缘有 1 黄点 ··· 带锦斑蛾属 *Pidorus*
- 后翅颜色不均匀 ·· 4
4. 翅面斑纹常呈大小不等的斑块状，若无斑块，则前翅横带靠近翅中部，远离臀角 ········ 柄脉锦斑蛾属 *Eterusia*
- 前后翅翅面黑色，前翅横带白色或黄色，后翅中部区域浅黄或白色 ··· 5
5. 前翅横带黄色 ··· 伪带锦斑蛾属 *Pseudopidorus*
- 前翅横带白色 ··· 新锦斑蛾属 *Neochalcosia*

298. 旭锦斑蛾属 *Campylotes* Westwood, 1840

Campylotes Westwood, 1840: 131. Type species: *Campylotes histrionicus* Westwood, 1840.
Canerces Hampson, 1893a: 281.

主要特征：额轻微突出。后足第 1 节短于其余 4 节之和。翅面具红色和黄色纵向条纹，近顶角处斑为黄色或红色。端部翅脉部分强烈弯曲；前翅 R_2–R_5 脉共柄，M_1 脉出自中室，距离 R_{2-5} 脉较远；M_2、M_3、CuA_1 脉共柄。后翅中室前端倾斜且平截，中室端脉直或在 M_1 脉前具折角；M_2 和 M_3 脉共柄。

分布：主要分布于东洋区。世界已知 13 种，中国记录 7 种，浙江分布 2 种。

（833）马尾松旭锦斑蛾 *Campylotes desgodinsi* (Oberthür, 1884)（图 11-54）

Epyrgis desgodinsi Oberthür, 1884: 18.
Campylotes desgodinsi: Jordan, 1907: 13.

别名：马尾松斑蛾

主要特征：成虫（图 11-54）前翅长 28.0–34.0 mm。头、胸及腹部蓝黑色，腹部下方有黄色带。翅面蓝黑色。前翅基半部具多条狭长带，端半部为斑块状；基部前缘至中室上缘具 2 条狭长红带；中室基上半部亦具 1 狭长红带，下半部带黄色较多；中室下缘与 2A、2A 与 3A、3A 与后缘间各具 1 狭长黄带，有时带杂红色；基部各狭长带外缘几乎为一直线；该直线外侧，近前缘处，CuA_1 与 2A、2A 与 3A 间分别为黄色条斑；中室内及其他翅脉间斑块状。后翅基半部为黄红相间的条斑，端部为黄斑，其中，CuA_1、CuA_2、1A、2A 间为短条斑。翅反面斑纹同正面。

分布：浙江、山西、四川、云南、西藏；印度。

寄主：马尾松 *Pinus massoniana*。

图 11-54　马尾松旭锦斑蛾 *Campylotes desgodinsi* (Oberthür, 1884) 成虫

（834）黄纹旭锦斑蛾 *Campylotes pratti* Leech, 1890（图 11-55）

Campylotes pratti Leech, 1890: 109.

主要特征：成虫（图 11-55）前翅长 32.0 mm 左右。头顶、胸部背面黑紫色，腹部背面黑褐色，胸、腹部腹面污黄色。翅脉黑色，黑色鳞片沿翅脉扩展。翅面斑纹和马尾松旭锦斑蛾相近，主要区别如下：黄纹旭锦斑蛾前翅具浅弧形亚基线；近前缘处脉间各斑为橘红色；中室下缘与 2A、2A 与 3A、3A 与后缘间的狭长带较长，CuA_1 与 2A、2A 与 3A 间的黄条斑短；CuA_1 与 CuA_2 间黄斑基部向上弯曲；后翅顶角处斑为橘红色。

图 11-55　黄纹旭锦斑蛾 *Campylotes pratti* Leech, 1890 成虫

分布：浙江、湖北、湖南、福建、广西、四川。

299. 柄脉锦斑蛾属 *Eterusia* Hope, 1841

Eterusia Hope, 1841: 445. Type species: *Eterusia tricolor* Hope, 1841.

主要特征：雌雄二态。触角双栉形；雌性触角端部栉齿较基部长；雄性触角栉齿均较长。额强突出，但在两触角间窄，高度约为宽度的 2 倍。前翅 R_1、R_2 脉自由，R_3–R_5 脉共柄，M_1 和 R_{3-5} 脉共柄或出自中室，M_2 和 M_3 脉共柄，R_1 脉距中室上角的距离较 CuA_2 脉距中室下角的距离远，CuA_1 脉通常接近中室下角而远离 CuA_2 脉。后翅前缘几乎直，R_1 脉远离中室中部，中室上下角延伸相当。

分布：主要分布于古北区、东洋区。世界已知 22 种，中国记录 6 种，浙江分布 1 种。

(835) 茶柄脉锦斑蛾 *Eterusia aedea* (Clerck, 1759)（图 11-56）

Papilio aedea Clerck, 1759: t.4., f.2

Eterusia aedea: Jordan, 1907: 10.

别名：茶斑蛾

主要特征：成虫（图 11-56）前翅长 29.0–32.0 mm。触角背面具蓝色金属光泽。额强突出，黑褐色杂蓝色金属光泽，宽度窄于复眼直径。头顶、胸部背（腹）面、腹部前两节背面黑褐色，均带蓝色金属光泽；腹部 3–8 节污黄色。两翅翅脉杂少量金属光泽。翅基部黑褐色，中室下缘至后缘具小黄斑；基中带为 1 弧形带，带内被翅脉分隔；中点黄色、圆形；端带由脉间一系列狭长斑组成。后翅基部黑色，中部黄色带宽阔；端部窄带亦由脉间黄斑组成，前缘处斑大。翅反面斑纹同正面。

图 11-56 茶柄脉锦斑蛾 *Eterusia aedea* (Clerck, 1759)成虫

分布：浙江（杭州）、江苏、安徽、湖北、江西、湖南、福建、台湾、广西、四川、贵州、云南；日本，印度，孟加拉国，斯里兰卡。

300. 新锦斑蛾属 *Neochalcosia* Yen *et* Yang, 1997

Neochalcosia Yen *et* Yang, 1997: 244. Type species: *Eterusia remota* Walker, 1854.

主要特征：触角双栉形，雌性栉齿较雄性栉齿短。下唇须端节粗壮。前翅中室约为翅长的 2/3。R_3+R_4 和 R_5 脉共柄；$(R_3+R_4)+R_5$ 和 M_1 脉均出自中室前角；M_2 和 M_3 脉出自中室后角；CuA_2 脉出自中室近 3/5 处。后翅外缘倾斜。雄性第 8 腹节腹板深凹陷形成的发达粗壮骨化侧突、背兜和阳端基环形成的复合结构可以和锦斑蛾亚科内其他属的区别。

分布：主要分布于古北区、东洋区。世界已知 1 种，中国记录 1 种，浙江分布 1 种。

（836）白带新锦斑蛾 *Neochalcosia remota* (Walker, 1854)（图 11-57）

Eterusia remota Walker, 1854: 431.

Neochalcosia remota: Yen & Yang, 1997: 244.

别名：白带锦斑蛾

主要特征：成虫（图 11-57A）前翅长 24.0–30.0 mm。额黑褐色，宽度窄于复眼直径，上缘突出。头顶、颈及其腹面红色。胸腹部背面黑褐色，腹面污灰色。前翅黑褐色，中室端部具 1 白色横带，在中室下角略向外折，不达前后缘。后翅基部白色，向外漫延；中室端部具 1 白色弧形带，止于翅中部。两翅缘毛均为黑褐色。翅反面斑纹和正面相似。

图 11-57　白带新锦斑蛾 *Neochalcosia remota* (Walker, 1854)
A. 成虫；B. 雄性外生殖器

雄性外生殖器（图 11-57B）：钩形突宽，粗壮；颚形突退化，膜质，有 8–10 对长刚毛。背兜向内延伸和阳端基环形成 1 复合骨片。抱器背较平，膜质，有刚毛；抱器腹骨化强。阳茎端半部弯曲，端部具 1 小钩，无角状器。雄性第 8 腹节腹板具长臂状突。

分布：浙江、辽宁、山东、河南、江苏、安徽、湖北、江西、湖南、福建、台湾、云南；朝鲜，日本。

301. 带锦斑蛾属 *Pidorus* Walker, 1854

Pidorus Walker, 1854: 424. Type species: *Phalaena* (*Bombyx*) *glaucopis* Drury, 1773.

主要特征：翅较宽，黑色或黑绿色，有时具蓝色金属光泽；前翅具黄色或白色横带，由前缘近中部达臀角附近，直或略弯曲；后翅颜色均一或具黄色斑点或黄带。前翅 R_1 和 R_2 脉自由，R_3 至 R_5 共柄，CuA_1 位于 M_3 与 CuA_2 正中间；后翅各脉出自中室与 Rs 与 M_1 共柄。

分布：主要分布于古北区、东洋区。世界已知 17 种，中国记录 7 种，浙江分布 1 种。

（837）萱草带锦斑蛾 *Pidorus gemina* (Walker, 1854)（图 11-58）

Laurion gemina Walker, 1854: 427.

Pidorus gemina: Jordan, 1907: 11.

主要特征：成虫（图 11-58）前翅长 17.0 mm 左右。头顶红色，胸腹部背面黑褐色，雄性胸部两侧及腹部腹面为黄色。前后翅均为黑褐色；前翅有 1 条黄色直横带，从前缘中部至臀角，在臀角处略有扩展。

分布：浙江、江西、湖南、台湾、广东、海南、香港、广西、云南；朝鲜，印度，泰国，印度尼西亚。

寄主：萱草 *Hemerocallis fulva*。

图 11-58　萱草带锦斑蛾 *Pidorus gemina* (Walker, 1854)成虫

302. 伪带锦斑蛾属 *Pseudopidorus* Yen *et* Yang, 1997

Pseudopidorus Yen *et* Yang, 1997: 244. Type species: *Aglaope fasciata* Felder *et* Felder, 1862.

主要特征：触角双栉形，雌性栉齿较雄性短。下唇须短。胸腹部背面黑色，具蓝绿色金属光泽。前翅中室约为翅长的 3/5；R_3+R_4 和 R_5 脉共柄，（R_3+R_4）+R_5 与 M_1 脉分离；M_2 和 M_3 脉分离。和锦斑蛾亚科内其他属的区别在于：雌性外生殖器具 1 对囊片，雄性第 8 腹板侧突尖齿状，触角每节栉齿均较长。

分布：主要分布于古北区、东洋区。世界已知 1 种，中国记录 1 种，浙江分布 1 种。

（838）伪带锦斑蛾 *Pseudopidorus fasciata* (Felder *et* Felder, 1862)（图 11-59）

Aglaope fasciata Felder *et* Felder, 1862: 32.

Eterusia euchromoides Walker, 1864a: 120.

Pseudopidorus fasciata: Yen & Yang, 1997: 248.

别名：环带锦斑蛾

主要特征：成虫（图 11-59）前翅长 11.0–13.0 mm。体及翅深蓝绿色。头顶、下唇须红色，雄性胸部两侧及腹部腹面黄色。前翅黑色，具蓝绿色闪光；从前缘中部至臀角有 1 条黄色斜带，中部略突出，渐窄，不达前缘和臀角。后翅深褐色，从翅顶角伸出 1 椭圆黄色长环。翅反面多蓝色闪光；前翅黄带较正面略宽。

分布：浙江、山东、江苏、安徽、江西、湖南、福建；朝鲜，日本。

图 11-59　伪带锦斑蛾 *Pseudopidorus fasciata* (Felder *et* Felder, 1862)成虫

303. 眉锦斑蛾属 *Rhodopsona* Jordan, 1907

Rhodopsona Jordan, 1907: 10. Type species: *Retina costata* Walker, 1854.

主要特征：雌雄性触角均为长双栉形。前后翅顶角均圆；前翅具红色条带，或全翅为红色仅翅缘黑色；后翅黑色或斑纹似前翅。前翅 R_1 比 CuA_2 脉更近翅基部；M_2 和 M_3 脉极少短共柄。后翅 Rs 与 M_1 脉出自同一点，短共柄。雄性第 8 腹节特化，腹板仅留 1 裂缝。

分布：主要分布于东洋区。世界已知 7 种，中国记录 6 种，浙江分布 1 种。

（839）赤眉锦斑蛾 Rhodopsona costata (Walker, 1854)（图 11-60）

Retina costata Walker, 1854: 439.

Rhodopsona costata: Jordan, 1907: 10.

主要特征：成虫（图 11-60）前翅长 19.0–23.0 mm。黑色；头部及颈片红色；腹部背面、腹面均黑色。前翅沿前缘有 1 红色宽带，达前缘中部之外后斜向翅内弯曲，达臀角，有时红色较淡。后翅黑色。

分布：浙江、江西、湖南、福建。

图 11-60　赤眉锦斑蛾 *Rhodopsona costata* (Walker, 1854)成虫

（二）小斑蛾亚科 Procridinae

主要特征：体小至中型，翅展 10.0–30.0 mm。雄性触角通常双栉形，雌性触角双锯齿状或线形。前翅较窄、端部圆，或前翅近三角形且端部尖，后翅圆形、方形或三角形。多数种类颜色均匀。头顶、胸部、腹部、前翅有时有金属光泽。与其他亚科的主要区别在于：雌性外生殖器导精管上无精泡；囊内无囊片；近交配孔具 1 对附腺。

分布：世界广布。世界已知 500 多种，中国记录 29 属 110 余种，浙江分布 10 属 21 种。

分属检索表（仅包含有检视标本的属）

1. 后足胫节具 1 对中距 ··· 2
- 后足胫节无中距 ··· 5
2. 前后翅具透明窗斑 ··· 硕斑蛾属 *Hysteroscene*
- 前后翅不具透明窗斑 ··· 3
3. 前翅均匀黑褐色，后翅基部透明，缘区黑褐色，无其他颜色斑纹 ··· 竹斑蛾属 *Fuscartona*
- 前后翅不如上述 ··· 4
4. 前翅基部具纵向黄色条带、黄斑；后翅几乎透明，无其他斑纹 ··· 细竹斑蛾属 *Balataea*
- 前翅无黄色条带，通常具 4–5 个黄色或白色斑块；后翅不透明，亦具黄斑 ······························· 布斑蛾属 *Bremeria*
5. 前后翅均匀灰色至灰黑色，透明或半透明；雄性外生殖器抱器瓣不为深二分裂 ······················· 叶斑蛾属 *Illiberis*
- 前翅不为半透明或透明；雄性外生殖器抱器瓣深二分裂 ··· 杜鹃小斑蛾属 *Rhagades*

304. 纹竹斑蛾属 Allobremeria Alberti, 1954

Allobremeria Alberti, 1954: 277. Type species: *Allobremeria plurilineata* Alberti, 1954.

主要特征：雌性触角腹面具浅凹槽。前翅具径副室。和布斑蛾属 Bremeria 的相同之处在于：翅形相似、翅面底色为黄色、前翅翅脉形成径副室。和细竹斑蛾属 Balataea 的主要区别为：后足胫节无中距，后翅 M_1 脉发达。

分布：主要分布于东洋区。世界已知 1 种，中国记录 1 种，浙江分布 1 种。

（840）黄纹竹斑蛾 *Allobremeria plurilineata* Alberti, 1954

Allobremeria plurilineata Alberti, 1954: 277.

主要特征：成虫雄性翅展 18.0–21.0 mm；雌性翅展 19.0–24.0 mm。触角线形，黑褐色，端部白色。头、胸黑褐色，具黄边；胸部背面有黄褐色龟纹；腹部黄色，具黑褐色鳞片，腹部背面 1–7 节有黄色月形斑。翅黄褐色，翅脉具黑褐色鳞片。缘毛黑色。

分布：浙江（杭州）、湖南。

寄主：毛竹、水竹、黄杆竹、刚竹、苦竹等。

注：未见标本，描述参照 Alberti（1954）与沈光普和彭寅生（1992）。

305. 细竹斑蛾属 *Balataea* Walker, 1865

Balataea Walker, 1865: 110. Type species: *Balataea aegerioides* Walker, 1865.
Bintha Walker, 1865: 127.

主要特征：该属长期作为小斑蛾属 *Artona* 的亚属，Owada 和 Inada（2005）将其提升为属，并总结了属的特征：前翅具黄色条带和黄斑，几乎均为纵向排列，条带有时不连续，后翅近透明；雄性外生殖器抱器腹基部发达，具长毛束；抱器腹突基部具关节，端部具短刚毛；抱器腹突外鞘发达，端部具尖齿；阳茎具长角状器；雌性外生殖器的交配孔和肛瓣间具 1 对可外翻的膜质片。

分布：主要分布于古北区、东洋区。世界已知 8 种，中国记录 6 种，浙江分布 4 种。

分种检索表

1. 前翅有 4 个土黄色斑纹，近外缘的 2 个较圆；中室下缘的斑为分离的 2 个斑块 ·················· 稻细竹斑蛾 *B. octomaculata*
- 非上述特征 ··· 2
2. 前翅端部的黄斑楔形，尖端朝向顶角 ·· 中斑细竹斑蛾 *B. intermediana*
- 前翅端部的黄斑外缘凹陷 ··· 3
3. 前翅端部的黄斑外缘凹陷浅 ··· 狭细竹斑蛾 *B. angusta*
- 前翅端部的黄斑外缘凹陷较深，似平躺的短"U"形 ··· 优细竹斑蛾 *B. elegantior*

（841）狭细竹斑蛾 *Balataea angusta* Alberti, 1954

Balataea (*Balataea*) *angusta* Alberti, 1954: 269.

主要特征：前翅长 11.0–12.0 mm。雌性触角线形，端部白色。胸腹部背面黑色，胸部具金属光泽。翅面黑褐色，前翅狭长，从翅基部至中部具草黄色条斑，后紧随另一较粗条斑几乎达中室端部、端部开裂；翅端部黄斑外缘凹陷。后翅透明，翅缘黑色，顶角具黄色鳞片。

分布：浙江（湖州）、湖南、福建、广东。

注：未见标本，描述参照 Alberti（1954）。

(842) 优细竹斑蛾 *Balataea elegantior* Alberti, 1954

Balataea (*Balataea*) *elegantior* Alberti, 1954: 270.

主要特征：前翅长 11.0 mm。和狭细竹斑蛾相近，前翅近端部的黄斑凹陷较深，似平躺的短"U"形；条斑端部开裂较深；CuA_1 更近 M_3 脉；腹部背面腹节末端黄色较窄，前 3 腹节黄色较宽且呈三角形。

分布：浙江（杭州）。

注：未见标本，描述参照 Alberti（1954）。

(843) 中斑细竹斑蛾 *Balataea intermediana* Alberti, 1954

Balataea (*Balataea*) *intermediana* Alberti, 1954: 270.

主要特征：前翅长 9.0–10.5 mm。和狭细竹斑蛾相近，但较狭细竹斑蛾略小，前翅中室下的草黄色条斑不连续，翅端部黄斑楔形，尖端朝向顶角。

分布：浙江（杭州）、江苏。

注：未见标本，描述参照 Alberti（1954）。

(844) 稻细竹斑蛾 *Balataea octomaculata* (Bremer, 1861)（图 11-61）

Euchromia octomaculata Bremer, 1861: 476.
Rhaphidognatha sesiaeformis Felder *et* Felder, 1862: 32.
Balataea aegerioides Walker, 1865: 111
Balataea octomaculata: Alberti, 1954: 269.

别名：稻斑蛾、稻小斑蛾

主要特征：成虫（图 11-61）前翅长 20.0–22.0 mm。胸腹部背面、腹面黑色，具蓝色光泽。雄性触角长双栉形。翅黑色，前翅有 4 个土黄色斑纹，靠近翅外缘的 2 个较圆；中室下缘的斑不为长条状，而为分离的 2 个斑块，可与本属内多数种区分；后翅大部分半透明。

分布：浙江（舟山）、陕西、江西、福建；俄罗斯，朝鲜，日本。

寄主：稻 *Oryza sativa*、日本麦氏草 *Molinia japonica*。

图 11-61　稻细竹斑蛾 *Balataea octomaculata* (Bremer, 1861) 成虫

306. 布斑蛾属 *Bremeria* Alphéraky, 1892

Bremeria Alphéraky, 1892: 7. Type species: *Bremeria manza* Alphéraky, 1892.

Subclelea Alberti, 1954: 292.

主要特征：头、胸、腹部具金属光泽。翅黑褐色，点缀黄色斑块；前翅基中部黄斑 2–3 个，近端部 2 个，有时相连；后翅基部亦有黄斑，大小不均，通常翅基部黄色区域多，黑色翅缘向黄斑内延伸。后翅具 M_1 脉。雌性外生殖器的前囊具袋状附囊。

分布：主要分布于古北区、东洋区。世界已知 6 种，中国记录 3 种，浙江分布 2 种（亚种）。

（845）靓布斑蛾 *Bremeria aurulenta bella* (Alberti, 1954)（图 11-62）

Clelea (*Subclelea*) *aurulenta bella* Alberti, 1954: 292.
Bremeria aurulenta bella: Efetov & Tarmann, 1995: 84.

别名：灿斑蛾
主要特征：成虫（图 11-62A）前翅长 9.0–10.0 mm。额具金黄色金属光泽。下唇须端部黑褐色。头顶、领片、胸部背面黑褐色，带金黄绿色金属光泽。胸部腹面、足、腹部腹面均具金属光泽。腹部背面黑褐色，带少量金属光泽。前翅黑褐色，基中部具 2 个黄斑，近前缘处斑短条形，中室下缘斑椭圆形；另 1 肾形斑位于中室端部，在雌性中该斑较宽。后翅基部大部分黄色；前缘黄色，其下方具 1 黑褐色长条斑；边缘为黑褐色端带。顶角处缘毛和后缘缘毛浅黄色，其余缘毛黑褐色。

图 11-62　靓布斑蛾 *Bremeria aurulenta bella* (Alberti, 1954)
A. 成虫；B. 雄性外生殖器

雄性外生殖器（图 11-62B）：钩形突细长杆状，向端部渐细，端部二分叉。抱器瓣端部钝圆；横带片为 1 对杆状突，其与抱器瓣基部连接处具 1 近三角形骨化突，其顶部具 2 个骨化刺。囊形突不发达。阳茎粗壮，阳茎端膜上具 1 尖齿状角状器。

分布：浙江（杭州）、河南、陕西、贵州。

（846）类靓布斑蛾 *Bremeria parabella* (Alberti, 1954)

Clelea (*Subclelea*) *parabella* Alberti, 1954: 293.
Bremeria parabella: Efetov & Tarmann, 1995: 84.

主要特征：成虫前翅长 13.0–14.0 mm。头、胸、腹部似靓布斑蛾。较靓布斑蛾大，但前翅顶角更圆。前翅基部近后缘的黄斑近菱形，离翅基较远。后翅缘区楔形伸入翅中部更明显。缘毛在顶角处为黄白色，其余部位灰黑色。

雄性外生殖器：亦与靓布斑蛾相似，但抱器瓣基部突较短。

分布：浙江（杭州）。

注：未见标本，描述参照 Alberti（1954）。

307. 金小斑蛾属 *Chrysartona* Swinhoe, 1892

Chrysartona Swinhoe, 1892a: 57. Type species: *Procris stipata* Walker, 1854.

主要特征：喙发达。头、触角、胸部、前翅基部、足及腹部具绿色、蓝色、金色或铜色金属光泽。触角覆盖浓密鳞片。后足胫节 3 支距，中距仅 1 支。翅面黑褐色具白斑，前翅基部和端部各具 2 个白斑，后翅基部和端部分别具 1 个白斑。白斑通常圆形或卵圆形，后翅基部的斑形状变化较大。

分布：主要分布于东洋区。世界已知 20 种左右，中国记录 2 种，浙江分布 1 种。

（847）斯金小斑蛾 *Chrysartona stueningi* Efetov, 2006

Chrysartona stueningi Efetov, 2006: 29.

主要特征：雄性前翅长 9.8–10.3 mm，雌性 11.0–11.5 mm。触角黑褐色伴蓝色金属光泽及白点，雄性触角双栉形，雌性锯齿状。前翅正反面黑褐色；具 4 个白斑，近翅基 2 斑卵圆形，端部 2 斑近圆形；前翅正面翅基部、反面前缘绿色或金绿色具金属光泽。后翅正反面黑褐色，基部具 1 三角形大白斑，端部具 1 白色圆斑。腹部黑褐色伴绿色金属光泽。

分布：浙江（杭州）。

注：未见标本，描述参照 Efetov（2006）。

308. 灿斑蛾属 *Clelea* Walker, 1854

Clelea Walker, 1854: 465. Type species: *Clelea sapphirina* Walker, 1854.

主要特征：雄性触角栉齿状，端部弱齿状，雌性触角线形，腹面具浅纵沟。下唇须短，几乎不伸出额外。后足胫节 1 对或 2 对距，中距有或缺。两翅翅脉出自中室，后翅 M_1 有或无，在具蓝色的种类中后翅 M_1 存在。

分布：古北区、东洋区。世界已知 14 种，中国记录 3 种，浙江分布 1 种。

（848）青灿斑蛾 *Clelea cyanescens* Alberti, 1954

Clelea cyanescens Alberti, 1954: 289.

主要特征：前翅长雄性 9.0–9.5 mm，雌性 9.5–11.0 mm。翅面蓝色斑纹不清晰，为模糊灰蓝色条带状，无清晰边缘，在翅反面极其不明显；缘毛基部的闪光鳞片不清晰；后翅无 M_1 脉。
雄性外生殖器：钩形突发达，抱器瓣基部具粗指状突、突端部具刚毛；阳茎具角状器。雌性外生殖器具前囊。

分布：浙江（湖州）、江苏、湖南、广东。

注：未见标本，描述参照 Alberti（1954）。

309. 暮斑蛾属 *Funeralia* Alberti, 1954

Funeralia Alberti, 1954: 264. Type species: *Funeralia transiens* Alberti, 1954.

主要特征：介于叶斑蛾属 Illiberis 和细竹斑蛾属 Balataea 之间。复眼、毛隆发达。雌性触角端部锯齿极短，基部亦无长栉齿。体型较大，翅较尖，中室中部的脉痕发达。所有翅脉自由，后翅无 M_1 脉。雌性外生殖器具前囊，但无骨化脊。

分布：东洋区。世界已知 1 种，中国记录 1 种，浙江分布 1 种。

（849）暮斑蛾 *Funeralia transiens* Alberti, 1954

Funeralia transiens Alberti, 1954: 264.

主要特征：前翅长 14.0–15.0 mm。无金属光泽。翅较长，顶角较尖。其余参考属征。
分布：浙江（杭州）。
注：未见标本，属征及种征参照 Alberti（1954）。

310. 竹斑蛾属 *Fuscartona* Efetov *et* Tarmann, 2012

Fuscartona Efetov *et* Tarmann, 2012: 13. Type species: *Artona martini* Efetov, 1997.

主要特征：头胸腹部及前翅均匀黑褐色。后翅基部透明，或翅基部或中室区域半透明，缘区黑褐色。雄性触角双栉形，末端几节双锯齿状，雌性触角近线形。喙发达。后足胫节具 1 个中距、1 对端距。和小斑蛾属 *Artona* 的主要区别在于：前翅颜色均匀，后翅基部半透明，而小斑蛾属前翅具黄色斑纹且后翅不为半透明；和细竹斑蛾属 *Balataea* 的主要区别在于：前翅无斑点，雄性外生殖器具角状器，抱器腹无尖端突。

分布：主要分布于东洋区。世界已知 4 种，中国记录 4 种，浙江分布 2 种。

（850）竹斑蛾 *Fuscartona funeralis* (Butler, 1879)

Procris funeralis Butler, 1879a: 351.
Fuscartona funeralis: Efetov & Tarmann, 2012: 13.

别名：竹小斑蛾
主要特征：前翅长 7.0–9.0 mm。触角黑褐色，雄性触角双栉形、端部几节双锯齿状，雌性触角近线形。体及翅暗黑褐色，腹部稍紫有青蓝闪光；前翅灰黑无斑纹，从侧面看有紫色光泽；后翅中部半透明，缘区黑褐色。缘毛灰褐色。
雄性外生殖器：和马汀氏竹斑蛾有明显区别，其抱器瓣端部尖；抱器腹突直，端部圆且具短刚毛。
分布：浙江、江苏、安徽、湖北、江西、湖南、福建、台湾、广东、广西、云南；俄罗斯，朝鲜，日本。
注：未见标本，描述参照王平远（1981）和 Efetov（1997）。

（851）马汀氏竹斑蛾 *Fuscartona martini* (Efetov, 1997)（图 11-63）

Artona (*Balataea*) *martini* Efetov, 1997: 170.
Fuscartona martini: Efetov & Tarmann, 2012: 13.

主要特征：成虫（图 11-63A）前翅长 9.0–12.0 mm。触角黑色，背面具蓝色光泽。头顶、肩片、胸部背面黑色；腹部背面黑色带蓝色闪光。前翅正面和反面近黑色，翅基部具 1 个白点。后翅中部半透明，外缘黑色。前后翅缘毛黑灰色。

图 11-63　马汀氏竹斑蛾 *Fuscartona martini* (Efetov, 1997)
A. 成虫；B. 雄性外生殖器；C. 雌性外生殖器

雄性外生殖器（图 11-63B）：钩形突细长。抱器瓣端部圆，基部小钝突具长刚毛；抱器腹中部突出，具细长钩状突；囊形突近三角形；阳茎具大刺状角状器。

雌性外生殖器（图 11-63C）：骨环管状，具骨化褶；囊导管其余部分形成近卵圆形的前囊，前囊大部分骨化强，具 1 个弯曲、双列骨化刺带，该带和骨环交接处具 1–3 个小骨化刺；囊体极小，无囊片。

分布：浙江（杭州、台州）、江苏、上海、台湾；朝鲜，日本，越南，新西兰。

311. 硕斑蛾属 *Hysteroscene* Hering, 1925

Hysteroscene Hering, 1925: 176. Type species: *Hysteroscene extravagans* Hering, 1925.

主要特征：后足胫节仅 1 对中距。翅黑色，前后翅均有透明窗斑。前后翅 CuA_1 和 CuA_2 脉靠得很近；后翅有 M_1 脉。

分布：古北区、东洋区。世界已知 3 种，中国记录 1 种，浙江分布 1 种。

（852）透翅硕斑蛾 *Hysteroscene hyalina* (Leech, 1889)（图 11-64）

Arachotia hyalina Leech, 1889c: 123.
Hysteroscene hyalina: Alberti, 1954: 221.

主要特征：成虫（图 11-64）前翅长 17.0 mm 左右。体黑色；腹部除基部第 1 节略白以外，其余黑色具闪光。触角黑色，末端近白色。前翅黑色，有 2 个透明大斑，均被翅脉隔成小斑块，外侧的透明斑内有 5 条黑脉；后翅透明玻璃状，缘区黑色，外缘中部向翅内延伸多；前、后翅缘毛均黑色，但前翅顶角缘毛为白色。

生物学：成虫于 7 月中下旬出现。

分布：浙江（杭州）、江西、湖南、福建、台湾、海南。

图 11-64　透翅硕斑蛾 *Hysteroscene hyalina* (Leech, 1889)成虫

312. 叶斑蛾属 *Illiberis* Walker, 1854

Illiberis Walker, 1854: 280. Type species: *Illiberis sinensis* Walker, 1854.

主要特征：体常黑色，常具蓝色金属光泽。下唇须很短。雄性触角长双栉形，端部几节通常锯齿状；雌性触角短双栉形或锯齿状。后足胫节 1 对端距。翅灰色至黑色，透明或半透明。翅脉除 Sc 和 A 脉外均出自中室，前翅 M_2 和 M_3 极少共柄。后翅具 M_1。

分布：主要分布于古北区、东洋区。世界已知 40 种左右，中国记录 10 种左右，浙江分布 7 种。

分种检索表

1. 前后翅透明，基部和顶角黑色区域较宽，顶角呈大斑状	透翅毛斑蛾 *I. dirce*
- 前后翅半透明，基部仅有少量黑色，无顶角大斑	2
2. 翅反面，尤其是后翅，或多或少具白色鳞片；阳茎具 3 个大刺	异叶斑蛾 *I. paradistincta*
- 非上述特征	3
3. 雄性外生殖器钩形突端部具小钩状齿；阳茎腹部具鸟嘴状骨片	拟叶斑蛾 *I. assimilis*
- 非上述特征	4
4. 前翅较窄，外缘极倾斜；抱器腹具钝突	柞叶斑蛾 *I. sinensis*
- 非上述特征	5
5. 雄性外生殖器抱器瓣腹缘凹陷，凹陷处具 1 个骨化突；阳茎具 1 列钉状骨化刺	榆叶斑蛾 *I. ulmivora*
- 雄性外生殖器抱器瓣腹缘突出，或略凹陷但不具骨化突；阳茎无角状器	6
6. 抱器腹较小，其骨化后缘前后直行；钩形突短粗	梨叶斑蛾 *I. pruni*
- 抱器腹发达，呈三角形，其骨化后缘斜行；钩形突细长	圆叶斑蛾 *I. rotundata*

（853）拟叶斑蛾 *Illiberis assimilis* Jordan, 1907

Illiberis assimilis Jordan, 1907: 15.

主要特征：翅展 23.0–24.0 mm。头顶黑色。触角黑色，背部有蓝色光泽，雄性触角双栉形，栉齿长，雌性触角锯齿状。胸腹部黑色，背部有蓝色光泽。前后翅半透明，前翅基部、后翅前缘色较深，翅脉、翅缘、缘毛黑色。

雄性外生殖器：钩形突细长，端部具小钩状齿；抱器瓣短小，抱器背基突细长，抱器瓣端部具 1 个向前弯的骨化齿；抱器腹中部突出；横带片带状，"W" 形；阳端基环近方形。阳茎较细长，腹部具鸟嘴状骨片，无角状器。

分布：浙江；朝鲜，日本。

注：未见标本，描述参照王平远（1981）和 Kim 等（2004）。

（854）透翅毛斑蛾 *Illiberis dirce* (Leech, 1889)（图 11-65）

Northia dirce Leech, 1889: 596.
Illiberis dirce: Kirby, 1892: 88.

主要特征：成虫（图 11-65）前翅长 12.0 mm 左右。头顶黑色。触角黑色，雄性触角栉齿较短，具蓝色金属光泽，雌性触角锯齿状。胸腹部黑色，腹部有绿色闪光。前翅基部及顶角黑色区域较其他种宽、翅脉及翅缘黑色，中部透明，外缘倾斜。后翅明显小于前翅，透明，翅脉及翅缘黑色；前缘的黑带伸入中室。

前后翅缘毛黑色。

图 11-65　透翅毛斑蛾 *Illiberis dirce* (Leech, 1889) 成虫

雄性外生殖器：钩形突短粗；抱器瓣端部圆，抱器背骨化，但较圆叶斑蛾 *I. rotundata* 骨化区域窄，基部具指状突；抱器腹具小端突；横带片倒"V"形。阳茎短，阳茎端膜具微刺。

分布：浙江（舟山）、山东；朝鲜。

注：雄性外生殖器描述参照 Kim 等（2004）。

（855）异叶斑蛾 *Illiberis paradistincta* Alberti, 1954

Illiberis paradistincta Alberti, 1954: 246.

主要特征：前翅长雄性 14.0–15.0 mm，雌性 11.0–11.5 mm。翅半透明，翅脉、缘毛黑色较浓；翅反面，尤其是后翅，或多或少具白色鳞片。前翅 R_4 与 R_5 共柄，M_2 和 M_3 脉几乎出自同一点。钩形突发达，阳茎具 3 个大刺。

分布：浙江（杭州）、江苏。

注：未见标本，描述参照 Alberti（1954）。

（856）梨叶斑蛾 *Illiberis pruni* Dyar, 1905（图 11-66）

Illiberis pruni Dyar, 1905: 954.

别名：梨星毛虫

主要特征：成虫（图 11-66A）前翅长 13.0 mm 左右。触角黑色，雄性触角双栉形，雌性触角齿状。头顶、胸部、腹部黑色，散布黑褐色鳞片。翅暗灰色，半透明；翅脉黑灰色；前翅外缘倾斜，翅缘黑褐色；后翅外缘近臀角处略凹入；缘毛黑褐色。

图 11-66　梨叶斑蛾 *Illiberis pruni* Dyar, 1905
A. 成虫；B. 雄性外生殖器

雄性外生殖器（图 11-66B）：钩形突短，近三角形；抱器瓣中等长度，抱器背骨化强；抱器腹具尖端突；横带片带状；阳端基环端部边缘凹陷。阳茎短粗，无角状器。

分布：浙江、黑龙江、吉林、辽宁、北京、天津、河北、山西、山东、河南、陕西、宁夏、甘肃、青海、江苏、安徽、湖北、江西、湖南、福建、广西、四川、云南；朝鲜，日本。

（857）圆叶斑蛾 *Illiberis rotundata* Jordan, 1907（图 11-67）

Illiberis rotundata Jordan, 1907: 15.

主要特征：成虫（图 11-67A）前翅长 9.0–11.0 mm。头顶黑色。触角背面具蓝绿色光泽，雄性触角双栉形，雌性触角锯齿状。胸腹部黑色，腹部背面有蓝绿色光泽。前后翅灰黑色，半透明，翅脉、外缘、缘毛均为黑色。

图 11-67　圆叶斑蛾 *Illiberis rotundata* Jordan, 1907
A. 成虫；B. 雄性外生殖器

雄性外生殖器（图 11-67B）：钩形突细长且尖；抱器瓣端部圆，抱器背骨化强；抱器腹骨化强，端部具钩状突；横带片带状；阳端基环近方形；阳茎短粗，无角状器。

分布：浙江（舟山）、湖北；俄罗斯，朝鲜，日本。

（858）柞叶斑蛾 *Illiberis sinensis* Walker, 1854

Illiberis sinensis Walker, 1854: 280.

主要特征：翅展 23.0 mm。头顶和胸部黑色，腹部黑色具深蓝色光泽。触角黑色，雄性触角双栉形具长栉齿，雌性触角锯齿状。前后翅半透明，翅脉、翅缘、缘毛均为黑色；前翅较窄，外缘极倾斜。

雄性外生殖器：钩形突细长，端部尖；抱器瓣短小，抱器背基突细长、弧形后弯；抱器瓣端突细长钩状，向前弯折；抱器腹具钝突；横带片"W"形，中部圆；阳端基环近方形。阳茎短粗，无角状器。

分布：浙江、黑龙江、内蒙古、北京、河北、山东、河南、陕西、江苏、湖北、湖南；俄罗斯，朝鲜，日本。

注：未见标本，描述参照王平远（1981）和 Kim 等（2004）。

（859）榆叶斑蛾 *Illiberis ulmivora* (Graeser, 1888)（图 11-68）

Northia ulmivora Graeser, 1888: 107.
Illiberis ulmivora: Jordan, 1913: 443.

别名：榆星毛虫、榆斑蛾

主要特征：成虫（图 11-68A）触角双栉形，雄性栉齿长于雌性。额、头顶、胸部背面均黑褐色，鳞毛状。前后翅狭长、灰黑色，半透明；翅脉黑色、清晰可见，无其他斑纹，前翅各脉均自由。

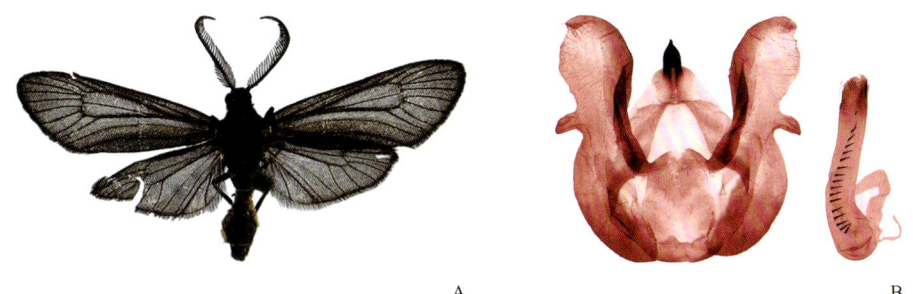

图 11-68　榆叶斑蛾 *Illiberis ulmivora* (Graeser, 1888)
A. 成虫；B. 雄性外生殖器

雄性外生殖器（图 11-68B）：钩形突短粗，骨化强，尖端笔尖状。抱器瓣细长，端部钝；腹缘中部内凹，且具 1 小突；抱器背骨化。阳端基环长方形，上具骨化小刺。阳茎细长，具 1 排纵向排列的钉状骨化刺。

分布：浙江、北京、天津、河北、山西、山东、河南、陕西；俄罗斯。

313. 杜鹃小斑蛾属 *Rhagades* Wallengren, 1863

Rhagades Wallengren, 1863b: 110. Type species: *Sphinx pruni* Denis et Schiffermüller, 1775.

主要特征：体及翅具蓝绿色金属光泽。雄性触角双栉形，雌性触角短双栉形或锯齿状。各翅脉自由，偶尔 R$_4$ 与 R$_5$ 共柄，中室内的脉痕几乎无。雌性外生殖器具发达前囊。依据 Efetov 和 Tarmann（2012），该属目前包括 3 个亚属：*Rhagades*、*Naufockia*、*Wiegelia*。

分布：主要分布于古北区、东洋区。世界已知 5 种，中国记录 1 种，浙江分布 1 亚种。

（860）中华杜鹃小斑蛾 *Rhagades pruni chinensis* (Felder *et* Felder, 1862)（图 11-69）

Ino chinensis Felder *et* Felder, 1862: 31.
Rhagades pruni chinensis: Efetov & Tarmann, 1995: 78.

主要特征：成虫（图 11-69A）前翅长 9.0 mm 左右。雄性触角双栉形，雌性触角极短锯齿状。触角、额、头顶、胸部背面均有蓝绿色金属光泽，腹部背面蓝绿色金属光泽很少。前翅外缘圆，均匀黑褐色，具蓝绿色闪光；后翅灰黑色，无金属光泽。

雄性外生殖器（图 11-69B）：钩形突端部呈钩状；抱器背和抱器腹自基部分离，抱器背较宽，端半部延展，端部平截，腹缘深凹陷；抱器腹巨大骨刺状，基半部均匀且直，端部尖，近端部膨大；横带片为 1 对粗壮突；阳端基环近方形。阳茎细长，端膜密布微刺，角状器为 1 个短小骨化突。

分布：浙江（舟山）；俄罗斯，蒙古国，朝鲜，日本。

图 11-69　中华杜鹃小斑蛾 *Rhagades pruni chinensis* (Felder *et* Felder, 1862)
A. 成虫；B. 雄性外生殖器

（三）斑蛾亚科 Zygaeninae

主要特征：体型小，翅展 20.0–35.0 mm。触角通常线形，端部略呈棒状。翅通常较窄，端部圆，前翅明显大于后翅。前翅底色通常黑色，镶有红色、黄色或白色斑纹。

分布：主要分布于古北区、东洋区、旧热带区。世界已知 150 种左右，中国记录很少，浙江分布 1 属 1 种。

314. 长毛斑蛾属 *Pryeria* Moore, 1877

Pryeria Moore, 1877a: 86. Type species: *Pryeria sinica* Moore, 1877.

主要特征：翅透明，喙退化，腹部末端具毛束。前翅 R_2、R_3、R_4 脉共柄，1A+2A 与 3A 间具 1 横脉；后翅 $Sc+R_1$ 与 Rs 在基半部融合，$Sc+R_1+Rs$ 与 M_1 间具 1 横脉，M_3 存在。

分布：古北区、东洋区。世界已知 1 种，中国记录 1 种，浙江分布 1 种。

（861）大叶黄杨长毛斑蛾 *Pryeria sinica* Moore, 1877（图 11-70）

Pryeria sinica Moore, 1877a: 86.
Neopryeria jezoensis Matsumura, 1927b: 75.

别名：大叶黄杨斑蛾、中国毛斑蛾

主要特征：成虫（图 11-70）前翅长 10.0–14.0 mm。雄性触角双栉形。头顶暗褐色，下唇须短；肩片和胸部黑色点缀少量黄色；腹部背面黑色至黄色，末端背板侧面具毛束。前翅透明，基部淡黄色、沿前缘扩展。后翅小，翅基至臀角有黑色杂黄色长鳞毛。雌性前翅比雄性宽，腹部各节有长毛。

分布：浙江、吉林、辽宁、河北、山东、河南、陕西、江苏、上海、安徽、福建、台湾；俄罗斯，朝鲜，日本。

图 11-70　大叶黄杨长毛斑蛾 *Pryeria sinica* Moore, 1877 成虫

第十二章 透翅蛾总科 Sesioidea

二十九、透翅蛾科 Sesiidae

主要特征：形似蜂类，小至中型。触角多呈棒状或线状，末端常有小毛束，有些种类雄性呈栉状。喙发达，少数种类退化。下唇须发达，上举，下颚须退化或缺，具单眼。翅狭长，多透明（至少后翅透明），但翅缘和翅脉上有鳞片。前翅臀脉退化，臀区缩小，中室狭长，肘脉均出自中室端，有的缺 CuP 脉；后翅有翅缰，臀脉 3 条或 2 条，径脉和中脉的分支多减少或合并；足细长，中足胫节具 1 对距，后足胫节距 2 对，胫节上常有丛生的刺毛束；腹部狭长，体被鳞光滑，多黑或褐色而具光泽，常有黄色或棕红色斑纹。

生物学：透翅蛾多白天活动，停在寄主植物上或在花上吸蜜。卵散产，幼虫蛀食植物的根、茎和枝干，常形成虫瘿。

分布：世界广布。世界已知 160 余属 1500 余种，中国记录 49 属 210 余种，浙江分布 13 属 19 种。

分属检索表

1. 触角末端无小毛束；前翅 R_4 和 R_5 脉分离，若共柄，则缺 M_3 脉 ·· 2
- 触角末端有小毛束；前翅 R_4 和 R_5 脉共柄，有 M_3 脉 ·· 5
2. 触角各栉节较长，呈羽状；前翅缺 M_3 脉 ·· 羽透翅蛾属 *Pennisetia*
- 前翅有 M_3 脉 ·· 3
3. 前翅 R_4 和 R_5 脉出自同一个基点，Cu_1 和 Cu_2 脉共柄 ·· 桑透翅蛾属 *Paradoxecia*
- 前翅 R_4 和 R_5 脉分离 ·· 4
4. 前翅 Cu_1 脉伸至翅后角；后翅完全透明 ·· 线透翅蛾属 *Tinthia*
- 前翅 Cu_1 脉伸至翅外缘；后翅外缘宽阔被鳞片 ·· 窗透翅蛾属 *Paranthrenopsis*
5. 前翅大部分覆有鳞毛，无透明区或透明区不发达 ·· 6
- 前翅大部分透明，透明区发达 ·· 7
6. 后翅 Cu_1 发自中室下角 ·· 诺透翅蛾属 *Nokona*
- 后翅 Cu_1 不出自中室下角 ·· 准透翅蛾属 *Paranthrene*
7. 后足胫节和第 1–2 跗节被长鳞，似毛刷状 ·· 毛足透翅蛾属 *Melittia*
- 非上述特征 ·· 8
8. 后足远长于腹部，胫节和跗节基部着长毛簇 ·· 长足透翅蛾属 *Macroscelesia*
- 非上述特征 ·· 9
9. 前翅外透明区由 6 个透明翅室组成；后翅 M_3 与 Cu_1 脉自中室后方拐角处同一点上发出 ············ 灿透翅蛾属 *Glossophecia*
- 非上述特征 ·· 10
10. 前翅外透明区各翅室具楔形纹；各足胫节密被长毛，后足尤其密；后翅 M_2 自横脉前 1/3 处发出 ·· 细透翅蛾属 *Sphecodoptera*
- 非上述特征 ·· 11
11. 前翅中点不发达，前翅 R_4 与 R_5 共柄长度为其总长度的 3/4 ·· 台透翅蛾属 *Taikona*
- 前翅中点发达，前翅 R_4 与 R_5 共柄长度为其总长度的 1/2 ·· 12
12. 后足胫节端部具黑色大斑；雄性外生殖器抱器腹脊被 1 列短粗刚毛簇 ·· 帕透翅蛾属 *Paranthrenella*
- 后足胫节端部无黑色大斑；雄性外生殖器抱器腹脊密布强骨化小刺 ·· 兴透翅蛾属 *Synanthedon*

315. 桑透翅蛾属 *Paradoxecia* Hampson, 1919

Paradoxecia Hampson, 1919a: 51(key), 114. Type species: *Aegeria gravis* Walker, [1865].
Paranthrenina Bryk, 1947: 106.

主要特征：雌性触角中部 1/3 背面着长纤毛，然后渐短至末端，端部无小毛束。喙发达。下唇须上举过头顶，着鳞适中。胸、腹部具平伏的鳞片，腹部末端尖。前中足胫节端部及后足胫节中、端部背面有刺毛簇；跗节各关节也有一些刺毛。前翅窄长，端部圆钝，外缘内斜；Cu_1、Cu_2 脉共柄，R_4、R_5 脉出自一个基点，其他各脉均单独发自中室。后翅 Cu_1 脉由中室下角前分出，距 M_2 脉较近，缺 M_3 脉，M_1、Rs 脉从中室上角分出。

分布：古北区东部和东洋区。世界已知 16 种，中国记录 9 种，浙江分布 1 种。

（862）重桑透翅蛾 *Paradoxecia gravis* (Walker, [1865])

Aegeria gravis Walker, [1865]: 12.
Paradoxecia gravis: Hampson, 1919a: 114.
Paradoxecia pieli Lieu, 1935: 190.

主要特征：翅展 22.0–35.0 mm。全体深酱色。头部黑色，后缘有白色毛；触角黑褐色，雌性锯齿状，雄性双栉状；下唇须黄白色。胸部前缘两侧各有 1 条黄色横斑，近翅基各具 1 条黄色细纵纹。前翅狭长，深紫黑色，有闪光，缘毛外缘灰褐；后翅短而透明，紫褐色，外缘与后缘缘毛灰褐。腹部第 1 节背面两侧各有 1 条黄色纵纹，第 2、4、5 节后缘各有 1 黄白横带，腹面第 2–5 节腹面后缘亦有 1 较狭的淡黄色横带。

分布：浙江（长兴、安吉、嘉善、海盐、海宁、平湖、桐乡、临安）、山西、陕西、江苏、江西、广东、四川、贵州。

寄主：桑 *Morus alba*、柳属 *Salix* spp.。

注：未见标本，描述参考《中国的透翅蛾》（徐振国等，2019）和 Gorbunov（2021）。

316. 窗透翅蛾属 *Paranthrenopsis* Le Cerf, 1911

Paranthrenopsis Le Cerf, 1911: 302. Type species: *Paranthrenopsis harmandi* Le Cerf, 1911 = *Tinthia editha* Butler, 1878.
Oligophlebiella Strand, [1916]: 49.

主要特征：触角线状，雄性具短纤毛。喙发达。下唇须被光滑鳞片，上举过头顶。前翅完全不透明，或具有很小的前透明区及外透明区。各足胫节端部均具毛簇。前翅 R_1–R_5 脉分离，R_1 和 R_2 平行，具 M_3 脉，Cu_1 脉伸至翅外缘，缺 Cu_2 脉；后翅 Cu_1 脉与 M_3 脉明显分离。

分布：古北区东部、东洋区北部。世界已知 6 种，中国记录 5 种，浙江分布 2 种。

（863）窗透翅蛾 *Paranthrenopsis editha* (Butler, 1878)

Tinthia editha Butler, 1878a: 61.
Paranthrenopsis editha: Naumann, 1971: 52.

主要特征：翅展 8.0–12.0 mm。前翅巧克力色；顶角处具 1 间断的纵线；中室斑亮白色；盘状斑 2–3 个，亮白色，边缘具棕色翅脉；后缘黄色。顶端处翅缘宽约 1.0 mm，棕色，其后的翅缘很窄，棕色。足金色，具黑条纹。腹部具黑条纹。

分布：浙江、福建；俄罗斯（远东地区），朝鲜，日本。

注：未见标本，描述参考 Bartel（1912）和 Arita（1994）。

（864）灿窗透翅蛾 *Paranthrenopsis polishana* (Strand, [1916])

Oligophlebiella polishana Strand, [1916]: 49.
Paranthrenopsis polishana: Kallies & Arita, 2001: 195.

主要特征：雌性翅展 21.0 mm，体黑褐色。头后缘黄色。足黄色，具黑色斑纹。前翅黑褐色，中室部分散生少许黄鳞，翅端部的脉纹上有 4 或 5 条不完全伸直外缘的黄纹。后翅透明，顶端处翅缘宽约 1.5 mm，黑色，其后的翅缘窄，黑色。两翅缘毛均为青褐色，腹部背面第 1、5 节及腹部腹面黄色。

分布：浙江、福建、台湾、广东；俄罗斯（远东地区），日本。

注：未见标本，描述参考原始文献和《中国的透翅蛾》（徐振国等，2019）。

317. 线透翅蛾属 *Tinthia* Walker, [1865]

Tinthia Walker, [1865]: 23. Type species: *Tinthia varipes* Walker, [1865].
Soronia Moore, 1877a: 83.

主要特征：触角有 2 列长纤毛；下唇须短，平伸。前足胫节略具毛，中足胫节和第 1 跗节多毛，后足胫节有 2 个刺毛束，后足跗节第 1 节有 1 个刺毛束。腹部有 1 个侧臀束。前翅 R_4、R_5 脉不共柄，Cu_1 脉伸至翅后角，缺 Cu_2 脉。后翅 M_3、Cu_1、Cu_2 脉同出自中室下角。

分布：古北区东部和东洋区。世界已知 6 种，中国记录 3 种，浙江分布 1 种。

（865）铜线透翅蛾 *Tinthia cuprealis* (Moore, 1877)

Soronia cuprealis Moore, 1877a: 84.
Tinthia cuprealis: Hampson, 1919a: 116.
Tinthia cuprealis: Heppner, 2012: 15. Misspelling.

分布：浙江、山东、江苏、上海、湖南、福建、台湾。

注：未见标本，描述见《中国的透翅蛾》（徐振国等，2019）。

318. 羽透翅蛾属 *Pennisetia* Dehne, 1850

Pennisetia Dehne, 1850: 28. Type species: *Pennisetia anomala* Dehne, 1850 = *Sesia hylaeiformis* Laspeyres, 1801.
Bembecia auct. (*sensu* Bartel, 1912) (nec *Bembecia* Hübner, [1819]).
Anthrenoptera Swinhoe, 1892a: 35.

主要特征：雄性触角双栉状，雌性线状；喙退化；前翅缺 M_3 脉，R_4 脉与 R_5 脉共长柄，或两脉重合；后翅 M_3 脉与 Cu_1 脉共柄。

分布：全北区、东洋区。世界已知 10 种，中国记录 5 种，浙江分布 1 种。

（866）赤胫羽透翅蛾 *Pennisetia fixseni fixseni* (Leech, 1889)

Sphecia fixseni Leech, 1889: 591.
Bembecia contracta f. *fixseni*: Matsumura, 1931a: 1012.
Pennisetia fixseni fixseni: Spatenka et al., 1993: 86.

分布：浙江（临安、龙泉）；日本。
寄主：牛叠肚 *Rubus crataegifolius*、中南悬钩子 *R. grayanus*。
注：未见标本，描述参考《中国的透翅蛾》（徐振国等，2019）。

319. 细透翅蛾属 *Sphecodoptera* Hampson, [1893]

Sphecodoptera Hampson, [1893]: 189. Type species: *Sphecia repanda* Walker, 1856.
Sphecodoptera Matsumura, 1931a: 1017.
Scasiba Matsumura, 1931a: 1017.

主要特征：触角棒状，雄性具短栉节及纤毛，端部无毛簇。下唇须向上弯曲。前翅透明区发达，外透明区各翅室具楔形纹；后翅透明。胫节密被长毛，尤其后足。前翅 R_1 脉及 R_2 脉平行，R_3 脉与 R_{4+5} 脉自基部分离，R_4 与 R_5 脉自其长度的 2/3 处共柄。后翅 M_2 自横脉前 1/3 处发出。
分布：古北区东部、东洋区、澳洲区。世界已知 10 种，中国记录 5 种，浙江分布 1 种。

（867）斯氏细透翅蛾 *Sphecodoptera scribai* (Bartel, 1912)

Sphecia scribai Bartel, 1912: 379.
Aegeria molybdoceps Hampson, 1919a: 82.
Sphecodoptera scribai: Kallies, 2011: 156.

别名：赤腰透翅蛾、串皮虫
主要特征：翅展 37.0–42.0 mm，体长 15.0–21.0 mm。形似黄蜂。触角两端尖细，基半部橘黄色，端半部赤褐色，顶端具 1 束毛。头部、下唇须、中胸背板及腹部第 1、第 4、第 5 节皆具橘黄色带，第 2、第 3 腹节赤褐色，腹部有橘黄色环带。翅透明，翅脉及缘毛茶褐色。足侧面黄褐色，中、后足胫节具黄褐色长毛。
分布：浙江、河北、山东、江苏、江西、福建；日本。
寄主：日本栗 *Castanea crenata*、栎属 *Quercus* spp.、美国山核桃 *Carya illinoinensis*。
注：未见标本，描述参考《中国果树病虫原色图鉴》（邱强，2004）和《山东林木昆虫志》（范迪等，1993）。

320. 灿透翅蛾属 *Glossosphecia* Hampson, 1919

Glossosphecia Hampson, 1919a: 83. Type species: *Sphecia contaminata* Butler, 1878.

主要特征：大型，拟态胡蜂科昆虫。触角棒状-单栉状，栉节向端部逐渐变短，雄性触角具毛束。下唇须发达，向上弯曲，基节具稍长的鳞毛。胸部领片、肩片基半部或前胸常为鲜艳的橘黄色至橘红色。

中胸及后胸被长鳞毛。前翅透明区发达，中点窄，内侧向前透明区凸出或细长纹状凸，外透明区由 6 个透明翅室组成。后翅透明。前足胫节端半部具长毛簇。后足胫节粗壮，明显长于腹部，中部背面及腹面具长鳞毛。腹部粗壮，常具橘红色或黄色宽带。前翅 R_4 与 R_5 脉共柄；后翅 M_3 与 Cu_1 脉自中室后方拐角处同一点上发出。

分布：古北区东部、东洋区北部。世界已知 6 种，中国记录 4 种，浙江分布 1 种。

（868）霍山灿透翅蛾 *Glossosphecia huoshanensis* (Xu, 1993)

Cissuvora huoshanensis Xu, 1993: 7.
Glossosphecia huoshanensis: Pühringer & Kallies, 2004: 12.

分布：浙江（泰顺）、安徽。
注：未见标本，描述见《中国的透翅蛾》（徐振国等，2019）。

321. 长足透翅蛾属 *Macroscelesia* Hampson, 1919

Macroscelesia Hampson, 1919a: 84. Type species: *Melittia longipes* Moore, 1877.

主要特征：触角棒状，末端有小毛束。前翅透明区发达，中点宽阔，内侧向前透明区伸出 1 细长纹。后翅透明，臀区不透明。后足胫节着长毛簇；跗节很长，基部也长有毛簇。后足远长于腹部。前翅 R_4、R_5 脉长共柄，柄部长于分叉部，M_1 脉与 M_2 脉平行；后翅 M_2 脉与 M_3 脉平行，Cu_1 脉出自中室后角前，且距 Cu_2 脉较近；1A 及 2A 脉发达。

分布：古北区东部和东洋区。世界已知 13 种，中国记录 4 种，浙江分布 1 种。

（869）长足透翅蛾 *Macroscelesia longipes* (Moore, 1877)

Melittia longipes Moore, 1877a: 84.
Macroscelesia longipes: Hampson, 1919a: 84.
Macroscelesia longipes longipes: Pühringer & Kallies, 2004: 18.

分布：浙江、上海、江西、福建；日本。
注：未见标本，描述见《中国的透翅蛾》（徐振国等，2019）。

322. 毛足透翅蛾属 *Melittia* Hübner, [1819]

Melittia Hübner, [1819]: 128. Type species: *Melittia anthedoniformis* Hübner, [1819] = *Sesia chalciformis* Fabricius, 1793.
Eumallopoda Wallengren, 1859: 84.
Parasa Wallengren, 1863a: 137 (preoccupe *Parasa* Moore, 1858).
Pansa Wallengren, 1865b: 9 (replacement *Parasa* Wallengren, 1863).
Eublepharis Felder, 1874 in Felder, Felder & Rogenhofer, 1874–1875, pl. 75, f. 4, (5) 4 (preoccupe *Eublepharis* Gray, 1827).
Poderis Boisduval, [1875]: 468.
Premelittia Le Cerf, 1916: 9.
Neosphecia Le Cerf, 1916: 9.
Melittia Le Cerf, 1917: 239.

Leuthneria Dalla Torre, 1925: 149 (replacement *Eublepharis* Felder, 1874).

主要特征：触角棒状，雄性短栉状或具 1 列刚毛，雌性无。下唇须基部 2 节被长鳞，粗大，末节细小。喙发达。前翅透明区发达；中点发达，内侧常向前透明区伸出 1 楔形或细线状纹；顶角区发达或较窄，散布少量白色鳞。后翅透明。后足胫节和第 1–2 跗节被长鳞，似毛刷状。后足稍长于腹部。前翅 R_4 和 R_5 共柄，Cu_2 存在；后翅 Cu_1 出自中室后缘，接近 Cu_2 而远离 M_3。

分布：世界广布。世界已知 130 余种，中国记录 12 种，浙江分布 2 种。

（870）蜂毛足透翅蛾 *Melittia chalciformis* (Fabricius, 1793)

Sesia chalciformis Fabricius, 1793: 382.
Sphinx bombyliformis Stoll, 1782: 248.
Sphinx bombiliformis Stoll, 1782: 241.
Melittia bombyliformis: Hampson, 1919a: 88.
Melittia bombiliformis: Yang, 1977: 122.
Melittia anthedoniformis Hübner, [1819]: 128.
Melittia bombylipennis Boisduval, [1875]: 473.
Melittia arrecta Meyrick, 1918: 181.
Melittia chalciformis: Pühringer & Kallies, 2004: 16.

分布：浙江（庆元）、北京、河北、山东、上海、江西、台湾、西藏；日本，印度，越南，印度尼西亚。
寄主：栝楼 *Trichosanthes kirilowii*。
注：未见标本，描述见《中国的透翅蛾》（徐振国等，2019）。

（871）申毛足透翅蛾 *Melittia sangaica* Moore, 1877

Melittia sangaica Moore, 1877a: 84.
Melittia humerosa Swinhoe, 1892a: 38.
Melittia sangaica sangaica: Spatenka et al., 1993: 90.

分布：浙江、上海、台湾、广东、四川；日本，越南。
注：未见标本，描述见《中国的透翅蛾》（徐振国等，2019）。

323. 诺透翅蛾属 *Nokona* Matsumura, 1931

Nokona Matsumura, 1931b: 7. Type species: *Paranthrene yezonica* Matsumura, 1931 = *Sciapteron regale* Butler, 1878.
Leptocimbicina Bryk, 1947: 100.
Aritasesia Nakamura, 2009: 75.

主要特征：触角棒状，雄性前方双栉状，雌性无。下唇须向上弯曲，第 3 节短，第 2 节具长而竖立的毛（特别是雄性）。前翅除基部外具密鳞，完全不透明或各透明区不发达。后翅完全透明到几乎不透明。腹部略长于后足，臀簇发达，伞状。前翅 R_4 与 R_5 脉共柄，后翅 Cu_1 发自中室下角，M_2 距 M_3 较距 M_1 为近。

分布：古北区东部、东洋区、澳洲区。世界已知 50 余种，中国记录 17 种，浙江分布 3 种。

分种检索表

1. 前翅基部于中室下方有短而细的后透明区 ·· 琵诺透翅蛾 *N. pilamicola*
- 前翅无后透明区或后透明区不明显 ··· 2
2. 臀束呈棱形 ·· 寒诺透翅蛾 *N. pernix*
- 臀束具长尾针2个 ·· 葡萄诺透翅蛾 *N. regalis*

（872）寒诺透翅蛾 *Nokona pernix* (Leech, 1889)

Bembecia pernix Leech, 1889: 592.

Paranthrene hirayamai Matsumura, 1931a: 1016.

Nokona pernix: Spatenka, 1992: 493.

分布：浙江、北京、上海；朝鲜，日本。

寄主：臭鸡矢藤 *Paederia foetida*、地锦 *Parthenocissus tricuspidata*。

注：未见标本，描述见《中国的透翅蛾》（徐振国等，2019）。

（873）琵诺透翅蛾 *Nokona pilamicola* (Strand, [1916])

Paranthrene pilamicola Strand, [1916]: 47.

Paranthrene chrysoidea Zukowsky, 1932: 317.

Nokona pilamicola: Arita & Gorbunov, 1998: 145.

Nokona inexpectata Arita *et* Gorbunov, 2001: 181.

分布：浙江、陕西、上海、台湾、广东、海南、广西。

寄主：臭鸡矢藤 *Paederia foetida*。

注：未见标本，描述见《中国的透翅蛾》（徐振国等，2019）。

（874）葡萄诺透翅蛾 *Nokona regalis* (Butler, 1878)

Sciapteron regale Butler, 1878a: 60.

Paranthrene yezonica Matsumura, 1931a: 1017.

Nokona regalis: MacKay, 1968: 1327.

Nokona regale [sic]: Kallies, 2007: 394.

俗名：葡萄钻心虫

分布：浙江（临安、绍兴、象山、宁波、义乌）、辽宁、山东、河南、陕西、江苏、江西、湖南、福建、四川；韩国，日本。

寄主：异叶蛇葡萄 *Ampelopsis glandulosa* var. *heterophylla*。

注：未见标本，描述见《中国的透翅蛾》（徐振国等，2019）。

324. 准透翅蛾属 *Paranthrene* Hübner, [1819]

Paranthrene Hübner, [1819]: 128. Type species: *Sphinx asiliformis* Denis *et* Schiffermüller, 1775 = *Sphinx tabaniformis* Rottemburg, 1775.

Memythrus Newman, 1832: 53.

Paranthrene Herrich-Schäffer, 1846: 58. Incorrect emendation.

Sciapteron Staudinger, 1854: 43.

Tarsa Walker, 1856: 61.

Fatua Edwards, 1882a: 97.

Sciopterum Bartel, 1912: 376 (emendation *Sciapteron* Staudinger, 1854).

主要特征：触角棒状，末端有小毛束，雄性前方具双栉节。下唇须中等长度，有时被长毛簇。前翅完全不透明，或具外透明区。后翅透明。前翅 R_4 和 R_5 共柄，后翅 Cu_1 不出自中室下角。

分布：全北区、东洋区、旧热带区。世界已知 40 余种，中国记录 4 种，浙江分布 1 种。

（875）白杨准透翅蛾 *Paranthrene tabaniformis* (Rottemburg, 1775)（图 12-1）

Sphinx tabaniformis Rottemburg, 1775: 110.

Sphinx asiliformis Denis et Schiffermüller, 1775: 305.

Sphinx sesia Gmelin, 1790: 2389.

Sphinx rhingiaeformis Hübner, 1790: 89.

Sesia crabroniformis Laspeyres, 1801: 11.

Sphinx vespiformis Newman, 1832: 1.

Aegeria tricincta Harris, 1839: 310.

Sesia serratiformis Freyer, 1842: 130.

Albuna denotata Edwards, 1882b: 55.

Paranthrene tabaniformis f. *sangaica* Bartel, 1912: 380.

Paranthrene tabaniformis f. *annulifera* Closs, 1920: 13.

Paranthrene tabaniformis f. *oslari* Engelhardt, 1946: 140.

Paranthrene tabaniformis: Wang, 1981: 89.

Paranthrene tabaniformis tabaniformis: Spatenka et al., 1993: 91.

主要特征：成虫（图 12-1）雄性翅展 31.0–33.5 mm，雌性翅展 31.5–35.0 mm。头部半圆形，触角棒状，褐色，端部具微小毛束；头胸间有橘黄色鳞片，下唇须基部黑色密布淡黄色毛，复眼灰黑色。胸部背面青黑色，两侧有橘黄色鳞片，足黄褐色，各足胫节具 1 对端距；腹部黑色，第 2、4、6 腹节后缘的背面和腹面各有黄色鳞片形成的 1 个黄色环带。前翅褐色，中室与后缘略透明，缘毛黄褐色；后翅透明。

图 12-1　白杨准透翅蛾 *Paranthrene tabaniformis* (Rottemburg, 1775)成虫

分布：浙江（德清、临安）、黑龙江、吉林、内蒙古、北京、河北、山西、河南、陕西、宁夏、青海、新疆、江苏、上海、安徽、湖北、湖南、广东、四川；俄罗斯，蒙古国，日本，印度，欧洲，北美，南非。

寄主：杨属 *Populus* spp.、柳属 *Salix* spp.。

325. 台透翅蛾属 *Taikona* Arita et Gorbunov, 2001

Taikona Arita et Gorbunov, 2001: 167. Type species: *Taikona matsumurai* Arita et Gorbunov, 2001.

主要特征：体大型。雄性触角棒状，具单栉状纤毛，端部具毛簇。下唇须向上弯曲。中胸及后胸后缘具长毛状鳞毛。前翅透明或半透明。后翅透明，中点不发达。中后足腿节后缘具长毛，中后足胫节稍长。臀簇发达，雄性一般为扇形或矛状。前翅 R_1 与 R_2 平行，R_3 与 R_{4+5} 短共柄，R_4 与 R_5 共柄长度为其总长度的 3/4。后翅 M_2 自横脉下方约 1/3 处伸出，CuP 基部 1/3 骨化，1A 发达，较长，2A 骨化强，较短，3A 极细，大约是 2A 长度的 3 倍。

分布：东洋区。世界已知 4 种。中国记录 2 种，浙江分布 1 种。

（876）猕猴桃透翅蛾 *Taikona actinidiae* (Yang et Wang, 1989)

Paranthrene actinidiae Yang et Wang, 1989: 234.
Taikona actinidiae: Gorbunov, 2018: 293.

分布：浙江（衢州）、江苏、湖北、江西、福建、广东、广西、四川、贵州。
寄主：猕猴桃属 *Actinidia* spp.。
注：未见标本，描述见《中国的透翅蛾》（徐振国等，2019）。

326. 帕透翅蛾属 *Paranthrenella* Strand, [1916]

Paranthrenella Strand, [1916]: 47. Type species: *Paranthrene formosicola* Strand, [1916].

主要特征：触角背面黑棕色，腹面基部黄色。下唇须黄色，领片两侧具少量黄色鳞，肩片内缘黄色，中胸前缘具黄色纹，后胸黄色。前翅 3 个透明区明显，外透明区通常由 5 个翅室组成；前后缘及外端部分暗色，中室端纹或多或少延至后缘。足黄色，后足胫节基部黑色，端部具黑色大斑。腹面黄色。腹部黑色。

分布：东洋区、澳洲区。世界已知 20 种，中国记录 4 种，浙江分布 1 种。

（877）樟帕透翅蛾 *Paranthrenella cinnamoma* Yu, Gao et Kallies, 2021

Paranthrenella cinnamoma Yu, Gao et Kallies, 2021: 124.

主要特征：雄性翅展 23.0 mm。触角黑色，具蓝色光泽，背面中部具少许白色鳞片。下唇须背面深黄色至黄色。胸部黑色，中部具 1 "人"字形纹。领片两侧各具 1 黄色大斑，肩片黄色，前端黑色。前翅透明，具蓝紫色光泽；前缘黑色，散布黄色鳞片，基部具白色鳞片；后缘基半部黄色；中点黑色，相对狭窄，端部具黄色鳞片；顶角区域深棕色到黑色，带有黄色光泽。外透明区分为 5 个翅室；后透明区达中点的近端部边缘。后翅透明，具蓝紫色光泽；中点、翅脉和外缘黑色；中点楔形。腹部黑色，各节背板后缘具黄色纹，雄性第 1–2 节黄色纹稍宽，雌性第 4 节黄色，仅前缘黑色。各节腹节淡黄色。臀簇背面黑色，具 2 列黄色毛簇；腹面黑色，中部端部具黄色鳞。雌性腹面橘黄色。足黄色，后足腿节腹面外侧具黑色纹，胫节端距基部背面及腹面具 1 黑色环状斑。

雄性外生殖器：香鳞帚细长。颚形突外脊近半卵圆形，内背窄。抱器瓣窄长，端部钝，除抱器腹近基部 3/4 光裸外，整个抱器瓣密被特化刚毛；抱器腹脊小，被一簇端部截平的鳞片状刚毛。囊形突指状。阳茎细长。阳茎端膜具颗粒状小刺。

雌性外生殖器：产卵瓣窄，覆盖短毛。后表皮突略长于前表皮突。导管短片窄长，骨化，较后表皮突略短；囊导管长于导管端片；交配囊卵形，无囊突。

分布：浙江（桐庐）、上海、江西、湖南、广东、贵州。

寄主：樟 *Cinnamomum camphora*、阔叶樟 *C. platyphyllum*、锥属 *Castanopsis* sp.。

注：未见标本，描述参考原始文献（Yu et al., 2021）。

327. 兴透翅蛾属 *Synanthedon* Hübner, [1819]

Synanthedon Hübner, [1819]: 129. Type species: *Sphinx oestriformis* Rottemburg, 1775 = *Sphinx vespiformis* Linnaeus, 1761.
Conopia Hübner, [1819]: 129.
Aegeria auct. (*sensu* Curtis, 1825) [nec *Aegeria* Fabricius, 1807].
Pyrrhotaenia Grote, 1875: 174.
Vespamima Beutenmüller, 1894: 87.
Sanninoidea Beutenmüller, 1896: 126.
Thamnosphecia Spuler, 1910: 308.
Montezumia Dampf, 1930: 179.
Ramosia Engelhardt, 1946: 22.
Sylvora Engelhardt, 1946: 77.
Tipulia Králícek *et* Povolný, 1977: 82.

主要特征：触角棒状，雄性前方具纤毛，端部偶具 1 白色点。下唇须发达，向上方弯曲。前翅 3 个透明区（至少有 2 个）明显，后透明区长，延伸至终点下方；前后缘及外端部分暗色，中室端纹或多或少延至后缘；端区大而清晰。后翅透明。后足胫节中、端距各 1 对，后足第 1 跗节较长；后足与腹部约等长，或略短于腹部。雄性具发达的扇状臀簇。前翅 R_4 和 R_5 共柄，R_5 脉伸至翅顶角。

分布：除澳洲区外均有分布。世界已知 300 余种，中国记录 33 种，浙江分布 3 种。

分种检索表

1. 体型较小，翅展约 16.0 mm；腹部色带白色 ·· 沪兴透翅蛾 *S. howqua*
- 体型较大，翅展通常为 22.0–23.0 mm；腹部色带黄色，或带有红色 ·· 2
2. 腹部第 1、2 节侧面无黄色纵纹；第 4、5 节腹面后缘各有 1 黄带 ················· 莫干兴透翅蛾 *S. moganensis*
- 腹部第 1、2 节侧面具黄色纵纹；第 4、5 节后缘的黄色带从两侧包向腹面使这 2 节的腹板完全黄色 ··············
··· 苹果兴透翅蛾 *S. hector*

（878）苹果兴透翅蛾 *Synanthedon hector* (Butler, 1878)（图 12-2）

Aegeria hector Butler, 1878a: 60.
Synanthedon hector: Bartel, 1912: 383.

别名：小透翅蛾

主要特征：成虫（图 12-2）雄性翅展约 22.0 mm，雌性翅展约 23.0 mm。体黑色有蓝闪光，头部在复眼内侧银白色，头基部环生黄色鳞；下唇须上举过头顶，腹面显黄色，触角黑色。胸部黑色，散有黄色鳞斑。翅透明，前翅边缘及翅脉黑褐色，中央透明，中室端纹延至翅前后缘。腹部黑色，第 1、2 节侧面具黄色纵纹，第 4、5 节后缘为黄色带，两侧包向腹面，使这 2 节的腹板完全黄色；第 2 节背面也有很窄的黄色带；臀束黑色，边缘杂生橘黄色毛。前足基节外侧黄色，腿节、胫节下方黄色，胫节后部生有长毛；后足胫节中部和端部显黄色，各足的跗节及胫节上的距也为黄色。

分布：浙江（安吉、宁海、开化、庆元、龙泉、温州）、吉林、辽宁、北京、山东、陕西、贵州；韩国，日本。

寄主：鸡爪槭 *Acer palmatum*、柿树 *Diospyros kaki*、木瓜 *Chaenomeles sinensis*、苹果 *Malus pumila*、李属 *Prunus* spp.、桃 *Amygdalus persica*、李 *Prunus salicina*、樱桃 *Cerasus pseudocerasus*。

图 12-2 苹果兴透翅蛾 *Synanthedon hector* (Butler, 1878) 成虫

（879）沪兴透翅蛾 *Synanthedon howqua* (Moore, 1877)

Aegeria howqua Moore, 1877a: 83.
Conopia houqua [sic]: Hampson, 1919a: 75.
Synanthedon howqua: Heppner & Duckworth, 1981: 31.

分布：浙江（泰顺）、上海。

注：未见标本，描述见《中国的透翅蛾》（徐振国等，2019）。

（880）莫干兴透翅蛾 *Synanthedon moganensis* Wang *et* Yang, 1992

Synanthedon moganensis Wang *et* Yang, 1992: 418.

分布：浙江（德清）。

注：未见标本，描述见原始描述（Wang and Yang，1992）。

第十三章 网蛾总科 Thyridoidea

三十、网蛾科 Thyrididae

主要特征：小型至中型蛾类。无单眼；喙发达，基部无鳞毛；下颚须多缺；下唇须 3 节，多上举；触角丝状或短栉状。前足内侧有胫刺（梳角器）。腹部无听器。前翅外线分叉；M_2 接近 M_3，自 R_1 至 CuP 脉的各支均单独自中室伸出，而不并接，A 脉 1 条；后翅有翅缰，A 脉 2 条，Rs 与 M_1 脉同柄，$Sc+R_1$ 与 Rs 在中室前缘接近或并接。雄性外生殖器多变，为分亚科的主要依据。

生物学：主要危害山毛榉类和毛茛类植物，少数也以灌木中的鼠李类植物为食。

分布：大多分布于热带及亚热带地区。世界已知 600 余种，中国记录 16 属约 110 种，浙江分布 9 属 27 种。

分属检索表

1. 后翅 $Sc+R_1$ 与 Rs 有一段小共柄或极靠近 ··· 2
- 后翅 $Sc+R_1$ 与 R_5 分离 ·· 6
2. 后翅无大块透明斑；雄性外生殖器爪形突分两叉 ························· 斜线网蛾属 *Striglina*
- 后翅有半透明窗斑；雄性外生殖器爪形突不分叉 ··· 3
3. 翅上有网纹 ··· 后窗网蛾属 *Dysodia*
- 翅上无网纹 ·· 4
4. 复眼上有毛 ··· 蝉网蛾属 *Glanycus*
- 复眼上无毛 ·· 5
5. 前翅窗斑点状；腹部末端尖细 ··· 尖尾网蛾属 *Thyris*
- 前翅窗斑条状；腹部末端平钝 ··· 蜂形网蛾属 *Hyperthyris*
6. 后足跗节不长于胫节 ··· 拱肩网蛾属 *Camptochilus*
- 后足跗节长于胫节的 2/5 以上 ·· 7
7. 前翅上有 1 条半透明绢带 ··· 绢网蛾属 *Herdonia*
- 前翅无此带 ·· 8
8. 前翅外缘较平直；后翅臀角较尖 ··· 黑线网蛾属 *Rhodoneura*
- 前翅外缘略突出；后翅臀角圆钝 ··· 矮网蛾属 *Hypolamprus*

328. 拱肩网蛾属 *Camptochilus* Hampson, 1893

Camptochilus Hampson, 1893a: 351. Type species: *Auzea reticulata* Moore, 1888.

主要特征：体型较大；触角丝形；有喙；下唇须短而平直，其第 3 节比第 2 节短；中足胫节有 1 对距，后足胫节有 2 对距；后足 5 个跗节的总和只约有胫节的 3/5。前翅前缘基部拱起，中部稍凹陷，顶角上翘；翅上有树枝形纹（如无则前缘外侧有三角形深色斑）；后翅 $Sc+R_1$ 与 R_5 分离；两性均有翅缰。雄性外生殖器简单，爪形突不分叉，常呈锥形；颚形突明显而简单，内突明显。

分布：东洋区。世界已知 6 种，中国记录 6 种，浙江分布 3 种。

分种检索表

1. 后翅翅基有大块金盏纹 ·· 金盏拱肩网蛾 *C. sinuosus*
- 后翅翅基无金盏纹 ··· 2
2. 前翅斜线外有枝形纹 4 条 ··· 树形拱肩网蛾 *C. aurea*
- 前翅在斜线外侧有被枝形纹隔开的黄色晕斑 ·· 枯叶拱肩网蛾 *C. semifasciata*

（881）树形拱肩网蛾 *Camptochilus aurea* (Butler, 1881)（图 13-1）

Pyrinioides aurea Butler, 1881: 200.
Camptochilus aurea: Dalla Torre, 1914: 20.

主要特征：成虫（图 13-1）雄性翅展 23.5–26.5 mm，雌性翅展 24.5–27.0 mm。头及下唇须黄色至橘黄色，雌雄触角均为丝状，污黄色；体背面红褐色至黄褐色，腹部第 1、4、7 节具粉白色环；腹面污黄色至棕黄色。前翅基部具肩形突起，前缘中部外侧具 1 三角形棕灰色斑；翅面布满网纹，1 树形棕褐色斜线从前缘顶角附近斜向后缘中部，与后翅的斜线贯通，斜线下端分出 4 支；反面色略浅，斜线在中室处及 CuA_1 脉间具黑点。后翅中室也有黑点。胸足黄褐色，前足胫节内侧有距刺，后足胫节距 2 对。

图 13-1 树形拱肩网蛾 *Camptochilus aurea* (Butler, 1881)成虫

分布：浙江（安吉）、北京、河北、河南、陕西、甘肃、上海、湖北、江西、湖南、福建、海南、广西、四川、云南、西藏；日本。

寄主：栗 *Castanea mollissima*。

（882）枯叶拱肩网蛾 *Camptochilus semifasciata* Gaede, 1933

Camptochilus reticulates semifasciata Gaede, 1933: 768.
Camptochilus semifasciata: Chu & Wang, 1992a: 205.

分布：浙江（龙泉）、福建、广西。
寄主：甜槠 *Castanopsis eyrei*、栗 *Castanea mollissima*、锥栗 *C. henryi*、青冈 *Cyclobalanopsis glauca*。
注：未见标本，描述见《中国动物志》（朱弘复和王林瑶，1996）。

（883）金盏拱肩网蛾 *Camptochilus sinuosus* Warren, 1896（图 13-2）

Camptochilus sinuosus Warren, 1896b: 342.
Pyrinioides sinuosus: Inoue et al., 1982: 302.

主要特征：成虫（图13-2）雄性翅展23.0–25.0 mm，雌性翅展24.5–28.5 mm。头及下唇须黄褐色，触角齿形，黄褐色至灰褐色；身体褐色。前翅前缘肩形，中部外侧具1三角形褐色斑；翅基褐色，具4条红褐色弧线与后翅基部相连，中室下方至后缘有褐色晕斑；后翅基半部褐色，具弧线形斑纹，外半部金黄色；翅反面颜色及斑纹与正面相同。

图13-2　金盏拱肩网蛾 *Camptochilus sinuosus* Warren, 1896 成虫

分布：浙江（安吉、临安、宁波、舟山、天台、仙居、常山、开化、庆元、龙泉、泰顺）、辽宁、河北、陕西、甘肃、湖北、江西、湖南、福建、台湾、广东、海南、广西、四川、云南；印度。

寄主：榛 *Corylus heterophylla*、胡桃 *Juglans regia*、栎属 *Quercus* sp.、柿 *Diospyros kaki*、山柿 *D. japonica*。

天敌：绒茧蜂 *Apanteles* sp.。

329. 后窗网蛾属 *Dysodia* Clemens, 1860

Dysodia Clemens, 1860: 349. Type species: *Dysodia oculatana* Clemens, 1860.
Varnia Walker, 1864b: 69.
Platythyris Grote *et* Robinson, 1867: 361.
Pachythyris Felder *et* Rogenhofer, 1874: pl. 75.

主要特征：体与翅为霉黄色至锈红色，翅上有显著的网状纹，后翅有窗斑；前、后翅中带均较宽；后翅 $Sc+R_1$ 与 R_5 脉在中部有一段极靠近；下唇须3节；喙发达；复眼上无毛；后足胫节有2对距；前足胫节有毛刷；每1跗节上均有成行的刺；雄性外生殖器背面隆起。

分布：世界热带地区及旧热带区。世界已知57种，中国记录4种，浙江分布1种。

（884）橙黄后窗网蛾 *Dysodia magnifica* Whalley, 1967

Dysodia magnifica Whalley, 1967: 13.

分布：浙江（临安、龙泉）、福建、广东、海南、广西、云南、西藏；乌干达。

寄主：油桐 *Vernicia fordii*、木油桐 *V. montana*、毛泡桐 *Paulownia tomentosa*、鹅掌楸 *Liriodendron chinense*。

天敌：蚕饰腹寄蝇 *Blepharipa zebina*。

注：未见标本，描述见《中国动物志》（朱弘复和王林瑶，1996）。

330. 蝉网蛾属 *Glanycus* Walker, 1855

Glanycus Walker, 1855: 634. Type species: *Glanycus insolitus* Walker, 1855.

主要特征：体色鲜艳，体形粗壮，形似蝉；翅上无网纹；复眼上有金黄色毛；触角黑色，丝状、羽状或双栉状；后翅 Sc+R$_1$ 与 Rs 在中部有一段合并。

分布：东洋区。世界已知 5 种，中国记录 5 种，浙江分布 2 种。

（885）蝉网蛾 *Glanycus foochowensis* Chu *et* Wang, 1981

Glanycus foochowensis Chu *et* Wang, 1981a: 86.

分布：浙江（临安）、江西、福建、四川、云南、西藏。
寄主：栗 *Castanea mollissima*。
注：未见标本，描述见《中国动物志》（朱弘复等，1996）。

（886）黑蝉网蛾 *Glanycus tricolor* Moore, 1879

Glanycus tricolor Moore, 1879: 38.

分布：浙江（临安）、河南、江西、福建、广东、海南、广西、四川、云南；印度。
寄主：栎属 *Quercus* sp.。
注：未见标本，描述见《中国动物志》（朱弘复和王林瑶，1996）。

331. 绢网蛾属 *Herdonia* Walker, 1859

Herdonia Walker, 1859: 963. Type species: *Herdonia osacesalis* Walker, 1859.

主要特征：触角单栉状；后足跗节长于胫节；翅上有半透明绢形斑，并有闪光；前翅顶角及外缘间呈钩状；体色霉黄间有白色绢斑。
分布：东洋区。世界已知 20 种，中国记录 3 种，浙江分布 1 种。

（887）绢网蛾 *Herdonia osacesalis* Walker, 1859

Herdonia osacesalis Walker, 1859: 963.

分布：浙江（富阳、临安）、河北、河南、安徽、湖北、江西、湖南、福建、海南、云南；日本，巴基斯坦，印度，缅甸，斯里兰卡，印度尼西亚。
注：未见标本，描述见《中国动物志》（朱弘复和王林瑶，1996）。

332. 蜂形网蛾属 *Hyperthyris* Leech, 1889

Hyperthyris Leech, 1889c: 121. Type species: *Hyperthyris aperta* Leech, 1889.

主要特征：下唇须基部宽，端部尖；雄性触角细丝状；胫节上有长毛；前翅各脉均分离；后翅无横脉。
分布：中国。世界仅知 1 种，中国有记录，浙江有分布。

（888）蜂形网蛾 *Hyperthyris aperta* Leech, 1889

Hyperthyris aperta Leech, 1889d: 122.

分布：浙江（临安）、江苏、江西、湖南、四川、云南；印度，斯里兰卡。

寄主：栗 *Castanea mollissima*、榛 *Corylus heterophylla*。

注：未见标本，描述见《中国动物志》（朱弘复和王林瑶，1996）。

333. 矮网蛾属 *Hypolamprus* Hampson, 1893

Hypolamprus Hampson, 1893a: 352. Type species: *Microsca striatalis* Swinhoe, 1886.

主要特征：雄性触角细丝状；下唇须基部宽，端部尖。前翅外缘略突出，后翅臀角圆钝；后翅 $Sc+R_1$ 与 Rs 分离。后足跗节长于胫节 2/5 以上。

分布：世界热带、亚热带地区。世界已知 40 余种，中国记录 2 种，浙江分布 2 种。

（889）齿矮网蛾 *Hypolamprus rubicunda* Warren, 1908

Hypolamprus subrosealis ab. *rubicunda* Warren, 1908: 336.

Hypolamprus rubicunda: Chen, 1994: 23.

主要特征：该种出现在印度卡西丘陵（Khāsi Hills），较典型的淡玫矮网蛾 *H. subrosealis* 更大，更亮红；采自斯里兰卡、马来西亚槟榔屿、加里曼丹岛和苏门答腊等地的标本，雄性最大翅展 22.0 mm，雌性翅展 25.0 mm；而采自卡西丘陵的标本，雄性翅展 22.0–28.0 mm，雌性翅展 30.0–32.0 mm。雌性和大部分雄性为亮砖红色，后翅尤其明显，前翅前缘区逐渐变成棕赭色。体背和后翅均为亮红色。

分布：浙江（庆元、龙泉）；印度，菲律宾，苏丹。

注：陈汉林（1994）首次记录了该种在中国的分布，本研究未见标本，描述参考 Warren（1908）。

（890）淡玫矮网蛾 *Hypolamprus subrosealis* (Leech, 1889)

Microsca subrosealis Leech, 1889b: 66.

Hypolamprus subrosealis: Hua, 2005: 44.

主要特征：翅展 20.0 mm。前翅赭色，散布有粉色鳞片，横向有几条模糊、狭窄的褐色波浪状带，其中一个超过了黑色盘状斑；前缘颜色略浅，具棕色带状斑。后翅粉红色，微呈赭色，在横带上散布有很多模糊的斑。缘毛浅棕色，部分呈深棕色。体腹面浅赭色，略呈粉色，点缀有棕色带。

分布：浙江（象山、宁海）、台湾、香港；印度，斯里兰卡，马来西亚，印度尼西亚。

注：未见标本，描述参考 Leech（1889b）。

334. 黑线网蛾属 *Rhodoneura* Guenée, 1858

Rhodoneura Guenée, 1858: pl. 1. Type species: *Rhodoneura pudicula* Guenée, 1858.

Siculodes Guenée, 1858: 1.

Brixia Walker, 1859: 889.

Calindoea Walker, 1863: 87.

Osca Walker, 1864b: 73.

Canaea Walker, 1864b: 73.

Banisia Walker, 1864b: 73.

Iza Walker, 1865: 521.

Opula Walker, 1869: 371.

Microsca Butler, 1879b: 71.

Pyrinioides Butler, 1881: 199.

Sericophara Christoph, 1881: 64.

Durdara Moore, 1882: 176.

Letchena Moore, 1887: 257.

主要特征：触角丝形；两眼间无颜毛；有喙；下唇须第3节比第2节短；前足胫节有胫突；后足胫节比跗节总长要短，有2对距或1对端距；前翅近前缘的翅脉行间有金黄色闪光的黑鳞片（部分没有）及黑色线纹；后翅$Sc+R_1$与Rs分离；两性均有翅缰。爪形突简单，不分叉，常呈锥形；颚形突明显而简单，内突明显。交配囊有或无囊片。

分布：主要分布于东洋区和非洲热带地区。世界已知200多种，中国记录60余种，浙江分布9种。

分种检索表

1. 体色银白或微有灰黄色网纹 ··· 2
- 体色深褐或灰褐 ·· 3
2. 翅色银白 ··· 银线网蛾 *R. yunnana*
- 翅上有灰黄色网纹 ··· 褐线银网蛾 *R. strigatula*
3. 前翅基半部赭棕色，外半部灰白色，并有褐色网纹，分界明显 ························· 半褐网蛾 *R. hemibruna*
- 前翅非上述特征 ··· 4
4. 前翅灰褐色，前缘有白色斑，顶角内斑有1椭圆形银斑，R_5与M_1脉间有1纵排黑点 ········· 肖云线网蛾 *R. hamifera*
- 前翅非上述特征 ··· 5
5. 前翅灰白色，前翅前缘与臀角内侧有1白斑区，顶角内下斑有1白斑，M_1和M_2间至中室端有1排大小不同的黑点 ······
 ··· 云线网蛾 *R. nitens*
- 前翅非上述特征 ··· 6
6. 前翅淡褐色，网纹褐色，中带为1直线，顶角有"人"字形棕色纹，臀角处有1斜线 ············ 直线网蛾 *R. erecta*
- 前翅非上述特征 ··· 7
7. 翅色略黄，前翅具5条横宽带 ·· 中褶网蛾 *R. mollis yunnanensis*
- 非上述特征 ·· 8
8. 前翅无横线，后翅仅1条横线，非常明显 ·· 后中线网蛾 *R. pallida*
- 前后翅中带均为双线弯曲，前翅上宽下仄，后翅上下宽，中间仄；中带与内带间有弧形纹 ······ 中带褐网蛾 *R. sphoraria*

(891) 直线网蛾 *Rhodoneura erecta* (Leech, 1889) (图13-3)

Microsca erecta Leech, 1889b: 66.

Rhodoneura erecta: Chu & Wang, 1981b: 106.

主要特征：成虫（图13-3）雄性翅展29.0–36.0 mm，雌性翅展32.0–42.0 mm。头部棕褐色，触角丝状黄褐色，各节具枯黄色环；体背面棕褐色，腹面枯黄色。前翅及后翅淡褐色，网纹褐色，前翅中线分叉，内线较直，顶角具"人"字形棕色纹，臀角处具1斜线；后翅中线较粗，内侧具2条弧形纹，顶角也具弧形纹。前足跗节内侧枯黄色，外侧棕褐色，各节有白环。

分布：浙江（安吉、临安、庆元、龙泉）、河南、陕西、江西、广西、四川、云南；朝鲜，日本。

寄主：栗 *Castanea mollissima*、胡桃 *Juglans regia*、野梧桐 *Mallotus japonicus*。

图 13-3　直线网蛾 *Rhodoneura erecta* (Leech, 1889) 成虫

（892）肖云线网蛾 *Rhodoneura hamifera* (Moore, 1888)

Pharambara hamifera Moore, 1888: 213.
Rhodoneura acutalis hamifera: Chu & Wang, 1992b: 237.

主要特征：雌性翅展约 27.0 mm。头棕褐色，胸部赭褐色，腹部灰色；前翅灰褐色，前缘具白色斑，内带黄褐色，中带较宽、棕褐色，顶角内斑具 1 椭圆形银斑，在 R_5 与 M_1 脉间具 1 纵排黑点；后翅污白色，各带棕赭色，中带明显。

分布：浙江（龙泉）、广西；印度。

寄主：厚朴 *Houpoëa officinalis*。

注：未见标本，描述参考原始描述（朱弘复和王林瑶，1996）。

（893）半褐网蛾 *Rhodoneura hemibruna* Chu *et* Wang, 1992

Rhodoneura hemibruna Chu *et* Wang, 1992b: 231.

分布：浙江（临安）、云南。

注：未见标本，描述见《中国动物志》（朱弘复和王林瑶，1996）。

（894）云线网蛾 *Rhodoneura nitens* (Butler, 1887)

Microsca nitens Butler, 1887: 116.
Rhodoneura nitens: Hampson, 1893: 70.
Siculodes nitens var. *atribasalis* Warren, 1899: 317.

分布：浙江（安吉、临安、遂昌、龙泉）、福建；日本，印度，越南，斯里兰卡，澳大利亚，巴布亚新几内亚。

寄主：鹅掌楸（马褂木）*Liriodendron chinense*、厚朴 *Houpoëa officinalis*、黄山玉兰 *Yulania cylindrica*。

注：未见标本，描述见《中国动物志》（朱弘复和王林瑶，1996）。

（895）后中线网蛾 *Rhodoneura pallida* (Butler, 1879)

Microsca pallida Butler, 1879b: 71.
Rhodoneura pallida: Hampson, 1897a: 622.

分布：浙江（景宁、龙泉）、北京、湖北、江西、四川；日本，印度，斯里兰卡。

寄主：野漆 *Toxicodendron succedaneum*、白栎 *Quercus fabri*。

注：未见标本，描述见《中国动物志》（朱弘复和王林瑶，1996）。

（896）中带褐网蛾 *Rhodoneura sphoraria* (Swinhoe, 1892)（图 13-4）

Pharambara sphoraria Swinhoe, 1892b: 18.

Rhodoneura sphoraria: Gaede, 1933: 761.

主要特征：成虫（图 13-4）雄性翅展 19.0–21.0 mm，雌性翅展约 23.0 mm。头部棕褐色，触角棕色丝形。前、后翅赭褐色，布满棕色网纹。前翅前缘具 1 黑色线纹，内带双线，波浪形；中带双线弯曲，上宽下仄，外侧线在中室端的 M_2 至 Cu_1 脉间向外突出，近前缘时向外下方弯曲；外带细，上与钩形纹相连，下达臀角，在 Cu_1 脉下方变粗。后翅内带双线，不甚明显，中带双线，上下宽，中间仄，外带弓形。胸足褐色，跗节灰褐色，各节均具白环。腹部黄褐色，腹面色稍淡。

图 13-4　中带褐网蛾 *Rhodoneura sphoraria* (Swinhoe, 1892)成虫

分布：浙江（临安、定海、松阳、景宁）、河北、四川；印度，斯里兰卡。

寄主：栗 *Castanea mollissima*、锥栗 *C. henryi*、麻栎 *Quercus acutissima*、白栎 *Q. fabri*、柿 *Diospyros kaki*。

（897）褐线银网蛾 *Rhodoneura strigatula* (Felder *et* Felder, 1862)

Siculodes strigatula Felder *et* Felder, 1862: 40.

Rhodoneura acaciusalis strigatula: Chu & Wang, 1981b: 106.

Rhodoneura strigatula: Chu & Wang, 1992b: 218.

分布：浙江（杭州、宁波、丽水）、湖北、江西、湖南、福建、四川、云南；印度。

寄主：甜槠 *Castanopsis eyrei*、青冈 *Cyclobalanopsis glauca*。

注：未见标本，描述见《中国动物志》（朱弘复和王林瑶，1996）。

（898）银线网蛾 *Rhodoneura yunnana* Chu *et* Wang, 1981

Rhodoneura yunnana Chu *et* Wang, 1981a: 86.

分布：浙江（临安、宁海）、福建、云南。

寄主：栗 *Castanea mollissima*、漆 *Toxicodendron vernicifluum*。

注：未见标本，描述见《中国动物志》（朱弘复和王林瑶，1996）。

（899）中褶网蛾 *Rhodoneura mollis yunnanensis* Chu *et* Wang, 1981

Rhodoneura mollis yunnanensis Chu *et* Wang, 1981a: 86.

分布：浙江（临安）、福建、云南、西藏。

寄主：榛 *Corylus heterophylla*、三球悬铃木 *Platanus orientalis*。

注：未见标本，描述见《中国动物志》（朱弘复和王林瑶，1996）。

335. 斜线网蛾属 *Striglina* Guenée, 1877

Striglina Guenée, 1877: 283. Type species: *Striglina lineola* Guenée, 1877 = *Drepanodes scitaria* Walker, 1862.

Plagiosella Hampson, 1897a: 625.

Heteroschista Warren, 1903: 271.

Plagiosellula Strand, 1913: 62.

主要特征：触角栉形，上有纤毛；下唇须3节；前足胫节有毛刷；后足胫节有2对距，跗节各节都有端刺和成行的刺；后翅无大块透明斑，后翅 Sc+R_1 与 R_5 分开或只有一部分相连；雌性外生殖器有不折叠的肛乳突，生殖孔骨化强；雄性外生殖器变化很大。

分布：广布于中非及西非，但东非很少，南非尚未发现；在东洋区种类很多，美洲很少。世界已知63种，中国记录19种，浙江分布7种（亚种）。

分种检索表

1. 体色杏红，翅斑及斜线均不显著	红斜线网蛾 *S. roseus*
- 体色非杏红，斜线或翅斑显著	2
2. 前翅及后翅的圆斑多而明显	川斜线网蛾 *S. susukei szechuanensis*
- 前翅及后翅的圆斑少或不明显	3
3. 前翅中室上方无斑纹；后翅斜线外侧无1弧线；前翅反面有2棕色斑	4
- 前翅中室上方有斑纹；后翅斜线外侧有1弧线	6
4. 前翅中室上方有棕色圆斑；斜线不分叉	一点斜线网蛾 *S. scitaria*
- 前翅中室上方无棕色圆斑；斜线分叉	5
5. 前翅斜线末端的叉向外缘伸出	叉斜线网蛾 *S. bifida*
- 前翅斜线末端的叉向臀角直线伸出	梯斜线网蛾 *S. scalaria*
6. 前翅中室上方有1眉形纹	曲斜线网蛾 *S. curvita*
- 前翅中室上方无眉形纹	二点斜线网蛾 *S. bispota*

（900）叉斜线网蛾 *Striglina bifida* Chu et Wang, 1991

Striglina bifida Chu et Wang, 1991: 330.

分布：浙江（庆元、龙泉）、江西、湖南。

寄主：厚朴 *Houpoëa officinalis*、玉兰 *Yulania denudata*、深山含笑 *Michelia maudiae*。

注：未见标本，描述见《中国动物志》（朱弘复和王林瑶，1996）。

（901）二点斜线网蛾 *Striglina bispota* Chu et Wang, 1991（图13-5）

Striglina bispota Chu et Wang, 1991: 327.

主要特征：成虫（图13-5）雄性 18.0–20.5 mm，雌性翅展 18.5–23.0 mm。头和下唇须棕赭色，触角丝形。体枯黄色微红，腹部色更浓，第 4 腹节后缘具 1 条深色横带。翅面布满网纹，前、后翅各具 1 条玫褐色斜线，相互贯通，在前翅顶角下方分叉；翅反面色微深，后翅后缘色浅黄；前翅反面中部具 2 个棕褐色斑，后翅斜纹只部分可见。

分布：浙江（安吉、临安、景宁、龙泉）、河南、甘肃、江苏、江西、湖南、福建、海南、广西、云南、西藏。

寄主：瓜木（八宝枫）*Alangium platanifolium*、栗 *Castanea mollissima*、麻栎 *Quercus acutissima*、杨梅 *Myrica rubra*、榆叶梅 *Amygdalus triloba*。

图 13-5　二点斜线网蛾 *Striglina bispota* Chu et Wang, 1991 成虫

（902）曲斜线网蛾 *Striglina curvita* **Chu *et* Wang, 1991**

Striglina curvita Chu et Wang, 1991: 331.

分布：浙江（庆元）、江西、湖南、广西、云南。
寄主：栗 *Castanea mollissima*、麻栎 *Quercus acutissima*、赤杨叶（拟赤杨）*Alniphyllum fortunei*。
注：未见标本，描述见《中国动物志》（朱弘复和王林瑶，1996）。

（903）红斜线网蛾 *Striglina roseus* **(Gaede, 1932)**

Camptochilus roseus Gaede, 1932: 769.
Striglina roseus: Chu & Wang, 1991: 337.

分布：浙江（临安）、湖北。
注：未见标本，描述见《中国动物志》（朱弘复和王林瑶，1996）。

（904）梯斜线网蛾 *Striglina scalaria* **Chu *et* Wang, 1991**（图 13-6）

Striglina scalaria Chu et Wang, 1991: 331.

主要特征：成虫（图 13-6）雄性翅展约 29.0 mm，雌性翅展约 31.0 mm。此种与一点斜线网蛾近似，但体型略小，前翅斜线不达顶角而起于前缘 1/3 处；斜线两侧的弧线亦不达臀角；中室上方具 1 不明显的梯形纹；后翅斜线外侧弧纹较直；前翅反面无褐色圆点而是长条大斑。

分布：浙江（龙泉）、河南、福建。

图 13-6 梯斜线网蛾 *Striglina scalaria* Chu et Wang, 1991 成虫

（905）一点斜线网蛾 *Striglina scitaria* Walker, 1862（图 13-7）

Striglina scitaria Walker, 1862b: 1488.
Anisodes pyriniata Walker, 1862b: 1582.
Thermesia reticulata Walker, 1865: 1062.
Azazia navigatorum Felder in Felder, Felde & Rogenhofer, 1875: pl. 117.
Homodes thermesioides Snellen, 1877: 28.
Timandra cancellata Christoph, 1881: 64.
Sonagara strigipennis Moore, 1882: 180.
Sonagara vialis Moore, 1883: 27.
Azazia henriei Snellen, 1888: 2.
Sonagara strigosa Moore, 1892: 180.
Striglina cancellata: Chu & Wang, 1981b: 105.
Striglina vialis: Chu & Wang, 1981b: 105.

主要特征：成虫（图 13-7）雄性翅展 36.5–39.5 mm，雌性翅展 37.0–40.5 mm。头及下唇须枯黄色，触角丝状，枯黄色，各节间具深色纹；体枯黄色，一些个体色稍深，第 4 腹节后缘具 1 条深棕色横带。前翅枯黄色，布满棕色网纹，一条棕色斜线自顶角内侧斜向后缘中部，前细后粗，中室端具 1 灰棕色椭圆斑；外缘弧形，缘毛枯黄色间有褐色鳞片。后翅底色比前翅稍淡，布满网纹，基部具 1 深棕色弧纹，中部具 1 前缘与前翅斜线贯通的棕色斜线，斜线外方具 1 条细斜线，缘毛较前翅略深。前、后翅反面色略晕暗，各斜线比正面的亦细，前翅中室斑纹较圆，中央灰白色，边缘赭色。胸足棕黄色，跗节棕褐色，前足胫节内侧具刺突，后足胫节有距 2 对。

图 13-7 一点斜线网蛾 *Striglina scitaria* Walker, 1862 成虫

分布：浙江（安吉、余杭、富阳、临安、象山、宁海、定海、天台、仙居、松阳、庆元、龙泉）、黑龙

江、河南、陕西、江苏、湖南、福建、台湾、广东、海南、广西、四川、西藏；朝鲜，日本，印度，缅甸，斯里兰卡，加里曼丹，澳大利亚，巴布亚新几内亚，斐济。

寄主：栗 *Castanea mollissima*、麻栎 *Quercus acutissima*、榛 *Corylus heterophylla*、杨梅 *Myrica rubra*。

（906）川斜线网蛾 *Striglina susukei szechuanensis* Chu *et* Wang, 1981（图 13-8）

Striglina susukei szechuanensis Chu *et* Wang, 1981a: 86.

主要特征：成虫（图 13-8）雄性翅展 20.0–25.0 mm，雌性翅展 24.0–32.0 mm。头及下唇须棕黄色，触角丝状灰黄色；体背面灰褐色，肩板披长鳞毛，腹面灰黄色。前、后翅基半部呈微弱的红褐色；前翅前缘灰褐色，中带由 2 个灰棕色圆点组成，下方圆点分出 1 条曲线，内带为 1 灰棕色线纹，顶角下方具 3 个灰褐色小圆点；后翅中室端具 1 块棕色斑，分出 1 曲线，与前翅内线相贯通，顶角下方具 2–3 个小黑点。前、后翅反面色较浅，各圆点显著。胸足灰黄具黑斑，前足具胫刺。

分布：浙江（安吉、临安、开化）、湖北、江西、四川。

图 13-8　川斜线网蛾 *Striglina susukei szechuanensis* Chu *et* Wang, 1981 成虫

336. 尖尾网蛾属 *Thyris* Laspeyres, 1803

Thyris Laspeyres, 1803: 39. Type species: *Sphinx fenestrina* Denis *et* Schiffermüller, 1775.

主要特征：体形粗壮，腹部末端尖细，体色鲜艳；复眼上无毛；前翅窗斑为点状；后翅有半透明窗斑；翅上无网纹；跗节上每节各有成行的刺；后翅 Sc+R$_1$ 与 Rs 有一段合并或极靠近；雄性外生殖器爪形突不分叉。

分布：全北区、东洋区。世界已知 10 种，中国记录 2 种，浙江分布 1 种。

（907）尖尾网蛾 *Thyris fenestrella* (Scopli, 1763)（图 13-9）

Phalaena fenestrella Scopli, 1763: 217.
Sphinx fenestrina Denis *et* Schiffermüller, 1775: 44.
Sphinx pyralidiform Hübner, 1796: 86.
Sphinx fenestrata Schrank, 1802: 235.
Thyris fenestrella nigra Bang-Haas, 1910: 32.
Thyris fenestrella: Yang, 1977: 252.

主要特征：成虫（图 13-9）雄性翅展 12.0–15.0 mm，雌性翅展 15.5–18.5 mm。头黑色，有金黄毛；下唇须第 1 节白色，第 2、3 节黄色，端部黑色；雄性触角单栉形，雌性丝形。体棕褐色，胸部背面两侧具黄色鳞毛；腹部第 4、8 节前缘具白色毛环，雄性尾端具较长的毛丛，雌性腹部自第 5 节开始变细，形似蝇类的产卵管。翅深棕色，间有橙黄色斑；前、后翅外缘曲折成齿状突出，缘毛大部分白色，杂有黑色；前翅具 2 个透明斑，后翅具 3 个连在一起的透明斑。

分布：浙江（余杭、临安）、黑龙江、吉林、北京、河南、新疆、江苏、湖北、福建、四川；俄罗斯，朝鲜，荷兰，奥地利，意大利。

寄主：榛 *Corylus heterophylla*。

图 13-9 尖尾网蛾 *Thyris fenestrella* (Scopli, 1763) 成虫

第十四章 螟蛾总科 Pyraloidea

三十一、螟蛾科 Pyralidae

主要特征：复眼较大。下唇须多数 3 节，平伸或上举于额前面。下颚须 3 节，有时微小或缺失，常短于下唇须。喙发达，少数退化或消失。鼓膜器的鼓膜泡完全闭合；节间膜与鼓膜位于同一平面；无听器间突。R_5 脉与 R_3+R_4 脉共柄或合并。雄性爪形突发达；颚形突末端钩状或弯曲，少有退化或缺失；抱器瓣简单；阳茎多为柱状。雌性产卵瓣骨化弱；囊导管膜质，有时具骨化或粗糙的区域；交配囊膜质，无特殊的骨化区，有 1–2 个形状各异的刺及骨化的囊突。

分布：世界各大动物地理区。世界已知 1099 属 6236 种，中国记录 470 多属 2100 多种，浙江分布 75 属 174 种。

分亚科检索表

1. 有次生腹棒 ·· 2
- 无次生腹棒 ·· 3
2. 雌性翅缰 1 根；雄性爪形突两臂与中线间夹角大于 110° ············· 斑螟亚科 Phycitinae (拟斑螟族 Peoriini)
- 雌性翅缰 3 根；雄性爪形突两臂与中线间夹角为 90° ································· 蜡螟亚科 Galleriinae
3. 雌性翅缰 1 根；导精管开始于交配囊 ··· 斑螟亚科 Phycitinae
- 雌性翅缰 2 根；导精管开始于囊导管 ··· 4
4. 阳茎基部向腹面弯曲，爪形突臂与中线的夹角等于或大于 110°；下唇须第 3 节末端尖 ············ 丛螟亚科 Epipaschiinae
- 阳茎基部不向腹面弯曲，爪形突臂与中线夹角为 90°；下唇须第 3 节末端钝 ··············· 螟蛾亚科 Pyralinae

（一）蜡螟亚科 Galleriinae

主要特征：体粗壮。单眼有或无。无毛隆。喙短小，常不发达。雌雄异型：雄性下唇须细小，不明显；雌性下唇须较长，前伸或下垂。雄性下颚须常萎缩，雌性下颚须细小。前翅狭长，部分种类在前缘基部腹面具腺状瘤。R_3、R_4 与 R_5 脉共柄，中室通常封闭，无 1A 脉，2A 与 3A 脉共柄或愈合。后翅三角形，M_3 脉存在或缺失，沿 Cu 脉有 1 列梳状粗鳞毛。

雄性外生殖器：爪形突无分支。颚形突缺失，仅部分种类有残留。抱器瓣结构简单；阳茎筒状，角状器有或无。

雌性外生殖器：产卵瓣通常短小。前、后表皮突细长。囊导管细长。囊突有或无。

生物学：幼虫在食性上多为寄食昆虫，有的生活在其他昆虫的巢内，也有属于腐食性的，还有一些种类属于仓储昆虫，不少种类是害虫。

分布：世界广布。世界已知 65 属 260 余种，中国记录 17 属 40 余种，浙江分布 5 属 6 种。

分属检索表

1. 后翅无 M_3 脉 ·· 2
- 后翅具 M_3 脉 ·· 4

2. 前翅具 R_1 脉 ·· 织蛾属 *Aphomia*
- 前翅 R_1 脉缺失 ·· 3
3. 前翅 R_3 脉由中室伸出，R_4、R_5 脉共柄 ·· 实蜡螟属 *Mampava*
- 前翅 R_3、R_4 及 R_5 脉共柄 ·· 小蜡螟属 *Achroia*
4. 后翅 M_2 与 M_3 脉共柄 ·· 谷螟属 *Lamoria*
- 后翅 M_2 与 M_3 脉由中室下角伸出 ·· 脐纹螟属 *Omphalocera*

337. 小蜡螟属 *Achroia* Hübner, 1819

Achroia Hübner, 1819: 163. Type species: *Galleria aluearia* Fabricius, 1819.

Mepiphora Guenée, 1845a: 308.

Achroea Agassiz, 1847: 4.

Vobrix Walker, 1864a: 1014.

主要特征：额密被鳞片。雄性下唇须退化，被额部鳞片遮盖，雌性下唇须细小，平伸，长为复眼直径的 1/2。下颚须细小，刷状。喙细小。触角细锯齿状，端节覆有鳞片。前翅短，前缘弓形，外缘圆，雄性前翅基部腹面前缘处有 1 腺状隆起并盖以鳞毛。前翅无 R_2 脉，R_3、R_4 与 R_5 脉共柄，M_2 与 M_3 脉共柄。后翅顶角尖锐，$Sc+R_1$ 与 Rs 脉并接靠近顶角，M_1 与 Rs 脉共柄，M_2 及 Cu_1 脉共柄，M_3 脉缺失，Cu_2 脉靠近中室下角伸出。

分布：全北区、东洋区、澳洲区。世界已知 4 种，中国记录 2 种，浙江分布 1 种。

（908）小蜡螟 *Achroia grisella* (Fabricius, 1794)

Tinea grisella Fabricius, 1794: 289.

Galleria aluearia Fabricius, 1798: 463.

Bombyx cinereola Hübner, 1802: 392.

Galleria alvea Haworth, 1811: 392.

Meliphora alveariella Guenée, 1845a: 308.

Tinea anticella Walker, 1863: 483.

Achroia obscurevittella Ragonot, 1901: 498.

Achroia grisella ab. *major* Dufrane, 1930: 67.

Achroia grisella var. *ifranella* Lucas, 1956: 251.

Achroia grisella: Whalley, 1964: 566.

主要特征：成虫翅展 13.0–26.0 mm。成虫体粗壮。头部银灰色及暗灰色。雄性下唇须短小，向上弯曲，雌性下唇须较长，前伸。下颚须不明显。触角淡褐色。胸背面灰褐色，腹部灰色。前翅灰色无斑纹，后翅淡灰色，双翅缘毛灰黄色。

分布：浙江（湖州、嘉兴、杭州、宁波、温州）、湖北、福建、台湾、广东、广西、云南；日本，欧洲，澳大利亚，新西兰，摩洛哥，南非。

注：未见标本，描述来自王平远（1980）。

338. 织蛾属 *Aphomia* Hübner, 1825

Aphomia Hübner, 1825: 369. Type species: *Phalaena sociella* Linnaeus, 1758.

Ilithyia Berthold, 1827: 485.

Melissoblaptes Zeller, 1839: 180.

Melia Curtis, 1865: 201.

Paralipsa Butler, 1879a: 454.

Corcyra Ragonot, 1885: 23.

Arenipses Hampson in Romanoff, 1901a: 501.

Tineopsis Dyar, 1913: 59.

主要特征：口喙发达；雄性下唇须短，上举，被前额鳞片遮蔽；雌性下唇须下垂延伸，长度相当于复眼直径的 3 倍；下颚须刷状，被鳞片遮蔽；触角长度约和前翅相当。前翅较狭长，前缘弓形，臀角均匀弯曲；雄性中室长度达翅的外缘，雄性 Cu_1、Cu_2、M_2 三脉分开且平行，R_3、R_4 和 R_5 脉共柄，R_5 从 R_3 脉前端发出，R_1 和 R_2 脉发自中室；前翅前缘基部腹面有腺状隆起；雌性中室长度为翅长的 2/3，Cu_1 从中室下角前伸出，M_2、M_3 由中室下角伸出，M_1 脉起自中室上角；后翅 Cu_2 脉从近中室基部发出，Cu_1、M_2 共柄，M_3 脉缺失，Rs 与 M_1 脉发自中室上角，Rs 与 $Sc+R_1$ 脉并接，翅缰 1 根。

分布：全北区、东洋区。世界已知 4 种，中国记录 1 种，浙江分布 1 种。

（909）一点织螟 *Aphomia gularis* (Zeller, 1877)（图 14-1）

Melissoblaptes gularis Zeller, 1877: 74.

Aphomia gularis: Leraut, 2014: 80.

主要特征：成虫（图 14-1A）翅展 24.5–28.5 mm。头顶鳞片白色至淡褐色，额淡褐色至黄褐色。下唇须深褐色。下颚须刷状。喙细小。触角褐色。领片淡褐色，胸部及翅基片淡褐色至深褐色。前翅鳞片淡褐色；内、外横线灰白色，锯齿状，中部向外拱突；雄性翅中部有 1 密被红褐色鳞片的淡黄色叉状纹，斑纹近中部和末端各有 1 黑斑；雌性翅面中部有 1 黑色大斑；缘毛淡褐色。后翅灰白色，顶角和外缘淡褐色；缘毛白色，基部杂淡褐色。

图 14-1 一点织螟 *Aphomia gularis* (Zeller, 1877)
A. 成虫；B. 雄性外生殖器；C. 雌性外生殖器

雄性外生殖器（图 14-1B）：爪形突基部宽，至端部渐窄，末端钝圆。匙形突锥形，基部宽，端部渐窄。背兜与匙形突近等长。抱器瓣基部最宽，中部与端部近等宽，末端钝圆；抱器腹近梭形，约为抱器瓣长的 2/5。阳茎基环近马蹄形。阳茎略弯，末端骨化；无角状器。

雌性外生殖器（图 14-1C）：产卵瓣近椭圆形，密被纤毛。后表皮突长约是前表皮突的 1.5 倍。导管端片漏斗状。囊导管细长，弯曲，长度略长于交配囊。交配囊椭圆形；无囊突。

分布：浙江（杭州、台州、衢州、丽水、温州）、黑龙江、吉林、辽宁、内蒙古、北京、天津、河北、山西、山东、河南、甘肃、江苏、上海、安徽、湖北、江西、湖南、福建、广东、海南、广西、四川、贵州、云南；朝鲜，日本，印度，不丹，欧洲，美国。

339. 谷螟属 *Lamoria* Walker, 1863

Lamoria Walker, 1863: 87. Type species: *Lamoria planalis* Walker, 1863.
Maraclea Walker, 1863: 88.
Hornigia Ragonot, 1885: 21.
Tugela Ragonot, 1888: 51.

主要特征：雄性下唇须细小，与头等长；雌性下唇须为头长的 2 倍，顶端向下垂。下颚须丝状。触角丝状。雄性前翅腹面前缘基部有腺状隆起。前翅 R_1 与 R_2 脉由中室伸出，R_3、R_4 与 R_5 脉共柄，M_2、M_3 脉由中室下角伸出，Cu_1 脉由中室下角前伸出；雌性前翅 M_2 及 M_3 脉共柄，由中室下角伸出，Cu_1 脉由中室下角伸出。后翅 $Sc+R_1$ 与 Rs 脉并接，Cu_1、Cu_2、M_2 及 M_3 脉由肘脉均匀分出，翅室开放。

分布：旧大陆的各动物地理区系，热带地区较多。世界已知 26 种，中国记录 8 种，浙江分布 2 种。

（910）烟翅谷螟 *Lamoria infumatella* Hampson, 1898（图 14-2）

Lamoria infumatella Hampson, 1898a: 88.

主要特征：成虫（图 14-2A）翅展 31.0–45.0 mm。复眼间的前额鳞毛丛生。喙退化。触角短小，腹面具纤毛。雌性下唇须较长，长度超过复眼直径的 3 倍。下颚须短小，灰褐色。领片和肩片灰褐色。雄性前翅烟褐色，前缘脉颜色较深，翅缘亮褐色，外缘有 1 排黑点；翅中室上角有 1 黑斑；后翅浅褐色，缘毛浅褐色。雌性翅面颜色和斑纹与雄性相似，中室上角的黑斑不如雄性明显；后翅黄褐色，缘毛浅黄褐色。

图 14-2 烟翅谷螟 *Lamoria infumatella* Hampson, 1898
A. 成虫；B. 雄性外生殖器；C. 雌性外生殖器

雄性外生殖器（图 14-2B）：爪形突从基部向端部收缩，顶端较尖，端半部侧缘具刺毛。匙形突柱状。抱器瓣舌状，端部钝圆；抱器背基突发达；抱器腹基部钝圆，向末端渐细，长为抱器瓣的1/2。阳茎端基环后缘具深凹。囊形突"V"形。阳茎长筒形，有1细长针状角状器，长度约为阳茎的4/5，基部具几个细小骨刺。

雌性外生殖器（图 14-2C）：产卵瓣小，末端钝圆。前表皮突长约为后表皮突的 1.5 倍，后者稍粗。导管端片强烈骨化；囊导管略长于交配囊，二者内壁均具细密微刺。交配囊椭圆形，无囊突。

分布：浙江、海南、广西、云南、西藏；日本，印度。

（911）大谷螟 *Lamoria anella* (Denis *et* Schiffermüller, 1775)（图 14-3）

Tinea anella Denis *et* Schiffermüller, 1775: 135.

Lamoria anella: Caradja, 1925: 296

主要特征：成虫（图 14-3A）翅展 18.0–42.0 mm。本种雌雄颜色、斑纹差异较大。头部紫灰色，头顶覆盖灰褐色鳞片。触角紫灰色，丝状，上密布纤毛。雄性下唇须和下颚须较粗短，被额部鳞毛丛覆盖，下唇须黑褐色，顶端稍细；胸部背面紫灰色，腹部腹面茶色，腹部灰褐色。前翅前缘基半部灰白色，其余灰褐色；中室基部有1圆形褐色斑纹，中室上角有1大的黑褐色斑纹；内横线暗褐色；外横线暗褐色锯齿状，且外横线在翅中央向外弯曲；外缘暗褐色，具1排黑色斑点。后翅淡褐色无斑纹；前后翅缘毛灰棕色。

图 14-3　大谷螟 *Lamoria anella* (Denis *et* Schiffermüller, 1775)
A. 成虫；B. 雄性外生殖器

雄性外生殖器（图 14-3B）：爪形突舌状，侧缘具短硬刺毛。匙形突柱状。抱器瓣舌状，背缘基部隆起。阳端基环近圆形。囊形突近梭形，顶端较尖。阳茎粗筒状，与抱器瓣近等长，内有1细长针状角状器。

分布：浙江（湖州）、北京、天津、河北、湖北、福建、台湾；朝鲜，日本，印度，斯里兰卡，马来西亚，印度尼西亚，阿富汗，欧洲，非洲。

340. 实蜡螟属 *Mampava* Ragonot, 1888

Mampava Ragonot, 1888: 50. Type species: *Mampava bipuntella* Ragonot, 1888.

Anerastidia Hampson in Ragonot & Hampson, 1901: 500.

主要特征：额圆。雄性下唇须细小，与头近等长；雌性下唇须为头长的 2 倍，顶端向下伸。下颚须丝状。触角丝状。前翅狭长，后翅三角形。雄性前翅腹面前缘基部有1腺状隆起。前翅无 R_1 脉，R_2 与 R_3 脉由中室伸出，R_4 与 R_5 脉共柄，M_2 由中室下角伸出，Cu_1 脉由中室下角前伸出。后翅 $Sc+R_1$ 与 Rs 脉并接，M_3 脉缺失，翅中室未闭合。

分布：东洋区、新热带区、澳洲区。世界已知 3 种，中国记录 1 种，浙江分布 1 种。

（912）双斑实蜡螟 *Mampava bipunctella* Ragonot, 1888（图 14-4）

Mampava bipunctella Ragonot, 1888: 50.
Anerastidia albivittella Hampson in Ragonot & Hampson, 1901: 500.
Anerastidia stramineipennis Strand, 1918b: 266.
Mampava dissocentra Meyrick, 1933: 384.

主要特征：成虫（图 14-4A）翅展 20.0–26.0 mm。头部淡黄色。雄性下唇须长度和复眼直径相当，雌性下唇须向前平伸，长度约等于复眼直径的 2 倍。下颚须刷状。触角丝状，淡灰白色，触角基部鳞片膨大。胸部淡黄褐色；领片和翅基片灰白色。前翅淡黄褐色，从翅基到翅外缘有 1 纵向的白条带；中室内具 2 黑点，翅上散布黑斑；翅后缘有 1 排黑点；缘毛黄褐色。后翅浅灰色，半透明有丝质光泽；缘毛白色。

图 14-4　双斑实蜡螟 *Mampava bipunctella* Ragonot, 1888
A. 成虫；B. 雄性外生殖器；C. 雌性外生殖器

雄性外生殖器（图 14-4B）：爪形突基部较宽，顶端较尖，爪形突上中部被刚毛。匙形突长筒状。抱器瓣舌状，宽阔，端部钝圆，抱器瓣长约为最宽处的 2 倍，抱器背达抱器瓣端部；抱器背基突发达；抱器腹端部钝圆，向顶端渐细，长约为抱器瓣的 1/2。阳端基环椭圆形，顶端具凹口。囊形突"V"形。阳茎筒形；无角状器。

雌性外生殖器（图 14-4C）：产卵瓣较小，具纤毛。后表皮突长约为前表皮突的 1.5 倍。交配孔略骨化，具微刺。囊导管较细长，内壁具微刺。交配囊椭圆形，与囊导管近等长，内壁密布微刺，无囊突。

分布：浙江（临安）、台湾、广东、四川；日本，越南，马来西亚，印度尼西亚。

341. 脐纹螟属 *Omphalocera* Lederer, 1863

Omphalocera Lederer, 1863: 274. Type species: *Ommatospila nummulalis* Lederer, 1863.

主要特征：下唇须前伸，端部向下弯曲，约为头长的 2 倍。下颚须丝状。喙发达。触角粗壮。前翅宽阔，基部及顶角前缘拱起，顶角钝圆，雄性前缘基部腹面有 1 腺状瘤并覆有长鳞毛。前翅 R_1 及 R_2 脉由中室伸出，R_5 在 R_3 脉之前由 R_4 脉伸出，M_1 脉由中室上角伸出，M_2 及 M_3 脉由中室下角伸出，Cu_1 脉由中室下角前伸出。后翅 $Sc+R_1$ 与 Rs 脉分离，M_1 与 Rs 脉共柄，M_2、M_3 由中室下角伸出，Cu_1 脉靠近中室下角伸出。

分布：东洋区、新北区。世界已知 5 种，中国记录 1 种，浙江分布 1 种。

（913）毛脐纹螟 *Omphalocera hirta* South, 1901

Omphalocera hirta South in Leech & South, 1901: 428.

主要特征：成虫翅展 38.0 mm。全体褐色散布有红褐色及黑褐色鳞片。下唇须前伸，端部下垂。下颚须丝状。触角粗壮。腹部背面及足胫节具长毛。前翅宽阔，翅顶有 1 褐色三角形斑纹及 1 褐色带，亚外缘线为 1 列褐色角状斑纹。后翅烟褐色，外缘线褐色。

雄性外生殖器：爪形突狭长，顶端钝圆，被细毛。颚形突粗钝。抱器瓣弯曲，顶端钝圆密布细毛。基腹弧宽圆。阳端基环半圆形，端部两侧伸出细尖突。阳茎短粗筒状，端部有 3 针状角状器。

分布：浙江（临安）、陕西、江苏、湖北、江西、湖南、福建、四川；朝鲜。

注：未见标本，描述来自汪家社等（2003）。

（二）斑螟亚科 Phycitinae

主要特征：个体通常较小。体色暗淡，成虫前翅狭长，颜色多为棕色、灰色或灰褐色，极少数种类具金属光泽。头顶圆拱或平拱，被光滑或粗糙鳞毛。雄性触角柄节形状多样，有的鞭节形成缺刻，其上覆盖鳞片簇，有的腹面被纤毛，有的形成单栉状。下颚须冠毛状、柱状或刷状。成虫前翅 R_5 脉缺失，M_2 与 M_3 脉合并、共柄或游离。后翅翅脉 10 条或更少。雌、雄翅缰均 1 根。

雄性外生殖器：爪形突多样。颚形突棒状、锥状或钩状；抱器瓣密被刚毛，抱器背狭条状，抱握器有或无；阳茎柱状，骨化程度不一，角状器有或无，味刷有或无。

雌性外生殖器：表皮突 2 对，细棒状；导管端片有或无；囊导管膜质或略骨化；交配囊膜质，圆形或椭圆形。

生物学：幼虫危害植物的根、茎、叶、花、果实及种子等，大多数是农林业重要害虫。

分布：世界广布。世界已知 653 属 3450 余种，中国记录 107 属 480 余种，浙江分布 39 属 75 种。

分族检索表

1. 喙缺失或细小，外观不可见 ··· 拟斑螟族 Anerastiini
- 喙发达，外露，外观可见 ·· 2
2. 雄性外生殖器抱器瓣基部通常具长鳞毛束 ·································· 隐斑螟族 Cryptoblabini
- 雄性外生殖器抱器瓣基部无长鳞毛束 ··· 斑螟族 Phycitini

拟斑螟族 Anerastiini

主要特征：雄性触角鞭节背面基部常浅凹，被鳞片簇，腹面密被纤毛，少数具栉；雌性触角简单。下唇须极其发达，多前伸，斜上举过头顶，少数弯曲上举，雄性第 2 节常粗壮。下颚须中等大小或非常短小。喙退化或缺失，外观不可见。前翅多具纵向条纹，常具明显的前缘带，横向条纹若存在也多不完整。

雄性外生殖器：爪形突基部常具发达的突起；颚形突多发达，少数缺失；抱器背基突常缺失；无味刷。

雌性外生殖器：产卵瓣与第 8 腹节间的节间膜较短，二者的连接显得较为紧凑；前、后表皮突均发达，约等长；交配囊膜质，有的具囊突。

分布：世界广布。世界已知 64 属 300 多种，中国记录 16 属 30 多种，浙江分布 1 属 1 种。

342. 片拟斑螟属 *Toshitamia* Sasaki, 2012

Toshitamia Sasaki, 2012: 82. Type species: *Toshitamia komatsui* Sasaki, 2012.

主要特征：头顶具鳞毛突。雄性触角鞭节凹陷浅，被 2 排短鳞片簇。下唇须斜上举远超过头顶。前翅具前缘带，脉纹明显。前翅具 11 条脉，R_{3+4} 与 R_5 脉共长柄，R_2 与 $R_{3+4}+R_5$ 脉共短柄，同出自中室上角，M_1 脉出自中室外缘近上角处，M_2 与 M_3 脉基部靠近，M_3 脉出自中室下角，CuA_1 出自中室下缘，与 M_3 和

CuA$_2$ 脉距离近相等；中室长约为前翅的 2/3。后翅具 9 条脉，Sc+R$_1$ 与 Rs 脉共长柄，与 M$_1$ 脉同出自中室上角，M$_2$ 与 M$_3$ 脉共长柄，与 CuA$_1$ 脉同出自中室下角；中室长约为后翅的 1/3。

雄性外生殖器：爪形突膜质，中部骨化弱，基部突起片状，末端尖。颚形突四边形，边缘骨化。抱器瓣从基部渐窄至端部。阳茎基环骨化弱。基腹弧"U"形。阳茎柱状，具角状器。

雌性外生殖器：产卵瓣三角形。前表皮突短于后表皮突。导管端片柱状，骨化。交配囊膜质，囊突为 1 布满小刺的骨片。导精管出自交配囊后端。

分布：古北区东部、东洋区北部、旧热带区。世界已知 5 种，本志记载浙江分布的 1 中国新记录种。

（914）短片拟斑螟 *Toshitamia tsushimensis* Sasaki, 2012（图 14-5）中国新记录

Toshitamia tsushimensis Sasaki, 2012: 80.

主要特征：成虫（图 14-5A）雄性翅展 19.0–24.0 mm。头顶灰褐色。触角柄节白色，长约为宽的 1.5 倍；鞭节背面白色，基部鳞片簇上层白色，下层灰黑色，腹面黄褐色。下唇须第 1 节白色，第 2 节腹面白色，背面灰褐色，斜上举过头顶，第 3 节灰黑色，较细，长约为第 2 节的 1/4。领片、翅基片及胸部红褐色。前翅黄白色，沿中室上缘密被深褐色鳞片，形成 1 条深褐色纵带，翅脉处被深褐色鳞片；缘毛灰白色。后翅灰褐色；缘毛白色。足灰白色。

图 14-5　短片拟斑螟 *Toshitamia tsushimensis* Sasaki, 2012
A. 成虫；B. 雄性外生殖器

雄性外生殖器（图 14-5B）：爪形突中部骨化区域长脚杯状，基部突起片状，末端尖。颚形突四边形，后缘形成 2 个三角形突起，中部略外突。抱器瓣从基部渐窄至端部。阳茎基环钟形。基腹弧长约与后缘宽相等。阳茎柱状，长约为基部宽的 3 倍，端部 1/4 渐细；角状器位于阳茎中部一侧，长条形。

分布：浙江（临安）、甘肃；日本。

隐斑螟族 Cryptoblabini

主要特征：雄性触角鞭节基部鳞片簇有或无。单眼和毛隆发达。下唇须多弯曲上举。下颚须多柱状被鳞。喙发达。

雄性外生殖器：抱器瓣基部具成束的长鳞毛；无味刷。

雌性外生殖器：前、后表皮突均发达；交配囊膜质，多具骨化强烈的囊突。

分布：古北区东部、东洋区北部、旧热带区。世界已知 7 属 37 种，中国记录 6 属 10 种，浙江分布 3 属 3 种。

分属检索表

1. 前翅具 10 条脉，后翅具 9 条脉 ·· **长颚斑螟属 *Edulicodes***
- 前翅具 11 条脉，后翅具 10 条脉 ·· 2

2. 雄性触角鞭节基部具缺刻和鳞片簇；雄性外生殖器抱器背基突存在 ·················· 隐斑螟属 *Cryptoblabes*
- 雄性触角鞭节基部无缺刻和鳞片簇；雄性外生殖器抱器背基突消失 ················ 匙须斑螟属 *Spatulipalpia*

343. 隐斑螟属 *Cryptoblabes* Zeller, 1848

Cryptoblabes Zeller, 1848a: 644. Type species: *Epischnia rutilella* Zeller, 1839.
Albinia Briosi, 1878: 61.

主要特征：雄性触角基部凹陷，端部具耳状突起。前翅具 11 条脉：R_{3+4} 与 R_5 脉基半部共柄，与 M_1 同出自中室上角；M_2 与 M_3 脉基部相互靠近，出自中室下角；CuA_1 脉出自中室下缘，距 M_3 较距 CuA_2 脉近；中室约为前翅长的 5/7。后翅具 10 条脉：$Sc+R_1$ 与 Rs 脉共短柄；M_2 与 M_3 脉基部相互靠近，同出自中室下角；CuA_1 脉出自中室下缘，距 M_3 较距 CuA_2 脉近；中室约为后翅长的 1/3。

雄性外生殖器：爪形突马鞍形，末端中部内凹、呈"V"形。颚形突极小。抱器背基突后缘连接，呈倒"T"形或三叉状。抱器瓣有成束的浓密的长鬃毛。基腹弧前缘内凹。阳茎基环"U"形，具 1 对侧臂。无味刷。

雌性外生殖器：产卵瓣三角形。前、后表皮突均中等长度。导管端片环形，窄骨片状；囊导管膜质，前端内壁粗糙。交配囊膜质，内壁光滑或粗糙；具囊突。导精管出自交配囊。

分布：除新北区外，世界其他动物地理区均有分布。世界已知 33 种，中国记录 3 种，浙江分布 1 种。

（915）原位隐斑螟 *Cryptoblabes sita* Roesler *et* Küppers, 1979

Cryptoblabes sita Roesler *et* Küppers, 1979: 42.

分布：浙江（临安）、河南、陕西、湖北、福建、广东、贵州、云南；印度尼西亚（苏门答腊）。
注：描述见《天目山动物志》（李后魂等，2020）。

344. 长颚斑螟属 *Edulicodes* Roesler, 1972

Edulicodes Roesler, 1972: 258. Type species: *Edulicodes inoueella* Roesler, 1972.

主要特征：雄性触角鞭节背面基部具凹陷，末端具 1 锥形突起，鞭节腹面纤毛约与鞭节宽度相当。下唇须弯曲上举，明显过头顶。前翅具 10 条脉，R_{3+4} 与 R_5 脉共长柄，M_1 出自中室外缘近上角处，M_2 与 M_3 脉愈合，与 CuA_1 脉共短柄；中室长约为前翅的 2/3。后翅具 9 条脉，$Sc+R_1$ 与 Rs 脉基部约 4/5 共柄，与 M_1 脉同出自中室上角，M_2 与 M_3 脉愈合，与 CuA_1 脉共长柄，与 CuA_2 同出自中室下角；中室长约为后翅的 1/3。

雄性外生殖器：爪形突三角形。颚形突端部钩状。抱器背基突后缘连接。抱器瓣基部具长鳞毛束；抱器背达抱器瓣末端。阳茎基环近圆形，侧臂发达。基腹弧"U"形。阳茎短，柱状，角状器无。

雌性外生殖器：产卵瓣三角形。前表皮突略长于后表皮突。囊导管膜质。交配囊膜质，具囊突。导精管出自交配囊后端。

分布：东洋区、澳洲区。世界已知 1 种，中国记录 1 种，浙江分布 1 种。

（916）井上长颚斑螟 *Edulicodes inoueella* Roesler, 1972

Edulicodes inoueella Roesler, 1972: 260.

Vinicia gypsopa sensu Roesler *et* Küppers, 1979: 69.

分布：浙江（临安）、河南、陕西、湖北、福建、广东、贵州；日本，印度尼西亚，澳大利亚。

注：描述见《天目山动物志》（李后魂等，2020）。

345. 匙须斑螟属 *Spatulipalpia* Ragonot, 1893

Spatulipalpia Ragonot, 1893: 19. Type species: *Spatulipalpia effosella* Ragonot, 1893.

主要特征：触角柄节膨大。雄性下唇须第 2 节膨大，密被长鳞毛。前翅具 11 条脉，R_{3+4} 与 R_5 脉共长柄，出自中室上角，M_1 脉出自中室外缘近中部，M_2 与 M_3 脉基部靠近，出自中室下角，CuA_1 脉出自中室下缘近下角处，距 M_3 较距 CuA_2 脉近；中室长约为前翅的 2/3。后翅具 10 条脉，$Sc+R_1$ 与 Rs 脉共短柄，与 M_1 脉同出自中室上角，M_2 与 M_3 脉出自中室下角同一点，CuA_1 脉出自中室下缘，与 M_3 和 CuA_2 脉近等距离；中室长约为后翅的 1/6。

雄性外生殖器：爪形突多宽阔。颚形突小。抱器背基突消失。抱器瓣基部具 1 束长鳞毛；抱器背窄；抱器腹长于抱器瓣的 1/2。阳茎基环"V"形。基腹弧"U"形，长大于宽。阳茎柱状，角状器有或无。

雌性外生殖器：产卵瓣三角形。前表皮突基部膨大，约与后表皮突等长。囊导管细，部分骨化。交配囊椭圆形，膜质；具囊突。导精管出自交配囊后端。

分布：东洋区。世界已知 13 种，中国记录 1 种，浙江分布 1 种。

（917）白条匙须斑螟 *Spatulipalpia albistrialis* Hampson, 1912

Spatulipalpia albistrialis Hampson, 1912: 1256.

分布：浙江（临安）、河南、安徽、湖北、江西、湖南、福建、广东、海南、广西、贵州、云南；韩国，日本，印度。

注：描述见《天目山动物志》（李后魂等，2020）。

斑螟族 Phycitini

主要特征：具单眼，毛隆发达。雄性触角鞭节基部数节常凹陷，有的具鳞片簇。下唇须多弯曲上举，少数前伸。下颚须柱状或冠毛状。喙发达。前翅具 11 或 10 条脉，R_{3+4} 与 R_5 多共柄，M_2 与 M_3 分离、同出自一点或共柄。后翅具 10 或 9 条脉，M_2 与 M_3 共柄或愈合。

雄性外生殖器：爪形突多三角形或四边形；颚形突多发达；抱器背基突存在或消失；抱握器多存在；基腹弧"U"形或"V"形；味刷有或无。

雌性外生殖器：产卵瓣多三角形；第 8 腹节衣领状；表皮突发达；囊导管膜质或骨化；交配囊形状多样，囊突有或无，导精管多出自交配囊。

分布：世界广布。世界已知 163 属 3100 多种，中国记录 91 属近 400 种，浙江分布 35 属 71 种。

斑螟亚族 Phycitina

主要特征：具单眼。毛隆发达。触角线状，雄性鞭节背面基部常凹陷，内被鳞片簇，腹面有的具栉。雄性下唇须第 2 节发达，或紧贴额部垂直上举，或与雌性下唇须相同，与额远离，弯曲上举。下颚须柱状、冠毛状或刷状，雄性常被下唇须第 2 节鳞片覆盖，外观不可见。喙发达。

雄性外生殖器：抱器瓣基部无成束长鳞毛，味刷 1 对到多对，呈三维立体排列。

雌性外生殖器：囊导管多骨化或部分骨化，交配囊形状多样，内壁常被棘刺，多具囊突。

分布：世界广布。世界已知 100 多属 2700 多种，中国记录 52 属近 200 种，浙江分布 16 属 30 种。

分属检索表

1. 后翅 M_2 与 M_3 脉基部靠近 ·· 2
- 后翅 M_2 与 M_3 脉至少共短柄 ··· 4
2. 雄性触角具栉齿 ··· 栉角斑螟属 *Ceroprepes*
- 雄性触角无栉齿 ·· 3
3. 雄性外生殖器抱器瓣近平行四边形，雌性外生殖器交配囊无微刺 ··· 瘤角斑螟属 *Ammatucha*
- 雄性外生殖器抱器瓣长椭圆形，雌性外生殖器交配囊多具微刺 ··· 云斑螟属 *Nephopterix*
4. 后翅 CuA_1 脉与 M_3 共柄 ··· 5
- 后翅 CuA_1 脉与 M_3 不共柄 ··· 9
5. 雄性外生殖器颚形突后缘具 3 个突起 ··· 锚斑螟属 *Indomyrlaea*
- 雄性外生殖器颚形突无突起 ··· 6
6. 雄性外生殖器抱器瓣细长或近三角形 ··· 7
- 雄性外生殖器抱器瓣椭圆形 ··· 8
7. 前翅近后缘沿翅褶中部常具 1 圆斑 ·· 蝶斑螟属 *Morosaphycita*
- 前翅无明显圆斑 ·· 巢斑螟属 *Faveria*
8. 前翅内横线内侧具鳞毛脊 ·· 直鳞斑螟属 *Ortholepis*
- 前翅无鳞毛脊 ··· 瘦斑螟属 *Pempelia*
9. 前翅常具直立鳞毛脊，雄性外生殖器抱器背基部具骨化强烈的突起 ································· 荚斑螟属 *Etiella*
- 前翅无上述鳞毛脊，雄性外生殖器无骨化强烈的突起 ·· 10
10. 雄性外生殖器抱器腹基部具棘刺 ·· 腹刺斑螟属 *Sacculocornutia*
- 雄性外生殖器抱器腹基部无棘刺 ·· 11
11. 雄性外生殖器抱器瓣基部具 1 簇长鳞毛 ·· 阴翅斑螟属 *Sciota*
- 雄性外生殖器抱器瓣基部无长鳞毛 ··· 12
12. 雄性前翅底侧前缘基部被黑色鳞片簇，雄性外生殖器阳茎基环侧臂长带状 ····················· 带斑螟属 *Coleothrix*
- 雄性前翅底侧无黑色鳞片簇，雄性外生殖器阳茎基环侧臂非长带状 ·· 13
13. 前翅横向带比较明显，翅面常散布红色鳞片 ·· 云翅斑螟属 *Oncocera*
- 前翅无上述特征 ·· 14
14. 雄性外生殖器抱器瓣略不对称 ·· 紫斑螟属 *Calguia*
- 雄性外生殖器抱器瓣对称 ··· 15
15. 雄性外生殖器抱器背端部与抱器瓣分离，雌性外生殖器囊导管骨化具纵脊 ······················· 梢斑螟属 *Dioryctria*
- 雄性外生殖器抱器背端部多数与抱器瓣不分离，雌性外生殖器囊导管无纵脊 ································ 斑螟属 *Phycita*

346. 瘤角斑螟属 *Ammatucha* Turner, 1922

Ammatucha Turner, 1922: 43. Type species: *Ammatucha lathria* Turner, 1922.

Sumatraphycis Roesler *et* Küppers, 1979: 85.

主要特征：雄性触角柄节被厚鳞片，鞭节基部数节强烈深凹，内覆鳞片。下唇须弯曲上举。下颚须短小，被鳞片。翅脉：R_1 脉出自中室上缘 2/3，R_2 脉出自中室上角前，R_{3+4} 与 R_5 脉共柄长约为 R_4 脉的 1/3，M_1 脉出自中室上角，M_2 与 M_3 脉愈合或共短柄，基部与 CuA_1 脉分离，CuA_1 脉出自中室下角，CuA_2 脉出自中室下角前；中室约为前翅长的3/5。后翅半透明，翅脉10条：Sc与Rs脉基部共柄长约为Sc的1/2，M_1脉出自中室上角，M_2与M_3脉共柄长约为M_2脉的1/3，CuA_1与M_{2+3}脉在中室外有一段距离相互靠近，但不共柄，同出自中室下角，CuA_2脉游离，出自中室下缘；中室为翅长的1/3。

雄性外生殖器：爪形突舌状，基部宽，两侧向腹面伸出1对骨片，末端多圆钝。颚形突多长棒状。抱器背基突不连接，呈弧形骨化棒。抱器瓣骨化，不规则平行四边形；具抱握器；抱器背和抱器腹骨化强。基腹弧"V"或"U"形。阳茎基环弱小，"V"形。阳茎柱状，无角状器。具味刷。

雌性外生殖器：产卵瓣三角形。第8腹节背板前缘凸出。表皮突较短，近等长。囊导管粗短，膜质或部分骨化。交配囊长椭圆形；囊突1个，强烈骨化，三角形或衣钩状骨片，位于交配囊后半部。导精管出自交配囊前端。

分布：古北区东部、东洋区。世界已知6种，中国记录3种，浙江分布3种。

分种检索表

1. 头顶黄白色，下唇须金黄色 ·· 黄须瘤角斑螟 *A. flavipalpa*
- 头顶黑褐色，下唇须黑色 ··· 2
2. 雄性触角缺刻内鳞片短，仅在缺刻端部有少量长鳞片；前翅内横线外有1灰白色斑 ········ **短鳞瘤角斑螟** *A. brevilepigera*
- 雄性触角缺刻内密布长鳞片；前翅内横线外有1棕黑色斑圆斑 ·· **长鳞瘤角斑螟** *A. longilepigera*

（918）短鳞瘤角斑螟 *Ammatucha brevilepigera* Ren et Li, 2006（图14-6）

Ammatucha brevilepigera Ren *et* Li, 2006: 65.

主要特征：成虫（图14-6A）翅展19.0–24.5 mm。头顶黑灰色。触角黄褐色；雄性触角基部深凹，内覆黑色鳞片，短而致密，仅在凹陷末端有少量长鳞片；雌性触角简单线状。下唇须黑褐色，达头顶；第3节长约为第2节的2/3。下颚须褐色。胸部和翅基片黄褐色。前翅底色灰褐色，基域灰色，纹饰清晰：内横线白色，"S"形，内侧具竖鳞形成的1个褐色圆形大斑和1个黑色小斑，外侧镶黑边，前缘半部宽，后缘半部较细，外侧有1个灰白色斑；中室端斑2个，黑色，分离；外横线白色，波浪形；缘毛灰色。后翅灰褐色；缘毛灰褐色。前足黑褐色；中、后足腿节、胫节外侧灰黄色杂白色，内侧灰褐色，距黑色，跗节黑褐色，末端环白色。

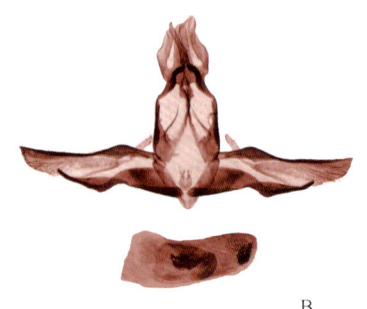

图14-6 短鳞瘤角斑螟 *Ammatucha brevilepigera* Ren *et* Li, 2006
A. 成虫；B. 雄性外生殖器；C. 雌性外生殖器

雄性外生殖器（图14-6B）：爪形突长约为基部宽的3.5倍，基部两侧骨化片约与颚形突等长。颚形突末端尖，钩状，不达爪形突末端。抱器瓣长约为宽的3.5倍，末端斜；抱握器长，指状，长约为宽的3.5倍，基部1/4近抱器背处弯曲，末端被长刚毛；抱器背微弯曲，基部1/3处膨大，端部2/3细；抱器腹骨化强，基部2/3处钝角状外凸。基腹弧骨化强，基部2/3钝角状突出。阳茎基环小而细，"V"形，骨化弱，侧臂指状，长约为颚形突的1/3，末端具1根刚毛。阳茎长为抱器瓣的0.8倍，基部具骨化皱褶，端部具1团长柱形的骨化刺。

雌性外生殖器（图 14-6C）：产卵瓣三角形，长略大于宽，密被刚毛。第 8 腹节衣领状，第 8 腹板前缘凸出，后缘略凹。囊导管膜质，宽短，中部略膨大成圆形，内有 1 圆形密布瘤突的骨片。交配囊膜质，长袋形，长为宽的 2.5 倍，后缘 2/3 内壁具小刻点。囊突三角形，骨化强，位于交配囊后端。

分布：浙江（丽水）。

（919）黄须瘤角斑螟 *Ammatucha flavipalpa* Ren et Li, 2006（图 14-7）

Ammatucha flavipalpa Ren *et* Li, 2006: 66.

主要特征：成虫（图 14-7A）翅展 18.0–22.0 mm。头顶黄白色。触角黄褐色；雄性触角基部深凹内具黑色鳞片，短而致密，仅在凹陷末端有少量长鳞片；雌性简单线状。下唇须金黄色，明显超过头顶。下颚须黄色。胸部和翅基片锈红色。前翅底色黑褐色，近后缘处暗褐色；近前缘在基线至外横线之间白色弥散锈色鳞片，形成 1 倒三角形白色大斑；内横线白色，弧形，内侧具竖鳞形成的褐色圆斑，外侧镶黑边；中室端斑 2 个，黑色，明显分离；外横线白色，波浪形，内、外镶黑边。后翅灰褐色，短板不比基半部色深；缘毛灰褐色。前足外侧黑色，内侧灰黄色；中、后足腿节、胫节外侧锈褐色，内侧黄褐色，距黑色，跗节黑色。

图 14-7 黄须瘤角斑螟 *Ammatucha flavipalpa* Ren *et* Li, 2006
A. 成虫；B. 雄性外生殖器；C. 雌性外生殖器

雄性外生殖器（图 14-7B）：爪形突长是宽的 3.5 倍，末端内凹，基部两侧骨化片约与额形突等长。颚形突长为爪形突的 4/5，末端尖。抱器瓣长为宽的 3.0 倍；末端斜，顶角尖；抱握器短，长约为宽的 1.5 倍，基部 1/3 近抱器背处弯曲，末端被长刚毛；抱器背微弯曲，基部 1/3 处突出，形成 1 个凸起；抱器腹骨化强，基部 2/5 处突出，呈尖角状。基腹弧短。阳茎基环骨化弱，侧臂长。阳茎长为抱器瓣的 1.4 倍，基部具骨化皱褶，端部有 1 由长柱形的骨化刺排列成的 1 环形结构。

雌性外生殖器（图 14-7C）：产卵瓣三角形，密被刚毛。第 8 腹节骨化强，前缘凸出，后缘平直。囊导管膜质，长大于宽。交配囊膜质，长袋形，长为宽的 2.5 倍，后缘 1/3 内壁具小刻点。囊突为三角形，骨化强，位于交配囊后端。

分布：浙江（丽水）、福建、广东、广西、贵州。

（920）长鳞瘤角斑螟 *Ammatucha longilepigera* Ren et Li, 2006（图 14-8）

Ammatucha longilepigera Ren *et* Li, 2006: 63.

主要特征：成虫（图 14-8A）翅展 17.5–23.0 mm。头顶黑色。雄性触角基部深凹内具黑色长鳞片；雌性简单线状。下唇须弯曲上举，明显超过头顶；第 1 节白色，第 2、3 节黑褐色；雄性第 3 节约为第 2 节长的 2/3，雌性中约等长。下颚须黑色。胸部和翅基片锈褐色。前翅底色灰褐色，基部具黑色及赭黄色鳞片；

内横线黑色，略外斜，紧贴内横线近后缘具 1 黑褐色大圆斑，圆斑周围具赭褐色或锈褐色竖鳞；前缘自基线至外横线间灰白色，形成 1 三角形白色大斑；基部 1/3 处具 1 弯曲深色大斑，其内侧具赭褐色竖鳞形成的 2 个明显小斑；中室端斑 2 个，黑色，明显分离；外横线白色，波浪形；缘毛灰褐色。后翅灰褐色，端半部较基半部色深；缘毛灰褐色。前足黑褐色；中、后足腿节、胫节内侧黄色，外侧黑褐色，距、跗节黑色。雄性腹部末端具 1 丛黑色长鳞毛。

图 14-8 长鳞瘤角斑螟 *Ammatucha longilepigera* Ren et Li, 2006
A. 成虫；B. 雄性外生殖器；C. 雌性外生殖器

雄性外生殖器（图 14-8B）：爪形突宽舌状，被稀疏刚毛，末端略内凹，基部两侧骨化片达爪形突的 1/2。颚形突长为爪形突的 3/4，末端尖，钩状。抱器瓣长为宽的 2.5 倍；末端内凹，形成 1 半椭圆形凹刻和 1 鹰钩状顶角；抱握器短，结节状，基部 1/3 近抱器背处弯曲，末端被长刚毛；抱器背基部 1/3 处略突出；抱器腹骨化强，基部 3/5 处具角状凸起，末端尖，略超过抱器瓣。基腹弧短。阳茎基环长约为颚形突的 1/2，细小，近"V"形，基部膜质，侧臂骨化弱，末端具 1 刚毛。阳茎长与抱器瓣近等长，内部密布骨化皱褶。

雌性外生殖器（图 14-8C）：产卵瓣三角形，长大于宽，被稀疏刚毛。第 8 腹节后缘强烈内凹。前阴片骨化弱，后阴片窄横棒状。囊导管与表皮突近等长，中部 1/2–5/6 骨化。交配囊长为宽的 2 倍，后半部内壁具小瘤突。囊突三角形，位于交配囊后端。

分布：浙江（丽水、温州）、福建、广东、海南、广西。

347. 紫斑螟属 *Calguia* Walker, 1863

Calguia Walker, 1863: 83. Type species: *Calguia defiguralis* Walker, 1863.
Cabragus Moore, 1886: 370.
Sigmarthria Ragonot, 1888: 23.

主要特征：雄性触角鞭节基部深凹，被 2 排互对的长鳞片簇；雌性触角简单。雄性下唇须第 2 节上举远超过头顶。翅脉：前翅具 11 条脉，R_2 脉出自中室上缘近上角处，R_{3+4} 与 R_5 脉共长柄，M_1 脉出自中室外缘近上角处，M_2 与 M_3 脉基部靠近，M_3 脉出自中室下角，CuA_1 脉出自中室下缘近下角处，距 M_3 较距 CuA_2 脉近；中室约为前翅长的 3/5。后翅具 10 条脉，$Sc+R_1$ 与 Rs 脉共长柄，与 M_1 脉同出自中室上角，M_2 与 M_3 脉共长柄，与 CuA_1 脉同出自中室下角，CuA_2 脉出自中室下缘；中室长约为后翅的 1/3。

雄性外生殖器：爪形突三角形或四边形。颚形突端部尖。抱器瓣窄长，常左右略不对称，密被长鳞毛；抱握器存在；抱器背端部多呈尖刺状。阳茎基环"U"形或"V"形。基腹弧"U"形。阳茎柱状，角状器 1 个。味刷 2 簇或 4 对。

雌性外生殖器：产卵瓣三角形。导管端片骨化弱。囊导管部分骨化。交配囊膜质，囊突由锥形刺束构成。导精管出自交配囊近后端。

分布：东洋区、澳洲区。世界已知 6 种，中国记录 3 种，浙江分布 1 种。

（921）月牙紫斑螟 *Calguia hapalanthes* (Meyrick, 1932)（图14-9）

Salebria hapalanthes Meyrick, 1932: 83.
Calguia hapalanthes: Roesler & Küppers, 1979: 168.

主要特征：成虫（图14-9A）翅展18.0–38.0 mm。雄性头顶凹窝状，灰褐色杂白色鳞片；雌性头顶平，黄白色。雄性触角柄节背面黑褐色，腹面灰白色，长约为宽的1.5倍，鞭节背面灰色，腹面黑褐色，基部凹陷月牙形，内被2排黑色鳞片簇；雌性触角灰白色，具褐色环带。雄性下唇须第2、3节内侧白色，外侧灰褐色，第2节弯曲上举过头顶，第3节长约为第2节的1/5；雌性下唇须灰褐色杂白色鳞片，第3节长约为第2节的1/3。领片、翅基片及胸部灰褐色，杂白色鳞片。前翅灰褐色，杂黑色和白色鳞片，从后缘基部1/4到中室下缘具灰褐色鳞毛脊，内、外横线之间密被白色鳞片；内横线白色，从前缘基部1/3到后缘近中部，弧形外弯；中室端斑红褐色，弯月形；外横线灰白色，从前缘端部1/4弧形内弯至M_3脉近中部，后内斜至后缘端部1/5，后半部锯齿形；外缘线由黑色圆点组成；缘毛灰褐色，端部白色。后翅灰白色，半透明；缘毛基半部深褐色，端半部灰白色。足背面黄白色，腹面黑褐色，杂白色鳞片，跗节各节端部白色。

图14-9　月牙紫斑螟 *Calguia hapalanthes* (Meyrick, 1932)
A. 成虫；B. 雄性外生殖器；C. 雌性外生殖器

雄性外生殖器（图14-9B）：爪形突三角形，长约为基部宽的1.5倍，侧缘略内折，背面被稀疏短刚毛。颚形突长约为爪形突的1/3，基半部粗，端半部细，钩状。抱器瓣狭长，长约为基部宽的8倍，被长鳞毛，端部分离；抱器背长棒状，末端圆；抱器腹基部宽，端部渐窄成细长尖突状；抱握器出自抱器瓣基部1/4近抱器背处，呈纵长条状。阳茎基环"V"形。基腹弧"U"形，长约为后缘宽的2倍，前部2/3窄。阳茎柱状，约与抱器瓣等长，基部1/3到中部具骨化环褶，端部2/3具颗粒状突起；角状器1个，刺状，出自阳茎中部。味刷2簇。

雌性外生殖器（图14-9C）：产卵瓣近等边三角形，被短刚毛。第8腹节长约为后缘宽的1.4倍。后表皮突长约为前表皮突的1.4倍。导管端片后缘两侧呈角状向外突起，形成三角形突起。囊导管骨化弱，弯，内具骨化纵脊。交配囊椭圆形，内壁加厚；囊突为2个长条形骨片，密被小刺，位于交配囊后半部。导精管出自交配囊中部。

分布：浙江（泰顺）、河南、湖北、江西、福建、广东、海南、广西、重庆、云南；马来西亚，印度尼西亚。

348. 栉角斑螟属 *Ceroprepes* Zeller, 1867

Ceroprepes Zeller, 1867b: 401. Type species: *Ceroprepes patriciella* Zeller, 1867.

主要特征：雄性触角鞭节背侧基部浅凹，被1列小鳞片簇，腹面基部约2/3具栉；雌性触角简单。下唇须较纤细，弯曲上举过头顶。前翅内横线内侧具鳞毛脊。翅脉：R$_{3+4}$ 与 R$_5$ 脉共长柄，出自中室上角，R$_2$ 脉出自中室上缘近上角处，M$_1$ 脉出自中室外缘近上角处，M$_2$ 与 M$_3$ 脉基部靠近，出自中室下角同一点，CuA$_1$ 脉出自中室下缘，距 M$_3$ 较距 CuA$_2$ 脉近；中室长约为前翅的 2/3。后翅具 10 条脉，Sc+R$_1$ 与 Rs 脉基部靠近，与 M$_1$ 脉同出自中室上角，M$_2$ 与 M$_3$ 脉出自中室下角，CuA$_1$ 脉出自中室下缘，距 M$_3$ 较距 CuA$_2$ 脉近；中室长约为后翅的 1/3。

雄性外生殖器：爪形突三角形。颚形突棒状。抱器背基突后缘连接。抱器瓣宽阔，抱握器存在；抱器背窄长，几达抱器瓣末端；抱器腹从基部渐窄，端部与抱器瓣分离。阳茎基环"V"形，侧臂长。基腹弧"U"形。阳茎柱状，端部密被小刺；无角状器。味刷 1 对。

雌性外生殖器：产卵瓣三角形。前表皮突基部膨大，略长于后表皮突。导管端片近梯形，具骨化颗粒，侧边常内折。囊导管短于交配囊，有的前端具横脊。交配囊卵圆形；囊突乳头状或"A"形。导精管出自交配囊后端。

分布：古北区东部、东洋区。世界已知 13 种，中国记录 8 种，浙江分布 2 种。

（922）贵州栉角斑螟 *Ceroprepes guizhouensis* Du, Li *et* Wang, 2002（图 14-10）

Ceroprepes guizhouensis Du, Li *et* Wang, 2002: 115.

主要特征：成虫（图 14-10A）翅展 20.0–28.0 mm。头顶灰褐色。触角灰褐色。下唇须灰褐色，第 2、3 节约等长。领片、翅基片及胸部灰褐色。前翅基部约 1/3 黄褐色，散布白色和黑色鳞片，内横线内侧近后缘约 1/3 处具 1 黑色鳞毛脊，端部黑褐色杂白色鳞片；内横线灰白色，锯齿状，从前缘基部约 2/5 到后缘近中部，在中室下缘和 A 脉处内弯，外侧镶黑边，黑边外侧近后缘处杂白色鳞片；中室端斑黑褐色，连接成弯月形；外横线灰白色，波浪形，从前缘端部 1/6 内斜至 M$_1$ 脉，后弧形外弯至后缘端部 1/5；外缘线由黑褐色矩形斑构成；缘毛灰褐色。后翅半透明，灰褐色；外缘褐色；缘毛灰褐色。足背面灰白色，前足腹面黑褐色，中足白色散布黑褐色鳞片，腿节中部和胫节近端各具 1 黑褐色斑，后足灰白色散布黑褐色鳞片；各对足跗节腹面黑褐色，各节端部白色。

图 14-10 贵州栉角斑螟 *Ceroprepes guizhouensis* Du, Li *et* Wang, 2002
A. 成虫；B. 雄性外生殖器；C. 雌性外生殖器

雄性外生殖器（图 14-10B）：爪形突三角形，长约为基部宽的 1.2 倍，密被刚毛。颚形突长约为爪形突的 1/2，基部 5/7 渐窄，端部 2/7 近等宽，末端平。抱器背基突后缘连接处较宽，椭圆形，长约为宽的 2.3 倍，后缘直。抱器瓣基部 2/3 近等宽，端半部渐窄；抱握器指状；抱器背棒状，达抱器瓣末端；抱器腹半部楔状，端半部棒状，窄，末端与抱器瓣分离。阳茎基环侧臂长约为抱器腹的 1/2，基部 1/3 紧挨，端部相向分离，末端平截。基腹弧长约为后缘宽的 1.3 倍。阳茎柱状，略短于抱器瓣，端部 4/9 密被皱褶和颗粒，表面具齿突。

雌性外生殖器（图 14-10C）：产卵瓣近等边三角形，密被长刚毛。第 8 腹节长约为宽的 2 倍。前、后表皮突约等长。导管端片近矩形，长约为囊导管的 1/2，后缘略宽，端半部侧边略内折。囊导管从基部渐宽至端部，基部 1/3 内壁密被微刺，端部被稀疏微刺。交配囊膜质，长约为囊导管的 2.3 倍，端半部渐窄；囊突乳头状，位于囊中部。导精管出自交配囊后端。

分布：浙江（嘉兴、杭州、温州）、山西、河南、陕西、湖北、江西、福建、广东、海南、广西、重庆、四川、贵州、云南。

(923) 圆斑栉角斑螟 *Ceroprepes ophthalmicella* (Christoph, 1881)

Pempelia ophthalmicella Christoph, 1881: 49.

Ceroprepes ophthalmicella: Ragonot, 1893: 10.

分布：浙江（嘉兴、临安）、河南、安徽、湖北、海南、广西、重庆、贵州。

注：描述见《天目山动物志》（李后魂等，2020）。

349. 带斑螟属 *Coleothrix* Ragonot, 1888

Coleothrix Ragonot, 1888: 12. Type species: *Coleothrix crassitibiella* Ragonot, 1888.

主要特征：雄性触角鞭节背侧基部深凹，被 2 排鳞片簇；雌性简单。下唇须近垂直上举过头顶。前翅近矩形，雄性前翅底侧前缘基部被黑色鳞片簇。前翅 R_{3+4} 与 R_5 共柄长度超过 R_5 的 3/5，R_2 与 $R_{3+4}+R_5$ 共长柄，M_2 与 M_3 脉基部靠近。后翅 $Sc+R_1$ 与 Rs 脉共长柄，与 M_1 脉同出自中室上角，M_2 与 M_3 脉共长柄，出自中室下角。

雄性外生殖器：爪形突三角形，侧边内折；颚形突锥形，端部弯；抱器背基突后缘连接，抱器瓣近三角形，抱握器存在，抱器腹端突发达，阳茎基环"U"形，侧臂长带状；基腹弧"U"形；阳茎柱状，角状器由多个锥形刺构成；味刷 2 簇。

雌性外生殖器：前表皮突基部膨大，约与后表皮突等长；囊导管短于交配囊；交配囊梨形，膜质，常具附囊，囊突为 2 个密被小刺的骨片，导精管出自交配囊前端。

分布：古北区东部、东洋区。世界已知 6 种，中国记录 5 种，浙江分布 1 种。

(924) 马鞭草带斑螟 *Coleothrix confusalis* (Yamanaka, 2006)

Addyme confusalis Yamanaka, 2006: 184.

Calguia defiguralis: Inoue, 1955a: 139.

Coleothrix confusalis: Li et al., 2020: 271.

分布：浙江（安吉、临安、泰顺）、天津、河南、陕西、甘肃、安徽、湖北、江西、湖南、福建、广东、海南、广西、重庆、四川、贵州、云南、西藏；日本。

注：描述见《天目山动物志》（李后魂等，2020）。

350. 梢斑螟属 *Dioryctria* Zeller, 1846

Dioryctria Zeller, 1846: 732. Type species: *Tinea abietella* Denis et Schiffermüller, 1775.

Pinipestis Grote, 1878a: 19.

Osrisia Ragonot, 1893: 525.

Dioryctriodes Mutuura *et* Munroe, 1974: 937.

主要特征：雄性触角鞭节背面基部浅凹，被较小鳞片簇，腹面被或长或短的纤毛；雌性触角简单。下唇须弯曲上举达或超过头顶，第 3 节末端尖。翅脉：R_2 脉出自中室上缘近上角处，R_{3+4} 与 R_5 脉共长柄，出自中室上角，M_1 脉出自中室上缘，M_2 与 M_3 脉基部靠近，出自中室下角，CuA_1 脉出自中室下缘近下角处；中室长约为前翅的 3/5。后翅具 10 条脉：$Sc+R_1$ 与 Rs 脉基半部并接，与 M_1 脉同出自中室上角，M_2 与 M_3 脉共长柄，与 CuA_1 脉同出自中室下角；中室长约为后翅的 1/3。

雄性外生殖器：爪形突四边形或三角形。颚形突短小，末端尖，端部常内弯。抱器瓣多窄长，腹缘常密被长刚毛；抱握器发达；抱器背宽阔，端部与抱器瓣分离；抱器腹近楔状。阳茎基环侧臂发达。基腹弧"U"或"V"形。阳茎柱状；角状器多个。味刷 4 对。

雌性外生殖器：产卵瓣三角形。前表皮突基部略膨大，多短于后表皮突。囊导管骨化强，有的基部具纵脊，有的种类两侧向内折叠。交配囊膜质，多椭圆形；囊突由 2–3 簇细刺组成，位于交配囊后端及中部。导精管出自交配囊后端。

分布：北半球亚热带地区。世界已知 82 种，中国记录 17 种，浙江分布 6 种。

分种检索表

1. 抱器背短于抱器瓣 ··· 果梢斑螟 D. pryeri
- 抱器背长于抱器瓣 ··· 2
2. 抱器瓣端部具端纵脊 ··· 3
- 抱器瓣端部无端纵脊 ··· 4
3. 抱器背端部直，阳茎中部具 1 个大刺 ·· 昆明松梢斑螟 D. kunmingnella
- 抱器背端部弯，阳茎中部无大刺 ·· 微红梢斑螟 D. rubella
4. 抱器背端部具 2 个刺突 ·· 阿萨姆梢斑螟 D. assamensis
- 抱器背端部具 1 个刺突 ·· 冷杉梢斑螟 D. abietella

注：不包括棘梢斑螟 D. simplicella。

（925）冷杉梢斑螟 *Dioryctria abietella* ([Denis et Schiffermüller], 1775)（图 14-11）

Tinea abietella Denis *et* Schiffermüller, 1775: 138.

Dioryctria abietella: Zeller, 1846: 736.

主要特征：成虫（图 14-11A）翅展 20.2–26.0 mm。头被黑褐色粗糙鳞毛。触角褐色；雄性缺刻处的鳞片短而致密。下唇须褐色，弯曲上举，第 2 节粗壮，约为第 3 节长的 4 倍，明显过头顶。下颚须白色，柱状多鳞。胸部、领片及翅基片灰褐色。前翅狭长，长为宽的 3.5 倍，顶角钝，外缘圆；底色灰褐色。基线白色，不大明显；亚基线白色，较宽，外侧近后缘处杂黑色；内横线白色，近前缘半部宽，后缘半部较细，锯齿状，中室后缘和 A 脉上分别有 1 向外弯的尖角，中室前缘和臀褶上分别有 1 外弯的尖角；外侧镶黑色细边，内侧近后缘处杂淡黄褐色；中室端斑白色，椭圆形；外横线白色，明显，锯齿状，内侧镶黑边；外缘线黑褐色；缘毛灰褐色。后翅半透明，灰色，外缘灰褐色；缘毛灰白色。

雄性外生殖器（图 14-11B）：爪形突舌形，端部圆，两侧缘基部内凹，中部内褶。颚形突较小，圆锥形，长为爪形突的 1/5。抱器瓣狭长；抱器背宽阔，是抱器瓣宽的 2 倍，长于抱器瓣，抱器背端突鸟喙状，末端尖细。抱握器形状不规则，位于抱器瓣基部 1/3 处。基腹弧"V"形，长略短于宽的 2 倍，为抱器瓣长的 1.7 倍，两侧近前缘处内凹。阳茎长筒状，基部 1 个角状器为锥形大刺，端部数个角状器，为针状小刺。

雌性外生殖器（图 14-11C）：产卵瓣较小，被稀疏刚毛。前表皮突比后表皮突粗、短，前表皮突基部、端部略膨大。囊导管基部 1/5 膜质，长为宽的 3.5 倍，是前表皮突长的 2.5 倍；后缘两侧纵褶对称，达总长的一半，中间无皱褶；前缘端部有 1 团骨化棘刺。囊导管与交配囊接合部位缢缩。交配囊膜质，椭圆形。囊突由许多针状刺组成：交配囊后缘与囊导管相接处有 1 圆形排列刺丛，交配囊后缘半部有 1 与囊等宽的环形刺丛。导精管出自囊中部，距前缘 1/3 处。

分布：浙江、黑龙江、吉林、辽宁、河北、陕西、宁夏、青海、江苏、湖北、湖南、广东、广西、四川、云南；俄罗斯，朝鲜，日本，奥地利，比利时。

图 14-11　冷杉梢斑螟 *Dioryctria abietella* ([Denis *et* Schiffermüller], 1775)
A. 成虫；B. 雄性外生殖器；C. 雌性外生殖器

（926）阿萨姆梢斑螟 *Dioryctria assamensis* Mutuura, 1971（图 14-12）

Dioryctria assamensis Mutuura, 1971: 1169.

主要特征：成虫（图 14-12A）翅展 25.0–30.0 mm。头顶灰褐色，杂白色鳞片。触角灰褐色，雄性鞭节基部背侧具灰白色小鳞片簇。下唇须外侧黑褐色，内侧灰白色，弯曲上举过头顶，第 3 节长约为第 2 节的 1/3。领片、翅基片及胸部所被鳞片灰褐色，端部灰白色。前翅黑褐色，杂白色鳞片，基部约 1/4 密被白色鳞片；内横线灰白色，不明显，从前缘基部 1/3 到后缘近中部，两侧镶黑褐色边；中室端斑不清晰；外横线灰褐色，锯齿状，不清晰；外缘线由黑褐色斑点构成；缘毛灰褐色。后翅灰白色，半透明；缘毛浅褐色。足背面灰白色，腹面灰褐色杂灰白色鳞片，跗节各节端部白色。

图 14-12　阿萨姆梢斑螟 *Dioryctria assamensis* Mutuura, 1971
A. 成虫；B. 雄性外生殖器；C. 雌性外生殖器

雄性外生殖器（图 14-12B）：爪形突半椭圆形，长约为基部宽的 1.4 倍。颚形突长约为爪形突的 1/4，锥形，端半部细尖，内弯。抱器瓣近等宽，腹缘具长刚毛；抱握器桃形，出自抱器瓣基部 1/3，端部被稀疏刚毛；抱器背端部 3/8 渐窄，末端具 2 个刺突；抱器腹长约为抱器瓣的 1/3，长条状。抱器背基突细长，棒状。阳茎基环 "U" 形，侧臂指状，相向内弯。基腹弧 "U" 形，长约为后缘宽的 2.3 倍，前缘中部具 1 尖突。阳茎柱状，长约为抱器瓣的 1.3 倍；角状器 2 组：一组由 1 个大锥形刺和数个细刺构成，从阳茎基部 1/4 到中部；一组由数个小刺构成，位于阳茎端部 1/3。味刷 4 对。

雌性外生殖器（图 14-12C）：产卵瓣近等边三角形，密被刚毛。第 8 腹节长约为后缘宽的 1.4 倍，后缘中部"V"形深凹。前表皮突基部膨大，长约为后表皮突的 0.8 倍。囊导管骨化强，略短于交配囊，基半部近等宽，从中部渐宽至端部，基部 1/4 两侧边内折，端部具 1 簇棘刺。交配囊椭圆形，膜质；囊突由棘刺构成，近"C"形，位于交配囊后半部。导精管出自交配囊中部一侧。

分布：浙江（丽水）、天津、河北、河南、陕西、宁夏、江苏、湖北、江西、福建、四川、云南、西藏；印度。

（927）昆明松梢斑螟 *Dioryctria kunmingnella* Wang et Sung, 1985（图 14-13）

Dioryctria kunmingnella Wang et Sung, 1985: 303.

主要特征：成虫（图 14-13A）翅展 25.0–26.5 mm。头顶灰褐色。触角褐色，雄性鞭节背侧基部密被黑褐色小鳞片簇。下唇须灰褐色，弯曲上举过头顶，第 3 节长约为第 2 节的 1/3，末端尖。领片、翅基片及胸部灰褐色。前翅灰褐色，散布白色和黑色鳞片，翅基部 1/4 处后半部密布黑色鳞片；内横线灰白色，从前缘基部 1/3 到后缘近中部，波浪形，外侧镶黑边；中室端斑白色，矩形；外横线白色，从前缘端部 2/7 弧形内弯至 M_1 脉，后内斜至 A 脉后再外斜至后缘端部 1/5，两侧镶黑边；外缘线黑褐色；缘毛灰褐色。后翅灰褐色，前缘、外缘和翅脉深褐色；缘毛基部 1/3 浅褐色，端部灰白色。腹部灰褐色略带红色，各节端部黄白色。足背面灰白色，腹面灰褐色，跗节各节端部灰白色。

图 14-13　昆明松梢斑螟 *Dioryctria kunmingnella* Wang et Sung, 1985
A. 成虫；B. 雄性外生殖器；C. 雌性外生殖器

雄性外生殖器（图 14-13B）：爪形突近矩形，长约为基部宽的 1.4 倍，侧边基部约 1/4 略内凹，末端圆。颚形突锥形，长约为爪形突的 1/4，端部钩状。抱器瓣窄长，端纵脊不超过 4 条；抱握器矩形，出自抱器背近基部，末端圆，端部被短刚毛；抱器背骨化强，端部 1/4 渐窄，鸟嘴状，与抱器瓣分离；抱器腹楔状，长约为抱器瓣的 1/3。阳茎基环椭圆形，侧臂指状，末端被短刚毛。基腹弧"U"形，长约为后缘宽的 2.3 倍，从后端渐窄至前缘，前缘"V"形。阳茎柱状，长约为抱器瓣的 1.2 倍，中部密被骨化颗粒；角状器 2 组：1 个长刺状，出自阳茎基部 1/3 到端部 1/3；端部 1/3 密布多个细刺状角状器。味刷 4 对。

雌性外生殖器（图 14-13C）：产卵瓣三角形，长约为基部宽的 2 倍，密被刚毛。第 8 腹节长约为后缘宽的 2 倍，前缘"V"形。前表皮突基部膨大，长约为后表皮突的 3/4。囊导管略长于交配囊，从基部渐宽至端部，长约为基部宽的 7 倍，基半部具骨化纵脊。交配囊椭圆形，膜质，中部略缢缩；囊突位于交配囊后半部，近环形，由许多微刺构成。导精管出自交配囊后端。

分布：浙江（杭州）、云南。

（928）果梢斑螟 *Dioryctria pryeri* Ragonot, 1893（图 14-14）

Dioryctria pryeri Ragonot, 1893: 194.

主要特征：成虫（图 14-14A）翅展 22.0–28.0 mm。额圆，黑褐色，头顶被棕褐色粗糙鳞片。触角黑褐色；雄性基部弯曲，鳞脊宽厚；鞭节基部缺刻内鳞片簇黑色，长柱形，布满缺刻；腹面纤毛短。下唇须上举，黑褐色，第 2 节粗壮，达头顶，第 3 节细小。雄性下颚须冠毛状，藏于下唇须第 2 节的凹槽内，雌性下颚须柱状多鳞，淡黄色。胸、领片及翅基片棕褐色。前翅宽阔，长为宽的 2.5 倍，红褐色；基域、亚基域锈红色；内、外横线及中室端斑灰白色，细条纹状；中室端斑其外侧具 1 灰白色条斑；内侧后缘具 1 不明显、不规则白斑；外横线白色，弯曲中部向外突出成钝角；外缘线淡灰色，缘点黑色，缘毛暗灰色。后翅外缘颜色加深，灰黑色，缘毛灰褐色。腹部灰褐色。

图 14-14　果梢斑螟 *Dioryctria pryeri* Ragonot, 1893
A. 成虫；B. 雄性外生殖器；C. 雌性外生殖器

雄性外生殖器（图 14-14B）：爪形突长三角形，长为宽的近 3 倍，端部尖，两侧缘基部 1/4 处内褶。颚形突约为爪形突长的 1/3，基部 3/4 中空，花瓶状，端部 1/4 细棒状。抱器瓣长于抱器背；抱器背宽，端部斜截，外缘中部有 1 个细小的齿状突。抱器腹三角形，末端尖细，为抱器背长的 2/5；抱握器盾片状，端部具刚毛。阳茎基环宽"V"形，中间有长条骨片，两侧臂棒状，相向内折。基腹弧"V"形，长为宽的 1.5 倍，前缘凸出。阳茎长筒形，端部有多个短针状刺，中部 1 个倾斜的针状骨化刺，约为阳茎长的 1/4。

雌性外生殖器（图 14-14C）：产卵瓣细长，近指形，被密集长刚毛。前表皮突基部稍膨大，前、后表皮突约等长。第 8 腹节长宽约相等，前缘弧形凸出，衣领状。囊导管长为宽的 2 倍；后缘中部被波状细皱褶，两侧被基部粗、端部细的长纵褶；宽度相等，约为囊导管宽的 1/3。交配囊膜质，近椭圆形，为囊导管长的 2 倍，前缘半部内壁光滑。囊突由许多骨化刺组成，位于囊导管与交配囊接合部位的 1 簇排列成"C"形，周围 2 簇散乱排列，位于囊中部的一簇沿囊壁排列成半圆形。导精管出自囊中部，半圆形囊突的一侧。

分布：浙江（湖州、杭州、温州）、黑龙江、吉林、辽宁、北京、天津、河北、山西、山东、河南、陕西、甘肃、江苏、安徽、湖北、江西、湖南、台湾、广东、四川；朝鲜、日本。

（929）微红梢斑螟 *Dioryctria rubella* Hampson, 1901（图 14-15）

Dioryctria rubella Hampson, 1901a: 533.
Dioryctria schuetzeella Fuchs, 1899: 180.

主要特征：成虫（图 14-15A）翅展 18.0–28.0 mm。头顶灰褐色略带红色。触角背面灰白色，腹面褐色；雄性鞭节背面基部密被小鳞片簇，基部 3/4 灰白色，端部黑褐色。下唇须灰褐色杂灰白色鳞片，弯曲上举过头顶，第 3 节长约为第 2 节的 1/3，末端尖细。领片、翅基片及胸部红褐色杂灰白色鳞片。前翅红褐色，杂白色和黑色鳞片，翅基部 1/5 处具 1 白色矩形大斑，其外侧具黑色鳞毛脊；内横线灰白色，锯齿状，从前缘基部 1/3 到后缘近中部，在 M_1 和 A 脉处略内弯，外侧密被黑色鳞片；中室端斑白色，矩形，其下方具 1 近圆形白斑；外横线灰白色，从前缘端部 1/7 内斜至 M_1 脉，后外斜至 M_2 脉，再内斜至 A 脉，然后外斜至后缘端部 1/6；外缘线黑褐色，内侧密布白色鳞片；缘毛基部 1/3 深黑色，端部灰色。后翅灰白色，沿翅脉及前缘和外缘褐色；缘毛基部 1/3 灰褐色，端部灰白色。足背面灰白色，腹面褐色，跗节各节端部白色。

雄性外生殖器（图 14-15B）：爪形突近矩形，长约为基部宽的 1.6 倍，基部略窄，末端圆，背侧被短刚毛。颚形突长约为爪形突的 1/4，基半部锥形，端半部细棒状，末端钩状。抱器瓣窄长，端部略宽于基部，具 3–4 条端纵脊；抱握器近矩形，末端圆，端部密被短刚毛；抱器背端部 1/4 近鸟嘴状，末端尖，端部 1/4 与抱器瓣分离；抱器腹长约为抱器瓣的 1/3。阳茎基环近"U"形，侧臂短指状。基腹弧"U"形，长约为后缘宽的 2.5 倍，前缘"V"形。阳茎柱状，略长于抱器瓣；角状器 2 组：1 个长刺状，从基部 1/3 到中部；1 组为多个小刺，位于阳茎端半部。味刷 4 对。

雌性外生殖器（图 14-15C）：产卵瓣三角形，长约为基部宽的 2 倍。前表皮突基部略膨大，长约为后表皮突的 5/6。囊导管约与交配囊等长，从基部渐宽至端部，长约为基部宽的 6 倍，基部 2/3 具纵脊，后缘中部凸出。交配囊膜质，椭圆形；囊突位于交配囊后半部，由针状细刺构成；2 簇细刺位于交配囊后端与囊导管相接处；1 簇环形刺位于交配囊后半部。导精管自交配囊后端。

分布：浙江（杭州、温州）、黑龙江、吉林、辽宁、内蒙古、北京、天津、河北、山西、山东、河南、陕西、青海、江苏、上海、安徽、湖北、江西、湖南、福建、台湾、广东、海南、广西、四川、贵州、云南；俄罗斯，朝鲜，日本，菲律宾，欧洲。

图 14-15 微红梢斑螟 *Dioryctria rubella* Hampson, 1901
A. 成虫；B. 雄性外生殖器；C. 雌性外生殖器

（930）棘梢斑螟 *Dioryctria simplicella* Heinemann, 1863

Dioryctria simplicella Heinemann, 1863: 148.

Dioryctria mutatella Fuchs, 1903: 233.

分布：浙江、内蒙古、江苏、福建、四川、云南；德国，北美。

注：未见标本。

351. 荚斑螟属 *Etiella* Zeller, 1839

Etiella Zeller, 1839: 179. Type species: *Phycis zinckenella* Treitschke, 1832.

Rhamphodes Guenée, 1845a: 319.

Mella Walker, 1859: 1017.

Modiana Walker, 1863: 82.

Alata Walker, 1863: 108.

Arucha Walker, 1863: 201.

Ceratamma Butler, 1880b: 689.

主要特征：头顶被鳞毛突。雄性触角柄节较长，基部内侧具 1 齿状小突起，鞭节背侧基部浅凹，覆盖 2 排长柱形鳞片对峙形成的鳞片簇；雌性简单。下唇须长，通常超过复眼直径的 2 倍，雄性第 2 节向前上方斜上举；雌性第 2 节较雄性短，略弯。前翅狭长，自后缘基部约 1/3 处至前缘基部约 1/4 处下方常具 1 黄色斑，其内缘常具直立鳞毛脊，中室端斑分离或愈合。翅脉：前翅具 11 条脉，R_2 脉出自中室上缘近上角处，R_{3+4} 与 R_5 脉共长柄，出自中室上角，M_1 脉出自中室外缘近上角处，M_2 与 M_3 脉基部靠近，出自下角，CuA_1 脉出自中室近下角处，距 M_3 较距 CuA_2 脉近；中室长约为前翅的 3/5。后翅具 10 条脉，$Sc+R_1$ 与 Rs 基部并接，与 M_1 脉同出自中室上角，M_2 与 M_3 脉共长柄，与 CuA_1 脉同出自中室下角，CuA_2 脉出自中室下缘；中室长约为后翅的 1/3。

雄性外生殖器：爪形突半椭圆形，末端圆，侧边内折。颚形突角状，平缓内弯。抱器瓣基半部渐宽，中部陡然变窄，端半部逐渐变窄；抱握器不存在；抱器背基部具骨化强烈的突起，常左右不对称，其端部与抱器瓣分离；抱器腹近等宽。阳茎基环窄"U"形，侧臂粗壮。基腹弧"U"形。阳茎柱状，角状器 1–3 个。味刷 1 对。

雌性外生殖器：产卵瓣短小，三角形。后表皮突略长于前表皮突或与前表皮突等长。囊导管骨化或部分骨化，具骨化纵脊，短于交配囊。交配囊长卵圆形，膜质，具附囊；囊突形状多样，密被锥形刺，位于交配囊后端。导精管常出自交配囊中部。

分布：除豆荚斑螟 *E. zinckenella* 世界广布外，主要分布于东洋区和澳洲区。世界已知 9 种，中国记录 6 种，浙江分布 1 种。

（931）豆荚斑螟 *Etiella zinckenella* (Treitschke, 1832)（图 14-16）

Phycis zinckenella Treitschke, 1832: 201.

Etiella zinckenella: Zeller, 1846: 733

主要特征：成虫（图 14-16A）翅展 18.0–25.0 mm。头顶黄褐色。雄性触角柄节长约为宽的 3 倍，褐色；鞭节黄褐色，基部缺刻鳞片簇背面黄褐色至黑褐色，腹面雪白色；雌性触角褐色。雄性下唇须第 2 节内侧白色，外侧黄褐色，长约为第 3 节的 4 倍，第 3 节黄褐色，前伸，末端尖细；雌性下唇须灰褐色，第 2 节长约是第 3 节的 2.5 倍。下颚须雄性黄褐色；雌性灰白色，短小。领片、翅基片及中胸黄褐色或淡黄色。前翅从灰褐色到黄褐色；沿 Sc 脉具 1 条乳白色纵带，沿其下方密布黄色鳞片；翅基部斑金黄色，近矩形，其内缘具 2 分离或近连接的金黄色杂黑色鳞毛脊，向上达中室上缘，下方鳞毛脊近矩形；中室端斑黑褐色；外缘线灰色，其内侧缘点黑褐色；缘毛灰褐色，端部白色。后翅淡灰褐色，外缘、顶角及翅脉褐色；缘毛灰白色。腹部黄褐色，各节端部颜色稍浅，雄性末端具黄褐色刚毛。足腹侧灰褐色，背侧黄白色，跗节腹侧黑褐色，各节端部白色。

图 14-16 豆荚斑螟 *Etiella zinckenella* (Treitschke, 1832)
A. 成虫；B. 雄性外生殖器；C. 雌性外生殖器

雄性外生殖器（图 14-16B）：爪形突长宽约相等，末端圆，侧边内折较宽，背侧被稀疏刚毛。颚形突长约为爪形突的 5/8，末端尖。抱器瓣基部 3/8 宽，端部渐窄成刺状，腹缘深凹，背侧密被长刚毛；抱器背基部突基部宽，端部渐细成刺状，左侧突起等长于或略长于抱器瓣，右侧突起长约为抱器瓣的 1.4 倍；抱器腹棒状，长约为抱器瓣的 1/2。阳茎基环"U"形；侧臂长约为抱器腹的 5/6，端部约 1/5 渐窄，骨化，末端圆，被稀疏刚毛。基腹弧"U"形，长约与后缘宽相等。阳茎柱状，约与抱器瓣等长，端部 1/3 具骨化颗粒；角状器 2 个，弯曲锥刺状：1 个从阳茎基部 1/9 到端部 2/9；1 个位于阳茎端半部。味刷 1 对。

雌性外生殖器（图 14-16C）：产卵瓣近等边三角形，密被刚毛。第 8 腹节长宽约相等。前表皮突略短于后表皮突，基部 1/5 较粗。囊导管长约为交配囊的 1/2，骨化纵脊呈楔形，前缘具膜质区域。交配囊长椭圆形，膜质，后半部近交配囊一侧具纵脊；囊突为"J"形窄带，被锥形刺，位于交配囊后半部近附囊一侧。附囊膜质，内具 1 近椭圆形骨片，基部约 1/3 密被微刺。导精管出自交配囊后端约 1/4 附囊着生一侧。

分布：浙江（杭州）、内蒙古、北京、天津、山西、山东、河南、宁夏、湖北、福建、海南、广西、贵州、云南；世界广布。

352. 巢斑螟属 *Faveria* Walker, 1859

Faveria Walker, 1859: 888. Type species: *Faveria laiasalis* Walker, 1859.

Oligochroa Ragonot, 1888: 20.

Pristarthria Ragonot, 1893: 326.

Sclerobia Ragonot, 1893: 528.

主要特征：雄性头顶鳞毛突常与下唇须相接。雄性触角鞭节背面基部多被 2 排较小鳞片簇，其下覆盖多个刺突；雌性触角简单。雄性下唇须常紧贴额部斜上举过头顶，第 2 节基部弯曲，然后垂直上举，第 3 节短小；雌性下唇须镰刀状，与额分离，弯曲上举过头顶。雄性下颚须多冠毛状（除 *F. tritalis* 外），雌性下颚须柱状被鳞。前翅具 11 条脉，R_2 与 $R_{3+4}+R_5$ 脉基部靠近，出自中室上缘近上角处，R_{3+4} 与 R_5 脉共长柄，出自中室上角，M_1 脉出自中室外缘近上角处，M_2 与 M_3 脉共短柄，同出自中室下角，CuA_1 脉出自中室下缘近下角处，距 M_3 与 CuA_2 近等距离；中室长约为前翅的 2/3。后翅具 10 条脉，$Sc+R_1$ 与 Rs 脉共短柄，与 M_1 脉靠近或共短柄，同出自中室上角，M_2 与 M_3 脉共长柄，与 CuA_1 脉同出自中室下角，CuA_2 脉出自中室下缘近下角处；中室长约为后翅的 1/3。

雄性外生殖器：爪形突三角形或半椭圆形。颚形突端部尖，钩状。抱器背基突存在。抱器瓣细长或近三角形，抱握器存在；抱器背骨化强，形状多样，端部多形成尖突，与抱器瓣分离。阳茎基环半圆形或"U"形。基腹弧"U"形，前缘中部常内凹。阳茎柱状，角状器有或无。味刷 1 对或 4 对。

雌性外生殖器：产卵瓣三角形。前表皮突略长于后表皮突或等长。囊导管膜质或部分骨化。交配囊后端常骨化弱，前端膜质；囊突有或无。导精管出自交配囊后端。

分布：古北区、东洋区、旧热带区、澳洲区。世界已知 13 种，中国记录 3 种，浙江分布 1 种。

（932）灰巢斑螟 *Faveria manoi* (Yamanaka, 1993)（图 14-17）

Selagia manoi Yamanaka, 1993: 221.

Faveria manoi: Li et al., 2012: 311.

主要特征：成虫（图 14-17A）翅展 15.5–20.0 mm。头顶灰褐色。雄性触角柄节灰褐色，长为宽的 2.5 倍；鞭节背面灰白色，基部鳞片簇黑色，由 2 排柱状鳞片相互对峙而成，腹面黑褐色；雌性触角灰白色，具褐色环纹。雄性下唇须黄白色，第 2 节端部黑褐色，近垂直上举，明显过头顶，第 3 节黑褐色，长约为第 2 节的 1/5；雌性下唇须黄褐色，第 3 节长约为第 2 节的 1/3。领片、翅基片及胸部黄褐色，杂黑色鳞片。前翅黄褐色，杂白色和黑色鳞片；内横线白色，由前缘基部的 1/3 达后缘近中部，近直，两侧近后缘 1/4

与中部密被黑褐色鳞片；中室端斑黑褐色，分离；外横线白色，从前缘端部 1/8 到后缘端部 1/6，斜直；外缘线黑褐色；缘毛黑褐色，端部白色。后翅浅灰色，翅脉和外缘深褐色；缘毛基部 1/3 深褐色，端部灰白色。足背面白色，腹面灰褐色。

雄性外生殖器（图 14-17B）：爪形突近梯形，长略小于基部宽，背侧密被刚毛。颚形突锥形，长为爪形突的 1/2，基部 1/3 粗，端部渐细，钩状。抱器背基突无。抱器瓣三角形，端部密被刚毛，腹缘端部 1/3 处内凹；抱握器近三角形，末端圆，出自抱器瓣基部 2/3 近抱器背处；抱器背窄，不达抱器瓣末端；抱器腹长约为抱器瓣的 2/3。阳茎基环半圆形，后缘中部内凹，侧臂乳突状，端部被短刚毛。基腹弧"U"形，长约与后缘宽相等，前缘略内凹。阳茎柱状，长约为抱器瓣的 1.2 倍，角状器 2 个，刺状，等大，一前一后位于阳茎端部 2/3。味刷 4 对。

雌性外生殖器（图 14-17C）：产卵瓣舌状，长约为基部宽的 1.4 倍，密被刚毛。第 8 腹节长约为宽的 1/2，后缘中部内凹。前表皮突基部膨大，略长于后表皮突。导管端片漏斗状，后缘具 1 环形骨化带。囊导管基半部膜质，端半部骨化。交配囊卵圆形，膜质，后端具微刺；交配囊与囊导管相接处具 1 骨片。导精管出自交配囊后端。

分布：浙江（临安）、陕西、湖北、四川、贵州、云南；日本，印度，尼泊尔，缅甸，非洲。

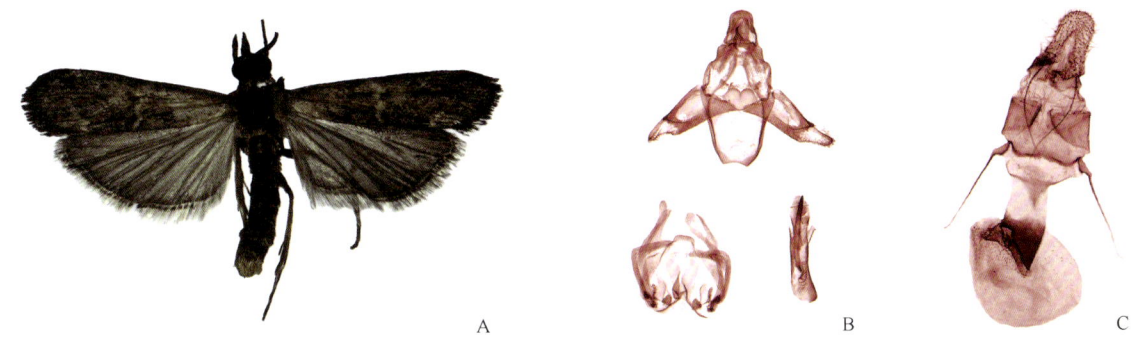

图 14-17　灰巢斑螟 *Faveria manoi* (Yamanaka, 1993)
A. 成虫；B. 雄性外生殖器；C. 雌性外生殖器

353. 锚斑螟属 *Indomyrlaea* Roesler *et* Küppers, 1979

Indomyrlaea Roesler *et* Küppers, 1979: 118. Type species: *Indomyrlaea sutasoma* Roesler *et* Küppers, 1979.

主要特征：雄性鞭节基部数节平缓弯曲，被致密短鳞片簇及由鳞片簇覆盖的 1 列齿突。雄性前翅 R_2 与 R_{3+4} 脉基部共柄，R_{3+4} 与 R_5 脉基部共柄长度为 R_5 脉长的 2/3，M_2 与 M_3 脉基部共短柄。后翅 Sc 与 Rs 脉基部相互靠近或共短柄，M_2 与 M_3 脉基部共长柄，CuA_1 与 M_{2+3} 脉在中室外共柄大于 CuA_1 脉长的一半。

雄性外生殖器：爪形突近三角形；颚形突三分裂，锚状；抱器瓣窄长，端部和近腹缘具刚毛，抱器背宽，达抱器瓣末端，抱器腹窄，末端有时向外呈钩状突起；阳茎基环"U"形，侧臂指状；基腹弧"U"形；阳茎圆柱形，具角状器；味刷 2 对。

雌性外生殖器：前、后表皮突约等长；导管端片骨化强烈，囊导管短于交配囊，部分骨化；交配囊长卵圆形，部分骨化，囊突由若干骨化刺组成，导精管出自交配囊后端。

分布：古北区东部、东洋区。世界已知 10 多种，中国记录 6 种，浙江分布 1 种。

（933）长须锚斑螟 *Indomyrlaea proceripalpa* Ren *et* Li, 2015

Indomyrlaea proceripalpa Ren *et* Li, 2015: 324.

分布：浙江（临安、泰顺）、河南、陕西、安徽、湖北、江西、湖南、福建、广东、海南、广西、四川、贵州、云南；韩国，日本。

注：描述见《天目山动物志》（李后魂等，2020）。

354. 蝶斑螟属 *Morosaphycita* Horak, 1997

Morosaphycita Horak, 1997: 360. Type species: *Morosaphycita tridens* Horak, 1997.

主要特征：头顶被 2 排长鳞片簇。雄性触角鞭节基部深凹，被 2 排直立鳞片簇，其下覆盖 1 排齿突；雌性触角简单。雄性下唇须紧贴额部倾斜或垂直上举过头顶，第 2 节直，第 3 节短小；雌性下唇须与额远离，弯曲上举过头顶，第 3 节较雄性长。雄性下颚须黄色，冠毛状；雌性下颚须小，鳞片状。前翅狭长，近后缘沿翅褶中部常具 1 圆斑。翅脉：前翅具 11 条脉，R_2 脉出自中室上缘近上角处，R_{3+4} 与 R_5 脉共长柄，出自中室上角，M_1 脉出自中室外缘近上角处，M_2 与 M_3 脉基部靠近，出自中室下角，CuA_1 脉出自中室下缘，距 M_3 与 CuA_2 脉等距离；中室长约为前翅的 2/3。后翅具 10 条脉，$Sc+R_1$ 与 Rs 脉共短柄，与 M_1 脉基部靠近，同出自中室上角，M_2 与 M_3 脉共柄长度超过 M_3 脉的 1/2，CuA_1 与 M_{2+3} 脉共短柄，出自中室下角，CuA_2 脉出自中室下缘近下角处；中室长约为后翅的 1/3。雄虫腹部第 8 节常具黑色刚毛。

雄性外生殖器：爪形突宽短，侧边内折，被长刚毛。颚形突锥形，端部尖。抱器背基突短棒状。抱器瓣短小，三角形或较长，背腹近平行；抱器背骨化强，通常达抱器瓣末端，中部常具齿状或叶状突起；抱器腹宽短，骨化弱。阳茎基环弧形窄带，具侧臂。基腹弧矩形，长远大于宽。阳茎柱状，端部骨化强，有的侧边具三角形齿突；角状器 1–6 个。味刷 4 对。

雌性外生殖器：产卵瓣三角形。前、后表皮突约等长。导管端片宽短，漏斗状或近长方形。囊导管短于交配囊，膜质或部分骨化。交配囊形状多样，内壁常部分加厚，常具骨化纵脊和刺；附囊有或无，若存在则位于交配囊前端。囊突形状不一，常具锥形刺。导精管出自交配囊后端。

分布：古北区东部、东洋区、旧热带区、澳洲区。世界已知 8 种，中国记录 2 种，浙江分布 1 种。

（934）眼斑蝶斑螟 *Morosaphycita maculata* (Staudinger, 1876)（图 14-18）

Nephopteryx maculata Staudinger, 1876: 143.

Morosaphycita maculata: Ren & Li in Li et al., 2012: 319.

主要特征：成虫（图 14-18A）翅展 18.0–22.0 mm。头顶灰白色。雄性触角柄节背面黄褐色，腹面黄白色，长约为宽的 2 倍，鞭节背面灰白色，腹面黑褐色，基部鳞片簇黑褐色；雌性触角灰褐色。雄性下唇须黄白色，杂褐色鳞片，第 2 节垂直上举过头顶，基部和中部具褐色环带，第 3 节长约为第 2 节的 1/5；雌性下唇须第 1 节黄色，第 2 和 3 节灰白色，第 3 节长约为第 2 节的 1/2。喙基部灰白色。领片黄褐色，翅基片及胸部黑褐色。前翅黑褐色，杂白色鳞片，近后缘中部具 1 黄白色圆斑，圆斑中部具黑褐色小圆点；缘毛黑褐色。后翅灰白色，前缘和外缘褐色；缘毛基部 1/3 褐色，端部灰色。足背面黄白色，腹面黄褐色，跗节黑褐色。腹部背面灰褐色，各节端部浅黄褐色，腹面黑褐色；雄性腹部末端具黑色刚毛。

雄性外生殖器（图 14-18B）：爪形突近梯形，长约与基部宽相等，顶端平截。颚形突锥形，长约为爪形突的一半，末端尖。抱器背基突棒状。抱器瓣基半部近三角形，端半部近椭圆形；抱握器出自抱器瓣中部，近圆形；抱器背达抱器瓣末端，基半部宽，端半部窄，中部略外凸；抱器腹近三角形，长约为抱器瓣的一半。阳茎基环弧形窄带，侧臂短指状。基腹弧长约为宽的 2.6 倍。阳茎长约为抱器瓣的 2.3 倍，基半部细，端半部直径约为基半部的 2 倍，具骨化皱褶；角状器位于阳茎端半部，3 个，刺状：1 个长且直，1 个略弯曲，1 个强烈弯曲。味刷 4 对。

图 14-18　眼斑蝶斑螟 *Morosaphycita maculata* (Staudinger, 1876)
A. 成虫；B. 雄性外生殖器；C. 雌性外生殖器

雌性外生殖器（图 14-18C）：产卵瓣近等边三角形，末端圆，密被刚毛。第 8 腹节长约为宽的 0.7 倍，后缘中部呈"V"形深凹。前、后表皮突约等长。导管端片长方形，长约为宽的 1/3。囊导管膜质，极短，长约为交配囊的 1/7。交配囊后端 1/3 骨化弱，具 2 个密生骨化刺的长条骨片，前端 2/3 膜质，具颗粒状突起。导精管出自交配囊后端。

分布：浙江（杭州）、天津、河北、山西、山东、河南、陕西、甘肃、安徽、江西、湖南、海南、香港、广西、四川、贵州、云南；韩国，日本。

355. 云斑螟属 *Nephopterix* Hübner, 1825

Nephopterix Hübner, 1825: 370. Type species: *Tinea angustella* Hübner, 1796.

Nephopterix Zeller, 1839: 176. Misspelling.

Alispa Zeller, 1848a: 606, 643.

Clasperopsis Roesler, 1969c: 248.

Paranephopterix Roesler, 1969c: 259.

主要特征：头顶常被直立鳞片簇。雄性触角鞭节基部常深凹，内被 2 排长柱形大鳞片簇，雌性触角简单。下唇须上举过头顶。下颚须雄性多为冠毛状，雌性柱状，短小被鳞。翅脉：前翅具 11 条脉，R_2 脉出自中室上缘近上角处，R_{3+4} 与 R_5 脉共柄，M_1 脉出自中室外缘近上角处，M_2 与 M_3 脉基部靠近，出自中室下角，CuA_1 出自中室下缘，距 M_3 脉较 CuA_2 脉近；中室长约为前翅的 5/8。后翅具 10 条脉，$Sc+R_1$ 与 Rs 脉并接或共短柄，与 M_1 同出自中室上角，M_2 与 M_3 基部靠近或共柄，与 CuA_1 脉基部靠近或共短柄，出自中室下角；中室长约为后翅的 1/3。

雄性外生殖器：爪形突形状多样。颚形突锥形，末端尖，略呈钩状。抱器瓣窄长，基部有的着生 1 束长鳞毛，末端圆；抱握器存在，位于抱器瓣基部，长短不一；抱器腹细棒状。阳茎基环"U"形、"V"形或盾片状。基腹弧"U"形。阳茎柱状，角状器无或 1–3 个。味刷 4 对。

雌性外生殖器：产卵瓣三角形。前表皮突短于后表皮突。囊导管膜质或部分骨化。交配囊卵圆形，内壁常被皱褶或微刺。导精管出自交配囊。

分布：世界广布。世界已知 137 种，中国记录 18 种，浙江分布 6 种。

分种检索表

1. 阳茎无角状器 ·· 2
- 阳茎具角状器 ·· 3
2. 阳茎长约为抱器瓣的 1.4 倍 ··· 白角云斑螟 *N. maenamii*
- 阳茎长约与抱器瓣等长 ··· 饰囊云斑螟 *N. immatura*

3. 爪形突末端平截，角状器 3 个 ·· 赤褐云斑螟 *N. exotica*
- 爪形突末端圆，角状器 1–2 个 ··· 4
4. 基腹弧长大于宽，前缘直 ·· 富泽云斑螟 *N. tomisawai*
- 基腹弧长宽约相等，前缘中部内凹 ·· 双色云斑螟 *N. bicolorella*

注：不包括慧云斑螟 *N. cleopatrella*。

（935）双色云斑螟 *Nephopterix bicolorella* Leech, 1889（图 14-19）

Nephopterix bicolorelia Leech, 1889a: 108.

Nephopterix bicolorella: Lu & Guan, 1953: 104.

主要特征：成虫（图 14-19A）翅展 21.0–29.0 mm。雄性头顶白色，两触角间窝状；雌性头顶白色略杂红褐色鳞片。触角柄节白色，从基部渐宽至端部，长约为宽的 2.2 倍；鞭节背面白色，腹面黄褐色，基部凹陷弧形，密被白色短鳞片。下唇须第 1 节白色，第 2 节黄白色，基部和近端部具褐色环带；雄性第 2 节弯曲上举刚达头顶，第 3 节褐色杂白色鳞片，长约为第 2 节的 1/3；雌性第 3 节长约为第 2 节的 1/2。领片红褐色，中部黄白色。翅基片红褐色。胸部黄褐色。前翅基半部黄褐色，中室下缘和 A 脉之间具 2 条黑褐色纵带，基部 1/4 处中部常具黑褐色直立鳞片簇，端半部黑褐色；内横线灰白色，从前缘基部 1/3 外斜至 M_1 脉处，后弧形内弯至后缘近中部，外侧被红褐色鳞毛脊；中室端斑不可见；外横线白色，弧形，从前缘端部 1/6 到后缘端部 1/5，在 M_1 和 A 脉处内弯；外缘线黑褐色；缘毛灰褐色。后翅浅褐色；缘毛基部 1/3 深褐色，端部灰褐色。足背面黄白色，腹面黄褐色杂白色鳞片，跗节黑褐色。

图 14-19 双色云斑螟 *Nephopterix bicolorella* Leech, 1889
A. 成虫；B. 雄性外生殖器；C. 雌性外生殖器

雄性外生殖器（图 14-19B）：爪形突舌状，长约为基部宽的 1.3 倍，侧缘略内折。颚形突锥形，长约为爪形突的 1/3，端部钩状。抱器瓣基半部渐窄，端半部近等宽；抱握器三角形，出自抱器瓣中部；抱器背宽约为抱器瓣基部的 1/4，达抱器瓣末端；抱器腹长约为抱器瓣的 1/3。阳茎基环半圆形，后缘具骨化带，侧臂指状，端部被刚毛。基腹弧长约与后缘宽相等，前缘中部内凹。阳茎长约为抱器瓣的 0.8 倍，基半部椭圆形，中部缢缩，端半部骨化强，具 2 个近三角形突起，密被锥形刺；角状器 1 个，刺状，位于阳茎中部。味刷 4 对。

雌性外生殖器（图 14-19C）：产卵瓣舌状，长约为基部宽的 2 倍，密被刚毛。前、后表皮突约等长。第 8 腹节长宽约相等。导管端片四边形，长约为宽的 1/2。囊导管长约为交配囊的 2/5，内壁被微刺。交配囊锥形瓶状，膜质，后端约 5/6 处密被小刺。

分布：浙江（湖州、杭州、丽水、温州）、北京、天津、河北、山西、河南、陕西、甘肃、湖北、湖南、福建、重庆、四川、贵州、云南、西藏；韩国，日本，欧洲。

（936）慧云斑螟 *Nephopterix cleopatrella* Ragonot, 1887

Nephopterix cleopatrella Ragonot, 1887a: 231.
Nephopterix cometella Caradja *et* Meyrick, 1935: 27.

主要特征：成虫翅展 28.0–29.0 mm。头、领片和胸部灰黄色。前翅中室上方从前缘基部 1/3 到外横线具 1 雪白色斜带（与翅后缘近平行），形状似彗星尾巴，横带与翅外缘之间具 1 密被白色鳞片的窄三角形区域。中室端斑黑色，圆形。内横线不明显；外横线位于翅端部 1/6，在 M_1 和 M_3 脉之间弯曲然后垂直于翅后缘；后翅淡灰褐色。前足跗节具 2 个白色圆斑。

分布：浙江（杭州）。

注：未见标本，描述译自 Caradja 和 Meyrick（1935）。

（937）赤褐云斑螟 *Nephopterix exotica* Inoue, 1959（图 14-20）

Nephopterix exotica Inoue, 1959a: 298.

主要特征：成虫（图 14-20A）翅展 20.0–26.0 mm。雄性头顶灰白色，两触角间窝状；雌性头顶灰褐色。触角柄节背面灰褐色，腹面灰白色，长约为宽的 2 倍，鞭节黑褐色，雄性基部鳞片簇黑色，近椭圆形。下唇须灰褐色杂白色鳞片，雄性第 2 节近垂直上举过头顶，第 3 节长约为第 2 节的 1/4；雌性第 2 节弯曲上举，第 3 节长约为第 2 节的 1/2。领片、翅基片及胸部灰褐色。前翅灰褐色，杂白色和黑色鳞片，翅基部约 1/3 密被红褐色鳞片；内横线灰白色，锯齿形，从前缘基部 2/5 到后缘近中部，在中室下缘和 A 脉处内弯，内、外侧镶黑色细边；中室端斑黑色，连接成新月形；外横线白色，从前缘端部 1/6 到后缘端部 1/5，在 M_1 和 A 脉处内弯，两侧镶黑色细边；外缘线黑褐色；缘毛褐色。后翅浅褐色；缘毛基半部褐色，端部灰白色。足背面灰白色，腹面深褐色杂白色鳞片，跗节各节端部白色。

 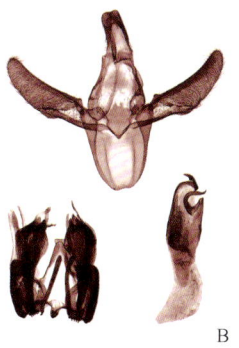 

图 14-20　赤褐云斑螟 *Nephopterix exotica* Inoue, 1959
A. 成虫；B. 雄性外生殖器；C. 雌性外生殖器

雄性外生殖器（图 14-20B）：爪形突四边形，长约为基部宽的 1.6 倍，后缘中部内凹。颚形突锥形，长约为爪形突的 4/7，端部钩状。抱器瓣基半部近等宽，端半部渐窄，密被刚毛；抱握器出自抱器瓣中部，片状；抱器背宽约为抱器瓣基部的 1/5，几达抱器瓣末端；抱器腹棒状，长约为抱器瓣的 1/2。阳茎基环"V"形，侧臂短指状，被刚毛。基腹弧长约与后缘宽相等。阳茎柱状，约与抱器瓣等长；角状器 3 个，刺状；中部 1 个直；端部 2 个弯。味刷 4 对。

雌性外生殖器（图 14-20C）：产卵瓣近等边三角形，末端圆，密被刚毛。前表皮突基部膨大，约与后表皮突等长。第 8 腹节长约为宽的 1/2。导管端片骨化弱。囊导管长约为交配囊的 1/5，基部 2/3 膜质，端部 1/3 密被骨化颗粒。交配囊椭圆形，膜质，前端 1/3 密被微刺，后部 2/3 密布锥形大刺。导精管出自交配囊后端。

分布：浙江（杭州）、黑龙江、辽宁、北京、天津、山西、山东、河南、宁夏、湖北、福建、四川、贵州；韩国，日本。

（938）饰囊云斑螟 *Nephopterix immatura* Inoue, 1982（图 14-21）

Nephopterix immatura Inoue in Inoue et al., 1982: 392.

主要特征：成虫（图 14-21A）翅展 18.0–30.0 mm。雄性头顶白色，两触角间窝状；雌性头顶灰褐色。雄性触角柄节白色，长约为宽的 2 倍，鞭节背面灰白色杂褐色环纹，腹面黄褐色，基部鳞片簇白色；雌性触角黄褐色。雄性下唇须灰褐色，第 2 节紧贴额部垂直上举过头顶，第 3 节长约为第 2 节的 1/5；雌性下唇须第 1 节灰褐色，第 2、3 节黑褐色，较雄性细，弯曲上举过头顶，第 3 节长约为第 2 节的 1/4。领片、翅基片及胸部灰褐色。前翅灰褐色，杂白色和黑色鳞片，前半部密被白色鳞片；内横线白色，从前缘基部 1/3 到后缘基部 2/5，在中室下缘和 A 脉内弯；中室端斑黑色，分离；外横线灰白色，波浪状，从前缘端部 1/6 到后缘端部 1/5，在 M_1 和 A 脉处内弯；缘毛黄褐色。后翅浅褐色；缘毛灰褐色。足黄褐色，跗节黑褐色。

图 14-21　饰囊云斑螟 *Nephopterix immatura* Inoue, 1982
A. 成虫；B. 雄性外生殖器；C. 雌性外生殖器

雄性外生殖器（图 14-21B）：爪形突三角形，长约为基部宽的 2.3 倍，末端尖。颚形突锥形，长约为爪形突的 1/2，端部略弯。抱器瓣窄长，长约为宽的 7 倍；抱握器出自抱器瓣中部，近矩形；抱器背与抱器瓣等长，宽约为抱器瓣的 1/3；抱器腹条状，长约为抱器瓣的 1/2。阳茎基环"V"形，侧臂无。基腹弧长约为后缘宽的 1.7 倍。阳茎柱状，约与抱器瓣等长，密被骨化颗粒。味刷 4 对。

雌性外生殖器（图 14-21C）：产卵瓣近等边三角形，密被刚毛。前、后表皮突约等长。第 8 腹节长约为宽的 1/2。导管端片四边形。囊导管长约为交配囊的 1/4，端半部内壁被微刺。交配囊椭圆形，内壁密被纹饰皱褶，无微刺，中部具 1 三角形小附囊。导精管出自附囊末端。

分布：浙江（嘉兴、杭州、丽水）、河南、安徽、湖北、江西、福建、广西、重庆、四川；韩国，日本。

（939）白角云斑螟 *Nephopterix maenamii* Inoue, 1959

Nephopterix maenamii Inoue, 1959a: 295.

分布：浙江（临安、安吉）、河南、安徽、湖北、江西、福建、贵州；韩国，日本。
注：描述见《天目山动物志》（李后魂等，2020）。

（940）富泽云斑螟 *Nephopterix tomisawai* Yamanaka, 1986（图 14-22）

Nephopterix tomisawai Yamanaka, 1986a: 169.

主要特征：成虫（图 14-22A）翅展 20.0–24.0 mm。雄性头顶黑褐色，雌性灰色。雄性触角柄节背面灰褐色，腹面灰白色，长约为宽的 2 倍，鞭节背面灰色，腹面黄褐色，基部鳞片簇上层黑色，光滑，下层灰褐色；雌性触角灰白色。下唇须黑褐色，第 1 节杂白色鳞片，雄性第 2 节近垂直上举过头顶，第 3 节长约为第 2 节的 1/5；雌性第 2 节弯曲上举过头顶，第 3 节长约为第 2 节的 1/3。领片、翅基片及胸部灰褐色。前翅灰褐色，杂白色鳞片；内横线白色，从前缘基部 1/4 到后缘基部 1/3；中室端部黑色，分离；外横线白色，从前缘端部 1/6 到后缘端部 1/5，在 M_1 和 A 脉处内弯；缘毛灰色，端部白色。后翅灰褐色；缘毛灰褐色。足背面灰白色，腹面深褐色杂白色鳞片。

图 14-22 富泽云斑螟 *Nephopterix tomisawai* Yamanaka, 1986
A. 成虫；B. 雄性外生殖器；C. 雌性外生殖器

雄性外生殖器（图 14-22B）：爪形突舌状，长约为基部宽的 1.5 倍，后缘中部内凹。颚形突长约为爪形突的 1/2，基部 2/3 等宽，端部 1/3 渐窄，末端尖。抱器瓣基部 2/3 等宽，端部 1/3 渐窄，密被刚毛，在腹缘基部 2/3 处形成约 120°夹角；抱握器出自抱器背基部，近矩形，端部被刚毛。阳茎基环"V"形，侧臂乳突状。基腹弧长约为后缘宽的 1.2 倍。阳茎柱状，约与抱器瓣等长；角状器 1 个，刺状，位于阳茎端半部。味刷 4 对。

雌性外生殖器（图 14-22C）：产卵瓣近等边三角形，末端圆，密被刚毛。第 8 腹节长宽约相等。导管端片漏斗状。囊导管短，膜质，前半部被微刺。交配囊椭圆形，内壁具骨化皱褶；附囊位于交配囊近中部，指状。导精管出自附囊端部。

分布：浙江（杭州）、内蒙古、天津、河北、山西、山东、河南、甘肃、湖北、江西、福建、广西、贵州；韩国，日本。

356. 云翅斑螟属 *Oncocera* Stephens, 1829

Oncocera Stephens, 1829a: 217. Type species: *Phalaena semirubella* Scopoli, 1763.
Pollichia Roesler, 1980: 7.

主要特征：雄性触角鞭节背面基部数节内凹，被上下 2 层鳞片簇，雌性触角简单。雄性下唇须第 2 节弯曲上举过头顶，雌性较雄性纤细。前翅横向带比较明显，翅面常散布红色鳞片。翅脉：前翅具 11 条脉，R_2 脉出自中室上缘近上角处，R_{3+4} 与 R_5 脉共长柄，出自中室上角，M_1 脉出自中室外缘近上角处，M_2 与 M_3 脉基部靠近，M_3 脉出自中室下角，CuA_1 脉出自中室下缘近下角处，距 M_3 与 CuA_2 脉距离近相等；中室长约为前翅的 2/3。后翅具 10 条脉，$Sc+R_1$ 与 Rs 脉基部短距离并接，与 M_1 脉同出自中室上角，M_2 与 M_3 脉共长柄，与 CuA_1 脉同出自中室下角；中室长约为后翅的 1/3。

雄性外生殖器：爪形突近梯形，侧边内折。颚形突锥形，端部钩状。抱器背基突存在。抱器瓣窄长；抱握器存在；抱器背不达抱器瓣末端；抱器腹宽短。阳茎基环半圆形，具侧臂。基腹弧"U"形。阳茎柱状，角状器多个。味刷 2 簇。

雌性外生殖器：产卵瓣三角形，末端圆。前表皮突基部膨大，约与后表皮突约等长。导管端片宽阔，后缘具骨化横带。囊导管短于交配囊，内壁密布微刺。交配囊长椭圆形，膜质，内壁被微刺；囊突密被锥形刺。导精管出自交配囊后端。

分布：古北区、东洋区北部。世界已知 2 种，中国记录 1 种，浙江分布 1 种。

（941）红云翅斑螟 *Oncocera semirubella* (Scopoli, 1763)（图 14-23）

Phalaena semirubella Scopoli, 1763: 245.

Oncocera semirubella: Roesler, 1969a: 963.

主要特征：成虫（图 14-23A）翅展 18.0–30.0 mm。头顶朱红色或黄白色。雄性触角柄节黄白色，长约为宽的 2 倍；鞭节背面黄白色，基部鳞片簇上层灰褐色，下层白色，腹面褐色；雌性触角黄褐色。下唇须外侧红褐色或黑褐色，内侧黄白色，雄性第 2 节垂直上举过头顶，长约为第 3 节的 4 倍；雌性第 2 节弯曲上举，长约为第 3 节的 2 倍。领片、翅基片及胸部浅褐色或略带红色。前翅前缘灰色，紧接前缘具 1 条白色纵带，其下具 1 桃红色纵带，后半部黄色；缘毛红色。后翅灰褐色；缘毛基部 1/3 深褐色，端部灰色。足背面黄白色，腹面灰褐色。

图 14-23　红云翅斑螟 *Oncocera semirubella* (Scopoli, 1763)
A. 成虫；B. 雄性外生殖器；C. 雌性外生殖器

雄性外生殖器（图 14-23B）：爪形突近梯形，长约与基部宽相等，背侧被稀疏刚毛，侧边内折。颚形突锥形，长约为爪形突的 3/8，端部 1/3 钩状。抱器背基突细棒状。抱器瓣长约为宽的 6 倍，密被刚毛，端部约 1/6 略上弯，抱器腹端部内凹；抱握器近三角形，位于抱器瓣基部约 2/5 近抱器背处；抱器背窄，不达抱器瓣末端；抱器腹宽，长约为抱器瓣的 1/3，腹缘被长刚毛。阳茎基环半圆形，侧臂粗壮，近矩形，端半部被刚毛。基腹弧长约为后缘宽的 1.5 倍，前缘中部略内凹。阳茎柱状，长约为抱器瓣的 1.2 倍，端半部被骨化皱褶或颗粒；角状器 5 个或更多，刺状：基部 1 个大，从阳茎基部 1/4 到端部 1/4，其余 4 个位于阳茎近端部，大小不一。味刷 2 簇。

雌性外生殖器（图 14-23C）：产卵瓣近等边三角形，密被刚毛，末端圆。前表皮突基部膨大，约与后表皮突等长。第 8 腹节长约为宽的 2/3，后缘中部深凹。导管端片碗状，后端具 1 骨化横带。囊导管长约为交配囊的 1/4，内壁密布微刺。交配囊膜质，后半部内壁散布微刺；囊突"S"形，位于交配囊后部 2/3，密被微刺。导精管出自交配囊后端。

分布：浙江（嘉兴、杭州、温州）、黑龙江、辽宁、内蒙古、北京、天津、河北、山西、山东、河南、宁夏、甘肃、新疆、湖北、江西、福建、广西、贵州；俄罗斯，韩国，日本，印度，英国，保加利亚，匈牙利。

357. 直鳞斑螟属 *Ortholepis* Ragonot, 1887

Ortholepis Ragonot, 1887b: 6. Type species: *Ortholepis jugosella* Ragonot, 1887.

主要特征：雄性触角鞭节背侧基部具较小鳞片簇，其下覆盖数个黑色小刺。下唇须上举过头顶，雄性第 2 节粗壮；雌性较纤细，第 3 节较雄性的长。前翅内横线内侧具鳞毛脊；R_{3+4} 与 R_5 脉基部共长柄，M_2 与 M_3 脉基部靠近。后翅 $Sc+R_1$ 与 Rs 脉短距离并接，M_2 与 M_3 脉中室外共柄长度超过 M_3 的 1/2。

雄性外生殖器：爪形突近三角形，侧边中部内折；颚形突端部钩状；抱器背基突中部骨化弱，抱器瓣多窄长，抱握器存在；阳茎基环"U"或"V"形，具侧臂；基腹弧"U"或"V"形；阳茎柱状，角状器 1 个。味刷 1 对。

雌性外生殖器：前表皮突短于后表皮突；导管端片骨化弱，内壁具小刺，囊导管短于交配囊，与交配囊相接处一侧具宽扁骨化区域；交配囊近椭圆形，后端部分骨化，无囊突，导精管出自交配囊后端。

分布：全北区、东洋区、旧热带区。世界已知 14 种，中国记录 2 种，浙江分布 1 种。

（942）毛背直鳞斑螟 *Ortholepis atratella* (Yamanaka, 1986)

Metriostola atratella Yamanaka, 1986b: 188.
Ortholepis atratella: Yamanaka, 2013: 64, 353.

分布：浙江（临安）、辽宁、天津、河北、陕西、湖北、贵州；日本。

注：描述见《天目山动物志》（李后魂等，2020）。

358. 瘦斑螟属 *Pempelia* Hübner, 1825

Pempelia Hübner, 1825: 369. Type species: *Tinea palumbella* Denis *et* Schiffermüller, 1775.
Salebria Zeller, 1846: 733, 779.
Hoeneia Caradja, 1938c: 248.

主要特征：雄性触角基部浅凹，内有 1 列纵向排列的齿状感觉器。下唇须雄性第 2 节粗壮，第 3 节短小；雌性第 3 节长而尖。前翅具 11 条脉，R_{3+4} 与 R_5 脉共长柄，出自中室上角，M_1 脉出自中室外缘，M_2 与 M_3 脉基部共短柄，出自中室下角，CuA_1 脉出自中室下缘，距 M_3 较距 CuA_2 脉近；中室为翅长的 4/7。后翅具 10 条脉，$Sc+R_1$ 与 Rs 脉基半部并接，与 M_1 脉同出自中室上角，M_2 与 M_3 脉共长柄，与 CuA_1 脉同出自中室下角；中室长约为后翅的 1/3。

雄性外生殖器：颚形突基部粗，端部钩状。抱器背基突短棒状或无。抱器瓣多种多样，或短小或狭长，端部尖或钝，抱握器通常位于抱器瓣基部或中部，为 1 指状突起或不规则突起。阳茎基环"U"形或弧形，具侧臂。基腹弧"U"形，前缘弧形或平直。阳茎柱形，角状器 1–3 个。味刷多对。

雌性外生殖器：产卵瓣三角形，被刚毛。表皮突中等长度或较短。导管端片长方形或漏斗状。囊导管较宽。交配囊膜质，内壁多密布微刺。导精管出自交配囊后端。

分布：除新热带区外，其余世界各大动物地理区均有分布。世界已知 115 种，中国记录 6 种，浙江分布 1 种。

（943）淡瘦斑螟 *Pempelia ellenella* (Roesler, 1975)

Salebria ellenella Roesler, 1975: 80.

Pempelia ellenella: Fletcher & Nye, 1984: 5.

分布：浙江（临安）、黑龙江、北京、天津、河北、山西、山东、河南、陕西、宁夏、甘肃、新疆、江苏、安徽、湖北、江西、湖南、台湾、广西、四川、贵州；朝鲜。

注：描述见《天目山动物志》（李后魂等，2020）。

359. 斑螟属 *Phycita* Curtis, 1828

Phycita Curtis, 1828: 233. Type species: *Tinea spissicella* Fabricius, 1794.
Phycis Fabricius, 1793: 420.
Gyra Gistel, 1848: 10.

主要特征：雄性触角鞭节基部被鳞片簇；雌性触角简单。雌雄下唇须均较细，上举过头顶。翅脉：前翅具 11 条脉，R_2 出自中室上缘近上角处，R_{3+4} 与 R_5 脉共长柄，出自中室上角，M_1 出自中室外缘近上角处或出自中室上角，M_2 与 M_3 基部靠近或共短柄，出自中室下角，CuA_1 出自中室下缘，距 M_3 较距 CuA_2 近；中室长约为前翅的 2/3。后翅具 10 条脉，$Sc+R_1$ 与 Rs 基部并接或共柄，与 M_1 同出自中室上角，M_2 与 M_3 共长柄，与 CuA_1 同出自中室下角，CuA_2 出自中室下缘；中室长约为后翅的 1/4。

雄性外生殖器：爪形突三角形、半椭圆形或四边形。颚形突较小。抱器瓣窄长，抱握器存在，抱器背短于或等于抱器瓣长，抱器腹一般较短，少数长于抱器瓣。阳茎基环一般具侧臂。基腹弧"U"形。阳茎柱状，角状器存在。味刷 1–5 对。

雌性外生殖器：产卵瓣三角形。后表皮突长于或等于前表皮突。导管端片发达。囊导管短于交配囊。交配囊膜质，有的具纵脊。导精管出自交配囊后端。

分布：古北区、东洋区、澳洲区。世界已知 97 种，中国记录 5 种，浙江分布 1 种。

（944）长柄斑螟 *Phycita nagaradja* Roesler et Küppers, 1979（图 14-24）

Phycita nagaradja Roesler *et* Küppers, 1979: 100.

主要特征：成虫（图 14-24A）翅展 16.0–22.0 mm。头顶深褐色，两触角间和后头白色。触角柄节背面灰褐色，腹面灰白色，长约为宽的 2.3 倍；雌性触角鞭节和雄性鞭节背面灰白色，具褐色带纹，雄性鞭节腹面浅褐色，基部缺刻内鳞片簇黑褐色。雄性下唇须红褐色杂灰白色鳞片，近垂直上举过头顶，第 3 节长约为第 2 节的 1/4；雌性灰白色，弯曲上举过头顶，第 3 节长约为第 2 节的 1/3。领片、翅基片及胸部黄褐色。前翅黄褐色，杂白色和黑褐色鳞片，翅前半部内横线外侧具 1 黑褐色楔形斑；内横线从前缘基部 2/5 到后缘中部，前半部宽，白色，后半部较窄，灰白色，在 A 脉处内弯；中室端斑黑色，邻接 1 白色小圆斑；外横线黄白色，从前缘端部 1/5 到后缘端部 1/4，在 M_1 脉处内弯；外缘线由黑色圆点构成；缘毛红褐色。后翅灰白色，外缘褐色；缘毛黄白色。足黄褐色，杂黄白色和黑色鳞片，跗节黑褐色。

雌性外生殖器（图 14-24B）：产卵瓣三角形，长约为基部宽的 2 倍，末端圆。第 8 腹节长约为宽的 1/2。前表皮突基部膨大，约与后表皮突约等长。导管端片骨化强，四边形，后缘中部外突呈半椭圆形。囊导管骨化弱，长约为交配囊的一半，内壁密被骨化颗粒。交配囊长椭圆形，膜质；囊突为 3 个密被锥形刺的骨化片：2 个位于交配囊后端 1/5 处，1 个位于交配囊近中部。导精管出自交配囊后端。

分布：浙江（杭州）、海南、云南；印度尼西亚。

图 14-24 长柄斑螟 *Phycita nagaradja* Roesler *et* Küppers, 1979
A. 成虫；B. 雌性外生殖器

360. 腹刺斑螟属 *Sacculocornutia* Roesler, 1971

Sacculocornutia Roesler, 1971: 180. Type species: *Nephopteryx monotonella* Caradja, 1927.

主要特征：头顶圆拱，被粗糙鳞毛。雄性触角鞭节基部深凹，内被鳞片簇由 2 排长柱形鳞片相互对峙横向密集排列而成。下唇须弯曲上举过头顶，末端尖细，雄性第 2 节粗壮，第 3 节短小，尖细，雌性较细。下颚须雄性长柱形，由 1 束长鳞毛刷形成，藏在下唇须第 2 节鳞片下；雌性短柱状。前翅 R_{3+4} 与 R_5 脉共长柄，出自中室上角，R_2 与 $R_{3+4}+R_5$ 脉基部靠近，M_2 与 M_3 脉共短柄，出自中室下角；CuA_1 脉出自中室下缘，距 M_3 较距 CuA_2 脉的距离近，中室长约为前翅的 3/5。后翅 $Sc+R_1$ 与 Rs 脉基部 1/3 共柄，与 M_1 脉同出自中室上角；M_2 与 M_3 脉基半部共柄，与 CuA_1 脉同出自中室下角，中室长约为后翅的 1/2。

雄性外生殖器：爪形突四边形，顶端圆钝或深裂。颚形突较大，四边形，或盾片状。抱器背基突短棒状，后缘不连接。抱器瓣阔；抱握器存在；抱器背外拱；抱器腹基部具锥形刺。阳茎基环"V"或"U"形。基腹弧"U"形。阳茎多细长，角状器无。味刷 4 对。

雌性外生殖器：产卵瓣三角形。第 8 腹节宽大于长，前缘内凹呈圆弧形或倒"V"形。前表皮突短于后表皮突。导管端片骨化强。囊导管膜质或部分骨化。交配囊膜质，椭圆形；囊突无。导精管出自囊导管或交配囊。

分布：古北区东部、东洋区北部。世界已知 4 种，中国记录 3 种，浙江分布 2 种。

（945）黄须腹刺斑螟 *Sacculocornutia flavipalpella* Yamanaka, 1990

Sacculocornutia flavipalpella Yamanaka, 1990: 233.

分布：浙江（临安）、北京、天津、河北、山西、河南、宁夏、江西、广西、重庆、贵州；日本。
注：描述见《天目山动物志》（李后魂等，2020）。

（946）中国腹刺斑螟 *Sacculocornutia sinicolella* (Caradja, 1926)

Nephopteryx sinicolella Caradja, 1926a: 170.
Sacculocornutia sinicolella: Roesler, 1971: 180.

分布：浙江（临安）、辽宁、天津、河北、山西、山东、河南、陕西、宁夏、甘肃、上海、安徽、湖北、江西、湖南、广西、重庆、四川、贵州；日本。
注：描述见《天目山动物志》（李后魂等，2020）。

361. 阴翅斑螟属 *Sciota* Hulst, 1888

Sciota Hulst, 1888: 115. Type species: *Sciota croceella* Hulst, 1888.

主要特征：雄性触角鞭节背侧基部深凹，所被鳞片簇上层长，下层较短，两层鳞片簇之间具黑色刺突；雌性触角简单。雄性下唇须大多数紧贴额部上举。前翅 R_{3+4} 与 R_5 脉共长柄，M_2 与 M_3 脉基部靠近或共短柄，出自中室下角。后翅 $Sc+R_1$ 与 Rs 脉约基半部共柄，与 M_1 脉同出自中室上角，M_2 与 M_3 脉共长柄，与 CuA_1 脉同出自中室下角。

雄性外生殖器：爪形突多四边形；颚形突端部尖细；抱器背基突骨化弱，中部连接；抱器瓣窄长，近基部常着生 1 簇长鳞毛；抱握器存在；抱器背不达抱器瓣末端；抱器腹狭窄；阳茎基环骨化弱，侧臂无；基腹弧"U"形；阳茎柱状；角状器多为 2 个，刺状；味刷 4 对。

雌性外生殖器：前表皮突基部膨大，略短于后表皮突；囊导管骨化弱；交配囊椭圆形，内壁通常粗糙，密布骨化颗粒或微刺；导精管出自交配囊后端。

分布：全北区、东洋区北部。世界已知近 60 种，中国记录 8 种，浙江分布 1 种。

（947）钩阴翅斑螟 *Sciota hamatella* (Roesler, 1975)

Nephopterix hamatella Roesler, 1975: 86.
Sciota hamatella: Li et al., 2020: 277.

分布：浙江（临安）、北京。

注：描述见《天目山动物志》（李后魂等，2020）。

峰斑螟亚族 Acrobasiina

主要特征：雄性触角鞭节基部无鳞片簇，雄性外生殖器味刷多 1 对，通常呈二维结构。雌性外生殖器的囊导管多为膜质，交配囊囊壁光滑或粗糙，少数被短刺，囊突若有，则较明显。

分布：世界广布。世界已知 50 多属 400 多种，中国记录 39 属 176 种，浙江分布 19 属 41 种。

分属检索表

1. 后翅 M_2 与 M_3 脉愈合 ·· 2
- 后翅 M_2 与 M_3 脉不愈合 ·· 10
2. 前翅 M_2 与 M_3 脉愈合 ·· 3
- 前翅 M_2 与 M_3 脉不愈合 ·· 4
3. 雄性抱器背中部具指状突起；雌性囊导管内壁被螺旋形排列的粗糙颗粒或细刺 ············· 果斑螟属 *Cadra*
- 雄性抱器背末端具突起；雌性囊导管内壁无螺旋形排列饰物 ································· 谷斑螟属 *Plodia*
4. 前翅 M_2 与 M_3 脉分离 ··· 蛀果斑螟属 *Assara*
- 前翅 M_2 与 M_3 脉共柄 ··· 5
5. 前翅 R_{3+4} 与 R_5 脉愈合 ·· 6
- 前翅 R_{3+4} 与 R_5 脉共柄 ·· 7
6. 雌性交配囊无囊突 ·· 骨斑螟属 *Patagoniodes*
- 雌性交配囊具囊突 ·· 类斑螟属 *Phycitodes*
7. 前翅 M_2 与 M_3 脉共柄长不达 1/4（共柄极短）·· 8
- 前翅 M_2 与 M_3 脉共柄长超过 1/4（共柄明显）·· 9

8. 雄性触角柄节内侧末端鳞片三角状向外突出，鞭节基部数节浅凹 ·· 伪峰斑螟属 *Pseudacrobasis*
- 雄性触角简单，柄节无鳞片突起，鞭节基部不内凹 ·· 暗斑螟属 *Euzophera*
9. 雄性颚形突明显分叉 ·· 拟果斑螟属 *Pseudocadra*
- 雄性颚形突略微分叉 ·· 夜斑螟属 *Nyctegretis*
10. 前翅 M_2 与 M_3 脉共柄 ··· 11
- 前翅 M_2 与 M_3 脉分离 ··· 13
11. 雌性囊突多个，由许多星状刺组成 ·· 槌须斑螟属 *Trisides*
- 雌性囊突 1 个，由鱼鳞状或三角形小骨片密集而成 ·· 12
12. 雄性抱器背基突后部外侧伸出 2 个宽角状突起；雌性导精管出自交配囊前端 ··················· 楝斑螟属 *Hypsipyla*
- 雄性抱器背基突后部两侧不具突起；雌性导精管出自交配囊后端 ····································· 帝斑螟属 *Didia*
13. 雄性触角柄节端部膨大成三角形或齿状突起 ··· 14
- 雄性触角柄节端部不膨大 ·· 15
14. 后翅 M_2 与 M_3 脉基部靠近但不共柄；雄性抱器腹腹缘不具宽鳞 ······································· 峰斑螟属 *Acrobasis*
- 后翅 M_2 与 M_3 脉基半部共柄；雄性抱器腹腹缘端部具宽鳞 ··· 拟峰斑螟属 *Anabasis*
15. 后翅 M_2 与 M_3 脉共柄长度超过 1/3 ··· 金斑螟属 *Aurana*
- 后翅 M_2 与 M_3 脉共柄长度不超过 1/3 ··· 16
16. 雄性抱器背端部具突起 ··· 17
- 雄性抱器背端部不具突起 ·· 18
17. 雌性具囊突 ··· 卡斑螟属 *Kaurava*
- 雌性无囊突 ··· 雕斑螟属 *Glyptoteles*
18. 抱器背基突后端叉状，抱器腹长不达抱器瓣的 1/2，无抱握器 ··· 叉斑螟属 *Dusungwua*
- 抱器背基突后端突起复杂，抱器腹长超过抱器瓣的 1/2，具抱握器 ····································· 刺斑螟属 *Thiallela*

362. 峰斑螟属 *Acrobasis* Zeller, 1839

Acrobasis Zeller, 1839: 176. Type species: *Tinea consociella* Hübner, 1813.

Conobathra Meyrick, 1886c: 271.

Mineola Hulst, 1890: 126.

Seneca Hulst, 1890: 177.

Numonia Ragonot, 1893: 4.

Acrocaula Hulst, 1900: 169.

Styphlorachis Hampson, 1930: 76.

Catacrobasis Gozmány, 1958b: 224.

Cyprusia Amsel, 1958: 54.

Cyphita Roesler, 1971: 188.

主要特征：雄性触角柄节末端常膨大成突起状。前翅 R_3 与 R_4 脉至少 1/2 共柄，R_2 脉游离或与 R_{3+4} 脉共短柄，M_2 与 M_3 脉分离。后翅 M_2 与 M_3 脉基部靠近。

雄性外生殖器：颚形突多为棒状。抱器背基突后端一般连接成结状。阳茎基环"V"形或"U"形，侧叶多为三角形或指状。阳茎柱状，角状器无。第 8 腹板及味刷形态多样。

雌性外生殖器：产卵瓣多呈三角形。囊导管与交配囊相接处内被微刺。囊突有或无，多呈乳状或杯状凹陷。导精管自交配囊近前缘或后缘处伸出。

分布：世界广布。世界已知 130 余种，中国记录 28 种，浙江分布 11 种。

分种检索表*

1. 成虫雄性触角柄节无突起 ·· 梨峰斑螟 *A. pirivorella*
- 成虫雄性触角柄节末端膨大成突起状 ··· 2
2. 成虫柄节末端突起锥形；味刷大，1 束+4 对；背兜背面两侧各具 1 束长鳞 ·············· 红带峰斑螟 *A. rufizonella*
- 成虫柄节末端突起三角形或柄状；味刷较小，1 束或 1 束+1–2 对；背兜背面两侧不具长鳞 ·························· 3
3. 味刷 1 束 ··· 井上峰斑螟 *A. inouei*
- 味刷不为 1 束 ·· 4
4. 味刷后端 1 对（小味刷）鳞基椭圆形 ·· 基黄峰斑螟 *A. subflavella*
- 味刷后端 1 对（小味刷）鳞基弧形 ·· 5
5. 雄性触角鞭节基部数节侧扁膨大；抱器背基突后端两突起之间深凹 ································ 秀峰斑螟 *A. bellulella*
- 雄性触角鞭节基部不侧扁、不膨大；抱器背基突后端两突起之间浅凹 ·· 6
6. 雌性囊突 3 个 ·· 三囊突峰斑螟 *A. frankella*
- 雌性囊突 1 个 ·· 7
7. 前翅底色灰黑色 ··· 芽峰斑螟 *A. cymindella*
- 前翅底色锈红色 ·· 锈红峰斑螟 *A. ferruginella*

（948）二裂峰斑螟 *Acrobasis bifidella* (Leech, 1889)

Melitene bifidella Leech, 1889a: 108.
Acrobasis sarcothorax Meyrick, 1937: 133.
Conobathra bifidella: Inoue et al., 1982: 400.
Acrobasis bifidella: Nuss et al., 2003–2024: www.pyraloidea.org.

分布：浙江、福建；日本。
注：未见标本。

（949）秀峰斑螟 *Acrobasis bellulella* (Ragonot, 1893)

Eurhodope bellulella Ragonot, 1893: 71.
Myelois rufofusellus Caradja, 1931: 205.
Acrobasis bellulella: Mutuura, 1957: 100.

分布：浙江（杭州）、辽宁、北京、天津、河北、山东、河南、陕西、甘肃、安徽、湖北、江西、湖南、福建、台湾、广东、海南、广西、四川、贵州、云南；俄罗斯（远东地区），韩国，日本，印度尼西亚。
注：描述见《天目山动物志》（李后魂等，2020）。

（950）铁黑峰斑螟 *Acrobasis cantonella* (Caradja, 1925)

Salebria cantonella Caradja, 1925: 303.
Salebria griseotincta Caradja, 1939a: 107.
Trachycera cantonella: Roesler, 1987a: 316.
Acrobasis bifidella: Nuss et al., 2003–2024: www.pyraloidea.org.

---

*二裂峰斑螟 *Acrobasis bifidella*、铁黑峰斑螟 *A. cantonella*、弯峰斑螟 *A. repandana* 未见标本，未编入检索表内。

主要特征：成虫依据雌性描述。颜面灰色。头顶、下唇须、触角及胸部黑色。腹部背面灰色，腹面棕色。前翅铁青色至黑色；内横线外侧镶黑边；中室端斑 2 个。后翅灰色。此种和 *Laodamia mundellalis* 相似，但是翅更窄，基域颜色更黑。

分布：浙江、广东。

注：未见标本，描述译自 Caradja（1925）。

（951）芽峰斑螟 *Acrobasis cymindella* (Ragonot, 1893)

Numonia cymindella Ragonot, 1893: 4.
Acrobasis cymindella: Roesler, 1985: 29.

分布：浙江（临安、丽水）、黑龙江、河北、山东、河南、陕西、甘肃、安徽、湖北、江西、湖南、福建、广东、海南、广西、四川、贵州、云南；俄罗斯，韩国，日本。

注：描述见《天目山动物志》（李后魂等，2020）。

（952）锈红峰斑螟 *Acrobasis ferruginella* Wileman, 1911（图 14-25）

Acrobasis ferruginella Wileman, 1911a: 363.
Acrobasis ferruginella var. *decolorata* Caradja, 1938a: 251.
Conobathra ferruginella: Roesler, 1975: 102.

主要特征：成虫（图 14-25A）翅展 19.0–25.0 mm。头顶锈褐色。雄性触角柄节突起角状，内弯，鞭节基部数节略弯曲。前翅底色锈红色；内横线白色，外侧前缘半部镶黑褐色宽带；外横线灰白色，内侧具 1 三角形前缘斑、灰白色染锈褐色，外侧具 1 黑褐色宽斜带。

图 14-25 锈红峰斑螟 *Acrobasis ferruginella* Wileman, 1911
A. 成虫；B. 雄性外生殖器；C. 雌性外生殖器

雄性外生殖器（图 14-25B）：抱器背基突连接处宽板状，后缘微凹。抱器瓣端半部豆瓣状，抱握器乳突状。阳茎与抱器瓣等长，内被骨化皱褶和颗粒。第 8 腹板着生 1 束大味刷和 1 对小味刷，小味刷鳞基弧形。

雌性外生殖器（图 14-25C）：导管端片近梯形；囊导管前端 2/3 内壁密被微刺，前端 1/3 膨大。交配囊略长于囊导管，囊突 1 个，位于交配囊后端 2/5。导精管出自交配囊后端。

分布：浙江、河南、江苏、湖北、江西、湖南、台湾、广西、贵州；日本。

（953）三囊突峰斑螟 *Acrobasis frankella* (Roesler, 1975)（图 14-26）

Conobathra frankella Roesler, 1975: 105.

Acrobasis frankella: Kirpichnikova & Yamanaka, 1999: 476.

主要特征：成虫（图 14-26A）翅展 19.0–23.5 mm。头部黄褐色。雄性触角柄节突起小，三角形，鞭节基部数节略内弯。前翅底色锈红褐色，基部前半部斑驳灰白色，后半部染锈黄色；内横线锈黄色；由外横线内侧前缘处至内横线外侧后缘处有 1 灰白色的狭条形区域，其余区域锈红褐色；外横线灰白色。

图 14-26 三囊突峰斑螟 *Acrobasis frankella* (Roesler, 1975)
A. 成虫；B. 雄性外生殖器；C. 雌性外生殖器

雄性外生殖器（图 14-26B）：颚形突近梭形。抱器背基突后端突起乳头状，两突起之间浅凹。抱器瓣端部 3/5 近三角形；抱握器指状。阳茎长为抱器瓣的 7/9，内具骨化褶皱和颗粒。第 8 腹板着生 1 束大味刷和 2 对略小的味刷，小味刷鳞基弧形。

雌性外生殖器（图 14-26C）：导管端片梯形；囊导管前半部内壁被微刺。交配囊略短于囊导管；囊突 3 个。导精管出交配囊后端。

分布：浙江、黑龙江、吉林、辽宁、北京、天津、河北、山西、河南、甘肃、江苏、福建；日本。

（954）井上峰斑螟 *Acrobasis inouei* Ren, 2012

Acrobasis inouei Ren in Li et al., 2012: 354.
Conobathra tricolorella Inoue in Inoue et al., 1982: 401.

分布：浙江（临安）、辽宁、北京、天津、河北、河南、陕西、宁夏、福建、广东、贵州、云南；韩国，日本。

注：描述见《天目山动物志》（李后魂等，2020）。

（955）梨峰斑螟 *Acrobasis pirivorella* (Matsumura, 1900)（图 14-27）

Nephopteryx pirivorella Matsumura, 1900: 193.
Nephopteryx pauperculella Wileman, 1911a: 359.
Numonia pyrivora Gerasimov, 1926: 127.
Acrobasis pirivorella: Roesler, 1985: 29.

主要特征：成虫（图 14-27A）翅展 21.0–24.5 mm。头部灰褐色至深黑色。雄性触角柄节无突起。前翅底色深灰褐色；内横线灰白色，外侧被灰褐色细带，内侧镶灰褐色宽边；中部在靠近内横线的一半灰褐色，靠近外横线的一半深灰色，分界处弯曲；外横线锯齿状，内、外侧均被深褐色细边。

雄性外生殖器（图 14-27B）：爪形突两侧近基部处略向内凹。颚形突屋脊状。抱器背基突两侧叶连接处窄桥状。抱器瓣窄。阳茎基环基部连接处呈指状。基腹弧梯形。阳茎内无角状器。

雌性外生殖器（图 14-27C）：囊导管长柱状，前半部一侧被微刺。交配囊倒圆锥形，囊突 1 个，与囊导管相接处被微刺。导精管出自交配囊后端。

　　分布：浙江、黑龙江、吉林、辽宁、天津、河北、山西、山东、河南、陕西、宁夏、青海、江苏、安徽、江西、福建、广西、四川、云南；俄罗斯，韩国，日本。

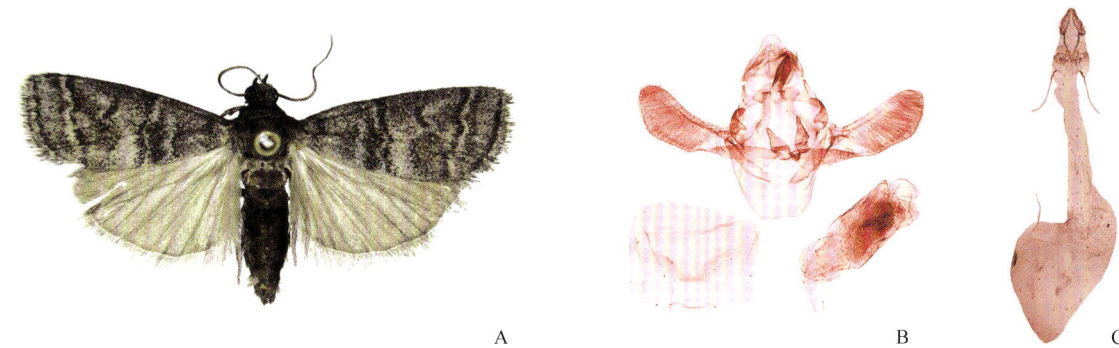

图 14-27　梨峰斑螟 *Acrobasis pirivorella* (Matsumura, 1900)
A. 成虫；B. 雄性外生殖器；C. 雌性外生殖器

（956）弯峰斑螟 *Acrobasis repandana* (Fabricius, 1798)

Pyralis repandana Fabricius, 1798: 478.

Phycis tumidella Zincken, 1818: 136.

Phycita tumidana Stephens, 1834: 305.

Acrobasis zelleri Ragonot, 1885: 28.

Acrobasis repandana: Karsholt & Nielsen, 1976: 250.

　　主要特征：成虫翅展 18.0–20.0 mm。雄性触角柄节具齿状突起。前翅红褐色；基部赭黄色，内横线白色，外缘镶黑色窄边，紧随赤褐色；中部具黄白色内斜大斑；外横线白色，内侧镶赤褐色宽边，外侧镶褐色窄边。

　　雄性外生殖器：抱器背基突连接处窄带状，后缘"U"形微凹。抱器瓣端半部豆瓣状；抱握器小，乳突状。阳茎与抱器瓣近等长，内被骨化皱褶和颗粒。

　　雌性外生殖器：导管端片碗状。囊导管略短于交配囊。交配囊长为宽的 2 倍；囊突 1 个，缝隙状，位于交配囊后端约 2/5 处。导精管出自交配囊后端。

　　分布：浙江、台湾、广东；印度尼西亚，英国，爱沙尼亚。

　　注：未见标本，描述参考 Hannemann（1964）和 Leraut（2014）。

（957）红带峰斑螟 *Acrobasis rufizonella* Ragonot, 1887

Acrobasis rufizonella Ragonot, 1887a: 225.

Conobathra rubiginella Inoue in Inoue et al., 1982: 401.

Conobathra rufizonella: Roesler, 1987b: 25.

　　分布：浙江（临安）、河南、陕西、甘肃、安徽、湖北、江西、湖南、福建、台湾、广东、海南、香港、广西、四川、贵州；俄罗斯，日本。

　　注：描述见《天目山动物志》（李后魂等，2020）。

（958）基黄峰斑螟 *Acrobasis subflavella* (Inoue, 1982)

Conobathra subflavella Inoue in Inoue et al., 1982: 401.

Acrobasis subflavella: Li et al., 2012: 361.

分布：浙江（临安）、辽宁、河南、甘肃、福建、四川、贵州；俄罗斯，日本。

注：描述见《天目山动物志》（李后魂等，2020）。

363. 拟峰斑螟属 *Anabasis* Heinrich, 1956

Anabasis Heinrich, 1956: 25. Type species: *Myelois ochrodesma* Zeller, 1881.

主要特征：雄性触角柄节末端膨大成双峰形。前翅内横线处具隆起的鳞毛脊；R_{3+4} 与 R_5 脉基部 2/3 共柄，M_2 与 M_3 脉基部靠近。后翅 Sc 与 Rs 脉基半部共柄，M_2 与 M_3 脉基半部共柄，CuA_1 与 M_{2+3} 脉基部十分靠近。

雄性外生殖器：味刷 7 束。颚形突棒状，末端钩状。抱器背基突连接处呈结状；抱握器指状；抱握器基部至抱器腹端部具 1 斜向骨化窄带；抱器腹腹缘端部具宽鳞。阳茎无角状器。

雌性外生殖器：囊导管与交配囊相连处内壁被细小颗粒状突起。囊突 1 个。导精管多出自交配囊前端。

分布：全北区、东洋区。世界已知 5 种，除模式种拟峰斑螟 *A. ochrodesma* 分布在美洲外，其余种类在中国均有分布，浙江分布 1 种。

（959）棕黄拟峰斑螟 *Anabasis fusciflavida* Du, Song *et* Wu, 2005

Anabasis fusciflavida Du, Song *et* Wu, 2005b: 326.

分布：浙江（临安）、黑龙江、吉林、辽宁、北京、天津、河北、山西、河南、陕西、宁夏、甘肃、湖北、湖南、广东、海南、广西、四川、贵州、云南。

注：描述见《天目山动物志》（李后魂等，2020）。

364. 蛀果斑螟属 *Assara* Walker, 1863

Assara Walker, 1863: 79. Type species: *Assara albicostalis* Walker, 1863.
Cateremna Meyrick, 1882: 156.

主要特征：前翅 R_{3+4} 与 R_5 脉基半部共柄，R_2 与 R_{3+4} 脉基部相互靠近，M_2、M_3 脉基部靠近。后翅 M_2 与 M_3 脉合并，CuA_1 与 M_{2+3} 脉基部 1/6 共柄。

雄性外生殖器：颚形突端部多细钩状。抱器背基突后端连接处窄或向后延伸。抱器瓣宽阔。阳茎基环两侧叶骨化强。味刷无。

雌性外生殖器：囊导管与交配囊均膜质；囊突新月形或半圆至椭圆形，由小骨化片重叠密集排列而成。导精管出自囊突附近。

分布：东洋区、澳洲区。世界已知 35 种，中国记录 13 种，浙江分布 4 种。

分种检索表

1. 抱器背末端与抱器瓣分离 ··· 白斑蛀果斑螟 *A. korbi*
- 抱器背末端紧贴抱器瓣 ··· 2
2. 抱器瓣腹缘具骨化痕 ··· 苍白蛀果斑螟 *A. pallidella*
- 抱器瓣无骨化痕 ··· 3

3. 爪形突三角形 ·· 台湾蛀果斑螟 *A. formosana*
- 爪形突半椭圆形 ··· 黑松蛀果斑螟 *A. funerella*

（960）台湾蛀果斑螟 *Assara formosana* Yoshiyasu, 1991

Assara formosana Yoshiyasu, 1991: 261.

分布：浙江（临安、温州）、河南、江西、湖南、福建、台湾、广东、海南、广西、四川、贵州、云南。

注：描述见《天目山动物志》（李后魂等，2020）。

（961）黑松蛀果斑螟 *Assara funerella* (Ragonot, 1901)

Hyphantidium funerellum Ragonot, 1901: 75.
Heterographis exiguella Caradja, 1926a: 169.
Homoeosoma albocostella Inoue, 1959a: 293.
Assara funerella: Inoue et al., 1982: 387, 2: 249.

分布：浙江（临安、温州）、黑龙江、辽宁、北京、天津、河北、山西、山东、河南、陕西、甘肃、江苏、安徽、湖北、江西、湖南、福建、广东、广西、重庆、四川、贵州、云南；日本，韩国。

注：描述见《天目山动物志》（李后魂等，2020）。

（962）白斑蛀果斑螟 *Assara korbi* (Caradja, 1910)

Euzophera korbi Caradja, 1910: 130.
Assara korbi: Roesler, 1973: 155.

分布：浙江（临安）、黑龙江、吉林、天津、河南、陕西、甘肃、湖北、湖南、福建、广西、四川、贵州；日本。

注：描述见《天目山动物志》（李后魂等，2020）。

（963）苍白蛀果斑螟 *Assara pallidella* Yamanaka, 1994

Assara pallidella Yamanaka, 1994: 34.

分布：浙江（嘉兴、临安、丽水、泰顺）、黑龙江、吉林、辽宁、北京、天津、河北、山西、河南、甘肃、江苏、福建；日本。

注：描述见《天目山动物志》（李后魂等，2020）。

365. 金斑螟属 *Aurana* Walker, 1863

Aurana Walker, 1863: 122. Type species: *Aurana actiosella* Walker, 1863.
Longiculcita Roesler, 1975: 108.

主要特征：前翅 R_2 与 R_{3+4} 脉基部 1/3 共柄，R_{3+4} 与 R_5 脉基部 2/3 共柄，M_2 与 M_3 脉分离。后翅 Sc 与 Rs 脉基部 1/2 共柄，M_2 与 M_3 脉基部 1/2 共柄。

雄性外生殖器：爪形突三角形。颚形突较长，棒状。抱器背基突骨化，中部连接。抱器瓣无抱握器。基腹弧"V"形，长明显大于宽，长于抱器瓣。阳茎基环两侧叶较长。阳茎圆柱形，角状器无。味刷1束或1对。

雌性外生殖器：导管端片骨化；囊导管细长，膜质，至少与交配囊等长。交配囊膜质；囊突由许多小刺状突起组成。导精管出自交配囊前端。

分布：东洋区。世界已知2种，中国记录1种，浙江分布1种。

（964）油桐金斑螟 *Aurana vinaceella* (Inoue, 1963)（图14-28）

Rhodophaea vinaceella Inoue, 1963: 107.

Aurana vinaceella: Roesler, 1983: 93.

主要特征：成虫（图14-28A）翅展16.0–24.0 mm。前翅底色灰褐色，前缘黑褐色，自前缘基部1/7至端部1/7具1灰白色染锈褐色的纵带，其后缘呈"W"形弯曲；内横线消失；外横线灰白色。

图14-28 油桐金斑螟 *Aurana vinaceella* (Inoue, 1963)
A. 成虫；B. 雄性外生殖器；C. 雌性外生殖器

雄性外生殖器（图14-28B）：颚形突细棒状，约与爪形突等长。抱器背基突窄带状。抱器背达抱器瓣近末端；抱器腹长约为抱器背的3/5。基腹弧长为宽的2倍。阳茎基环侧叶约与颚形突等长。阳茎约是抱器瓣长的1.8倍，中部密布微刺，呈梭形。味刷为1束长鳞毛。

雌性外生殖器（图14-28C）：导管端片漏斗状；囊导管膜质，后端3/4粗细较均匀，前端1/4加粗。交配囊椭圆形；囊突圆，由密集小刺形成同心圆排列组成。导精管出自交配囊前端。

分布：浙江（嘉兴、杭州、泰顺）、河南、陕西、甘肃、安徽、湖北、江西、湖南、福建、广东、海南、广西、四川、贵州、云南、西藏；日本，印度尼西亚（苏门答腊）。

366. 果斑螟属 *Cadra* Walker, 1864

Cadra Walker, 1864a: 961. Type species: *Cadra defectella* Walker, 1864.

Xenephestia Gozmány, 1958b: 223.

主要特征：前翅R_{3+4}与R_5脉完全合并，M_2与M_3脉合并。后翅Sc与Rs脉共柄长度为总长的4/5，M_2与M_3脉愈合，CuA_1与M_{2+3}脉共短柄。

雄性外生殖器：颚形突心形或宽"U"形。抱器背基突两侧叶膨大，形状不一。抱器瓣较宽；抱握器无；抱器背中间具1较长的指状突起。基腹弧心形。阳茎大，多数种类无角状器，仅被螺旋形皱褶。味刷4对。

雌性外生殖器：囊导管内壁常被螺旋形排列的粗糙颗粒或细刺。交配囊圆形或卵圆形，多数种类内壁被小刺或粗糙颗粒。囊突多个，明显，排成 1 列。导精管出自囊突附近。

分布：古北区、东洋区、澳洲区。世界已知 27 种，中国记录 2 种，浙江分布 1 种。

（965）干果斑螟 *Cadra cautella* (Walker, 1863)（图 14-29）

Pempelia cautella Walker, 1863: 73.
Cadra defectella Walker, 1864a: 962.
Nephopteryx desuetella Walker, 1866: 1719.
Ephestia passulella Barrett, 1875: 271.
Cryptoblabes formosella Wileman *et* South, 1918: 219.
Ephestia rotundatella Turati, 1930: 68.
Ephestia irakella Amsel, 1959a: 46.
Cadra cautella: Roesler, 1973: 651.

主要特征：成虫（图 14-29A）翅展 14.5–18.0 mm。前翅狭长，灰褐色，内横线灰白色，位于翅基部 1/3 处，外侧镶褐色边；中室端斑褐色；外横线较内横线细，灰白色，近前缘处有 1 向内的大尖角；外缘线灰白色，内侧的缘点黑褐色。

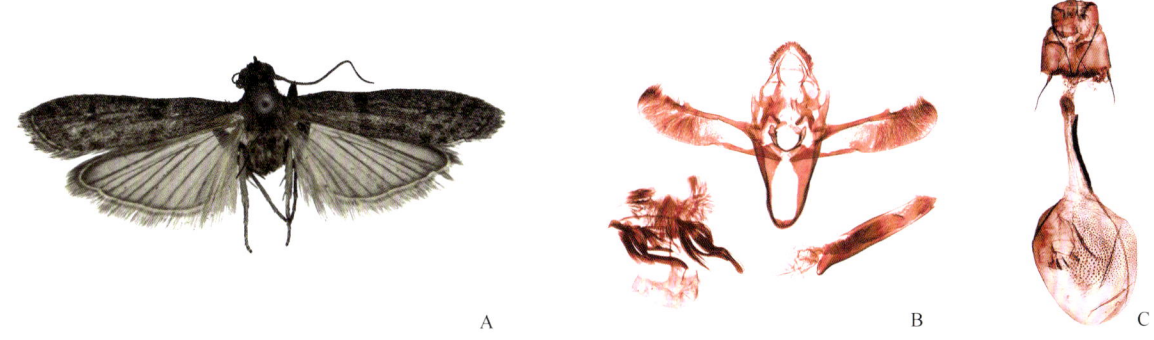

图 14-29　干果斑螟 *Cadra cautella* (Walker, 1863)
A. 成虫；B. 雄性外生殖器；C. 雌性外生殖器

雄性外生殖器（图 14-29B）：颚形突约与爪形突等长，"U"形分叉。抱器背基突"X"形，侧叶膨大成球形。抱器瓣长为宽的 3 倍，抱器背端部 2/5 处有 1 伸向背面的指状小突起。阳茎基环侧叶指状，约为爪形突长的一半。阳茎与抱器瓣等长，角状器为 1 窄骨片。

雌性外生殖器（图 14-29C）：第 8 背板后缘中部半圆形深凹。囊导管与交配囊等长，前半部一侧被长条形骨化皱褶。交配囊后端 2/3 一侧囊壁被微刺，另一侧具 4 个新月形囊突。导精管出自囊中部近囊突处。

分布：浙江；世界广布。

367. 帝斑螟属 *Didia* Ragonot, 1893

Didia Ragonot, 1893: 60. Type species: *Didia subramosella* Ragonot, 1893.

主要特征：前翅 R_3 与 R_4 脉基部 2/3 共柄，M_2 与 M_3 脉基部 1/4 共柄。后翅 Sc 与 Rs 脉在中室外共柄的长度为 Rs 脉总长的 2/3，M_2 与 M_3 脉基部 1/3 共柄。

雄性外生殖器：抱器背基突中部愈合，呈倒"T"形。抱器背末端紧贴抱器瓣或延长成游离的齿状突起。阳茎基环侧叶末端常膨大，末端具刺。阳茎圆柱状，无角状器。味刷 1 对。

雌性外生殖器：囊导管有时密被齿突。交配囊卵圆形；囊突 1 个，圆或椭圆形，由许多三角形棘刺组成；导精管出自交配囊前缘或后缘。

分布：古北区东部、东洋区。世界已知 8 种，中国记录 3 种，浙江分布 1 种。

(966) 直突帝斑螟 *Didia adunatarta* Liu, Ren *et* Li, 2011

Didia adunatarta Liu, Ren *et* Li, 2011: 786.

分布：浙江（嘉兴、临安、泰顺）、河南、陕西、甘肃、安徽、湖北、江西、湖南、福建、广东、海南、广西、四川、贵州、云南、西藏；日本，印度尼西亚（苏门答腊）。

注：描述见《天目山动物志》（李后魂等，2020）。

368. 叉斑螟属 *Dusungwua* Kemal, Kızıldağ *et* Koçak, 2020

Dusungwua Kemal, Kızıldağ *et* Koçak, 2020: 1. Type species: *Rhodophaea dichromella* Ragonot, 1893.
Furcata Du, Sung *et* Wu, 2005: 99.

主要特征：雄性鞭节基部大多简单，有些种类基部数节缢缩。前翅内横线内侧后端常具黑色大斑；R_{3+4} 与 R_5 脉基部约 1/2 共柄，出自中室上角，M_2 与 M_3 脉分离。后翅 M_1 与 Rs 脉共短柄，M_2 与 M_3 脉基部 1/5–1/2 相互靠近或共柄。

雄性外生殖器：爪形突形态多样。颚形突棒状，末端尖细或轻微二分叉，偶有中部膨大。抱器瓣窄。阳茎基环侧叶多膨大成豆瓣状。阳茎无角状器，味刷 5 束。

雌性外生殖器：交配囊内壁常被颗粒状小突起；囊突若有，多由许多小疣突组成。导精管多出自交配囊后端，少数出自囊导管。

分布：古北区、东洋区。世界已知 11 种，中国记录 11 种，浙江分布 5 种。

分种检索表

1. 爪形突长大于基部宽 ·· 2
- 爪形突宽短，长小于或与基部宽等长 ·· 4
2. 爪形突端半部或端部 1/3 急剧变窄 ··· 双色叉斑螟 *D. dichromella*
- 爪形突渐窄至末端 ··· 3
3. 抱器背基突后端"V"形，突起粗指状 ··· 欧氏叉斑螟 *D. ohkunii*
- 抱器背基突后缘连接处窄带状，突起之间"U"形，突起直角三角形 ···· 拟双色叉斑螟 *D. paradichromella*
4. 爪形突宽三角形，末端窄圆；阳茎一侧具 1 密布微刺的剑状骨化结构 ···· 四角叉斑螟 *D. quadrangula*
- 爪形突近四边形，末端中间略凹；阳茎端部为 1 渐锥的密被小刺区 ······ 曲纹叉斑螟 *D. karenkolla*

(967) 双色叉斑螟 *Dusungwua dichromella* (Ragonot, 1893)

Rhodophaea dichromella Ragonot, 1893: 75.
Eurhodope pseudodichromella Yamanaka, 1980: 67.
Dusungwua dichromella: Kemal, Kızıldağ & Koçak, 2020: 2; Ren & Li, 2020: 348.

分布：浙江（临安）、吉林、辽宁、北京、天津、河北、山东、河南、陕西、甘肃、安徽、湖北、江西、湖南、福建、广西、四川、贵州；日本。

注：描述见《天目山动物志》（李后魂等，2020）。

（968）曲纹叉斑螟 *Dusungwua karenkolla* (Shibuya, 1928)

Eurhodope karenkolla Shibuya, 1928: 90.
Dusungwua karenkolla: Kemal, Kızıldağ & Koçak, 2020: 2.

分布：浙江（临安）、山西、河南、陕西、甘肃、安徽、湖北、湖南、福建、台湾、广西、四川、贵州、云南；韩国。

注：描述见《天目山动物志》（李后魂等，2020）。

（969）欧氏叉斑螟 *Dusungwua ohkunii* (Shibuya, 1928)

Eurhodope ohkunii Shibuya, 1928: 90.
Dusungwua ohkunii: Kemal, Kızıldağ & Koçak, 2020: 2.

分布：浙江（临安）、辽宁、山西、山东、河南、陕西、甘肃、安徽、湖北、江西、湖南、福建、台湾、广东、广西、四川、贵州。

注：描述见《天目山动物志》（李后魂等，2020）。

（970）拟双色叉斑螟 *Dusungwua paradichromella* (Yamanaka, 1980)（图 14-30）

Eurhodope paradichromella Yamanaka, 1980: 69.
Dusungwua paradichromella: Kemal, Kızıldağ & Koçak, 2020: 2.

主要特征：成虫（图 14-30A）翅展 21.0–23.0 mm。雄性触角鞭节基部数节缢缩、弯曲成较浅的弧形。前翅底色灰褐色，鳞片末端灰白色，在翅面呈星点状；内横线内侧后缘具 1 黑褐色近三角形斑，外侧前缘具 1 黑褐色三角形斑。

图 14-30　拟双色叉斑螟 *Dusungwua paradichromella* (Yamanaka, 1980)
A. 成虫；B. 雄性外生殖器；C. 雌性外生殖器

雄性外生殖器（图 14-30B）：抱器背基突后端"U"形。抱握器指状；抱器背达抱器瓣端部 1/5 处。阳茎基环侧叶粗细较均匀。阳茎长约为抱器瓣的 1.2 倍，具絮状褶皱及粗糙颗粒。

雌性外生殖器（图 14-30C）：导管端片半圆形；囊导管至交配囊处渐宽。交配囊长约为囊导管的 2.6 倍，后半部密具微小颗粒状突起；囊突圆形，位于交配囊后端 2/5 处。导精管出自交配囊后端。

分布：浙江（杭州）、北京、天津、山东、河南、陕西、甘肃、安徽、湖北、湖南、广东、四川、贵州、云南；日本。

（971）四角叉斑螟 *Dusungwua quadrangula* (Du, Sung *et* Wu, 2005)

Furcata quadrangula Du, Sung *et* Wu, 2005: 101.
Dusungwua quadrangula: Kemal, Kızıldağ & Koçak, 2020: 2.

分布：浙江（临安）、安徽、江西、福建、广东、广西。

注：描述见《天目山动物志》（李后魂等，2020）。

369. 暗斑螟属 *Euzophera* Zeller, 1867

Euzophera Zeller, 1867a: 456. Type species: *Myelois cinerosella* Zeller, 1839.
Stenoptycha Heinemann, 1865: 190.
Melia Heinemann, 1865: 209.
Pistogenes Meyrick, 1937: 73.
Ahwazia Amsel, 1949: 285.
Cymbalorissa Gozmány, 1958b: 223.
Longignathia Roesler, 1965: 26.

主要特征：前翅无鳞毛脊；R_1 与 R_2 脉分离，R_{3+4} 与 R_5 脉共柄长度为总长的一半，R_2 与 $R_{3+4}+R_5$ 脉共短柄，M_2 与 M_3 脉基半部共柄。后翅 Sc 与 Rs 脉共柄的长度为前者总长的 2/3，M_2 与 M_3 脉合并，M_{2+3} 与 CuA_1 脉出自同一点。

雄性外生殖器：颚形突舌形。抱器背基突后缘连接处内凹，两侧叶结构复杂，形状不一。抱器瓣大，端部圆；抱器背基部结状。阳茎内被螺旋状皱褶，无角状器。第 8 腹板形状不一，味刷 1 对或无。

雌性外生殖器：导管端片通常宽于囊导管。囊导管圆柱形。交配囊长椭圆形。囊突有或无，若有，则由圆形或卵圆形且大小不一的粗糙颗粒组成。导精管出自交配囊。

分布：世界广布。世界已知 87 种，中国记录 12 种，浙江分布 1 种。

（972）巴塘暗斑螟 *Euzophera batangensis* Caradja, 1939（图 14-31）

Euzophera batangensis Caradja, 1939b: 20.

主要特征：成虫（图 14-31A）翅展 10.0–20.0 mm。前翅鼠灰色；内横线白色，中部显著外凸，内外镶黑褐色边；外横线白色，锯齿状，内斜，内、外镶黑褐色边；内、外横线间的翅面颜色较其余部分深。

图 14-31 巴塘暗斑螟 *Euzophera batangensis* Caradja, 1939
A. 成虫；B. 雄性外生殖器；C. 雌性外生殖器

雄性外生殖器（图 14-31B）：爪形突头盔状。颚形突为爪形突长的 2/3，锥形。抱器背基突后缘连接并向后侧方伸出短指状突起，两突起及连接处呈"U"形。抱器背达抱器瓣末端。阳茎基环侧叶棒状，与颚形突近等长。阳茎长约为抱器瓣的 4/5，端部背面延伸成三角状。味刷 1 对。

雌性外生殖器（图 14-31C）：产卵瓣犁铧状。囊导管与交配囊近等长。交配囊近矩形；囊突为大小不等的锥突，着生在 1 近矩形小骨片上。导精管出自交配囊中部。

分布：浙江（杭州）、辽宁、内蒙古、北京、天津、河北、山东、河南、宁夏、安徽、湖北、福建、贵州；韩国，日本。

370. 雕斑螟属 *Glyptoteles* Zeller, 1848

Glyptoteles Zeller, 1848a: 646. Type species: *Glyptoteles leucacrinella* Zeller, 1848, by monotypy.
Rufalda Roesler, 1972: 264.

主要特征：雄性下唇须竖扁，弯曲成镰刀形，向前伸出锯齿状鳞毛。前翅 R_{3+4} 与 R_5 脉共柄长约为 R_5 脉的 1/2，M_2 和 M_3 脉基部靠近。后翅 Sc 与 Rs 脉共柄长为 Rs 脉的 3/5，M_2 与 M_3 脉共柄长约为 M_2 脉的 1/3。

雄性外生殖器：颚形突锥形，末端尖细。抱器背基突后缘连接。抱器瓣无抱握器；抱器背末端向外角状突出。阳茎圆柱状，具角状器。味刷 1 对。

雌性外生殖器：导管端片骨化。囊导管膜质，长于或与交配囊等长。交配囊卵圆形，内壁具刻点。导精管出自交配囊近中部。

分布：古北区东部、东洋区北部。世界已知 2 种，中国记录 2 种，浙江分布 1 种。

（973）亮雕斑螟 *Glyptoteles leucacrinella* Zeller, 1848

Glyptoteles leucacrinella Zeller, 1848a: 646.
Euzophera macra Staudinger, 1870: 197.
Rufalda absolutella Roesler, 1972: 264.

分布：浙江（临安）、黑龙江、吉林、北京、天津、河北、山东、河南、陕西、宁夏、甘肃、青海、新疆、安徽、湖北、湖南、四川、贵州、云南；中欧（除英国外）。

注：描述见《天目山动物志》（李后魂等，2020）。

371. 楝斑螟属 *Hypsipyla* Ragonot, 1888

Hypsipyla Ragonot, 1888: 10. Type species: *Hypsipyla pagodella* Ragonot, 1888.

主要特征：雄性触角鞭节基部不内凹，无鳞片簇。前翅 R_{3+4} 与 R_5 脉基部共柄超过 R_5 的一半，M_2 与 M_3 脉共柄。后翅 M_2 与 M_3 脉共短柄。

雄性外生殖器：颚形突钩状。抱器背基突拱形，中部后外侧伸出 2 个宽角状突起。抱器瓣阔，抱器背末端不突出，抱握器无。基腹弧粗壮，前缘宽而平截。阳茎基环侧叶长。角状器为 1 宽叶状骨化片。味刷 1 对。

雌性外生殖器：沿交配孔腹缘镶 1 窄骨化带。囊导管膜质，短于交配囊。交配囊长椭圆形，膜质；囊突若有，为 1 表面粗糙的杯状骨化片。导精管出自囊导管与交配囊相接处。

分布：东洋区、新北区、澳洲区。世界已知 11 种，中国记录 2 种，浙江分布 1 种。

(974) 柔楝斑螟 *Hypsipyla debilis* Caradja *et* Meyrick, 1933

Hypsipyla debilis Caradja *et* Meyrick, 1933: 144.

分布：浙江、广东。

注：无标本。Caradja 和 Meyrick（1933）记述：与粗壮楝斑螟 *Hypsipyla robusta* 相似，但体色浅，烟褐色。翅展 18.0–19.0 mm。

372. 卡斑螟属 *Kaurava* Roesler *et* Küppers, 1981

Kaurava Roesler *et* Küppers, 1981: 51. Type species: *Rhodophaea rufimarginella* Hampson, 1896.

主要特征：雄性鞭节基部浅凹，缺刻内被较小鳞片簇。前翅 R_2 与 R_{3+4} 脉基部靠近，R_{3+4} 与 R_5 脉基部 2/5 共柄，M_2 与 M_3 脉基部共柄极短。后翅 Sc 与 Rs 脉共柄长约为 Rs 脉的 3/5，M_2 与 M_3 脉基部共柄短，CuA_1 与 M_{2+3} 脉同出自中室下角。

雄性外生殖器：颚形突棒状，长短不一。抱器背基突后缘连接，弯弓形。抱器瓣基部有 1 小突起。阳茎较长，粗细不一，角状器无。味刷 1 对。

雌性外生殖器：导管端片、囊导管及交配囊均膜质；囊导管短于交配囊，交配囊后半部内壁粗糙；有囊突。导精管出自交配囊后端。

分布：东洋区。世界已知 2 种，中国记录 1 种，浙江分布 1 种。

(975) 红缘卡斑螟 *Kaurava rufimarginella* (Hampson, 1896)

Rhodophaea rufimarginella Hampson, 1896a: 101.
Kaurava rufimarginella: Roesler & Küppers, 1981: 52.

分布：浙江（临安）、河南、甘肃、安徽、江西、福建、广东、海南、广西、四川、贵州、云南；不丹，斯里兰卡，印度尼西亚，所罗门群岛。

注：描述见《天目山动物志》（李后魂等，2020）。

373. 夜斑螟属 *Nyctegretis* Zeller, 1848

Nyctegretis Zeller, 1848a: 650. Type species: *Tinea achatinella* Hübner, [1823-1824].
Trichorachia Hampson, 1930: 65.

主要特征：前翅 R_{3+4} 与 R_5 脉共柄长度约为 R_5 脉的 1/2，M_2 与 M_3 脉基部 1/3 共柄。后翅 Sc 与 Rs 脉共柄长度约为全长的 1/4，M_2 与 M_3 脉合并，CuA_1 与 M_{2+3} 脉共柄。

雄性外生殖器：颚形突末端轻微分叉。抱器背基突窄带状。抱器瓣较宽；抱器背紧贴抱器瓣或与后者分离。阳茎柱形，角状器 1 或 2 个。味刷 1 对。

雌性外生殖器：导管端片发达，长大于宽。囊导管和交配囊均膜质，具囊突，导精管出自交配囊。

分布：旧大陆。世界已知 6 种，中国记录 3 种（包括 1 亚种），浙江分布 1 种。

（976）三角夜斑螟 *Nyctegretis triangulella* Ragonot, 1901

Nyctegretis triangulella Ragonot, 1901: 29.
Nyctegretis achatinella var. *griseella* Caradja, 1910: 130.
Nyctegretis impossibilella Roesler, 1969b: 205.

分布：浙江（临安）、黑龙江、吉林、辽宁、北京、天津、河北、山西、山东、河南、陕西、甘肃、安徽、湖北、湖南；俄罗斯，日本，意大利。

注：描述见《天目山动物志》（李后魂等，2020）。

374. 骨斑螟属 *Patagoniodes* Roesler, 1969

Patagoniodes Roesler, 1969c: 253. Type species: *Patagoniodes popescugorji* Roesler, 1969.

主要特征：雄性触角鞭节基部第 1–3 节内凹。前翅 R_{3+4} 与 R_5 脉合并，M_2 与 M_3 脉基部共柄长度大于 1/3 或完全合并。后翅 Sc 与 Rs 脉共柄长度约为 Rs 长的 2/3，M_1 与 Sc+Rs 脉基部并接，M_2 与 M_3 脉合并。

雄性外生殖器：颚形突圆锥形，末端尖细。抱器背基突骨化弱或无。抱器瓣菜刀状；抱握器通常存在，乳突状；抱器背末端有时伸出小突起；抱器腹三角形或圆锥形。阳茎基环呈不规则四边形骨片，侧叶不明显。基腹弧极度延长。阳茎细棒状，角状器无。味刷无。

雌性外生殖器：第 8 背板后缘通常呈"V"形深凹。导管端片无。囊导管骨化强烈，常密被颗粒。交配囊膜质，无囊突。导精管出自交配囊后端。

分布：东洋区、澳洲区。世界已知 9 种，中国记录 7 种，浙江分布 1 种。

（977）赫氏骨斑螟 *Patagoniodes hoenei* Roesler, 1969（图 14-32）

Patagoniodes hoenei Roesler, 1969c: 255.

主要特征：成虫（图 14-32A）翅展 20.0–26.0 mm。前翅灰褐色；内横线位于翅基部 1/3，灰白色，外侧镶黑褐色宽边；外横线灰白色，内侧镶模糊褐色宽边。后翅与缘毛皆黄白色。

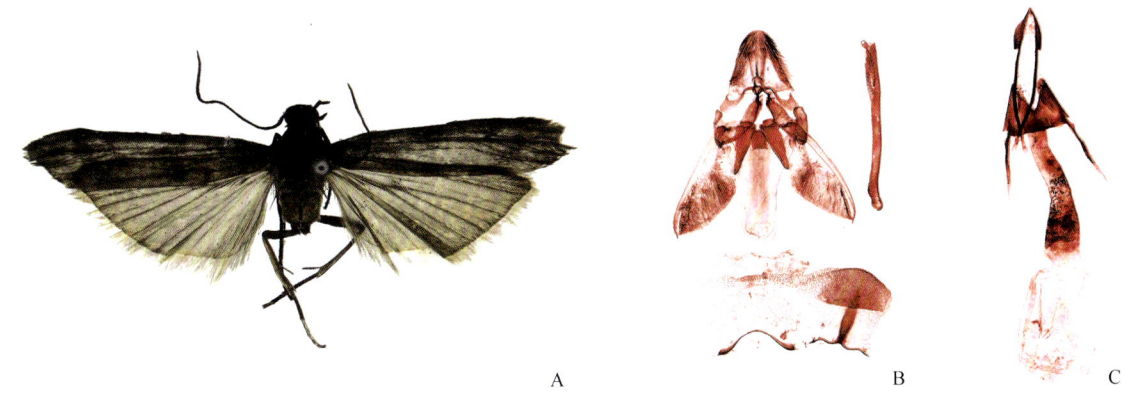

图 14-32 赫氏骨斑螟 *Patagoniodes hoenei* Roesler, 1969
A. 成虫；B. 雄性外生殖器；C. 雌性外生殖器

雄性外生殖器（图 14-32B）：爪形突风帽状。颚形突长约为爪形突的 1/5，锥钩状。抱器背基突无。抱器瓣刀状；抱握器为不明显的乳突状小突起；抱器背达抱器瓣末端，并向两侧伸出尖刺状的小突起；抱器腹三角形。阳茎基环方形。阳茎细长筒状，约为抱器瓣长的 1.4 倍，端部具 1 对边缘呈锯齿状的骨化片。

雌性外生殖器（图 14-32C）：后表皮突约是前表皮突长的 1.5 倍。囊导管骨化，内壁密被颗粒，长约为交配囊的 1.3 倍。交配囊方袋状，后半部内壁具小颗粒；囊突无。导精管出自交配囊后端。

分布：浙江（杭州）、河南、湖北、广西、重庆、四川。

375. 类斑螟属 *Phycitodes* Hampson, 1917

Phycitodes Hampson, 1917: 26. Type species: *Phycitodes albistriata* Hampson, 1917.
Rotruda Heinrich, 1956: 225. Type species: *Homoeosoma mucidella* Ragonot, 1887.

主要特征：雄性触角第 2–3 节内凹呈缺刻状。前翅内横线消失，由 2–3 个黑褐色斑所代替；外横线清晰或模糊；R_3 与 R_4 脉合并，M_2 与 M_3 脉基部 1/3 共柄。后翅 Sc 与 Rs 脉基部 2/3 共柄，M_2 与 M_3 脉合并。

雄性外生殖器：颚形突圆锥形。抱器背基突短棒状，后端不连接。抱器瓣宽阔如菜刀；抱器腹三角形或圆锥形。阳茎基环不规则四边形。阳茎棒状，内被形状各异的细刺，角状器无。味刷 1 对。

雌性外生殖器：交配囊椭圆形或圆形，无囊突的部分通常无刺状结构。囊突多 1 对，由许多密集排列的星状刺组成。导精管出自囊导管。

分布：世界广布。世界已知 50 种，中国记录 13 种，浙江分布 4 种。

分种检索表

1. 爪形突长大于基部宽 ·· 龙潭类斑螟 *P. lungtanella*
- 爪形突长略短于基部宽或近相等 ·· 2
2. 阳茎基环侧叶长大于宽 ··· 三角类斑螟 *P. triangulella*
- 阳茎基环侧叶长短于宽 ··· 3
3. 阳茎基环基部侧叶粗指状，末端圆 ··· 绒同类斑螟 *P. binaevella*
- 阳茎基环侧叶短粗凹折，末端窄钝 ··· 前白类斑螟 *P. subcretacella*

（978）绒同类斑螟 *Phycitodes binaevella* (Hübner, [1810-1813])

Tinea binaevella Hübner, [1810-1813]: 5.
Homoeosoma binaevella var. *petrella* Herrich-Schäffer, 1849: 16.
Homoeosoma binaevella var. *unitella* Staudinger, 1879: 223.
Ephestia coarctella Ragonot, 1887a: 257.
Homoeosoma ciliciella Caradja, 1910: 113.
Homoeosoma siciliella Zerny, 1914: 305.
Homoeosoma pinguinella Zerny, 1934: 3.
Rotruda binaevella: Roesler, 1969a: 973.
Phycitodes binaevella: Roesler, 1973: 566.
Homoeosoma binaevella: Wang, 1980: 81.

分布：浙江（临安）、黑龙江、内蒙古、北京、天津、河北、山西、宁夏、甘肃、新疆、湖南、贵州、云南；日本，土耳其，阿富汗，芬兰，丹麦，德国，波兰，英国，法国，葡萄牙，意大利，摩洛哥。

注：描述见《天目山动物志》（李后魂等，2020）。

（979）龙潭类斑螟 *Phycitodes lungtanella* (Roesler, 1969)（图 14-33）

Rotruda lungtanella Roesler, 1969d: 405.

Phycitodes lungtanella: Roesler, 1973: 574.

主要特征：成虫（图 14-33A）翅展 15.0–26.0 mm。前翅底色黄褐色，前半部 2/3 灰白色，杂褐色鳞片，后半部黄褐色，中室处深褐色；内横线由 2 个褐色小点替代；外横线模糊，中室端斑黑褐色。

图 14-33　龙潭类斑螟 *Phycitodes lungtanella* (Roesler, 1969)
A. 成虫；B. 雄性外生殖器；C. 雌性外生殖器

雄性外生殖器（图 14-33B）：爪形突长大于基部宽。颚形突约为爪形突长的 1/4。抱器背基突短棒状。抱器瓣长约为宽的 3 倍；抱器腹三角形。阳茎基环基部近矩形，侧叶角状。阳茎约与抱器瓣等长，端部被稀疏小刺。

雌性外生殖器（图 14-33C）：囊导管长约为交配囊的 1.5 倍。交配囊椭圆形，长约为宽的 1.2 倍；囊突 1 对，一大一小，由许多星状长刺密集而成，位于囊壁中后部。导精管出自囊导管中部。

分布：浙江（杭州）、河南、陕西、江苏、湖北、福建、广西、四川、贵州、云南。

（980）前白类斑螟 *Phycitodes subcretacella* (Ragonot, 1901)

Homoeosoma subcretacella Ragonot, 1901: 246.

Phycitodes subcretacella: Roesler, 1973: 559.

分布：浙江（嘉兴、临安、泰顺）、黑龙江、辽宁、天津、河北、山西、山东、河南、陕西、宁夏、甘肃、新疆、安徽、湖北、江西、湖南、四川、贵州、云南；日本。

注：描述见《天目山动物志》（李后魂等，2020）。

（981）三角类斑螟 *Phycitodes triangulella* (Ragonot, 1901)

Homoeosoma triangulella Ragonot, 1901: 256.

Phycitodes triangulella: Roesler, 1973: 573.

分布：浙江（临安）、河南、江苏、广西、贵州、云南；日本。

注：描述见《天目山动物志》（李后魂等，2020）。

376. 谷斑螟属 *Plodia* Guenée, 1845

Plodia Guenée, 1845a: 318. Type species: *Tinea interpuctella* Hübner, [1813].

主要特征：前翅前缘基部有前缘褶；R$_{3+4}$ 与 R$_5$ 脉合并，M$_2$ 与 M$_3$ 脉合并。后翅 Sc 与 Rs 脉共长柄，M$_2$ 与 M$_3$ 脉愈合。

雄性外生殖器：抱器背基突为弧形骨化棒。抱器背中部向外突出，末端有 1 向外的小尖突；抱器腹粗短。阳茎基环侧叶端部膨大成拳头状。阳茎柱状，无角状器。具味刷。

雌性外生殖器：囊导管骨化部分多于膜质部分。交配囊长于囊导管，囊突由 3–5 个短而钝的锯齿状骨片连接而成。导精管出自囊突附近。

分布：除印度谷斑螟 Plodia interpunctella 为世界广布外，其余 2 种仅分布于美国。世界已知 3 种，中国记录 1 种，浙江分布 1 种。

（982）印度谷斑螟 *Plodia interpunctella* (Hübner, [1813])（图 14-34）

Tinea interpunctella Hübner, [1813]: pl. 45, fig. 310.
Tinea interpunctalis Hübner, 1825: 347.
Plodia interpunctella: Guenée, 1845b: 80.
Tinea zeae Fitch, 1856: 320.
Plodia interpunctella var. *castaneella* Reutti, 1898: 179.
Unadilla latercula Hampson, 1901b: 255.
Ephestia glycinivora Matsumura, 1917: 529.

主要特征：成虫（图 14-34A）翅展 13.0–18.0 mm。头顶红褐色。前翅基部赭白色至淡赭色；内横线黑褐色，外侧锈红色至红褐色；内、外横线之间暗褐色；外横线铅灰色，与外缘平行。

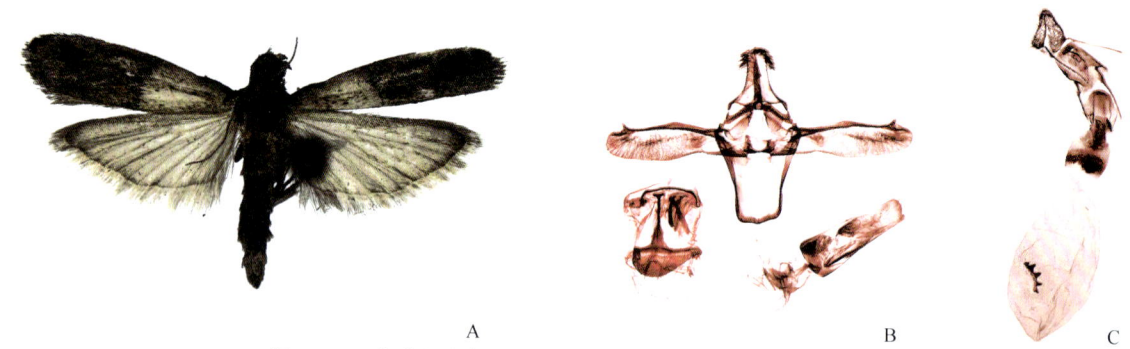

图 14-34　印度谷斑螟 *Plodia interpunctella* (Hübner, [1813])
A. 成虫；B. 雄性外生殖器；C. 雌性外生殖器

雄性外生殖器（图 14-34B）：爪形突基部 1/3 宽，端部 2/3 窄管状。颚形突长为爪形突长的 1/4。抱器背基突弧形弱骨化棒，后缘不连接。抱器瓣长为宽的 3 倍；抱器背中部向外突出，末端有 1 向外的小尖突；抱器腹为抱器瓣的 1/3。阳茎基环侧叶端部膨大成拳头状。基腹弧长与最宽处相等，略短于抱器瓣。阳茎基部具 1 树叶状骨化片。

雌性外生殖器（图 14-34C）：囊导管宽，后端 5/6 骨化。交配囊椭圆形，膜质，长约为囊导管长的 1.6 倍；囊突由 3–5 个短而钝的锯齿状骨片连接成新月形，位于囊前缘 2/5 处。导精管出自囊突附近。

分布：浙江、北京、天津、河北、山东、陕西、甘肃、青海、新疆、江苏、湖北、江西、湖南、福建、广东、四川、贵州；土耳其，希腊，突尼斯，阿尔及利亚，欧洲，北美，澳大利亚，南美。

377. 伪峰斑螟属 *Pseudacrobasis* Roesler, 1975

Pseudacrobasis Roesler, 1975: 99. Type species: *Pseudacrobasis nankingella* Roesler, 1975.

主要特征：雄性触角柄节内侧末端鳞片三角状突出，鞭节基部数节浅凹。前翅基部 1/3 处具微隆的鳞毛脊；R_{3+4} 与 R_5 脉基部 2/3 共柄，M_2 与 M_3 脉基部共短柄。后翅 Sc 与 Rs 脉共柄长约为 Rs 脉的 2/5；M_2 与 M_3 合并或共长柄，CuA_1 与 M_{2+3} 脉基部 1/4 共柄。

雄性外生殖器：抱器背基突后缘不连接，末端膨大，向两侧形成角状突起。抱握器指状；抱器背达抱器瓣末端，端部与抱器瓣不分离。阳茎基环近方形，侧叶指状。阳茎内具骨化皱褶和颗粒，无角状器。味刷 2 束。

雌性外生殖器：导管端片无。囊导管膜质，近交配囊处内壁具刻点。交配囊膜质，短于囊导管，具刻点；囊突 1 个。导精管出自交配囊后端。

分布：古北区、东洋区。世界已知 2 种，中国记录 2 种，浙江分布 2 种。

（983）膨端伪峰斑螟 *Pseudacrobasis dilatata* Ren et Li, 2016（图 14-35）

Pseudacrobasis dilatata Ren et Li, 2016: 146.

主要特征：成虫（图 14-35A）翅展 14.0–19.0 mm。下前翅灰褐色，基部 1/4 灰白色；内横线褐色，自前缘 1/4 弧形外斜至后缘 2/5，内侧具 1 圆三角状深褐色大斑，其内侧具黑色鳞毛脊，鳞毛脊内侧镶白色；内、外横线之间具 1 倒三角形灰白色大斑，达翅近后缘。

图 14-35　膨端伪峰斑螟 *Pseudacrobasis dilatata* Ren et Li, 2016
A. 成虫；B. 雄性外生殖器；C. 雌性外生殖器

雄性外生殖器（图 14-35B）：爪形突基半部宽，中部急剧变窄，之后渐窄，末端平截。颚形突长为爪形突的 2/5。抱器背基突基部 2/3 窄棒状，端部 1/3 膨大。抱器瓣长为宽的 3 倍，抱握器小指状；抱器腹梭形。阳茎基环近方形，侧叶细指状。阳茎与抱器瓣近等长，内具骨化皱褶，其端部密被骨化颗粒。

雌性外生殖器（图 14-35C）：导管端片无。囊导管前端 1/5–2/5 处内壁密被微小棘刺。交配囊长约为囊导管的 3/4，近囊突周围具刻点；囊突略小，位于后端 1/5 处，杯状内凹，由同心圆状排列的小疣突组成。导精管出自交配囊后端。

分布：浙江（嘉兴）、河北、山西、河南、陕西、甘肃、青海、湖北、四川、贵州。

（984）南京伪峰斑螟 *Pseudacrobasis tergestella* (Ragonot, 1901)

Psorosa tergestella Ragonot, 1901: 107.
Pseudacrobasis nankingella Roesler, 1975: 100.
Pseudacrobasis tergestella: Vives Moreno, 2014: 401.

分布：浙江（嘉兴、临安、泰顺）、吉林、辽宁、山东、河南、陕西、甘肃、江苏、上海、湖北、江西、湖南、福建、台湾、广东、海南、广西、四川、贵州、云南；日本，欧洲。

注：描述见《天目山动物志》（李后魂等，2020）。

378. 拟果斑螟属 *Pseudocadra* Roesler, 1965

Pseudocadra Roesler, 1965: 151. Type species: *Pseudocadra obscurella* Roesler, 1965.

主要特征：前翅 R_{3+4} 与 R_5 脉共柄长度为 R_5 脉总长的一半，M_2 与 M_3 脉基部共短柄。后翅 Sc 与 Rs 脉共柄长度为 Sc 脉总长的 3/4，M_2 与 M_3 脉合并，CuA_1 与 M_{2+3} 脉基半部共柄。

雄性外生殖器：爪形突半圆形或四边形。颚形突端部多分叉。抱器背基突后缘连接，拱桥状。抱器瓣基半部窄，端半部圆阔；抱握器无；抱器背末端尖细或二分叉。阳茎基环基部较宽大，侧叶发达。阳茎内被螺旋状皱褶；角状器为 1–2 簇小棘刺。味刷 1 对。

雌性外生殖器：导管端片近碗状。囊导管短于交配囊。交配囊卵圆形或长椭圆形；囊突由近圆形小骨片密集而成，有些种类还具 1 由小骨片鱼鳞状排列二次的窄带状囊突。

分布：古北区东部、东洋区。世界已知 3 种，中国记录 2 种，浙江分布 2 种。

（985）金边拟果斑螟 *Pseudocadra exiguella* Roesler, 1965（图 14-36）

Pseudocadra exiguella Roesler, 1965: 151.

主要特征：成虫（图 14-36A）翅展 10.0–13.0 mm。前翅灰黑色；内横线灰白色，位于基部 1/3 处；中室端斑 1 个，灰白色；外横线灰白色，位于端部约 1/4 处。后翅灰褐色或淡黄褐色。

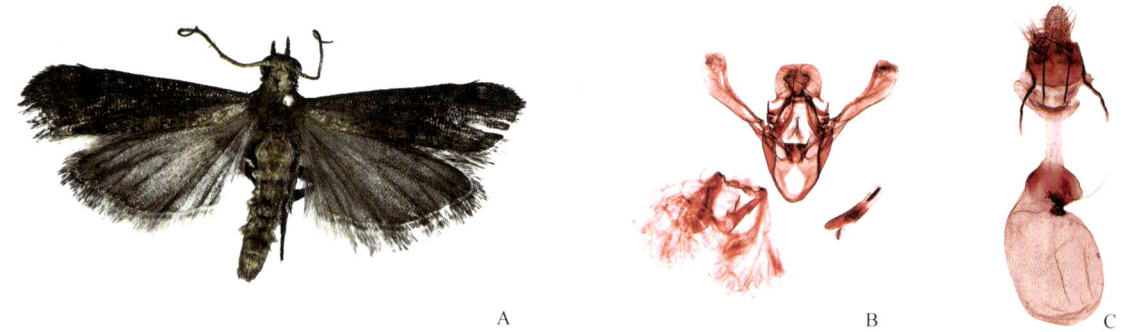

图 14-36 金边拟果斑螟 *Pseudocadra exiguella* Roesler, 1965
A. 成虫；B. 雄性外生殖器；C. 雌性外生殖器

雄性外生殖器（图 14-36B）：爪形突近方形，中部内卷并二分叉，呈刺状。颚形突呈"V"形分叉，分叉锥形。抱器背基突后缘连接处窄带状。抱器背弯曲，达抱器瓣末端；抱器腹圆锥形。阳茎基环纺锤形，侧叶长与颚形突近相等。基腹弧长约为宽的 1.3 倍。阳茎端部 1/3 具一大一小 2 簇长棘刺。

雌性外生殖器（图 14-36C）：导管端片碗状，后缘强骨化成 1 窄带。囊导管长约为交配囊的 1/4。交配囊长约为宽的 1.6 倍，均匀散布微棘刺；囊突由数个圆锥形骨化刺组成，位于交配囊缢缩处。导精管出自交配囊缢缩处。

分布：浙江（临安）、江西、福建、海南、广西、贵州、云南。

（986）暗纹拟果斑螟 *Pseudocadra obscurella* Roesler, 1965（图 14-37）

Pseudocadra obscurella Roesler, 1965: 153.

主要特征：成虫（图 14-37A）翅展 12.5–15.0 mm。前翅基部和端部灰褐色，中部黑褐色；内横线浅灰色，位于前翅近中部，折线状；外横线浅灰色，波浪形；中室端斑 1 个，灰白色。后翅灰白色或灰褐色。

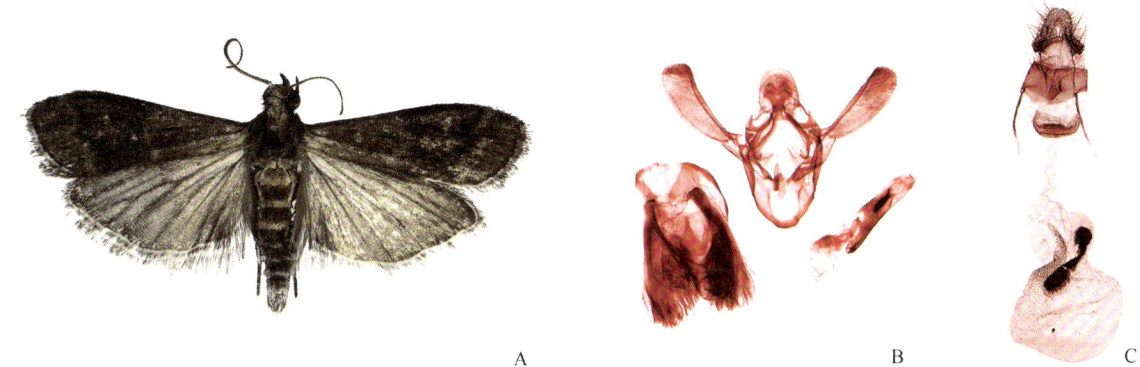

图 14-37 暗纹拟果斑螟 *Pseudocadra obscurella* Roesler, 1965
A. 成虫；B. 雄性外生殖器；C. 雌性外生殖器

雄性外生殖器（图 14-37B）：爪形突顶端平截，基部两侧角尖，顶端两侧角折叠成三角形。颚形突端部 2/5 分叉成"Y"形。抱器背基突连接处窄带状。抱器背达抱器瓣末端；抱器腹圆锥形。阳茎基环侧叶棒状。基腹弧长约为宽的 1.2 倍。阳茎长约为抱器瓣的 7/10，中部 1/3 具 2 簇小棘刺。

雌性外生殖器（图 14-37C）：导管端片碗状，后端骨化强。囊导管长约为交配囊的 2/5。交配囊长约为最宽处的 1.5 倍，后端 2/5 处缢缩，大部分区域密被颗粒；囊突为 1 个长条形骨化片，边缘齿状，位于交配囊缢缩处。导精管出自囊突附近。

分布：浙江（嘉兴、杭州）、黑龙江、辽宁、河南、安徽、湖北、江西、湖南、福建、广东、广西、四川、贵州、云南；俄罗斯，尼泊尔。

379. 刺斑螟属 *Thiallela* Walker, 1863

Thiallela Walker, 1863: 120. Type species: *Thiallela signifera* Walker, 1863.
Luconia Ragonot, 1888: 7.
Phalobathra Meyrick, 1932: 234.

主要特征：前翅内横线黑色，其外有 1 白色圆斑与其比邻；R_{3+4} 与 R_5 脉基部 2/3 共柄，M_2 与 M_3 脉分离。后翅 Sc 与 Rs 脉共柄长为 Rs 的 2/5，M_2 与 M_3 脉基部 1/3 共柄。

雄性外生殖器：抱器背基突发达，有时向后强烈延长，末端膨大加宽骨化强烈。抱器背、抱器腹均棒状骨化，抱握器刀状，略弯曲。基腹弧宽短。阳茎柱状，角状器有或无。味刷有或无。

雌性外生殖器：第 8 腹节宽短，与产卵瓣连接紧凑。导管端片宽大，骨化强烈；囊导管短。交配囊圆形或椭圆形；囊突极其发达，骨化强烈，衣钩状。导精管出自交配囊。

分布：东洋区、澳洲区。世界已知 13 种，中国记录 7 种，浙江分布 1 种。

（987）黑刺斑螟 *Thiallela hiranoi* Yamanaka, 2002（图 14-38）

Thiallela hiranoi Yamanaka, 2002: 83.

主要特征：成虫（图 14-38A）翅展 16.0 mm。前翅灰褐色，弥散白色；靠近后缘在基部 1/3 处有 1 近圆形黑斑，由隆起的黑色鳞片形成；内横线黑色，弧形，内侧近后缘处有 1 小白斑，外侧近后缘有 1 较大的白色圆斑；外横线灰白色，波浪状。

图 14-38 黑刺斑螟 *Thiallela hiranoi* Yamanaka, 2002
A. 成虫；B. 雌性外生殖器

雌性外生殖器（图 14-38B）：导管端片后缘驼峰状；囊导管约是导管端片长的 1.3 倍，前半部两侧密被小颗粒。交配囊长椭圆形，后端 1/3 被小刻点；囊突"L"形，基部为 1 长条形的与内壁紧密接合的骨化片，端部刺状，位于囊前端 1/3 的一侧。导精管出自交配囊后端 1/3 处与囊突相同的一侧。

分布：浙江（杭州）；日本。

380. 槌须斑螟属 *Trisides* Walker, 1863

Trisides Walker, 1863: 78. Type species: *Trisides bisignata* Walker, 1863.

主要特征：前翅 R_2 与 R_{3+4} 脉相互靠近，R_{3+4} 与 R_5 脉约 1/2 长度的共柄，M_2 与 M_3 基部共短柄。后翅 Sc 与 Rs 脉共柄长约为 Rs 脉的 2/3，M_1 脉基部 1/4 与 Sc+Rs 脉十分靠近，M_2 与 M_3 脉基部 1/3 共柄，CuA_1 与 M_{2+3} 脉基部十分靠近。

雄性外生殖器：抱器背基突骨化强，中部愈合成拱形，并向后扩展成舌状，后缘内凹。抱器瓣基部无突起；抱器背通常不达抱器瓣末端，末端无突起。阳茎内无角状器。具味刷。

雌性外生殖器：导管端片骨化弱。囊导管膜质，长于交配囊。交配囊膜质，圆形或卵圆形。囊突由许多星状刺组成。导精管出自囊导管。

分布：古北区东部、东洋区。世界已知 1 种，中国记录 1 种，浙江分布 1 种。

(988) 双突槌须斑螟 *Trisides bisignata* Walker, 1863

Trisides bisignata Walker, 1863: 78.
Apomyelois fasciatella Inoue in Inoue et al., 1982: 393.

分布：浙江（临安）、河南、安徽、湖北、江西、湖南、福建、广东、海南、广西、四川、贵州、云南；韩国，日本，马来西亚，印度尼西亚。

注：描述见《天目山动物志》（李后魂等，2020）。

（三）丛螟亚科 Epipaschiinae

主要特征：成虫中至大型，体粗壮，体色较暗淡。头顶被粗糙鳞毛。有单眼和毛隆。喙发达。下唇须多上举，末端超过头顶。触角丝状或栉齿状；有些种类触角基部具鳞突，伸向背面。前翅基部中央及中室基斑和端斑上着生竖鳞；多数种类中室基斑显著，中室端斑有或无；顶角钝圆；R_1 和 R_2 脉分离或共柄，R_3、R_4 和 R_5 脉常共柄，M_1 脉由中室上角伸出，M_2 与 M_3 脉由中室下角伸出或共柄，M_3 与 CuA_1 脉多平行，中室长度多长于前翅的 1/2；后翅 Sc+R_1 与 Rs 脉合并或分离，多数种类 M_2 和 M_3 脉及 CuA_1 和 CuA_2 脉常分离。

雄性外生殖器：爪形突多细长柱状，少数种类爪形突较宽短；颚形突通常自两侧伸出，侧臂于中部愈合，末端尖锐弯曲，少数种类不愈合，呈长臂状或高度特化，极少数种类无颚形突；抱器瓣宽阔，中部有时具骨化结构，端部被毛；阳茎基环形态各异，端部常有侧臂伸出；角状器有或无。

雌性外生殖器：产卵瓣发达，周围密被刚毛；第8腹节宽或窄；囊导管膜质或部分骨化弱；囊突2个，形状相同。

分布：世界各大动物地理区。世界已知83属710余种，中国记录32属130种，浙江分布13属38种。

分属检索表

1. 中、后足胫节外侧具鳞毛 ··· 2
- 中、后足胫节外侧光滑 ·· 10
2. 雄性无颚形突 ·· 3
- 雄性具颚形突 ·· 4
3. 阳茎基环基部具长突起 ··· 沟须丛螟属 *Lamida*
- 阳茎基环基部无长突起 ··· 齿纹丛螟属 *Epilepia*
4. 翅面具长鳞毛 ·· 5
- 翅面无长鳞毛 ·· 6
5. 雄性触角双栉齿状 ··· 毛丛螟属 *Coenodomus*
- 雄性触角锯齿状 ··· 彩丛螟属 *Lista*
6. 前翅具中室基斑 ·· 7
- 前翅无中室基斑 ·· 9
7. 抱器背末端具1个棘刺 ··· 棘丛螟属 *Termioptycha*
- 抱器背末端无棘刺 ·· 8
8. 颚形突侧臂不愈合 ··· 网丛螟属 *Teliphasa*
- 颚形突侧臂愈合 ··· 异丛螟属 *Salma*
9. 阳茎基环中部向侧面伸出骨化臂 ·· 缀叶丛螟属 *Locastra*
- 阳茎基环中部无骨化臂 ··· 瘤丛螟属 *Orthaga*
10. 阳茎基环沿中线凸起 ·· 须丛螟属 *Jocara*
- 阳茎基环沿中线不凸起 ··· 11
11. 雄性无鳞突 ·· 白丛螟属 *Noctuides*
- 雄性具鳞突 ·· 12
12. 后翅Sc+R$_1$脉与Rs脉并接 ·· 鳞丛螟属 *Lepidogma*
- 后翅Sc+R$_1$脉与Rs脉接近 ·· 纹丛螟属 *Stericta*

381. 毛丛螟属 *Coenodomus* Walsingham, 1888

Coenodomus Walsingham, 1888: 49. Type species: *Coenodomus hockingi* Walsingham, 1888.
Dyaria Neumoegen, 1893: 213.
Alippa Aurivillus, 1894: 176.

主要特征：体中至大型。下唇须上举，第2节扁平，粗于第1、3节。下颚须短小，扁平。雄性触角双栉齿状；雌性丝状；雄性鳞突细长。前翅外横线外侧常于R$_5$脉、M$_2$脉间和CuA$_2$脉、1A脉间具斑；自近翅基部至内横线沿中室后缘下方具1纵向鳞毛簇；中室基斑缺失；中室端斑为1鳞毛簇。前翅R$_1$和R$_2$脉由中室伸出，R$_3$、R$_4$和R$_5$脉共柄，M$_1$脉由中室上角伸出，M$_2$、M$_3$和CuA$_1$脉由中室下角伸出；后翅Sc+R$_1$

脉与 Rs 脉分离，Rs 和 M_1 脉由中室上角伸出，M_2、M_3 和 CuA_1 脉由中室下角伸出。

雄性外生殖器：爪形突近矩形，有些种类侧缘具长刺状突起。颚形突形状各异；侧臂自中部或端部愈合，常具 1 个突起。抱器瓣宽阔；抱器背和抱器腹发达，有些种类抱器腹具端突。阳茎基环侧叶常具齿突。阳茎中部略弓，角状器有或无。

雌性外生殖器：前表皮突长于后表皮突。导管端片发达。囊导管膜质。交配囊多椭圆形；囊突 2 个，圆形，位于交配囊后端。

分布：东洋区。世界已知 15 种，中国记录 9 种，浙江分布 3 种。

分种检索表

1. 颚形突侧臂基部具突起 ·· 烟毛丛螟 *C. fumosalis*
- 颚形突侧臂基部无突起 ·· 2
2. 爪形突仅基部具 1 骨化突起 ·· 南方毛丛螟 *C. aglossalis*
- 整个爪形突具 1 骨化突起 ·· 红毛丛螟 *C. puniceus*

（989）南方毛丛螟 *Coenodomus aglossalis* (Warren, 1896)

Scopocera aglossalis Warren, 1896c: 456.

Coenodomus aglossalis: Solis, 1992: 282.

主要特征：成虫前翅长 12.0–18.0 mm。本种翅面颜色明显较属内的其他种类颜色更黑或更深；雄性外生殖器中，爪形突基部具骨化突起，颚形突侧面具 2 个短刺；雌性外生殖器产卵瓣圆形，交配囊具有 2 个不明显的圆形囊突。本种与红毛丛螟外形上近似，但本种雄性外生殖器的爪形突仅近基部具 1 骨化突起，而红毛丛螟整个爪形突整体具 1 骨化突起。

分布：浙江（临安）、江西、湖南、福建、台湾、广东、海南、广西、四川、云南；印度，不丹。

注：未见标本，描述参考 Wang 等（2017b）。

（990）烟毛丛螟 *Coenodomus fumosalis* Hampson, 1903（图 14-39）

Coenodomus fumosalis Hampson, 1903: 35.

主要特征：成虫（图 14-39A）翅展 28.0–32.0 mm。头灰白色杂黑色。下唇须第 1 节黑色杂黄白色；第 2 节基半部黑色，端半部黄白色杂黑色；第 3 节黄白色，末端尖。下颚须基半部黑色，端半部黄白色。雄性触角黄褐色，双栉齿状，栉齿灰色；雌性触角丝状，背面黑色，腹面黄褐色；雄性鳞突细长，末端超过后胸，黑灰色，腹面和末端具黑灰色长鳞毛。胸部及翅基片铅灰色杂黑色。前翅深灰色，基部密被黑色鳞片，中部散布红棕色鳞片，端部杂黑色；内横线灰白色，自前缘基部 1/3 处伸至后缘基部 1/3 处；外横线灰白色，自前缘端部 1/3 处伸至后缘端部 1/4 处，内侧镶黑色，在 R_5 脉、M_2 脉间外侧和 CuA_2 脉、1A 脉间两侧各具 1 黄色椭圆形斑；自近翅基部至内横线沿中室后缘下方具 1 黑色纵向鳞毛簇；中室端斑为 1 黑色鳞毛簇，其端部杂白色鳞片；前翅端部 1/3 于各脉间具黑色纵向鳞毛簇，鳞毛簇端部白色，不达外缘；外缘线黄白色，内侧具 1 列黑斑，沿翅脉处间灰色。后翅颜色同前翅；外横线灰白色，内侧镶黑色，外侧具 1 黄斑，不达外缘；中室端部下方具 1 黑色杂白色矩形鳞毛簇；后翅端部 1/3 于各翅脉间具黑色纵向鳞毛簇，鳞毛簇端部白色；前、后翅缘毛红棕色，沿翅脉处间黑色。

雄性外生殖器（图 14-39B）：爪形突由基部至端部渐宽，后缘内凹呈钝角。颚形突窄三角形；侧臂自中部愈合，于端突前形成方形骨片，基部 1/3 处各伸出 1 矩形突起，其末端锯齿状。抱器瓣外缘近端部内凹；抱器背伸至抱器瓣末端；抱器腹为抱器瓣下缘的 1/2。阳茎基环 "U" 形，侧叶外侧端半部锯齿状。阳茎长于抱器瓣腹缘，中部拱凸；角状器 1 个，短刺状。

图 14-39　烟毛丛螟 *Coenodomus fumosalis* Hampson, 1903
A. 成虫；B. 雄性外生殖器；C. 雌性外生殖器

雌性外生殖器（图 14-39C）：产卵瓣椭圆形，密被长短不一的纤毛。前表皮突长约为后表皮突的 1.2 倍，末端略膨大。导管端片漏斗状，后缘中部微凹。囊导管膜质。交配囊亚矩形，长约为囊导管的 4/5；囊突圆形，位于交配囊近后缘，密布齿突。

分布：浙江（临安）、江西、湖南、福建、海南、广西、云南；印度。

（991）红毛丛螟 *Coenodomus puniceus* Wang, Chen et Wu, 2017（图 14-40）

Coenodomus puniceus Wang, Chen et Wu, 2017b: 62.

主要特征：成虫（图 14-40A）翅展 27.0–31.0 mm。头黑灰色，头顶杂灰白色。下唇须第 1 节外侧黑色杂褐色，内侧灰白色；第 2 节端半部杂褐色鳞片；第 3 节黄白色，末端尖。下颚须均黄褐色杂黑褐色。雄性触角黄褐色，双栉齿状，栉齿浅灰色；雌性触角丝状，背面具黑色环纹；雄性鳞突末端超过后胸，黑色杂褐色鳞片，腹面和末端具褐色杂白色长鳞毛。胸部及翅基片黑灰色，端部具褐色长鳞毛。前翅基部 1/3 黑色；端部 2/3 铅灰色，散布黑色和白色鳞片；内横线灰白色，波状，自前缘基部 1/3 处内斜至后缘基部 1/3 处；外横线灰白色，锯齿状，自前缘端部 1/3 处伸至后缘端部 1/4 处，内侧镶黑色，外侧于各脉间具黑色和红棕色鳞毛簇，鳞毛簇端部杂白色鳞片，外横线于 R_5 脉和 M_2 脉间外侧、CuA_2 脉和 1A 脉间两侧各具 1 黄褐色椭圆形斑；自近翅基部至内横线沿中室后缘下方具 1 黑色纵向鳞毛簇；中室端斑为 1 黑色杂红棕色鳞毛簇，其端部杂白色鳞片；外缘线黄色，内侧具 1 列黑色三角形斑，沿翅脉间黄色；缘毛灰色，杂红棕色鳞片。后翅颜色同前翅；外横线灰白色，锯齿状，内侧镶黑色，外侧于各脉间具黑色杂红棕色鳞毛簇，毛簇端部杂白色，外横线外侧于 CuA_2 脉和 2A 脉间具 1 黄褐色亚矩形斑，不达外缘；中室端部下方至 1A 脉具 1 大型黑色矩形鳞毛簇；缘毛红棕色。

图 14-40　红毛丛螟 *Coenodomus puniceus* Wang, Chen et Wu, 2017
A. 成虫；B. 雄性外生殖器；C. 雌性外生殖器

雄性外生殖器（图 14-40B）：爪形突由基部至端部稍加宽，末端中部略内凹。颚形突亚三角形，末端钝，具齿突；侧臂自中部愈合，于愈合前各伸出 1 近椭圆形突起，边缘锯齿状。抱器瓣近梯形，外缘平直；抱器腹长约为抱器瓣腹缘的 4/5。阳茎基环侧叶内弯，长约为抱器瓣基部宽的 1/2，密布齿突，外缘锯齿状。阳茎中部弓向背侧；角状器不规则片状，位于阳茎末端。

雌性外生殖器（图 14-40C）：产卵瓣椭圆形，密被纤毛。前表皮突长约为后表皮突的 1.2 倍。导管端片骨化弱，漏斗形。交配囊椭圆形，长约为囊导管的 2/3；囊突圆形，位于交配囊后端，密布齿突。

分布：浙江（衢州）、江西、广东、海南、广西、四川、贵州、云南。

382. 齿纹丛螟属 *Epilepia* Janse, 1931

Epilepia Janse, 1931: 466. Type species: *Macalla melanobrunnea* Janse, 1922.

主要特征：雄性下唇须第 3 节短小，雌性细长。下颚须刷状。雄性无鳞突。前翅中室基斑和端斑着生黑色竖鳞；内、外横线显著；沿外缘线均匀排列深色斑点，沿翅脉方向颜色较浅；前翅 R_3、R_4、R_5 脉共柄；后翅 $Sc+R_1$ 与 Rs 脉分离，M_1 与 Rs 由中室上角伸出；双翅 M_2 与 M_3 脉分离。足胫节外侧被鳞毛。

雄性外生殖器：爪形突细长；无颚形突；抱器瓣宽阔，抱器背发达，抱器腹不发达，有角状器。

雌性外生殖器：产卵瓣三角形，导管端片及囊导管均不同程度骨化。

分布：东洋区、旧热带区。世界已知 6 种，中国记录 3 种，浙江分布 1 种。

（992）齿纹丛螟 *Epilepia dentatum* (Matsumura *et* Shibuya, 1927)

Macalla dentatum Matsumura *et* Shibuya in Shibuya, 1927a: 349.
Epilepia dentatum: Inoue & Yamanaka, 1975: 108.

分布：浙江（临安）、天津、河北、河南、湖南、福建、台湾、广西、四川、贵州；韩国，日本。

注：描述见《天目山动物志》（李后魂等，2020）。

383. 须丛螟属 *Jocara* Walker, 1863

Jocara Walker, 1863: 115. Type species: *Jocara fragilis* Walker, 1863.

主要特征：下唇须细长，第 1 节略粗于第 2 节；雌性下唇须略粗于雄性。下颚须短小，扁平。雄性鳞突细长，末端达腹部（酒红须丛螟 *J. vinotinctalis* 无鳞突）。前翅内横线缺失；外横线明显；中室基斑和端斑均为黑色竖立鳞丛；中室后缘中部下方具 1 竖立鳞丛。翅脉：前翅 CuA_1、M_2 及 M_3 脉由中室下角伸出，M_1 脉由中室下角伸出，R_3、R_4 及 R_5 脉共柄，R_1 及 R_2 脉由中室伸出；后翅 CuA_1 脉由中室下角伸出，M_2 与 M_3 脉由中室下角伸出，$Sc+R_1$ 与 Rs 脉并接。

雄性外生殖器：爪形突柱状；颚形突侧臂细长，于中部愈合，端部钩状；抱器瓣细长，外缘斜截。阳茎基环沿中线凸起。囊形突发达。

雌性外生殖器：前、后表皮突几乎等长，基部常内弯成角。导管端片发达。交配囊椭圆形；囊突 2 个，密布齿突。

分布：东洋区、新北区、新热带区。世界已知 19 种，中国记录 4 种，浙江分布 2 种。

（993）红褐须丛螟 *Jocara kiiensis* (Marumo, 1920)

Lepidogma kiiensis Marumo, 1920: 266.
Jocara kiiensis: Inoue et al., 1982: 377.

分布：浙江（临安）、天津、河南、福建、广西、四川、云南；日本。
注：描述见《天目山动物志》（李后魂等，2020）。

（994）酒红须丛螟 *Jocara vinotinctalis* Caradja, 1927（图 14-41）

Jocara vinotinctalis Caradja, 1927a: 361.

主要特征：成虫（图 14-41A）翅展 18.0–22.0 mm。头灰白色杂黑色。下唇须黑色，散布白色鳞片，雄性第 1 节长为第 2 节的 1/2；第 3 节长约为第 2 节的 2/3；雌性下唇须略粗于雄性。下颚须扁平，白色杂黑色。触角腹面黄褐色，背面白色，具黑色环纹。雄性无鳞突。胸部及翅基片黑色杂灰白色。前翅基部 1/4 红褐色杂黑色鳞片，端部 3/4 浅粉色杂黑色，顶角处红褐色；内横线白色，位于基部红褐色或黑色区域外缘；外横线白色，自前缘端部近 1/4 处伸至后缘端部 1/5 处，其近后缘半部内侧至翅后缘中部具 1 红褐色杂黑色斑，外横线外侧红褐色，于臀角处杂黑色；中室基斑小，为黑色竖立鳞丛；中室端斑为黑色竖立鳞丛，其内侧鳞片白色；外缘线黄白色；缘毛基半部红棕色，端半部黄色，近后缘杂黑色。后翅灰色。外横线白色，其中部两侧各具 1 黑色斑点；缘毛黑灰色。

图 14-41 酒红须丛螟 *Jocara vinotinctalis* Caradja, 1927
A. 成虫；B. 雄性外生殖器；C. 雌性外生殖器

雄性外生殖器（图 14-41B）：爪形突细长，末端尖，被细长毛。颚形突侧臂自中部愈合，末端尖。抱器瓣近平行四边形，外缘近平直；抱器背伸至抱器瓣末端；抱器腹长约为抱器瓣腹缘的 1/2。囊形突近三角形。阳茎基环"U"形，两侧叶自基部渐窄。阳茎与抱器瓣腹缘近等长；角状器短刺状。

雌性外生殖器（图 14-41C）：产卵瓣亚三角形，被长短不一的纤毛。前表皮突基部 3/5 近膜质，与后表皮突近等长，后者基部 1/4 膨大。导管端片近正方形，骨化弱。囊导管基部 1/5 处膨大成球状。交配囊椭圆形，长约为囊导管的 2/3；囊突圆形，密布骨化齿。

分布：浙江（临安）、河北、福建、广西、重庆、贵州、云南。

384. 沟须丛螟属 *Lamida* Walker, 1859

Lamida Walker, 1859: 252. Type species: *Lamida moncusalis* Walker, [1859] 1858.
Allata Walker, 1863: 110.

主要特征：体型中等。下唇须末端达头顶；雄性第 2 节内侧具长鳞毛。下颚须雄性刷状，雌性短小，扁平。雄性无鳞突。前翅内横线不明显；外横线于中部成角；中室基斑和端斑均为黑色扇状竖立鳞丛。翅脉：前翅 R_3、R_4、R_5 脉共柄，R_1、R_2 脉由中室伸出；M_2、M_3 脉基部靠近；后翅 CuA_1 脉由中室下角伸出，M_2、M_3 脉基部靠近；M_1 和 Rs 脉共柄，由中室上角伸出。

雄性外生殖器：爪形突近端部膨大成心形。颚形突缺失。抱器瓣端部明显宽于基部；外缘钝圆；抱器腹末端常具突起。阳茎基环基部具长突起。阳茎较短，角状器有或无。

雌性外生殖器：导管端片矩形。囊突 2 个，近椭圆形，密布齿突。

分布：东洋区。世界已知 5 种，中国记录 2 种，浙江分布 1 种。

（995）暗纹沟须丛螟 *Lamida obscura* (Moore, 1888)（图 14-42）

Orthaga obscura Moore, 1888: 201.
Macalla moncusalis Hampson, 1896a: 113.
Macalla sordidalis Hampson, 1916: 136.
Macalla proximalis Caradja, 1925: 309.
Lamida obscura: Inoue & Yamanaka, 1975: 109.

主要特征：成虫（图 14-42A）翅展 26.0–30.0 mm。头部黄褐色。下唇须土黄色，杂褐色鳞片；内侧有浅黄褐色鳞片；第 1 节长约为第 2 节的 1/5；第 3 节短小，端部灰褐色；雌性下唇须淡黄色；第 1 节长约为第 2 节的 2/5；第 3 节与第 1 节近等长。下颚须黄褐色，刷状。触角黄褐色，散布黑色鳞片。胸部及翅基片灰白色，杂褐色鳞片。前翅基部黄绿色杂黑色鳞片，其外侧中间处、中部和端部灰褐色，散布黄绿色鳞片；内横线黑色，平直，从后缘起斜至翅中部，并于此处有 1 束黑色竖立鳞丛，后消失；外横线黑色，锯齿状，从前缘起向外侧延伸，至 M_3 脉处弯折成角，后向内侧延伸至后缘；中室基斑和端斑黑色，后者较小；外缘线淡黄色，沿外缘线均匀排列长方形黑色斑点，其间沿翅脉方向淡黄色。后翅灰色，向基部颜色逐渐变淡；前、后翅缘毛土黄色杂褐色。

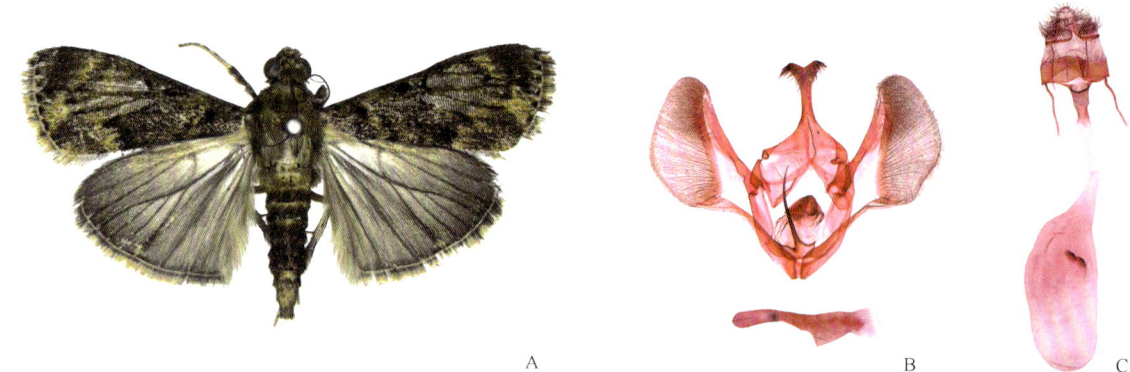

图 14-42　暗纹沟须丛螟 *Lamida obscura* (Moore, 1888)
A. 成虫；B. 雄性外生殖器；C. 雌性外生殖器

雄性外生殖器（图 14-42B）：爪形突基部 2/3 柱状，端部 1/3 膨大成三角形，后缘内凹。抱器瓣基部窄，端部膨大成椭圆形；抱器背长约为抱器瓣的 4/5；抱器腹长约为抱器瓣腹缘的 2/3。阳茎基环矩形，基部中间处具 1 长针状突起。阳茎长约为抱器瓣腹缘的 1/2；无角状器。

雌性外生殖器（图 14-42C）：产卵瓣近三角形，端半部铲状，后缘密被长短不等的刚毛。前表皮突略长于后表皮突。交配孔椭圆形。导管端片矩形，基部密布微刺。囊导管端半部密布微刺。交配囊椭圆形，与囊导管近等长；囊突椭圆形，密布微齿。

分布：浙江（丽水）、河南、江西、湖南、福建、台湾、海南、广西、云南；日本，印度，不丹。

385. 鳞丛螟属 *Lepidogma* Meyrick, 1890

Lepidogma Meyrick, 1890: 472. Type species: *Lepidogma tamaricalis* Mann, 1873.
Precopia Ragonot, 1891b: 67.
Asopina Christoph, 1893: 36.

主要特征：体型较小。下唇须上举，末端尖。下颚须短小，刷状，鳞突端部膨大，被鳞毛。内横线不显著，外横线显著，中室基斑和端斑着生黑色竖立鳞丛；前翅 R_1 及 R_2 脉由中室下角前伸出，R_3、R_4 及 R_5 脉共柄，M_2 与 M_3 脉基部 1/3 靠近或共柄，CuA_1 脉由中室下角伸出。后翅 $Sc+R_1$ 与 Rs 脉并接，M_1 与 Rs 脉共短柄。

雄性外生殖器：爪形突长柱状；颚形突两侧臂于中间处愈合，端部弯钩状；抱器腹较短；阳茎细，角状器形状多样或缺失。

雌性外生殖器：产卵瓣发达；前、后表皮突几乎等长；交配囊椭圆形，囊突骨化强烈。

分布：除新北区以外的各大动物地理区系，其中东洋区和古北区种类较丰富。世界已知 19 种，中国记录 3 种，浙江分布 1 种。

(996) 黑基鳞丛螟 *Lepidogma melanobasis* Hampson, 1906

Lepidogma melanobasis Hampson, 1906: 129.

分布：浙江（临安）、天津、山西、山东、河南、湖北、湖南、福建、台湾、海南、广西、重庆、四川、云南、西藏；日本。

注：描述见《天目山动物志》（李后魂等，2020）。

386. 彩丛螟属 *Lista* Walker, 1859

Lista Walker, 1859: 877. Type species: *Lista genisusalis* Walker, 1859.
Paracme Lederer, 1863: 338.
Craneophora Christoph, 1881: 1.
Belonepholis Butler, 1889: 89.

主要特征：体型中等。下唇须上举，超过头顶，雄性第 2 节内侧具沟槽；雌性较雄性略细。下颚须雄性刷状，雌性短小。雄性触角基部具鳞突，伸至后胸。多数种类前、后翅颜色及斑纹相同；翅面具多个竖立鳞丛及长鳞毛；外横线明显，两侧镶宽带。前翅 R_1、R_2 脉共柄，R_3、R_4、R_5 脉共柄，M_1 脉由中室上角伸出，M_2 与 M_3 脉由中室下角伸出。后翅 $Sc+R_1$ 与 Rs 脉并接，M_1 和 Rs 脉共柄。

雄性外生殖器：爪形突宽阔；颚形突侧臂于中间处愈合，常具突起；抱器瓣中部具 1 骨化板，抱器腹发达，向背侧伸出突起；阳茎近基部弯曲，角状器有或无。

雌性外生殖器：第 8 腹节短，前阴片及导管端片发达；交配囊椭圆形；囊突 2 个，骨化强烈。

分布：古北区、东洋区。世界已知 20 种，中国记录 18 种，浙江分布 4 种。

分种检索表

1. 爪形突侧缘具明显刺突 ··· 2
- 爪形突侧缘无刺突 ··· 3

2. 抱器腹外侧刺突极小；爪形突侧缘刺突长约为爪形突宽的 1/5 ··· 黄彩丛螟 *L. haraldusalis*
- 抱器腹外侧刺突约为内侧刺突的 1/2；爪形突侧缘刺突长略宽于爪形突的宽 ···················· 宁波彩丛螟 *L. insulsalis*
3. 抱器瓣中部骨化区域椭圆形；抱器腹内侧刺突端部尖 ·· 日本彩丛螟 *L. ficki*
- 抱器瓣中部骨化区域近方形；抱器腹内侧刺突端部锯齿状 ·· 窄瓣彩丛螟 *L. angustusa*

（997）窄瓣彩丛螟 *Lista angustusa* Wang, Chen et Wu, 2017（图 14-43）

Lista angustusa Wang, Chen et Wu, 2017a: 100.

主要特征：成虫（图 14-43A）翅展 21.0–23.0 mm。头黄白色。雄性下唇须浅黄色，散布黑色鳞片；第 1 节杂褐色；第 3 节基半部黑色，长约为第 2 节的 1/4；雌性第 3 节黄色，长约为第 2 节的 3/4。下颚须黄白色。触角黄色，腹面黄褐色；鳞突黄色杂黑色和红褐色，腹面基半部和端部具黄色杂褐色长鳞毛。胸部和翅基片黄白色杂黑色和褐色。前翅基部 4/5 黄白色，密布黑色鳞片；端部 1/5 红褐色，沿翅脉具白色细带，细带两侧镶黑色；内横线缺失；外横线黑色，两侧镶浅粉色宽带；亚缘线灰黑色，内侧镶黄色、外侧镶浅粉色宽带，亚缘线上具 2 个棕黄色杂白色竖立鳞丛；自中室中部至外横线前缘 1/3 处具 1 黄色纵带；自 CuA_2 脉基部至后缘近中部具 1 浅黄褐色斑；中室基斑缺失；中室端半部下方具黑色纵向竖立鳞丛；中室端斑为黑色杂褐色竖立鳞丛；外缘线白色。后翅颜色及斑纹同前翅；中室基部下方至后缘具黑色斑，其中部具黑色和白色竖立鳞丛；前、后翅缘毛基部 1/3 红褐色，端部 2/3 浅灰色。

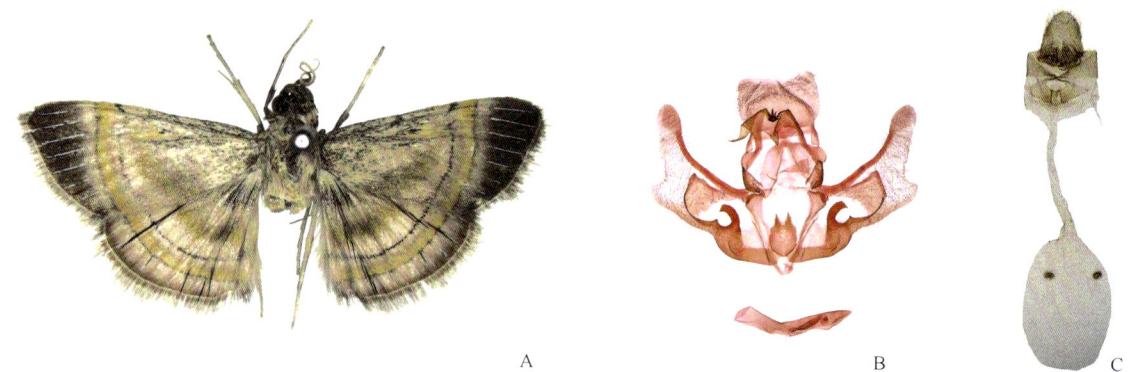

图 14-43　窄瓣彩丛螟 *Lista angustusa* Wang, Chen et Wu, 2017
A. 成虫；B. 雄性外生殖器；C. 雌性外生殖器

雄性外生殖器（图 14-43B）：爪形突近矩形，背面密被短刚毛。颚形突三叉状；侧臂于末端愈合，端部 1/3 处伸出 1 个片状突起，末端尖。抱器瓣背、腹缘近平行，外缘后 1/3 略内凹；抱器背末端 1/4 膨大；抱器腹长约为抱器瓣腹缘的 4/5，中部具 2 个突起，内侧突起外弯，末端锯齿状，外侧突起短小，刺状；中部骨化区域近方形。阳茎基环椭圆形，侧叶较短，末端尖。阳茎长约为抱器瓣腹缘的 4/5；角状器 2 个，一个梭状，一个较小，近圆形。

雌性外生殖器（图 14-43C）：产卵瓣近椭圆形，后缘钝圆。前表皮突略长于后表皮突。前阴片近矩形，中部内凹。导管端片近正方形。囊导管粗细较均匀。交配囊圆形，与囊导管近等长；囊突圆形，密布齿突。

分布：浙江（嘉兴）、江西、福建、广东、广西、云南。

（998）日本彩丛螟 *Lista ficki* (Christoph, 1881)（图 14-44）

Craneophora ficki Christoph, 1881: 2.
Belonephosis striata Butler, 1889: 89.
Lista ficki: Solis, 1992: 283.

主要特征：成虫（图 14-44A）翅展 20.0–25.0 mm。头淡黄色。下唇须第 2 节淡黄色，腹面散布黑色鳞片，端部黑色；第 3 节基部黑色，端部暗黄色。下颚须黄色。触角暗黄色；鳞突淡黄色，杂黑色鳞片。胸部和翅基片淡黄色至黄色，散布黑色或棕色鳞片。前翅基部淡黄色，散布黑色鳞片；中部淡黄色至黄色；端部橘黄色至棕黄色，沿翅脉具白色细带，细带两侧有黑褐色镶边，内横线黑色，不明显；外横线浅褐色，两侧有淡粉色镶边；中室上缘近前缘中部有 1 束黑色竖立鳞丛；亚缘线棕色，内、外侧分别具黄色和淡粉色宽带；后翅颜色同前翅，基部有黑色混杂乳白色长鳞丛；后缘有稠密淡黄色长鳞毛；前、后翅缘毛基部黄色，端部淡灰色。

图 14-44　日本彩丛螟 *Lista ficki* (Christoph, 1881)
A. 成虫；B. 雄性外生殖器；C. 雌性外生殖器

雄性外生殖器（图 14-44B）：爪形突近方形，背面端半部被细毛。颚形突末端三叉状；侧臂端部 1/8 愈合。抱器瓣近端部宽，外缘略内凹；抱器背端部 1/3 膨大；抱器腹不达抱器瓣末端，中部向背侧伸出 1 弯钩状突起，外侧具 1 短齿；中部骨化区域椭圆形，末端与抱器腹外侧突起相连。囊形突"U"形。阳茎基环椭圆形，后缘伸出 2 短刺状侧叶。阳茎略短于抱器瓣腹缘；角状器 1 个，棘刺状。

雌性外生殖器（图 14-44C）：产卵瓣椭圆形，被稀疏长毛。前、后表皮突几乎等长，前表皮突略粗。前阴片扇形。导管端片近矩形，端部略宽，后缘中部内凹。囊导管近端部具刻点。交配囊略短于囊导管；囊突圆形，密布微刺。

分布：浙江（临安、丽水）、天津、河北、河南、陕西、江苏、湖北、江西、福建、广东、广西、贵州；日本。

（999）黄彩丛螟 *Lista haraldusalis* (Walker, 1859)

Locastra haraldusalis Walker, 1859: 160.
Lista haraldusalis: Solis, 1992: 283.

分布：浙江（临安）、黑龙江、吉林、辽宁、北京、天津、河北、山西、河南、陕西、甘肃、江苏、安徽、湖北、江西、福建、台湾、广东、海南、广西、四川、贵州、云南、西藏；俄罗斯（远东地区），朝鲜，日本，印度，尼泊尔，缅甸，斯里兰卡，马来西亚，印度尼西亚。

注：描述见《天目山动物志》（李后魂等，2020）。

（1000）宁波彩丛螟 *Lista insulsalis* (Lederer, 1863)

Paracme insulsalis Lederer, 1863: 339
Stericta rubiginetincta Caradja, 1925: 314.
Lista insulsalis: Solis, 1992: 283.

分布：浙江（临安）、天津、河北、山西、河南、陕西、甘肃、新疆、江苏、安徽、湖北、江西、湖南、福建、台湾、广东、海南、广西、重庆、四川、贵州、云南；俄罗斯，韩国，印度，缅甸，斯里兰卡，印度尼西亚。

注：描述见《天目山动物志》（李后魂等，2020）。

387. 缀叶丛螟属 *Locastra* Walker, 1859

Locastra Walker, 1859: 158. Type species: *Locastra maimonalis* Walker, 1859.

主要特征：体大型。下唇须上举超过头顶，雄性第 2 节显著膨大；第 3 节短小。下颚须短。鳞突有或无。内、外横线显著，外横线内侧近前缘处具 1 瘤状突起，中室端斑显著，其上着生有黑色竖立鳞丛。前翅 R_3、R_4 及 R_5 脉共柄，M_1 脉由中室上角下方伸出，CuA_1、M_2 及 M_3 脉由中室下角伸出，1A 脉粗壮。后翅 $Sc+R_1$ 与 Rs 脉并接，M_1 及 Rs 脉由中室上角伸出，M_2 及 M_3 脉由中室下角伸出，CuA_1 脉靠近中室下角伸出。

雄性外生殖器：爪形突宽阔；颚形突两侧臂于中部愈合，末端呈弯钩状；抱器瓣宽阔；阳茎基环侧缘水平伸出骨化臂。雌性囊导管端部呈"S"形。

分布：古北区东部、东洋区北部。世界已知 10 种，中国记录 5 种，浙江分布 1 种。

（1001）缀叶丛螟 *Locastra muscosalis* (Walker, 1866)

Taurica muscosalis Walker, 1866: 1269.
Locastra muscosalis: Mutuura, 1957: 105.

分布：浙江（临安）、河南、湖北、江西、湖南、福建、广东、香港、广西、四川、贵州、云南；日本，印度，斯里兰卡。

注：描述见《天目山动物志》（李后魂等，2020）。

388. 白丛螟属 *Noctuides* Staudinger, 1892

Noctuides Staudinger, 1892b: 466. Type species: *Noctuides melanophia* Staudinger, 1892.

主要特征：体型较小。下唇须第 2 节长及头顶，第 3 节发达。下颚须短小。雄性无鳞突。雄性前翅前缘中部具 1 腺状瘤；中室基斑、端斑缺失；中横线及外横线显著。前翅 R_1 及 R_2 脉由中室伸出，R_3、R_4 及 R_5 脉共柄，M_1 脉由中室上角伸出，M_2 与 M_3 脉共柄，CuA_1 脉基部靠近 M_{2+3} 脉。后翅 $Sc+R_1$ 与 Rs 脉并接，Rs 及 M_1 脉由中室伸出，M_2 与 M_3 脉共柄，CuA_1 脉由中室下角伸出。

雄性外生殖器：爪形突细长；颚形突两细长侧臂于中间处愈合，末端钩状；抱器瓣自基部渐宽；角状器骨化强烈。

雌性外生殖器：第 8 腹节宽阔，囊突具细长骨化脊。

分布：古北区、东洋区、旧热带区。世界已知 6 种，中国记录 1 种，浙江分布 1 种。

（1002）黑缘白丛螟 *Noctuides melanophia* Staudinger, 1892

Noctuides melanophia Staudinger, 1892b: 466.

分布：浙江（临安）、河南、安徽、江西、湖南、福建、台湾、广东、海南、广西、四川、贵州、云南；日本，印度，不丹，斯里兰卡，印度尼西亚。

注：描述见《天目山动物志》（李后魂等，2020）。

389. 瘤丛螟属 *Orthaga* Walker, 1859

Orthaga Walker, 1859: 191. Type species: *Orthaga euadrusalis* Walker, 1859.

Edeta Walker, 1859: 198.

Pannucha Moore, 1888: 199.

Proboscidophora Warren, 1891: 429.

Hyperbalanotis Warren, 1891: 433.

主要特征：体型中等。下唇须雄性较雌性粗壮，第 2 节长度超过头顶，第 3 节末端尖。下颚须刷状，鳞突有或无，有则短小。内横线模糊或时断时续；外横线显著，于翅中部成角，多数种类雄性前翅前缘具腺状瘤。前翅 R_3、R_4 及 R_5 脉共柄，M_2 与 M_3 脉共柄由中室下角伸出，CuA_1 脉靠近中室下角伸出。后翅 $Sc+R_1$ 与 Rs 脉并接，M_2 与 M_3 脉共柄由中室下角伸出，CuA_1 脉由中室下角伸出。

雄性外生殖器：爪形突柱状；颚形突两侧臂于中间处愈合，端部弯钩状；抱器瓣弯刀状，抱器背较宽；角状器形状多样，少数种类缺失。

雌性外生殖器：产卵瓣发达；囊突骨化强烈，具刺状骨化脊。

分布：古北区、东洋区、澳洲区。世界已知 50 余种，中国记录 13 种，浙江分布 8 种，包括 1 种中国新记录。

分种检索表

1. 抱器瓣基部至端部渐宽或基部至近端部平行、末端膨大且平截 ·· 2
- 抱器瓣基部至端部渐窄或基部和端部近等宽 ··· 4
2. 爪形突末端膨大，抱器瓣近三角形 ··· 双裂瘤丛螟 *O. bipartalis*
- 爪形突末端未膨大，抱器瓣非三角形 ··· 3
3. 爪形突顶端尖锐，抱器瓣基部至端部渐宽 ··· 樟叶瘤丛螟 *O. onerata*
- 爪形突顶端钝圆，抱器瓣基部至端部 1/4 平行，末端略加宽 ····························· 萨加瘤丛螟 *O. sagarisalis*
4. 爪形突粗壮，圆柱状，侧缘无内凹 ·· 橄绿瘤丛螟 *O. olivacea*
- 爪形突较细弱，侧缘内凹 ··· 5
5. 基腹弧高约为爪形突长的 2 倍 ·· 6
- 基腹弧高与爪形突长近等长 ··· 7
6. 角状器短片状 ··· 盐肤木瘤丛螟 *O. euadrusalis*
- 角状器叉状 ··· 异瘤丛螟 *O. disparoidalis*
7. 爪形突近端部 1/3 明显缢缩，末端膨大 ··· 栗叶瘤丛螟 *O. achatina*
- 爪形突侧缘略内凹，末端膨大不明显 ··· 金黄瘤丛螟 *O. aenescens*

（1003）栗叶瘤丛螟 *Orthaga achatina* (Butler, 1878)

Glossina achatina Butler, 1878a: 56.

Orthaga achatina: Hampson, 1896a: 476.

分布：浙江（临安）、天津、河南、陕西、江苏、湖北、江西、湖南、福建、海南、广西、四川、贵州；

韩国，日本。

注：描述见《天目山动物志》（李后魂等，2020）。

（1004）金黄瘤丛螟 *Orthaga aenescens* Moore, 1888

Orthaga aenescens Moore in Hewitson & Moore, 1888: 200.

分布：浙江（临安）、安徽、湖北、江西、湖南、福建、海南、广西、四川、贵州、云南；印度。

注：描述见《天目山动物志》（李后魂等，2020）。

（1005）双裂瘤丛螟 *Orthaga bipartalis* Hampson, 1906（图 14-45）中国新记录

Orthaga bipartalis Hampson, 1906: 147.

主要特征：成虫（图 14-45A）翅展 18.0–25.0 mm。头黑灰色。下唇须黑色杂白色，各节末端白色；第 1 节长约为第 2 节的 4/5；第 3 节长约为第 2 节的 2/3。下颚须污白色，外侧杂黑色。触角腹面黄褐色，背面白色，具黑色环纹；雄性无鳞突。胸部和翅基片浅灰绿色杂绿色，末端杂黑色。前翅基半部灰绿色杂深绿色和黑色，沿前缘黑色；端半部红褐色杂黑色；内横线黑色，不明显，自近中室下角处伸至后缘基部 2/5 处；外横线黑色，自前缘端部 1/3 处伸至后缘端部 1/4 处，外侧镶灰绿色，雄性内侧前缘具 1 黑色腺状瘤；中室端斑为黑色竖立鳞丛；中室后缘中部下方具 1 小型黑色竖立鳞丛；外缘线黄白色；缘毛基半部黄褐色，沿翅脉处间黑色，端半部黑色。后翅灰色，近前缘具金属闪光；外横线较模糊，黑色；缘毛浅黄色，前缘杂黑色。

图 14-45　双裂瘤丛螟 *Orthaga bipartalis* Hampson, 1906
A. 成虫；B. 雄性外生殖器；C. 雌性外生殖器

雄性外生殖器（图 14-45B）：爪形突柱状，端部 1/4 略膨大成倒梯形，末端钝圆，密被刚毛。颚形突侧臂自端部 2/5 处愈合；端突钩状。抱器瓣近三角形，外缘平截；抱器背达抱器瓣末端；抱器腹长约为抱器瓣腹缘的 2/3，自基部渐宽。阳茎基环端部 2/3 呈粗叉状，2 个粗短侧叶末端钝。阳茎略长于抱器瓣腹缘；角状器 1 个，不规则片状。

雌性外生殖器（图 14-45C）：产卵瓣亚三角形，被稀疏长纤毛。前表皮突长约为后表皮突的 1.2 倍，基部 1/3 略膨大，后表皮突基部 1/4 膨大。导管端片倒梯形。囊导管自基部渐粗。交配囊椭圆形，长约为囊导管的 2 倍；囊突 2 个，底部椭圆形，具略微隆起的中脊。

分布：浙江（临安）、湖北、广西、四川、云南；新加坡，印度尼西亚。

（1006）异瘤丛螟 *Orthaga disparoidalis* Caradja, 1925（图 14-46）

Orthaga disparoidalis Caradja, 1925: 315.

主要特征：成虫（图 14-46A）翅展 23.0–32.0 mm。头黑色，头顶杂白色。雄性下唇须第 1 节黑色，基部和末端白色，长约为第 2 节的 2/3；第 2 节黑色，外侧杂白色；第 3 节黑色，长约为第 2 节的 1/2，末端白色；雌性下唇须第 2 节灰绿色，第 3 节长约为第 2 节的 2/3。下颚须白色，末端黑色。触角腹面雄性黄褐色，雌性黑褐色，背面白色，具黑色环纹；雄性无鳞突。胸部和翅基片白色杂黑色和灰绿色鳞片。前翅基部灰绿色杂黑色和白色鳞片；中部白色，密布灰绿色鳞片；端部黑色杂灰绿色和白色；雌性后缘端部 3/4 红棕色；内横线黑色，波浪状，自前缘基部 1/3 处略斜至后缘基部 2/5 处；外横线黑色，自前缘端部 1/3 处伸至后缘端部 1/4 处，外侧镶白色，内侧具 1 黄白色腺状瘤；雄性前缘中间处向外突出；中室基斑缺失；雌性中室端斑为黑色竖立鳞丛；雄性中室端半部具红褐色杂白色瓦片状鳞片；中室后缘中部下方具 1 黑色竖立鳞丛；外缘线黄白色；外横线黑色，自前缘近中部伸至后缘端部 2/5 处；前、后翅缘毛黄白色。

图 14-46 异瘤丛螟 *Orthaga disparoidalis* Caradja, 1925
A. 成虫；B. 雄性外生殖器；C. 雌性外生殖器

雄性外生殖器（图 14-46B）：爪形突长柱形，中部略窄，端部呈凿形，密被短毛。颚形突侧臂自端部 1/3 处愈合；端突钩状。抱器瓣长舌状，近基部中间具 1 骨化纵褶；抱器背不达抱器瓣末端，基部具 1 三角形突起；抱器腹长约为抱器瓣腹缘的 2/5；阳茎基环基部 3/5 分离，亚矩形；侧叶粗短，末端钝。阳茎细长，长约为抱器瓣腹缘的 2/3，中部略弯曲；角状器 1 个，叉状。

雌性外生殖器（图 14-46C）：产卵瓣近三角形，末端钝，被纤毛。前、后表皮突近等长。导管端片环形。囊导管基部 1/3 处弯折，骨化弱。交配囊椭圆形，长约为囊导管的 2/3；囊突 2 个，近椭圆形，中部具三角形骨化脊。

分布：浙江（嘉兴、临安、舟山）、河南、上海、福建、贵州、云南。

（1007）盐肤木瘤丛螟 *Orthaga euadrusalis* Walker, 1859（图 14-47）

Orthaga euadrusalis Walker, 1859: 191.

Orthaga aconialis Walker, 1863: 103.

主要特征：成虫（图 14-47A）翅展 24.0–33.0 mm。头污白色杂黑色。下唇须第 1 节基半部白色，端半部黑色，长约为第 2 节的 1/2；第 2 节黑色，末端白色；第 3 节黑色，长约为第 2 节的 1/2，末端白色。下颚须扁平，白色，末端杂黑色。触角腹面黄褐色，背面白色，具黑色环纹；雄性无鳞突。胸部和翅基片白色杂黑色和灰绿色鳞片。前翅基部 2/3 白色，密布灰绿色和红褐色鳞片，前缘基部 1/4 处具黑色倒三角形斑；端部 1/3 黑色杂红褐色；内横线缺失；外横线黑色，锯齿状，自前缘中部斜至后缘端部 1/5 处，外侧镶白色，雄性内侧前缘脉上具 1 黄白色腺状瘤，被白色杂黑色鳞片；中室基斑和端斑缺失；雄性中室端半部具不明显的白色瓦片状鳞片；中室后缘中部下方 1 白色杂黑色竖立鳞丛；外缘线黄色，内侧具 1 列黑点。后翅灰色。前、后翅缘毛浅黄色杂红褐色，沿翅脉处间黑色。

雄性外生殖器（图 14-47B）：爪形突中部略窄，后缘平截，密被短毛。颚形突侧臂自中部愈合；端突钩状。抱器瓣刀状；抱器背宽约为抱器瓣的1/2，长约为抱器瓣的4/5；抱器腹长约为抱器瓣腹缘的1/2；抱器瓣中部具1宽短的纵褶。基腹弧狭长。阳茎基环基端部2/5 "V"形。囊形突"U"形。阳茎长约为抱器瓣腹缘的1/2；角状器1个，短片状。

雌性外生殖器（图14-47C）：产卵瓣亚三角形，末端钝圆。前表皮突约与后表皮突等长。导管端片环形。囊导管自基部1/3处至中部骨化弱，端半部较宽。交配囊椭圆形，约与囊导管等长；囊突2个，椭圆形，中部具亚三角形骨化脊。

分布：浙江（嘉兴、杭州、宁波、金华、丽水、温州）、河南、陕西、青海、安徽、江西、湖南、福建、广东、广西、重庆、四川、贵州、云南、西藏；日本，印度，斯里兰卡，马来西亚，印度尼西亚。

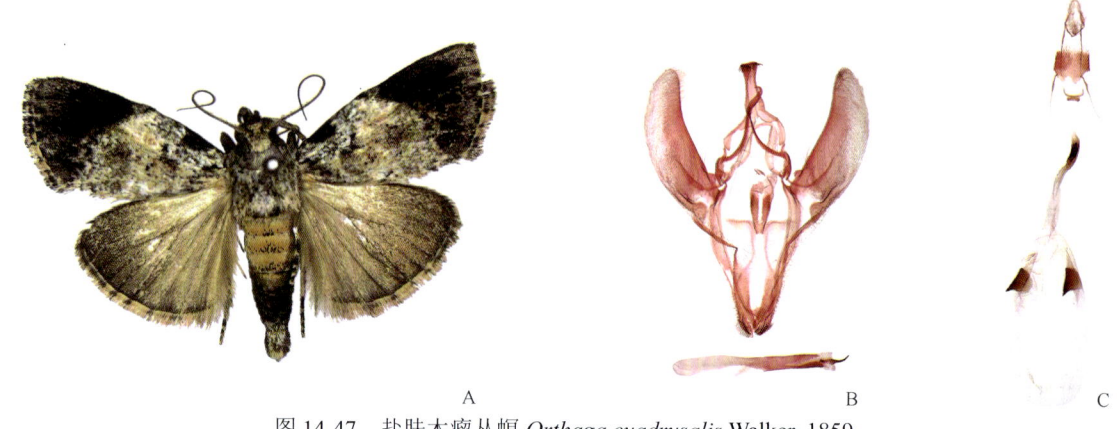

图 14-47　盐肤木瘤丛螟 *Orthaga euadrusalis* Walker, 1859
A. 成虫；B. 雄性外生殖器；C. 雌性外生殖器

（1008）橄绿瘤丛螟 *Orthaga olivacea* (Warren, 1891)

Hyperbalanotis olivacea Warren, 1891: 433.

Orthaga olivacea: Hampson, 1896a: 476.

分布：浙江（临安）、河南、甘肃、安徽、湖北、江西、福建、台湾、海南、广西、四川、贵州、云南；日本。

注：描述见《天目山动物志》（李后魂等，2020）。

（1009）樟叶瘤丛螟 *Orthaga onerata* (Butler, 1879)（图 14-48）

Blepina onerata Butler, 1879a: 447.

Orthaga onerata: Hampson, 1896a: 126.

Orthaga grisealis: Wileman, 1911a: 366.

主要特征：成虫（图14-48A）翅展22.0–29.0 mm。头黑色杂白色。雄性下唇须黑色，第1节杂白色，末端白色，长为第2节的2/3；第2节外侧杂白色；第3节长约为第2节的1/2；雌性下唇须第3节约为第2节的1/3。下颚须黑色杂白色。触角腹面黄褐色，背面白色，具黑色环纹；雄性无鳞突。胸部和翅基片白色杂黑色和褐色鳞片。前翅基部黑色，沿前缘灰绿色，近胸部白色杂灰绿色；中部白色，散布黑色和灰绿色鳞片；端部黑灰色杂褐色；内横线黑色，自前缘基部2/5处伸至后缘中部，内侧镶白色；外横线黑色，锯齿状，自前缘端部1/3处伸至后缘端部1/5处，外侧镶白色。雄性前缘端部2/5下方具1黄白色腺状瘤，周围鳞片黑色；中室端斑为黑色竖立鳞丛；外缘线浅黄色，内侧具1列黑色三角形斑；缘毛基半部浅红褐色，端半部黄白色，沿翅脉处间黑色。后翅灰色；外横线不明显；缘毛黄白色，基半部沿翅脉处间黑色。

雄性外生殖器（图14-48B）：爪形突指状，端部1/2背面被纤毛。颚形突侧臂自端部1/3处愈合；端突钩状。抱器瓣自基部渐加宽；抱器背自基部向端部渐窄，长约为抱器瓣的3/4；抱器腹宽阔，长约为抱器瓣腹缘的1/2，近端部背缘具稠密束状毛。阳茎基环端部"V"形。阳茎自中部略弯曲，长约为抱器瓣腹缘的2/3；角状器2个，基部的较长，扭曲片状，端部的较小，近正方形，末端锯齿状。

雌性外生殖器（图14-48C）：产卵瓣亚三角形，末端钝，被纤毛。前表皮突略短于后表皮突，后表皮突基部1/4处略波曲。导管端片漏斗形，骨化弱。囊导管较宽，端部2/5骨化弱。交配囊近圆形，略长于囊导管；囊突2个，椭圆形，中部伸出长棘刺状骨化脊。

分布：浙江（温州）、天津、河南、江苏、湖北、江西、福建、台湾、广西、贵州、云南、西藏；日本，印度。

图14-48 樟叶瘤丛螟 *Orthaga onerata* (Butler, 1879)
A. 成虫；B. 雄性外生殖器；C. 雌性外生殖器

（1010）萨加瘤丛螟 *Orthaga sagarisalis* (Walker, 1858) comb. nov.（图14-49）

Locastra sagarisalis Walker, 1858: 160.

主要特征：成虫（图14-49A）翅展27.0–29.0 mm。头黄白色，两侧杂黑色。雄性下唇须黑色，各节末端灰白色；第1节长约为第2节的1/2；第3节长约为第2节的1/4；雌性下唇须以灰白色鳞片为主；第3节长约为第2节的1/2。下颚须扁平，污白色。触角腹面黄褐色，背面污白色，具黑色环纹；雄性鳞突末端达前胸前缘。胸部和翅基片黄白色，散布灰色鳞片。前翅暗黄色，密布浅黄褐色和黑色鳞片；内横线黑色，自前缘基部1/3处伸至后缘基部1/3处；外横线黑色，锯齿状，自前缘端部1/3处伸至后缘端部1/3处，外侧镶模糊的灰白色；雄性前缘中部断裂，裂口外侧具1腺状瘤，其周围鳞片黑色；中室基斑缺失；中室端斑较小，为黑色竖立鳞丛；中室后缘1/3–2/3下方具1黑色杂污白色纵向竖立鳞丛；外缘线黄白色，其内侧具黑色斑点；缘毛浅黄色，沿翅脉处间黑色。后翅黑灰色，自基部渐加深，沿后缘略呈浅黄色；缘毛基半部黑色，端半部浅黄色，沿翅脉处间黑色。

雄性外生殖器（图14-49B）：爪形指状，两侧及背面端部1/4被纤毛。颚形突端突钩状，约为爪形突的1/2；侧臂自端部1/3处愈合。抱器瓣基部3/4略窄，端部1/4略膨大，外缘平直；抱器背宽接近抱器瓣的1/2，端部不达抱器瓣末端；抱器腹窄，约为抱器背宽的1/3，长约为抱器瓣腹缘的2/3。阳茎基环基部三角形，端部亚矩形，后缘具1侧叶，自基部渐窄，末端尖。阳茎长约为抱器瓣腹缘的4/5；角状器不规则片状，密布短刺。

雌性外生殖器（图14-49C）：产卵瓣近三角形，被细毛。前表皮突长约为后表皮突的1.5倍，基部膨大；导管端片碗形。囊导管，基半部细，端半部于导精管开口处加粗。交配囊椭圆形，略长于囊导管；2个囊突，底部橄榄形或水滴状，具三角形骨化脊。

分布：浙江（临安）、海南、广西、云南、西藏；马来西亚。

注：该种在发表时被放置在缀叶丛螟属 *Locastra*，本研究发现其雄性外生殖器特征更符合瘤丛螟属 *Orthaga*，因此本志将该种移入本属。

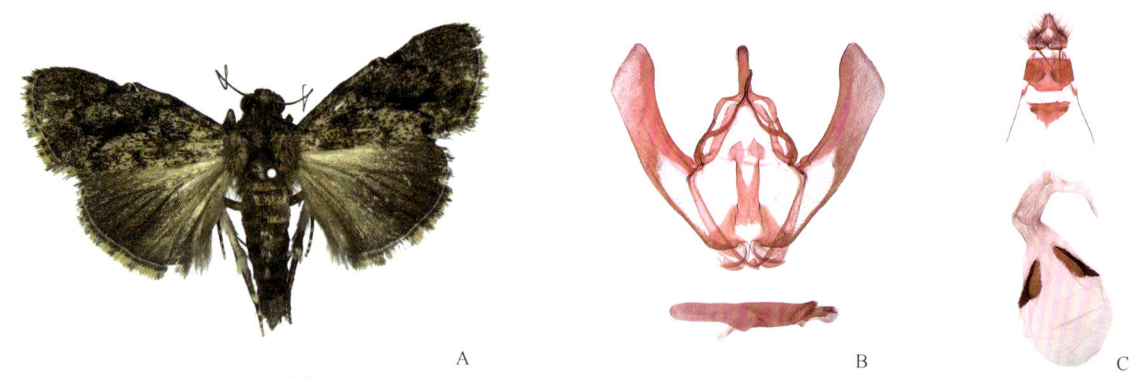

图 14-49　萨加瘤丛螟 *Orthaga sagarisalis* (Walker, 1858)
A. 成虫；B. 雄性外生殖器；C. 雌性外生殖器

390. 异丛螟属 *Salma* Walker, 1863

Salma Walker, 1863: 107. Type species: *Salma recurvalis* Walker, 1863.
Exacosmia Walker, 1865: 609.
Calinipaxa Walker, 1866: 1218.
Pseudolocastra Snellen, 1890a: 566.
Parasarama Warren, 1890: 474.
Pseudolocastra Warren, 1891: 429.
Orthotrichophora Warren, 1891: 429.
Heterobella Turner, 1904: 193.
Enchesphora Turner, 1913: 141.

主要特征：体多为中至大型。下唇须上举，末端达头顶；部分种类第 2 节内侧具沟槽以容纳刷状下颚须；第 3 节较短，末端尖。下颚须多扁平。鳞突有或无。部分种类前翅前缘具腺状瘤；内、外横线较显著；中室基斑和端斑均具竖立鳞丛。翅脉：前翅 M_3 和 CuA_1 脉于基部接近；后翅 M_3 和 CuA_1 脉于基部接近，Rs 和 $Sc+R_1$ 脉分离或具短柄。

雄性外生殖器：爪形突形状差异较大。颚形突侧臂自中部愈合，端突钩状。抱器瓣基部较宽，端部较窄；抱器背和抱器腹发达。阳茎基环具侧叶。阳茎形状各异；角状器有或无。

雌性外生殖器：第 8 腹节亚矩形，后缘具纤毛。导管端片常发达，形状多样。交配囊椭圆形；囊突多为 2 个，中部常凸出，密布微齿。

分布：世界广布，东洋区和澳洲区居多。世界已知 106 种，中国记录 22 种，浙江分布 3 种。

分种检索表

1. 前翅具中室基斑 ·· 广东异丛螟 *S. kwangtungialis*
- 前翅无中室基斑 ··· 2
2. 抱器瓣基部具大型扇形突起 ·· 黄线异丛螟 *S. congenitalis*
- 抱器瓣基部具半圆形弱骨化突起 ·· 绿翅异丛螟 *S. viridetincta*

(1011) 黄线异丛螟 *Salma congenitalis* (Caradja, 1931)（图 14-50）

Macalla congenitalis Caradja, 1931: 205.
Salma congenitalis: Solis, 1992: 287.

主要特征：成虫（图 14-50A）翅展 22.0–25.0 mm。头黄色杂黑色鳞片。雄性下唇须黑色，杂少量黄色鳞片；第 1 节长约为第 2 节的 1/2；第 3 节黄色，约为第 2 节的 2/3；雌性第 1 节长约为第 2 节的 1/3；第 3 节长约为第 2 节的 1/2。下颚须扁平，黑色杂黄色鳞片。触角腹面黑灰色，背面雄性黑色，雌性污白色；雄性鳞突末端超过后胸，背面黄色杂黑色，外侧黑色，腹面和末端具黑色杂黄色长鳞毛。翅基片黄色杂黑色。前翅基部前缘半部灰绿色，后缘半部黑色；中部黑色，近前缘黄色杂灰绿色；端部黑色；内横线黄色，自前缘基部 1/3 处伸至后缘基部 1/3 处；外横线黄色，自前缘端部 1/4 处伸至后缘近臀角处；中室基斑缺失；中室端斑为黑色竖立鳞丛；外缘线黄白色，其内侧均匀排列黑点。后翅深灰色，自基部渐加深；中室端斑黑色，月牙形；外横线黑色，较模糊，外侧镶灰白色；前后翅缘毛黑色，端半部于翅脉间黄色。

图 14-50 黄线异丛螟 *Salma congenitalis* (Caradja, 1931)
A. 成虫；B. 雄性外生殖器；C. 雌性外生殖器

雄性外生殖器（图 14-50B）：爪形突指状，中部略宽，后缘中部略内凹，背面端半部密被短纤毛。颚形突端突钩状；侧臂细长，自基部 3/5 处愈合。抱器瓣近平行四边形，顶角圆，端半部被长毛；抱器背长约为抱器瓣的 3/4，其下方基部 1/3 处具 1 伸向背缘的指状突起；抱器腹膨大成扇状，长约为抱器瓣腹缘的 1/2，其外缘密布短棘刺。囊突"U"形，略短于抱器腹。阳茎基环基部窄条状，后缘伸出 2 个细长且不对称侧叶，末端钝，侧叶基部 1/3 和近末端各具 1 短刺。阳茎与抱器瓣腹缘近等长，端部 1/4 密布微刺；无角状器。

雌性外生殖器（图 14-50C）：产卵瓣亚三角形，被稀疏长毛。前表皮突略短于后表皮突，基部 1/4 处略呈三角形；后表皮突基部 1/3 处略膨大。前阴片半圆形，近膜质，具褶皱。导管端片圆柱状，前缘膨大成椭圆形。囊导管长约为导管端片的 2 倍。交配囊椭圆形，略短于囊导管。囊突 2 个，水滴状。

分布：浙江（嘉兴、临安）、河南、广西、四川、贵州。

(1012) 广东异丛螟 *Salma kwangtungialis* (Caradja, 1925)（图 14-51）

Macalla kwangtungialis Caradja, 1925: 310.
Salma kwangtungialis: Solis, 1992: 288.

主要特征：成虫（图 14-51A）翅展 22.0–24.0 mm。头灰绿色杂红褐色鳞片。雄性下唇须污白色，混有黑色鳞片；第 1 节长约为第 2 节的 1/3；第 3 节末端尖。雄性下颚须黑色，杂黄褐色鳞毛。雄性触角腹面棕黄色，具浅灰色纤毛；背面白色；雄性无鳞突。胸部和翅基片污白色杂深褐色鳞片。前翅灰绿色，前缘基部 1/3 具黑色窄带，沿后缘半部均匀散布红褐色和黑色鳞片；内横线黑色，自前缘基部 2/5 处外斜至中室下角，后向内至 1A+2A 脉上方，再垂直延伸至后缘基部 2/5 处；外横线黑色，锯齿状，自前缘端部 1/3 处外斜至 M_2 脉，后内斜至 CuP 脉，再伸至后缘端部 1/4 处，外侧镶灰白色；中室端斑扇形，具黑色竖立鳞丛，其内侧鳞片浅红褐色；中室后缘基部下方具 1 大型黑色近扇形竖立鳞丛，其内侧杂红褐色鳞片；外缘线灰白色，其内侧均匀排列黑色矩形斑点。后翅灰色；外横线较模糊；前、后翅缘毛浅红褐色，沿翅脉处间黑色。

图 14-51　广东异丛螟 *Salma kwangtungialis* (Caradja, 1925)
A. 成虫；B. 雄性外生殖器

雄性外生殖器（图 14-51B）：爪形突中部略窄，两段宽阔，后呈铲状，具纤毛。颚形突端突钩状；侧臂窄带状，自基部 1/2 处愈合。抱器瓣背缘端部 2/3 略上弯，顶角圆，外缘较直，具稀疏长毛；抱器背达抱器瓣末端；抱器腹长约为抱器瓣腹缘的 1/2。阳茎基环"U"形。阳茎长约为抱器瓣腹缘的 1.5 倍；角状器 1 个，弯曲、刺状。

分布：浙江（临安）、湖北、广东、广西、四川、贵州、云南。

（1013）绿翅异丛螟 *Salma viridetincta* (Caradja, 1925)（图 14-52）

Macalla viridetincta Caradja, 1925: 308.
Salma viridetincta: Solis, 1992: 289.

主要特征：成虫（图 14-52A）翅展 24.0–32.0 mm。头黄白色杂黑色。雄性下唇须土黄色杂黑色鳞片；第 1 节长约为第 2 节的 1/3；第 3 节长约为第 2 节的 1/3；雌性下唇须较雄性细长，土黄色鳞片更多。下颚须短小，土黄色，基部黑色。触角腹面黄褐色，背面黑色；雄性无鳞突。胸部黑色杂黄褐色；翅基片黄绿色杂黑色和红褐色。前翅绿色，密布黑色鳞片，近后缘杂红褐色；内横线黑色，略呈波浪状，不连续，自前缘基部 1/3 处伸至后缘基部 1/3 处，外侧镶浅绿色；外横线黑色，锯齿状，自前缘端部 1/3 处外斜至 M_3 脉，后内斜至 CuP 脉，最后伸至后缘端部 1/4 处，外侧镶浅绿色；中室基斑缺失；中室端斑雌性黑色，雄性为 1 簇黑灰色鳞片；外缘线浅黄色，其内侧均匀排列黑色斑点，沿翅脉处间灰绿色；缘毛黑色杂红褐色。后翅灰色，基部近前缘污白色；外横线污白色，锯齿状，自前缘端部 1/3 处外斜至 M_3 脉，后内斜至 2A 脉；缘毛浅黄色，沿翅脉处间黑色。

雄性外生殖器（图 14-52B）：爪形突细长，自基部渐窄，末端尖，被短刚毛。颚形突端突钩状；侧臂窄带状，自中间处愈合。抱器瓣刀状，末端钝圆；抱器背达抱器瓣末端；抱器腹长约为抱器瓣腹缘的一半，其基部具 1 半圆形弱骨化突起。阳茎基环盾片状，后缘 1/2 呈裂口。阳茎长约为抱器瓣的 2/3，基部 3/5 较窄；无角状器。

雌性外生殖器（图 14-52C）：产卵瓣三角形，密被长纤毛。前、后表皮突近等长，端部膜质，基部 1/5 处均波曲。导管端片矩形，后缘"U"形。囊导管粗短，膜质，自基部渐加粗。交配囊椭圆形，与囊导管近等长；囊突长水滴状。

分布：浙江（宁波）、天津、河南、福建、广东、广西、贵州、云南。

图 14-52 绿翅异丛螟 *Salma viridetincta* (Caradja, 1925)
A. 成虫；B. 雄性外生殖器；C. 雌性外生殖器

391. 纹丛螟属 *Stericta* Lederer, 1863

Stericta Lederer, 1863: 340. Type species: *Glossina divitalis* Guenée, 1854.
Glossina Guenée, 1854: 124.
Matalai Walker, 1866: 1727.
Phialia Walker, 1866: 1736.
Oncobela Turner, 1937: 72.

主要特征：体中小型。下唇须细长上举；第 2 节末端达头顶。下颚须雄性刷状，雌性较短。雄性具鳞突。前翅内横线缺失；外横线波浪状；中室基斑和端斑常具竖立鳞丛。翅脉：前翅 R_1 及 R_2 脉由中室伸出，R_3、R_4、R_5 脉共柄，M_1 脉由中室上角伸出，M_2、M_3 脉出自中室下角一点，CuA_1 脉由中室下角前伸出。后翅 $Sc+R_1$ 脉与 Rs 脉接近，M_1 与 Rs 脉有短柄，M_2、M_3 和 CuA_1 脉由中室下角伸出。

雄性外生殖器：爪形突近矩形，或近正方形。颚形突端突钩状。抱器瓣至端部渐窄，有些种类抱器腹具发达的端突。阳茎基环侧叶发达。阳茎粗壮，略弯曲，角状器有或无。

雌性外生殖器：前、后表皮突近基部内弯。囊导管长于交配囊。交配囊椭圆形；囊突 2 个，骨化强烈。

分布：东洋区、澳洲区。世界已知 48 种，中国记录 11 种，浙江分布 4 种。

分种检索表

1. 抱器瓣中部具抱握器 ·· 红缘纹丛螟 *S. asopialis*
- 抱器瓣中部无抱握器 ··· 2
2. 抱器腹无端突 ··· 白边纹丛螟 *S. hoenei*
- 抱器腹具端突 ··· 3
3. 阳茎基环侧叶边缘锯齿状 ··· 齿基纹丛螟 *S. kogii*
- 阳茎基环侧叶边缘不呈锯齿状 ··· 垂斑纹丛螟 *S. flavopuncta*

（1014）红缘纹丛螟 *Stericta asopialis* (Snellen, 1890)

Pannucha asopialis Snellen, 1890a: 568.
Stericta asopialis: Hampson, 1896a: 121.

分布：浙江（临安）、天津、山西、河南、安徽、湖北、福建、广西、重庆、四川、贵州、云南；日本，印度，不丹。

注：描述见《天目山动物志》（李后魂等，2020）。

（1015）垂斑纹丛螟 *Stericta flavopuncta* Inoue et Sasaki, 1995（图 14-53）

Stericta flavopuncta Inoue et Sasaki, 1995: 247.

主要特征：成虫（图 14-53A）翅展 21.0–25.0 mm。头黑色杂灰白色。下唇须黑色，散布灰白色鳞片，各节末端灰白色；第 1 节长约为第 2 节的 1/4；第 3 节末端尖，长约为第 2 节的 2/5。下颚须短小，灰白色杂黑灰色。触角基部 2/3 黄褐色，端部 1/3 浅黄色，背面具黑色环纹；鳞突黑色杂灰白色，末端超过后胸。翅基片基半部灰白色，端半部黑色。前翅基部黑色；中部白色，散布粉红色鳞片；端部黑色，散布灰绿色鳞片；内横线缺失；外横线黑色，自 R_5 脉中部外斜至 M_3 脉，之后向内伸至后缘端部 1/5 处，外侧镶白色；中室端斑黑色，具黑色竖立鳞丛；沿前缘中部具 1 黑色矩形斑，端部 1/3 处具 1 黑色三角形斑；外缘线黄白色，其内侧均匀排列黑色斑点，沿翅脉处间黄白色。后翅灰色，自基部渐加深；外横线白色，较模糊，中部内侧具黑色斑点；前、后翅缘毛灰色。

图 14-53　垂斑纹丛螟 *Stericta flavopuncta* Inoue et Sasaki, 1995
A. 成虫；B. 雄性外生殖器；C. 雌性外生殖器

雄性外生殖器（图 14-53B）：爪形突近正方形，后缘钝，背面密被刚毛。颚形突端突钩状；侧臂自中部愈合膨大。抱器瓣背腹缘近平行，外缘钝圆，被细长毛；抱器背骨化弱；抱器腹长约为抱器瓣腹缘的 1/2，末端具 1 指状突起，长约为抱器瓣宽的 2/3。囊形突三角形。阳茎基环基部膨大，近矩形，侧叶长约为其基部宽的 4 倍。阳茎粗短；角状器 10 余个，短刺状。

雌性外生殖器（图 14-53C）：产卵瓣长三角形，被细刚毛。前表皮突略粗于后表皮突，长约为后表皮突的 2/3，近基部内弯成 150°；后表皮突近基部成 120°。导管端片倒梯形。囊导管膜质。交配囊椭圆形，长约为囊导管的 1/3；囊突近圆形。

分布：浙江（临安）、吉林、天津、河北、河南、甘肃、广西、四川、贵州、云南；俄罗斯，日本。

（1016）白边纹丛螟 *Stericta hoenei* Caradja, 1935（图 14-54）

Stericta hoenei Caradja in Caradja & Meyrick, 1935: 28.

主要特征：成虫（图 14-54A）翅展 23.0–24.0 mm。头黑色。雄性下唇须黑色，杂灰白色鳞片；第 1 节长约为第 2 节的 1/2；第 3 节长约为第 2 节的 1/2；雌性第 3 节为第 2 节长的 2/3。下颚须扁平，黑色，基部杂白色鳞片。触角基半部黄褐色，端半部浅黄色，背面具黑色环纹。鳞突黑色，末端达后胸。胸部和翅基片黑色。前翅基部黑色；中部白色，散布黄白色鳞片，前缘杂黑色；端部黑灰色。内横线缺失；外横线模糊，略呈波浪状，自 R_5 脉基部向外延伸至 M_2 脉，后向内斜至 CuA_2 脉，最后向外伸至后缘端部 1/3 处，外侧镶不明显的白色；中室基斑缺失；中室端斑较小，中室基部具 1 黑色竖立鳞丛；外缘线黄白色，其内侧均匀排列黑色斑点，沿翅脉处间灰色。后翅灰色；外横线灰白色，较模糊；前、后翅缘毛灰色。

雄性外生殖器（图 14-54B）：爪形突矩形，中部略窄，末端钝圆。颚形突钩状；侧臂自中部愈合。抱器瓣近平行四边形，外缘钝斜；抱器背骨化弱，达抱器瓣末端；抱器腹长约为抱器瓣腹缘的 1/3。囊形突短小，三角形。阳茎基环"V"形，侧叶自基部渐窄。阳茎与抱器瓣近等长，基部 3/4 密布齿突；无角状器。

雌性外生殖器（图 14-54C）：产卵瓣三角形，密被纤毛。前表皮突较后表皮突略粗短，基部 1/6 处内弯成 150°；后表皮突基部 1/4 处膨大成三角形。囊导管膜质，基部 1/4 处具 1 弱骨化环。交配囊梨形，约为囊导管长的 2/3；囊突近圆形。

分布：浙江（嘉兴、临安、丽水）。

图 14-54 白边纹丛螟 *Stericta hoenei* Caradja, 1935
A. 成虫；B. 雄性外生殖器；C. 雌性外生殖器

（1017）齿基纹丛螟 *Stericta kogii* Inoue *et* Sasaki, 1995（图 14-55）

Stericta kogii Inoue *et* Sasaki, 1995: 245.
Stericta atribasalis Hampson, 1900b: 376.

主要特征：成虫（图 14-55A）翅展 17.0–20.0 mm。头额灰白色，头顶黑色。下唇须黑色杂灰白色；第 1 节长约为第 2 节的 1/4；第 2 节末端达头顶；第 3 节灰白色，长约为第 2 节的 1/2；雌性下唇须较雄性细长。下颚须短小，黑灰色。触角基部黄褐色，端部 1/4 浅黄色，背面具黑色环纹；鳞突黑色，末端超过后胸。胸部及翅基片黑灰色。前翅基部黑色；中部具浅红棕色倒梯形斑，杂黑色鳞片；端部深灰色；内横线缺失；外横线黑色，较模糊，自 R_5 脉中部外斜至 CuA_1 脉，之后向内延伸至后缘近臀角处；中室基斑缺失；中室端斑黑色；外缘线浅黄色，沿外缘线均匀排列黑色斑点，沿翅脉处间浅黄色。后翅深灰色，自基部渐加深；前、后翅缘毛均灰色。

雄性外生殖器（图 14-55B）：爪形突中部宽，向端部渐窄，后缘钝，密被短刚毛。颚形突端突钩状；侧臂自中部愈合膨大。抱器瓣刀状，基部宽，向端部渐窄，被细长毛；抱器背骨化弱，达抱器瓣末端；抱器腹长约为抱器瓣腹缘的 1/2，自基部渐窄，其末端具 1 指状突起，长约为抱器瓣宽的 1/3，被稀疏短刚毛。囊形突"U"形。阳茎基环基部近矩形，侧叶边缘锯齿状。阳茎细长，略长于抱器瓣；角状器 1 个，长针状。

雌性外生殖器（图 14-55C）：产卵瓣长三角形，被长短不一的细刚毛。前表皮突长约为后表皮突的 2/3，基部 1/5 处内弯成 150°；后表皮突基部 1/4 处膨大成三角形。导管端片正方形。囊导管膜质。交配囊椭圆形，长约为囊导管的 1/4；囊突近圆形。

分布：浙江（杭州）、黑龙江、吉林、辽宁、北京、天津、河北、山西、河南、陕西、甘肃、湖北、福建、海南、广西、四川、贵州、云南；日本。

图 14-55　齿基纹丛螟 *Stericta kogii* Inoue *et* Sasaki, 1995
A. 成虫；B. 雄性外生殖器；C. 雌性外生殖器

392. 网丛螟属 *Teliphasa* Moore, 1888

Teliphasa Moore, 1888: 200. Type species: *Teliphasa orbiculifer* Moore, 1888.

主要特征：体型较大。雄性下唇须较雌性明显粗壮；末端明显超过头顶，第 3 节极短，常隐藏在第 2 节鳞片中，雌性下唇须细长，第 3 节细尖。无鳞突。中室基斑和端斑显著，其上具竖立鳞丛，外横线较宽。前翅 R_1 及 R_2 脉由中室伸出，R_3、R_4 及 R_5 脉共柄，M_2 与 M_3 脉有 1/3 靠近。后翅 $Sc+R_1$ 与 Rs 脉分离，M_1 与 Rs 脉由中室上角伸出或具短柄，M_2 与 M_3 脉有 1/3 靠近，CuA_1 脉由中室下角伸出。

雄性外生殖器：爪形突不发达。颚形突两侧臂细长；匙形突锥状；抱器瓣近圆形，密被细毛，抱器背发达，抱器腹不发达；囊形突分离，或者不发达；阳茎粗壮，角状器骨化强烈。

雌性外生殖器：囊导管不长于交配囊；交配囊椭圆形，2 个囊突骨化强烈，多数种类囊突中部具骨化脊。

分布：古北区、东洋区。世界已知 14 种，中国记录 9 种，浙江分布 5 种。

分种检索表

1. 囊形突分离，阳茎基环无侧叶 ··· 2
- 囊形突不分离，阳茎基环具侧叶 ··· 4
2. 阳茎角状器 2 个 ·· 白腹网丛螟 *T. sakishimensis*
- 阳茎角状器 1 个 ··· 3
3. 爪形突近梯形，抱器背腹缘具 1 近三角形突起 ·· 白带网丛螟 *T. albifusa*
- 爪形突椭圆形，抱器背腹缘无突起 ··· 大豆网丛螟 *T. elegans*
4. 爪形突半圆形，阳茎基环基部侧面呈半圆形突出 ··· 阿米网丛螟 *T. amica*
- 爪形突形状不规则，阳茎基环基部侧面呈球形扩大 ··· 云网丛螟 *T. nubilosa*

（1018）白带网丛螟 *Teliphasa albifusa* (Hampson, 1896)（图 14-56）

Macalla albifusa Hampson, 1896: 113.
Parasarama shisana Strand, 1919: 51.
Teliphasa albifusa: Inoue & Yamanaka, 1975: 99.

主要特征：成虫（图 14-56A）翅展 32.0–42.0 mm。头白色。雄性下唇须灰绿色杂褐色和黑色；第 1 节长约为第 2 节的 1/3；第 2 节末端超过头顶，内侧具沟槽；第 3 节白色，末端尖；雌性下唇须细，第 2 节白色杂黄褐色，内侧具白色短鳞毛；第 3 节白色杂黄褐色，长约为第 2 节的 1/2。下颚须雄性长刷状，黄白色；雌性短小，白色。触角柄节白色杂黑褐色；鞭节腹面黄褐色，雄性具灰色短纤毛；背面雄性基部 2/3 黑色杂白色，端部 1/3 白色，雌性白色，具黑色环纹。胸部和翅基片黄褐色杂黑色。前翅基部灰绿色或黄褐色杂黑色；中部白色杂灰绿色；端部黑色，密布灰绿色鳞片；内横线黑色，自前缘基部 1/3 内凹至 1A+2A 脉下方，后内斜至后缘基部 1/3 处；外横线黑色，自前缘端部 1/3 处外斜至 M_3 脉，后内斜至 CuA_2 脉，最后垂直伸至后缘端部 1/3 处，其外侧前缘脉上具 1 白色斑点；中室基斑较小，为灰绿色杂黑色竖立鳞丛，外侧鳞片白色；中室端斑较大，为黑色竖立鳞丛，外侧鳞片白色；中室后缘中部下方另具 1 黑色杂灰绿色竖立鳞丛，其外侧鳞片白色；外缘线黄白色，内侧均匀排列黑色矩形斑点，沿翅脉处间黄白色。后翅基部 2/3 白色，端部 1/3 黑灰色，自前缘至后缘渐浅；中室端斑灰色。前、后翅缘毛均为黑灰色，间浅黄褐色。

图 14-56　白带网丛螟 Teliphasa albifusa (Hampson, 1896)
A. 成虫；B. 雄性外生殖器；C. 雌性外生殖器

雄性外生殖器（图 14-56B）：爪形突近梯形，后缘较直，背面具稀疏纤毛。颚形突自基部渐窄，末端钩状，长约为匙形突的 3/4；抱器瓣近圆形，端部 4/5 密被短纤毛；抱器背宽带状，达抱器瓣末端；抱器腹达抱器瓣腹缘末端。阳茎基环"山"字形，侧叶末端尖。囊形突三角形。阳茎基半部略窄；角状器 2 个，1 个长片状，端部锯齿状，1 个亚矩形，端部加宽，长约为阳茎的 1/2。

雌性外生殖器（图 14-56C）：产卵瓣基半部衣领状，端半部铲形，后缘钝，密被短纤毛。前表皮突长约为后表皮突的 1.2 倍，略粗于后表皮突，基部 1/3 明显膨大。导管端片形状不规则，骨化强烈。囊导管长约为交配囊的 1/2，后缘具 2 个不规则骨片。交配囊梨形；囊突近矩形，密布齿突，中间处凸出呈三角形。

分布：浙江（嘉兴、杭州、衢州、温州）、辽宁、天津、河北、山西、河南、湖北、福建、台湾、海南、广西、四川、云南；韩国，日本，印度。

（1019）阿米网丛螟 Teliphasa amica (Butler, 1879)（图 14-57）

Locastra amica Butler, 1879a: 447.
Teliphasa amica: Mutuura, 1957: 105.

主要特征：成虫（图 14-57A）翅展 29.0–39.0 mm。头白色。雄性下唇须黑色杂白色；第 1 节长约为第 2 节的 1/3；第 2 节末端超过头顶，内侧具沟槽；第 3 节白色，末端尖；雌性下唇须较雄性细，第 2 节内侧黑色杂白色；第 3 节长约为第 2 节的 1/4，末端尖。下颚须雄性长刷状，黄色；雌性短小，黑色。触角雌性细于雄性；柄节白色杂黑褐色；鞭节腹面褐色，雄性具灰色短纤毛；背面白色，具黑色环纹。胸部和翅基片黑色杂褐色。前翅基部黑色杂黄褐色；中部白色杂黄褐色和黑色；端部黑色，密布黄褐色鳞片；内横线黑色，自前缘基部 1/4 处略内斜至中室后缘鳞丛外，后略外弓至后缘基部 1/3 处；外横线黑色，自前缘端部 1/3 处外斜至 M_3 脉，后内斜至近 CuA_2 脉基部，最后伸至后缘端部 1/3 处，其外侧镶褐色宽带；中室基斑较小，为黑色竖立鳞丛，外侧鳞片白色；中室端斑较大，扇形，为黑色竖立鳞丛，外侧鳞片白色；中室后缘中部下方另具 1 黑色纵向竖立鳞丛，其外侧鳞片白色；外缘线黄白色，内侧均匀排列黑色斑点，沿翅脉处间黄白色；缘毛黑色，沿翅脉处间浅黄色。后翅基部 2/5 白色，端部 3/5 黑灰色，自前缘至后缘渐浅；中室端黑斑灰色，月牙形；缘毛黄白色，沿翅脉处间黑色。

雄性外生殖器（图 14-57B）：爪形突半圆形。颚形突长约为匙形突的 1/2；抱器瓣近圆形，端部 4/5 密被长纤毛；抱器背达抱器瓣末端；抱器腹近三角形，未达抱器瓣腹缘末端。阳茎基环基部圆形，后缘伸出 2 个细长侧叶。囊形突缺失。阳茎基部 1/3 处略弯曲；角状器 1 个，长梭状。

雌性外生殖器（图 14-57C）：产卵瓣基半部衣领状，端半部铲形，后缘钝圆，密被长短不一的纤毛。前表皮突长约为后表皮突的 1.2 倍。导管端片亚矩形。囊导管长约为交配囊的 3/4。交配囊长椭圆形；囊突近三角形，中间处略凸出，密布齿突，前缘半部齿突较小，后缘半部较大。

分布：浙江（杭州）、辽宁、天津、河北、山西、河南、陕西、湖北、江西、福建、海南、广西、四川、贵州、云南；日本。

图 14-57　阿米网丛螟 *Teliphasa amica* (Butler, 1879)
A. 成虫；B. 雄性外生殖器；C. 雌性外生殖器

（1020）大豆网丛螟 *Teliphasa elegans* (Butler, 1881)

Locastra elegans Butler, 1881: 581.
Teliphasa elegans: Mutuura, 1957: 105.

分布：浙江（临安）、北京、天津、山东、河南、湖北、贵州；日本。
注：描述见《天目山动物志》（李后魂等，2020）。

（1021）云网丛螟 *Teliphasa nubilosa* Moore, 1888

Teliphasa nubilosa Moore in Hewitson & Moore, 1888: 201.

分布：浙江（临安）、海南、广西、云南、西藏；印度。
注：描述见《天目山动物志》（李后魂等，2020）。

（1022）白腹网丛螟 *Teliphasa sakishimensis* Inoue et Yamanaka, 1975（图 14-58）

Teliphasa sakishimensis Inoue et Yamanaka, 1975: 101.

主要特征：成虫（图 14-58A）翅展 32.0–38.0 mm。头白色杂灰绿色。雄性下唇须第 1 节黑绿色，长约为第 2 节的 1/4；第 2 节外侧黑绿色杂白色，内侧具沟槽；第 3 节白色，末端尖；雌性下唇须第 2 节白色，外侧杂黄褐色，末端达头顶；第 3 节黑色杂黄褐色，末端尖，白色，长约为第 2 节的 1/4。下颚须雄性长刷状，污白色；雌性短小，扁平，白色，外侧杂黑色。触角柄节白色杂黑褐色；鞭节腹面雄性黄褐色，具灰色短纤毛，雌性黑色；背面白色，具黑色环纹。胸部和翅基片黄褐色或灰绿色杂黑色和白色鳞片。前翅基部黑绿色，杂黑色和褐色鳞片，近胸部杂白色，其中间处具 1 小型白色斑点；中部白色杂黑绿色，沿前缘密布黑绿色鳞片；端部黑色，密布黑绿色鳞片；内横线黑色，自中室后缘竖立鳞丛外斜至 1A+2A 下方后近内斜至后缘基部 1/3 处；外横线黑色，较宽，自前缘端部 1/4 外斜至 M_3 脉，后内斜至 CuA_1 脉基部，最后近垂直延伸至后缘端部 1/3 处，其外侧前缘脉上具 1 白色斑点；中室基斑小，近圆形，为黑绿色竖立鳞丛，其外侧鳞片白色；中室端斑近矩形，为黑色竖立鳞丛；中室后缘中部下方另具 1 黑色竖立鳞丛，其外侧鳞片白色；外缘线白色，内侧均匀排列黑色矩形斑点，沿翅脉处间黄白色。后翅基部 2/3 白色，端部 1/3 黑灰色，自前缘至后缘渐浅；中室端斑灰色。前、后翅缘毛均为浅黄褐色，沿翅脉处间黑色。

图 14-58　白腹网丛螟 *Teliphasa sakishimensis* Inoue *et* Yamanaka,1975
A. 成虫；B. 雄性外生殖器；C. 雌性外生殖器

雄性外生殖器（图 14-58B）：爪形突近梯形，后缘钝。颚形突细长，长约为匙形突的 3/4，末端小钩状；抱器瓣近菱形，基部略窄，外缘钝圆，端部 4/5 密被长纤毛；抱器背窄带状，自基部渐窄，长约为抱器瓣的 1/2，背缘略凸出；抱器腹窄带状，长约为抱器瓣腹缘的 1/3。阳茎基环亚梯形，端半部密布微刺，其后缘具 1 个粗壮棘刺状突起。囊形突分离，三角形。阳茎基部 2/5 处略弯曲，腹缘端部 1/4 处具 1 骨化强烈的长刺；角状器 2 个，1 个长片状，端部锯齿状，另 1 个细长，片状，末端略分叉，略长于阳茎的 1/3。

雌性外生殖器（图 14-58C）：产卵瓣基半部衣领状，端半部铲形，后缘中部略内凹，密被短纤毛。前表皮突略短于后表皮突。导管端片亚矩形，后缘具 2 个亚矩形骨化板。囊导管细长，端部 3/4 骨化强烈，略短于交配囊。交配囊椭圆形；囊突椭圆形，中间处略凸出，密布齿突。

分布：浙江（衢州、丽水）、北京、江西、福建、台湾、广东、海南、广西、四川、贵州、云南；日本。

393. 棘丛螟属 *Termioptycha* Meyrick, 1889

Termioptycha Meyrick, 1889b: 504. Type species: *Termioptycha cyanopa* Meyrick, 1889.
Sialocyttara Turner, 1913: 134.

主要特征：体中至大型。下唇须上举过头顶。下颚须扁平。雄性无鳞突。前翅中室基斑和端斑具竖鳞丛。内、外横线较显著。前翅 R_3、R_4 及 R_5 脉共柄，M_1 脉弯曲，由中室上角伸出，M_2 与 M_3 脉共柄，CuA_1 脉由中室下角前伸出。后翅 M_1 及 Rs 脉由中室上角伸出，M_2 脉与 M_3 脉共柄，CuA_1 脉靠近 M_{2+3} 脉。

雄性外生殖器：爪形突柱状或亚矩形，后缘叉状或内凹；颚形突两侧臂于中间处愈合成拱形，多数种类侧臂向下伸出突起；抱器瓣近四边形，抱器背、腹发达，前者中部常突起；囊形突发达，呈三角形；阳茎多具 1 束强刺状角状器。

雌性外生殖器：导管端片发达；囊导管粗细均匀；囊突 2 个，圆形或椭圆形，密布微齿。

分布：古北区北部、东洋区、澳洲区。世界已知 16 种，中国记录 10 种，浙江分布 4 种。

分种检索表

1. 爪形突端部具 2 个细长端突 ··· 双线棘丛螟 *T. bilineata*
- 爪形突端部不分叉，无端突 ··· 2
2. 抱器背光滑无突起 ··· 麻楝棘丛螟 *T. margarita*
- 抱器背中部具瘤状突起 ··· 3
3. 抱器瓣末端具 1 个粗刺 ··· 钝棘丛螟 *T. eucarta*
- 抱器瓣末端无粗刺 ··· 黑带棘丛螟 *T. inimica*

（1023）双线棘丛螟 *Termioptycha bilineata* (Wileman, 1911)（图 14-59）

Macalla bilineata Wileman, 1911a: 364.
Termioptycha bilineata: Inoue & Yamanaka, 1975: 105.

主要特征：成虫（图 14-59A）翅展 24.0–25.0 mm。头灰色，杂黑色鳞片。雄性下唇须第 1 节黑色，末端污白色，长约为第 2 节的 1/5；第 2 节末端超过头顶，深灰色，散布黑色鳞片，内侧中空；第 3 节末端尖，灰黑色。雄性下颚须长刷状，基部 1/4 棕黄色，端部 3/4 黄白色。雄性触角黑褐色，内侧具浅灰色短纤毛，长约等于触角直径，外侧具白色环纹。胸部及翅基片灰色，杂黑色和褐色鳞片。前翅灰黑色，均匀散布黄褐色和灰白色鳞片；内横线黑色，自前缘基部 1/4 处外斜至后缘基部 1/3 处；外横线黑色，自前缘端部 1/3 处外斜至 M_3 脉，后内斜至后缘端部 1/3 处；中室基斑缺失；中室端斑为黑色竖立鳞丛，外侧鳞片白色；中室中部另具 1 黑色竖立鳞丛，外侧鳞片白色；外缘线灰色，其内侧均匀排列黑色近正方形斑点，沿翅脉处间灰色；缘毛基部 1/3 黑色杂红褐色，端部 2/3 灰色，沿翅脉处间黑色。后翅灰色，自基部渐加深；外横线不明显，灰色，自 M_2 脉外弓至 1A 脉，或缺失；缘毛基部 1/3 灰色，端部 2/3 黄白色。

图 14-59 双线棘丛螟 *Termioptycha bilineata* (Wileman, 1911)
A. 成虫；B. 雄性外生殖器

雄性外生殖器（图 14-59B）：爪形突亚矩形，后缘分叉。颚形突侧臂末端愈合成拱状；基部 1/3 各向下伸出 1 个圆形突起。抱器瓣外缘钝圆，端部 1/3 密被长短不一的刚毛；抱器背长约为抱器瓣长的 2/3，末端具 1 个棘刺；抱器腹近三角形，不达抱器瓣腹缘末端；抱器瓣基部中间处具 1 小型片状突起，其边缘锯齿状，被稀疏细毛；距基部 1/3 的中间处具 1 内弯的长钩状抱握器。阳茎基环近正方形，后缘伸出窄带状侧叶，其末端愈合。阳茎长约为抱器瓣腹缘的 1.3 倍，端部 1/4 处具 1 束细刺，末端具 1 个刀片状角状器，其端半部边缘锯齿状。

分布：浙江（丽水、温州）、湖北、江西、四川、贵州；日本。

（1024）钝棘丛螟 *Termioptycha eucarta* (Felder *et* Rogenhofer, 1875)

Ethnisitis eucarta Felder *et* Rogenhofer in Felder, Felder & Rogenhofer, 1875: pl. 28.
Termioptycha cyanopa Meyrick, 1889b: 505.
Sialocyttara erasta Turner, 1913: 134.
Termioptycha distantia Inoue in Inoue et al., 1982: 378.
Termioptycha eucarta: Solis, 1992: 291.

分布：浙江（临安）、吉林、辽宁、山西、河南、陕西、江西、台湾、广东、海南、广西、四川；日本，印度尼西亚，澳大利亚，巴布亚新几内亚。

注：描述见《天目山动物志》（李后魂等，2020）。

（1025）黑带棘丛螟 *Termioptycha inimica* (Butler, 1879)（图 14-60）

Locastra inimica Butler, 1879a: 448.
Macalla shanghaiella Caradja, 1925: 309.
Termioptycha inimica: Inoue & Yamanaka, 1975: 104.

主要特征：成虫（图 14-60A）翅展 26.0 mm。头白色杂浅黄褐色。雄性下唇须第 1 节内侧白色，外侧基半部灰色，端半部黑色，约为第 2 节长的 1/2；第 2 节外侧黑色，内侧具白色长鳞毛；第 3 节黑色，末端白色，长约为第 2 节的 1/2。雄性下颚须基半部白色，端半部黑色。雄性触角腹面黄褐色，背面白色，各节间具黑色环纹。胸部及翅基片黑色杂白色。前翅基部 3/4 灰色，散布黑色和浅黄褐色鳞片；端部 1/4 黑色杂灰色和浅黄褐色；内横线黑色，较宽，自前缘基部 1/4 处外斜至后缘基部 1/3 处；外横线黑色，自前缘端部 1/3 处伸至后缘端部 1/3 处；中室基斑缺失；中室端斑为黑色竖立鳞丛；中室中部另具 1 黑色竖立鳞丛；外缘线灰色，其内侧具 1 列黑斑。后翅基部 2/3 白色，端部 1/3 具深灰色宽带，自前缘渐窄，颜色渐浅；外横线灰色。前、后翅缘毛深灰色。

图 14-60 黑带棘丛螟 *Termioptycha inimica* (Butler, 1879)
A. 成虫；B. 雄性外生殖器

雄性外生殖器（图 14-60B）：爪形突细长，端部略窄，后缘内凹明显。颚形突侧臂末端愈合成拱形，拱形中部向下延伸成圆形。抱器瓣背、腹缘近平行，外缘钝圆；抱器背中部膨大成瘤状突起，末端具 1 个棘刺；抱器瓣基部中间具 1 指状突起，其上被稀疏细毛。阳茎基环近矩形，端部两侧各伸出 1 片状侧叶。囊形突三角形。阳茎与抱器瓣腹缘近等长，末端具 1 束不规则的刺状角状器。

分布：浙江（丽水）广西、四川；日本。

（1026）麻楝棘丛螟 *Termioptycha margarita* (Butler, 1879)

Locastra margarita Butler, 1879b: 66.
Termioptycha margarita: Mutuura, 1957: 104.

分布：浙江（临安）、北京、安徽、湖北、江西、湖南、福建、台湾、广东、广西、四川、云南；日本，印度，不丹，马来西亚，印度尼西亚。

注：描述见《天目山动物志》（李后魂等，2020）。

（四）螟蛾亚科 Pyralinae

主要特征：体小至中型。额平或圆。单眼有或无。具毛隆。下唇须上举或前伸。下颚须细小。喙发达。前翅颜色鲜艳，前缘直，中部常有黑白相间的刻点，斑纹简单。后翅颜色淡，一般只有内、外横线。

雄性外生殖器：爪形突宽大；颚形突通常细长；背兜骨化强烈；抱器背基突存在或消失；抱器瓣结构简单，被毛，抱器瓣具基突或消失；抱器腹发达或不显著；阳茎基环形状变化较大；阳茎管状，角状器有或无。

雌性外生殖器：产卵瓣椭圆形或三角形；表皮突发达；囊导管细长或短粗；交配囊一般椭圆形，囊突有或无。

分布：世界广布。世界已知200余属900多种，中国记录近40属150余种，浙江分布18属55种。

分属检索表

1. 雄性触角基部明显膨大，后翅 $Sc+R_1$ 脉与 Rs 脉基部共柄 ················ 歧角螟属 *Endotricha*
- 雄性触角基部无明显膨大；后翅 $Sc+R_1$ 脉与 Rs 脉靠近但不共柄 ················ 2
2. 前翅前缘基部呈弓形拱突；前翅外缘中段向外形成凸出的尖角 ················ 弓缘残翅螟属 *Xenomilia*
- 前翅无弓形拱突；前翅外缘弧形拱突 ················ 3
3. 后足第1跗节有毛丛 ················ 厚须螟属 *Arctioblepsis*
- 后足第1跗节无毛丛 ················ 4
4. 喙退化，通常不可见 ················ 缟螟属 *Aglossa*
- 喙发达，可见 ················ 5
5. 下唇须第2节近前伸或斜向前伸，第3节平伸 ················ 6
- 下唇须第2、3节弯曲上举 ················ 9
6. 下唇须明显超过复眼直径的2倍 ················ 7
- 下唇须长度与复眼直径接近 ················ 8
7. 翅面橘红色或紫红色；前翅常具1个金黄色大斑 ················ 双点螟属 *Orybina*
- 翅面灰色或黑色；前翅无明显大斑 ················ 长须短颚螟属 *Trebania*
8. 雄性外生殖器抱器背基突相连，连接处成钳状突起 ················ 埃螟属 *Arippara*
- 雄性外生殖器抱器背基突无钳状突起 ················ 鹦螟属 *Loryma*
9. 后翅 M_2 与 M_3 共柄或出自同一点 ················ 10
- 后翅 M_2 与 M_3 分离 ················ 15
10. 下唇须第3节向前平伸 ················ 11
- 下唇须第3节上举 ················ 12
11. 雄性阳茎基环骨化弱、无特殊结构；阳茎角状器有或无 ················ 巢螟属 *Hypsopygia*
- 雄性阳茎基环骨化强，"U"形或椭圆形常具刺束；阳茎常具1个粗刺状或多个细刺状角状器 ················ 条螟属 *Bostra*
12. 雄性外生殖器颚形突侧臂具反向延伸 ················ 长颚螟属 *Peucela*
- 雄性外生殖器颚形突无反向延伸 ················ 13

13.	后翅 M₂ 和 M₃ 不共柄	奇翅螟属 *Perisseretma*
-	后翅 M₂ 和 M₃ 共柄	14
14.	颚形突端部愈合成细棒状，末端钩状	景螟属 *Scenedra*
-	颚形突端部愈合成长钩状	螟蛾属 *Pyralis*
15.	下唇须上举明显，第 3 节细长，超过头顶	缨须螟属 *Stemmatophora*
-	下唇须第 3 节短小，未超过头顶	16
16.	雄性外生殖器阳茎末端膨大成球状	富士螟属 *Fujimacia*
-	雄性外生殖器阳茎筒状，末端非膨大	17
17.	前翅 Sc 脉伸至前缘 1/2 处	甾瑟螟属 *Zitha*
-	前翅 Sc 脉伸至前缘 2/3 处	硕螟属 *Toccolosida*

394. 缟螟属 *Aglossa* Latreille, 1796

Aglossa Latreille, 1796: 145. Type species: *Phalaena pinguinalis* Linnaeus, 1758.

Euclita Hübner, 1825: 347.

Oryctocera Ragonot, 1891b: 51.

Crocalia Ragonot, 1892: 634.

Agriope Ragonot, 1894: 163.

主要特征：额及头顶被光滑鳞片。下唇须发达，向上弯曲，明显超过头顶，第 3 节长，末端尖。下颚须丝状，有些个体端部鳞片扩展。喙不可见。雄性触角长纤毛状，雌性纤毛较短。无单眼。后足胫节基部外侧具毛缨。前翅狭长，CuA₁ 脉靠近中下室下角伸出，M₂ 与 M₃ 脉靠近或共柄，M₁ 脉由中室下角伸出。后翅 CuA₁ 脉由中室下角伸出，M₂ 与 M₃ 脉靠近或共柄，M₁ 及 Rs 脉由中室伸出。

雄性外生殖器：爪形突舌状或锥形。颚形突侧臂带状，端部愈合成钩状。抱器瓣近舌状，由基部至端部渐细。阳茎基环椭圆形，顶端具"V"形开口。囊形突三角形。阳茎筒形，内常具 1 个刺状角状器。

雌性外生殖器：产卵瓣发达，通常椭圆形或三角形；前、后表皮突均较粗。囊导管膜质，细长，前端内侧常具刻点，基部具基环。交配囊膜质，椭圆形，通常具 1 个小囊突。

分布：世界广布。世界已知 50 余种，中国记录 4 种，浙江分布 1 种。

（1027）米缟螟 *Aglossa dimidiata* (Haworth, 1809)

Crambus dimidiatus Haworth, 1809: 372.

Aglossa dimidiata: Hampson, 1896a: 147.

主要特征：成虫翅展 22.0–34.0 mm。头顶有灰黄色细毛丛。雄蛾腹部末端刚毛橙黄色。前翅黄褐色，密布黑色鳞片，有 4 条淡红褐色锯齿状横线；翅前缘有 1 排黑色斑纹；外缘有 1 排紫黑色锯齿小斑。后翅淡褐色，前缘色泽较深，有 1 条不明显的淡黄色波状横线。双翅缘毛淡红色。

雄性外生殖器：爪形突锥状，端部被毛。颚形突细长，顶端钩状，基部两侧臂粗细均匀。抱器瓣舌状，端部略尖。阳茎基环盾片状，顶端具凹口。囊形突三角形。阳茎细长，约与抱器瓣近等长；角状器 1 个，针刺状，长度约为阳茎的 1/5。

分布：浙江、黑龙江、内蒙古、河北、山西、山东、宁夏、青海、新疆、江苏、安徽、湖北、江西、湖南、福建、广东、四川、云南；俄罗斯，韩国，日本，印度，缅甸，越南，斯里兰卡，马来西亚。

注：未见标本，描述来自汪家社等（2003）。

395. 厚须螟属 *Arctioblepsis* Felder *et* Felder, 1862

Arctioblepsis Felder *et* Felder, 1862: 33. Type species: *Arctioblepsis rubida* Felder *et* Felder, 1862.

主要特征：体中型。额圆。下唇须较长，平伸，雄性下唇须第 2、3 节鳞片发达，鸟喙状，内侧形成空腔。喙发达。雄性成虫肩板下侧具长毛簇。胫节及第 1 跗节具毛缨。前翅 R_3 和 R_4 脉共柄后再和 R_2 脉共长柄，M_2、M_3 脉自中室下角伸出。后翅 $Sc+R_1$ 和 Rs 脉分离，Rs 与 M_1 脉共柄，M_2、M_3 脉从中室下角伸出。

雄性外生殖器：爪形突骨化强烈，顶端锥形。颚形突发达，端部尖细，呈弯钩状。抱器瓣长椭圆形。囊形突"V"形。阳茎粗壮。

雌性外生殖器：前、后表皮突均短粗。基环骨化明显，囊导管粗。交配囊长卵形，无囊突。

分布：东洋区。世界已知 1 种，中国记录 1 种，浙江分布 1 种。

(1028) 黑脉厚须螟 *Arctioblepsis rubida* Felder *et* Felder, 1862

Arctioblepsis rubida Felder *et* Felder, 1862: 33.

分布：浙江（临安）、河南、湖北、江西、湖南、福建、台湾、广东、海南、广西、四川、云南；印度，孟加拉国，斯里兰卡。

注：描述见《天目山动物志》（李后魂等，2020）。

396. 埃螟属 *Arippara* Walker, 1863

Arippara Walker, 1863: 74. Type species: *Arippara indicator* Walker, 1863, by monotypy.
Paleca Butler, 1879a: 354.
Paredra Snellen, 1880b: 60.

主要特征：体中型。额及头顶被粗糙鳞片。下唇须前伸，第 3 节平伸。下颚须细小，丝状。雄性触角栉齿状。前翅宽，R_3 伸至顶角，R_3 和 R_4 脉共长柄后再与 R_5 脉共柄；M_1 脉和 R_{3+4+5} 脉出自中室上角；M_2 和 M_3 脉出自中室下角；CuA_1 脉从中室下角前伸出。后翅 Rs 与 M_1 脉共短柄；M_2 与 M_3 脉在中室下角处接近；CuA_1 脉从中室下角前伸出。

雄性外生殖器：爪形突舌状或柱状。颚形突短小，顶端钩状。抱器背基突端部连接，后缘具 2 片钳状突起。抱器瓣舌状，具抱握器。阳茎筒形，通常具 1 个刺状角状器。

雌性外生殖器：产卵瓣发达，通常椭圆形。前表皮突长于后表皮突。囊导管膜质，细长，基部具基环。交配囊膜质，椭圆形。

分布：东洋区、澳洲区。世界已知 5 种，中国记录 1 种，浙江分布 1 种。

(1029) 盐肤木黑条螟 *Arippara indicator* Walker, 1864（图 14-61）

Arippara indicator Walker, 1864a: 44.

主要特征：成虫（图 14-61A）翅展 32.0 mm。额和头顶红褐色。触角红褐色，腹面密被白色纤毛。下唇须红褐色掺杂黑色，第 1 和第 2 节上举，超过头顶，第 3 节前伸。下颚须细小。喙基部深褐色。领片、胸部和翅基片红褐色掺杂淡黄色。前翅黄褐色略带紫红色，前缘有 1 列黄褐色和黑色相间的刻点；基区和中区红褐色，散布黑色鳞片，中室端斑黑色，椭圆形；外缘区颜色略深，暗红色；内、外横线淡黄色，内横线外侧和外横线内侧黑色镶边，内横线直，自前缘基部 1/3 伸至后缘基部 1/3，外横线呈弧形内弯至 CuA$_1$ 脉处，然后垂直于伸至后缘；缘毛红褐色。后翅颜色略浅于前翅，内、外横线弧形弯曲，全翅后缘两线渐接近；翅后缘缘毛长、黄褐色，其余缘毛红褐色。

图 14-61　盐肤木黑条螟 *Arippara indicator* Walker, 1864
A. 成虫；B. 雄性外生殖器

雄性外生殖器（图 14-61B）：爪形突基部分 2 叉，中部略窄，端部较宽，后缘中部略凹入。颚形突粗壮，末端尖，达爪形突中部。横带片宽，左右 2 支愈合，呈钳状。抱器瓣舌状，端部 1/3 渐窄，末端圆。阳茎基环圆形，后缘中部凹入。阳茎细长，端半部略细，中部弯曲；有 1 个刺状角状器。

分布：浙江（杭州、丽水）、北京、河北、江西、福建、台湾、海南；韩国，日本，印度，马来西亚，印度尼西亚。

397. 条螟属 *Bostra* Walker, 1863

Bostra Walker, 1863: 123. Type species: *Bostra illusella* Walker, 1863.
Therapne Ragonot, 1890: xciii.

主要特征：头顶被粗糙鳞片。下唇须向上弯，第 3 节短小并前伸。下颚须丝状。雄性触角腹侧具纤毛，雌性丝状。前翅较宽，R$_3$、R$_4$、R$_5$ 脉共柄，R$_{3+4+5}$ 与 M$_1$ 同出自中室上角。M$_2$ 与 M$_3$ 脉由中室下角伸出。后翅 Rs 与 M$_1$ 共短柄，M$_2$ 与 M$_3$ 同出自中室下角。

雄性外生殖器：爪形突柱状。颚形突侧臂窄带状，端部愈合成梭形，末端尖钩状。抱器瓣近舌形，有时中部具脊状，其上被发达刺状束。阳茎基环"U"形或椭圆形，其上具特殊形状的突起。阳茎棒状，内具 1 个粗刺状角状器或多个细刺状角状器。

雌性外生殖器：前、后表皮突粗壮。导管端片骨化，多呈四边形。囊导管内部常具刻点。交配囊膜质，圆形，内壁具微刺；囊突圆形或椭圆形，其上具刺。

分布：世界广布。世界已知 106 种，中国记录 2 种，浙江分布 3 种，包含 1 中国新记录种。

分种检索表

1. 前翅棕红色；阳茎角状器 1 个，粗针状 ·· 娜条螟 *B. nanalis*
- 前翅黄褐色；阳茎角状器由若干细刺组成 ··· 2
2. 雄性爪形突细柱状，长为宽的 5 倍；抱器背近端部具 1 簇长刺束；阳茎基环"U"形 ············· 佛条螟 *B. buddhalis*
- 雄性爪形突近圆柱形，长为宽的 1.5 倍；抱器背近端部无鳞片簇；阳茎基环椭圆形，基部中央具鳞片簇 ················
··· 束刺条螟 *B. mirifica*

（1030）佛条螟 *Bostra buddhalis* Caradja, 1927（图 14-62）

Bostra buddhalis Caradja, 1927a: 404.

主要特征：成虫（图 14-62A）翅展 19.0–24.0 mm。头顶覆棕黄色鳞片。触角柄节棕色，膨大，鞭节背侧棕色；下唇须外侧棕色杂有黑褐色鳞片，内侧棕黄色，第 1 节棕黄色，与第 3 节等长，约为第 2 节的 1/4。下颚须与下唇须第 3 节近等长。领片、翅基片棕黄色。前翅棕黄色或黄褐色；内、外横线淡黄色，前者自前缘基部 1/4 伸至后缘基部 1/4，中部明显向外拱突；外横线自前缘端部 1/5，伸至后缘端部 1/6 处；中区前缘线深褐色，其上均匀分布淡黄色不连续斑点；中室端斑黑褐色；缘毛基部黑褐色，端部紫红色。后翅淡黄褐色；外横线近白色，内侧有深褐色镶边；缘毛同前翅。前足腿节、胫节棕红色，杂有褐色鳞片，跗节褐色，中足腿节、胫节同前足，跗节灰白色，后足腿节同前足，胫节及跗节棕黄色，混有少量棕红色鳞片。

 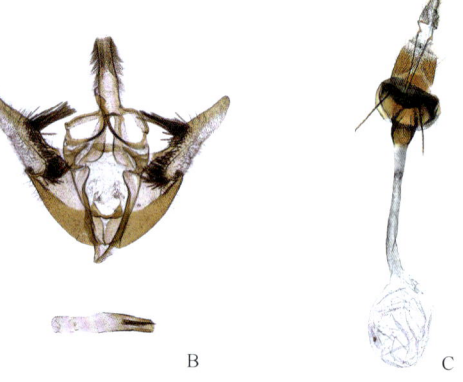

图 14-62　佛条螟 *Bostra buddhalis* Caradja, 1927
A. 成虫；B. 雄性外生殖器；C. 雌性外生殖器

雄性外生殖器（图 14-62B）：爪形突细长，近圆柱形，顶端平截，端半部背侧密被短毛。颚形突侧臂带状，前端 2/5 愈合，愈合部分中部膨大成梭形，端部钩状。抱器瓣由基部至端部渐窄；抱器背骨化明显，近端部 2/5 处具 1 簇长刺束，刺束基部至抱器腹端部形成 1 横脊，脊上均匀分布短刺丛；抱器腹由基部至端部渐窄，长约为抱器瓣的 2/3。阳茎基环"U"形。囊形突三角形，长度与阳茎基环侧臂近等长。阳茎棒状，与抱器腹近等长；角状器由 1 紧密刺束组成，其中 1 个较长，其余几根略短。

雌性外生殖器（图 14-62C）：产卵瓣近三角形，末端圆。后表皮突长约为前表皮突的 1.2 倍。交配孔骨化强烈；导管端片呈倒梯形，侧缘略拱突。囊导管内壁密被刻点。交配囊椭圆形，约为囊导管长的 2/3；前端 1/3 处有 1 圆形小囊突，向内侧形成密集的齿状突起。

分布：浙江（临安）、山西、福建、广东、海南、广西、四川、贵州、云南。

（1031）束刺条螟 *Bostra mirifica* Inoue, 1985（图 14-63）中国新记录

Bostra mirifica Inoue, 1985: 1.

主要特征：成虫（图 14-63A）翅展 24.5–29.0 mm，额与头顶覆盖粗糙鳞片。触角柄节棕黄色，膨大，鞭节腹面具长鳞毛，背面棕黄色；下唇须棕褐色，第 1 节与第 3 节等长，约为第 2 节的 1/3。下颚须细小，棕黄色。喙基部鳞片棕灰色。领片、翅基片棕褐色。前翅黄褐色；内横线褐色，从前缘基部 1/3 伸至后缘基部 2/5；中区前缘线黑色，其上均匀分布乳白色不连续斑点；中室端斑黑褐色；外横线淡黄色，从前缘端部 1/6 伸至后缘端部 1/6 处；外缘线由深褐色不连续点组成；缘毛棕褐色。后翅颜色同前翅；内、外横线褐色；外缘线及缘毛同前翅。前足腿节、胫节棕褐色，跗节棕色，混有褐色鳞片，中足腿节棕色，混有少量黑褐色鳞片，胫节棕黄色，端部混有红褐色鳞片，跗节棕黄色，后足棕黄色，胫节端部混有褐色鳞片。

雄性外生殖器（图 14-63B）：爪形突近圆柱形，中部略向外拱突，顶端平圆，两侧密被短毛。颚形突侧臂窄带状，前端 1/2 愈合，愈合部分中部膨大成梭形，端部呈尖钩状，长度约为爪形突长的 1.2 倍。抱器瓣背腹侧近平行，至端部渐窄；抱器背、抱器腹不明显；抱握器短小，指状，位于抱器瓣近基部中间处。阳茎基环主体骨片椭圆形，端部具锥形突起，基部具柱形突起，突起顶端具刺丛。囊形突三角形，前端圆，

长度为抱器瓣长的1/3。阳茎短棒状，中部略弯，内部具骨化褶皱；角状器由1列刺组成，其中1个较长，其余数根短。

分布：浙江（嘉兴）、广西；日本。

图 14-63　束刺条螟 *Bostra mirifica* Inoue, 1985
A. 成虫；B. 雄性外生殖器

（1032）娜条螟 *Bostra nanalis* (Wileman, 1911)（图 14-64）

Pyralis nanalis Wileman, 1911a: 369.

Bostra nanalis: Inoue et al., 1982: 382.

主要特征：成虫（图 14-64A）翅展 32.0 mm。额和头顶中部鳞片红褐色，边缘鳞片黄褐色。触角棕红色。下唇须黑褐色掺杂红褐色鳞片，第2节端部鳞片棕黄色，第1与第3节近等长，约为第2节的1/2。下颚须极小，黑褐色。喙基部鳞片黑褐色。领片和翅基片红褐色。前翅棕红色，杂有黑褐色鳞片；内横线黑褐色，由前缘基部1/3伸至后缘基部2/5处，略向外弧形拱突；外横线颜色同内横线，由前缘1/4伸至后缘端部1/6处；中室端斑黑褐色；前缘黑褐色，在中区有间断白色斑点，近端部具1白色长斑；缘毛黑褐色，中部紫红色。后翅颜色近紫红色，杂有黑褐色鳞片；内、外横线黑褐色，弧形向外弯，在翅后缘渐接近；后翅缘毛同前翅。前足黑褐色，后足腿节黑褐色，胫节外侧具紫红色长鳞毛，跗节各分节端部黄色，后足黄褐色，杂有黑褐色鳞片。

图 14-64　娜条螟 *Bostra nanalis* (Wileman, 1911)
A. 成虫；B. 雄性外生殖器；C. 雌性外生殖器

雄性外生殖器（图14-64B）：爪形突近锥形，顶端平圆，背侧被短毛。颚形突侧臂短，前端1/5愈合，端部呈钩状。抱器瓣基部近四边形，端部1/3三角形、向上弯曲，端部钝圆。抱器腹约为抱器瓣长的1/2。阳茎基环椭圆形，顶端略内凹。囊形突三角形，两侧近端部1/3处内凹，前端圆，长度为抱器瓣长的一半。阳茎粗棒状，中部略弯，略长于抱器瓣；角状器1个，约为阳茎长的1/3。

雌性外生殖器（图14-64C）：产卵瓣三角形，被细长毛。后表皮突约为前表皮突长的3/5。导管端片漏斗状；基环骨化呈正方形；囊导管由基部至端部渐加粗并缠绕为 2–3 圈，后端 2/3 内壁具刻点，前端 1/3 具褶皱。交配囊呈长椭圆形；前端有 1 半圆形小囊突。

分布：浙江（杭州）、安徽、湖北、福建、台湾、广东、海南、广西、贵州；韩国，日本。

398. 歧角螟属 *Endotricha* Zeller, 1847

Endotricha Zeller, 1847: 593. Type species: *Pyralis flammealis* [Denis *et* Schiffermüller], 1775.

Doththa Walker, 1859: 285.

Messatis Walker, 1859: 918.

Pacoria Walker, 1866: 1225.

Rhisina Walker, 1866: 1324.

Tricomia Walker, 1866: 1259.

Zania Walker, 1866: 1256.

Endotrichodes Ragonot, 1891a: 521.

Endotrichopsis Warren, 1895: 467.

主要特征：额圆或长方形，光滑或被粗糙的鳞片。下唇须斜向上举，一般未伸达头顶。雄性触角腹面具纤毛，基部膨大，突出成角；雌性触角纤细。雄性翅基片发达，两侧常有成束鳞毛。前翅 R_1 脉和 R_2 脉近平行，R_4 脉伸达顶角，R_3 脉和 R_4 脉共短柄，再和 R_5 脉共长柄，M_1 脉和 R_{3+4+5} 脉发自中室上角一点，CuA_1 脉从中室下角略后方伸出，CuA_2 脉从中室下缘 2/3 处伸出。后翅 M_2 脉和 M_3 脉在中室外有较长共柄，CuA_1 脉从中室下角略后方伸出，CuA_2 脉从中室下缘近 1/2 处伸出。

雄性外生殖器：爪形突形状略有变化，一般基部窄，端部扩大。颚形突为简单的盘状，通过颚形突臂和爪形突连接。抱器瓣舌状；抱器腹显著，分离或部分连接于抱器瓣上；抱器基突有或无。阳茎短小，角状器形状各异。

雌性外生殖器：产卵瓣较长，被细毛。前、后表皮突细长。交配囊细长或长椭圆形，至少有 1 个囊突，有时交配囊内壁有多个小刺。

分布：旧大陆。世界已知 120 余种，中国记录 40 余种，浙江分布 10 种。

分种检索表

1. 前翅颜色黑褐色，内横线在近前缘处呈圆斑状 ··· 缘斑歧角螟 *E. costaemaculalis*
- 前翅颜色红褐色或紫红色，内横线在近前缘处无圆形大斑 ··· 2
2. 后翅中区有 1 黄色宽带 ·· 3
- 后翅中区无黄色宽带 ··· 5
3. 前翅中区无黄色宽带 ··· 纹歧角螟 *E. icelusalis*
- 前翅中区具黄色宽带 ··· 4
4. 中室端斑黑色，外横线不明显 ··· 类紫歧角螟 *E. simipunicea*
- 中室端斑黄色，外横线明显，呈黄色至暗红色 ··· 库氏歧角螟 *E. kuznetzovi*
5. 抱器腹短，明显短于抱器瓣 1/2 ··· 6
- 抱器腹发达，长于抱器瓣 1/2 ·· 7
6. 雄性爪形突密被浓密短毛；雌性囊突椭圆形，位于囊突中部 ······································· 榄绿歧角螟 *E. olivacealis*
- 雄性爪形突被毛稀疏；雌性囊突近矩形，位于囊突前端 ··· 黄带歧角螟 *E. mesenterialis*
7. 雄性抱器瓣宽阔，外缘呈圆形拱凸；抱器腹长为抱器瓣的近 4/5 ······································ 阔翅歧角螟 *E. theonalis*
- 雄性抱器瓣外缘不呈圆形外凸；抱器腹长于抱器瓣或接近 ·· 8

8. 抱器腹端部向腹侧弯曲 ··· 玫歧角螟 E. portialis
- 抱器腹端部较直 ··· 9
9. 前翅基区黄褐色；雄性爪形突顶端拱凸；阳茎角状器椭圆形片状 ······················ 并脉歧角螟 E. consocia
- 前翅基区紫红色至深褐色；雄性爪形突顶端略平直；阳茎无角状器 ················ 黄基歧角螟 E. luteobasalis

（1033）并脉歧角螟 Endotricha consocia (Butler, 1879)（图 14-65）

Doththa consocia Butler, 1879a: 452.
Endotricha consocia: Ragonot, 1891a: 525.

主要特征：成虫（图 14-65A）翅展 18.0–20.0 mm。额和头顶灰褐色。触角淡褐色，雄性成虫触角一侧被细纤毛，雌性触角纤细、简单。下唇须紫褐色，内侧黄色，第 3 节白色，短小，末端钝圆；喙红褐色。领片和翅基片黄褐色。前翅宽三角形，顶角处尖细；基区黄褐色；前缘有 1 列黑白相间的刻点；内横线白色略弯曲；中域黄白色，较窄，和外域界线不明显；外域红黄褐色并散布有大量黑色的鳞片；外横线白色波状，其前缘有 1 白色斑；外缘线黑色；缘毛淡黄色。后翅红褐色散布黑色斑点；内、外横线白色，内横线内侧及外横线外侧镶有黑边；外缘线黑色。除后翅后缘缘毛长且银灰色外，其余后翅缘毛基部 1/3 红褐色，端部 2/3 淡黄色。

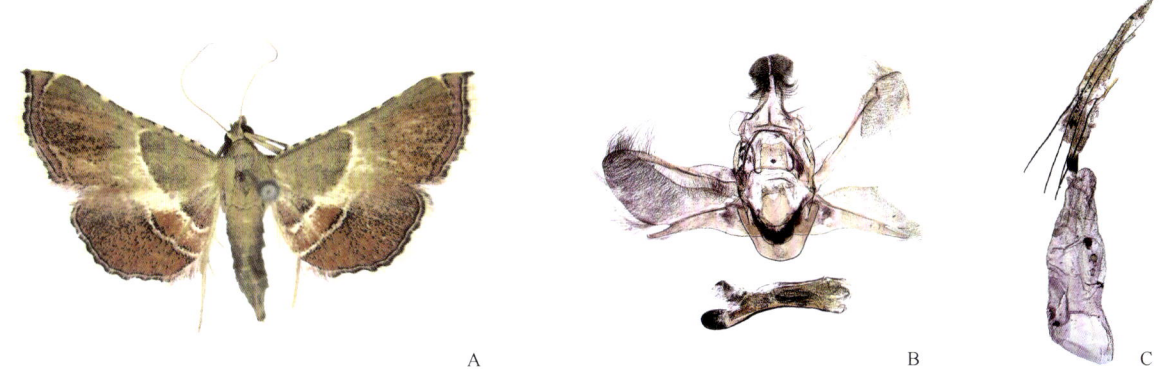

图 14-65 并脉歧角螟 Endotricha consocia (Butler, 1879)
A. 成虫；B. 雄性外生殖器；C. 雌性外生殖器

雄性外生殖器（图 14-65B）：爪形突近长方形，中部略窄，顶端密被细长毛，爪形突臂椭圆形。颚形突近方形，端部略圆；颚形突臂细长。抱器瓣近三角形，顶端略圆、宽阔；抱器腹几乎和抱器瓣等长，中部较宽，两端逐渐变细，棒状，略微向抱器瓣方向弯曲。阳端基环板状，上端中央内凹。囊形突圆宽。阳茎筒状，基部略细；内有 1 个扁圆的角状器，骨化较弱。

雌性外生殖器（图 14-65C）：产卵瓣细尖，被细长毛。前表皮突纤细，大约为后表皮突的 2.7 倍；后表皮突略粗。基环骨化强烈；导精管从交配囊顶部伸出。交配囊距顶部 1/3 处略收缩；囊中部有 1 近圆形囊突，由许多三角形的小疣突组成。

分布：浙江（湖州、宁波、丽水）、北京、天津、河北、河南、甘肃、江苏、湖北、江西、福建、台湾、海南、广西、四川、贵州；韩国，日本。

（1034）缘斑歧角螟 Endotricha costaemaculalis Christoph, 1881

Endotricha costaemaculalis Christoph, 1881: 4.

分布：浙江（临安）、河北、河南、湖北、台湾、广东、贵州、西藏；俄罗斯，朝鲜，日本，印度。
注：描述见《天目山动物志》（李后魂等，2020）。

（1035）纹歧角螟 *Endotricha icelusalis* (Walker, 1859)

Pyralis icelusalis Walker, 1859: 900.
Endotricha icelusalis: Meyrick, 1890: 471.

分布：浙江（临安）、黑龙江、吉林、辽宁、河北、河南、陕西、甘肃、新疆、江苏、安徽、湖北、江西、湖南、福建、广东、广西、四川、贵州、云南；俄罗斯，日本，印度，欧洲。

注：描述见《天目山动物志》（李后魂等，2020）。

（1036）库氏歧角螟 *Endotricha kuznetzovi* Whalley, 1963（图 14-66）

Endotricha kuznetzovi Whalley, 1963: 412.

主要特征：成虫（图 14-66A）翅展 16.0–22.0 mm。额暗红色；头顶红褐色掺杂淡黄色。下唇须暗红色杂深褐色；第 3 节淡黄色，约为第 2 节长的 1/3。下颚须黄褐色。触角黄白色至黄褐色。领片和胸部红褐色杂白色，翅基片红黄色。前翅紫红色杂深色鳞片，前缘黑色，有 1 列白色斑点；中部有 1 条淡黄色宽带，内侧深褐色镶边；中室端斑黄色；外横线黄色至暗红色，略内斜，边缘深褐色；缘毛黄白色，近基部暗红色杂深褐色。后翅紫红色杂黑色，中部有 1 条淡黄色宽带，深褐色镶边，外侧在后端 1/3 处内弯；缘毛同前翅。

图 14-66 库氏歧角螟 *Endotricha kuznetzovi* Whalley, 1963
A. 成虫；B. 雄性外生殖器；C. 雌性外生殖器

雄性外生殖器（图 14-66B）：爪形突基部宽于端部，两侧缘内凹，后缘钝圆，爪形突臂圆。颚形突片状，前缘中部内凹，末端圆。抱器瓣端部明显宽于基部；外缘前端 1/5 处显著内凹，其余 4/5 呈新月形骨化；抱器腹背缘直，腹缘中部内凹，端突末端上弯，达抱器瓣基部 2/3 处。囊形突宽末端圆。阳茎基环盾片状。阳茎筒状；端部有 1 个叉状角状器。

雌性外生殖器（图 14-66C）：产卵瓣窄三角形。后表皮突长约为前表皮突的 3 倍。囊导管短粗，略长于前表皮突。交配囊椭圆形，约为前表皮突长的 2 倍；囊突 1 个，位于交配囊后端约 1/3 处。

分布：浙江（湖州）、黑龙江、辽宁、北京、河北、山西、河南、陕西、江苏、安徽、福建、海南、广西、四川；俄罗斯，朝鲜，日本。

（1037）黄基歧角螟 *Endotricha luteobasalis* Caradja, 1935

Endotricha luteobasalis Caradja in Caradja & Meyrick, 1935: 29.

分布：浙江（临安）、贵州、云南。

注：描述见《天目山动物志》（李后魂等，2020）。

（1038）黄带歧角螟 *Endotricha mesenterialis* (Walker, 1859)（图 14-67）

Doththa mesenterialis Walker, 1859: 285.
Endotricha mesenterialis mahensis: Whalley, 1963: 423.

主要特征：成虫（图 14-67A）翅展 18.0 mm。额红褐色，光滑；头顶略金黄色。下唇须上举，红褐色，第 2 节端部和第 3 节金黄色，第 3 节长约为第 2 节的 1/2，末端钝圆。下颚须黑色，较短。喙黄褐色。触角黄褐色。胸部和翅基片黄褐色。前翅基区紫褐色，中区淡黄色，界线不明显，外缘紫红色；前缘有 1 列黑白相间的小短线；中室端斑黑色；内、外横线白色，外侧有黑色镶边。后翅紫褐色，中部略黄白色；外横线暗褐色，波状外缘线红褐色。除后翅后缘缘毛较长且灰色外，双翅缘毛金黄色。

图 14-67　黄带歧角螟 *Endotricha mesenterialis* (Walker, 1859)
A. 成虫；B. 雌性外生殖器

雌性外生殖器（图 14-67B）：产卵瓣细长。前、后表皮突较纤细，后者是前者长的 1.8 倍。交配囊细长葫芦形；距离交配囊底部 1/4 处有 1 个近椭圆形的囊突。

分布：浙江、北京、河南、陕西、湖北、台湾、广东、四川、云南；印度，缅甸，斯里兰卡，马来西亚，印度尼西亚，汤加。

注：本种未见到雄性标本，检索表内的雄性特征来自于 Whalley（1963）的描述。

（1039）榄绿歧角螟 *Endotricha olivacealis* (Bremer, 1864)

Rhodaria olivacealis Bremer, 1864: 66.
Endotricha olivacealis: Whalley, 1963: 422.

分布：浙江（临安）、北京、天津、河北、山东、河南、陕西、甘肃、安徽、湖北、江西、湖南、福建、台湾、广东、海南、广西、四川、贵州、云南、西藏；俄罗斯，朝鲜，日本，印度，尼泊尔，缅甸，印度尼西亚。

注：描述见《天目山动物志》（李后魂等，2020）。

（1040）玫歧角螟 *Endotricha portialis* Walker, 1859（图 14-68）

Endotricha portialis Walker, 1859: 391.

主要特征：成虫（图 14-68A）翅展 22.0–26.0 mm。额和头顶黄褐色。下唇须红褐色，被金黄色细长毛，

第 2 节腹面及第 3 节末端黄色。下颚须褐色。喙深黄色。触角淡褐色。领片红褐色，胸部黄褐色掺杂红色，翅基片淡黄色。前翅紫红色，前缘有 1 列黑白相间的短线；内横线和外横线黄白色，黑色镶边，内横线近中部外弯成 1 角，外横线近直，向内倾斜；中室端斑黑色；翅外缘有 1 列黑点；缘毛基半部玫瑰红色，端半部白色。后翅紫红色；内、外横线黄白色，略外弯；翅外缘有 1 列黑色短线；翅后缘缘毛灰白色，其余缘毛同前翅。

图 14-68　玫歧角螟 *Endotricha portialis* Walker, 1859
A. 成虫；B. 雄性外生殖器

雄性外生殖器（图 14-68B）：爪形突基部与端部近等宽，近端部显著凹入，末端平截；爪形突臂钝三角形。颚形突矩形。抱器瓣末端钝圆；抱器背近中部略凹，端部有 3 根长刚毛；抱器腹约为抱器瓣宽的 1/2，抱器腹端突细长，端部弯曲，末端尖，达抱器瓣基部约 4/5 处。囊形突前缘钝圆。阳茎基环基部宽，中部凹，端部 1/4 内切呈 "V" 形。阳茎近基部弯曲；端部有 1 个长刺状角状器，约为阳茎长的 1/2。

分布：浙江（杭州、宁波、衢州）、河北、山西、山东、河南、陕西、宁夏、湖北、江西、湖南、福建、台湾、广东、广西、贵州、云南；日本，印度尼西亚。

（1041）类紫歧角螟 *Endotricha simipunicea* Wang *et* Li, 2005

Endotricha simipunicea Wang *et* Li, 2005: 304.

分布：浙江（临安）、福建、贵州。

注：描述见《天目山动物志》（李后魂等，2020）。

（1042）阔翅歧角螟 *Endotricha theonalis* (Walker, 1859)（图 14-69）

Pyralis theonalis Walker, 1859: 900.
Endotricha theonalis: Caradja, 1925: 316.

主要特征：成虫（图 14-69A）翅展 14.0–18.0 mm。额覆盖褐色鳞片，头顶中部鳞片棕黄色，两侧红褐色。下唇须黑褐色，第 1、2 节端部杂有棕红色与棕黄色鳞片，第 3 节端部棕黄色，第 1、2 节近等长，约为第 3 节的 2 倍。下颚须黑褐色。触角黑褐色，鞭节棕黄色杂褐色鳞片。领片、翅基片黄褐色。前翅后缘外凸明显，顶角钝圆，翅面砖红色；基区颜色略呈淡褐色；内、外横线不明显；中室端斑黑色；缘毛黑褐色。后翅颜色同前翅；内横线淡黄褐色，内侧有黑褐色镶边；外横线不明显，有黑褐色镶边；缘毛颜色同前翅。

雄性外生殖器（图 14-69B）：爪形突长方形，两侧缘在中部内凹，端部膨大，约为基部宽的 1.5 倍，顶端弧形凸出；爪形突臂半圆形。颚形突片状，长约为爪形突的 1/3，侧臂与爪形突近等长。抱器瓣基部至端部渐宽，外缘近圆形；抱器腹基部 1/3 宽，端部 2/3 渐窄，末端片状尖突，达抱器瓣前端 1/3 处。阳茎基环基部菱形，端部圆钝。囊形突近梯形，末端圆阔。阳茎筒状，约为抱器瓣长的 4/5；角状器条状。

分布：浙江（湖州、杭州）、山东、上海、湖北、福建、台湾、广东、四川；日本。

图 14-69 阔翅歧角螟 *Endotricha theonalis* (Walker, 1859)
A. 成虫；B. 雄性外生殖器

399. 富士螟属 *Fujimacia* Marumo, 1939

Fujimacia Marumo, 1939: 20. Type species: *Endotricha bicoloralis* Leech, 1889.

主要特征：额略隆起，头顶被松散竖立鳞片。下唇须向上弯，第 3 节短小，略前伸。前翅中区颜色稍淡，外缘区、基区颜色深。R_3 与 R_4 脉先共柄，再与 R_5 脉共柄，R_{3+4+5} 与 M_1 同出自中室上角，M_2 与 M_3 脉基部靠近，出自中室下角。后翅 Rs 与 M_1 共短柄，M_2 与 M_3 基部靠近，出自中室下角。

雄性外生殖器：爪形突柱状，基部两侧具短突起。颚形突侧臂粗壮，端部愈合处呈菱形，末端尖锐。抱器瓣基部宽阔，近端部狭窄；抱器腹粗壮。阳茎基环"U"形；囊形突短柱形。阳茎端部棒状，后端膨大成球形，角状器刺状。

分布：中国、朝鲜。世界已知 5 种，中国均有记录，浙江分布 1 种。

（1043）双色富士螟 *Fujimacia bicoloralis* (Leech, 1889)（图 14-70）

Endotricha bicoloralis Leech, 1889b: 65.
Fujimacia bicoloralis: Marumo, 1939: 20.

主要特征：成虫（图 14-70A）翅展 19.5–22.0 mm。头顶及额淡棕黄色。下唇须淡棕黄色，第 1 节和第 3 节等长，约为第 2 节的 1/4。下颚须淡棕黄色，短小。喙基部鳞片棕黄色。雄性触角淡棕黄色，腹面具纤毛。翅基片及领片棕黄色。前翅基部及外缘棕褐色混有红褐色鳞片，中区淡褐色，前缘有黑白相间的刻点；内横线淡黄色，由前缘基部 1/4 向外弯曲至 Cu_2 脉后转向内倾斜，伸至后缘基部 2/5；外横线淡黄色，近平直，由前缘端部 1/4 伸至 Cu_2 脉后向外倾斜，伸至后缘端部 1/5；中室端斑黑褐色。后翅棕红色，混有大量黑褐色鳞片；内、外横线淡黄色、近平行。双翅缘毛基半部黑褐色，端部紫红色。

图 14-70 双色富士螟 *Fujimacia bicoloralis* (Leech, 1889)
A. 成虫；B. 雄性外生殖器

雄性外生殖器（图 14-70B）：爪形突圆筒状，顶端略平，端部具稀疏细毛，基部两侧突呈细弯指状。颚形突侧臂细长，端部 1/7 合并成膨大的椭圆形，端部呈细小弯钩状。抱器瓣背缘和腹缘向外膨突，尖端呈指状，长度约为爪形突的1/3。囊形突三角形。阳端基环基部椭圆形，顶端呈钳状。阳茎基半部椭圆形，端半部背侧具 1 略骨化的硬片；角状器细针状，长度约为阳茎的 1/2。

分布：浙江（湖州、临安、丽水）、江苏、江西、湖南、福建、台湾、广东、海南、广西、四川、贵州、云南、西藏；韩国，日本，印度。

400. 巢螟属 *Hypsopygia* Hübner, 1825

Hypsopygia Hübner, 1825: 348. Type species: *Phalaena costalis* Fabricius, 1775.
Herculia Walker, 1859: 546.
Buzala Walker, 1863: 129.
Cisse Walker, 1863: 125.
Bejuda Walker, 1866: 1273.
Ocrasa Walker, 1866: 1212.
Pseudasopia Grote, 1873: 172.
Bleone Ragonot, 1890: xciii.
Orthopygia Ragonot, 1890: xciii.
Parasopia Möschler, 1890: 275.
Dolichomia Ragonot, 1891b: 32.

主要特征：体小型。额圆，无单眼。下唇须上举，超过头顶，第 3 节末端尖细、前伸。下颚须细小。喙发达。雄性触角纤毛状；雌性触角丝状。前翅 R_4、R_5 脉共短柄后再和 R_3 脉共柄，R_{3+4+5}、R_2 和 R_1 脉近平行。后翅 $Sc+R_1$ 脉和 Rs 脉分离，Rs 与 M_1 脉在中室外共短柄，M_2 脉和 M_3 脉自中室下角伸出。

雄性外生殖器：爪形突端部常呈锥形、柱形或指状。颚形突骨化强烈，末端尖细，有时呈钩状。抱器瓣舌状。囊形突"V"形或前端细长。阳茎细长或短粗，角状器有或无。

雌性外生殖器：前、后表皮突细长。囊导管较细，基环明显。交配囊细长或袋状，囊突有或无。

分布：世界广布。世界已知约 105 种，中国记录 31 种，浙江分布 11 种。

分种检索表

1. 前翅红色或红褐色	2
- 前翅大部分灰褐或黑褐色	7
2. 前、后翅均为紫红色，前、后翅的内外横线均清晰且呈黄色	赤巢螟 *H. pelasgalis*
- 前、后翅非紫红色，前、后翅的内外横线较明显或较模糊，颜色非金黄色	3
3. 前后翅缘毛非金黄色	指突巢螟 *H. rudis*
- 前后翅缘毛金黄色	4
4. 翅面颜色略呈模糊淡褐色；内、外横线不明显	淡色巢螟 *H. ignifluals*
- 翅面颜色较深，红褐色；内、外横线明显	5
5. 后翅紫红色；内、外横线明显，鲜黄色	褐巢螟 *H. regina*
- 前后翅颜色相同；内、外横线淡黄褐色，不明显	6
6. 腹部末端金黄色；雄性角状器细针状	黄尾巢螟 *H. postflava*
- 腹部整体颜色相同，无金黄色；雄性角状器不明显	蜂巢螟 *H. mauritialis*
7. 前翅端部红褐色	巨缘巢螟 *H. violaceomarginalis*

- 前翅颜色一致	8
8. 前翅棕褐色；角状器弯钩状	寇巢螟 *H. costaeguttalis*
- 前翅灰褐色或黄褐色	9
9. 前翅外横线呈强烈波状弯曲	黄褐巢螟 *H. jezoensis*
- 前翅外横线较直或略呈弧形	10
10. 雄性抱器瓣近椭圆形，爪形突两侧边内卷明显	灰巢螟 *H. glaucinalis*
- 雄性抱器瓣近扇形，爪形突椭圆形，侧边无内卷	小灰巢螟 *H. nannodes*

（1044）寇巢螟 *Hypsopygia costaeguttalis* Caradja *et* Meyrick, 1933（图 14-71）

Hypsopygia costaeguttalis Caradja *et* Meyrick, 1933: 149.

主要特征：成虫（图 14-71A）翅展 15.0–21.0 mm，额与头顶鳞片棕褐色。触角柄节黑褐色，鞭节棕色，腹面具纤毛。下唇须黑褐色，第 1、3 两节近等长，为第 2 节长的 1/3。下颚须棕黄色，短于下唇须第 3 节。喙基部鳞片黑褐色。领片、翅基片棕褐色，杂有少量棕红色鳞片。前翅底色棕褐色，杂有大量红棕色鳞片；内横线由前缘基部 1/4 伸至后缘基部 1/3 处，在前缘处形成三角形黄斑；外横线由前缘端部 1/4 伸至后缘端部 1/5 处，前端近前缘处呈淡黄色梯形斑；中室端斑不明显；缘毛黑褐色。后翅颜色同前翅；内、外横线黑褐色，近平行，前缘近基部区域淡黄色；缘毛颜色同前翅。

A　　　　　　　　　　B
图 14-71　寇巢螟 *Hypsopygia costaeguttalis* Caradja *et* Meyrick, 1933
A. 成虫；B. 雄性外生殖器

雄性外生殖器（图 14-71B）：爪形突基部至端部渐膨大，顶端圆。颚形突侧臂带状，前端 1/4 愈合成细钩状。抱器瓣舌状，端部钝圆。阳茎基环盾片状，顶端具"V"形凹口。囊形突长锥形。阳茎棒状，长度略短于抱器瓣；前端具 1 弯钩状角状器。

分布：浙江、广东、海南、广西、云南。

（1045）灰巢螟 *Hypsopygia glaucinalis* (Linnaeus, 1758)

Pyralis glaucinalis Linnaeus, 1758: 533.

Hypsopygia glaucinalis: Leraut, 2006: 27.

分布：浙江（临安）、黑龙江、吉林、辽宁、内蒙古、北京、天津、河北、山东、河南、陕西、甘肃、青海、江苏、湖北、江西、湖南、福建、台湾、广东、海南、广西、四川、贵州、云南；朝鲜，日本，欧洲。

注：描述见《天目山动物志》（李后魂等，2020）。

（1046）淡色巢螟 *Hypsopygia igniflualis* (Walker, 1859)（图 14-72）

Pyralis igniflualis Walker, 1859: 268.
Hypsopygia igniflualis: Caradja in Caradja & Meyrick, 1934: 149.

主要特征：成虫（图 14-72A）翅展 15.0–21.0 mm，额与头顶鳞片棕褐色，杂少量棕红色。下唇须棕褐色，杂少量棕红色鳞片，第 1、3 两节近等长，为第 2 节长的 1/3。下颚须棕黄色，短于下唇须第 3 节。喙基部鳞片棕黄色，混有少量棕红色。触角背面棕褐色，腹面棕黄色，具纤毛。领片、翅基片棕褐色。前翅底色棕褐色，前缘棕红色；内横线淡黑褐色，前缘基部 2/5 伸至后缘基部 1/3 处；外横线淡黑褐色，波状弯曲，由前缘端部 1/4 伸至后缘端部 1/6 处；中室端斑棕红色；缘毛棕黄色。后翅底色棕红色；内、外横线淡黑褐色，近后缘处几乎会合；外缘线黑褐色；缘毛颜色同前翅。

图 14-72　淡色巢螟 *Hypsopygia igniflualis* (Walker, 1859)
A. 成虫；B. 雄性外生殖器

雄性外生殖器（图 14-72B）：爪形突三角形，侧缘内凹，顶端圆。颚形突侧臂窄带状，前端 2/3 愈合成细钩状。抱器瓣舌状，腹缘端部 2/3 阔圆。阳茎基环盾片状，顶端具"V"形凹口。囊形突长锥形，端部略尖。阳茎棒状，由基部至端部渐粗，长度略短于抱器瓣；前端具 1 个近"T"形的角状器。

分布：浙江（湖州、杭州）、上海、福建、广东；日本，斯里兰卡，马来西亚。

（1047）黄褐巢螟 *Hypsopygia jezoensis* (Shibuya, 1928)

Herculia jezoensis Shibuya, 1928: 168.
Hypsopygia jezoensis: Leraut, 2006: 6.

主要特征：成虫翅展 27.0 mm。头部与下唇须褐白色。触角黄褐色。胸部白色，杂有少量黄褐色鳞片。前翅淡褐色，内横线较宽，白色，中部向外凸；中室端斑不明显；外横线白色，较宽，中部有明显外凸；中区前缘具 5 个白色斑点；缘毛颜色稍淡。后翅较前翅颜色浅；外横线不明显；缘毛同前翅。腹部淡褐白色。翅反面颜色浅。

分布：浙江（湖州）、湖北、江西、福建、台湾、四川；日本。

注：未见标本。描述来自 Shibuya（1928）。

（1048）蜂巢螟 *Hypsopygia mauritialis* (Boisduval, 1833)（图 14-73）

Asopia mauritialis Boisduval, 1833: 267.
Hypsopygia mauritialis: Hampson, 1896a: 148.

主要特征：成虫（图 14-73A）翅展 14.0–24.0 mm。头顶鳞片黄色。下唇须黄褐色杂黑色鳞片，第 1、3 节短小，第 2 节长度是第 1 节的 3 倍。触角黄褐色。胸部及翅基片紫红色。前翅水红或紫红色；内横线和外横线浅黄色，不明显；内、外横线在前翅前缘形成 2 个黄色的、近三角形的斑纹。后翅红褐色；内横线、外横线浅黄色。双翅缘毛鲜黄色。

雌性外生殖器（图 14-73B）：产卵瓣细长，被细长毛。后表皮突长约为前表皮突的 2 倍。交配囊细长，囊底部有 1 个较小的图钉状囊突。

分布：浙江（湖州、杭州）、辽宁、河北、陕西、青海、新疆、上海、湖北、江西、湖南、台湾、广东、海南、广西、四川、云南；日本，印度，缅甸，印度尼西亚，马达加斯加。

图 14-73　蜂巢螟 *Hypsopygia mauritialis* (Boisduval, 1833)
A. 成虫；B. 雌性外生殖器

（1049）小灰巢螟 *Hypsopygia nannodes* (Butler, 1879)（图 14-74）

Pyralis nannodes Butler, 1879b: 71.

Hypsopygia nannodes: Leraut, 2006: 24.

主要特征：成虫（图 14-74A）翅展 21.0–22.0 mm。额、头顶及喙黄褐色。下唇须淡黄色至黄褐色。下颚须灰白色。触角背面淡黄色，腹面淡褐色。胸部、领片和翅基片黄灰色。前翅黄灰色杂少量黑色鳞片；前缘黄褐色至红褐色，中区前缘有 1 列黄黑相间的斑点；内、外横线褐色，内横线内侧和外横线外侧具黄白色镶边，内横线直，外横线在 M_1 脉处略内弯；中室端斑褐色；缘毛基部 1/3 淡褐色，其余红褐色杂褐色。后翅颜色、斑纹及缘毛同前翅。

图 14-74　小灰巢螟 *Hypsopygia nannodes* (Butler, 1879)
A. 成虫；B. 雄性外生殖器

雄性外生殖器（图 14-74B）：爪形突椭圆形，密被刚毛。颚形突臂粗壮，端部 2/5 愈合成短刺状。抱器瓣近扇形，顶角尖锐。阳茎基环五边形，末端平直。囊形突指状，略短于颚形突端突。阳茎发达，约为抱器瓣长的 1.5 倍，中部有 1 个长针状角状器，约为阳茎长的 2/5。

分布：河北、江苏、上海、安徽、湖北、福建、台湾、广东、海南、四川；韩国，日本。

（1050）赤巢螟 *Hypsopygia pelasgalis* (Walker, 1859)（图 14-75）

Pyralis pelasgalis Walker, 1859: 269.
Hypsopygia pelasgalis: Leraut, 2006: 18.

主要特征：成虫（图 14-75A）翅展 18.0–29.0 mm。额和头顶红褐色杂淡黄色鳞片。下唇须红褐色杂金黄色。喙深红色杂黄色。触角红褐色。胸部、领片及翅基片红褐色。胸部腹面红色杂黑色。前翅紫红色，散布黑色鳞片，前缘有 1 列黄黑相间的短斑；内、外横线淡黄色，前者略外弯，外侧具深褐色镶边，后者略内斜，内侧具黑色镶边，前缘处扩展成 1 个较大的黄色斑；中区前端 1/5 处有 1 个黑色斑；缘毛基部 1/4 红色，端部 3/4 黄色。后翅紫红色，内、外横线黄色，呈波状弯曲；缘毛同前翅。腹部背面红褐色，腹面淡褐色。

图 14-75　赤巢螟 *Hypsopygia pelasgalis* (Walker, 1859)
A. 成虫；B. 雄性外生殖器；C. 雌性外生殖器

雄性外生殖器（图 14-75B）：爪形突基部宽，端部近锥形，末端钝圆。颚形突臂细长，端部 1/2 愈合成端突，末端钩状。抱器瓣舌状，背缘平直，腹缘中部外凸。阳茎基环宽"U"形。囊形突"V"形，末端较钝。阳茎细长，约为抱器瓣的 1.2 倍，中部略细，近端部有 1 个小刺状角状器。

雌性外生殖器（图 14-75C）：产卵瓣椭圆形。后表皮突约为前表皮突长的 2 倍。囊导管与前表皮突近等长，近中部较粗。交配囊窄袋状；无囊突。

分布：浙江（湖州、杭州、宁波、衢州、丽水）、北京、河北、山东、河南、陕西、上海、湖北、湖南、福建、台湾、广东、海南、广西、四川、贵州、西藏；韩国，日本，欧洲。

（1051）黄尾巢螟 *Hypsopygia postflava* (Hampson, 1893)

Pyralis postflava Hampson, 1893b: 43, 159.
Hypsopygia postflava: Hampson, 1896a: 149.

分布：浙江（临安）、河南、台湾、广东、广西、贵州；日本，印度，不丹，泰国，斯里兰卡。
注：描述见《天目山动物志》（李后魂等，2020）。

（1052）褐巢螟 *Hypsopygia regina* (Butler, 1879)

Pyralis regina Butler, 1879a: 452.
Hypsopygia regina: Caradja & Meyrick, 1934: 148.

分布：浙江（临安）、内蒙古、北京、河北、河南、陕西、甘肃、湖北、江西、湖南、福建、台湾、广东、海南、广西、四川、贵州、云南；日本，印度，不丹，泰国，斯里兰卡。

注：描述见《天目山动物志》（李后魂等，2020）。

（1053）指突巢螟 *Hypsopygia rudis* (Moore, 1888)

Stemmatophora rudis Moore, 1888: 205.

Hypsopygia rudis: Li et al., 2009: 330.

分布：浙江（临安）、河北、湖北、台湾、四川；印度。

注：描述见《天目山动物志》（李后魂等，2020）。

（1054）巨缘巢螟 *Hypsopygia violaceomarginalis* (Caradja, 1935)（图 14-76）

Herculia violaceomarginalis Caradja in Caradja & Meyrick, 1935: 31.

Hypsopygia violaceomarginalis: Leraut, 2006: 6.

主要特征：成虫（图 14-76A）翅展 20.0–22.5 mm。额黄褐色，头顶被黄褐色鳞毛，端部棕红色。下唇须第 1 节黄褐色，第 2、3 节外侧棕红色杂黑褐色鳞片，第 2、3 节近等长，为第 1 节的 2 倍。下颚须黄褐色，为下唇须第 3 节的 2/3。触角褐色。胸部淡黄褐色，翅基片、领片淡黄褐色。前翅黄褐色；前缘棕红色；翅基部至中部沿前缘具 1 近三角形红棕色条带；内横线淡褐色，后部 2/3 不明显；外横线淡褐色，较直，由前缘端部 1/5 伸至后缘端部 1/8 处；外缘区棕红色，外缘处覆盖黑褐色鳞片；缘毛基部红褐色，端部灰褐色。后翅颜色较前翅略深；内、外横线不明显；缘毛黄褐色。

图 14-76 巨缘巢螟 *Hypsopygia violaceomarginalis* (Caradja, 1935)
A. 成虫；B. 雄性外生殖器；C. 雌性外生殖器

雄性外生殖器（图 14-76B）：爪形突基部窄，至端部渐宽，侧缘向内卷，端部近扇形，背面被细长毛。颚形突端部 2/5 粗壮，呈扁平钩状。抱器瓣狭长，背缘与腹缘近平行，端部钝圆；抱器腹由基部至端部渐窄。阳茎基环"U"形。囊形突"V"形，长为宽的 2/3。阳茎棒状，长度约为抱器瓣的 1.2 倍；角状器前端为片状，后部弯曲，近丝状，长度为前端的 2 倍。

雌性外生殖器（图 14-76C）：产卵瓣近三角形。前、后表皮突近等长。导管端片与基环近等长；囊导管由基部至端部渐加粗，基部具 1 个长度为囊导管长度 1/2 的细长弯曲骨片。交配囊椭圆形，为囊导管长的 1/3；囊突近椭圆形，位于与囊导管交界处。

分布：浙江（嘉兴、杭州、宁波、丽水、温州）。

401. 鹦螟属 *Loryma* Walker, 1859

Loryma Walker, 1859: 890. Type species: *Loryma sentiusalis* Walker, 1859.

主要特征：体多小型。头顶被粗糙鳞片。下唇须平伸，第 2 节端部有缨状长毛。下颚须常隐蔽。雄性触角自基节向前伸出 1 束鳞毛。前翅 R_3 脉和 R_4 脉共柄后再和 R_5 脉共柄，R_3 脉和 M_1 脉起于中室上角处一点。后翅 Rs 脉和 M_1 脉在中室外共短柄，M_2、M_3 脉与 CuA_1 脉在中室下角处起于一点。

雄性外生殖器：爪形突圆柱状，顶端圆滑，多数被毛。颚形突细长，前端弯钩状，一般略长于爪形突。抱器瓣长椭圆形。囊形突锥形或棒状。阳茎棍棒状，角状器极小，刺状或钩状。

分布：东洋区、旧热带区、澳洲区。世界已知近 30 种，中国记录 1 种，浙江分布 1 种。

（1055）褐鹦螟 *Loryma recusata* (Walker, [1863])

Beria recusata Walker, 1863: 62.
Loryma recusata: Caradja & Meyrick, 1934: 153.

分布：浙江（湖州、杭州、宁波、丽水）、江西、湖南、台湾、广东、海南、广西、四川、西藏；印度，不丹，斯里兰卡，马来西亚，新加坡，印度尼西亚。

注：描述见《天目山动物志》（李后魂等，2020）。

402. 双点螟属 *Orybina* Snellen, 1895

Orybina Snellen, 1895: 107. Type species: *Oryba flaviplaga* Walker, 1863, by monotypy.
Oryba Walker, 1863: 10.

主要特征：额圆，被光滑或粗糙的鳞片。雄性下唇须长，内侧多形成沟槽；雌性下唇须纤细，简单。前翅或后翅常有 1 对或 2 对点状斑纹。前翅 R_3 和 R_4 脉先共柄后再和 R_5 脉共柄，R_3、R_4、R_5 三脉共较长柄后再与 M_1 脉共柄，M_2 脉和 M_3 脉在中室下角处共柄，A 脉在翅基部分成两支，然后合二为一到达翅的前缘。后翅 $Sc+R_1$ 脉与 Rs 脉分离，Rs 脉和 M_1 脉在中室外短距离共柄，M_2、M_3 两脉从中室下角伸出。

雄性外生殖器：爪形突通常三角形，少数种类顶端平圆，近长方形。颚形突粗壮，骨化强烈；背兜发达，有的种类向腹面伸出附支。抱器瓣长椭圆形，外缘略有变化，腹面具基突。阳茎基环多"V"形。阳茎粗壮，端部骨化强烈，角状器有或无。

雌性外生殖器：前、后表皮突较短小。囊导管长，基环明显，有的种类囊导管呈螺旋状。交配囊圆形或长椭圆形，少数种类有囊突。

分布：古北区东部、东洋区。世界已知 9 种，中国记录 8 种，浙江分布 6 种。

分种检索表

1. 雄性爪形突锥形 ··· 2
- 雄性爪形突舌状或椭圆形 ··· 4
2. 爪形突长为宽的 2 倍；抱器瓣背缘拱突 ··· 紫双点螟 *O. plangonalis*
- 爪形突长为宽的 3 倍；抱器瓣背缘凹陷 ·· 3
3. 抱器瓣前缘尖；抱握器条形，位于近抱器瓣背缘处 ·· 艳双点螟 *O. regalis*
- 抱器瓣前缘圆钝；抱握器三角形，位于抱器瓣中部 ·································· 华丽双点螟 *O. bellatulla*

4. 背兜向腹面伸出突起 ··· 赫双点螟 *O. honei*
- 背兜无伸向腹面的突起 ··· 5
5. 抱器瓣端部 1/3 呈扇形斑纹；抱握器不明显 ··· 金双点螟 *O. flaviplaga*
- 抱器瓣端部无扇形斑纹；抱握器明显，长约为抱器瓣的 1/2 ··· 暗双点螟 *O. imperatrix*

（1056）华丽双点螟 *Orybina bellatulla* Qi *et* Li, 2017（图 14-77）

Orybina bellatulla Qi *et* Li in Qi, Sun & Li, 2017: 550.

主要特征：成虫（图 14-77A）翅展 25.0–30.0 mm。额金黄色，被有光滑的鳞片。喙金黄色，内侧白色。下颚须较短，上举，金黄色，末端刷状。下唇须向前平伸，长约为触角的 1/2，外侧黄褐色，内侧白色，被有长毛，第 3 节和第 2 节等长，第 3 节基部略细，端部膨大，内侧形成较大的鳞毛腔。前、后翅颜色一致，为淡红色并散布有少量的黑色鳞片；后翅中区有 1 深褐色未闭合的圈；双翅缘毛红褐色。

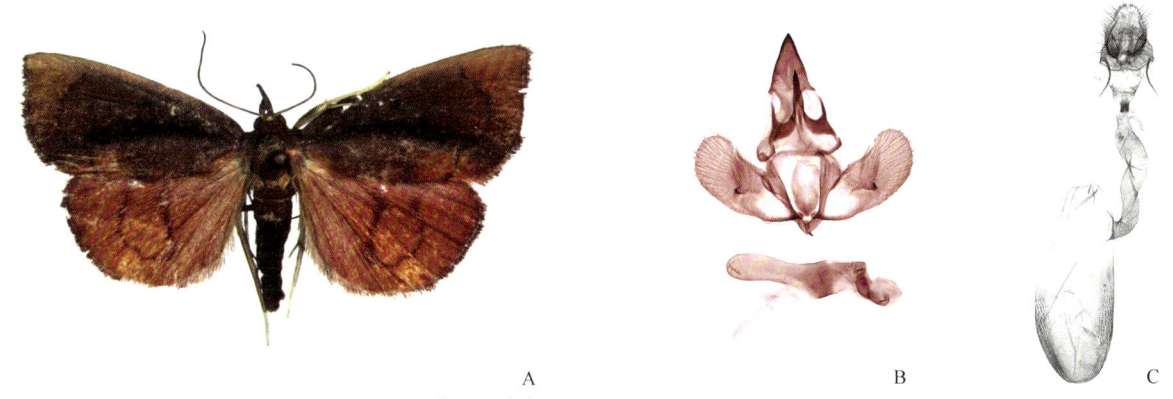

图 14-77　华丽双点螟 *Orybina bellatulla* Qi *et* Li, 2017
A. 成虫；B. 雄性外生殖器；C. 雌性外生殖器

雄性外生殖器（图 14-77B）：爪形突三角形，顶端尖细。颚形突细长，基部两侧臂在距离端 1/2 处愈合。抱器瓣扇形，端部钝圆，基部和端部近等宽；抱握器三角形，位于抱器瓣中部略靠近抱器腹一侧。基腹弧细长。阳茎基环盾片状，顶端中央凹陷。阳茎长筒状；端部具 1 条形骨片。

雌性外生殖器（图 14-77C）：产卵瓣椭圆形。前表皮突长约为后表皮突长的 1.5 倍。导管端片碗状，骨化较弱；基环长度约为前表皮突长的 1/4。囊导管膜质，略缠绕成环状，前端内部具刻点。交配囊椭圆形，约为囊导管的 1.6 倍；端部 1/2 处具 2 个密布小刺的区域。

分布：浙江（温州）、湖北、四川。

（1057）金双点螟 *Orybina flaviplaga* (Walker, 1863)

Oryba flaviplaga Walker, 1863: 10.
Orybina flaviplaga: Hampson, 1896a: 181.

分布：浙江（临安）、河北、河南、江苏、湖北、江西、湖南、台湾、广东、广西、四川、贵州、云南；印度，缅甸。

注：描述见《天目山动物志》（李后魂等，2020）。

（1058）赫双点螟 *Orybina honei* Caradja, 1935

Orybina honei Caradja in Caradja & Meyrick, 1935: 33.

分布：浙江（临安）、河南、江西、湖南、福建、广东、海南、云南。

注：描述见《天目山动物志》（李后魂等，2020）。

（1059）暗双点螟 *Orybina imperatrix* Caradja, 1925（图 14-78）

Orybina imperatrix Caradja, 1925: 327.

主要特征：成虫（图 14-78A）翅展 26.0–33.0 mm。额被有暗橘红色鳞片。下唇须第 1、2 节背侧暗棕红色，腹侧白色，第 3 节暗棕红色，膨大，约为第 2 节长的 2.5 倍。下颚须细小，颜色同下唇须端部。喙基部鳞片白色。触角暗棕红色。前翅颜色暗棕红色；内横线不明显；外横线褐色，由前缘端部 1/3 伸至后缘端部 1/3，内侧近端部有 1 淡橘黄色椭圆形斑；缘毛颜色略深于前翅，红褐色。后翅颜色略浅于前翅；内横线不可见；外横线褐色；缘毛同前翅。前足腿节、胫节紫红色，跗节淡黄色，中足腿节基部和跗节淡黄色，其余紫红色，后足腿节、胫节淡紫红色，跗节淡黄色。

图 14-78 暗双点螟 *Orybina imperatrix* Caradja, 1925
A. 成虫；B. 雄性外生殖器

雄性外生殖器（图 14-78B）：爪形突圆锥状匙形。颚形突纺锤状。背兜发达硬骨化。基突叉状。抱器瓣狭长，端部圆、具长毛；抱器背发达硬骨化。阳端基环"U"形。囊形突三角形。阳茎长筒状，略弯曲；端部有不规则骨片。

分布：浙江、安徽、江西、湖南、福建、广东、广西。

（1060）紫双点螟 *Orybina plangonalis* Walker, 1859

Orybina plangonalis Walker, 1859: 391.

分布：浙江（临安）、河南、陕西、湖北、江西、台湾、广东、贵州；印度，缅甸。

注：描述见《天目山动物志》（李后魂等，2020）。

（1061）艳双点螟 *Orybina regalis* (Leech, 1889)

Oryba regalis Leech, 1889b: 71.
Orybina regalis: Hampson, 1896a: 540.

分布：浙江（临安）、北京、河北、河南、江苏、湖北、江西、湖南、海南、四川、贵州、云南；朝鲜，日本。

注：描述见《天目山动物志》（李后魂等，2020）。

403. 奇翅螟属 *Perisseretma* Warren, 1895

Perisseretma Warren, 1895: 468. Type species: *Perisseretma endotrichalis* Warren, 1895, by original designation.

主要特征：额隆起，两侧被长鳞片。头顶鳞片粗糙。下唇须弯曲上举。雄性下颚须发达，端部具蓬松鳞片。翅基片狭长。前翅 R_3 与 R_4 脉共柄，再与 R_5 脉共柄，R_{3+4+5} 与 M_1 同出自中室上角，M_2 与 M_3 脉基部靠近，出自中室下角。后翅 Rs 与 M_1 同出自中室上角，M_2 与 M_3 基部分离。

雄性外生殖器：爪形突三角形。颚形突侧臂带状，端部愈合成粗锥形，末端钩状。抱器瓣舌状，具抱握器。阳茎柱状，端部具齿状刺，无角状器。

雌性外生殖器：雌性产卵瓣三角形。后表皮突多长于前表皮突。导管端片骨化，呈四边形，囊导管细长，交配囊扁圆形或袋状，无囊突。

分布：东洋区（中国东南部）。世界已知 1 种，中国记录 1 种，浙江分布 1 种。

（1062）类歧奇翅螟 *Perisseretma endotrichalis* Warren, 1895（图 14-79）

Perisseretma endotrichalis Warren, 1895: 468.

Endotricha endotrichalis: Caradja, 1925: 317.

主要特征：成虫（图 14-79A）翅展 20.0–22.5 mm。额及头顶被红棕色鳞片。雄性下唇须棕红色，混有少量黑褐色鳞片，第 2、3 节近等长，雌性黑褐色，第 1、2 节近等长，约为第 3 节的 2 倍。下颚须雄性末端膨大成扫帚状，长度与下唇须近等长，雌性与下唇须第 3 节近等长。触角棕红色，鞭节各节端部棕黄色。翅基片、领片棕红色，混有少量黑褐色鳞片。前翅紫色至紫粉色；基区棕褐色；内、外横线黑褐色；外缘区黑褐色，内侧具 1 黄褐色窄带；中区近后缘中部 1 倒梯形窄斑；外缘线由 1 列黑褐色间断斑点组成；缘毛基部紫红色，端部褐色。后翅颜色同前翅；内、外横线黑褐色，近平行；缘毛同前翅。前、中足黑褐色，跗节端部金黄色；后足黄褐色，混有少量黑褐色鳞片。

图 14-79 类歧奇翅螟 *Perisseretma endotrichalis* Warren, 1895
A. 成虫；B. 雄性外生殖器；C. 雌性外生殖器

雄性外生殖器（图 14-79B）：爪形突三角形，顶端尖，背面被细长毛。颚形突端部 3/5 愈合，顶端呈弯钩状。抱器瓣背缘与腹缘近平行，外缘略平截；抱器腹基半部粗，端半部渐细；抱握器位于抱器瓣下缘中部。阳茎基环椭圆形。囊形突"V"形，与爪形突近等长。阳茎中部略加粗，近端部具褶皱；无角状器。

雄性外生殖器（图 14-79C）：产卵瓣三角形。前表皮突长约为后表皮突的 3/4。导管端片骨化，四边形。囊导管细长，内壁密被微小刻点。交配囊袋状，长度与囊导管近等长；无囊突。

分布：浙江（杭州）、福建、广东、西藏；印度。

404. 长颚螟属 *Peucela* Ragonot, 1891

Peucela Ragonot, 1891b: 47. Type species: *Pyralis pallivittata* Moore, 1888, by subsequent designation.

主要特征：下唇须斜向上伸，第 3 节前伸。前翅 R_3 与 R_4 共柄，再与 R_5 共柄，R_{3+4+5} 与 M_1 共同出自中室上角处。后翅 $Sc+R_1$ 与 Rs 在中部靠近，Rs 与 M_1 在中室上角共短柄，M_2 与 M_3 共同出自中室下角处。前翅内、外横线明显；后翅内、外横线近平行，或后端接近。

雄性外生殖器：颚形突侧臂顶端连接处呈菱形或鸟喙状，下侧具 2 条反向延伸侧臂，呈长带状。阳茎基环强烈骨化。阳茎后端膨大成球根状，前端柱状，角状器刺状。

雌性外生殖器：产卵瓣发达。前、后表皮突均较短。囊导管细长带状；基环明显。交配囊圆形，具 1 个囊突。

分布：东洋区、旧热带区。世界已知 7 种，中国记录 4 种，浙江分布 2 种。

（1063）百山祖长颚螟 *Peucela baishanzuensis* Qi et Li, 2020（图 14-80）

Peucela baishanzuensis Qi et Li in Qi, Zuo & Li, 2020: 153.

主要特征：成虫（图 14-80A）翅展 25.0 mm。额及头顶黄褐色。下唇须黄褐色，第 1 节与第 3 节近等长，约为第 2 节的 1/4。下颚须黄褐色，前端尖，与下唇须第 3 节近等长。触角柄节中部膨大，最宽处宽度约为鞭节的 2 倍，鞭节腹侧具纤毛。领片、翅基片灰褐色。前翅灰棕色；基区前端黑褐色，后端红棕色；中区淡棕色，杂有少量黑褐色鳞片；外缘区黑褐色，杂有红棕色鳞片；前缘黑褐色，中区内为不连续黄色短斑；中室端斑黑褐色；内横线淡灰色，由前缘基部 1/4 弧形向外凸出至后缘基部 1/3，外横线淡灰色，内、外侧具黑褐色线，由前缘端部 1/4 延伸至后缘端部 1/6 处，在中部略呈弧形向外凸出；缘毛基半部黑褐色，端半部红棕色。后翅褐色，杂有少量红棕色鳞片；内、外横线淡灰色，弧形向外弯曲，并在后端互相靠近；缘毛颜色同前翅。

 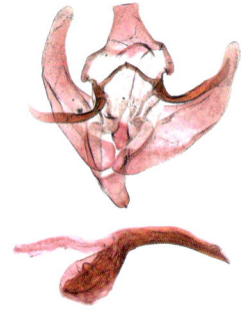

图 14-80 百山祖长颚螟 *Peucela baishanzuensis* Qi et Li, 2020
A. 成虫；B. 雄性外生殖器

雄性外生殖器（图 14-80B）：爪形突端部梯形，顶端平，侧面略凹。颚形突侧臂棍棒状，顶端连接处菱形；反向延伸侧臂基部 1/4 上弯，约为颚形突侧臂长的 2 倍，端部刀状。抱器瓣向端部渐细，端部圆滑；抱握器平，在抱器背基部下方；抱器腹由基部至端部渐尖。基腹弧"U"形，端部圆滑，约为抱器腹长的 1/3。阳茎基环基半部菱形，端半部长方形，膜质。阳茎端部长约为基部的 1.2 倍，内部有刻点；长刺状角状器约为阳茎长的 1/5。

分布：浙江（丽水）。

（1064）橄红长颚螟 *Peucela olivalis* (Caradja, 1927)（图 14-81）

Bostra olivalis Caradja, 1927a: 404.

Peucela olivalis: Qi, Zuo & Li, 2020: 156.

主要特征：成虫（图 14-81A）翅展 19.5–22.0 mm。额及头顶棕黄色，下唇须棕黄色，第 1 节为第 2 节长的 1/2，约为第 2 节的 2 倍。下颚须棕黄色，前端尖，略短于下唇须第 3 节。触角柄节中部膨大，鞭节腹侧具纤毛。领片、翅基片棕黄色。前翅淡棕黄色；基区前端红棕色，后端棕黄色；中区杂少量黑褐色鳞片；外缘区颜色略深，杂有黑褐色鳞片；前缘黑褐色，中区内具不连续黄色短斑；中室端斑黑褐色；内横线淡棕黄色，外侧具棕红色线，由前缘基部 1/4 弧形向外凸出至后缘基部 1/3，外横线淡棕黄色，略呈波浪状弯曲，由前缘端部 1/4 延伸至后缘端部 1/5 处，内侧具黑褐色细线，外侧具红棕色宽条带；外缘线淡黄色，内侧具棕红色条带；缘毛基半部棕红色，端半部褐色。后翅颜色同前翅；内、外横线淡黄色，波状弯曲，内横线外侧及外横线内侧具黑褐色条带，外横线外侧具棕红色条带；中区棕红色；缘毛颜色同前翅。

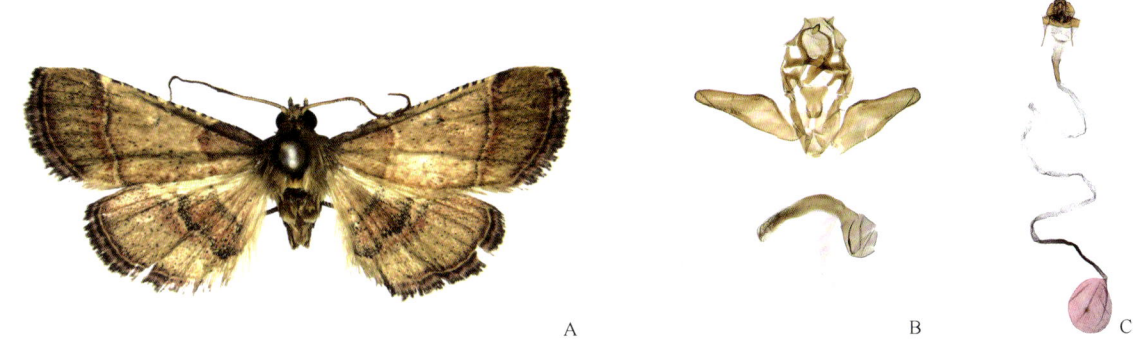

图 14-81　橄红长颚螟 *Peucela olivalis* (Caradja, 1927)
A. 成虫；B. 雄性外生殖器；C. 雌性外生殖器

雄性外生殖器（图 14-81B）：爪形突近梯形，顶端略平，宽度约为基部宽的一半。颚形突侧臂窄带状，顶端连接处鸟喙状；反向延伸侧臂约为颚形突侧臂长的 2/3，基半部直，端半部背侧呈三角形膨大。抱器瓣基部宽，向端部渐窄，端部平截；抱器腹长为抱器瓣的 2/3，由基部至端部渐尖。基腹弧"U"形，端部圆滑，约为抱器腹长的 1/4。阳茎基环基半部椭圆形，端部倒梯形。阳茎端部长约为基部膨大处的 2 倍，内部有刻点；长刺状角状器约为阳茎长的 1/3。

雌性外生殖器（图 14-81C）：产卵瓣前端 4/5 椭圆形，后端近四边形细长。前表皮突由基部至端部渐尖，约为后表皮突长的 3 倍。导管端片近等长于或略长于基环；基环侧缘内卷；囊导管约为交配囊长的 8 倍，前端 1/3 内壁粗糙。交配囊内壁具刻点；囊突由若干小微刺组成，中部具 1 个较小的突起。

分布：浙江、湖南、福建、海南、广西、四川、云南。

405. 螟蛾属 *Pyralis* Linnaeus, 1758

Pyralis Linnaeus, 1758: 496. Type species: *Phalaena farinalis* Linnaeus, 1758.

Aletes Rafinesque, 1815: 129.

Ceropsina Rafinesque, 1815: 129.

Spyrella Rafinesque, 1815: 129.

Asopia Treitschke, 1828: 316.

Sacatia Walker, 1863: 123.

Eutrichodes Warren, 1891: 498.

主要特征：体中型。无单眼。额圆形。下唇须斜向上举，超过头顶。下颚须丝状。喙发达。前翅 R_3 脉和 R_4 脉先共柄后再和 R_5 脉共柄，M_2 与 M_3 脉共柄。后翅 M_1 与 Rs 脉共柄，M_2 和 M_3 脉共柄，CuA_1 脉由中室下角前伸出。

雄性外生殖器：爪形突多三角形，少数端部延伸成细长棒状。颚形突侧臂发达，端部愈合成长钩状。抱器瓣一般狭长或端部膨大，外缘略圆。阳茎多为筒形或棍棒状，角状器多呈长针状。

雌性外生殖器：产卵瓣三角形或椭圆形。基环存在或缺失。囊导管细长。交配囊袋状或圆形，囊突有或无。

分布：世界广布。世界已知 90 余种，中国记录 20 种，浙江分布 5 种。

分种检索表

1. 前翅外横线呈明显波浪状或锯齿状弯曲 ··· 2
- 前翅外横线仅呈弧形弯曲 ··· 3
2. 前翅基部和外缘紫褐色 ·· 紫斑谷螟 *P. farinalis*
- 前、后翅灰褐色 ·· 茅坪紫褐螟 *P. moupinalis*
3. 外横线近前缘处无膨大成三角形的斑 ··· 锈纹螟 *P. pictalis*
- 外横线近前缘处膨大成三角形斑 ··· 4
4. 前中区呈金黄色，内横线近前缘处膨大 ·· 金黄螟 *P. regalis*
- 前中区淡褐色，内横线近前缘处无膨大 ··· 超螟 *P. superba*

（1065）紫斑谷螟 *Pyralis farinalis* (Linnaeus, 1758)（图 14-82）

Phalaena (*Pyralis*) *farinalis* Linnaeus, 1758: 533.

Pyralis farinalis: Hampson, 1896a: 508.

主要特征：成虫（图 14-82A）翅展 16.0–27.0 mm。头顶黄褐色。下唇须灰白色，第 3 节尖细，长约为第 2 节的 1/3。下颚须浅黄色，短小。喙褐色。触角红褐色。领片黄褐色。前翅基部和外缘紫褐色，中部黄褐色，靠近 M_2 脉处略紫色；前缘有 1 列白色刻点；内横线白色，弧形向外突出；外横线白色，向外弯曲至 M_2 脉处然后向内半圆形弯曲至 Cu_2 脉，随之又向外半圆形弯曲，最后至翅后缘；中室端斑黑色。后翅暗褐色；内、外横线白色，弯曲几乎同前翅。

图 14-82 紫斑谷螟 *Pyralis farinalis* (Linnaeus, 1758)
A. 成虫；B. 雄性外生殖器

雄性外生殖器（图 14-82B）：爪形突半椭圆形，被有稀疏的刚毛。颚形突臂粗壮，端部 1/2 愈合，呈弯钩状。抱器瓣舌状，被细毛。阳茎基环"U"形。阳茎筒状，端部略弯；具有 1 个长针状角状器。

分布：浙江（湖州、杭州、金华、丽水）、黑龙江、北京、天津、河北、山东、河南、陕西、宁夏、新疆、江苏、湖北、江西、湖南、福建、台湾、广东、广西、四川、云南、西藏；俄罗斯，韩国，日本，印度，缅甸，伊朗，意大利，摩洛哥，西班牙。

（1066）茅坪紫褐螟 *Pyralis moupinalis* South, 1901

Pyralis moupinalis South, 1901: 423.

主要特征：成虫翅展 25.0 mm。翅面灰褐色；内横线和外横线白色，略弯，均自前缘伸出；两条线间的前缘区域具白点；外横线呈齿状伸至后缘。后翅杂紫色鳞片；内、外横线白色，前者强烈倾斜，后者呈波浪状。缘毛颜色同翅面。前翅腹面赭色带紫色光泽；前翅在前缘端部 1/3 处具 1 白点，后翅腹面具 1 条白色外横线。

分布：浙江（临安）、山西、四川。

注：未见标本，描述来自 South（1901）。

（1067）锈纹螟 *Pyralis pictalis* (Curtis, 1834)

Asopia pictalis Curtis, 1834: 503.

Pyralis pictalis: Caradja, 1925: 319.

主要特征：成虫翅展 18.0–22.0 mm。头及领片淡褐色。下唇须向上弯曲，第 2 节达头顶，第 3 节细长。下颚须丝状。触角纤毛状。胸、腹部褐色。前翅基部黑色，亚基线白色，翅中域淡褐色，散布少量黑色鳞片；前缘有白色条纹，中室内有 1 黑点，外横线白色，弯曲，其外侧红色。后翅基部黑色，内横线白色，翅中区淡褐色，外横线白色，外侧镶褐色，外缘褐色。

雄性外生殖器：爪形突锥状。颚形突细长，端部 2/5 愈合，末端超过爪形突。抱器瓣舌状略弯曲。阳端基环椭圆形。阳茎细长筒状，内有 1 个细针状角状器。

分布：浙江（宁波、衢州、丽水）、山东、江苏、湖南、福建、台湾、广东、澳门、四川、云南；日本，印度，缅甸，斯里兰卡，马来西亚，印度尼西亚，欧洲，非洲。

注：未见标本，描述来自汪家社等（2003）。

（1068）金黄螟 *Pyralis regalis* Denis et Schiffermüller, 1775（图 14-83）

Pyralis regalis Denis et Schiffermüller, 1775: 124.

主要特征：成虫（图 14-83A）翅展 15.0–24.0 mm。额和头顶金黄色。下唇须黄色，第 3 节杂褐色。下颚须黄白色。喙黄褐色。触角黄褐色至紫褐色。胸部紫褐色，领片、翅基片褐色。前翅基区和外区紫褐色，前缘在中区内有 1 排黑白相间短线；内、外横线黄白色，镶黑色边，前者较直，后者近翅后缘处向内有 1 弯曲；内横线前端 2/3 和外横线前端 1/3 呈白色宽带，两宽带间金黄色；缘毛基部 1/3 红褐色，端部 2/3 灰白色。后翅基区和中区紫褐色；内横线和外横线白色，镶黑色边，波状弯曲；后缘缘毛灰色，其余缘毛同前翅。

雄性外生殖器（图 14-83B）：爪形突近锥形，末端钝圆。颚形突臂细长，端部 2/5 愈合，呈尖锐细钩状。抱器瓣基部与端部近等宽，末端圆；抱器背近中部略凹。阳端基环椭圆形。阳茎端部略弯曲，具 1 个长度接近阳茎长 1/3 的强刺状角状器。

分布：浙江（杭州、丽水）、黑龙江、吉林、辽宁、北京、天津、河北、山西、山东、河南、陕西、甘肃、湖北、江西、湖南、福建、台湾、广东、海南、四川、贵州、云南；俄罗斯，韩国，日本，印度，法国，西班牙，奥地利。

图 14-83　金黄螟 *Pyralis regalis* Denis *et* Schiffermüller, 1775
A. 成虫；B. 雄性外生殖器

（1069）超螟 *Pyralis superba* (Caradja *et* Meyrick, 1934) comb. nov.（图 14-84）

Hypsopygia superba Caradja *et* Meyrick, 1934: 148.

主要特征：成虫（图 14-84A）翅展 13.50–16.0 mm，额与头顶覆有棕黄色鳞片。下唇须各节外侧基部淡乳白色、端部棕黄色，内侧淡乳白色，第 2 节约为第 1 和第 3 节长的 2.5 倍。下颚须棕黄色。喙基部鳞片黄色，杂有少量棕褐色。触角柄节背面及鞭节基部棕黄色，柄节腹面及鞭节端部 2/3 棕褐色，腹面具纤毛。领片黄棕色；翅基片褐色。前翅棕红色；基区后部棕褐色；中区淡褐色；前缘线在中区内具白点；内横线白色，由前缘基部 2/5 处伸至后缘中部，内横线由端部至末端渐窄；外横线白色，由前缘端部 1/5 伸至后缘基部 1/7 处，近前缘处膨大成尖锐三角形；缘毛棕红色。后翅黑褐色；中区淡褐色，外缘区淡褐色；内、外横线白色，呈波状；缘毛同前翅。

图 14-84　超螟 *Pyralis superba* (Caradja *et* Meyrick, 1934)
A. 成虫；B. 雄性外生殖器

雄性外生殖器（图 14-84B）：爪形突基部尖锥形，两侧内凹，顶端膨大成圆形。颚形突侧臂粗细均匀，前端 1/2 愈合成钩状。抱器瓣近舌形，背缘中部膨大。阳茎基环盾片状，顶端具凹口。囊形突近"V"形。阳茎棒状，长约为抱器瓣的 1.2 倍；角状器粗针状，约为阳茎长的 2/5。

分布：浙江、广东、海南、四川。

注：该种在发表时被放置在巢螟属 *Hypsopygia*，研究发现其外部形态和雄性外生殖器特征均与螟蛾属 *Pyralis* 更为相近，因此本志将该种移入本属。

406. 景螟属 *Scenedra* Meyrick, 1884

Scenedra Meyrick, 1884: 75. Type species: *Scenedra decoratalis* Walker, 1866.

主要特征：体小至中型。下唇须上举，常超过头顶。下颚须粗短。前翅 R_3 与 R_4 脉先共柄，再和 R_5 脉在中室外共长柄，R_3 脉和 M_1 脉出自中室上角一点，M_2 与 M_3 脉出自中室下角。后翅 Rs 脉和 M_1 脉在中室下角处共柄，M_2 脉与 M_3 脉出自中室下角。

雄性外生殖器：爪形突三角形，顶端圆。颚形突侧臂带状，端部愈合成细棒状，末端钩状。抱器瓣舌状。阳茎基环椭圆形，顶端密被刻点，顶端中部有开口。阳茎较短，棒状，无角状器。

雌性外生殖器：前、后表皮突近基部具 1 个三角形的膨大。囊导管细长，具基环。交配囊椭圆形或袋状，无囊突。

分布：东洋区、澳洲区。世界已知 3 种，中国记录 2 种，浙江分布 1 种。

（1070）暗黄纹景螟 *Scenedra umbrosalis* (Wileman, 1911)（图 14-85）

Herculia umbrosalis Wileman, 1911a: 369.
Pyralis pygmaealis Caradja, 1925: 319. Syn. nov.
Scenedra umbrosalis: Inoue et al., 1982: 382.

主要特征：成虫（图 14-85A）翅展 26.0–28.0 mm。额和头顶鳞片金黄色。下唇须黄褐色，杂黑褐色鳞片，第 2、3 节近等长，是第 1 节的 2 倍。下颚须黑褐色，与下唇须近等长，前端覆盖长鳞片，呈刷状。触角黑褐色。翅基片及领片黑褐色，杂少量紫红色鳞片。前翅黑褐色，杂大量紫红色鳞片；内横线黄褐色，由前缘基部 1/3 直伸至后缘基部 1/3，在前缘处膨大；外横线黄褐色，波状弯曲，由前缘近端部 1/3 处伸至后缘近端部 1/4 处；内横线外侧及外横线内侧具 2 条较宽的黑褐色区域；中室端斑黑褐色；前缘在中区内具黄褐色不连续斑点；缘毛基部紫红色，端部黑褐色。后翅颜色同前翅；内、外横线淡黄褐色，近平行；缘毛同前翅。

图 14-85 暗黄纹景螟 *Scenedra umbrosalis* (Wileman, 1911)
A. 成虫；B. 雄性外生殖器

雄性外生殖器（图 14-85B）：爪形突三角形，顶端圆，整个背侧具稀疏细毛。颚形突臂窄带状，端部 3/5 愈合，顶端弯钩状。抱器瓣舌状；抱握器位于基部中央；抱器腹基部宽，至端部渐窄。基腹弧 "V" 形，长约为爪形突的 2/3。阳茎基环盾片状，端部 2/3 具凹口且密被刻点。阳茎筒状，约为抱器瓣的 1/2；无角状器。

分布：浙江、福建、广东；日本。

407. 缨须螟属 *Stemmatophora* Guenée, 1854

Stemmatophora Guenée, 1854: 129. Type species: *Asopia combustalis* Fischer von Röslerstamm, 1842.

主要特征：额和头顶常被粗糙鳞片。下唇须斜向上举，常超过头顶，第 3 节末端尖细。下颚须细长，伸达下唇须第 2 节。前翅 R_3、R_4 脉先共柄，再和 R_5 脉在中室外共长柄，R_3 和 M_1 脉出自中室上角一点，M_2 与 M_3 脉出自中室下角。后翅 Rs 和 M_1 脉在中室下角处共柄，M_2 与 M_3 脉出自中室下角。

雄性外生殖器：爪形突帽状或柱状，顶端圆。颚形突臂粗壮，愈合处呈喙状弯钩。抱器瓣舌形。阳茎基环圆形或椭圆形，顶端有较深凹口。阳茎较短，纺锤形，无角状器。

雌性外生殖器：前、后表皮突较短。基环明显。囊导管细长，导管壁骨片有或无。交配囊近圆形或长椭圆形，中部有 1 个囊突，形状各异。

分布：古北区、东洋区和旧热带区。世界已知 78 种，中国记录 13 种，浙江分布 4 种。

分种检索表

1. 前翅内横线较粗，呈锯齿状弯曲 ··· 双线缨须螟 *S. bilinealis*
- 前翅内横线较细，非锯齿状弯曲 ·· 2
2. 后翅的内、外横线均不明显 ·· 卓氏缨须螟 *S. joiceyi*
- 前后翅均具明显的内、外横线 ·· 3
3. 前翅外横线内侧具黑色镶边，后翅内横线外侧及外横线内侧均有黑色镶边 ··· 尖缨须螟 *S. racilialis*
- 前翅外横线内侧无黑色镶边，后翅内横线外侧及外横线内侧无黑色镶边 ··· 缘斑缨须螟 *S. valida*

（1071）双线缨须螟 *Stemmatophora bilinealis* (South, 1901) comb. nov.（图 14-86）

Herculia bilinealis South, 1901: 427.

Hypsopygia bilinealis: Leraut, 2006: 6.

主要特征：成虫（图 14-86A）翅展 26.0–28.0 mm。头顶黄色，被粗糙的直立鳞片。雄性触角金黄色，腹缘具白色纤毛。下唇须内侧黄色，外侧黄褐色，被有少量黑色鳞片，第 2 节长是第 3 节的 2.5 倍，第 3 节黄色，尖细并上举。翅基片及领片黄褐色。前翅黄褐色，杂有黑色鳞片；内、外横线黄色，前者较宽，呈锯齿状弯曲；外横线中部略间断，在翅前缘处膨大成 1 三角形斑；前缘在中区内有黄黑相间的短线。缘毛黄色，基半部黑褐色。后翅黄灰色，内、外横线浅黄褐色；缘毛黄灰色。

图 14-86 双线缨须螟 *Stemmatophora bilinealis* (South, 1901)
A. 成虫；B. 雄性外生殖器

雄性外生殖器（图 14-86B）：爪形突端半部圆形，基部向两侧带状延伸，末端向上弯曲。颚形突侧臂端部 2/5 愈合，中部膨大，向端部逐渐变细，末端呈钩状。横带片宽带状，下缘波状弯曲。抱器瓣舌状，内侧被细毛；抱握器位于基部靠近基腹弧处，其上被稀疏细毛。囊形突近三角形。阳茎基环椭圆形。阳茎筒状，约为抱器瓣长的 2/3，端部有 1 束易脱落的小棘。

分布：浙江、河南、湖北、贵州。

注：该种在发表时被放置在双纹螟属 *Herculia*，后来由法国学者（Leraut, 2006）移入巢螟属 *Hypsopygia*，

本研究发现其外部形态和雄性外生殖器特征均与缨须螟属 *Stemmatophora* 更为相近，因此本志将该种移入本属。

（1072）卓氏缨须螟 *Stemmatophora joiceyi* **Caradja, 1927**（图 14-87）

Stemmatophora joiceyi Caradja, 1927a: 403.

主要特征：成虫（图14-87A）翅展28.0–31.0 mm。头顶鳞片淡黄褐色。雄性触角黑褐色，腹缘具淡褐色纤毛。下唇须外侧深褐色，杂少量棕黄色鳞片，内侧棕黄色，第3节顶端棕黄色，第2节长是第3节的3倍。翅基片及领片锈红色。前翅锈红色，杂黑褐色鳞片；外缘区近顶角处呈黄褐色；内、外横线黄色，前者较宽，外侧具黑褐色镶边；后者略窄，前端近翅前缘处膨大，中段向外拱凸明显；前缘在中区内有黄色短斑。缘毛黑褐色，近基部具1条锈红色横线。后翅灰褐色；内、外横线均不明显；缘毛灰褐色。

图 14-87　卓氏缨须螟 *Stemmatophora joiceyi* Caradja, 1927
A. 成虫；B. 雄性外生殖器

雄性外生殖器（图14-87B）：爪形突端部圆柱形，顶端圆。颚形突侧臂端部1/2愈合，愈合部分呈梭形，顶端弯钩状，与爪形突高度相同。抱器瓣舌状；抱握器靠近抱器背基部。囊形突基部1/4宽，端部3/4柱状，端部钝圆。阳茎基环椭圆形，顶端具深凹口。阳茎基半部筒状，端半部明显变细，宽度约为基半部的1/5，具1根细长刺状角状器，长度约为阳茎的1/3。

分布：浙江（临安）、广东、四川。

（1073）尖缨须螟 *Stemmatophora racilialis* **(Walker, 1859) comb. nov.**

Pyralis racilialis Walker, 1859: 899.
Hypsopygia racilialis: Li et al., 2012: 277.

分布：浙江（临安）、河南、陕西、江苏、湖北、江西、福建、台湾、广东。

注：描述见《天目山动物志》（李后魂等，2020）。

该种在发表时被放置在螟蛾属 *Pyralis* 内，后来由本研究团队（Li et al., 2012）移入巢螟属 *Hypsopygia*，经进一步研究发现其外部形态和雄性外生殖器特征均与缨须螟属 *Stemmatophora* 更为相近，因此本志将其移入本属。

（1074）缘斑缨须螟 *Stemmatophora valida* **(Butler, 1879)**

Pyralis valida Butler, 1879a: 451.
Stemmatophora valida: Caradja & Meyrick, 1934: 150.

分布：浙江（临安）、河南、江苏、湖北、江西、湖南、福建、台湾、广东、海南、四川、云南；日本，印度。

注：描述见《天目山动物志》（李后魂等，2020）。

408. 硕螟属 *Toccolosida* Walker, 1863

Toccolosida Walker, 1863: 14. Type species: *Toccolosida rubriceps* Walker, 1863.

主要特征：体中型。额长椭圆形，头顶被粗糙鳞片。雄性触角栉齿状。下唇须向前平伸，第3节稍细，略向下弯。雄性成虫从颈片向后伸出较长的鳞毛束；翅基片长达腹部。前翅R_3和R_4脉先共柄后再和R_5脉共长柄，R_1、R_2脉几乎平行，M_1、M_2脉平行，M_2、M_3脉及CuA_1脉出自中室下角一点。后翅Rs和M_1脉起于中室上角处一点，M_2、M_3脉从中室下角处伸出。

雄性外生殖器：爪形突和颚形突均较粗壮。抱器瓣发达。阳茎基环板状。囊形突柱状。阳茎较长，内有1–2个角状器。

分布：东洋区。世界已知6种，中国记录1种，浙江分布1种。

（1075）朱硕螟 *Toccolosida rubriceps* Walker, 1863

Toccolosida rubriceps Walker, 1863: 14.

分布：浙江（湖州、嘉兴、杭州、丽水）、江苏、安徽、湖北、江西、湖南、福建、台湾、广东、广西、四川、云南；韩国，印度，不丹，马来西亚，印度尼西亚。

注：描述见《天目山动物志》（李后魂等，2020）。

409. 长须短颚螟属 *Trebania* Ragonot, 1892

Trebania Ragonot, 1892: 645. Type species: *Propachys flavifrontalis* Leech, 1889, by monotypy.

主要特征：体中型。下唇须特别长，为头长的2–3倍，第2节稍微向下弯，第3节鸟喙状下垂。下颚须细小。喙发达。触角丝状。前翅R_3脉和R_4脉先共柄后再与R_5脉共柄，R_2脉、R_3脉和M_1脉起于中室顶角处一点，M_2脉和M_3脉从中室下角伸出，接近但不共柄。后翅Rs脉与M_1脉在中室顶角处共短柄，M_2脉和M_3脉发自中室下角，但不共柄。

雄性外生殖器：爪形突舌状，端部钝圆。颚形突细长，端部弯钩状，一般达爪形突中部。抱器瓣长椭圆形，外缘钝圆或倾斜。囊形突三角形。阳茎基环盾形或"U"形。阳茎筒形或棍棒状，无角状器，端部有2个骨片。

雌性外生殖器：前表皮突均较短。基环较细，骨化明显。囊导管细长。交配囊近圆形，副囊有或无，底部具1条形囊突。

分布：古北区东部、东洋区。世界已知4种，中国记录4种，浙江分布3种。

分种检索表

1. 前翅淡橄榄绿色；抱器瓣外缘平截 ············· 灰长须短颚螟 *T. glaucinalis*
- 前翅黑色或灰褐色；抱器瓣外缘向外拱突 ············· 2
2. 前翅黑色，翅脉间有黑色条纹；爪形突近端部膨大 ············· 黄头长须短颚螟 *T. flavifrontalis*
- 前灰褐色，翅脉间无黑色条纹；爪形突近端部未膨大 ············· 鼠灰长须短颚螟 *T. muricolor*

(1076) 黄头长须短颚螟 *Trebania flavifrontalis* (Leech, 1889)

Propachys flavifrontalis Leech, 1889a: 108.
Trebania flavifrontalis: Caradja, 1938b: 256.

分布：浙江（临安）、河南、江苏、上海、江西、湖南、福建、台湾、广东、海南；朝鲜，日本，印度，斯里兰卡。

注：描述见《天目山动物志》（李后魂等，2020）。

(1077) 鼠灰长须短颚螟 *Trebania muricolor* Hampson, 1896

Trebania muricolor Hampson, 1896a: 174.

分布：浙江（临安）、陕西、甘肃、湖北、福建、广西、四川；印度。

注：描述见《天目山动物志》（李后魂等，2020）。

(1078) 灰长须短颚螟 *Trebania glaucinalis* Hampson, 1906

Trebania glaucinalis Hampson, 1906: 269.

主要特征：成虫翅展 34.0–38.0 mm。头、胸和腹部浅赭褐色。下唇须两侧黑褐色。前翅均匀有光泽，呈淡橄榄绿色，中室端斑、外横线、前缘和缘毛均呈褐色，且外横线呈弧形弯曲。后翅呈棕白色，杂淡绿色。前翅腹面褐色；前后翅均具呈弥散状的外横线。

分布：浙江（湖州）、山东、陕西、广东。

注：未见标本，描述来自 Hampson（1906）。

410. 弓缘残翅螟属 *Xenomilia* Warren, 1896

Xenomilia Warren, 1896c: 458. Type species: *Xenomilia humeralis* Warren, 1896.

主要特征：体中至大型。下唇须向前下方伸出，约为头长的 2 倍，背、腹侧被鳞毛。下颚须丝状。前翅前缘近基部弓形拱突，随后平展伸向顶角，顶角尖锐，外缘中段向外形成凸出的角，近 CuA_1 脉处，向内凹陷，雄性成虫更为明显；R_1–R_5 和 M_1 出于中室上角，M_2 和 M_3 脉出自中室下角，CuA_1 脉从中室下角前伸出。后翅 $Sc+R_1$ 与 Rs 脉共柄，并与 M_1 脉连接，M_2 与 M_3 脉由中室下角伸出。

雄性外生殖器：爪形突柱状。颚形突侧臂细长，端部愈合部分较短。抱器瓣狭长，被稀疏短毛；阳茎基环锚状；囊形突扁三角形。阳茎筒状，具角状器。

雌性外生殖器：产卵瓣三角形，前、后表皮突较粗。囊导管较长。交配囊椭圆形，囊突近圆形，由若干三角形小疣突组成。

分布：东洋区。世界已知 1 种，中国记录 1 种，浙江分布 1 种。

(1079) 弓缘残翅螟 *Xenomilia humeralis* Warren, 1896（图 14-88）

Xenomilia humeralis Warren, 1896c: 459.

主要特征：成虫（图 14-88A）翅展 34.0–46.0 mm。额黄褐色；头顶褐色。雄性和雌性触角一侧均被有纤毛。下唇须向前平伸，第2、3节等长，第2节腹缘被细纤毛，第3节略下弯。胸部和翅基片黄褐色。前翅深黄褐色，略带红色；翅基部颜色较深并有黑色的斑点；前缘基部拱起成弯弓状，随后平展缓伸向翅顶，雄性成虫更为明显；翅顶角突出细尖，外缘向内缓弯，靠近Cu_1脉处向内凹陷残缺一角；内横线由2条深灰色双线构成，曲折如锯齿形；外横线由2条双线构成，呈双"S"形弯曲并与翅后缘平行；翅外缘有黑色宽带。后翅颜色略呈赭黄色；沿后缘及内缘有黑褐色宽带，大约占到翅面的1/4。双翅缘毛黄褐色。

雄性外生殖器（图14-88B）：爪形突较粗，顶端尖细，被有密集的硬的粗刚毛。颚形突分两支，细长。抱器瓣狭长，端部钝圆，被有稀疏的短毛。阳茎基环倒"M"形，中间一支较长，端部稍微变宽。囊形突较宽扁。阳茎长筒状，中部略细；阳茎端部具三角形小刺及1长条状的角状器。

雌性外生殖器（图14-88C）：产卵瓣三角形；前、后表皮突均较粗，端部略扩大，长度之比约为3∶5。囊导管较长，近交配囊1/2处变细。交配囊椭圆形；距囊底1/3处有1个近圆形囊突，由许多三角形的小疣突组成。

分布：浙江、湖北、海南、广西、四川、贵州、云南；印度，不丹，泰国。

图14-88 弓缘残翅螟 *Xenomilia humeralis* Warren, 1896
A. 成虫；B. 雄性外生殖器；C. 雌性外生殖器

411. 甾瑟螟属 *Zitha* Walker, 1865

Zitha Walker, 1865: 1264. Type species: *Zitha punicealis* Walker, 1866.

主要特征：下唇须向上斜伸，第3节前伸。下颚须细小。喙细小。雄性触角腹面具纤毛。翅基片通常超过中胸。胫节有毛缨。前翅M_2、M_3脉自中室下角伸出，基部1/3靠近，R_3、R_4与R_5脉共柄。后翅M_2与M_3脉基部靠近，M_1与Rs脉由中室上角伸出。

雄性外生殖器：爪形突锥形，被毛。颚形突发达，端部钩状弯曲。抱器瓣舌形，基部具指形抱握器。阳茎基环近圆形。阳茎长筒形，角状器针刺状。

雌性外生殖器：产卵瓣发达。囊导管较细长，常具有螺旋、褶皱或骨化结构，基环骨化明显。交配囊圆形或椭圆形，无囊突及附囊。

分布：东洋区、旧热带区。世界已知近140种，中国记录10种，浙江分布2种。

(1080) 枯叶螟 *Zitha torridalis* (Lederer, 1863)

Asopia torridalis Lederer, 1863: 342.
Zitha torridalis: Leraut, 2002: 98.

分布：浙江（临安）、陕西、江苏、湖北、江西、湖南、台湾、广东、海南、广西、云南、西藏；日本，印度，缅甸，斯里兰卡，马来西亚，印度尼西亚。

注：描述见《天目山动物志》（李后魂等，2020）。

(1081) 粉甾瑟螟 *Zitha rosealis* (Hampson, 1896)

Tegulifera rosealis Hampson, 1896a: 153.
Zitha rosealis: Leraut, 2000: 244.

主要特征：成虫翅展 16.0 mm。前翅肉粉色。下唇须深褐色。足的跗节具黑、白色带。前翅前缘黑色，具白斑；具外横线；翅面散布少量黑色鳞片；缘点黑色。后翅亮粉红，散布黑色鳞片；中线黑色，弯曲；前后翅缘毛黑色，中部具 1 粉色线。前翅腹面外横线自前缘向外延伸；端部黑色。

分布：浙江（临安）、广东；印度。

注：未见标本，描述来自 Hampson（1896）。

三十二、草螟科 Crambidae

主要特征：头部额区圆、扁平、锥形或凹凸不平等，被光滑鳞片。头顶有直立的鳞片。下唇须3节，前伸、斜上举或向上弯。下颚须通常短小，有时微小或消失。喙通常发达。复眼大，球形。足细长，雄性常有结构各异的香鳞。鼓膜与节间膜不在同一平面上；有听器间突，简单或两裂叶。雄性外生殖器爪形突形状多变；颚形突常后中部发达，有的退化或缺失。雌性产卵瓣膜质，具毛，有的延长或强烈骨化甚至呈刀片状。

分布：世界广布，除南极外几乎在所有的大陆和岛屿上都有分布。世界已知1021属10 487种，中国记录400种左右，浙江分布99属225种。

（一）草螟亚科 Crambinae

主要特征：体小至中型。额通常圆形，尖突有或无；单眼和毛隆存在或缺失；喙发达，个别退化或缺失。下唇须细长，前伸或上举，通常超过复眼直径的2倍。下颚须末端刷状。前翅狭长或宽短，斑纹变化多样。Sc与R_1脉分离或合并，R_2脉独立，R_3与R_4脉共柄或R_3、R_4与R_5脉共柄，M_1脉存在或缺失，CuA_1、CuA_2和A脉存在。后翅Sc与R_1脉合并，M_2与M_3脉通常共柄，有时M_2脉缺失，CuA_1、CuA_2、1A、2A和3A脉存在。雄性外生殖器爪形突发达；颚形突形状变化多样，少数属颚形突退化；抱器瓣狭长或宽短，结构对称或不对称，多刚毛，抱器背和抱器腹骨化突起存在或缺失；基腹弧发达；囊形突存在或缺失；阳茎细长或短粗，端刺和角状器有或无。雌性外生殖器导管端片形状和骨化程度变化多样；囊导管膜质或骨化，细长或短粗；导精管出自囊导管；交配囊通常椭圆形；囊突有或无。

生物学：成虫一般在夜间活动，有很强的趋光性，白天栖息在草丛、树干、枝叶等隐蔽处。

分布：世界广布。世界已知170多属2100种左右，中国记录38属330余种，浙江分布23属66种。

分属检索表

1. 前翅外缘在顶角下方凹入 ··· 2
- 前翅外缘不凹入 ·· 10
2. 额有尖突 ·· 3
- 额无尖突 ·· 4
3. 毛隆退化或萎缩 ·· 大草螟属 *Eschata*
- 毛隆发达 ·· 切翅草螟属 *Prionapteron*
4. 前翅R_3、R_3与R_5脉共柄 ··· 5
- R_5脉独立 ·· 7
5. 前翅Sc与R_1脉合并 ·· 巢草螟属 *Ancylolomia*
- 前翅Sc与R_1脉分离 ·· 6
6. 雄性外生殖器颚形突短小，抱器背无骨化突起 ··· 银纹狭翅草螟属 *Angustalius*
- 雄性外生殖器颚形突通常细长，抱器背通常有骨化突起 ·· 草螟属 *Crambus*
7. 雄性外生殖器抱器腹有骨化突起 ·· 细草螟属 *Roxita*
- 雄性外生殖器抱器腹无骨化突起 ··· 8
8. 雄性外生殖器爪形突腹面密被刚毛且排成栉状 ·· 洁草螟属 *Gargela*
- 雄性外生殖器爪形突腹面不密被刚毛 ··· 9
9. 雌性外生殖器前表皮突细长 ··· 微草螟属 *Glaucocharis*
- 雌性外生殖器前表皮突缺失 ··· 广草螟属 *Platytes*

10. 单眼缺失或退化	11
- 单眼发达	12
11. 前翅有中带	髓草螟属 *Calamotropha*
- 前翅无中带	阔翅草螟属 *Japonichilo*
12. 前翅 R_5 脉独立	13
- 前翅 R_3、R_4 与 R_5 脉共柄	16
13. 后翅中室封闭	禾草螟属 *Chilo*
- 后翅中室开放	14
14. 雄性外生殖器抱器背基部显著凹入	银草螟属 *Pseudargyria*
- 雄性外生殖器抱器背基部不凹入	15
15. 雌性外生殖器前表皮突退化或缺失	双带草螟属 *Miyakea*
- 雌性外生殖器前表皮突发达	带草螟属 *Metaeuchromius*
16. 雄性外生殖器抱器腹有骨化突起	17
- 雄性外生殖器抱器腹无骨化突起	21
17. 雄性外生殖器抱器瓣不对称	并脉草螟属 *Neopediasia*
- 雄性外生殖器抱器瓣对称	18
18. 雌性外生殖器后表皮突等于或略长于产卵瓣	19
- 雌性外生殖器后表皮突短于产卵瓣	20
19. 雌性外生殖器产卵瓣背面相连	黄纹草螟属 *Xanthocrambus*
- 雌性外生殖器产卵瓣背面分离	金草螟属 *Chrysoteuchia*
20. 雄性外生殖器颚形突明显长于爪形突	黄草螟属 *Flavocrambus*
- 雄性外生殖器颚形突与爪形突近等长	目草螟属 *Catoptria*
21. 雄性外生殖器阳茎通常有端刺	卡拉草螟属 *Culladia*
- 雄性外生殖器阳茎无端刺	22
22. 雌性外生殖器产卵瓣与后表皮突近等长	茎草螟属 *Pediasia*
- 雌性外生殖器产卵瓣显著短于后表皮突	白草螟属 *Pseudocatharylla*

412. 巢草螟属 *Ancylolomia* Hübner, 1825

Ancylolomia Hübner, 1825: 363. Type species: *Tinea palpella* Denis et Schiffermüller, 1775.

Jartheza Walker, 1863: 183.

Ctenus Mabille, 1906: 32.

Tollia Amsel, 1949: 280.

主要特征：单眼发达，毛隆存在。前翅通常沿翅脉散布小点并形成线状；中带缺失；亚外缘线常 2 条；外缘在顶角下方凹入；Sc 与 R_1 脉合并，R_2 脉独立，R_3、R_4 与 R_5 脉共柄，M_2 与 M_3 脉分离。后翅中室开放，M_2 与 M_3 脉共柄。

雄性外生殖器：爪形突通常细长，部分种类背面具刺突。颚形突细长。抱器瓣宽短；抱器腹无骨化突起。阳茎通常具端刺；角状器有或无。

雌性外生殖器：产卵瓣宽大。囊导管通常短粗。交配囊长椭圆形；无囊突。

分布：古北区、东洋区和旧热带区。世界已知 71 种，中国记录 16 种，浙江分布 1 种。

（1082）稻巢草螟 *Ancylolomia japonica* Zeller, 1877（图 14-89）

Ancylolomia japonica Zeller, 1877: 24.

主要特征：成虫（图 14-89A）翅展 19.0–21.0 mm。额淡黄色，头顶白色。下颚须淡褐色，末端白色。下唇须灰褐色，第 1 节基部白色。触角背面白色，腹面棕色。胸部白色；领片黄白色至淡褐色；翅基片淡褐色至深褐色，外侧灰白色。前翅密被淡黄色和淡褐色鳞片，沿翅脉有淡褐色或银白色纹；翅脉间散布的黑色斑排列成线；亚外缘线 2 条，锯齿状，内侧淡褐色，外侧 1 条银白色；亚外缘线与外缘之间有 1 条模糊的黑线，顶角有 1 深褐色斑点，后端 1/3 处外弯成角且有 2 深褐色斑点；缘毛淡褐色。后翅灰白色至淡褐色；缘毛白色。

图 14-89　稻巢草螟 *Ancylolomia japonica* Zeller, 1877
A. 成虫；B. 雄性外生殖器；C. 雌性外生殖器

雄性外生殖器（图 14-89B）：爪形突细长，弯钩状；基部背面具短刺，约为爪形突长的 1/6。颚形突细长，上弯，末端尖。抱器瓣中部膨凸；抱器背骨化弱，略凸出，端部有 1 多疣突的指形骨化突起，伸达抱器瓣末端。阳茎基环近椭圆形，有 1 个近倒"U"形的骨化褶。阳茎略短于抱器瓣，基部尖细，中间粗，端刺细长。

雌性外生殖器（图 14-89C）：产卵瓣宽大，略呈衣领状。交配孔宽大，两侧各有 1 近三角形的骨化突起。囊导管短粗，与交配囊无明显分界。交配囊长袋状；无囊突。

分布：浙江（杭州、温州、衢州）、黑龙江、辽宁、北京、天津、河北、山东、河南、陕西、甘肃、江苏、上海、安徽、湖北、江西、湖南、福建、台湾、广东、海南、广西、四川、贵州、云南、西藏；朝鲜，日本，印度，缅甸，泰国，斯里兰卡，南非。

413. 银纹狭翅草螟属 *Angustalius* Marion, 1954

Angustalius Marion, 1954: 42, 50. Type species: *Angustalius ditaeniellus* Marion, 1954.
Crambopsis Lattin, 1952: 90.
Bleszynskia Lattin, 1961: 115.

主要特征：单眼和毛隆存在。前翅具 1 条白色纵纹，后翅通常白色；亚外缘线存在；顶角尖锐凸出；前翅 R_1 脉独立，R_3、R_4 与 R_5 脉共柄，M_2 脉存在。后翅 M_2 与 M_3 脉共柄。

雄性外生殖器：爪形突细长。颚形突短小。抱器腹发达。阳茎略弯；角状器存在。

雌性外生殖器：产卵瓣宽大。表皮突退化。导管端片骨化；囊导管短粗，囊突存在。

分布：东洋区、旧热带区。世界已知 6 种，中国记录 2 种，浙江分布 1 种。

(1083) 银纹狭翅草螟 *Angustalius malacellus* (Duponchel, 1836)

Crambus malacellus Duponchel, 1836: 61.

Angustalius malacellus: Bleszynski, 1965: 230.

主要特征：成虫翅展 18.5–20.5 mm。额和头顶灰白色。下唇须外侧淡褐色。下颚须淡褐色，末端白色。触角背面白色，腹面淡褐色。领片和翅基片淡褐色。前翅前缘深褐色，近前缘有 1 白色纵纹，白纹后缘密被深褐色鳞片，与白纹近等宽；后端 1/5 白色；亚外缘线白色，前端约 2/5 处外弯且被白色纵纹隔断；亚外缘线前缘 2/5 外侧有 1 条白色斜纹；缘毛淡褐色。后翅和缘毛白色。

雄性外生殖器：爪形突下弯，末端尖钩状。抱器瓣中部宽，端部渐窄。抱器腹强烈骨化，与抱器瓣最宽处近等宽，约为抱器瓣长的 1/2。阳茎基环"U"形。阳茎与抱器瓣近等长；中部有多个微刺状角状器和 1 个强刺状角状器。

雌性外生殖器：产卵瓣宽大。表皮突退化。导管端片强烈骨化，后缘中部略凹入。囊导管骨化弱。交配囊椭圆形；具 2 个囊突。

分布：浙江、江苏、湖南、福建、台湾、广东、广西；日本，印度，越南，斯里兰卡，小亚细亚，外高加索，以色列，叙利亚，欧洲，澳大利亚，新西兰。

注：未见标本，描述来自 Bleszynski（1965）。

414. 髓草螟属 *Calamotropha* Zeller, 1863

Calamotropha Zeller, 1863: 8. Type species: *Tinea paludella* Zeller, 1824.

Myeza Walker, 1863: 190.

Aurelianus Bleszynski, 1962b: 2.

主要特征：单眼通常退化，毛隆发达。前翅通常具中带和中斑，亚外缘线存在，外缘有 1 列斑点。前翅 Sc 与 R_1 脉分离，R_2 脉独立，R_3、R_4 与 R_5 脉共柄，M_2 与 M_3 脉分离。后翅中室开放，M_1 与 $Sc+R_1$ 脉融合或由 1 条短小的横脉连接，M_2 与 M_3 脉共柄。

雄性外生殖器：爪形突细长，基部被刚毛。颚形突形状多变。抱器瓣通常宽短，形状变化大。伪囊形突存在，囊形突发达。阳茎通常具角状器。

雌性外生殖器：产卵瓣宽。后表皮突细长，前表皮突短小或退化。交配孔通常骨化；囊导管弯曲、较直或有结节。交配囊椭圆形；囊突有或无。

分布：主要分布于旧大陆。世界已知 115 种，中国记录 29 种，浙江分布 7 种。

分种检索表

1. 前翅无中带 ··· 黑三棱髓草螟 *C. shichito*
- 前翅有中带 ·· 2
2. 前翅外缘无末端斑点 ··· 黄纹髓草螟 *C. paludella*
- 前翅外缘有末端斑点 ·· 3
3. 前翅外缘均匀分布斑点 ··· 凹瓣髓草螟 *C. obliterans*
- 前翅外缘只后端分布斑点 ··· 4
4. 雄性外生殖器抱器瓣近三角形，末端尖或钝 ··· 短纹髓草螟 *C. brevistrigella*
- 雄性外生殖器抱器瓣非三角形，末端平截或圆 ··· 5

5. 雄性外生殖器抱器背端部多齿突 ………………………………………………………… 黑点髓草螟 *C. nigripunctella*
- 雄性外生殖器抱器背无齿突 …………………………………………………………………………………… 6
6. 雄性外生殖器有 2 组角状器，无骨化板 ………………………………………………… 多角髓草螟 *C. multicornuella*
- 雄性外生殖器有 1 组角状器，阳茎末端有 1 个长椭圆形骨化板 ………………………… 仙客髓草螟 *C. sienkiewiczi*

（1084）短纹髓草螟 *Calamotropha brevistrigella* (Caradja, 1932)（图 14-90）

Crambus brevistrigellus Caradja, 1932: 117A.
Calamotropha brevistrigella: Bleszynski, 1961a: 189.

主要特征：成虫（图 14-90A）翅展 17.0–19.0 mm。额和头顶白色。下唇须白色；外侧基半部淡黄色，杂淡褐色；端半部白色，亚末端淡褐色。下颚须淡黄色，末端白色。触角背面白色，腹面淡黄色。领片白色与淡黄色相间；胸部和翅基片白色。前翅白色；中带橘黄色，近"M"形，近中部具 1 黑斑；亚外缘线淡褐色，向外拱凸；顶角在前缘处具 1 半圆形淡黄褐色斑纹；外缘淡黄色，后端具 3 黑色斑点；缘毛淡褐色。后翅和缘毛白色。

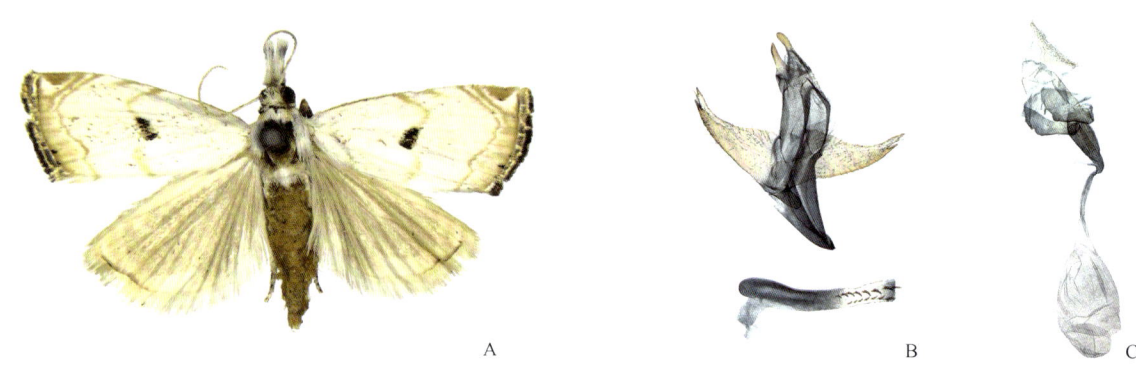

图 14-90　短纹髓草螟 *Calamotropha brevistrigella* (Caradja, 1932)
A. 成虫；B. 雄性外生殖器；C. 雌性外生殖器

雄性外生殖器（图 14-90B）：爪形突末端指状。颚形突略短于爪形突，端部尖锐，略上弯。背兜略长于颚形突。抱器瓣近三角形；抱器背末端有 1 尖突；抱器腹末端有 1 刺突。伪囊形突指状。囊形突基部宽，端部渐窄，末端钝。阳茎约为抱器瓣长的 1.5 倍，略弯曲；端部具 2 列小刺状角状器。

雌性外生殖器（图 14-90C）：产卵瓣椭圆形，约为后表皮突长的 2 倍。前表皮突短小。导管端片强烈骨化，显著粗于囊导管中部，前端渐细；囊导管细长，与椭圆形交配囊近等长；无囊突。

分布：浙江、江苏、湖北、江西、湖南、福建、广东、海南、广西、贵州；日本。

（1085）多角髓草螟 *Calamotropha multicornuella* Song *et* Chen, 2002

Calamotropha multicornuella Song *et* Chen in Chen, Song & Yuan, 2002c: 41.

分布：浙江（临安）、甘肃、湖北、湖南、福建、广西。
注：描述见《天目山动物志》（李后魂等，2020）。

（1086）黑点髓草螟 *Calamotropha nigripunctella* (Leech, 1889)

Crambus nigripunctellus Leech, 1889a: 107.
Calamotropha nigripunctella: Bleszynski, 1961a: 186.

分布：浙江（临安）、陕西、江苏、安徽、湖北、江西、湖南、福建、海南、广西、四川、贵州、云南；朝鲜，日本。

注：描述见《天目山动物志》（李后魂等，2020）。

（1087）凹瓣髓草螟 *Calamotropha obliterans* (Walker, 1863)

Crambus obliterans Walker, 1863: 169.

Crambus candidifer Walker, 1863: 170.

Calamotropha obliterans: Bleszynski, 1961a: 168.

主要特征：成虫翅展 16.0–22.0 mm。额和头顶白色。下唇须外侧黄棕色，内侧白色。下颚须基部棕色，端半部白色。前翅米色，散布棕色鳞片；前缘棕色，顶角内侧有三角形褐色斑点；中带棕色，中间内弯处有 1 个棕色中斑；亚外缘线 2 条，棕色，向外弯；外缘棕色；缘毛米色，有光泽。后翅深米色，缘毛米色。

雄性外生殖器：爪形突细长，末端尖。颚形突末端膨大，略长于爪形突。抱器瓣宽短；前缘端部 1/2 处向下弯成弧形；外缘向内凹入成半圆形；后缘近直。伪囊形突发达。阳茎长于抱器瓣；端部 1/6 有 2 个大小不同的角状器。

雌性外生殖器：产卵瓣椭圆形，后缘直。后表皮突基部宽，端半部窄。前表皮突较后表皮突长。后阴片略宽于前表皮突。导管端片骨化，密被微刺。囊导管细长。交配囊椭圆形，无囊突。

分布：浙江、江苏、湖南；菲律宾，马来群岛。

注：未见标本，描述来自 Bleszynski（1961a）。

（1088）黄纹髓草螟 *Calamotropha paludella* (Hübner, 1824)（图 14-91）

Tinea paludella Hübner, 1824: pl. 68, figs. 452, 453.

Chilo obtusellus Stainton, 1856b: 33.

Chilo parramattellus Meyrick, 1879: 178.

Crambus carpherus Hampson, 1898b: 159.

Crambus faviguttellus Wileman *et* South, 1917: 148.

Conocrambus calamosus Hampson, 1919b: 443.

Crambus chionostola Hampson, 1919b: 290.

Crambus purellus f. *aurifusalis* Caradja, 1927a: 424.

Crambus angulatus Shibuya, 1928: 133.

Crambus typhivorus Meyrick, 1932: 344.

Crambus purellus var. *aurofusalis* Caradja, 1938d: 91.

Calamotropha inouei Bleszynski, 1959: 275.

Calamotropha paludella: Bleszynski, 1961a: 152.

主要特征：成虫（14-91A）前翅长 22.0–32.0 mm。额和头顶白色。下唇须及下颚须白色，前者第 3 节端部杂淡褐色。触角背面白色与淡褐色相间，腹面淡黄色。领片和胸部白色，翅基片白色至淡黄色。前翅白色至淡褐色，基部有 1 条淡黄色斜带；中带淡黄色，不连续；中室端斑深褐色；亚外缘线淡黄色，前端 1/3 向外凸出成锐角；缘毛淡褐色杂白色。后翅白色，顶角外缘淡褐色；顶角缘毛基部 1/2 白色，端部 1/2 淡褐色，其余缘毛白色。

雄性外生殖器（图 14-91B）：爪形突细长，端部 1/4 加粗。颚形突三角形，约为爪形突长的 1/2。抱器瓣近矩形，末端平截。伪囊形突宽大，半椭圆形。囊形突宽大，末端钝圆。阳茎筒状，略长于抱器瓣，端部有 1 列大小不同的小刺状角状器。

图 14-91　黄纹髓草螟 *Calamotropha paludella* (Hübner, 1824)
A. 成虫；B. 雄性外生殖器；C. 雌性外生殖器

雌性外生殖器（图 14-91C）：产卵瓣椭圆形，较后表皮突长 1/3。导管端片管状，强烈骨化，前端弯；囊导管前端渐粗。交配囊椭圆形，与囊导管近等长；囊突 1 个，具中脊，近扇形。

分布：浙江（杭州、温州）、黑龙江、辽宁、内蒙古、北京、天津、河北、山东、陕西、宁夏、新疆、江苏、上海、安徽、湖北、江西、湖南、福建、台湾、广西、四川、云南；朝鲜，日本，印度，印度尼西亚，阿富汗，英国，德国，匈牙利，澳大利亚，南非，马达加斯加。

（1089）黑三棱髓草螟 *Calamotropha shichito* (Marumo, 1931)（图 14-92）

Crambus shichito Marumo, 1931: 28.
Crambus subfamulellus Caradja *et* Meyrick, 1937: 152.
Calamotropha shichito: Bleszynski, 1961a: 210.

主要特征：成虫（图 14-92A）翅展 16.5–23.0 mm。额和头顶白色至淡黄白色。下颚须基部淡棕色，端部白色。下唇须外侧淡棕色，内侧白色。触角腹面深棕色，背面白色。领片、翅基片和胸部淡棕色。前翅淡棕色；翅前端 1/3 端部 2/5 处和后端 1/3 中间处各 1 个黑斑；亚外缘线不清晰，沿亚外缘线均匀散布不清晰的小黑色斑点；端部 1/3 翅脉之间各有 1 条细长白色纵线；外缘均匀分布 8 个黑色斑点；缘毛淡棕色。后翅和缘毛白色。

图 14-92　黑三棱髓草螟 *Calamotropha shichito* (Marumo, 1931)
A. 成虫；B. 雄性外生殖器；C. 雌性外生殖器

雄性外生殖器（图 14-92B）：爪形突棒状，被刚毛，末端平截。颚形突基部宽，渐窄至中部，端半部近等宽，约为爪形突长的 3/5。抱器瓣宽短，端半部半圆形；抱器背中部有 1 刺状突起；抱器腹中部具细长褶。伪囊形突指状。囊形突近梯形。阳茎粗壮，约为抱器瓣长的 3 倍；端部 1/3 处有多个细长角状器；阳茎端膜端部 1/3 被微刺，端部分支成 2 个近棒形强突起，突起端部膨大。

雌性外生殖器（图 14-92C）：产卵瓣椭圆形。后表皮突与产卵瓣长近相等。前表皮突基部宽，端半部细长。导管端片漏斗状，前端弯曲。囊导管细长，与交配囊界线不清晰。交配囊椭圆形，无囊突。

分布：浙江、江苏、安徽、湖北、海南、云南；日本。

（1090）仙客髓草螟 *Calamotropha sienkiewiczi* Bleszynski, 1961

Calamotropha sienkiewiczi Bleszynski, 1961a: 190.

分布：浙江（临安）、江苏、安徽、湖南、福建、四川。
注：描述见《天目山动物志》（李后魂等，2020）。

415. 目草螟属 *Catoptria* Hübner, 1825

Catoptria Hübner, 1825: 365. Type species: *Catoptria speculalis* Hübner, 1825.
Exoria Hübner, 1825: 367.
Tetrachila Hübner, 1806: 2.

主要特征：单眼和毛隆发达。多数种前翅有 1–3 个纵条状白斑，中带缺失；部分种类无类似白斑，仅沿翅脉散布褐色鳞片且形成纵线，中带存在或缺失；亚外缘线通常存在；R_1 与 R_2 脉分离，R_3、R_4 与 R_5 脉共柄，M_2 与 M_3 脉分离。后翅 M_2 与 M_3 脉共柄。
雄性外生殖器：爪形突和颚形突通常细长。抱器背、腹发达，末端通常有骨化突起。伪囊形突和囊形突存在。阳茎细长，端刺和角状器有或无。
雌性外生殖器：产卵瓣宽大。前表皮突退化或缺失。导管端片强烈骨化，密被疣突；囊导管细长。交配囊椭圆形；囊突存在或缺失。
分布：古北区、东洋区。世界已知 87 种，中国记录 10 种，浙江分布 2 种。

（1091）岷山目草螟 *Catoptria mienshani* Bleszynski, 1965

Catoptria mienshani Bleszynski, 1965: 290.

分布：浙江（临安）、吉林、内蒙古、天津、河北、山西、河南、陕西、宁夏、甘肃、四川、贵州、西藏。
注：描述见《天目山动物志》（李后魂等，2020）。

（1092）西藏目草螟 *Catoptria thibetica* Bleszynski, 1965

Catoptria thibetica Bleszynski, 1965: 320.

分布：浙江（临安）、河南、甘肃、湖南、四川、贵州、西藏。
注：描述见《天目山动物志》（李后魂等，2020）。

416. 禾草螟属 *Chilo* Zincken, 1817

Chilo Zincken, 1817: 33. Type species: *Tinea phragmitella* Hubner, 1810.
Chilona Sodoffsky, 1837: 94.

Borer Guenée, 1862: 68.
Diphryx Grote, 1881: 273.
Nephalia Turner, 1911: 113.
Hypiesta Hampson, 1919b: 538.
Silveria Dyar, 1925:10.
Chilotraea Kapur, 1950: 402.

主要特征：单眼和毛隆发达。下唇须长于头宽的 3 倍。前翅无显著斑纹，一些种有中带和亚外缘线，中部有 1–2 个斑点；外缘具斑点。雌雄异型，雌性翅较长。前翅 Sc 与 R_1 脉分离或合并，R_2 独立，R_3 与 R_4 脉共柄，M_2 与 M_3 脉分离。后翅 M_1 与 $Sc+R_1$ 脉融合，或有 1 条很短的横脉与 $Sc+R_1$ 脉相连，M_2 与 M_3 脉共柄。

雄性外生殖器：爪形突和颚形突短。抱器瓣结构简单。具伪囊形突和囊形突。阳茎细长，腹臂有或无；角状器有或无。

雌性外生殖器：产卵瓣宽大。后表皮突明显短于前表皮突。交配孔和囊导管通常骨化。交配囊椭圆形；囊突有或无，若有，通常具中脊。

分布：世界广布。世界已知 62 种，中国记录 16 种，浙江分布 4 种（亚种）。

分种检索表

1. 雄性外生殖器阳茎无附属物 ··· 蔗茎禾草螟 *C. sacchariphagus stramineellus*
- 雄性外生殖器阳茎有附属物 ··· 2
2. 雌性外生殖器无囊突 ··· 台湾禾草螟 *C. auricilius*
- 雌性外生殖器有囊突 ··· 3
3. 阳茎基环细长 ·· 棘禾草螟 *C. niponella*
- 阳茎基环宽短 ·· 二化螟 *C. suppressalis*

（1093）台湾禾草螟 *Chilo auricilius* Dudgeon, 1905（图 14-93）

Chilo auricilia Dudgeon, 1905: 405.
Chilo auricilius popescugorji Bleszynski, 1963: 179.

主要特征：成虫（图 14-93A）翅展 15.5–17.5 mm。额和头顶白色。下唇须白色掺杂黑色。下颚须深褐色，基部和末端白色。触角背面白色，腹面淡褐色。领片黄白色；胸部白色；翅基片深褐色，后缘黄白色。前翅散布淡褐色鳞片；中带淡褐色，中部外弯，近后缘内弯成齿状；亚外缘线淡褐色，与中带平行；外缘均匀分布 7 个黑色斑点；缘毛白色。后翅和缘毛白色。

图 14-93 台湾禾草螟 *Chilo auricilius* Dudgeon, 1905
A. 成虫；B. 雄性外生殖器

雄性外生殖器（图 14-93B）：爪形突基部宽，端部渐窄，末端尖。颚形突与爪形突近等长，中部显著上弯，末端钝。抱器瓣近三角形，端部略上弯，末端钝圆。囊形突与抱器瓣近等长，末端钝圆。阳茎基环宽大，后缘两侧各有 1 细长的刺状突起，中部有 1 半圆形突起。阳茎短粗，与抱器瓣近等长，末端中部内凹；阳茎腹臂细长，末端尖，中部有 1 小三角形突起。

分布：浙江、福建、台湾、广东、香港、广西、云南；巴基斯坦，印度，尼泊尔，尼西亚，缅甸，泰国，斯里兰卡，菲律宾。

（1094）棘禾草螟 *Chilo niponella* (Thunberg, 1788)

Tinea niponella Thunberg, 1788: 77.
Chilo hyrax Bleszynski, 1965: 108.
Chilo niponella: Karsholt & Nielsen, 1986: 451.

主要特征：成虫翅展 25.0–37.0 mm。额和头顶淡黄色。下颚须白色。下唇须淡褐色。触角背面白色，腹面淡棕色。领片、胸部和翅基片淡棕色。前翅白色，沿翅脉散布淡棕色鳞片；中带位于前缘 1/3 处斜伸至后缘 2/5 处，中室斑位于前端 2/3 处中间；外缘有 7 黑色斑点；缘毛米色。后翅和缘毛白色。

雄性外生殖器：爪形突下弯，与爪形突近等长，末端尖。抱器瓣基部宽，端部渐窄，末端圆；前缘和后缘近直。伪囊形突近指形。阳茎基环基部圆形，端部两侧各有 1 细长突起。阳茎长于抱器瓣；基部 1/4 处有阳茎腹壁。

雌性外生殖器：产卵瓣椭圆形，短于后表皮突。前表皮突约为后表皮突长的 3 倍。导管端片强烈骨化；囊导管中部膨大，具纵褶。交配囊椭圆形；后端 1/3 处有细长囊突。

分布：浙江、黑龙江、吉林、湖南；俄罗斯，日本。

注：未见标本，描述来自 Bleszynski（1965）。

（1095）蔗茎禾草螟 *Chilo sacchariphagus stramineellus* (Caradja, 1926)（图 14-94）

Argyria stramineella Caradja, 1926a: 168.
Chilo venosatus Walker, 1863: 144.
Chilo sacchariphagus stramineellus: Bleszynski, 1970: 186.

主要特征：成虫（图 14-94A）翅展 26.0–35.0 mm。额和头顶白色杂淡黄色。下唇须外侧淡褐色杂白色，内侧白色。下颚须黄白色杂褐色。触角背面白色，腹面淡褐色。胸部白色；领片淡黄色，两侧淡褐色；翅基片淡褐色。前翅沿翅脉形成褐色纵线；中室端部有 1 深褐色斑点；外缘均匀分布 7 深褐色斑点；缘毛灰白色至淡褐色。后翅黄白色；缘毛白色。

A   B   C

图 14-94　蔗茎禾草螟 *Chilo sacchariphagus stramineellus* (Caradja, 1926)
A. 成虫；B. 雄性外生殖器；C. 雌性外生殖器

雄性外生殖器（图14-94B）：爪形突短小，由基部至端部渐窄，末端尖。颚形突强钩状，由中部产生弯折。抱器瓣近三角形，末端钝圆；抱器背骨化强烈；抱器腹长约为抱器瓣的1/2。阳茎基环心形，后缘1/3内凹成"V"形。阳茎约为抱器瓣长的2倍；端部有2组角状器，1组由多个较小的刺排成环状，1组由多个较大的刺排成1列。

雌性外生殖器（图14-94C）：产卵瓣长椭圆形，与后表皮突近等长。囊导管短粗，强烈骨化；交配囊椭圆形，约为囊导管长的3倍，内壁密被微刺；无囊突。

分布：浙江、北京、天津、河北、山东、河南、江苏、上海、安徽、湖北、江西、湖南、福建、台湾、广东、四川、云南；巴基斯坦，印度，越南，斯里兰卡，菲律宾，印度尼西亚，埃及。

（1096）二化螟 *Chilo suppressalis* (Walker, 1863)（图14-95）

Crambus suppressalis Walker, 1863: 166.
Jartheza simplex Butler, 1880b: 690.
Chilo suppressalis: Kapur, 1950: 397.

主要特征：成虫（图14-95A）翅展20.0–33.0 mm。额白色至灰色，头顶白色。下唇须白色掺杂褐色。下颚须褐色，基部和末端白色。触角背面白色，腹面黄褐色。领片和翅基片淡黄色，胸部白色。前翅黄褐色，雌性较雄性颜色浅，散布深褐色鳞片；外缘有7深褐色斑点；缘毛淡黄色至淡褐色。后翅和缘毛白色。

图14-95　二化螟 *Chilo suppressalis* (Walker, 1863)
A. 成虫；B. 雄性外生殖器；C. 雌性外生殖器

雄性外生殖器（图14-95B）：爪形突和颚形突近等长，端部尖，呈鸟喙状。抱器瓣至端部渐窄；抱器腹粗细均匀，末端部略凸出抱器瓣腹缘。伪囊形突椭圆形。囊形突基部宽，端部渐窄，末端圆。阳茎基环基部"U"形，两臂近中部膨大，端部细长，末端钝圆。阳茎腹臂约为阳茎长的3/5；端刺细长，末端尖。

雌性外生殖器（图14-95C）：产卵瓣与后表皮突近等长；前表皮突长约为后表皮突的2倍。囊导管骨化弱，后端有1骨化片，中部具纵褶。交配囊椭圆形，与囊导管近等长；囊突1个，梭状，位于交配囊中部。

分布：浙江（杭州、衢州）、黑龙江、辽宁、天津、河北、山东、河南、陕西、江苏、安徽、湖北、江西、湖南、福建、台湾、广东、广西、四川、贵州、云南；朝鲜，日本，印度，菲律宾，马来西亚，印度尼西亚，西班牙，埃及。

417. 金草螟属 *Chrysoteuchia* Hübner, 1825

Chrysoteuchia Hübner, 1825: 366. Type species: *Tinea hortuella* Hübner, 1796.

Amphibolia Snellen, 1884: 159.

Veronese Bleszynski, 1962a: 27.

主要特征：额圆，无尖突。前翅通常沿翅脉散布褐色鳞片且形成纵线，但是有些种前翅密被深褐色鳞片，褐色纵线不可见；中带存在或缺失；亚外缘线外弯明显；外缘具 1 列斑点。前翅 Sc 脉通常与 R_1 脉分离，很少与 Sc 脉连接，R_2 脉独立，R_3、R_4 与 R_5 脉共柄，M_1 脉存在，M_2 与 M_3 脉分离。后翅中室开放，M_2 与 M_3 脉共柄。

雄性外生殖器：爪形突和颚形突通常细长。抱器瓣宽短或狭长；抱器背发达，多数种类具突起；抱器腹发达且有端刺或骨化褶。伪囊形突存在。阳茎细长，通常具 1–2 个端刺；角状器若存在，形状和数目多样。

雌性外生殖器：产卵瓣二裂片状，三角形，后缘中部凹入。后表皮突细长，前表皮突缺失。导管端片形状多样；囊导管细长。交配囊近椭圆形；囊突有或无。

分布：古北区、东洋区。世界已知 36 种，中国记录 32 种，浙江分布 4 种。

分种检索表

1. 前翅无中带 ·· 盛冈金草螟 *C. moriokensis*
- 前翅有中带 ··· 2
2. 中带 2 条 ··· 黑斑金草螟 *C. atrosignata*
- 中带 1 条 ··· 3
3. 雌性外生殖器后阴片有 4 个小刺 ·· 四尖突金草螟 *C. quadrapicula*
- 雌性外生殖器后阴片有 2 个小刺 ·· 双纹金草螟 *C. diplogramma*

（1097）黑斑金草螟 *Chrysoteuchia atrosignata* (Zeller, 1877)

Crambus atrosignatus Zeller, 1877: 43.

Chrysoteuchia atrosignata: Bleszynski, 1965: 172.

分布：浙江（临安）、黑龙江、河北、山西、山东、河南、陕西、甘肃、江苏、安徽、湖北、江西、湖南、福建、广西、四川、贵州、云南；朝鲜，日本。

注：描述见《天目山动物志》（李后魂等，2020）。

（1098）双纹金草螟 *Chrysoteuchia diplogramma* (Zeller, 1863)（图 14-96）

Crambus diplogramma Zeller, 1863: 25.

Crambus textellus Christoph, 1881: 47.

Chrysoteuchia diplogramma: Bleszynski, 1965: 168.

主要特征：成虫（图 14-96A）翅展 18.0–26.0 mm。额白色和头顶白色。下唇须外侧淡褐色。下颚须淡褐色，末端白色。触角背面灰白色，腹面淡褐色。胸部白色；领片白色，两侧黄白色；翅基片淡黄色。前翅散布淡褐色鳞片，沿翅脉形成淡黄褐色纵条纹；中带深褐色；亚外缘线 2 条，银灰色，内侧 1 条在前端 1/3 处外凸，外侧 1 条弯角处呈"M"形；外缘淡黄色，后端 1/2 有 4 黑色斑点；缘毛淡褐色，基线白色。后翅白色至淡褐色；缘毛白色。

雄性外生殖器（图 14-96B）：爪形突扁平，中部略宽，末端钝，基部具 2 个粗壮的指形突起，约为爪形突长的 1/2。颚形突细长，略短于爪形突。抱器瓣长约为宽的 2 倍；抱器背中部有 1 粗指状突起；抱器腹基部至端部渐宽，末端有 1 强烈外弯的刺。囊形突小，两侧分别有 1 指状突起。阳茎与抱器瓣近等长，端部渐细；具1个短刺状角状器。

雌性外生殖器（图14-96C）：产卵瓣与后表皮突近等长。后阴片宽大，强烈骨化，密被微刺，后缘两侧分别有1个小刺。囊导管后端2/3骨化，多纵褶且密被疣突，前端1/3膜质。交配囊椭圆形；囊突2个，圆形，前后排列，靠近交配囊与囊导管交界处。

分布：浙江、黑龙江、辽宁、江苏、湖北、湖南、福建、四川、云南；俄罗斯（远东地区），日本。

图14-96 双纹金草螟 *Chrysoteuchia diplogramma* (Zeller, 1863)
A. 成虫；B. 雄性外生殖器；C. 雌性外生殖器

（1099）盛冈金草螟 *Chrysoteuchia moriokensis* (Okano, 1958)（图14-97）

Crambus moriokensis Okano, 1958: 259.

Chrysoteuchia moriokensis: Bleszynski, 1965: 171.

主要特征：成虫（图14-97A）翅展21.5–23.5 mm。额和头顶白色。下唇须侧面淡灰棕色，内侧白色。下颚须白色，基部淡灰棕色。触角背面白色，腹面深棕色。胸部、领片和翅基片米白色。前翅沿翅脉被淡黄色鳞片，翅脉间形成米白色纵纹；亚外缘线2条，银白色，前端1/3处呈弧形外弯，后端1/4处略内凹；外缘区黄色，后端有3黑色斑点；缘毛深褐色，有光泽。后翅及缘毛米白色。

图14-97 盛冈金草螟 *Chrysoteuchia moriokensis* (Okano, 1958)
A. 成虫；B. 雄性外生殖器；C. 雌性外生殖器

雄性外生殖器（图14-97B）：爪形突被刚毛，中部略膨大，末端渐窄。颚形突与爪形突等长，基部宽，末端1/2渐窄，末端尖。抱器瓣背、腹缘近平行，端部1/4渐窄，末端钝圆；抱器背细长，基部窄，端部渐宽，基部2/3有1宽短骨化盘；抱器腹发达，基半部窄，端半部渐宽，末端具端突，刺状外弯，伸达抱器背。阳茎基环近椭圆形。阳茎约为抱器瓣长的2/3，端部窄尖具纵褶；末端具端刺。

雌性外生殖器（图14-97C）：产卵瓣近三角形，约为后表皮突长的2/3。后阴片管状，强烈骨化，基部宽，端部渐窄；密被微刺。导管端片与第8背板联合。囊导管略长于交配囊。交配囊椭圆形，后端1/4和中部分别有1个圆形囊突。

分布：浙江（杭州）、湖南、福建、四川；日本。

（1100）四尖突金草螟 *Chrysoteuchia quadrapicula* Chen, Song *et* Yuan, 2003（图 14-98）

Chrysoteuchia quadrapicula Chen, Song *et* Yuan, 2003: 521.

主要特征：成虫（图 14-98A）翅展 20.0–23.0 mm。额和头顶白色。下唇须外侧淡褐色。下颚须淡褐色，末端白色。触角背面白色，腹面淡褐色。胸部白色；领片中部白色，两侧淡黄色；翅基片淡黄色。前翅沿翅脉密被淡黄色鳞片，翅脉间密被淡褐色至深褐色鳞片；中带深褐色，近前缘和前端 1/3 处分别外弯成角，后端 2/3 向内倾斜；亚外缘线 2 条，银灰色，前端 1/3 处外弯成角；外缘区黄色，中部与臀角间具 3 黑色斑点；缘毛淡褐色。后翅白色至淡褐色；缘毛灰白色。

图 14-98　四尖突金草螟 *Chrysoteuchia quadrapicula* Chen, Song *et* Yuan, 2003
A. 成虫；B. 雄性外生殖器；C. 雌性外生殖器

雄性外生殖器（图 14-98B）：爪形突细长，端部略下弯，末端尖。颚形突约为爪形突长的 2/3，末端尖。抱器瓣基部宽，端部渐窄；抱器背基部拱突，腹缘末端有 1 刺，长度约为颚形突的一半；抱器腹基部至端部渐宽，末端具 1–2 个强刺。阳茎基环椭圆形，端部 1/2 内切成宽"V"形。阳茎略长于抱器瓣，端部具 2 列小刺状角状器。

雌性外生殖器（图 14-98C）：产卵瓣约为后表皮突长的 1/2。后阴片宽大，强烈骨化；亚末端有 2 个多微齿的刺突；后缘中部"U"形内凹，两侧分别有 1 个窄三角形刺突。导管端片后端略粗，强烈骨化；囊导管后端绕成环状。交配囊椭圆形；囊突 2 个，后端 1 个较大，椭圆形，前端 1 个较小，位于交配囊后端约 1/3 处。

分布：浙江（丽水）、河南、湖北、湖南、四川、贵州。

418. 草螟属 *Crambus* Fabricius, 1798

Crambus Fabricius, 1798: 464. Type species: *Phalaena pascuella* Linnaeus, 1758.
Palparia Haworth, 1811: 481.
Chilus Billberg, 1820: 938.
Tetrachila Hübner, 1822: 52.
Argyroteuchia Hübner, 1825: 363.
Arequipa Walker, 1863: 195.

主要特征：单眼和毛隆发达。前翅狭长，通常有 1 条白色纵纹，由基部伸至中室末端或外缘；亚外缘线若存在，则前端外弯；外缘在顶角下方凹入；Sc 与 R_1 脉分离，R_2 脉独立，R_3、R_4 与 R_5 脉共柄，M_2 与 M_3 脉分离。后翅 Sc、R 与 M_1 脉共柄，M_2 与 M_3 脉共柄。

雄性外生殖器：爪形突细长，个别宽短。颚形突细长。抱器瓣宽短或狭长；抱器背和抱器腹通常有骨化突起。伪囊形突通常存在。阳茎长管状；端刺和角状器有或无。

雌性外生殖器：产卵瓣较窄。后表皮突细长，前表皮突短小或缺失。导管端片通常宽大，强烈骨化；囊导管细长，骨化或膜质。交配囊椭圆形；囊突通常 2 个。

分布：世界广布。世界已知 171 种，中国记录 21 种，浙江分布 8 种。

分种检索表

1. 雄性外生殖器爪形突短于颚形突长的 1/2 ··· 2
- 雄性外生殖器爪形突长于颚形突长的 1/2 ··· 3
2. 雄性外生殖器爪形突 1 个 ··· 银光草螟 *C. perlellus*
- 雄性外生殖器爪形突 2 个 ·· 黄翅草螟 *C. humidellus*
3. 雄性外生殖器阳茎无端刺 ·· 4
- 雄性外生殖器阳茎有端刺 ·· 6
4. 雄性外生殖器抱器腹无刺突 ·· 黑纹草螟 *C. nigriscriptellus*
- 雄性外生殖器抱器腹有刺突 ··· 5
5. 雄性外生殖器角状器 1 个 ··· 白纹草螟 *C. argyrophorus*
- 雄性外生殖器角状器 2 个 ·· 双斑草螟 *C. bipartellus*
6. 雌性外生殖器导管端片前端细，后端渐粗 ·· 水仙草螟 *C. narcissus*
- 雌性外生殖器导管端片中部粗于两端 ··· 7
7. 雌性外生殖器导管端片末端有尖突 ·· 细条草螟 *C. virgatellus*
- 雌性外生殖器导管端片末端无尖突 ·· 中鞘草螟 *C. sinicolellus*

（1101）白纹草螟 *Crambus argyrophorus* Butler, 1878（图 14-99）

Crambus argyrophorus Butler, 1878a: 61.

主要特征：成虫（图 14-99A）前翅 22.0–23.0 mm。额和头顶白色。下唇须外侧淡黄色，内侧白色。下颚须基部淡黄色，端部白色。触角背面白色，腹面棕色。胸部、领片和翅基片白色至淡黄色。前翅前端 1/2 基部至端部 4/5 处有白色纵纹，棕色镶边，前缘基部 3/4 与前翅前缘相接，端部 1/4 渐窄，末端尖；亚外缘线白色，两侧淡褐色镶边，前端 1/3 处外弯；顶角有淡黄色斑；外缘中部具 5 个黑色斑点；缘毛米色。后翅米色，缘毛白色。

图 14-99 白纹草螟 *Crambus argyrophorus* Butler, 1878
A. 成虫；B. 雌性外生殖器

雌性外生殖器（图 14-99B）：产卵瓣三角形，后缘中部凹入，与后表皮突近等长。前表皮突退化。导管端片管状，强烈骨化。囊导管较直，与交配囊近等长。交配囊椭圆形；后端 1/3 处有 2 个椭圆形囊突。

分布：浙江（临安）、江苏、福建、广东；日本。

（1102）双斑草螟 *Crambus bipartellus* South, 1901（图 14-100）

Crambus bipartellus South, 1901: 393.

主要特征：成虫（图 14-100A）翅展 12.5–20.5 mm。额和头顶白色。下唇须外侧淡黄色至淡褐色。下颚须淡黄色，末端白色。触角背面白色，腹面淡褐色。胸部白色；领片白色，两侧淡黄色；翅基片淡黄色，后缘密被黄白色细长鳞片。前翅散布淡黄色至淡褐色鳞片；纵纹白色，约为翅长的 4/5，与前缘相接，端部 1/4 尖齿状，后缘和外侧密被深褐色鳞片；亚外缘线白色，两侧淡褐色镶边，前端约 1/3 处外弯成角，后端 2/3 与外缘平行；外缘深褐色，后端 2/3 有 5 个黑色斑点；顶角缘毛基部白色，其余缘毛黄褐色至淡褐色。后翅白色至灰色，外缘和顶角稍暗；缘毛白色。

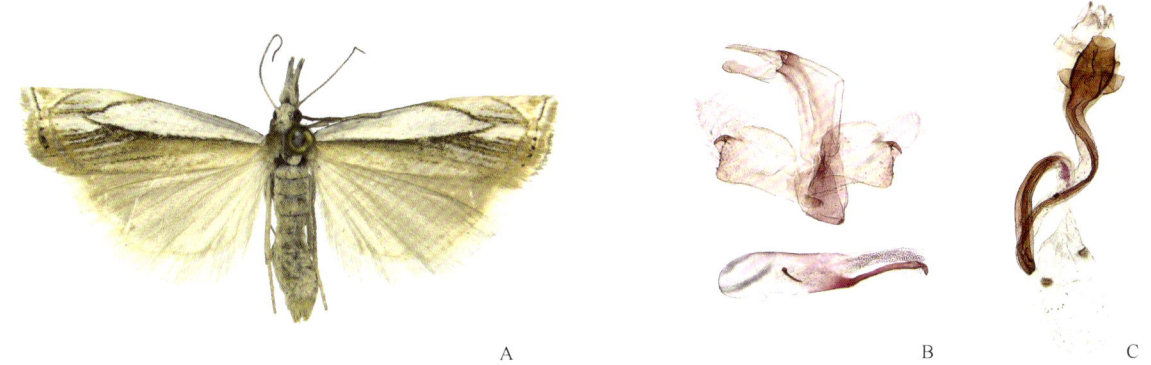

图 14-100 双斑草螟 *Crambus bipartellus* South, 1901
A. 成虫；B. 雄性外生殖器；C. 雌性外生殖器

雄性外生殖器（图 14-100B）：爪形突末端尖。颚形突与爪形突近等长，末端钝圆。抱器瓣较短，端部渐窄，末端钝圆；抱器背基部略拱突，中部凹入；抱器腹矩形，强烈骨化，末端外缘具齿；背缘末端有 1 外弯的强刺。阳茎约为抱器瓣长的 1.5 倍；阳茎具 1 弯刺状角状器，端部 1/2 有 1 长刺状角状器。

雌性外生殖器（图 14-100C）：产卵瓣三角形，后缘中部凹入；略短于后表皮突。导管端片强烈骨化，圆筒状，中部较粗；囊导管细长，骨化，有明显的纵褶，绕成 2 个结节。交配囊椭圆形；囊突 2 个。

分布：浙江、黑龙江、河北、河南、陕西、宁夏、甘肃、湖北、福建、四川、贵州、云南；缅甸。

（1103）黄翅草螟 *Crambus humidellus* Zeller, 1877（图 14-101）

Crambus humidellus Zeller, 1877: 42.
Crambus yokohamae Butler, 1879a: 456.
Crambus splendidellus Christoph, 1881: 43.

主要特征：成虫（图 14-101A）翅展 15.0–16.0 mm。额和头顶淡黄色。下颚须和下唇须外侧棕色，内侧淡黄色。触角柄节淡黄色，鞭节棕色。胸部及领片淡黄色，翅基片深棕色。前翅淡黄色；纵纹白色，位于前端 1/2 自前翅基部至端部 5/6 处，端部 1/4 尖齿状，前缘和后缘深棕色；在白纵纹边至前翅端部 5/6 处有 6 条白色纵线，深褐色镶边；亚外缘线白色，前端 1/3 处向外弯；顶角有黄色斑点；外缘前端具 1 条深棕色短线，中部具 5 深棕色斑；缘毛淡灰色。后翅淡棕色；缘毛白色。

图 14-101　黄翅草螟 *Crambus humidellus* Zeller, 1877
A. 成虫；B. 雌性外生殖器

雌性外生殖器（图 14-101B）：产卵瓣近三角形，后缘中部凹入；为后表皮突的 1/2。交配孔大。后阴片管状，长与后表皮突相等。囊导管细长；后端 3/4 有 1 条骨化带；前端绕成环状。交配囊椭圆形；后端 1/4 处有 2 个椭圆形囊突。

分布：浙江、黑龙江、吉林、辽宁、江苏、湖北、湖南、四川；俄罗斯，朝鲜，日本。

（1104）水仙草螟 *Crambus narcissus* Bleszynski, 1961（图 14-102）

Crambus narcissus Bleszynski, 1961b: 350.

主要特征：成虫（图 14-102A）翅展 16.0–23.0 mm。额和头顶白色。下唇须外侧淡黄色，第 1 节基部腹面白色。下颚须淡黄色，末端白色。触角背面白色与淡褐色相间，腹面深褐色。胸部白色；领片中间白色，两侧棕褐色；翅基片深褐色。前翅基部中间至亚外缘线有 1 条白色纵纹，基部窄，端部渐宽，后缘约 2/3 处有 1 宽齿状突起，纵纹前缘和后缘密被淡褐色鳞片；翅后缘区 1/5 白色；亚外缘线白色，两侧具褐色镶边，前缘 1/3 处外弯成钝角，外侧具 5 黑色短纹；顶角具 1 深褐色斑点；外缘深褐色；缘毛灰色。后翅白色，散布淡褐色鳞片；缘毛白色。

图 14-102　水仙草螟 *Crambus narcissus* Bleszynski, 1961
A. 成虫；B. 雄性外生殖器；C. 雌性外生殖器

雄性外生殖器（图 14-102B）：爪形突细长，略下弯，末端尖钩状。颚形突略短于爪形突，末端钝圆。背兜前端有 1 三角形骨化突起。抱器瓣背、腹近平行；抱器腹至端部渐宽，背缘和外缘有 1 条细长且密被小齿的骨化带。伪囊形突指状。囊形突末端钝圆。阳茎约为抱器瓣长的 1.5 倍；1 个长刺状角状器长度约为阳茎的 1/2。

雌性外生殖器（图 14-102C）：产卵瓣三角形，后缘中部略凹入，与后表皮突近等长。导管端片强烈骨化，近中部两侧凹入，后端渐粗，漏斗状；囊导管细长，较直。交配囊椭圆形，为囊导管长的 2 倍；囊突 2 个，圆形。

分布：浙江（丽水）、安徽、湖北、江西、湖南、台湾、广西、四川、贵州、云南、西藏；印度。

(1105) 黑纹草螟 *Crambus nigriscriptellus* South, 1901

Crambus nigriscriptellus South, 1901: 392.

分布：浙江（临安）、天津、河南、陕西、甘肃、江苏、安徽、湖北、湖南、福建、广西、四川、云南。
注：描述见《天目山动物志》（李后魂等，2020）。

(1106) 银光草螟 *Crambus perlellus* (Scopoli, 1763)（图 14-103）

Phalaena perlella Scopoli, 1763: 243.
Tinea dealbella Thunberg, 1788: 78.
Tinea arbustella Fabricius, 1794: 293.
Selagia perlalis Hübner, 1825: 371.
Crambus argentellus Stephens, 1834: 319.
Crambus warringtonellus Stainton, 1849: 1.
Crambus perlellus ab. *obscurellus* Osthelder, 1939: 13.
Platytes perlellus f. *auratus* Lucas, 1956: 252.
Crambus perlellus: Bleszynski, 1965: 217.

主要特征：成虫（图 14-103A）翅展 22.5–29.5 mm。额和头顶银白色。下唇须外侧淡褐色。下颚须基部淡褐色，末端白色。触角背面白色，腹面淡褐色。领片淡黄色，中部白色；胸部和翅基片白色。前翅银白色，有光泽，无斑纹；缘毛白色。后翅灰白色至淡褐色；缘毛白色。

图 14-103 银光草螟 *Crambus perlellus* (Scopoli, 1763)
A. 成虫；B. 雄性外生殖器；C. 雌性外生殖器

雄性外生殖器（图 14-103B）：爪形突基部至端部渐窄，末端钝圆。颚形突长约为爪形突的 2 倍，至端部渐窄。抱器瓣末端钝圆。抱器腹由基部至端部渐细，端部 3/4 具 1 排锯齿状突起，末端上弯。囊形突宽扁。阳茎基环"U"形。阳茎约为抱器瓣长的 1.5 倍，基部至端部渐细；中部具 1 个强刺状角状器。

雌性外生殖器（图 14-103C）：产卵瓣三角形，后缘中部凹入，与后表皮突近等长。交配孔小，后阴片发达，基部 1/4 矩形，端部 3/4 管状。囊导管细长，后端 3/4 具骨化带，近中部缠绕成环。交配囊椭圆形；囊突 2 个，椭圆形，位于交配囊后端 1/5 处。

分布：浙江（杭州、丽水、温州）、黑龙江、吉林、辽宁、内蒙古、天津、河北、山西、河南、宁夏、甘肃、青海、新疆、江西、四川、云南、西藏；俄罗斯，日本，土耳其，欧洲，北美，北非。

(1107) 中鞘草螟 *Crambus sinicolellus* Caradja, 1926

Crambus sinicolellus Caradja, 1926a: 168.

主要特征：成虫翅展 17.0–18.0 mm。额和头顶白色。下颚须白色。下唇须外侧淡黄色，内侧和背面白色。前翅淡黄色，纵纹白色，伸达前翅端部 1/6 处，位于前翅前端 1/2，前缘与前翅前缘相接，端部尖；白色纵纹下面有 1 条棕色纵纹；亚外缘线棕色，前端 2/5 处外弯；外缘后端 3/5 有 5 黑色斑点。后翅白色至淡灰色；缘毛白色。

雄性外生殖器：爪形突细长，末端尖，下弯。颚形突端半部窄，短于爪形突。抱器背基部 4/5 有细长骨化褶；抱器瓣端部 1/3 有骨化褶。阳茎前端有三角形端刺；端部具角状器。

雌性外生殖器：导管端片强烈骨化。囊导管细长，弯曲，前端绕成环。交配囊椭圆形；囊突椭圆形。

分布：浙江、江苏、上海、湖南。

注：未见标本，描述来自 Bleszynski（1965）。

（1108）细条草螟 *Crambus virgatellus* Wileman, 1911（图 14-104）

Crambus virgatellus Wileman, 1911a: 353.
Crambus argyrophorus var. *coreanus* Shibuya, 1927b: 89.
Crambus virgatellus: Wu, 1995: 300 (misspelling).

主要特征：成虫（图 14-104A）翅展 14.0–22.0 mm。额和头顶白色。下唇须外侧和腹面淡褐色。下颚须淡褐色，末端白色。触角背面白色与褐色相间，腹面淡褐色。胸部白色；领片中部白色，两侧淡褐色；翅基片淡褐色。前翅纵纹白色，由基部近达 3/4 处，与前缘相接，末端尖齿状，外侧白色，后缘密被淡黄色鳞片；亚外缘线淡褐色，前端 1/3 处外弯成角；顶角具 1 淡褐色斑点；亚外缘线与外缘之间白色；外缘淡褐色，具 5 黑短斑；缘毛白色，端部杂淡褐色。后翅和缘毛白色。

图 14-104 细条草螟 *Crambus virgatellus* Wileman, 1911
A. 成虫；B. 雄性外生殖器；C. 雌性外生殖器

雄性外生殖器（图 14-104B）：爪形突和颚形突基部宽，端部细长，末端钝。颚形突略短于爪形突，末端钝。抱器瓣基部至端部渐宽，末端钝圆；抱器背末端有 1 近三角形骨化突起；抱器腹勺状，端部宽圆；背缘多齿。阳茎基环近椭圆形，后缘略凹入。囊形突倒梯形，末端钝圆。阳茎长为抱器瓣的 1.5 倍，端刺三角形；角状器由 1 长刺和 1 短刺组成。

雌性外生殖器（图 14-104C）：产卵瓣宽大，略短于后表皮突。导管端片强烈骨化中部膨大，两端较窄，末端尖；囊导管细长，中部缠绕成环。交配囊椭圆形；囊突 2 个，椭圆形，1 个位于近交配囊后缘，1 个位于交配囊后端约 1/3 处。

分布：浙江（杭州）、河南、安徽、湖北、江西、福建、广西、四川、贵州、云南；朝鲜，日本。

419. 卡拉草螟属 *Culladia* Moore, 1866

Culladia Moore, 1866: 382. Type species: *Araxes admigratella* Walker, 1863.

Araxes Walker, 1863: 192.
Crambidion Mabille, 1900: 748.

主要特征：单眼和毛隆存在。下唇须前伸。前翅 Sc 与 R_1 脉分离，R_2 脉独立，R_3 脉退化，R_4 与 R_5 脉共柄，M_2 脉存在或缺失，若存在，与 M_3 脉共柄。后翅中室开放，M_2 脉存在或缺失。

雄性外生殖器：爪形突和颚形突细长。抱器瓣狭长；抱器背基突形状多样；抱器腹无骨化突起。伪囊形突发达。囊形突退化或缺失。阳茎基环形状多样。阳茎端刺通常存在，长刺状；角状器存在或缺失。

雌性外生殖器：后表皮细长，前表皮突短小。个别种类囊导管与交配囊的界线不明显。交配囊椭圆形或长袋状；囊突若存在，则呈条纹状。

分布：东洋区、旧热带区、澳洲区。世界已知 19 种，中国记录 8 种，浙江分布 1 种。

（1109）长囊卡拉草螟 *Culladia admigratella* (Walker, 1863)

Araxes admigratella Walker, 1863: 192.
Crambus inconspicuellus Snellen, 1872: 103.
Crambus troglodytellus Snellen, 1872: 103.
Culladia admigratella: Bleszynski, 1970: 50.

主要特征：成虫翅展 15.0–19.0 mm。额和头顶淡棕色。前翅淡褐色；中带白色，褐色镶边，前端 2/5 处外弯成角，后端 1/3 处内弯；亚外缘线深棕色，锯齿状，近中部外弯；外缘深棕色；缘毛淡褐色。后翅白色，端部渐淡褐色；缘毛白色。

雄性外生殖器：爪形突与颚形突近等长。抱器背基部有 1 个突起。阳茎基环基部圆形，后缘中部凹入。阳茎短于抱器瓣长，末端具端刺。

雌性外生殖器：产卵瓣近三角形，与后表皮突等长。前表皮突三角形。囊导管和交配囊界线不清晰，交配囊长袋状。

分布：浙江、江苏、湖南、福建、台湾、广东；印度，斯里兰卡，马来西亚。

注：未见标本，描述来自 Bleszynski（1970）。

420. 大草螟属 *Eschata* Walker, 1856

Eschata Walker, 1856: 113. Type species: *Eschata gelida* Walker, 1856.
Chaerecla Walker, 1865: 633.

主要特征：额有尖突；单眼缺失，毛隆退化或萎缩。触角栉状。前翅通常白色，外横线和亚外缘线存在；顶角凸出；外缘在顶角下方凹入，外缘区具斑点。前翅 Sc 与 R_1 脉基部合并，R_2 脉独立，R_3 与 R_4 脉共柄，R_5 脉独立，M_2 脉存在。后翅白色至褐色，M_2 与 M_3 脉共柄。

雄性外生殖器：爪形突与颚形突近鸟喙状。抱器瓣狭长；抱器背通常有骨化突起；抱器腹无骨化突起。阳茎基环椭圆形或"U"形。伪囊形突存在。囊形突短。阳茎细长；角状器存在或缺失。

雌性外生殖器：产卵瓣宽大。后表皮突明显短于前表皮突。交配孔周围骨化。囊导管细长或短粗。交配囊长椭圆形；囊突有或无。

分布：古北区东部、东洋区。世界已知 27 种，中国记录 12 种，浙江分布 1 种。

(1110) 竹黄腹大草螟 *Eschata miranda* Bleszynski, 1965

Eschata miranda Bleszynski, 1965: 99.

分布：浙江（临安）、江苏、安徽、江西、福建、台湾、广东、广西、四川、云南；印度，菲律宾。

注：描述见《天目山动物志》（李后魂等，2020）。

421. 黄草螟属 *Flavocrambus* Bleszynski, 1959

Flavocrambus Bleszynski, 1959: 275. Type species: *Crambus srtiatellus* Leech, 1889.

主要特征：单眼和毛隆存在。前翅淡黄色，沿翅脉散布褐色鳞片形成的纵线，中带和亚外缘线存在，外缘略凸出，外缘区具斑点。前翅 Sc 与 R_1 脉分离，R_2 脉独立，R_3、R_4 与 R_5 脉共柄，M_2 与 M_3 脉分离。后翅 M_2 与 M_3 脉共柄。

雄性外生殖器：爪形突宽短。颚形突明显长于爪形突。抱器背有宽大的骨化突起；抱器腹细长，具骨化突起。伪囊形突和囊形突发达。阳茎管状；具角状器。

雌性外生殖器：产卵瓣宽。后表皮突短小，前表皮突缺失。交配孔宽大。导管端片强烈骨化；囊导管细长或短粗。交配囊椭圆形，无囊突。

分布：古北区东部、东洋区北部。世界已知 4 种，中国记录 2 种，浙江分布 1 种。

(1111) 钩状黄草螟 *Flavocrambus aridellus* (South, 1901)

Crambus aridellus South, 1901: 389.

Flavocrambus aridellus: Bleszynski, 1965: 323.

分布：浙江（临安）、黑龙江、河南、陕西、甘肃、安徽、湖北、广东。

注：描述见《天目山动物志》（李后魂等，2020）。

422. 洁草螟属 *Gargela* Walker, 1864

Gargela Walker, 1864a: 815. Type species: *Gargela subpurella* Walker, 1864.

Mixophyla Meyriek, 1887: 269.

Angonia Snellen, 1893: 54.

Mixophila Hampson, 1896a: 190.

主要特征：单眼存在；毛隆退化。下唇须上弯。下颚须末端达下唇须端部。喙发达。前翅白色至灰白色，中带和亚外缘线显著；顶角近成直角；外缘在顶角下方凹入，后端有 1–3 个斑点。前翅 R_2、R_3 与 R_4 脉共柄，R_5 脉独立。后翅白色至淡褐色，雄性后翅臀角后缘有 1 簇鳞毛状香鳞；M_2 脉存在。腹部通常白色至黄白色，个别雄性腹部第 3 腹板有细长毛状味刷；雌性第 7 腹板有 1 个椭圆形骨化突起。

雄性外生殖器：爪形突和颚形突近鸟喙状，爪形突腹面密被细长刚毛。抱器瓣狭长，对称；抱器背末端有 1–2 刺；抱器腹通常无骨化突起。无伪囊形突。囊形突小。阳茎细长；角状器存在，数目和形状多样。

雌性外生殖器：产卵瓣椭圆形，背面相连。后表皮突短于前表皮突。导管端片强烈骨化；囊导管细长。交配囊椭圆形；囊突 2 个。

分布：东洋区。世界已知22种，中国记录18种，浙江分布2种。

（1112）双线洁草螟 *Gargela bilineata* Song, Chen *et* Wu, 2009（图14-105）

Gargela bilineata Song, Chen *et* Wu, 2009: 45.

主要特征：成虫（图14-105A）翅展10.5–13.5 mm。额和头顶白色。下唇须白色，第1节基部和第2节中部背面淡褐色。下颚须白色，基部淡褐色。喙白色。触角柄节背面白色，腹面黑色；鞭节背面白色，腹面淡黄色。胸部、领片和翅基片白色。前翅白色，中带淡褐色，前端1/3外弯成角；亚外缘线淡褐色，前端1/3外弯成角；顶角有1条淡黄色斜纹；外缘除顶角处深褐色外，其余淡黄色，近后端1/3处有1深褐色斑；外缘前端3/5缘毛白色，后端2/5淡褐色。后翅白色至淡褐色；缘毛白色。

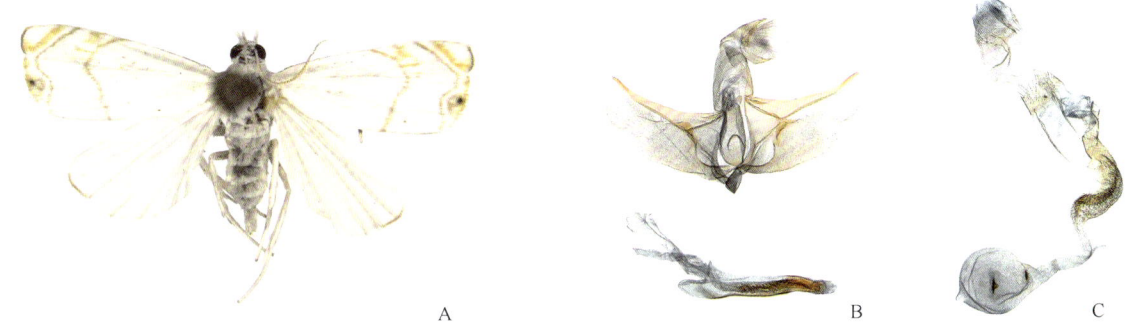

图14-105 双线洁草螟 *Gargela bilineata* Song, Chen *et* Wu, 2009
A. 成虫；B. 雄性外生殖器；C. 雌性外生殖器

雄性外生殖器（图14-105B）：爪形突基部宽，端部渐窄，下弯，末端尖。颚形突与爪形突等长，末端尖。抱器瓣基部至端部渐窄；抱器背强烈骨化，呈窄锥形，末端呈刺状伸出抱器瓣末端；抱器腹背缘近中部有2近半圆形骨化突起；腹缘端部略凹入。阳茎基环椭圆形，后缘具2个椭圆形突起。阳茎与抱器瓣近等长；端半部有1列刺状角状器。

雌性外生殖器（图14-105C）：产卵瓣椭圆形，略短于后表皮突。导管端片直管状；囊导管细长，后端1/2略膨大，弯曲，密被小刺。交配囊圆形，密被疣突；囊突2个，一个位于交配囊后端，一个位于交配囊中部。

分布：浙江（衢州）、湖北、湖南、福建、广西、四川、贵州。

（1113）双斑洁草螟 *Gargela distigma* Song, Chen *et* Wu, 2009（图14-106）

Gargela distigma Song, Chen *et* Wu, 2009: 53.

主要特征：成虫（图14-106A）翅展12.0–14.0 mm。额和头顶白色。下唇须白色，第1节基部淡褐色。下颚须白色，基部淡褐色。喙白色。触角柄节背面白色，腹面深褐色；鞭节背面白色，腹面淡褐色。胸部、领片和翅基片白色。前翅白色，中带淡褐色，前端约1/3外弯；亚外缘线淡褐色，前端约1/3外弯，后端略直；中带和亚外缘线之间有3条淡黄色横纹；顶角有1条淡黄色斜纹；末端具2深褐色斑；顶角处外缘深褐色，其余外缘淡黄色；缘毛白色，末端淡褐色。后翅和缘毛白色。

雄性外生殖器（图14-106B）：爪形突基部宽，端部渐窄，末端尖。颚形突基部宽，端部渐窄，末端钝，与爪形突长相等。抱器瓣基部至端部近等宽；抱器背端部窄，中部具1指形短突，末端2/5呈长刺状伸出抱器瓣外缘。阳茎基环椭圆形。囊形突三角形。阳茎与抱器瓣长近相等；角状器1个。

雌性外生殖器（图14-106C）：产卵瓣椭圆形，约为后表皮突长的2/3。导管端片强烈骨化，后端稍粗，前端密被小刺。囊导管细长。交配囊圆形；囊突2个，扇形，一个位于交配囊的后缘，一个位于交配囊的中部。

分布：浙江（丽水）、江西、福建、广西、贵州。

图 14-106　双斑洁草螟 *Gargela distigma* Song, Chen *et* Wu, 2009
A. 成虫；B. 雄性外生殖器；C. 雌性外生殖器

423. 微草螟属 *Glaucocharis* Meyrick, 1938

Glaucocharis Meyrick, 1938: 426. Type species: *Ditomoptera minutalis* Hampson, 1893.
Ditomoptera Hampson, 1893b: 179.
Pareromene Osthelder, 1941: 366.
Pagmania Amsel, 1961: 332.

主要特征：单眼和毛隆有或无。下唇须前伸或上举。前翅内横线和外横线显著，中室端斑有或无，顶角通常有条纹，外缘在顶角下方具内切，近臀角处具斑点。前翅 Sc 与 R_1 脉共柄，R_2 脉独立，R_3 与 R_4 脉共柄，M_2 与 M_3 脉分离。后翅 M_2 与 M_3 脉分离。

雄性外生殖器：爪形突细长或宽短。颚形突通常细长，形状变化较大。抱器瓣狭长，通常对称，个别不对称；抱器背基突有或无，通常 1 个刺突，个别 2 个，形状和长度多样。阳茎基环形状变化大，阳茎附属物存在或缺失。伪囊形突缺失。囊形突存在，末端圆或凹入。阳茎细长，端刺有或无；角状器存在或缺失。

雌性外生殖器：产卵较瓣小。前表皮突细长。导管端片形状多样；囊导管细长。交配囊圆形或椭圆形，囊突有或无。

分布：旧大陆。世界已知 140 余种，中国记录 60 种，浙江分布 13 种。

分种检索表

1. 抱器背无刺突 ···喜马拉雅微草螟 G. himalayana
 - 抱器背有刺突 ··· 2
2. 抱器背刺突超过抱器瓣 1/2 处 ··· 3
 - 抱器背刺突未超过抱器瓣 1/2 处 ··· 6
3. 至少有一侧抱器背刺突超过抱器瓣末端 ···三点微草螟 G. tripunctata
 - 抱器背刺突未超过抱器瓣末端 ··· 4
4. 抱器背刺突末端叉状或平截 ···六浦微草螟 G. mutuurella
 - 抱器背刺突末端未分叉，末端尖或钝圆 ··· 5
5. 抱器背端部 1/3 有 1 个小三角形突起 ···剑形微草螟 G. siciformis
 - 抱器背基部到中部有 1 个长突起 ···双突微草螟 G. biconvexa
6. 颚形突末端有突起 ··· 7
 - 颚形突末端无突起 ··· 11

7. 颚形突末端背面和腹面均有突起 ··· 亚白线微草螟 *G. subalbilinealis*
- 颚形突末端背面或腹面有突起 ··· 8
8. 颚形突末端腹面有突起 ·· 玫瑰微草螟 *G. rosanna*
- 颚形突末端背面有突起 ··· 9
9. 角状器1个，弯刺状 ··· 琥珀微草螟 *G. electra*
- 角状器多个，微刺状 ·· 10
10. 阳茎有1个端刺 ·· 类玫瑰微草螟 *G. rosannoides*
- 阳茎无端刺 ·· 外裂微草螟 *G. exsectella*
11. 颚形突端部膨大 ·· 蜜舌微草螟 *G. melistoma*
- 颚形突端部渐窄 ·· 12
12. 抱器瓣末端刺突朝向内侧 ·· 库氏微草螟 *G. copernici*
- 抱器瓣末端刺突朝向外侧 ·· 三齿微草螟 *G. tridentata*

（1114）双突微草螟 *Glaucocharis biconvexa* Li *et* Li, 2012（图 14-107）

Glaucocharis biconvexa Li *et* Li, 2012: 13.

主要特征：成虫（图 14-107A）翅展 9.0–10.0 mm。雄性额和头顶淡黄色，雌性额和头顶淡褐色。下唇须内侧淡黄色，第 3 节末端深褐色；外侧深褐色，中部淡黄色。下颚须淡黄色，末端白色。触角背面白色与淡褐色相间，腹面淡黄色。雄性胸部淡黄色；领片色淡、翅基片淡褐色，后端白色；雌性胸部背面深褐色，领片和翅基片深褐色。雄性前翅散布深褐色鳞片，雌性密被深褐色鳞片；内横线白色，略向内倾斜，内侧深褐色镶边；外横线白色，前端 1/3 处外弯；顶角淡黄色，有 1 白色条纹；外缘黄色，具 5 黑斑；缘毛淡褐色。雄性后翅淡褐色，雌性后翅深褐色；缘毛基线白色，亚基线深褐色，雄性端部 2/3 白色，雌性端部 2/3 淡褐色。

图 14-107 双突微草螟 *Glaucocharis biconvexa* Li *et* Li, 2012
A. 成虫；B. 雄性外生殖器；C. 雌性外生殖器

雄性外生殖器（图 14-107B）：爪形突刀状，端部下弯，末端尖。颚形突和爪形突近等长，背面中部呈圆形凸起；端部多小齿，背面末端呈三角形突起；腹面末端多毛。抱器瓣基部至端部渐窄；背缘基部具椭圆形突起，其上被 1 根特化的长刚毛；抱器背约为抱器瓣长的 3/5，末端尖。阳茎基环梭形。囊形突宽，方形，前缘两侧凸出。阳茎管状；端部具 1 列刺状角状器及 1 簇刺状角状器。

雌性外生殖器（图 14-107C）：产卵瓣椭圆形，约为后表皮突长的 1/2。交配孔宽大。囊导端片漏斗状。囊导管骨化弱，导管端片前端弯曲成 "N" 形。交配椭圆形；无囊突。

分布：浙江（舟山、衢州、丽水）、陕西、安徽、湖南、福建、香港、广西、贵州。

（1115）库氏微草螟 *Glaucocharis copernici* (Bleszynski, 1965)（图 14-108）

Pareromene copernici Bleszynski, 1965: 58.

Glaucocharis copernici copernici: Wang et al., 1988: 305.

主要特征：成虫（图 14-108A）翅展 10.5–15.5 mm。额和头顶白色。下唇须淡黄色，第 3 节末端淡褐色。下颚须淡褐色，末端白色。触角背面白色与淡褐色相间，腹面淡黄色。胸部、领片和翅基片白色。前翅基部淡黄色；基线和内横线白色，内横线内侧密被黄色至黄褐色鳞片，外侧散布黄褐色鳞片；中室端斑"8"字形，深褐色，内侧淡黄色；外横线黄褐色，与外缘平行处锯齿状；顶角黄色，有 1 银白色条状横纹；外缘淡黄色，近臀角有 3 黑色斑点；缘毛淡褐色杂黄白色。后翅黄白色；顶角及其附近缘毛褐色，其余缘毛灰白色。

图 14-108　库氏微草螟 *Glaucocharis copernici* (Bleszynski, 1965)
A. 成虫；B. 雄性外生殖器；C. 雌性外生殖器

雄性外生殖器（图 14-108B）：爪形突细长，下弯，末端尖。颚形突与爪形突近等长，端部 1/3 密被疣突，末端圆。抱器瓣至端部渐窄，末端呈钩状上弯；背缘基部有 1 指状突起，长度与爪形突近相等，末端球形；抱器腹基部凹入，中部略凸出。阳茎基环菱形，末端有 2 细长刺状侧臂。囊形突宽短，末端圆。阳茎细长，中部呈弧形，末端强烈骨化并弯曲；末端有 2–4 个微齿状端刺。

雌性外生殖器（图 14-108C）：产卵瓣椭圆形，后缘凹入，约为后表皮突长的 1/3。交配孔周围骨化，后缘有 2 条细长的骨化纵纹。囊导管细长。交配囊椭圆形，密被疣突；囊突 1 个，圆形，由基部相连的小棘组成，位于交配囊近中部。

分布：浙江（杭州）、贵州、西藏；韩国，印度，柬埔寨。

（1116）琥珀微草螟 *Glaucocharis electra* (Bleszynski, 1965)

Pareromene electra Bleszynski, 1965: 56.

Glaucocharis electra: Wang et al., 1988: 308.

分布：浙江（临安）、天津、山东、河南、陕西、湖北、湖南、福建、海南、广西、四川、贵州；韩国。

注：描述见《天目山动物志》（李后魂等，2020）。

（1117）外裂微草螟 *Glaucocharis exsectella* (Christoph, 1881)（图 14-109）

Diptychophora exsectella Christoph, 1881: 41.

Diptychophora japonica Inoue, 1955b: 20.

Glaucocharis exsectella: Wang et al., 1988: 308.

主要特征：成虫（图 14-109A）翅展 11.0–12.5 mm。额和头顶白色。下唇须外侧淡黄色，第 3 节末端白色，第 1 节基部腹面白色。下颚须淡黄色，末端白色。触角背面淡褐色与黄白色相间，腹面淡黄色。胸部、领片和翅基片白色。前翅基区淡黄色；内横线白色，外侧褐色镶边；中区散布淡褐色鳞片；中室端斑"8"字形，深褐色，内侧黄白色；外横线白色，褐色镶边，前端 1/3 处外弯成角，后端与外缘平行；顶角具 1 白色椭圆形斑纹；外缘黄色，后端具黑色斑点；缘毛淡褐色。雄性后翅灰白色，雌性后翅淡褐色；缘毛白色杂灰色，基线淡黄色。

图 14-109 外裂微草螟 *Glaucocharis exsectella* (Christoph, 1881)
A. 成虫；B. 雄性外生殖器；C. 雌性外生殖器

雄性外生殖器（图 14-109B）：爪形突细长，端部略上弯，腹缘膨大，末端钝圆。颚形突为爪形突的 1.2 倍，端部 1/2 腹面密被刚毛，末端背侧膨大成三角形，密被微刺。抱器瓣基半部三角形，端半部强烈变窄，末端上部膨大，密被刚毛，下部呈尖刺状；抱器背基部突起柱状，顶端 1/3 细钩状；抱器腹端部 1/4 处略凹入。阳茎基环椭圆形，两侧各有 1 长刺。阳茎较直，端半部略细，密被疣突；角状器由若干小刺组成，排成 1 列。

雌性外生殖器（图 14-109C）：产卵瓣椭圆形，约为后表皮突长的 1/3。导管端片短，强烈骨化，前缘侧面凹入。囊导管细长，后端 1/2 多褶皱，前端渐细。交配囊椭圆形，密被疣突；囊突 1 个，小圆形，由基部相连的小棘组成，位于交配囊后端。

分布：浙江、黑龙江、吉林、辽宁、湖南、福建、广东、云南；俄罗斯，日本。

（1118）喜马拉雅微草螟 *Glaucocharis himalayana* Gaskin, 1988

Glaucocharis himalayana Gaskin in Wang et al., 1988: 316.

主要特征：成虫翅展 13.0 mm。额和头顶黄灰色。下唇须外侧黄色。前翅米色，散布褐色鳞片；中带褐色，米色镶边；中室斑"8"字形；顶角深棕色，有 1 白色斑点；外缘后端有 2 黑色斑点；后翅米色。

雄性外生殖器：爪形突与颚形突近等长，后者末端戟形。抱器瓣约为爪形突长的 3 倍；抱器背基部有 1 短突起。阳茎无角状器。

雌性外生殖器：前表皮突长与后表皮突相等。导管端片管状。囊导管细长。交配囊椭圆形；前端 1/3 处有 1 个囊突。

分布：浙江；印度。

注：未见标本，描述来自王平远等（1988）。

（1119）蜜舌微草螟 *Glaucocharis melistoma* (Meyrick, 1931)

Diptychophora melistoma Meyrick, 1931: 110.

Glaucocharis melistoma: Wang et al., 1988: 306.

分布：浙江（临安）、河南、甘肃、湖北、湖南、福建、海南、广西、四川、贵州、云南。
注：描述见《天目山动物志》（李后魂等，2020）。

（1120）六浦微草螟 *Glaucocharis mutuurella* (Bleszynski, 1965)

Pareromene mutuurella Bleszynski, 1965: 452.
Glaucocharis mutuurella: Wang et al., 1988: 325.

分布：浙江（临安）、湖北、湖南、福建；日本。
注：描述见《天目山动物志》（李后魂等，2020）。

（1121）玫瑰微草螟 *Glaucocharis rosanna* (Bleszynski, 1965)

Pareromene rosanna Bleszynski, 1965: 56.
Glaucocharis rosanna: Wang et al., 1988: 309.

分布：浙江（临安）、河南、安徽、湖北、江西、湖南、福建、广东、香港、广西、贵州。
注：描述见《天目山动物志》（李后魂等，2020）。

（1122）类玫瑰微草螟 *Glaucocharis rosannoides* (Bleszynski, 1965)

Pareromene rosannoides Bleszynski, 1965: 57.
Glaucocharis rosannoides: Wang et al., 1988: 310.

分布：浙江（临安）、湖北、四川。
注：描述见《天目山动物志》（李后魂等，2020）。

（1123）剑形微草螟 *Glaucocharis siciformis* Li *et* Li, 2012（图 14-110）

Glaucocharis siciformis Li *et* Li, 2012:11.

主要特征：成虫（图 14-110A）翅展 10.0–11.5 mm。额和头顶白色。下唇须外侧灰色，第 3 节末端淡褐色。下颚须灰色，末端白色。触角背面白色与深褐色相间，腹面淡黄色。胸部和领片白色，翅基片淡褐色，后缘被白色的细长鳞片。前翅散布淡褐色和淡黄色鳞片；基线淡褐色，略内弯；内横线白色，弧形拱凸，外侧深褐色镶边；中室端斑淡黄色，深褐色镶边；外横线黄白色，淡褐色镶边，锯齿状；顶角淡黄色，有 1 银灰色条纹；外缘淡黄色，有 1 黑色斑点；缘毛淡褐色，基线白色。后翅白色，顶角外缘淡褐色；缘毛淡褐色，中线白色。
雄性外生殖器（图 14-110B）：爪形突细长，略下弯，端部渐窄，末端尖。颚形突与爪形突近等长，略上弯，端部 2/3 背缘多微齿，末端略呈弯钩状。抱器瓣近三角形，略上弯；抱器背基部突起呈剑状，约为抱器瓣长的 2/3，抱器背缘近端部 1/3 处具扁平三角形突起。阳茎基环椭圆形，后缘 1/3 凹入成 "V" 形。阳茎约为抱器瓣长的 1.2 倍；角状器 4–8 个，刺状。
雌性外生殖器（图 14-110C）：产卵瓣椭圆形，约为后表皮突长的 1/2。导管端片短漏斗状。囊导管细长。交配囊圆形；囊突 1 个，位于交配囊后端 1/3 处。
分布：浙江（丽水）、海南、香港。

图 14-110　剑形微草螟 *Glaucocharis siciformis* Li et Li, 2012
A. 成虫；B. 雄性外生殖器；C. 雌性外生殖器

（1124）亚白线微草螟 *Glaucocharis subalbilinealis* (Bleszynski, 1965)（图 14-111）

Pareromene subalbilinealis Bleszynski, 1965: 60.
Glaucocharis subalbilinealis: Wang et al., 1988: 314.

主要特征：成虫（图 14-111A）翅展 11.5–14.0 mm。额和头顶淡褐色。下唇须淡褐色，第 1 节基部白色。下颚须黄白色至黄褐色，末端白色。触角背面淡褐色与黄白色相间，腹面淡黄色。胸部白色掺杂淡褐色；领片黄白色至淡褐色；翅基片淡褐色，后缘被黄白色细长鳞片。前翅密被深褐色鳞片，杂淡黄色鳞片；内横线淡黄色，深褐色镶边，向内倾斜；中室端斑深褐色，"8"字形，内侧淡黄色；外横线淡黄色，深褐色镶边，强烈向外拱凸，后端略呈锯齿状；顶角橘黄色，有 1 银白色条纹；外缘橘黄色，近臀角处有 3 黑色斑；缘毛基部 1/2 深褐色，端部 1/2 黄白色掺杂淡褐色。雄性后翅白色，雌性后翅淡褐色；缘毛黄白色掺杂灰色，亚基线淡黄色。

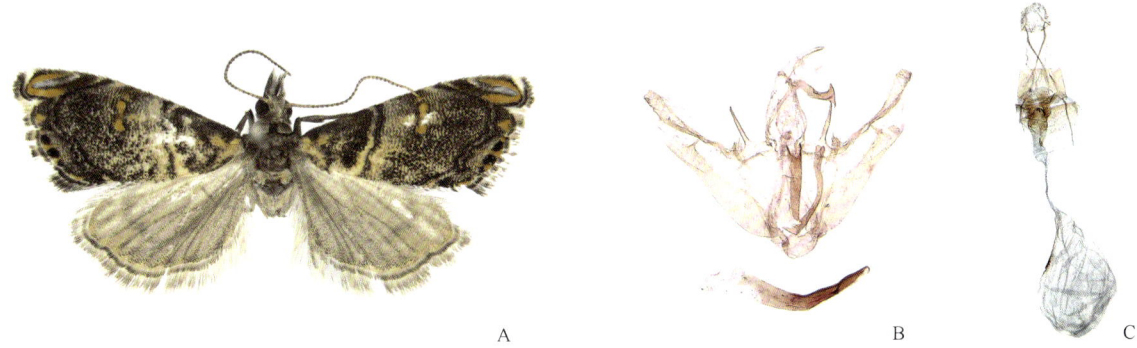

图 14-111　亚白线微草螟 *Glaucocharis subalbilinealis* (Bleszynski, 1965)
A. 成虫；B. 雄性外生殖器；C. 雌性外生殖器

雄性外生殖器（图 14-111B）：爪形突略下弯，基部宽，端部渐窄，末端尖。颚形突略长于爪形突，端部戟形。抱器背强烈骨化，末端膨大，密被刚毛，伸出抱器瓣末端；抱器背基部突起强刺状，长度与爪形突相当；抱器腹约为抱器瓣宽的 1/2，背缘近末端具刺状突起。阳茎基环"Y"形，细长，末端有 2 个细长的侧臂，末端尖；阳茎基环附生骨片与阳茎基环近等长。阳茎中部强烈弯曲；端部具 1 个三角形角状器。

雌性外生殖器（图 14-111C）：产卵瓣椭圆形，约为后表皮突长的 1/3。交配孔宽大。后阴片细长，后缘中部略凹入，前缘直。导管端片强烈骨化，漏斗状，前缘侧面凹入。囊导管细长，中部略细。交配囊椭圆形，密被疣突；囊突 1 个，圆形，由多个基部相连的小刺组成，位于交配囊后端 1/3 处。

分布：浙江（杭州、衢州、丽水）、河南、陕西、江苏、安徽、湖北、江西、湖南、福建、广东、香港、广西、四川、贵州、云南。

(1125) 三齿微草螟 *Glaucocharis tridentata* Li et Li, 2012

Glaucocharis tridentata Li et Li, 2012: 12.

分布：浙江（临安）、湖北、贵州、云南。
注：描述见《天目山动物志》（李后魂等，2020）。

(1126) 三点微草螟 *Glaucocharis tripunctata* (Moore, 1888)（图 14-112）

Eromene tripunctata Moore, 1888: 226.
Glaucocharis tripunctata: Wang et al., 1988: 311.

主要特征：成虫（图 14-112A）翅展 13.0–15.0 mm。额和头顶淡黄色。下唇须深褐色，中部淡黄色。下颚须淡褐色，基部和末端灰白色。触角背面淡黄色与淡褐色相间，腹面淡黄色。胸部、领片和翅基片淡褐色。前翅密被深褐色鳞片；内横线深褐色，外弯；外横线白色，深褐色镶边，前端 2/5 处外弯，后端 3/5 向内倾斜，后端约 1/5 处外弯成宽齿；顶角橘黄色，有 1 白色梭形纹；外缘淡黄色，中部与臀角间有 3 黑色斑点；缘毛深褐色。雄性后翅白色，外缘和顶角散布淡褐色鳞片；雌性后翅淡褐色；缘毛白色，亚基线淡褐色至深褐色。

图 14-112 三点微草螟 *Glaucocharis tripunctata* (Moore, 1888)
A. 成虫；B. 雄性外生殖器；C. 雌性外生殖器

雄性外生殖器（图 14-112B）：爪形突略下弯，基部 1/2 腹侧拱突，端部渐窄，末端钝。颚形突略短于爪形突，端部 1/2 显著上弯，背面被微棘，末端尖。抱器瓣三角形；抱器背基部突起长弯刺状，与抱器瓣近等长。阳茎基环椭圆形。囊形突宽短，末端圆。阳茎略弯曲，端部具 1 列大小不同的刺状角状器。

雌性外生殖器（图 14-112C）：产卵瓣椭圆形，约为后表皮突长的 1/3。导管短片漏斗状，约占囊导管长的 1/5。囊导管在导管端片前端显著膨大，具骨化褶且密被小刺，前端细长，膜质。交配囊椭圆形；囊突 2 个，由基部相连的小棘组成，分别位于交配囊后缘及中部。

分布：浙江（丽水、温州）、湖北、江西、湖南、福建、台湾、广西、贵州、西藏；喜马拉雅山，印度，尼泊尔。

424. 阔翅草螟属 *Japonichilo* Okano, 1962

Japonichilo Okano, 1962b: 121. Type species: *Japonichilo bleszynskii* Okano, 1962.

主要特征：额圆，无尖突；单眼缺失；毛隆存在。前翅无中带，中区具斑点，Sc 与 R_1 脉分离，R_2 脉独立，R_3 与 R_4 脉共柄，R_5 脉独立，M_2 脉独立。后翅 M_1 脉与 $Sc+R_1$ 脉融合，或有短横脉与 $Sc+R_1$ 脉相连，M_2 与 M_3 脉共柄。

雄性外生殖器：爪形突与颚形突近等长。抱器瓣狭长；抱器背基突发达。囊形突缺失；伪囊形突存在。阳茎细长。

雌性外生殖器：产卵瓣宽大。表皮突细长。导管端片强烈骨化。交配囊椭圆形；无囊突。

分布：古北区东部、东洋区北部。世界已知 1 种，中国记录 1 种，浙江分布 1 种。

（1127）黑点阔翅草螟 *Japonichilo bleszynskii* Okano, 1962

Japonichilo bleszynskii Okano, 1962b: 121.

主要特征：成虫翅展 27.0–38.0 mm。额和头顶白色。下唇须黄褐色。下颚须基部黄褐色，端部白色。触角红褐色。前翅银白色，沿翅脉散布黄色鳞片；中室端部下角有 1 褐色中斑；外缘有 8 小黑色斑点；缘毛白色。后翅和缘毛白色。

雄性外生殖器：爪形突端部鸟喙状。颚形突长与爪形突相等，端部尖钩状。抱器背基部有长刺状突起。阳茎约为抱器瓣长的 2 倍；端部背面有 1 排微齿。

雌性外生殖器：前表皮突与后表皮突近等长。导管端片强烈骨化，后缘凸出。囊导管中部略膨大。交配囊椭圆形；无囊突。

分布：浙江、黑龙江、江苏、福建、四川；俄罗斯，日本。

注：未见标本，成虫和雄性外生殖器描述来自汪家社等（2003）。雌性外生殖器描述来自 Bleszynski（1965）。

425. 带草螟属 *Metaeuchromius* Bleszynski, 1960

Metaeuchromius Bleszynski, 1960: 217. Type species: *Eromene yuennanensis* Caradja, 1937.
Pseudeuchromius Bleszynski, 1965: 90.

主要特征：单眼发达。前翅宽短，具明显中带，顶角常有斜带，外缘后端具斑点。前翅 Sc 与 R_1 脉分离，R_3 与 R_4 脉共柄，R_5 脉独立，M_1 脉位于中室下角，M_2 脉存在。后翅白色至灰褐色，仅少数种类具斑点，M_2 与 M_3 脉共柄。

雄性外生殖器：爪形突和颚形突细长或宽短，形状变化大。抱器瓣狭长；抱器瓣基突常发达；抱器背末端常具 1 骨化突；抱器腹退化或缺失。伪囊形突存在或缺失。阳茎基环形状多样。

雌性外生殖器：前、后表皮突发达。囊导管长度和直径变化多样。交配囊椭圆形；囊突有或无。

分布：古北区东部、东洋区北部。世界已知 15 种，中国记录 10 种，浙江分布 5 种。

分种检索表

1. 囊导管分裂为 2 个部分 ··· 云南带草螟 *M. yuennanensis*
- 囊导管未分裂 ··· 2
2. 导管端片前端有 1 个圆形的骨化突起 ··· 金带草螟 *M. flavofascialis*
- 导管端片前端无骨化突起 ·· 3
3. 交配囊中部有 1 个圆形囊突 ··· 黄色带草螟 *M. fulvusalis*
- 交配囊无囊突 ··· 4
4. 前翅浅褐色；导管端片后缘直 ··· 灰色带草螟 *M. grisalis*
- 前翅深褐色；导管端片后缘凹入 ··· 大刺带草螟 *M. grandispinata*

（1128）金带草螟 *Metaeuchromius flavofascialis* Park, 1990

Metaeuchromius flavofascialis Park, 1990b: 139.

分布：浙江（临安）、甘肃、湖北、贵州；韩国。
注：描述见《天目山动物志》（李后魂等，2020）。

（1129）黄色带草螟 *Metaeuchromius fulvusalis* Song *et* Chen, 2002（图 14-113）

Metaeuchromius fulvusalis Song *et* Chen in Chen, Song & Yuan, 2002b: 366.

主要特征：成虫（图 14-113A）翅展 11.0–13.0 mm。额和头顶淡黄色。下唇须内侧黄白色，外侧淡黄色至黄褐色。下颚须淡黄色。触角背面白色，腹面淡黄色。胸部、领片和翅基片淡黄色。前翅密被淡黄色鳞片，杂淡褐色鳞片；中带白色，近前缘外弯成角，其余较直，向内伸至后缘基部 2/5 处，内侧淡褐色镶边，外侧淡黄色镶边；亚外缘线白色，齿状，呈弧形向外拱凸；顶角有 1 条白色纵纹；外缘近中部与臀角间有 5 黑色斑点；缘毛淡黄色至黄褐色。后翅白色至淡黄褐色，外缘和顶角稍暗；顶角处缘毛深褐色，其余缘毛黄白色。

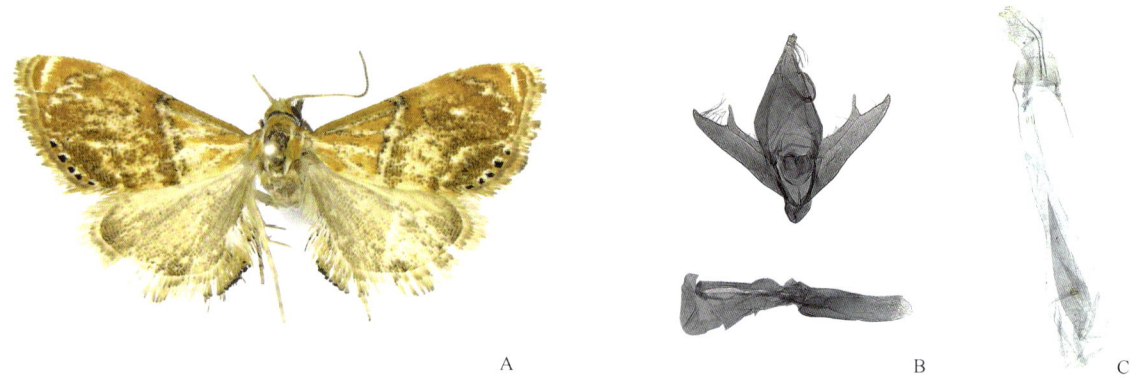

图 14-113　黄色带草螟 *Metaeuchromius fulvusalis* Song *et* Chen, 2002
A. 成虫；B. 雄性外生殖器；C. 雌性外生殖器

雄性外生殖器（图 14-113B）：爪形突短粗，基部宽，近端部渐窄，末端尖。颚形突与爪形突近等长，末端背面有 1 小三角形突起。抱器瓣端部较窄；抱器背末端有 1 锥形突起。阳茎基环椭圆形，端部 1/2 内切成"V"形。阳茎短粗，约为抱器瓣长的 3/4；阳茎中部有多个微刺状角状器。

雌性外生殖器（图 14-113C）：产卵瓣窄三角形，约为后表皮突长的 1/2。囊导管细长，前端渐粗。交配囊椭圆形，与囊导管近等长；囊突 1 个，位于交配囊中部。

分布：浙江（杭州、丽水、温州）、甘肃、安徽、湖北、江西、湖南、福建、广东、海南、广西、四川、贵州、云南。

（1130）灰色带草螟 *Metaeuchromius grisalis* Song *et* Chen, 2002

Metaeuchromius grisalis Song *et* Chen in Chen, Song & Yuan, 2002b: 367.

主要特征：成虫翅展 21.0 mm。下唇须外侧乳白色，背面淡褐色。下颚须淡褐色。前翅淡灰褐色；中带黄色，内侧白色；顶角有 1 条黄色斜纹；亚外缘线深褐色；外缘后端有 6 个黑色斑点；缘毛灰色，有光泽。后翅淡褐色，缘毛乳白色。

雌性外生殖器：产卵瓣后缘中部略凹入。后表皮突长与前表皮突近等长。导管端片管状，具纵褶。囊导管细长。交配囊椭圆形；无囊突。

分布：浙江（湖州）。

注：未见标本，描述来自 Chen 等（2002b）。

(1131) 大刺带草螟 *Metaeuchromius grandispinata* Yang, Liu *et* Li, 2020（图 14-114）

Metaeuchromius grandispinata Yang, Liu *et* Li, 2020: 846.

主要特征：成虫（图 14-114A）翅展 14.5–16.5 mm。额白色。下唇须黄色至褐色。下颚须深褐色，基部和末端浅褐色。前翅褐色，前缘由基部至中带褐色；中带直，白色，伸至后缘 1/2 处，外侧具黄色宽带；顶角有 2 条白色剑状斜带；外缘区黄色，近臀角有 6 个斑点，黑色；缘毛褐色。后翅白色，夹杂淡褐色；缘毛浅褐色至白色。

图 14-114 大刺带草螟 *Metaeuchromius grandispinata* Yang, Liu *et* Li, 2020
A. 成虫；B. 雄性外生殖器；C. 雌性外生殖器

雄性外生殖器（图 14-114B）：爪形突细长，基部宽，端部渐窄，末端尖。颚形突略短于爪形突，基部宽，末端窄。两者末端弯曲相对。抱器瓣宽短，端部渐细，末端钝；抱器背基部有 1 钩状外弯刺突，长度与爪形突相当。囊形突半圆形。阳茎与抱器瓣近等长；角状器 1 个，强刺状。

雌性外生殖器（图 14-114C）：产卵瓣圆形。前表皮突缺失。导管端片筒状，有明显骨化纵褶。囊导管长，中央略凹陷。交配囊椭圆形，无囊突。

分布：浙江（温州）、江西。

(1132) 云南带草螟 *Metaeuchromius yuennanensis* (Caradja, 1937)（图 14-115）

Eromene yuennanensis Caradja, 1937: 151.
Metaeuchromius yuennanensis: Bleszynski, 1960: 217.

主要特征：成虫（图 14-115A）翅展 13.5–19.0 mm。额和头顶白色。下唇须白色，第 3 节末端深褐色。下颚须深褐色，基部和末端白色。触角背面白色与淡褐色相间，腹面淡黄色。胸部白色；领片及翅基片淡褐色，后者后缘被细长白鳞片。前翅散布淡褐色至深褐色鳞片，前缘有 1 条深褐色纵带，由基部近达中带；中带略向外拱凸，伸至后缘 1/2 处，外侧镶黄色带；中室基部有 1 黑斑；顶角有 1 淡黄色斜带和 1 白色斜带，两斜带间淡褐色；亚外缘线淡褐色，向内倾斜，近后缘向外有 1 小齿突；外缘近臀角具 7 黑斑，斑点间淡黄色；缘毛淡褐色。后翅白色，稀疏散布淡褐色鳞片；缘毛灰白色掺杂淡褐色。

雄性外生殖器（图 14-115B）：爪形突宽大，基部宽，端部渐窄，末端尖钩状。颚形突基部宽，端部渐窄，末端有 1 细刺。抱器瓣不对称，末端具细长刺；右侧刺呈弯曲状。囊形突与爪形突近等长，端部渐窄，末端圆。阳茎基环宽大，基部宽，端部渐窄。阳茎略呈"S"形，与较大的抱器瓣略等长，端部渐细；角状器由多个长针组成簇状，长度与阳茎接近。

雌性外生殖器（图 14-115C）：产卵瓣椭圆形，约为后表皮突长的 1/2。导管端片强烈骨化。囊导管后端分裂为 2 个部分，与交配囊相连的部分膜质，近直；另一部分强烈骨化，中部显著弯曲，后端密被微刺，前端囊状。交配囊椭圆形；无囊突。

分布：浙江、湖南、四川、云南、西藏；日本。

图 14-115　云南带草螟 *Metaeuchromius yuennanensis* (Caradja, 1937)
A. 成虫；B. 雄性外生殖器；C. 雌性外生殖器

426. 双带草螟属 *Miyakea* Marumo, 1933

Miyakea Marumo, 1933: 48. Type species: *Eromene expansa* Butler, 1881.

主要特征：额圆，有或无突起。前翅宽，中带 2 条；顶角钝圆，有斜纹；外缘有 1 列末端斑点；Sc 与 R_1 脉分离，R_3 与 R_4 脉共柄，M_2 与 M_3 脉分离。后翅 Sc 与 R_1 脉共柄，中室开放，M_2 与 M_3 脉共柄；雌性翅缰 4 根。

雄性外生殖器：爪形突细长。颚形突与爪形突近等长，末端多微齿。抱器瓣宽短或狭长；抱器背基突发达或缺失；抱器腹退化。阳茎细长；角状器存在或缺失；端刺有或无。

雌性外生殖器：产卵瓣小。后表皮突细长，前表皮突退化或缺失。交配孔通常有骨化突起。囊导管短。交配囊椭圆形，无囊突。

分布：古北区东部、东洋区北部。世界已知 7 种，中国记录 3 种，浙江分布 1 种。

(1133) 金双带草螟 *Miyakea raddeella* (Caradja, 1910)

Eromene bellus f. *raddeella* Caradja, 1910: 115.
Miyakea raddeellus: Schouten, 1992: 235.

分布：浙江（临安）、黑龙江、辽宁、北京、天津、河北、山西、山东、河南、陕西、江苏、安徽、湖北、福建、广西、贵州、西藏；俄罗斯（远东地区），朝鲜。

注：描述见《天目山动物志》（李后魂等，2020）。

427. 并脉草螟属 *Neopediasia* Okano, 1962

Neopediasia Okano, 1962b: 107. Type species: *Crambus atrisquamalis* Hampson, 1900.

主要特征：单眼和毛隆存在。前翅无斑纹，沿翅脉散布少量鳞片。前翅 Sc 与 R_1 脉合并，R_2 脉独立，R_3、R_4 与 R_5 脉共柄。后翅 M_2 与 M_3 脉共柄。

雄性外生殖器：爪形突和颚形突宽短。抱器瓣不对称；抱器背基突发达；抱器腹具骨化突起。伪囊形突存在。囊形突细长。阳茎具角状器。

雌性外生殖器：后表皮突细长，前表皮突退化。导管端片强烈骨化；囊导管膜质或骨化弱。交配囊椭圆形；无囊突。

分布：古北区东部、东洋区北部。世界已知 1 种，中国记录 1 种，浙江分布 1 种。

（1134）三点并脉草螟 *Neopediasia mixtalis* (Walker, 1863)（图 14-116）

Crambus mixtalis Walker, 1863: 166.
Crambus atrisquamalis Hampson, 1900b: 372.
Crambus columbinellus South, 1901: 390.
Crambus trimarginipunctus Filipjev, 1927: 13.
Neopediasia mixtalis: Bleszynski, 1965: 390.

主要特征：成虫（图 14-116A）翅展 22.0–32.0 mm。额白色杂淡褐色，头顶黄白色。下唇须淡褐色杂白色。下颚须淡褐色，末端杂白色。触角背面灰白色，腹面淡褐色。胸部黄白色；领片及翅基片黄白色，杂淡褐色。前翅散布淡褐色和淡黄色鳞片；外缘中部与臀角间有 3 黑色斑点；缘毛淡褐色。后翅白色至淡褐色；缘毛白色，亚基线淡褐色。腹部灰白色至淡褐色。

图 14-116　三点并脉草螟 *Neopediasia mixtalis* (Walker, 1863)
A. 成虫；B. 雄性外生殖器；C. 雌性外生殖器

雄性外生殖器（图 14-116B）：爪形突窄三角形，基部宽，端部渐窄，末端尖。颚形突窄三角形，略短于爪形突；端部渐窄且密被疣突，末端钝。抱器瓣窄带状，末端钝圆，弯曲上卷。抱器背基突强烈骨化，末端呈钩状且被刚毛；左侧突起且短于右侧。抱器腹约为抱器瓣长的 1/3，背缘基部有 1 细长的骨化突起，近直；右侧突起约为左侧突起长的 3/4。囊形突细长，与爪形突近等长，末端钝圆。阳茎基环"山"字形。阳茎端部较粗；末端有多个大小不同的刺状角状器。

雌性外生殖器（图 14-116C）：产卵瓣椭圆形，约为后表皮突长的 1/2。导管端片宽大，形状不规则，强烈骨化，约为后表皮突长的 1.5 倍。囊导管细长，膜质。交配囊圆形，略短于囊导管；无囊突。

分布：浙江、黑龙江、吉林、辽宁、内蒙古、天津、河北、山西、山东、河南、陕西、宁夏、甘肃、青海、江苏、安徽、四川；俄罗斯，朝鲜，日本。

428. 茎草螟属 *Pediasia* Hübner, 1825

Pediasia Hübner, 1825: 365. Type species: *Tinea fascelinella* Hübner, 1813.

Carvanca Walker, 1856: 119.
Pseudopediasia Ganev, 1987: 36.
Oseriates Fazekas, 1991: 308.

主要特征：额圆，无尖突；单眼和毛隆存在。前翅沿翅脉颜色较淡，中带和亚外缘线通常存在；R_1脉独立，R_3、R_4与R_5脉共柄，M_2与M_3脉分离。后翅M_2脉存在。

雄性外生殖器：爪形突与颚形突细长。抱器瓣狭长；抱器背基突发达；抱器腹无骨化突起。伪囊形突存在。阳茎具角状器。

雌性外生殖器：产卵瓣背面不相连。后表皮突长于前表皮突。囊导管细长，形状变化多样。交配囊无囊突。

分布：全北区、东洋区、旧热带区。世界已知80种，中国记录18种，浙江分布1种。

（1135）类灰茎草螟 *Pediasia perselloides* Song et Chen, 2004

Pediasia perselloides Song et Chen in Chen et al., 2004: 142.

主要特征：成虫翅展23.0 mm。额和头顶白色。下唇须基部淡土黄色，端部黄色。下颚须基部土黄色，端部淡黄色。触角黄褐色。领片白色；翅基片土黄色。前翅黄土色，散布淡褐色鳞片；无中带和亚外缘线；外缘有1列深棕色斑点；缘毛淡黄褐色，有光泽。后翅土黄色，有光泽；缘毛白色。

雄性外生殖器：爪形突基部宽，端部渐窄，末端尖。颚形突末端鸟喙状，略长于爪形突长。抱器瓣基部宽，端部渐窄，末端钝圆；抱器背基部有1突起，达到抱器瓣端部1/5处。阳茎基环基部膨大，后缘略凹入。阳茎中部弯，与抱器瓣长相等；基部有1个较长角状器，端部具若干形状不同的小角状器。

分布：浙江（临安）。

注：未见标本，描述来自Chen等（2004）。

429. 广草螟属 *Platytes* Guenée, 1845

Platytes Guenée, 1845a: 324. Type species: *Tinea cerussella* Denis et Schiffermuller, 1775.
Nagahama Marumo, 1933: 46.

主要特征：前翅具中带和亚外缘线，外缘在M_2脉处略凹入。前翅Sc与R_1脉分离，R_3与R_4脉共柄，R_5脉独立，M_2与M_3脉共柄。后翅M_2脉有时退化或缺失。

雄性外生殖器：爪形突与颚形突细长。抱器瓣狭长；抱器背基突发达；抱器腹无骨化突起。伪囊形突存在。阳茎短粗；角状器有或无。

雌性外生殖器：产卵瓣小。后表皮突细长，前表皮突缺失。囊导管通常短粗。交配囊椭圆形；具囊突。

分布：古北区、东洋区、旧热带区、新热带区、澳洲区。世界已知12种，中国记录2种，浙江分布1种。

（1136）饰纹广草螟 *Platytes ornatella* (Leech, 1889)（图14-117）

Crambus ornatellus Leech, 1889a: 106.
Platytes acaudatula Filipjev, 1927: 14.
Platytes ornatella: Bleszynski, 1965: 397.

主要特征：成虫（图 14-117A）翅展 14.5–20.0 mm。额和头顶白色掺杂淡褐色。下唇须外侧淡褐色杂白色，第 1 节基部白色。下颚须淡褐色，中部和末端白色。触角淡褐色。胸部白色杂淡褐色；领片白色杂淡黄色；翅基片淡褐色，后端被白色细长鳞片。前翅淡褐色；近前缘 1/3 呈褐色宽带；中部有 1 条白色纵纹由基部近达外缘，翅后缘近 1/2 淡褐色；中带淡褐色，由前缘中部伸至后缘 2/5 处，与后缘成直角，前端 1/3 外弯成锐角，后端 1/3 处内弯成锐角；亚外缘线白色，具褐色镶边，前端 1/3 处外弯成锐角，后端 1/3 处呈"Z"形；外缘淡褐色，中部与臀角间有 3 黑色斑点；缘毛淡褐色，基线白色。后翅淡褐色；缘毛白色，亚基线淡褐色。

图 14-117　饰纹广草螟 *Platytes ornatella* (Leech, 1889)
A. 成虫；B. 雄性外生殖器；C. 雌性外生殖器

雄性外生殖器（图 14-117B）：爪形突细长，基部宽，端部渐窄，末端尖钩状。颚形突略长于爪形突，背面端部 1/4 多齿，末端尖钩状。抱器瓣中部略宽，末端钝圆；抱器背基突强烈骨化，与颚形突近等长，末端尖钩状。阳茎基环半椭圆形，后缘略凹入。阳茎粗壮，约为抱器瓣长的 2/3；基部有 1 簇长针状、易脱落的角状器。

雌性外生殖器（图 14-117C）：产卵瓣小，约为后表皮突长的 1/2。囊导管短粗，骨化弱。交配囊宽大，长椭圆形，约为囊导管长的 2 倍；囊突 2 个，圆形，位于交配囊中部。

分布：浙江（丽水）、黑龙江、吉林、辽宁、内蒙古、北京、天津、河北、山西、山东、河南、陕西、宁夏、甘肃、青海、安徽、湖北、江西、四川、贵州、西藏；俄罗斯（远东地区），韩国，日本。

430. 切翅草螟属 *Prionapteron* Bleszynski, 1965

Prionapteron Bleszynski, 1965: 447. Type species: *Mesolia tenebrella* Hampson, 1896.

主要特征：额具尖突；单眼和毛隆发达。前翅具中带和亚外缘线；外缘在顶角下方凹入。前翅 Sc 与 R_1 脉合并，R_4 脉缺失，R_5 脉独立。后翅 M_2 脉缺失。
雄性外生殖器：爪形突宽，末端钝圆。颚形突近环状。抱器背基突存在；抱器背、腹发达，后者具端突。阳茎角状器缺失。
雌性外生殖器：表皮突细长。囊导管较短。交配囊长袋状；无囊突。
分布：中国。世界已知 2 种，中国记录 2 种，浙江分布 1 种。

(1137) 分叉切翅草螟 *Prionapteron bicepellum* Song, 2002（图 14-118）

Prionapteron bicepellum Song in Song et al., 2002: 69.

主要特征：成虫（图 14-118A）翅展 14.5–16.5 mm。额和头顶淡褐色。下唇须和下颚须淡褐色，下颚须末端杂白色。触角背面白色与深褐色相间，腹面深褐色。胸部、领片和翅基片淡褐色。前翅密被褐色鳞片；中带白色，前端 1/4 处外弯成角；亚外缘线白色，前端 1/4 处外凸成尖角，后端 1/4 处略凸出；亚外缘线与外缘之间有 3 黑斑，位于中部与臀角之间；顶角有 1 条白色斜纹；缘毛淡褐色，基线白色。后翅淡褐色；缘毛白色，中线灰色。

图 14-118　分叉切翅草螟 *Prionapteron bicepellum* Song, 2002
A. 成虫；B. 雄性外生殖器；C. 雌性外生殖器

雄性外生殖器（图 14-118B）：爪形突椭圆形，末端密被刚毛。颚形突环状，显著短于爪形突。抱器瓣中部略宽，末端圆；抱器腹约为抱器瓣长的 2/5，端突细刺状。阳茎基环椭圆形。囊形突略短于爪形突，末端平截。阳茎为抱器瓣长的 1/2；角状器缺失。

雌性外生殖器（图 14-118C）：产卵瓣近三角形。前表皮突略短于后表皮突。囊导管前端 2/3 褶皱多，弯曲。交配囊长椭圆形，与囊导管界线不清晰；中部有 1 个长囊突。

分布：浙江（丽水）、安徽、湖北、湖南、福建、广东、广西。

431. 银草螟属 *Pseudargyria* Okano, 1962

Pseudargyria Okano, 1962a: 51. Type species: *Argyria interruptella* Walker, 1866.

主要特征：前翅白色，中带和亚外缘线明显，外缘区具斑点。前翅 Sc 与 R_1 脉分离，R_2 脉独立，R_3 与 R_4 脉共柄，R_5 脉独立，M_2 脉存在。后翅 M_2 与 M_3 脉共柄。

雄性外生殖器：爪形突细长。颚形突较宽大。抱器瓣狭长、对称；抱器背基部显著凹入，具抱器背基突。伪囊形突存在。囊形突发达。阳茎具角状器。

雌性外生殖器：后表皮突细长，前表皮突退化。囊导管细长。交配囊椭圆形；通常具 2 个囊突。

分布：古北区东部、东洋区北部。世界已知 4 种，中国记录 3 种，浙江分布 1 种。

（1138）黄纹银草螟 *Pseudargyria interruptella* (Walker, 1866)

Argyria interruptella Walker, 1866: 1763.

Pseudargyria interruptella: Okano, 1962a: 51.

分布：浙江（临安）、天津、河北、山东、河南、陕西、甘肃、江苏、安徽、湖北、江西、湖南、福建、台湾、广东、海南、广西、四川、贵州、云南；朝鲜，日本。

注：描述见《天目山动物志》（李后魂等，2020）。

432. 白草螟属 *Pseudocatharylla* Bleszynski, 1961

Pseudocatharylla Bleszynski, 1961a: 33. Type species: *Crambus flavoflabellus* Caradja, 1925.

主要特征：前翅通常白色，大多数种类具中带及亚外缘线。前翅 Sc 与 R_1 脉分离，R_2 脉独立，R_3、R_4 与 R_5 脉共柄，M_2 脉独立。后翅 M_2 与 M_3 脉共柄。

雄性外生殖器：爪形突和颚形突细长。抱器瓣对称或不对称；抱器背基部突起通常存在，形状多样；抱器腹无骨化突起。阳茎具刺状角状器。

雌性外生殖器：产卵瓣宽大。后表皮突长于前表皮突。交配孔通常有骨化突起。交配囊椭圆形；囊突有或无。

分布：旧大陆。世界已知 40 种，中国记录 8 种，浙江分布 4 种。

分种检索表

1. 抱器瓣对称 ··· 2
- 抱器瓣不对称 ··· 3
2. 角状器不长于阳茎长的 1/2 ··· 双纹白草螟 *P. duplicella*
- 角状器显著长于阳茎长的 1/2 ··· 纯白草螟 *P. simplex*
3. 宽大抱器背突起近中部凸出成圆形 ··· 黄色白草螟 *P. aurifimbriella*
- 宽大抱器背突起近中部凸出成指状 ··· 稻黄缘白草螟 *P. inclaralis*

（1139）黄色白草螟 *Pseudocatharylla aurifimbriella* (Hampson, 1896)

Crambus aurifimbriella Hampson, 1896b: 937.
Crambus mandarinellus Caradja, 1925: 298.
Pseudocatharylla aurifimbriella: Bleszynski, 1961a: 34.

主要特征：成虫翅展 16.0–21.0 mm。下唇须黄色至棕色。触角黄褐色。领片和翅基片淡黄色。前翅银白色；前缘端部黄白色；外缘后端有褐色斑点；缘毛棕色，有光泽。后翅和缘毛白色。

雄性外生殖器：爪形突细长，末端钝。颚形突长与爪形突近等长，末端钝圆。抱器瓣狭长；抱器背不对称：左侧抱器背背缘基部略凹入，腹缘末端有 1 长刺突；右侧抱器背较左侧宽大，背缘中部凹入，端部前端近圆形，后端有 1 指状突起且突起的中部有 1 大刺。阳茎约为抱器瓣长的 2/3；中部有 1 强烈弯曲的刺状角状器。

分布：浙江、广东；越南。

注：未见标本，描述来自 Bleszynski（1964）。

（1140）双纹白草螟 *Pseudocatharylla duplicella* (Hampson, 1896)

Crambus duplicellus Hampson, 1896b: 934.
Pseudocatharylla duplicella: Bleszynski, 1962a: 10.

分布：浙江（临安）、江苏、安徽、湖北、江西、福建、台湾、广东、海南、香港、四川；日本，越南，斯里兰卡。

注：描述见《天目山动物志》（李后魂等，2020）。

（1141）稻黄缘白草螟 *Pseudocatharylla inclaralis* (Walker, 1863)（图 14-119）

Crambus inclaralis Walker, 1863: 166.

Crambus brachypterellus Walker, 1866: 1757.

Crambus flavoflabellus Caradja, 1925: 298.

Pediasia albivena Okano, 1960: 44.

Pseudocatharylla inclaralis: Bleszynski, 1964: 690.

主要特征：成虫（图 14-119A）翅展 18.0–25.0 mm。额和头顶白色。下唇须白色，外侧淡黄色。下颚须淡黄色，末端白色。触角背面黄白色，腹面褐色。胸部白色至淡黄色；领片和翅基片淡黄色。前翅白色至灰色，无斑纹；缘毛白色，基线淡褐色。后翅和缘毛白色。

图 14-119　稻黄缘白草螟 *Pseudocatharylla inclaralis* (Walker, 1863)
A. 成虫；B. 雄性外生殖器；C. 雌性外生殖器

雄性外生殖器（图 14-119B）：爪形突细长，末端钝。颚形突略长于爪形突，较爪形突宽，末端钝圆。抱器瓣狭长，末端上弯；抱器背不对称，右侧抱器背背缘直，腹缘末端有 1 长刺突，近伸达抱器瓣末端；左侧抱器背较右侧宽大，背缘中部凹入，末端有 1 指状突起且突起的中部有 1 小刺。阳茎短粗，约为抱器瓣长的 2/3；中部有 1 大的弯刺状角状器。

雌性外生殖器（图 14-119C）：产卵瓣椭圆形，略短于后表皮突。前表皮突短小。导管端片漏斗状，强烈骨化；囊导管较短。交配囊椭圆；无囊突。

分布：浙江、黑龙江、吉林、山东、河南、陕西、宁夏、江苏、上海、安徽、湖北、江西、福建、广东、海南；日本。

（1142）纯白草螟 *Pseudocatharylla simplex* (Zeller, 1877)（图 14-120）

Argyria simplex Zeller, 1877: 70.

Crambus immaturellus Christoph, 1881: 48.

Pseudocatharylla simplex: Bleszynski, 1962a: 11.

主要特征：成虫（图 14-120A）翅展 16.0–17.0 mm。额和头顶白色。下唇须略上举，外侧和腹面淡黄色，背面和内侧白色。下颚须淡黄色，末端白色。触角背面黄白色，腹面淡褐色，密被淡黄色纤毛。胸部、领片和翅基片白色至黄白色。前翅白色，前缘淡黄色，无斑纹；缘毛白色。后翅和缘毛白色。

雄性外生殖器（图 14-120B）：爪形突细长，下弯，末端尖。颚形突细长，略长于爪形突，末端钝圆，密被疣突。抱器瓣中部有 1 近半椭圆形的骨化突起，背缘端部 1/3 处显著凹入，腹缘近中部略凹入，末端钝圆；抱器背基部有 1 突起，强刺状，显著外弯。阳茎约为抱器瓣长的 3/4，略呈"S"形；角状器 1 个，长弯刺状，约为阳茎长的 2/3。

雌性外生殖器（图 14-120C）：产卵瓣宽大，略短于后表皮突。后表皮突基部 1/2 三角形，端部 1/2 细长。交配孔侧面有 1 形状不规则的骨化突起。囊导管细长，前端渐粗。交配囊与囊导管近等长；无囊突。

分布：浙江（衢州）、黑龙江、辽宁、北京、天津、河北、山东、河南、陕西、甘肃、江苏、上海、湖北、湖南、福建、台湾、香港、广西、四川、贵州、西藏；俄罗斯，日本。

图 14-120　纯白草螟 *Pseudocatharylla simplex* (Zeller, 1877)
A. 成虫；B. 雄性外生殖器；C. 雌性外生殖器

433. 细草螟属 *Roxita* Bleszynski, 1963

Roxita Bleszynski, 1963: 176. Type species: *Roxita eurydyce* Bleszynski, 1963.
Modestia Bleszynski, 1965: 64.

主要特征：前翅通常淡黄色、黄褐色或褐色；具中带和亚外缘线；外缘在顶角下方内切，近臀角处具 2 斑点。前翅 Sc 与 R_1 脉分离，R_3 与 R_4 脉共柄，R_5 脉独立，M_1 脉缺失。后翅 M_2、M_3 与 Cu_1 脉共柄。

雄性外生殖器：爪形突和颚形突近等长，二者形状变化较大。抱器背常具刺、突起或特化刚毛。囊形突发达。阳茎管状；角状器有或无。

雌性外生殖器：后表皮突长于前表皮突。前阴片和后阴片常具突起。导管端片管状；囊导管细长，内壁具刻点。交配囊椭圆形；囊突有或无。

分布：古北区东部、东洋区。世界已知 14 种，中国记录 8 种，浙江分布 4 种。

分种检索表

1. 前翅无基线 ·· 四川细草螟 *R. szetschwanella*
- 前翅有基线 ··· 2
2. 抱器背和抱器瓣背缘交汇处有特化的长刚毛 ··· 顶纹细草螟 *R. apicella*
- 抱器背和抱器瓣背缘交汇处无长刚毛 ··· 3
3. 抱器背端刺超过抱器端 ··· 福建细草螟 *R. fujianella*
- 抱器背端刺未超过抱器端 ··· 阔爪细草螟 *R. capacunca*

（1143）顶纹细草螟 *Roxita apicella* Gaskin, 1984（图 14-121）

Roxita apicella Gaskin, 1984: 21.

主要特征：成虫（图 14-121A）翅展 11.0–12.5 mm。额和头顶白色。下唇须白色，第 1 和 2 节外侧淡黄色，第 3 节末端杂淡褐色。下颚须淡黄色，末端白色。触角背面白色，腹面淡黄色。胸部白色；领片淡黄色与白色相间；翅基片淡褐色杂淡黄色，内侧和后端白色。前翅散布淡黄色和深褐色鳞片；基线向内倾斜，淡黄色；内横线白色，具深褐色镶边，近前缘外弯成锐角，近中部内弯；中带向内倾斜，黄白色，深褐色镶边，后端 1/4 处"Z"形；顶角淡黄色，有 1 条白色外斜的条纹；顶角后端有 2 条银灰色纵纹；外缘淡黄色；顶角缘毛白色，末端淡褐色，其余缘毛淡褐色。后翅淡褐色；缘毛黄白色，顶角处缘毛基线淡褐色。

图 14-121　顶纹细草螟 *Roxita apicella* Gaskin, 1984
A. 成虫；B. 雌性外生殖器

雌性外生殖器（图 14-121B）：产卵瓣椭圆形，后缘凹入，约为后表皮突长的 1/2。交配孔宽大，显著粗于导管端片；后阴片发达，长椭圆形。导管端片强烈骨化，约为囊导管中部粗的 3 倍。囊导管细长。交配囊圆形，约为囊导管长的 1/3；囊突 2 个，细长片状，近平行，一侧密被小齿，位于交配囊中部。

分布：浙江（温州）、福建；马来西亚。

（1144）阔爪细草螟 *Roxita capacunca* Li *et* Li, 2008（图 14-122）

Roxita capacunca Li *et* Li, 2008: 480.

主要特征：成虫（图 14-122A）翅展 11.0–12.5 mm。额和头顶白色。下唇须淡黄色，第 3 节淡褐色杂白色长毛。下颚须淡黄色，端部白色。触角背面黄白色，腹面淡黄色。胸部白色；领片和翅基片淡黄色。前翅散布淡黄色和褐色鳞片；基线淡褐色，向内倾斜；中带白色，深褐色镶边，近前缘外弯成锐角，近中部内弯；亚外缘线黄白色，黄褐色镶边，前端 1/4 外弯，随后内斜，后端 1/4 处外弯成尖齿；顶角具 1 条外斜的白色条纹；顶角后端有 2 条银灰色纵纹；外缘淡黄色；顶角缘毛白色，末端黄褐色，其余缘毛黄褐色。后翅淡褐色；缘毛黄白色。

图 14-122　阔爪细草螟 *Roxita capacunca* Li *et* Li, 2008
A. 成虫；B. 雄性外生殖器；C. 雌性外生殖器

雄性外生殖器（图 14-122B）：爪形突基部 1/2 窄，端部 1/2 宽，末端有 1 小刺。颚形突细长，与爪形突近等长，端部钝圆。抱器瓣狭长，端部上弯，末端钝圆。抱器背略短于抱器瓣；亚基部有 1 外弯的小刺，小刺外侧有 1 椭圆形多微刺的突起；抱器背端部渐窄，末端有 1 内弯的长刺。阳茎基环基部窄，端部渐宽，后缘中部略凹入。阳茎直管状，与抱器瓣近等长，端半部具疣突；角状器缺失。

雌性外生殖器（图 14-122C）：产卵瓣椭圆形，约为后表皮突长的 1/2。交配孔宽大。后阴片近梯形；前阴片新月形，向前端弯曲。囊导管细长。交配囊椭圆形，约为囊导管长的 1/2；囊突 1 个，倒 "U" 形，内缘多尖齿，位于交配囊后端。

分布：浙江（温州）、湖南、广西、贵州。

(1145) 福建细草螟 *Roxita fujianella* Sung *et* Chen, 2002（图 14-123）

Roxita fujianella Sung *et* Chen in Chen, Song & Yuan, 2002a: 112.

主要特征：成虫（图 14-123A）翅展 10.0–12.0 mm。额和头顶白色。下唇须第 1、2 节内侧白色，外侧淡黄色；第 3 节末端白色杂淡褐色。下颚须淡黄色，末端白色。触角背面白色，腹面淡黄色。胸部白色；领片白色与淡黄色相间；翅基片褐色杂淡黄色。前翅散布淡黄色和深褐色鳞片；基线淡黄色，向内倾斜；中带白色，深褐色镶边，近前缘外弯成锐角，近中部弧形内弯；亚外缘线黄白色，深褐色镶边，向内倾斜，后端 1/4 处 "Z" 形；顶角具 1 条白色的外斜条纹，该条纹下方具 2 条银灰色纵纹；外缘淡黄色；顶角缘毛白色，末端褐色，其余缘毛褐色。后翅褐色；缘毛黄白色，顶角缘毛基线淡褐色。

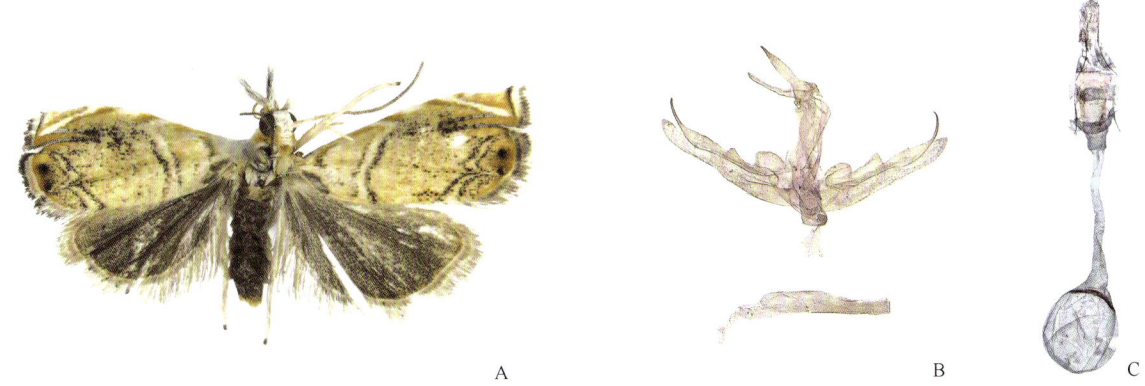

图 14-123　福建细草螟 *Roxita fujianella* Sung *et* Chen, 2002
A. 成虫；B. 雄性外生殖器；C. 雌性外生殖器

雄性外生殖器（图 14-123B）：爪形突细长，末端尖钩状。颚形突细长，与爪形突近等长，末端钝圆。抱器瓣狭长，基部宽，端部渐窄；抱器背基部有 1 细刺；亚基部有 1 四边形骨化突起，末端成角；基部 2/5 处有 1 三角形骨化突起，突起外缘多齿；抱器背端突长刺状，显著超过抱器瓣末端。阳茎直，约为抱器瓣长的 2/3，端部密被疣突；角状器缺失。

雌性外生殖器（图 14-123C）：产卵瓣椭圆形，约为后表皮突长的 1/3。交配孔宽大，约为囊导管粗的 2 倍；后阴片约为第 8 节宽的 3/5，略短于第 8 节的长度，侧面略凸出。囊导管细长。交配囊圆形；囊突 1 个，位于交配囊后缘，向前缘略弯，内缘多尖齿。

分布：浙江（温州）、福建、广西；日本。

(1146) 四川细草螟 *Roxita szetschwanella* (Caradja, 1931)

Culladia szetschwanella Caradja, 1931: 203.
Crambus modestellus Caradja, 1927a: 395.
Roxita szetschwanella: Gaskin, 1984: 26.

分布：浙江（临安）、甘肃、湖北、江西、湖南、福建、香港、广西、四川、贵州。

注：描述见《天目山动物志》（李后魂等，2020）。

434. 黄纹草螟属 *Xanthocrambus* Bleszynski, 1955

Xanthocrambus Bleszynski, 1955: 266. Type species: *Crambus delicatellus* Zeller, 1863.

主要特征：前翅具显著纵纹，无中带，外横线和亚外缘线显著，外缘通常具斑点。前翅 Sc 与 R_1 脉分离，R_3、R_4 与 R_5 脉共柄，M_2 与 M_3 脉分离。后翅 M_2 与 M_3 脉共柄。

雄性外生殖器：爪形突和颚形突细长。抱器背骨化突起存在或缺失；抱器腹具发达的骨化突起。伪囊形突存在。阳茎具角状器。

雌性外生殖器：后表皮突细长，前表皮突短小或缺失。导管端片强烈骨化；囊导管短粗或细长。交配囊椭圆形；无囊突。

分布：古北区、东洋区。世界已知 7 种，中国记录 2 种，浙江分布 1 种。

（1147）褐翅黄纹草螟 *Xanthocrambus lucellus* (Herrich-Schäffer, 1848)（图 14-124）

Crambus lucellus Herrich-Schäffer, 1848: 59.

Xanthocrambus lucellus: Bleszynski, 1965: 341.

主要特征：成虫（图 14-124A）翅展 19.0–30.0 mm。额淡褐色；头顶前半部淡黄色，后半部白色。下唇须外侧淡褐色。下颚须淡褐色，中部深褐色。触角背面白色，腹面深褐色。胸部黄白色；领片和翅基片淡黄色。前翅沿翅脉具黄褐色纵带，散布少量黑色鳞片，翅脉之间白色；外横线黄褐色，前端 1/3 处外弯成大锐角，后端 1/3 和近后缘分别外弯成锐角；亚外缘线白色，淡褐色镶边，前端 2/5 处外弯；外缘深褐色，近臀角处有 3 黑色斑点；缘毛基部 1/2 灰白色，端部 1/2 淡褐色。后翅淡褐色，外缘深褐色；缘毛基部 1/4 淡褐色，端部 3/4 白色。

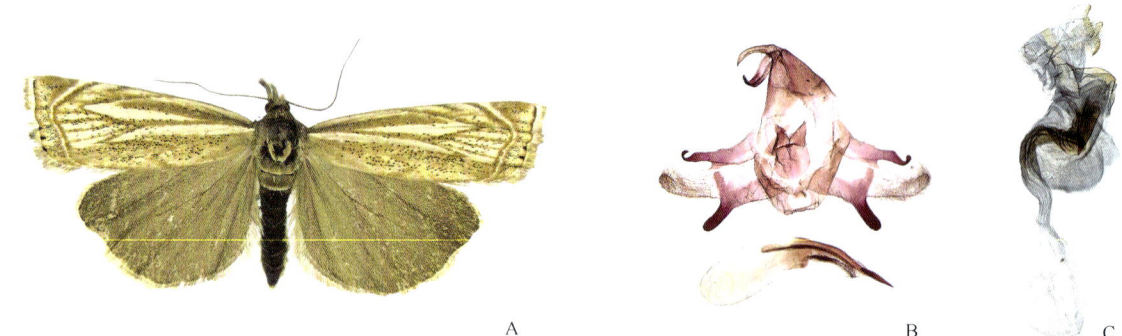

图 14-124 褐翅黄纹草螟 *Xanthocrambus lucellus* (Herrich-Schäffer, 1848)
A. 成虫；B. 雄性外生殖器；C. 雌性外生殖器

雄性外生殖器（图 14-124B）：爪形突细长，下弯，末端尖。颚形突与爪形突近等长，基部宽，端部渐窄，上弯，末端尖。抱器瓣基部至端部渐窄，末端上弯、钝圆；抱器背骨化强，基部至端部渐窄，末端弯钩状；抱器腹基部宽三角形，端部有 1 指状突起，约与爪形突等长。伪囊形突近三角形。囊形突宽大，前缘平直。阳茎基环椭圆形，末端具 2 三角形侧突。阳茎略长于抱器瓣，基部 1/2 粗，端部 1/2 渐细，弯曲；角状器由 2 个强刺和多个小刺组成。

雌性外生殖器（图 14-124C）：产卵瓣宽大，后缘中部凹入；与后表皮突近等长。前表皮突短小，约为后表皮突长的 1/3。导管端片管状，强烈骨化，多骨化褶，周围有 1 个圆形囊状突起。囊导管细长，略弯。

交配囊椭圆形，约为囊导管长的1/2。

分布：浙江、黑龙江、辽宁、北京、天津、河北、山西、山东、陕西、宁夏、青海、江苏、湖南、四川；俄罗斯，蒙古国，朝鲜，日本，中亚，罗马尼亚，法国，意大利，乌干达。

（二）水螟亚科 Acentropinae

主要特征：体通常小至中型。触角通常雄性粗壮，雌性被毛。下唇须第3节细小，近等于第2节的一半，上举或平伸。下颚须端部鳞片扩展。喙发达。翅面斑纹华丽、复杂，常有白色、黄色或棕色条带，少数种类纯棕色或黑色。前翅 R_2 与 R_{3+4} 脉基部愈合，少数种类除外。后翅 $Sc+R_1$ 与 Rs 脉有长共柄。

雄性外生殖器：爪形突锥形；颚形突发达，端部背面常具小齿；背兜腹部有1对形状各异的背兜腹缘片，与爪形突和颚形突及抱器背关联或融合；抱器瓣长叶形，内侧生有刚毛。

雌性外生殖器：囊导管基环发达；交配囊有1对或单一的囊突区，有些种类无囊突。

分布：世界广布，尤其以新热带区和东洋区最为丰富。世界已知约700种，中国记录90多种，浙江分布7属22种。

分属检索表

1. 后翅外缘具黑斑	2
- 后翅外缘无黑斑	4
2. 后翅 $Sc+R_1$ 与 Rs 脉愈合	目水螟属 *Nymphicula*
- 后翅 $Sc+R_1$ 与 Rs 脉共柄	3
3. 前翅 R_2 与 R_{2+3+4} 脉共柄	斑水螟属 *Eoophyla*
- 前翅 R_1 与 R_{2+3+4} 脉不共柄	狭翅水螟属 *Eristena*
4. 下唇须平伸或略微上举	波水螟属 *Paracymoriza*
- 下唇须上举	5
5. 雄性外生殖器抱器瓣基部无毛瘤	筒水螟属 *Parapoynx*
- 雄性外生殖器抱器瓣基部具毛瘤	6
6. 雌性外生殖器囊导管细长	水螟属 *Nymphula*
- 雌性外生殖器囊导管宽短	塘水螟属 *Elophila*

435. 塘水螟属 *Elophila* Hübner, 1822

Elophila Hübner, 1822: 54. Type species: *Phalaena nymphaeata* Linnaeus, 1758.

主要特征：体小至中型。有单眼。下唇须上举，雌性略短。翅面颜色浅黄色至深褐色，前翅宽，外缘稍呈波形。前翅 R_2 脉独立或与 R_{3+4} 脉共柄。后翅 $Sc+R_1$ 和 Rs 脉共柄短。

雄性外生殖器：爪形突长度多变。颚形突基部完全与背兜腹缘片融合。抱器内突具长刚毛；抱器腹具一簇成群的刚毛。囊形突扁平。阳茎基环多梯形。阳茎具角状器。

雌性外生殖器：后表皮突远长于前表皮突。交配孔宽；囊导管短，具小刺。交配囊多呈卵圆，囊突由微刺组成或缺失。

分布：世界广布。世界已知50余种，中国记录15种，浙江分布7种。

分种检索表

1. 后翅具中室端斑	2
- 后翅无中室端斑	5

2. 后翅中室端斑肾形 ··· 棉塘水螟 *E. interruptalis*
- 后翅中室端斑圆形或四边形 ··· 3
3. 雄性外生殖器抱器背具 2 根特化的长刚毛 ··· 褐萍塘水螟 *E. turbata*
- 雄性外生殖器抱器背具 3–5 根特化的长刚毛 ··· 4
4. 雄性外生殖器抱器背具 5 根特化的长刚毛 ··· 流纹塘水螟 *E. difflualis*
- 雄性外生殖器抱器背具 3 根特化的长刚毛 ··· 显曲塘水螟 *E. nigralbalis*
5. 前、后翅金黄色 ··· 黄纹塘水螟 *E. fengwhanalis*
- 前、后翅黄褐色 ··· 6
6. 后翅具中横线 ··· 黑线塘水螟 *E. nigrolinealis*
- 后翅无中横线 ·· 华突塘水螟 *E. sinicalis*

（1148）流纹塘水螟 *Elophila difflualis* (Snellen, 1880)（图 14-125）

Hydrocamnpa difflualis Snellen, 1880b [1892]: 75.
Elophila enixallis: Speidel, 1984: 60.
Elophila difflualis: Chen, Song & Wu, 2010: 41.

主要特征：成虫（图 14-125A）翅展 19.0–31.0 mm。头部褐色。下唇须第 1 节和第 2 节基部黄褐色，第 2 节端半部及第 3 节白色。触角黄褐色。胸部和翅基片黄褐色。前翅褐色，杂黑褐色鳞片；前缘基部 3/5 处具 1 黄白斑；亚基线自前缘基部 1/7 伸至后缘基部 1/8，内侧具 1 黄色圆斑；内横线黄白色，波浪形，自前缘基部 1/4 至后缘基部 1/5；中横线黄白色，自前缘基部 2/5 伸至 M_2 脉，后内斜至后缘基部 2/5；中室端斑肾形，黄色；外横线黄白色，波浪形，自前缘端部 1/4 伸至 CuA_1 脉，后向内伸至中室下角，最后至后缘端部 1/3；亚缘带黄白色杂褐色，边缘褐色；外缘线褐色；缘毛在顶角及臀角处褐色，其余基本黄白色，中部具 1 条褐色带。后翅颜色同前翅，基部及前缘 2/3 黄白色；内横带内侧具黄白色窄带；内横线黄白色；中室端斑黄色，近圆形，边缘褐色；外横线黄白色；外缘线深褐色；缘毛黄褐色，外缘中部褐色。

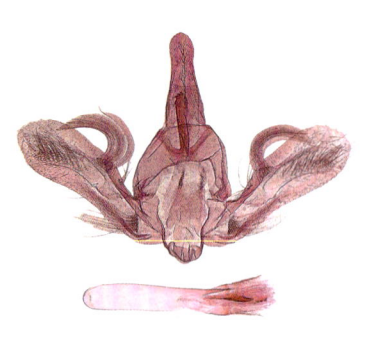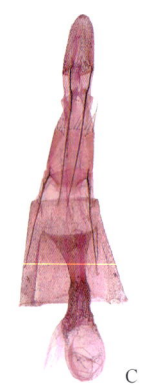

图 14-125 流纹塘水螟 *Elophila difflualis* (Snellen, 1880)
A. 成虫；B. 雄性外生殖器；C. 雌性外生殖器

雄性外生殖器（图 14-125B）：爪形突柱状，基部至端部 1/3 渐窄，顶端钝圆。颚形突棒状，约为爪形突长的 2/3，顶端具齿。抱器瓣舌状，渐宽至近末端，末端钝圆；抱器瓣基部具 1 簇毛瘤，端部刚毛；背缘 1/4 具 1 列刚毛，1/3 处具 5 根特化的长刚毛。阳茎基环前后缘均内凹，后缘具微刺。阳茎粗壮，与抱器瓣近等长；角状器 2 个。

雌性外生殖器（图 14-125C）：前表皮突约为后表皮突长的 2/3。导管端片漏斗形。囊导管具褶皱。交配囊椭圆形；中部具稀疏刺突。

分布：浙江（湖州、嘉兴、杭州、金华、丽水）、河南、湖南、福建、台湾、广东、海南、云南；日本，印度。

（1149）黄纹塘水螟 *Elophila fengwhanalis* (Pryer, 1877)（图 14-126）

Lepyrodes fengwhanalis Pryer, 1877: 235.

Elophila fengwhanalis: Speidel, 1984: 65.

主要特征：成虫（图 14-126A）翅展 15.5 mm。头部黄色。触角黄褐色。下唇须第 1 节背面浅黄色，腹面灰白色；第 2、3 节浅黄色。胸部和翅基片金黄色。前翅金黄色，前缘中部具 1 褐色短横线；中室基部具 1 白色圆斑；内横线黄白色，前端 1/3 外侧杂褐色；中横线黄白色，自前缘黑斑内侧后缘，中部有间断；外横线黄白色，伸至 CuA_1 脉后，向内伸至中室后角，再弯曲伸至后缘端部 1/3；亚缘带由 1 列黄白色斑组成，外缘褐色；缘毛黄褐色。后翅金黄色，沿前缘基部 4/5 黄白色；内横线黄白色，外侧镶深褐色边；外横线黄白色，伸至 M_3 脉后再向内伸至中室末端，后伸至臀角；中区具 1 白色椭圆斑；亚缘带黄白色；缘毛黄褐色。

图 14-126 黄纹塘水螟 *Elophila fengwhanalis* (Pryer, 1877)
A. 成虫；B. 雌性外生殖器

雌性外生殖器（图 14-126B）：前表皮突约为后表皮突长的 2/3。导管端片长筒形。颈环约为导管端片长的 1/3。囊导管后端密被刻点。交配囊长袋状；囊突 1 个，直径大于囊导管的宽，椭圆形，由若干刺突组成。

分布：浙江（湖州、杭州、金华、丽水）、黑龙江、吉林、辽宁、北京、天津、河北、山东、陕西、宁夏、江苏、上海、安徽、湖北、江西、湖南、福建、广东、四川、贵州；朝鲜，日本。

（1150）棉塘水螟 *Elophila interruptalis* (Pryer, 1877)（图 14-127）

Hydrocampa interruptalis Pryer, 1877: 233.

Elophila interruptalis: Speidel, 1984: 55.

主要特征：成虫（图 14-127A）翅展 20.0–31.0 mm。头部浅褐色。触角黄色。下唇须第 1 节基半部灰白色，端半部黄褐色；第 2 节基半部黄褐色，端半部灰白色；第 3 节灰白色。胸部黄白色；翅基片基部黄白色，端部浅黄色。前翅黄色，前缘基部 1/3 下方具 1 褐色镶边圆斑；基线褐色，中部间断；亚基线褐色，自前缘基部 1/6 内斜至后缘基部 1/6，两侧镶白边；中室端部和中室下角各具 1 白色大斑，褐色镶边，中室外侧近前缘处具 1 白斑，近前缘处尖锐，具褐色镶边；亚缘带白色，边缘褐色，具褐色间断；缘毛基部褐色，其余黄白色，外缘中部褐色。后翅黄色，基部白色；内横线褐色，内侧镶白色窄带；中室端斑深黄色，肾形，褐色镶边；外横线褐色，波浪形；中区白色；亚缘带白色，内缘波状，具褐色镶边；缘毛同前翅。

图 14-127　棉塘水螟 *Elophila interruptalis* (Pryer, 1877)
A. 成虫；B. 雄性外生殖器；C. 雌性外生殖器

雄性外生殖器（图 14-127B）：爪形突自基部至端部渐窄，基部两侧缘略向腹面上卷，两侧及端部腹面具刚毛，末端平截。颚形突柱状，中部略窄，末端尖，约为爪形突长的 1/2。抱器瓣基半部近等宽，端半部略膨大，基部近抱器腹具 1 毛瘤，后端自中部到端部具稠密细刚毛，末端钝圆；抱器背基部 1/3 处具 3 根特化的长刚毛。阳茎基环前缘内凹。阳茎长约为抱器瓣的 3/5；角状器 2 个，刺状。

雌性外生殖器（图 14-127C）：后表皮突长于前表皮突。导管端片自后端至前端渐窄。囊导管膜质，较宽，具 1 列微突。交配囊椭圆形。

分布：浙江（湖州、杭州、丽水）、黑龙江、吉林、天津、河北、山东、河南、江苏、上海、安徽、湖北、江西、湖南、福建、广东、四川、云南；俄罗斯，朝鲜，日本。

（1151）显曲塘水螟 *Elophila nigralbalis* (Caradja, 1925)（图 14-128）

Nymphula difflualis nigralbalis Caradja, 1925: 329.
Elophila nigralbalis: Yoshiyasu, 1985: 31.

主要特征：成虫（图 14-128A）翅展 19.0–31.0 mm。头部褐色。触角黄褐色。下唇须第 1 节及 2 节基部黄褐色，第 2 节端部及第 3 节白色。胸部和翅基片黄褐色。前翅黄褐色，前缘中部具 1 黄白斑；内横线黄白色，波浪形；中横线黄白色；外横线黄白色，波浪形，自端部 1/5 伸至后缘端部 2/5 处；中室端斑黄白色，边缘褐色；亚缘带黄白色，波浪形；缘毛黄褐色。后翅黄褐色，沿前缘基半部黄白色；内横带黄褐色，内侧具黄白镶边；内横线黄白色，外侧镶褐色边；中室端斑黄色，近圆形，边缘褐色；外横线黄白色；亚缘带黄白色，波浪形；缘毛黄褐色。

图 14-128　显曲塘水螟 *Elophila nigralbalis* (Caradja, 1925)
A. 成虫；B. 雌性外生殖器

雌性外生殖器（图 14-128B）：前、后表皮突约近等长。导管端片长筒形，内壁具颗粒。囊导管宽短，具褶皱。交配囊椭圆形。

分布：浙江、江苏、上海、湖北、湖南、福建、台湾、广东、海南、广西、四川、云南；日本，越南。

(1152) 黑线塘水螟 *Elophila nigrolinealis* (Pryer, 1877)

Nymphula nigrolinealis Pryer, 1877: 233.
Elophila nigrolinealis: Speidel, 1984: 62.

分布：浙江（临安）、江苏、上海、江西、湖南、福建。

注：描述见《天目山动物志》（李后魂等，2020）。

(1153) 华突塘水螟 *Elophila sinicalis* (Hampson, 1897)（图 14-129）

Nymphula sinicalis Hampson, 1897b: 141.
Elophila sinicalis: Yoshiyasu, 1985: 49.

主要特征：成虫（图 14-129A）翅展 19.0–29.5 mm。头部浅褐色。下唇须第 1 节及第 2 节基半部黄褐色，后者端半部灰白色；第 3 节灰色。触角黄色。胸部和翅基片黄褐色杂白色。前翅黄褐色；内横带黄色杂褐色，内侧镶白边；中室端部具 1 白色斑，中室下角下方具 1 近圆形白斑，外侧镶白色窄边，中室外缘外侧近前缘具 1 白色指状斑，边缘褐色，内侧黄色；亚缘带由连续的齿状斑组成；缘毛基部褐色，端部浅褐色。后翅黄褐色；基区黄色，内横线白色，内侧镶褐色；外横线白色，前端 1/3 处间断，外侧镶褐色边；外横线外区域黄色，中区褐色，近后缘处具 1 白色圆斑；中室外近前缘具 1 白斑；亚缘带白色，由连续的不规则斑组成，边缘褐色；缘毛同前翅。

图 14-129 华突塘水螟 *Elophila sinicalis* (Hampson, 1897)
A. 成虫；B. 雄性外生殖器；C. 雌性外生殖器

雄性外生殖器（图 14-129B）：爪形突锥形，基部渐窄至 1/2 处，端半部中间膨大，末端尖。颚形突强刺状，约为爪形突长的 3/4，末端背面具齿突。抱器瓣基部 1/4 近等宽，基部 1/4 至端部渐宽，末端钝圆；基部具 1 毛瘤；抱器背宽带状，与抱器瓣背缘近等长，基部 1/5 明显较窄；抱器腹伸至抱器瓣末端。阳茎基环前缘呈"V"形内凹，后缘略内凹。阳茎约为抱器瓣长的 3/5；角状器 2 个，由细刺组成，约为阳茎长的 1/2。

雌性外生殖器（图 14-129C）：前表皮突约为后表皮突长的 2/3。导管端片近漏斗形。颈环约为导管端片长的 1/5。囊导管粗细均匀，与交配囊近等长。交配囊袋状，一侧中部内凹；囊突 2 个，由许多刺突组成，前后端各 1 个。

分布：浙江、河南、江苏、安徽、湖北、福建、贵州；日本，越南。

(1154) 褐萍塘水螟 *Elophila turbata* (Butler, 1881)（图 14-130）

Paraponyx turbata Butler, 1881: 586.

Elophila turbata: Yoshiyasu, 1985: 27.

主要特征：成虫（图 14-130A）翅展 13.0–23.5 mm。头部浅褐色。触角黄褐色。下唇须第 1 节背面黄褐色，第 2、3 节黄褐色。胸部、翅基片及前翅均黄褐色。前翅内横线黄白色；中横线黄白色，边缘深褐色，自前缘中部外斜至 M_2 脉，后呈波浪状内延至后缘中部；外横线黄白色，边缘深褐色，呈锯齿状伸至后缘端部 1/3；中横线与外横线间浅褐色杂黄白色；亚缘带极窄，黄白色，边缘杂深褐色鳞片；外缘线褐色；缘毛黄褐色。后翅黄褐色；后缘近基部具 1 褐色斑；基区褐色，内侧镶黄白色边；内横线黄白色，外侧镶褐色边；中室端斑黄褐色，边缘褐色；外横线黄白色，锯齿状，内侧镶褐色边；中区黄白色，近臀角褐色；亚缘带黄白色；外缘线褐色；缘毛黄褐色。

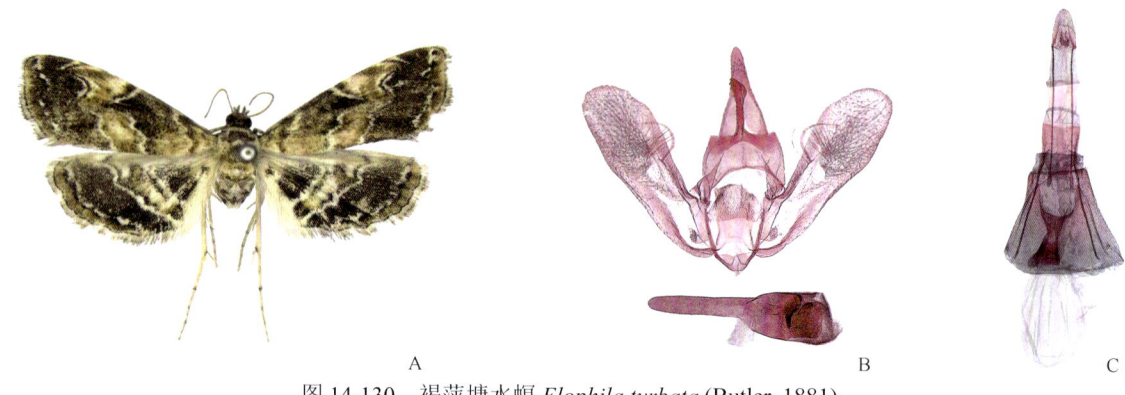

图 14-130 褐萍塘水螟 *Elophila turbata* (Butler, 1881)
A. 成虫；B. 雄性外生殖器；C. 雌性外生殖器

雄性外生殖器（图 14-130B）：爪形突近三角形，近末端腹面具易脱落的刚毛。颚形突约为爪形突长的 2/3，末端膨大，背面具齿。抱器瓣渐宽至端部，末端钝圆；基部近抱器腹具 1 毛瘤；中部近背缘具 1 簇刚毛；抱器背基部 1/3 处具 2 根特化的长刚毛。阳茎基环片状，前、后缘内凹。阳茎与抱器瓣近等长，端部 2/5 膨大；角状器 2 个，刺状。

雌性外生殖器（图 14-130C）：前表皮突长约为后表皮突的 3/4，后者端部膨大。导管端片近漏斗形，密被刻点。囊导管不明显。交配囊椭圆形。

分布：浙江（湖州、嘉兴、杭州、金华、衢州、丽水、温州）、黑龙江、吉林、辽宁、北京、天津、河北、山东、河南、江苏、上海、安徽、湖北、湖南、福建、台湾、广东、广西、重庆、四川、贵州、云南；俄罗斯，朝鲜，日本。

436. 斑水螟属 *Eoophyla* Swinhoe, 1900

Eoophyla Swinhoe, 1900: 442. Type species: *Cataclysta peribocalis* Guenée, 1859.

主要特征：体小至中型。额扁平。无单眼。雄性触角柄节侧面有 1 突起，鞭节略侧扁；雌性触角细长。下唇须上举，第 3 节短小。下颚须短。喙长。前翅前缘在雄性中 1/2 处圆凸，在雌性中直；顶角圆。前翅 R_1 脉较短，与 R_2 和 R_{3+4} 脉基部共柄；M_2 和 M_3 脉基部接近或出自一点。

雄性外生殖器：爪形突扁长；颚形突发达，末端背部明显有细齿；背兜长而扁，后部与爪形突背面融合；基腹弧长，不与抱器瓣前缘融合；抱器瓣宽大，末端有若干向内侧伸展的长刚毛；囊形突大，圆形；阳茎基环直角形，其腹缘不弯曲；阳茎盲囊发达，阳茎端膜有许多小刺。

雌性外生殖器：前表皮突短，基部宽，后表皮突几乎与前表皮突等长；交配孔宽，膜质均匀；囊导管细长；交配囊长，具 1 对囊突。

分布：旧大陆。世界已知 175 种，中国记录 21 种，浙江分布 1 种。

（1155）海斑水螟 *Eoophyla halialis* (Walker, 1859)（图 14-131）

Cataclysta halialis Walker, 1859: 447.
Cataclysta sabrina Pryer, 1877: 232.
Eoophyla halialis: Speidel, 1984: 35.

主要特征：成虫（图 14-131A）翅展 18.5–35.0 mm。头部黄色。下唇须淡黄色。胸部及翅基片黄色。前翅金黄色；翅中部的凹槽黄褐色；中室后缘 1/3 至中室下角下方灰白色；中室外缘灰白色；中室外近前缘具 1 白色三角形斑，内侧镶灰褐色边；亚缘带白色，外缘深褐色；外缘线由 1 列黑褐色短斑组成；缘毛灰色。后翅颜色同前翅；前缘基部 3/5 淡黄色；顶角处具 1 倾斜白斑；基半部具 1 灰白色横带；外缘具 4 黑斑，各黑斑中间具 1 银灰色斑；缘毛基部 1/3 灰褐色，端部 2/3 灰色。

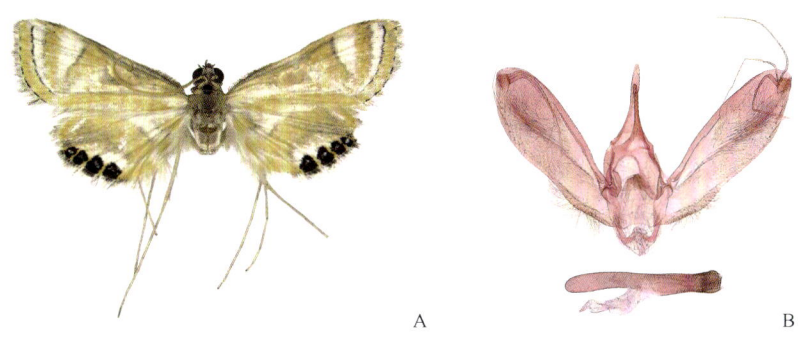

图 14-131 海斑水螟 *Eoophyla halialis* (Walker, 1859)
A. 成虫；B. 雄性外生殖器

雄性外生殖器（图 14-131B）：爪形突基部 1/4 近锥形，其余部分近棒状，末端略尖。颚形突基部 1/3 锥形，端部棒状，约为爪形突长的 3/5，近末端腹面具齿突。抱器瓣自基部渐宽至端部 1/3，末端窄圆，具 3 根特化的长刚毛。阳茎基环前缘略内凹，后缘呈"U"形内凹。阳茎约为抱器瓣长的 3/4，端部具微小刺突。

分布：浙江、河南、湖北、江西、湖南、福建、广东、海南、广西、四川、贵州；印度，尼泊尔，孟加拉国，越南，阿富汗，埃塞俄比亚。

437. 狭翅水螟属 *Eristena* Warren, 1896

Eristena Warren, 1896a: 149. Type species: *Eristena murinalis* Warren, 1896.

主要特征：下唇须上举。无单眼。触角丝状。前翅狭长，前缘中部常具 1 黑斑。R_1 脉自中室前缘近末端伸出，R_2、R_{3+4} 脉共柄，出自中室上角，M_1 脉近 R_5 脉，M_2、M_3 脉和 CuA_1 脉出自中室下角，CuA_2 脉出自中室后缘。后翅顶角具 1 黑斑；顶角下方内凹。$Sc+R_1$、Rs 脉共长柄，M_2、M_3 脉共柄或仅基部相接。
雄性外生殖器：颚形突端部背面常具齿突。阳茎常具角状器。
雌性外生殖器：导管端片常呈漏斗形。交配囊常具囊突。
分布：古北区、东洋区。世界已知 40 余种，中国记录 11 种。浙江分布 1 种。

（1156）叉纹狭翅水螟 *Eristena bifurcalis* (Pryer, 1877)（图 14-132）

Cataclysta bifurcalis Pryer, 1877: 232.

Oligostigma bifurcale Hampson, 1896a: 212.
Eristena bifurcalis: Yoshiyasu, 1987: 155.

主要特征：成虫（图 14-132A）翅展 15.5–26.0 mm。头及触角黄色。下唇须第 1 节背面黄褐色，腹面灰白色；第 2 节黄褐色；第 3 节灰色。胸部及翅基片基部黄色。前翅橘黄色，前缘基部 1/3 灰褐色，中部具 1 褐色斑，前缘与中室后缘之间自基部到中横线灰褐色；中横线灰褐色，自前缘中部伸至臀角；外横线灰褐色，自近前缘中部先外斜至 M_2 脉，后内斜至臀角，与中横线相连；亚缘带白色，内侧灰褐色，外缘深褐色；亚缘带内侧具 1 黄白色剑状斑，向内倾斜；外缘线深褐色，由 1 列短线组成；顶角处具 1 黑斑；缘毛灰褐色。后翅橘黄色，中部具白色横带，两侧镶深褐色边；亚缘线黑褐色；外缘具 2 黑斑；外缘线深褐色；后翅顶角下方内凹；缘毛灰褐色。

图 14-132　叉纹狭翅水螟 *Eristena bifurcalis* (Pryer, 1877)
A. 成虫；B. 雄性外生殖器；C. 雌性外生殖器

雄性外生殖器（图 14-132B）：爪形突基部 1/3 宽，端部 2/3 棒状，近等宽。颚形突基半部宽，至端部渐窄，约为爪形突长的 3/4，末端背面具齿突。抱器瓣基部窄，渐宽到近末端，末端钝圆，近末端具 1 突起，上具 3 根特化的长刚毛，其末端略膨大。阳茎基环基部椭圆形，后缘中间深凹。阳茎与抱器瓣近等长；角状器 1 个，长针状，略短于阳茎。

雌性外生殖器（图 14-132C）：前表皮突约为后表皮突长的 2/3。导管端片漏斗形，内壁密被颗粒。颈环约为导管端片长的 1/4。囊导管细长，后端 1/5 颗粒状，中间具 1 骨片，约为囊导管长的 4/5；附囊自囊导管中部伸出，约为交配囊长的 3/4。交配囊卵圆形；囊突 1 个，线状。

分布：浙江、陕西、江西、福建、台湾、广东、广西、四川、贵州；印度，缅甸。

438. 目水螟属 *Nymphicula* Snellen, 1880

Nymphicula Snellen, 1880b: 78. Type species: *Nymphicula stipalis* Snellen, 1880.

主要特征：体型较小。额圆。头顶具竖鳞毛。下唇须上举。无单眼。触角浅黄色到浅黄褐色，丝状；雄性较雌性短粗。前翅狭长，顶角明显；基部一般具黄色条纹，有时为灰白色；中部灰白色覆盖黑色鳞片；端部黄色，具 2 灰色的短斑；臀角上方常具 1 灰色斑；前翅 Sc 脉达前缘 2/3 处，R_{3+4}、R_5 脉共柄，M_2、M_3 与 CuA_1 脉自中室下角伸出，A 脉两条。后翅宽，顶角略圆；基部浅灰色或具黄色条纹；中部同前翅；外缘具 4 或 5 黑色眼斑，眼斑之间和中间常覆盖金属色的鳞片；后翅 $Sc+R_1+Rs$、M_1 脉共柄；M_2、M_3 脉出自中室下角；CuA_1 脉靠近 M_3 脉，自中室下角稍下方伸出；CuA_2 脉自中室下角前伸出；A 脉 3 条。

雄性外生殖器：阳茎筒状，常粗壮；背兜常为矩形或梯形。角状器有或无。

雌性外生殖器：交配囊形状多变，通常具囊突。

分布：古北区东部、东洋区、澳洲区。世界已知 62 种，中国记录 7 种，浙江分布 2 种。

(1157) 浅目水螟 *Nymphicula blandialis* (Walker, 1859)（图 14-133）

Cataclysta blandialis Walker, 1859: 448.
Nymphicula blandialis: Speidel & Mey, 1999: 128.

主要特征：成虫（图 14-133A）翅展 11.5–12.0 mm。头黄褐色。下唇须黄褐色。触角深黄色。胸部和翅基片黄褐色。前翅基部暗褐色；中部灰白色，散布黑褐色鳞片；端部橘黄色；前缘基部 3/4 暗褐色；内横带黄色，向内倾斜，外缘镶灰白色窄边；顶角区域内侧斑棒状，前端银灰色，后端灰白色，内侧镶暗褐色边；外侧短斑宽于内侧斑，端半部灰白色，内侧镶褐色边，后端银灰色；臀斑银灰色，卵圆形；缘毛黄褐色。后翅基部白色杂黄色鳞片；中部散布黑褐色鳞片，端部黄色；内横带橘黄色，外斜，延伸至臀部；亚缘线深褐色；外缘具 4 黑色眼斑；缘毛基半部黑灰色，端半部浅灰色。

图 14-133　浅目水螟 *Nymphicula blandialis* (Walker, 1859)
A. 成虫；B. 雄性外生殖器

雄性外生殖器（图 14-133B）：爪形突长锥形，自基部渐窄至前端，末端钝圆。颚形突锥形，末端尖，约为爪形突长的 2/5。抱器瓣基部 1/4 至端部 1/4 近等宽，末端窄圆；抱器背约为抱器瓣背缘长的 4/5；抱器腹自基部渐窄至端部，约为抱器瓣腹缘长的 1/3。阳茎基环板状，前缘钝圆，后缘略内凹。阳茎与抱器瓣近等长；基部略膨大，端部 1/4 密被疣突；角状器 1 个，约为阳茎长的 1/8。

分布：浙江（临安）、河南、江苏、福建、台湾、广东、广西、贵州、云南；朝鲜，日本，印度，斯里兰卡，马来西亚，印度尼西亚，新几内亚，斐济，尼日利亚。

(1158) 细纹目水螟 *Nymphicula mesorphna* (Meyrick, 1894)（图 14-134）

Cataclysta mesorphna Meyrick, 1894a: 10.
Nymphicula minuta Yoshiyasu, 1980: 21.
Nymphicula mesorphna: Speidel & Mey, 1999: 127.

主要特征：成虫（图 14-134A）翅展 10.0–11.5 mm。头黄色。下唇须第 1、2 节黄褐色，第 3 节黄色。触角浅黄褐色。胸部和翅基片浅黄色。前翅基部黄褐色；中部灰白色，覆盖灰褐色鳞片；端部黄色；前缘基部 3/4 灰白色；内横带黄色，向内倾斜，两侧镶白边；顶角区内侧短斑三角形，灰白色，外斜至 M_3 脉，内缘杂褐色鳞片；外侧短斑指状，前端 1/4 灰白色，内侧镶黄褐色鳞，后端 3/4 银灰色，内斜至 CuA_1 脉；臀斑银灰色，弯月状；缘毛暗褐色。后翅基部白色杂褐色鳞片；中部同前翅；外缘区黄色；前中带黄色，外斜；中室端斑黄色，边缘褐色；亚缘线暗褐色；外缘具 4 黑色眼斑，眼斑之间覆盖蓝色金属光泽鳞片；缘毛基部 2/5 黑灰色，端部 3/5 浅灰色。

雄性外生殖器（图 14-134B）：爪形突基部锥形，端部 1/3 棒状。颚形突锥形，约为爪形突长的 1/2。抱器瓣基部窄，中部略宽，末端钝圆；抱器背约为抱器瓣背缘长的 5/6；抱器腹约为抱器瓣长的 2/3。阳茎基环基半部盾形，端部变窄，后缘具凹口。阳茎与抱器瓣近等长，自中部至近顶端较细。

雌性外生殖器（图 14-134C）：前表皮突约为后表皮突长的 3/4。导管端片约为颈环长的 4 倍。囊导管细短，约为交配囊长的 1/6。交配囊长袋形，囊突细长，略短于交配囊，由密布的微刺组成。

分布：浙江（嘉兴、舟山、衢州、丽水）、湖南、福建、台湾、海南、广西、贵州、云南、西藏；日本，缅甸，老挝。

注：《天目山动物志》中记载的短纹目水螟 N. junctalis 经核对应该为本种。

图 14-134　细纹目水螟 Nymphicula mesorphna (Meyrick, 1894)
A. 成虫；B. 雄性外生殖器；C. 雌性外生殖器

439. 水螟属 *Nymphula* Schrank, 1802

Nymphula Schrank, 1802: 162. Type species: *Phalaena stagnata* Donovan, 1806.

主要特征：额圆。下唇须上举。下颚须发达。前翅白色，顶角略尖。R_1 脉出自中室前缘，R_2、R_{3+4} 脉共柄，R_5 脉出自中室上角，M_2、M_3 和 CuA_1 脉出自中室下角，CuA_2 脉出自中室后缘。后翅白色，顶角圆。$Sc+R_1$、Rs 脉共长柄，M_2、M_3 脉和 CuA_1 脉自中室下角伸出，CuA_2 脉出自中室后缘。

雄性外生殖器：抱器瓣基部具 1 毛瘤。阳茎基环近矩形。阳茎无角状器。

雌性外生殖器：前、后表皮突近基部略膨大。囊导管细长。交配囊近圆形，具囊突。

分布：古北区、东洋区。世界已知 15 种以上，中国记录 4 种，浙江分布 1 种。

（1159）泊水螟 *Nymphula stagnata* (Donovan, 1806)（图 14-135）

Phalaena stagnata Donovan, 1806: 10.
Nymphula potamogalis: Hua, 2005: 65.

主要特征：成虫（图 14-135A）翅展 18.0–20.0 mm。头部白色。下唇须浅褐色。触角黄白色。胸部和翅基片白色杂褐色。前翅白色；亚基线褐色，自前缘基部 1/4 内斜至后缘近基部；内横线褐色，自前缘基部 2/5 内斜至后缘基部 1/3；中室后缘端部 2/5 至后缘中部具 1 近圆形褐色线；中室外缘具 1 褐色斑；外横线褐色，自前缘端部 1/4 伸至 CuA_1 脉基部 1/4，后向内上方弯曲；亚缘线褐色，自近顶角伸至 CuA_2 脉中部；亚缘区黄色，内缘褐色；外缘线由均匀分布的 6–7 个黑褐色斑点组成；缘毛基部 2/3 黄白色，端部 1/3 浅褐色。后翅白色；内横线褐色；中室端斑褐色；外横线褐色，外侧具浅褐色窄带；亚缘区黄色，内缘褐色；外缘线由连续的黑褐色斑点组成；缘毛基部 3/4 黄白色，端部 1/4 浅褐色。

雄性外生殖器（图 14-135B）：爪形突基部 2/3 锥形，末端 1/3 略膨大，顶端棒状。颚形突近锥形，约为爪形突长的 2/3。抱器瓣背、腹缘近平行，末端 1/5 渐窄，外缘钝圆；基部中央具 1 毛簇；抱器背窄带状，伸至抱器瓣末端；抱器腹带状，约为抱器瓣长的 4/5。阳茎基环片状，前、后缘略凹。阳茎棒状，中部变窄，约为抱器瓣长的 3/4，具微刻点，无角状器。

雌性外生殖器（图 14-135C）：前、后表皮突近等长。导管端片略长于颈环。囊导管约为交配囊长的 5 倍。交配囊近椭圆形；囊突 1 对，线状，末端相连，长度大于交配囊直径。

分布：浙江（杭州、宁波、丽水）、黑龙江、河北、新疆、江苏、湖北、广东、四川、云南；俄罗斯，日本，瑞典，南斯拉夫，罗马尼亚，英国，法国，比利时，西班牙，瑞士，意大利。

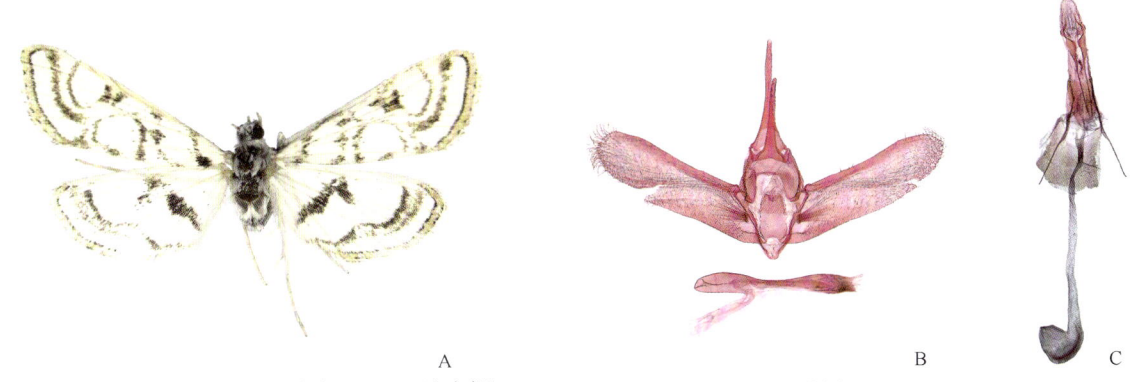

图 14-135　泊水螟 *Nymphula stagnata* (Donovan, 1806)
A. 成虫；B. 雄性外生殖器；C. 雌性外生殖器

440. 波水螟属 *Paracymoriza* Warren, 1890

Paracymoriza Warren, 1890: 479. Type species: *Oligostigma vagalis* Walker, 1865.

主要特征：额圆。头顶扁平。单眼明显，具黑边。触角鞭节背面黄褐色。下唇须基半部色浅，端半部色深；第 3 节短小，顶端白色。下颚须平伸或微上举，顶端一节被鳞呈膨大状。前翅前缘平直；顶角明显；外缘曲折。前翅 R_2 脉与 R_{3+4} 脉靠近；R_5 脉基部与 R_{3+4} 脉分离。翅面底色土黄色或暗橘色至暗褐色。

雄性外生殖器：爪形突粗壮，侧面基部被刚毛。颚形突细，端部侧扁，背部有 1 列细齿。抱器瓣长而宽。基腹弧长，以小骨片与背兜相连。阳茎基环六边形。阳茎长，阳茎端膜明显具角刺。

雌性外生殖器：交配孔不阔大，膜质均匀。囊导管短细，有小刺，基环中等大小。交配囊长椭圆形，膜质均匀，无囊突。

分布：古北区东部、东洋区。世界已知 40 余种，中国记录 11 种，浙江分布 5 种。

分种检索表

1. 前翅前缘中部具 1 黑斑	华南波水螟 *P. laminalis*
- 前翅前缘中部无黑斑	2
2. 后翅外横线平滑	洁波水螟 *P. prodigalis*
- 后翅外横线波浪形	3
3. 后翅具中室端斑	黄褐波水螟 *P. vagalis*
- 后翅无中室端斑	4
4. 后翅中横线不达外横线	断纹波水螟 *P. distinctalis*
- 后翅中横线达外横线	黑波水螟 *P. bleszynskialis*

（1160）黑波水螟 *Paracymoriza bleszynskialis* Roesler *et* Speidel, 1981（图 14-136）

Paracymoriza bleszynskialis Roesler *et* Speidel, 1981: 201.

主要特征：成虫（图 14-136A）翅展 9.0–14.5 mm。头部褐色。下唇须第 1 节外侧黄褐色，第 2、3 节黄褐色。触角黄褐色。雄性胸部和翅基片黑褐色。前翅黑褐色，基部杂黄白色；内横线黄白色，自前缘基部 1/3 伸至后缘基部 1/4 处；中横线黄白色，波浪形，自前缘中部至后缘中部；两线之间具 1 圆形白斑；外横线黄白色，自前缘端部 1/4 处内斜至 M_2 脉；亚缘线灰白色，中间大部分断开；外缘线黄褐色；缘毛基部黑色，端部在顶角、中部及臀角处褐色，其余灰白色。后翅褐色，前缘自基部 1/3 到 3/5 处灰白色；基部黄褐色杂黄白色；内横线黄白色，外侧镶深褐色边；外横线黄白色，波浪形，内侧镶深褐色边；中区具大、小 2 个白斑；亚缘带由顶角处弧形白斑、中部白短细线及 CuA_1 至臀角间 2 个椭圆形白斑组成；外缘线黄褐色。

图 14-136　黑波水螟 *Paracymoriza bleszynskialis* Roesler *et* Speidel, 1981
A. 成虫；B. 雄性外生殖器；C. 雌性外生殖器

雄性外生殖器（图 14-136B）：爪形突基部宽，窄至中部，中部至近末端略膨大，末端尖。颚形突棒状，约为爪形突长的 3/4，基部宽，末端背面具齿。抱器瓣橄榄形，端部具 3 根特化的长刚毛；抱器背窄带状，伸至抱器瓣末端；抱器腹基部宽，至端部渐窄，约为抱器瓣长的 1/2，末端具 1 列片状刚毛。阳茎基环近梯形，前、后缘内凹。阳茎约为抱器瓣长的 1/2；角状器 2 个。

雌性外生殖器（图 14-136C）：前表皮突长约为后表皮突的 3/4。导管端片远长于颈环。囊导管中部缢缩，内壁具刻点。交配囊近椭圆形，无囊突。

分布：浙江、湖北、湖南、四川、贵州。

（1161）断纹波水螟 *Paracymoriza distinctalis* (Leech, 1889)（图 14-137）

Diasemia distinctalis Leech, 1889b: 67.

Parthenodes triangulalis South in Leech & South, 1901: 438.

Paracymoriza distinctalis: Speidel, 1984: 44.

主要特征：成虫（图 14-137A）翅展 11.0–15.5 mm。头部褐色。下唇须第 1 节白色，第 2、3 节黄褐色。触角黄褐色。胸部和翅基片黄褐色。前翅黑褐色，基部杂白色鳞片；前缘中部具 1 白色棒状斑；亚基线黄白色；内横线黄白色，自前缘基部 2/5 伸至后缘基部 1/3；内横线外侧具 2 个近圆形白斑；中室上角处具 1 白斑；外横线黄白色，自前缘端部 1/4 伸至 CuA_1 脉，后弯向内上方弯曲至 M_3 脉，内侧具 5 条白色短横线；亚缘带白色，由 7 不规则的白斑组成；缘毛顶角、外缘中部及臀角处黑褐色，其余黄白色。后翅褐色；基部杂黄白色；亚基线黄白色；内横线黄白色，外侧镶深褐色边；外横线黄白色，波浪形，中部形成 1 外凸尖角，内侧镶深褐色边；中区形成白色大斑；亚缘带由 5 个不规则的白斑组成。

雄性外生殖器（图 14-137B）：爪形突基部宽，窄至中部，中部至近末端略膨大，末端尖。颚形突约为爪形突长的 2/3，基部宽，窄至末端，近末端背面具齿突。抱器瓣自基部渐宽至端部 1/5 处；末端圆，具 1 束长刚毛；抱器背达抱器瓣背缘近末端；抱器腹基部至端部渐窄，约为抱器瓣长的 3/5。阳茎基环梯形，前、后缘略内凹。阳茎约为抱器瓣长的 1/2，前端具微刺及 2 个刺状角状器。

雌性外生殖器（图 14-137C）：前、后表皮突近等长，前表皮突基部 1/4 处膨大。导管端片约为颈环长的 5 倍。囊导管较长，内壁具刻点。交配囊椭圆形。

分布：浙江、河南、湖北、湖南、台湾、广东、广西、四川、贵州。

图 14-137　断纹波水螟 *Paracymoriza distinctalis* (Leech, 1889)
A. 成虫；B. 雄性外生殖器；C. 雌性外生殖器

（1162）华南波水螟 *Paracymoriza laminalis* (Hampson, 1901)（图 14-138）

Aulacodes laminalis Hampson in Leech & South, 1901: 437.
Paracymoriza laminalis: Speidel, 1984: 42.

主要特征：成虫（图 14-138A）翅展 14.5–36.0 mm。头部白色。触角黄褐色。下唇须第 1 节外侧黄褐色，第 2、3 节黄褐色。胸部黄褐色；翅基片基部白色，端部黄色。前翅黄褐色，前缘中部具 1 黑斑；沿前缘后侧有 1 条褐色细纵带；中室下角具 1 三角形白斑；中室外近前缘具 1 倒三角形大白斑；后缘基部至中室具 1 条外斜的白色宽带；亚缘带白色，外缘具黑褐色边缘；亚缘区橘黄色；外缘线为 1 列黑褐色斑；缘毛基部浅黄色，中部黑灰色，端部黄褐色。后翅黄褐色，基部及前缘基部 3/4 白色；内横线深褐色；外横线深褐色，自前缘端部 1/4 伸出至后缘端部 1/3，与内横线相连；中区白色；亚缘带在中间断开，前段银灰色，后段白色；外缘具 3 黑斑；外缘线深褐色；缘毛基部深褐色，端部黄褐色。

图 14-138　华南波水螟 *Paracymoriza laminalis* (Hampson, 1901)
A. 成虫；B. 雄性外生殖器；C. 雌性外生殖器

雄性外生殖器（图 14-138B）：爪形突锥形，渐窄至末端。颚形突中部略膨大，腹面具齿突，约为爪形突长的 3/4。抱器瓣基部窄，渐宽至端部 1/4 处，末端窄，具突起，其上具 3 根特化长刚毛；抱器背达抱器瓣前缘近末端；抱器腹较窄，约为抱器瓣长的 2/5。阳茎基环前缘略内凹，后缘呈"V"形内凹。阳茎与抱器瓣近等长；角状器 2 个，1 个由针状刺组成，另 1 个窄片状。

雌性外生殖器（图 14-138C）：前表皮突长为后表皮突的 3/4，前表皮突基部 1/3 呈锥形膨大，后表皮突近基部 1/4 处膨大。导管端片长约为颈环的 2 倍。囊导管漏斗形。交配囊长圆形，长约为最宽处的 3.5 倍。

分布：浙江（临安）、陕西、江苏、湖北、江西、湖南、福建、台湾、广东、广西、贵州。

（1163）洁波水螟 *Paracymoriza prodigalis* (Leech, 1889)

Cataclysta prodigalis Leech, 1889b: 70

Parthenodes bifurcalis Wileman, 1911a: 373.

Paracymoriza prodigalis: Speidel & Mey, 1999: 133.

分布：浙江（临安）、北京、河北、山东、河南、陕西、甘肃、江苏、湖北、江西、湖南、福建、台湾、广东、广西、四川、贵州、云南；朝鲜，日本。

注：描述见《天目山动物志》（李后魂等，2020）。

（1164）黄褐波水螟 *Paracymoriza vagalis* (Walker, 1866)（图 14-139）

Oligostigma vagalis Walker, 1866: 1530.

Paracymoriza vagalis: Speidel, 1984: 45.

主要特征：成虫（图 14-139A）翅展 11.5–33.0 mm。头部黄褐色。下唇须第 1 节外侧黄褐色，第 2 节黄褐色，第 3 节白色杂黄褐色。触角黄色。胸部和翅基片黄褐色杂黄色。前翅黄褐色，前缘中部具 1 白色斑，端部 1/5 处具 2 白色棒状斑；内横线黄白色，自前缘基部 2/5 外斜至中室后缘端部 1/4 下方，后内斜至后缘基部 2/5，内缘灰褐色，外缘深褐色；中横线黄白色，自近前缘中部弧形凹入，伸至 3A 脉，后向内伸形成外凸锐角，然后伸至后缘中部，内缘深褐色；外横线黄白色，自前缘端部 1/5 伸至 CuA_1 脉，然后向内上方弯曲至 M_3 脉，在 M_2 脉处形成向外的尖角，中部内侧具 2 黄白色短横线；亚缘带白色，自前端 1/3 处向内伸出 2 条平行的短横线，末端达外横线；缘毛基部浅黄色，端部褐色。后翅黄褐色；内横线黄白色；中室端斑褐色，卵圆形；外横线黄白色，波浪形；亚缘带白色，边缘深褐色，M_3 脉处具 1 黑斑。

 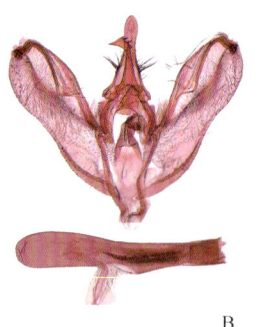 

A   B   C

图 14-139 黄褐波水螟 *Paracymoriza vagalis* (Walker, 1866)

A. 成虫；B. 雄性外生殖器；C. 雌性外生殖器

雄性外生殖器（图 14-139B）：爪形突基部渐窄至 3/4，端部 1/4 膨大，末端钝圆；基半部两侧具刚毛。颚形突基部锥形，末端 1/3 鸟喙状，背面具齿突。抱器瓣中部缢缩，末端窄圆，自背缘基部至抱器瓣末端具 1 纵向脊，脊末端具突起，上具 5 根特化长刚毛；抱器背与抱器瓣背缘近等长；抱器腹基部至端部渐窄。阳茎基环椭圆形，后缘略内凹。阳茎粗壮，与抱器瓣近等长；角状器 1 个，约为阳茎长的 1/3。

雌性外生殖器（图 14-139C）：前、后表皮突近等长。导管端片长约为颈环的 6 倍。囊导管漏斗形，具褶皱与骨化突起。交配囊椭圆形，后端具皱缩；囊突弱化，由 2 列平行紧挨的小刺组成，自中部伸至前端。

分布：浙江、福建、台湾、广东、广西、贵州、云南；日本，印度，泰国，印度尼西亚。

441. 筒水螟属 *Parapoynx* Hübner, 1825

Parapoynx Hübner, 1825: 362. Type species: *Phalaena stratiotata* Linnaeus, 1758.

主要特征：体小至中型。额圆或平。头顶不隆起或微隆起。单眼有或无。下唇须上举，基部 2 节粗糙被鳞，第 3 节细，顶端尖。下颚须明显，被蓬松的鳞。前翅狭长。前翅 R_1 脉出自近中室端部；R_2 脉独立或与 R_{3+4} 脉共柄；M_1 脉基部距 R_5 脉较远。后翅 $Sc+R_1$ 与 Rs 脉有长共柄。

雄性外生殖器：爪形突指状，端部圆。颚形突短于爪形突。抱器瓣长，前端具长而弯曲的刚毛；抱器腹宽。阳茎基环近梯形；阳茎短棒状。

雌性外生殖器：后表皮突等于或略长于前表皮突；交配孔窄；囊导管长，基环明显；交配囊卵形或长椭圆形，囊突有或无。

分布：世界广布。世界已知 55 种，中国记录 12 种，浙江分布 5 种。

分种检索表

1. 后翅有内横线 ··· 2
- 后翅无内横线 ··· 3
2. 前翅中室下角具 1 黑斑 ··· 稻筒水螟 *P. vittalis*
- 前翅中室上、下角各具 1 黑斑 ··· 纹翅筒水螟 *P. fluctuosalis*
3. 雌性外生殖器囊突由 2 个骨片组成 ··· 三点筒水螟 *P. stagnalis*
- 雌性外生殖器囊突由 2 组小刺组成 ·· 4
4. 雄性外生殖器抱器瓣末端斜 ··· 小筒水螟 *P. diminutalis*
- 雄性外生殖器抱器瓣末端宽、平截 ··· 壮筒水螟 *P. crisonalis*

（1165）壮筒水螟 *Parapoynx crisonalis* (Walker, 1859)（图 14-140）

Hydrocampa crisonalis Walker, 1859: 961.

Parapoynx crisonalis: Speidel & Mey, 1999: 136.

主要特征：成虫（图 14-140A）翅展 12.0–20.5 mm。头部黄褐色。下唇须黄褐色。触角黄褐色。胸部和翅基片黄褐色。前翅黄白色杂褐色鳞片；中室后缘下方近基部 1/5 处具 1 黑斑，中室前缘 3/5 处具 1 黑斑，中室外具 2 个黑斑；内横线黄色，自前缘基部 1/5 伸至后缘基部 1/5；外横线黄色，自前缘端部 1/4 外斜至 CuA_1 脉，后向内斜至后缘中部；亚缘线褐色，平行于外缘；缘毛灰白色。后翅黄白色杂褐色鳞片；自中室后缘端部 1/3 到后缘中部杂黑色鳞片；前缘近端部 1/4 处具 1 黑斑；外横带黄色边缘杂褐色，亚缘线褐色，平行于外缘；缘毛灰白色。

雄性外生殖器（图 14-140B）：爪形突基部三角形，端半部柱状，末端尖。颚形突锥形，约为爪形突长的 2/3，末端略呈钩状。抱器瓣基部至端部 1/3 近等宽，后端 1/3 膨大，末端平截，外缘密被易脱落的刚毛；抱器背宽带状，端部 1/3 膨大；抱器腹带状，近基部具 1 指状突起。阳茎基环椭圆形，后缘内凹。阳茎约为抱器瓣长 4/5，末端 1/4 处弯曲。

雌性外生殖器（图 14-140C）：前表皮突约为后表皮突长的 5/6。导管端片约为颈环长的 5 倍。囊导管渐宽，与交配囊分界不明显，内壁密被刻点。交配囊长袋状；囊突 2 个，由小刺组成，短线状，近平行。

分布：浙江（临安）、江苏、上海、湖北、湖南、福建、台湾、广东、四川；斯里兰卡，印度尼西亚。

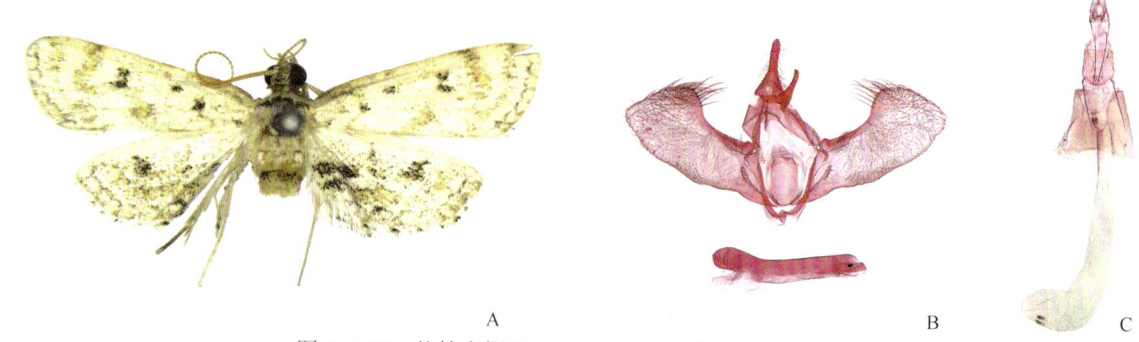

图 14-140　壮筒水螟 *Parapoynx crisonalis* (Walker, 1859)
A. 成虫；B. 雄性外生殖器；C. 雌性外生殖器

（1166）小筒水螟 *Parapoynx diminutalis* Snellen, 1880

Parapoynx diminutalis Snellen, 1880a: 242.

分布：浙江（临安）、天津、河北、山东、河南、陕西、上海、湖北、江西、湖南、福建、台湾、广东、海南、广西、四川、贵州、云南；印度，越南，斯里兰卡，菲律宾，马来西亚，印度尼西亚，美洲，澳大利亚，非洲。

注：描述见《天目山动物志》（李后魂等，2020）。

（1167）纹翅筒水螟 *Parapoynx fluctuosalis* (Zeller, 1852)（图 14-141）

Nymphula fluctuosalis Zeller, 1852b: 27.
Parapoynx fluctuosalis: Speidel, 1984: 84.

主要特征：成虫（图 14-141A）翅展 14.0–22.0 mm。头部灰白色。下唇须外侧浅褐色。触角黄褐色。前翅褐色；中室前缘中部具 1 黄斑；中室上、下角各具 1 纵向条形黑斑；外横线黄白色杂褐色，自前缘端部 1/6 内斜至后缘中部；外横带黄色，边缘褐色；亚缘带黄白色，镶褐色窄边；亚缘线黄白色；缘毛基部 1/4 浅褐色，端部 3/4 深褐色。后翅黄白色；内横线褐色，自前缘基部 1/5 到后缘基部 1/5；外横线褐色，自前缘端部 1/5 到后缘端部 2/3；外横带黄色，边缘褐色；亚缘线褐色；亚缘区黄褐色；缘毛灰白色。

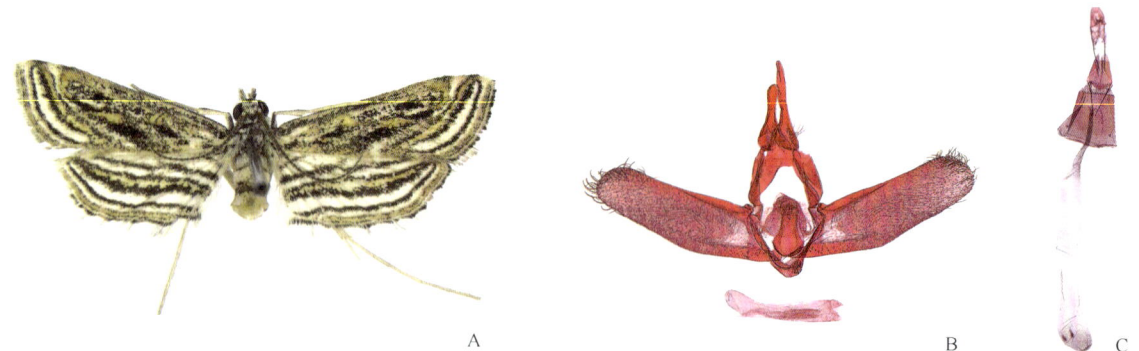

图 14-141　纹翅筒水螟 *Parapoynx fluctuosalis* (Zeller, 1852)
A. 成虫；B. 雄性外生殖器；C. 雌性外生殖器

雄性外生殖器（图 14-141B）：爪形突锥形，两侧近中部收缩，基部两侧具刚毛。颚形突约为爪形突长的 3/4，中部略窄，近末端膨大，顶端钝圆。抱器瓣近等宽，腹缘约 2/5 处呈钝角略突出，末端钝圆；抱器背自基部渐窄至抱器瓣背缘中部；抱器腹宽带状，约为抱器瓣腹长的 1/2。阳茎基环椭圆形，中部两侧收缩，后缘内凹。阳茎约为抱器瓣长一半，内具微刺。

雌性外生殖器（图 14-141C）：前、后表皮突近等长。导管端片与颈环近等长。囊导管至端部渐加粗，内壁密被刻点。交配囊长袋状，囊突 2 个，短线状，近平行。

分布：浙江、上海、湖南、福建、台湾、广东、海南、广西、四川、云南；日本，印度，越南，斯里兰卡，印度尼西亚，美国，澳大利亚，非洲。

（1168）三点筒水螟 *Parapoynx stagnalis* (Zeller, 1852)（图 14-142）

Nymphula stagnalis Zeller, 1852b: 26.

Parapoynx stagnalis: Lederer, 1863: 452.

主要特征：成虫（图 14-142A）翅展 14.0–16.5 mm。头部白色。下唇须浅黄色。触角黄褐色。胸部和翅基片黄褐色。前翅乳白色；内横线黄色，自前缘基部 1/3 向外延伸至后缘基部 1/4，中部具 1 黑斑；中室外侧具 2 个黑斑，中部相连；中室下角下方，具 1 黄褐色近圆形斑；外横线黄色，自前缘端部 1/3 外斜至 CuA_1 脉；亚缘线与外缘线分别由 1 列黄褐色斑点组成；外横线与亚缘线间区域具 1 黄褐色带，后端大部分断开。后翅黄白色；中横线黄色，自前缘中部伸至后缘中部；臀角处杂黄色鳞片；亚缘线与外缘线同前翅。

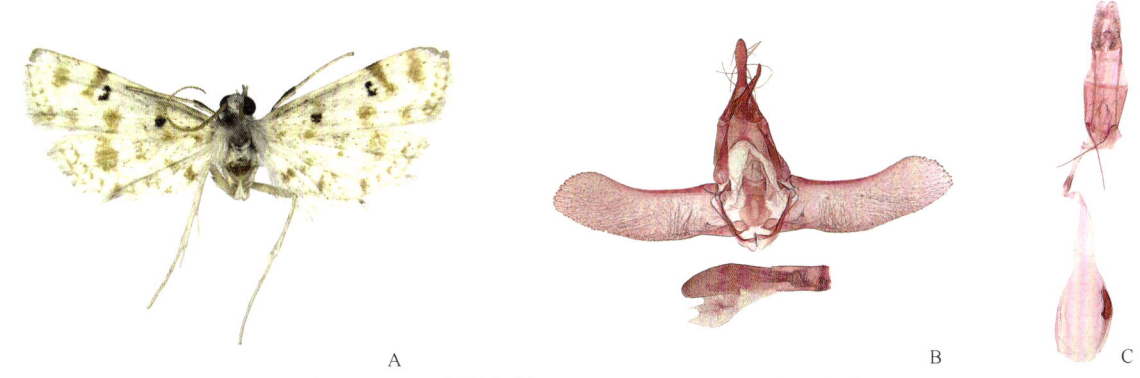

图 14-142 三点筒水螟 *Parapoynx stagnalis* (Zeller, 1852)
A. 成虫；B. 雄性外生殖器；C. 雌性外生殖器

雄性外生殖器（图 14-142B）：爪形突基部三角形，端半部棒状，中部膨大，两侧具易脱落的刚毛，末端钝。颚形突锥形，约为爪形突长的 2/3。抱器瓣近等宽，外缘近平截；抱器背自基部窄至抱器瓣背缘基部的 4/5；抱器腹约为抱器瓣长的 1/2，端半部具竖立长刚毛，近基部具 1 三角形突起。阳茎基环前缘钝圆，后缘内凹。阳茎约为抱器瓣长的 3/4。

雌性外生殖器（图 14-142C）：前表皮突长约为后表皮突的 4/5。导管端片约为颈环长的 2.5 倍。囊导管自后端渐宽至前端。交配囊椭圆形；囊突由 2 个骨片组成，约为交配囊长的 1/3。

分布：浙江、黑龙江、江苏、福建、台湾、广东、四川、云南；朝鲜，日本，印度，缅甸，越南，斯里兰卡，菲律宾，马来西亚，印度尼西亚，西班牙，葡萄牙，美国，澳大利亚，非洲。

（1169）稻筒水螟 *Parapoynx vittalis* (Bremer, 1864)（图 14-143）

Oligostigma vittalis Bremer, 1864: 66.

Parapoynx vittalis: Inoue et al., 1982: 371.

主要特征：成虫（图 14-143A）翅展 10.0–22.0 mm。头部白色。下唇须白色。触角黄色。前翅黄白色相间，杂褐色条纹；中室端部具 2 个黑斑；外横带黄白色，自前缘端部 1/4 内斜至 CuA_2 脉，后内折至翅后缘基部，具褐色镶边；亚缘带白色，边缘镶深黑褐色，后端 1/6 银灰色；缘毛基部 1/6 黄褐色和黑色相间，端部 5/6 灰褐色。后翅基半部白色，端半部金黄色；内横线深褐色，自前缘端部 1/3 内斜至后缘基部 1/3；外横线深褐色，自前缘端部 2/7 伸至后缘端部 1/3；内、外横线之间白色；亚缘带白色，边缘深褐色；外缘具 1 列黑褐色斑点；缘毛浅灰色与褐色相间。

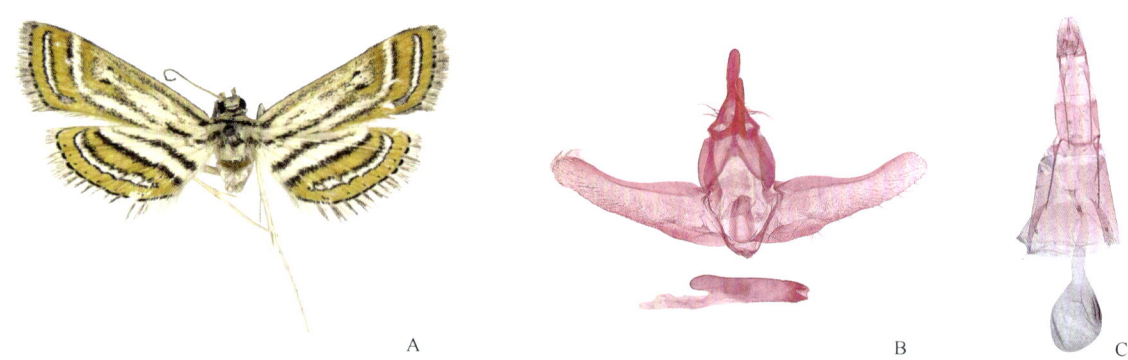

图 14-143　稻筒水螟 *Parapoynx vittalis* (Bremer, 1864)
A. 成虫；B. 雄性外生殖器；C. 雌性外生殖器

雄性外生殖器（图 14-143B）：爪形突自基部窄至中部，端半部近等宽，末端钝。颚形突锥形，约为爪形突长的 2/3。抱器瓣自基部窄至中部，端半部近等宽；抱器背达抱器瓣背缘基部 2/3 处；抱器腹宽带状，约为抱器瓣长的 1/2，近基部具 2 个乳突，其末端各具 1 根刚毛。阳茎基环盾片状，后缘略内凹。阳茎约为抱器瓣长的 1/2。

雌性外生殖器（图 14-143C）：前表皮突约为后表皮突长的 4/5，二者基部均呈锥形膨大。导管端片约为颈环的 3 倍。囊导管渐宽至前端。交配囊卵圆形；囊突由 2 个骨片组成，约为交配囊长的 1/3。

分布：浙江（湖州、丽水）、黑龙江、吉林、辽宁、内蒙古、北京、天津、河北、山东、陕西、宁夏、江苏、上海、湖北、江西、湖南、福建、台湾、四川、云南；俄罗斯，朝鲜，日本。

（三）苔螟亚科 Scopariinae

主要特征：体小至中型。具单眼和毛隆。下唇须前伸或上举。下颚须上举，端部呈刷状。前翅狭长，翅面颜色不鲜艳。前翅斑纹通常较一致，具内、外横线，内横线位于前翅基部 1/4 至 1/3 处，外侧具 2 横斑；外横线在中部弯曲。后翅无斑纹。

雄性外生殖器：爪形突宽短或细长，被毛；颚形突骨化强；抱器瓣狭长或短宽，被刚毛；基腹弧"U"形；阳茎基环形状多样；阳茎细长或短粗，角状器有或无，若有，则形状和数量变化大。

雌性外生殖器：前后表皮突发达；导管端片短粗或细长，囊导管形状差异较大；交配囊圆形或椭圆形，囊突有或无，附囊存在或缺失，若有，则通常位于交配囊前端。

分布：世界广布。世界已知 500 余种，中国记录 85 种，浙江分布 4 属 14 种。

分属检索表

1. 下唇须通常上举；虫体背面通常散布黄色鳞片 ··· 小苔螟属 *Micraglossa*
- 下唇须通常前伸；虫体背面通常散布褐色鳞片 ·· 2
2. 抱器腹不明显，端突缺失 ··· 优苔螟属 *Eudonia*
- 抱器腹发达，端突存在 ··· 3
3. 囊形突较长，末端尖；阳茎基环有附属结构；雌性第 7 腹板骨化，后阴片发达 ················· 赫苔螟属 *Hoenia*
- 囊形突宽短，末端圆；阳茎基环无附属结构；雌性第 7 腹板膜质，无后阴片 ·················· 苔螟属 *Scoparia*

442. 优苔螟属 *Eudonia* Billberg, 1820

Eudonia Billberg, 1820: 93. Type species: *Phalaena mercurella* Linnaeus, 1758.
Boiea Zetterstedt, 1839: 995.
Dipleurina Chapman, 1912: 507.
Witlesia Chapman, 1912: 507.
Dipluerina Sharp, 1913: 357.
Malageudonia Leraut, 1989: 20.
Vietteina Leraut, 1989: 36.

主要特征：本属外形与苔螟属 *Scoparia* 相同，为典型的苔螟外观。但是外生殖器与苔螟属显著不同。

雄性外生殖器：爪形突宽短；颚形突细长或宽短；抱器瓣宽短或狭长；抱器腹不明显，无端突；阳茎基环通常椭圆形；阳茎细长，角状器缺失。

雌性外生殖器：导管端片宽短，管带细长，囊导管细长、膜质，长度和形状多样；交配囊圆形或椭圆形，囊突椭圆形或条状，由小刺组成且周围多疣突，附囊存在，多位于交配囊前缘。

分布：世界广布。世界已知 250 余种，中国记录 29 种，浙江分布 3 种。

分种检索表

1. 阳茎长度为抱器瓣长的 2 倍 ·· 长茎优苔螟 *E. puellaris*
- 阳茎长度小于抱器瓣长的 2 倍 ·· 2
2. 阳茎基环近水滴状；阳茎基部略弯，约为抱器瓣的 1.5 倍；囊导管缠绕成 4 个环 ············ 微齿优苔螟 *E. microdontalis*
- 阳茎基环椭圆形；阳茎略弯，等长于抱器瓣；囊导管缠绕成 2 个环 ·· 大颚优苔螟 *E. magna*

（1170）大颚优苔螟 *Eudonia magna* Li, Li *et* Nuss, 2012

Eudonia magna Li, Li *et* Nuss, 2012: 15.

分布：浙江（临安）、河南、陕西、宁夏、甘肃、湖北、四川、云南、西藏。
注：描述见《天目山动物志》（李后魂等，2020）。

（1171）微齿优苔螟 *Eudonia microdontalis* (Hampson, 1907)

Scoparia microdontalis Hampson, 1907: 22.
Eudonia microdontalis: Inoue et al., 1982: 313.

分布：浙江（临安）、甘肃、湖北、湖南；俄罗斯，日本。
注：描述见《天目山动物志》（李后魂等，2020）。

（1172）长茎优苔螟 *Eudonia puellaris* Sasaki, 1991

Eudonia puellaris Sasaki, 1991: 101.

分布：浙江（临安）、辽宁、天津、河北、河南、陕西、甘肃、江苏、湖北、福建、台湾、四川、贵州、云南；俄罗斯，日本。

注：描述见《天目山动物志》（李后魂等，2020）。

443. 赫苔螟属 *Hoenia* Leraut, 1986

Hoenia Leraut, 1986: 124. Type species: *Hoenia sinensis* Leraut, 1986.

主要特征：下唇须前伸。前翅底色白色，翅面散布褐色鳞片，具有典型的苔螟斑纹。
雄性外生殖器：爪形突宽短；颚形突细长；抱器瓣狭长，抱器腹发达，具端突；囊形突发达；阳茎基环有附属结构；阳茎细长，角状器存在。
雌性外生殖器：后阴片发达；管带与囊导管的界线不明显；囊导管细长；交配囊有囊突，无附囊。
分布：中国。世界已知1种，中国记录1种，浙江分布1种。

（1173）中华赫苔螟 *Hoenia sinensis* Leraut, 1986

Hoenia sinensis Leraut, 1986: 124.

分布：浙江（临安）、安徽、湖南、福建、贵州。
注：描述见《天目山动物志》（李后魂等，2020）。

444. 小苔螟属 *Micraglossa* Warren, 1891

Micraglossa Warren, 1891: 65. Type species: *Micraglossa scoparialis* Warren, 1891.

主要特征：下唇须通常上举。虫体背面通常散布黄白色至金黄色鳞片；前翅内横线常外弯；中室端斑"X"形或"8"字形，通常与前缘的深褐色斑点相连。后翅白色或淡褐色。
雄性外生殖器：爪形突和颚形突细长；抱器瓣宽短，被细长刚毛和强刺；基腹弧常呈窄"U"形；阳茎具有角状器。
雌性外生殖器：导管端片通常呈管状或漏斗状，管带骨化，光滑，囊导管细长，膜质；交配囊膜质或骨化弱，被刺或疣突，囊突存在或缺失，若存在，通常条纹状或圆形，边缘被小刺，附囊缺失。
分布：东洋区、澳洲区。世界已知11种，中国记录10种，浙江分布5种。

分种检索表

1. 腹板节间膜被微刺 ·· 迈克小苔螟 *M. michaelshafferi*
- 腹板无微刺 ·· 2
2. 抱器腹具刺 ·· 3
- 抱器腹无刺 ·· 4
3. 阳茎末端具2组角状器 ·· 艾妮小苔螟 *M. oenealis*
- 阳茎末端具3组角状器 ·· 北小苔螟 *M. beia*
4. 抱器瓣端半部膨大不明显 ·· 金黄小苔螟 *M. scoparialis*
- 抱器瓣端半部明显膨大 ·· 南小苔螟 *M. nana*

（1174）北小苔螟 *Micraglossa beia* Li, Li *et* Nuss, 2010

Micraglossa beia Li, Li *et* Nuss, 2010: 173.

分布：浙江（临安）、河南、甘肃、湖北、福建、广西、四川、贵州、西藏。

注：描述见《天目山动物志》（李后魂等，2020）。

（1175）迈克小苔螟 *Micraglossa michaelshafferi* Li, Li *et* Nuss, 2010

Micraglossa michaelshafferi Li, Li *et* Nuss, 2010: 166.

分布：浙江（临安）、安徽、广东、贵州；泰国。

注：描述见《天目山动物志》（李后魂等，2020）。

（1176）南小苔螟 *Micraglossa nana* Li, Li *et* Nuss, 2010（图 14-144）

Micraglossa nana Li, Li *et* Nuss, 2010: 176.

主要特征：成虫（图 14-144A）翅展 10.0–13.0 mm。额淡褐色杂白色。头顶淡黄色，后端杂淡褐色。下唇须外侧第 1 节深褐色，末端白色；第 2 节淡褐色杂淡黄色；第 3 节深褐色，末端淡黄色；内侧第 3 节深褐色，其余淡黄色。下颚须外侧深褐色。喙淡黄色。触角柄节黑色；鞭节背面淡褐色与淡黄色相间，腹面淡黄色。领片和翅基片深褐色。前翅黄白色，散布深褐色至黑色鳞片，前缘密被黑色鳞片；基部有 2 黑色斑点；内横线黄白色，外侧黑色镶边；内横斑黑色，条纹状，与内横线相连；中室端斑黑色，"X"形；外横线黄白色，内侧黑色镶边；亚外缘线淡黄色，近中部内弯与外横线相连形成 "X" 形；缘毛淡黄色，基部掺杂淡褐色，端部白色。雄性后翅白色；缘毛基部淡黄色，端部白色。雌性后翅淡褐色，缘毛同前翅。

图 14-144 南小苔螟 *Micraglossa nana* Li, Li *et* Nuss, 2010
A. 成虫；B. 雄性外生殖器；C. 雌性外生殖器

雄性外生殖器（图 14-144B）：爪形突窄三角形，侧面观末端尖；腹面观末端钝。颚形突略长于爪形突；背面多齿；中部沟槽状，端部渐窄，末端尖钩状。背兜与颚形突近等长。抱器瓣端半部明显膨大，末端圆；抱器背至端部渐宽，末端成角；抱器腹细长，近直，无刺。阳茎基环近三角形。阳茎约为抱器瓣长的 2/3；角状器 2 组：①阳茎末端有 6–12 个玫瑰刺状角状器，周围密被微针状角状器；②阳茎端部有 3 个易脱落的针状角状器。

雌性外生殖器（图 14-144C）：产卵瓣三角形。前表皮突基部膨大。导管端片漏斗状，密被刻点。囊导管细长，前端弯折。交配囊椭圆形，为囊导管长的 2/5；囊突线状，位于交配囊中部。

分布：浙江、广西、四川、贵州；越南。

（1177）艾妮小苔螟 *Micraglossa oenealis* Hampson, 1897（图 14-145）

Micraglossa oenealis Hampson, 1897b: 224.

主要特征：成虫（图 14-145A）翅展 9.0–11.0 mm。雄性额银白色，雌性淡褐色杂白色；头顶淡黄色。下唇须各节基部淡褐色，端部白色。下颚须淡褐色与白色相间。喙白色。触角柄节黑色；鞭节背面深褐色与淡褐色相间，腹面淡褐色。领片和翅基片深褐色；胸部淡黄色。前翅淡黄色，散布黑色鳞片；基部有 2 黄色斑点，随后有 1 金黄色宽带；内横线金黄色，向外倾斜，外侧黑色镶边；内横斑小，不明显，与内横线相连；中室端斑深褐色，"X"形至"8"字形，与前缘的 1 黑色斑点相连；外横线金黄色，呈"S"形弯曲；亚外缘线金黄色，中部与外横线分离；亚外缘区密被黑色鳞片；缘毛基部金黄色，中部淡褐色，端部白色。后翅白色，外缘淡褐色；缘毛白色，中线淡褐色。

图 14-145　艾妮小苔螟 *Micraglossa oenealis* Hampson, 1897
A. 成虫；B. 雄性外生殖器；C. 雌性外生殖器

雄性外生殖器（图 14-145B）：爪形突窄三角形，侧面观末端尖钩状；腹面观末端钝。颚形突细长，略长于爪形突，背面多齿，末端尖。抱器瓣端半部膨大，末端圆；抱器腹细长，近直；背缘末端有 1–2 个刺。阳茎基环椭圆形。阳茎与抱器瓣近等长，基部粗，端部渐细；角状器 2 组：①端部具 1–3 个玫瑰刺状角状器；②阳茎近中部有多个长针状、易脱落的角状器，附着在 1 个小圆形多孔的骨化盘上。

雌性外生殖器（图 14-145C）：产卵瓣椭圆形。前表皮突较后表皮突略加粗。导管端片直管状，与囊导管等粗，密被刻点；囊导管细长，粗细均匀。交配囊圆形，约为囊导管长的 1/2；囊突 1 个，椭圆形，中部和边缘被刺，位于交配囊中部。

分布：浙江、江西、福建、台湾、贵州；印度，尼泊尔。

（1178）金黄小苔螟 *Micraglossa scoparialis* Warren, 1891（图 14-146）

Micraglossa scoparialis Warren, 1891: 66.

主要特征：成虫（图 14-146A）翅展 10.0–13.0 mm。额和头顶淡黄色。下唇须内侧黄白色，外侧第 1 节和第 2 节淡褐色，第 3 节黑色，每节末端白色至黄白色。下颚须内侧及末端淡黄色，外侧深褐色。喙白色掺杂淡褐色。触角柄节褐色；鞭节背面深褐色与淡黄色相间，腹面淡黄色。领片和翅基片褐色至深褐色或黑色；胸部淡褐色掺杂灰色。前翅淡黄色，散布深褐色至黑色鳞片；内横线黄白色，向内倾斜，外侧黑色镶边；内横斑黑色，条纹状，与内横线相连；中室端斑黑色，"X"形，与前缘的黑色斑点相连；外横线黄白色，前缘扩展为金黄色斑点，与前缘和后缘均成直角，略弯向中室端斑，随后外弯，后端内弯；亚外缘线黄白色，前端窄，后端宽，中部内弯与外横线相连成"X"形；外横线与亚外缘线之间密被深褐色鳞片；缘毛淡黄色与淡褐色相间，端部白色。后翅白色；缘毛白色，基线淡黄色，中线淡褐色。

雄性外生殖器（图 14-146B）：爪形突侧面观末端略下弯；腹面观末端钝。颚形突细长，略长于爪形突，中部背面多微齿，末端尖钩状。抱器瓣端部稍宽，末端圆；抱器背中部显著凹入，末端成角；抱器腹细长，无刺。阳茎基环椭圆形，端部较窄。阳茎约为抱器瓣长的 3/4；末端有 10 枚玫瑰刺状角状器。

雌性外生殖器（图 14-146C）：产卵瓣椭圆形；前、后表皮突近等长。导管端片管状，略宽于囊导管，密被刻点；囊导管细长，前端绕成 1 个环，成环处后端略弯。交配囊圆形；囊突 1 枚，条纹状，位于交配囊前端 1/3 处。

分布：浙江、陕西、湖北、广东、四川、贵州、云南、西藏；巴基斯坦，印度，尼泊尔，越南。

图 14-146　金黄小苔螟 *Micraglossa scoparialis* Warren, 1891
A. 成虫；B. 雄性外生殖器；C. 雌性外生殖器

445. 苔螟属 *Scoparia* Haworth, 1811

Scoparia Haworth, 1811: 498. Type species: *Tinea pyralella* Denis *et* Schiffermüller, 1775.

主要特征：下唇须基部 2 节略上斜，第 3 节向前平伸。前翅散布或密被褐色鳞片。后翅白色至淡褐色。

雄性外生殖器：爪形突通常窄三角形或椭圆形；颚形突通常细长；抱器瓣宽短或狭长，多刚毛，抱器腹发达；囊形突末端圆；阳茎基环形状多样；阳茎细长，有角状器存在。

雌性外生殖器：表皮突细长；导管端片漏斗状或管状，管带短，囊导管膜质、细长；交配囊圆形或椭圆形；囊突有或无，若有，通常条纹状，由微小疣突组成。

分布：世界广布。世界已知 220 余种，中国记录 33 种，浙江分布 5 种。

分种检索表

1. 阳茎有 1 个角状器 ·· 东北苔螟 *S. tohokuensis*
- 阳茎有多个角状器 ··· 2
2. 角状器分 1 组，钩状或盘状 ··· 3
- 角状器分 2 组，呈刺状 ··· 4
3. 爪形突末端尖锐；抱器瓣端突伸出腹缘处细长 ·· 囊刺苔螟 *S. congestalis*
- 爪形突末端凹入；抱器瓣端突伸出腹缘处极短 ·· 喀氏苔螟 *S. caradjai*
4. 抱器背中部凸出 ·· 中华苔螟 *S. sinensis*
- 抱器背直 ··· 刺苔螟 *S. spinata*

（1179）喀氏苔螟 *Scoparia caradjai* Leraut, 1986（图 14-147）

Scoparia caradjai Leraut, 1986: 126.

主要特征：成虫（图 14-147A）翅展 15.0–20.5 mm。额淡褐色，头顶淡褐色杂白色。下唇须淡褐色；第 1 节基部腹面白色。下颚须淡褐色，末端杂白色。触角柄节背面淡褐色，腹面白色；鞭节背面淡褐色与白色相间。领片淡褐色；翅基片淡褐色至深褐色，后缘被白色至淡褐色的细长鳞片；胸部杂淡褐色。前翅基部有 1 深褐色条纹；内横线白色，近直，向外倾斜；内横斑深褐色，条纹状，与内横线相连；中室端斑深褐色，"X" 形，与前缘的深褐色斑点分离；外横线白色，在前端 1/5 和 2/5 处各形成 1 向内、向外的齿状凸出；亚外缘线白色，中部内弯，近臀角外弯；缘毛白色至淡褐色，基线淡褐色至深褐色。后翅灰白色至淡褐色；缘毛同前翅。

图 14-147　喀氏苔螟 *Scoparia caradjai* Leraut, 1986
A. 成虫；B. 雄性外生殖器；C. 雌性外生殖器

雄性外生殖器（图 14-147B）：爪形突椭圆形，后缘凹入。颚形突细长，略长于爪形突，末端钝。背兜与颚形突近等长。抱器瓣宽短，末端圆；抱器背粗细均匀。抱器腹宽短，基部凸出，端部凹入；端突伸达抱器瓣 1/2 处。阳茎基环圆形。阳茎直，与抱器瓣近等长；具 1 个鱼钩状角状器。

雌性外生殖器（图 14-147C）：产卵瓣三角形，末端钝圆。前、后表皮突近等长。导管端片短管状，与管带的界线不明显；囊导管细长，管带前端显著膨大且强烈骨化，膨大部分前端弯曲且细。交配囊圆形，密被微刺；无囊突；附囊椭圆形。

分布：浙江、江苏、江西。

（1180）囊刺苔螟 *Scoparia congestalis* Walker, 1859

Scoparia congestalis Walker, 1859: 826.

分布：浙江（临安）、天津、河南、陕西、甘肃、江苏、上海、安徽、湖北、江西、湖南、福建、台湾、广东、香港、广西、四川、贵州、云南、西藏；俄罗斯，韩国，日本，巴基斯坦，斯里兰卡，北美。

注：描述见《天目山动物志》（李后魂等，2020）。

（1181）中华苔螟 *Scoparia sinensis* Leraut, 1986（图 14-148）

Scoparia sinensis Leraut, 1986: 126.

主要特征：成虫（图 14-148A）翅展 14.0–16.0 mm。额淡褐色，头顶淡褐色杂白色。下唇须深褐色；第 1 节基部腹面白色。下颚须深褐色，基部白色，末端淡褐色杂白色。触角柄节背面淡褐色，腹面白色；鞭节背面淡褐色与白色相间，腹面淡褐色。领片和胸部淡褐色；翅基片淡褐色至深褐色，后缘被白色、末端淡褐色的细长鳞片。前翅散布深褐色鳞片，基部有 1 黑色条纹；内横线白色，略外弯；内横斑深褐色，椭圆形，与内横线相连；中室端斑深褐色，"8"字形，与前缘的深褐色斑点相连；外横线白色，在中室端斑处内弯；亚外缘线白色，中部显著内弯；缘毛黄白色，亚基线淡褐色。后翅白色；缘毛同前翅。

雄性外生殖器（图 14-148B）：爪形突窄三角形，基至端部渐窄，末端钝。颚形突细长，末端尖。背兜与颚形突近等长。抱器瓣基部窄，端半部椭圆形；抱器背中部略凸出；抱器腹腹缘端部凹入；端突伸达抱器瓣 3/4 处。阳茎基环椭圆形，侧面中部略凹入。阳茎棒状，基部至端部渐粗，与抱器瓣近等长；角状器 2 组，每组由几个大小不等的刺组成。

雌性外生殖器（图 14-148C）：产卵瓣椭圆形，约为后表皮突长的 1/2。前、后表皮突近等长。导管端片漏斗状，密被刻点；管带占囊导管长的 1/2，前端 1/4 收缩且向内折叠，侧面有 1 指状突起；囊导管前端 1/3 弯曲，中部骨化。交配囊圆形，密被微刺；囊突条纹状，位于交配囊疣突部分；附囊椭圆形。

分布：浙江、山东、湖北、四川、贵州。

图 14-148　中华苔螟 *Scoparia sinensis* Leraut, 1986
A. 成虫；B. 雄性外生殖器；C. 雌性外生殖器

（1182）东北苔螟 *Scoparia tohokuensis* Inoue, 1982

Scoparia tohokuensis Inoue in Inoue et al., 1982: 313.

分布：浙江（临安）、湖北、福建、四川、贵州；俄罗斯，日本。
注：描述见《天目山动物志》（李后魂等，2020）。

（1183）刺苔螟 *Scoparia spinata* Inoue, 1982

Scoparia spinata Inoue in Inoue et al., 1982: 312.

分布：浙江（临安）、河北、河南、湖南、四川、云南、西藏；泰国。
注：描述见《天目山动物志》（李后魂等，2020）。

（四）禾螟亚科 Schoenobiinae

主要特征：翅狭长，翅面白色或褐色，斑纹简单或缺失，后翅无斑纹。具单眼及毛隆。喙退化。下唇须一般前伸。下颚须刷状。该亚科成虫雌雄异型较多。

雄性外生殖器：爪形突及颚形突较发达，呈锥形或鸟喙状；背兜两侧缘常有背兜下突，其形状因分类单元而异；抱器瓣宽短，结构简单；阳茎管状。

雌性外生殖器：产卵瓣宽大；前后表皮突细长；囊导管较短，交配囊卵圆形或圆形，内壁具微刺，多数种类无囊突。

生物学：幼虫大多数单食性或寡食性，蛀食植物的种类侧重于禾本科、莎草科和灯心草科等，蛀食植物的茎、梢、根等，造成植物枯心和茎断折。其中不少种类是农作物的重要害虫，为害经济作物，给农业生产带来巨大损失。

分布：世界广布。世界已知 200 余种，中国记录 12 属 55 种，浙江分布 4 属 10 种。

分属检索表

1. 前翅 R_5 脉与其他 4 条脉共柄 ·· **柄脉禾螟属 *Leechia***
- 前翅 R_5 脉由中室伸出 ··· 2

2. 前翅 R$_2$、R$_3$、R$_4$ 脉共柄 ·· 双金纹禾螟属 *Archischoenobius*
- 前翅 R$_3$ 及 R$_4$ 脉共柄，R$_2$ 脉发自中室 ·· 3
3. 雄性抱器瓣近方形；阳茎基环盾状 ·· 白禾螟属 *Scirpophaga*
- 雄性抱器瓣长舌形；阳茎基环针状 ·· 边螟属 *Catagela*

446. 双金纹禾螟属 *Archischoenobius* Speidel, 1984

Archischoenobius Speidel, 1984: 17. Type species: *Archischoenobius pallidalis* (South, 1901).

主要特征：单眼存在。喙发达。下唇须向前平伸。前翅 R$_5$ 脉游离，R$_2$、R$_3$、R$_4$ 三脉共柄，M$_2$、M$_3$ 脉末端靠近，Cu$_1$、Cu$_2$ 脉出自中室下角；后翅 M$_1$ 由中室上角伸出，M$_2$、M$_3$ 脉由中室下角伸出。

雄性外生殖器：爪形突和颚形突鸟喙状，爪形突基部两侧有稀疏刚毛。抱器瓣宽圆。阳端基环长板状。具囊形突及舟形片。

雌性外生殖器：前后表皮突较细长。交配囊和囊导管内壁密布细刺，有囊突。

分布：中国。世界仅知 1 种，中国记录 1 种，浙江分布 1 种。

（1184）双金纹禾螟 *Archischoenobius pallidalis* (South, 1901)（图 14-149）

Parthenodes pallidalis South, 1901: 439.
Archischoenobius pallidalis: Speidel, 1984: 17.

主要特征：成虫（图 14-149A）翅展 16.0–24.0 mm。额圆形。下唇须前伸，末节白色，略向下垂，其余各节棕褐色，长度和复眼直径相当。下颚须毛刷状。触角雄蛾腹面纤毛密而长，雌蛾稀疏。领片和翅基片淡黄色。胸腹部黄白色。前翅黄白色，杂有淡棕褐色鳞片；翅前缘从翅基部到外缘的 1/3 处有灰褐色斑；前翅中室上角有 1 黑斑，中室下角有白色三角形斑纹；内、外横线棕褐色，前者向内弯曲，后者向外斜伸，在肘脉处折回到中室下角再弯曲到后缘；亚外缘带棕褐色，至肘脉处与外横线靠近；缘毛灰褐色；后翅内横线棕褐色，外缘有 2 排具金属光泽的黑色斑点，斑点周围白色；缘毛灰褐色。

图 14-149 双金纹禾螟 *Archischoenobius pallidalis* (South, 1901)
A. 成虫；B. 雌性外生殖器

雌性外生殖器（图 14-149B）：产卵瓣宽短、后端钝圆，密布刚毛。前表皮突长约为后表皮突的 1.5 倍。交配孔宽，密布细刺；导管端片骨化，近方形；囊导管细长，约为交配囊的 1.2 倍。交配囊椭圆形，内壁密布微刺；内具 1 弯刺状囊突，末端圆片状。

分布：浙江（杭州）、湖北、湖南、福建、四川、贵州、云南。

447. 边螟属 *Catagela* Walker, 1863

Catagela Walker, 1863: 191. Type species: *Catagela adjurella* Walker, 1863.

主要特征：下唇须较长，鳞片光滑，第 3 节末端尖锐，向前平伸。下颚须鳞片光滑。喙细小。雄性触角细锯齿状；雌性较短，具短纤毛。前翅 R_1 脉在中室约 2/3 处向前伸出，与 Sc 脉基部靠近，R_{3+4} 脉不靠近 R_2 脉，R_5 脉从中室上角伸出，与 R_{3+4} 脉及 M_1 脉距离相等，M_2 与 M_3 靠近，M_3 脉从中室下角伸出，Cu_1 脉从中室下角前方伸出，Cu_2 脉从中室 3/4 处伸出；后翅 Rs 及 M_1 脉在中室上角合生，Rs 脉与 $Sc+R_1$ 脉 1/3 处会合，M_2 脉及 M_3 脉于基部融合，M_3 脉从中室下角伸出，Cu_1 脉靠近中室角，Cu_2 脉在中室 2/3 前方伸出。

雄性外生殖器：爪形突与颚形突鸟喙状。背兜背面有倒"Y"形突出，背兜下突扁平，末端尖锐。阳茎端基环针状。

雌性外生殖器：交配孔内壁有浓密的细刺。囊导管较短。交配囊无囊突，囊壁无细刺。

分布：主要分布于东洋区和澳洲区。世界已知 4 种，中国记录 2 种，浙江分布 1 种。

（1185）褐边螟 *Catagela adjurella* Walker, 1863（图 14-150）

Catagela adjurella Walker, 1863: 191.

主要特征：成虫（图 14-150A）翅展 16.0–24.0 mm。头胸部黄褐色至灰褐色。触角灰褐色，腹面具纤毛。下唇须较长，超过复眼直径的 3 倍，第 2 节长度为第 3 节的 2 倍。下颚须灰褐色，约为下唇须长的 1/3。领片黄褐色至灰褐色；翅基片浅黄褐色。前翅灰黄色，有褐色缘边，前缘距翅基 2/3 处略微凸起；翅中央中室端有 3 个棕褐色斑点；翅顶有 1 褐色斜线平分顶角，斜向内缘，外缘有棕黑色小点 7 个，且褐色缘边和褐色斑点较明显；缘毛黄褐色，雌性斑纹较雄性略浅，缘毛棕褐色。后翅银灰色，带金属光泽；缘毛灰白色。

图 14-150 褐边螟 *Catagela adjurella* Walker, 1863
A. 成虫；B. 雄性外生殖器；C. 雌性外生殖器

雄性外生殖器（图 14-150B）：爪形突与颚形突均呈鸟喙状，后者略长于前者。背兜侧突叶状向下伸出。抱器瓣长舌形，略弯曲，背缘基部略微隆起；抱器背伸至抱器瓣端部；抱器腹长约为抱器瓣的 2/5。阳端基环剑状，基部圆。囊形突"V"形。阳茎长筒形，端部略宽；内有 1 具柄的镰刀形角状器，其长度为阳茎的 1/4。

雌性外生殖器（图 14-150C）：产卵瓣末端近锥形，密布纤毛。前、后表皮突较细长，前者约为后者的 1.5 倍。导管端片骨化较强，近囊导管处膨大成球状；囊导管较短，无骨化。交配囊长袋状，囊壁略皱，无囊突。

分布：浙江（衢州、丽水）、山东、河南、陕西、江苏、安徽、湖北、江西、湖南、福建、广东、云南；印度，斯里兰卡。

448. 柄脉禾螟属 *Leechia* South, 1901

Leechia South, 1901: 400. Type species: *Leechia sinuosalis* South, 1901.

主要特征：下唇须向前平伸，第3节末端尖。下颚须发达，端部鳞片扩展。前翅 R_{3+4} 与 R_2 共柄，后与 R_1 脉共柄，最后与 R_5 脉共柄；M_2、M_3 脉共柄。后翅 $Sc+R_1$ 与 Rs 脉基部共柄。

雄性外生殖器：爪形突三角形。无颚形突。阳茎短。无舟形片。

分布：中国中南部。世界已知3种，中国记录3种，浙江分布1种。

（1186）曲纹柄脉禾螟 *Leechia sinuosalis* South, 1901

Leechia sinuosalis South, 1901: 400.

分布：浙江（临安）、陕西、甘肃、青海、安徽、湖北、江西、湖南、福建、台湾、广东、四川、贵州、西藏；日本。

注：描述见《天目山动物志》（李后魂等，2020）。

449. 白禾螟属 *Scirpophaga* Treitschke, 1832

Scirpophaga Treitschke, 1832: 55. Type species: *Tinea phantasmatella* Hübner, 1796.

Spartophaga Duponchel, 1836 : 16.

Schoenophaga Duponchel, 1836: 16.

Schoinophaga Sodoffsky, 1837: 93.

Apurima Walker, 1863: 194.

Tipanaea Walker, 1863: 522.

Tryporyza Common, 1960: 339.

主要特征：额前方有1束突起鳞片。下唇向前平伸，长度约为头长的2倍。下颚须短小。喙萎缩。前翅 R_1 或与 Sc 脉愈合，R_1 脉及 R_2 脉分开，R_3、R_4 脉共柄，R_5 脉独立。后翅 Rs 脉与 M_1 脉从中室上角伸出，CuA_1 脉从中室下角伸出。

雄性外生殖器：爪形突与颚形突窄三角形。抱器瓣近方形。舟形片椭圆形。

雌性外生殖器：产卵瓣宽。导管端片发达。交配囊近球形，无囊突。

分布：世界广布。世界已知36种，中国记录21种，浙江分布7种。

分种检索表

1. 前翅 R_1 脉不和 Sc 脉会合 ··· 2
- 前翅 R_1 脉和 Sc 脉会合 ··· 4
2. 背兜侧突长弯钩状 ··· 红尾白禾螟 *S. excerptalis*
- 背兜侧突小钩状 ··· 3
3. 阳茎顶端内侧具细齿 ··· 大白禾螟 *S. magnella*
- 阳茎顶端内侧不具细齿 ··· 黄色白禾螟 *S. xanthopygata*
4. 背兜侧突三角形，有钩状刺 ··· 三化螟 *S. incertulas*
- 背兜侧突不呈三角形，无钩状刺 ··· 5

5. 背兜背面骨化呈方形 ··· 6
- 背兜背面骨化呈三角形 ·· 纹白禾螟 *S. lineata*
6. 雄蛾前翅淡黄褐色，有斑纹 ··· 黄尾白禾螟 *S. nivella*
- 雄蛾前翅白色，无斑纹 ·· 荸荠白禾螟 *S. praelata*

（1187）红尾白禾螟 *Scirpophaga excerptalis* (Walker, 1863)（图 14-151）

Chilo excerptalis Walker, 1863: 142

Scirpophaga monostigma Zeller, 1863: 3.

Scirpophaga butyrota Meyrick, 1889b: 520.

Scirpophaga intacta Snellen, 1890b: 94.

Scirpophaga excerptalis: Hampson, 1896b: 913.

Topeutis rhoduproctalis Hampson, 1919b: 319.

主要特征：成虫（图 14-151A）翅展 22.0–35.0 mm。额圆形，鳞片白色。触角棕褐色。下唇须端部灰褐色，其余白色，长约为复眼直径的 1.5 倍，第 3 节略下垂。下颚须基部灰褐色，端部白色，毛刷状。胸部、领片和翅基片白色。前翅白色；中室下角有时有少许褐色斑点，翅反面暗褐色，缘毛白色。后翅白色，翅反面浅褐色，缘毛白色。雌蛾前后翅反面均为白色；腹端尾毛褐色或橙红色。

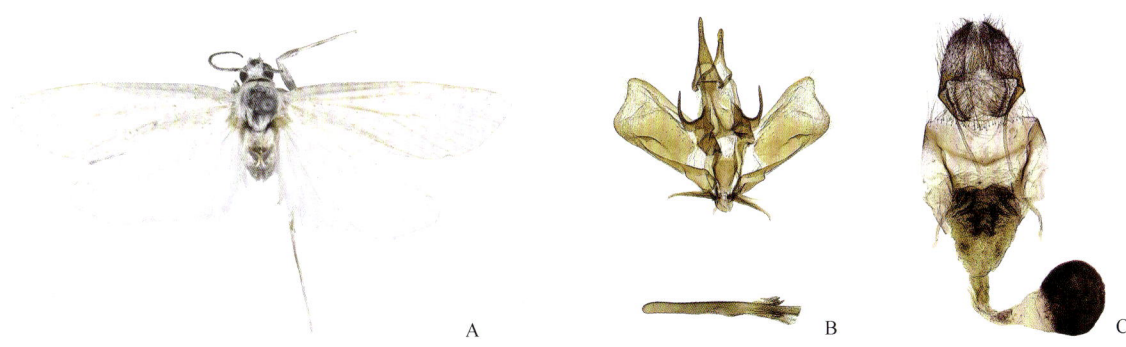

图 14-151　红尾白禾螟 *Scirpophaga excerptalis* (Walker, 1863)
A. 成虫；B. 雄性外生殖器；C. 雌性外生殖器

雄性外生殖器（图 14-151B）：爪形突略长于颚形突，二者皆呈鸟嘴状。抱器瓣长方形，长为宽的 2 倍；抱器背接近抱器瓣末端；抱器腹由基部向末端渐窄，约为抱器瓣长的 5/7。阳端基环板状。基腹弧"U"形。囊形突"U"形。阳茎长筒状，端部有 1 束状刺，阳茎鞘膜有 2 排刺状带。

雌性外生殖器（图 14-151C）：产卵瓣钝圆，密布纤毛。后表皮突细长，前表皮突略粗，中部膨大成三角形。交配孔皱褶，强烈骨化，密布成行小刺；交配孔和导精管之间部分骨化。囊导管粗短且有微刺。交配囊末端 3/4 密布细刺。

分布：浙江（德清、临安）、江苏、湖北、湖南、福建、台湾、广东、广西；日本，印度，尼泊尔，孟加拉国，越南，泰国，菲律宾，印度尼西亚，澳大利亚，巴布亚新几内亚。

（1188）三化螟 *Scirpophaga incertulas* (Walker, 1863)（图 14-152）

Chilo incertulas Walker, 1863:143.

Catagela admotella Walker, 1863:192.

Schoenobius punctellus Zeller, 1863: 4.

Schoenobius mintellus Zeller, 1863: 5.

Tipanaea bipunctifera Walker, 1863: 523.

Chilo gratioselus Walker, 1864a: 967.

Schoenobius bipunctifera ab. *quadripunctellifera* Strand, 1918b: 263.

Scirpophaga incertulas: Lewvanich, 1981: 243.

主要特征：成虫（图 14-152A）翅展 18.0–27.0 mm；头部白色至黄白色。下唇须白色至灰褐色，常超过复眼直径的 3 倍，末节平伸，长度超过第 2 节的 1/2。下颚须淡黄褐色、末端白色。触角白色，密布纤毛。雄性胸部灰褐色，领片和翅基片灰褐色；雌性均为淡黄色。雄性前翅赭色，中室前端有 1 小黑点，从翅顶角至后缘有 1 条黑褐色斜线，外缘具 1 列黑色斑点；缘毛灰褐色。雌性前翅黄色，中室下角有 1 黑点，外缘及缘毛淡黄色。后翅白色，外缘黄白色，缘毛白色至淡黄色。

图 14-152 三化螟 *Scirpophaga incertulas* (Walker, 1863)
A. 成虫；B. 雄性外生殖器；C. 雌性外生殖器

雄性外生殖器（图 14-152B）：爪形突略长于颚形突，颚形突臂长约为颚形突的 2/5。抱器瓣矩形，末端中部略凹入；抱器腹基部向末端渐窄，长为抱器瓣的 2/5。阳端基环基部窄，端部渐宽，顶端中央凹陷。囊形突"V"形。阳茎长筒状；内有 1 枝叉状角状器。

雌性外生殖器（图 14-152C）：产卵瓣末端钝圆，密布纤毛。后表皮突细长，前表皮突中部膨大成三角形。导管端片骨化，具明显皱纹和小刺。囊导管较短。交配囊椭圆形，略短于囊导管，基部 3/4 密布微刺。

分布：浙江（湖州、丽水）、河北、山东、河南、陕西、江苏、上海、安徽、湖北、江西、湖南、福建、台湾、广东、海南、广西、重庆、四川、贵州、云南；日本，印度，尼泊尔，孟加拉国，缅甸，越南，泰国，斯里兰卡，菲律宾，马来西亚，新加坡，印度尼西亚，阿富汗。

（1189）纹白禾螟 *Scirpophaga lineata* (Butler, 1879)

Apurima lineata Butler, 1879a: 457.

Scirpophaga lineata: Lewvanich, 1981: 240.

主要特征：翅展 19.0–22.0 mm。头部鳞片白色。下唇须平伸，末节较长，除外侧下部为褐色以外皆为白色。下颚须淡褐色，末端鳞片扩展。触角灰褐色，胸部背面及腹面白褐色，腹部背面褐色，腹面淡褐色。前翅褐黄色，中室端脉下角有 1 黑斑，前翅翅顶向后有 1 条明显的深褐色斜线，外缘线上有 1 排黑点，前翅缘毛褐黄色，后翅黄褐色，色泽比前翅略浅。本种翅面斑纹与雄性三化螟近似，但三化螟前翅上的斜线不够明显，又不是贯穿直达前翅后缘，易与本种区分。

分布：浙江、江苏、湖南、广西；日本，印度，马来西亚，印度尼西亚。

注：未见标本，描述来自王平远（1980）。

（1190）大白禾螟 *Scirpophaga magnella* de Joannis, 1930（图 14-153）

Scirpophaga magnella de Joannis, 1930: 608.

主要特征：成虫（图 14-153A）翅展 25.0–49.0 mm。头顶光滑，额圆形，覆盖白色鳞片。下唇须白色，平伸，雄性长为复眼直径的 1.5 倍，雌性略长于复眼。下颚须白色。触角背面白色，腹面棕褐色。领片、翅基片白色。前、后翅白色，雄性前翅散布少量黑色鳞片，中室下有时有褐色小点。前后翅缘毛均为白色。腹端尾毛褐黄色。

雄性外生殖器（图 14-153B）：爪形突略长于颚形突。抱器瓣近菱形，顶角略突出；抱器腹由基部至端部渐尖。阳端基环椭圆形，顶端中部凹陷。囊形突端部圆。阳茎细棒状，端部内侧具细齿；阳茎鞘膜扩大，有 1 弯曲刺状带；射精管开口于阳茎中部。

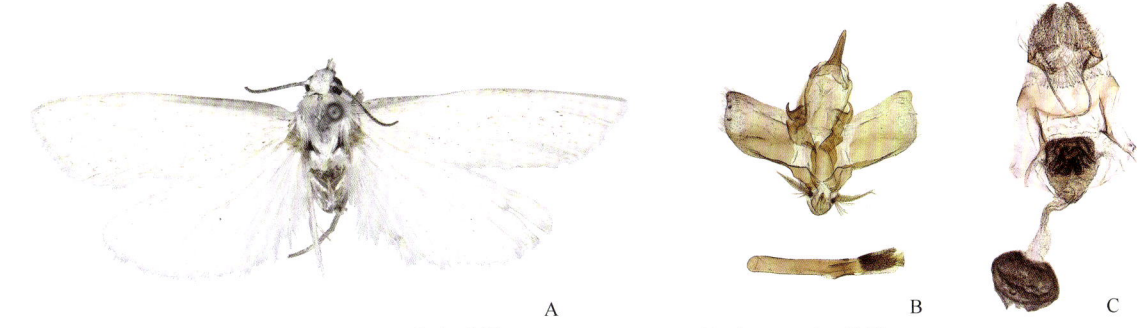

图 14-153 大白禾螟 *Scirpophaga magnella* de Joannis, 1930
A. 成虫；B. 雄性外生殖器；C. 雌性外生殖器

雌性外生殖器（图 14-153C）：产卵瓣末端圆钝，密布纤毛。前、后表皮突近等长，后者略细，前者近中部膨大成三角形。交配孔骨化，具皱褶，密布成行微刺；交配孔和导精管之间部分骨化。囊导管密布骨化颗粒，近交配囊处较粗。交配囊椭圆形，囊壁密布细刺；无囊突。

分布：浙江、黑龙江、北京、河南、江苏、安徽、湖北、福建、广东、海南、云南；朝鲜，日本，巴基斯坦，印度，尼泊尔，孟加拉国，缅甸，越南，泰国，伊朗，阿富汗。

（1191）黄尾白禾螟 *Scirpophaga nivella* (Fabricius, 1794)（图 14-154）

Tinea nivella Fabricius, 1794: 296.
Scirpophaga chrysorrhoa Zeller, 1863: 1.
Scirpophaga auriflua Zeller, 1863: 2.
Scirpophaga butyrota Meyrick, 1889b: 520.
Schoenobius celidias Meyrick, 1894: 475b.
Scirpophaga euclastalis Strand, 1918: 262.
Scirpophaga nivella: Shibuya, 1928: 61.

主要特征：成虫（图 14-154A）雄性翅展 21.0–30.0 mm。下唇须长度约为复眼直径的 3 倍。前翅淡黄褐色并有 4 个暗褐色点，前 3 个点依次在近翅中央由翅基向外缘 1/5 处、1/2 处和 3/4 处，第 4 个点位于中室下角；由翅顶角至后缘有 1 条褐色弯曲斜线；翅外缘有 1 排斑点；后翅白色，翅前缘和基半部灰褐色。

雄性外生殖器（图 14-154B）：爪形突与颚形突鸟嘴状，前者略短于后者；颚形突臂长约为颚形突的 1/2。抱器瓣近长方形，背缘基部略微拱起，端部平截；抱器腹约为抱器瓣的 1/4。阳端基环长条状。阳茎细长筒状，顶端有 1 锯齿形骨片；角状器 3 个，1 个细长刺状，近端部的钩状，端部尖，基部长。

分布：浙江（临安）、北京、江苏、湖北、福建、台湾、广东；朝鲜，日本，印度，尼泊尔，孟加拉国，缅甸，越南，泰国，菲律宾，马来西亚，新加坡，印度尼西亚，叙利亚，澳大利亚。

图 14-154　黄尾白禾螟 *Scirpophaga nivella* (Fabricius, 1794)
A. 成虫；B. 雄性外生殖器

(1192) 荸荠白禾螟 *Scirpophaga praelata* (Scopoli, 1763)（图 14-155）

Phalaena praelata Scopoli, 1763: 198.
Phalaena alucita latidactyla Hübner, 1790: 27.
Tinea phantasmatella Hübner, 1796: 23.
Topeutis phantasmatalis Hübner, 1825: 366.
Bombyx alba Hübner, 1828: 74.
Scirpophaga phantasmella Treitschke, 1832: 56.
Scirpophaga cinerea Zeller, 1863: 1.
Scirpophaga praelata: Walker, 1863:145.
Scirpophaga praelata ab. *cinerea* Zeller, 1863: 1.
Scirpophaga limnochares Common, 1960: 318.

主要特征：成虫（图 14-155A）翅展 23.0–49.0 mm。额圆形，头顶光滑。下唇须白色，前伸，末节略向下伸，长约为复眼直径的 1.2 倍。下颚须约为下唇须的 1/2，末节略有扩展。触角白色，丝状，腹面具纤毛。领片、翅基片及胸部白色。雄性前、后翅浅赭白色，缘毛白色；前翅反面暗褐色，后翅反面在前缘杂有暗褐色。雌性前、后翅纯白色，缘毛白色。

图 14-155　荸荠白禾螟 *Scirpophaga praelata* (Scopoli, 1763)
A. 成虫；B. 雄性外生殖器；C. 雌性外生殖器

雄性外生殖器（图 14-155B）：爪形突略长于颚形突，颚形突臂较长。抱器瓣外缘平截；抱器背近基部拱起；抱器腹基半部近方形，端半部向末端渐窄，长为抱器瓣的 1/3。阳端基环倒梯形，近端部侧缘拱突。基腹弧"U"形。阳茎细长筒状，端部 1/3 膨大，内有 1 个细刺状和 2 个三角形角状器。

雌性外生殖器（图 14-155C）：产卵瓣帽状，末端圆钝。前、后表皮突长度相当，前者中部膨大成三角形。交配孔膜质，无皱纹及小刺；导管端片强烈骨化；囊导管长度与交配囊近等长。交配囊球形，内壁密布微刺；无囊突。

分布：浙江（杭州、宁波、金华、台州、丽水）、黑龙江、天津、河北、甘肃、江苏、安徽、江西、福建、台湾、广东、广西；日本，伊朗，叙利亚，欧洲，澳大利亚。

（1193）黄色白禾螟 *Scirpophaga xanthopygata* Schawerda, 1922（图 14-156）

Scirpophaga xanthopygata Schawerda, 1922: 11.
Scirpophaga praelata var. *xanthopygata* Schawerda, 1922: 11.

主要特征：成虫（图 14-156A）翅展 22–47.0 mm。额圆形，覆白色鳞片。下唇须白色混有少量褐色鳞片，向前平伸，末节略向下垂，长度略大于复眼直径。下颚须白色，混有少量褐色鳞片，末节膨大。喙退化。触角黑褐色。领片、翅基片白色；胸部及腹部白色略带黄褐色。前翅白色，散布黄褐色鳞片。后翅白色，前后翅缘毛白色。腹部末端毛丛褐黄色。

图 14-156 黄色白禾螟 *Scirpophaga xanthopygata* Schawerda, 1922
A. 成虫；B. 雌性外生殖器

雌性外生殖器（图 14-156B）：产卵瓣帽状，密布纤毛。后表皮突长约为前表皮突的 4/5，后者中部膨大成三角形。交配孔膜质，密布细刺；导管端片骨化强烈，呈三裂片状；囊导管长约为交配囊的 1.2 倍。交配囊近圆形，囊壁密布细刺。

分布：浙江、黑龙江、北京、山西、陕西、江苏、安徽、江西、湖南、福建、台湾、广东、海南、广西；俄罗斯，朝鲜，日本，越南。

注：雄虫未见标本，描述参考汪家社等（2003）。

（五）野螟亚科 Pyraustinae

主要特征：雄性前翅亚前缘脉基部处具带状翅缰钩。

雄性外生殖器：背兜通常呈"凸"字形；抱器瓣多为长舌状，常有发达、骨化的抱器下突，其背侧常具简单刚毛或特化粗刚毛形成的抱器内突。

雌性外生殖器：交配囊常有附囊，囊突菱形或近菱形，多被锥突，具 1 对隆起的对称脊。

分布：世界广布。世界已知 172 属 1284 种（Nuss et al., 2003–2023），中国记录 69 属 320 种，浙江分布 24 属 45 种。

分属检索表

1. 雄性后足外距与内距近等长 ·· 长距野螟属 *Hyalobathra*
- 雄性后足外距短于内距 ·· 2
2. 抱器内突由简单刚毛构成 ··· 3
- 抱器内突由特化刚毛构成，刚毛末端通常多裂或被细指状突起 ··· 11

3.	囊突橄榄形	灯野螟属 *Lamprophaia*
-	囊突非橄榄形	4
4.	囊导管后端具骨片	镰翅野螟属 *Circobotys*
-	囊导管后端不具骨片	5
5.	额具明显锥突	双突野螟属 *Sitochroa*
-	额不具锥突	6
6.	雄性前翅中室基部后方具无鳞片小凹窝	7
-	雄性前翅无上述小凹窝	8
7.	前翅小凹窝处反面不具大片鳞簇；囊形突窄菱形	宽突野螟属 *Paranomis*
-	前翅小凹窝处反面具大片鳞簇；囊形突三角形	云纹野螟属 *Nephelobotys*
8.	翅反面常具褐色亚外缘带；爪形突细棒状，抱器下突腹侧突起指状；具第 2 囊突	细突野螟属 *Ecpyrrhorrhoe*
-	翅反面无褐色亚外缘带；爪形突及抱器下突不似上述；无第 2 囊突	9
9.	抱器下突片状，背侧被稍密毛，腹侧具三角形骨化突起	扇野螟属 *Nascia*
-	抱器下突指状，背侧被稀疏毛，腹侧无骨化突起	10
10.	触角基部正常；无明显翅斑；爪形突短钝，宽大于长	叉环野螟属 *Eumorphobotys*
-	雄性触角基部常膨大扭曲；通常具明显翅斑；爪形突窄长，长大于宽	果蛀野螟属 *Thliptoceras*
11.	阳茎后端具板状骨片，骨片边缘具锯齿；交配孔囊内具指状突起	棘趾野螟属 *Anania*
-	阳茎后端如有骨片，不似上述；交配孔囊中无指状突起	12
12.	额具明显锥突	安野螟属 *Emphylica*
-	额不具锥突	13
13.	抱器下突球杆状	拟尖须野螟属 *Pseudopagyda*
-	抱器下突不似上述	14
14.	抱器下突粗壮，近横"T"形；抱器下突基部的刺状毛和背侧的末端多裂的鳞片状毛构成抱器内突 … 秆野螟属 *Ostrinia*
-	抱器下突不似上述	15
15.	抱器下突外侧突起指向抱器瓣端部；阳茎后端具细条状或弯环状角状器	褶缘野螟属 *Paratalanta*
-	抱器下突外侧不具突起；阳茎后端无角状器或角状器不似上述	16
16.	抱器下突近椭圆形；抱器内突由长指状刚毛构成；囊突长条状	胭翅野螟属 *Carminibotys*
-	抱器下突不似上述；如具囊突，非长条状	17
17.	雄性后足外距微小，基外距约为基内距的 1/8	18
-	雄性后足外距正常，约为内距长的 1/2	22
18.	雄性前翅通常具无鳞片小凹窝，反面相同区域覆盖大片鳞簇	19
-	雄性前翅不具无鳞片小凹窝，反面无大片鳞簇	20
19.	雄性前翅通常仅中室基部后方具无鳞片小凹窝；抱器腹中部具刺状突起；阳茎后端稍下弯且被微刺 …… 腹刺野螟属 *Anamalaia*
-	雄性前翅具 3 个无鳞片小凹窝；抱器腹中部无刺状突起；阳茎后端直，不被刺	窗野螟属 *Torulisquama*
20.	抱器腹中部具尖刺状突起	淡黄野螟属 *Demobotys*
-	抱器腹中部膨大，不具刺状突起	21
21.	抱器下突腹缘密被细毛；抱器内突由 3–5 根特化刚毛构成；阳茎后端伸出长而弯的骨片	弯茎野螟属 *Crypsiptya*
-	抱器下突腹缘不被毛，腹外侧具尖弯钩；抱器内突由约 10 根特化刚毛构成；阳茎后端无伸出的骨片 … 东方野螟属 *Sinibotys*
22.	抱器下突腹缘被粗刺	金野螟属 *Aurorobotys*
-	抱器下突腹缘无粗刺	23
23.	抱器下突腹侧具弯钩状突起；不具囊突或具椭圆形或橄榄形囊突	尖须野螟属 *Pagyda*
-	抱器下突腹侧不具突起；囊突通常为菱形	野螟属 *Pyrausta*

450. 金野螟属 *Aurorobotys* Munroe *et* Mutuura, 1971

Aurorobotys Munroe *et* Mutuura, 1971: 173. Type species: *Ebulea aurorina* Butler, 1878.

主要特征：中型野螟。体、翅黄色，翅面斑纹赭色，亚外缘带宽。

雄性外生殖器：爪形突短宽，双叶状，末端中部具纵向凹槽；背兜短；抱器背基突腹突末端膨大；抱器瓣短，末端明显窄；抱器下突背侧被末端多裂的鳞片状刚毛构成的抱器内突，腹侧骨化，被 1 排粗刺；阳茎基环小；阳茎具短弯刺状刺束。

雌性外生殖器：囊导管长为交配囊直径的 3–4 倍，交配孔囊小，膜质；交配囊近球形，囊突小，近哑铃形，具第 2 囊突。

分布：东洋区。世界已知 2 种，中国记录 2 种，浙江分布 1 种。

（1194）粗刺金野螟 *Aurorobotys crassispinalis* Munroe *et* Mutuura, 1971（图 14-157）

Aurorobotys crassispinalis Munroe *et* Mutuura, 1971: 174.

主要特征：成虫（图 14-157A）翅展 19.5–24.5 mm。外部形态和外生殖器特征（图 14-157B、C）同属征。前、后翅黄色，具较宽的赭褐色亚外缘带。外生殖器的爪形突宽短，几乎光裸无毛，二裂；抱器下突腹侧被粗刺；阳茎基环极小；交配孔囊两侧具椭圆形骨片且边缘骨化明显。

图 14-157 粗刺金野螟 *Aurorobotys crassispinalis* Munroe *et* Mutuura, 1971
A. 成虫；B. 雄性外生殖器；C. 雌性外生殖器

分布：浙江（宁波）、江西、湖南、广西。

451. 秆野螟属 *Ostrinia* Hübner, 1825

Ostrinia Hübner, 1825: 360. Type species: *Pyralis palustralis* Hübner, 1796.
Micractis Warren, 1892: 294.
Eupolemarcha Meyrick, 1937: 108.
Zeaphagus Agenjo, 1952: 149.

主要特征：中型野螟。雄性前翅多为黄色或黄褐色，具褐色斑纹和带，后翅通常灰褐色，具浅黄色带；雌性前翅偏黄，后翅通常浅黄色。部分种类雄性中足胫节膨大，常具沟及毛刷。

雄性外生殖器：爪形突短宽，末端常二分叉或三分叉，被毛稀疏；抱器瓣与背兜夹角较小，抱器下突近横"T"形，内侧常被末端多裂的鳞片状毛及短刺状毛构成的抱器内突，抱器腹端部通常骨化且被刺；阳茎基环通常呈"V"形；阳茎短宽，常具指状角状器。

雌性外生殖器：第8腹节前端两侧通常骨化且具皱褶；后阴片为1对近三角形的骨片；囊导管长约为交配囊长径的2倍；交配囊椭圆形，囊突窄菱形，具脊两角狭长。

分布：世界广布。世界已知21种，中国记录14种，浙江分布4种。

分种检索表

1. 雄性外生殖器爪形突不分叉	酸模秆野螟 *O. palustralis*
- 雄性外生殖器爪形突三分叉	2
2. 雄性中足胫节正常	亚洲玉米螟 *O. furnacalis*
- 雄性中足胫节膨大	3
3. 雄性中足胫节非常膨大，约为正常胫节宽度的4倍	豆秆野螟 *O. zealis*
- 雄性中足胫节中等膨大，约为正常胫节宽度的2倍	款冬玉米螟 *O. scapulalis*

（1195）亚洲玉米螟 *Ostrinia furnacalis* (Guenée, 1854)

Botys furnacalis Guenée, 1854: 332.

Ostrinia furnacalis: Mutuura & Munroe, 1970: 33.

分布：浙江，全国广布；古北区，东洋区，澳洲区。

注：描述见《天目山动物志》（李后魂等，2020）。

（1196）酸模秆野螟 *Ostrinia palustralis* (Hübner, 1796)（图14-158）

Pyralis palustralis Hübner, 1796: 21.

Ostrinia palustralis: Hübner, 1825: 360.

主要特征：成虫（图14-158A）翅展34.0–40.0 mm。体黄色，头部和胸部前缘布满玫红色鳞片。前翅浅黄色，前缘、亚外缘带、中室圆斑及中室端脉斑玫红色，前缘近基部向后缘具外倾玫红色带。后翅浅黄色，浅褐色亚外缘带较宽。

图14-158 酸模秆野螟 *Ostrinia palustralis* (Hübner, 1796)
A. 成虫；B. 雄性外生殖器

雄性外生殖器（图14-158B）：爪形突末端不分叉；抱器下突背侧部分稍膨大；抱器腹端半部为具刺区，其基半部具稍长且粗的刺、端半部具短且较密的刺；指状角状器较短小。

雌性外生殖器：囊导管稍长于交配囊，交配囊长椭圆形，囊突不具脊两角极短，不明显。

分布：浙江、黑龙江、云南；俄罗斯，韩国，日本，欧洲。

注：未见浙江标本。

（1197）款冬玉米螟 *Ostrinia scapulalis* (Walker, 1859)（图 14-159）

Botys scapulalis Walker, 1859: 657.

Ostrinia scapulalis: Mutuura & Munroe, 1966: 6.

主要特征：成虫（图 14-159A）翅展 22.0–33.0 mm。体浅黄色。雄性前翅浅褐色至褐色，翅基部至前中线之间、中室圆斑与中室端脉斑之间，以及亚外缘带浅黄色；后翅褐色，亚外缘带宽，浅黄色。雌性前翅偏黄色，中室端脉斑与后中线之间具浅褐色斑块。雄性中足胫节膨大，约为正常胫节宽度的 2 倍。

 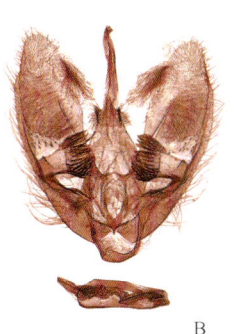 

图 14-159　款冬玉米螟 *Ostrinia scapulalis* (Walker, 1859)
A. 成虫；B. 雄性外生殖器；C. 雌性外生殖器

雄性外生殖器（图 14-159B）：爪形突三分叉，两侧突稍短或与中突等长；抱器腹端半部为具刺区，其基部和端部通常各有 1 大刺，有时中间有 1 根大刺或端刺前后有小刺；阳茎内有 2 个指状角状器。

雌性外生殖器（图 14-159C）：第 8 腹节前端两侧强烈骨化，但稍弱于亚洲玉米螟。

分布：浙江（临安）、河北、山西、陕西、湖北、江西、湖南、福建、重庆；俄罗斯，韩国，日本，印度。

（1198）豆秆野螟 *Ostrinia zealis* (Guenée, 1854)（图 14-160）

Botys zealis Guenée, 1854: 332, 367.

Ostrinia zealis: Mutuura & Munroe, 1970: 50.

主要特征：成虫（图 14-160A）翅展 26.0–35.0 mm。体浅黄色。翅斑多变，翅面颜色浅且具较大块苍白区域。多为前翅黄色，翅斑不清晰；后翅浅黄色，后中线内侧至翅基部散布灰褐色鳞片。雄性中足胫节显著膨大，约为正常胫节宽度的 4 倍，具沟及发达毛刷。

 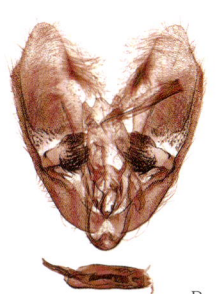

图 14-160　豆秆野螟 *Ostrinia zealis* (Guenée, 1854)
A. 成虫；B. 雄性外生殖器

雄性外生殖器（图 14-160B）：爪形突末端三分叉，两侧突宽圆，中突稍细；抱器下突被毛浓密；抱器腹端部 1/4 为具刺区，具刺区基部有 1 独立的大刺，端部有 3 根小刺成簇，或 2–4 根大刺分离或聚在末端；阳茎粗短，有 2 个指形角状器。

雌性外生殖器：第 8 腹节前端腹侧相对平滑，骨化稍弱。

分布：浙江、陕西、甘肃、江苏、湖南、福建、台湾、广东、重庆、四川、云南；俄罗斯，韩国，日本，印度。

注：未见浙江标本。

452. 胭翅野螟属 *Carminibotys* Munroe *et* Mutuura, 1971

Carminibotys Munroe *et* Mutuura, 1971: 180. Type species: *Pyrausta carminalis* Caradja, 1925.

主要特征：该属体型通常较小（翅展不超过 20.0 mm）。前翅外缘前 2/3 近直，稍斜，后 1/3 稍内弯；散布橘红色至玫红色鳞片，外缘深褐色。

雄性外生殖器：抱器瓣腹缘端半部斜；抱器下突近椭圆形，背侧被长指状刚毛构成的抱器内突；阳茎短粗，至后端渐窄。

雌性外生殖器：囊导管骨化具纵褶；囊突长条状。

分布：中国和日本。该属仅包括模式种，浙江有分布。

（1199）胭翅野螟 *Carminibotys carminalis* (Caradja, 1925)

Pyrausta carminalis Caradja, 1925: 371.
Carminibotys carminalis iwawakisana: Munroe & Mutuura, 1971: 181.

分布：浙江（临安）、河南、安徽、湖北、江西、湖南、福建、广东、海南、广西、贵州、云南；日本。

注：描述见《天目山动物志》（李后魂等，2020）。

453. 长距野螟属 *Hyalobathra* Meyrick, 1885

Hyalobathra Meyrick, 1885: 445. Type species: *Hyalobathra archeleuca* Meyrick, 1885.
Leucocraspeda Warren, 1890: 475.

主要特征：中型野螟。前翅后中线前端通常强烈外倾；雄性后翅中室通常具无鳞片半透明区。雄性腹部第 8 节腹板前端两侧通常具长突起，后端两侧通常呈叶状。后足胫节外距与内距等长。

雄性外生殖器：爪形突细长，不被毛；抱器瓣短宽，复杂，常具几个毛簇，近端部具强烈骨化的细长突起；抱器背端部常膨大且被毛；抱器腹常具横褶；阳茎基环"V"形或"U"形；阳茎基部弯。

雌性外生殖器：囊导管通常被微刺；附囊通常发自囊导管与交配囊连接处。

分布：东洋区、澳洲区。世界已知 21 种，中国记录 9 种，浙江分布 1 种。

（1200）白缘长距野螟 *Hyalobathra illectalis* (Walker, 1859)（图 14-161）

Botys illectalis Walker, 1859: 658.
Hyalobathra illectalis: Caradja, 1925: 356.

主要特征：成虫（图 14-161A）翅展 26.0–28.0 mm。体、翅棕赭色；斑纹黑褐色，纤细；前翅后中线前端外倾幅度稍大；亚外缘线略呈锯齿状；缘毛白色，基部有黑色线。

雄性外生殖器（图 14-161B）：爪形突末端浅二裂，近"U"形，基部宽三角形；抱器瓣基部具叶状突起，端部具 1 个伸向背缘方向的拇指状被毛突起和 1 个强烈骨化的伸向抱器瓣基部方向的细长箭头状突起；阳茎基环"V"形，背臂稍粗；阳茎短而弯。

雌性外生殖器（图 14-161C）：后阴片为 1 对椭圆形骨片；囊导管长约为交配囊直径的 1.5 倍；囊突最长处长于交配囊直径的 1/2，不具脊两角较细长。

分布：浙江、台湾、广东、云南；日本，印度，印度尼西亚，巴布亚新几内亚，斐济，澳大利亚。

注：未见浙江标本。

图 14-161 白缘长距野螟 *Hyalobathra illectalis* (Walker, 1859)
A. 成虫；B. 雄性外生殖器；C. 雌性外生殖器

454. 细突野螟属 *Ecpyrrhorrhoe* Hübner, 1825

Ecpyrrhorrhoe Hübner, 1825: 356. Type species: *Pyralis rubiginalis* Hübner, 1796.
Harpadispar Agenjo, 1952: 150.
Pyraustegia Marion, 1963: 300.

主要特征：中型野螟。体通常黄色，或带玫红色，翅正面常无亚外缘带，但反面通常可见明显褐色亚外缘带。

雄性外生殖器：爪形突细棒状，基部稍宽近三角形；抱器下突通常指状，背侧被简单刚毛构成的抱器内突；抱器腹中部通常膨大；阳茎基环具长背臂，阳茎基环端膜通常发达，常具粗刺或刺簇；阳茎后端常具骨片并被刺。

雌性外生殖器：交配孔囊骨化；囊导管后端基部常具细骨片；第 2 囊突通常被刺。

分布：古北区、东洋区。世界已知 12 种，中国记录 9 种，浙江分布 1 种。

（1201）指状细突野螟 *Ecpyrrhorrhoe digitaliformis* Zhang, Li *et* Wang, 2004

Ecpyrrhorrhoe digitaliformis Zhang, Li *et* Wang, 2004: 318.

分布：浙江（临安）、河南、湖南、贵州。

注：描述见《天目山动物志》（李后魂等，2020）。

455. 尖须野螟属 *Pagyda* Walker, 1859

Pagyda Walker, 1859: 487. Type species: *Pagyda salvalis* Walker, 1859.

主要特征：中型野螟。翅面斑纹清晰：前翅有时具明显亚基线、基线；中室端脉斑发达，常向前伸达翅前缘，向后与后中线近后缘部分接近或相连；后中线中部通常断开；亚外缘线明显；后翅通常具明显前、后中线和亚外缘线。

雄性外生殖器：爪形突通常窄三角形；部分种类具伪颚形突；抱器下突背侧通常被鳞片状毛或简单刚毛形成的抱器内突，腹侧具稍弯钩突；角状器通常刺状。

雌性外生殖器：囊导管后端或前端具一段膨大且骨化的区域；囊突椭圆形或橄榄形，不具对称脊，或无囊突。

分布：东洋区、旧热带区和澳洲区。世界已知 27 种，中国记录 14 种，浙江分布 6 种。

分种检索表

1. 翅面具亮银色带 ······ 金尖须野螟 *P. afralis*
- 翅面不具亮银色带 ······ 2
2. 前、后翅中线部分或全部红褐色 ······ 赤纹尖须野螟 *P. auroralis*
- 前、后翅中线黄色或黄褐色 ······ 3
3. 角状器长于阳茎长度的 1/2 ······ 五线尖须野螟 *P. quinquelineata*
- 角状器短于阳茎长度的 1/2 ······ 4
4. 角状器短于阳茎长度的 1/4 ······ 四线尖须野螟 *P. quadrilineata*
- 角状器长于阳茎长度的 1/4 ······ 5
5. 翅斑偏橘红色，前翅后中线在 CuA 脉处断开，不相连；囊导管长度约为交配囊长径的 4 倍 ······ 黑环尖须野螟 *P. salvalis*
- 翅面斑纹颜色偏褐色，前翅后中线中部内折，不断开；囊导管长度约为交配囊直径的 3 倍 ······ 弯指尖须野螟 *P. arbiter*

（1202）金尖须野螟 *Pagyda afralis* (Walker, 1859) comb. nov.（图 14-162）

Daulia afralis Walker, 1859: 975.

主要特征：成虫（图 14-162A）翅展 15.0–20.0 mm。体浅黄色，具浅褐色斑纹。翅暗黄色至浅褐色，前翅基部、前缘中部及前、后翅后中线、亚外缘线外侧具亮银色带，后翅近臀角处具黑斑。

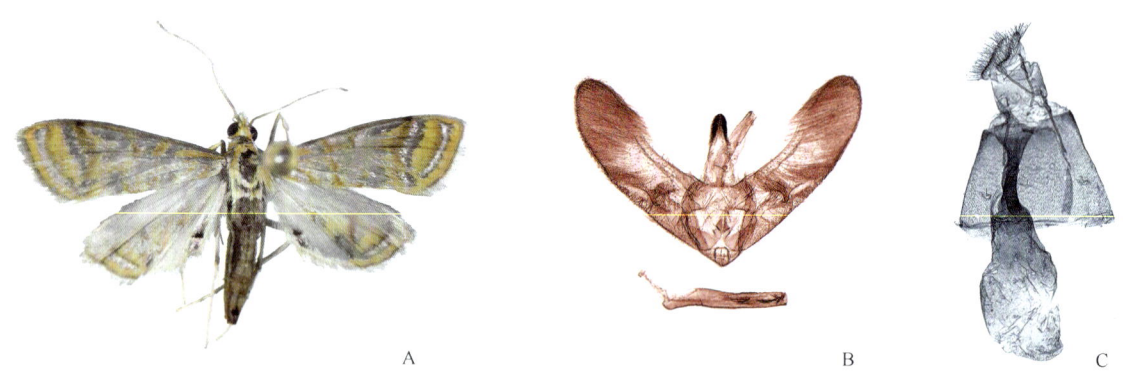

图 14-162 金尖须野螟 *Pagyda afralis* (Walker, 1859)
A. 成虫；B. 雄性外生殖器；C. 雌性外生殖器

雄性外生殖器（图 14-162B）：抱器下突腹侧突起粗弯钩状，末端具小刺；阳茎基环梭形，端部中间具深裂，两侧具斜脊；阳茎中部具 1 根粗针状且基部较长的角状器，近端部具数根粗刺状角状器。

雌性外生殖器（图 14-162C）：囊导管短于交配囊长径，交配孔囊呈膜质的漏斗状，导管端片宽大；交配囊无囊突及附囊。

分布：浙江、安徽、湖北、江西、湖南、广东；印度，不丹，缅甸，马来西亚。

注：未见浙江标本。

经研究其他地区的标本，本种雄性外生殖器与尖须野螟属各种非常相似，爪形突窄三角形，被末端二裂的鳞片状毛；抱器下突背侧短钝，腹侧被弯钩状小突起；阳茎内具刺状角状器。故在本志中将其归入尖须野螟属。

（1203）弯指尖须野螟 Pagyda arbiter (Butler, 1879)

Botys arbiter Butler, 1879b: 77.

Pagyda arbiter: Hampson, 1896a: 270, part (= *salvalis* Walker).

分布：浙江（嘉兴、临安、衢州、丽水）、湖北、江西、湖南、广东、广西；日本。

注：描述见《天目山动物志》（李后魂等，2020）。

（1204）赤纹尖须野螟 Pagyda auroralis (Moore, 1888)（图 14-163）

Haritala auroralis Moore, 1888: 215.

Pagyda auroralis: Hampson, 1896a: 270.

主要特征：成虫（图 14-163A）翅展 17.5–25.0 mm。体浅黄色，具红褐色或黄色斑纹。翅底色乳白色，翅斑黄色，粗带状；前翅具基线及亚基线，前中线后半部红褐色，亚外缘带后部浅红褐色；后翅后中线宽，红褐色。

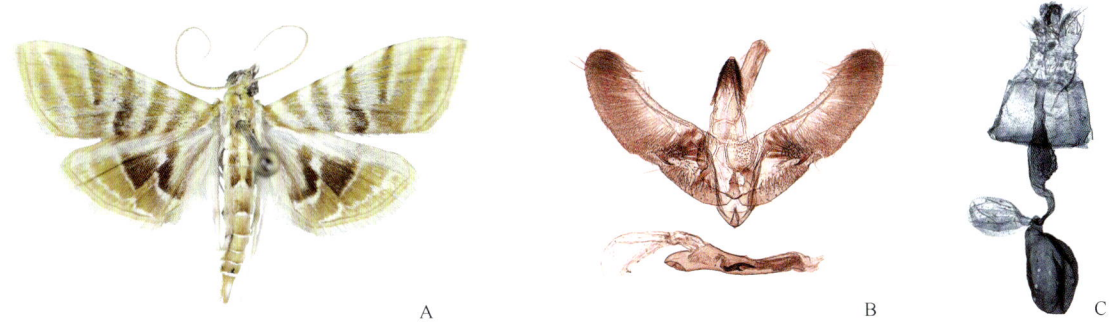

图 14-163 赤纹尖须野螟 *Pagyda auroralis* (Moore, 1888)
A. 成虫；B. 雄性外生殖器；C. 雌性外生殖器

雄性外生殖器（图 14-163B）：抱器瓣稍弯，腹缘中部稍内凹；抱器下突腹侧钩状突起较小，稍弯；阳茎基环从基部至端部渐窄；阳茎纤细，内具 1 个勾状角状器。

雌性外生殖器（图 14-163C）：囊导管约为交配囊长径的 1.5 倍，交配孔囊膜质，导管端片长于交配囊长径，囊导管中部膨大且内具骨片；无囊突。

分布：浙江（温州）、陕西、江西、湖南、福建、广东、海南、广西、贵州、云南；日本，印度，缅甸，印度尼西亚。

（1205）四线尖须野螟 Pagyda quadrilineata Butler, 1881（图 14-164）

Pagyda quadrilineata Butler, 1881: 586.

主要特征：成虫（图 14-164A）翅展 23.5–26.0 mm。体浅黄色，翅面斑纹黄褐色；前翅通常具深黄色亚基线，亚外缘线略模糊；后翅亚外缘线直。

雄性外生殖器（图 14-164B）：爪形突窄三角形；抱器瓣近末端稍弯而窄；抱器下突腹侧突起端半部被刺；抱器腹端半部稍膨大；阳茎基环长板状，基半部中间具纵褶；阳茎细长，前端稍宽，角状器为 1 根基部膨大的短刺，短于阳茎长的 1/4。

雌性外生殖器（图 14-164C）：囊导管直，为交配囊长径的 2.5–3 倍，交配孔囊杯状，稍宽于导管端片；导管端片稍长于交配孔囊长度；囊导管中部稍膨大，表面具颗粒状皱褶，一侧具骨片；附囊发自囊导管近交配囊处；无囊突。

分布：浙江（杭州、丽水、温州）、陕西、福建、广东、广西、贵州、云南；韩国，日本。

图 14-164　四线尖须野螟 *Pagyda quadrilineata* Butler, 1881
A. 成虫；B. 雄性外生殖器；C. 雌性外生殖器

（1206）五线尖须野螟 *Pagyda quinquelineata* Hering, 1903

Pagyda quinquelineata Hering, 1903: 101.

分布：浙江（嘉兴、杭州、宁波、金华、衢州、丽水、温州）、湖北、江西、湖南、福建、广东、广西、重庆；韩国，日本。

注：描述见《天目山动物志》（李后魂等，2020）。

（1207）黑环尖须野螟 *Pagyda salvalis* Walker, 1859

Pagyda salvalis Walker, 1859: 487.

分布：浙江（临安）、湖南、福建、台湾、广东、广西、云南；韩国，日本，印度，尼泊尔，缅甸，越南，泰国，斯里兰卡，菲律宾，马来西亚，印度尼西亚，澳大利亚，南非，巴布亚新几内亚。

注：描述见《天目山动物志》（李后魂等，2020）。

456. 灯野螟属 *Lamprophaia* Caradja, 1925

Lamprophaia Caradja, 1925: 363. Type species: *Lamprophaia mirabilis* Caradja, 1925.

主要特征：中型野螟。前翅宽三角形，翅面黄褐色至灰褐色，前翅前中线外倾明显；前、后翅后中线于 CuA_1 脉处内折；缘毛端半部白色。

雄性外生殖器：爪形突细棒状；抱器瓣狭长，抱器下突腹外侧突起背缘被毛；阳茎基环背臂略向外弯；阳茎后端腹侧呈三角形骨化延伸，内具大刺束。

雌性外生殖器：前阴片发达，密被微棘；交配孔囊骨化，后缘具 1 对近椭圆形骨片；囊突橄榄形，无对称脊，最长处与交配囊长径近等长；具第 2 囊突。

分布：中国。世界已知 2 种，均分布在中国，浙江分布 1 种。

（1208）流苏灯野螟 *Lamprophaia albifimbrialis* (Walker, 1865)（图 14-165）

Botys albifimbrialis Walker, 1865: 1446.
Lamprophaia albifimbrialis: Shaffer, Nielsen & Horak, 1996: 190.

主要特征：成虫（图 14-165A）翅展 23.0–29.0 mm。体、翅黄褐色，翅面斑纹深褐色；缘毛基半部深褐色，端半部白色。

图 14-165　流苏灯野螟 *Lamprophaia albifimbrialis* (Walker, 1865)
A. 成虫；B. 雄性外生殖器；C. 雌性外生殖器

雄性外生殖器（图 14-165B）：抱器瓣宽度均匀，抱器下突腹外侧骨化突起较细长且弯；抱器腹基部 2/3 处具不明显的半圆形突起；阳茎末端骨化突起稍尖而弯。

雌性外生殖器（图 14-165C）：后阴片近圆形，边缘骨化，布满短刚毛；囊导管长度为交配囊长径的 2–3 倍，交配孔囊管状，稍宽短；导管端片长不及宽。

分布：浙江、湖北、江西、台湾、广东、广西、云南；日本，印度尼西亚。

457. 野螟属 *Pyrausta* Schrank, 1802

Pyrausta Schrank, 1802: 163. Type species: *Phalaena Pyralis cingulata* Linnaeus, 1758.
Botys Latreille, [1802]: 414.
Haematia Hübner, 1818: 22.
Heliaca Hübner, 1822: 52, 53.
Tholeria Hübner, 1823: 27.
Porphyritis Hübner, 1825: 349.
Panstegia Hübner, 1825: 353.
Syllythria Hübner, 1825: 349.
Perilypa Hübner, 1825: 372.
Rhodaria Duponchel, 1844: 199.
Herbula Guenée, 1854: 175.
Synchromia Guenée, 1854: 188.
Cindaphia Lederer, 1863: 280.
Proteroeca Meyrick, 1884: 292 (key).

Sciorista Warren, 1890: 475.
Anthocrypta Warren, 1892: 296.
Autocosmia Warren, 1892: 432.
Aplographe Warren, 1892: 301.
Mardinia Amsel, 1952a: 53.
Trigonuncus Amsel, 1952a: 59.

主要特征：多属于小型野螟，翅面斑纹多变。

雄性外生殖器：爪形突通常三角形至圆柱形；抱器下突通常弯指状，密被粗刚毛；阳茎基环通常较扁宽且中部内凹。

雌性外生殖器：部分种类雌性腹节末 3 节窄长；表皮突细长；囊导管通常螺旋状，导管端片通常较长；囊突不具脊两角通常短钝。

分布：世界广布。世界已知超过 300 种，中国记录 61 种，浙江分布 1 种。

（1209）蚪纹野螟 *Pyrausta mutuurai* Inoue, 1982（图 14-166）

Pyrausta mutuurai Inoue in Inoue et al., 1982: 367.

主要特征：成虫（图 14-166A）翅展 14.0–15.0 mm。体黑色，散布橘黄色鳞片。前翅深红褐色，后中线中部较宽大成圆斑形，且圆斑内具模糊的红褐色条纹；后翅黑褐色略带红色色调，中部具 1 条黄色宽带，宽带前半部圆斑状，向后渐窄。

图 14-166　蚪纹野螟 *Pyrausta mutuurai* Inoue, 1982
A. 成虫；B. 雄性外生殖器；C. 雌性外生殖器

雄性外生殖器（图 14-166B）：爪形突窄三角形；抱器下突宽度均匀；抱器腹端部 2/3 膨大，末端具三角形小突起；阳茎基环略呈拱起的带状；阳茎稍粗，末端具成片的微棘。

雌性外生殖器（图 14-166C）：囊导管密螺旋状，交配孔囊近半圆形，导管端片至前端渐窄；交配囊小球形，囊突窄菱形。

分布：浙江、山西、河南、贵州、西藏；俄罗斯，韩国，日本。

注：未见浙江标本。

458. 安野螟属 *Emphylica* Turner, 1913

Emphylica Turner, 1913: 159. Type species: *Emphylica xanthocrossa* Turner, 1913.

主要特征：小型野螟，翅展不超过 20.0 mm。额具明显锥突。翅多为红褐色，具黄斑。

雄性外生殖器：爪形突窄三角形至梯形；抱器下突背侧被 1 排鳞片状刚毛构成的抱器内突，抱器下突腹侧具钩状突起并指向抱器瓣腹缘；囊形突较发达；阳茎基环 "U" 形；阳茎细长，阳茎端膜内具棘条状刺束。

雌性外生殖器：囊导管略螺旋，长度为交配囊直径的 2–3 倍，交配孔囊管状，发达骨化。

分布：东洋区、澳洲区。世界已知 4 种，中国记录 4 种，浙江分布 1 种。

（1210）透翅安野螟 *Emphylica diaphana* (Caradja, 1934)（图 14-167）

Phlyctaenodes (*Loxostege*) *diaphana* Caradja, 1934: 164.
Emphylica diaphana: Chen, Liu, Jin & Zhang, 2019: 120.

主要特征：成虫（图 14-167A）翅展 17.5–19.0 mm。体、翅白色；翅面部分区域散布浅褐色鳞片，斑纹褐色；前翅前中线内倾；后翅后中线后半部加粗加深。

图 14-167　透翅安野螟 *Emphylica diaphana* (Caradja, 1934)
A. 成虫；B. 雄性外生殖器；C. 雌性外生殖器

雄性外生殖器（图 14-167B）：爪形突三角形，被稀疏短毛；抱器瓣略弯，抱器下突背侧具 3–4 根粗刚毛形成的抱器内突，抱器下突腹侧突起细长、指状，超过抱器瓣腹缘，抱器腹短，近基部具 1 末端尖的指状突起；阳茎内角状器呈松散的刺束状。

雌性外生殖器（图 14-167C）：囊导管约为交配囊直径的 2.5 倍，交配孔短宽；囊突最长处长于交配囊直径的 1/2，不具脊两角与具脊两角近等长。

分布：浙江、福建、广东、海南、重庆。

注：未见浙江标本。

459. 拟尖须野螟属 *Pseudopagyda* Slamka, 2013

Pseudopagyda Slamka, 2013: 31. Type species: *Microstega homoculorum* Bänziger, 1995.

主要特征：中至大型野螟。体、翅黄色，具深黄色斑纹。

雄性外生殖器：爪形突钟形，两侧和顶端被细长毛；抱器瓣向端部明显变窄，抱器下突球杆状，背侧被粗刺状毛形成的抱器内突，抱器腹背缘骨化，具尖刺状突起；阳茎基环近心形；阳茎端部具 1 簇短刺状角状器。

雌性外生殖器：表皮突粗壮；具略骨化的后阴片；囊导管短，至前端渐宽，交配孔囊略骨化，呈宽漏斗状；交配囊近水滴状，囊突窄菱形。

分布：东洋区。世界已知3种，中国记录3种，浙江分布1种。

（1211）锐拟尖须野螟 *Pseudopagyda acutangulata* (Swinhoe, 1901)

Pionea acutangulata Swinhoe, 1901: 26.
Pseudopagyda acutangulata: Chen & Zhang, 2017: 582.

分布：浙江（临安）、湖北、江西、海南、重庆、贵州、云南；印度，泰国，马来西亚。

注：描述见《天目山动物志》（李后魂等，2020）。

460. 双突野螟属 *Sitochroa* Hübner, 1825

Sitochroa Hübner, 1825: 356. Type species: *Pyralis palealis* Denis et Schiffermüller, 1775.
Spilodes Guenée, 1849: 401.

主要特征：中型野螟。额具锥突；体色多样，斑纹通常不明显。雄性中足胫节稍粗，后足胫节基外距微小。

雄性外生殖器：爪形突近三角形或短柱状；抱器瓣宽大，略弯，抱器下突腹侧突起通常双钩状；抱器腹具突起，阳茎后端腹侧具指状或长刺状骨片。

雌性外生殖器：囊导管长，通常是交配囊直径的3倍以上，后端具骨片，通常扭曲，导管端片处常具结构复杂的骨片；囊突扁菱形。

分布：古北区、东洋区、新北区。世界已知9种，中国记录4种，浙江分布1种。

（1212）黄翅双突野螟 *Sitochroa umbrosalis* (Warren, 1892)（图14-168）

Aplographe umbrosalis Warren, 1892: 301.
Sitochroa umbrosalis: Inoue et al., 1982: 356.

主要特征：成虫（图14-168A）翅展21.0–23.5 mm。体、翅黄色，无翅斑，有些个体后翅顶角、臀角处褐色，或整个后翅褐色；前翅反面除前缘、外缘及后缘外灰褐色。

图14-168 黄翅双突野螟 *Sitochroa umbrosalis* (Warren, 1892)
A. 成虫；B. 雄性外生殖器；C. 雌性外生殖器

雄性外生殖器（图14-168B）：爪形突宽短，末端近平截；抱器瓣端半部稍宽，抱器下突腹内侧突起细长，腹外侧突起稍短，弯钩状，其内侧边缘被数根刺，抱器腹中部膨大成宽三角形；阳茎基环近梯形；阳茎腹侧后端的指状骨片短小；阳茎内具1个长刺束，后端具1簇短粗刺。

雌性外生殖器（图 14-168C）：后阴片皱褶状骨化；囊导管长约为交配囊直径的 5 倍，交配孔囊杯状，导管端片宽大，中部弯且具骨化突起；囊导管后部具细长骨片；囊突不具脊两角稍尖。

分布：浙江、黑龙江、河北、山西、河南、陕西、湖北、江西、湖南、福建、广东、广西、重庆、贵州；韩国，日本。

注：未见浙江标本。

461. 棘趾野螟属 *Anania* Hübner, 1823

Anania Hübner, 1823: 27. Type species: *Pyralis guttalis* Denis et Schiffermüller, 1775.

Eurrhypara Hübner, 1825: 360.

Phlyctaenia Hübner, 1825: 359.

Ennychia Treitschke, 1828: 318.

Ebulea Doubleday, 1849: 14.

Algedonia Lederer, 1863: 276 (key), 363.

Opsibotys Warren, 1890: 474.

Udonomeiga Mutuura, 1954: 18.

Trichovalva Amsel, 1956: 284.

Pronomis Munroe et Mutuura, 1968d: 986.

Proteurrhypara Munroe et Mutuura, 1969b: 899.

Tenerobotys Munroe et Mutuura, 1971: 174.

Mutuuraia Munroe, 1976a: 34.

Nealgedonia Munroe, 1976a: 32.

Ethiobotys Maes, 1997: 390.

主要特征：中至大型野螟。体、翅颜色和斑纹多变。

雄性外生殖器：爪形突窄三角形或短柱形；抱器下突背侧具 1 排末端多裂的鳞片状刚毛构成的抱器内突，抱器下突腹侧突起多样，抱器腹常具突起；阳茎内具骨片，长条状或后端分裂成 2 片。

雌性外生殖器：交配孔囊前端中部具指状突起；部分种类囊导管前端具骨片，稍螺旋。

分布：世界广布。世界已知约 100 种，中国记录 28 种，浙江分布 7 种。

分种检索表

1. 阳茎内存在 1 片长骨片 ·· 小棘趾野螟 *A. delicatalis*
- 阳茎内存在 2 片长骨片 ·· 2
2. 阳茎基环具窄三角形脊突 ·· 浙江棘趾野螟 *A. chekiangensis*
- 阳茎基环不具脊突 ··· 3
3. 爪形突近三角形，抱器腹中部不具指状突起 ·· 4
- 爪形突近柱形，抱器腹中部具指状突起 ·· 5
4. 翅展 30.0–34.0 mm；抱器下突具腹侧突起 ·· 矛纹棘趾野螟 *A. lancealis*
- 翅展 20.0–24.0 mm；抱器下突无腹侧突起 ·· 钩腹棘趾野螟 *A. vicinalis*
5. 抱器瓣腹缘中部具尖突 ·· 褐棘趾野螟 *A. fuscalis*
- 抱器瓣腹缘中部不具尖突 ·· 6
6. 抱器下突背侧突起长宽近相等，阳茎基环背臂末端尖 ·· 紫菀棘趾野螟 *A. terrealis*
- 抱器下突背侧突起长大于宽，阳茎基环背臂末端钝 ·· 尖角棘趾野螟 *A. luteorubralis*

（1213）矛纹棘趾野螟 *Anania lancealis* (Denis *et* Schiffermüller, 1775)（图 14-169）

Pyralis lancealis Denis *et* Schiffermüller, 1775: 121.
Anania lancealis: Leraut, 2005a: 127.

主要特征：成虫（图 14-169A）翅展 30.0–34.0 mm。体、翅面被稀疏、松散的褐色鳞片，使翅面略具斑驳褐色斑纹，后中线锯齿状，脉端具褐色斑点。

图 14-169　矛纹棘趾野螟 *Anania lancealis* (Denis *et* Schiffermüller, 1775)
A. 成虫；B. 雄性外生殖器

雄性外生殖器（图 14-169B）：爪形突窄三角形，被毛稀疏；抱器瓣至末端渐窄，抱器下突背侧近椭圆形，腹外侧具短粗的指状突起，密被短粗刺，抱器腹端半部膨大成梯形，末端具被刺的指状突起；阳茎基环端部中间具"V"形缺刻；阳茎内具刺束，后端的骨片近等长。

雌性外生殖器：囊导管长约为交配囊直径的 2 倍，前部螺旋，指状突起与交配孔囊近等长，囊导管前端具弯骨片；囊突具脊两角与不具脊两角近等长。

分布：浙江、吉林、陕西、甘肃、福建、台湾、广东、广西；俄罗斯，日本，欧洲。

注：未见浙江标本。

（1214）尖角棘趾野螟 *Anania luteorubralis* (Caradja, 1916)（图 14-170）

Pyrausta luteorubralis Caradja, 1916: 34.
Anania luteorubralis: Tränkner, Li & Nuss, 2009: 66.

主要特征：成虫（图 14-170A）翅展 26.0–30.0 mm。头、胸浅黄色，腹部大部分褐色。前翅黄褐色，后翅灰褐色，斑纹褐色。

图 14-170　尖角棘趾野螟 *Anania luteorubralis* (Caradja, 1916)
A. 成虫；B. 雄性外生殖器；C. 雌性外生殖器

雄性外生殖器（图 14-170B）：爪形突圆柱状；抱器瓣背缘近末端稍平斜，抱器下突背侧突起拇指状，抱器下突腹侧为 1 个基部宽的指状突起，突起的内侧边缘密被锯齿；抱器腹中部具粗指状突起，稍外弯；阳茎基环端半部中间具"V"形缺刻，两背臂粗而远离；阳茎端半部骨片不等长，一片短而尖，另一片较长且末端较宽，边缘锯齿状。

雌性外生殖器（图 14-170C）：后阴片心形，密被刺；囊导管长约为交配囊长径的 2 倍，交配孔囊漏斗状，指状突起末端稍钝，囊导管前端 1/3 具螺旋骨片，至前端渐宽，前部被数根粗刺；囊突具脊两角极尖，不具脊两角略延伸。

分布：浙江、新疆、江西。

注：未见浙江标本。

(1215) 紫菀棘趾野螟 *Anania terrealis* (Treitschke, 1829)（图 14-171）

Botys terrealis Treitschke, 1829: 110.

Anania terrealis: Leraut, 2005a: 125.

主要特征：成虫（图 14-171A）翅展 25.0–30.0 mm。该种外形与生殖器与尖角棘趾野螟 *Anania luteorubralis* 非常相似，区别在于：翅面颜色偏棕褐色。

雄性外生殖器（图 14-171B）：爪形突末端稍扁平；抱器下突背侧突起较短钝，腹侧突起基部更宽；阳茎基环背臂末端稍细。

雌性外生殖器（图 14-171C）：交配孔囊漏斗状，指状突起更宽。

分布：浙江、山西、甘肃、青海、新疆、湖北、云南；俄罗斯，韩国，日本，阿富汗，欧洲。

注：未见浙江标本。

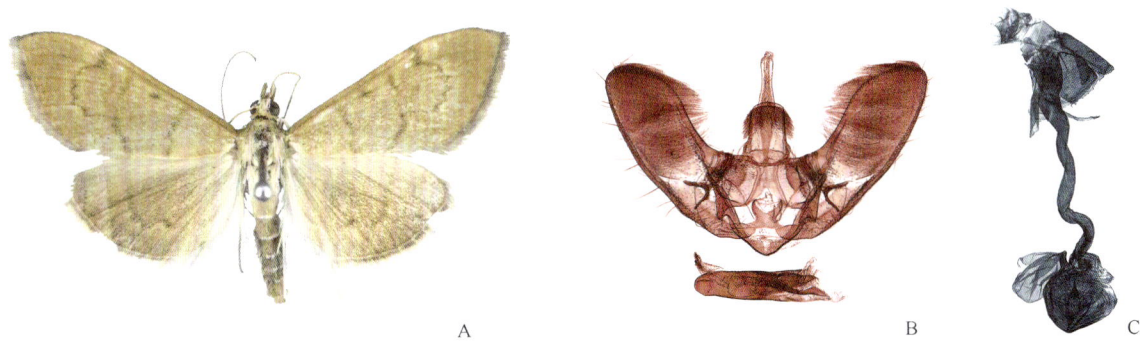

图 14-171　紫菀棘趾野螟 *Anania terrealis* (Treitschke, 1829)
A. 成虫；B. 雄性外生殖器；C. 雌性外生殖器

(1216) 钩腹棘趾野螟 *Anania vicinalis* (South, 1901)（图 14-172）

Pyrausta vicinalis South, 1901: 502.

Anania vicinalis: Tränkner, Li & Nuss, 2009: 71.

主要特征：成虫（图 14-172A）翅展 20.0–24.0 mm。体、翅浅褐色，斑纹深褐色，外缘或内侧伴随浅黄色线。

雄性外生殖器（图 14-172B）：爪形突三角形，被毛稀疏；抱器背基突内侧被毛；抱器瓣基半部宽，端半部稍窄，近等宽，抱器下突背侧密被刚毛，腹侧无突起；抱器腹中部稍膨大，端部有指状突起；阳茎基环近"U"形；阳茎内骨片不等长，一片稍短且窄，另一片稍长且至后端渐宽。

雌性外生殖器：交配孔囊宽短，近方形，指状突起较窄；囊导管螺旋，前端 2/3 具长骨片，骨片至前端稍宽；囊突最长处不及交配囊直径的 1/2，具脊两角尖圆，不具脊两角略延伸。

分布：浙江、辽宁、湖北、江西、台湾、贵州；俄罗斯，韩国，日本。

注：未见浙江标本。

图 14-172　钩腹棘趾野螟 *Anania vicinalis* (South, 1901)
A. 成虫；B. 雄性外生殖器

（1217）浙江棘趾野螟 *Anania chekiangensis* (Munroe *et* Mutuura, 1969)

Proteurrhypara chekiangensis Munroe *et* Mutuura, 1969b: 900.
Anania chekiangensis: Leraut, 2005a: 129.

分布：浙江（杭州）、北京。

注：描述见原始文献（Munroe & Mutuura, 1969b）。

（1218）小棘趾野螟 *Anania delicatalis* (South, 1901)

Pyrausta delicatalis South, 1901: 499.
Anania delicatalis: Tränkner, Li & Nuss, 2009: 70.

分布：浙江（临安）、湖北、广东、广西、四川；日本。

注：描述见《天目山动物志》（李后魂等，2020）。

（1219）褐棘趾野螟 *Anania fuscalis* (Denis *et* Schiffermüller, 1775)

Pyralis fuscalis Denis *et* Schiffermüller, 1775: 121.
Anania fuscalis: Leraut, 2005a: 130.

分布：浙江（临安）、黑龙江、新疆；俄罗斯，韩国，日本，欧洲。

注：描述见《天目山动物志》（李后魂等，2020）。

462. 褶缘野螟属 *Paratalanta* Meyrick, 1890

Paratalanta Meyrick, 1890: 440. Type species: *Botyodes ussurialis* Bremer, 1864.
Microstega Meyrick, 1890: 450.

主要特征：中到大型野螟。翅面通常浅黄色，具褐色亚外缘带或亚外缘线，部分种类雄性前翅狭长。
雄性外生殖器：爪形突三角形或梯形；抱器瓣宽短，抱器下突背侧通常膨大，被末端多裂的鳞片状毛构成的抱器内突，腹外侧通常延伸具钩突；角状器位于阳茎后端，通常一端较弯。

雌性外生殖器：交配孔囊骨化，后端有时具刺状毛，前端两侧有时具突起；导管端片两侧常具膨大膜质囊；囊突具脊两角通常尖细。

分布：东洋区。世界已知 7 种，中国记录 7 种，浙江分布 1 种。

（1220）乌苏里褶缘野螟 *Paratalanta ussurialis* (Bremer, 1864)（图 14-173）

Botyodes ussurialis Bremer, 1864: 68.
Paratalanta ussurialis: Hampson, 1899b: 251.

主要特征：成虫（图 14-173A）翅展 30.0–35.5 mm。体、翅黄色，斑纹褐色；雄性前翅窄长，外缘明显内斜；雌性前翅稍宽。

雄性外生殖器（图 14-173B）：爪形突圆柱状，末端稍窄；抱器瓣宽度均匀，末端稍窄，抱器下突外侧刺突长而直，沿抱器瓣腹缘向端部伸展；阳茎基环端半部中间深裂；阳茎直，端部具半环形角状器。

雌性外生殖器（图 14-173C）：囊导管长约为交配囊直径的 3 倍，交配孔囊短筒状，后端边缘被长毛，前端两侧具 1 对圆形的小膜质囊，中部具 1 个大膜质囊；囊突最长处约为交配囊直径的 1/2。

分布：浙江（临安）、黑龙江、吉林、河北、河南、陕西、宁夏、湖北、湖南、福建、台湾、四川、贵州、云南；俄罗斯，韩国，日本，伊朗。

图 14-173　乌苏里褶缘野螟 *Paratalanta ussurialis* (Bremer, 1864)
A. 成虫（左雄右雌）；B. 雄性外生殖器；C. 雌性外生殖器

463. 叉环野螟属 *Eumorphobotys* Munroe *et* Mutuura, 1969

Eumorphobotys Munroe *et* Mutuura, 1969a: 303. Type species: *Calamochrous eumorphalis* Caradja, 1925

主要特征：大型野螟，翅展通常超过 30.0 mm。下唇须较长；前翅外缘直或稍弧，前、后翅通常无明显翅斑。

雄性外生殖器：爪形突短粗；背兜近梯形，稍宽于爪形突；抱器瓣稍宽短，腹缘中部常具突起，抱器下突指状，被毛稀疏；阳茎基环长；阳茎粗壮，端半部具角状器。

雌性外生殖器：产卵瓣宽扁；囊导管长为交配囊直径的 3 倍以上，交配孔囊常骨化；囊突窄。

分布：中国南部。世界已知 3 种均为中国记录，浙江分布 1 种。

（1221）黄翅叉环野螟 *Eumorphobotys eumorphalis* (Caradja, 1925)

Calamochrous eumorphalis Caradja, 1925: 362.
Calamochrous obscuralis Caradja, 1925: 363.

Eumorphobotys eumorphalis: Munroe & Mutuura, 1969a: 303.

分布：浙江（临安）、安徽、湖北、江西、湖南、福建、广东、海南、广西、四川、贵州。

注：描述见《天目山动物志》（李后魂等，2020）。

464. 宽突野螟属 *Paranomis* Munroe *et* Mutuura, 1968

Paranomis Munroe *et* Mutuura, 1968d: 991. Type species: *Paranomis denticosta* Munroe *et* Mutuura, 1968.

主要特征：大型野螟。前翅窄长，外缘明显内倾；雄性前翅中室基部后方具无鳞片小凹窝，反面无大片鳞簇，后翅前缘近基部膨大，延伸盖住无鳞片小凹窝反面区域。

雄性外生殖器：爪形突宽三角形；囊形突近倒梯形；抱器瓣基部较窄，端部较宽；抱器下突较短，膜质，腹侧具小弯钩；阳茎基环近"X"形；阳茎后端通常开裂并具刺。

雌性外生殖器：囊导管长约为交配囊直径的3倍，交配孔囊骨化，杯状，后端具双叶状骨化突起；囊突窄菱形。

分布：中国和日本。世界已知5种，中国记录5种，浙江分布1种。

（1222）棱脊宽突野螟 *Paranomis nodicosta* Munroe *et* Mutuura, 1968

Paranomis nodicosta Munroe *et* Mutuura, 1968d: 995.

分布：浙江（临安）、陕西、江西、湖南、福建、广西、贵州。

注：描述见《天目山动物志》（李后魂等，2020）。

465. 镰翅野螟属 *Circobotys* Butler, 1879

Circobotys Butler, 1879b: 77. Type species: *Circobotys nycterina* Butler, 1887.

主要特征：通常雌雄异型，雄性前翅窄长，外缘通常倾斜且直；雌性前翅稍宽。

雄性外生殖器：爪形突窄三角形，末端通常尖细；抱器瓣长，近等宽，抱器下突背侧突起被简单刚毛形成的抱器内突，腹侧通常具细弯钩状骨化突起，抱器腹端半部膨大，中部具三角形或指形突起；阳茎基环具明显背臂；阳茎内通常具刺状角状器。

雌性外生殖器：交配孔囊膜质，近漏斗状；导管端片较狭长；囊导管后部具长骨片，骨片前端分裂且通常具锯齿，骨片前端处囊导管通常膨大；囊突稍小。

分布：古北区、东洋区、旧热带区。世界已知27种，中国记录18种，浙江分布4种。

分种检索表

1. 雄性翅褐色，雌性翅黄色 ············· 金黄镰翅野螟 *C. aurealis*
- 雌、雄性翅颜色相近或相同 ············· 2
2. 前翅前缘2/3处具1个近梯形黄斑 ············· 黄斑镰翅野螟 *C. butleri*
- 前翅前缘处无梯形黄斑 ············· 3
3. 抱器腹中部不具指状突起；角状器长于阳茎长度的1/2 ············· 钩镰翅野螟 *C. nycterina*
- 抱器腹中部具指状突起；角状器长度不及阳茎长度的1/2 ············· 乌镰翅野螟 *C. sepialis*

（1223）金黄镰翅野螟 *Circobotys aurealis* (Leech, 1889)（图 14-174）

Botyodes aurealis Leech, 1889b: 69.
Circobotys aurealis: Mutuura, 1954: 14.

主要特征：成虫（图 14-174A）翅展 28.0–33.5 mm。体黄色。翅面无斑纹，雄性翅面褐色略带紫铜色，外缘和缘毛黄色；雌性前翅黄色，后翅浅黄色，无斑纹。

图 14-174　金黄镰翅野螟 *Circobotys aurealis* (Leech, 1889)
A. 成虫（左雄右雌）；B. 雄性外生殖器；C. 雌性外生殖器

雄性外生殖器（图 14-174B）：抱器瓣宽度均匀，抱器下突背侧具较长的细指状膜质突起，腹侧钩突长，被稀疏毛，抱器腹中部突起指状；阳茎基环半圆形；阳茎长，具 1 根针状角状器、约为阳茎长度的 1/4。

雌性外生殖器（图 14-174C）：囊导管具斜行的环纹，长为交配囊直径的 5 倍以上，交配孔囊略微骨化，漏斗状，管内骨片长约为囊导管长的 1/2，囊导管中部具 1 个膨大的皱褶区；囊突稍大而宽，最长处约为交配囊直径的 1/2。

分布：浙江（杭州）、陕西、湖北、江西、湖南、福建、台湾、广东；俄罗斯，韩国，日本。

（1224）乌镰翅野螟 *Circobotys sepialis* (Caradja, 1927) comb. nov.（图 14-175）

Crocidophora sepialis Caradja, 1927a: 412.

主要特征：成虫（图 14-175A）翅展 28.0–34.5 mm。雄性前翅窄长，体、翅褐色，翅面斑纹不清晰。雌性前翅较宽，体、翅赭褐色，斑纹黑褐色。雌、雄的前、后翅缘毛大部分黄色。

图 14-175　乌镰翅野螟 *Circobotys sepialis* (Caradja, 1927)
A. 成虫（左雄右雌）；B. 雄性外生殖器；C. 雌性外生殖器

雄性外生殖器（图 14-175B）：抱器瓣宽度均匀，抱器下突被毛区宽，腹侧钩突短，基部宽，密被毛；抱器腹中部突起指状；阳茎基环端半部裂为 2 个较粗背臂；阳茎粗壮，具 1 根针状角状器、占阳茎长度的 1/4。

雌性外生殖器（图 14-175C）：囊导管具纵纹和环纹，长为交配囊直径的 8 倍以上，交配孔囊略微骨化，漏斗状，管内骨片长于囊导管长度的 1/2，囊导管中部具 1 个略膨大的膜质区；囊突稍小，最长处不及交配囊直径的 1/2。

分布：浙江（杭州）、陕西、江西、湖南、福建、四川、贵州。

注：本种的雄性前翅窄长，雌性前翅较宽，雄性外生殖器的抱器下突腹侧突起弯钩状，抱器腹中部突起粗指状，角状器针状；雌性外生殖器囊导管内具长骨片，囊导管中部膨大，这些特征均与镰翅野螟属的特征一致。

（1225）钩镰翅野螟 *Circobotys nycterina* Butler, 1879（图 14-176）

Circobotys nycterina Butler, 1879b: 77.

主要特征：成虫（图 14-176A）翅展 26.0–33.5 mm。体浅褐色。前翅狭长，外缘直，明显内倾，浅褐色，斑纹深褐色。后翅浅黄色，具浅褐色外缘。

图 14-176 钩镰翅野螟 *Circobotys nycterina* Butler, 1879
A. 成虫；B. 雄性外生殖器

雄性外生殖器（图 14-176B）：抱器瓣从基部向端部略加宽；抱器下突腹侧突起细弯钩状；抱器腹端部 2/3 膨大成近三角形；阳茎基环两背臂近平行；角状器长于阳茎长度的 1/2。

雌性未知。

分布：浙江、江西、湖南、福建；韩国，日本。

注：未见浙江标本。

（1226）黄斑镰翅野螟 *Circobotys butleri* (South, 1901)

Crocidophora butleri South, 1901: 480.
Circobotys butleri: Li et al., 2009: 201.

分布：浙江（临安）、湖北、江西、湖南、广西。

注：描述见《天目山动物志》（李后魂等，2020）。

466. 扇野螟属 *Nascia* Curtis, 1835

Nascia Curtis, 1835: 559. Type species: *Pyralis cilialis* Hübner, 1796.

主要特征：小到中型野螟。下唇须较长，约为复眼直径的 3 倍。前翅长三角形，翅面通常具明显赭褐色纵条纹。

雄性外生殖器：爪形突三角形；抱器下突背侧被简单刚毛构成的抱器内突，腹侧具近三角形骨化突起，腹外侧具小刺状骨化突起，延伸至抱器瓣腹缘；抱器腹膨大处背侧密被小刺或锯齿；阳茎基环中部有突起；阳茎至后端稍宽。

雌性外生殖器：囊导管长约为交配囊长径的 2 倍，交配孔囊密被微刺；交配囊近梨形。

分布：古北区、东洋区、新北区。世界已知 3 种，中国记录 1 种，浙江分布 1 种。

（1227）睫扇野螟 Nascia cilialis (Hübner, 1796)（图 14-177）

Pyralis cilialis Hübner, 1796: 24.

Nascia cilialis christophi Munroe *et* Mutuura, 1968c: 981.

Nascia cilialis kumatai Munroe *et* Mutuura, 1968c: 982.

主要特征：成虫（图 14-177A）翅展 18.5–22.0 mm。体浅褐色。前翅底色黄色；前缘带宽，前缘白色，其余褐色；斑纹赭褐色。后翅浅黄色，后中线黑褐色，与外缘近平行。

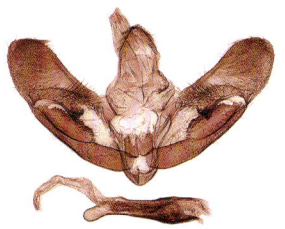

图 14-177　睫扇野螟 *Nascia cilialis* (Hübner, 1796)
A. 成虫；B. 雄性外生殖器

雄性外生殖器（图 14-177B）：爪形突侧缘被短细毛；抱器瓣短，宽度均匀，抱器下突和抱器腹同属征；阳茎基环三叉形。

雌性外生殖器：交配孔囊宽杯状；囊突具脊两角尖，不具脊两角稍圆。

分布：浙江（杭州）、黑龙江；俄罗斯，日本，欧洲。

467. 果蛀野螟属 *Thliptoceras* Warren, 1890

Thliptoceras Warren, 1890: 274. Type species: *Thliptoceras variabilis* Warren, 1890.

Mimocomma Warren, 1895: 473.

Polychorista Warren, 1896a: 109.

Parudea Swinhoe, 1900: 523.

主要特征：小至中型野螟。部分种类雄性触角基部变形。前翅稍窄，部分种类雄性前翅狭长，外缘直且内倾，后缘鳞片密集成排且斜伸向顶角方向。后翅后中线通常直，与外缘近平行或外倾。

雄性外生殖器：爪形突通常窄三角形；抱器瓣窄长，背缘常具突起或小刺；抱器下突指状，被稀疏刚毛；抱器腹近中部常具膨大的瘤状突起；通常具明显阳茎基环端膜。

雌性外生殖器：交配孔囊通常管状至漏斗状，骨化。

分布：东洋区、旧热带区。世界已知 33 种，中国记录 17 种，浙江分布 4 种。

分种检索表

1. 雄性前翅后缘具 1 排鳞簇 ··· 中华果蛀野螟 *T. sinense*
- 雄性前翅后缘无鳞簇 ·· 2
2. 额具明显锥突 ··· 弯突果蛀野螟 *T. gladialis*
- 额无锥突 ·· 3

3. 爪形突端半部极尖细，抱器瓣背缘末端具微刺；囊导管细长 ……………………………… 尖突果蛀野螟 *T. artatalis*
- 爪形突端半部非极尖细，抱器瓣背缘近端部具三角形突起；囊导管宽短 ……………… 卡氏果蛀野螟 *T. caradjai*

（1228）尖突果蛀野螟 *Thliptoceras artatalis* (Caradja, 1925)（图 14-178）

Crocidophora artatalis Caradja, 1925: 357.
Thliptoceras artatale: Munroe, 1967: 722.

主要特征：成虫（图 14-178A）翅展 22.0–28.0 mm。雄性触角柄节和梗节背侧稍扁，鞭节基部背侧具短锥形鳞状齿，随后几节稍扁。雄性前翅窄长，雌性前翅稍宽。体、翅黄色，斑纹、外缘及缘毛深褐色。

图 14-178 尖突果蛀野螟 *Thliptoceras artatalis* (Caradja, 1925)
A. 成虫（左雄右雌）；B. 雄性外生殖器；C. 雌性外生殖器

雄性外生殖器（图 14-178B）：爪形突末端急尖且不被毛；抱器瓣末端具微刺，抱器背直，抱器下突强烈外弯；抱器腹突起长指状；阳茎基环端膜具 2 细长骨片；阳茎中部稍弯，有 1 个椭圆形具棘区。

雌性外生殖器（图 14-178C）：交配孔囊长漏斗状，骨化；囊导管具纵褶，长约为交配囊长径的 2 倍；囊突大，具脊两角末端圆，不具脊两角较窄长。

分布：浙江（杭州）、江西、湖南、福建、广东、海南、广西、贵州。

（1229）弯突果蛀野螟 *Thliptoceras gladialis* (Leech, 1889)（图 14-179）

Botys gladialis Leech, 1889b: 67.
Thliptoceras gladialis: Zhang, Xu & Li, 2014: 269.

主要特征：成虫（图 14-179A）翅展 23.0–26.0 mm。额具明显锥突。雄性翅面灰黄色，近外缘偏灰；后翅前半部浅褐色，后半部浅黄色；斑纹褐色。雌性翅面橘黄色，斑纹黄褐色。

图 14-179 弯突果蛀野螟 *Thliptoceras gladialis* (Leech, 1889)
A. 成虫（左雄右雌）；B. 雄性外生殖器；C. 雌性外生殖器

雄性外生殖器（图 14-179B）：抱器瓣窄，背缘端部具 1 根微刺，抱器腹突起小瘤状；阳茎基环端膜具 1 对被微刺的指状骨片；阳茎稍弯。

雌性外生殖器（图 14-179C）：囊导管粗壮，约为交配囊长径的 2.5 倍，交配孔囊长管状，后端稍宽；囊突大，最长处长于交配囊长径的 1/2，具脊两角近方形，不具脊两角呈尖角状延伸。

分布：浙江（杭州）、福建、台湾、广东、云南。

（1230）卡氏果蛀野螟 *Thliptoceras caradjai* Munroe *et* Mutuura, 1968

Thliptoceras caradjai Munroe *et* Mutuura, 1968b: 865.

分布：浙江（临安）、湖北、江西、福建、广东。
注：描述见《天目山动物志》（李后魂等，2020）。

（1231）中华果蛀野螟 *Thliptoceras sinense* (Caradja, 1925)

Phlyctaenodes decoloralis sinense Caradja, 1925: 361.
Thliptoceras sinense: Munroe, 1967: 723.

分布：浙江（临安）、湖北、江西、湖南、福建、广东、海南、广西。
注：描述见《天目山动物志》（李后魂等，2020）。

468. 窗野螟属 *Torulisquama* Zhang *et* Li, 2010

Torulisquama Zhang *et* Li, 2010: 319. Type species: *Sinibotys obliquilinealis* Inoue, 1982.

主要特征：中型野螟。雄性前翅中室基部前方、中室前角外侧及中室基部后方各具 1 个无鳞片小凹窝。

雄性外生殖器：爪形突窄三角形；抱器下突背侧具末端分叉或被细指状突起的刚毛构成的抱器内突，腹侧突起复杂，抱器腹端半部通常膨大。阳茎细长，具针状角状器或易脱落刺束。

雌性外生殖器：囊导管细长，后部略骨化；具第 2 囊突。

分布：古北区、东洋区。世界已知 3 种，中国记录 3 种，浙江分布 2 种。

（1232）角窗野螟 *Torulisquama ceratophora* Zhang *et* Li, 2010（图 14-180）

Torulisquama ceratophora Zhang *et* Li, 2010: 320.

主要特征：成虫（图 14-180A）翅展 22.0–25.5 mm。体、翅浅黄色，翅面斑纹褐色；前翅前缘基部略拱起。

雄性外生殖器（图 14-180B）：抱器瓣宽度均匀，仅末端稍窄，抱器下突背侧具 4–5 根末端弯且被细指状突起的粗刚毛，腹侧骨片基半部拇指状，端半部呈伸向端部的尖突状；阳茎基环宽扁；阳茎具易脱落的刺束，端部具 3 根粗刺状角状器。

雌性外生殖器（图 14-180C）：后阴片为 1 对椭圆形具微棘的骨片；囊导管长为交配囊直径的 5–6 倍；囊突具脊两角尖，不具脊两角略有延伸。

分布：浙江（杭州）、甘肃、江西、湖南、福建。

图 14-180　角窗野螟 *Torulisquama ceratophora* Zhang *et* Li, 2010
A. 成虫；B. 雄性外生殖器；C. 雌性外生殖器

（1233）斜纹窗野螟 *Torulisquama obliquilinealis* (Inoue, 1982)（图 14-181）

Sinibotys obliquilinealis Inoue et al., 1982: 351.
Torulisquama obliquilinealis: Zhang & Li, 2010: 322.

主要特征：成虫（图 14-181A）翅展 22.0–26.0 mm。体、翅浅黄色，翅面斑纹黑褐色；前翅前缘基部略拱起。

雄性外生殖器（图 14-181B）：抱器瓣基半部宽度均匀，从中部向端部逐渐变窄；抱器下突背侧具 4–5 根末端弯且被细指状突起的粗刚毛，腹侧骨片基半部尖刺状且边缘平滑，端半部近平行四边形；阳茎基环宽扁，具微小背臂；阳茎内具易脱落刺束。

雌性外生殖器（图 14-181C）：后阴片为 1 对近椭圆形骨片，后半部具微棘；囊导管长为交配囊直径的 5–6 倍；囊突具脊两角尖，不具脊两角略有延伸，第 2 囊突近弯月形。

分布：浙江（杭州）、陕西、江西、广西、重庆、四川、贵州；韩国，日本。

图 14-181　斜纹窗野螟 *Torulisquama obliquilinealis* (Inoue, 1982)
A. 成虫；B. 雄性外生殖器；C. 雌性外生殖器

469. 云纹野螟属 *Nephelobotys* Munroe *et* Mutuura, 1970

Nephelobotys Munroe *et* Mutuura, 1970: 299. Type species: *Pionea nephelistalis* Hampson, 1913.

主要特征：中型野螟。成虫翅面颜色和斑纹多样。雄性前翅具无鳞片小凹窝，反面相同区域覆盖大片鳞簇。

雄性外生殖器：爪形突通常近圆柱形，背侧鳞片状毛末端通常 3 裂以上；抱器下突背侧通常具简单刚毛构成的抱器内突，抱器下突外侧通常内折，腹外侧常形成下弯钩突，背外侧常形成刺状突起；抱器腹末端膨大，背侧边缘骨化并被锯齿；阳茎基环通常具 2 背臂。

雌性外生殖器：后阴片发达，密被微刺；囊导管长为交配囊直径的 3–4 倍。

分布：东洋区。世界仅记录模式种黄缘云纹野螟 *Nephelobotys nephelistalis* (Hampson, 1913)，依据我们的研究还有部分该属物种待发表。黄缘云纹野螟在浙江有分布。

（1234）黄缘云纹野螟 *Nephelobotys nephelistalis* (Hampson, 1913)（图 14-182）

Pionea nephelistalis Hampson, 1913: 9.
Nephelobotys nephelistalis: Munroe & Mutuura, 1970: 299.

主要特征：成虫（图 14-182A）翅展 25.0–29.0 mm。该种下唇须较短。前翅基部、前缘及外缘黄色，其余灰褐色；后翅外缘黄色，前缘浅黄色，其余灰褐色。

图 14-182　黄缘云纹野螟 *Nephelobotys nephelistalis* (Hampson, 1913)
A. 成虫；B. 雄性外生殖器；C. 雌性外生殖器

雄性外生殖器（图 14-182B）：抱器瓣向端部渐窄；抱器下突背侧膜质突起较宽，腹外侧钩状突起外弯，末端尖细，抱器腹末端突起背侧边缘密被锯齿，突起基部向内延伸成粗壮的近三角形突起；阳茎基环背臂短小；阳茎内刺束密集分叉。

雌性外生殖器（图 14-182C）：交配孔囊近漏斗状，强烈骨化，导管端片前部的囊导管壁略骨化；囊突具脊两角尖细，不具脊两角稍平钝。

分布：浙江（杭州）、湖北、江西、湖南、福建、广东。

470. 东方野螟属 *Sinibotys* Munroe *et* Mutuura, 1969

Sinibotys Munroe *et* Mutuura, 1969a: 304. Type species: *Crocidophora hoenei* Caradja, 1932.

主要特征：大型野螟，翅展通常超过 30.0 mm。体浅黄色，前、后翅具深褐色亚外缘带（在有些种里暗淡不明显）。

雄性外生殖器：爪形突窄三角形；抱器下突背侧密被末端具细指状突起的粗刚毛形成的抱器内突，抱器下突腹侧突起弯钩状，抱器腹端部 2/3 膨大；阳茎基环近"U"形；阳茎腹缘末端骨化成尖突状，内具 1 束密集的长针状角状器。

雌性外生殖器：后阴片发达，两侧密被微棘；囊导管长为交配囊直径的 2–3 倍，交配孔囊宽而浅，导管端片长；囊突大，具第 2 囊突。

分布：世界仅包括模式种，在浙江有分布。

（1235）巨东方野螟 *Sinibotys hoenei* (Caradja, 1932)（图 14-183）

Crocidophora hoenei Caradja, 1932: 150.

Sinibotys hoenei: Munroe & Mutuura, 1969a: 305.

主要特征：成虫（图 14-183A）翅展 32.0–42.0 mm。体、翅黄色，斑纹褐色；前翅前缘褐色；前、后翅亚外缘带宽。

图 14-183　巨东方野螟 *Sinibotys hoenei* (Caradja, 1932)
A. 成虫；B. 雄性外生殖器；C. 雌性外生殖器

雄性外生殖器（图 14-183B）：抱器瓣端半部稍窄，抱器下突腹侧钩状突起伸向抱器瓣基部方向，抱器腹端部 2/3 膨大形成的突起的背缘略呈外凸的钝角；阳茎基环背臂稍窄；阳茎腹缘端部骨化成针状。

雌性外生殖器（图 14-183C）：后阴片近方形；囊导管长约为交配囊长径的 2 倍；交配囊椭圆形，囊突最长处超过交配囊长径的 1/2，第 2 囊突弯月形。

分布：浙江、湖北、广西、重庆、贵州、云南。

注：未见浙江标本。

471. 淡黄野螟属 *Demobotys* Munroe *et* Mutuura, 1969

Demobotys Munroe *et* Mutuura, 1969c: 1239. Type species: *Pyrausta pervulgalis* Hampson, 1913.

主要特征：中型野螟。体、翅浅黄色，翅面斑纹浅褐色。

雄性外生殖器：爪形突三角形；抱器瓣狭长，抱器下突背侧部分具几根末端被细指状突起的粗刚毛构成的抱器内突，腹侧部分有 1–2 个钩状突起密被微棘；抱器腹中部向背缘基部方向伸出 1 个长针状骨化突起；阳茎基环近"V"形；阳茎腹侧末端略骨化。

雌性外生殖器：后阴片发达，密被微棘；囊导管长为交配囊长径的 1.5–2 倍，交配孔囊杯状，导管端片前端稍宽；具第 2 囊突。

分布：中国和日本。世界已知 2 种，中国记录 2 种，浙江分布 1 种。

（1236）竹淡黄野螟 *Demobotys pervulgalis* (Hampson, 1913)（图 14-184）

Pyrausta pervulgalis Hampson, 1913: 24.

Demobotys pervulgalis: Munroe & Mutuura, 1969c: 1240.

主要特征：成虫（图 14-184A）翅展 25.5–30.0 mm。前、后翅的中线锯齿状，亚外缘带被浅黄色翅脉断开；各脉端具褐色点斑。

雄性外生殖器（图 14-184B）：爪形突两侧略内弯；抱器瓣端半部稍窄，抱器下突腹侧具 2 个被微棘的弯钩突；抱器腹中部的长针状突起略弯而短；阳茎内具有易脱落的大刺束。

雌性外生殖器（图 14-184C）：囊导管长约为交配囊长径的 1.5 倍，后部略骨化并呈折叠状扭曲；交配囊大，椭圆形，囊突宽，最长处约为交配囊长径的1/2，小囊突略呈"Y"形，散布微棘。

分布：浙江（湖州）、河南、陕西、江苏、湖南、福建、广西、贵州；日本。

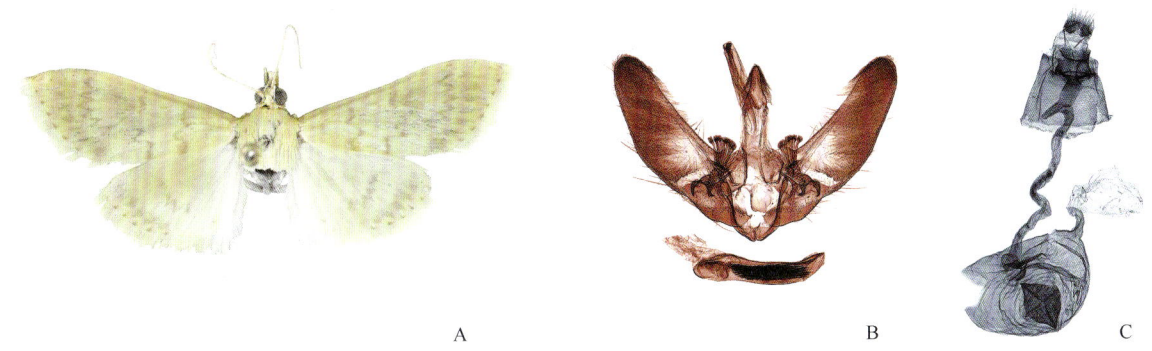

图 14-184　竹淡黄野螟 *Demobotys pervulgalis* (Hampson, 1913)
A. 成虫；B. 雄性外生殖器；C. 雌性外生殖器

472. 弯茎野螟属 *Crypsiptya* Meyrick, 1894

Crypsiptya Meyrick, 1894b: 463. Type species: *Botys nereidalis* Lederer, 1863, by monotypy.
Coclebotys Munroe *et* Mutuura, 1969c: 1243.

主要特征：中型野螟。体、翅浅黄色，翅面斑纹褐色，亚外缘带伸达翅缘。

雄性外生殖器：爪形突三角形；抱器下突背侧具数根粗刚毛构成的抱器内突，腹侧突起近指状，密被短毛；抱器腹端部2/3显著膨大；阳茎基环两背臂较细长；阳茎末端具刀片状骨化突起。

雌性外生殖器：囊导管粗壮，导管端片长；具第2囊突。

分布：东洋区、旧热带区。世界已知8种，中国记录2种，浙江分布1种。

（1237）竹弯茎野螟 *Crypsiptya coclesalis* (Walker, 1859)

Botys coclesalis Walker, 1859: 701.
Crypsiptya coclesalis: Maes, 1994: 161.

分布：浙江（临安）、安徽、湖北、江西、湖南、福建、广东、海南、广西、四川、贵州、云南；日本，印度，马来西亚，印度尼西亚，澳大利亚。

注：描述见《天目山动物志》（李后魂等，2020）。

473. 腹刺野螟属 *Anamalaia* Munroe *et* Mutuura, 1969

Anamalaia Munroe *et* Mutuura, 1969c: 1242. Type species: *Anamalaia nathani* Munroe *et* Mutuura, 1969.

主要特征：中型野螟。雄性后足外距微小；前翅通常具无鳞片小凹窝；体色多为褐色具黄色斑纹，或浅黄色具褐色斑纹。

雄性外生殖器：爪形突窄三角形；抱器下突背侧多被有具细指状分支的粗刚毛构成的抱器内突，抱器下突腹侧通常具骨化突起，抱器腹具骨化突起；阳茎基环具明显背臂；阳茎末端密被锯齿。

雌性外生殖器：后阴片发达，密被微棘；囊导管螺旋，长度为交配囊直径的2–3倍，交配孔囊通常骨化，导管端片发达；交配囊球形，具第2囊突。

分布：东洋区。世界已知 3 种，中国记录 2 种，浙江分布 1 种。

(1238) 米黄腹刺野螟 *Anamalaia dissimilis* (Yamanaka, 1958) comb. nov.（图 14-185）

Pyrausta dissimilis Yamanaka, 1958: 265.

主要特征：成虫（图 14-185A）翅展 24.0–31.0 mm。体、翅浅黄色，翅面斑纹浅褐色；雄性中室后缘至 CuA_2 脉后方具无鳞片凹窝，反面该区域覆盖褐色大片鳞簇。

图 14-185 米黄腹刺野螟 *Anamalaia dissimilis* (Yamanaka, 1958)
A. 成虫；B. 雄性外生殖器；C. 雌性外生殖器

雄性外生殖器（图 14-185B）：抱器瓣末端较窄；抱器下突背侧被稀疏的简单短刚毛构成的抱器内突，腹侧具被小刺的指状骨化突起，抱器腹端部 2/3 膨大，膨大区域背侧中部稍内凹，基部具指状突起，端部具刺状突起；阳茎基环两臂短粗、远离；阳茎中部稍弯，端部窄且密被锯齿，角状器小，近三角形。

雌性外生殖器（图 14-185C）：后阴片为 1 对近椭圆形骨片；前阴片横带状，密被刺；囊导管长约为交配囊直径的 2.5 倍，交配孔浅杯状，被微刺，导管端片长；囊突最长处不及交配囊直径的 1/2，具脊两角尖，不具脊两角稍延伸；第 2 囊突弯片状。

分布：浙江（杭州）、湖北、江西、福建；日本。

注：本种外生殖器的爪形突三角形，抱器腹具指状突起及骨化的前阴片和后阴片都与腹刺野螟属特征较为一致，因此移入腹刺野螟属。

（六）斑野螟亚科 Spilomelinae

主要特征：喙发达。下唇须通常弯曲上举，少数平伸。触角丝状。缺毛隆。前翅 R_3 和 R_4 脉共柄，R_2 与 R_{3+4} 脉靠近或共柄，R_5 脉独立，2A 与 1A 脉通常形成 1 封闭的环。后翅 $Sc+R_1$ 和 Rs 脉共柄。前、后翅 M_2 和 M_3 脉从中室下角发出。听器间突双叶状。

雄性外生殖器：爪形突通常发达，形状多变；颚形突通常无；无抱器内突。

雌性外生殖器：囊突有或无，若有则形状多变，但不为菱形。

分布：世界广布。世界已知 338 属 4090 余种，中国记录 113 属 470 余种，浙江分布 37 属 68 种。

分属检索表

1. 下唇须前伸或略下垂	2
- 下唇须上举	7
2. 下颚须丝状	3
- 下颚须末节膨大或鳞片扩展	4

3.	雄性腹部膨大；爪形突末端双乳突状；抱器瓣上无抱握器	曲角野螟属 *Camptomastix*
-	雄性腹部正常；爪形突锥形或长锥形；抱器瓣上具抱握器	伸喙野螟属 *Mecyna*
4.	前翅 R_2 与 R_{3+4} 脉远离；M_2 和 M_3 脉共柄	缘野螟属 *Diplopseustis*
-	前翅 R_2 脉靠近 R_{3+4} 脉；M_2 和 M_3 脉不共柄	5
5.	前翅 R_5 脉基部弯向 R_{3+4} 脉	豆荚野螟属 *Maruca*
-	前翅 R_5 脉直，远离 R_{3+4} 脉	6
6.	雄性外生殖器无爪形突	纹翅野螟属 *Diasemia*
-	雄性外生殖器具倒"T"形爪形突，端部呈卵圆形膨大	缨突野螟属 *Udea*
7.	下唇须第 3 节三角形，以一角立于第 2 节之上；前翅基域黄白色，有橘黄色纹	角须野螟属 *Agrotera*
-	下唇须和前翅不如上述	8
8.	前翅 R_1 和 R_2 脉共柄	纵卷叶野螟属 *Cnaphalocrocis*
-	前翅 R_1 和 R_2 脉不共柄	9
9.	雄性前翅中室有 1 具宽扁鳞片的凹陷，其反面覆盖由中室前缘发出的浓密栉毛	栉野螟属 *Tylostega*
-	雄性前翅中室无具宽扁鳞片的凹陷，其反面无由中室前缘发出的浓密栉毛	10
10.	下颚须末节鳞片扩展或末节膨大	11
-	下颚须丝状	17
11.	雄性爪形突阔	12
-	雄性爪形突细长或细小	14
12.	抱器瓣阔且端部阔圆，无抱握器，抱器腹基部超出囊形突末端	青野螟属 *Spoladea*
-	抱器瓣狭长或近菱形，具抱握器，抱器腹基部不超出囊形突末端	13
13.	抱器瓣近菱形	展须野螟属 *Eurrhyparodes*
-	抱器瓣狭长，基部阔	羚野螟属 *Pseudebulea*
14.	雄性爪形突细长，末端膨大	15
-	雄性爪形突细小或细长，末端不膨大或膨大不明显	16
15.	抱器瓣椭圆形	雅绢野螟属 *Cydalima*
-	抱器瓣阔圆或阔舌形	绢丝野螟属 *Glyphodes*
16.	抱器腹末端伸出形态各异的突起；雌性有 2 个锥刺状囊突	绢须野螟属 *Palpita*
-	抱器腹末端无各种突起；雌性无囊突或囊突形状不为锥刺状	绢野螟属 *Diaphania*
17.	雄性外生殖器爪形突退化（褐斑翅野螟 *B. aptalis* 除外）	斑翅野螟属 *Bocchoris*
-	雄性外生殖器具爪形突	18
18.	爪形突基部宽，中部细，端部略膨大，有的端部分叉	蚀叶野螟属 *Lamprosema*
-	爪形突不如上述	19
19.	爪形突双乳突状，或端部双乳突状，或末端凹入成双乳突状或分两支	20
-	爪形突不如上述	22
20.	爪形突端部多为双乳突状；下唇须尖细	卷野螟属 *Pycnarmon*
-	爪形突双乳突状，或末端凹入成双乳突状或分两支；下唇须适中或宽厚	21
21.	爪形突双乳突状；下唇须第 2 节宽厚；前、后翅外缘顶角凹入	尖翅野螟属 *Ceratarcha*
-	爪形突末端凹入成双乳突状或分两支；下唇须适中；前、后翅外缘不凹入	卷叶野螟属 *Sylepte*
22.	后翅 M_2 与 M_3 脉共短柄	紫翅野螟属 *Rehimena*
-	后翅 M_2 与 M_3 脉不共柄	23
23.	前翅各脉间有黑色纵长直条纹	黑纹野螟属 *Tyspanodes*
-	前翅各脉间无黑色纵长直条纹	24
24.	雄性肛管略骨化，两侧具刚毛	须野螟属 *Nosophora*
-	雄性肛管两侧不具刚毛	25

25.	爪形突细长，端部膨大	26
-	爪形突阔，或近锥形或三角形，端部不膨大	32
26.	前翅 R_5 脉基部弯向 R_{3+4} 脉	27
-	前翅 R_5 脉直，远离 R_{3+4} 脉	31
27.	前、后翅底色黄色	28
-	前、后翅底色非黄色	29
28.	前、后翅密布黑色斑点；雄性抱器瓣卵圆形	多斑野螟属 *Conogethes*
-	前、后翅不如上述；雄性抱器瓣阔圆	缀叶野螟属 *Botyodes*
29.	雄性抱握器基部向上伸出 1 向内弯的细骨化带	呫叶野螟属 *Omiodes*
-	雄性抱握器基部无向上且向内弯的细骨化带	30
30.	抱器瓣中部近腹缘具刺状或弯钩状抱握器	曲脉斑野螟属 *Charitoprepes*
-	抱器瓣近基部具短阔抱握器	斑野螟属 *Polythlipta*
31.	雄性抱器瓣椭圆形或卵圆形	犁角野螟属 *Goniorhynchus*
-	雄性抱器瓣狭长，两侧近平行	纹野螟属 *Metoeca*
32.	下唇须第 3 节隐蔽；爪形突近锥形，多较狭，有的末端略旋扭	切叶野螟属 *Herpetogramma*
-	下唇须第 3 节裸露；爪形突发达锥形，或三角形，或宽阔	33
33.	雄爪形突发达长锥形，末端钝	褐环野螟属 *Haritalodes*
-	雄性爪形突非发达长锥形	34
34.	爪形突短阔，与退化的颚形突横带相接成唇形；下唇须第 3 节长尖	条纹斑野螟属 *Tabidia*
-	爪形突和颚形突不如上述；下唇须第 3 节短或发达锥状	35
35.	雄性爪形突近阔锥形，无颚形突	条纹野螟属 *Mimetebulea*
-	雄性爪形突通常梯形，颚形突有或无	36
36.	前、后翅褐色且中室端外各有 1 白斑，或前、后翅白色且中室端外各有 1 灰斑；雄性通常有颚形突	四斑野螟属 *Nagiella*
-	前、后翅斑纹变化复杂，但不如上述；雄性外生殖器颚形突有或无	阔斑野螟属 *Patania*

474. 角须野螟属 *Agrotera* Schrank, 1802

Agrotera Schrank, 1802: 163. Type species: *Phalaena nemoralis* Scopoli, 1763.

主要特征：下唇须上弯，第 3 节三角形。雄性触角腹面具纤毛。前翅 R_5 脉远离 R_{3+4} 脉；CuA_1 脉从中室下角处发出。后翅 CuA_1 脉从中室下角发出；M_2 脉从中室下角稍上方发出；M_1 和 Rs 脉共短柄。雄性爪形突多呈奶嘴形；抱器瓣形状多变，抱握器多呈长弯钩状。雌性囊导管通常短于交配囊；囊突有或无。

分布：世界广布。世界已知 28 种，中国记录 11 种，浙江分布 2 种。

（1239）白桦角须野螟 *Agrotera nemoralis* (Scopoli, 1763)（图 14-186）

Phalaena nemoralis Scopoli, 1763: 242.
Phalaena erosalis Fabricius, 1794: 236.
Agrotera nemoralis: Schrank, 1802: 64.

主要特征：成虫（图 14-186A）翅展 15.0–21.0 mm。触角黄色有褐色环纹。下唇须褐色。胸部黄白色掺杂橘黄色，中央有 1 褐色纵纹。前翅前中线内侧区域黄白色布橘黄色网纹，外侧褐色具紫色光泽；前、后中线和外缘线黑褐色，波状；中室端斑黑褐色，周缘橘黄色；外缘波状。后翅淡褐色，基域白色；后中线褐色，波状；外缘线黑褐色。腹部 1–5 节黄白色掺杂橘黄色，其余褐色。

图 14-186　白桦角须野螟 *Agrotera nemoralis* (Scopoli, 1763)
A. 成虫；B. 雄性外生殖器；C. 雌性外生殖器

雄性外生殖器（图 14-186B）：抱器瓣阔，抱器背末端延伸成细长尖突，抱器腹末端延伸成长棒状；阳茎角状器月牙形。

雌性外生殖器（图 14-186C）：交配囊近圆形，囊突小，圆形。

分布：浙江（杭州）、黑龙江、北京、天津、河北、山东、河南、陕西、甘肃、江苏、安徽、福建、台湾、广西、重庆、四川、贵州、云南；俄罗斯，朝鲜，韩国，日本，英国，西班牙，意大利。

（1240）后角须野螟 *Agrotera posticalis* Wileman, 1911（图 14-187）

Agrotera posticalis Wileman, 1911a: 374.

主要特征：成虫（图 14-187A）翅展 11.0–18.0 mm。触角棕黄色有褐色环纹。下唇须褐色。胸部黄白色掺杂橘黄色；中胸沿背中线具 2 相连的橘黄色大斑。前翅前中线内侧区域黄白色布橘黄色网纹，外侧褐色具紫色光泽；前、后中线和外缘线黑褐色，波状；中室端斑黑褐色掺杂橘黄色；外缘波状。后翅淡褐色，基域白色，近中部散布黑褐色；外缘线黑褐色。雄性中足胫节腹面及外侧具黑褐色毛丛。腹部 1–5 节背面黄白色掺杂橘黄色，其余褐色。

雄性外生殖器（图 14-187B）：爪形突小；抱器瓣椭圆形，抱握器发达镰刀状；阳茎有 1 由钝刺束组成的弯月形角状器。

雌性外生殖器（图 14-187C）：交配囊长椭圆形，囊突 2 个，纵条状。

分布：浙江（杭州）、河南、陕西、安徽、台湾、四川；韩国，日本。

图 14-187　后角须野螟 *Agrotera posticalis* Wileman, 1911
A. 成虫；B. 雄性外生殖器；C. 雌性外生殖器

475. 斑翅野螟属 *Bocchoris* Moore, 1885

Bocchoris Moore, 1885: 271. Type species: *Botys inspersalis* Zeller, 1852.

主要特征：下唇须上弯，第 3 节短小。CuA_1 脉从中室下角稍后方发出，R_5 与 R_{3+4} 脉远离。后翅 CuA_1 脉从中室下角发出。雄性抱器瓣舌状。雌性囊导管粗短。

分布：东洋区、旧热带区、新热带区。世界已知 84 种，中国记录 8 种，浙江分布 2 种。

（1241）褐斑翅野螟 *Bocchoris aptalis* (Walker, 1866)（图 14-188）

Botys aptalis Walker, 1866: 1425.
Samea usitata Butler, 1879b: 74.
Bocchoris aptalis: Hampson, 1896a: 286.

主要特征：成虫（图 14-188A）触角黄色或黄褐色。下唇须褐色。前、后翅和腹部黄色。前翅散布橙黄色，前缘与外缘域棕色或黄褐色；中室圆斑、中室端斑、前中线和后中线暗褐色；前中线略外弯；后中线波状。后翅外缘域棕色或黄褐色；中室端斑、后中线暗褐色；后中线波状。

图 14-188 褐斑翅野螟 *Bocchoris aptalis* (Walker, 1866)
A. 成虫；B. 雄性外生殖器；C. 雌性外生殖器

雄性外生殖器（图 14-188B）：爪形突锥状；抱握器棒状；阳茎具 2 由刺束组成的角状器。

雌性外生殖器（图 14-188C）：交配囊基部 1/3 收缩变窄，端部近卵圆形；囊突近椭圆形。

分布：浙江（杭州）、河北、河南、陕西、甘肃、安徽、湖北、福建、台湾、海南、广西、重庆、四川、贵州、云南；日本，印度。

（1242）白斑翅野螟 *Bocchoris inspersalis* (Zeller, 1852)（图 14-189）

Botys inspersalis Zeller, 1852b: 33.
Desmia afflictalis Guenée, 1854: 190.
Aediodes bootanalis Walker, 1866: 1298.
Desmia stellaris Butler, 1879b: 73.
Bocchoris inspersalis: Moore, 1885: 272.

主要特征：成虫（图 14-189A）翅展 16.5–20.0 mm。体、翅黑褐色。触角黑褐色；下唇须黑褐色。前翅近基部有 1 小白斑，中室端有 1 大白斑，其下方及 CuA_2 脉下方各有 1 小白斑，M_2 脉上方有 1 大白斑，该斑上、下方外各有 1 小斑。后翅近基部及中室端脉外各有 1 白色大圆斑，后者下方近外缘有 1 小白斑；

臀角处至 CuA_2 脉之间有 1 带状纹。腹部第 4 节中央有 1 白斑。

雄性外生殖器（图 14-189B）：爪形突退化；阳茎端部有 1 短棒状和 1 折曲针状角状器。

雌性外生殖器（图 14-189C）：交配囊近椭圆形；囊突近镰刀形，密被短小刺。

分布：浙江（杭州）、河北、河南、甘肃、湖南、福建、台湾、海南、香港、广西、重庆、四川、贵州、云南；日本，印度，缅甸，斯里兰卡，印度尼西亚（爪哇岛），非洲。

图 14-189　白斑翅野螟 *Bocchoris inspersalis* (Zeller, 1852)
A. 成虫；B. 雄性外生殖器；C. 雌性外生殖器

476. 缀叶野螟属 *Botyodes* Guenée, 1854

Botyodes Guenée, 1854: 320. Type species: *Botyodes asialis* Guenée, 1854.

主要特征：下唇须弯曲上举。下颚须丝状。前、后翅底色通常黄色。前翅中室约为翅长的一半；R_1 脉发自中室前缘中部；中室端脉略弯；R_2 脉靠近 R_{3+4} 脉；R_5 脉基部弯向 R_{3+4} 脉；M_2、M_3 和 CuA_1 脉从中室下角均匀发出。后翅 M_2、M_3 和 CuA_1 脉从中室下角发出，基部略接近；M_1 与 Rs 脉中室上角发出或共短柄。雄性爪形突细长，端部略膨大；抱器瓣宽圆。雌性交配囊无囊突。

分布：东洋区、旧热带区、澳洲区。世界已知 17 种，中国记录 6 种，浙江分布 1 种。

（1243）黄翅缀叶野螟 *Botyodes diniasalis* (Walker, 1859)（图 14-190）

Botys diniasalis Walker, 1859: 649.
Sylepta [sic] *kosemponis* Strand, 1918a: 53.
Botyodes diniasalis: Caradja, 1925: 369.

主要特征：成虫（图 14-190A）翅展 28.0–33.0 mm。下唇须棕黄色，腹面白色。雄性触角基部具凹陷和耳状突。胸部黄色。翅黄色，斑纹棕黄色至棕褐色。前翅中室圆斑小；中室端斑内有 1 白色新月形

图 14-190　黄翅缀叶野螟 *Botyodes diniasalis* (Walker, 1859)
A. 成虫；B. 雄性外生殖器；C. 雌性外生殖器

纹；前中线断续外弯；后中线、亚外缘线波状，后中线在 M_1 与 M_2 脉间内弯、M_2 与 CuA_1 脉间外弯；外缘域棕黄色。后翅后中线、亚外缘线波状，后中线在 M_2 与 CuA_1 脉间外弯。腹部黄色至棕黄色；雄性腹末具棕褐色毛簇。

雄性外生殖器（图 14-190B）：阳茎一侧略骨化。

雌性外生殖器（图 14-190C）：交配囊长，基部窄。

分布：浙江（杭州）、辽宁、内蒙古、北京、河北、山东、河南、陕西、宁夏、江苏、安徽、湖北、福建、台湾、广东、海南、广西、重庆、四川、贵州、云南；朝鲜，日本，印度，缅甸。

477. 曲角野螟属 *Camptomastix* Warren, 1892

Camptomastix Warren, 1892: 439. Type species: *Botys pacalis* Leech, 1889.
Camptomastyx Hampson, 1896a: 238.

主要特征：下唇须前伸。下颚须丝状。雄性触角腹面具浓密纤毛，距离基部 1/3 处向下弯曲，弯曲处背缘两侧具粗糙鳞毛。雄性腹部膨大。前翅 CuA_1、M_2 和 M_3 脉从中室下角发出，R_2 与 R_{3+4} 脉紧靠。后翅中室短；CuA_1、M_2 和 M_3 脉由中室下角发出，M_1 和 Rs 脉由中室上角发出且共短柄，$Sc+R_1$ 与 Rs 脉共柄。

分布：古北区、东洋区、澳洲区。世界已知 7 种，中国记录 1 种，浙江分布 1 种。

（1244）长须曲角野螟 *Camptomastix hisbonalis* (Walker, 1859)（图 14-191）

Botys hisbonalis Walker, 1859: 707.
Botys pacalis Leech, 1889b: 69.
Diplotyla longipalpis Butler, 1889: 95.
Thliptoceras areolifera Strand, 1918a: 64.
Camptomastix hisbonalis: Shibuya, 1928: 167.

主要特征：成虫（图 14-191A）翅展 19.0–24.0 mm。触角褐色。下唇须褐色或黑褐色。胸、腹部暗褐色或赤褐色，腹部末端黄色。前翅赤褐色；中室内近中室端有 1 白色圆斑；前中线暗褐色，中室下方外弯；后中线暗褐色，锯齿状；雄性前翅中部具暗褐色和赭红色浓密鳞毛。后翅暗褐色。雄性腹部膨大，末端尖细。

雄性外生殖器（图 14-191B）：爪形突末端双乳突状且背面具短刚毛，阳茎具 1 钳状角状器。

雌性外生殖器（图 14-191C）：交配囊卵圆形，内壁密布微刺束。

分布：浙江（杭州）、天津、山东、河南、陕西、湖北、江西、湖南、福建、台湾、广东、香港、四川、云南、西藏；日本，印度，马来西亚，加里曼丹岛。

图 14-191　长须曲角野螟 *Camptomastix hisbonalis* (Walker, 1859)
A. 成虫；B. 雄性外生殖器；C. 雌性外生殖器

478. 尖翅野螟属 *Ceratarcha* Swinhoe, 1894

Ceratarcha umbrosa Swinhoe, 1894b: 200. Type species: *Ceratarcha umbrosa* Swinhoe, 1894.

主要特征：下唇须上弯，第 2 节宽厚，第 3 节短钝。下颚须丝状。雄性触角腹面具纤毛。前翅外缘顶角下凹入；R_2 与 Rs 脉基部靠近 R_{3+4} 脉；CuA_1 脉从中室下角发出。后翅顶角下凹入；M_1 脉由中室上角发出；M_2 与 M_3 脉基部靠近。

分布：古北区、东洋区。世界已知 2 种，中国记录 1 种，浙江分布 1 种。

（1245）暗纹尖翅野螟 *Ceratarcha umbrosa* Swinhoe, 1894

Ceratarcha umbrosa Swinhoe, 1894b: 200.

分布：浙江（临安）、甘肃、湖北、湖南、福建、台湾、海南、西藏；日本，印度（含锡金）。

注：描述见《天目山动物志》（李后魂等，2020）。

479. 曲脉斑野螟属 *Charitoprepes* Warren, 1896

Charitoprepes Warren, 1896a: 136. Type species: *Charitoprepes lubricosa* Warren, 1896.

主要特征：额稍凸。触角长约为翅长的 5/6。下唇须上弯，下颚须丝状。前翅长，前缘直，近顶角处微凸；顶角突出，钝圆；R_2 脉靠近 R_{3+4} 脉；R_5 脉基部约 1/3 弯向 R_{3+4} 脉。足细长。

分布：古北区、东洋区。世界已知 2 种，中国记录 2 种，浙江分布 1 种。

（1246）黑顶烟翅野螟 *Charitoprepes apicipicta* Inoue, 1963（图 14-192）

Charitoprepes apicipicta Inoue, 1963: 109.

主要特征：成虫（图 14-192A）翅展 26.0–28.0 mm。触角浅棕黄色至棕黄色。下唇须褐色，第 3 节小，白色。胸、腹部浅灰棕色。翅烟褐色；前翅前缘中部至 3/4 处有 1 白色纵线；顶角有 1 椭圆形黑褐色斑，斑内缘银白色；外缘具 1 银白色间杂烟褐色的宽带；中室圆斑、中室端斑黑褐色。后翅前缘银白色；中室端斑暗褐色。

图 14-192 黑顶烟翅野螟 *Charitoprepes apicipicta* Inoue, 1963

A. 成虫；B. 雄性外生殖器；C. 雌性外生殖器

雄性外生殖器（图 14-192B）：爪形突细长，端部略膨大；抱器瓣近菱形，抱握器扁弯钩状；阳茎有 1 具长刺的穗状角状器。

雌性外生殖器（图 14-192C）：交配囊纺锤形，囊突 2 个，镰刀形。

分布：浙江（杭州）、湖北、福建、重庆、四川；日本。

480. 纵卷叶野螟属 *Cnaphalocrocis* Lederer, 1863

Cnaphalocrocis Lederer, 1863: 384. Type species: *Botys iolealis* Walker, 1859.

Epimima Meyrick, 1886c: 235.

Lasiacme Warren, 1896c: 176.

主要特征：下唇须斜向上举，第 3 节短钝。下颚须丝状。前翅 R_1 和 R_2 脉共柄，CuA_1 脉从中室下角发出，CuA_2 脉从中室后缘 5/6 处发出。后翅 M_2、M_3 和 CuA_1 脉从中室下角均匀发出，CuA_2 脉从中室后缘 3/4 处发出。雄性爪形突宽短，两侧有对称棒状突起；角状器穗状。雌性囊导管粗短，具囊突。

分布：古北区、东洋区。中国记录 4 种，浙江分布 1 种。

（1247）稻纵卷叶野螟 *Cnaphalocrocis medinalis* (Guenée, 1854)（图 14-193）

Salbia medinalis Guenée, 1854: 201.

Botys nurscialis Walker, 1859: 724.

Botys acerrimalis Walker, 1866: 1449.

Botys fasciculatalis Walker, 1866: 1431.

Cnaphalocrocis medinalis: Moore, [1886] 1884-1887: 281.

主要特征：成虫（图 14-193A）翅展 16.0–20.0 mm。触角棕黄色。下唇须褐色。胸、腹部黄色；腹部末节黑褐色，两侧具纵白斑。前翅浅黄色，前缘及外缘有暗褐色宽带；雄性前缘近中部有黑褐色毛簇，中室近基部及其上方有竖立毛簇；中室端斑暗褐色；前中线褐色，略外弯；后中线微波状。后翅黄色；外缘有暗褐色带；中室端斑暗褐色；后中线褐色。

雄性外生殖器（图 14-193B）：抱器瓣近椭圆形，抱握器粗刺状。

雌性外生殖器（图 14-193C）：交配囊长椭圆形，囊突小，圆形。

分布：浙江（杭州）、黑龙江、吉林、辽宁、内蒙古、北京、天津、河北、山西、山东、河南、陕西、江苏、湖北、江西、湖南、福建、台湾、广东、广西、四川、贵州、云南；朝鲜，日本，印度，缅甸，越南，泰国，菲律宾，马来西亚，印度尼西亚，澳大利亚，巴布亚新几内亚。

图 14-193　稻纵卷叶野螟 *Cnaphalocrocis medinalis* (Guenée, 1854)
A. 成虫；B. 雄性外生殖器；C. 雌性外生殖器

481. 多斑野螟属 *Conogethes* Meyrick, 1884

Conogethes Meyrick, 1884: 314. Type species: *Astura punctiferalis* Guenée, 1854.
Dadessa Moore, 1886: 333.

主要特征：下唇须上弯，第3节裸露，锥形。下颚须丝状。体密布黑色斑点。前翅 R_1 脉出自中室前缘 2/3 处；R_5 脉基部略弯向 R_{3+4} 脉；CuA_1 脉从中室下角发出；CuA_2 脉从中室后缘 3/4 处发出。后翅 CuA_1 脉从中室下角发出；CuA_2 脉从中室后缘 3/4 处发出。雄性爪形突端部膨大被毛；抱器瓣卵圆形；阳茎细长。雌性囊导管细长；无囊突，多数种外侧具附囊。

分布：古北区、东洋区。世界已知 16 种，中国记录 1 种，浙江分布 1 种。

（1248）桃多斑野螟 *Conogethes punctiferalis* (Guenée, 1854)（图 14-194）

Astura punctiferalis Guenée, 1854: 320.
Botys nicippealis Walker, 1859: 999.
Deiopeia detracta Walker, 1859: 186.
Astura guttatalis Walker, 1866: 1381.
Conogethes punctiferalis: Meyrick, 1884: 314.

主要特征：成虫（图 14-194A）翅展 20.0–29.0 mm。体、翅黄色。下唇须第 1、2 节背面黑色。领片中央、翅基片基部及中部各有 1 黑斑。中胸中央有 1 黑斑，后胸有 3 黑斑。前翅前缘基部有 1 黑斑；中室端脉及内侧各有 1 黑斑；亚基线、前中线、后中线和亚外缘线由一系列黑斑组成。后翅中室近中部有 1 黑斑；后中线和亚外缘线由一系列黑斑组成。腹部背面第 2–5 节各节背面均有 3 黑斑，腹末黑色。
雄性外生殖器（图 14-194B）：抱器瓣阔舌状，抱握器粗指状；阳茎具 1 细长针状角状器。

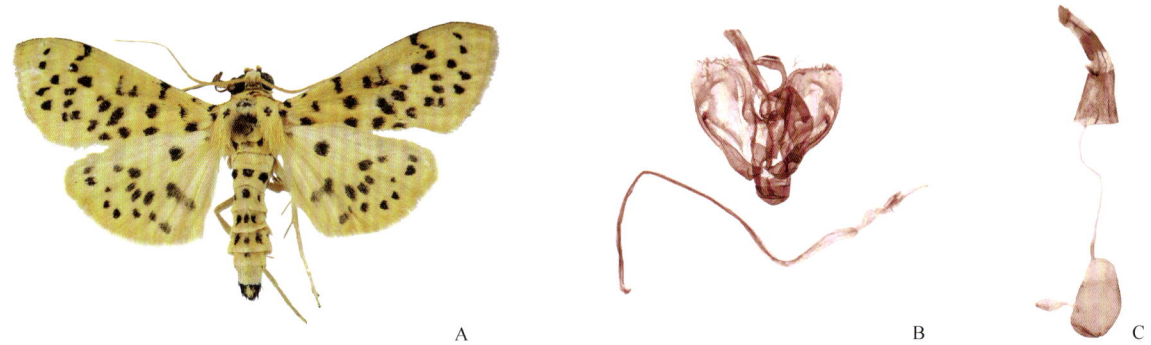

图 14-194 桃多斑野螟 *Conogethes punctiferalis* (Guenée, 1854)
A. 成虫；B. 雄性外生殖器；C. 雌性外生殖器

雌性外生殖器（图 14-194C）：交配囊卵圆形，具附囊。
分布：浙江（杭州）、辽宁、天津、河北、山西、山东、河南、陕西、甘肃、江苏、上海、安徽、湖北、江西、湖南、福建、台湾、广东、广西、重庆、四川、贵州、云南、西藏；朝鲜，韩国，日本，印度，缅甸，越南，斯里兰卡，菲律宾，新加坡，马六甲海峡，印度尼西亚，澳大利亚，新几内亚，所罗门群岛。

482. 雅绢野螟属 *Cydalima* Lederer, 1863

Cydalima Lederer, 1863: 397. Type species: *Margarodes conchylalis* Guenée, 1854.

Sisyrophora Lederer, 1863: 399.
Uliocome Swinhoe, 1900: 472.
Neoglyphodes Streltzov, 2008: 369.

主要特征：下唇须向上弯曲，第 3 节小。下颚须末节鳞片扩展。触角基部较粗。翅透明，乳白色，前翅较窄。雄性爪形突细长而弯，顶端膨大被刚毛；抱器瓣近中部有伸向末端的抱握器。

分布：古北区、东洋区、澳洲区。世界已知 9 种，中国记录 3 种，浙江分布 1 种。

（1249）黄杨绢野螟 *Cydalima perspectalis* (Walker, 1859)（图 14-195）

Phakellura perspectalis Walker, 1859: 515.
Phacellura [sic] *advenalis* Lederer, 1863: 400.
Glyphodes albifuscalis Hampson, 1899a: 739.
Cydalima perspectalis: Mally & Nuss, 2010: 399.

主要特征：成虫（图 14-195A）翅展 32.0–48.0 mm。下唇须暗褐色。触角褐色。胸、腹部白色掺杂棕色，末端深褐色。前、后翅白色。前翅前缘、外缘有褐色阔带；中室内有 1 小白点；中室端斑白色。后翅外缘有 1 褐色阔带。

雄性外生殖器（图 14-195B）：爪形突端部呈并列双叶状；抱器瓣密布细长毛，抱握器短小，端部尖细弯曲；阳茎具粗长针状角状器。

雌性外生殖器（图 14-195C）：交配囊长椭圆形，末端阔圆；囊突 2 个，圆形。

分布：浙江（杭州）、天津、河南、陕西、江苏、安徽、湖北、湖南、福建、广东、四川、西藏；朝鲜，日本，印度。

图 14-195 黄杨绢野螟 *Cydalima perspectalis* (Walker, 1859)
A. 成虫；B. 雄性外生殖器；C. 雌性外生殖器

483. 绢野螟属 *Diaphania* Hübner, 1818

Diaphania Hübner, 1818: 20. Type species: *Diaphania vitralis* Hübner, 1818.
Eudioptes Saunders, 1851: 163.
Sestia Snellen, 1875: 235.

主要特征：下唇须宽阔，向上弯曲。下颚须末节鳞片扩展。前翅 R_1 脉出自中室前缘 4/5 处，R_5 基部弯向 R_{3+4} 脉，CuA_1 脉从中室下角发出，CuA_2 脉从中室后缘 4/5 处发出。后翅 CuA_1 脉从中室下角发出，基部接近，CuA_2 脉从中室后缘 2/3 处发出。雄性爪形突细长弯曲，端部略膨大被毛；抱器瓣舌状。雌性囊导管短于交配囊。

分布：世界广布。世界已知 95 种，中国记录 3 种，浙江分布 1 种。

（1250）瓜绢野螟 *Diaphania indica* (Saunders, 1851)（图 14-196）

Eudioptes [sic] *indica* Saunders, 1851: 163.
Phakellura gazorialis Guenée, 1854: 297.
Phakellura zygaenalis Guenée, 1854: 297.
Phakellura cucurbitalis Guenée, 1862: 64.
Glyphodes intermedialis Dognin, 1904: 129.
Diaphania indica: Klima, 1939: 239.

主要特征：成虫（图 14-196A）翅展 24.0–28.0 mm。触角棕黄色至棕褐色。下唇须棕褐色。胸部褐色。前、后翅白色；前翅沿前缘及外缘各有 1 褐色阔带。后翅外缘有 1 条褐色阔带。腹部白色，第 6–7 节黑褐色，末端左右两侧各有 1 束黄色或黄褐色鳞毛丛。

图 14-196 瓜绢野螟 *Diaphania indica* (Saunders, 1851)
A. 成虫；B. 雄性外生殖器；C. 雌性外生殖器

雄性外生殖器（图 14-196B）：阳茎端部具 1 粗指状突起。
雌性外生殖器（图 14-196C）：交配囊近葫芦形，内壁密布小刺。
分布：浙江（杭州）、天津、山东、河南、江苏、安徽、湖北、江西、福建、台湾、广东、广西、重庆、四川、贵州、云南；朝鲜，日本，印度，越南，泰国，印度尼西亚，澳大利亚，以色列，留尼汪岛，法国，非洲大陆，萨摩亚群岛，斐济，塔希提岛，马克萨斯群岛。

484. 纹翅野螟属 *Diasemia* Hübner, 1825

Diasemia Hübner, 1825: 384. Type species: *Phalaena litterata* Scopoli, 1763.

主要特征：下唇须平伸或略下伸，第 3 节锥状。下颚须末节鳞片扩展。前翅 R_5 脉直，远离 R_{3+4} 脉，CuA_1 脉从中室下角发出，M_2 和 M_3 脉基部接近。后翅外缘顶角下斜切，CuA_1 脉从中室下角发出，$Sc+R_1$ 与 Rs 脉靠近。雄性爪形突退化；阳茎柱状，具角状器。
分布：世界广布。世界已知 30 种，中国记录 6 种，浙江分布 2 种。

（1251）褐纹翅野螟 *Diasemia accalis* (Walker, 1859)（图 14-197）

Scopula accalis Walker, 1859: 1015.
Diasemia spilonotalis Snellen, 1880b: 73.
Diasemia accalis: Hampson, 1896a: 411.

主要特征：成虫（图 14-197A）翅展 13.0–20.0 mm。触角、下唇须黄褐色。胸、腹部褐色或黄褐色。前翅红褐色或黄褐色；中室下方与内缘间有 3 暗褐色斑，基部斑小，斜纹状，之间为 2 浅色斑；后中线白色，在 M_2 脉处弯曲成角。后翅中室下方与臀角间有 1 白色横带；后中线白色，在 M_2 与 M_3 脉间弯曲成角。

图 14-197 褐纹翅野螟 Diasemia accalis (Walker, 1859)
A. 成虫；B. 雄性外生殖器；C. 雌性外生殖器

雄性外生殖器（图 14-197B）：抱器瓣末端呈下弯钩状，抱器腹端部具 1 簇粗刺；阳茎端部具 2 粗刺状角状器。

雌性外生殖器（图 14-197C）：囊导管粗短，交配囊小圆形。

分布：浙江（杭州）、河北、河南、江苏、安徽、湖北、湖南、福建、台湾、广东、香港、广西、四川、贵州、云南、西藏；朝鲜，日本，印度，缅甸。

（1252）白纹翅野螟 *Diasemia reticularis* Linnaeus, 1761（图 14-198）

Diasemia reticularis Linnaeus, 1761: 352.

主要特征：成虫（图 14-198A）翅展 16.0–20.5 mm。体、翅茶褐色。触角、下唇须黄褐色。前翅前、后中线、中室端斑白色；中室内有 1 近三角形白斑，下方有 1 白斑与之相接，在翅面中央形成 1 近三角形大白斑；后中线在 M_2 脉处向外倾斜成钝角；外缘有 1 排锯齿状深色斑。后翅中室内有 1 白斑，外有 1 白色横带；后中线白色，波状，在 M_2 脉处向外弯曲成钝角。

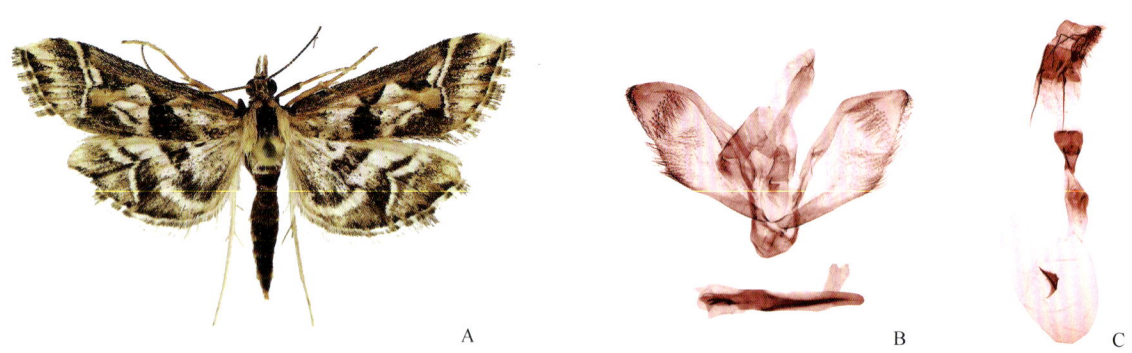

图 14-198 白纹翅野螟 Diasemia reticularis Linnaeus, 1761
A. 成虫；B. 雄性外生殖器；C. 雌性外生殖器

雄性外生殖器（图 14-198B）：抱器瓣近菱形，阳茎端部具 2 粗刺状角状器。

雌性外生殖器（图 14-198C）：交配囊近卵圆形，囊突具粗刺。

分布：浙江（杭州）、黑龙江、吉林、内蒙古、河北、陕西、甘肃、江苏、湖北、福建、台湾、广东、四川、贵州、云南；朝鲜，日本，印度（含锡金），斯里兰卡，欧洲。

485. 缘野螟属 *Diplopseustis* Meyrick, 1884

Diplopseustis Meyrick, 1884: 284. Type species: *Cymoriza minima* Butler, 1881.

主要特征：雄性触角些许加粗。下唇须平伸，第 3 节倾斜上举。下颚须末节扩展成三角形。前翅顶角略尖；R_2 脉与 R_{3+4} 脉远离；R_5 脉直，与 R_{3+4} 脉分离，CuA_1 脉从近中室下角发出，M_2 和 M_3 脉共柄，M_1 和 R_5 脉从中室上角发出。雄性爪形突细棒状；抱器瓣近长方形；阳茎柱状。雌性前表皮突短于后表皮突，交配囊无囊突。

分布：古北区、东洋区、澳洲区。世界已知 9 种，中国记录 1 种，浙江分布 1 种。

（1253）裂缘野螟 *Diplopseustis perieresalis* (Walker, 1859)（图 14-199）

Ambia perieresalis Walker, 1859: 958.
Cymoriza minima Butler, 1880b: 684.
Sufetula nana Warren, 1896c: 225.
Diplopseustis perieresalis: Hampson, 1896a: 489.

主要特征：成虫（图 14-199A）翅展 12.0–15.0 mm。触角黄色，背面具褐色环纹。下唇须褐色，第 3 节短小。胸、腹部和前翅浅褐色。前翅外缘波状；前中线白色，外缘褐色；亚外缘线白色，波状；前缘在前中线与外缘线间有 2 褐边的半圆形白斑；中室端斑褐色。后翅污白色；中室端部褐色；亚外缘线仅后方明显；近臀角处有 1 褐色斑纹。
雄性外生殖器（图 14-199B）：抱器瓣外缘浅裂为 2 叶；阳茎弯曲，端部裂为 2 叶，短叶密被细毛，长叶具 2 刺状角状器。
雌性外生殖器（图 14-199C）：囊导管细长；交配囊圆形，小。

分布：浙江（杭州）、河南、上海、安徽、福建、台湾、香港、贵州；日本，印度，斯里兰卡，马来西亚，印度尼西亚，加里曼丹岛，斐济，澳大利亚，新西兰。

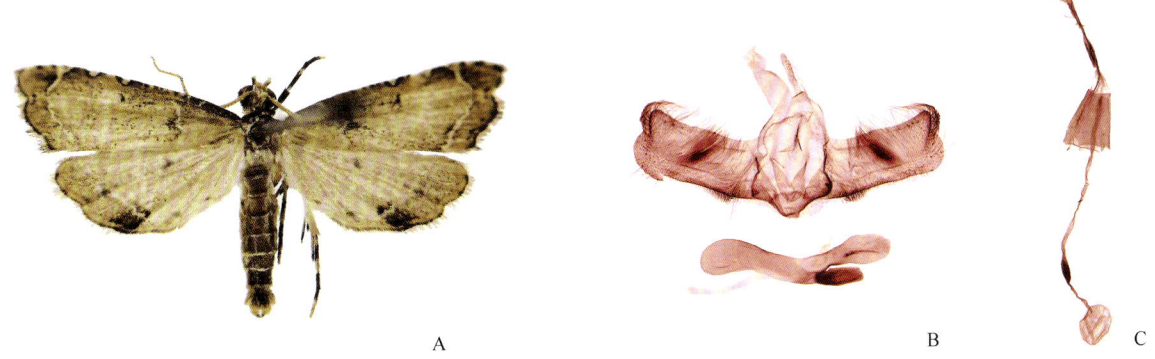

图 14-199 裂缘野螟 *Diplopseustis perieresalis* (Walker, 1859)
A. 成虫；B. 雄性外生殖器；C. 雌性外生殖器

486. 展须野螟属 *Eurrhyparodes* Snellen, 1880

Eurrhyparodes Snellen, 1880a: 215. Type species: *Eurrhyparodes stibialis* Snellen, 1880.
Molybdantha Meyrick, 1884: 309.
Eurthryparodes Lucas, 1892: 92.

主要特征：下唇须上弯，第 3 节裸露。下颚须末节鳞片扩展。前翅 R_5 脉直，与 R_{3+4} 脉远离，CuA_1 脉从中室下角发出，CuA_2 脉从中室后缘 3/4 处发出。后翅 CuA_1 脉从中室下角发出，M_2 和 M_3 脉基部靠近。雄性爪形突阔；抱器瓣近菱形；阳茎柱状，具角状器。雌性囊导管短于交配囊，无囊突。

分布：世界广布。世界已知 17 种，中国记录 3 种。浙江分布 1 种。

（1254）叶展须野螟 *Eurrhyparodes bracteolalis* (Zeller, 1852)（图 14-200）

Botys bracteolalis Zeller, 1852b: 30.
Isopteryx plumbalis Guenée, 1854: 231.
Isopteryx accessalis Walker, 1859: 405.
Eurrhyparodes stibialis Snellen, 1880a: 216.
Eurrhyparodes bracteolalis: Moore, 1885: 295.
Eurrhyparodes bracteolatis Lucas, 1892: 92.

主要特征：成虫（图 14-200A）翅展 16.0–20.0 mm。体、翅铅褐色。触角呈黄褐相间环纹状。下唇须褐色，第 3 节裸露。前翅分布较多黄色斑纹；中室有 2 黄色小斑，中室端斑黄色；中室端至翅内缘有 1 黄色不规则大斑；前缘基部有 1 椭圆形毛瘤。后翅基部约 2/3 区域黄色或黄白色，散布褐色斑纹，前缘和外缘褐色掺杂黄色小斑；中室内有 1 不规则褐色斑；内缘近基部、M_2 和 CuA_2 脉之间各有 1 褐色斑。腹部掺杂黄色或黄褐色。

雄性外生殖器（图 14-200B）：爪形突舌状，抱握器粗弯刺状；阳茎中部和端部分别具长短不一的刺束状角状器。

雌性外生殖器（图 14-200C）：交配囊椭圆形，长于囊导管。

分布：浙江（杭州）、山西、河南、陕西、江苏、安徽、湖北、福建、台湾、广东、广西、重庆、四川、贵州、云南；日本，印度，缅甸，泰国，斯里兰卡，印度尼西亚，澳大利亚。

图 14-200 叶展须野螟 *Eurrhyparodes bracteolalis* (Zeller, 1852)
A. 成虫；B. 雄性外生殖器；C. 雌性外生殖器

487. 绢丝野螟属 *Glyphodes* Guenée, 1854

Glyphodes Guenée, 1854: 292-293. Type species: *Glyphodes stolalis* Guenée, 1854.
Caloptychia Hübner, 1825: 359.
Morocosma Lederer, 1863: 403.

主要特征：下唇须宽扁，斜向上举。下颚须端部鳞片扩展。前翅 R_5 脉基部弯向 R_{3+4} 脉；CuA_1 脉从中室下角发出；CuA_2 脉从中室后缘 4/5 处发出。后翅 CuA_1 脉从中室下角发出；CuA_2 脉从中室后缘 3/4 处发出。雄性爪形突细长；抱器瓣阔圆或阔舌形，抱握器多为刺状；阳茎柱状，少数细长弯曲。

分布：世界广布。世界已知 150 多种，中国记录 22 种，浙江分布 5 种。

分种检索表

1. 前翅黑色或褐色，斑纹白色；后翅白色 ··· 2
- 前翅白色或黄白色，斑纹褐色或棕褐色 ··· 3
2. 前翅黑色，有 4 个白斑；后翅沿外缘有 1 黑色阔带，无其他斑纹 ······················· 四斑绢丝野螟 *G. quadrimaculalis*
- 前翅褐色或浅褐色，近中室端和中室外各有 1 透明白斑；后翅端部 1/3 褐色或浅褐色，具中室端斑和后中线 ··· 齿纹绢丝野螟 *G. crithealis*
3. 前、后翅白色，散布褐色不规则且较凌乱的斑纹 ······································· 齿斑绢丝野螟 *G. onychinalis*
- 前、后翅白色或黄白色，斑纹清晰不凌乱 ··· 4
4. 后翅仅外缘有 1 棕黄色宽带，无其他线或带纹 ······································· 双纹绢丝野螟 *G. duplicalis*
- 后翅除外缘 1 褐色或棕褐色宽带外，还具后中线和中室端斑 ··························· 台湾绢丝野螟 *G. formosanus*

（1255）齿纹绢丝野螟 *Glyphodes crithealis* (Walker, 1859)（图 14-201）

Desmia crithealis Walker, 1859: 344.

Glyphodes chilka Moore, 1888: 216.

Glyphodes crithealis: Hampson, 1896a: 358.

主要特征：成虫（图 14-201A）翅展 24.0–30.0 mm。下唇须基部白色，端部深褐色。胸、腹部背面浅褐色或灰褐色，各腹节两侧及后缘白色。前翅褐色或浅褐色；近中室端有 1 边缘暗褐色透明白斑；中室外有 1 暗褐色边的椭圆透明白斑，其外有 1 白色细横线，该线在近前缘处稍膨大。后翅基部 2/3 白色；内缘域黄褐色或浅褐色；端部 1/3 浅褐色至褐色；中室端斑、后中线褐色；CuA_2 脉处具 1 齿状纹。

雄性外生殖器（图 14-201B）：阳茎具由长短刺束组成的角状器。

雌性外生殖器（图 14-201C）：囊导管粗；交配囊近卵圆形；囊突 2 个，密布长短不一的刺束。

分布：浙江（杭州）、安徽、湖南、福建、台湾、广东、四川、贵州、云南；印度（含锡金），越南。

A　　　　　　　　　　　B　　　　　C

图 14-201　齿纹绢丝野螟 *Glyphodes crithealis* (Walker, 1859)
A. 成虫；B. 雄性外生殖器；C. 雌性外生殖器

（1256）双纹绢丝野螟 *Glyphodes duplicalis* Inoue, Munroe *et* Mutuura, 1981（图 14-202）

Glyphodes duplicalis Inoue, Munroe *et* Mutuura, 1981: 91.

主要特征：成虫（图 14-202A）翅展 24.0–26.0 mm。下唇须白色，端部具黑褐色带纹。胸、腹部棕褐色，两侧白色。前翅黄白色，基部棕褐色；前中线、后中线和亚外缘线棕黄色，中室端宽横纹和后中线在近内缘处相接；亚外缘线宽，近前缘向内有齿；中室内近前缘有 1 小黑点。后翅黄白色；外缘线为 1 棕黄色宽带，宽于翅基部到外缘的 1/3。

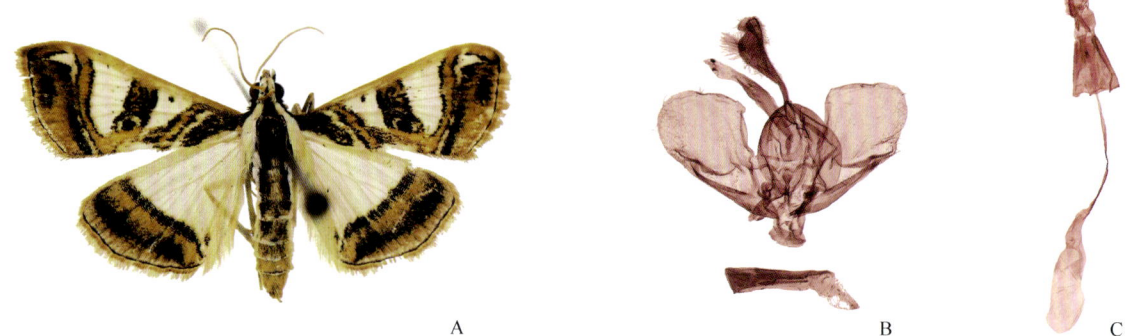

图 14-202　双纹绢丝野螟 *Glyphodes duplicalis* Inoue, Munroe *et* Mutuura, 1981
A. 成虫；B. 雄性外生殖器；C. 雌性外生殖器

雄性外生殖器（图 14-202B）：阳茎具 1 两侧均匀分布有短钝小刺的细条状角状器。
雌性外生殖器（图 14-202C）：交配囊卵圆形。
分布：浙江（杭州）、河南、甘肃、湖北、江西、湖南、福建、广西、贵州；日本。

（1257）台湾绢丝野螟 *Glyphodes formosanus* (Shibuya, 1928)（图 14-203）

Margaronia pryeri var. *formosanus* Shibuya, 1928: 240.
Glyphodes formosanus: Inoue et al., 1982: 346.

主要特征：成虫（图 14-203A）翅展 24.0–27.0 mm。触角赭黄色。下唇须外侧有 3 黑褐色带纹。胸部深褐色，中央有 1 白色纵纹。前翅白色或黄白色，亚基线、前中线、后中线和亚外缘线褐色，前中线、中室端宽横纹和后中线在近内缘处接近；亚外缘线宽，褐色，前端向内有齿。后翅白色，后中线弯曲，中后部与中室端斑连接；亚外缘线宽，褐色。腹部褐色，具白色横条纹。
雄性外生殖器（图 14-203B）：阳茎具多个长短不一的粗刺状角状器。
雌性外生殖器（图 14-203C）：交配囊近卵圆形。
分布：浙江（杭州）、河南、陕西、甘肃、湖北、福建、台湾、重庆、四川；日本。

图 14-203　台湾绢丝野螟 *Glyphodes formosanus* (Shibuya, 1928)
A. 成虫；B. 雄性外生殖器；C. 雌性外生殖器

（1258）齿斑绢丝野螟 *Glyphodes onychinalis* (Guenée, 1854)（图 14-204）

Asopia onychinalis Guenée, 1854: 205.
Lepyrodes astomalis Felder *et* Rogenhofer in Felder, Felder & Rogenhofer, 1875: pl. 135.
Glyphodes onychinalis: Shaffer et al., 1996: 194.

主要特征：成虫（图 14-204A）翅展 16.0–20.0 mm。触角棕黄色。下唇须白色，第 1、2 节端部具黑褐色斑。胸、腹部淡褐色掺杂白色。前、后翅白色，散布褐色斑纹。前翅具 10 条以上横纹，有些横纹相接；近外缘有 1 排褐色斑。后翅端部 2/3 具 4 条相接横纹；近外缘有 1 排褐色斑。

图 14-204　齿斑绢丝野螟 *Glyphodes onychinalis* (Guenée, 1854)
A. 成虫；B. 雄性外生殖器；C. 雌性外生殖器

雄性外生殖器（图 14-204B）：抱握器粗短；阳茎有 2 粗刺状角状器。

雌性外生殖器（图 14-204C）：交配囊大而长；囊突近圆形。

分布：浙江（杭州）、河南、安徽、湖北、福建、台湾、广东、四川、贵州、云南、西藏；朝鲜，日本，印度，缅甸，越南，印度尼西亚，澳大利亚，南非，埃塞俄比亚。

（1259）四斑绢丝野螟 *Glyphodes quadrimaculalis* (Bremer *et* Grey, 1853)

Diaphania quadrimaculalis Bremer *et* Grey, 1853: 22.
Glyphodes quadrimaculalis: Lederer, 1863: 402.

分布：浙江（临安）、黑龙江、吉林、辽宁、天津、河北、山西、山东、河南、陕西、宁夏、甘肃、湖北、福建、广东、四川、贵州、云南；俄罗斯（远东地区），朝鲜，日本。

注：描述见《天目山动物志》（李后魂等，2020）。

488. 犁角野螟属 *Goniorhynchus* Hampson, 1896

Goniorhynchus Hampson, 1896a: 322. Type species: *Botys gratalis* Lederer, 1863.

主要特征：下唇须上弯，第 3 节前伸。下颚须丝状。前翅 CuA_1 由中室下角发出，基部分离，CuA_2 脉从中室后缘约 3/4 处发出；R_5 脉直，与 R_{3+4} 脉分离。后翅 CuA_1 脉由中室下角发出，CuA_2 脉从中室后缘约 2/3 处发出，基部共短柄。雄性爪形突细长，端部膨大，背面密被细毛；抱器瓣椭圆形或卵圆形。雌性交配囊长卵圆形或加长。

分布：古北区、东洋区、新热带区。世界已知 17 种，中国记录 4 种，浙江分布 2 种。

（1260）黑缘犁角野螟 *Goniorhynchus butyrosa* (Butler, 1879)（图 14-205）

Samea butyrosa Butler, 1879b: 73.
Goniorhynchus butyrosa: Hampson, 1899a: 705.

主要特征：成虫（图 14-205A）翅展 16.0–21.0 mm。触角黄色或棕黄色。下唇须黑色或黑褐色。胸、腹部黄白色；各腹节基部具褐色横纹。前、后翅黄色；后中线波状；外缘带臀角处膨大并与后中线相接。前翅前缘带、外缘带、前中线、后中线、中室圆斑和中室端斑黑褐色；内缘近基部有 1 黑褐色小斑；中室圆斑中央白色；中室端斑沙漏状，中间白色；前中线直；后中线波状。后翅外缘带、中室端斑和后中线黑褐色。

图 14-205　黑缘犁角野螟 *Goniorhynchus butyrosa* (Butler, 1879)
A. 成虫；B. 雄性外生殖器；C. 雌性外生殖器

雄性外生殖器（图 14-205B）：抱握器宽短刺状；阳茎有 1 刺列状角状器。
雌性外生殖器（图 14-205C）：囊突椭圆形或长条状。
分布：浙江（杭州）、河北、河南、江苏、安徽、湖北、湖南、福建、台湾、广东、广西、重庆、四川、贵州、云南；日本，印度，越南。

（1261）黄犁角野螟 *Goniorhynchus marginalis* Warren, 1896（图 14-206）

Goniorhynchus marginalis Warren, 1896c: 115.
Goniorhynchus obliquistriga Warren, 1896c: 115.

主要特征：成虫（图 14-206A）翅展 21.0–26.0 mm。触角黄色或棕黄色。下唇须黑褐色。胸、腹部黄色掺杂褐色。前、后翅黄色。前翅前缘带、中室圆斑、中室端斑、亚基线、前中线、后中线和外缘带黑褐色；中室圆斑和中室端斑中央淡黄色；前中线直；亚基线沿臀脉伸出 1 黑褐色纵带。后翅中室端斑、后中线和外缘带黑褐色。前、后翅在中室下角与后中线间具黑褐色条纹；后中线波状；外缘带顶角处阔，臀角处膨大与后中线相接。

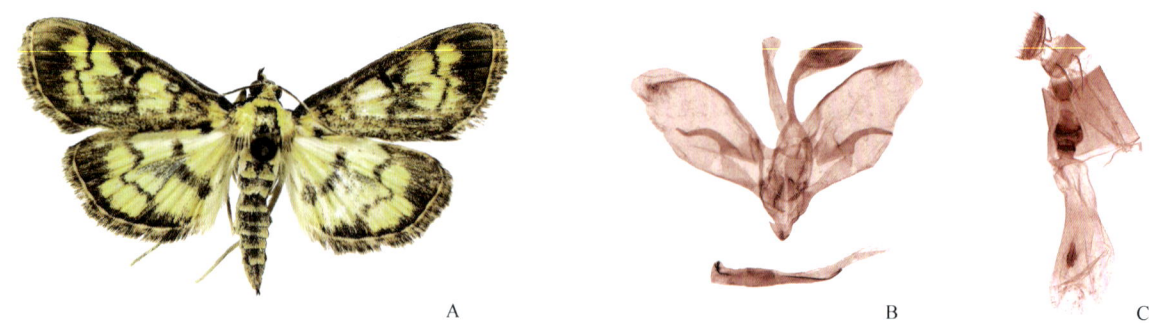

图 14-206　黄犁角野螟 *Goniorhynchus marginalis* Warren, 1896
A. 成虫；B. 雄性外生殖器；C. 雌性外生殖器

雄性外生殖器（图 14-206B）：抱握器宽长刺状；阳茎有 1 端部具粗短刺的片状角状器。
雌性外生殖器（图 14-206C）：交配囊后半部稍窄；囊突条状。

分布：浙江（杭州）、河南、甘肃、福建、重庆、四川；日本，印度。

489. 褐环野螟属 *Haritalodes* Warren, 1890

Haritalodes Warren, 1890: 476. Type species: *Botys multilinealis* Guenée, 1854.

主要特征：下唇须上举。下颚须丝状。前翅 R_1 脉发自中室前缘 4/5；R_5 脉基部弯向 R_{3+4} 脉；CuA_1 脉从中室下角发出；CuA_2 脉从中室后缘 4/5 处发出。后翅 CuA_1 脉从中室下角发出；CuA_2 脉从中室后缘 3/4 处发出；M_1 与 Rs 脉从中室上角发出。雄性爪形突长锥形，末端钝；抱器瓣长舌状，基部有细小抱握器。雌性囊导管细长；交配囊具囊突。

分布：世界广布。世界已知 11 种，中国记录 1 种，浙江分布 1 种。

（1262）棉褐环野螟 *Haritalodes derogata* (Fabricius, 1775)

Phalaena derogata Fabricius, 1775: 641.
Botys multilinealis Guenée, 1854: 337.
Botys otysalis Walker, 1859: 723.
Zebronia salomealis Walker, 1859: 476.
Haritalodes derogata: Shaffer et al., 1996: 197.

分布：浙江（临安）、辽宁、内蒙古、北京、天津、河北、山西、山东、河南、陕西、甘肃、江苏、安徽、湖北、江西、湖南、福建、台湾、广东、广西、四川、贵州、云南；朝鲜，日本，印度，缅甸，越南，泰国，菲律宾，新加坡，印度尼西亚，夏威夷，非洲，南美洲。

注：描述见《天目山动物志》（李后魂等，2020）。

490. 切叶野螟属 *Herpetogramma* Lederer, 1863

Herpetogramma Lederer, 1863: 430. Type species: *Herpetogramma servalis* Lederer, 1863.
Pachyzancla Meyrick, 1884: 315.
Stenomeles Warren, 1892: 437.
Piloptila Swinhoe, 1894a: 142.
Pantoeocome Warren, 1896c: 173.
Coremataria Amsel, 1956: 207.

主要特征：下唇须略斜向上举。雄性触角腹面具纤毛。下颚须丝状。前翅 R_1 脉发自中室前缘近 4/5；R_5 脉基部弯向 R_{3+4} 脉；CuA_1 脉从中室下角发出；CuA_2 脉从中室后缘 4/5 处发出。后翅 CuA_1 脉从中室下角发出，基部接近；CuA_2 脉从中室后缘近 2/3 处发出。雄性爪形突近锥形，端部具刚毛；抱器瓣近椭圆状、纺锤状或舌状，近基部有抱握器或具弱骨化的片状突起。雌性交配囊具囊突，多近方形。

分布：世界广布。世界已知 71 种，中国记录 18 种，浙江分布 5 种。

分种检索表

1. 前翅前、后中线模糊；后翅颜色较前翅稍浅 ·· 2
- 前翅前、后中线清晰；后翅颜色与前翅一致 ·· 3
2. 雄性前翅沿前缘约 1/2 处被黑色纤毛 ·· 水稻切叶野螟 *H. licarsisalis*

- 雄性前翅沿前缘无黑色纤毛 ··· 暗纹切叶野螟 *H. phaeopteralis*
3. 前翅后中线外侧具黄白色窄条纹 ··· 褐翅切叶野螟 *H. rudis*
- 前翅后中线外侧具浅黄色宽带纹 ··· 4
4. 抱器瓣阔椭圆形；囊形突末端阔圆；阳茎无角状器 ·· 葡萄切叶野螟 *H. luctuosalis*
- 抱器瓣狭长椭圆形；囊形突末端尖；阳茎有 1 由短小刺束组成的角状器 ············ 狭翅切叶野螟 *H. pseudomagna*

（1263）水稻切叶野螟 *Herpetogramma licarsisalis* (Walker, 1859)（图 14-207）

Botys licarsisalis Walker, 1859: 686.
Botys abstrusalis Walker, 1859: 663.
Botys pharaxalis Walker, 1859: 725.
Entephria fumidalis Walker, 1866: 1486.
Botys serotinalis Joannis *et* Ragonot, 1889: 272.
Herpetogramma licarsisalis: Yamanaka, 1960: 324.

主要特征：成虫（图 14-207A）翅展 19.0–21.0 mm。触角黄褐色。下唇须略上举，基部白色，两侧顶端褐色。胸、腹部黄褐色至褐色。前翅褐色；雄性前翅沿前缘约 1/2 处被黑色纤毛；前、后中线模糊，后中线锯齿状，深褐色；中室圆斑小黑点状。后翅色较前翅浅；后中线锯齿状。

雄性外生殖器（图 14-207B）：抱器瓣舌状；阳茎有由刺束组成的角状器。

雌性外生殖器（图 14-207C）：囊突密布齿状刺突。

分布：浙江（杭州、丽水）、山西、河南、江苏、上海、安徽、湖北、江西、湖南、福建、台湾、广东、海南、广西、重庆、四川、贵州、云南、西藏；朝鲜，日本，巴基斯坦，印度（含锡金），越南，斯里兰卡，马来西亚，印度尼西亚，叙利亚，塞浦路斯，英国，葡萄牙，巴布亚新几内亚，澳大利亚，埃及，苏丹，埃塞俄比亚，多哥，塞拉利昂，马达加斯群岛，留尼汪岛，津巴布韦，南非。

图 14-207 水稻切叶野螟 *Herpetogramma licarsisalis* (Walker, 1859)
A. 成虫；B. 雄性外生殖器；C. 雌性外生殖器

（1264）葡萄切叶野螟 *Herpetogramma luctuosalis* (Guenée, 1854)

Hyalitis luctuosalis Guenée, 1854: 290.
Botys cosisalis Walker, 1859: 685.
Botys oemealis Walker, 1859: 671.
Coptobasis andamanalis Moore, 1877b: 615.
Hymenia erebina Butler, 1878a: 57.
Herpetogramma luctuosalis: Inoue et al., 1982: 355.
Lygropia nictoalis Swinhoe, 1916: 489.

分布：浙江（临安、丽水）、黑龙江、吉林、天津、河北、河南、陕西、甘肃、江苏、安徽、湖北、福建、台湾、广东、四川、贵州、云南；俄罗斯（远东地区），朝鲜，日本，印度，不丹，尼泊尔，越南，斯里兰卡，印度尼西亚，欧洲南部，非洲东部。

注：描述见《天目山动物志》（李后魂等，2020）。

（1265）暗纹切叶野螟 *Herpetogramma phaeopteralis* (Guenée, 1854)（图 14-208）

Botys phaeopteralis Guenée, 1854: 349.
Botys vecordalis Guenée, 1854: 348.
Botys neloalis Walker, 1859: 643.
Botys otreusalis Walker, 1859: 637.
Botys triarialis Walker, 1859: 639.
Botys plebejalis Lederer, 1863: 373.
Botys cellatalis Walker, 1866: 1400.
Botys inhonestalis Walker, 1866: 1433.
Botys tridentalis Snellen, 1872: 89.
Botys communalis Snellen, 1875: 196.
Acharana descripta Warren, 1892: 436.
Herpetogramma phaeopteralis: Yamanaka, 1960: 325.

主要特征：成虫（图 14-208A）翅展约 20.0 mm。体暗褐色。触角暗褐色。下唇须略上举，基半部白色，两侧顶端褐色。前翅深褐色；前、后中线模糊，后中线锯齿状，深褐色；中室圆斑小黑点状。后翅颜色较前翅浅；后中线锯齿状，M_2–CuA_2 齿状凸出。腹部黄褐色至褐色。

雄性外生殖器（图 14-208B）：生殖器抱器瓣舌状；阳茎有由刺束组成的角状器。

雌性外生殖器（图 14-208C）：交配囊长卵圆形；囊突片状。

分布：浙江（杭州、丽水）、河北、山西、河南、甘肃、江苏、湖北、湖南、福建、广东、海南、广西、重庆、四川、云南；日本，海地，刚果，塞拉利昂，毛里求斯，牙买加，委内瑞拉，哥伦比亚。

A   B   C

图 14-208 暗纹切叶野螟 *Herpetogramma phaeopteralis* (Guenée, 1854)
A. 成虫；B. 雄性外生殖器；C. 雌性外生殖器

（1266）狭翅切叶野螟 *Herpetogramma pseudomagna* Yamanaka, 1976（图 14-209）

Herpetogramma pseudomagna Yamanaka, 1976: 1.

主要特征：成虫（图 14-209A）翅展 24.0–30.0 mm。触角黄色。下唇须褐色。胸、腹部淡褐色或淡黄褐色。前、后翅褐色。前翅中室圆斑、端斑黑褐色，2 斑间淡黄色；前、后中线暗褐色，波状；前中线内侧及后中线外侧具浅黄色宽带纹。后翅中室端黑褐色；后中线暗褐色，波状。

图 14-209　狭翅切叶野螟 *Herpetogramma pseudomagna* Yamanaka, 1976
A. 成虫；B. 雄性外生殖器；C. 雌性外生殖器

雄性外生殖器（图 14-209B）：抱器瓣狭长椭圆形；阳茎有 1 由短小刺束组成的角状器。
雌性外生殖器（图 14-209C）：交配囊近梨形；囊突近方形。
分布：浙江（杭州、丽水）、河南、甘肃、湖北、福建、四川；日本。

（1267）褐翅切叶野螟 *Herpetogramma rudis* (Warren, 1892)（图 14-210）

Acharana rudis Warren, 1892: 435.
Herpetogramma rudis: Yamanaka, 1960: 322.

主要特征：成虫（图 14-210A）翅展 23.0–28.0 mm。触角暗褐色。下唇须基部白色，端部褐色。胸、腹部淡褐色。前、后翅褐色；前翅中室圆斑、中室端斑暗褐色；前中线略弯、近弧形；后中线暗褐色，波状，在 M_1 与 CuA_2 脉间外突；前中线内侧及后中线外侧具黄白色窄条纹。后翅中室端斑褐色；后中线褐色，弯曲同前翅。

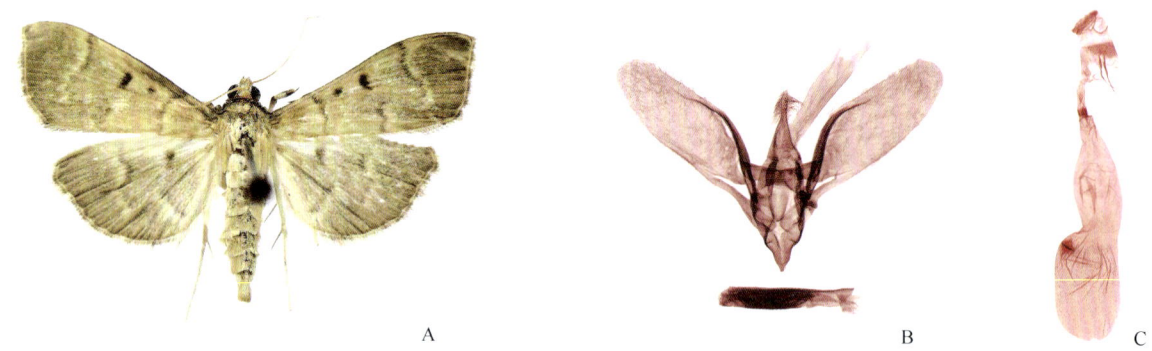

图 14-210　褐翅切叶野螟 *Herpetogramma rudis* (Warren, 1892)
A. 成虫；B. 雄性外生殖器；C. 雌性外生殖器

雄性外生殖器（图 14-210B）：抱器瓣舌状，近基部有 1 弱骨化的片状和 2 小指状突起。
雌性外生殖器（图 14-210C）：交配囊大而长，中部一侧凹入；囊突中部具 1 脊状突起。
分布：浙江（杭州）、天津、河北、河南、陕西、安徽、湖北、台湾、重庆、四川、西藏；日本，印度。

491. 蚀叶野螟属 *Lamprosema* Hübner, 1823

Lamprosema Hübner, 1823: 21. Type species: *Lamprosema lunulalis* Hübner, 1823.

Orocala Walker, 1866: 1191.

主要特征：下唇须斜向上举。下颚须丝状。前翅 R_5 脉直，远离 R_{3+4} 脉；CuA_1 脉从中室下角发出；CuA_2 脉从中室后缘 4/5 处发出。后翅 CuA_1 从中室下角发出；CuA_2 脉从中室后缘 3/4 处发出。雄性爪形突基部宽，中部细，端部略膨大。雌性囊导管粗短；交配囊卵圆形，无囊突。

分布：世界广布。世界已知 330 多种，中国记录 28 种，浙江分布 3 种。

分种检索表

1. 雄性爪形突端部棒槌状 ·· 黑点蚀叶野螟 *L. commixta*
- 雄性爪形突端部分叉 ··· 2
2. 抱器瓣狭长，向端部渐窄；阳茎端部有 1 近 Y 状骨化区 ··· 黑斑蚀叶野螟 *L. sibirialis*
- 抱器瓣从基部向端部渐宽，末端平截；阳茎端部有 2 片状角状器 ··························· 黄环蚀叶野螟 *L. tampiusalis*

（1268）黑点蚀叶野螟 *Lamprosema commixta* (Butler, 1879)

Samea commixta Butler, 1879a: 453.
Nacoleia costisignalis Moore, 1885: 273.
Lamprosema commixta: Shibuya, 1928: 209.

分布：浙江（临安）、北京、天津、河南、陕西、甘肃、安徽、湖北、湖南、福建、台湾、广东、海南、香港、四川、贵州、云南、西藏；日本，印度，尼泊尔，越南，斯里兰卡，马来西亚。

注：描述见《天目山动物志》（李后魂等，2020）。

（1269）黑斑蚀叶野螟 *Lamprosema sibirialis* (Millière, 1879)

Stenia sibirialis Millière, 1879: 139.
Lamprosema sibirialis: Caradja, 1925: 344.

分布：浙江（临安）、黑龙江、北京、天津、河北、河南、陕西、甘肃、安徽、湖北、江西、湖南、福建、广东、四川、贵州；俄罗斯（西伯利亚东南部），朝鲜，日本。

注：描述见《天目山动物志》（李后魂等，2020）。

（1270）黄环蚀叶野螟 *Lamprosema tampiusalis* (Walker, 1859)（图 14-211）

Botys tampiusalis Walker, 1859: 704.
Botys dascylusalis Walker, 1859: 1003.
Botys ilusalis Walker, 1859: 705.
Metasia lilliputalis Snellen, 1880a: 229.
Aplomastix mimula Hampson, 1891: 40.
Lamprosema tampiusalis: Shibuya, 1929: 177.

主要特征：成虫（图 14-211A）翅展 17.0–20.0 mm。体、翅淡黄色掺杂褐色。触角黄色。下唇须白色；第 3 节鳞片扩展。中胸中央具 1 褐斑。前翅基部有暗褐色斑；中室内有 1 暗褐色环形斑；中室端斑椭圆形环状，暗褐色；前、后中线暗褐色，波状；外缘线由不连续的黑褐色斑组成。后翅中室端斑、前中线和后中线暗褐色；前中线从中室下角下方向外倾斜；后中线呈阶梯状弯曲；外缘线黑褐色。第 7 腹节端部具 1 黑斑，末节具 2 黑斑。

图 14-211　黄环蚀叶野螟 *Lamprosema tampiusalis* (Walker, 1859)
A. 成虫；B. 雄性外生殖器；C. 雌性外生殖器

雄性外生殖器（图 14-211B）：爪形突分 2 支；抱器瓣从基部向端部渐宽，末端平截；阳茎端部有 1 弯曲和 1 具小齿的片状角状器。

雌性外生殖器（图 14-211C）：交配囊长卵圆形。

分布：浙江（杭州）、河南、安徽、湖北、江西、福建、广东；日本，印度，印度尼西亚，加里曼丹岛。

492. 豆荚野螟属 *Maruca* Walker, 1859

Maruca Walker, 1859: 490. Type species: *Hydrocampe aquitilis* Guérin-Méneville, [1832] 1829-1838.

主要特征：下唇须前伸，基部略斜向上伸；第 3 节长锥状。下颚须末节鳞片扩展。前翅 R_1 脉出自中室前缘 5/6 处，R_5 脉基部弯向 R_{3+4}，M_2、M_3 和 CuA_1 脉从中室下角发出，M_2 和 M_3 脉基部接近，CuA_2 脉从中室后缘 5/6 处发出。后翅 CuA_1 脉从中室下角发出，M_2 和 M_3 脉基部接近，CuA_2 脉从中室后缘 2/3 处发出。雄性爪形突细长；抱握器伸向抱器瓣腹缘。雌性囊导管细；交配囊具囊突。

分布：世界广布。世界已知 4 种，中国记录 2 种，浙江分布 1 种。

（1271）豆荚野螟 *Maruca vitrata* (Fabricius, 1787)（图 14-212）

Phalaena vitrata Fabricius, 1787: 215.
Botys bifenestralis Mabille, 1880: xxv.
Maruca vitrata: Heppner & Inoue, 1992: 88.

主要特征：成虫（图 14-212A）翅展 23.0–28.5 mm。下唇须褐色，稍向上举；第 3 节平伸。胸、腹部棕褐色。前翅棕褐色或黑褐色；中室内有 1 具黑色边缘的不规则透明斑；中室后缘中部下方有 1 小透明斑；中室外在 R_1 脉与 CuA_2 脉间有 1 不规则透明长斑。后翅白色；外缘域有 1 棕褐色或黑褐色阔带，其内侧突起呈山峰状；中室内近前缘和中室上角处各有 1 黑斑；后中线波纹状。

雄性外生殖器（图 14-212B）：抱器瓣舌形，抱握器末端尖细弯曲；阳茎有 1 弯月形角状器。

雌性外生殖器（图 14-212C）：交配囊椭圆形；囊突 2 个，长条形。

分布：浙江（杭州）、内蒙古、北京、天津、河北、山西、山东、河南、陕西、甘肃、江苏、上海、安徽、湖北、江西、湖南、福建、台湾、广东、海南、广西、重庆、四川、贵州、云南、西藏；朝鲜，日本，印度，斯里兰卡，欧洲，夏威夷群岛，澳大利亚，尼日利亚，坦桑尼亚，非洲北部。

图 14-212　豆荚野螟 *Maruca vitrata* (Fabricius, 1787)
A. 成虫；B. 雄性外生殖器；C. 雌性外生殖器

493. 伸喙野螟属 *Mecyna* Doubleday, [1849] 1850

Mecyna Doubleday, [1849] 1850: 14. Type species: *Pyralis asinalis* Hübner, 1819.

主要特征：下唇须前伸，形如鸟喙状，有的略斜上举；第 3 节裸露。下颚须丝状。前翅 R_1 脉出自中室前缘 4/5 处，R_5 脉较直，与 R_{3+4} 脉远离，CuA_1 脉从中室下角发出，CuA_2 脉从中室后缘 4/5 处发出。后翅 CuA_1 脉从中室下角发出，CuA_2 脉从中室后缘 3/4 处发出。雄性爪形突锥形；抱器瓣椭圆形，抱握器伸向抱器瓣腹缘。雌性囊导管粗短；交配囊具条形囊突。

分布：古北区、东洋区、新北区。世界已知 48 种，中国记录 5 种，浙江分布 3 种。

分种检索表

1. 阳茎基环锥形；阳茎内有 1 月牙形及 2 个粗刺状角状器 ·· 贯众伸喙野螟 *M. gracilis*
- 阳茎基环近长方形或花瓶形；阳茎内有 1 纺锤形和 1 具刺的掌状或爪状角状器 ·· 2
2. 爪形突窄长；阳茎基环近长方形 ·· 杨芦伸喙野螟 *M. tricolor*
- 爪形突较阔；阳茎基环近花瓶形 ·· 双斑伸喙野螟 *M. dissipatalis*

（1272）双斑伸喙野螟 *Mecyna dissipatalis* (Lederer, 1863)（图 14-213）

Botys dissipatalis Lederer, 1863: 376.

Mecyna dissipatalis: Yamanaka, 1978: 200.

主要特征：成虫（图 14-213A）翅展 23.0–28.5 mm。触角黄色至黄褐色。下唇须白色。胸、腹部灰褐色，第 1 腹节淡黄色。前翅褐色；中室圆斑黄色；中室端黑色，外有 1 淡黄色肾形斑；中室下方有 1 淡黄色方形斑；后中线淡黄色，仅近前缘处明显。后翅淡黄色；近基部有 1 黑褐色斑；中室端斑褐色，中央淡黄色；CuA_2 脉下方有 1 短横带；外缘 1/3 为褐色宽带，在 M_2 与 CuA_2 脉间外凹。雄性外生殖器（图 14-213B）：爪形突末端圆；抱握器粗壮弯曲；阳茎基环近花瓶形；阳茎有 1 长纺锤形角状器和 1 刺束组成的爪状角状器。
雌性外生殖器（图 14-213C）：交配囊卵圆形；囊突弯条形。

分布：浙江（杭州）、河南、陕西、甘肃、安徽、湖北、江西、福建、台湾、广东、海南、广西、重庆、四川；日本，印度，斯里兰卡。

图 14-213　双斑伸喙野螟 *Mecyna dissipatalis* (Lederer, 1863)
A. 成虫；B. 雄性外生殖器；C. 雌性外生殖器

（1273）贯众伸喙野螟 *Mecyna gracilis* (Butler, 1879)（图 14-214）

Samea gracilis Butler, 1879b: 74.
Botys explicatalis Christoph, 1881: 16.
Mecyna gracilis: Mutuura, 1957: 123.

主要特征：成虫（图 14-214A）翅展 20.0–24.0 mm。体、翅黄色。触角黄褐色。下唇须褐色；第 3 节平伸。前、后翅外缘有棕褐色宽带。前翅前缘域棕黄色；中室圆斑和中室端斑灰色；中室下方有 1 灰色镶棕黄边的圆形斑；前中线黄褐色，波状；后中线黄褐色，锯齿状。后翅中室端有 1 灰褐色条斑；后中线波状。

雄性外生殖器（图 14-214B）：抱握器短；阳茎基环锥形；阳茎有 1 月牙形及 2 粗刺状角状器。

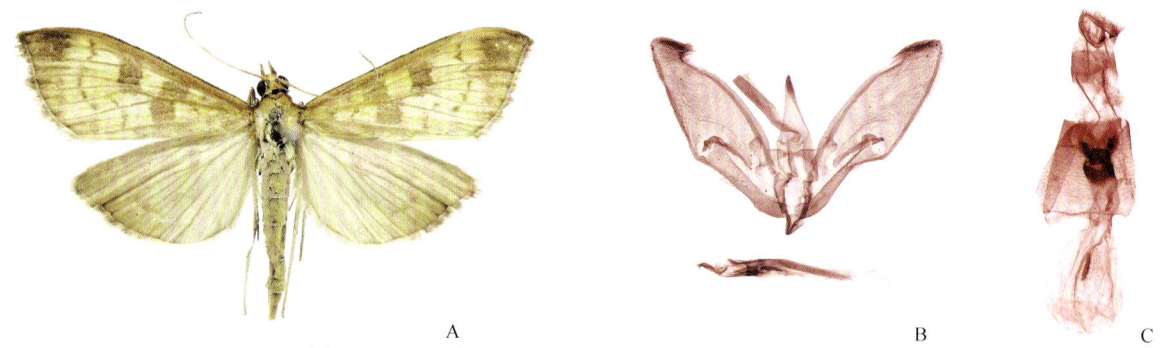

图 14-214　贯众伸喙野螟 *Mecyna gracilis* (Butler, 1879)
A. 成虫；B. 雄性外生殖器；C. 雌性外生殖器

雌性外生殖器（图 14-214C）：交配囊卵圆形；囊突直条形。

分布：浙江（杭州）、黑龙江、北京、天津、河北、山东、河南、陕西、安徽、湖北、江西、福建、台湾；俄罗斯（远东地区），朝鲜，日本。

（1274）杨芦伸喙野螟 *Mecyna tricolor* (Butler, 1879)（图 14-215）

Hymenia tricolor Butler, 1879b: 75.
Mecyna tricolor: Mutuura, 1957: 124.

主要特征：成虫（图 14-215A）翅展 22.0–24.0 mm。体、翅灰褐色。下唇须褐色或黑褐色；末节前伸。前翅中室内有 1 淡黄色小方斑，中室下方有 1 淡黄色方斑，中室端黑色，外有 1 淡黄色肾形斑；前、后中线淡黄色。后翅中部有 1 淡黄色宽横带，在 M_2 与 CuA_2 脉间外凸；后中线淡黄色仅前缘明显。

图 14-215　杨芦伸喙野螟 *Mecyna tricolor* (Butler, 1879)
A. 成虫；B. 雄性外生殖器；C. 雌性外生殖器

雄性外生殖器（图 14-215B）：爪形突窄长；阳茎基环近长方形；阳茎具 1 纺锤形角状器和 1 具刺掌状角状器。

雌性外生殖器（图 14-215C）：交配囊卵圆形；囊突弯条形。

分布：浙江（杭州）、黑龙江、北京、河北、山西、山东、河南、陕西、甘肃、湖北、湖南、福建、台湾、广东、重庆、四川、贵州、云南；朝鲜，日本。

494. 纹野螟属 *Metoeca* Warren, 1896

Metoeca Warren, 1896a: 145. Type species: *Isopteryx foedalis* Guenée, 1854.

主要特征：下唇须上弯，第 2 节末端平截，第 3 节短小。下颚须丝状。前翅 CuA_1 脉由中室下角发出，R_5 脉远离 R_{3+4} 脉。后翅 CuA_1 由中室下角发出，M_2 和 M_3 脉基部靠近。雄性爪形突细长，端部膨大被毛；抱器瓣狭长，两侧近平行；阳茎柱状。雌性囊导管短；交配囊具囊突。

分布：世界广布。世界已知 1 种，中国记录 1 种，浙江分布 1 种。

（1275）污斑纹野螟 *Metoeca foedalis* (Guenée, 1854)（图 14-216）

Isopteryx foedalis Guenée, 1854: 228.
Isopteryx tenellalis Guenée, 1854: 228.
Isopteryx leucothoalis Walker, 1859: 400.
Isopteryx spilomelalis Walker, 1859: 403.
Zebronia oethonalis Walker, 1859: 484.
Hydrocampa scitalis Lederer, 1863: 451.
Hydrocampa solitalis Walker, 1866: 1340.
Physematia epispila Meyrick, 1886c: 257.
Metoeca foedalis: Warren, 1896a: 145.
Nymphula pseudofoedalis Strand, 1913c: 76.

主要特征：成虫（图 14-216A）翅展 14.0–16.0 mm。触角黄褐相间。下唇须白色，近中部有 1 褐斑，第 2 节末端褐色或浅褐色，第 3 节细长。胸部白色有暗褐色斑纹。前、后翅白色散布浅褐色污斑。前翅前缘基部有 1 褐斑；中室圆斑、中室端斑、前中线和后中线褐色；前中线锯齿状；后中线波状。后翅中室圆斑褐色；后中线波状。前、后翅外缘具 1 排近三角形褐斑，近外缘有 1 浅褐色宽带。腹部白色具褐色或黄褐色污斑。

图 14-216　污斑纹野螟 *Metoeca foedalis* (Guenée, 1854)
A. 成虫；B. 雄性外生殖器；C. 雌性外生殖器

雄性外生殖器（图 14-216B）：阳茎内有许多短小钝刺。

雌性外生殖器（图 14-216C）：交配囊长梨形；囊突圆形。

分布：浙江（杭州）、山东、河南、安徽、湖北、江西、福建、广东、海南、四川、云南、西藏；日本，印度尼西亚，加里曼丹岛，斯里兰卡，澳大利亚，非洲。

495. 条纹野螟属 *Mimetebulea* Munroe *et* Mutuura, 1968

Mimetebulea Munroe *et* Mutuura, 1968a: 858. Type species: *Mimetebulea arctialis* Munroe *et* Mutuura, 1968.

主要特征：体、翅淡黄色，斑纹褐色，中线由连续斑点构成。下唇须斜向上举。下颚须丝状。雄性爪形突近阔锥形，被短毛；背兜窄；抱器瓣基部宽，端部窄；抱器腹宽短；阳茎细长。雌性表皮突细弱；囊导管极短；交配囊长袋状，无囊突。

分布：古北区、东洋区。世界已知 1 种，中国记录 1 种，浙江分布 1 种。

（1276）条纹野螟 *Mimetebulea arctialis* Munroe *et* Mutuura, 1968

Mimetebulea arctialis Munroe *et* Mutuura, 1968a: 860.

分布：浙江（临安）、河南、江苏、湖北、湖南、福建、四川、贵州。

注：描述见《天目山动物志》（李后魂等，2020）。

496. 四斑野螟属 *Nagiella* Munroe, 1976

Nagiella Munroe, 1976b: 876. Type species: *Nagia desmialis* Walker, 1866.
Nagia Walker, 1866: 1320.

主要特征：下唇须宽，斜向上弯；第 3 节短小，裸露。雄性触角腹面具纤毛。前翅 R_1 脉发自中室前缘 2/3 处；R_5 脉基部弯向 R_{3+4} 脉；CuA_1 脉从中室下角发出；CuA_2 脉从中室后缘约 3/4 处发出。后翅 CuA_1 脉从中室下角发出，基部分离；CuA_2 脉从中室后缘 2/3 处发出。雄性爪形突宽短；抱器瓣长舌状；阳茎柱状。雌性交配囊卵圆形；具囊突。

分布：古北区、东洋区。世界已知 4 种，中国记录 4 种，浙江分布 2 种。

（1277）四目斑野螟 *Nagiella inferior* (Hampson, 1899)（图 14-217）

Sylepta [sic] *inferior* Hampson, 1899a: 724.

Nagiella inferior: Munroe, 1976b: 876.

主要特征：成虫（图 14-217A）翅展 22.0–28.0 mm。前、后翅褐色。前翅中室圆斑与中室端斑间有 1 小白斑；中室端斑与后中线间有 1 近肾形大白斑；前、后中线不清晰。后翅中室端斑与后中线间 1 大白斑较前翅大白斑稍阔，在 M_2 和 M_3 脉间外突，呈齿状。

图 14-217　四目斑野螟 *Nagiella inferior* (Hampson, 1899)
A. 成虫；B. 雄性外生殖器；C. 雌性外生殖器

雄性外生殖器（图 14-217B）：爪形突梯形，顶端略凹；抱握器细指状。

雌性外生殖器（图 14-217C）：囊突 1 个，非常小，圆形。

分布：浙江（杭州）、辽宁、山西、河南、陕西、甘肃、江苏、湖北、江西、福建、台湾、海南、广西、重庆、四川、贵州、云南、西藏；俄罗斯，韩国，日本，印度。

（1278）四斑野螟 *Nagiella quadrimaculalis* (Kollar *et* Redtenbacher, 1844)（图 14-218）

Scopula quadrimaculalis Kollar *et* Redtenbacher, 1844: 492.

Nagia desmialis Walker, 1866: 1320.

Nagiella quadrimaculalis: Munroe, 1976b: 876.

主要特征：成虫（图 14-218A）翅展 26.0–43.0 mm。前、后翅褐色，斑纹与四目斑野螟 *N. inferior* 非常相似。

图 14-218　四斑野螟 *Nagiella quadrimaculalis* (Kollar *et* Redtenbacher, 1844)
A. 成虫；B. 雄性外生殖器；C. 雌性外生殖器

雄性外生殖器（图 14-218B）：雄性爪形突梯形，顶端平截；抱握器粗指状。

雌性外生殖器（图 14-218C）：囊突 1 个，较小，圆形。

分布：浙江（杭州）、黑龙江、辽宁、河北、山西、山东、河南、陕西、甘肃、湖北、江西、湖南、福建、台湾、广东、海南、广西、重庆、四川、贵州、云南、西藏；俄罗斯（远东地区），朝鲜，韩国，日本，印度（含锡金），尼泊尔，印度尼西亚。

497. 须野螟属 *Nosophora* Lederer, 1863

Nosophora Lederer, 1863: 407. Type species: *Botys chironalis* Walker *sensu* Lederer, 1863.

Analthes Lederer, 1863: 407.

Eidama Walker, 1866: 1374.

主要特征：雄性头顶凹陷。雄性触角腹面具纤毛。下唇须向上弯曲超过头顶，雄性第 2 节腹面具向上和向内卷曲的长粗鳞毛。下颚须丝状。胸部翅基片具超过后胸的长毛丛。前翅 M_2、M_3 和 CuA_1 脉从中室下角发出，R_5 脉基部 1/3 弯曲并靠近 R_{3+4} 脉。后翅 CuA_1 脉从中室下角发出。雄性爪形突阔；抱握器小片状。雌性囊导管近交配孔处稍骨化。

分布：古北区、东洋区。世界已知 26 种，中国记录 7 种，浙江分布 2 种。

（1279）缘斑须野螟 *Nosophora insignis* (Butler, 1881)（图 14-219）

Botyodes insignis Butler, 1881: 587.

Nosophora insignis: Wang & Speidel, 2000: 208.

主要特征：成虫（图 14-219A）雄性翅展 32.0–36.0 mm。触角灰褐色。下唇须黄色。胸、腹部褐色。前、后翅黑褐色。前翅前缘域中部黄色；外缘剧烈倾斜；中室内有 1 黄色长方形大斑，中室端外有 1 淡黄色大斑，2 斑上方与黄色前缘域相连。后翅无斑纹。

雄性外生殖器（图 14-219B）：雄性爪形突近三角形；抱器瓣稍窄；阳茎端部膨大，具 1 粗针状和 1 由刺束组成的角状器。

雌性外生殖器（图 14-219C）：交配囊细长椭圆形，无囊突。

分布：浙江（杭州）、安徽、江西、湖南、福建、广西、重庆、贵州、西藏；日本。

图 14-219　缘斑须野螟 *Nosophora insignis* (Butler, 1881)
A. 成虫；B. 雄性外生殖器；C. 雌性外生殖器

（1280）茶须野螟 *Nosophora semitritalis* (Lederer, 1863)（图 14-220）

Analthes semitritalis Lederer, 1863: 407.
Botys palpalis Walker, 1866: 1430.
Nosophora semitritalis: Pagenstecher, 1888: 275.

主要特征：成虫（图 14-220A）翅展 25.0–32.0 mm。触角、下唇须黄褐色。雄性下唇须第 2 节腹面具灰黑色须状长毛。胸、腹部黄褐色。前翅基半部黄褐色，其余茶褐色或黄褐色；中室圆斑橙黄色或黄褐色；中室端斑淡褐色；中室上角外有 1 不规则半透明大斑；前、后中线茶褐色，波状。后翅茶褐色，基部及前缘黄白色；中室外有 1 方形大白斑。

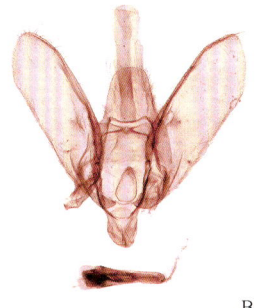

图 14-220　茶须野螟 *Nosophora semitritalis* (Lederer, 1863)
A. 成虫；B. 雄性外生殖器；C. 雌性外生殖器

雄性外生殖器（图 14-220B）：爪形突近梯形，端部钝圆；阳茎具 2 组由短刺组成的角状器。

雌性外生殖器（图 14-220C）：交配囊近梨形；囊突 2 个，粗刺状。

分布：浙江（杭州）、河南、湖北、江西、湖南、福建、台湾、广东、重庆、四川、贵州、云南；日本，印度，缅甸，菲律宾，印度尼西亚。

498. 啮叶野螟属 *Omiodes* Guenée, 1854

Omiodes Guenée, 1854: 355. Type species: *Omiodes humeralis* Guenée, 1854.
Coenostola Lederer, 1863: 408.
Hedylepta Lederer, 1863: 409.
Spargeta Lederer, 1863: 406.
Deba Walker, 1866: 1494.
Phycidicera Snellen, 1880b: 71.
Pelecyntis Meyrick, 1884: 315.
Charema Moore, 1888: 218.
Merotoma Meyrick, 1894b: 460.

主要特征：下唇须宽阔；第 3 节短小。下颚须丝状。前翅 R_5 脉基部略弯向 R_{3+4} 脉，CuA_1 脉从中室下角发出，CuA_2 脉从中室后缘 3/4 处发出。后翅 CuA_1 脉从中室下角发出，CuA_2 脉从中室后缘 3/4 处发出。雄性爪形突细长，端部膨大；抱器瓣椭圆形或卵圆形，抱器腹向端部渐窄。雌性囊导管有一段膨大。

分布：世界广布。世界已知 98 种，中国记录 9 种，浙江分布 1 种。

（1281）三纹啮叶野螟 *Omiodes tristrialis* (Bremer, 1864)（图 14-221）

Botys tristrialis Bremer, 1864: 68.
Hedylepta confusalis Warren, 1896a: 98.
Omiodes tristrialis: Heppner & Inoue, 1992: 85.

主要特征：成虫（图 14-221A）翅展 25.0–32.0 mm。体、翅淡褐色。触角淡褐色或黄褐色。下唇须基部白色，端部褐色。前翅中室圆斑、中室端斑、前后中线和外缘线暗褐色；前中线向外倾斜弯曲；后中线由前缘至 CuA_1 脉外弯，后端内弯。后翅中室端斑、后中线暗褐色；后中线弯曲如前翅。

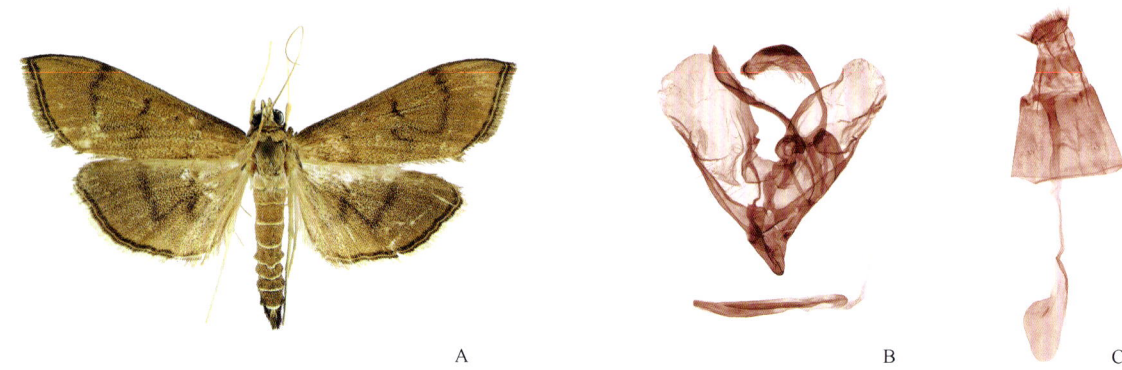

图 14-221 三纹啮叶野螟 *Omiodes tristrialis* (Bremer, 1864)
A. 成虫；B. 雄性外生殖器；C. 雌性外生殖器

雄性外生殖器（图 14-221B）：阳茎内具 1 粗长针状角状器。
雌性外生殖器（图 14-221C）：交配囊近卵圆形；囊突 2 个，细条状。
分布：浙江（杭州）、河北、山东、河南、江苏、安徽、湖北、江西、湖南、福建、台湾、广东；俄罗斯（远东地区），朝鲜，日本，印度，缅甸，印度尼西亚。

499. 绢须野螟属 *Palpita* Hübner, [1808]

Palpita Hübner, [1808]: 209. Type species: *Pyralis unionalis* Hübner, 1796.
Hapalia Hübner, 1818: 19.
Margaronia Hübner, 1825: 358.
Margarodes Guenée, 1854: 301.
Tobata Walker, 1859: 516.
Cryptographis Lederer, 1863: 399.
Sarothronota Lederer, 1863: 278.
Hvidodes Swinhoe, 1900: 499.
Apyrausta Amsel, 1951: 552.

主要特征：下唇须斜向上举。下颚须末节鳞片扩展。前、后翅白色；前翅 R_5 脉基部弯向 R_{3+4} 脉；CuA_1 脉从中室下角发出；CuA_2 脉从中室后缘 3/4 处发出。后翅 CuA_1 脉从中室下角发出；CuA_2 脉从中室后缘 3/4 处发出。雄性爪形细长或细小；抱器瓣宽圆，抱器腹末端伸出形态各异的突起。雌性囊导管粗短；交配囊长椭圆形，囊突 2 个，锥刺状。
分布：世界广布。世界已知 170 多种，中国记录 18 种，浙江分布 3 种。

分种检索表

1. 抱器腹端部具 2 个近平行的长宽刺状突起；阳茎基环近矛形 ··· 尤金绢须野螟 *P. munroei*
- 抱器腹端部不如上述；阳茎基环近长方形或端部分叉 ··· 2
2. 抱器腹端部向内伸出 1 粗壮略弯刺和 1 稍小的尖刺突 ····································· 白蜡绢须野螟 *P. nigropunctalis*
- 抱器腹端部具 1 近方形的末端锯齿状的片状突起 ··· 弯囊绢须野螟 *P. hypohomalia*

（1282）弯囊绢须野螟 *Palpita hypohomalia* Inoue, 1996（图 14-222）

Palpita hypohomalia Inoue, 1996: 28.

主要特征：成虫（图 14-222A）翅展 25.0–27.0 mm。体、翅和触角白色。下唇须黑褐色掺杂赭黄色。前翅前缘域赭黄色；中室基斑、中室圆斑和中室端斑黄色具黑褐色边缘，中室圆斑半环形；CuA_2 脉近基部与 A 脉间有 1 淡黄色具褐色边缘的圆斑。后翅中室圆斑褐色；中室端斑黄白色具褐色边缘，其下方有黑褐色小斑相接；臀角处有 1 黑褐色点斑。前、后翅亚外缘线淡褐色，波状；各脉端具黑褐色小点。

图 14-222　弯囊绢须野螟 *Palpita hypohomalia* Inoue, 1996
A. 成虫；B. 雄性外生殖器；C. 雌性外生殖器

雄性外生殖器（图 14-222B）：抱器腹端部具 1 近方形的末端锯齿状的片状突起；阳茎基环近长方形，端部分叉；阳茎背面具 1 骨化窄带。

雌性外生殖器（图 14-222C）：交配囊窄长，一侧凹入。

分布：浙江（杭州）、河南、陕西、台湾、广东、海南、广西、重庆、四川、贵州、云南。

（1283）尤金绢须野螟 *Palpita munroei* Inoue, 1996

Palpita munroei Inoue, 1996: 35.

分布：浙江（临安）、湖南、福建、广东、香港、广西、贵州、云南；日本，越南，泰国，菲律宾，印度尼西亚，加里曼丹岛。

注：描述见《天目山动物志》（李后魂等，2020）。

（1284）白蜡绢须野螟 *Palpita nigropunctalis* (Bremer, 1864)（图 14-223）

Margarodes nigropunctalis Bremer, 1864: 67.
Margaronia neomera Butler, 1878a: 57.
Palpita nigropunctalis: Inoue, 1955a: 176.

主要特征：成虫（图 14-223A）翅展 28.0–36.0 mm。体、翅和触角白色。下唇须黄褐色。前翅前缘域赭黄色；中室基斑和中室圆斑黑点状；中室上、下角各具 1 黑色点状斑；CuA_2 脉近基部与 A 脉之间有 1 黑褐色环斑。后翅中室端有黑色斜斑纹；中室下角有 1 黑色点状斑。前、后翅亚外缘线暗褐色，与外缘平行；各脉端具黑色小点。

图 14-223　白蜡绢须野螟 *Palpita nigropunctalis* (Bremer, 1864)
A. 成虫；B. 雄性外生殖器；C. 雌性外生殖器

雄性外生殖器（图 14-223B）：抱器腹端部伸出 1 粗壮略弯刺突和 1 稍小的尖刺突；阳茎基环近长方形；阳茎具 1 由刺束组成的刀片状和 1 弯月状角状器。

雌性外生殖器（图 14-223C）：交配囊有的端半部强收缩。

分布：浙江（杭州）、黑龙江、吉林、辽宁、河北、山西、河南、陕西、甘肃、江苏、湖北、福建、台湾、重庆、四川、贵州、云南、西藏；朝鲜，日本，印度，越南，斯里兰卡，菲律宾，印度尼西亚。

500. 阔斑野螟属 *Patania* Moore, 1888

Patania Moore, 1888: 209. Type species: *Botys concatenalis* Walker, 1866.
Pleuroptya Meyrick, 1890: 443.
Loxoscia Warren, 1890: 476.

主要特征：下唇须上弯；第 3 节短。下颚须丝状。前翅 R_1 脉发自中室前缘 4/5–5/6；R_5 脉基部弯向 R_{3+4} 脉；CuA_1 脉从中室下角发出；CuA_2 脉从中室后缘 3/4–4/5 处发出。后翅 CuA_1 脉从中室下角发出，基部分离；CuA_2 脉从中室后缘 2/3–3/4 处发出。雄性爪形突宽阔；抱器瓣舌状；阳茎柱状。雌性囊导管多较粗；交配囊多为圆形或卵圆形。

分布：世界广布。世界已知 44 种，中国记录 20 种，浙江分布 5 种。

分种检索表

1.	前后翅褐色，前翅后中线外侧有 1 黄色月牙斑	二斑阔斑野螟 *P. deficiens*
-	前后翅浅黄色或黄色，斑纹淡褐色或深褐色	2
2.	前、后翅黄色，斑纹深褐色	3
-	前、后翅暗黄色至暗褐色，斑纹褐色	4
3.	前、后翅沿外缘有淡褐色至褐色阔带，缘毛基部黄色	枇杷阔斑野螟 *P. balteata*
-	前、后翅沿外缘无褐色阔带，缘毛基部深褐色	三条阔斑野螟 *P. chlorophanta*
4.	爪形突倒钟形，抱握器粗刺状	豆阔斑野螟 *P. ruralis*
-	爪形突宽梯形，抱握器细指状	淡黄阔斑野螟 *P. sabinusalis*

（1285）枇杷阔斑野螟 *Patania balteata* (Fabricius, 1798)

Phalaena balteata Fabricius, 1798: 457.
Botys crocealis Duponchel, 1834: 365.
Botys mysolalis Walker, 1866: 1423.
Botys aurea Butler, 1879b: 76.
Sylepta [sic] *irregularis* Rothschild, 1915: 136.
Sylepta [sic] *evergestialis* Strand, 1918a: 51.
Patania balteata africalis: Leraut, 2005b: 85.

分布：浙江（临安）、天津、河南、陕西、安徽、湖北、江西、湖南、福建、台湾、广东、广西、重庆、四川、贵州、云南、西藏；朝鲜，韩国，日本，印度，尼泊尔，缅甸，越南，斯里兰卡，印度尼西亚，澳大利亚，法国，克罗地亚，塞尔维亚，科特迪瓦。

注：描述见《天目山动物志》（李后魂等，2020）。

（1286）三条阔斑野螟 *Patania chlorophanta* (Butler, 1878)（图 14-224）

Botys chlorophanta Butler, 1878a: 58.
Patania chlorophanta: Nuss et al., 2003–2023.

主要特征：成虫（图 14-224A）翅展 24.5–28.0 mm。体、翅和触角黄色。下唇须基部白色，端部橘黄色。前翅中室圆斑和中室端斑褐色；前、后中线黑褐色；后中线 M_2 至 CuA_2 脉间向外凸出；缘毛黄白色，基部深褐色。后翅中室端斑浅褐色；后中线、缘毛似前翅。第 7 腹节有 1 黑色横带。
雄性外生殖器（图 14-224B）：爪形突梯形，顶端略凹；抱握器刺状；阳茎有 1 粗棒状角状器。
雌性外生殖器（图 14-224C）：交配囊卵圆形；囊突 1 个，羽毛状。

分布：浙江（杭州、丽水）、内蒙古、天津、河北、山西、山东、河南、陕西、宁夏、甘肃、江苏、安徽、湖北、江西、湖南、福建、台湾、广东、海南、广西、重庆、四川、贵州；朝鲜，日本。

图 14-224　三条阔斑野螟 *Patania chlorophanta* (Butler, 1878)
A. 成虫；B. 雄性外生殖器；C. 雌性外生殖器

（1287）二斑阔斑野螟 *Patania deficiens* (Moore, 1887)（图 14-225）

Coptobasis deficiens Moore, 1887: 556.
Nacoleia sounkeana Matsumura, 1927a: 118.
Patania deficiens: Nuss et al., 2003–2023.

主要特征：成虫（图 14-225A）翅展 20.0–26.0 mm。体、翅褐色。触角黄色或黄褐色。下唇须基部白色，端部褐色。前翅中室端斑和前中线暗褐色；后中线淡黄色不明显，其前缘有 1 淡黄色斜斑。后翅中室端斑暗褐色；后中线淡黄色。

图 14-225　二斑阔斑野螟 *Patania deficiens* (Moore, 1887)
A. 成虫；B. 雄性外生殖器；C. 雌性外生殖器

雄性外生殖器（图 14-225B）：爪形突短，端部钝圆；抱握器刺状；囊形突长三角形。阳茎有 1 带刺和 2 短棒状角状器。

雌性外生殖器（图 14-225C）：交配囊长椭圆形，无囊突。

分布：浙江（杭州）、河南、湖北、江西、福建、台湾、广东、海南、广西、重庆、四川、贵州、云南、西藏；日本，印度，尼泊尔，缅甸，斯里兰卡，印度尼西亚。

（1288）豆阔斑野螟 *Patania ruralis* (Scopoli, 1763)（图 14-226）

Phalaena ruralis Scopoli, 1763: 242.
Slepta [sic] *luteolalis* Leech & South, 1901: 467.
Syllepta [sic] *flava* Skala, 1928: 106.
Patania ruralis: Nuss et al., 2003–2023.

主要特征：成虫（图 14-226A）翅展 27.0–31.0 mm。触角黄褐色。下唇须基部黄白色，其余淡褐色或黄褐色。胸部黄白色。前、后翅暗黄色；翅面斑纹淡褐色；外缘淡褐色或黄褐色。前翅前中线向外倾斜，略波状；后中线从前缘至 CuA_2 脉间锯齿状外弯。后翅后中线在 M_2 与 CuA_2 脉间齿状外弯。第 1 腹节白色或黄白色，其余淡褐色。

雄性外生殖器（图 14-226B）：爪形突倒钟形；抱握器粗刺状；阳茎内有强骨化条带，无角状器。

雌性外生殖器（图 14-226C）：交配囊卵圆形，囊突 2 个，狭带状。

图 14-226　豆阔斑野螟 *Patania ruralis* (Scopoli, 1763)
A. 成虫；B. 雄性外生殖器；C. 雌性外生殖器

分布：浙江（杭州）、吉林、河北、山西、陕西、甘肃、新疆、台湾、海南、重庆、四川、贵州、云南、西藏；朝鲜，韩国，日本，印度，印度尼西亚，德国，斯洛文尼亚，英国。

（1289）淡黄阔斑野螟 *Patania sabinusalis* (Walker, 1859)（图 14-227）

Botys sabinusalis Walker, 1859: 708.
Botys imbutalis Walker, 1866: 1442.
Botys sublituralis Walker, 1866: 1452.
Pyrausta faecalis Strand, 1918a: 86.
Patania sabinusalis: Kirti & Gill, 2007: 273.

主要特征：成虫（图 14-227A）前、后翅暗黄褐色；斑纹褐色。前翅内缘基部有 1 褐色圆斑；后中线在 M_2 和 CuA_2 脉间齿状外弯；沿外缘线有放射状褐色斑纹。后翅后中线中部齿状外弯。

图 14-227　淡黄阔斑野螟 *Patania sabinusalis* (Walker, 1859)
A. 成虫；B. 雄性外生殖器；C. 雌性外生殖器

雄性外生殖器（图 14-227B）：爪形突宽梯形；抱器瓣舌状，抱握器细指状；阳茎端部有盾状角状器。
雌性外生殖器（图 14-227C）：交配囊卵圆形；囊突 2 个，镰刀形。
分布：浙江（杭州）、陕西、湖北、台湾、广东、广西、重庆、四川、贵州、云南；印度，不丹，马来西亚（沙捞越），印度尼西亚（爪哇），巴布亚新几内亚，所罗门群岛，斐济。

501. 斑野螟属 *Polythlipta* Lederer, 1863

Polythlipta Lederer, 1863: 389. Type species: *Polythlipta macralis* Lederer, 1863.

主要特征：下唇须向上斜伸；第 2 节下侧有长鳞毛；第 3 节裸露。下颚须丝状。足细长。前翅 CuA_1 脉从中室下角发出；R_5 脉弯曲，基部 2/3 与 R_{3+4} 脉靠近。后翅 CuA_1 脉从中室下角发出，M_2 与 M_3 脉基部接近，Rs 与 M_1 脉共短柄。雄性爪形突细长；抱器瓣椭圆形，抱握器短阔；阳茎长柱状，具角状器。雌性无囊突。
分布：世界广布。世界已知 19 种，中国记录 6 种，浙江分布 1 种。

（1290）大白斑野螟 *Polythlipta liquidalis* Leech, 1889

Polythlipta liquidalis Leech, 1889b: 70.

分布：浙江（临安）、河南、陕西、甘肃、江苏、湖北、湖南、福建、广东、海南、广西、四川、贵州、云南；朝鲜，日本。

注：描述见《天目山动物志》（李后魂等，2020）。

502. 羚野螟属 *Pseudebulea* Butler, 1881

Pseudebulea Butler, 1881: 587. Type species: *Pseudebulea fentoni* Butler, 1881.

主要特征：体褐色，翅浅黄色，斑纹褐色。下唇须斜上举，第 3 节前伸。下颚须末端膨大。雄性爪形突圆柱状，末端略膨大；抱器瓣狭长且基部阔，抱握器片状，抱器腹中部具发达突起；阳茎基环由 1 对分离的长骨片组成，与抱器腹基部愈合；阳茎粗壮，端部有 1 排刺状角状器。雌性交配孔和导管端片发达；囊导管短；囊突小，有锥突。

分布：古北区、东洋区。世界已知 5 种，中国记录 5 种，浙江分布 1 种。

（1291）芬氏羚野螟 *Pseudebulea fentoni* Butler, 1881

Pseudebulea fentoni Butler, 1881: 587.

分布：浙江（临安）、黑龙江、吉林、辽宁、河北、河南、陕西、湖北、江西、湖南、福建、广东、广西、四川、贵州；俄罗斯，朝鲜，日本，印度，印度尼西亚。

注：描述见《天目山动物志》（李后魂等，2020）。

503. 卷野螟属 *Pycnarmon* Lederer, 1863

Pycnarmon Lederer, 1863: 441. Type species: *Spilomela jaguaralis* Guenée, 1854.

Satanastra Meyrick, 1890: 442.

Pyonarmon Hampson, 1899a: 706.

Pyralocymatophora Strand, 1918a: 34.

主要特征：下唇须尖细，上弯。下颚须丝状。前翅 R_1 脉出自中室前缘近顶角处，R_5 脉较直，远离 R_{3+4} 脉，CuA_1 脉从中室下角发出，CuA_2 脉从中室后缘 3/4 处发出。后翅 M_2 近 M_3 脉而稍远 CuA_1 脉，CuA_2 脉从中室后缘 2/3 处发出。雄性爪形突端部多为双乳突状；抱器瓣中部多具复杂突起。雌性囊导管较粗短；交配囊多为长椭圆形；具囊突。

分布：世界广布。世界已知 59 种，中国记录 10 种，浙江分布 3 种。

分种检索表

1. 雄性爪形突末端钝圆的三角形；抱器瓣近菱形 ······················· 显纹卷野螟 *P. radiata*
- 雄性爪形突端部双乳突状；抱器瓣长或窄舌形 ·· 2
2. 抱器瓣长舌形，近基部有 1 粗指状抱握器 ······················· 豹纹卷野螟 *P. pantherata*
- 抱器瓣窄舌形，中部具 1 叉状突和 1 弯钩状突起 ··················· 乳翅卷野螟 *P. lactiferalis*

（1292）乳翅卷野螟 *Pycnarmon lactiferalis* (Walker, 1859)（图 14-228）

Zebronia lactiferalis Walker, 1859: 480.

Conchylodes paucipunctalis Snellen, 1890a: 633.

Pycnarmon lactiferalis: Hampson, 1896a: 259.

主要特征：成虫（图 14-228A）翅展 19.0–22.0 mm。体、翅乳白色。下唇须白色，近基部两侧及背面各有 1 黑斑。胸部有 1 黑斑。前翅基部、中室基部和近臀角处各有 1 小黑斑；前缘有 3 黑斑；中室端斑黑褐色；前中线、后中线和亚外缘线黄褐色。后翅中室端、前缘端 1/4 处、外缘近中部和内缘近端部各有 1 黑点；前缘至外缘黑点间有 1 浅黄或淡褐色线，从内缘黑点向内伸出另 1 浅黄或淡褐色线。腹部第 2 节有 1 对小黑点。

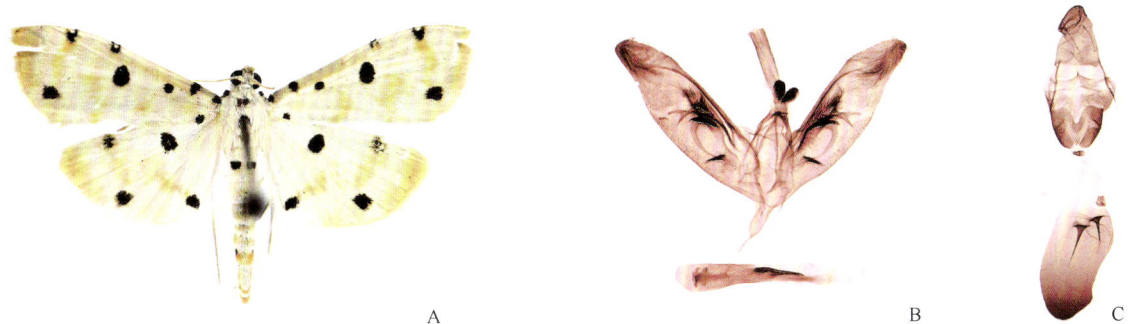

图 14-228 乳翅卷野螟 *Pycnarmon lactiferalis* (Walker, 1859)
A. 成虫；B. 雄性外生殖器；C. 雌性外生殖器

雄性外生殖器（图 14-228B）：爪形突双乳突状；抱器瓣窄舌形，中部有 1 叉状及 1 弯钩状突起；阳茎端部和中部分别有 1 具瘤突和 1 具刺锥角状器。

雌性外生殖器（图 14-228C）：囊突 2 个，刺状。

分布：浙江（杭州）、黑龙江、吉林、河北、河南、陕西、甘肃、湖北、台湾、广东、重庆、四川、贵州、云南；朝鲜，日本，印度，缅甸，斯里兰卡，印度尼西亚。

（1293）豹纹卷野螟 *Pycnarmon pantherata* (Butler, 1878)（图 14-229）

Crocidophora pantherata Butler, 1878a: 59.
Pycnarmon pantherata: Leech & South, 1901: 448.

主要特征：成虫（图 14-229A）翅展 21.0–26.0 mm。下唇须白色，近中部及两侧黑褐色。触角黄褐色。胸、腹部淡褐色。前、后翅淡赭褐色。前缘和内缘基部各有 2 黑斑；中室白色，中室圆斑、中室端斑黄褐色，两侧有黑褐色边；前中线黑褐色波纹状；亚外缘线黑褐色，外缘带赭黄色。后翅中室端斑黄白色，两侧有褐色边；后中线粗短褐色；亚外缘线褐色波状；外缘带浅赭黄色。

图 14-229 豹纹卷野螟 *Pycnarmon pantherata* (Butler, 1878)
A. 成虫；B. 雄性外生殖器；C. 雌性外生殖器

雄性外生殖器（图 14-229B）：爪形突双乳突状；抱器瓣长舌形，抱握器粗指状；阳茎有片状角状器。

雌性外生殖器（图 14-229C）：囊突近椭圆形，具 1 片刺状突起。

分布：浙江（杭州）、河南、陕西、江苏、安徽、湖北、台湾、重庆、四川；朝鲜，日本。

（1294）显纹卷野螟 *Pycnarmon radiata* (Warren, 1896)（图 14-230）

Aripana radiata Warren, 1896c: 169.

Pycnarmon radiata: Caradja, 1925: 337.

主要特征：成虫（图 14-230A）翅展 18.0–21.0 mm。触角黄色或浅黄色。下唇须白色，第 3 节短小。胸、腹部乳白色，中、后胸分别具 2 黑斑。前、后翅乳白色，近外缘域浅黄色。前翅基部有 2 黑斑，顶角处白色；前缘、内缘近基部各有 1 黑斑，前缘近端部伸出 1 黑褐色斜纹；中室圆斑、中室端斑黑褐色；前中线褐色；中室下角下方有 1 伸向外缘的黑褐色斜纹，其与前中线间有 1 粗斜纹；外缘线断续，黑褐色。后翅中室圆斑、中室端斑黑褐色；后中线波状；外缘线黑褐色。

图 14-230　显纹卷野螟 *Pycnarmon radiata* (Warren, 1896)
A. 成虫；B. 雄性外生殖器；C. 雌性外生殖器

雄性外生殖器（图 14-230B）：爪形突近三角形，末端钝圆；抱器瓣近菱形，抱握器粗扁刺状；阳茎有 1 指状和数个粗刺状角状器。

雌性外生殖器（图 14-230C）：有 2 粗刺状囊突。

分布：浙江（杭州）、河南、陕西、甘肃、安徽、湖北、福建、广东、香港、广西、重庆；印度，中欧。

504. 紫翅野螟属 *Rehimena* Walker, 1866

Rehimena Walker, 1866: 1492. Type species: *Rehimena dichromalis* Walker, [1866] 1865.

主要特征：下颚须上弯。下颚须丝状。前、后翅 CuA_1 从中室下角发出。前翅 R_5 脉直，远离 R_{3+4} 脉。后翅 M_2 和 M_3 脉共短柄。雄性爪形突锥形。雌性囊导管粗短；具囊突。

分布：世界广布。世界已知 22 种，中国记录 4 种，浙江分布 1 种。

（1295）黄斑紫翅野螟 *Rehimena phrynealis* (Walker, 1859)（图 14-231）

Botys phrynealis Walker, 1859: 630.

Botys haliusalis Walker, 1859: 695.

Rehimena phrynealis: Moore, 1885: 290.

主要特征：成虫（图 14-231A）翅展 17.5–21.0 mm。体、翅紫褐色或暗紫褐色。下唇须橘黄色。触角褐色或黄褐色。前翅顶角处有 1 黄色方形斑，沿前缘变宽；前中线为黄色或浅黄色宽带，其外缘有锯齿，达翅前缘最宽并向外缘延伸，与顶角处黄色方斑接近；外缘线橘黄色。

图 14-231 黄斑紫翅野螟 *Rehimena phrynealis* (Walker, 1859)
A. 成虫；B. 雄性外生殖器；C. 雌性外生殖器

雄性外生殖器（图 14-231B）：抱器瓣舌状，基部具 2 指状突起；阳茎有 1 弯片状角状器。

雌性外生殖器（图 14-231C）：交配囊椭圆形，末端有 1 细长附囊；囊突 2 个，新月形。

分布：浙江（杭州）、北京、天津、河北、河南、江苏、安徽、湖北、广东、海南、重庆、云南；韩国，澳大利亚。

505. 青野螟属 *Spoladea* Guenée, 1854

Spoladea Guenée, 1854: 224. Type species: *Phalaena recurvalis* Fabricius, 1775.

主要特征：下唇须上弯。下颚须末节鳞片扩展。前翅 R_1 脉出自中室前缘 4/5 处，R_5 脉直，远离 R_{3+4} 脉；CuA_1 脉从中室下角发出，CuA_2 脉从中室后缘 4/5 处发出。后翅 M_2 近 M_3 脉而稍远 CuA_1 脉，CuA_2 脉从中室后缘 2/3 处发出。雄性爪形突短阔；抱器瓣宽大，无抱握器。雌性囊导管短；交配囊内壁具微刺毛；具囊突。

分布：世界广布。世界已知 2 种，中国记录 1 种，浙江分布 1 种。

（1296）甜菜青野螟 *Spoladea recurvalis* (Fabricius, 1775)（图 14-232）

Phalaena recurvalis Fabricius, 1775: 644.
Phalaena Pyralis fascialis Cramer *et* Stoll, 1782: 236.
Phalaena angustalis Fabricius, 1787: 222.
Spoladea animalis Guenée, 1854: 226.
Hymenia exodias Meyrick, 1904a: 131.
Nacoleia ancylosema Dognin, 1909: 93.
Spoladea recurvalis: Guenée, 1854: 225.

主要特征：成虫（图 14-232A）翅展 17.0–23.0 mm。体、翅褐色。触角柄节膨大，雄性柄节膨大成耳状。下唇须白色，第 1–2 节端部、第 3 节黑褐色。前翅前中线淡褐色；中室端有 1 白斑；后中线白色宽阔，由前缘 3/4 处伸至中部后内弯，至中室下角与中室端斑相接。后翅中部有 1 白色横带。

雄性外生殖器（图 14-232B）：爪形突近三角形，末端阔圆；抱器瓣近基部有长毛丛，抱器背近基部有 1 弯片状突起；阳茎有 1 针状角状器。

图 14-232　甜菜青野螟 *Spoladea recurvalis* (Fabricius, 1775)
A. 成虫；B. 雄性外生殖器；C. 雌性外生殖器

雌性外生殖器（图 14-232C）：交配囊基半部加厚略膨大，端半部膜质；囊突近菱形。

分布：浙江（杭州）、黑龙江、吉林、辽宁、内蒙古、北京、天津、河北、山西、山东、河南、陕西、安徽、湖北、江西、台湾、广东、广西、重庆、四川、贵州、云南、西藏；朝鲜，日本，印度，不丹，尼泊尔，缅甸，越南，泰国，斯里兰卡，菲律宾，印度尼西亚，北美洲，澳大利亚，非洲，南美洲。

506. 卷叶野螟属 *Syllepte* Hübner, 1823

Syllepte Hübner, 1823: 18. Type species: *Syllepte incomptalis* Hübner, 1823.

Arthriobasis Warren, 1896a: 131.

Haliotigris Warren, 1896a: 163.

Polycorys Warren, 1896a: 172.

Haitufa Swinhoe, 1900: 491.

Nothosalbia Swinhoe, 1900: 471.

Neomabra Dognin, 1905: 67.

Subhedylepta Strand, 1918a: 44.

主要特征：下唇须上弯，第 3 节裸露。下颚须丝状。雄性触角腹面具纤毛。前翅 R_5 脉短距离弯向 R_{3+4} 脉，CuA_1 脉由中室下角发出。后翅 CuA_1 脉由中室下角发出，M_2 和 M_3 脉基部靠近。雄性爪形突末端凹入，呈双乳突状；抱器瓣椭圆形。雌性交配囊圆形或卵圆形；具 1–2 囊突。

分布：世界广布。世界已知 198 种，中国记录 40 种，浙江分布 4 种。

分种检索表

1. 前、后翅暗褐色或灰褐色，前、后中线较模糊 ··· 2
- 前、后翅枯黄色或黄白色；前、后中线清晰 ··· 3
2. 阳茎端部有 1 毛束状角状器 ··· 双突卷叶野螟 *S. cissalis*
- 阳茎端部有 3–4 个具小刺的片状角状器 ··· 齿纹卷叶野螟 *S. invalidalis*
3. 雄性爪形突短，从基部分成两支，端部乳头状；阳茎近端部有 1 长栉齿状角状器 ········ 棕缘卷叶野螟 *S. fuscomarginalis*
- 雄性爪形突细长，从基部分成细长两支，端部细；阳茎近端部有 1 板状及 1 排刺状角状器 ····· 台湾卷叶野螟 *S. taiwanalis*

（1297）双突卷叶野螟 *Syllepte cissalis* Yamanaka, 1987（图 14-233）

Syllepte cissalis Yamanaka, 1987: 194.

主要特征：成虫（图 14-233A）翅展 22.0–27.0 mm。触角灰褐色。下唇须暗褐色，基部白色。前、后翅暗褐色或灰褐色。前翅前缘域亮褐色；前中线、后中线和中室圆斑黑褐色；中室端斑黑褐色，与中室圆斑间具 1 黄斑；后中线前缘至 CuA_1 脉略呈锯齿状弯曲。后翅中室端斑黑褐色；后中线弯曲同前翅。腹部暗褐色。

图 14-233　双突卷叶野螟 *Syllepte cissalis* Yamanaka, 1987
A. 成虫；B. 雄性外生殖器；C. 雌性外生殖器

雄性外生殖器（图 14-233B）：抱握器似鸟嘴状；阳茎长圆柱状，有 1 毛束状角状器。

雌性外生殖器（图 14-233C）：具棒状和纺锤形囊突各 1 个。

分布：浙江（丽水）、广东；日本。

(1298) 棕缘卷叶野螟 *Syllepte fuscomarginalis* (Leech, 1889)（图 14-234）

Botys fuscomarginalis Leech, 1889b: 68.
Sylepta [sic] *fuscomarginalis*: Hampson, 1899a: 722.

主要特征：成虫（图 14-234A）翅展 25.0–28.0 mm。触角黄褐色。下唇须基部白色，端部褐色。胸、腹部淡黄色，腹部末端黑色。前、后翅枯黄色；外缘域褐色；翅面斑纹黑褐色。前翅内缘基部具 1 小褐斑；中室圆斑小；前中线略向外弯；后中线在 M_2 与 CuA_2 脉间向外弯曲。后翅后中线弯曲同前翅；外缘线黑褐色。

图 14-234　棕缘卷叶野螟 *Syllepte fuscomarginalis* (Leech, 1889)
A. 成虫；B. 雄性外生殖器；C. 雌性外生殖器

雄性外生殖器（图 14-234B）：爪形突短，从基部分成两支，端部乳头状；抱握器三角片状，近抱器瓣腹缘；阳茎细长柱状，近端部有 1 长栉齿状角状器。

雌性外生殖器（图 14-234C）：交配囊长椭圆形；囊突 2 个，小圆形。

分布：浙江（杭州）、湖北、福建、台湾、广东、重庆、贵州、云南；韩国，日本，印度，尼泊尔，斯里兰卡。

（1299）齿纹卷叶野螟 *Syllepte invalidalis* South, 1901（图 14-235）

Sylepta [sic] *invalidalis* South, 1901: 467.

主要特征：成虫（图 14-235A）翅展 25.0–28.0 mm。体、翅浅褐色至褐色。下唇须基半部白色，端半部黄褐色。触角褐色。前翅中室圆斑褐色；中室端斑褐色，中央色浅；前中线褐色；后中线褐色，前缘至 CuA_1 脉呈锯齿状，后内弯；外缘具褐色宽带。后翅中室内有 1 圆斑；后中线褐色，CuA_1 脉后内弯达中室圆斑下方。

图 14-235 齿纹卷叶野螟 *Syllepte invalidalis* South, 1901
A. 成虫；B. 雄性外生殖器；C. 雌性外生殖器

雄性外生殖器（图 14-235B）：爪形突宽扁；抱器瓣椭圆形；抱握器宽片状；抱器腹端部具指状突起；阳茎长柱状，端部有 3–4 个具小刺的片状角状器。

雌性外生殖器（图 14-235C）：交配囊圆形；有 2 棒状囊突。

分布：浙江（杭州）、天津、河北、河南、陕西、安徽、湖北、江西、福建、广东、重庆、四川；韩国，日本。

（1300）台湾卷叶野螟 *Syllepte taiwanalis* Shibuya, 1928（图 14-236）

Sylepta [sic] *taiwanalis* Shibuya, 1928: 222.

主要特征：成虫（图 14-236A）翅展 32.0–40.0 mm。触角褐色或黄褐色。下唇须基部白色，端部褐色。胸、腹部褐色。前、后翅黄白色。前翅前缘及外缘褐色；中室圆斑和中室端斑暗褐色；前、后中线褐色。后翅中室端斑褐色；后中线褐色，波状，其与中室端斑间有 1 淡褐色斑。腹部褐色；第 2 腹节腹面后缘被长毛簇。

雄性外生殖器（图 14-236B）：爪形突分细长两支；抱器瓣中央近腹缘有 1 小刺状突起；抱器腹背缘具齿状突；阳茎有 1 板状及 1 排刺状角状器。

图 14-236 台湾卷叶野螟 *Syllepte taiwanalis* Shibuya, 1928
A. 成虫；B. 雄性外生殖器；C. 雌性外生殖器

雌性外生殖器（图 14-236C）：交配囊卵圆形；囊突 2 个，圆形。

分布：浙江（杭州）、河南、陕西、甘肃、安徽、湖北、江西、湖南、福建、台湾、广东、海南、重庆、四川、贵州、云南；日本。

507. 条纹斑野螟属 *Tabidia* Snellen, 1880

Tabidia Snellen, 1880a: 219. Type species: *Tabidia insanalis* Snellen, 1880.

主要特征：下唇须上弯，第 3 节长尖。下颚须丝状。雄性触角腹面具纤毛。前翅 R_5 脉直，远离 R_{3+4} 脉，CuA_1 脉从中室下角发出，CuA_2 脉从中室后缘约 3/4 处发出。后翅 CuA_1 从中室下角发出。雄性爪形突短阔，与退化的颚形突横带相接成唇形；阳茎粗短。雌性囊导管粗短；交配囊基部具不规则骨化区域。

分布：古北区、东洋区、澳洲区。世界已知 9 种，中国记录 2 种，浙江分布 1 种。

（1301）细条纹斑野螟 *Tabidia strigiferalis* Hampson, 1900（图 14-237）

Tabidia strigiferalis Hampson, 1900b: 386.

主要特征：成虫（图 14-237A）翅展 18.0–24.0 mm。体、前翅淡黄色。触角基节白色，其余黄色。下唇须黄白色。前翅基部具 1 黑色斑；前中线、中室圆斑和中室端斑黑色，前中线内侧下方有 1 黑斑；中室外有一系列黑色短纵纹；后中线由一系列黑色或暗褐斑组成，向外弧形弯曲；外缘域中部有不明显黄褐斑纹。后翅黄白色。腹部除第 1 节外各节具 1 黑色或暗褐色斑。

雄性外生殖器（图 14-237B）：爪形突呈双峰状；抱器瓣背缘中部具 1 束发达长刚毛，抱握器片状；阳茎有 1 扇状角状器。

雌性外生殖器（图 14-237C）：交配囊长卵圆形，囊突 2 个，小，卵圆形。

分布：浙江（杭州）、黑龙江、辽宁、天津、河北、山西、河南、陕西、甘肃、安徽、湖北、福建、广东、海南、重庆、四川、贵州；俄罗斯，韩国。

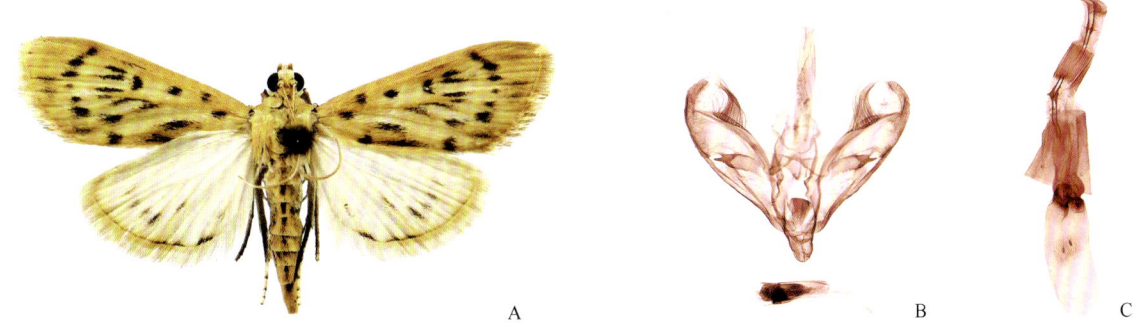

图 14-237　细条纹斑野螟 *Tabidia strigiferalis* Hampson, 1900
A. 成虫；B. 雄性外生殖器；C. 雌性外生殖器

508. 柠野螟属 *Tylostega* Meyrick, 1894

Tylostega Meyrick, 1894b: 457. Type species: *Tylostega chrysanthes* Meyrick, 1894.

主要特征：雄性触角腹面具纤毛。下唇须上弯，第 3 节裸露。下颚须丝状。雄性前翅中室有 1 凹陷，上被一小簇宽扁鳞片，反面覆盖由中室上缘发出的浓密柠毛。前翅 CuA_1、M_2 与 M_3 脉基部接近，R_5 脉基

部弯向 R_{3+4} 脉。后翅 CuA_1、M_2 与 M_3 脉基部接近。雄性爪形突三角形；抱器瓣中部具突起；阳茎短柱状。雌性交配孔发达；囊导管基部骨化。

分布：古北区、东洋区。世界已知 9 种，中国记录 5 种，浙江分布 1 种。

（1302）淡黄栉野螟 *Tylostega tylostegalis* (Hampson, 1900)（图 14-238）

Entephria tylostegalis Hampson, 1900b: 385.
Tylostega tylostegalis: Heppner & Inoue, 1992: 83.

主要特征：成虫（图 14-238A）翅展 19.0–24.0 mm。下唇须白色或黄白色，第 2 节褐色。胸部黄白色，各节均具 1 褐斑。前翅淡黄色，掺杂褐色或黑褐色，基部具黑色或暗褐色斑；前中线、后中线和中室端斑黑褐色；后中线波状。后翅黄白色，基部具 1 暗褐色大斑；中室端斑暗褐色；端半部有 2 褐色大斑，近内缘有 1 短横带。前、后翅沿外缘有一系列黑色小斑。腹部淡黄色散布褐色。

图 14-238 淡黄栉野螟 *Tylostega tylostegalis* (Hampson, 1900)
A. 成虫；B. 雄性外生殖器；C. 雌性外生殖器

雄性外生殖器（图 14-238B）：抱器瓣长舌状，中部有 1 小三角形突起；抱器腹背缘密布小齿；阳茎内有 2 短刺状和 1 长刺状角状器。

雌性外生殖器（图 14-238C）：交配囊长椭圆形或梨形。

分布：浙江（杭州）、河北、河南、陕西、江苏、江西、福建、台湾、广东、重庆、四川、贵州；俄罗斯，韩国，日本。

509. 黑纹野螟属 *Tyspanodes* Warren, 1891

Tyspanodes Warren, 1891: 425. Type species: *Filodes nigrolinealis* Moore, 1867.
Tyspanodes Caradja, 1925: 341.

主要特征：下唇须细，斜向上伸。下颚须丝状。前翅各翅脉间有黑色纵长直条纹；R_1 脉发自中室前缘近上角处；R_5 脉直，远离 R_{3+4} 脉；CuA_1 脉由中室下角发出，M_2 近 M_3 脉而稍远 CuA_1 脉；CuA_2 脉从中室后缘 3/4 处发出。后翅 M_2 近 M_3 脉而稍远 CuA_1 脉；CuA_2 脉从中室后缘 3/4 处发出。雄性爪形突三角形；抱器瓣近中部具抱握器；阳茎有 1 针状角状器。雌性囊导管长；交配囊近圆形；具 1 囊突。

分布：世界广布。世界已知 25 种，中国记录 4 种，浙江分布 2 种。

（1303）黄黑纹野螟 *Tyspanodes hypsalis* Warren, 1891

Tyspanodes hypsalis Warren, 1891: 426.

分布：浙江（临安）、河北、河南、陕西、甘肃、江苏、安徽、湖北、江西、湖南、福建、台湾、广东、海南、广西、四川、贵州；韩国，日本。

注：描述见《天目山动物志》（李后魂等，2020）。

（1304）橙黑纹野螟 *Tyspanodes striata* (Butler, 1879)

Astura striata Butler, 1879b: 76.

Tyspanodes striata: Hampson, 1899a: 673.

分布：浙江（临安）、山东、河南、陕西、甘肃、江苏、湖北、江西、湖南、福建、台湾、广东、广西、四川、贵州、云南；韩国，日本。

注：描述见《天目山动物志》（李后魂等，2020）。

510. 缨突野螟属 *Udea* Guenée, 1845 [1844]

Udea Guenée, 1845 [1844]: 209. Type species: *Pyralis ferrugalis* Hübner, 1796.

Stantira Walker, 1863: 76.

Protocolletis Meyrick, 1888: 223.

Protaulacistis Meyrick, 1899: 246.

Notophytis Meyrick, 1932: 318.

主要特征：下唇须前伸；第 3 节锥状。下颚须末节鳞片扩展。前翅具明显的中室圆斑和中室端脉斑；R_5 脉直，远离 R_{3+4} 脉；CuA_1 脉从中室下角发出，M_3 脉近 M_2 脉远 CuA_1 脉；CuA_2 脉从中室后缘 2/3 处发出。后翅 M_2 与 M_3 脉基部接近；CuA_1 脉从中室下角稍前方发出；CuA_2 脉从中室后缘 2/3 处发出。雄性爪形突近倒"T"形，端部卵圆形膨大；抱器瓣基部具抱握器。雌性囊导管短，交配囊大；囊突大，密布锥刺突。

分布：世界广布。世界已知 180 种，中国记录 31 种，浙江分布 2 种。

（1305）锈黄缨突野螟 *Udea ferrugalis* (Hübner, 1796)

Pyralis ferrugalis Hübner, 1796: 27.

Scopula martialis Guenée, 1854: 398.

Scopula hypatialis Walker, 1859: 1014.

Udea ferrugalis: Shibuya, 1928: 277.

分布：浙江（临安）、天津、河北、山东、河南、陕西、甘肃、青海、江苏、湖北、湖南、福建、台湾、广东、广西、四川、贵州、云南、西藏；日本，印度（含锡金），斯里兰卡。

注：描述见《天目山动物志》（李后魂等，2020）。

（1306）粗缨突野螟 *Udea lugubralis* (Leech, 1889)

Botys lugubralis Leech, 1889b: 67.

Udea lugubralis: Shibuya, 1929: 217.

分布：浙江（临安）、天津、河南、陕西、湖北、湖南、福建、四川、贵州、云南；俄罗斯，朝鲜，日本。

注：描述见《天目山动物志》（李后魂等，2020）。

参 考 文 献

蔡荣权. 1983. 我国绿刺蛾属的研究及新种记述(鳞翅目: 刺蛾科). 昆虫学报, 26(4): 437-451.
蔡荣权. 1986. 冠刺蛾属新种记述(鳞翅目: 刺蛾科). 动物学集刊, 4: 183-186.
陈汉林. 1994. 浙江省网蛾科昆虫简记. 华东昆虫学报, 3(1): 21-24.
陈祥盛, 李子忠, 金道超. 2010. 麻阳河景观昆虫. 贵阳: 贵州科技出版社, 517 pp.
范迪, 李必华, 刘世儒, 孙渔稼. 1993. 山东林木昆虫志. 北京: 中国林业出版社.
方承莱. 2001. 鳞翅目: 刺蛾科. 546-549. 见: 吴鸿, 潘承文. 天目山昆虫. 北京: 科学出版社.
方志刚, 吴鸿. 2001. 浙江昆虫名录. 北京: 中国林业出版社, 452 pp.
古丽扎尔·阿不都克力木, 张秀英, 苏比奴尔·艾力, 李后魂. 2022. 中国鳞翅目新物种2021年度报告. 生物多样性, 30(8): 1-9.
花保祯, 周尧, 方德齐, 陈树良. 1990. 中国木蠹蛾志. 杨凌: 天则出版社, 146 pp.
华立中. 2005. 中国昆虫名录. 第三卷. 广州: 中山大学出版社, 595 pp.
黄邦侃. 2001. 福建昆虫志, 5. 福州: 福建科学技术出版社, 664 pp.
李后魂. 1993. 中国树麦蛾属研究(鳞翅目: 麦蛾科). 昆虫分类学报, 15(3): 208-218.
李后魂. 1996. 中国麦蛾三新种记述(鳞翅目: 麦蛾科). 湖北大学学报, 3(18): 294-297.
李后魂. 2002. 中国麦蛾(一). 天津: 南开大学出版社, 538 pp.
李后魂, 等. 2012. 秦岭小蛾类(昆虫纲, 鳞翅目). 北京: 科学出版社, 1271 pp.
李后魂, 任应党, 张丹丹, 杜喜翠, 李卫春, 尤平. 2009. 河南昆虫志 鳞翅目 螟蛾总科. 北京: 科学出版社, 440 pp.
李后魂, 王淑霞. 2009. 河北动物志 鳞翅目 小蛾类. 北京: 中国农业科学技术出版社, 601 pp.
李后魂, 王淑霞, 戚慕杰. 2020. 天目山动物志. 第十卷. 昆虫纲 鳞翅目 小蛾类. 杭州: 浙江大学出版社, 38 + 540 pp.
廖启荣. 2002. 螟蛾科, 卷蛾科, 叶潜蛾科, 尖翅蛾科, 木蛾科. 362-371. 见: 李子忠, 金道超. 茂兰景观昆虫. 贵阳: 贵州科技出版社, 1-615.
刘林杰, 李后魂. 2015. 毛黑麦蛾属 *Pubitelphusa* Lee *et* Brown (鳞翅目: 麦蛾科)在中国的首次报道. 天津师范大学学报(自然科学版), 35(3): 35-37.
刘友樵. 1979. 枣粘虫是一个新种. 昆虫学报, 22(1): 90-92.
刘友樵. 1992a. 卷蛾科. 彭建文、刘友樵主编. 湖南森林昆虫图鉴, 湖南省林业厅. 长沙: 湖南科学技术出版社. 1-1473.
刘友樵. 1992b. 木棉织蛾与肉桂木蛾研究. 林业科学研究, 5(2): 203-206.
刘友樵, 李广武. 2002. 中国动物志 昆虫纲. 第二十七卷. 鳞翅目 卷蛾科. 北京: 科学出版社, 463 pp.
刘友樵, 袁德成. 1990. 中国丽细蛾属研究(鳞翅目: 细蛾科: 细蛾亚科). 动物学集刊, 7: 181-207.
卢秀新. 1992. 泰山蝶蛾志(中). 济南: 山东科学技术出版社.
陆近仁, 管致和. 1953. 中国螟蛾科昆虫名录胡氏"中国昆虫名录"补遗: 部分一. 草螟、禾螟、拟卷螟、卷螟、聚螟、歧角螟及螟蛾亚科; 部分二. 水螟、苔螟及拟螟亚科. 昆虫学报, 3(2): 203-244.
戚慕杰, 孙浩, 左兴海, 李后魂. 2021. 中国鳞翅目新物种2020年度报告. 生物多样性, 29(8): 1035-1039.
钱范俊, 刘友樵. 1997. 危害杉木球果种子的织叶蛾一新种(鳞翅目: 织叶蛾科). 林业科学, 33(1): 66-68.
邱强. 2004. 中国果树病虫原色图鉴. 郑州: 河南科学技术出版社.
沈光普, 彭寅生. 1992. 斑蛾科 Zygaenidae. 734-741. 见: 刘友樵. 湖南森林昆虫. 长沙: 湖南科学技术出版社.
申效诚, 裴海潮. 1999. 伏牛山南坡及大别山区昆虫, 河南昆虫分类区系研究 (第四卷). 北京: 中国农业科技出版社, 1-415.
汪家社, 宋士美, 吴焰玉, 陈铁梅. 2003. 武夷山自然保护区螟蛾科昆虫志. 北京: 中国科学技术出版社.
王平远. 1980. 中国经济昆虫志(鳞翅目: 螟蛾科). 北京: 科学出版社, 229 pp.
王平远. 1981. 透翅蛾科. 89-90. 见: 中国科学院动物研究所. 中国蛾类图鉴I. 北京: 科学出版社.
王效岳, 史派德. 2000. 认识台湾的昆虫(19). 台北: 淑馨出版社.
王音, 杨集昆. 1992. 莫干山透翅蛾一新种(鳞翅目: 透翅蛾科). 浙江林学院学报, 9(4): 418-419.
吴鸿. 1995. 华东百山祖昆虫. 北京: 中国林业出版社, 586 pp.
吴鸿, 潘承文. 2001. 天目山昆虫. 北京: 科学出版社, 764 pp.
武春生. 1997. 中国动物志 昆虫纲. 第七卷. 鳞翅目 祝蛾科. 北京: 科学出版社, 306 pp.
武春生. 2010. 中国刺蛾科幼虫的寄主植物多样性分析. 中国森林病虫, 29(2): 1-4.
武春生, 方承莱. 2010. 河南昆虫志 鳞翅目: 刺蛾科、枯叶蛾科、舟蛾科、灯蛾科、毒蛾科、鹿蛾科. 北京: 科学出版社, 592 pp.
武春生, 方承莱. 2023. 中国动物志 昆虫纲. 第七十六卷. 鳞翅目 刺蛾科. 北京: 科学出版社, 552 pp.

萧刚柔. 1992. 中国森林昆虫. 北京: 中国林业出版社.
徐德钦, 刘建南, 朱昌乐. 1991. 柳杉果梢银蛾生物学特性及防治. 浙江林学院学报, (4): 52-57.
徐振国. 1993. 记新种霍山透翅蛾(鳞翅目: 透翅蛾科). 西北农业学报, 2(1): 7-9.
徐振国, 刘小利, 金涛. 2019. 中国的透翅蛾. 北京: 中国林业出版社, 149 pp.
杨集昆. 1977. 华北灯下蛾类图志(上). 北京: 华北农业大学, 299 pp.
杨集昆, 王音. 1989. 六种危害林、果的透翅蛾新种及一新属记述. 林业科学研究, 2(3): 229-238.
杨茂发, 金道超. 2005. 贵州大沙河昆虫. 贵阳: 贵州人民出版社.
杨晓飞, 朱琳, 李后魂. 2018. 夜行性传粉蛾类研究进展. 昆虫学报, 61(9): 1087-1096.
扎古良也夫, 廖定熹. 1959. 中国西南部紫胶虫内肉食性蛾的新属及新种. 昆虫学报, 9(4): 306-315.
张汉鹄, 等. 2004. 中国茶树害虫及其无公害治理. 合肥: 安徽科学技术出版社.
赵修复. 1982. 福建省昆虫名录. 福州: 福建科学技术出版社, 658 pp.
中国科学院动物研究所. 1981. 中国蛾类图鉴 I. 北京: 科学出版社, 134 pp.
朱弘复, 王林瑶. 1985. 蛀干蝙蝠蛾(鳞翅目: 蝙蝠蛾科). 昆虫学报, 28(3): 293-302.
朱弘复, 王林瑶. 1996. 中国动物志 昆虫纲. 第五卷. 鳞翅目: 蚕蛾科, 大蚕蛾科, 网蛾科. 北京: 科学出版社, 302 pp.
朱弘复, 王林瑶, 韩红香. 2004. 中国动物志 昆虫纲. 第三十八卷. 鳞翅目: 蝙蝠蛾科, 蛱蛾科. 北京: 科学出版社, 194 pp.
Adamczewski S. 1951. On the systematics and origin of the generic group *Oxyptilus* Zeller (Lep. Alucitidae). Bulletin of the British Museum (Natural History), Entomology, 1(5): 303-388.
Adamski D, Li HH. 2010. Three new species of Blastobasinae moths from Beijing, China (Lepidoptera: Gelechioidea, Coleophoridae). SHILAP Revista de Lepidopterologia, 38(151): 341-351.
Agassiz L J R. 1848. Nomenclatoris Zoologici index universalis: continens nomina systematica classicum, ordinum, familium et generum animalum onmium, tam viventium quam fossilim, segundum ordinem alphabeticum unicum disposita, adjectis homonymiis plantarum. Jent & Gassmann, Soloduri, x + 1135 pp.
Agenjo R. 1952. Fáunula Lepidopterológica Almeriense. Madrid, 371 pp., 24 pls.
Agenjo R. 1958. Tribus y Subtribus de la subfamilia Phycitinae Cotes, 1899 (Lep. Phycitidae). Eos. Revista Espanola de Entomologia, 34: 205-208.
Alberti B. 1954. Über die stammesgeschichtliche Gliederung der Zygaenidae nebst Revision einiger Gruppen (Insecta, Lepidoptera). Mitteilungen aus dem Zoologischen Museum in Berlin, 30: 115-480.
Alphéraky S. 1892. Lépidoptères rapportés de la Chine et de la Mongolie par G. N. Potanine. *In*: Romanoff N M. Mémoires sur les Lépidoptères, 6: 1-81. St.-Pétersbourg.
Amary B A. 1840. Statistica fisica ed economica dell'Isola di capri. Esercitazioni Accademiche degli Aspianti Nauralisti, Napoli, 2(1): 1-140.
Amsel H G. 1949. On the Microlepidoptera collected by E. P. Wiltshire in Irak and Iran in the years 1935 to 1938. Bulletin de la Société Fouad Ier d'Entomologie, 33: 271-351, pls. 1-12.
Amsel H G. 1951. Die Microlepidopteren der Brandt'schen Iran-Ausbeute. 3. Teil. Arkiv för Zoologi (N. S.), Stockholm (ser.2)1(36): 525-563.
Amsel H G. 1952a. Über einige von Hampson beschriebene paläarktische Pyraliden (Lepidoptera: Pyralidae). Mitteilungen der Münchener Entomologischen Gesellschaft, 42: 40-70.
Amsel H G. 1952b [1951]. Descrizioni di specie nuove ed osservazioni sistematiche di carattere generale. *In*: Hartig F, Amsel H G. Lepidoptera Sardinica. Fragmenta Entomologica, 1(1): 1-152, 7 pls.
Amsel H G. 1953. Wissenschaftliche Ergebnisse der zoologischen Expedition des National Museum in Prag nach der Türkei. Sborník Entomologického Oddělení Národního Musea v Praze, 28: 411-429.
Amsel H G. 1955. Uber mediterrane Microlepidopteren und einige transcaspische Arten. Bulletin de l'Institut Royal des Sciences Naturelles de Belgique, Bruxelles, 31(83): 1-64.
Amsel H G. 1956 (1954). Microlepidoptera Venezolana I. Boletin de Entomologia Venezolana, 10(1-2): 1-336.
Amsel H G. 1958. Cyprische Kleinschmetterlinge. Zeitschrift der Wiener Entomologischen Gesellschaft, 43(69): 51-58, 69-75.
Amsel H G. 1959a. Irakische Kleinschmetterlinge, II. Bulletin de la Société (Royale) Entomologique d'Egypte, 43: 41-83.
Amsel H G. 1959b. Microlepidoptera aus Iran. Beiträge zur Naturkundlichen Forschung in Südwestdeutschland, 28: 1-47, 5 pls.
Amsel H G. 1961. Die Microlepidopteren der Brandt'schen Iran-Ausbeute. 5. Teil. Arkiv för Zoologi (N. S.)(2)13(17): 323-445, pls. 1-9.
Amsel H G. 1968. Zur Kenntnis der Microlepidopterenfauna von Karachi (Pakistan). Stuttgarter Beiträge zur Naturkunde, 191: 1-48.
Arenberger E. 1988. Taxonomische Klarstellungen bei den Pterophoridae (Lepidoptera). Stapfia, 16: 1-12.
Arenberger E. 2002. Pterophoridae 2. Teilband. Deuterocopinae, Platyptiliinae: Trichoptilini, Oxyptilini, Tetraschalini. *In*: Amsel H G, Gregor F, Reisser H. Microlepidoptera Palaearctica. Goecke & Evers, Keltern, 11: 1-287, 96 pls.
Arenberger E. 2006. Contribution to the fauna of Australia (Lepidoptera, Pterophoridae). Zeitschrift der Arbeitsgemeinschaft

Österreichischer Entomologen, 58(3-4): 111-124.
Arenberger E, Jaksic P. 1991. Pterophoridae (Insecta, Lepidoptera). Tsrnogorska Akademija Nauka i Umjetnosti Posebna Izdanja, 24: 225-242.
Arita Y. 1994. The Clearwing Moths of Japan (Lepidoptera: Sesiidae). Holarctic Lepidoptera, 1: 69-81.
Arita Y, Gorbunov O. 1998. A Revision of Embrik Strand's Clearwing Moth Types (Lepidoptera: Sesiidae) from Taiwan. Chinese Journal of Entomology, 18(3): 141-165.
Arita Y, Gorbunov O. 2001. Sesiidae of Taiwan. I. The Tribes Tinthiini, Similipepsini, Paraglosseciini, Pennisetiini, Paranthrenini and Cissuvorini. Japanese Journal of Systematic Entomology, 7(2): 131-188.
Aurivillus C. 1894. Neue Spinner aus Asien. Entomologisk Tidskrift, 15: 169-177.
Bae Y S. 1996. A New Species and Four Additional Records of *Lobesia* from Japan (Lepidoptera: Tortricidae). Japanese Journal of Entomology, 64(3): 526-535.
Bae Y S, Byun B K, Paek M K. 2008. Pyralid Moths of Korea (Lepidoptera: Pyraloidea). Korea National Arboretum: Samsungad Com, Seoul, 426 pp.
Bae Y S, Komai F. 1991. A revision of the Japanese species of the genus *Lobesia* Guenée (Lepidoptera: Tortricidae), with description of a new subgenus. Tyô to Ga, 42(2): 115-141.
Bae Y S, Lee B W, Park K T. 2014. Gelechiid fauna of Baengnyeongdo, Daecheongdo, and Yeonpyeongdo in the West Sea near North Korea, with description of two new species (Lepidoptera, Gelechioidea). Entomological Research, 44: 17-22.
Bae Y S, Shin Y M, Na S M, Park K T. 2016. The genus *Anarsia* in Cambodia and the Northern Vietnam (Lepidoptera, Gelechiidae), with descriptions of ten new species and a catalogue of the genus in the Central-East Asia. Zootaxa, 4061(3): 227-252.
Bai H-Y, Li H-H. 2008. A review of the genus *Gibbovalva* (Lepidoptera: Gracillariidae: Gracillariinae) from China. Oriental Insects, 42: 317-326.
Bang-Haas A. 1910. Neue oder wenig bekannte palaearktische Macrolepidopteren III. Deutsche Entomologische Zeitschrift Iris, 24: 27-51.
Barrett C G. 1875. On the species of *Ephestia* occurring in Britain. The Entomologist, 11: 269-273.
Bartel M. 1912. Aegeriidae (Sesiidae). *In*: Seitz A. The Macrolepidoptera of the World. Stuttgart: Alfred Kernen Verlag, 2: 375-416.
Becker L. 1861. Observations sur quelques cneruiles de Tineides. Transformations du Pterophorus scarodactylus H. Annalesde la Société Entomologique de Belgique, 5: 55-57.
Benander P. 1945. Släktet *Xystophora* Hein. och dess Svenska arter. Entomologisk Tidskrift, 66: 125-135.
Berthold A A. 1827. Latreille's Natürliche Familien des Thierreichs. Verlag des Gr. H. S. priv. Weimar: Landes-Industrie Comptoirs, x + 606 pp.
Beutenmüller W. 1894. Studies of some species of North American Aegeriidae. Bulletin of the American Museum of Natural History, 6: 87-98.
Beutenmüller W. 1896. Critical Review of the Sesiidae Found in America, North of Mexico. Bulletin of the American Museum of Natural History, 8: 111-148.
Bidzilya O, Li H-H. 2010. Review of the genus *Agnippe* (Lepidoptera: Gelechiidae) in the Palaearctic region. European Journal of Entomology, 107: 247-265.
Bigot L. 1962. Les Pterophoridae des iles Seychelles (Lep.). Bulletin de la Société Entomologique de France, 67: 79-88.
Bigot L, Picard J. 1986. *Paraplatyptilia* n. nov. pour *Mariana* Tutt, 1907, preoccupe. Nouvelle capture Entomologist France de *Stenoptilia taprobanes* (Felder *et* Rogenhofer, 1875). (Lep. Pterophoridae). Alexanor, 14(6) (Suppl.): 17.
Bigot L, Picard J. 1987 [1988]. Remarques sur les *Oxyptilus* (1e partie), Generelites. Problemes kies a *O. hieracii* (Zeller, 1841) d' *O. buvati* et d' *O. adamczewskii*, nouvelles especes (Lep. Pterophoridae). Alexanor, 15(4): 239-248.
Billberg G J. 1820. Enumeratio Insectorum in Museo G. J. Billberg. Stockholm, 138 pp.
Bleszynski S. 1955. Materialien zur Kenntnis der Crambidae. Teil X. Über die systematische Stellung der *Crambus delicatellus* Zell. Gruppe. Zeitschrift der Wiener Entomologischen Gesellschaft, 40: 266-269.
Bleszynski S. 1959. Studies on the Crambidae. Part XIX. Notes on some Japanese species of the generic group *Crambus* F. Tinea, 5(1): 273-276.
Bleszynski S. 1960. Studies on the Crambidae (Lepidoptera). Part XXIX. On some species of the genus *Euchromius* Gn. Acta Zoologica Cracoviensia, 5: 203-247, pls. 22-34.
Bleszynski S. 1961a. Revision of the world species of the family Crambidae (Lepidoptera). Part I. Genus *Calamotropha* Zell. Acta Zoologica Cracoviensia, 6(7): 1-272, pls. 20-71.
Bleszynski S. 1961b. Studies on the Crambidae (Lepidoptera). Part XXXII. Revision of the *Crambus argyrophorus* Butler group. Acta Zoologica Cracoviensia, 6(9): 345-371.
Bleszynski S. 1962a. Studies on the Crambidae (Lepidoptera). Part XXXVII. Changes in the nomenclatory of some Crambidae with the descriptions of new genera and species. Polskie Pismo Entomologiczne, 32(1): 5-48.

Bleszynski S. 1962b. Studies on the Crambidae. Part 34. Miscellaneous notes. Coridon, Bourne End, Bucks A (3): 1-3.
Bleszynski S. 1963. Studies on the Crambinae (Lepidoptera). Part 41. On some tropical Crambidae with descriptions of the new genera and species. Acta Zoologica Cracoviensia, 8: 133-181.
Bleszynski S. 1964. Revision of the world species of the family Crambidae (Lepidoptera). Part 2. Genera: *Pseudocatharylla* Blesz., *Classeya* Blesz., *Pseudoclasseya* Blesz. and *Argentochiloides* Blesz. Acta Zoologica Cracoviensia, 9(11): 683-760, pls. 45-46.
Bleszynski S. 1965. Crambinae. *In*: Amsel H G, Gregor F, Reisser H. Microlepidoptera Palaearctica 1. Wien: Georg Fromme & Co., 553 pp., 133 pls.
Bleszynski S. 1970. A revision of the world species of *Chilo* Zincken (Lepidoptera: Pyralidae). Bulletin of the British Museum (Natural History), Entomology, 25(4): 101-195, pls. 1-5.
Boisduval J B A D. [1875]. Sphingides, Sésiides, Castnides. *In*: Boisduval J B A D, Guenée A. Histoire Naturelle des Insectes. Spécies général des Lépidoptères Hétérocères, 1(4): 1-568. Librairie Encyclopédique de Roret, Paris.
Boisduval J B A D. 1833. Considérations générales [Lépidoptères de Madagascar]. Nouvelles Annales du Museum d'Histoire Naturelle, 2: 149-270.
Bojer W. 1856. Report of the Committee on the "Cane Borer". H. Plaidean Government Printer, Port Louis. Mauritius, 46 pp.
Bradley J D. 1953. Some important species of the genus *Cryptophlebia* Walsingham, 1899, with descriptions of three new species (Lepidoptera: Olethreutidae). Bulletin of Entomological Research, 43: 679-689.
Bradley J D. 1956. Microlepidoptera from Lord Howe Island and Norfolk Island. Bulletin of the British Museum (Natural History), Entomology, 4: 145-164.
Bradley J D. 1961. Microlepidoptera from the Solomon Islands. Additional records and descriptions of Microlepidoptera collected in the Solomon Islands by the Rennell Island Expedition 1953-54. Bulletin of the British Museum (Natural History), Entomology, 10(4): 113-168, pls. 5-19.
Bradley J D. 1967. Some changes in the nomenclature of British Lepidoptera. Part 5. Microlepidoptera. Entomologist's Gazette, 18: 45-47.
Bradley J D, Tremewan W G, Smith A. 1973. British tortricoid moths [Vol. 1]. Cochylidae and Tortricidae: Tortricinae. London: The Ray Society, 251 pp.
Bradley J D, Tremewan W G, Smith A. 1979. British tortricoid moths [Vol. 2]. Tortricidae: Olethreutinae. Ray Society Publications, 336 pp.
Brants A. 1913. Mededeeling te doen van eene, zeer belangrijke waarneming van den Phytopathologischen Dienst. *In*: Verslag van de acht-en-zestigste Zomervergadering der Nederlandse entomologische Vereeniging. Tijdschrift voor Entmologie, 56: 70-72.
Bremer O. 1861. Neue Lepidopteren aus Ost-Sibirien und dem Amur-Lande. Bulletin Scientifi que de l'Académie Impériale des Sciences de St.-Pétersbourg, 3: 462-498.
Bremer O. 1865 (1864). Lepidopteren Ost-Sibiriens, insbesondere des Amur-Landes, gesammelt von den Herren G. Radde, R. Maack und P. Wulffius. Zapiski imperatorskoi Academii Nauk. Mémoires Présentés à l'Académie Impériale des Sciences d. St.-Pétersbourg, (7)8(1): 1-104, pls. 1-8.
Bremer O, Grey W. 1853. Beiträge zur Schmetterlings-Fauna des nördlichen China. St. Petersburg, 23 pp.
Briosi G. 1878. Il marciume od il bruco dell'uva (Albinia wockiana Briosi). Stazione Chimico-Agraria Sperimentale di Roma, Rome, (3)1: [61].
Brown J W. 2005. Tortricidae (Lepidoptera). World Catalogue of Insects. Apollo Books, Stenstrup, 5: 1-742.
Brown J W, Lewis J. 2000. Catalogue of the type specimens of Tortricidae (Lepidoptera) in the collection of the National Museum of Natural History, Smithsonian Institution, Washington, D.C. Proceedings of the Entomological Society of Washington, 102: 1014-1069.
Brown R L. 1979. Nomenclatorial changes in Eucosmini (Tortricidae). Journal of the Lepidopterists' Society, 33(1): 21-28.
Brown R L. 1983. Taxonomic and morphological investigations of Olethreutinae: *Rhopobota*, *Griselda*, *Melissopus* and *Cydia* (Lepidoptera: Tortricidae). Entomography, 2: 97-120.
Bruand M T. 1850 (1849). Catalogue systématique et synonymique des Lépidoptères du département du Doubs (suite). Tinéides. Mémoires de la Société libre d'émulation du Doubs, (1)3(5-6): 23-58.
Bruand M T. 1851. Catalogue systématique et synonymique des Lépidoptères du département du Doubs. Besançon: Mémoires de la Société libre d'émulation du Doubs, 102 pp.
Bruand M T. 1858. Rapport sur la session extraordinaire tenue a Grenoble au mois de juillet 1858. Annales de la Société Entomologique de France, (3)6: 893.
Bryk F. 1947. Neue ostasiatische Aegeriiden (Lep.). Opuscula Entomologica, 12: 96-109.
Bryk F. 1948. Zur Kenntnis der Grossschmetterlinge von Korea. Pars II. Macrofrenatae II (finis). Arkiv for Zoologi, 41(A): 1-225.
Busck A. 1902. Notes on North American Tineina. Journal of the New York Entomological Society, 10: 89-100.
Busck A. 1906. Notes on some tortricid genera. Entomological News, 17: 305.

Busck A. 1916. *Laspeyresia molesta* sp. n. Journal of Agricultural Research, 7(8): 373-374.

Busck A. 1917. The pink bollworm, *Pectinophora gossypiella*. Journal of Agricultural Research, 9(10): 343-370, figs. 1-7, pls. 7-12.

Butler A G. 1876. Preliminary Notice of new Species of Orthoptera and Hemiptera collected in the Island of Rodriguez by the Naturalists accompanying the Transit-of-Venus Expedition. Annals and Magazine of Natural History, 17: 409-413.

Butler A G. 1877. Descriptions of new species of Heterocera from Japan. Part I. Sphing and Bombyces. Annals and Magazine of Natural History, including Zoology, Botany and Geology, (4)20: 276-483.

Butler A G. 1878a. Illustrations of typical specimens of Lepidoptera Heterocera in the collection of the British Museum. London: Printed by Order of the Trustees, 2: i-x, 1-62, pls. 21-40.

Butler A G. 1878b. *Neomiresa* gen. nov. Transactions of the Entomological Society of London: 74.

Butler A G. 1879a. Descriptions of new species of Lepidoptera from Japan. Annals and Magazine of Natural History, including Zoology, Botany and Geology, (5)4: 349-374, 437-457.

Butler A G. 1879b. Illustrations of typical specimens of Lepidoptera Heterocera in the collection of the British Museum. London: British Museum (Natural History), 3: i-xviii, 1-82, pls. 41-60.

Butler A G. 1879c. On a collection of Lepidoptera from Cachar, N. E. India. Transactions of the Entomological Society of London, 1879: 1-8.

Butler A G. 1880a. Descriptions of new species of Asiatic Lepidoptera Heterocera. Annals and Magazine of Natural History, including Zoology, Botany and Geology, (5)6: 60-69, 119-129, 214-230.

Butler A G. 1880b. On a second collection of Lepidoptera made in Formos by H. E. Hobson, Esq. Proceedings of the General Meetings for Scientific Business of the Zoological Society of London, 1880: 666-691.

Butler A G. 1881. Descriptions of New Genera and Species of Heterocerous Lepidoptera from Japan. Transactions of the Entomological Society of London, 1881: 1-23; 579-600.

Butler A G. 1882. On a small collection of Lepidoptera principally from Candahar. Annals and Magazine of Natural History, including Zoology, Botany and Geology, (5)9: 206-211.

Butler A G. 1885a. Descriptions of moths new to Japan, collected by Messrs, Lewis and Pryer. Cistula Entomologica, 3: 113-152.

Butler A G. 1885b. *Parasa pastoralis* sp. nov. The Annales and Magazine of Natural History, (5)6: 63.

Butler A G. 1886. Illustrations of Typical Specimens of Lepidoptera-Heterocera in the Collection of the British Museum. London: Pt. 6: 3.

Butler A G. 1887. Descriptions of new species of Heterocerous Lepidoptera (Pyralites) from the Solomon Islands. Annals and Magazine of Natural History, including Zoology, Botany and Geology, (5)20: 114-124.

Butler A G. 1889. Illustrations of Typical Specimens of Lepidoptera Heterocera in the Collection of the British Museum. London: Printed by Order of the Trustees, 7: i-iv, 1-124, pls. 121-138.

Byun B K, Bae Y S, Park K T. 1998. Illustrated catalogue of Tortricidae in Korea (Lepidoptera). Insects of Korea, 2: 1-311.

Byun B K, Weon G J. 1996. A psychid species *Acanthopsyche nigraplaga* Wileman (Lepidoptera, Psychidae) new to Korea. Korean Journal of Applied Entomology, 35(1): 15-17.

Byun B K, Yan S C. 2005. Description of a new species, records of five previously unrecorded species, and rediscovery of a lost species in the genus *Ancylis* Hübner (Lepidoptera: Tortricidae) from China. Zootaxa, 1103: 17-26.

Căpuşe I. 1964. Über drei Arten paläarktischer Gelechiidae: *Carpatolechia dumitrescui* n. g., n. sp. *Aproaerema aureliana* n. sp. und *Mirifcarma formosella* (Hb.) n. comb. (Lepidoptera: Gelechiidae). Entomologisk Tidskrift, 85: 12-19.

Căpuşe I. 1968a. *Klaussattleria* nom. nov. (Lepidoptera, Gelechiidae). Entomologische Berichten (Amsterdam), 28: 80.

Căpuşe I. 1968b. *Sattleria* nom. nov. (Lepidoptera, Gelechiidae). Entomologische Berichten (Amsterdam), 28: 18-19.

Caradja A. 1910. Beitrag zur Kenntnis über die geographischen Verbreitung der Pyraliden des europäischen Faunengebietes nebst Beschreibung einiger neuer Formen. Deutsche entomologische Zeitschrift Iris, 24(6-7): 105-147.

Caradja A. 1916. Beitrag zur Kenntnis der geographischen Verbreitung der Pyraliden und Tortriciden des europäischen Faunengebietes, nebst Beschreibung neurer Formen. Deutsche Entomologische Zeitschrift Iris, 30: 1-88, 151-152.

Caradja A. 1920. Beitrag zur Kenntnis der geographischen Verbreitung der Mikrolepidopteran des paläarktischen Faunengebietes nebst Beschreibung neurer Formen (III Teil). Deutsche Entomologische Zeitschrift Iris, 34: 75-179.

Caradja A. 1925. Ueber Chinas Pyraliden, Tortriciden, Tineiden nebst kurze Betrachtungen, zu denen das Studium dieser Fauna Veranlassung gibt (Eine biogeographische Skizze). Mémoriile Sectiunii Stiintifice, Academia Romana, (3)3(7): 257-387, pls. 1-2.

Caradja A. 1926a. Nachträge zur Kenntnis ostasiatischer Pyraliden. Deutsche Entomologische Zeitschrift Iris, 40(4): 168-170.

Caradja A. 1926b. Noch einige Worte über ostasiatischer Pyraliden und Microlepidopteren. Deutsche Entomologische Zeitschrift Iris, 40: 155-167.

Caradja A. 1927a. Die Kleinfalter der Stötzner'schen Ausbeute nebst Zuträge aus meiner Sammlung (Zweite biogeographische Skizze: "Zentralasien"). Memoriile Sectiunii Stiintifice. Academia Romana, (3)4(8): 361-428.

Caradja A. 1927b. Die Kleinfalter der Stötzner'schen Ausbeute, nebst Zutrage aus meiner Sammlung. Memoriile Sectiunii Stiintifice, Academia Romana Bucharest, 4: 1-68.

Caradja A. 1931. Dritter Beitrag zur Kenntnis der Pyraliden von Kwanhsien und Mokanshan (China). Bulletin de la Section Scientifique de l'Académie Roumaine, 14(9-10): 203-212.

Caradja A. 1932. Dritter Beitrag zur Kleinfalterfauna Chinas nebst kurzer Zusammenfassung der bisherigen biogeographischen Ergebnisse. Bulletin de la Section Scientifique de l'Académie Roumaine, 15(7-8): 111-123, 147-158.

Caradja A. 1938a. Beitrage zur Kleinfalterfauna Chinas (Lep.). Stettiner Entomologische Zeitung, 99: 250-253.

Caradja A. 1938b. Materialien zu einer Microlepidopteren-Fauna Nord-Fukiens. Stettiner Entomologische Zeitung, 99: 253-357.

Caradja A. 1938c. Materialien zu einer Microlepidopteren-Fauna von Atuntse in Nord-Yünnan. Ein Nachtrag zur gleichbetitelten Arbeit in D.E.Z. "Iris". Stettiner Entomologische Zeitung, 99: 247-250.

Caradja A. 1938d. Ueber eine kleine Microlepidopterenausbeute aus Manciukuo und Transbaikalien. Deutsche Entomologische Zeitschrift Iris, 52(2): 90-92.

Caradja A. 1939a. Materialien zu einer Lepidopterenfauna des Taipeishanmassivs (Tsinlinshan), provinz Shensi. Deutsche Entomologische Zeitschrift Iris, 52(3-4): 104-111.

Caradja A. 1939b. Materialien zu einer Mikrolepidopterenfauna des Yangtsetales bei Batang. Deutsche Entomologische Zeitschrift Iris, 53: 15-26.

Caradja A. 1939c. Materialien zu einer Mikrolepidopterenfauna des Mienshan, Provinz Shansi, China. Deutsche Entomologische Zeitschrift Iris, 53: 1-15.

Caradja A, Meyrick E. 1933-1934. Materialien zu einer Microlepidopteren-Fauna Kwangtungs. Deutsche Entomologische Zeitschrift Iris, 47: 123-144 (1933), 145-167 (1934).

Caradja A, Meyrick E. 1935. Materialien zu einer Microlepidopteren-Fauna der chinesischen Provinzen Kiangsu, Chekiang und Hunan. Berlin: R. Friedländer & Sohn, 96 pp., 3 pls.

Caradja A, Meyrick E. 1936-1937. Materialien zu einer Lepidopterenfauna des Taishanmassivs, Provinz Shantung. Deutsche Entomologische Zeitschrift Iris, 50(3-4): 135-144 (1936), 145-159 (1937).

Caradja A, Meyrick E. 1937. Materialien zu einer Microlepidopteren-Fauna des Yülingshanmassivs (Provinz Yünnan). Deutsche Entomologische Zeitschrift Iris, 51: 137-182.

Caradja A, Meyrick E. 1938. Materialien zu einer Mikrolepidopterenfauna des Yülingshanmassivs (Provinz Yünnan). Deutsche Entomologische Zeitschrift Iris, 52: 1-30.

Chambers V T. 1872. Micro-Lepidoptera. The Canadian Entomologist, 4: 126-133, 146-150, 191-194.

Chambers V T. 1873. Micro-Lepidoptera. The Canadian Entomologist, 5: 12-15, 110-115.

Chambers V T. 1875a. Teneina [sic] of Colorado. Cincinnati Quarterly Journal of Science, 2: 289-305.

Chambers V T. 1875b. Tineina of the United States. Cincinnati Quarterly Journal of Science, 2: 226-259.

Chapman T A. 1912 (1911). On the British (and a few Continental) species of *Scoparia*. Transactions of the Entomological Society of London, 1911: 501-518.

Chen F-Q, Song S-M, Wu C-S. 2010. A review of the genus *Elophila* Hübner, 1822 in China (Lepidoptera: Crambidae: Acentropinae). Aquatic Insects, 32(1): 35-60.

Chen K, Liu Q-M, Jin J-H, Zhang D-D. 2019. Revision of the genus *Emphylica* Turner, 1913 based on morphology and molecular data (Lepidoptera, Crambidae, Pyraustinae). ZooKeys, 836: 113-133.

Chen K, Zhang D-D. 2017. Revision of the genus *Pseudopagyda* Slamka, 2013 (Lepidoptera: Pyraloidea: Crambidae: Pyraustinae) with the first reported females. Journal of Environmental Entomology, 39(3): 580-587.

Chen T-M, Song S-M, Yuan D-C. 2002a. A study on the genus *Roxita* Bleszynski from China, with descriptions of two new species (Lepidoptera: Pyralidae, Crambinae). Acta Entomologica Sinica, 45(1): 109-114.

Chen T-M, Song S-M, Yuan D-C. 2002b. A study on the genera *Metaeuchromius* Bleszynski, *Euchromius* Guenée and *Miyakea* Marumo from China, with descriptions of two new species of *Metaeuchromius* (Lepidoptera: Pyralidae, Crambinae). Acta Entomologica Sinica, 45(3): 365-370.

Chen T-M, Song S-M, Yuan D-C. 2002c. A review of the Chinese *Calamotropha* Zeller (Lepidoptera: Pyralidae: Crambinae), with descriptions of three new species. Oriental Insects, 36: 35-46.

Chen T-M, Song S-M, Yuan D-C. 2003. Two new species of Crambinae from China (Lepidoptera, Pyralidae, Crambinae). Acta Zootaxonomica Sinica, 28(3): 521-524.

Chen T-M, Song S-M, Yuan D-C. 2004. A review of the genus *Pediasia* Hübner in China (Lepidoptera: Pyralidae: Crambinae). Oriental Insects, 38: 137-153.

Chrétien P. 1896. Description de Microlépidoptères nouveaux de France et d'Algérie. Naturaliste, (2)10: 104-105.

Christoph H T. 1881 (1882). Neue Lepidopteren des Amurgebietes. Bulletin de la Société Impériale des Naturalists de Moscou, 56(1): 1-80; 56(4): 224-438.

Christoph H T. 1882. Neue Lepidopteren des Amurgebietes. Bulletin de la Société Impériale des Naturalists de Moscou, 57(1): 5-47.
Christoph H T. 1893. Lepidopterologisches. Stettiner Entomologische Zeitung, 54: 31-36.
Chu H-F, Wang L-Y. 1981a. A brief account of the Thyrididae of China. Acta Entomologica Sinica, 24(1): 85-88.
Chu H-F, Wang L-Y. 1985. "Insect-herb" versus hepialids with descriptions of new genera and new species of Chinese Hepialidae. Sinozoologia, 3: 121-134.
Chu H-F, Wang L-Y. 1991. The Thyrididae (Lepidoptera) of China II. Striglinae. Sinozoologia, 8: 325-348.
Chu H-F, Wang L-Y. 1992a. The Thyrididae (Lepidoptera) of China III. Siculinae 1. *Camptochilus* Hampson 2. *Herdonia* Walker. Sinozoologia, 9: 203-213.
Chu H-F, Wang L-Y. 1992b. The Thyrididae (Lepidoptera) of China III. Siculinae 3. Rhodoneura Guenée. Sinozoologia, 9: 215-248.
Clarke J F G. 1958. Catalogue of the Type Specimens of Microlepidoptera in the British Museum (Natural History) described by Edward Meyrick. The Trustees of the British Museum (Natural History), 3: 1-600. London.
Clarke J F G. 1963. Catalogue of the Type Specimens of Microlepidoptera in the British Museum (Natural History) described by Edward Meyrick. The Trustees of the British Museum (Natural History), 4: 83-472. London.
Clarke J F G. 1965a. Catalogue of the Type Specimens of Microlepidoptera in the British Museum (Natural History) described by Edward Meyrick. The Trustees of the British Museum (Natural History), 5: 417-438, pls. 1-283. London.
Clarke J F G. 1965b. Microlepidoptera of Juan Fernandez Islands. Proceedings of the United States National Museum, 117(3508): 1-105.
Clarke J F G. 1976. Microlepidoptera: Tortricoidea. Insects of Micronesia, 9(1): 1-144.
Clemens B. 1860. Contributions to American Lepidopterology. No. 3-7. Proceedings of the Academy of Natural Sciences of Philadelphia, 12: 4-15, 156-174, 203-221, 345-362, 522-547.
Clemens B. 1865. North American Microlepidoptera. Proceedings of the Entomological Society of Philadelphia, 5: 133-147.
Clerck C A. 1759-1764. Icones insectorum rariorum cum nominibus eorum trivialibus, locisque e C. Linnaei systema naturae allegatis. Denmark: Holmiae.
Closs A G. 1920. [Contribution]. *In*: Berliner Entomologen-Bund: Sitzung am 20. März 1919. Internationale Entomologische Zeitschrift Guben, 14: 13.
Common I F B. 1960. A revision of the Australian stem borers hitherto referred to *Schoenobius* and *Scirpophaga* (Lepidoptera: Pyralidae, Schoenobiinae). Australian Journal of Zoology, 8: 307-347.
Cong P-X, Fan X-M, Li H-H. 2016. Review of the genus *Anthonympha* Moriuti, 1971 (Lepidoptera: Plutellidae) from China, with descriptions of four new species. Zootaxa, 4105(2): 285-295.
Cong P-X, Li H-H. 2016. Taxonomic study of the genus *Lycophantis* Meyrick from China (Lepidoptera: Yponomeutidae) with descriptions of three new species. Zootaxa, 4084(1): 105-114.
Cotes E C, Swinhoe C. 1887-1889. A catalogue of the moths of India, Sphinges, 1887(1): 1-40; Bombyces, 1887(2): 41-256; Noctues, Pseudo-Deltoides, and Deltoides, 1888(3): 257-462; Geometrites, 1888(4): 463-590; Pyrales, 1889(5): 591-670; Crambites, Tortrices, and Addenda, 1889(6): 695-697; Index, 1889(7). The Trustees of the Indian Museum, Calcutta.
Cramer P. 1779. *Noctua lepida* sp. nov. Papillons Exotiques, 2: pl. 130, E.
Cramer P, Stoll C. 1780-1782 ["1782"]. De uitlandsche kapellen, voorkomende in de drie waereld-deelen Asia, Africa en America [Papillons exotiques, des trois parties du monde l'Asie, l'Afrique et l'Amerique], Vol. 4. - Baalde S J, Wild B. Amsterdam & Utrecht. 1-28, pls. 289-304 (1780) (by Cramer); 29-90, pls. 305-336 (1780), 91-164, pls. 337-372 (1781), 165-252, pls. 373-400 (1782), 1-29 (1782) (by C. Stoll).
Curtis J. 1824-1839. British Entomology: being illustrations and descriptions of the genera of insects found in Great Britain and Ireland: containing coloured figures from nature of the most rare and beautiful species, and in many instances of the plants upon which they are found. 1: pls. 1-50 (1824); 2: pls. 51-98 (1825); 3: pls. 99-146 (1826); 4: pls. 147-194 (1827); 5: pls. 195-241 (1828); 6: pls. 242-289 (1829); 7: pls. 290-337 (1830); 8: pls. 338-383 (1831); 9: pls. 384-433 (1832); 10: pls. 434-481 (1833); 11: pls. 482-529 (1834); 12: pls. 530-577 (1835); 13: pls. 578-625 (1836); 14: pls. 626-673 (1837); 15: pls. 674-721 (1838); 16: pls. 722-769 (1839). Printed for the author, and sold by E. Ellis and Co., and J. B. Bailliere, London.
Curtis J. 1833. Characters of some undescribed Genera and Species, indicated in the "Guide to an Arrangement of British Insects". The Entomologist's Monthly Magazine, 1: 186-199.
Curtis J. 1865. British Entomology; being illustrations and descriptions of the genera of insects found in Great Britain and Ireland: containing coloured figures from nature of the most rare and beautiful species, and in many instances of the plants upon which they are found, London. 5: folio 201.
Dalla Torre K W von, Strand E. 1914. *In*: Strand E. Lepidopterorum Catalogus, 20: 20. Berlin: W. Junk, Gravenhage.
Dalla Torre K W von, Strand E. 1925. Aegeriidae. *In*: Strand E. Lepidopterorum Catalogus, 31: 1-202. Berlin: W. Junk, Gravenhage.
Dampf A. 1930. Dos plagas de los bosques de Mexico nuevas para la Ciencia. Mexico Forestal, 8(8): 179-181.
Daniel F. 1940. Die Cossidae und Hepialidae der Ausbeuten Höne (Lepidoptera, Heterocera). Mitteilungen der Münchener

Entomologischen Gesellschaft, 30: 1004-1024.

Daniel F. 1949. Die Cossidae und Hepialidae der Ausbeuten Höne (Lep. Het.) (Nacthtrag). Mitteilungen der Münchener Entomologischen Gesellschaft, 35-39: 226-230, pl. 1.

Danilevsky A S, Kuznetzov V I. 1968. Tortricidae, Tribe Laspeyresiini. Fauna SSSR. Zoologicheskii Institut Akademii Nauk SSSR, 98: 1-633.

de Joannis J. 1901. Note sur les variations du *Monema flavescens* Walker. Bulletin de la Société Entomologique de France: 251-253.

de Joannis J. 1928-[1931]. Lépidoptères Hétérocères du Tonkin. Annales de la Société Entomologique de France, 97(1928): 241-368, pls. 3-4; 98(1929): 361-552, pls. 5-8; 98([1931]): 559-834.

de Joannis J, Ragonot E L. 1889 (1888). Descriptions de genres nouveaux et espèces nouvelles de Lépidoptères. Annales de la Société Entomologique de France, (6)8(3): 271-284, pl. 6.

Dehne A. 1850. Beschreibung einer neuen Setia (Sesia Fabr.) mit Federfühlern, Pennisetia anomala m. Stettiner Entomologische Zeitung, 11: 28-29.

Denis J N C M, Schiffermüller I. 1775. Ankündung eines systematischen Werkes von den Schmetterlingen der Wienergegend herausgegeben von einigen Lehrern am k.k. Theresianum. Augustin Bernardi, Wien. Frontispiece, 1-323, pls. 1-3.

Diakonoff A. 1939. The genera of Indo-Malayan and Papuan Tortricidae. Zoologische Mededelingen, 21: 111-240.

Diakonoff A. 1941. Notes and Descriptions of Microlepidoptera (1). Treubia, 18: 395-439.

Diakonoff A. 1948a (1947). Microlepidoptera from Madagascar. Mémoires de l'Institut scientifique de Madagascar, (A)1(1): 22-30.

Diakonoff A. 1948b. Microlepidoptera from Indo-China and Japan. Bulletin of the British Museum (Natural History), 20(2): 267-272, 343-348.

Diakonoff A. 1951a. Entomological results from the Swedish expedition 1934 to Burma and British India. Lepid. Microlepidoptera I. Arkiv för Zoologi, 3(6): 59-94.

Diakonoff A. 1951b. Notes on cave-dwelling Microlepidoptera with description of a new genus and species from East Java. Zoölogische Mededeelingen, 31: 129-137, figs. 1-7.

Diakonoff A. 1952a. Microlepidoptera of New Guinea. Results of the third Archbold expedition (American-Netherlands Indian Expedition 1938-1939). Part I. Verhandelingen de Koninklijke Nederlandse Akademie der Wetenschappen, Afdeling Natuurkunde, (2)49(1): 1-167, pl. 1.

Diakonoff A. 1952b. Microlepidoptera, part. I. Wissenschaftliche Ergebnisse der Sumba-Expedition des Museums für Völkerkunde und des Naturhistorischen Museum in Basel, 1949. Verhandlungen der Naturforschenden Gesellschaft in Basel, 63: 137-152.

Diakonoff A. 1954. Microlepidoptera of New Guinea. Results of the Third Archbold Expedition (American-Netherlands Indian Expedition 1938-1939). Part III. Verhandelingen de Koninklijke Nederlandse Akademie der Wetenschappen, Afdeling Natuurkunde, (2)49(4): 1-164.

Diakonoff A. 1956. Records and descriptions of Microlepidoptera (8). Zoologische Verhandelingen, 29: 1-60.

Diakonoff A. 1957a. Remarks on Cryptophlebia Walsingham and related genera (Lepidoptera, Tortricidae, Olethreutinae). Tijdschrift voor Entomologie, 100(2): 129-146.

Diakonoff A. 1957b. Tortricidae from Réunion (Microlepidoptera). Mémoires de l'Institut scientifique de Madagascar, (E)8: 237-283, pls. 6-8.

Diakonoff A. 1959. Entomological results from the Swedish Expedition 1934 to Burma and British India, Lepidoptera collected by René Malaise. Microlepidoptera II. Arkiv for Zoologi, (2)12(13): 165-182.

Diakonoff A. 1960. Synopsis of the Schoenotenini with descriptions of new genera and species (Lepidoptera, Tortricidae, Chlidanotinae). Nova Guinea (Zoology), 4: 43-81.

Diakonoff A. 1963. African species of the genus *Bactra* Stephens (Lepidoptera: Tortricidae). Tijdschrift voor Entomologie, 106: 285-356.

Diakonoff A. 1964. Lepidoptera der Deutschen Nepal-Expedition, 1955. Teil 2. Tortricidae. Veröffentlichungen der Zoologischen Staatsammlung München, 8: 43-50.

Diakonoff A. 1966. Notes on the Olethreutini and on some Tortricinae from the Papuan Region in the Meyrick collection, British Museum, with selection of lectotypes (Lepidoptera, Tortricidae). Zoologische Verhandelingen, 85: 1-86.

Diakonoff A. 1967 (1968). Microlepidoptera of the Philippine Islands. Bulletin of the United States National Museum, 257: 1-484, 846 figs.

Diakonoff A. 1971. South Asiatic Tortricidae from zoological collection of the Bavarian State (Lepidoptera). Veröffentlichungen der Zoologischen Staatsammlung München, 15: 167-202.

Diakonoff A. 1973. The south Asiatic Olethreutini (Lepidoptera, Tortricidae). Zoologische Monographieen van het Rijksmuseum van Nartuurlijke Historie, 1: 1-700.

Diakonoff A. 1975. New Tortricoidea (Lepidoptera) from southeast Asia in the British Museum (Natural History). Zoologische Mededelingen, 48(26): 297-320.

Diakonoff A. 1976a. Change of a genus group name (Lepidoptera). Entomologische Berichten, 36(11): 161.

Diakonoff A. 1976b. Tortricidae from Nepal 2. Zoologische Verhandelingen, 144: 1-145.

Diakonoff A. 1982. On a collection of some families of Microlepidoptera from Sri Lanka (Ceylon). Zoologische Verhandelingen, 193: 1-124.

Diakonoff A. 1983. Tortricidae from Madagascar. Part 2. Olethreutinae, 2 (Lepidoptera). Annales de la Société Entomologique de France (N. S.), 19: 291-310.

Diakonoff A. 1984. Wissenschaftliche Ergebnisse der Sumba-Expedition des Museus fur Volkerkunde und des Naturhistorischen Museums in Basel, 1949. Microlepidoptera. Part 3. Entomologica Basiliensia, 9: 373-431.

Dierl W. 1984. Die Gattung Solenobia Filipjev (Lep., Psychidae). Mit Beschreibung einer neuen Art. Spixiana, 7: 63-65.

Dietz W G. 1910. Revision of the Blastobasidae of North America. Transactions of the American Entomological Society, 36: 1-72.

Dognin P. 1904. Hétérocères nouveaux de l'Amérique du Sud. Annales de la Société Entomologique de Belgique, Bruxelles, 48: 115-134, 358-369.

Dognin P. 1905. Hétérocères nouveaux de l'Amérique du Sud. Annales de la Société Entomologique de Belgique, Bruxelles, 49: 61-90.

Dognin P. 1909. Hétérocères nouveaux de l'Amérique du Sud. Annales de la Société Entomologique de Belgique, Bruxelles, 53: 74-94, 213-233.

Donovan E. 1793. The natural history of British insects: explaining them in their several states, with the periods of their transformation, their food, oeconomy, & c. together with the history of such minute insects as require investigation by the microscope, the whole illustrated by coloured figures, designed and executed from living specimens. London Printed for the author, and sold for F. and C. Rivington.

Donovan E. 1806. The Natural History of British Insects. London: Bye and Law, viii+100+[7] pp., pls. 361-396.

Donovan F L S. 1804. The Natural History of British insects: explaining them in their several states, with the periods of their transformations, their food, conomy, & c. together with the history of such minute insects as require investigation by the microscope: the whole illustrated by coloured figures, designed and executed from living specimens, 11: 1-100.

Doubleday H. 1850 [1849]. A synonymic list of British Lepidoptera. London. including the names and synonymes of all these insects, excepting the family Tineidae. Bishopsgate: Edvard Newman, 26 pp.

Druce H H. 1896. Descriptions of some new species of Heterocera from Hunan, central China. The Annales and Magazine of Natural History, (6)18: 235-236.

Du X-C, Li H-H. 2008. A review of *Tylostega* Meyrick from Mainland China (Lepidoptera, Crambidae, Spilomelinae), with descriptions of four new species. Zootaxa, 1681: 51-61.

Du X-C, Li H-H. 2014. Chinese *Tabidia*, 1880 (Lepidoptera: Crambidae, Spilomelinae), with description of one new species. Entomologica Fennica, 25: 57-64.

Du Y-L, Li H-H, Wang S-X. 2002. A taxonomic study of the genus *Ceroprepes* Zeller, 1867 from China (Lepidoptera: Pyralidae, Phycitinae). Shilap Revista de Lepidopterologia, Madrid, 30(118): 113-118.

Du Y-L, Song S-M, Wu C-S. 2005a. A new genus in the subfamily Phycitinae (Lepidoptera: Pyralidae) from China. Annales Zoologici, Polska Akasemis Nauk (Warszawa), 55(1): 99-105.

Du Y-L, Song S-M, Wu C-S. 2005b. First record of the genus *Anabasis* Heinrich from China, with description of a new species (Lepidoptera: Pyralidae: Phycitinae). Entomological News, 116(5): 325-330.

Du Z-H, Wang S-X. 2013. Genus *Promalactis* Meyrick (Lepidoptera, Oecophoridae) from China: Descriptions of twelve new species. Zookeys, 285: 23-52.

Du Z-H, Wang S-X, Li H-H. 2014. A review of the genus *Promalactis* Meyrick, 1908 (Lepidoptera: Oecophoridae) from Taiwan, China. Journal of Natural History, 48(1-2): 87-108.

Du Z-H, Zhang L, Wang S-X. 2009. Four new species of the genus *Promalactis* Meyrick, 1908 from China (Lepidoptera: Oecophoridae). Shilap Revista de Lepidopterologia, 37(147): 319-325.

Dudgeon G C. 1905. Description of new species of moths from India and Burma. Journal of the Bombay Natural History Society, 16(3): 399-405.

Dufrane A. 1930. Notes lépidoptérologiques. Mémoires de la Société Entomologique de Belgique, 23: 61-71.

Dufrane A. 1960. Microlepidopteres de la faune Belge (9e note). Bulletin de l'Institut Royal des Sciences Naturelles de Belgique, 36(29): 1-16.

Duponchel P A J. 1834 [1834-1836]. *In*: Godart J B. Histoire naturelle des Lépidoptères ou Papillons de France. Paris: Méquignon Marvis, 9: 1-626.

Duponchel P A J. 1836 [1836-1837]. *In*: Godart J B. Histoire naturelle des Lépidoptères ou Papillons de France. Paris: Méquignon Marvis, 10: 1-384.

Duponchel P A J. 1844 [1844-1846]. Catalogue méthodique des Lépidoptères d'Europe distribués en familles, tribus et genres avec l'exposé des caractères sur lesquels ces décisions sont fondées, et l'indication des lieux et des époques où l'on trouve chaque espèce, pour servir de complément et de rectification à l'Histoire naturelle des Lépidoptères de France. Paris: Méquignon-Marvis Fils, xxx + [1] + 523 pp., pls. 75-90.

Durrant J H. 1903. On a new genus of tineid moths. Indian Museum Notes, 5: 92.

Durrant J H. 1914. Tineina, Pterophorina, Orneodina, Pyralidina and Hepialina (part). In: Godman F D, Salvin O. Biologia (eds.) Biologia Centrali-Americana. Insecta Lepidoptera-Heterocera, 4: 225-392.

Durrant J H. 1923. A moth from Saint Helena in Britain. Proceedings of the Entomological Society of London, i-xvii.

Dyar H G. 1898. *Hampsonella* gen. nov. Psyche, 8: 274.

Dyar H G. [1903a] 1902. A list of North American Lepidoptera and key to the literature of this order of Insects. Bulletin of the United States National Museum. Washington: Government Printing Office, 52: 1-723.

Dyar H G. 1903b. List of Lepidoptera taken at Williams, Arizona, by Messrs. Schwarz and Barbar I. Papilionoidea, Sphingoidea, Bombycoidea, Tineioidea (in part). Proceedings of the Entomological Society of Washington, 5: 223-232.

Dyar H G. 1905. A descriptive list of a collection of early stages of Japanese Lepidoptera. Proceedings of the United States National Museum, 28: 937-956.

Dyar H G. 1913. A galleriine feeding in cacao pods. Insecutor Inscitiae Menstruus, Washington, 1(5): 59.

Dyar H G. 1925. Some new American moths (Lepidoptera). Insecutor Inscitiae Menstruus, Washington, 13(1-3): 1-19.

Edwards H. 1882a. Further Notes and Descriptions of North American Aegeriadae. Papilio, 2(6): 96-99.

Edwards H. 1882b. Notes on N. American Aegeridae, with Descriptions of New Forms. Papilio, 2(4): 52-57.

Efetov K A. 1997. Two new species of the genus *Artona* Walker, 1854 (Lepidoptera: Zygaenidae, Procridinae). Entomologist's Gazette, 48: 165-177.

Efetov K A. 2006. Nine new species of the genus *Chrysartona* Swinhoe, 1892 (Lepidoptera: Zygaenidae, Procridinae). Entomologist's Gazette, 57: 23-50.

Efetov K A, Tarmann G M. 1995. An annotated check-list of the Palaearctic Procridinae (Lepidoptera: Zygaenidae), with descriptions of new taxa. Entomologist's Gazette, 46: 63-103.

Efetov K A, Tarmann G M. 2012. A checklist of the Palaearctic Procridinae (Lepidoptera: Zygaenidae). Simferopol, Innsbruck: Crimean State Medical University Press.

Engelhardt G P. 1946. The North American Clear-Wing Moths of the Family Aegeriidae. Bulletin of the United States National Museum, 190: 1-222.

Epstein M E, Geertsema H, Naumann C M, Tarmann G M. 1999. The Zygaenoidea. *In*: Kristensen N P. Handbook of Zoology. Vol. IV. Lepidoptera, Moths & Butterflies, 1: Evolution, Systematics, and Biogeography. Berlin & New York: W. de Gruyter, 159-180.

Ermolaev V P. 1986. New and little known species of leafblotch miners (Lepidoptera, Gracillariidae) from the south of the Primorye Territory. Entomologichedkoe Obozrenie, 65(4): 741-752.

Erschoff N G. 1874. Cheshuekrylye (Lepidoptera). *In*: Fedtschenko A. Puteshestvie v Turkestan [Travel to Turkestan], 2(5): 4 + 6 + 128 pp., 4 pls.

Erschoff N G. 1882. Lépidoptères du district de Kouldjà et des montagnes environnantes. Horae Societatis Entomologicae Rossicae, 17: 15-103.

Esaki T, Issiki S, Inoue H, Mutuura A, Ogata M, Okagaki H. 1957. Icones Heterocerorum Japonicorum in Coloribus Naturalibus. Hoikusha, Osaka, 1: i-ixi, 1-318.

Fabricius J C. 1775. Systema entomologiae, sistens insectorum classes, ordines, genera, species adiectis synonymis, locis, descriptionibus, observationibus. Libraria Kortii, Flensburgi & Lipsiae, Korte: i-xxx, 1-832.

Fabricius J C. 1781 [1782]. Species insectorum exhibentes eorum differentias specificas, synonyma auctorum, loca natalia, metamorphosin adiectis observationibus, descriptionibus. Carol. Ernest. Bohnii, Hamburgi et Kilonii: 1-494, 495-514 (appendix), 515-517 (index).

Fabricius J C. 1787. Mantissa Insectorum sistens species nuper detectas adiectis synonymis, observationibus, descriptionibus, emendationibus. Christ. Gottl. Proft, Hafniae, 2: 1-382.

Fabricius J C. 1793-1794. Entomologia systematica emendata et aucta. Secundum classes, ordines, genera, species, adiectis synonymis, locis, observationibus, descriptionibus. Proft, Hafniae, 3(1): 1-487(1793); 3(2): 1-349(1794).

Fabricius J C. 1798-1813. Supplementum Entomologiae Systematicae. Proft et Storch, Hafniae: [i]-[iv], 1-572, 1-52, emendanda.

Falkovitsh M I. 1962a. New Palaearctic genera of the tribus Olethreutini (Lepidoptera, Tortricidae). Review of Entomology of the USSR, 41: 190-197.

Falkovitsh M I. 1962b. New species of the tribus Olethreutini (Lepidoptera, Tortricidae) from the Far-East. Travaux l'Institut de Zoologie de l'Academic des Sciences de l'U.R.S.S., 30: 353-368.

Falkovitsh M I. 1966a. A review of the genus Aterpia Gn. (Lepidoptera, Tortricidae) with descriptions of two new species. Entomologicheskoe Obozrenie, 45: 865-873.

Falkovitsh M I. 1966b. New Palaearctic species of leaf-rollers of the subfamily Olethreutinae (Lepidoptera, Tortricidae). Trudy Zoologicheskogo Instituta Akademii Nauk SSSR, 37: 208-227.

Falkovitsh M I. 1970a. New and little known species of the genus *Endothenia* Stph. (Lepidoptera, Tortricidae) in the fauna of the USSR. Vestnik Zoologii, 1970(3): 68-76.

Falkovitsh M I. 1970b. New Palearctic species of the genus *Lobesia* Gn. and synonymical notes on some leaf-rollers (Lepidoptera, Tortricidae). Vestnik Zoologii, 1970(5): 62-69.

Fan X-M, Li H-H. 2008. The genus *Issikiopteryx* (Lepidoptera: Lecithoceridae): checklist and descriptions of new species. Zootaxa, 1725: 53-60.

Fang Z-G, Wu H. 2001. Lecithoceridae. A checklist of insects from Zhejiang. Beijing: China Forestry Publishing House, 157-158.

Fazekas I. 1991. *Oseriates* n. gen. und zugleich Ersatzname für die präokkupierte Pseudopediasia Ganev 1987 (Lepidoptera: Crambinae). Entomologische Zeitschrift, 101(16): 308-311.

Fei Y, Zhao J-X, Liu K-L, Yu H-L. 2018. First record of *Hiroshiinoueana* Kawabe, 1978 from China (Lepidoptera: Tortricidae: Olethreutinae), with descriptions of two new species. Zootaxa, 4429(2): 324-330.

Felder C, Felder R. 1862. Observationes de Lepidopteris nonnullis Chinae centralis et Japoniae. Wiener Entomologische Monatschrift, 6(1): 22-32, (2): 33-40.

Felder C, Felder R, Rogenhofer A. 1864-1875. Atlas of Heterocera. Reise der Oesterreichischen Fregatte Novara um die Erde in den Jahren 1857, 1858, 1859 unter den Befehlen des A. Commodore B. von Wüllerstorf-Urbair. Zoologischer Theil, 1864-1867, Vol. 1: text, 548 pp.; 1864-1875, Vol. 2: 140 pls. Aus der Kaiserlich-königliche Hof-und Staatsdruckerei, Wien.

Fernald C H. 1903 (1902). Family Pyralidae: Pyraustinae. *In*: Dyar H G. A List of North American Lepidoptera. Bulletin of the United States National Museum, 52: 371-397.

Fernald C H. 1908. The genera of the Tortricidae and their types. Amherst: Carpenter & Morehouse, 1-68.

Filipjev N N. 1925. Microheterocera of the Minussinsk district. Jahrbuch des Martijanov'schen Staatsmuseums in Minussinsk, 2(3): 1-144.

Filipjev N N. 1927. Microheterocera Minusinskogo kraja. Dopolnenie II. [in Russian, with German summary: Microheterocera des Minussinsk Bezirks. Nachtrag II]. Jahrbuch des Martjanov'schen Staatsmuseums in Minussinsk, Minussinsk, 5(1): 1-32.

Filipjev N N. 1931a (1930). Lepidopterologische Notizen. VII, IX. Annuaire Musés Zoologique de l'Académie Impériale des Sciences de Leningrad, 31: 341-346.

Filipjev N N. 1931b (1930). Wissenschafliche Ergebnisse der entomologischen Expeditionen des Zoologisches Museum in dem Ussuri-Land. III. Uebersicht der ostsibirischen Arten der Gattung *Peronea* Curtis (Lepidoptera, Tortricidae). Annuaire du Musée Zoologique de l'Académie des Sciences de l'URSS, 31: 497-528, 10 pls.

Fischer von Röslerstamm J E. 1834-1843. Abbildungen zur Berichtigung und Ergänzung der Schmetterlingskunde, besonders der Microlepidopterologie als Supplement zu Treitschke's und Hübner's europaeischen Schmetterlingen, mit erläuterndem. Leipzig: Hinrichs, Text. 1-304, [i]-[iv], pls. 1-100.

Fitch A. 1854. The gartered or grape-vine plume. Transactions of the New York State Agricultural Society, 14: 843-849.

Fitch A. 1856. Report on the noxious, beneficial, and other insects of the state of New York. Transactions of the New York State Agricultural Society, 16: 315-490.

Fixsen C. 1887. Lepidoptera aus Korea. Memoires sur les Lepidopteres, 3: 337-342.

Fletcher D S, Nye I W B. 1984. Pyraloidea. The generic names of the moths of the world. London: Trustees of the British Museum, 5: i-xvi, 1-185.

Fletcher T B. 1909. The plume-moths of Ceylon. Pt. I. The Pterophordae. Spolia Zeylanica, 6(21): 1-39.

Fletcher T B. 1910. On the genus *Deuterocopus* Zeller. Transactions of the Entomological Society of London, 1910: 107-141.

Fletcher T B. 1926 (1925). On Walker's types of plume-moths in the National Collection: redescriptions and notes. Transactions of the Entomological Society of London, 1925: 599-639.

Fletcher T B. 1929. A list of the generic names used for Microlepidoptera. Memoirs of the Department of Agriculture, India (Entomology), 11: 1-244.

Fletcher T B. 1932. Life-histories of Indian Microlepidoptera (second series) Alucitidae (Pterophoridae), Tortricidae and Gelechiidae. Scientific Monograph Imperial Council of Agricultural Research Calcutta, 2: 1-58.

Fletcher T B. 1940. On some Micro-lepidoptera recorded by Prince Aristide Caradja. Proceedings of the Royal Entomological Society of London, (B)9: 137-142.

Fletcher T B. 1941. New generic names for Microlepidoptera. Entomologist's Record and Journal of Variation, 52: 17-19.

Forbes W T M. 1931. Supplementary report on the Heterocera or moths of Porto Rico. Journal of the Department of Agriculture, 15: 339-394.

Fourcroy A F. 1785. Entomologia parisiensis, sive catalogus Insectorum quae in agro parisiensi reperiuntur, Entomologist. Paris, 2: 233-544.

Freeman T N. 1958. The Archipinae of North America (Lepidoptera: Tortricidae). The Memoirs of the Entomological Society of Canada, 90(Suppl. 7): 5-89.

Freyer C F. 1842. Neuere Beiträge zur Schmetterlingskundemit Abbildungen nach der Natur. Augsburg, 4: 1-167, pls. 289-384.

Friese G. 1962. Beitrag zur Kenntnis der ostpaarktischen Yponomeutidae. Beiträge zur Entomologie, 12(3-4): 299-331.

Friese G, Moriuti S. 1968. Two new species of the *Argyresthia* (Argyresthiidae) from Japan. Lepidoptera Science, 19(1): 13-15.

Frölich F G A. 1828. Enumeratio Tortricum Würtembergiae. Dissertatio inaug. (Praesid. Schübler), 11: 1-102. Tubingae.

Fuchs A. 1899. Zwei neue Kleinschmetterlinge. Stettiner Entomologische Zeitung, 60(7-9): 180-184.

Fuchs A. 1902. Neue Geometriden und Kleinfalter des europäischen Faunengebiets. Stettiner Entomologische Zeitung, 63: 317-330.

Fuchs A. 1903. Alte und neue Kleinfalter der europäischen Fauna. Stettiner Entomologische Zeitung, 64(2): 227-247.

Fujisawa K. 2002. The genus *Promalactis* (Oecophoridae) from Japan. Japan Heterocerists' Journal, 218: 337-350.

Gaede M. 1929. *Holcocerus arenicola* f. *japonicas* sp. n. Deutsche Entomologische Zeitschrift Iris, 43: 304.

Gaede M. 1932a. Psychidae. *In*: Seitz A. Die Gross-Schmetterlinge der Erde, 10, Bombyces and Sphinges of the Indo-Australian Region. Stuttgart: Alfred Kernen Verlag, 2: 730-742, pls. 90-91.

Gaede M. 1932b. Thyrididae. *In*: Seitz A. The Macrolepidoptera of the World, 10: 769.

Gaede M. 1933. Aegeriidae. *In*: Seitz A. Die Gross-Schmetterlinge der Erde. Stuttgart: Alfred Kernen Verlag, 10: 775-802.

Gaedike R. 1970. Revision der paläarktischen Acrolepiidae (Lepidoptera). Entomologische Abhand lungen Staatliches Museum für Tierkunde Dresden, 38(1): 1-54.

Gaedike R. 1971. Die Acrolepiidae der China-Ausbeute H. Höne (Lepidoptera Acrolepiidae). Beiträge zur Entomologie (Berlin), 21: 273-277.

Gaedike R. 1982. Die Acrolepiidae der Issiki-Sammlung (Lepidoptera). Reichenbachia (Dresden), 20: 25-29.

Gaedike R. 1985. Beitrag zur Kenntnis der palaarktischen Tineidae: Gattung Obesoceras Petersen, 1957 (Lepidoptera). Entomologische Abhandlungen und Berichte aus dem Staatlichen Museum für Tierkunde in Dresden, 48(2): 167-182.

Gaedike R. 1994. Zur Kenntnis der ostpäläarktischen Acrolepiidae (Lepidoptera). Beiträge zur Entomologie, 44: 319-328.

Gaedike R. 2000. New and interesting moths from the East Palaearctic (Lepidoptera: Tineidae). Contribution to the knowledge Eastern Palaearctic insects (11). Beiträge zur Entomologie, 50(2): 357-384.

Gaedike R. 2015. Tineidae I (Dryadaulinae, Hapsiferinae, Euplocaminae, Scardiinae, Nemapogoninae and Meessiinae). *In*: Nuß M, Karsholt O, Huemer P. Microlepidoptera of Europe 7. Leiden: Brill, 308 pp.

Gaedike R. 2019. Tineidae II (Myrmecozelinae, Perissomasticinae, Tineinae, Hieroxestinae, Teichobiinae and Stathmopolitinae). *In*: Karsholt O, Mutanen M, Nuß M. Microlepidoptera of Europe 9. Leiden: Brill, 308 pp.

Ganev J. 1987. Beitrag zur Untersuchung von paläarktischen Crambidae (Lepidoptera: Pyraloidea). Phegea, Antwerpen, 15(1): 35-37.

Gaskin D E. 1984. The genus *Roxita* Bleszynski (Lepidoptera, Pyralidae, Crambinae): new species and combinations and a reappraisal of its relationships. Tijdschrift voor Entomologie, 127(2): 17-31.

Gerasimov A M. 1926. *Numonia pyrivora*, sp. n. (Lepidoptera, Phycitini) als Schadling der Birne in der. Kustenprovinz Ost-Sibiriens. Revue Russe d'Entomologie, 20: 127-135.

Gibeaux C A. 1994. Insectes Lepidoptera Pterophoridae. Fauna of Madagascar, 81: 1-176, 1-316 figs. Paris.

Gielis C. 1993. Generic revision of the superfamily Pterophoroidea (Lepidoptera). Zoologische Verhandelingen, 290: 1-139.

Gistel J. 1848. Naturgeschichte des Thierreichs. Stuttgart: Hoffmann'sche Verlagsbuchhandlung, i-xvi, 1-216, pls. 1-32.

Gmelin J F. 1788-1790. Systema naturae per regna tria naturae, secundum classes, ordines, genera, species, cum characteribus, differentiis, synonymis, locis. Lipsiae, (13 edition)1(5): 2225-3040.

Gorbunov O G. 2018. A new species of the genus *Taikona* Arita *et* O. Gorbunov, 2001 from the Malay Peninsula (Lepidoptera: Sesiidae). Russian Entomological Journal, 27(3): 293-296.

Gorbunov O G. 2021. A new species of the genus *Paradoxecia* Hampson, 1919 (Lepidoptera: Sesiidae) from West Malaysia with a catalogue of the genus. Russian Entomological Journal, 30(3): 328-335.

Gozmány L A. 1957. Notes on the generic group *Stomopteryx* Hein. and the descriptions of some new Microlepidoptera. Acta Zoologica Hungarica, 3: 107-135.

Gozmány L A. 1958a. Molylepkék IV. Microlepidoptera IV. Fauna Hungariae, (40)16(5): 1-295.

Gozmány L A. 1958b. Notes on Hungarian Phycitidae (Lepidoptera). Annales Historico-Naturales Musei Nationalis Hungarici, 50: 223-225.

Gozmány L A. 1959. Tineid moths from Afghanistan (Lepidoptera: Tineidae). Acta Zoologica Academiae Scientiarum Hungaricae, 11: 341-352.

Gozmány L A. 1965. Four new Tineid Genera from Central Africa. Lambillionea, 64(1-4): 2-8.

Gozmány L A. 1966. Tineid moths from the Ruwenzori Range (Lepidoptera). Acta Zoologica Academiae Scientiarum Hungaricae, 12: 53-71.

Gozmány L A. 1968. Some Tineid moths of the Ethiopian region in the collections of the British Museum (Nat. Hist.). 2. Acta

Zoologica Academiae Scientiarum Hungaricae, 14: 301-334, 48 figs.

Gozmány L A. 1972. Notes on lecithocerid taxa (Lepidoptera) II. Acta Zoologica Academiae Scientiarum Hungaricae, 18: 291-296.

Gozmány L A. 1973. Symmocid and Lecithocerid moths (Lepidoptera) from Nepal. Ergebnisse der Forschung-Unternehmens Nepal Himalaya (Khumbu Himal), 4(3): 413-444.

Gozmány L A. 1978. Lecithoceridae. *In*: Amsel H G, Reisser H, Gregor F. Microlepidoptera Palaearctica. Georg Fromme & Co., Wien, 5: 1-306.

Gozmány L A, Vári L. 1973. The Tineidae of the Ethiopian Region. Transvaal Museum Memoir, 18: i-vi, 1-238.

Graeser L. 1888. Beiträge zur Kenntniss der Lepidopteren-Fauna des Amurlandes. Berliner Entomologische Zeitschrift, 32: 107-109.

Grinnell F. 1908. Notes on Pterophoridae or plume-moths of Southern California, with descriptions of new species. The Canadian Entomologist, 40: 313-321.

Grote A R. 1873. Kleiner Beitrag zur Kenntnis einiger Nordamerikanischer Lepidoptera. Bulletin of the Buffalo Society of Natural Science. Buffalo, 1: 168-174.

Grote A R. 1874 (1873). Contributions to a knowledge of North American moths. Bulletin of the Buffalo Society of Natural Science, 1: 73-94.

Grote A R. 1875. On Certain Species of Moths from Florida. The Canadian Entomologist, 7(9): 173-176.

Grote A R. 1877. A new genus of Tortricid. The Canadian Entomologist, 9(12): 227.

Grote A R. 1878a. Note on the structure of *Nephopteryx* Zim. The Canadian Entomologist, 10: 19-20.

Grote A R. 1878b. Preliminary studies on the North American Pyralidae I. Bulletin of the United States Geological and Geographical Survey of the Territories, 4: 669-705.

Grote A R. 1881. North American moths with a preliminary catalogue of species of Hadena and Polia. Bulletin of the United States Geological and Geographical Survey of the Territories, 6(2): 257-277.

Grote A R. 1883. New species and notes on structure of moths and genera. The Canadian Entomologist, 15(2): 23.

Grote A R, Robinson C T. 1867. XXXVI. Lepidopterological Contributions. Annals of the Lyceum of Natural History of New York, 8: 351-387.

Guan W, Li H-H. 2015. Review of the genus *Hieromantis* Meyrick (Lepidoptera, Stathmopodidae) from China, with descriptions of three new species. Zookeys, 534: 85-102.

Guenée M A. 1845a. Essai sur une nouvelle classification des Microlépidoptères et catalogue des espèces européennes. Annales de la Société Entomologique de France, (2)3: 105-192, 207-344.

Guenée M A. 1845b. Europaeorum Microlepidopterorum index methodicus, sive Pyrales, Tortrices, Tineae et Alucitae Linnaei, secundum novum naturalemque ordinem dispositae, nominibus genuinis restitutis, synonymia accuratè. Paris: Roret, i-vi, 106 pp.

Guenée M A. 1849. Sixième tribu. Les Pyralides. 397-405, pl. Lépidoptères 4. *In*: Lucas H. Histoire naturelle des Animaux Articulés: Troisième Partie, Insectes. Exploration scientifique de l'Algérie pendant les Années 1840, 1841, 1842. Sciences Physiques Zoologie 3. Imprimerie Nationale, Paris.

Guenée M A. 1854. Deltoides & Pyralites. *In*: Boisduval J B A D, Guenée M A. Histoire Naturelle des Insectes, Species general des Lépidoptères. Paris: Roret, 8: 1-448.

Guenée M A. 1858. Deltoides & Pyralites. *In*: Boisduval J B A D, Guenée M A. Histoire Naturelle des Insectes, Species general des Lépidoptères, 10 (Atlas): pl. 1 fig. 8.

Guenée M A. 1862. Lépidoptères. *In*: Maillard L. Notes sur l'île de la Réunion (Bourbon) Part 2. Paris: Annexe G. Dentu, 1-72, pls. 22-23, errata.

Guenée M A. 1877. Monographie des Siculides. Annales de la Société Entomologique de France, 7: 259-288.

Guérin-Méneville F E. 1829-1844. Iconographie du Règne Animal de G. Cuvier, ou représentation d'après nature de l'une des espèces les plus remarquables, et souvent non encore figurées, de chaque genre d'animaux. Avec une texte descriptiv mis au courant de la science. Ouvrage pouvant servir d'atlas à tous les traités de Zoologie. Insectes. Paris: Bailliere, ii + 576 pp., 104 pls.

Hampson G F. 1891. The Lepidoptera Heterocera of the Nilgiri district. Illustrations of typical specimens of Lepidoptera Heterocera in the collection of the British Museum. London: Printed by order of the trustees, i-iv, 1-144, pls. 139-156.

Hampson G F. [1893a] 1892. The Fauna of British India, including Ceylon and Burma, Moths. London: Taylor and Francis, 1: i-xxiv, 1-527.

Hampson G F. 1893b. The Macrolepidoptera Heterocera of Ceylon. London: Illustrations of typical specimens of Lepidoptera Heterocera in the collection of the British Museum, 9: i-v, 1-182, pls. 157-176.

Hampson G F. 1896a. Moths. The Fauna of British India, including Ceylon and Burma, London, 4: i-xxviii, 1-594.

Hampson G F. 1896b. On the classification of the Schoenobiinae and Crambinae, two subfamilies of moths of the family Pyralidae. Proceedings of the General Meetings for Scientific Business of the Zoological Society of London, 1895: 897-974.

Hampson G F. 1897a. On the classification of the Thyrididae - a Family of Lepidoptera Phalaenae. Proceedings of the General

Meetings for Scientific Business of the Zoological Society of London, 1897: 603-632.

Hampson G F. 1897b. On the classification of two subfamilies of moths of the family Pyralidae: the Hydrocampinae and Scoparianae. Transactions of the Entomological Society of London, 1897: 127-240.

Hampson G F. 1897c. The moths of India. Journal of the Bombay Natural History Society, 11: 277-291.

Hampson G F. 1898a. The moths of India. Supplementary paper to the volumes in "The fauna of British India", Part IV. Journal of the Bombay Natural History Society, 12: 73-98.

Hampson G F. 1898b. On a collection of Heterocera made in the Transvaal. Annals and Magazine of Natural History, including Zoology, Botany and Geology, (7)1: 158-164.

Hampson G F. 1899a. A revision of the moths of the subfamily Pyraustinae and family Pyralidae. Part I. Proceedings of the General Meetings for Scientific Business of the Zoological Society of London, 1898: 590-761, pls. 49-50.

Hampson G F. 1899b. A revision of the moths of the subfamily Pyraustinae and family Pyralidae. Part II. Proceedings of the General Meetings for Scientific Business of the Zoological Society of London, 1899: 172-291.

Hampson G F. 1900a. The moths of India. Supplementary paper to the volumes in "The fauna of British India." Series II. Part I. Journal of the Bombay Natural History Society, 13: 223-235.

Hampson G F. 1900b. New Palaearctic Pyralidae. Transactions of the Entomological Society of London, 1900: 369-401, pl. 3.

Hampson G F. 1901a. Supplément au tome premier de la Monographie des Phycitinae. In: Romanoff N M. Mémoires sur les Lépidoptères 8. St. Pétersbourg: 511-559, pls. 33, 38, 50-52, 55-57.

Hampson G F. 1901b. The Lepidoptera Phalaenae of the Bahamas. Annals and Magazine of Natural History, including Zoology, Botany and Geology, (7)7: 246-261.

Hampson G F. 1903. The moths of India. Supplementary paper to the volumes in "The fauna of British India." Series II. Part IX. Journal of the Bombay Natural History Society, 15: 19-37.

Hampson G F. 1905. Descriptions of new species of Noctuidae in the British Museum. Annals and Magazine of Natural History, including Zoology, Botany and Geology, (7)16: 577-604.

Hampson G F. 1906. On new Thyrididae and Pyralidae. Annals and Magazine of Natural History, including Zoology, Botany and Geology, (7)17: 112-147, 189-222, 253-269, 344-359.

Hampson G F. 1907. Descriptions of new Pyralidae of the subfamilies Hydrocampinae and Scoparianae. Annals and Magazine of Natural History, including Zoology, Botany and Geology, London, (7)19: 1-24.

Hampson G F. 1910. The moths of India. Supplementary paper to the volumes in "The fauna of British India." Journal of the Bombay Natural History Society, 20: 206.

Hampson G F. 1912. The moths of India. Supplementary paper to the volumes in "The fauna of British India." Series IV. Part V. Journal of the Bombay Natural History Society, 21: 1222-1272.

Hampson G F. 1913. Descriptions of new species of Pyralidae of the subfamily Pyraustinae. Annals and Magazine of Natural History, including Zoology, Botany and Geology, (8)12: 1-38, 299-319.

Hampson G F. 1916. Descriptions of new Pyralidae of the subfamilies Epipaschiinae, Chrysauginae, Endotrichinae, and Pyralinae. Annals and Magazine of Natural History, including Zoology, Botany and Geology, (8)18: 126-160, 349-373.

Hampson G F. 1917. A classification of the Pyralidae, subfamily Gallerianae. Novitates Zoologicae, 24: 17-58.

Hampson G F. 1918. A classification of the Pyralidae, subfamily Hypsotropinae. Proceedings of the General Meetings for Scientific Business of the Zoological Society of London, 1918: 55-131.

Hampson G F. 1919a. A classification of the Aegeriadae [sic] of the Oriental and Ethiopian Regions. Novitates Zoologicae, 26: 46-119.

Hampson G F. 1919b. Descriptions of new Pyralidae of the subfamilies Crambinae and Siginae. Annals and Magazine of Natural History, including Zoology, Botany and Geology, (9)3: 275-292, 437-457, 533-547; (9)4: 53-68, 137-154, 305-326.

Hampson G F. 1930. New genera and species of Phycitinae (Lepidoptera, Pyralidae). Annals and Magazine of Natural History, including Zoology, Botany and Geology, (10)5: 50-80.

Hannemann H J. 1953. Natürliche gruppierung der Europäischen arten der gattung *Depressaria s. l.* (Lep. Oecoph.). Mitteilungen aus dem Zoologischen Museum Berlin, 29: 269-373.

Hannemann H J. 1964. Kleinschmetterlinge oder Microlepidoptera II. Die Wickler (*s. l.*) (Cochylidae und Carposinidae), Die Zünslerartigen (Pyraloidea). Gustav Fischer, Jena: Die Tierwelt Deutschlands, 50: i-viii, 1-401, pls. 1-22.

Harris T W. 1839. Descriptive Catalogue of the North American Insects belonging to the Linnaean Genus *Sphinx* in the Cabinet of Thaddeus William Harris, M D, Librarian of Harvard University. The American Journal of Science and Arts, 36: 282-320.

Hartig F. 1953. Descrizione di tre nuove specie di lepidotteri dell'isola di Zannone. Bollettino della Società Entomologica Italiana, 83: 67.

Hashimoto S, Mey W. 2000. Establishment of a new genus *Vietomartyria* (Lepidoptera, Micropterigidae) for *Paramartyria expeditionis*, Mey. Lepidoptera Science, 52(1): 37-44.

Hättenschwiler P, Zhao Z-L [Chao C-L]. 1989. A new *Proutia* species from China (Lepidoptera, Psychidae). Nota Lepidopterologica, 12(1): 262-268.

Haworth A H. 1803-1828. Lepidoptera Britannica, sistens digestionem novam insectorum lepidopterorum quae in Magne Britannia reperiuntur, larvarum pabulo, temporeque pascendi, expansione alarum; mensibusque volandi; synonymis atque locis observationibusque variis, 1: 1-136; 2: 137-376; 3: 377-512; 4: 513-609. R. Taylor, London.

Heinemann H von. 1863. Die Schmetterlinge Deutschlands und der Schweiz. Zweite Abtheilung. Kleinschmetterlinge. Band 1. Heft I. Braunschweig: Die Wickler C A, Schwetschke & Sohn, 1-248.

Heinemann H von. 1865. Die Schmetterlinge Deutschlands und der Schweiz. Zweite Abtheilung. Kleinschmetterlinge. Band 1. Heft II. Braunschweig: Die Zünsler C A, Schwetschke & Sohn, 1-214.

Heinemann H von. 1870. Die Schmetterlinge Deutschlands und der Schweiz. Zweite Abtheilung. Kleinschmetterlinge, 2(1): 1-388. C. G. Schwetschke und Sohn, Braunschweig.

Heinemann H von, Wocke M F. 1877 (1876). Die Schmetterlinge Deutschlands und der Schweiz. Zweite Abtheilung. Kleinschmetterlinge, 2(2): i-vi, 1-825, 1-102. C. G. Schwetschke und Sohn, Braunschweig.

Heinrich C. 1920. A new genus and species of Oecophorid moths from Japan. Proceedings of the Entomological Society of Washington, 22(2): 43-47.

Heinrich C. 1923. Revision of the North American moths of the subfamily Eucosminae of the family Olethreutidae. Bulletin of the United States National Museum, 123: 1-298.

Heinrich C. 1926. Revision of the North American moths of the subfamilies Laspeyresiinae and Olethreutinae. Bulletin of the United States National Museum, 132: 1-216.

Heinrich C. 1928. New pine moths from Japan. Proceedings of the Entomological Society of Washington, 30: 61-64.

Heinrich C. 1956. American moths of the subfamily Phycitinae. Bulletin of the United States National Museum, 207: i-viii, 1-581, figs. 1-1138.

Heppner J B. 1982. Synopsis of the Glyphipterigidae (Lepidoptera: Copromorphoidea) of the world. Proceedings of the Entomological Society of Washington, 84: 38-66.

Heppner J B. 2012. Taiwan Lepidoptera Catalog: Supplement 1. Corrections and Additions. Lepidoptera Novae. Gainesville, Florida: Scientific Publishers, 5(1): 1-84.

Heppner J B, Duckworth W D. 1981. Classification of the Superfamily Sesioidea (Lepidoptera, Ditrysia). Smithsonian Contributions to Zoology, 314: 1-144.

Heppner J B, Inoue H. 1992. Checklist. Lepidoptera of Taiwan. Gainesville, Florida: Scientific Publishers, 1(2): 1-276.

Hering E. 1903. Neue Pyraliden aus dem tropischen Faunengebiet. Stettiner Entomologische Zeitung, 64: 97-112.

Hering M. 1925. Beiträge zur Kenntnis der Zygaeniden (Lep.) III. Deutsche Entomologische Zeitschrift Iris, 39: 152-178, fig. 1.

Hering M. 1931. Limacodidae (Cochliopodidae). *In*: Seitz A. Macrolepidoptera of the World, 10: 667-782.

Hering M. 1933. Limacodidae (Cochliopodidae). *In*: Seitz A. Macrolepidoptera of the World, Suppl. 2: 201-209.

Hering M. 1938. *Allothosea* gen. nov. Mitteilungen der Deutsch Entomologischen Gesellschaft, 8: 63.

Hering M, Hopp W. 1927. Limacodidae (Cochliopodidae). *In*: Bang-Haas O. Horae Macrolepidopt Dresden, 1: 82-83.

Herrich-Schäffer G A W. 1843 [1843-1855]. Systematische Bearbeitung der Schmetterlinge von Europa, zugleich als Text, Revision und Supplement zu Jakob Hübner's Sammlung Europäischer Schmetterlinge. Regensburg: Commission bei G. J. Manz, 2: 1-450, 190 pls.

Herrich-Schäffer G A W. 1849 [1847-1855]. Systematische Bearbeitung der Schmetterlinge von Europa, zugleich als Text, Revision und Supplement zu Jakob Hübner's Sammlung Europäischer Schmetterlinge, 4: 1-288, Index. 1-48, pls. 1-23 (Pyralidides), 1-59 (Tortricides). Die Schaben und Federmotten. G. J. Manz, Regensburg.

Herrich-Schäffer G A W. 1853 [1853-1855]. Systematische Bearbeitung der Schmetterlinge von Europa, zugleich als Text, Revision und Supplement zu Jakob Hübner's Sammlung Europäischer Schmetterlinge, 5: 1-394, Index. 1-52, pls. 1-124 (Tineides), 1-59, 1-7 (Pterophides), 1 (Micropteryges). Die Schaben und Federmotten. G. J. Manz, Regensburg.

Heylaerts F J M. 1881. Essai d'une monographie des Psychides de la faune européenne précècé de considérations générales sur la famille des Psychides. Annales de la Société Entomologique de Belgique, 25: 29-73.

Heylaerts F J M. 1884a. Note XIX on the Exotic Psychids in the Leyden Museum. Notes Leyden Museum, 6: 129-133.

Heylaerts F J M. 1884b. Observations Synoymiques et autres relatives à des Psychides avec descriptions de nouvelles epèces. Bulletin ou comptes rendus de la Société Entomologique de Belgique, 28: 34-44.

Heylaerts F J M. 1890. Une Psychide nouvelle d'Assam, Kophene snellenim. Bulletin ou comptes rendus de la Société Entomologique de Belgique, 34: 12-13.

Heylaerts F J M. 1904. Description d'une nouvelle espece de Psychides, Chalia laminati. Annales de la Société Entomologique de Belgique, 48: 419-420.

Heylaerts F J M. 1906. Description de deux nouvelles espèces de Psychides d'Asie. Bulletin & Annales de la Société Entomologique de Belgique, 50: 101-102.

Hirowatari T, Huang G-H, Hashimoto S, Wang M. 2010. A remarkable new species of *Vietomartyria* Hashimoto & Mey (Lepidoptera, Micropterygidae) from South China. Lepidoptera Science, 61(3): 211-217.

Hochenwarth S von. 1785. Beyträge zur Insektengeschichte. Schriften der Berlinische Gesellschaft Naturforschender Freunde, 6: 334-360.

Hodges R W. 1962. A Revision of the Cosmopterigidae of America North of Mexico, with a Definition of the Momphidae and Walshiidae (Lepidoptera: Gelechioidea). Entomologica Americana (new series), 42: 1-171.

Hodges R W. 1974. The moths of America North of Mexico including Greenland. *In*: Dominick R B, et al. Gelechioidea, Oecophoridae. Moths of America north of Mexico. London: E W Classey Led & RBD, 6(2): 1-142.

Hodges R W. 1986. Gelechioidea: Gelechiidae, *In*: Dominick R B, et al. The moths of America north of Mexico including Greenland, 7. London: E. W. Classey Led & R. B. D. Publications, Inc., 1: 1-195.

Hoffmannsegg J C H G. 1798. Illiger. Verzeichniss Kaffer Perussend: 1-499.

Hofmann O. 1898. Eine neue Amblyptilia. Deutsche Entomologische Zeitschrift Iris, 11: 33-34.

Holloway J D. 1986. The moths of Borneo: key to families; families Cossidae, Metarbelidae, Ratardidae, Dudgeoneidae, Epipyropidae and Limacodidae. Malayan Nature Journal, 40(1-2): 1-165.

Holloway J D, Cock M J W, Desmier de Chenon R. 1987. Systematic account of south-east Asian pest Limacodidae. *In*: Cock M J W, Godfray H C J, Holloway J D. Slug and nettle caterpillars: the biology, taxonomy and control of the Limacodidae of economic importance on palms in south-east Asia. CAB International, Wallingford: 15-117.

Hope F W. 1841. Descriptions of some new insects collected in Assam by W. Griffith. Transactions of the Entomological Society of London, 18: 435-446.

Horak M. 1997. The Phycitine Genera *Faveria* Walker, *Morosaphycita*, gen. nov., *Epicrocis* Zeller, *Ptyobathra* Turner and *Vinicia* Ragonot in Australia (Pyralidae: Phycitinae). Invertebrate Taxonomy, Melbourne, 11: 333-421.

Horak M. 2006. Olethreutine moths of Australia (Lepidoptera: Tortricidae). Monographs on Australian Lepidoptera, 10: 1-522. Canberra: CSIRO Publishing.

Hori H. 1933. Species and distribution of Pterophoridae attacking grape and allied plants in Japan. Ôyo Dobutsugaku Zasshi, 5(2): 64-71.

Horsfield T, Moore F. 1859. A catalogue of the Lepidopterous insects in the Museum of Natural History at the East-India House. London: Wm. H. Allen and Co., 2: 1-440.

Houlbert C. 1916. Sur la Distribution géographique des Xyleutes et Description de sept Espèces nouvelles. *In*: Oberthur C. Études de lépidoptérologie compare, 11: 63-120.

Hua B Z. 1986. The subspecies *Cossus cossus chinensis* Rothschilde should be raised to species level. Entomotaxonomia, 8(1-2): 43-44.

Huang G-H, Hirowatari T, Wang M. 2006. A new *Gerontha* Walker (Lepidoptera, Tineidae) from Hainan, China. Lepidoptera Science, 57(2): 132-136, figs. 1, 2.

Huang G-H, Wang M, Hirowatari T. 2006. The genus *Dinica* Gozmány (Lepidoptera: Tineidae) from China, with the description of a new species. Entomological News, 117(4): 385-390.

Huang J. 1982. A new genus and species of Yponomeutidae from China. Entomotaxonomia, 6(4): 269-272.

Hübner J. 1786 [1786-1790]. Beiträge zur Geschichte der Schmetterlinge, 1: 1-33; 2: 1-29; 3: 1-34; 4: 1-32; Augsburg.

Hübner J. 1790. Beiträge zur Geschichte der Schmetterlinge, 2(4): 1-134. Augsburg.

Hübner J. 1793. Sammlung Auserlesener Vögel und Schmetterlinge, mit ihren Namen herausgegeben auf hundert nach der Natur ausgemalten Kupfern. 16 pp., pls. 1-100. Augsburg.

Hübner J. 1796 [1796-1839]. Pyralides III, Pseudonoctuae A. Sammlung Europäischer Schmetterlinge, Lepidoptera, 6: 1-30, pls. 1-32, figs. 1-207. Augsburg.

Hübner J. 1796-[1838]. Tineae I-Pyralioiformes A. Sammlung Europäischer Schmetterlinge, Lepidoptera, 8: 78 pp., pls. 1-71, figs. 1-477. Augsburg.

Hübner J. 1796-1836a. Aluctiae-Jntegrae A. Sammlung Europäischer Schmetterlinge, Lepidoptera, 9: pls. 1-7, figs. 1-38. Augsburg.

Hübner J. 1796-1836b. Tortrices I-Verae A. Sammlung Europäischer Schmetterlinge, Lepidoptera, 7: pls. 1-53, figs. 1-340. Augsburg.

Hübner J. 1800-1838. Bombyces I-Sphingoides F. Sammlung Europäischer Schmetterlinge, Lepidoptera, 3: pls. 1-83, figs. 1-355. Augsburg.

Hübner J. 1806 [1806-1832]. Sammlung exotischer Schmetterlinge Lepidoptera, 1: (title page) [1]-[36], (index systematicus) [1]-[4], pls. [1]-[213]. Augsburg.

Hübner J. 1816-[1826]. Verzeichniss bekannter Schmettlinge [sic], 431 pp., 72 pls. Augsburg.

Hübner J. 1818 [1808-1818]. Zuträge zur Sammlung exotischer Schmettlinge [sic], bestehend in Bekundigung einzelner Fliegmuster neuer oder rarer nichteuropäischer Gattungen, 1: [1]-[3]-4-6-[7]-8-32-[33]-[40], pls. [1]-[35]. Augsburg.

Hübner J. 1822. Systematisches-alphabetisches Verzeichnβ aller bisher bey den Fürbildungen zur Sammlung Europäischer Schmetterlinge angegebenen Gattungsbenennungen, mit Vormerkung auch augsburgischer Gattungen. Augsburg: i-vi, 1-81.

Hübner J. 1823 [1819-1823]. Zuträge zur Sammlung exotischer Schmettlinge [sic]. bestehend in Bekundigung einzelner Fliegmuster neuer oder rarer nichteuropäischer Gattungen, 2: 1-40, pls. [36]-[69]. Augsburg.

Hübner J. 1825 [1824-1831]. Zuträge zur Sammlung exotischer Schmettlinge [sic]. bestehend in Bekanntmachung einzelner Geschlechter neuer oder seltener nichteuropäischer Gattungen, 3: 1-48, pls. [70]-[103]. Augsburg.

Huemer P, Karsholt O. 1999. Gelechiidae I (Gelechiinae: Teleiodini, Gelechiini). *In*: Huemer P, Karsholt O, Lyneborg L. Microlepidoptera of Europe, 3: 1-356, Apollo Books, Stenstrup.

Hulst G D. 1888. New genera and species of Epipaschiae [sic] and Phycitidae. Entomologica Americana, 4: 113-118.

Hulst G D. 1890. The Phycitidae of North America. Transactions of the American Entomological Society, 17: 93-228.

Hulst G D. 1900. Some new genera and species of Phycitinae. The Canadian Entomologist, 32(6): 169-176.

Inoue H. 1954. Check List of the Lepidoptera of Japan. Tokyo: Rikusuisha, 1: 1-112.

Inoue H. 1955a. Check List of the Lepidoptera of Japan. Tokyo: Rikusuisha, 2: 113-217.

Inoue H. 1955b. Four new species and one new subspecies of the Japanese Pyralidae. Tyô to Ga, 6(3): (20)-(22).

Inoue H. 1959a. One new genus and eleven new species of the Japanese Phycitinae (Pyralididae). Tinea, 5: 293-301, 11 figs.

Inoue H. 1959b. Pyralidae. *In*: Inoue H. Iconographia insectorum Japonicorum, 1: 232-258, pls. 165-173.

Inoue H. 1963. Descriptions and records of some Pyralidae from Japan (VI) (Lepidoptera). Kontyû. Entomological Society of Japan, Tokyo, 31: 107-112, figs. 1-9.

Inoue H. 1970. Limacodidae of Eastern Nepal based on the collection of the Lepidopterological research expedition to Nepal Himalaya by the Lepidopterological Society of Japan in 1963. Special Bulletin of the Lepidopterological Society of Japan, (4): 189-201.

Inoue H. 1985. A new species and synonymic notes on two taxa of the Pyralinae from Japan. Akitu, 72: 1-3.

Inoue H. 1986. Two new species and some synonymic notes on Limacodidae from Japan and Taiwan[①]. Tinea, 12(8): 78.

Inoue H. 1992. Limacodidae. *In*: Heppner J B, Inoue H. Lepidoptera of Taiwan, 1(2): 102. Gainsville.

Inoue H. 1996. Revision of the genus *Palpita* Hübner (Crambidae, Pyraustinae) from the eastern Palaearctic, Oriental and Australian regions. Part 1: group A (annulifer group). Tinea, 15(1): 12-46, 148 figs.

Inoue H, Munroe E G, Mutuura A. 1981. A new species of *Glyphodes* Guenée from Japan, with biological notes. Tinea, Tokyo, 11(10): 91-97.

Inoue H, Sasaki A. 1995. On the eastern palaearctic *Stericta atribasalis* Hampson, with description of a new species (Pyralidae, Epipaschiinae). Tyô to Ga, 45(4): 245-250.

Inoue H, Sugi S, Kuroko H, Moriuti S, Kawabe A, Owada M. 1982. Moths of Japan. Tokyo: Kodansha, 1: 1-968; 2: 1-556, pls. 1-392.

Inoue H, Yamanaka H. 1975. A revision of the Japanese species formerly assigned to the genus *Macalla* (Lepidoptera: Pyralidae). Bulletin Fac dourest Sci Otsuma Woman's University, 11: 95-112.

Issiki S T. 1930. New Japanese and Formosan microlepidoptera. The Annals and Magazine of Natural History, 6: 422-431.

Issiki S T. 1931. On the Morphology and Systematics of Micropterygidae (Lepidoptera Homoneura) of Japan and Formosa[②], with some considerations on the Australian, European, and North American forms. Proceedings of the Zoological Society of London, 1931: 999-1039.

Issiki S T. 1950. Gracillariidae. 451-454. *In*: Esaki T. Iconographia Insectorum Japonicorum (2nd ed.), 1. Tokyo: Hokuryukan.

Issiki S T. 1957. Lepidoptera. *In*: Esaki T, Issiki S, Inoue H, Mutuura A, Ogata M, Okagaki H. Icones Heterocerorum Japonicorum in Coloribus Naturalibus. Osaka: Hoikusha, Part 1: 1-318.

Issiki S T, Mutuura A. 1961. Microlepidoptera pests of conifers in Japan. Tokyo: Nippon Ringyô Gijutsu Kyôkai, 47 pp., 28 pls.

Issiki S T, Stringer H. 1932. Two New Genera and One New Species of Japanese and Formosan Tortricidae. Stylops, 1(6): 134-136.

Janse A J T. 1931. A contribution towards the study of genera of the Epipaschiinae (family Pyralidae). Transactions of the Entomological Society of London, 79(3): 439-492.

Janse A J T. 1954. Gelechiidae. *In*: Janse A J T. The moths of South Africa. Pretoria Transvaal Museum, 5(1): 332-384.

Janse A J T. 1958. The moths of South Africa, VI. Gelechiidae. Transval Museum, Pretoria., 6(1): 1-144, 32 pls.

Ji E, Lee S, Park K T, Cho S. 2018. Seven species of Adelidae (Lepidoptera) new to Korea. Journal of Asia-Pacific Entomology, 21(2018): 896-902.

Jordan K. 1907. Zygaenidae. *In*: Seitz A. Macrolepidoptera of the World, 2: 3-32 (1907), 5-52 (1908).

---

① 本文献政治立场表述错误。台湾（Taiwan）是中国领土的一部分，不应与其他国家名称并列出现。本书因引用历史文献不便改动，并不代表本书作者及科学出版社的政治立场。

② 台湾是中国领土的一部分。Formosa（早期西方人对台湾岛的称呼）一般是指台湾，具有殖民色彩。本书因引用文献不便改动，仍使用Formosa一词，但并不代表作者及科学出版社的政治立场。

Jordan K. 1913. Notes on Palaearctic Zygaenidae. Novitates Zoologicae, 20: 442-443.

Kallies A. 2007. A revision of the clearwing moth species described by Zukowsky from China with additional notes on Sesiidae species from the Mell collection (Sesiidae). Nota Lepidopterologica, 30(2): 387-396.

Kallies A. 2011. New species and taxonomic changes in Sesiini from Asia and Europe (Sesiidae). Nota Lepidopterologica, 34(2): 151-161.

Kallies A, Arita Y. 2001. The Tinthiinae of North Vietnam (Lepidoptera, Sesiidae). Lepidoptera Science, 52(3): 187-235.

Kaltenbach J C, Speidel C C. 1982. Eine neue urmotte aus China (Micropterigidae). Nota Lepidopterologica, 5(1): 31-36.

Kanazawa I. 1985. Description of a new genus and a new species of Gelechiidae from East Asia (Lepidoptera: Gelechioidea). Bulletin of the Osaka Museum of Natural History, 38: 5-16.

Kapur A P. 1950. The identity of some Crambinae associated with sugar-cane in India and a certain species related to them (Lepidoptera: Pyralidae). Transactions of the Royal Entomological Society of London, 101: 389-434.

Karsholt O, Mutanen M, Lee S, Kaila L. 2013. A molecular analysis of the Gelechiidae (Lepidoptera, Gelechioidea) with an interpretative grouping of its taxa. Systematic Entomology 38: 334-348.

Karsholt O, Nielsen E S. 1976. Notes on some Lepidoptera described by Linnaeus, Fabricius and Ström. Entomologica Scandinavica, 7: 241-251.

Karsholt O, Nielsen E S. 1986. The Lepidoptera described by C. P. Thunberg. Entomologica Scandinavica, 16(4): 433-464.

Kasy F. 1973. Beitrag zur Kenntnis der Familie Stathmopodidae Meyrick, 1913 (Lepidoptera, Gelechioidea). Tijdschrift voor Entomologie, 116(13): 227-299.

Kawabe A. 1965a. A revision of the genus *Archips* from Japan (Lepidoptera, Tortricidae). Lepidoptera Science, 16(1-2): 13-40.

Kawabe A. 1965b. On the Japanese species of the genus *Clepis* Hb. (Lepidoptera, Tortricidae). Kontyû, 33: 459-465.

Kawabe A. 1974. Descriptions of seven new species and one new subspecies of the Olethreutinae from Japan (Lepidoptera, Tortricidae). Lepidoptera Science, 25(4): 96-103.

Kawabe A. 1978. Descriptions of three new genera and fourteen new species of the subfamily Olethreutinae from Japan (Lepidoptera, Tortricidae). Tinea, 10(19): 173-191.

Kawabe A. 1982. Tortricidae and Cochylidae. *In*: Inoue H, Sugi S, Kuroko H, Moriuti S, Kawabe A. Moths of Japan. Tokyo: Kodansha, 1: 1-968, 2: 1-556, pls. 1-392.

Kawabe A. 1985. Notes on the Tortricidae (Lepidoptera) from Taiwan, 1. Tinea, 12(1): 1-10.

Kawabe A. 1989. Records and descriptions of the subfamily Olethreutinae (Lepidoptera: Tortricidae) from Thailand. *In*: Kuroko H, Moriuti S. Microlepidoptera of Thailand. Osaka: University of Osaka Prefecture, 2: 23-82.

Kawabe A. 1993. Notes on the Tortricidae (Lepidoptera) from Taiwan, 6. Tinea, 13(22): 227-239.

Kawabe A, Nasu Y. 1994. A revision of genus *Gibberifera* Obraztsov (Lepidoptera: Tortricidae), with descriptions of four new species. Lepidoptera Science, 45(2): 79-96.

Kawada A. 1930. A list of Cochlidionid moths in Japan, with descriptions of two new genera and six new species. Journal of the imperial Agricultural Experiment Station, 1: 231-262.

Kearfott W D. 1910. A new species of Japanese Microlepidoptera. The Canadian Entomologist, 42(10): 346-348.

Kemal M, Kizildağ S, Koçak A Ö. 2020. On the nomenclature of a generic name in the Phycitinae of East Asia (Lepidoptera, Pyraloidea). Miscellaneous Papers, 205: 1-2.

Kennel J. 1900. Neue paläarktische Tortriciden, nebst Bemerkungen über einige bereits beschriebene Arten. Deutsche Entomologische Zeitschrift Iris, 13: 124-160.

Kennel J. 1901. Neue Wickler des palaearctischen Gebietes. Deutsche Entomologische Zeitschrift Iris, 13: 205-305.

Kennel J. 1908-1921. Die Palaearctischen Tortriciden. Zoologica, 21(54): 1-742, 1-24 pls. Stuttgart.

Kim S, Park K T, Byun B K, Heppner J B, Lee S. 2012. Genus *Promalactis* Meyrick (Lepidoptera: Oecophoridae) in northern Vietnam. Part II: six new species of the genus. Journal of Natural History, 46 (15-16): 897-909.

Kim S, Park K T, Byun B K, Lee S. 2010. Genus *Promalactis* (Lepidoptera: Oecophoridae) from northern Vietnam, Part 1: description of five new species. Florida Entomologist, 93(4): 546-557.

Kim S, Sohn J C, Cho S. 2004. A Taxonomic Revision of *Illiberis* Walker (Lepidoptera: Zygaenidae: Procridinae) in Korea. Entomological Research, 34(4): 235-251.

Kirby W F. 1892. Sphinges and bombyces. A Synonymic Catalogue of Lepidoptera Heterocera (Moths). London: Gurney & Jackson, 1: 1-951.

Kirpichnikova V A, Yamanaka H. 1999. Lepidoptera: Pyraloidea. 443-496. *In*: Lelej A S, et al. Key to the insects of Russian Far East, 5. Trichoptera and Lepidoptera, Part 2. Vladivostok: 1-670.

Kirti J S, Gill N S. 2007. Revival of genus Patania Moore and reporting of a new species menoni (Pyraustinae: Pyralidae: Lepidoptera). Journal of Entomological Research, New Delhi, 31(3): 265-275.

Kitajima Y, Sakamaki Y. 2019. Three new species of the genus *Meleonoma* Meyrick (Lepidoptera: Oecophoridae) from Japan.

Lepidoptera Science, 70(2): 33-46.
Klima A. 1939. Pyralidae: Pyraustinae II. *In*: Bryk F. Lepidopterorum Catalogus, 94: 225-384. Berlin: W. Junk, Gravenhage.
Koçak A Ö. 1980. Some notes on the nomenclature of Lepidoptera. Communications de la Faculté des Sciences de l'Université d'Ankara, Sér. C3, Zoologie, 24: 7-25.
Koçak A Ö. 1981a. On the validity of the species group names proposed by Denis & Schiffermüller, 1775 in "Ankündung (sic!) eines systematischen Werkes von den Schmetterlingen der Wiener Gegend". Priamus, 3(4): 133-154.
Koçak A Ö. 1981b. *Zagulyaevella* (nom. nov.) in the family Tineidae (Lep.). Priamus, 1(1): 23.
Koçak A Ö, Kemal M. 2007. Replacement names for some Microlepidoptera (Lepidoptera). Centre for Entomological Studies Miscellaneous Papers, 105: 5-7.
Kogi H. 2003. Moths feeding on *Quercus dentata* Thunb. as larvae in Hokkaido 6. Japan Heterocerists' Journal, 225: 482-484.
Kollar V. 1832. Systematisches Verzeichnis der Schmetterlinge im Erzherzogthum Oestreich. Beitrag zur Landeskunde Oestreichs unter der Enns, 2: 98.
Kollar V, Redtenbacher L. 1844 [1848]. Aufzählung und Beschreibung der von Freiherrn Carl v. Hügel auf seiner Reise durch Kaschmir und das Himaleyagebirge gesammelten Insecten. *In*: Hügel Carl von. Kaschmir und das Reich der Siek, 4(2): 395-564, pls. 1-28. Stuttgart.
Komai F. 1992. Taxonomic revision of the genus *Andrioplecta* Obraztsov (Lepidoptera, Tortricidae). Lepidoptera Science, 43(3): 151-181.
Komai F. 1999. A taxonomic review of the genus *Grapholita* and allied genera (Lepidoptera: Tortricidae) in the Palaearctic region. Entomologica Scandinavica, 55(Suppl.): 1-226.
Kondo T. 1922. On "White bagworm moth" as a pest characteristic to the Southern part of Kyushu. Byochugai Zasshi, 9: 348-360. Tokyo.
Koster J C, Sinev S Yu. 2003. Momphidae, Batrachedridae, Stathmopodidae, Agonoxenidae, Cosmopterigidae, Chrysopeleiidae. *In*: Huemer P, Karsholt O, Lyneborg L. Microlepidoptera of Europe. Stenstrup: Apollo Books, 5: 1-387.
Kozlov M V. 1997. *Nemophora lapikella* sp. n., a new fairy moth species (Adelidae) from South-Eastern Asia. Nota Lepidopterologica, 20(1/2): 39-44.
Kozlov M V. 2004. Annotated checklist of the European species of *Nemophora* (Adelidae). Nota Lepidopterologica, 26(3/4): 115-126.
Králíček M, Povolný D. 1977. Drei neue Arten und eine neue Untergattung der Tribus Aegeriini (Lepidoptera, Sesiidae) aus der Tschechoslowakei. Vestnik Československé Spolecnosti Zoologické, 41(2): 81-104.
Kristensen N P, Scoble M J, Karsholt O. 2007. Lepidoptera phylogeny and systematics: the state of inventorying moth and butterfly diversity. Zootaxa, 1668: 699-747.
Krulikovsky L. 1909. Die lepidopteren des Gouv. Vjatka. Materyaly Poznanis Fauny Flory Rossijk Imperial (U.S.S.R.), 9: 48-257.
Kumata T. 1964. Description of a new stem-miner of coniferous trees from Japan (Lepidoptera: Gracillariidae). Insecta Matsumurana, 27(1): 31-34.
Kumata T. 1966. Descriptions of twenty new species of the genus *Caloptilia* Hübner from Japan including Ryukyu Islands (Lepidoptera: Gracillariidae). Insecta Matsumurana 29(1): 1-21.
Kumata T. 1982. A taxonomic revision of the *Gracillaria* group occurring in Japan (Lepidoptera: Gracillariidae). Insecta Matsumurana (N. S.), 26: 1-186.
Kumata T, Kuroko H, Ermolaev V P. 1988. Japanese species of the *Acrocercops*-group (Lepidoptera: Gracillariidae), Part II. Insecta Matsumurana, New Series, 40: 1-133.
Kun A, Szabóky C. 2000. Survey of the Taiwanese Ethmiinae (Lepidoptera, Oecophoridae) with descriptions of three new species. Acta Zoologica Academiae Scientiarum Hungaricae, 46(1): 53-78.
Kuroko H. 1957. Description of Cosmopterix victor Stringer and Its Allied New Species (Lepidoptera, Cosmopterigidae). Kontyû, 25: 30-32.
Kuroko H. 1959. Notes on the Nomenclature of some Microlepidoptera in Japan. Lepidoptera Science, 10(3): 34-35.
Kuroko H. 1982. Gracillariidae. 176-203. *In*: Inoue H, Sugi S, Huroko H, Moriuti S, Kawabe A. Moths of Japan. Tokyo: Kodansha.
Kuroko H, Liu Y-Q. 2005. A study of Chinese *Cosmopterix* Hübner (Lepidoptera, Cosmopterigidae), with descriptions of new species. Lepidoptera Science, 56(2): 131-144.
Kuznetzov V I. 1962. New species of leaf-rollers (Lepidoptera, Tortricidae) from the Far-East. Trudy Zoologicheskogo Instituta, 30: 337-352.
Kuznetzov V I. 1964a. New genera and species of leaf-rollers (Lepidoptera, Tortricidae) from the Far-East. Entomologicheskoe Obozrenie, 43(4): 873-889.
Kuznetzov V I. 1964b. New species of leaf-rollers (Lepidoptera, Tortricidae) from Kazakhstan. Trudy Zoologicheskogo Instituta Akademii Nauk SSSR, 34: 258-265.
Kuznetzov V I. 1970. New peculiar Leaf-rollers (Lepidoptera, Tortricidae) from the Far-East of USSR. Entomologicheskoe

Obozrenie, 49: 434-452.

Kuznetzov V I. 1971. New east Asiatic species of the leaf rollers of the subfam. Olethreutinae (Lepidoptera, Tortricidae). Entomologicheskoe Obozrenie, 50: 427-443.

Kuznetzov V I. 1972. New and little known palearctic leafrollers moths of the tribe Laspeyresiini (Lepidoptera, Tortricidae). Entomologicheskoe Obozrenie, 51(2): 387-400.

Kuznetzov V I. 1973. Descriptions of new east Asian leafroller moths of the subfamily Olethreutinae (Lepidoptera, Tortricidae). Entomologicheskoe Obozrenie, 52(3): 682-699.

Kuznetzov V I. 1976a. Leaf rollers of the tribe Eucosmini of the southern part of the Far East. Trudy Zoologicheskogo Instituta Akademii Nauk SSSR, 62: 70-108.

Kuznetzov V I. 1976b. New species and subspecies of the leafrollers (Lepidoptera, Tortricidae) of the fauna of the Palaearctic. Trudy Zoologicheskogo Instituta Akademii Nauk SSSR, 64: 3-33.

Kuznetzov V I. 1984. New species of the moths of the infraordo Papiliomorpha (Lepidoptera, Stathmopodidae, Blastobasidae, Aeolanthidae) from the Asiatic part of the USSR. Trudy Zoologicheskogo Instituta, Leningrad, 122: 77-86.

Kuznetzov V I. 1985. New representatives of the tribe Eucosmini (Lepidoptera, Tortricidae) of the USSR Asiatic part. Vestnik Zoologii, 1985(1): 3-11.

Kuznetzov V I. 1988a. New and little known leaf-rollers of the subfamily Olethreutinae (Lepidoptera, Tortricidae) of the fauna of North Vietnam. Trudy Zoologicheskogo Instituta Akademii Nauk SSSR, 176: 72-97.

Kuznetzov V I. 1988b. Review of tortrix moths of the supertribes Gatesclarkeanidii and Olethreutinidii (Lepidoptera, Tortricidae) of the fauna of North Vietnam. Trudy Vsesoyuznogo Entomologitsheskogo Obshchestva, 70: 165-181.

Kuznetzov V I. 1993. Review of moths of the tribe Endotheniini (Lepidoptera, Tortricidae) from the fauna of Russia. Trudy Zoologicheskogo Instituta, St. Petersburg, 255: 22-41.

Kuznetzov V I. 1997. New species of tortricid moths of the subfamily Olethreutinae (Lepidoptera, Tortricidae) from the south of Vietnam. Entomologicheskoe Obozrenie, 76(4): 797-812.

Kuznetzov V I. 2001. Tortricidae. *In*: Ler P A. Key to the insects of Russian Far East, 5. Trichoptera and Lepidoptera. Vladivostock: Dalnauka, (3): 1-621.

Kuznetzov V I, Baryshnikova S V. 2004. Evolutionary-morphological approach to the systematics of leafminers of the genus *Phyllonorycter* Hbn. (Lepidoptera, Gracillariidae) with account of species feeding specialization. Entomologicheskoe Obozrenie, 83(3): 625-639.

Kuznetzov V I, Baryshnikova S V. 2006. Systematics of the gracillariid moth genus *Phyllonorycter* Hübner (Lepidoptera, Gracillariidae) trophically associated with plants of the family Ulmaceae. Entomologicheskoe Obozrenie, 85(3): 618-631.

Kuznetzov V I, Sinev S Y. 1985. *Neoblastobasis*, a new genus of Blatobasidae (Lepidoptera) from the USSR. Zoologicheskii Zhurnal, 64(4): 529-537.

Kyrki J. 1989. Reassessment of the genus *Rhigognostis* Zeller, with description of two new species and notes on further seven Palaearctic species (Lepidoptera: Plutellidae). Entomologica Scandinavica, 19: 437-453.

Laspeyres J H. 1801. Sesiae Europaeae Iconibus et Descriptionibus illustratae. Berlin: 32 pp.

Laspeyres J H. 1803. Kritische Revision der neuenAusgabe des systematischenVerzeichnisses von den Schmetterlingen der Wienergegend. MitAnmerkungenbegleitet von Karl Illiger. Braunschweig: Karl Reichard, 2: 1-148.

Latreille P A. 1796. Précis des caractères génériques des Insectes. Bordeaux: 210 pp., 5 plates.

Latreille P A. [1802]. Histoire naturelle générale et particulière des Crustacés et des Insectes. Paris: F. Dufart, 3: 1-468.

Latreille P A. 1804. Nouveau Dictionaire D'HistoireNaturelle, 24: 1-186.

Lattin G de. 1952. Studien über die Gattung Crambus F. II. Über die Gattungszugehörigkeit des "Crambus" malacellus Dup. Entomologische Zeitschrift, 62(12): 89-91.

Lattin G de. 1961. Eine Notiz zur Gattungs-Nomenklatur der Crambinen. Entomologische Zeitschrift, 71(10): 115.

Le Cerf F. 1911. Descriptions d'Aegeriidae nouvelles. Bulletin du Museum National d'Histoire Naturelle (Paris), 17: 297-307.

Le Cerf F. 1916. Explication des planches. *In*: Oberthür C. Études de Lépidoptérologie Comparée, 12(1): 7-14.

Le Cerf F. 1917. Contributions à l'étude des Aegeriidae. Description et Iconographie d'Espèces et de Formes nouvelles ou peu connues. *In*: Oberthür C. Études de Lépidoptérologie Comparée, 14: 137-388.

Le Cerf F. 1919. Observations sur le genre Phassus Wlkr.; diagnoses de genres nouveaux et description d'uneespèce nouvelle (Lépidopt. Hepialidae). Bulletin du Muséum National d'Histoire Naturelle, 25: 469-471.

Le Guillou E. 1841. III. Sociétés Savantes. Revue Suisse de Zoologie, 4: 255-265.

Le Marchand S. 1933. Les Tordeuses. Première famille: Phaloniidae. Amateur de Papillons, 6(15): 235-245.

Lederer J. 1859. Classification der europäischen Tortriciden. Wiener Entomologische Monatschrift, 3: 118-126, 141-155, 241-255, 273-288, 328-346, 366-389. Vienna.

Lederer J. 1863. Beitrag zur Kenntniss der Pyralidinen. Wiener Entomologische Monatschrift, 7(8, 10-12): 243-280, 331-504, pls.

2-18.
Lederer J. 1870. Nachtrag zum Verzeichnisse der von Herrn Jos. Haberhauer bei Astrabad in Persien gesammelten Schmetterlinge. *In*: Planches A S. Horae Societatis Entomologicae Rossicae. Vol. 8. St Pétersbourg: Imprimerie de V. Bésobrasoff & Comp., 3-38.
Lee G E, Han T, Park H, Qi M-J, Li H-H. 2021. A phylogeny of the subfamily Thiotrichinae (Lepidoptera: Gelechiidae) with a revision of the generic classification based on molecular and morphological analyses. Systematic Entomology, 46: 357-379.
Lee G E, Li H-H, Han T-M, Park H C. 2018. Integrative taxonomic review of the genus *Palumbina* Rondani, 1876 (Lepidoptera, Gelechiidae, Thiotrichinae) from China, with descriptions of twelve new species. Zootaxa, 4414(1): 001-073.
Lee J S, Park S W. 1958. Thirty unrecorded species of Pyralidae from Korea. Korean Journal of Zoology, 2: 8.
Lee S, Brown R L. 2008. Revision of Holarctic Teleiodini (Lepidoptera: Gelechiidae). Zootaxa, 1818: 1-55.
Lee S, Brown R L. 2013. *Pubitelphusa* (Lepidoptera: Gelechiidae: Litini)—A new genus for two species assigned to *Telphusa* and *Concubina*. Proceedings of the Entomological Society of Washington, 115(1): 70-74.
Leech J H, South R. 1901. Lepidoptera Heterocera from China, Japan, and Corea. Part V. Transactions of the Entomological Society of London, 1901: 385-514, pls. 14-15.
Leech J H. 1888 [1889]. On the Lepidoptera of Japan and Corea. Part II: Heterocera, Sect. I. Proceedings of the Scientific Meetings of the Zoological Society of London, 1888(4): 580-655, pls. 30-32.
Leech J H. 1889a. New species of Crambi from Japan and Corea. The Entomologist, London, 22(311): 106-109, pl. 5.
Leech J H. 1889b. New species of Deltoids and Pyrales from Corea, North China, and Japan. The Entomologist, London, 22(310): 62-71, pls. 2-4.
Leech J H. 1889c. On a collection of Lepidoptera from Kiukiang. Transactions of the Entomological Society of London, 1889: 99-148, pls. 7-9.
Leech J H. 1889d. Lepidoptera Heterocera from China, Japan and Corea. Transactions of the Entomological Society of London, 1889: 9-161.
Leech J H. 1890. New species of Lepidoptea from China. Entomologist, 23: 26-50, 81-83, 109-114.
Leech J H. 1899. Lepidoptera Heterocera from Northern China, Japan and Corea. Part II. Transactions of the Entomological Society of London, 1899: 99-219.
Leley A C. 2016. Annotated catalogue of the insects of Russian Far East. Volume II. Lepidoptera. Vladivostok: Dalnauka, 812 pp.
Lemée A. 1950. Contribution a l'etude des Lepidopteres du Haut-Tonkin (Nord-Vietnam) et de Saigon…avec le concours pours diverses families d'Heteroceres de W. H. T. Tams. Paris; London: Brest, 1-82.
Lelej P A. 1999. Key to the insects of Russian Far East, 5. Trichoptera and Lepidoptera. Vladivostock: Dalnauka, (2): 1-672.
Leraut P J A. 1986. Contribution à l'etude des Scopariinae. 6. Dix nouveaux taxa, dont trois genres, de Chine et du nord de l'Inde (Lep. Crambidae). Nouvelle Revue d'Entomologie, 3(1): 123-131.
Leraut P J A. 1989. Insectes Lépidoptères. Crambidae Scopariinae. Faune de Madagascar, Paris, 72: 1-45.
Leraut P J A. 2000. Contribution à l'étude du genre Actenia Guenée (Lepidoptera, Pyralidae, Pyralinae). Revue française d'Entomologie, 22(4): 239-244.
Leraut P J A. 2002. Contribution à l'étude des Pyralinae (Lepidoptera, Pyralidae). Revue française d'Entomologie (N. S.), 24(2): 97-108.
Leraut P J A. 2005a. Contribution à l'étude de quelques genres et espèces de Pyraustinae (Lepidoptera: Crambidae). Nouvelle Revue d'Entomologie, 22(2): 123-139.
Leraut P J A. 2005b. Contribution à l'étude des genres Pyralis Linnaeus, Pleuroptya Meyrick et Haritalodes Warren (Lepidoptera, Pyraloidea). Revue française d'Entomologie (N. S.), 27(2): 77-94.
Leraut P J A. 2006. Contribution à l'étude du genre *Hypsopygia* Hübner (Lepidoptera, Pyralidae). Revue française d'Entomologie (N. S.), 28(1): 5-30.
Leraut P J A. 2009. Note sur quelques genres de Pyralidae (Lepidoptera, Pyraloidea). Revue française d'Entomologie (N. S.), Paris, 31(2): 69-79.
Leraut P J A. 2014. Moths of Europe, Pyralids 2. N.A.P. Editions, Verrières-le-Buisson, France. 441, 69 pls., 190 text figs.
Lewvanich A. 1981. A revision of the old world species of *Scirpophaga* (Lepidoptera: Pyralidae). Bulletin of British Museum (Natural History), Entomology, 42: 185-298, 188 figs., 14 maps.
Lhomme L. 1935-[1963]. Catalogue des Lépidoptères de France et Belgique 2, Microlépidoptères, Deuxième partie (fasc. 4-7 Tineina): 1-1253. Le Carriol, par Douelle.
Li H-H. 1990. New records of Gelechiid from China. Journal of Northwest Forestry College, 5(3): 8-12.
Li H-H, Zheng Z-M. 1995. New species and new records of the genus *Mesophleps* Hübner (Lepidoptera: Gelechiidae) from Kenya and China. Journal of Northwest Forestry College, 10(4): 27-35.
Li H-H, Sattler K. 2012. A taxonomic revision of the genus *Mesophleps* Hübner, 1825 (Lepidoptera: Gelechiidae). Zootaxa, 3373: 1-82.

Li H-H, Wang S-X. 2002a. A study on the genus *Meleonoma* Meyrick from China, with descriptions of two new species (Lepidoptera: Cosmopterigidae). Acta Entomologica Sinica, 45(2): 230-233.

Li H-H, Wang S-X. 2002b. First record of the genus *Hieromantis* Meyrick from China, with a description of one new species (Lepidoptera: Oecophoridae, Stathmopodinae). Acta Entomologica Sinica, 45(4): 503-506.

Li H-H, Wang S-X, Yan G-Y. 1996. A new species and a new record of the Oecophorid moths (Lepidoptera: Oecophoridae) from China. Entomotaxonomia, 18(3): 205-208.

Li H-H, Wang X-P. 2004a. New species and new record of *Macrobathra* Meyrick from China (Lepidoptera: Cosmopterigidae). Acta Zootaxonomica Sinica, 29(1): 147-152.

Li H-H, Wang X-P. 2004b. New species of *Meleonoma* Meyrick (Lepidoptera: Cosmopterigidae) from China. Entomotaxonomia, 26(1): 35-40.

Li H-H, Xiao Y-L. 2006. A study of the genus *Rhodobates* Ragonot (Lepidoptera: Tineidae) from China. Proceedings of the Entomological Society of Washington, 108(2): 418-428.

Li H-H, Xiao Y-L. 2009. Taxonomic study on the genus *Gerontha* Walker (Lepidoptera, Tineidae) from China, with descriptions of four new species. Acta Zootaxonomica Sinica, 34(2): 224-233.

Li H-H, Zhen H. 2009. Review of *Tituacia* Walker, 1864 (Lepidoptera: Gelechiidae), with description of a new species. Proceedings of the Entomological Society of Washington, 111(2): 433-437.

Li H-H, Zhen H. 2011. Review of the genus *Helcystogramma* Zeller (Lepidoptera: Gelechiidae: Dichomeridinae) from China. Journal of Natural History, 45(17-18): 1035-1087.

Li H-H, Zheng Z-M. 1996. A systematic study on the genus *Dichomeris* Hübner, 1818 from China (Lepidoptera: Gelechiidae). SHILAP Revista de Lepidopterologia, 24(95): 229-273.

Li H-H, Zheng Z-M. 1998a. A systematic study on the genus *Dendrophilia* Ponomarenko, 1993 from China (Lepidoptera: Gelechiidae). SHILAP Revta Lepid, 26(102): 101-111.

Li H-H, Zheng Z-M. 1998b. A taxonomic review of the genus *Faristenia* from China (Lepidoptera: Gelechiidae). Acta Zootaxonomica Sinica, 23(4): 386-398.

Li H-H, Zheng Z-M. 1998c. The genus *Capidentalia* Park in China (Lepidoptera: Gelechiidae). Reichenbachia Mus Tierkde Dresden, 32(45): 307-312.

Li H-H, Zheng Z-M, Wang H-J. 1997. Description of seven new species of the genus *Dichomeris* from China (Lepidoptera: Gelechiidae). Entomologia Sinica, 4(3): 220-230.

Li W-C, Li H-H. 2008. Two new species of *Roxita* Bleszynski (Lepidoptera: Crambidae: Crambinae) from China. Entomological News, Philadelphia, 119 (5): 477-482.

Li W-C, Li H-H. 2012. Taxonomic revision of the genus *Glaucocharis* Meyrick (Lepidoptera, Crambidae, Crambinae) from China, with descriptions of nine new species. Zootaxa, (3261): 1-32.

Li W-C, Li H-H, Nuss M. 2010. Taxonomic revision and biogeography of *Micraglossa* Warren, 1891 from laurel forests in China (Insecta: Lepidoptera: Pyraloidea: Crambidae: Scopariinae). Arthropod Systematics & Phylogeny, 68(2): 159-180.

Li W-C, Li H-H, Nuss M. 2012. Taxonomic revision of the genus *Eudonia* Billberg, 1820 from China (Lepidoptera: Crambidae: Scopariinae). Zootaxa, (3273): 1-27.

Lieu K O V. 1935. Study of a New Species of Chinese Mulberry-Borer *Paradoxecia pieli* n. sp. (Lepidoptera, Aegeriidae). Notes d'Entomologie Chinoise, Musée Heude, 2(10): 185-209.

Lin Y-C, Braby M F, Hsu Y F. 2020. A new genus and species of slug caterpillar (Lepidoptera: Limacodidae) from Taiwan. Zootaxa, 4809(2): 374-382.

Linnaeus C. 1758. Systema Naturae per regna tria naturae, secundum classes, ordines, genera, species, cum characteribus, differentiis, synonymis, locis (Edn. 10.). 1. Pars Lepidoptera: 1-824. Laurentii Salvii, Holmiae.

Linnaeus C. 1761. Fauna Suecica. Sistens Animalia Sueciae Regni: Mamalia, Aves, Amphibia, Pisces, Insecta, Vermes. Distributa per Classes, Ordines, Genera, Species, cum differentiis Specierum, Synonymis Auctorum, Nominibus Incolarrum, Locis Natalium, Descriptionibus Insectorum Fauna Suecica (Edn. 2). [1]-[43], 1-578, 2 pls. Laurentii Salvii, Holmiae.

Linnaeus C. 1767. Systema Naturae (Edn. 12). 533-1327. Laurentii Salvii, Holmiae.

Liu J-Y, Ren Y-D, Li H-H. 2011. Taxonomic study of the genus *Didia* Ragonot, 1893 (Lepidoptera, Pyralidae, Phycitinae) in China. Acta Zootaxonomica Sinica, 36(3): 783-788.

Liu L-J, Li H-H. 2016. Taxonomic review of the genus *Parastenolechia* Kanazawa (Lepidoptera, Gelechiidae, Litini) from Mainland China, with descriptions of six new species. Zootaxa, 4178: 60-78.

Liu S-R, Wang S-X. 2013. Three new species of the genus *Issikiopteryx* Moriuti, 1973 (Lepidoptera: Lecithoceridae: Lecithocerinae) from China. Zootaxa, 3669(1): 37-42.

Liu S-R, Wang S-X. 2014. The genus *Homaloxestis* Meyrick (Lepidoptera: Lecithoceridae) from China, with description of two new species. Zootaxa, 3760(1): 79-88.

Liu T-T, Wang S-X, Li H-H. 2017. Review of the genus *Argyresthia* Hübner, [1825] (Lepidoptera: Yponomeutoidea: Argyresthiidae) from China, with descriptions of forty-three new species. Zootaxa, 4292: 1-135.

Liu Y-Q. 1987. A study of Chinese *Archips* Hübner, 1822 (Lepidoptera: Tortricidae). Sinozoologia, 5: 125-146.

Liu Y-Q. 1990. Three new species of Tortricids on Picea. Forest Research, 3(2): 137-141.

Liu Y-Q. 1992. Two new species of Laspeyresiini damaging cones and seeds of forest (Lepidoptera: Tortricidae). Sinozoologia, 9: 249-252.

Liu Y-Q, Bai J-W. 1977. Lepidoptera: Tortricidae (1). *In*: Chinese Academy of Sciences Editorial Committee. Economic Insect Fauna of China, 11: 1-93.

Liu Y-Q, Bai J-W. 1982a. Three new species of Sorolophae Diakonoff, 1973 from China (Lepidoptera: Tortricidae). Entomotaxonomia, 4(3): 167-172.

Liu Y-Q, Bai J-W. 1982b. On Chinese *Eudemopsis* (Lepidoptera: Tortricidae) with descriptions of five new species. Sinozoologia, 2: 45-51.

Liu Y-Q, Bai J-W. 1985. A study of subtribe Sorolophae in Yunnan Province (Lepidoptera: Tortricidae). Sinozoologia, 3: 135-138.

Liu Y-Q, Bai J-W. 1987. On the Chinese *Croesia* H. (Lepidoptera, Tortricidae), with descriptions of five new species. Acta Entomologica Sinica, 30(3): 313-320.

Liu Y-Q, Ge X-S. 1991. A study of the genus *Phalonidia* (Cochylidae) of China with descriptions of three new species. Sinozoologia, 8: 349-358.

Liu Y-Q, Qian F-J. 1994. A new species of the genus *Dichomeris* injurious to China fir (Lepidoptera: Gelechiidae). Entomologia Sinica, 1(4): 297-300.

Liu Y-Q, Yuan D-C. 1990. A study of the Chinese *Caloptilia* Hübner, 1825 (Lepidoptera: Gracillariidae: Gracillariinae). Sinozoologia, 7: 181-207.

Liu Y-Q, Yan S-C. 1998. Descriptions of five new species of tribe Grapholitini (Lepidoptera: Tortricidae). Entomotaxonomia, 20(4): 277-281.

Lou K, Li J, Wang S-X. 2019. First report of the genus *Orencostoma* Moriuti (Lepidoptera: Yponomeutidae) from China, with descriptions of two new species. Zoological Systematics, 44(1): 76-83.

Lower O B. 1898. New Australian Lepidoptera with a note on *Deilephila livornica*, esp. Proceedings of the Linnean Society of New South Wales, 23: 42-55.

Lower O B. 1899. Description of new Australian Lepidoptera. Proceedings of the Linnean Society of New South Wales, 25: 83-116.

Lower O B. 1901. Descriptions of new genera and species of Australian Lepidoptera. Transactions and Proceeding of the Royal Society of South Australia, 25: 63-98.

Lower O B. 1902. *Dasycomota* gen. nov. Transactions and Proceedings of the Royal Society of Australia, 26: 220.

Lower O B. 1903. Descriptions of new species of *Xysmatodoma*, etc. Transactions and Proceeding of the Royal Society of South Australia, 27: 216-239.

Lower O B. 1908. New Australian Lepidoptera. Transactions and Proceeding of the Royal Society of South Australia, 32: 318-324.

Lu J-R, Guan Z-H. 1953. List of Pyralid in China. "List of Insects in China" of Hu, Addendum 1. Acta Entomologica Sinica, 3(1): 91-118.

Lu X-Q, Wan J-P, Du X-C. 2019. Three new species of *Herpetogramma* Lederer (Lepidoptera, Crambidae) from China. Zookeys, 865: 67-85.

Lucas D. 1946. Lépidoptères nouveaux pour l'Afrique du Nord. Bulletin de la Société Entomologique de France, 51: 96-98.

Lucas D. 1956 (1955). Nouveaux Lépidoptères Nord-Africains. Bulletin de la Société des Sciences Naturelles et Physiques du Maroc, Paris, Casablanca, Rabat, 35(3): 251-258.

Lucas T P. 1892. On 34 new species of Australian Lepidoptera, with additional localities. Proceedings of the Royal Society of Queensland, Brisbane, 8(3): 68-94.

Luo J-Y, Fei Y, Yu H-L. 2015. First record of the genus *Neostatherotis* Oku from China, with the descriptions of four new species (Lepidoptera: Tortricidae: Olethreutinae). Zootaxa, 3941(2): 247-254.

Lvovsky A L. 1986. New species of broad-winged moths of the genus *Promalactis* Meyrick (Lepidoptera: Oecophoridae) of the USSR Far East. *In*: Ler P A. Systematics and ecology of Lepidoptera from the Far East of the USSR. Vladivostok: Akademiya Nauk SSSR, 37-41.

Lvovsky A L. 1990. New and little known species of Microlepidoptera (Lepidoptera: Oecophoridae, Xyloryctidae, Tortricidae) of the fauna of the USSR and neighbouring countries. Entomologicheskoe Obozrenie, 69(3): 645-646.

Lvovsky A L. 1996. Composition of the genus *Odites* Wlsm. and its position in the classification of the Gelechioidea (Lepidoptera). Entomologicheskoe Obozrenie, 75(3): 650-659.

Lvovsky A L. 1998. New and little known species of flat moths (Lepidoptera, Depressariidae) of the fauna of Russia and neighbouring countries. Entomologicheskoe Obozrenie, 77(2): 432-442.

Lvovsky A L. 2000. New and little known species of oecophorid moths of the genera *Epicallima* Dyar, 1903 and *Promalactis* Meyrick 1908 (Lepidoptera: Oecophoridae) from Southeast Asia. Entomologicheskoe Obozrenie, 79(3): 664-691.

Lvovsky A L. 2003. Check-list of the broad-winged moths (Oecophoridae *s. l.*) of Russia and adjacent countries. Nota Lepidopterologica, 25(4): 213-220.

Lvovsky A L. 2010. A new genus of broad-winged moths of the family Cryptolechiidae (Acryptolechia, Lepidoptera, Gelechioidea) from Southeastern Asia. Entomological Review, 90(2): 255-258.

Lvovsky A L. 2012. Comments on the classification and phylogeny of broad-winged moths (Lepidoptera, Oecophoridae *sensu lato*). Entomological Review, 92(2): 188-205.

Lvovsky A L. 2015. Composition of the subfamily Periacminae (Lepidoptera, Lypusidae) with descriptions of new and little known species of the genus *Meleonoma* Meyrick, 1914 from South, East, and South-East Asia. Entomological Review, 95(6): 766-778.

Mabille P. 1880. Diagnoses Lepidopterum Malgassicorum. Annales de la Société Entomologique de Belgique, Bruxelles, 23: xvi-xxvii.

Mabille P. 1900. Lepidoptera nova malgassica et africana. Annales de la Société Entomologique de France, Paris, 68: 723-753.

Mabille P. 1906. Notes sur plusieurs Lépidoptères de la faune paléarctique. Annales de la Société Entomologique de France, Paris, 75: 31-36, pl. 3.

MacKay M R. 1968. The doubtful occurrence of Paranthrene in Japan (Lepidoptera: Aegeriidae). The Canadian Entomologist, 100(12): 1324-1327.

Maes K V N. 1994. Some notes on the taxonomic status of the Pyraustinae (*sensu* Minet 1981[1982]) and a check list of the Palaearctic Pyraustinae (Lepidoptera, Pyraloidea, Crambidae). Bulletin et Annales de la Société Royale Entomologique de Belgique, 130(7-9): 159-168.

Maes K V N. 1997. *Ethiobotys*, a new genus of Pyraustinae from the Afrotropical region (Lepidoptera: Pyraloidea: Crambidae). Bulletin et Annales de la Société Royale Entomologique de Belgique, 133: 389-402.

Mally R, Nuss M. 2010. Phylogeny and nomenclature of the box tree moth, *Cydalima perspectalis* (Walker, 1859) comb. n., which was recently introduced into Europe (Lepidoptera: Pyraloidea: Crambidae: Spilomelinae). European Journal of Entomology, Ceské Budejovice 107(3): 393-400.

Marion H. 1954. Contribution à l'étude des Pyralidae de Madagascar. Mémoires de l'Institut Scientifique de Madagascar, Sér. Entom, Tananarive, 5: 39-62, 1 pl.

Marion H. 1963. Révision des Pyraustidae de France (suite). Alexanor, 2(8): 297-304, pl. 9.

Marumo N. 1920. A Revision of tho Japanese Pyralidae. Part I (Subfamily Epipaschiinae. Journal of the College of Agriculture, Tokyo, 6: 265-272.

Marumo N. 1931. *Crambus shichito* n. sp. [in Japanese with English summary]. Oyo-Dobutsugaku Zasshi, 3(1): 26-30.

Marumo N. 1933. Studies on rice borers. I. Classification of the subfamily Crambinae in Japan. Nojikairyoshiryo, 52: 46-48.

Marumo N. 1939. Studies on rice borers IV. Classification of the subfamily Pyralinae in Japan. Nojikairyoshiryo, 142: 1-40.

Matsumura S. 1898. Daizu no gaichû ni tsuite. Dobutsugaku Zasshi, 10: 1-588.

Matsumura S. 1900. Neue japanische Microlepidopteren. Entomologische Nachrichten, 26: 193-199.

Matsumura S. 1911. Thousand Insects of Japan. Tokyo: Keiseisha. Suppl. 3: 75-80.

Matsumura S. 1917. Applied Entomology. Tokyo: Keiseisha, 1: 1-11, 1-731, 1-12.

Matsumura S. 1925. An enumeration of the butterflies and moths from Saghalien, with descriptions of new species and subspecies. Journal of the College of Agriculture of the Hokkaido Imperial University, 15(3): 83-196.

Matsumura S. 1927a. A list of moths collected on Mt. Daisetsu, with the descriptions of new species. Insecta Matsumurana, Sapporo, 1(3): 109-119.

Matsumura S. 1927b. New species and subspecies of moths from the Japanese Empire. Journal of the College of Agriculture of the Hokkaido Imperial University, 19: 1-91.

Matsumura S. 1929. A new family, a new genus, and a new species of the moth from Formosa. Insecta Matsumurana, 3(3): 129-138.

Matsumura S. 1931a. 6000 Illustrated Insects of Japan-Empire. Tokyo: Toko-Shoi, 1497 + 191 pp., 10 pls.

Matsumura S. 1931b. A list and new species of Aegeridae [sic] from Japan. Insecta Matsumurana, 6(1): 4-12.

Matsumura S. 1931c. Descriptions of some new genera and species from Japan, with a list of species of the family Cochilidionidae. Insecta Matsumurana, 5: 101-116.

McDunnough J H. 1961. A study of the Blastobasinae of Nova Scotia, with particular reference to genitalic characters (Microlepidoptera, Blastobasidae). American Museum Novitates, 2045: 1-20.

Medvedev G S. 1981. Keys to the Insects of the European Part of the USSR. Izdavalemyie Zoologiceskim Institutom AN SSSR, Leningrad, 4(2): 1-786.

Mey W. 1997. Moths of Vietnam with special reference to Mt. Fan-si-pan. Microlepideptera 1: Micropterigidae/Urrmotten (Lepidoptera, Zeugloptera). Entomofauna (Suppl.), 9: 13-20.

Meyrick E. 1879. Description of Australian Micro-Lepidoptera. I. Crambites. Proceedings of the Linnean Society of New South Wales, 3(3): 175-216.

Meyrick E. 1880. Descriptions of Australian Microlepidoptera. IV. Tineina (continued). Proceedings of the Linnean Society of New South Wales, 5: 204-271.

Meyrick E. 1881a. Descriptions of Australian Microlepidoptera. V. Tortricina. Proceedings of the Linnean Society of New South Wales, 6: 410-536.

Meyrick E. 1881b. Descriptions of Australian Micro-lepidoptera. VI. Tortricina (continued). Proceedings of the Linnean Society of New South Wales, 6: 629-706.

Meyrick E. 1882. Descriptions of Australian Micro-Lepidoptera. Proceedings of the Linnean Society of New South Wales, 7(2): 148-202.

Meyrick E. 1883. Descriptions of Australian Micro-Lepidoptera. Proceedings of the Linnean Society of New South Wales, 8(3): 320-383.

Meyrick E. 1884. On the classification of the Australian Pyralidina. Transactions of the Entomological Society of London, 1884: 61-80, 277-350.

Meyrick E. 1885. On the classification of the Australian Pyralidina. Transactions of the Entomological Society of London, 1885: 421-456.

Meyrick E. 1886a. Description of New Zealand Micro-Lepidotera. Transactions of the New Zealand Institute, 18: 162-183.

Meyrick E. 1886b. Descriptions of Australian Micro-lepidoptera. XII. Oecophoridae. Proceedings of the Linnean Society of New South Wales, (1)10(4): 765-832.

Meyrick E. 1886c. Descriptions of Lepidoptera from the South Pacific. Transactions of the Entomological Society of London, 1886: 189-296.

Meyrick E. 1886d. Notes on synonymy of Australian Lepidoptera described by Mr. Rosenstock. Annals and Magazine of Natural History, including Zoology, Botany and Geology, London, (5)17(102): 528-530.

Meyrick E. 1886e. On the classification of the Pterophoridae. Transactions of the Entomological Society of London, 1886: 1-21.

Meyrick E. 1887a. Descriptions of some exotic Micro-Lepidoptera. Transactions of the Entomological Society of London, 269-280.

Meyrick E. 1887b. On Pyralidina from Australia and the South Pacific. Transactions of the Entomological Society of London, 1887: 185-268.

Meyrick E. 1888. On the Pyralidina of the Hawaiian Islands. Transactions of the Entomological Society of London, 1888: 209-246.

Meyrick E. 1889a [1888]. Descriptions of New Zealand Micro-Lepidoptera. Transactions of the New Zealand Institute, 21(14): 154-188.

Meyrick E. 1889b. On some Lepidoptera from New Guinea. Transactions of the Entomological Society of London, 1889: 455-522.

Meyrick E. 1889c. Descriptions of additional Australian Pyralidina. Proceedings of the Linnean Society of New South Wales, (2)4: 1105-1116.

Meyrick E. 1890. On the classification of the Pyralidina of the European fauna. Transactions of the Entomological Society of London, 1890: 429-496, pl. 15.

Meyrick E. 1892. New species of Lepidoptera. Transactions and Proceedings of the New Zealand Institute, 24: 216-220.

Meyrick E. 1893. Descriptions of Australian Micro-Lepidoptera. XVI. Tineidae. Proceedings of the Linnean Society of New South Wales, 17: 477-612.

Meyrick E. 1894a. On a collection of Lepidoptera from Upper Burma. Transactions of the Entomological Society of London, 1894: 1-29.

Meyrick E. 1894b. On Pyralidina from the Malay Archipelago. Transactions of the Entomological Society of London, 1894: 455-480.

Meyrick E. 1894c. Pre-occupied generic names in Lepidoptera. The Entomologist's Monthly Magazine, 30: 230-374.

Meyrick E. 1895. A Handbook of British Lepidoptera. London & New York: Macmillan & Co., i-viii, 843 pp.

Meyrick E. 1897. Descriptions of Australian Microlepidoptera. XVII. Elachistidae. Proceedings of the Linnean Society of New South Wales, 22: 297-435.

Meyrick E. 1899. Macrolepidoptera. In: Sharp D. Fauna Hawaiiensis. Cambridge: Cambridge University Press, 1(2): 123-275, pls. 3-7.

Meyrick E. 1902. A new European species of Pterophoridae. The Entomologist's Monthly Magazine, 38: 217.

Meyrick E. 1904a. New Hawaiian Lepidoptera. The Entomologist's Monthly Magazine, London, 40: 131-133.

Meyrick E. 1904b. Descriptions of Australian Micro-Lepidoptera. XVIII. Gelechiadae. Proceedings of the Linnean Society of New South Wales, 29(2): 255-441.

Meyrick E. 1905-1914. Descriptions of Indian Micro-lepidoptera Lepidoptera I-XVIII. Journal of the Bombay Natural History Society, 16(1905): 580-619; 17(1906): 133-153, 403-417; 17(1907): 730-754, 976-994; 18(1907): 137-160; 437-460(1908), 613-638, 806-832; 19(1909): 410-437, 582-607, 759; 20(1910): 143-168, 435-462, 534; 20(1911): 706-736; 21(1911): 104-131;

21(1912): 852-877; 22(1913): 160-182; 22(1914): 771-781; 23(1914): 118-130.

Meyrick E. 1907a. Notes and descriptions of Pterophoridae and Orneodidae. Transactions of the Entomological Society of London, 1907: 471-511.

Meyrick E. 1907b. Descriptions of Australasian Microlepidoptera. XIX. Plutellidae. Proceedings of the Linnean Society of New South Wales, 32: 47-150.

Meyrick E. 1910a. Descriptions of Indian Micro-Lepidoptera. XI. Journal of the Bombay Natural History Society, 20: 43-168.

Meyrick E. 1910b. Descriptions of Micro-lepidoptera from Maurititus and the Chagos isles. Transactions of the Entomological Society of London, 1910: 366-377.

Meyrick E. 1910c. Descriptions of Microlepidoptera from Mauritius and the Chagos Isles. Transactions of the Entomological Society of London, 1910: 430-478.

Meyrick E. 1910d. Revision of Australian Tortricina. Proceedings of the Linnean Society of New South Wales, 35: 139-294.

Meyrick E. 1911a. Descriptions of Transvall Micro-lepidoptera. Annals of the Transvaal Museum, 2: 218-240.

Meyrick E. 1911b. Tortricina and Tineina. In: Gardner J S. The Percy Sladen trust expedition to the Indian Ocean in 1905. Vol. 3. Transactions of the Linnean Society of London, 14(2): 263-307.

Meyrick E. 1911c. Descriptions of Indian Micro-lepidoptera XIII. Journal of the Bombay Natural History Society, 20: 706-736.

Meyrick E. 1911d. Descriptions of Indian Micro-lepidoptera XIV. Journal of the Bombay Natural History Society, 21: 104-131.

Meyrick E. 1912-1916. Exotic Microlepidoptera. Wilts: Thornhanger, Marlborough, 1: 1-640.

Meyrick E. 1914a. H. Sauter's Formosa-Ausbeute: Pterophoridae, Tortricidae, Eucosmidae, Gelechidae, Oecophoridae, Cosmopterygidae, Hyponomeutidae, Heliodinidae, Sesiidae, Glyphipterygidae, Plutellidae, Tineidac, Adelidae (Lep.). Supplementa Entomologica, 3: 45-62.

Meyrick E. 1914b. Pars. 19: Hyponomeutidae, Plutellidae, Amphitheridae. In: Wangner H. Lepidopterorum Catalogus. Berlin: W. Junk, Gravenhage, 1-45.

Meyrick E. 1915. Revision of New Zealand Tineina. Transactions and Proceedings of the New Zealand Institute, 47: 205-244.

Meyrick E. 1916-1923. Exotic Microlepidoptera. Wilts: Thornhanger, Marlborough, 2: 1-640.

Meyrick E. 1921. New Microlepidoptera. Zoölogische Mededeelingen, 6: 145-202.

Meyrick E. 1922. Lepidoptera Heterocera. Fam. Oecophoridae. In: Wytsman P. Genera Insectorum. Berlin: W. Junk, 180: 1-224.

Meyrick E. 1923-1930. Exotic Microlepidoptera. Wilts: Thornhanger, Marlborough, 3: 1-642.

Meyrick E. 1925a. Lepidoptera Heterocera. Family Gelechiadae. In: Wytsman P. Genera Insectorum. pls. 1-5. Berlin: W. Junk, 184: 1-290.

Meyrick E. 1925b. New Malayan Microlepidoptera. Treubia, 6: 429-430.

Meyrick E. 1926. A new genus of Eucosmidae (Tortricina). The Entomologist, 59: 27.

Meyrick E. 1927. Exotic Microlepidoptera. Wilts: Thornhanger, Marlborough, 3: 353-384.

Meyrick E. 1929. The Microlepidoptera of the "St. George" Expedition. Transactions of the Entomological Society of London, 76: 489-521.

Meyrick E. 1930-1936. Exotic Microlepidoptera. Wilts: Thornhanger, Marlborough, 4: 1-642.

Meyrick E. 1931. Second contribution to our knowledge about the Pyralidae and Microlepidoptera of Kwanhsien. In: Caradja A, Meyrick E. Bulletin de la Section Scientifique de l'Académie Roumaine, 14(3-5): 59-75.

Meyrick E. 1934. Pyrales and Microlepidoptera of the Society Islands. Publications of the Pacific Entomological Survey, 6: 109-110.

Meyrick E. 1936-1937. Exotic Microlepidoptera. Wilts: Thornhanger, Marlborough, 5: 1-160.

Meyrick E. 1938. New species of New Zealand Lepidoptera. Transactions and Proceedings of the Royal Society of New Zealand, 67: 426-429.

Meyrick E. 1939. New Microlepidoptera. Transactions of the Royal Entomological Society of London, 89: 47-62.

Millière P. 1874. Description de Lépidoptères nouveaux d'Europe. Revue et Magasin de Zoologie pure et appliquée, (3)2(7): 241-251. Paris.

Millière P. 1879. Description de Lépidoptères inédits d'Europe. Le Naturaliste, 1: 138-139, pls. 3, 4.

Moore F. 1865. On the Lepidopterous insects of Bengal. Proceedings of the Zoological Society of London, 1865: 755-823.

Moore F. 1877a. New species of Heterocerous Lepidoptera of the tribe Bombyces, collected by Mr. W B Pryer chiefly in the district of Shanghai. Annals and Magazine of Natural History, including Zoology, Botany and Geology, (4)20: 83-94.

Moore F. 1877b. The Lepidopterous fauna of the Andaman and Nicobar islands. Proceedings of the Scientific Meetings of the Zoological Society of London, 1877: 580-632, pls. 58-60.

Moore F. 1879. Descriptions of new Indian Lepidopterous insects from the collection of the late Mr. W. S. Atkinson. Rhopalocera, by William C. Hewitson. Heterocera, by Frederic Moore, with an introductory notice by Arthur Grote. Calcutta: Asiatic Society of Bengal, 350 pp.

Moore F. 1879-1888. Descriptions of new Indian Lepidopterous Insects from the collection of the late Mr. W. S. Atkinson.

Rhopalocera, by William C. Hewitson. Heterocera, by Frederic Moore, with an introductory notice by Arthur Grote. Calcutta: Asiatic Society of Bengal, (1): 1-88, pls. 1-3 (1879), (2): 89-198, pls. 4-5 (1882), (3): 199-299, pls. 6-8 (1888).

Moore F. 1881. Descriptions of new genera and species of Asiatic Nocturnal Lepidoptera. Proceedings of the Scientific Meetings of the Zoological Society of London, 1881: 326-380, pls. 37-38.

Moore F. 1882-1883. The Lepidoptera of Ceylon. London: L. Reeve & Co., 2: i-viii, 1-162, pls. 72-143.

Moore F. 1883. Descriptions of new Genera and species of Asiatic Lepidoptera Heterocera. Proceedings of the Scientific Meetings of the Zoological Society of London, 1883: 15-29.

Moore F. 1885 [1884-1887]. The Lepidoptera of Ceylon. London: L. Reeve, 3: i-xvi, 1-578, pls. 144-214.

Moore F. 1888. Description of new genera and species Lepidoptera Heterocera, collected by Rev. J. H. Hocking, chiefly in the Kangra district, N. W. Himalaya. Proceedings of the Scientific Meetings of the Zoological Society of London, 1888(3): 390-412.

Moore F. 1891. A New Psychid Injurious to sâl. Indian Museum Notes, 2(1): 67.

Moore F. 1892. Descriptions of New Indian Lepidopterous Insects from The Collection of The Late Mr. W. S. Atkinson. India:Palala Press: 180.

Moriuti S. 1961. Three important species of the *Acrolepia* (Lepidoptera: Acrolepiidae) in Japan. Publications of Entomological Laboratory, University Osaka Prefecture (Osaka), 6: 23-33.

Moriuti S. 1963a. Ethmiidae from the Amami-Gunto Island, Southern Frontier of Japan, collected by Mr T. Kodama in 1960. Tyô to Ga, 14: 35-39.

Moriuti S. 1963b. Studies on the Yponomeutoidea (II). Two Yponomeutid genera, *Niphonympha* and *Pseudocalantica* of Japan and Formosa (Lwpisoptera). Kontyû, 31: 215-223.

Moriuti S. 1964. Yponomeutoiden-Studien (IX) Eine neue *Argyresthia*-art aus Japan (Lepidoptera, Argyresthiidae). Lepidoptera Science, 15(1): 20-21.

Moriuti S. 1969. Argyresthiidae (Lepidoptera) of Japan. Bulletin of the University of Osaka Prefecture, Series B, 21: 1-50.

Moriuti S. 1971a. A revision of the world species of *Thecobathra* (Lepidoptera: Yponomeutidae). Kontyû, 39(3): 230-251.

Moriuti S. 1971b. Two new genera and a new species of the Indian Yponomeutidae (Lepidoptera). Kontyû, 39(3): 251-255.

Moriuti S. 1973. A new genus and two new species of the Japanese Microlepidoptera (Timyridae and Oecophoridae). Lepidoptera Science, 23(2): 31-38.

Moriuti S. 1975. The identity of *Diplodoma marginepunctella* Stephens f. *sapporensis* Matsumura (Lepidoptera, Acrolepiidae). Kontyû, 43: 250.

Moriuti S. 1977. Fauna Japonica, Yponomeutidae *s. lat.* (Insecta: Lepidoptera). Tokyo: Keigaku Publishing Company, 1-327.

Moriuti S. 1982. Gelechiidae. 275-288. *In*: Inoue H, Sugi S, Kuroko H, Moriuti S, Kawabe A, Owada M. Moths of Japan. Tokyo: Kodansha C. Ltd., Vol. 1: 1-968; Vol. 2: 1-556, pls. 1-392.

Moriuti S. 1987. Records and descriptions of Blastobasidae (Lepidoptera) from Japan. Tinea, 12(Suppl.): 168-181.

Moriuti S, Kadohara T. 1994. Erechthiinae (Lepidoptera: Tineidae) of Japan. The Entomological Society of Japan, 62(3): 565-584.

Moriuti S, Saito T. 1964. *Glyphipterix semiflavana* Issiki and the allied new species from Japan (Lepidoptera: Glyphipterigidae). Entomological Review of Japan, 16: 60-63.

Moriuti S, Saito T, Lewvanich A. 1985. Thai species of *Periacma* Meyrick and its allied two new genera (Lepidoptera: Oecophoridae). Bulletin of the University of Osaka Prefecture, Series B, 37: 19-50.

Möschler H B. 1890. Die Lepidopteren-Fauna der Insel Portorico. Abhandlungen Herausgegeben Von der Senckenbergischen Naturforschenden Gesellschaft, 16: 69-360.

Motschulsky V I. 1866. De Catalogue des insects reçus de Japon. Bulletin de la Société Impériale des Naturalistes de Moscou, 39(1): 163-200.

Munroe E G. 1967. A new species of *Thliptoceras* from Thailand, with notes on generic and specific synonymy and placement and with designations of lectotypes (Lepidoptera: Pyralidae). The Canadian Entomologist, 99(7): 721-727.

Munroe E G. 1976a. Pyraloidea Pyralidae comprising the subfamily Pyraustinae tribe Pyraustini (part). *In*: Dominick R B, et al. The Moths of America North of Mexico including Greenland, 13.2. London: E. W. Classey Led & R. B. D. Publications, Inc., 78 pp., pls. 1-4.

Munroe E G. 1976b. New genera and species of Pyraustinae (Lepidoptera: Pyralidae), mainly from the collection of the British Museum (Natural History). The Canadian Entomologist, Ottawa, 108: 873-884.

Munroe E G, Mutuura A. 1968a. Contributions to a study of the Pyraustinae (Lepidoptera: Pyralidae) of temperate East Asia. I. The Canadian Entomologist, 100(8): 847-861.

Munroe E G, Mutuura A. 1968b. Contributions to a study of the Pyraustinae (Lepidoptera: Pyralidae) of temperate East Asia II. The Canadian Entomologist, 100(8): 861-868.

Munroe E G, Mutuura A. 1968c. Contributions to a study of the Pyraustinae (Lepidoptera: Pyralidae) of temperate East Asia III. The Canadian Entomologist, 100(9): 974-985.

Munroe E G, Mutuura A. 1968d. Contributions to a study of the Pyraustinae (Lepidoptera: Pyralidae) of temperate East Asia IV. The Canadian Entomologist, 100(9): 986-1001.

Munroe E G, Mutuura A. 1969a. Contributions to a study of the Pyraustinae (Lepidoptera: Pyralidae) of temperate East Asia V. The Canadian Entomologist, 101(3): 299-305.

Munroe E G, Mutuura A. 1969b. Contributions to a study of the Pyraustinae (Lepidoptera: Pyralidae) of temperate East Asia VI. The Canadian Entomologist, 101(9): 897-906.

Munroe E G, Mutuura A. 1969c. Contributions to a study of the Pyraustinae (Lepidoptera: Pyralidae) of temperate East Asia VIII. The Canadian Entomologist, 101(12): 1239-1248.

Munroe E G, Mutuura A. 1970. Contributions to a study of the Pyraustinae (Lepidoptera: Pyralidae) of Temperate East Asia IX. The Canadian Entomologist, 102(3): 294-304.

Munroe E G, Mutuura A. 1971. Contributions to a study of the Pyraustinae (Lepidoptera: Pyralidae) of Temperate East Asia XI. The Canadian Entomologist, 103(2): 173-181.

Mutuura A. 1954. Classification of the Japanese *Pyrausta* group based on the structure of the male and female genitalia (Pyr.: Lep.). Bulletin of the Naniwa University, (B)4: 7-33.

Mutuura A. 1957. Pyralidae. *In*: Esaki T, Issiki S, Inoue H, Mutuura A, Ogata M, Okagaki H. Icones Heterocerorum Japonicorum in Coloribus Naturalibus. Osaka: Hoikusha, 1: i-ixi, 1-318.

Mutuura A. 1971. Two new species of *Dioryctria* (Lepidoptera: Pyralidae) from India. The Canadian Entomologist, Ottawa, 103(8): 1169-1174.

Mutuura A, Munroe E G. 1966. The European corn borer and allied species. Genus *Ostrinia* Hübner (Lepidoptera, Pyralidae). Papers presented at the divisional meeting on plant protection, the 11th Pacific Science Congress: 1-11.

Mutuura A, Munroe E G. 1970. Taxonomy and distribution of the European corn borer and allied species: genus *Ostrinia* (Lepidoptera: Pyralidae). Memoirs of the Entomological Society of Canada, 71: i-iv, 1-112.

Mutuura A, Munroe E G. 1974. A new genus related to *Dioryctria* Zeller (Lepidoptera: Pyralidae: Phycitinae), with definition of an additional species group in *Dioryctria*. The Canadian Entomologist, 106: 937-940.

Nakamura M. 2009. Pupae of Japanese Sesiidae (Lepidoptera). Lepidoptera Science, 60(1): 63-78.

Nasu Y. 1980. The Japanese species of the genus *Notocelia* Hübner (Lepidoptera: Tortricidae). Tinea, 11(4): 33-43.

Nasu Y. 1999. Description of *Rhobobota falcata* sp. n. from Japan, with notes on *R. symbolias* (Meyrick) (Lepidoptera, Tortricidae). Entomological Science, 2(1): 127-130.

Nasu Y, Byun B K. 2007. First report of the genus *Heleanna* Clarke (Lepidoptera, Tortricidae, Olethreutinae) from the Palaearctic region, with descriptions of two new species from Japan and Korea. Lepidoptera Science, 58(4): 379-386.

Naumann C M. 1971. Untersuchungen zur Systematik und Phylogenese der holarktischen Sesiiden (Insecta, Lepidoptera). Bonner Zoologische Monographien, 1: 1-190.

Neave S A. 1939. Nomenclator Zoologicus. London, 1: 808.

Neumoegen B. 1893. Description of a peculiar new liparid genus from Maine. The Canadian Entomologist, 25(9): 211-215.

Newman E. 1832. *Sphinx vespiformis*. An Essay. London: F. Westley & A. H. Davis, 54 pp.

Nielsen E S, Robinson G S, Wagner D L. 2000. Ghost-moths of the world: a global inventory and bibliography of the *Exoporia* (Mnesarchaeoidea and Hepialoidea) (Lepidoptera). Journal of Natural History, London, 34: 823-878.

Nielsen E S. 1985. A taxonomic review of the adelid genus *Nematopogon* Zeller (Lepidoptera: Incurvarioidea). Entomologica Scandinavica, 25: 1-66.

Nietner J. 1861. Observations of enemies of the coffee tree in Ceylon. Colombo, Ceylon, 31 pp.

Nuss M, Landry B, Mally R, Vegliante F, Tränkner A, Bauer F, Hayden J, Segerer A, Schouten R, Li H, Trofimova T, Solis M A, De Prins J, Speidel W. 2003-2023. Global Information System on Pyraloidea. www.pyraloidea.org.

Oberthür C. 1880. Etudes d'Entomologie. Faunes Entomologiques. Descriptions d'insectes nouveaux ou peu connus, 5: 41-42.

Oberthür C. 1884. Lépidoptères du Thibet. Études d'Entomologie, 9: 7-22.

Oberthür C. 1909 [1910]. Etudes de lépidoptérologie comparée, 3: 1-691.

Obraztsov N S. 1943. Lepidopterologische Ergebnisse der Pamir-Expedition des Kiewer Zoologischen Museums im Jahre 1937. III. Tortricidae. Mitteilungen der Münchener Entomologischen Gesellschaft, 33: 85-108.

Obraztsov N S. 1946. A provisional systematic revision of the European genera of the Eucosmini. Zeitschrift der Wiener Entomologischen Gesellschaft Wien, 30: 20-46.

Obraztsov N S. 1953. Systemastische Aufstellung und Bemerkungen uber die palaearktischen Arten der Gattung Dichrorampha Gn. (Lepidoptera, Tortricidae). Mitteilungen der Münchener Entomologischen Gesellschaft, 43: 10-101.

Obraztsov N S. 1954. Die Gattungen der Palaearktischen Tortricidae. I. Allemeine Aufteilung der Familie und die uterfamilien Tortricinae und Sparganothinae. Tijdschrift voor Entomologie, 97(3): 141-231.

Obraztsov N S. 1955. Die Gattungen der Palaearktischen Tortricidae. I. Allemeine Aufteilung der Familie und die uterfamilien

Tortricinae und Sparganothinae. Tijdschrift voor Entomologie, 98(3): 147-228.
Obraztsov N S. 1956. Die Gattungen der Palaearktischen Tortricidae. I. Allemeine Aufteilung der Familie und die uterfamilien Tortricinae und Sparganothinae. Tijdschrift voor Entomologie, 99: 107-154.
Obraztsov N S. 1958. Die Gattungen der palearktischen Tortricidae. II. Die Unterfamilien Olethreutinae. Tijdschrift voor Entomologie, 101: 229-261.
Obraztsov N S. 1960a. Beitrag zur Klassifikation der mitteleuropäischen Olethreutinae (Lepidoptera: Tortricidae). Beiträge zur Entomologie, 10(5-6): 459-485.
Obraztsov N S. 1960b. Die Gattungen der palearktischen Tortricidae. II. Die Unterfamilien Olethreutinae. Tijdschrift voor Entomologie, 103: 111-143.
Obraztsov N S. 1968a. Descriptions and records of south Asiatic Laspeyresiini (Lepidoptera: Tortricidae). Journal of the New York Entomological Society, 76: 176-192.
Obraztsov N S. 1968b. Die Gattungen der Palaearktischen Tortricidae 2. Die Unterfamilie Olethreutinae. Teil 8 und Schluss. Tijdschrift voor Entomologie, 111: 1-48.
Okada M. 1962. On some Japanese Gelechiid moths bred from coniferous plants. Publications of the Entomological Laboratory, College of Agriculture, University of Osaka Prefecture, 7: 26-42.
Okano M. 1958. Three new species of the Japanese Crambinae (Lepidoptera, Pyralididae). Tinea, Tokyo, 4: 259-262.
Okano M. 1960. Notes on some Japanese Crambinae (Pyralididae) (3). Lepidoptera Science, 11(3): 44.
Okano M. 1962a. Notes on same Japanese (Pyralidae) (4). Transactions of the Lepidopterist's Society of Japan, 12: 51.
Okano M. 1962b. The systematic study on the Japanese Crambinae (Lepidoptera, Pyralidae). Ann Rep Gakugei Fac Iwate Univ, 20(3): 83-137.
Okano M, Park S W. 1964. A revision of the Korean species of the family Heterogeneidae (Lepidoptera). Annual Report of the College of Liberal Art, University of Iwate, 22: 1-10.
Oku T. 1963. A new mint borer of Tortricidae from Japan, with description of a new genus (Lepidoptera: Tortricidae). Insecta Matsumurana, 26. 104-107.
Oku T. 1967. Tortricidea as agricultural and horticultural pests in Hokkaido, with special referrence to the host plants. Research Bulletin of the Hokkaido National Agricultural Experiment Station, 16: 44-62.
Oku T. 1974. Two new genera of Olethreutinae (Lepidoptera, Tortricidae) from Japan. Kontyû, 42(1): 12-16.
Olivier G A. 1789. Encyclopédie méthodique. Histoire naturelle 4. Insectes. i-ccclxxiij, 1-331. Paris et Liége.
Omelko M M. 1986. Review of the genus *Parachronistis* Meyr. (Lepidoptera: Gelechiidae) with description of new species from southern Maritime Territory. Entomologicheskoye Obozreniye, 4: 753-768.
Omelko M M. 1988. New genera and species of Gelechiini moths of the Tribe Gelechiini (Lepidoptera, Gelechiidae) from South Primorye. Entomologicheskoye Obozrenie, 67(1): 142-159.
Omelko M M. 1993. Gelechiid moths of the genus *Thiotricha* Meyr. (Lepidoptera, Gelechiidae) of the Primorye Territory, *In*: Moskalyuk T A. Biological Studies in Natural and Cultivated Ecosystems of the Primorye District. Vladivostok: Dalnauka, 201-215, 241, 242-251.
Omelko M M, Omelko N V. 1993. New and little known species of the gelechiid moths of the subfamilies Gelechiinae and Teleiodinae (Lepidoptera, Gelechiidae) from south Primorye. Biologicheskie Issledovaniya na Gornotaezhnoi Stantcii. Vypusk [Biological Studies at the Gornotaezhnaya Station, Ussuriisk], 1: 187-204.
Omelko N V, Omelko M M. 2004. New genus and species of gelechiid moths (Lepidoptera: Gelechiidae) from subfamily Teleiodinae in South Primorye. Biologicheski Issledovaniyana Gornotaezhnoi Stantcii. Vladivostok: Dalnauka, 9: 193-196, 222-223, 230.
Osthelder L. 1939. Die Schmetterlinge Südbayerns und der angrenzenden nördlichen Kalkalpen. II. Teil. Die Kleinschmetterlinge. 1. Heft. Vorwort, Pyralidae bis Tortricidae. Mitteilungen der Münchener Entomologischen Gesellschaft, 29(Suppl.): 1-112, pls. 1-2.
Osthelder L. 1941. Beiträge zur Kleinschmetterlingsfauna Kretas. Mitteilungen der Münchener Entomologischen Gesellschaft, 31: 365-370.
Owada M, Inada S. 2005. A new species of the genus *Balataea* (Lepidoptera, Zygaenidae, Procridinae) from Okinawa Island, the Ryukyus, with notes on related species and genera. Tinea, 19(1): 1-16.
Packard A S. 1864. Synopsis of the Bombycidae of the United States. Proceedings of the Entomological Society of Philadelphia, 3: 331-396.
Packard A S. 1874 [1873]. Catalogue of the Pyralidae of California, with descriptions of new Califomian Pterophoridae. Annals of the Lyceum New York, 10: 257-267.
Pagenstecher A. 1888. Beiträge zur Lepidopterenfauna des Malayischen Archipels V. Verzeichniss der Schmetterlinge von Amboina. Jahrbücher des Nassauischen Vereins für Naturkunde, 41: 85-279.
Pagenstecher A. 1900a. Die Lepidopterenfauna des Bismarck-Archipels. Zoologica, 27: 238-242.
Pagenstecher A. 1900b. Die Lepidopterenfauna des Bismarck-Archipels, Mit Berücksichtigung der thiergeographischen und

biologischen Verhältnisse, systematisch dargestellt. II. Theil, die Nachtfalter. Zoologica, 29: 1-268, pl. 2.

Park K T. 1981. A revision of the genus *Promalactis* of Korea (Lepidoptera: Oecophoridae). Korean Journal of Plant Protection, 20(1): 43-50.

Park K T. 1984. Description of two new species of Blastobasidae (Lepidoptera) from Korea. Korean Journal of Plant Protection, 23(1): 56-60.

Park K T. 1988. Systematic study on the genus *Anacampsis* (Lepidoptera, Gelechiidae) in Japan and Korea. Tinea, 12(16): 135-155.

Park K T. 1989a. A review of Blastobasidae (Lepidoptera) in Korea. Korean Journal of Applied Entomology, 28(2): 76-81.

Park K T. 1989b. Systematics of the subfamily Gelechiinae (Lepidoptera, Gelechiidae) in Korea I. Genera *Parachronistis* Meyrick and *Neochronistis* Park gen. nov. Korean Journal of Applied Entomology, 28(3): 154-166.

Park K T. 1990a. Three new species of genera *Brachyacma* Meyrick and *Aristotelia* Hübner (Lepidoptera: Gelechiidae). Korean Journal of Applied Entomology, 29(2): 136-143.

Park K T. 1990b. Two new species of Pyralidae (Lepidoptera) from Korea. Korean Journal of Entomology, 20(3): 139-144.

Park K T. 1991. Gelechiidae (Lepidoptera) from N. Korea with description of two new species. Annales Historico-Naturales Musei Nationalis Hungarici (Budapest), 83: 117-123.

Park K T. 1992. Systematics of the subfamily Gelechiinae (Lepidoptera, Gelechiidae) in Korea II: Tribe Teleiodini. Insecta Koreana, 9: 1-33.

Park K T. 1993a. Genera *Parastenolechia* Kanazawa and *Laris* Omelko (Lepidoptera: Gelechiidae) in Korea. Korean Journal of Applied Entomology, 32: 184-192.

Park K T. 1993b. Description of two new species of the tribe Teleiodini (Lepidoptera, Gelechiidae) from Korea. Japanese Journal of Entomology, 61(2): 307-312.

Park K T. 1993c. A review of the genus Hypatima and its related genera (Lepidoptera, Gelechiidae) in Korea. Insecta Koreana, 10: 25-49.

Park K T. 1994a. Genus *Dichomeris* in Korea, with descriptions of seven new species (Lepidoptera, Gelechiidae). Insecta Koreana, 11: 1-25.

Park K T. 1994b. Notes on *Chorivalva* and *Stenolechia* species in Korea, with new synonyms (Lepidoptera, Gelechiidae). Nota Lepidopterologica, 16: 281-289.

Park K T. 1995a. Gelechiidae of Taiwan. I. Review of *Anarsia*, with description of four new species (Lepidoptera: Gelechioidea). Tropical Lepidoptera, 6(1): 55-66.

Park K T. 1995b. Gelechiidae of Taiwan. II. *Hypatima* and allies, with descriptions of a new genus and five new species (Lepidoptera: Gelechioidea). Tropical Lepidoptera, 6(1): 67-85.

Park K T. 2000a. A new species of Gelechiidae (Lepidoptera) from Korea. Korean Journal of Systematic Zoology, 16(2): 165-168.

Park K T. 2000b. Lecithoceridae (Lepidoptera) of Taiwan (V): subfamily Torodorinae: *Thubana* Walker, *Athymoris* Meyrick, *Hololaguna* Gozmány, *Philharmonia* Meyrick. Insecta Koreana, 17(4): 229-244.

Park K T. 2000c. Lecithoceridae (Lepidoptera) of Taiwan (II): subfamily Lecithocerinae: genus *Lecithocera* Herrich-Schäffer and its allies. Zoological Studies, 39(4): 360-374.

Park K T. 2002. A revision of the genus *Nosphistica* Meyrick (Lepidoptera, Lecithoceridae). Zoological Studies, 41(3): 251-262.

Park K T. 2004. Families Gelechiidae and Lecithoceridae (Lepidoptera). Economic Insects of Korea 21. Insecta Koreana, (Suppl.) 28: 1-152.

Park K T. 2005. Two new species of the genus *Nosphistica* Meyrick (Lepidoptera, Lecithoceridae) from China and Vietnam. Journal of Asia-Pacific Entomology, 8: 123-125.

Park K T. 2012. Arthropoda: Insecta: Lepidoptera: Gelechiidae, Gelechiidae I. Insect Fauna of Korea, 16(6): 1-178.

Park K T. 2013. New genus, *Lepidozonates* Park, gen. nov. (Lepidoptera: Lecithoceridae) with description of three new species. Entomological Science, 16: 222-226.

Park K T, Hodges R W. 1995a. Gelechiidae (Lepidoptera) of Taiwan III. Systematic revision of the genus *Dichomeris* in Taiwan and Japan. Insecta Koreana, 12: 1-101.

Park K T, Hodges R W. 1995b. Gelechiidae of Taiwan IV. Genus *Helcystogramma* Zeller, with description of a new species (Lepidoptera, Gelechioidea). Korean Journal of Systematic Zoology, 11(2): 223-234.

Park K T, Karsholt O. 1999. Revision of the genus *Psoricoptera* Stainton, 1854 (Lepidoptera, Gelechiidae), with description of two new Asian species. Entomologica Fennica, 10(1): 35-49.

Park K T, Kim M. 2016. Two new species of the family Gelechiidae (Lepidoptera, Gelechioidea) from Korea. Oriental Insects, 50(4): 171-177.

Park K T, Park Y M. 1998. Genus *Promalactis* Meyrick (Lepidoptera: Oecophoridae) from Korea, with descriptions of six new species. Journal of Asia-Pacific Entomology, 1(1): 51-70.

Park K T, Ponomarenko M G. 2006a. A new species of *Parastenolechia* Kanazawa (Lepidoptera: Gelechiidae) from Korea, with a check list of the genus. Zootaxa, 1338: 49-55.

Park K T, Ponomarenko M G. 2006b. New faunistic Data for the family Gelechiidae in the Korea peninsula and NE China (Lepidoptera). SHILAP Revista de Lepidopterologia, 34(135): 275-288.

Park K T, Ponomarenko M G. 2007. Two new species of Gelechiidae (Lepidoptera) from Korea, with notes on the taxonomic status of *Telphusa euryzeucta* Meyrick. Proceedings of the Entomological Society of Washington, 109(4): 807-812.

Park K T, Wu C-S. 1997. Genus *Scythropiodes* Matsumura in China and Korea (Lepidoptera, Lecithoceridae), with description of seven new species. Insecta Koreana, 14: 29-42.

Park K T, Wu C-S. 2003. A revision of the genus *Autosticha* Meyrick (Lepidoptera: Oecophoridae) in Eastern Asia. Insecta Koreana, 20(2): 195-225.

Park K T, Wu C-S. 2009. Notes on five little known genera of Lecithoceridae (Lepidoptera), with three new species from Thailand. Journal of Asia-Pacific Entomology, 12: 261-267.

Petersen G. 1957. Die Genitalien der paläarktischen Tineiden (Lepidoptera: Tineidae). Beiträge zur Entomologie, 7: 55-176, 4 pls., 149 figs.; 338-379, 1 pl., 150-203 figs.; 557-595, 2 pls. 204-247 figs.; 8: 111-118, 398-430.

Petersen G. 1959. Tineiden aus Afghanistan mit einer Revision der Paläarktischen Scardiinen (Lepidoptera: Tineidae). Beiträge zur Entomologie, 9: 558-579, figs. 1-27, pl. 32.

Petersen G. 1961. Zur Identität und generischen Stellung von "*Tinea mendicella* Hb." und "*Tineapiercella* Bent." (Lepidoptera: Tineidae). Notulae Entomologicae, 41: 80-85, 7 figs.

Petersen G. 1968. Beitrtag zur Kenntnis der Ostmediterranen Tineiden (Lepidoptera: Tineidae, exclus. Nemapogoninae). Acta Societatis Entomologicae Cechosloveniae, 65: 52-66.

Petersen G. 1987. A new *Gerontha* (Tineidae) from China. Tinea, 12(Suppl.): 152-154.

Petersen G. 1991. Zur Taxonomie und Verbreitung der Hapsiferinae (Lepidoptera: Tineidae). Deutsche Entomologische Zeitschrift, 38(1-3): 27-33.

Petersen G, Gaedike R. 1982. Insects of Saudi Arabia (Lepidoptera: Tineidae). Fauna Saudi Arabia, 4: 333-346.

Petersen G, Gaedike R. 1993. Tineiden aus China und Japan aus der Hone-Sammlung des Museums Koenig (Leptidoptera: Tineidae). Bonner Zoologische Beiträge, 44(3-4): 241-250.

Pierce F N, Metcalfe J W. 1922. An account of the morphology of the male clasping organs and the corresponding organs of the female. The Genitalia of the group Tortricidae of the Lepidoptera of the British Islands. i-xxii, 102 pp., 34 pls. Oundle, Liverpool, England.

Pinkaew N. 2008. A new species and two new combinations in the genus *Fibuloides* Kuznetzov (Lepidoptera: Tortricidae: Eucosmini) from Thailand. Zootaxa, 1688: 61-65.

Pinkaew N, Chandrapatya A, Brown R L. 2005. Two new species and a new record of *Eucoenogenes* Meyrick (Lepidoptera: Tortricidae) from Thailand with a discussion of characters defining the genus. Proceedings of the Entomological Society of Washington, 107: 869-882.

Poda N. 1761. Insecta Musei Graecensis, quae in ordines, genera et species juxta Systema Naturae Linnaci digessit. 127 pp., 2 pls. Haeredes Widmanstadii.

Ponomarenko M G. 1989. A review of moths of the *Anarsia* Z. (Lepidoptera, Gelechiidae) of the USSR. Entomologicheskoe Obozrenie, 69(3): 628-641.

Ponomarenko M G. 1991. A new genus and new species of gelechiid moths of the subfamily Chelariinae (Lepidoptera, Gelechiidae) from the Far East. Entomologicheskoe Obozrenie, 70(3): 600-618.

Ponomarenko M G. 1993. *Dendrophilia* gen. n. (Lepidoptera, Gelechiidae) from the Far East with notes on biology of some species of the genus. Zoologicheskii Zhurnal, 72(4): 58-73.

Ponomarenko M G. 1997. Catalogue of the subfamily Dichomeridinae (Lepidoptera, Gelechiidae) of the Asia. Far Eastern Entomologist, 50: 1-67.

Ponomarenko M G. 1998. New taxonomic data on Dichomeridinae (Lepidoptera, Gelechiidae) from the Russian Far Esat. Far Eastern Entomologist, 67: 1-17.

Ponomarenko M G. 2004. Gelechiid moths (Lepidoptera, Gelechiidae) of the subfamily Dichomeridinae (Lepidoptera, Gelechiidae): functional morphology, evolution and taxonomy. *In*: Storozhenko S Y. Readings in Memory of Aleksandr Ivanovich Kurentsov. Vladivostok: Dalnauka, 15: 5-88.

Ponomarenko M G. 2009. Gelechiid moths of the subfamily Dichomeridinae (Lepidoptera: Gelechiidae) of the world fauna fauna. Vladivostok: Dalnauka, 389 pp.

Ponomarenko M G, Mey W. 2002. On the type material of the species described by H. Christoph from genus *Dichomeris* Hübner (Lepidoptera: Gelechiidae). Tinea, 17(2): 73-80.

Ponomarenko M G, Park K T. 1997. A new species of the genus *Scaeosopha* Meyrick (Lepidoptera: Cosmopterigidae, Scaeosophinae) from Korea. Korean Journal of Applied Entomology, 36(4): 287-289.

Ponomarenko M G, Ueda T. 2004. New species of the genus *Dichomeris* Hübner (Lepidoptera, Gelechiidae) from Thailand. Lepidoptera Science, 55(3): 147-159.

Popescu-Gorj A, Nemes I. 1965. Les Microlbpidoptbres de la Region de Suceava (Roumanie). Travaux du Muséum d'Histoire Naturelle "Grigore Antipa", 5: 147-184.

Poujade G A. 1886. New Lepidoptera from Thibet. Annales de la Société Entomologique de France, (6)6: 12-188.

Powell J A, Obraztsov N S. 1977. *Cudonigera*: a new genus for moths formerly assigned to *Choristoneura houstonana* (Tortricidae). Journal of the Lepidopterists' Society, 31: 119-123.

Pryer W B. 1877. Descriptions of new species of Lepidoptera from North China. Cistula Entomologica, 2(18): 231-235, pl. 1.

Pühringer F, Kallies A. 2004. Provisional check list of the Sesiidae of the world (Lepidoptera: Ditrysia). Mitteilungen der Entomologischen Arbeitsgemeinschaft Salzkammergut, 4: 1-85.

Qi M-J, Sun Y-H, Li H-H. 2017. Taxonomic review of the genus *Orybina* Snellen, 1895 (Lepidoptera, Pyralidae, Pyralinae), with description of two new species. Zootaxa, 4303(4): 545-558.

Qi M-J, Zuo X-H, Li H-H. 2020. Taxonomic study of genus *Peucela* Ragonot, 1891 (Lepidoptera, Pyralidae) in China, with descriptions of three new species. ZooKeys, 976: 147-158.

Qin H-Y, Zheng Z-M. 1997. One new species and one new recorded Species and one new recorded genus of Pterophoridae from China (Lepidoptera). Acta Agriculturae Boreali-Occidentalis Sinica, 6(1): 11-13.

Rafinesque C S. 1815. Analyse de la Nature, ou Tableau de l'Univers et des Corps Organisés. Palerme, 224 pp.

Ragonot E L. 1885. Revision of the British species of Phycitidae and Galleriidae. The Entomologist's Monthly Magazine, London, 22: 17-32, 52-60.

Ragonot E L. 1887a. Diagnoses d'espèces nouvelles de Phycitidae d'Europe et des Pays limitrophes. Annales de la Société Entomologique de France, Paris, (6)7(3): 225-260.

Ragonot E L. 1887b. Diagnoses of North American Phycitidae and Galleriidae. Paris: Published by the author, 20 pp.

Ragonot E L. 1888. Nouveaux genres et espèces de Phycitidae & Galleriidae. Paris: Publié par l'auteur, 1-52.

Ragonot E L. 1890. Notes suivantes sur les Pyralites. Bulletin des séances de la Société entomologique de France, (6)10(2): xcii-xciii.

Ragonot E L. 1891a. Essai sur la classification des Pyralites. Annales de la Société Entomologique de France, Paris, 60(1890): 435-546, pls. 5, 7, 8.

Ragonot E L. 1891b. Essai sur la classification des Pyralites (suite). Annales de la Société Entomologique de France, Paris, 60(1890): 15-114.

Ragonot E L. 1892. Essai sur la classification des Pyralites note supplémentaire et rectificative (1). Annales de la Société Entomologique de France, Paris, 60(1891): 599-662.

Ragonot E L. 1893. Monographie des Phycitinae et des Galleriinae. *In*: Romanoff N M. Mémoires sur les Lépidoptères 7. St. Petersburg: i-lvi, 1-658, pls. 1-23.

Ragonot E L. 1894. Notes synonymiques sur les microlépidoptères et descriptions d'espèces peu connues ou inédites. Annales de la Société Entomologique de France, Paris, 63: 161-226, pl. 1.

Ragonot E L. 1895a. Deux microlépidoptères très nuisibles à la canne à sucre, Diatraea saccaralis Fabr. (obliteratellus Z.) d'Amérique et Diatraea striatalis Snell., de Java, de l'Ile Maurice et de La Réunion. Annales de la Société entomologique de France, 64: ccxxi-ccxxiii.

Ragonot E L. 1895b. Microlépidoptères de la Haute-Syrie récoltés par M. Ch. Delagrange et descriptions des espèces nouvelles. Annales de la Société Entomologique de France, 64: 94-109.

Ragonot E L. 1901. Monographie des Phycitinae et des Galleriinae. *In*: Romanoff N M. Mémoires sur les Lépidoptères 8. St. Petersburg: i-xli, 1-507, 560, pls. 24-57.

Ragonot E L, Hampson G F. 1901. Monographie des Phycitinae et des Galleriinae. *In*: Romanoff N M. Mémoires sur les Lépidoptères VIII 8. St. Petersburg, 1-602.

Rambur P. 1858-1866. Catalogue systematique des lépidoptères de l'Andalousie. 1: 1-92(1858), 2: 93-442([1866]). J B Bailliere, Paris; H Balliere, Londres; Bailly-Bailliere, Madrid; H. Bailliere, New-York.

Ratzeburg J T C. 1840. Die forst-insecten oder Abbildung und Beschreibung. Nicolai'sche Buchhandlung, Berlin, 2: 252 pp.

Razowski J. 1960. The genitalia of some Asiatic Tortricidae (Lepidoptera) described by E. Meyrick. Polskie Pismo entomologiczne, 30(20): 381-396.

Razowski J. 1962. Studies on Cochylidae (Lepidoptera). Part VII. Revision of the group "Lozopera STEPHENS" of the genus Aethes BILL. Acta Zoologica Cracoviensia, 7: 391-421.

Razowski J. 1964. Studies on the Cochylidae (Lepidoptera). Part IX. Revision of CARADJA's collection with descriptions of new species. Acta Zoologica Cracoviensia, 9: 337-354.

Razowski J. 1968. Revision of the genus Eupoecilia Stephens (Lepidoptera, Cochylidae). Acta Zoologica Cracoviensia, 13: 103-130.

Razowski J. 1970. Cochylidae. *In*: Amsel H G, Gregor F, Reisser H. Microlepidoptera Palaearctica. Wien: 3: 1-528, 161 pls.

Razowski J. 1971. The type specimens of the species of some Tortricidae (Lepidoptera). Acta Zoologica Cracoviensia, 16(10): 463-542.

Razowski J. 1974. Description of four new species of the Tortricini (Lepidoptera: Tortricidae). Acta Zoologica Cracoviensia, 19(8): 147-154.

Razowski J. 1977a. Monograph of the genus Archips Hübner (Lepidoptera, Tortricidae). Acta Zoologica Cracoviensia, 22(5): 55-206.

Razowski J. 1977b. New Asiatic *Archipina* (Lepidoptera: Tortricidae). Bulletin de l'Academie Polonaise des Sciences, Series des Sciences Biologique, (2)25(5): 323-329.

Razowski J. 1984. Chinese Archipini (Lepidoptera: Tortricidae) from the Höne collection. Acta Zoologica Cracoviensia, 27(15): 269-286.

Razowski J. 1985. On the generic groups *Saphenista* and *Cochylis* (Tortricidae). Nota Lepidopterologica, 8(1): 55-60.

Razowski J. 1987. Motyle (Lepidoptera) Poloski. VII. Supplement and Eucosmini. Monografie Fauny Polski, 15: 1-268.

Razowski J. 1989. The genera of Tortricidae (Lepidoptera). Part II: Palaearctic Olethreutinae. Acta Zoologica Cracoviensia, 32(7): 107-328.

Razowski J. 1992. Comments of Choristoneura Lederer, 1859 and its species (Lepidoptera: Tortricidae). SHILAP Revista de Lepidopterología, 20(77): 7-28.

Razowski J. 1993. The catalogue of the species of Tortricidae (Lepidoptera) part 2: Palaeactic Sparganothini, Euliini, Ramapesiini and Archipini. Acta Zoologica Cracoviensia, 35(3): 665-703.

Razowski J. 1995. Catalogue of the species of Tortricidae (Lepidoptera). Part IV. Palearctic Olethruetinae: Microcorsini, Bactrini, Endotheniini and Olethreutini. Acta Zoologica Cracoviensia, 38(2): 285-324.

Rebel H. 1900. Neue Paläarktische Tineen. Deutsche entomologische Zeitschrift Iris, 13: 161-188.

Rebel H. 1901. II: Theil: Pyralidae-Micropterygidae. *In*: Staudinger O, Rebel H. Catalog der Lepidopteren des Palaearktischen Faunengebietes. Berlin: R. Friedlander, Sohn, i-xxxii, 1-411, 1-368.

Ren Y-D, Li H-H. 2006. Review of *Ammatucha* Turner with descriptions of three new species (Lepidoptera: Pyralidae: Phycitinae). Zootaxa, 1131: 59-68.

Ren Y-D, Li H-H. 2016. Review of *Pseudacrobasis* Roesler, 1975 from China (Lepidoptera, Pyralidae, Phycitinae). ZooKeys, 615: 143-152.

Ren Y-D, Yang L-L, Li H-H. 2015. Taxonomic review of the genus *Indomyrlaea* Roesler & Küppers 1979 of China, with descriptions of five new species (Lepidoptera: Pyralidae: Phycitinae), Zootaxa, 4006(2): 311-329.

Ren Y-D, Yang L-L, Liu H-X, Li H-H. 2020. Taxonomic review of the genus *Dusungwua* Kemal, Kizildağ & Koçak, 2020 (Lepidoptera: Pyralidae), with descriptions of six new species and propositions of synonyms. Zootaxa, 4894(3): 341-365.

Reutti C H. 1898. Übersicht der Lepidopteren-Fauna des Großherzogtums Baden (und der anstoßenden Länder). S. Berlin: XII+361.

Rhainds M, Davis D R, Price P W. 2008. Bionomics of Bagworms (Lepidoptera: Psychidae). Annals Review Entomology, 54: 209-226.

Ridout B V. 1981. Species described within the genus *Depressaria* by Matsumura (Lepidoptera). Insecta Matsumurana, 24: 29-47.

Riedl T. 1993. *Amneris flexiloquella* gen. et sp. n. d'Espagne (Lepidoptera, Cosmopterigidae). Polskie Pismo Entomologiczne, 62(1-4): 113-116.

Riedl T. 1996. *Euamneris*-new name for *Amneris* Riedl (Lepidoptera: Cosmopterigidae). Annals of the Upper Silesian Museum in Bytom Entomology, 6-7: 299.

Robinson G S. 1980. Cave-dwelling tineid moths: a taxonomic review of the world species (Lepidoptera: Tineidae). Transactions of the British Cave Research Association, 7(2): 83-120.

Robinson G S. 1986a. A new species of *Cephimallota* (Lepidoptera: Tineidae) from Nepal. Entomologist's Gazette, 37: 93-97.

Robinson G S. 1986b. Fungus moths: a review of the Scardiinae (Lepidoptera: Tineidae). Bulletin of the British Museum (Natural Histor), Entomology, 52(2): 37-181.

Robinson G S. 2008. Hidden diversity in small brown moths-the systematics of *Edosa* (Lepidoptera: Tineidae) in Sundaland. Systematics and Biodiversity, 6(3): 319-384.

Roesler R U. 1965 (1964). Untersuchungen über die Systematik und Chorologie des *Homoeosoma-Ephestia*-Komplexes (Lepidoptera: Phycitinae). Inaugural-Dissertation, Saarbrücken: 266 pp, 342 figs.

Roesler R U. 1969a. Ergebnisse der Albanien-Expedition 1961 des Deutschen Entomologischen Institutes. 81. Beitrag. Lepidoptera, Phycitidae I (Phycitinae). Beiträge zur Entomologie, 19(7-8): 961-975.

Roesler R U. 1969b. Phycitinae aus der Türkei und aus Griechenland (Lepidoptera, Pyralidae). Entomologische Zeitschrift, Frankfurt am Main, 79: 197-210, 6 figs.

Roesler R U. 1969c. Phycitinen-Studien VII (Lepidoptera, Pyralidae). Entomologische Zeitschrift, Frankfurt am Main, 79(22): 245-260.

Roesler R U. 1969d. Phycitinen-Studien VIII (Lepidoptera, Pyralidae). Bonner Zoologische Beiträge, 20(4): 396-407.

Roesler R U. 1971. Phycitinen-Studien IX (Lepidoptera, Pyralidae). Entomologische Zeitschrift, Frankfurt am Main, 81: 177-192, 14 figs.

Roesler R U. 1972. Phycitinen-Studien X. (Lepidoptera, Pyralidae). Entomologische Zeitschrift, Frankfurt am Main, 82(23): 257-267, 14 figs.

Roesler R U. 1973. Phycitinae. Trifine Acrobasiina. Part 1: i-xvi, 1-752; ibidem Part 2: 1-137, pls. 1-170. *In*: Amsel H G, Gregor F, Reisser H. Microlepidoptera Palaearctica. 44(1-2). Wien: Georg Fromme & Co.

Roesler R U. 1975. Phycitinen-Studien XI (Lepidoptera: Phycitinae). Neue Phycitinae aus China und Japan. Deutsche Entomologische Zeitschrift (N. F.), Berlin, 22: 79-112, figs. 1-40.

Roesler R U. 1980. Die Taxonomie des Zünslers *Pollichia* gen. n. *semirubella* (Scopoli 1763) comb. n. (Phycitinen-Studien XIX [Lepidoptera: Pyralidae]). Mitteilungen der Pollichia des Pfälzischen Vereins für Naturkunde und Naturschutz, Bad Durkheim, 68: 6-25, figs. 1-7.

Roesler R U. 1983. Die Phycitinae von Sumatra (Lepidoptera: Pyralidae). Heterocera Sumatrana, Keltern, 3: 1-136, pls. 1-69.

Roesler R U. 1985. Neue Resultate in der Benennung von Termini bei Phycitinae (Lepidoptera, Pyraloidea) mit Neunachweisen für Europa. Neue Entomologische Nachrichten, 17: 29-38.

Roesler R U. 1987a. Die bisher als *Rhodophaea* gelaufige Gattung *Trachycera* Ragonot, 1893 (Lepidoptera, Pyralidae, Phycitinae) in der Palaarktis-Taxonomische Neuorientierung und Beschreibung neuer Taxa. Entomologische Zeitschrift, Frankfurt am Main, 97(21): 305-319.

Roesler R U. 1987b. Die Gattung *Conobathra* Meyrick 1886 (Lepidoptera, Pyraloidea, Phycitinae) in der Palaarktis-Taxonomische Neuorientierung and Beschreibung neuer Taxa. Entomologische Zeitschrift, Frankfurt am Main, 97(3): 17-26.

Roesler R U, Küppers P V. 1979. Die Phycitinae (Lepidoptera: Pyralidae) von Sumatra; Taxonomie Teil A. Beiträge zur Naturkundlichen Forschung in Südwestdeutschland, Karlsruhe Beih, 3: 1-249.

Roesler R U, Küppers P V. 1981. Beiträge zur Kenntnis der Insektenfauna Sumatras. Teil 9. Die Phycitinae (Lepidoptera: Pyralidae) von Sumatra; Taxonomie Teil B, Ökologie und Geobiologie. Beiträge zur Naturkundlichen Forschung in Südwestdeutschland, 4: 1-282, 4 Text Abbildung, 42 Tafel.

Roesler R U, Speidel W. 1981. *Paracymoriza bleszynskialis* n. sp., eine neue Acentropine aus China (Lepidoptera-Pyraloidea-Acentropinae). Articulata, 1: 201-206.

Rondani C. 1876. Papilionaria aliqua microsoma nuper observata. Bollettino della Societa Entomologica Italiana, 8: 19-24, pl. 1, figs. 1-15.

Rothschild L W. 1912. Beiträge zur Lepidopteren-Fauna Ungarns. Rovartani Lapok, 19: 167-180. Budapest.

Rothschild L W. 1915. Macrolepidoptera. *In*: Rothschild W, Durrant J H. Lepidoptera of the British Ornithologists' Union and Wollaston expeditions in the Snow Mountains, southern Dutch New Guinea. Zoological Museum, Tring, 2(15): 1-148 (Appendix), pls. 1-2.

Rottemburg S A von. 1775. Anmerkungen zu den Hufnagelischen Tabellen der Schmetterlinge. Zweyte Abtheilung. Der Naturforscher, 7: 105-112.

Royle J F. 1840. Illustrations of the botany and other branches of the natural history of the Himalayan Mountains and of the flora of Cashmere. London: 1: 472 pp.

Sakai M, Saigusa T. 1999. A new species of *Obesoceras* Petersen, 1957 from Japan (Lepidoptera: Tineidae). Entomological Science, 2(3): 405-412.

Sakamaki Y. 2013. Gelechiidae. *In*: Hirowatari T, Nasu Y, Sakamaki Y. The Standard of Moths in Japan. Tokyo: Gakken Education Publishing, III: 1-359.

Sasaki A. 1991. Notes on the Scopariinae (Lepidoptera, Pyralidae) from Japan, with descriptions of five new species. Tinea, 13(11): 95-106.

Sasaki A. 2012. Notes on Japanese Peoriini (Phycitinae, Pyralidae), with descriptions of fourteen new species. Tinea, 22(1): 75-96.

Sasaki C. 1913. *Stenoptilia vitis* n. sp., grape plume moth. Insect World (Gifu), 17(1): 3-5.

Sattler K. 1960. Generiche Gruppierung der europäischen Arten der Sammelgattung *Gelechia* (Lepidoptera, Gelechiidae) (auf Grund der Untersuchungen der männlichen und weiblichen Genitalarmaturen). Deutsche Entomologische Zeitschrift NF, 7(1-2): 10-118.

Sattler K. 1967. Ethmiidae. Microlepidoptera Palaearctica. Vol. 2. Wien: Verlag Georg Fromme & Co., 185 pp.

Sattler K. 1973. A catalogue of the family-group and genus-group names of the Gelechiidae, Holcopogonidae, Lecithoceridae and Symmocidae (Lepidoptera). Bulletin of the British Museum (Natural History), Entomology, 28(4): 155-282.

Sattler K. 1982. A review of the western Palaearctic Gelechiidae (Lepidoptera) associated with *Pistacia*, *Rhus* and *Cotinus* (Anacardiaceae). Entomologist's Gazette, 33: 13-32.

Sattler K. 1999. The systematic position of the genus *Bagdadia* (Gelechiidae). Nota Lepidopterologica, 22(4): 234-240.

Sauber C J A. 1902. Familie Tineina. *In*: Semper G. Die Schmetterlinge der philippinischen Inseln. Beitrag zur indo-malayischen

Lepidopteren-fauna. Reisen in Archipel der Philippirzerz. Wiesbaden: C. W. Kreidel, 2(6): 625-728.

Saunders H. 1844. Description of a species of moth destructive to the cotton crops in India. Transactions of the Entomological Society of London, 3: 284-285.

Saunders H. 1851. On insects injurious to the cotton plant. Transactions of the Entomological Society of London, (2)1: 158-166, pl. 12.

Sauter W, Hättenschwiler P. 1999. Zum System der paläarktischen Psychiden (Lep. Psychidae). 2. Teil: Bestimmungsschlussel für die Gattungen. Nota Lepidopterologica, 22(4): 262-295.

Schawerda K. 1922. Ussuriensia. Zeitschrift des Österreichischen entomologen-Vereines, Vienna, 7: 10-11.

Schläger F. 1848. Berichte des Lepidopterologischen Tauschvereins uber die Jahre 1842 bis 1847. Jena: 252 pp.

Schouten R T A. 1992. Revision of the genera *Euchromius* Guenée and *Miyakea* Marumo (Lepidoptera: Crambidae: Crambinae). Tijdschrift voor Entomologie, 135: 191-274.

Schrank F P. 1802. Fauna Boica. Durchgedachte Geschichte der in Baiern einheimischen und zahmen Thiere. Ingolstadt: Johann Wilhelm Krüll, 2(2): i-viii, 1-412.

Scopoli G A. 1772. Observationes zoologicae. Annus V. Historico Naturalis. Christian Gottlob Hilscheri, Lipsiae, 5: 1-128.

Scopoli J A. 1763. Entomologia Carniolica exhibens insecta carnioliae indigine et distributa in ordines, genera, species, varietates methodo Linnaeana. J. T. Joannis Thomae Trattner, Vindobonae: 1-420, 815 figs.

Seitz A. 1913 [1912]. The Macrolepidoptera of the World. Stuttgart: Fritz Lehmann Verlag, 2: 1-479.

Semenov A E, Kuznetsov V I. 1956. Sibirskaja lukovaja mol' *Acrolepia alliella* sp. n. kak novyj verditel' luka na krajnem severe. Zoologicheskii Zhurnal, 35: 1676-1680.

Service M W. 1966. A new species of *Stenoptilodes* (Lep. Pterophoridae) from Northern Nigeria, with notes on its biology. Proceedings of the Royal Entomological Society of London, (B)35: 139-142.

Shaffer M, Nielsen E S, Horak M. 1996. Pyraloidea. *In*: Nielsen E S, Edwards E D, Rangsi T V. Checklist of the Lepidoptera of Australia. Monographs on Australian Lepidoptera. Canberra: CSIRO Division of Entomology, 4: 164-199.

Sharp D. 1913. Insecta. Lepidoptera. *In*: Sharp D. The Zoological Record Volume the forty-ninth being records of zoological literature relating chiefly to the year 1912. London: Zoological Society of London, 297-371.

Shibuya F E S. 1928. The Systematic Study on the Japanese Pyralinae. Journal of the Faculty of Agriculture, Hokkaido Imperial University, 21(4): 149-176.

Shibuya J. 1927a. A Study on the Japanese Epipaschiinae. Transactions of the Natural History Society of Formosa, 17: 344-350.

Shibuya J. 1927b. Some new and unrecorded species of Pyralidae from Corea (Lepid.). Insecta Matsumurana, Sapporo, 2(2): 87-102.

Shibuya J. 1928. The systematic study on the Formosan Pyralidae. Journal of the Faculty of Agriculture, Hokkaido Imperial University, Sapporo, 22(1): 1-300, pls. 1-9.

Shibuya J. 1929. On the known and unrecorded species of the Japanese Pyraustinae (Lepid.). Journal of the Faculty of Agriculture, Hokkaido Imperial University, 25: 151-242. Sapporo.

Shiraki T. 1913. Ippan Gaityu ni kansuru Tyosa. Taiwan Noji-Shikoku Tokub-Hok, 8: 388-406.

Sinev S Yu. 1985. New species of the genus *Cosmopterix* Hb. (Lepidoptera, Cosmopterigidae) from the Far East of the USSR. Trudy Zoologicheskogo Instituta, 134: 73-94.

Sinev S Yu. 1986. A review of blastobasid moths (Lepidoptera, Blastobasidae) in the fauna of the USSR. Trudy Zoologicheskogo Instituta, Leningrad, 145: 53-71.

Sinev S Yu. 1988. A review of bright-legged moths (Lepidoptera: Stathmopodidae) in the fauna of USSR. Trudy Zoologicheskogo Instituta, Leningrad, 178: 104-133.

Sinev S Yu. 1995. New species of bright-legged moths (Lepidoptera: Stathmopodidae) from South Vietnam. Trudy Zoologicheskogo Instituta, St. Petersburg, 258: 138-251.

Sinev S Yu. 1997. A review of the narrow-winged moths of the genus *Cosmopterix* Hb. (Lepidoptera, Cosmopterigidae) of Palaearctic Region. Entomologicheskoe Obozrenie, 76(4): 813-829, 953.

Sinev S Yu. 2002. World catalogue of cosmopterigid moths (Lepidoptera: Cosmopterigidae). Proceedings of the Zoological Institute, St. Petersburg, 293: 1-183.

Sinev S Yu. 2008. Blastobasidae. *In*: Sinev S Yu. Catalogue of the Lepidoptera of Russia. St. Petersburg & Moscow: KMK Scientific Press Ltd., 83, 327.

Sinev S Yu. 2014. World Catalogue of Blastobasid Moths (Lepidoptera, Blastobasidae). St. Petersburg: Zoological Institute RAS, 108.

Sinev S Yu. 2015. World catalogue of bright-legged moths (Lepidoptera, Stathmopodidae). St. Petersburg: Zoological Institute RAS, 84 pp.

Skala H. 1928. Neue Pyralidenformen (Microlep.). Entomologische Zeitschrift, 42(9): 105-106.

Slamka F. 2013. Pyraustinae and Spilomelinae. Pyraloidea of Europe, 3. Bratislava, 357 pp.

Snellen P C T. 1872. Bijdrage tot de Vlinder-fauna van Neder-Guinea, Zuidwestelijk gedeelte van Afrika. Tijdschrift voor Entomologie's Gravenhage, 15: 1-110.

Snellen P C T. 1875. Opgave der Geometrina en Pyralidina, in Nieuw Granada en op St. Thomas en Jamaica verzameld door W. Baron von Nolcken, met beschrijving en afbeelding der nieuwe soorten. Tweede Afdeeling: Pyralidina. Tijdschrift voor Entomologie, 18: 187-264.

Snellen P C T. 1877. Heterocera op Java verzameld door Mr. M C Piepers, met aanteckeningen en beschrijvingen der nieuwe soorten. Tijdschrift voor Entomologie, 20: 1-50, 3 pls.

Snellen P C T. 1879. Lepidoptera van Celebes, verzameld doot Mr. M. C. Piepers, met aanteekeningen en beschrijving der nieuwe soorten. Tijdschrift voor Entomologie, 22: 61-126, pls. 6-10.

Snellen P C T. 1880. Nieuwe Pyraliden op het Eiland Celebes gevonden door Mr. M. C. Piepers. Tijdschrift voor Entomologie, 23: 198-250.

Snellen P C T. 1880 [1892]. Lepidoptera. In: Veth P J. Midden-Sumatra. Reizen en onderzoekingen der Sumatra-Expeditie uitgerust door het aardrijkskundig genootschap 1877-1879. 4(1)4(8). Leiden: E. J. Brill, 1-92, pls. 1-5.

Snellen P C T. 1883. Nieuwe of weing bekende microlepidoptera van Noord-Azie. Tijdschrift voor Entomologie, 26: 181-228, Taf. 11-13.

Snellen P C T. 1884. Nieuwe of weinig bekende Microlepidoptera van Noord-Azie. Tijdschrift voor Entomologie, 27: 151-196.

Snellen P C T. 1888. Azazia henriei, nieuwe sort der Siculina (Lepidoptera, Heterocera), met afbeelding door Dr. J. Van Leeuwen jr. Tijdschrift voor Entomologie, 32: 1-4.

Snellen P C T. 1890a. A catalogue of the Pyralidina of Sikkim collected by Henry J. Elwes and the late Otto Möller, with notes by H. J. Elwes. Transactions of the Entomological Society of London: 557-647, pls. 19-20.

Snellen P C T. 1890b. Aanteekeningen over Lepidoptera schadelijk voor het suikerriet. Mededelingen van het Profstation suikerbieteelt W-Java, Kagok-Tegal, 1: 94-97.

Snellen P C T. 1893. Beschrijving en Afbeelding van eenige nieuwe of weinig bekende Crambidae. Tijdschrift voor Entomologie, 36: 54-66.

Snellen P C T. 1895. Aanteekeningen over Pyraliden. Tijdschrift voor Entomologie, 38: 103-160.

Snellen P C T. 1900. In: Piepers M C, Snellen P C T. Enumeration des Lepidopteres Heteroceres recueillis a Java. Tijdschrift voor Entomologie, 43: 45-108.

Snellen P C T. 1902 (1901). Beschrijvingen van nieuwe exotische Tortricinen, Tineinen en Pterophorinen benevens aanteekeningen over reeds bekend gemaakte soorten, II. Tijdschrift voor Entomologie, 44: 67-89.

Snellen P C T. 1903. Beschrijvingen van nieuwe exotische Tortriciden, Tineiden en Pterophorinen, benevens aanteekeningen over reeds bekend gemaakte soorten. Tijdschrift voor Entomologie, 46: 25-57.

Sobczyk T. 2011. World Catalogue of Insects. Vol. 10. Psychidae (Lepidoptera). Stenstrup: Apollo Books, 467 pp.

Sodoffsky C H W. 1837. Etymologische Untersuchungen uber die Gattungnamen der Schmetterlinge. Bulletin de la Société Imperiale des Naturaliste de Moscou, 10(6): 76-97.

Solis M A. 1992. Checklist of the Old World Epipaschiinae and the related New World genera *Macalla* and *Epipaschia* (Pyralidae). Journal of the Lepidopterists' Society, 46(4): 280-297.

Solovyev A V. 2005. Brief review of the genus *Mahanta* Moore, 1879 (Lepidoptera, Limacodidae). Tinea, 18(4): 261-269.

Solovyev A V. 2009. Notes on South-East Asian Limacodidae (Lepidoptera, Zygaenoidea) with one new genus and eleven new species. Tijdschrift voor Entomologie, 152: 167-183.

Solovyev A V. 2011. New species of the genus *Parasa* (Lepidoptera, Limacodidae) from Southeastern Asia. Entomological Review, 91(1): 96-102.

Solovyev A V, Witt T J. 2009. The Limacodidae of Vietnam. Entomofauna, Suppl. 16: 33-321.

Solovyev A V, Witt T J. 2011. Two new species of *Pseudiragoides* Solovyev & Witt, 2009 from China (Lepidoptera: Limacodidae). Entomologische Zeitschrift Stuttgart, 121(1): 36-38.

Sonan J. 1935. Psychidae of Formosa. Transactions of the Natural History Society of Formosa, 25: 448-455.

Song S-M, Chen F-Q, Wu C-S. 2009. A review of the genus *Gargela* Walker in China, with descriptions of ten new species (Lepidoptera: Crambidae, Crambinae). Zootaxa, 2090: 40-56.

Song S-M, Wang J-S, Wu Y-Y. 2002. A study on the genus *Prionapteron* Bleszynski (Lepidoptera: Pyralidae). Entomologia Sinica, 9(2): 69-72.

Sorauer P, Reh L. 1925. Handbook der Pflanzenkrankh. Berlin: Verlag Paul Parey, 4: 1-483.

South R. 1882. Contributions to the history of the British Pterophorini. The Entomologist, 15: 31-149.

South R. 1901. Lepidoptera Heterocera from China, Japan, and Corea by the late John Henry Leech, B. Z., F. L. S., etc. Part V: with descriptions of new species by Richard South, F. E. S. Transactions of the Entomological Society of London, (Part IV): 385-514.

Spatenka K. 1992. Contribution à la stabilisation de la taxinomie des Sésiides paléartiques (Lepidoptera, Sesiidae). Alexanor, 17(8):

479-503.

Spatenka K, Lastuvka Z, Gorbunov O, Tosevski I, Arita Y. 1993. Die Systematik und Synonymie der paläarktischen Glasflügler-Arten (Lepidoptera, Sesiidae). Nachrichten des Entomologischen Vereins Apollo (N. F.), 14(2): 81-114.

Speidel W. 1984. Revision der Acentropinae des Palaearktischen Faunengebietes (Lepidoptera: Crambidae). Neue Entomologische Nachrichten, 12: 1-157.

Speidel W, Mey W. 1999. Catalogue of the Oriental Acentropinae (Lepidoptera, Crambidae). Tijdschrift voor Entomologie, 142: 125-142.

Spuler A. 1901-1908. Die Schmetterlinge Europas. E. Stuttgart, Germany: Schweizerbart'she Verlagsbuchhandlung, 1: 1-385, figs. 1-113.

Spuler A. 1903-1910. Die Schmetterlinge Europas. E. Stuttgart, Germany: Schweizerbart'she Verlagsbuchhandlung, 2: 1-523, figs. 1-239.

Stainton H T. 1849. An attempt at a Systematic Catalogue of the British Tineidae & Pterophoridae. London: John van Voorst, i-iv, 1-32.

Stainton H T. 1851. A Supplementary Catalogue of the British Tineidae & Pterophoridae. London: iv+28 pp.

Stainton H T. 1854. Insecta Britannica. Lepidoptera: Tineina. London: Lovell Reeve, 313 pp, 10 pls.

Stainton H T. 1856a. Descriptions of three species of Indian Micro-Lepidoptera. Transactions of the Entomological Society of London, New Series (Ser. 2), 3(8): 301-304.

Stainton H T. 1856b. Lepidoptera. New British species in 1855. London: Entomologist's Annual: 33.

Stainton H T. 1859a. A manual of British Butterflies and Moths. London: John van Voorst, Paternoster Row, 2: vii-xi, 1-480.

Stainton H T. 1859b. Descriptions of Twenty-five species of Indian Micro-Lepidoptera. Transactions of the Entomological Society of London (New Series), 5: 111-126.

Staudinger O. 1854. De Sesiis agri Berolinensis. Berlin: Berlin University Press, ii + 66 pp.

Staudinger O. 1859. Diagnosen nebst kurzer Beschreibungen neuer andalusischer Lepidopteren. Stettiner Entomologische Zeitung, 20(7-9): 211-259.

Staudinger O. 1870-1871. Beschreibung neuer lepidopteren des europaeischen Faunengebietes. Berliner Entomologische Zeitschrift, 14: 97-132, 193-208 (1870); 273-330 (1871).

Staudinger O. 1876. Beiträge zur Lepidopteren-Fauna Sicilien's. Stettiner Entomologische Zeitung, 37(4-6): 138-150.

Staudinger O. 1879-1880. Lepidoplcren-Fauna Kleinasien's (Fortsetzung). Horae Societatis Entomologicae Rossicae, 15: 159-368(1879); 369-435(1880).

Staudinger O. 1884. Beitrag zur Kenntniss der Lepidopteren-Fauna des Achal-Tekke-Gebiets. *In*: Romanoff N M. Mémoires sur les Lépidoptères, 7: 139-154, pl. 9.

Staudinger O. 1887. Neue Arten und Varietaten von Lepidopteren aus dem Amur-Gebiet. Memoires sur les Lepidopteres, 3: 195-200.

Staudinger O. 1892a. Die Macrolepidopteren des Amurgebietes, 1. Theil. Rhopalocera, Sphinges, Bombyces, Noctuae. *In*: Romanoff N M. Mémoires sur les Lépidoptères, 6: 83-290.

Staudinger O. 1892b. Folgende auf Tafel III abgebildete Arten werden im nächsten Bande dieser Zeitschrift noch beschrieben. Deutsche Entomologische Zeitschrift Iris, 5: 466, pl. 3.

Staudinger O. 1892c. Lepidopteren des Kentei-Gebirges. Deutsche Entomologische Zeitschrift Iris, 5: 277-393.

Staudinger O, Rebel H. 1901. Catalog der Lepidopteren des Palaearctischen Faunengebietes. Berlin: Friedländer & Sohn, 2: 1-368.

Stephens J F. 1829-1835. Illustrations of British Entomology: or, a Synopsis of Indigenous Insects: containing their generic and specific distinctions; with an account of their metamorphoses, times of appearance, localities, food, and economy, as far as practicable. London: Baldwin & Cradock, 2: 1-200, pls. 13-24 (1829); 3: 1-333, pls. 25-32; 4: 1-384, pls. 33-40 (1834); 385-433 (1835).

Stephens J F. 1829a. A Systematic Catalogue of British Insects: an attempt to arrange all the hitherto discovered Insects in accordance with their natural affinities. London: Insect Haustellata, 2: 1-388.

Stephens J F. 1829b. The Nomenclature of British Insects: being a list of such species as are contained in the Systematic Catalogue of British Insects, and forming a guide to their classification. London: 2: 1-68.

Stephens J F. 1834. Illustrations of British Entomology; or, a synopsis of indigenous insects: containing their generic and specific distinctions; with an account of their metamorphoses, times of appearance, localities, food, and economy, as far as practicable. London: Baldwin and Cradock, 1-433 + [3], pls. 33-41.

Stephens J F. 1835. Illustrations of British Entomology; or a synopsis of indigenous insects (Haustellata). London: Baldwin and Cradock, 5: 369-447.

Stephens J F. 1852. List of the Specimens of the British Animals in the Collection of the British Museum. Part 10. Lepidoptera. London: 1-120 pp.

Stoll C. 1782. *In*: Cramer P. 1780-1782. Papillons exotiques, des trois parties du monde l'Asie, l'Afrique et l'Amerique, 4: 1-28, pls.

289-304 (1780) (by Cramer); 29-90, pls. 305-336 (1780), 91-164, pls. 337-372 (1781), 165-252, pls. 373-400 (1782), 1-29 (1782) (by Stoll). Baalde S J, Wild B, Amsterdam & Utrecht.

Strand E. 1900. Einige Arktische Aberrationen von Lepidopteren. Entomologische Nachrichten, 26: 225-226.

Strand E. 1910. Die Gattungsnamen Erigone, Ericia und Nordenskioeldia. Societas Entomologica, 25(9): 34.

Strand E. 1913a. Weitere Schmetterlinge aus Kamerun, Gesammelt von Hern Ingeneur E. Hintz. Archiv für Naturgeschichte, 78(A)(12): 130-131.

Strand E. 1913b. Zoologische Ergebnisse der Expedition des Herm G. Tessmann nach Sued-Kamerun und Spanisi-Guinea. Lepidoptera IV. Archiv für Naturgeschichte, 78(A)(12): 62-67.

Strand E. 1913c. Zoologische Ergebnisse der Expedition des Herrn G. Tessmann nach Süd-Kamerun und Spanisch-Guinea. Lepidoptera. IV. Archiv für Naturgeschichte, 78(A)(12): 30-84, 2 pls.

Strand E. 1914. Abbildungen und Beschreibungen neuer und wenig bekannter Lepidoptera aus der Sammlung W. Niepelt Lepid Niepeltiana, (1): 1-64, pls. 1-12.

Strand E. 1915. H. Sauter's Formosa-Ausbeute. Limacodidae, Lasiocampidae und Psychidae (Lep.). Supplementa Entomologica Berlin, 4: 4-13.

Strand E. 1916. H. Sauter's Formosa-Ausbeute: Noctuidae p. p. (Agaristinae, Macrobrochis), Aganaidae, Saturniidae, Uraniidae, Cossidae, Callidulidae und Aegeriidae. Archiv für Naturgeschichte, 81(A)(8): 34-49.

Strand E. 1917. H. Sauter's Formosa-Ausbeute: Lithosiinae, Nolinae-Noctuidae (p.p.), Ratardidac, Chalcosiinac, sowic Naehtrage zu den Familien Drepanidae, Limacodidae, Gelechiidae, Oecophoridae und Heliodinidae. Archiv fur Naturgeschichte, 82(A)(3): 89, 112-152.

Strand E. 1918a. H. Sauter's Formosa-Ausbeute: Pyralididae, Subfam. Pyraustinae. Deutsche Entomologische Zeitschrift Iris, 32(1/2): 33-91.

Strand E. 1918b. H. Sauter's Formosa-Ausbeute: Pyralididae, Subfam. Galleriinae, Crambinae, Schoenobiinae, Anerastiinae und Phycitinae. Stettiner Entomologische Zeitung, 79: 248-276.

Strand E. 1919. Sauter's Formosa-Ausbeute: Pyralididae, Subfam. Sterictinae, En-dotrichinae, Pyralidinae und Hydrocampinae (Lep.). Entomologische Mitteilungen, Berlin-Dahlem, 8: 49-135.

Strand E. 1920. H. Sauter's Formosa-Ausbeute: Noctuidae II nebst Nachtragen zu den Familien Arctiidae, Lymantriidae, Notodontidae, Geometridae, Thyrididae, Pyralididae, Tortricidae, Gelechiidae und Oecophoridae. Archiv fur Naturgeschichte, 84(A)(12): 102-197.

Streltzov A N. 2008. A new genus for *Glyphodes perspectalis* (Walker, 1859) (Pyraloidea, Crambidae, Pyraustinae). Euroasian Entomological Journal, 7(4): 369-372.

Stringer H. 1930. New species of Microlepidoptera in the collection of the British Museum. Annals and Magazine of Natural History, (10)6: 415-422.

Sugimoto M. 2009. A comparative study of larval cases of Japanese Psychidae (Lepidoptera)(2). Japanese Journal of Entomology (New Series), 12(1): 17-29.

Sugimoto M, Saigusa T. 2001. External morphology and musculature of the female of a specialized psychid, *Acanthopsyche nigraplaga* (Wileman) (Lepidoptera, Psychidae). Lepidoptera Science, 52(4): 313-331.

Swatschek B. 1958. Die larval systematik der Wickler (Tortricidae and Carposinidae). Abhandlungen zur Larvalsystematik der Insekten, 3: 1-269. Berlin.

Swinhoe C. 1889 [1890]. On new Indian Lepidoptera, chiefly Heterocera. Proceedings of the Zoological Society of London, 1889: 396-432.

Swinhoe C. 1890. The moth of Burma. Part I. Transactions of the Entomological Society of London: 201-296, pls. 6-8.

Swinhoe C. 1892a. Catalogue of Eastern and Australian Lepidoptera Heterocera in the Collection of the Oxford University Museum. Oxford: Clarendon Press, 1: 1-324, 8 col. pls.

Swinhoe C. 1892b. New species of Heterocera from the Khasia Hills, Part ii. Transactions of the Entomological Society of London, 1892: 1-20, pl. 1.

Swinhoe C. 1894a. New species of Geometers and Pyrales from the Khasia Hills. Annals and Magazine of Natural History, including Zoology, Botany and Geology, London (Ser. 6) 14(80): 135-149.

Swinhoe C. 1894b. New Pyrales from the Khasia Hills. Annals and Magazine of Natural History, including Zoology, Botany and Geology, (6)14(81): 197-210.

Swinhoe C. 1895. *Narosa uniformis* sp. nov. Transactions of the Entomological Society of London: 7.

Swinhoe C. 1901. New genera and species of Eastern and Australian moths. Annals and Magazine of Natural History, including Zoology, Botany and Geology, (7)8: 16-27.

Swinhoe C. 1902. New or little known species of Eastern and Australian moths. The Annales and Magazine of Natural History, (7)10: 47-51.

Swinhoe C. 1904. New species of Eastern, Australian, and African Heterocera in the national collection. Transactions of the Entomological Society of London, 1904: 139-158.

Swinhoe C. 1906. Eastern and African Heterocera. The Annales and Magazine of Natural History, (7)17: 540-556.

Swinhoe C. 1916. New Indo-Malayan Lepidoptera. Annals and Magazine of Natural History, including Zoology, Botany and Geology, (8)18: 480-490.

Swinhoe C, Walsingham L, Durrant J H. 1900. Catalogue of Eastern and Australian Lepidoptera Heterocera in the Collection of the Oxford University Museum. Oxford: Clarendon Press, 2: 1-630, pls. 1-8.

Takahashi S. 1930. Insect pests of fruit trees. Tokyo: Meibundo, 1224 pp.

Tams W H T. 1924. List of the moths collected in Siam by Godfrey E J, Sc B, F.E.S. with descriptions of new species. Journal of the Natural History Society of Siam, Bangkok, 6: 229-280.

Tao Z-L, Wang Y-Q, Wang S-X. 2021. Taxonomy of the genus *Autosticha* Meyrick (Lepidoptera: Autostichidae) in China: descriptions of fifteen new species. Zootaxa, 5048(3): 347-370.

Templeton R. 1847. Description of some species of the Lepidopterous genus *Oiketicus* from Ceylon. Transactions of the Entomological Society of London, 5: 38-40, pl. 5.

Teng K, Wang S. 2019a. Taxonomic study of the genus *Blastobasis* Zeller, 1855 (Lepidoptera: Blastobasidae) from China, with descriptions of six new species. Zootaxa, 4679(1): 25-46.

Teng K, Wang S. 2019b. Taxonomic study of the genus *Lateantenna* Amsel, 1968 (Lepidoptera: Blastobasidae) from Mainland China, with descriptions of four new species. Entomologica Fennica, 30: 1-19.

Terada T. 2012. Four new species of the genus *Stathmopoda* (Lepidoptera: Stathmopodidae) closely related to *S. flavescens* from Japan. Lepidoptera Science, 63(1): 47-59.

Thunberg C P. 1788. D. D. Museum Naturalium Academiae Upsaliensis. Uppsala: Johann Edman, 69-84, 1 pl.

Thunberg C P. 1794. D. D. Dissertation Entomologica sistens Insecta Suecica, 7: 83-98. Upsaliensis.

Tindale N B. 1941. Revision of the ghost moths (Lepidoptera Homoneura, Family Hepialidae). Part IV. Records of the Australian Museum, 7: 15-46.

Tränkner A, Li H-H, Nuss M. 2009. On the systematics of *Anania* Hübner, 1823 (Pyraloidea: Crambidae: Pyraustinae). Nota Lepidopterologica, 32(1): 63-80.

Treitschke F. 1828. Acidalia-Idaea. In: Ochsenheimer F. Die Schmetterlinge von Europa (Fortsetzung des Ochsenheimer'schen Werks). Leipzig: Gerhard Fleischer, 6: 1-319.

Treitschke F. 1829. Zunsler. In: Ochsenheimer F. Die Schmetterlinge von Europa (Fortsetzung des Ochsenheimer'schen Werks). Leipzig: Gerhard Fleischer, 7: 1-252.

Treitschke F. 1830. Schaben-Geistchen. In: Ochsenheimer F. Die Schmetterlinge von Europa (Fortsetzung des Ochsenheimer'schen Werks). Leipzig: Gerhard Fleischer, 8: 1-312.

Treitschke F. 1832 [1833]. In: Ochsenheimer F. Die Schmetterlinge von Europa (Fortsetzung des Ochsenheimer'schen Werks). Leipzig: Gerhard Fleischer, 9: 1-272.

Treitschke F. 1835. Herminia-Orneodes. In: Ochsenheimer F. Die Schmetterlinge von Europa (Fortsetzung des Ochsenheimer'schen Werks). Leipzig: Gerhard Fleischer, 10(3): 1-302.

Turati E. 1926. Novità di Lepidopterologia in Cirenaica I. Atti della Società Italiana di Scienze Naturali e del Museo Civico di Storia Naturale, 65: 25-84.

Turati E. 1930. Novità di Lepidotterologica in Cirenaica II. Atti della Società Italiana di Scienze Naturali e del Museo Civico di Storia Naturale, 69: 46-92.

Turner A J. 1904. A preliminary revision of the Australian Thyrididae and Pyralidae. Part I. Proceedings of the Royal Society of Queensland, 18: 109-199.

Turner A J. 1911. Studies in Australian Lepidoptera. Annals of the Queensland Museum, Brisbane, 10: 59-135.

Turner A J. 1913. Studies in Australian Lepidoptera, Pyralidae. Proceedings of the Royal Society of Queensland, 24: 111-163.

Turner A J. 1914. On some moths from Melville and Bathurst Islands in the South Australian Museum. Transactions of the Royal Society of South Australian, 38: 245-248.

Turner A J. 1916. New Australian Lepidoptera of the family Tortricidae. Transactions of the Royal Society of South Australian, 40: 498-536.

Turner A J. 1922. Studies in Australian Lepidoptera. Proceedings of the Royal Society of Victoria, 35: 26-62.

Turner A J. 1926. Revision of Australian Lepidoptera. Proceedings of the Linnean Society New South Wales, 51: 418, 427.

Turner A J. 1933. New Australian Lepidoptera. Transactions of the Royal Society of South Australia, 57: 159-182.

Turner A J. 1937. New Australian Pyraloidea (Lepidoptera). Proceedings of the Royal Society of Queensland, 48(10): 61-88.

Turner A J. 1946. Contributions to our knowledge of the Australian Tortricidae (Lepidoptera) Part II. Transactions and Proceeding of the Royal Society of South Australia, 70: 189-220.

Tutt J W. 1899. What is the Fumea betulina of Barrett. The Entomologist's Record and Journal of Variation, 11: 211-212.
Tutt J W. 1905. Types of the genera of the Agdistid, Alucitid and Orneodid plume moths. The Entomologist's Record and Journal of Variation, 17: 34-37.
Tutt J W. 1906. A Natural History of the British Lepidoptera. London & Berlin, 5: i-xiii, 1-558.
Ueda T. 1997. A revision of the genus *Autosticha* Meyrick (Lepidoptera: Oecophoridae) from Japan. Japanese Journal of Entomology, 65(1): 108-126.
Ueda T, Ohno T, Hirowatari T. 1999. The occurrence of *Chorivalva bisaccula* Omelko (Lepidoptera, Gelechiidae) in Japan. Lepidoptera Science, 50(1): 57-59.
Uffeln K. 1912. *Epiblema foenella* i, und ihre Varietäten. Zeitschrift für Wissenschaftliche Insektenbiologie, 8: 133-137.
van Deventer W. 1904. Microlepidoptera van Java. Tijdschrift voor Entomologie, 47(1): 1-42, pls. 1-2.
Van Eecke R. 1925. Cochlidionidae (Limacodidae). *In*: Strand E. Lepidopterorum Catalogus, 5(32): 1-79.
Van Eecke R. 1929. De Heterocera van Sumatra-VII. Zoologische Mededelingen, 12: 117-175.
Vári L. 1961. South African Lepidoptera. Vol. 1. Lithocolletidae. Transvaal Museum Memoir, 12: 1-238.
Viette P E L. 1949. Contribution à l'étude des Hepialidae. Quelques Hepialidae d'Indo-Chine. Notes d'Entomologie Chinoise, Musée Heude, 12: 83-86.
Viette P E L. 1968. Lepidoptera Hepialidae du Nepal. Khumbu Himal, 3(1): 128-133.
Villers C. 1789. Caroli Linnaei entomologia, faunae Suecicae descriptionibus aucta. Lugduni: Piestre & Delamollière, i-xvi, 1-656.
Vinson J. 1938. Catalogue of the Lepidoptera of the Mascarene Islands. Mauritius Institute Bulletin, 1(4): 1-69.
Vives Moreno A. 2014. Systematic and synonymic catalogue of Lepidoptera of the Iberian Peninsula, of Ceuta, of Melilla and of the Azores, Balearic, Canary, Madeira and Savages Islands (Insecta: Lepidoptera). SHILAP Revista de Lepidopterología, (Suppl.): 1184 pp.
Walia V K, Wadhawan D. 2005. Taxonomic studies on Indian Gelechiidae (Lepidoptera: Gelechioidea) X. Two new species of genus *Thyrsostoma* Meyrick from North India. Panjab University Research Journal (Science), 55: 75-80.
Walker F. 1854. List of the Specimens of lepidopterous Insects in the Collection of the British Museum. London: British Museum (Natural History), 1: 1-278; 2: 279-581.
Walker F. 1855. Lepidoptera Heterocera. List of the specimens of Lepidopterous Insects in the Collection of the British Museum. London: British Museum (Natural History), 3: 582-775; 4: 776-976; 5: 977-1257.
Walker F. 1856. List of the specimens of lepidopterous insects in the collection of the British Museum, 7(Lepidoptera Heterocera): 1509-1808; 8(Sphingidae): 1-271; 9(Noctuidae): 1-252. British Museum (Natural History), London.
Walker F. 1859 [1858]. Pyralides. List of the specimens of lepidopterous Insects in the collection of the British Museum. London: British Museum (Natural History), 16: 1-254; 17: 255-508; 18: 509-798; 19: 799-1036.
Walker F. 1862a. Catalogue of the heterocerous lepidopterous snsects collected at Sarawak, in Borneo, by Mr. A. R. Wallace with description of new species. Journal of the Proceedings of the Linnean Society of London, 6: 82-145, 171-206.
Walker F. 1862b. List of specimens of lepidopterous insects in the collection of the British Museum. London: British Museum (Natural History), 26 (Geometrites): 1479-1796.
Walker F. 1863-1864a. List of specimens of lepidopterous insects in the collection of the British Museum, 27-30. London: British Museum (Natural History), 1096 pp.
Walker F. 1864b. Catalogue of heterocerous lepidopterous insects collected at Sarawak, in Borneo, by Mr. A. R. Wallace, with Descriptions of new species. Proceedings of the Linnean Society of London, 7: 49-83, 160-198.
Walker F. 1864c. Tineites. List of the specimens of the lepidopterous insects in the collection of the British Museum 29: 564-835.
Walker F. 1865 (1864). List of the specimens of lepidopterous insects in the collection of the British Museum. London: British Museum (Natural History), 31(Supplement I): 1-321; 32(Supplement II): 323-706; 33(Supplement III): 707-1120.
Walker F. 1866 (1865). List of the specimens of lepidopterous insects in the collection of the British Museum. London: British Museum (Natural History), 34(Supplement IV): 1121-1534; 35(Supplement V): 1535-2040.
Walker F. 1869. Descriptions of Heterocerous Lepidoptera from Congo. *In*: Chapman T A. On some Lepidopterous insects from Congo. Proc Nat Hist Soc Glasgow, 1(2): 325-378, pls. 5-7.
Walker F. 1875. St. Helena: A physical, historical, and topographical description of the island, including its geology, fauna, flora, and meteorology. London: L. Reeve & Co., Ashfort, xiv + 426 pp.
Wallengren H D J. 1859. Nya fjäril-slägten. Öfversigt af Kongliga Vetenskaps-Akademiens Förhandlingar: 75-84, 135-142, 209-215.
Wallengren H D J. 1861. Lepidoptera. *In*: Konglica Svenska Fregatten Eugenies Resa Omkring Jordan, Zoologi (Zool. 1, Insecta): 351-390, pls. 6-7.
Wallengren H D J. 1862 [1859]. Skandinaviens Fjadermott (*Alucita* Linn.). Kongliga Svenska Vetenskaps Akademiens Handlingar, B. 3(7): 1-25. Stockholm.
Wallengren H D J. 1863a. Lepidopterologische Mittheilungen. III. Wiener Entomologische Monatsschrift, 7(5): 137-151.

Wallengren H D J. 1863b. Skandinaviens Heterocer-Fjärilar I: Skymningsfrärilarne. Lund: 22 + 4 pp., index + 112 pp.

Wallengren H D J. 1865 (1864). Heterocer-Fjärilar, samlade i Kafferlandet af J. A. Wahlberg. Kongliga Svenska Vetenskaps-Akademiens Handlingar, N.F., 5(4): 1-83.

Wallengren H D J. 1881. Genera nova tinearum. Entomologisk Tidskrift, 1(2): 94-97.

Walsingham L. 1879. North American Tortricidae. Illustrations of typical specimens of Lepidoptera Heterocera in the collection of the British Museum. London: 4: i-xi, 1-84, pls. lxi-lxxvii.

Walsingham L. 1880. On some new and little known species of Tineidae. Proceedings of the Zoological Society of London, 1880: 84-91.

Walsingham L. 1881. On the Tortricidae, Tineidae, and Pterophoridae of South Africa. Transactions of the Entomological Society of London, 1881: 219-285.

Walsingham L. 1882-1883. Notes on Tineidae of North America. Transactions of the American Entomological Society, 1882: 165-204.

Walsingham L. 1887. A revision of the genera *Acrolophus*, *Poey*, and *Anaphora*, Clem. Transactions of the Entomological Society of London, 35(2): 137-173.

Walsingham L. 1888. Description of a new genus and species of Pyralidae, received from the Rev. J. H. Hocking, from the Kangra Valley, Punjaub. Transactions of the Linnean Society, 5: 47-52.

Walsingham L. 1891a. A new species of Tineidae (*Gracilaria theivora* Wlsm., sp. nov.). Indian Museum Notes, 2(2): 49-50.

Walsingham L. 1891b. African Micro-Lepidoptera. Transactions of the Royal Entomological Society of London, 1891: 63-132, pls. iii-vii.

Walsingham L. 1892. On the Micro-Lepidoptera of West Indies. Proceedings of the Zoological Society of London, 1891: 492-549.

Walsingham L. 1894. Catalogue of the Pterophoridae, Tortricidae, and Tineidae of the Madeira Islands, with notes and descriptions of new species. Transactions of the Entomological Society of London, 1894: 535-555.

Walsingham L. 1897. Revision of the West-Indian Micro-Lepidoptera, with descriptions of new species. Proceedings of the General Meetings for Scientific Business of the Zoological Society of London, 1: 54-183.

Walsingham L. 1899. Description of two new species of *Tineina* from Bengal. Indian Museum Notes, 4(3): 105-107. Calcutta.

Walsingham L. 1900. Asiatic Tortricidae. Annals and Magazine of Natural History, including Zoology, Botany and Geology, (7)5: 368-386, 451-469, 481-490; (7)6: 121-137, 234-243, 333-341, 401-409, 429-448.

Walsingham L. 1907a. Microlepidoptera. *In*: Sharp D. Fauna Hawaiiensis or the Zoology of the Sandwich (Hawaiian) Isles. Cambridge: University Press, 1(5): 469-759, plates 10-25.

Walsingham L. 1907b. Descriptions of new North American tineid moths, with a generic table of the family Blastobasidae. Proceedings of the United States national Museum, 33(1567): 197-228.

Walsingham L. 1907c. Spanish and Moorish Microlepidoptera. The Entomologist's Monthly Magazine, 43: 212-218.

Walsingham L. 1908a. Spanish and Moorish Microlepidoptera. The Entomologist's Monthly Magazine, 44: 52-55.

Walsingham L. 1908b. Microlepidoptera of Tenerife. Proceedings of the Zoological Society of London, 1907: 911-1034.

Walsingham L. 1914. Lepidoptera Heterocera (continude). Biologia centrali-americana, Lepidoptera-Heterocera, 4: 225-392.

Wang A-L, Guan W, Wang S-X. 2020. Genus *Stathmopoda* Herrich-Schäffer, 1853 (Lepidoptera: Stathmopodidae) from China: Descriptions of thirteen new species. Zootaxa, 4838(3): 358-380.

Wang L-Y, Zheng J-J, Chen J-Y. 2001. A new species of *Bipectilus* from China (Lepidoptera: Hepialidae). Acta Entomologica Sinica, 44(3): 348-349.

Wang M, Huang G-H. 2003. A new species of the genus *Mahanta* Moore from China. Lepidoptera Science, 54: 237-239.

Wang M, Kishida Y. 2011. Moths of Guangdong Nanling National Nature Reserve. Keltern: Groecke & Evers, 1-373.

Wang M-Q, Chen F-Q, Wu C-S. 2017a. A review of *Lista* Walker, 1859 in China, with descriptions of five new species (Lepidoptera, Pyralidae, Epipaschiinae). ZooKeys, 642: 97-113.

Wang M-Q, Chen F-Q, Wu C-S. 2017b. A review of the genus *Coenodomus* Walsingham, 1888 in China (Lepidoptera: Pyralidae: Epipaschiinae), with descriptions of four new species. Annales Zoologici, 67(1): 55-68.

Wang P-Y, Gaskin D E, Sung S M. 1988. Revision of the genus *Glaucocharis* Meyrick in the southeastern Palaearctic, the Oriental Region and India, with descriptions of new species (Lepidoptera: Pyralidae: Crambinae). Sinozoologia, 6(6): 297-396.

Wang P-Y, Speidel W. 2000. Pyraloidea (Pyralidae, Crambidae). Guide book to insects in Taiwan, Taipei, 19: 1-295.

Wang P-Y, Sung S-M. 1985. Revision of Chinese coneworms *Dioryctria* of the *sylvestrella* group (Lepidoptera: Pyralidae: Phycitinae). Acta Entomologica Sinica, 28(3): 302-313.

Wang Q-Y, Li H-H. 2020. Phylogeny of the superfamily Gelechioidea (Lepidoptera: Obtectomera), with an exploratory application on geometric morphometrics. Zoologica Scripta, 49(3): 307-328.

Wang S-S, Li H-H. 2005. A taxonomic study on *Endotricha* Zeller (Lepidoptera: Pyralidae: Pyralinae) in China. Insect Science, 12(4): 297-305.

Wang S-X. 2002. First record of the genus *Locheutis* Meyrick from China, with description of one new species (Lepidoptera: Oecophoridae). Acta Entomologica Sinica, 45 (Suppl.): 61-63.

Wang S-X. 2003. A study of *Cryptolechia* Zeller (Lepidoptera: Oecophoridae) in China (I), with descriptions of fifteen new species. Entomologia Sinica, 10(3): 195-213.

Wang S-X. 2004. A systematic study of *Autosticha* Meyrick from China, with descriptions of twenty-three new species (Lepidoptera: Autostichidae). Acta Zootaxonomica Sinica, 29(1): 38-62.

Wang S-X. 2006a. Oecophoridae of China (Insecta: Lepidoptera). Beijing: Science Press, 258 pp.

Wang S-X. 2006b. The *Cryptolechia* Zeller (Lepidoptera: Oecophoridae) of China (III): Checklist and descriptions of new species. Zootaxa, 1195(1): 1-29.

Wang S-X, Guan W, Wang A-L. 2021. Genus *Stathmopoda* Herrich-Schffer, 1853 (Lepidoptera: Stathmopodidae) from China (III): Descriptions of fourteen new species. Zootaxa, 5039(1): 71-108.

Wang S-X, Jia Y-Y. 2017. Review of the genus *Promalactis* (Lepidoptera: Oecophoridae) Meyrick, 1908 (II). The *suzukiella* group, with descriptions of eight new species. Zootaxa, 4363(3): 361-376.

Wang S-X, Kendrick R C, Sterling P. 2009. Microlepidoptera of Hong Kong: Oecophoridae I: the genus *Promalactis* Meyrick. Zootaxa, 2239: 31-44.

Wang S-X, Li H-H. 1999. Descriptions of two new oecophorid moths from Henan Province (Lepidoptera: Oecophoridae). Fauna and Taxonomy of Insects in Henan, 4: 58-61.

Wang S-X, Li H-H. 2003. A systematic study of the genus *Ripeacma* from China, with descriptions of four new species (Lepidoptera: Oecophoridae). Acta Entomologica Sinica, 46(1): 68-75.

Wang S-X, Li H-H. 2004a. Genus *Erotis* Meyrick, new for China (Lepidotera: Oecophoridae). Entomologia Sinica, 11(1): 81-87.

Wang S-X, Li H-H. 2004b. A systematic study of *Eonympha* Meyrick (Lepidoptera: Oecophoridae) in the world. Acta Entomologica Sinica, 47(1): 93-98.

Wang S-X, Li H-H. 2004c. A study on the genus *Promalactis* from China: Descriptions of fifteen new species (Lepidoptera: Oecophoridae). Oriental Insects, 38: 1-25.

Wang S-X, Li H-H. 2004d. Four new species of *Ripeacma* from China (Lepidoptera: Oecophoridae). Acta Zootaxonomica Sinica, 29(2): 324-329.

Wang S-X, Li H-H. 2005. The genus *Irepacma* (Lepidoptera: Oecophoridae) from China, checklist, key to the species, and descriptions of new species. Acta Zoologica Academiae Scientiarum Hungaricae, 51(2): 125-133.

Wang S-X, Li H-H, Liu Y-Q. 2001. Nine new species and two new records of the genus *Periacma* Meyrick from China. Acta Zootaxonomica Sinica, 26(3): 266-277.

Wang S-X, Li H-H, Zheng Z-M. 2000. A study on the genus (Lepidoptera: Oecophoridae) *Promalactis* Meyrick from China: Five New Species and Two New Record Species. Entomologia Sinica, 7(4): 289-298.

Wang S-X, Liu C. 2019a. Taxonomic study of the genus *Promalactis* Meyrick, 1908 (Lepidoptera: Oecophoridae) V. The *unistriatella* species group, with descriptions of seven new species. Zootaxa, 4668(4): 588-598.

Wang S-X, Liu C. 2019b. Taxonomic study of the genus *Promalactis* Meyrick, 1908 (Lepidoptera: Oecophoridae) VI. The *bigeminata* species group, with descriptions of seven new species. Zootaxa, 4679(2): 286-296.

Wang S-X, Liu C. 2020a. Taxonomic study of the genus *Promalactis* Meyrick, 1908 (Lepidoptera: Oecophoridae) IX. The *maculosa* species-group, with descriptions of eighteen new species. Zootaxa, 4890(1): 38-66.

Wang S-X, Liu C. 2020b. Taxonomic study of the genus *Promalactis* Meyrick, 1908 (Lepidoptera: Oecophoridae) VIII. The *densimacularis* species group, with descriptions of four new species. Zootaxa, 4748(1): 78-86.

Wang S-X, Liu C. 2020c. Taxonomic study of the genus *Promalactis* Meyrick, 1908 (Lepidoptera: Oecophoridae). VII. The *cornigera* species group, with descriptions of six new species. Zootaxa, 4718(1): 77-86.

Wang S-X, Zhang L. 2009. Genus *Eutorna* Meyrick (Lepidoptera: Elachistidae: Depressariinae) of China, with description of one new species. Entomotaxonomia, 31(1): 45-49.

Wang S-X, Zheng Z-M. 1995. Two new species of the genus *Ripeacma* (Lepidoptera: Oecophoridae) from China. Entomotaxonomia, 17(2): 135-139.

Wang S-X, Zheng Z-M. 1997. Three new species of the genus *Irepacma* from Shaanxi Province (Lepidoptera: Oecophoridae). Entomologia Sinica, 4(1): 9-14.

Wang S-X, Zheng Z-M. 1998. Five new species and one new record of the genus *Promalactis* Meyrick from China (Lepidoptera: Oecophoridae). Acta Zootaxonomica Sinica, 23(4): 399-405.

Wang S-X, Zheng Z-M, Li H-H. 1997. Description of seven new species of the genus *Promalactis* Meyrick from China (Lepidoptera: Oecophoridae). SHILAP Revista de Lepidopterología, 25(99): 199-206.

Wang S-X, Zheng Z-M, Li H-H. 2000. A study on the genus *Metathrinca* Meyrick (Lepidoptera: Xyloryctidae), with description of three new species from China. Entomotaxonomia, 22(3): 229-234.

Wang S-X, Zhu X-J. 2020a. Study of the genus *Meleonoma* Meyrick, 1914 (Lepidoptera: Autostichidae) from China, with descriptions of twenty-one new species (II). Zootaxa, 4881(2): 257-289.

Wang S-X, Zhu X-J. 2020b. Study of the genus *Meleonoma* Meyrick, 1914 (Lepidoptera: Autostichidae) from China, with descriptions of fifteen new species. Zootaxa, 4838(3): 331-357.

Wang S-X, Zhu X-J, Tao Z-L. 2021. Study of the genus *Meleonoma* Meyrick, 1914 (Lepidoptera: Autostichidae) from China (III), with descriptions of eighteen new species. Zootaxa, 4995(2): 303-333.

Wang S-X, Zhu X-J, Zhao B-X, Yang X-F. 2020. Taxonomic review of the genus *Meleonoma* Meyrick (Lepidoptera: Autostichidae), with a checklist of all the described species. Zootaxa, 4763(3): 371-393.

Wang X-P, Li H-H, Wang S-X. 2004. Four new species of Gnorismoneura from China (Insecta: Lepidoptem: Tortricidae). Nota Lepidopterologica, 27(1): 79-88.

Wang Y-Q, Wang S-X. 2015. A new species of the genus *Philharmonia* Gozmány, 1978 from China (Lepidoptera: Lecithoceridae). SHILAP Revista de Lepidopterología, 43(169): 73-76.

Wang Y-Q, Wang S-X. 2017. Genus *Autosticha* Meyrick (Lepidoptera: Autostichidae) from Taiwan, China. Zoological Systematics, 42(4): 508-513.

Warren W. 1890. Descriptions of some new Genera of Pyralidae. Annals and Magazine of Natural History, including Zoology, Botany and Geology, (6)6: 474-479.

Warren W. 1891. Descriptions of new genera and species of Pyralidae contained in the British-Museum collection. Annals and Magazine of Natural History, including Zoology, Botany and Geology, (6)7: 423-438, 494-501; (6)8: 61-70, 423-438.

Warren W. 1892. Descriptions of new genera and species of Pyralidae contained in the British Museum collection. Annals and Magazine of Natural History, including Zoology, Botany and Geology, (6)9: 172-442.

Warren W. 1895. New genera and species of Pyralidae, Thyrididae, and Epiplemidae. Annals and Magazine of Natural History, including Zoology, Botany and Geology, (6)16: 460-477.

Warren W. 1896a. New genera and species of Pyralidae, Thyrididae, and Epiplemidae. Annals and Magazine of Natural History, including Zoology, Botany and Geology, (6)17: 94-216.

Warren W. 1896b. New species of Drepanulidae, Thyrididae, Uraniidae, Epiplemidae, and Geometridae in the Tring Museeum. Novitates Zoologicae, 3: 335-419.

Warren W. 1896c. New species of Pyralidae from the Khasia Hills. Annals and Magazine of Natural History, including Zoology, Botany and Geology, (6)17: 452-466; (6)18: 107-119, 163-177, 214-232.

Warren W. 1899. New Drepanulidae, Thyrididae, Epiplemidae, and Geometridae from the Oriental and Palaearctic Regions. Novitates Zoologicae, 6: 313-359.

Warren W. 1903. New African Thyridae and Geometridae. Novitates Zoologicae, 10: 271-278.

Warren W. 1908. New Thyrididae in the Tring Museum. Novitates Zoologicae, 15: 325-351.

Weber P. 1945. Die Schmetterlinge der Schweiz. 7. Nachtrag, Mikrolepidopteren. Mitteilungen der Schweizerischen Entomologischen Gesellschaft (Zurich), 19: 347-407.

West R J. 1932. Further descriptions of new species of Japanese, Formosan and Philippine Heterocera. Novitates Zoologicae, 37: 207-228.

Westwood J O. 1841.The naturalist's library conducted by Sir William Jardine, 31: 222.

Westwood J O. 1854. Description of some Species of Lepidopterous Insects belonging to the genus *Oiketicus*. Proceedings of the Scientific Meetings of the Zoological Society of London, 1854: 219-243, pls. 34-37.

Whalley P E S. 1963. A revision of the world species of the genus *Endotricha* Zeller (Lepidoptera: Pyralidae). Bulletin of British Museum (Natural History), Entomology, 13: 397-453, pls. 1-37.

Whalley P E S. 1964. Catalogue of the Galleriinae (Lepidoptera, Pyralidae) with descriptions of new genera and species. Acta Zoological Cracoviensia, 9(10): 561-618.

Whalley P E S. 1967. A revision of the African species of the genus *Dysodia* Clemens, 1860 (Lepidoptera, Thyrididae, Pachythyrinae). Annals of the Transvaal Museum, 26: 1-29.

Wileman A E. 1910. Some new Lepidoptera-Heterocera from Formosa. Entomologist, 43: 192-193.

Wileman A E. 1911a. New and unrecorded species of Lepidoptera Heterocera from Japan. Transactions of the Entomological Society of London, 1911: 189-407, pls. 30-31.

Wileman A E. 1911b. New Lepidoptera-Heterocera from Formosa. Entomologist, 44: 151-206.

Wileman A E. 1915. New species of Heterocera from Formosa. Entomologist, 48: 18-19.

Wileman A E. 1916. New species of Lepidoptera from Formosa. Entomologist, 49: 98-99.

Wileman A E, South R. 1917. New species of Lepidoptera from Japan and Formosa. The Entomologist, 50: 145-148.

Wileman A E, South R. 1918. New species of Pyralidae from Formosa. The Entomologist, 51: 217-219.

Witt T. 1985. Bombyces und Sphinges aus Korea, 3. (Lepidoptera: Notodontidae, Thyatiridae, Limacodidae, Sesiidae, Cossidae).

Folia Entomologica Hungarica, 46 (2): 195-210.

Wocke M F. 1879. Lepidopterologische Mittheilungen. Zeitschrift für Entomologie, 7: 70-81.

Wocke M F. 1884. Nachträge und Bemerkungen zur Fauna der Schlesischen Falter. Zeitschrift für Entomologie Breslau, 9(9):46-63.

Wollaston T V. 1879. Notes on the Lepidoptera of St. Helena, with descriptions of new species. Annals and Magazine of Natural History, including Zoology, Botany and Geology, (5)3: 219-233, 329-343, 415-441.

Wörz A. 1953. Die Lepidopterenfauna von Württemberg. II. Microlepidopteren Kleimschmetterlinge. Jahreshefte des Vereinsfür vaterländische Naturkunde Württemberg, 108: 90-118.

Wu C-S. 1994a. The Lecithoceridae (Lepidoptera) of China with descriptions of new taxa. Sinozoologia, 11: 155-173.

Wu C-S. 1994b. Taxonomy of the Chinese *Spatulignatha* Gozmány (Lepidoptera: Lecithoceridae). Entomotaxonomia, 16(3): 197-200.

Wu C-S. 1996. A study of the Chinese *Athymoris* Meyrick, 1935 and descriptions of two new species (Lepidoptera: Lecithoceridae). Acta Entomologica Sinica, 39(3): 306-309.

Wu C-S. 2011. Six new species and twelve newly recorded species of Limacodidae from China (Lepidoptera, Zygaenoidea). Acta Zootaxonimica Sinica, 36(2): 249-256.

Wu C-S. 2020. Four new species of Limacodidae from China (Lepidoptera, Zygaenoidea). Zoological Systematics, 46(1): 316-320.

Wu C-S, Chen X-L. 2006. First record of the genus *Lepteucosma* Diakonoff from China, with description of one new species (Lepidoptera: Tortricidae). Acta Zoologica Cracoviensia, 49B(1-2): 79-81.

Wu C-S, Fang C-L. 2008a. Discovery of the genus *Birthosea* Holloway from China with descriptions of two new species (Lepidoptera, Limacodidae). Acta Zootaxonimica Sinica, 33(3): 502-504.

Wu C-S, Fang C-L. 2008b. Discovery of the genus *Kitanola* Matsumura from China, with descriptions of seven new species (Lepidoptera, Limacodidae). Acta Entomologica Sinica, 51(8): 861-867.

Wu C-S, Fang C-L. 2008c. A review of the genus *Caissa* Hering in China (Lepidoptera: Limacodidae). Zootaxa, 1830: 63-68.

Wu C-S, Fang C-L. 2009a. A taxonomic study of the Genus *Hampsonella* Dyar in China (Lepidoptera, Limacodidae). Acta Zootaxonimica Sinica, 34(1): 49-50.

Wu C-S, Fang C-L. 2009b. A review of *Ramnosa* from China (Lepidoptera, Limacodidae). Oriental Insects, 43: 253-259.

Wu C-S, Liu Y-Q. 1993a. A new genus and four new species of Lecithocerinae from China (Lepidoptera: Lecithoceridae). Sinozoologia, 10: 347-354.

Wu C-S, Liu Y-Q. 1993b. The Chinese *Lecithocera* Herrich-Schäffer and descriptions of new species (Lepidoptera: Lecithoceridae). Sinozoologia, 10: 319-345.

Wu C-S, Solovyev A V. 2011. A review of the genus *Miresa* Walker in China (Lepidoptera: Limacodidae). Journal of Insect Science, 11(34): 1-16.

Xiao Y-L, Li H-H. 2006. A review of the genus *Monopis* Hübner from China (Lepidoptera, Tineidae, Tineinae). Mitteilungen aus dem Museum für Naturkunde in Berlin-Deutsche Entomologische Zeitschrift, 53(2): 193-212.

Xiao Y-L, Li H-H. 2007. A new species of *Crypsithyris* Meyrick (Lepidoptera: Tineidae) from China. Entomotaxonomia, 29(3): 223-226.

Xiao Y-L, Li H-H. 2009. New tineid Genus *Maculisclerotica* gen. nov. and three new species from China. Acta Zootaxonomica Sinica, 34 (4): 769-776.

Xu D, Du X-C. 2016. A new species of *Patania* from the Hainan Island, China (Lepidoptera, Crambidae). ZooKeys, 614: 129-135.

Xu D-Q, Liu J-N, Zhu C-L. 1991. Biology of *Argyresthia cryptomeriae* and its control. Journal of Zhejiang Forestry College, 8(4): 457-462.

Yamanaka H. 1958. One new species and one unrecorded species of the Japanese Pyraustinae (Lepidoptera, Pyralidae). Tinea, 4: 265-266.

Yamanaka H. 1959. One new genus and eleven new species of the Japanese Phycitinae (Pyralididae). Tinea, 5: 293-301, 11 figs.

Yamanaka H. 1960. On the known and unknown species of the Japanese *Herpetogramma* (Lepidoptera: Pyralididae). Tinea, 5(2): 321-327.

Yamanaka H. 1976. Two new species of Herpetogramma from Japan, with a note on the known species (Lepidoptera, Pyralidae). Tinea, Tokyo, 10(1): 1-6.

Yamanaka H. 1978. One new genus, four new species and one unrecorded species of the Japanese Pyralidae, with note on a known species (Lepidoptera). Tinea, 10(20): 193-204.

Yamanaka H. 1980. Descriptions of two new species of *Eurhodope* and synonymic notes of two known species belonging to *Eurhodope* and *Assara* from Japan (Lepidoptera: Pyralidae: Phycitinae). Lepidoptera Science, 31(1-2): 66-73.

Yamanaka H. 1986a. One new genus, three new species and two unrecorded species of the Phycitinae from Japan (Lepidoptera, Pyralidae). Lepidoptera Science, 36(4): 167-176.

Yamanaka H. 1986b. Two new species and one unrecorded species of the Phicitinae from Japan (Lepidoptera, Pyralidae). Lepidoptera Science, 37(4): 185-190.

Yamanaka H. 1987. Two new species of the Pyraustinae (Lepidoptera: Pyralidae) from Japan. Tinea, Tokyo, 12(Suppl.): 192-196.

Yamanaka H. 1990. Descriptions of three new species of Phycitinae (Lepidoptera: Pyralidae) from Japan. Tinea, Tokyo, 12(26): 231-238.

Yamanaka H. 1992. Pyralidae. In: Heppner J B, Inoue H. Lepidoptera of Taiwan, 1(2): 77-95. Gainsville.

Yamanaka H. 1993. Three new species of the Phycitinae (Lepidoptera, Pyralidae) from Japan. Tinea, Tokyo, 13(21): 221-226.

Yamanaka H. 1994. New and unrecorded species of the Phycitinae (Lepidoptera, Pyralidae) from Japan. Tinea, Tokyo, 14(1): 33-41.

Yamanaka H. 1998. Pyralidae of Nepal (II). Tinea, Tokyo, 15(Suppl. 1): 99-116, pls. 141-143.

Yamanaka H. 2002. Descriptions of two new species of the Phycitinae (Lepidoptera: Pyralidae) from Japan. Tinea, Tokyo, 17(2): 81-85.

Yamanaka H. 2006. Descriptions of four new species of the subfamily Phycitinae (Pyralidae) from Japan. Tinea, Tokyo, 19(3): 180-187.

Yamanaka H. 2013. The Standard of Moths in Japan IV. Gakken Education Publishing, Tokyo: 1-552.

Yan S-C, Zhao Q-K, Qiao R-X. 2003. Two Species of Grapholitini (Lepidoptera:Tortricidae) New to China. Journal of Northeast Forestry University, 31(2): 57-58.

Yang J, Liu W, Li W. 2020. Geographical distribution patterns of *Metaeuchromius* in Asia and description of a new species from China (Lepidoptera, Crambidae). Journal of Asia-Pacific Entomology, 23: 845-851.

Yang L-L, Li H-H. 2012. Review of the genus *Tinissa* Walker, 1864 (Lepidoptera, Tineidae, Scardiinae) from China, with description of five new species. ZooKeys, 228: 1-20.

Yang L-L, Li H-H. 2013. Genus *Amorophaga* Zagulajev, 1968 (Lepidoptera, Tineidae, Scardiinae) new to China. Acta Zootaxonomica Sinica, 38(3): 667-671.

Yang L-L, Li H-H. 2014. *Moerarchis* Durrant, 1914 new to China, with description of one new species (Lepidoptera: Tineidae). SHILAP Revista de Lepidopterologia, 42(165): 135-141.

Yang L-L, Li H-H. 2021. The genus *Dryadaula* Meyrick (Lepidoptera, Tineoidea, Dryadaulidae) in China, with descriptions of four new species and a world checklist. ZooKeys, 1074: 61-81.

Yang L-L, Li H-H, Kendrick R C. 2012. Taxonomic study of the genus *Thisizima* Walker, 1864 in China, with descriptions of two new species (Lepidoptera: Tineidae). ZooKeys, 254: 109-120.

Yang L-L, Wang S-X, Li H-H. 2014. A taxonomic revision of the genus *Edosa* Walker, 1886 from China (Lepidoptera, Tineidae, Perissomasticinae). Zootaxa, 3777(1): 1-102.

Yang M-Q, Li H-H. 2016. Review of the genus *Encolapta* Meyrick, 1913 (Lepidoptera: Gelechiidae: Chelariini) from China, with descriptions of six new species. Zootaxa, 4193(2): 201-227.

Yano K. 1961. Descriptions of two new species of Pterophoridae from Japan. (Lep.). Kontyû, 29(3): 151-156.

Yano K. 1963. Taxonomic and biological studies of Pterophoridae of Japan (Lep.). Pacific Insects, 5(1): 65-209.

Yasuda K. 1988. Two new species of the Genus *Hieromantis* (Lepidoptera, Stathmopodidae) from Japan. Kontyû, Tokyo, 56(3): 491-497.

Yasuda K. 2000. A new species of the genus *Acrolepiopsis* Gaedike (Lepidoptera Acrolepiidae) injurious to Chinese yam and its closely allied species from Japan. Applied Entomology and Zoology, 35(4): 419-425.

Yasuda T. 1962. A Study of the Japanese Tortricidae (I). Publications of the Entomologica Laboratory College of Agriculture, University of Osaka Prefecture, 7: 49-55.

Yasuda T. 1972. The Tortricinae and Sparganothinae of Japan (Lepidoptera: Tortricidae) (Part I). Bulletin of the University of Osaka Prefecture, (B)24: 53-134.

Yasuda T. 1975. The Tortricinae and Sparganothinae of Japan (Lepidoptera: Tortricidae) (Part II). Bulletin of the University of Osaka Prefecture, (B)27: 80-251.

Yasuda T. 1998. The Japanese species of the genus Adoxophyes Meyrick (Lepidoptera: Tortricidae). Lepidoptera Science, 49(3): 159-173.

Yasuda T, Razowski J. 1991. Some Japanese genera and species of the tribe Euliini (Lepidoptera: Tortricidae). Nota Lepidopterologica, 14(2): 179-190.

Yen S H, Robinson G S, Quick D L J. 2005. The phylogenetic relationships of Chalcosiinae (Lepidoptera, Zygaenoidea, Zygaenidae). Zoological Journal of the Linnean Society, 143: 161-341.

Yen S H, Yang P-S. 1997. Two new genera of Chalcosiinae (Zygaenidae) from eastern Palaearctic Asia. Lepidoptera Science, 48(4): 243-263.

Yin A-H, Wang S-X, Park K T. 2014. Review of the genus *Lasiochira* Meyrick, 1931 (Lepidoptera: Oecophoridae). Zootaxa, 3802(1): 023-034.

Yoshimoto H. 1994. Limacodidae. In: Haruta T. Moths of Nepal, 3. Tinea, 14(Suppl. 1): 1-2 (Horie), 3-40(Yazaki), 41-62(Sato), 63-84 (Kishida), 85-139 (Yoshimoto), 140-160 (Haruta), 161-170 (Sugi), pls. 65-96.

Yoshiyasu Y. 1980. A systematic study of the genus *Nymphicula* of Japan. Tyô to Ga, 31: 1-28.

Yoshiyasu Y. 1985. A systematic study of the Nymphulinae and the Musotiminae of Japan (Lepidoptera: Pyralidae). Science Reports Kyoto Prefectural University (Agriculture), 37: 1-162.

Yoshiyasu Y. 1987. The Nymphulinae (Lepidoptera: Pyralidae) from Thailand, with descriptions of a new genus and six new species. Microlepidoptera of Thailand, 1: 133-184.

Yoshiyasu Y. 1991. A new species of *Assara* (Lepidoptera, Pyralidae) associated with the aphid gall. Lepidoptera Science, 42(4): 261-269.

Yu H-L, Li H-H. 2006. The genus *Dudua* (Lepidoptera: Tortricidae) from Mainland China, with description of a new species. Oriental Insects, 40: 273-284.

Yu S, Wang S-X. 2021. Genus *Lepidozonates* Park (Lepidoptera, Lecithoceridae) from China, with description of a new species. Zootaxa, 4903(4): 591-597.

Yu T, Gao L, Kallies A, Arita Y, Wang M. 2021. A new species of the genus *Paranthrenella* Strand, 1916 (Lepidoptera: Sesiidae) from China. Zootaxa, 4920(1): 123-130.

Yuan D-C. 1986. Two new species of the genus *Acrocercops* Wallengren from China (Lepidoptera: Gracillariidae). Entomotaxonomia, 8(1-2): 63-66.

Yuan D-C. 1992. Additional records on the genus *Caloptilia* from China (Lepidoptera: Gracillariidae). Entomotaxonomia, 14(3): 209-211.

Yuan G-X, Zhang L, Wang S-X. 2008. Review of the genus *Acria* Meyrick (Lepidoptera, Elachistidae, Depressariinae) from China. Acta Zootaxonomica Sinica, 33(4): 685-690.

Zagulajev A K. 1959. New genus and species of carnivorous moth on the lac beetle, *Lacciferophaga yunnanea* Zagulajev, gen. et sp. n. (Lepidoptera, Momphidae), from southern China. Acta Entomologica Sinica, 9(4): 306-315.

Zagulajev A K. 1960. Tineidae; part 3, subfamily Tineinae. [In Russian] Fauna SSSR, 78: 1-267, 231 figs, 3 pls.

Zagulajev A K. 1964. The description of a new genus and new species of the tribe Cephimallotini (Lepidoptera, Tineidae). Entomologicheskoe Obozrenie, 43: 680-691, 13 figs.

Zagulajev A K. 1965. Reviziya palearkticheskikh molei triby Cephimallotini (Lepidoptera, Tineidae) [Revision of Palearctic moths of tribe Cephimallotini (Lepidoptera, Tineidae)]. Zoologicheskii Zhurnal, 44(3): 386-395.

Zagulajev A K. 1966. The subfamily Scardiinae and its new species. Entomologicheskoe Obozrenie, Moskva, 45: 634-644, figs. 1-5. [Translation in Enotomological Review, Washington, 45: 359-364.]

Zagulajev A K. 1969. New species of small ermine moths of the genus *Yponomeuta* Latr. (Lepidoptera, Yponomeutidae) from the Far East. Entomologicheskoe Obozrenie, 48(1): 192-198.

Zagulajev A K. 1970. Two new primitive species of lichenophagous moths (Lepidoptera, Tineidae) from the damp forests of Azerbaidzhan. Entomologicheskoe Obozrenie, 49(3): 657-663.

Zagulajev A K. 1972. New and little known species of Tineidae, Deuterotineidae, Ochsenheimeriidae (Lepidoptera). Trudy Zoologicheskogo Instituta Akademii Nauk SSSR, 52: 332-356.

Zagulajev A K. 1975. Tineidae; Part 5, subfamily Myrmecozelinae. [In Russian] Fauna SSSR, 108: 1-426.

Zagulajev A K. 1979. Tineidae; Part 6, subfamily Meessiinae. [In Russian] Fauna SSSR, 119: 1-408.

Zagulajev A K. 1980. A new moth of the family Acrolepiidae (Leidoptera) from southern European regions of the USSR and the Caucasus. Russkoe Entomologicheskoe Obozrenie (St. Petersburg), 59: 629-630.

Zeller P C. 1839. Versuch einer naturgemäßen Eintheilung der Schaben. Isis von Oken, Leipzig, 1839(3): 167-220; (4): 243-347.

Zeller P C. 1841. Vorläufer einer vollständigen Naturgeschichte den Pterophoriden, einer Nachtfalterfamilie. Isis von Oken, 1841(10): 756-794; 1841(12): 827-891.

Zeller P C. 1846. Die knotenhornigen Phyciden nach ihren Arten beschrieben. Isis von Oken, Leipzig, 1846(10): 729-788.

Zeller P C. 1847. Bemerkungen über die auf einer Reise nach Italien und Sicilien beobachteten Schmetterlingsarten. Isis von Oken, 1847(1): 3-39, (2): 121-159; (3): 213-233; (4): 284-308; (6): 401-457; (7): 481-522; (8): 561-594; (9): 641-673; (10): 721-771; (11): 801-859; (12): 881-914.

Zeller P C. 1848a. Die Gallerien und nackthornigen Phycideen. Isis von Oken, Leipzig, 1848(8): 569-618; (9): 641-691; (10): 721-754.

Zeller P C. 1848b. Die Gattungen der mit Augendeckeln versehenen blattminirenden Schaben. Linnaea Entomologica. Zeitschrift Herausgegeben von dem Entomologischen Vereine in Stettin, 3: 248-344.

Zeller P C. 1849. Verzeichnis der von Herrn Jos. Mann beobachteten Toscanischen Microlepidoptera. Entomologische Zeitung, 10: 200-223, 231-256, 275-287, 312-317.

Zeller P C. 1852a. Die Schaben mit langen Kiefertastern. Linnaea Entomologica, 6: 81-197.

Zeller P C. 1852b. Lepidoptera Microptera, quae J. A. Wahlberg in Caffrorum terra collegit. Kungliga Svenska Vetenskapsakademiens Handlingar, Uppsala & Stockholm, 40 (series 3): 1-120.

Zeller P C. 1852c. Revision der Pterophoriden. Linnaea Entomologica, 6: 319-413.

Zeller P C. 1853. Drei Javanische Nachfalter. Bulletin de la Société Impériale des Naturalistes de Moscou, 26(2): 502-516, 1 plate.

Zeller P C. 1855. Die Arten der Gattung *Butalis*. Linnaea Entomologica, 10: 169-269.

Zeller P C. 1863. Chilonidarum et Crambidarum genera et species. Meseritz & Berlin: Wiegandt & Hempel, 56 pp.

Zeller P C. 1867a. Crambina, Pterophorina and Alucitina, collected in Palestine, by the Rev. O. P. Cambridge, March to May, 1865. Transactions of the Entomological Society of London, 5(6): 453-460.

Zeller P C. 1867b. Einige ostindische Microlepidoptera. Stettiner Entomologische Zeitung, 28: 387-415, pl. 2.

Zeller P C. 1867c. Skandinaviens Fjaedermott beskrifna af H. D. J. Wallengren besprochen. Stettiner Entomologische Zeitung, 28: 321-339.

Zeller P C. 1877. Exotische Microlepidoptera. Horae Societatis Entomologicae Rossicae, 13: 1-491.

Zerny H. 1914. Über paläarktische Pyraliden des k. k. naturhistorischen Hofmuseums in Wien. Annalen des Naturhistorischen Hofmuseums, 28(3-4): 295-348, pls. 25-26.

Zerny H. 1934. Lepidopteren aus dem nördlichen Libanon. Mit Beiträgen von Dr. A. Corti, (Zürich), F. Daniel (München), L. Schwingenschuss (Wien) und Dr. E. Wehrli (Basel). (Schluß). Deutsche Entomologische Zeitschrift Iris, 48: 1-28.

Zetterstedt J W. 1839. Proëmium Lepidopterorum Ordo Entomologorum scopulus. Latr. Conspectus Familiarum et Generum Lepidopterorum Lapponiae. *In*: Zetterstedt J W. Insecta Lapponica. Voss, Lipsiae, 869-1014.

Zhang A-H. 2012. Genus *Metacosma* Kuznetzov (Lepidoptera: Tortricidae) in China, with description of a new species. Entomologica Fennica, 23: 1-3.

Zhang A-H. 2022. Review of the genus *Nuntiella* Kuznetzov (Lepidoptera: Tortricidae), with description of a new species from China. Journal of Asia-Pacific Entomology, 25: 1-3.

Zhang A-H, Bai X. 2022. Revision of *Rhopalovalva* Kuznetzov, 1964 (Lepidoptera: Tortricidae: Olethreutinae) from China. Forests, 13: 187.

Zhang A-H, Li H-H. 2004. A systematic study of the genus *Nuntiella* Kuznetzov (Lepidoptera: Tortricidae: Olethreutinae). Acta Entomologica Sinica, 47(4): 485-489.

Zhang A-H, Li H-H. 2005. A taxonomic study on the genus *Hendecaneura* Walsingham from China (Lepidoptera: Tortricidae: Olethreutinae). Oriental Insects, 39: 109-115.

Zhang A-H, Li H-H. 2006. A new genus and four new species of Eucosmini (Lepidoptera: Tortricidae: Olethreutinae) from China. Oriental Insects, 40: 145-152.

Zhang A-H, Li H-H. 2012. Description of five new species of the genus *Rhopobota* Lederer (Lepidoptera, Tortricidae) in China, along with a checklist of all the described Chinese species. Zootaxa, 3478: 373-382.

Zhang A-H, Li H-H, Wang S-X. 2005. Study on the genus *Rhopobota* Lederer from China (Lepidoptera: Tortricidae: Olethreutinae). Entomologica Fennica, 16: 273-286.

Zhang D-D, Li H-H. 2010. A new genus and new species of Pyraustinae (Lepidoptera, Crambidae). Acta Zootaxonomica Sinica, 35(2): 319-323.

Zhang D-D, Li H-H. 2016. Two new species and five newly recorded species of the genus *Udea* Guenée from China (Lepidoptera, Crambidae). Zookeys, 565: 123-139.

Zhang D-D, Li H-H, Wang S-X. 2004. A review of *Ecpyrrhorrhoe* Hübner (Lepidoptera: Crambidae: Pyraustinae) from China, with descriptions of new species. Oriental Insects, 38: 315-325.

Zhang D-D, Li J-W. 2005. A toxonomic study on *Palpita* Hübner from China (Lepidoptera: Crambidae: Pyraustinae). Acta Zootaxonomica Sinica, 30(1): 144-149.

Zhang D-D, Xu J-W, Li J-W. 2014. Review of the genus *Thliptoceras* Warren, 1890 (Lepidoptera: Crambidae: Pyraustinae) from the Oriental region of China. Zootaxa, 3796(2): 265-286.

Zhang X, Wang S-X. 2006. A study of the genus *Semnostola* Diakonoff from China with the description of a new species (Lepidoptera: Tortricidae: Olethreutinae). Zootaxa, 1283: 37-45.

Zhang Z-W, Li H-H. 2009. Taxonomic study of the genus *Ashibusa* Matsumura (Lepidoptera, Cosmopterigidae), with description of six new species of China. Deutsche Entomologische Zeitschrift, 56(2): 335-343.

Zhao J-X, Bai X, Yu H-L. 2017. New species and new records of *Sorolopha* Lower, 1901 from China (Lepidoptera, Tortricidae, Olethreutinae). Zootaxa, 4329(6): 594-599.

Zhao S-N, Li H-H. 2017. Three new species of the genus Dichomeris Hübner, 1818 (Lepidoptera, Gelechiidae, Dichomeridinae) from Zhejiang, China. Journal of Asia-Pacific Biodiversity, 10: 81-85.

Zhao S-N, Park K T, Bae Y S, Li H-H. 2017. *Dichomeris* Hübner, 1818 (Lepidoptera, Gelechiidae, Dichomeridinae) from Cambodia, including associated species in China. Zootaxa, 4273(2): 216-234.

Zhao Z-L, Chao C-L. 1982. Bagworm moths: feeding habits of larvae and description of a new species (Lepidoptera: Psychidae). Acta Entomologica Sinica, 25(4): 436-440.

Zhen H, Li H-H. 2009. A review of *Pseudohypatopa* Sinev (Lepidoptera: Coleophoridae: Blastobasinae: Holcocerini), with descriptions of two new species. Entomologica Fennica, 19: 241-247.

Zheng M-L, Li H-H. 2021. A taxonomic review of the genus *Stenolechia* Meyrick, 1894 (Lepidoptera: Gelechiidae: Litini) from China, with descriptions of three new species. Entomotaxonomia, 43(2): 81-96.

Zhou J-Z, Qiu H-G, Fu W-J. 1997. Summer fruit tortrix *Adoxophyes orana* should be classified as two subspecies (Lepidoptera: Tortricidea: Tortridae). Entomotaxonomia, 19(2): 130-133.

Zimmerman E C. 1958. Lepidoptera: Pyraloidea. Insects of Hawaii, 8: i-xi, 1-456.

Zimmerman E C. 1978. Microlepidoptera. Part 1. Insects of Hawaii, 9: i-xviii, 1-1903.

Zincken J L T F. 1817. Die Linneischen Tineen in ihre natürlichen Gattungen aufgelöst und beschrieben. Magazin der Entomologie, 2: 24-113.

Zincken J L T F. 1818. Die Lineeischen Tineen in ihre natürlichen Gattungen aufgelöst. Magazin der Entomologie, Halle, 3: 113-176.

Zou Z-W, Liu X, Zhang G-R. 2010. Revision of taxonomic system of the genus *Hepialus* (Lepidoptera, Hepialidae) currently adopted in China. Journal of Hunan University of Science & Technology (Natural Science Edition), 25(1): 114-120.

Zukowsky B. 1932. Neue paläarktische Aegeriidae. Internationale Entomologische Zeitschrift Guben, 26(29): 316-317.

英 文 摘 要

This volume includes 1306 species in 510 genera under 32 families of 14 Microlepidoptera superfamilies from Zhejiang Province in China. Seven new combinations are proposed: *Orthaga sagarisalis* (Walker, 1858) comb. nov., *Pyralis superba* (Caradja *et* Meyrich, 1934) comb. nov., *Stemmatophora bilinealis* (South, 1901) comb. nov., *Stemmatophora racilialis* (Walker, 1859) comb. nov., *Pagyda afralis* (Walker, 1859) comb. nov., *Circobotys sepialis* (Caradja, 1927) comb. nov. and *Anamalaia dissimilis* (Yamanaka, 1958) comb. nov. Fourteen species are newly recorded for China: *Acrolepiopsis japonica* Gaedike, 1982, *Acrolepiopsis nagaimo* Yasuda, 2000, *Chorivalva unisaccula* Omelko, 1988, *Parachronistis fumea* Omelko, 1986, *Parachronistis geniculella* Park, 1989, *Parachronistis incerta* Omelko, 1986, *Parastenolechia suriensis* Park *et* Ponomarenko, 2006, *Stenolechia kodamai* Okada, 1962, *Stenolechia notomochla* Meyrick, 1935, *Teleiodes gangwonensis* Park *et* Ponomarenko, 2007, *Teleiodes pekunensis* Park, 1993, *Toshitamia tsushimensis* Sasaki, 2012, *Orthaga bipartalis* Hampson, 1906 and *Bostra mirifica* Inoue, 1985. The female of *Halolaguna palinensis* Park, 2000 is described for the first time. Keys to all the involved taxa are provided, and images of adults as well as male and female genitalia are given. Distribution of each species and the known host-plant are also included. Descriptions and illustrations of the species from Tianmu Mountain are not included, which were presented in the *Fauna of Tianmu Mountain*, Vol. 10.

This volume can help people to further understand the insect resources of Zhejiang Province. It can be used as a reference for insect enthusiasts and researchers that are engaged in the fields of agriculture, forestry, animal husbandry, environmental protection, biodiversity conservation and other related fields.

中 名 索 引

A

阿迈尖蛾　270
阿米网丛螟　617
阿萨姆梢斑螟　555
埃螟属　624
皑袋蛾属　19
矮网蛾属　528
艾蒿滑羽蛾　356
艾妮小苔螟　719
艾棕麦蛾　317
爱刺蛾属　462
安娜共褶祝蛾　137
安野螟属　742
暗斑螟属　584
暗褐绢鸠蛾　232
暗黄纹景螟　649
暗列蛾　183
暗林麦蛾　286
暗瘤祝蛾　116
暗双点螟　642
暗纹沟须丛螟　600
暗纹尖翅野螟　767
暗纹拟果斑螟　592
暗纹切叶野螟　781
凹瓣髓草螟　661
凹鸠蛾属　225
凹鸠蛾亚科　225
凹麦蛾属　283
奥氏端小卷蛾　401
奥氏发麦蛾　292

B

八瘤祝蛾　115
巴塘暗斑螟　584
拔林秃祝蛾　110
白斑翅野螟　764
白斑谷蛾属　49
白斑特麦蛾　342
白斑小卷蛾属　416
白斑祝蛾属　112
白斑蛀果斑螟　579
白背斑蠹蛾　449
白边菊尖蛾　280
白边纹丛螟　614
白鞭网长角蛾　8
白草螟属　693
白丛螟属　604
白带网丛螟　616
白带新锦斑蛾　499
白点锦织蛾　150
白端小卷蛾　401
白复小卷蛾　405
白腹网丛螟　618
白钩雕蛾　104
白钩小卷蛾　417
白光展足蛾　254
白禾螟属　726
白桦角须野螟　762
白桦棕麦蛾　313
白角丽长角蛾　9
白角云斑螟　566
白块小卷蛾　416
白蜡绢须野螟　793
白亮黄卷蛾　364
白眉刺蛾　473
白条匙须斑螟　546
白条小卷蛾属　381
白头腊麦蛾　333
白纹草螟　670
白纹翅野螟　772
白纹离尖蛾　279
白线荚麦蛾　296
白线锦织蛾　160
白小卷蛾属　433
白杨准透翅蛾　520
白缘长距野螟　736
白痣姹刺蛾　457
百山祖长颚螟　644
百山祖越小翅蛾　7
斑翅锦织蛾　175
斑翅野螟属　764
斑雕蛾属　100
斑蠹蛾属　448
斑蛾科　496
斑蛾亚科　512
斑蛾总科　452
斑谷蛾属　46
斑列蛾属　192
斑螟属　570
斑螟亚科　543
斑螟族　546
斑拟黑麦蛾　329
斑水螟属　704
斑纹麦蛾　305
斑细蛾　71
斑细蛾属　71

斑野螟属　797
斑野螟亚科　760
半褐网蛾　530
半圆后遮颜蛾　261
半圆镰翅小卷蛾　410
棒祝蛾　125
宝兴黑痣小卷蛾　430
豹蠹蛾属　449
豹纹卷野螟　799
杯形斑列蛾　193
北小苔螟　718
贝绒谷蛾　47
贝细蛾　72
贝细蛾属　72
背齿锦织蛾　169
背刺蛾　455
背刺蛾属　454
背刺锦织蛾　154
背麦蛾属　295
背麦蛾亚科　282
背突锦织蛾　159
背突模列蛾　201
本州条麦蛾　291
荸荠白禾螟　730
碧皑袋蛾　20
边螟属　725
蝙蛾属　13
蝙蝠蛾科　12
蝙蝠蛾总科　12
扁刺蛾属　494
扁豆蝶羽蛾　351
扁蛾属　31
柄脉禾螟属　726
柄脉锦斑蛾属　498
柄小卷蛾　396
并脉草螟属　688
并脉歧角螟　629
波水螟属　709
波缘少脉羽蛾　346
波棕麦蛾　318
伯刺蛾属　485
博袋蛾属　23
布斑蛾属　503

C

彩翅卷蛾属　361
彩丛螟属　601
彩麦蛾属　299
彩祝蛾属　138
菜蛾科　97
菜蛾属　97
灿斑蛾属　505
灿窗透翅蛾　515
灿透翅蛾属　516
仓织蛾属　146
苍白蛀果斑螟　579
苍祝蛾　123

苍祝蛾属　123
槽扁蛾　33
草蛾科　238
草蛾属　238
草螟属　669
草螟亚科　656
草小卷蛾　380
草小卷蛾属　379
草螟科　656
侧板卷蛾属　371
侧瓣曲小卷蛾　445
侧叉棕麦蛾　317
叉斑列蛾　193
叉斑螟属　582
叉环野螟属　749
叉木蛾属　224
叉纹狭翅水螟　705
叉斜线网蛾　532
叉棕麦蛾　316
茶柄脉锦斑蛾　498
茶袋蛾　24
茶丽细蛾　70
茶须野螟　791
茶奕刺蛾　484
茶长卷蛾　368
姹刺蛾属　457
蝉网蛾　527
蝉网蛾属　526
长瓣尖蛾　278
长瓣狭麦蛾　339
长柄斑螟　570
长柄托麦蛾　295
长翅卷蛾属　359
长翅丽细蛾　71
长刺列蛾　181
长刺斜纹小卷蛾　376
长颚斑螟属　545
长颚螟属　644
长腹凯刺蛾　456
长腹毛垫卷蛾　371
长钩模列蛾　209
长管隐遮颜蛾　265
长褐谷蛾　43
长角巢蛾属　88
长角蛾科　8
长角蛾总科　8
长角褐谷蛾　44
长茎齿银蛾　95
长茎优苔螟　717
长距野螟属　736
长卷蛾属　368
长鳞瘤角斑螟　549
长毛斑蛾属　512
长囊卡拉草螟　675
长囊模列蛾　211
长突腊麦蛾　333
长须刺蛾　463

长须刺蛾属 463	刺蛾科 452
长须短颚螟属 652	刺槐谷蛾 31
长须锚斑螟 561	刺锦织蛾 172
长须曲角野螟 766	刺列蛾 183
长须棕麦蛾 314	刺毛遮颜蛾 258
长羽祝蛾 134	刺模列蛾 202
长足透翅蛾 517	刺苔螟 723
长足透翅蛾属 517	刺条麦蛾 289
超螟 648	葱斑雕蛾 102
超小卷蛾属 442	丛黑痣小卷蛾 431
巢斑螟属 560	丛卷蛾属 367
巢草螟属 657	丛螟亚科 594
巢蛾科 81	丛须祝蛾 138
巢蛾属 88	丛须祝蛾属 138
巢蛾总科 81	粗翅麦蛾属 324
巢谷蛾属 51	粗刺黑痣小卷蛾 431
巢螟属 634	粗刺金野螟 733
橙黑纹野螟 807	粗刺筒小卷蛾 429
橙红离尖蛾 279	粗点列蛾 183
橙黄后窗网蛾 526	粗鳞列蛾 185
匙唇祝蛾 136	粗缨突野螟 807
匙唇祝蛾属 136	簇谷蛾亚科 29
匙平麦蛾 330	簇尖蛾属 272
匙须斑螟属 546	
齿矮网蛾 528	**D**
齿斑绢丝野螟 776	达刺蛾属 460
齿瓣列蛾 187	大白斑野螟 797
齿刺蛾属 487	大白禾螟 728
齿基纹丛螟 615	大斑林麦蛾 284
齿茎麦蛾属 300	大斑棕麦蛾 314
齿双地谷蛾 54	大草螟属 675
齿纹丛螟 598	大刺带草螟 687
齿纹丛螟属 598	大袋蛾 24
齿纹卷叶野螟 804	大豆丽细蛾 69
齿纹绢丝野螟 775	大豆食心虫 441
赤巢螟 638	大豆网丛螟 618
赤褐云斑螟 565	大颚优苔螟 717
赤胫羽透翅蛾 516	大谷螟 541
赤眉锦斑蛾 501	大光隆木蛾 223
赤松隐遮颜蛾 264	大黄丽长角蛾 10
赤纹尖须野螟 739	大黄模列蛾 210
冲绳草蛾 241	大角展肢麦蛾 302
重桑透翅蛾 514	大弯月小卷蛾 404
稠李巢蛾 90	大伪带列蛾 189
川斜线网蛾 535	大叶黄杨长毛斑蛾 512
窗尖蛾属 268	带斑螟属 553
窗透翅蛾 514	带草螟属 685
窗透翅蛾属 514	带巢蛾属 84
窗野螟属 755	带黑麦蛾 343
窗羽祝蛾 133	带锦斑蛾属 499
垂斑纹丛螟 614	带宽银祝蛾 122
垂茎展肢麦蛾 303	带列蛾属 189
垂丝卫矛巢蛾 90	带列蛾亚科 188
槌须斑螟属 594	带小卷蛾属 426
纯白草螟 694	带棕麦蛾 319
刺斑螟属 593	袋蛾科 18
刺瓣绢鸠蛾 232	黛袋蛾 22

中 名 索 引

· 859 ·

黛袋蛾属 22
单色林麦蛾 285
单纹尖细蛾 61
单纹卷蛾属 373
淡黄阔斑野螟 797
淡黄野螟属 758
淡黄展足蛾 251
淡黄楸野螟 806
淡玫矮网蛾 528
淡色巢螟 636
淡璎斑螟 569
淡展足蛾属 244
刀锦织蛾 168
倒卵小卷蛾 396
稻巢草螟 658
稻黄缘白草螟 694
稻筒水螟 715
稻细竹斑蛾 503
稻纵卷叶野螟 768
德氏钩蝠蛾 16
德尔塔隆木蛾 224
灯麦蛾属 298
灯野螟属 740
灯羽祝蛾 133
等凹鸠蛾 227
帝斑螟属 581
点蝙蛾 15
点带模列蛾 218
点列蛾属 187
点线锦织蛾 174
点展足蛾属 245
貂祝蛾 108
貂祝蛾属 107
雕斑螟属 585
雕蛾科 100
雕蛾属 103
蝶斑螟属 562
蝶卷谷蛾 29
蝶羽蛾属 350
顶纹细草螟 695
东北苔螟 723
东方扁蛾 33
东方巢蛾 89
东方野螟属 757
东方羽祝蛾 133
东方祝蛾属 117
东京毛颚小卷蛾 397
冬青卫矛巢蛾 90
冬羽蛾属 357
蚪纹野螟 742
豆秆野螟 735
豆荚斑螟 559
豆荚野螟 784
豆荚野螟属 784
豆阔斑野螟 796
豆食心虫属 441
豆小卷蛾属 441

独角突细蛾 73
杜鹃丽细蛾 65
杜鹃小斑蛾属 511
杜鹃银蛾 94
端凹锦织蛾 152
端齿锦织蛾 152
端刺棕麦蛾 314
端小卷蛾属 399
端圆锦织蛾 151
短唇锦织蛾 153
短黑地谷蛾 53
短角后遮颜蛾 261
短鳞瘤角斑螟 548
短片拟斑螟 544
短尾尖蛾 276
短纹髓草螟 660
短叶隐遮颜蛾 266
断带模列蛾 204
断纹波水螟 710
钝棘丛螟 621
盾白祝蛾 112
多斑豹蠹蛾 450
多斑巢蛾 91
多斑褐纹卷蛾 374
多斑野螟属 769
多点棕麦蛾 316
多角髓草螟 660
多角棕麦蛾 316
多毛圆斑小卷蛾 386
多枝皮细蛾 77

E

鄂圆点小卷蛾 385
颚尖蛾 278
恩小卷蛾族 408
二斑阔斑野螟 795
二瓣列蛾 187
二点绢鸠蛾 233
二点斜线网蛾 532
二点异宽蛾 236
二化螟 666
二裂峰斑螟 574
二十点巢蛾 91

F

发麦蛾属 291
发小卷蛾属 403
仿列蛾 181
仿苔麦蛾 299
非簇谷蛾属 30
非凡直茎小卷蛾 404
菲小卷蛾属 420
榧瘦花小卷蛾 425
分叉切翅草螟 691
芬氏羚野螟 798
粉甾瑟螟 655
枫香小白巢蛾 84
峰斑螟属 573

中名索引

蜂巢螟 636
蜂毛足透翅蛾 518
蜂形网蛾 527
蜂形网蛾属 527
蜂宇谷蛾属 34
凤阳锦织蛾 160
佛坪斑列蛾 193
佛条螟 625
福建疥蝙蛾 14
福建细草螟 697
福利祝蛾属 118
复小卷蛾属 405
副小翅蛾属 6
副羽蛾属 347
富士螟属 633
富泽云斑螟 566
腹齿长翅卷蛾 361
腹刺斑螟属 571
腹刺野螟属 759
腹刺展足蛾 254

G

干果斑螟 581
甘薯阳麦蛾 322
甘薯异羽蛾 354
柑桔叶潜蛾 79
秆野螟属 733
橄红长颚螟 645
橄榄模列蛾 214
橄绿瘤丛螟 608
缟螟属 623
革宽弧遮颜蛾 266
根鸠蛾属 230
弓瓣列蛾 180
弓缘残翅螟 653
弓缘残翅螟属 653
拱瓣模列蛾 198
拱肩网蛾属 524
拱腊麦蛾 333
共小卷蛾属 416
共褶祝蛾属 136
沟须丛螟属 599
钩瓣绢鸠蛾 233
钩翅秃祝蛾 109
钩刺锦织蛾 175
钩蝠蛾属 16
钩腹棘趾野螟 747
钩镰翅野螟 752
钩阴翅斑螟 572
钩状黄草螟 676
谷斑螟属 589
谷蛾科 28
谷蛾亚科 48
谷蛾总科 18
谷螟属 540
骨斑地谷蛾属 55
骨斑螟属 587

瓜绢野螟 771
冠翅蛾科 92
冠翅蛾属 92
冠刺蛾属 484
冠麦蛾 283
冠麦蛾属 283
管平祝蛾 127
贯众伸喙野螟 786
灌县林麦蛾 285
光菜蛾属 97
光麦蛾属 297
光眉刺蛾 474
广草螟属 690
广翅小卷蛾属 387
广东伯刺蛾 485
广东异丛螟 611
广缘巢蛾 86
广遮颜蛾 257
贵州柠角斑螟 552
桂白斑谷蛾 50
棍模列蛾 205
国槐林麦蛾 286
果斑螟属 580
果梢斑螟 556
果蛀野螟属 753

H

海斑水螟 705
寒诺透翅蛾 519
汉刺蛾属 462
禾草螟属 663
禾尖蛾 278
禾瘤祝蛾 114
禾麦蛾属 301
禾螟亚科 723
合绒谷蛾 48
合芽展足蛾 252
合祝蛾 129
和列蛾 182
河南林麦蛾 285
核桃黑展足蛾 245
核桃楸粗翅麦蛾 325
赫锦织蛾 161
赫氏骨斑螟 587
赫双点螟 641
赫苔螟属 718
褐斑翅野螟 764
褐斑锦织蛾 161
褐斑小卷蛾属 413
褐斑宇谷蛾属 35
褐边螟 725
褐侧板卷蛾 371
褐巢蛾属 87
褐巢螟 638
褐齿银蛾 94
褐翅黄纹草螟 698
褐翅切叶野螟 782

褐刺蛾属 491
褐带卷蛾属 363
褐带列蛾 190
褐点长翅卷蛾 361
褐谷蛾属 40
褐环野螟属 779
褐棘趾野螟 748
褐卷蛾属 370
褐脉冠翅蛾 92
褐萍塘水螟 703
褐瘦花小卷蛾 425
褐纹翅野螟 771
褐纹卷蛾属 373
褐线银网蛾 531
褐小卷蛾属 415
褐秀羽蛾 354
褐鹦螟 640
褐宇谷蛾 36
黑斑金草螟 667
黑斑蚀叶野螟 783
黑波水螟 709
黑蝉网蛾 527
黑刺斑螟 593
黑带棘丛螟 621
黑地谷蛾属 52
黑点阔翅草螟 685
黑点蚀叶野螟 783
黑点髓草螟 660
黑点圆细蛾 63
黑顶烟翅野螟 767
黑环尖须野螟 740
黑基鳞丛螟 601
黑丽细蛾 67
黑龙江食小卷蛾 437
黑麦蛾属 343
黑脉厚须螟 624
黑脉小卷蛾 426
黑脉小卷蛾属 426
黑三棱髓草螟 662
黑瘦花小卷蛾 425
黑松蛀果斑螟 579
黑条刺蛾 492
黑纹草螟 673
黑纹野螟属 806
黑线塘水螟 703
黑线网蛾属 528
黑小卷蛾属 381
黑缘白丛螟 604
黑缘酪织蛾 147
黑缘犁角野螟 777
黑缘棕麦蛾 317
黑展足蛾属 245
黑指滑羽蛾 356
黑痣小卷蛾属 429
恒鸠蛾属 228
横带展足蛾 255
衡山草蛾 240

红带峰斑螟 577
红褐须丛螟 599
红褐指刺蛾 459
红铃麦蛾 301
红隆木蛾 223
红毛丛螟 597
红尾白禾螟 727
红斜线网蛾 533
红缘卡斑螟 586
红缘纹丛螟 613
红云翅斑螟 568
宏花翅小卷蛾 393
后窗网蛾属 526
后黄卷蛾 364
后角须野螟 763
后遮颜蛾属 260
后中线网蛾 530
厚须螟属 624
胡萝卜叶小卷蛾 418
胡桃棕麦蛾 309
胡枝子皮细蛾 78
胡枝子树麦蛾 324
琥珀微草螟 680
沪兴透翅蛾 523
花白条小卷蛾 381
花匙唇祝蛾 136
花翅小卷蛾属 391
花锦织蛾 170
花茎模列蛾 197
花小卷蛾属 418
花小卷蛾族 413
华卷蛾属 367
华丽片羽蛾 349
华丽双点螟 641
华南波水螟 711
华氏端小卷蛾 401
华素刺蛾 493
华太宇谷蛾 37
华突塘水螟 703
华遮颜蛾 259
滑羽蛾属 355
桦蛮麦蛾 287
桦伪黑麦蛾 335
槐祝蛾属 134
环小卷蛾属 393
环遮颜蛾亚科 264
环针单纹卷蛾 373
黄斑花小卷蛾 419
黄斑丽细蛾 67
黄斑镰翅野螟 752
黄斑眉谷蛾 33
黄斑特麦蛾 341
黄斑紫翅野螟 800
黄彩丛螟 603
黄草螟属 676
黄翅草螟 671
黄翅叉环野螟 749

中 名 索 引

黄翅双突野螟　744
黄翅缀叶野螟　765
黄刺蛾　472
黄刺蛾属　472
黄带白斑谷蛾　50
黄带歧角螟　631
黄钩银蛾　96
黄褐波水螟　712
黄褐巢螟　636
黄褐瘤祝蛾　114
黄黑纹野螟　806
黄环蚀叶野螟　783
黄昏模列蛾　221
黄基歧角螟　630
黄尖翅麦蛾　300
黄卷蛾属　363
黄卷蛾族　362
黄枯织蛾　145
黄阔祝蛾　131
黄阔祝蛾属　131
黄犁角野螟　778
黄丽彩翅卷蛾　362
黄丽细蛾　66
黄娜刺蛾　476
黄色白草螟　693
黄色白禾螟　731
黄色带草螟　686
黄头长须短颚螟　653
黄尾白禾螟　729
黄尾巢螟　638
黄纹草螟属　698
黄纹髓草螟　661
黄纹塘水螟　701
黄纹旭锦斑蛾　497
黄纹银草螟　692
黄纹竹斑蛾　502
黄线模列蛾　204
黄线异丛螟　611
黄胸木蠹蛾　447
黄须腹刺斑螟　571
黄须瘤角斑螟　549
黄杨绢野螟　770
黄缘云纹野螟　757
灰白槐祝蛾　135
灰斑镰翅小卷蛾　409
灰长须短颚螟　653
灰巢斑螟　560
灰巢蛾　89
灰巢螟　635
灰齿刺蛾　488
灰带锦织蛾　157
灰褐球须刺蛾　491
灰花小卷蛾　419
灰黄平祝蛾　128
灰色带草螟　686
灰斜纹刺蛾　478
灰棕麦蛾　312

辉谷蛾亚科　31
徽平祝蛾　129
喙麦蛾亚科　297
喙模列蛾　216
慧云斑螟　565
火棕麦蛾　316
霍朴棕麦蛾　311
霍山灿透翅蛾　517
霍棕麦蛾　312

J

鸡公山模列蛾　207
鸡血藤棕麦蛾　313
基斑瘤祝蛾　114
基黑俪祝蛾　112
基黄峰斑螟　577
吉本枯刺蛾　468
棘丛螟属　619
棘袋蛾属　19
棘禾草螟　665
棘褐谷蛾　41
棘梢斑螟　558
棘趾野螟属　745
脊小卷蛾属　402
迹斑绿刺蛾　481
迹银纹刺蛾　471
济源艳展足蛾　243
佳宽蛾属　236
荚斑螟属　558
荚麦蛾属　296
尖翅斑列蛾　192
尖翅麦蛾属　299
尖翅小卷蛾　378
尖翅小卷蛾属　378
尖翅野螟属　767
尖顶小卷蛾属　412
尖蛾科　268
尖蛾属　274
尖角棘趾野螟　746
尖囊模列蛾　196
尖色卷蛾　366
尖突果蛀野螟　754
尖突荚麦蛾　296
尖突金巢蛾　85
尖尾网蛾　535
尖尾网蛾属　535
尖细蛾属　60
尖须野螟属　737
尖缨须螟　651
尖展肢麦蛾　303
坚锦织蛾　169
简锦织蛾　171
剑形微草螟　682
渐狭隐尖蛾　273
江苏草蛾　239
江西棕麦蛾　312
娇袋蛾属　26

焦鳞带祝蛾 111	锯齿刺蛾 487
角瓣模列蛾 200	锯纹岐刺蛾 454
角齿刺蛾 488	锯隐斑谷蛾 49
角窗野螟 755	卷蛾科 359
角端小卷蛾 400	卷蛾亚科 359
角谷蛾属 56	卷蛾总科 359
角褐谷蛾 41	卷蛾族 359
角须野螟属 762	卷谷蛾属 28
狡娜刺蛾 476	卷谷蛾亚科 28
疖蝙蛾 15	卷野螟属 798
洁波水螟 712	卷叶野螟属 802
洁草螟属 676	绢鸠蛾属 231
洁点展足蛾 246	绢丝野螟属 774
睫扇野螟 753	绢网蛾 527
截齿骨斑地谷蛾 56	绢网蛾属 527
截列蛾 187	绢须野螟属 792
截圆卷蛾 370	绢野螟属 770
金斑螟属 579	菌谷蛾 46
金边拟果斑螟 592	菌环棕麦蛾 312
金蝙蛾 13	
金草螟属 666	**K**
金巢蛾属 84	咖啡豹蠹蛾 450
金带草螟 686	喀氏苔螟 721
金冠褐巢蛾 87	卡斑螟属 586
金黄镰翅野螟 751	卡佛蝶羽蛾 352
金黄瘤丛螟 606	卡拉草螟属 674
金黄螟 647	卡麦蛾属 327
金黄小苔螟 720	卡氏果蛀野螟 755
金尖须野螟 738	卡织蛾属 140
金钱松草小卷蛾 380	凯刺蛾属 455
金双带草螟 688	凯狭麦蛾 339
金双点螟 641	康县模列蛾 207
金水小卷蛾 377	寇巢螟 635
金纹潜细蛾 80	枯刺蛾属 468
金小斑蛾属 505	枯叶拱肩网蛾 525
金野螟属 733	枯叶螟 655
金盏拱肩网蛾 525	枯织蛾属 144
锦斑蛾亚科 496	苦楝小卷蛾 413
锦织蛾属 147	库氏歧角螟 630
茎草螟属 689	库氏微草螟 680
京艳展足蛾 243	库氏棕麦蛾 319
精细小卷蛾 403	块花小卷蛾 419
井上长颚斑螟 545	块三角祝蛾 108
井上峰斑螟 576	宽瓣尾小卷蛾 407
景端小卷蛾 400	宽蛾科 235
景螟属 648	宽颚锦织蛾 157
靓布斑蛾 504	宽颚铃刺蛾 467
鸠蛾科 225	宽弧遮颜蛾属 266
鸠蛾亚科 228	宽黄缘绿刺蛾 482
九连绢鸠蛾 233	宽孔小白巢蛾 83
九龙枯织蛾 144	宽迈尖蛾 271
酒红须丛螟 599	宽突野螟属 750
菊尖蛾属 280	宽小卷蛾 397
矩点展足蛾 246	款冬羽蛾 357
巨东方野螟 757	款冬玉米螟 735
巨缘巢螟 639	昆明松梢斑螟 556
距蜂宇谷蛾 35	阔斑野螟属 794

阔瓣小卷蛾　397
阔翅草螟属　684
阔翅歧角螟　632
阔端连小卷蛾　428
阔端尾小卷蛾　407
阔绣织蛾　144
阔爪细草螟　696

L

腊麦蛾属　332
蜡彩棘袋蛾　19
蜡螟亚科　537
岚花银祝蛾　121
榄绿歧角螟　631
酪织蛾属　147
类斑螟属　588
类灰茎草螟　690
类靓布斑蛾　504
类玫瑰微草螟　682
类歧奇翅螟　643
类紫歧角螟　632
棱脊宽突野螟　750
冷杉梢斑螟　554
离瓣麦蛾属　327
离颚模列蛾　217
离腹带列蛾　190
离尖蛾属　278
离展足蛾　253
梨半红隆木蛾　224
梨豹蠹蛾　451
犁角野螟属　777
梨峰斑螟　576
梨娜刺蛾　475
梨小食心虫　439
梨叶斑蛾　509
丽长角巢蛾　88
丽长角蛾属　9
丽尖蛾　277
丽绿刺蛾　480
丽筒小卷蛾　429
丽细蛾　69
丽细蛾属　63
丽线锦织蛾　166
丽展足蛾　249
丽织蛾属　142
荔枝异形小卷蛾　436
栎发麦蛾　292
栎离瓣麦蛾　328
栎迈尖蛾　272
栎曲小卷蛾　444
栎伪黑麦蛾　335
栎圆点小卷蛾　385
俪祝蛾属　112
栗菲小卷蛾　420
栗丽细蛾　68
栗小卷蛾　395
栗叶瘤丛螟　605

连小卷蛾属　427
连宇谷蛾属　39
镰白斑谷蛾　51
镰斑根鸠蛾　230
镰翅小卷蛾属　408
镰翅野螟属　750
镰黑痣小卷蛾　431
镰平祝蛾　126
楝斑螟属　585
楝小卷蛾属　412
两色绿刺蛾　479
亮雕斑蛾　585
列蛾科　179
列蛾属　179
列蛾亚科　179
列光菜蛾　98
烈黑小卷蛾　383
裂缘野螟　773
邻豆小卷蛾　442
邻绢鸠蛾　232
林超小卷蛾　443
林麦蛾属　284
林弯遮颜蛾　260
鳞翅目　1
鳞丛螟属　601
鳞带祝蛾属　111
灵黑麦蛾　343
铃刺蛾属　466
铃麦蛾属　300
菱殊宇谷蛾　36
羚野螟属　798
刘氏模列蛾　209
刘氏棕麦蛾　318
流苏灯野螟　741
流纹塘水螟　700
瘤丛螟属　605
瘤角斑螟属　547
瘤突锦织蛾　173
瘤枝卫矛巢蛾　90
瘤祝蛾属　113
瘤祝蛾亚科　106
柳蝙蛾　13
柳丽细蛾　65
柳杉长卷蛾　368
柳突小卷蛾　421
柳异宽蛾　236
六斑彩麦蛾　299
六叉棕麦蛾　317
六浦微草螟　682
龙潭锦织蛾　162
龙潭类斑螟　588
隆木蛾属　223
庐山列蛾　182
庐山小白巢蛾　84
卵叶锦织蛾　162
轮小卷蛾属　404
螺博袋蛾　24

落叶松花翅小卷蛾　393
绿翅异丛螟　612
绿刺蛾属　478
氯黑麦蛾　343

M

麻楝棘丛螟　622
麻小食心虫　439
马鞭草带斑螟　553
马汀氏竹斑蛾　506
马尾松梢小卷蛾　432
马尾松旭锦斑蛾　497
迈尖蛾属　269
迈克小苔螟　719
麦蛾　301
麦蛾科　282
麦蛾亚科　323
麦蛾总科　106
麦蛾族　323
麦氏祝蛾　126
脉袋蛾属　21
脉花翅小卷蛾　392
脉尖翅小卷蛾　379
蛮麦蛾属　286
芒果蛮麦蛾　286
毛背直鳞斑螟　569
毛丛螟属　595
毛簇谷蛾属　31
毛垫卷蛾属　371
毛颚小卷蛾属　397
毛冠细蛾属　75
毛黑麦蛾属　336
毛轮小卷蛾　404
毛脐纹螟　542
毛桑小卷蛾　396
毛叶祝蛾　130
毛异谷蛾　58
毛榛子长翅卷蛾　361
毛足透翅蛾属　517
矛莱麦蛾　297
矛模列蛾　208
矛伪带列蛾　189
矛纹棘趾野螟　746
茅坪紫褐螟　647
锚斑螟属　561
茂棕麦蛾　310
玫袋蛾属　21
玫瑰瘤祝蛾　115
玫瑰微草螟　682
玫歧角螟　631
眉刺蛾属　473
眉谷蛾属　33
眉锦斑蛾属　500
梅花小卷蛾　395
梅绢鸠蛾　233
梅迈尖蛾　271
美斑小卷蛾属　423

美黄卷蛾　364
萌谷蛾亚科　45
蒙古木蠹蛾　447
蒙丽细蛾　67
迷刺蛾　458
迷刺蛾属　458
迷列蛾　181
猕猴桃透翅蛾　521
米仓织蛾　146
米缟螟　623
米黄腹刺野螟　760
米特棕麦蛾　310
侎片羽蛾　349
密齿锦织蛾　155
密刺模列蛾　200
密纹锦织蛾　156
密小卷蛾属　440
密云草螟　239
蜜舌微草螟　681
蜜焰刺蛾　465
棉褐带卷蛾　363
棉褐环野螟　779
棉塘水螟　701
面模列蛾　202
岷山目草螟　663
明亮小白巢蛾　82
螟蛾科　537
螟蛾属　645
螟蛾亚科　622
螟蛾总科　537
模列蛾属　194
莫干山木蠹蛾　447
莫干兴透翅蛾　523
墨皉袋蛾　20
墨袋蛾属　26
木蠹蛾科　446
木蠹蛾属　446
木蠹蛾总科　446
木蛾科　223
木荷条麦蛾　290
木鸠蛾属　229
木鸠蛾亚科　229
木蜡丽细蛾　64
木兰突细蛾　74
目草螟属　663
目水螟属　706
沐腊麦蛾　333
暮斑蛾　506
暮斑蛾属　505

N

娜刺蛾属　474
娜条螟　627
南方毛丛螟　596
南黑小卷蛾　382
南京伪峰斑螟　591
南色卷蛾　366

南山尖蛾　278
南投棕麦蛾　318
南小苔螟　719
南烛尖细蛾　61
囊刺苔螟　722
内乡棕麦蛾　315
泥刺蛾　468
泥刺蛾属　467
拟斑螟族　543
拟带阳麦蛾　322
拟峰斑螟属　578
拟果斑螟属　592
拟黑麦蛾属　329
拟花茎模列蛾　215
拟花模列蛾　218
拟尖须野螟属　743
拟麦蛾亚科　300
拟蛮麦蛾　293
拟蛮麦蛾属　293
拟饰带锦织蛾　170
拟双色叉斑螟　583
拟网齿银蛾　95
拟伪尖蛾　277
拟焰刺蛾属　486
拟叶斑蛾　508
鸟平麦蛾　331
啮叶野螟属　791
宁波彩丛螟　603
柠黄展足蛾　250
柠檬展足蛾　251
牛头山丽长角蛾　11
扭异形小卷蛾　435
暖狭麦蛾　340
诺透翅蛾属　518

O

欧氏叉斑螟　583

P

帕透翅蛾属　521
盘锦织蛾　176
膨端伪峰斑螟　591
皮细蛾属　76
枇杷阔斑野螟　795
枇杷棕麦蛾　313
琵诺透翅蛾　519
偏小卷蛾属　390
片锦织蛾　165
片拟斑螟属　543
片羽蛾属　349
平麦蛾属　329
平雀菜蛾　98
平壤列蛾　183
平伸银祝蛾　122
平素祝蛾　120
平织蛾属　147
苹凹鸠蛾　226
苹白绢鸠蛾　233

苹白小卷蛾　434
苹果兴透翅蛾　522
苹褐绢鸠蛾　234
苹黑痣小卷蛾　432
苹丽细蛾　71
苹镰翅小卷蛾　411
瓶瓣毛冠细蛾　75
泊水螟　708
葡萄副羽蛾　347
葡萄诺透翅蛾　519
葡萄切叶野螟　780
葡萄日羽蛾　348
蒲尖蛾属　280
朴锦织蛾　164
朴丽细蛾　65

Q

漆丽细蛾　68
岐刺蛾属　454
奇翅螟属　643
奇刺蛾属　469
奇谷蛾亚科　40
奇异模列蛾　213
歧蜂宇谷蛾　34
歧角螟属　628
脐纹螟属　542
前白类斑螟　589
潜细蛾属　79
潜织蛾属　146
浅点列蛾　187
浅褐花小卷蛾　419
浅目水螟　707
蔷薇皮细蛾　76
切翅草螟属　691
切叶野螟属　779
窃达刺蛾　460
青灿斑蛾　505
青冈拟蛮麦蛾　293
青冈小白巢蛾　82
青尾小卷蛾　406
青野螟属　801
球瓣圆斑小卷蛾　386
球果小卷蛾属　422
球须刺蛾属　489
曲褐谷蛾　43
曲角野螟属　766
曲茎圆斑小卷蛾　385
曲连宇谷蛾　39
曲脉斑野螟属　767
曲平祝蛾　125
曲太宇谷蛾　38
曲纹柄脉禾螟　726
曲纹叉斑螟　583
曲小卷蛾属　444
曲斜线网蛾　533
缺毛发麦蛾　292
雀菜蛾属　98

雀小食心虫 440

R

忍冬花翅小卷蛾 392
忍冬双斜卷蛾 367
日本斑雕蛾 100
日本彩丛螟 602
日本木蠹蛾 448
日本纵纹谷蛾 45
日菲小卷蛾 421
日滑羽蛾 356
日羽蛾属 348
日月潭广翅小卷蛾 389
绒谷蛾属 47
绒同类斑螟 588
柔楝斑螟 586
乳白斜纹小卷蛾 376
乳翅卷野螟 798
乳突锦织蛾 164
乳突腊麦蛾 333
锐齿栎棕麦蛾 310
锐拟尖须野螟 744

S

萨加瘤丛螟 609
三齿带列蛾 191
三齿锦织蛾 174
三齿微草螟 684
三齿祝蛾 130
三点并脉草螟 689
三点筒水螟 715
三点微草螟 684
三化螟 727
三角骨斑地谷蛾 55
三角类斑螟 589
三角镰翅小卷蛾 410
三角毛黑麦蛾 336
三角美斑小卷蛾 424
三角斜纹小卷蛾 376
三角夜斑螟 587
三角祝蛾属 108
三囊突峰斑螟 575
三色丽细蛾 70
三条阔斑野螟 795
三突锦织蛾 174
三纹啮叶野螟 792
桑褐刺蛾 491
桑花翅小卷蛾 392
桑透翅蛾属 514
色卷蛾属 365
森展足蛾 254
山槐条麦蛾 288
山木鸠蛾 229
山香圆泽小卷蛾 422
山药斑雕蛾中国新记录 101
山楂棕麦蛾 312
杉木球果尖蛾 270
杉木球果棕麦蛾 318

闪银纹刺蛾 471
扇野螟属 752
梢斑螟属 553
梢小卷蛾属 432
少脉羽蛾属 345
舌雀菜蛾 99
蛇头锦织蛾 169
申点展足蛾 246
申毛足透翅蛾 518
申氏拟蛮麦蛾 293
伸喙野螟属 785
深褐小卷蛾 415
盛冈金草螟 668
十字淡展足蛾 244
十字锦织蛾 154
石丽长角蛾 10
实蜡螟属 541
实小卷蛾属 428
食小卷蛾属 436
蚀叶野螟属 782
似斑谷蛾属 46
饰带角谷蛾 56
饰带锦织蛾 162
饰光麦蛾 297
饰囊云斑螟 566
饰纹广草螟 690
手指小食心虫 438
寿苔麦蛾 299
瘦花小卷蛾属 424
殊宇谷蛾属 36
疏刺环小卷蛾 394
鼠刺金巢蛾 85
鼠灰长须短颚螟 653
鼠李尖顶小卷蛾 412
鼠尾草蛾 240
束刺条螟中国新记录 626
树麦蛾属 323
树形拱肩网蛾 525
竖祝蛾 125
双斑草螟 671
双斑尖蛾 275
双斑洁草螟 677
双斑伸喙野螟 785
双斑实蜡螟 542
双斑异宽蛾 236
双叉带小卷蛾 427
双带草螟属 688
双地谷蛾属 53
双点巢蛾 89
双点螟属 640
双角新遮颜蛾 263
双金纹禾螟 724
双金纹禾螟属 724
双列蛾 180
双列小食心虫 438
双裂瘤丛螟 606
双绿棕麦蛾 309

双平织蛾 147
双曲羽祝蛾 132
双色叉斑螟 582
双色富士螟 633
双色黑痣小卷蛾 431
双色云斑螟 564
双突槌须斑螟 594
双突发麦蛾 291
双突卷叶野螟 802
双突模列蛾 199
双突微草螟 679
双突野螟属 744
双纹白草螟 693
双纹金草螟 667
双纹卷蛾属 372
双纹绢丝野螟 775
双线棘丛螟 620
双线洁草螟 677
双线缨须螟 650
双楔阳麦蛾 320
双斜卷蛾属 366
双圆锦织蛾 158
双栉蝠蛾属 12
水稻切叶野螟 780
水蜡细蛾 75
水密小卷蛾 440
水螟属 708
水螟亚科 699
水仙草螟 672
水小卷蛾属 377
硕斑蛾属 507
硕螟属 652
丝长须刺蛾 464
丝槐祝蛾 135
丝脉袋蛾 21
思茅带列蛾 190
斯金小斑蛾 505
斯氏细透翅蛾 516
四斑锦织蛾 167
四斑绢丝野螟 777
四斑野螟 789
四斑野螟属 788
四叉棕麦蛾 316
四川列蛾 185
四川细草螟 697
四刺模列蛾 219
四点迈尖蛾 271
四尖突金草螟 669
四角叉斑螟 584
四角列蛾 186
四明山锦织蛾 171
四目斑野螟 789
四线尖须野螟 739
四线锦织蛾 166
松褐卷蛾 370
松实小卷蛾 428
溲疏小卷蛾 395

苏腊麦蛾 334
苏联豆小卷蛾 441
素刺蛾属 493
素纹广翅小卷蛾 388
素祝蛾属 119
酸模秆野螟 734
髓草螟属 659
缩发小卷蛾 403

T

台透翅蛾属 521
台湾福利祝蛾 118
台湾禾草螟 664
台湾卷叶野螟 804
台湾绢丝野螟 776
台湾列蛾 186
台湾摇祝蛾 126
台湾蛀果斑螟 579
苔麦蛾属 298
苔螟属 721
苔螟亚科 716
太宇谷蛾属 37
泰顺带列蛾 191
塘水螟属 699
桃白小卷蛾 433
桃多斑野螟 769
桃小卷蛾属 386
桃展足蛾 248
桃棕麦蛾 317
陶祝蛾 128
特锦织蛾 165
特麦蛾属 341
特麦蛾族 326
藤氏玫袋蛾 22
梯斑腊麦蛾 334
梯纹白斑谷蛾 51
梯斜线网蛾 533
梯形拟蛮麦蛾 294
梯形条麦蛾 289
梯形异花小卷蛾 424
梯缘太宇谷蛾 38
天目潜织蛾 146
天目山草蛾 240
天目山超小卷蛾 443
天目山黑痣小卷蛾 431
天目山黄卷蛾 364
天目山列蛾 187
天目山模列蛾 220
天则异巢蛾 88
甜菜青野螟 801
条斑微小卷蛾 437
条刺蛾属 492
条麦蛾属 288
条螟属 625
条纹斑野螟属 805
条纹野螟 788
条纹野螟属 788

铁黑峰斑螟　574
铁杉叉木蛾　224
铜翅瘤祝蛾　114
铜线透翅蛾　515
铜展足蛾亚科　244
铜棕麦蛾　310
筒水螟属　713
筒小卷蛾属　429
透翅安野螟　743
透翅蛾科　513
透翅蛾总科　513
透翅毛斑蛾　508
透翅硕斑蛾　507
透亮爱剌蛾　462
秃祝蛾　111
秃祝蛾属　109
突锦织蛾　165
突卷蛾属　369
突细蛾属　72
突小卷蛾属　421
突圆织蛾　142
土黄阳麦蛾-　322
兔尾祝蛾　139
兔尾祝蛾属　139
托麦蛾属　294
托异宽蛾　236

W

瓦尼菲小卷蛾　421
外裂微草螟　680
外突棕麦蛾　318
弯瓣食小卷蛾　437
弯瓣狭麦蛾　337
弯峰斑螟　577
弯茎野螟属　759
弯囊绢须野螟　793
弯突果蛀野螟　754
弯异宽蛾　236
弯遮颜蛾属　259
弯指尖须野螟　739
豌豆镰翅小卷蛾　409
网斑褐纹卷蛾　374
网长角蛾属　8
网丛螟属　616
网蛾科　524
网蛾总科　524
微白汉刺蛾　463
微草螟属　678
微齿优苔螟　717
微红梢斑螟　557
微小卷蛾属　437
微斜斑小卷蛾　435
伪带锦斑蛾　500
伪带锦斑蛾属　500
伪带列蛾属　188
伪峰斑螟属　590
伪黑麦蛾属　335

伪黄昏模列蛾　203
尾小卷蛾属　405
纹白禾螟　728
纹翅筒水螟　714
纹翅野螟属　771
纹丛螟属　613
纹佳宽蛾　237
纹卷蛾族　372
纹麦蛾属　304
纹麦蛾亚科　301
纹歧角螟　630
纹小卷蛾属　398
纹野螟属　787
纹竹斑蛾属　501
乌镰翅野螟　751
乌蔹莓日羽蛾　348
乌龙茶墨袋蛾　26
乌苏里发麦蛾　292
乌苏里褶缘野螟　749
污斑纹野螟　787
无颚锦织蛾　158
五线尖须野螟　740
五指山偏小卷蛾　391
武夷棕麦蛾　319

X

西宁平麦蛾　332
西氏窗尖蛾　269
西藏草蛾　240
西藏目草螟　663
犀角雕蛾　104
喜马拉雅微草螟　681
喜祝蛾　137
喜祝蛾属　137
细凹麦蛾　283
细棒模列蛾　206
细草螟属　695
细齿巢谷蛾　52
细蛾科　60
细蛾属　75
细蛾总科　60
细条草螟　674
细条纹斑野螟　805
细透翅蛾属　516
细突野螟属　737
细纹目水螟　707
细小卷蛾属　402
细竹斑蛾属　502
狭翅切叶野螟　781
狭翅水螟属　705
狭翅小卷蛾　380
狭翅小卷蛾属　380
狭麦蛾属　337
狭细竹斑蛾　502
狭银蛾　94
狭羽蛾属　352
仙客髓草螟　663

中名索引

纤刺蛾 470
纤刺蛾属 470
纤端小卷蛾 401
暹罗带列蛾 190
咸丰锦织蛾 177
显脉球须刺蛾 490
显曲塘水螟 702
显纹卷野螟 800
线刺蛾属 456
线角木蠹蛾属 448
线菊小卷蛾 397
线透翅蛾属 515
线宇谷蛾属 38
香菇谷蛾 47
厢点绿刺蛾 481
湘黄卷蛾 365
橡实展足蛾 248
小白巢蛾属 81
小斑蛾亚科 501
小菜蛾 97
小齿模列蛾 212
小翅蛾科 6
小翅蛾总科 6
小袋模列蛾 212
小腹齿茎麦蛾 300
小褐祝蛾 129
小黄模列蛾 222
小灰巢螟 637
小棘趾野螟 748
小卷蛾属 394
小卷蛾亚科 374
小卷蛾族 374
小蜡螟 538
小蜡螟属 538
小食心虫属 437
小食心虫族 434
小苔螟属 718
小筒水螟 714
小突银蛾 96
小纹麦蛾 305
小叶展足蛾 253
小针铃刺蛾 466
肖云线网蛾 530
楔白祝蛾 113
楔瓣狭麦蛾 340
斜斑小卷蛾 435
斜斑小卷蛾属 434
斜带阳麦蛾 322
斜脉钩蝠蛾 17
斜模列蛾 221
斜纹窗野螟 756
斜纹刺蛾属 478
斜纹小卷蛾属 376
斜线网蛾属 532
斜小卷蛾 415
斜小卷蛾属 415
新白芯模列蛾 214

新扁刺蛾 477
新扁刺蛾属 477
新锦斑蛾属 498
新月草蛾 240
新遮颜蛾属 263
形黑小卷蛾 383
兴透翅蛾属 522
秀峰斑螟 574
秀羽蛾属 353
绣线菊背麦蛾 296
绣织蛾属 143
锈红峰斑螟 575
锈黄缨突野螟 807
锈纹螟 647
锈阳麦蛾 321
锈棕麦蛾 310
须丛螟属 598
须野螟属 790
旭袋蛾属 23
旭锦斑蛾属 496
续木鸠蛾 229
萱草带锦斑蛾 499
悬钩子灯麦蛾 298
穴黑痣小卷蛾 430
雪恒鸠蛾 228

Y

芽峰斑螟 575
雅绢野螟属 769
亚白线微草螟 683
亚科未指定类群 52
亚洲玉米螟 734
胭翅野螟 736
胭翅野螟属 736
烟翅谷螟 540
烟毛丛螟 596
烟平麦蛾 330
盐肤木黑条螟 624
盐肤木瘤丛螟 607
眼斑蝶斑螟 562
眼平祝蛾 128
艳刺蛾 461
艳刺蛾属 461
艳双点螟 642
艳展足蛾属 242
艳展足蛾亚科 242
焰刺蛾属 465
阳卡麦蛾 327
阳麦蛾属 319
杨陵冠麦蛾 283
杨芦伸喙野螟 786
杨梅纹麦蛾 305
杨梅圆点小卷蛾 384
洋桃小卷蛾 387
野卡织蛾 141
野螟属 741
野螟亚科 731

叶斑蛾属 508	缨须螟属 649
叶列蛾 186	樱背麦蛾 295
叶奇刺蛾 469	鹦螟属 640
叶潜蛾属 79	盈异形小卷蛾 436
叶三角祝蛾 109	瘿斑螟属 569
叶突共小卷蛾 416	永黄卷蛾 365
叶小卷蛾属 417	永嘉锦织蛾 177
叶展须野螟 774	优蛮麦蛾 287
叶棕麦蛾 311	优苔螟属 717
夜斑螟属 586	优细竹斑蛾 503
一点斜线网蛾 534	幽腊麦蛾 334
一点织螟 539	悠离瓣麦蛾 328
一色蛮麦蛾 287	尤金绢须野螟 793
伊小白巢蛾 83	油茶卡织蛾 141
漪刺蛾 465	油松球果小卷蛾 422
漪刺蛾属 464	油桐金斑螟 580
异凹鸠蛾 226	幼盲瘤祝蛾 116
异叉棕麦蛾 317	愉素祝蛾 120
异巢蛾属 87	榆花翅小卷蛾 392
异丛螟属 610	榆叶斑蛾 510
异谷蛾科 58	宇谷蛾亚科 34
异谷蛾属 58	羽蛾科 345
异广翅小卷蛾 388	羽蛾总科 345
异花小卷蛾属 424	羽透翅蛾属 515
异尖棕麦蛾 309	羽突瘤祝蛾 115
异宽蛾属 235	羽祝蛾属 131
异瘤丛螟 606	玉米簇尖蛾 273
异网齿银蛾 95	玉山林麦蛾 284
异形小卷蛾属 435	原位隐斑螟 545
异形圆斑小卷蛾 386	原州锦织蛾 177
异叶斑蛾 509	圆白条小卷蛾 381
异羽蛾属 354	圆斑小卷蛾属 385
奕刺蛾属 483	圆斑栉角斑蛾 553
阴翅斑螟属 572	圆扁长翅卷蛾 361
音狭麦蛾 338	圆点小卷蛾属 384
银斑锦织蛾 162	圆东方祝蛾 117
银草螟属 692	圆卷蛾属 369
银叉木蛾 224	圆平祝蛾 128
银带巢蛾 84	圆双地谷蛾 54
银蛾科 93	圆托麦蛾 295
银蛾属 93	圆细蛾 62
银光草螟 673	圆细蛾属 62
银纹刺蛾属 470	圆叶斑蛾 510
银纹狭翅草螟 659	圆织蛾属 142
银纹狭翅草螟属 658	缘斑歧角螟 629
银线网蛾 531	缘斑须野螟 790
银杏超小卷蛾 443	缘斑缨须螟 651
银祝蛾属 121	缘巢蛾属 86
隐斑谷蛾属 49	缘刺发麦蛾 292
隐斑螟属 545	缘广翅小卷蛾 390
隐斑螟族 544	缘褐棕麦蛾 314
隐非簇谷蛾 30	缘野螟属 773
隐尖蛾属 273	远东丽织蛾 143
隐纹麦蛾 304	月褐谷蛾 42
隐遮颜蛾属 264	月麦蛾 323
印度谷斑螟 590	月麦蛾属 322
缨突野螟属 807	月小卷蛾属 404

月牙紫斑螟 551
岳坝棕麦蛾 319
岳西林麦蛾 285
越小翅蛾属 7
云斑螟属 563
云翅斑螟属 567
云黑麦蛾 344
云南带草螟 687
云杉黄卷蛾 365
云网丛螟 618
云纹野螟属 756
云线网蛾 530

Z

甾瑟螟属 654
枣镰翅小卷蛾 411
枣奕刺蛾 483
泽小卷蛾属 422
柞广翅小卷蛾 388
柞叶斑蛾 510
窄瓣彩丛螟 602
窄瓣模列蛾 198
窄翅麦蛾 327
窄翅麦蛾属 326
窄黄缘绿刺蛾 479
窄突卷蛾 369
展条麦蛾 290
展须野螟属 773
展肢麦蛾属 302
展足蛾科 242
展足蛾属 247
展足蛾亚科 244
樟帕透翅蛾 521
樟尾小卷蛾 406
樟叶瘤丛螟 608
掌祝蛾 127
爪哇线刺蛾 457
遮颜蛾科 256
遮颜蛾属 256
遮颜蛾亚科 256
赭带白斑谷蛾 51
赭纹蒲尖蛾 280
褶缘野螟属 748
浙冠刺蛾 485
浙华卷蛾 367
浙脊小卷蛾 402
浙江副小翅蛾 6
浙江后遮颜蛾 262
浙江棘趾野螟 748
浙江锦织蛾 178
浙江双栉蝠蛾 12
浙镰翅小卷蛾 409
蔗扁蛾 32
蔗茎禾草螟 665
针素祝蛾 119
针叶皮细蛾 77
针遮颜蛾 257

针祝蛾 128
珍珠彩翅卷蛾 362
正端小卷蛾 399
郑氏黑痣小卷蛾 432
枝刺锦织蛾 167
胡枝子棕麦蛾 312
织蛾科 140
织螟属 538
直斑列蛾 184
直茎小卷蛾属 403
直鳞斑螟属 569
直木鸠蛾 230
直突帝斑螟 582
直线双纹卷蛾 372
直线网蛾 529
直线宇谷蛾 39
直缘棕麦蛾 315
植黑小卷蛾 382
纸平祝蛾 125
指瓣槐祝蛾 135
指刺蛾属 459
指丽细蛾 66
指突巢螟 639
指爪锦织蛾 156
指状细突野螟 737
栉角斑螟属 551
栉野螟属 805
中斑发麦蛾 291
中斑锦织蛾 163
中斑细竹斑蛾 503
中带彩祝蛾 138
中带褐网蛾 531
中带林麦蛾 285
中国扁刺蛾 494
中国腹刺斑螟 571
中国绿刺蛾 482
中华斑雕蛾 103
中华杜鹃小斑蛾 511
中华果蛀野螟 755
中华赫苔螟 718
中华娇袋蛾 27
中华列蛾 185
中华苔螟 722
中华隐尖蛾 274
中鞘草螟 673
中小卷蛾 395
中阳麦蛾 321
中褶网蛾 531
中纵展足蛾 249
终拟焰刺蛾 486
周至树麦蛾 324
肘貂祝蛾 107
朱硕螟 652
竹斑蛾 506
竹斑蛾属 506
竹淡黄野螟 758
竹黄腹大草螟 676

竹尖蛾　278
竹弯茎野螟　759
柱丛卷蛾　368
柱棕麦蛾　309
祝蛾科　106
祝蛾属　123
祝蛾亚科　116
蛀果斑螟属　578
壮黑麦蛾　344
壮角棕麦蛾　319
壮茎褐斑小卷蛾　413
壮模列蛾　216
壮筒水螟　713
缀叶丛螟　604
缀叶丛螟属　604
缀叶野螟属　765
准透翅蛾属　519
卓氏缨须螟　651
浊平祝蛾　129
紫斑谷螟　646

紫斑螟属　550
紫翅野螟属　800
紫双点螟　642
紫菀棘趾野螟　747
紫竹展足蛾　248
紫棕麦蛾　319
棕带突细蛾　73
棕黄拟峰斑螟　578
棕卷蛾族　370
棕麦蛾属　306
棕麦蛾亚科　306
棕缘卷叶野螟　803
鬃褐谷蛾　44
纵带球须刺蛾　489
纵卷叶野螟属　768
纵纹谷蛾属　45
纵纹小卷蛾　398
邹氏旭袋蛾　23
酢浆草狭羽蛾　353

学 名 索 引

A

Acanthoecia　19
Acanthoecia larminati　19
Acanthopsyche　19
Acanthopsyche bipars　20
Acanthopsyche nigraplaga　20
Acentropinae　699
Achroia　538
Achroia grisella　538
Acleris delicatana　361
Acleris fuscopunctata　361
Acleris Hübner　359
Acleris placata　361
Acleris recula　361
Acria　225
Acria ceramitis　226
Acria emarginella　226
Acria equibicruris　227
Acriinae　225
Acrobasis　573
Acrobasis bellulella　574
Acrobasis bifidella　574
Acrobasis cantonella　574
Acrobasis cymindella　575
Acrobasis ferruginella　575
Acrobasis frankella　575
Acrobasis inouei　576
Acrobasis pirivorella　576
Acrobasis repandana　577
Acrobasis rufizonella　577
Acrobasis subflavella　577
Acrocercops　60
Acrocercops transecta　61
Acrocercops unistriata　61
Acroclita　415
Acroclita loxoplecta　415
Acrolepiopsis　100
Acrolepiopsis japonica　100
Acrolepiopsis nagaimo　101
Acrolepiopsis sapporensis　102
Acrolepiopsis sinense　103
Adelidae　8
Adeloidea　8
Adoxophyes　363
Adoxophyes honmai　363
Aeolanthes　223
Aeolanthes deltogramma　224
Aeolanthes erythrantis　223
Aeolanthes megalophthalma　223

Aeolanthes semiostrina　224
Aethes　372
Aethes rectilineana　372
Aglossa　623
Aglossa dimidiata　623
Agnippe　323
Agnippe albidorsella　324
Agnippe zhouzhiensis　324
Agonopterix　235
Agonopterix bipunctifera　236
Agonopterix conterminella　236
Agonopterix costaemaculella　236
Agonopterix l-nigrum　236
Agonopterix takamukui　236
Agrotera　762
Agrotera nemoralis　762
Agrotera posticalis　763
Allobremeria　501
Allobremeria plurilineata　502
Amatissa　21
Amatissa snelleni　21
Ammatucha　547
Ammatucha brevilepigera　548
Ammatucha flavipalpa　549
Ammatucha longilepigera　549
Amorophaga　45
Amorophaga japonica　45
Anabasis　578
Anabasis fusciflavida　578
Anacampsinae　282
Anacampsis　295
Anacampsis anisogramma　295
Anacampsis solemnella　296
Anamalaia　759
Anamalaia dissimilis　760
Anania　745
Anania chekiangensis　748
Anania delicatalis　748
Anania fuscalis　748
Anania lancealis　746
Anania luteorubralis　746
Anania terrealis　747
Anania vicinalis　747
Anarsia　288
Anarsia bimaculata　288
Anarsia euphorodes　289
Anarsia incerta　289
Anarsia isogona　290
Anarsia protensa　290

Anarsia silvosa 291
Anatrachyntis 272
Anatrachyntis rileyi 273
Ancylis badiana 409
Ancylis glycyphaga 409
Ancylis hemicatharta 409
Ancylis Hübner 408
Ancylis mandarinana 410
Ancylis obtusana 410
Ancylis sativa 411
Ancylis selenana 411
Ancylolomia 657
Ancylolomia japonica 658
Andrioplecta 434
Andrioplecta oxystaura 435
Andrioplecta suboxystaura 435
Anerastiini 543
Angustalius 658
Angustalius malacellus 659
Angustialata 326
Angustialata gemmellaformis 327
Anomologinae 297
Anthonympha 98
Anthonympha ligulacea 99
Anthonympha truncata 98
Antichlidas 415
Antichlidas holocnista 415
Apatetrinae 300
Aphomia 538
Aphomia gularis 539
Apotomis formalis 376
Apotomis 376
Apotomis lacteifacies 376
Apotomis trigonias 376
Archipini 362
Archips asiaticus 364
Archips compitalis 364
Archips Hübner 363
Archips limatus albatus 364
Archips myrrhophanes 364
Archips oporana 365
Archips strojny 365
Archips tharsaleopa 365
Archischoenobius 724
Archischoenobius pallidalis 724
Arctioblepsis 624
Arctioblepsis rubida 624
Argolamprotes 298
Argolamprotes micella 298
Argyresthia 93
Argyresthia angusta 94
Argyresthia anthocephala 94
Argyresthia beta 94
Argyresthia chalcocausta 95
Argyresthia idiograpta 95
Argyresthia longipenella 95
Argyresthia minutisocia 96

Argyresthia subrimosa 96
Argyresthiidae 93
Arippara 624
Arippara indicator 624
Ashibusa 273
Ashibusa aculeata 273
Ashibusa sinensis 274
Assara 578
Assara formosana 579
Assara funerella 579
Assara korbi 579
Assara pallidella 579
Aterpia 377
Aterpia flavipunctana 377
Athymoris 107
Athymoris aechmobola 107
Athymoris martialis 108
Atkinsonia 242
Atkinsonia beijingana 243
Atkinsonia swetlanae 243
Atkinsoniinae 242
Atrijuglans 245
Atrijuglans hetaohei 245
Aulidiotis 322
Aulidiotis phoxopterella 323
Aurana 579
Aurana vinaceella 580
Aurorobotys 733
Aurorobotys crassispinalis 733
Austrapoda 454
Austrapoda seres 454
Autosticha 179
Autosticha arcivalvaris 180
Autosticha dimochla 180
Autosticha fallaciosa 181
Autosticha imitativa 181
Autosticha longispina 181
Autosticha lushanensis 182
Autosticha modicella 182
Autosticha opaca 183
Autosticha oxyacantha 183
Autosticha pachysticta 183
Autosticha pyungyangensis 183
Autosticha rectipunctata 184
Autosticha sichuanica 185
Autosticha sinica 185
Autosticha squnarrosa 185
Autosticha tachytoma 186
Autosticha taiwana 186
Autosticha tetragonopa 186
Autosticha tianmushana 187
Autosticha truncicola 187
Autosticha valvidentata 187
Autosticha valvifida 187
Autostichidae 179
Autostichinae 179

B

Bactra 378
Bactra furfurana 378
Bactra venosana 379
Bagdadia 283
Bagdadia claviformis 283
Bagdadia yanglingensis 283
Balataea 502
Balataea angusta 502
Balataea elegantior 503
Balataea intermediana 503
Balataea octomaculata 503
Belippa 454
Belippa horrida 455
Bipectilus 12
Bipectilus zhejiangensis 12
Blastobasidae 256
Blastobasinae 256
Blastobasis 256
Blastobasis aciformis 257
Blastobasis divulgata 257
Blastobasis spinisetosa 258
Blastobasis sprotundalis 259
Bocchoris 764
Bocchoris aptalis 764
Bocchoris inspersalis 764
Borboryctis 62
Borboryctis euryae 62
Borboryctis triplaca 63
Bostra 625
Bostra buddhalis 625
Bostra mirifica 626
Bostra nanalis 627
Botyodes 765
Botyodes diniasalis 765
Bremeria 503
Bremeria aurulenta bella 504
Bremeria parabella 504
Bryotropha 298
Bryotropha senectella 299
Bryotropha similis 299

C

Cadra 580
Cadra cautella 581
Caissa 455
Caissa longisaccula 456
Calamotropha 659
Calamotropha brevistrigella 660
Calamotropha multicornuella 660
Calamotropha nigripunctella 660
Calamotropha obliterans 661
Calamotropha paludella 661
Calamotropha shichito 662
Calamotropha sienkiewiczi 663
Calguia 550
Calguia hapalanthes 551

Calicotis 244
Calicotis crucifera 244
Caloptilia 63
Caloptilia aurifasciata 64
Caloptilia azaleella 65
Caloptilia celtidis 65
Caloptilia chrysolampra 65
Caloptilia dactylifera 66
Caloptilia flavida 66
Caloptilia gladiatrix 67
Caloptilia kurokoi 67
Caloptilia mandschurica 67
Caloptilia rhois 68
Caloptilia sapporella 68
Caloptilia schisandrae 71
Caloptilia soyella 69
Caloptilia stigmatella 69
Caloptilia theivora 70
Caloptilia tricolor 70
Caloptilia zachrysa 71
Calybites 71
Calybites phasianipennella 71
Camptochilus 524
Camptochilus aurea 525
Camptochilus semifasciata 525
Camptochilus sinuosus 525
Camptomastix 766
Camptomastix hisbonalis 766
Campylotes 496
Campylotes desgodinsi 497
Campylotes pratti 497
Cania 456
Cania javana 457
Carminibotys 736
Carminibotys 736
Carpatolechia 327
Carpatolechia yangyangensis 327
Casmara 140
Casmara agronoma 141
Casmara patrona 141
Catagela 725
Catagela adjurella 725
Catoptria 663
Catoptria mienshani 663
Catoptria thibetica 663
Cedestis 84
Cedestis exiguata 84
Celypha 379
Celypha flavipalpana 380
Celypha pseudalarixicola 380
Cephimallota 34
Cephimallota chasanica 34
Cephimallota densoni 35
Cephitinea 35
Cephitinea colonella 36
Ceratarcha 767
Ceratarcha umbrosa 767

Ceroprepes 551
Ceroprepes guizhouensis 552
Ceroprepes ophthalmicella 553
Chalcocelis 457
Chalcocelis dydima 457
Chalcosiinae 496
Chalioides 21
Chalioides kondonis 22
Charitoprepes 767
Charitoprepes apicipicta 767
Chibiraga 458
Chibiraga banghaasi 458
Chilo 663
Chilo auricilius 664
Chilo niponella 665
Chilo sacchariphagus stramineellus 665
Chilo suppressalis 666
Choristoneura 365
Choristoneura evanidana 366
Choristoneura longicellana 366
Chorivalva 327
Chorivalva bisaccula 328
Chorivalva unisaccula 328
Chrysartona 505
Chrysartona stueningi 505
Chrysoesthia 299
Chrysoesthia sexguttella 299
Chrysoteuchia 666
Chrysoteuchia atrosignata 667
Chrysoteuchia diplogramma 667
Chrysoteuchia moriokensis 668
Chrysoteuchia quadrapicula 669
Cimitra 30
Cimitra seclusella 30
Circobotys 750
Circobotys aurealis 751
Circobotys butleri 752
Circobotys nycterina 752
Circobotys sepialis 751
Clelea 505
Clelea cyanescens 505
Clepsis 366
Clepsis rurinana 367
Cnaphalocrocis 768
Cnaphalocrocis medinalis 768
Cochylini 372
Coenobiodes 416
Coenobiodes acceptana 416
Coenodomus 595
Coenodomus aglossalis 596
Coenodomus fumosalis 596
Coenodomus puniceus 597
Coleothrix 553
Coleothrix confusalis 553
Concubina 329
Concubina euryzeucta 329
Conogethes 769

Conogethes punctiferalis 769
Cosmopterigidae 268
Cosmopterix 274
Cosmopterix bifidiguttata 275
Cosmopterix brevicaudella 276
Cosmopterix crassicervicella 277
Cosmopterix dulcivora 277
Cosmopterix fulminella 278
Cosmopterix longivalvella 278
Cosmopterix nanshanella 278
Cosmopterix phyllostachysea 278
Cosmopterix rhynchognathosella 278
Cossidae 446
Cossoidea 446
Cossus 446
Cossus chinensis 447
Cossus mokanshanensis 447
Cossus mongolicus 447
Crambidae 656
Crambinae 656
Crambus 669
Crambus argyrophorus 670
Crambus bipartellus 671
Crambus humidellus 671
Crambus narcissus 672
Crambus nigriscriptellus 673
Crambus perellus 673
Crambus sinicolellus 673
Crambus virgatellus 674
Crombrugghia 345
Crombrugghia tristis 346
Crypsiptya 759
Crypsiptya coclesalis 759
Crypsithyris 49
Crypsithyris serrata 49
Cryptoblabes 545
Cryptoblabes sita 545
Cryptoblabini 544
Cryptophlebia 435
Cryptophlebia distorta 435
Cryptophlebia ombrodelta 436
Cryptophlebia repletana 436
Culladia 674
Culladia admigratella 675
Cuprininae 244
Cydalima 769
Cydalima perspectalis 770
Cydia 436
Cydia amurensis 437
Cydia curvivalva 437

D

Dactylorhynchides 459
Dactylorhynchides limacodiformis 459
Dappula 22
Dappula tertius 22
Darna 460

Darna furva　460
Dasyses　31
Dasyses barbata　31
Deltoplastis　108
Deltoplastis commatopa　108
Deltoplastis lobigera　109
Demobotys　758
Demobotys pervulgalis　758
Demonarosa　461
Demonarosa rufotessellata　461
Depressariidae　235
Deuterocopus　347
Deuterocopus albipunctatus　347
Diaphania　770
Diaphania indica　771
Diasemia　771
Diasemia accalis　771
Diasemia reticularis　772
Dicephalarcha　380
Dicephalarcha dependens　380
Dichomeridinae　306
Dichomeris　306
Dichomeris acritopa　312
Dichomeris amphichlora　309
Dichomeris anisacuminata　309
Dichomeris apicispina　314
Dichomeris beljaevi　318
Dichomeris bifurca　316
Dichomeris bimaculata　318
Dichomeris christophi　309
Dichomeris columnaria　309
Dichomeris cuprea　310
Dichomeris cuspis　310
Dichomeris cymatodes　318
Dichomeris derasella　312
Dichomeris ferruginosa　310
Dichomeris foliforma　311
Dichomeris fungifera　312
Dichomeris fuscahopa　311
Dichomeris fuscusitis　314
Dichomeris harmonias　312
Dichomeris heriguronis　317
Dichomeris hodgesi　312
Dichomeris jiangxiensis　312
Dichomeris kuznetzovi　319
Dichomeris latifurcata　317
Dichomeris liui　318
Dichomeris lushanae　318
Dichomeris magnimacularis　314
Dichomeris mitteri　310
Dichomeris moriutii　310
Dichomeris neixiangensis　315
Dichomeris obsepta　317
Dichomeris oceanis　313
Dichomeris ochthophora　313
Dichomeris okadai　314
Dichomeris parallelivalvata　315
Dichomeris polygona　316
Dichomeris polypunctata　316
Dichomeris pyrrhoschista　316
Dichomeris quadrifurca　316
Dichomeris rasilella　317
Dichomeris sexafurca　317
Dichomeris silvestrella　319
Dichomeris ustalella　313
Dichomeris varifurca　317
Dichomeris violacula　319
Dichomeris wuyiensis　319
Dichomeris yuebana　319
Dichomeris zonata　319
Dichrorampha　437
Dichrorampha striatimacula　437
Didia　581
Didia adunatarta　582
Dinica　36
Dinica rhombata　36
Dioryctria　553
Dioryctria abietella　554
Dioryctria assamensis　555
Dioryctria kunmingnella　556
Dioryctria pryeri　556
Dioryctria rubella　557
Dioryctria simplicella　558
Diplopseustis　773
Diplopseustis perieresalis　773
Dryadaula　58
Dryadaula hirtiglobosa　58
Dryadaulidae　58
Dudua　381
Dudua dissectiformis　381
Dudua scaeaspis　381
Dusungwua　582
Dusungwua dichromella　582
Dusungwua karenkolla　583
Dusungwua ohkunii　583
Dusungwua paradichromella　583
Dusungwua quadrangula　584
Dysodia　526
Dysodia magnifica　526

E

Ecpyrrhorrhoe　737
Ecpyrrhorrhoe digitaliformis　737
Edosa　40
Edosa carinata　41
Edosa cornuta　41
Edosa crayella　42
Edosa curvidorsalis　43
Edosa elongata　43
Edosa longicornis　44
Edosa smithaella　44
Edulicodes　545
Edulicodes inoueella　545
Egogepa　367

Egogepa zosta 367
Elophila 699
Elophila diffluais 700
Elophila fengwhanalis 701
Elophila interruptalis 701
Elophila nigralbalis 702
Elophila nigrolinealis 703
Elophila sinicalis 703
Elophila turbata 703
Emmelina 354
Emmelina monodactyla 354
Empalactis 284
Empalactis grandimacularis 284
Empalactis henanensis 285
Empalactis mediofasciana 285
Empalactis neotaphronoma 286
Empalactis saxigera 285
Empalactis sophora 286
Empalactis unicolorella 285
Empalactis yuexiensis 285
Empalactis yushanica 284
Emphylica 742
Emphylica diaphana 743
Enarmoniini 408
Encolapta 293
Encolapta epichthonia 293
Encolapta sheni 293
Encolapta tegulifera 293
Encolapta trapezoidea 294
Endoclita 13
Endoclita auratus 13
Endoclita excrescens 13
Endoclita fujianodus 14
Endoclita nodus 15
Endoclita sinensis 15
Endothenia 381
Endothenia austerana 382
Endothenia genitanaeana 382
Endothenia informalis 383
Endothenia remigera 383
Endotricha 628
Endotricha consocia 629
Endotricha costaemaculalis 629
Endotricha icelusalis 630
Endotricha kuznetzovi 630
Endotricha luteobasalis 630
Endotricha mesenterialis 631
Endotricha olivacealis 631
Endotricha portialis 631
Endotricha simipunicea 632
Endotricha theonalis 632
Eonympha 142
Eonympha basiprojecta 142
Eoophyla 704
Eoophyla halialis 705
Eosolenobia 23
Eosolenobia zouhari 23

Epactris 52
Epactris alcaea 53
Epiblema 416
Epiblema autolitha 416
Epiblema foenella 417
Epicallima 142
Epicallima conchylidella 143
Epilepia 598
Epilepia dentatum 598
Epinotia 417
Epinotia thapsiana 418
Epipaschiinae 594
Epsteinius 462
Epsteinius translucidus 462
Erechthias 28
Erechthias sphenoschista 29
Erechthiinae 28
Eristena 705
Eristena bifurcalis 705
Erotis 143
Erotis expansa 144
Eschata 675
Eschata miranda 676
Eteoryctis 72
Eteoryctis deversa 72
Eterusia 498
Eterusia aedea 498
Ethmia 238
Ethmia assamensis 239
Ethmia cirrhocnemia 239
Ethmia epitrocha 240
Ethmia ermineella 240
Ethmia lapidella 240
Ethmia lunaris 240
Ethmia maculata 240
Ethmia okinawana 241
Ethmiidae 238
Etiella 558
Etiella zinckenella 559
Eucosma 418
Eucosma aemulana 419
Eucosma cana 419
Eucosma flavispecula 419
Eucosma glebana 419
Eucosmini 413
Eudarcia 53
Eudarcia dentata 54
Eudarcia orbiculidomus 54
Eudemis 384
Eudemis gyrotis 384
Eudemis lucina 385
Eudemis porphyrana 385
Eudemopsis 385
Eudemopsis flexis 385
Eudemopsis heteroclita 386
Eudemopsis polytrichia 386
Eudemopsis pompholycias 386

Eudonia 717
Eudonia magna 717
Eudonia microdontalis 717
Eudonia puellaris 717
Euliini 370
Eumeta 23
Eumeta cramerii 24
Eumeta minuscula 24
Eumeta variegata 24
Eumorphobotys 749
Eumorphobotys eumorphalis 749
Eupoecilia 373
Eupoecilia ambiguella 373
Eurodachtha 117
Eurodachtha rotundina 117
Eurrhyparodes 773
Eurrhyparodes bracteolalis 774
Eutorna 236
Eutorna undulosa 237
Euzophera 584
Euzophera batangensis 584

F

Faristenia 291
Faristenia geminisignella 291
Faristenia impenicilla 292
Faristenia jumbongae 292
Faristenia medimaculata 291
Faristenia omelkoi 292
Faristenia quercivora 292
Faristenia ussuriella 292
Faveria 560
Faveria manoi 560
Fibuloides 420
Fibuloides aestuosa 420
Fibuloides japonica 421
Fibuloides vaneeae 421
Flavocrambus 676
Flavocrambus aridellus 676
Frisilia 118
Frisilia homalistis 118
Fujimacia 633
Fujimacia bicoloralis 633
Funeralia 505
Funeralia transiens 506
Fuscartona 506
Fuscartona funeralis 506
Fuscartona martini 506

G

Galleriinae 537
Gargela 676
Gargela bilineata 677
Gargela distigma 677
Gatesclarkeana 386
Gatesclarkeana idia 387
Gelechiidae 282
Gelechiinae 323

Gelechiini 323
Gelechioidea 106
Gerontha 37
Gerontha flexura 38
Gerontha hoenei 37
Gerontha trapezia 38
Gibberifera 421
Gibberifera glaciata 421
Gibbovalva 72
Gibbovalva kobusi 73
Gibbovalva singularis 73
Gibbovalva urbana 74
Glanycus 526
Glanycus foochowensis 527
Glanycus tricolor 527
Glaucocharis 678
Glaucocharis biconvexa 679
Glaucocharis copernici 680
Glaucocharis electra 680
Glaucocharis exsectella 680
Glaucocharis himalayana 681
Glaucocharis melistoma 681
Glaucocharis mutuurella 682
Glaucocharis rosanna 682
Glaucocharis rosannoides 682
Glaucocharis siciformis 682
Glaucocharis subalbilinealis 683
Glaucocharis tridentata 684
Glaucocharis tripunctata 684
Glossosphecia 516
Glossosphecia huoshanensis 517
Glyphipterigidae 100
Glyphipterix 103
Glyphipterix gamma 104
Glyphipterix rhinoceropa 104
Glyphodes 774
Glyphodes crithealis 775
Glyphodes duplicalis 775
Glyphodes formosanus 776
Glyphodes onychinalis 776
Glyphodes quadrimaculalis 777
Glyptoteles 585
Glyptoteles leucacrinella 585
Gnorismoneura 367
Gnorismoneura cylindrata 368
Goniorhynchus 777
Goniorhynchus butyrosa 777
Goniorhynchus marginalis 778
Gracillaria 75
Gracillaria japonica 75
Gracillariidae 60
Gracillarioidea 60
Grapholita 437
Grapholita biserialis 438
Grapholita dactyla 438
Grapholita delineana 439
Grapholita molesta 439

Grapholita pavonana 440	*Hoenia sinensis* 718
Grapholitini 434	Holcocerinae 264
Gravitarmata 422	*Holcocerus* 448
Gravitarmata margarotana 422	*Holcocerus japonicus* 448
Halolaguna 109	*Homaloxestis* 119
Halolaguna oncopteryx 109	*Homaloxestis acirformis* 119

H

Halolaguna palinensis 110	*Homaloxestis hilaris* 120
Halolaguna sublaxata 111	*Homaloxestis myeloxesta* 120
Hampsonella 462	*Homona* 368
Hampsonella albidula 463	*Homona issikii* 368
Hapsiferinae 29	*Homona magnanima* 368
Haritalodes 779	*Hyalobathra* 736
Haritalodes derogata 779	*Hyalobathra illectalis* 736
Hedya 387	*Hypatima* 286
Hedya abjecta 388	*Hypatima excellentella* 287
Hedya auricristana 388	*Hypatima issikiana* 287
Hedya inornata 388	*Hypatima rhomboidella* 287
Hedya sunmoonlakensis 389	*Hypatima spathota* 286
Hedya trushimaensis 390	*Hypatopa* 259
Helcystogramma 319	*Hypatopa silvestrella* 260
Helcystogramma bicuneum 320	*Hyperthyris* 527
Helcystogramma epicentra 321	*Hyperthyris aperta* 527
Helcystogramma flavifuscum 321	*Hyphorma* 463
Helcystogramma imagitrijunctum 322	*Hyphorma minax* 463
Helcystogramma lutatella 322	*Hyphorma sericea* 464
Helcystogramma triannulella 322	*Hypolamprus* 528
Helcystogramma trijunctum 322	*Hypolamprus rubicunda* 528
Heleanna 422	*Hypolamprus subrosealis* 528
Heleanna turpinivora 422	*Hypsipyla* 585
Hellinsia 355	*Hypsipyla debilis* 586
Hellinsia ishiyamana 356	*Hypsopygia* 634
Hellinsia lienigiana 356	*Hypsopygia costaeguttalis* 635
Hellinsia nigridactyla 356	*Hypsopygia glaucinalis* 635
Hendecaneura 423	*Hypsopygia ignifualis* 636
Hendecaneura triangulum 424	*Hypsopygia jezoensis* 636
Hepialidae 12	*Hypsopygia mauritialis* 636
Hepialoidea 12	*Hypsopygia nannodes* 637
Herdonia 527	*Hypsopygia pelasgalis* 638
Herdonia osacesalis 527	*Hypsopygia postflava* 638
Herpetogramma 779	*Hypsopygia regina* 638
Herpetogramma licarsisalis 780	*Hypsopygia rudis* 639
Herpetogramma luctuosalis 780	*Hypsopygia violaceomarginalis* 639
Herpetogramma phaeopteralis 781	*Hysteroscene* 507
Herpetogramma pseudomagna 781	*Hysteroscene hyalina* 507
Herpetogramma rudis 782	

I

Hetereucosma 424	*Illiberis* 508
Hetereucosma trapezia 424	*Illiberis assimilis* 508
Hieromantis 245	*Illiberis dirce* 508
Hieromantis kurokoi 246	*Illiberis paradistincta* 509
Hieromantis rectangula 246	*Illiberis pruni* 509
Hieromantis sheni 246	*Illiberis rotundata* 510
Hieroxestinae 31	*Illiberis sinensis* 510
Hiroshiinoueana 390	*Illiberis ulmivora* 510
Hiroshiinoueana wuzhishanica 391	*Indomyrlaea* 561
Hoenia 718	*Iraga* 464
	Iraga rugosa 465

Iragoides 465
Iragoides uniformis 465
Irepacma 188
Irepacma grandis 189
Irepacma lanceolata 189
Issikiopteryx 121
Issikiopteryx corona 121
Issikiopteryx parelongata 122
Issikiopteryx zonosphaera 122

J

Japonichilo 684
Japonichilo bleszynskii 685
Jocara 598
Jocara kiiensis 599
Jocara vinotinctalis 599

K

Kalocyrma 123
Kalocyrma curota 123
Kaurava 586
Kaurava rufimarginella 586
Kennelia 412
Kennelia xylinana 412
Kitanola 466
Kitanola eurygnatha 467
Kitanola spinula 466

L

Labdia 278
Labdia citracma 279
Labdia semicoccinea 279
Lamida 599
Lamida obscura 600
Lamoria 540
Lamoria anella 541
Lamoria infumatella 540
Lamprophaia 740
Lamprophaia albifimbrialis 741
Lamprosema 782
Lamprosema commixta 783
Lamprosema sibirialis 783
Lamprosema tampiusalis 783
Lasiochira 144
Lasiochira jiulongshana 144
Lasiochira xanthacma 145
Lateantenna 260
Lateantenna brevicornis 261
Lateantenna semicircularis 261
Lateantenna zhejiangensis 262
Lathronympha 440
Lathronympha irrita 440
Lecithocera 123
Lecithocera chartaca 125
Lecithocera cladia 125
Lecithocera eligmosa 125
Lecithocera erecta 125
Lecithocera indigens 126

Lecithocera iodocarpha 126
Lecithocera meyricki 126
Lecithocera palmata 127
Lecithocera paraulias 127
Lecithocera pelomorpha 128
Lecithocera peracantha 128
Lecithocera polioflava 128
Lecithocera raphidica 128
Lecithocera rotundata 128
Lecithocera sabrata 129
Lecithocera sigillata 129
Lecithocera squalida 129
Lecithocera structurata 129
Lecithocera tricholoba 130
Lecithocera tridentata 130
Lecithoceridae 106
Lecithocerinae 116
Lecitholaxa 131
Lecitholaxa thiodora 131
Leechia 726
Leechia sinuosalis 726
Leguminivora 441
Leguminivora glycinivorella 441
Lepidogma 601
Lepidogma melanobasis 601
Lepidoptera 1
Lepidozonates 111
Lepidozonates adusta 111
Lepteucosma 424
Lepteucosma ceriodes 425
Lepteucosma huebneriana 425
Lepteucosma torreyae 425
Letogenes 228
Letogenes festalis 228
Leuroperna 97
Leuroperna sera 98
Limacodidae 452
Limacolasia 467
Limacolasia dubiosa 468
Limnaecia 280
Limnaecia compsasis 280
Liocrobyla 75
Liocrobyla desmodiella 75
Lista 601
Lista angustusa 602
Lista ficki 602
Lista haraldusalis 603
Lista insulsalis 603
Litini 326
Lobesia 391
Lobesia aeolopa 392
Lobesia ambigua 392
Lobesia coccophaga 392
Lobesia mechanodes 392
Lobesia takahiroi 393
Lobesia virulenta 393
Loboschiza 412

Loboschiza koenigiana 413
Locastra 604
Locastra muscosalis 604
Locheutis 146
Locheutis tianmushana 146
Loryma 640
Loryma recusata 640
Lycophantis 84
Lycophantis chalcoleuca 85
Lycophantis mucronata 85

M

Macrobathra 269
Macrobathra arneutis 270
Macrobathra flavidus 270
Macrobathra latipterophora 271
Macrobathra myrocoma 271
Macrobathra nomaea 271
Macrobathra quercea 272
Macroscelesia 517
Macroscelesia longipes 517
Maculisclerotica 55
Maculisclerotica triangulidens 55
Maculisclerotica truncatidens 56
Mahanta 468
Mahanta yoshimotoi 468
Mahasena 26
Mahasena oolona 26
Mampava 541
Mampava bipunctella 542
Martyringa 146
Martyringa xeraula 146
Maruca 784
Maruca vitrata 784
Matsumuraeses 441
Matsumuraeses ussuriensis 441
Matsumuraeses vicina 442
Matsumurides 469
Matsumurides lola 469
Mecyna 785
Mecyna dissipatalis 785
Mecyna gracilis 786
Mecyna tricolor 786
Melanodaedala 426
Melanodaedala melanoneura 426
Meleonoma 194
Meleonoma acutata 196
Meleonoma anthaedeaga 197
Meleonoma arcivalvata 198
Meleonoma artivalva 198
Meleonoma bifoliolata 199
Meleonoma compacta 200
Meleonoma cornutivalvata 200
Meleonoma dorsoprojecta 201
Meleonoma echinata 202
Meleonoma facialis 202
Meleonoma facunda 222

Meleonoma falsivespertina 203
Meleonoma fascirupta 204
Meleonoma flavilineata 204
Meleonoma fustiformis 205
Meleonoma graciliclavata 206
Meleonoma jigongshanica 207
Meleonoma kangxianensis 207
Meleonoma lanceolata 208
Meleonoma liui 209
Meleonoma longihamata 209
Meleonoma malacobyrsa 210
Meleonoma mecobursoides 211
Meleonoma microbyrsa 212
Meleonoma microdonta 212
Meleonoma mirabilis 213
Meleonoma neargometra 214
Meleonoma olivaria 214
Meleonoma paranthaedeaga 215
Meleonoma robusta 216
Meleonoma rostriformis 216
Meleonoma segregnatha 217
Meleonoma similifloralis 218
Meleonoma stictifascia 218
Meleonoma tetrodonta 219
Meleonoma tianmushana 220
Meleonoma torophanes 221
Meleonoma vespertina 221
Melittia 517
Melittia chalciformis 518
Melittia sangaica 518
Meridemis 369
Meridemis invalidana 369
Mesophleps 296
Mesophleps acutunca 296
Mesophleps albilinella 296
Mesophleps ioloncha 297
Metacosma 426
Metacosma bifurcata 427
Metaeuchromius 685
Metaeuchromius flavofascialis 686
Metaeuchromius fulvusalis 686
Metaeuchromius grandispinata 687
Metaeuchromius grisalis 686
Metaeuchromius yuennanensis 687
Metanomeuta 87
Metanomeuta fulvicrinis 87
Metathrinca 224
Metathrinca argentea 224
Metathrinca tsugensis 224
Metoeca 787
Metoeca foedalis 787
Metzneria 299
Metzneria inflammatella 300
Micraglossa 718
Micraglossa beia 718
Micraglossa michaelshafferi 719
Micraglossa nana 719

Micraglossa oenealis 719
Micraglossa scoparialis 720
Microleon 470
Microleon longipalpis 470
Micropterigidae 6
Micropterigoidea 6
Mimetebulea 788
Mimetebulea arctialis 788
Minutargyrotoza 371
Minutargyrotoza calvicaput 371
Miresa 470
Miresa fulgida 471
Miresa kwangtungensis 471
Miyakea 688
Miyakea raddeella 688
Moerarchis 38
Moerarchis rectitrigonia 39
Monema 472
Monema flavescens 472
Monopis 49
Monopis flavidorsalis 50
Monopis guangxiensis 50
Monopis monachella 51
Monopis trapezoides 51
Monopis zagulajevi 51
Morophaga 46
Morophaga bucephala 46
Morophagoides 46
Morophagoides ussuriensis 47
Morosaphycita 562
Morosaphycita maculata 562
Myrmecozelinae 34

N

Nagiella 788
Nagiella inferior 789
Nagiella quadrimaculalis 789
Narosa 473
Narosa edoensis 473
Narosa fulgens 474
Narosoideus 474
Narosoideus flavidorsalis 475
Narosoideus fuscicostalis 476
Narosoideus vulpinu 476
Nascia 752
Nascia cilialis 753
Nematopogon 8
Nematopogon chalcophyllis 8
Nemophora 9
Nemophora albiantennella 9
Nemophora amatella 10
Nemophora lapikella 10
Nemophora tyriochrysa 11
Neoblastobasis 263
Neoblastobasis biceratala 263
Neocalyptis 369
Neocalyptis angustilineata 370

Neochalcosia 498
Neochalcosia remota 499
Neopediasia 688
Neopediasia mixtalis 689
Neostatherotis 393
Neostatherotis sparsula 394
Neothosea 477
Neothosea suigensis 477
Nephelobotys 756
Nephelobotys nephelistalis 757
Nephopterix 563
Nephopterix bicolorella 564
Nephopterix cleopatrella 565
Nephopterix exotica I 565
Nephopterix immatura 566
Nephopterix maenamii 566
Nephopterix tomisawai 566
Niditinea 51
Niditinea striolella 52
Nippoptilia 348
Nippoptilia cinctipedalis 348
Nippoptilia vitis 348
Noctuides 604
Noctuides melanophia 604
Nokona 518
Nokona pernix 519
Nokona pilamicola 519
Nokona regalis 519
Nosophora 790
Nosophora insignis 790
Nosophora semitritalis 791
Nosphistica 131
Nosphistica bisinuata 132
Nosphistica fenestrata 133
Nosphistica metalychna 133
Nosphistica orientana 133
Nosphistica paramecola 134
Nuntiella 427
Nuntiella laticuculla 428
Nyctegretis 586
Nyctegretis triangulella 587
Nymphicula 706
Nymphicula blandialis 707
Nymphicula mesorphna 707
Nymphula 708
Nymphula stagnata 708

O

Odites 229
Odites collega 229
Odites continua 229
Odites orthometra 230
Oditinae 229
Oecophoridae 140
Olethreutes 394
Olethreutes castaneanum 395
Olethreutes dolosana 395

Olethreutes electana 395
Olethreutes moderata 395
Olethreutes morivora 396
Olethreutes obovata 396
Olethreutes perexiguana 396
Olethreutes platycremna 397
Olethreutes siderana 397
Olethreutes transversanus 397
Olethreutinae 374
Olethreutini 374
Omiodes 791
Omiodes tristrialis 792
Omphalocera 542
Omphalocera hirta 542
Oncocera 567
Oncocera semirubella 568
Ophiorrhabda 397
Ophiorrhabda tokui 397
Opogona 31
Opogona nipponica 33
Opogona sacchari 32
Opogona trachyclina 33
Orencostoma 86
Orencostoma divulgatum 86
Orthaga 605
Orthaga achatina 605
Orthaga aenescens 606
Orthaga bipartalis 606
Orthaga disparoidalis 606
Orthaga euadrusalis 607
Orthaga olivacea 608
Orthaga onerata 608
Orthaga sagarisalis 609
Ortholepis 569
Ortholepis atratella 569
Orybina 640
Orybina bellatulla 641
Orybina flaviplaga 641
Orybina honei 641
Orybina imperatrix 642
Orybina plangonalis 642
Orybina regalis 642
Ostrinia 733
Ostrinia furnacalis 734
Ostrinia palustralis 734
Ostrinia scapulalis 735
Ostrinia zealis 735
Oxyplax 478
Oxyplax pallivitta 478

P

Pagyda 737
Pagyda afralis 738
Pagyda arbiter 739
Pagyda auroralis 739
Pagyda quadrilineata 739
Pagyda quinquelineata 740

Pagyda salvalis 740
Palpita 792
Palpita hypohomalia 793
Palpita munroei 793
Palpita nigropunctalis 793
Palumbina 302
Palumbina macrodelta 302
Palumbina operaria 303
Palumbina oxyprora 303
Pammene 442
Pammene ginkgoicola 443
Pammene nemorosa 443
Pammene nescia 443
Pandemis 370
Pandemis cinnamomeana 370
Parachronistis 329
Parachronistis fumea 330
Parachronistis geniculella 330
Parachronistis incerta 331
Parachronistis xiningensis 332
Paracymoriza 709
Paracymoriza bleszynskialis 709
Paracymoriza distinctalis 710
Paracymoriza laminalis 711
Paracymoriza prodigalis 712
Paracymoriza vagalis 712
Paradoxecia 514
Paradoxecia gravis 514
Paramartyria 6
Paramartyria chekiangella 6
Paranomis 750
Paranomis nodicosta 750
Paranthrene 519
Paranthrene tabaniformis 520
Paranthrenella 521
Paranthrenella cinnamoma 521
Paranthrenopsis 514
Paranthrenopsis editha 514
Paranthrenopsis polishana 515
Parapoynx 713
Parapoynx crisonalis 713
Parapoynx diminutalis 714
Parapoynx fluctuosalis 714
Parapoynx stagnalis 715
Parapoynx vittalis 715
Parasa bicolor 479
Parasa consocia 479
Parasa lepida 480
Parasa Moore 478
Parasa parapuncta 481
Parasa pastoralis 481
Parasa sinica 482
Parasa tessellata 482
Parastenolechia 332
Parastenolechia albicapitella 333
Parastenolechia arciformis 333
Parastenolechia argobathra 333

学 名 索 引

Parastenolechia claustrifera 334
Parastenolechia longifolia 333
Parastenolechia papillaris 333
Parastenolechia suriensis 334
Parastenolechia trapezia 334
Paratalanta 748
Paratalanta ussurialis 749
Patagoniodes 587
Patagoniodes hoenei 587
Patania 794
Patania balteata 795
Patania chlorophanta 795
Patania deficiens 795
Patania ruralis 796
Patania sabinusalis 797
Pectinophora 300
Pectinophora gossypiella 301
Pediasia 689
Pediasia perselloides 690
Pedioxestis 147
Pedioxestis bipartita 147
Peleopodidae 225
Peleopodinae 228
Pempelia 569
Pempelia ellenella 569
Pennisetia 515
Pennisetia fixseni fixseni 516
Periacma 189
Periacma absaccula 190
Periacma delegata 190
Periacma siamensis 190
Periacma simaoensis 190
Periacma taishunensis 191
Periacma tridentata 191
Periacminae 188
Perisseretma 643
Perisseretma endotrichalis 643
Perissomasticinae 40
Peucela 644
Peucela baishanzuensis 644
Peucela olivalis 645
Phaecadophora 398
Phaecadophora fimbriata 398
Phaecasiophora 399
Phaecasiophora attica 399
Phaecasiophora cornigera 400
Phaecasiophora fernaldana 400
Phaecasiophora leechi 401
Phaecasiophora obraztsovi 401
Phaecasiophora pertexta 401
Phaecasiophora walsinghami 401
Phalonidia 373
Phalonidia chlorolitha 374
Phalonidia scabra 374
Philharmonia 112
Philharmonia basinigra 112
Phlossa 483

Phlossa conjuncta 483
Phlossa fasciata 484
Photodotis 297
Photodotis adornata 297
Phrixolepia 484
Phrixolepia zhejiangensis 485
Phycita 570
Phycita nagaradja 570
Phycitinae 543
Phycitini 546
Phycitodes 588
Phycitodes binaevella 588
Phycitodes lungtanella 588
Phycitodes subcretacella 589
Phycitodes triangulella 589
Phyllocnistis 79
Phyllocnistis citrella 79
Phyllonorycter 79
Phyllonorycter ringoniella 80
Pidorus 499
Pidorus gemina 499
Platyptilia 349
Platyptilia calodactyla 349
Platyptilia cretalis 349
Platytes 690
Platytes ornatella 690
Plodia 589
Plodia interpunctella 590
Plutella 97
Plutella xylostella 97
Plutellidae 97
Polythlipta 797
Polythlipta liquidalis 797
Praesetora 485
Praesetora kwangtungensis 485
Prionapteron 691
Prionapteron bicepellum 691
Procridinae 501
Promalactis 147
Promalactis albipunctata 150
Promalactis apicicircularis 151
Promalactis apiciconcava 152
Promalactis apicidentata 152
Promalactis brevipalpa 153
Promalactis costispinata 154
Promalactis cruciata 154
Promalactis densidentalis 155
Promalactis densimacularis 156
Promalactis digitiuncata 156
Promalactis dilatignatha 157
Promalactis dimolybda 157
Promalactis diorbis 158
Promalactis dorsiseparata 158
Promalactis dorsoprojecta 159
Promalactis enopisema 160
Promalactis fengyangensis 160
Promalactis fuscimaculata 161

Promalactis hoenei 161
Promalactis infulata 162
Promalactis jezonica 162
Promalactis lobatifera 162
Promalactis lungtanella 162
Promalactis medimacularis 163
Promalactis papillata 164
Promalactis parki 164
Promalactis peculiaris 165
Promalactis plicata 165
Promalactis projecta 165
Promalactis pulchra 166
Promalactis quadrilineata 166
Promalactis quadrimacularis 167
Promalactis ramispinea 167
Promalactis scalpelliformis 168
Promalactis scleroidea 169
Promalactis serpenticapitata 169
Promalactis serraticostalis 169
Promalactis similiflora 170
Promalactis similinfulata 170
Promalactis simingshana 171
Promalactis simplex 171
Promalactis spiculata 172
Promalactis strumifera 173
Promalactis suzukiella 174
Promalactis tricuspidata 174
Promalactis tridentata 174
Promalactis uncinispinea 175
Promalactis vittapenna 175
Promalactis voluta 176
Promalactis wonjuensis 177
Promalactis xianfengensis 177
Promalactis yongjiana 177
Promalactis zhejiangensis 178
Proschistis 402
Proschistis stygnopa 402
Proutia 26
Proutia chinensis 27
Pryeria 512
Pryeria sinica 512
Pselnophorus 357
Pselnophorus vilis 357
Pseudacrobasis 590
Pseudacrobasis dilatata 591
Pseudacrobasis tergestella 591
Pseudargyria 692
Pseudargyria interruptella 692
Pseudebulea 798
Pseudebulea fentoni 798
Pseudiragoides 486
Pseudiragoides itsova 486
Pseudocadra 592
Pseudocadra exiguella 592
Pseudocadra obscurella 592
Pseudocatharylla 693
Pseudocatharylla aurifimbriella 693

Pseudocatharylla duplicella 693
Pseudocatharylla inclaralis 694
Pseudocatharylla simplex 694
Pseudohedya 403
Pseudohedya retracta 403
Pseudopagyda 743
Pseudopagyda acutangulata 744
Pseudopidorus 500
Pseudopidorus fasciata 500
Pseudotelphusa 335
Pseudotelphusa acrobrunella 335
Pseudotelphusa paripunctella 335
Psilacantha 402
Psilacantha pryeri 403
Psoricoptera 324
Psoricoptera gibbosella 325
Psychidae 18
Pterophoridae 345
Pterophoroidea 345
Pubitelphusa 336
Pubitelphusa trigonalis 336
Punctulata 187
Punctulata palliptera 187
Pycnarmon 798
Pycnarmon lactiferalis 798
Pycnarmon pantherata 799
Pycnarmon radiata 800
Pyralidae 537
Pyralinae 622
Pyralis 645
Pyralis farinalis 646
Pyralis moupinalis 647
Pyralis pictalis 647
Pyralis regalis 647
Pyralis superba 648
Pyraloidea 537
Pyrausta 741
Pyrausta mutuurai 742
Pyraustinae 731
Pyroderces 280
Pyroderces sarcogypsa 280

R

Rehimena 800
Rehimena phrynealis 800
Retinia 428
Retinia cristata 428
Rhagades 511
Rhagades pruni chinensis 511
Rhamnosa 487
Rhamnosa dentifera 487
Rhamnosa kwangtungensis 488
Rhamnosa uniformis 488
Rhizosthenes 230
Rhizosthenes falciformis 230
Rhodobates 39
Rhodobates curvativus 39

Rhodoneura 528
Rhodoneura erecta 529
Rhodoneura hamifera 530
Rhodoneura hemibruna 530
Rhodoneura mollis yunnanensis 531
Rhodoneura nitens 530
Rhodoneura pallida 530
Rhodoneura sphoraria 531
Rhodoneura strigatula 531
Rhodoneura yunnana 531
Rhodopsona 500
Rhodopsona costata 501
Rhopalovalva 429
Rhopalovalva catharotorna 429
Rhopalovalva pulchra 429
Rhopaltriplasia 403
Rhopaltriplasia insignata 404
Rhopobota 429
Rhopobota antrifera 430
Rhopobota baoxingensis 430
Rhopobota bicolor 431
Rhopobota eclipticodes 431
Rhopobota falcata 431
Rhopobota floccosa 431
Rhopobota latispina 431
Rhopobota naevana 432
Rhopobota zhengi 432
Rhyacionia 432
Rhyacionia dativa 432
Ripeacma 192
Ripeacma acuminiptera 192
Ripeacma bicruris 193
Ripeacma cotyliformis 193
Ripeacma fopingensis 193
Roxita 695
Roxita apicella 695
Roxita capacunca 696
Roxita fujianella 697
Roxita szetschwanella 697
Rudisociaria 404
Rudisociaria velutinum 404

S

Sacculocornutia 571
Sacculocornutia flavipalpella 571
Sacculocornutia sinicolella 571
Saliciphaga 404
Saliciphaga caesia 404
Salma 610
Salma congenitalis 611
Salma kwangtungialis 611
Salma viridetincta 612
Sarisophora 134
Sarisophora cerussata 135
Sarisophora dactylisana 135
Sarisophora serena 135
Scaeosopha 268

Scaeosopha sinevi 269
Scardiinae 45
Scenedra 648
Scenedra umbrosalis 649
Schoenobiinae 723
Sciota 572
Sciota hamatella 572
Scirpophaga 726
Scirpophaga excerptalis 727
Scirpophaga incertulas 727
Scirpophaga lineata 728
Scirpophaga magnella 728
Scirpophaga nivella 729
Scirpophaga praelata 730
Scirpophaga xanthopygata 731
Scoparia 721
Scoparia caradjai 721
Scoparia congestalis 722
Scoparia sinensis 722
Scoparia spinata 723
Scoparia tohokuensis 723
Scopariinae 716
Scopelodes 489
Scopelodes contracta 489
Scopelodes kwangtungensis 490
Scopelodes sericea 491
Scythropiodes 231
Scythropiodes approximans 232
Scythropiodes barbellatus 232
Scythropiodes gnophus 232
Scythropiodes hamatellus 233
Scythropiodes issikii 233
Scythropiodes jiulianae 233
Scythropiodes leucostola 233
Scythropiodes lividula 233
Scythropiodes malivora 234
Semnostola 413
Semnostola grandaedeaga 413
Sesiidae 513
Sesioidea 513
Setora 491
Setora sinensis 491
Sinibotys 757
Sinibotys hoenei 757
Sisona 405
Sisona albitibiana 405
Sitochroa 744
Sitochroa umbrosalis 744
Sitotroga 301
Sitotroga cerealella 301
Sorolopha 405
Sorolopha agana 406
Sorolopha archimedias 406
Sorolopha latiuscula 407
Sorolopha nanlingica 407
Spatalistis 361
Spatalistis aglaoxantha 362

Spatalistis christophana 362	*Stericta asopialis* 613
Spatulignatha 136	*Stericta flavopuncta* 614
Spatulignatha hemichrysa 136	*Stericta hoenei* 614
Spatulignatha olaxana 136	*Stericta kogii* 615
Spatulipalpia 546	*Striglina* 532
Spatulipalpia albistrialis 546	*Striglina bifida* 532
Sphecodoptera 516	*Striglina bispota* 532
Sphecodoptera scribai 516	*Striglina curvita* 533
Sphenarches 350	*Striglina roseus* 533
Sphenarches anisodactylus 351	*Striglina scalaria* 533
Sphenarches caffer 352	*Striglina scitaria* 534
Spilomelinae 760	*Striglina susukei szechuanensis* 535
Spilonota 433	*Striogyia* 492
Spilonota albicana 433	*Striogyia obatera* 492
Spilonota ocellana 434	*Strophedra* 444
Spoladea 801	*Strophedra nitidana* 444
Spoladea recurvalis 801	*Strophedra querclvora* 445
Spulerina 76	*Susica* 493
Spulerina astaurota 76	*Susica sinensis* 493
Spulerina castaneae 77	*Syllepte* 802
Spulerina corticicola 77	*Syllepte cissalis* 802
Spulerina dissotoma 78	*Syllepte fuscomarginalis* 803
Stathmopoda 247	*Syllepte invalidalis* 804
Stathmopoda auriferella 248	*Syllepte taiwanalis* 804
Stathmopoda balanarcha 248	*Synanthedon* 522
Stathmopoda callicarpicolla 248	*Synanthedon hector* 522
Stathmopoda callopis 249	*Synanthedon howqua* 523
Stathmopoda cellifaria 249	*Synanthedon moganensis* 523
Stathmopoda citrinella 250	*Syncola* 264
Stathmopoda dicitra 251	*Syncola longicornutella* 264
Stathmopoda flavescens 251	*Syncola longitubulata* 265
Stathmopoda gemmiconsuta 252	*Syncola paulilobata* 266
Stathmopoda liberata 253	*Synesarga* 136
Stathmopoda miniloba 253	*Synesarga bleszynskii* 137
Stathmopoda moriutiella 254	*Synochoneura* 371
Stathmopoda opticaspis 254	*Synochoneura ochriclivis* 371
Stathmopoda stimulata 254	
Stathmopoda vietnamella 255	**T**
Stathmopodidae 242	*Tabidia* 805
Stathmopodinae 244	*Tabidia strigiferalis* 805
Stemmatophora 649	*Taikona* 521
Stemmatophora bilinealis 650	*Taikona actinidiae* 521
Stemmatophora joiceyi 651	*Tecmerium* 266
Stemmatophora racilialis 651	*Tecmerium scythrella* 266
Stemmatophora valida 651	*Tegenocharis* 137
Stenodacma 352	*Tegenocharis tenebrans* 137
Stenodacma pyrrhodes 353	*Teinoptila* 87
Stenolechia 337	*Teinoptila bolidias* 88
Stenolechia cuneata 340	*Teleiodes* 341
Stenolechia curvativalva 337	*Teleiodes gangwonensis* 341
Stenolechia insulalis 338	*Teleiodes pekunensis* 342
Stenolechia kodamai 339	*Teliphasa* 616
Stenolechia longivalva 339	*Teliphasa albifus* 616
Stenolechia notomochla 340	*Teliphasa amica* 617
Stenoptilodes 353	*Teliphasa elegans* 618
Stenoptilodes taprobanes 354	*Teliphasa nubilosa* 618
Stericta 613	*Teliphasa sakishimensis* 618

Telphusa 343
Telphusa chloroderces 343
Telphusa melanozona 343
Telphusa necromantis 343
Telphusa nephomicta 344
Telphusa syncratopa 344
Termioptycha 619
Termioptycha bilineata 620
Termioptycha eucarta 621
Termioptycha inimica 621
Termioptycha margarita 622
Thamnopalpa 138
Thamnopalpa argomitra 138
Thecobathra 81
Thecobathra anas 82
Thecobathra argophanes 82
Thecobathra delias 83
Thecobathra eta 83
Thecobathra lambda 84
Thecobathra sororiata 84
Thiallela 593
Thiallela hiranoi 593
Thiotricha 304
Thiotricha celata 304
Thiotricha microrrhoda 305
Thiotricha pancratiastis 305
Thiotricha tylephora 305
Thiotrichinae 301
Thisizima 56
Thisizima fasciaria 56
Thitarodes 16
Thitarodes davidi 16
Thitarodes oblifurcus 17
Thliptoceras 753
Thliptoceras artatalis 754
Thliptoceras caradjai 755
Thliptoceras gladialis 754
Thliptoceras sinense 755
Thosea 494
Thosea sinensis 494
Thubana 112
Thubana deltaspis 112
Thubana leucosphena 113
Thyrididae 524
Thyridoidea 524
Thyris 535
Thyris fenestrella 535
Tineidae 28
Tineinae 48
Tineoidea 18
Tinissa 47
Tinissa conchata 47
Tinissa connata 48
Tinthia 515
Tinthia cuprealis 515
Tisis 138
Tisis mesozosta 138

Tituacia 283
Tituacia gracilis 283
Toccolosida 652
Toccolosida rubriceps 652
Tornodoxa 294
Tornodoxa longiella 295
Tornodoxa tholochorda 295
Torodora 113
Torodora aenoptera 114
Torodora antisema 114
Torodora flavescens 114
Torodora hoenei 114
Torodora octavana 115
Torodora pennunca 115
Torodora roesleri 115
Torodora tenebrata 116
Torodora virginopis 116
Torodorinae 106
Tortricidae 359
Tortricinae 359
Tortricini 359
Tortricoidea 359
Torulisquama 755
Torulisquama ceratophora 755
Torulisquama obliquilinealis 756
Toshitamia 543
Toshitamia tsushimensis 544
Trebania 652
Trebania flavifrontalis 653
Trebania glaucinalis 653
Trebania muricolor 653
Trisides 594
Trisides bisignata 594
Tylostega 805
Tylostega tylostegalis 806
Tyrolimnas 147
Tyrolimnas anthraconesa 147
Tyspanodes 806
Tyspanodes hypsalis 806
Tyspanodes striata 807

U

Udea 807
Udea ferrugalis 807
Udea lugubralis 807
Unattributed 52
Urolaguna 139
Urolaguna heosa 139

V

Vietomartyria 7
Vietomartyria baishanzuna 7

W

Wegneria 33
Wegneria cerodelta 33

X

Xanthocrambus 698

Xanthocrambus lucellu 698
Xenomilia 653
Xenomilia humeralis 653
Xyleutes 448
Xyleutes persona 449
Xyloryctidae 223
Xyrosaris 88
Xyrosaris lichneuta 88
Xystophora 300
Xystophora parvisaccula 300

Y

Yponomeuta 88
Yponomeuta anatolicus 89
Yponomeuta bipunctellus 89
Yponomeuta cinefactus 89
Yponomeuta eurinellus 90
Yponomeuta evonymellus 90
Yponomeuta griseatus 90
Yponomeuta kanaiellus 90
Yponomeuta polystictus 91
Yponomeuta sedellus 91
Yponomeutidae 81
Yponomeutoidea 81
Ypsolopha 92
Ypsolopha nemorella 92
Ypsolophidae 92

Z

Zeuzera 449
Zeuzera coffeae 450
Zeuzera multistrigata 450
Zeuzera pyrina 451
Zitha 654
Zitha rosealis 655
Zitha torridalis 655
Zygaenidae 496
Zygaeninae 512
Zygaenoidea 452

跋

浙江省有八大水系自北向南蜿蜒流淌，有天目山等十大名山重峦叠嶂，是自然保护地体系中的灿烂瑰宝。密布的河网水系和群山峻岭，成为浙江钟灵毓秀的生命之脉。浙江省现有 27 个自然保护区，其中天目山等国家级自然保护区 11 个、长兴扬子鳄等省级自然保护区 16 个。浙江省是我国南方生物多样性最高的省份之一，历来受到中外科学家的关注。

就自然保护区而言，其中最著名的当属天目山国家级自然保护区。天目山之名起源于汉朝，1953 年建立天目山国有林场，1960 年成立天目山管理委员会，1986 年正式成为国家级自然保护区，总面积达 4284 hm^2。天目山地质相对古老，距今 3.5 亿年前为广阔海域，后来在 1.5 亿年前的造山运动中，形成了两峰对峙的山体，是长江和钱塘江部分支流的发源地和分水岭。保护区内动植物资源丰富，区系成分复杂，是研究动植物起源、演化和区系特征的热点地区之一。因此，该地区长期以来，一直吸引着国内外众多的专家和学者前来考察与研究。

天目山动物考察活动已有上百年的历史。国外专家来我国进行采集较早的是法国人 O.Piel，他于 1916–1937 年多次在天目山采集，此外还有德国人 H. Höne 等于 20 世纪 30 年代前后分别在中国东部和南方地区包括天目山进行了大量的采集，交由当时欧洲各类群的学者发表了大量新种，其中小蛾类主要由英国学者 E. Meyrick 和罗马尼亚鳞翅目专家 A. Caradja 进行了研究。我国学者对天目山的系统考察在新中国成立后得以开展。几十年来，很多科研机构和大专院校的师生对天目山昆虫种类和区系进行了研究，发表了大量采自天目山的新种和新记录。随着国家和地方政府对动植物资源调查的支持力度不断增加，近年来，大量的研究人员有计划地深入天目山林区，对昆虫资源进行了系统、深入的调查。截至目前，天目山的昆虫研究已取得明显的进展和大量成果，有多卷《天目山动物志》已经出版。除此之外，浙江省林业部门对生物多样性研究高度重视，曾多次组织了大规模的考察。2014 年发布《国家林业局关于开展全国林业有害生物普查工作的通知》，2015 年 7 月浙江省启动了浙江昆虫资源调查与《浙江昆虫志》的编撰工作。我们团队承担了相关鳞翅目的考察和标本采集工作，以及后期鳞翅目小蛾类的编撰工作。自 2016 年起在《浙江昆虫志》编委会的组织下重点对天目山以外的地区进行了多次采集。

鳞翅目（Lepidoptera）包括蛾类和蝴蝶，是昆虫纲的第二大目，估计有 50 万种（Kristensen et al., 2007），约占全部生物种类的 10%。小蛾类在鳞翅目中的系统学地位相对原始，在研究系统进化等方面具有重要意义。在 48 个现有鳞翅目总科中，小蛾类涵盖了超过 3/4 的总科，在科级阶元上小蛾类占鳞翅目总数的 2/3 以上，但属级只占 1/6 左右，到种一级比例则更低，除类群划分上的原因外，也从侧面反映出研究方面的严重不足（李后魂等，2012）。

鳞翅目昆虫不但种类多，分布也十分广泛。除少数有捕食习性的天敌昆虫和部分有访花习性的传粉昆虫外，许多类群都是农林业生产的害虫，有些更是重要的检疫对象。因此，对浙江省的小蛾类昆虫进行系统研究和记述具有十分重要的作用和意义。但是，以往研究对浙江省小蛾类昆虫种类的记载并不多，在我们研究之前仅有少量零散的文献报道。20 世纪 90 年代末开始，浙江省林业系统先后对天目山、龙王山、百山祖、古田山、凤阳山、莫干山、乌岩岭和清凉峰等各重点地区的昆虫资源种类进行了系统的考察和研究，相继撰写了《龙王山昆虫》《天目山昆虫》《华东百山祖昆虫》《浙江古田山昆虫和大型真菌》《浙江乌岩岭昆虫及其森林健康评价》《浙江凤阳山昆虫》《浙江清凉峰昆虫》等专著。我们参与了上述科学考察，并在相关论著中对小蛾类进行了编撰工作。

1999 年 8 月，南开大学鳞翅目研究室参与了当年天目山昆虫的大型考察，我带领博士研究生杜艳丽和硕士研究生于海丽开始了天目山鳞翅目小蛾类标本的采集，当年的采集地点主要设在天目山仙人顶、开山老殿、后山门、禅源寺、三亩坪等地；此后的浙江昆虫资源考察中涉及浙江省小蛾类标本采集的人员及采集地如下：2000年7月尤平在天目山；2005年7月28日至8月13日肖云丽在浙江乌岩岭保护区采集；2007年7-8月靳青在浙江丽水、泰顺、临安天目山和清凉峰及温州顺溪采集；2011年7-8月杜喜翠、杨琳琳、陈娜在浙江天目山忠烈祠、仙人顶、三亩坪及丽水九龙山采集；2012年5月杨琳琳、张振国、傅小兵在临安清凉峰采集；2013年6-7月张志伟、王秀春、尹艾荟在天目山管理局、忠烈祠、千亩田，以及丽水九龙山等地采集；2014年7-8月王青云、尹艾荟、胡雪梅、李素冉分两次在东天目山和西天目山采集；2015年7月尹艾荟、娄康、王涛在天目山管理局、天目山老庵、三亩坪、天目村，以及宁波四明山国家森林公园、宁波鄞州区，金华市磐安县仁川镇等地采集；2016年7-8月在浙江宁波四明山国家森林公园、舟山、江山、景宁、庆元百山祖自然保护区、青田、永嘉等地采集；2017年5-9月钱硕楠、李嘉恩（Lee, Ga-Eun）、贾岩岩、李娟、张振国在杭州市临安清凉峰，衢州市开化县古田山，丽水市景宁县、遂昌县九龙山，江山市仙霞岭，舟山市长岗山等地采集；2017年7-8月于帅、邢梦然、刘晨在浙江杭州市桐庐县大奇山国家森林公园、淳安县千岛湖，衢州市大里乡，江山市仙霞岭，衢州市开化县古田山，丽水市景宁县望东洋湿地保护区，温州市永嘉县龙湾潭等地分别对浙江省鳞翅目小蛾类昆虫进行了重点采集。

本书与《天目山动物志》（第十卷）鳞翅目小蛾类是相互关联的姊妹篇。本书开篇鳞翅目（Lepidoptera）简要介绍了鳞翅目的基本特征、生物学及分总科检索表，介绍了本课题组在高级阶元研究中所做的调整。各论部分描述了浙江小蛾类昆虫14总科32科510属1306种，其中，有关天目山的种类不再重复描述和图示，对所涉及的阶元和物种编制了检索表，对其他浙江（包括对天目山的增补）种类进行了详细记述，给出了成虫、雌雄外生殖器等特征图和详细的分布情况，并对重要种类的寄主等情况进行了记载。其中包括7个新组合：萨加瘤丛螟 *Orthaga sagarisalis* (Walker, 1858) comb. nov.；超螟 *Pyralis superba* (Caradja et Meyrick, 1934) comb. nov.；双线缨须螟 *Stemmatophora bilinealis* (South, 1901) comb. nov.；尖缨须螟 *Stemmatophora racilialis* (Walker, 1859) comb. nov.；金尖须野螟 *Pagyda afralis* (Walker, 1859) comb. nov.；乌镰翅野螟 *Circobotys sepialis* (Caradja, 1927) comb. nov.；米黄腹刺野螟 *Anamalaia dissimilis* (Yamanaka, 1958) comb. nov.。14中国新记录种：日本斑雕蛾 *Acrolepiopsis japonica* Gaedike, 1982；山药斑雕蛾 *Acrolepiopsis nagaimo* Yasuda, 2000；悠离瓣麦蛾 *Chorivalva unisaccula* Omelko, 1988；烟平麦蛾 *Parachronistis fumea* Omelko, 1986；匙平麦蛾 *Parachronistis geniculella* Park, 1989；鸟平麦蛾 *Parachronistis incerta* Omelko, 1986；苏腊麦蛾 *Parastenolechia suriensis* Park et Ponomarenko, 2006；凯狭麦蛾 *Stenolechia kodamai* Okada, 1962；暖狭麦蛾 *Stenolechia notomochla* Meyrick, 1935；黄斑特麦蛾 *Teleiodes gangwonensis* Park et Ponomarenko, 2007；白斑特麦蛾 *Teleiodes pekunensis* Park, 1993；短片拟斑螟 *Toshitamia tsushimensis* Sasaki, 2012；双裂瘤丛螟 *Orthaga bipartalis* Hampson, 1906；束刺条螟 *Bostra mirifica* Inoue, 1985。

本书开篇鳞翅目概述部分由李后魂教授编写。郝淑莲研究员对全书进行统稿、编排，并整理了全部参考文献。各论部分以南开大学鳞翅目研究室的相关博士、硕士论文为基础，部分在读研究生则直接以浙江的类群为毕业论文，由王淑霞教授汇总形成初稿。主编和几位副主编分工对先前鉴定的种类进行了仔细核对与修改。许多在校研究生为本书的编写付出了艰辛的劳动，他们多次赴浙江采集，并帮助拍摄和处理早期研究收集的部分照片，为本书的顺利完成和本书的质量作出了贡献。已毕业学生的工作现状各不相同，其中部分人员未能参与本书的编撰工作。

本书的撰写得到许多专家学者的关心与支持。特别感谢浙江农林大学的吴鸿教授和王义平教授，他们在历次组织的标本采集活动中给予了多方面的支持。本书编撰得到新疆天池英才引进计划（特聘教授）项目、国家自然科学基金项目（No. 32270490）、科学技术部国家科技基础资源调查专项项目（No. 2022FY202100）和重点研发计划"政府间国际科技创新合作"重点专项项目（No. 2022YFE0115200）的部分支持。我对在标本采集和研究过程中给予帮助的保护区工作人员和各单位的同行朋友也深表谢意。

李后魂
于新疆喀什
2023年5月10日